高校核心课程学习指导丛书

高等代数范例选解

GAODENG DAISHU
FANLI XUANJIE

第2版

朱尧辰 / 编著

中国科学技术大学出版社

内 容 简 介

本书通过一些范例(约 130 个题或题组)和配套习题(约 240 个题或题组)来提供高等代数习题的某些解题技巧,涉及基础性和综合性两类问题.问题选材范围比较广泛(包含近期某些硕士研究生入学考试试题),范例解法具有启发性和参考价值,所有习题均附解答或提示.

本书可作为大学数学系师生的参考书,也可作为研究生入学应试备考资料.

图书在版编目(CIP)数据

高等代数范例选解/朱尧辰编著.—2 版.—合肥:中国科学技术大学出版社,2021.4
(高校核心课程学习指导丛书)
ISBN 978-7-312-05152-4

Ⅰ.高…　Ⅱ.朱…　Ⅲ.高等代数—高等学校—教学参考资料　Ⅳ.O15

中国版本图书馆 CIP 数据核字(2021)第 025203 号

高等代数范例选解
GAODENG DAISHU FANLI XUANJIE

出版　中国科学技术大学出版社
安徽省合肥市金寨路 96 号,230026
http://press.ustc.edu.cn
https://zgkxjsdxcbs.tmall.com
印刷　合肥华苑印刷包装有限公司
发行　中国科学技术大学出版社
经销　全国新华书店
开本　787 mm×1092 mm　1/16
印张　26.75
字数　618 千
版次　2015 年 1 月第 1 版　2021 年 4 月第 2 版
印次　2021 年 4 月第 2 次印刷
定价　68.00 元

再版前言

第 2 版与第 1 版的主要差别有两点: 一个是改正了已发现的第 1 版中的印刷错误; 另一个是第 2 版第 7 章增加了两节, 即“补充习题 (续)”“补充习题 (续) 的解答或提示”. “补充习题 (续)”中标有 $*$ 号的题主要选自最近几年某些硕士生入学考试试题, 其余的题多数是配套题, 或为补充第 1 版问题类型而专门挑选的特殊问题. 希望这些补充材料能有助于读者参考.

朱尧辰

2021 年 2 月于北京

前　　言

编写本书主要是为具有一定高等代数解题基础的大学生提供一份辅导材料, 借助对一些范例解法的领悟和“揣摩”使他们的高等代数解题技巧有所提高, 也为硕士研究生入学考试的应试复习提供一种参考资料.

通常, 高等代数课程内容包括三个部分: 线性代数、多项式和近世代数初步. 近世代数初步不一定作为高等代数课程的必讲内容或必考内容, 因而本书也不涉及. 本书取材范围大体与大学数学系高等代数通用教材保持一致, 过于专门的问题尽量不选. 全书共含 7 章. 用主要篇幅即第 1~5 章讲解线性代数问题, 除第 1 章专述行列式问题外, 我们混用“代数”和“几何”的两种语言进行叙述, 并将与矩阵有关的问题分为多个部分, 分别与线性方程组、线性空间、线性变换、欧氏空间以及二次型等内容相结合. 第 6 章给出与多项式有关的问题. 最后一章是补充习题, 供读者选用. 为便于读者参考, 前 6 章都粗略地划分为若干节, 章后都安排一些配套习题, 并给出全部习题的解答或提示. 所选例题和习题涉及基础性和综合性两个方面, 兼顾计算题和证明题, 但不追求面面俱到. 范例的解答都是经过重新加工整理或改写的, 多数包含必要的计算或推理的细节, 有的附加一些注释或少许引伸材料; 有些问题或解法是作者自行设计的 (但未必一定是新的). 本书问题主要取自多种中外 (欧美俄日) 数学书刊, 以及 20 世纪 80 年代以来的某些硕士研究生入学考试试题 (这些问题标有 * 号). 因为市面上高等代数学习辅导书甚多, 所以本书所选例题、习题很难完全不与其他类似的书籍中的问题有所重复.

使用本书的一些建议 (或忠告) 如下:

(1) 本书不配备数学知识提要, 请依据自己所使用的教材及备考目标, 自行准备适合需要的这类材料.

(2) 本书的例题和习题应作为一个整体看待, 它们实际上是互相补充的.

(3) 本书没有特别标注较难的例题和习题, 请依据自己的情况确定例题和习题的难易分类.

(4) 请依据自己的情况和备考目标有选择地采用本书的例题和习题, 特别是综合性例题, 不要“一刀切”.

(5) 做习题时宜首先自行思考解法, 尽量不要立即翻看题解或提示.

(6) 本书介绍的某些解题技巧或方法宜通过多次阅读和演练以加深理解, 对于它们, 在不同的学习阶段会有不同的感受.

作者是一个数学研究人员, 本书部分素材来自作者过去对大学生和研究生授课 (基础和专业课程) 的积累, 但限于水平和经验, 本书在取材、编排和解题等方面难免存在不妥、疏漏甚至谬误, 欢迎读者和同行批评指正.

朱尧辰

2014 年 6 月于北京

符 号 说 明

1° $\mathbb{N},\mathbb{Z},\mathbb{Q},\mathbb{R},\mathbb{C}$ (依次) 正整数集, 整数集, 有理数集, 实数集, 复数集.

$\mathbb{N}_0=\mathbb{N}\cup\{0\}$.

$\mathbb{R}_+$ 正实数集.

2° $[a]$ 实数 a 的整数部分, 即不超过 a 的最大整数.

$\{a\}=a-[a]$ 实数 a 的分数部分, 也称小数部分.

$a\mid b(a\nmid b)$ 整数 a 整除 (不整除) 整数 b.

$\gcd(a,b)$ 整数 a,b 的最大公因子, 不引起混淆时可记为 (a,b).

δ_{ij} Kronecker 符号, 即当 $i=j$ 时其值为 1, 否则为 0.

$\mathrm{i}=\sqrt{-1}$ 虚数单位.

$|S|$ 有限集 S 的元素个数.

3° $\log a$(与 $\ln a$ 同义) 实数 $a>0$ 的自然对数.

$\sinh x\,(\cosh x,\tanh x)$ 双曲正弦 (余弦, 正切).

$\exp(x)$ 指数函数 e^x.

4° $\mathbb{R}[x]$ 变量 x 的所有实系数多项式形成的集合 ($\mathbb{R}$ 可换成其他集合, 多变元情形类似).

$\deg P$ 多项式 $P(x)$ 的次数.

$f(x)\mid g(x)\big(f(x)\nmid g(x)\big)$ 多项式 $f(x)$ 整除 (不整除) 多项式 $g(x)$.

$\gcd\big(f(x),g(x)\big)$ 多项式 $f(x),g(x)$ 的最大公因式, 不引起混淆时可记为 (f,g).

$\mathrm{res}(f,g)$ 多项式 $f(x),g(x)$ 的结式.

5° $(\boldsymbol{\alpha},\boldsymbol{\beta})$ 线性空间 V 中向量 $\boldsymbol{\alpha}$ 和 $\boldsymbol{\beta}$ 的内积.

$\boldsymbol{x}'\boldsymbol{y}$ 向量 $\boldsymbol{x}=(x_1,\cdots,x_n)',\boldsymbol{y}=(y_1,\cdots,y_n)'\in\mathbb{R}^n$ 的 (标准) 内积 (也称数量积) 的传统记号, 即 $x_1y_1+\cdots+x_ny_n$.

$(a_{ij})_{1\leqslant i\leqslant m,1\leqslant j\leqslant n}$ 及 $(a_{ij})_{m\times n}$ 第 i 行、第 j 列元素为 a_{ij} 的 $m\times n$ 矩阵.

$(a_{ij})_{1\leqslant i,j\leqslant n}$ 及 $(a_{ij})_n$　第 i 行、第 j 列元素为 a_{ij} 的 n 阶方阵, 不引起混淆时可记为 (a_{ij}).

$\boldsymbol{I}_n$　n 阶单位方阵, 不引起混淆时可记为 $\boldsymbol{I}$.

$\boldsymbol{O}_{m\times n}$　$m\times n$ 零矩阵, 不引起混淆时可记为 $\boldsymbol{O}$.

$\boldsymbol{O}_n$　n 阶零方阵, 不引起混淆时可记为 $\boldsymbol{O}$.

$\boldsymbol{A}'$　矩阵 $\boldsymbol{A}$ 的转置矩阵.

$\overline{\boldsymbol{A}}$　矩阵 $\boldsymbol{A}$ 的共轭矩阵.

$\boldsymbol{A}^*$　矩阵 A 的共轭转置矩阵, 即 $\overline{\boldsymbol{A}'}=(\overline{\boldsymbol{A}})'$.

$\mathrm{adj}(\boldsymbol{A})$　方阵 $\boldsymbol{A}$ 的伴随方阵.

$\mathrm{diag}(a_{11},a_{22},\cdots,a_{nn})$　主对角线元素为 $a_{11},a_{22},\cdots,a_{nn}$ 的 n 阶对角方阵.

$\mathrm{circ}(a_1,a_2,\cdots,a_n)$　n 阶巡回方阵, 其第 1 行是 $(a_1,a_2,\cdots,a_n)$.

$P(i,j),P\big(i(c)\big),P\big(i,j(c)\big)$　三种初等矩阵 (分别表示: 左乘方阵 $\boldsymbol{A}$ 时, 交换 $\boldsymbol{A}$ 的第 i 和第 j 行, 用 c 乘 $\boldsymbol{A}$ 的第 i 行, 将 $\boldsymbol{A}$ 的第 j 行的 c 倍加到第 i 行. 右乘 $\boldsymbol{A}$ 时, 则相应地变换列).

$\mathrm{tr}\boldsymbol{A},\mathrm{tr}(\boldsymbol{A})$　矩阵 $\boldsymbol{A}$ 的迹.

$r(\boldsymbol{A})$　矩阵 $\boldsymbol{A}$ 的秩.

$\boldsymbol{A}\begin{pmatrix} i_1 & i_2 & \cdots & i_s \\ j_1 & j_2 & \cdots & j_s \end{pmatrix}$　矩阵 $\boldsymbol{A}=(a_{i,j})$ 的 s 阶子阵 $(a_{i_kj_l})_{1\leqslant k,l\leqslant s}$, 其中 $i_1<i_2<\cdots<i_s,j_1<j_2<\cdots<j_s$.

$\det(a_{ij})_{1\leqslant i,j\leqslant n},\det(a_{ij})_n,|(a_{ij})|_n$　第 i 行、第 j 列元素为 a_{ij} 的 n 阶行列式, 不引起混淆时可记为 $\det(a_{ij})$ 和 $|(a_{ij})|$.

$\det(\boldsymbol{A}),\det\boldsymbol{A},|\boldsymbol{A}|$　方阵 $\boldsymbol{A}$ 的行列式.

6°　$\oplus$　直和.

$\dim\mathscr{M}$　空间 $\mathscr{M}$ 的维数.

$\mathrm{Im}(\boldsymbol{A})$　矩阵 (或线性变换)$\boldsymbol{A}$ 的像空间 (也称值域).

$\mathrm{Ker}(\boldsymbol{B})$　矩阵 (或线性变换)$\boldsymbol{B}$ 的核空间 (也称零空间).

7°　$\square$　表示问题解答完毕.

目　次

第 1 章　行　列　式

1.1　一些特殊行列式的计算

例 1.1.1　(Vandermonde 行列式) 若 $x_1,x_2,\cdots,x_n$ 是任意复数, 则

$$V_n=V_n(x_1,x_2,\cdots,x_n)=\begin{vmatrix}1 & x_1 & x_1^2 & \cdots & x_1^{n-1}\\ 1 & x_2 & x_2^2 & \cdots & x_2^{n-1}\\ \vdots & \vdots & \vdots & & \vdots\\ 1 & x_n & x_n^2 & \cdots & x_n^{n-1}\end{vmatrix}=\prod_{1\leqslant i<j\leqslant n}(x_j-x_i).$$

解　这里给出 4 种解法. 解法 1 和 2 基于多项式的因式分解, 解法 3 和 4 应用递推关系式 (本质上是数学归纳法). 此外，解法 2 还采用了加边 (同时加行加列) 技巧和递推关系. 在这些解法中, 解法 4 比较不为人熟知.

解法 1　行列式的展开式共含 $n!$ 项, 每项都是形式为 $x_1^{i_1}x_2^{i_2}\cdots x_n^{i_n}$ 的乘积, 其中 $\{i_1,i_2,\cdots,i_n\}$ 是 $\{0,1,\cdots,n-1\}$ 的一个排列. 因为

$$i_1+i_2+\cdots+i_n=0+1+2+\cdots+(n-1)=\frac{1}{2}n(n-1),$$

所以展开式是变量 $x_1,x_2,\cdots,x_n$ 的 $n(n-1)/2$ 次齐式. 如果我们将 V_n 看作 x_1 的多项式, 那么当 x_1 分别等于 $x_2,x_3,\cdots,x_n$ 时, 行列式都有两行相等, 所以等于 0, 因此 $V_n(x_1,x_2,\cdots,x_n)$ 有因式 $(x_1-x_2)(x_1-x_3)\cdots(x_1-x_n)$, 也就是

$$(x_2-x_1)(x_3-x_1)\cdots(x_n-x_1)$$

(这种改写至多可能相差一个符号, 只影响下文中的常数 c 的符号). 类似地, 将 V_n 看作 x_2 的多项式, 可知 $V_n(x_1,x_2,\cdots,x_n)$ 有因式

$$(x_3-x_2)(x_4-x_2)\cdots(x_n-x_2);$$

等等. 一般地,$V_n(x_1,x_2,\cdots,x_n)$ 有因式

$$\prod_{u=v}^{n}(x_u-x_{v-1})\quad(v=2,3,\cdots,n).$$

这些表达式都是 1 次因式之积, 这些 1 次因式两两互异, 总数等于

$$(n-1)+(n-2)+\cdots+2+1=\frac{1}{2}n(n-1),$$

所以它们的乘积是变量 $x_1,x_2,\cdots,x_n$ 的 $n(n-1)/2$ 次齐式. 于是我们得知 $V_n(x_1,x_2,\cdots,x_n)$ 有因式分解

$$V_n(x_1,x_2,\cdots,x_n)=c\prod_{v=2}^{n}\prod_{u=v}^{n}(x_u-x_{v-1}),$$

其中 c 是一个常数. 因为行列式 V_n 的主对角线元之积等于

$$x_2x_3^2x_4^3\cdots x_n^{n-1},$$

而将前式展开后可知, 含有

$$cx_2x_3^2x_4^3\cdots x_n^{n-1},$$

因此 $c=1$, 于是

$$V_n(x_1,x_2,\cdots,x_n)=\prod_{v=2}^{n}\prod_{u=v}^{n}(x_u-x_{v-1})=\prod_{1\leqslant i<j\leqslant n}(x_j-x_i).$$

解法 2 令

$$P(x)=\begin{vmatrix}1 & x_1 & x_1^2 & \cdots & x_1^{n-2} & x_1^{n-1}\\ 1 & x_2 & x_2^2 & \cdots & x_2^{n-2} & x_2^{n-1}\\ \vdots & \vdots & \vdots & & \vdots & \vdots\\ 1 & x_{n-1} & x_{n-1}^2 & \cdots & x_{n-1}^{n-2} & x_{n-1}^{n-1}\\ 1 & x & x^2 & \cdots & x^{n-2} & x^{n-1}\end{vmatrix}.$$

那么 $P(x)$ 是 x 的 $n-1$ 次多项式, 并且当 $x=x_1,x_2,\cdots,x_{n-1}$ 时, 总有两行相等, 因而 $P(x)$ 有根 $x_1,x_2,\cdots,x_{n-1}$, 从而

$$P(x)=c\prod_{i=1}^{n-1}(x-x_i),$$

其中 c 是 x^{n-1} 的系数. 按最后一行展开行列式得 $c=V_{n-1}(x_1,x_2,\cdots,x_{n-1})$, 因此

$$P(x)=V_{n-1}(x_1,x_2,\cdots,x_{n-1})\prod_{i=1}^{n-1}(x-x_i).$$

在其中令 $x=x_n$, 那么 $P(x_n)=V_n(x_1,x_2,\cdots,x_n)$, 因此得到递推关系式

$$V_n(x_1,x_2,\cdots,x_n)=V_{n-1}(x_1,x_2,\cdots,x_{n-1})\prod_{i=1}^{n-1}(x_n-x_i).$$

由此即可推出所要的公式.

解法 3　将行列式 V_n 的第 n 列减去其前一列 (第 $n-1$ 列) 的 x_n 倍, 得到

$$V_n = \begin{vmatrix} 1 & x_1 & x_1^2 & \cdots & x_1^{n-2} & x_1^{n-1} - x_n x_1^{n-2} \\ 1 & x_2 & x_2^2 & \cdots & x_2^{n-2} & x_2^{n-1} - x_n x_2^{n-2} \\ \vdots & \vdots & \vdots & & \vdots & \vdots \\ 1 & x_{n-1} & x_{n-1}^2 & \cdots & x_{n-1}^{n-2} & x_{n-1}^{n-1} - x_n x_{n-1}^{n-2} \\ 1 & x_n & x_n^2 & \cdots & x_n^{n-2} & 0 \end{vmatrix}$$

$$= \begin{vmatrix} 1 & x_1 & x_1^2 & \cdots & x_1^{n-2} & x_1^{n-2}(x_1 - x_n) \\ 1 & x_2 & x_2^2 & \cdots & x_2^{n-2} & x_2^{n-2}(x_2 - x_n) \\ \vdots & \vdots & \vdots & & \vdots & \vdots \\ 1 & x_{n-1} & x_{n-1}^2 & \cdots & x_{n-1}^{n-2} & x_{n-1}^{n-2}(x_{n-1} - x_n) \\ 1 & x_n & x_n^2 & \cdots & x_n^{n-2} & 0 \end{vmatrix}.$$

类似地, 将上面行列式的第 $n-1$ 列减去其前一列 (第 $n-2$ 列) 的 x_n 倍, 可得

$$V_n = \begin{vmatrix} 1 & x_1 & x_1^2 & \cdots & x_1^{n-3}(x_1 - x_n) & x_1^{n-2}(x_1 - x_n) \\ 1 & x_2 & x_2^2 & \cdots & x_2^{n-3}(x_2 - x_n) & x_2^{n-2}(x_2 - x_n) \\ \vdots & \vdots & \vdots & & \vdots & \vdots \\ 1 & x_{n-1} & x_{n-1}^2 & \cdots & x_{n-1}^{n-3}(x_{n-1} - x_n) & x_{n-1}^{n-2}(x_{n-1} - x_n) \\ 1 & x_n & x_n^2 & \cdots & 0 & 0 \end{vmatrix}.$$

一般地, 逐次将所得行列式的第 j 列减去其前一列 (第 $j-1$ 列) 的 x_n 倍 ($j = n, n-1, n-2, \cdots, 3, 2$), 我们推出

$$V_n = \begin{vmatrix} 1 & x_1 - x_n & x_1(x_1 - x_n) & \cdots & x_1^{n-2}(x_1 - x_n) \\ 1 & x_2 - x_n & x_2(x_2 - x_n) & \cdots & x_2^{n-2}(x_2 - x_n) \\ \vdots & \vdots & \vdots & & \vdots \\ 1 & x_{n-1} - x_n & x_{n-1}(x_{n-1} - x_n) & \cdots & x_{n-1}^{n-2}(x_{n-1} - x_n) \\ 1 & 0 & 0 & \cdots & 0 \end{vmatrix}.$$

按最后一行展开, 可知

$$V_n = (-1)^{n+1} \cdot \begin{vmatrix} x_1 - x_n & x_1(x_1 - x_n) & \cdots & x_1^{n-2}(x_1 - x_n) \\ x_2 - x_n & x_2(x_2 - x_n) & \cdots & x_2^{n-2}(x_2 - x_n) \\ \vdots & \vdots & & \vdots \\ x_{n-1} - x_n & x_{n-1}(x_{n-1} - x_n) & \cdots & x_{n-1}^{n-2}(x_{n-1} - x_n) \end{vmatrix},$$

由各行提取公因式得到

$$\begin{aligned} V_n(x_1, x_2, \cdots, x_n) &= (-1)^{n+1} \prod_{u=1}^{n-1} (x_u - x_n) \cdot V_{n-1}(x_1, x_2, \cdots, x_{n-1}) \\ &= (-1)^{n+1}(-1)^{n-1} \prod_{u=1}^{n-1} (x_n - x_u) \cdot V_{n-1}(x_1, x_2, \cdots, x_{n-1}) \end{aligned}$$

$$=\prod_{u=1}^{n-1}(x_n-x_u)\cdot V_{n-1}(x_1,x_2,\cdots,x_{n-1}).$$

在上式中易 n 为 $n-1$, 对 $V_{n-1}(x_1,x_2,\cdots,x_{n-1})$, 我们有

$$V_{n-1}(x_1,x_2,\cdots,x_{n-1})=\prod_{u=1}^{n-2}(x_{n-1}-x_u)\cdot V_{n-2}(x_1,x_2,\cdots,x_{n-2}).$$

重复这个过程 $n-1$ 次, 注意 $V_1(x_1)=1$, 最终得到

$$V_n(x_1,x_2,\cdots,x_n)=\prod_{v=2}^{n}\prod_{u=1}^{v-1}(x_v-x_u)=\prod_{1\leqslant i<j\leqslant n}(x_j-x_i).$$

解法 4 我们引入下列 n 阶方阵, 其行列式之值等于 1, 并且它的第 $k(\geqslant 2)$ 行的元素由 $(1-x_1)^{k-1}$ 展开式的各项 (降幂排列) 确定:

$$\begin{pmatrix} 1 & 0 & 0 & 0 & \cdots & 0\\ -x_1 & 1 & 0 & 0 & \cdots & 0\\ (-x_1)^2 & \binom{2}{1}(-x_1) & 1 & 0 & \cdots & 0\\ (-x_1)^3 & \binom{3}{2}(-x_1)^2 & \binom{3}{1}(-x_1) & 1 & \cdots & 0\\ \vdots & \vdots & \vdots & \vdots & & \vdots\\ (-x_1)^{n-1} & \binom{n-1}{n-2}(-x_1)^{n-2} & \binom{n-1}{n-3}(-x_1)^{n-3} & \binom{n-1}{n-4}(-x_1)^{n-4} & \cdots & 1 \end{pmatrix},$$

容易验证用它左乘 $V_n(x_1,x_2,\cdots,x_n)$ 所对应的矩阵的转置矩阵

$$\begin{pmatrix} 1 & 1 & 1 & \cdots & 1\\ x_1 & x_2 & x_3 & \cdots & x_n\\ x_1^2 & x_2^2 & x_3^2 & \cdots & x_n^2\\ \vdots & \vdots & \vdots & & \vdots\\ x_1^{n-1} & x_2^{n-1} & x_3^{n-1} & \cdots & x_n^{n-1} \end{pmatrix}$$

所得之积等于

$$\begin{pmatrix} 1 & 1 & 1 & \cdots & 1\\ 0 & x_2-x_1 & x_3-x_1 & \cdots & x_n-x_1\\ 0 & (x_2-x_1)^2 & (x_3-x_1)^2 & \cdots & (x_n-x_1)^2\\ \vdots & \vdots & \vdots & & \vdots\\ 0 & (x_2-x_1)^{n-1} & (x_3-x_1)^{n-1} & \cdots & (x_n-x_1)^{n-1} \end{pmatrix},$$

所以我们有

$$V_n(x_1,x_2,\cdots,x_n)=\begin{vmatrix}1&1&1&\cdots&1\\0&x_2-x_1&x_3-x_1&\cdots&x_n-x_1\\0&(x_2-x_1)^2&(x_3-x_1)^2&\cdots&(x_n-x_1)^2\\\vdots&\vdots&\vdots&&\vdots\\0&(x_2-x_1)^{n-1}&(x_3-x_1)^{n-1}&\cdots&(x_n-x_1)^{n-1}\end{vmatrix},$$

由此得到递推关系式

$$V_n(x_1,x_2,\cdots,x_n)=\prod_{u=2}^{n}(x_u-x_1)\cdot V_{n-1}(x_2-x_1,x_3-x_1,\cdots,x_n-x_1).$$

对 $V_{n-1}(x_2-x_1,x_3-x_1,\cdots,x_n-x_1)$ 应用这个递推关系式 (视 $x_2-x_1,x_3-x_1,\cdots,x_n-x_1$ 为参数, 并注意 $(x_3-x_1)-(x_2-x_1)=x_3-x_2$, 等等), 可知

$$V_{n-1}(x_2-x_1,x_3-x_1,\cdots,x_n-x_1)=\prod_{u=3}^{n}(x_u-x_2)\cdot V_{n-2}(x_3-x_2,x_4-x_2,\cdots,x_n-x_2).$$

继续这个过程有限步, 最终得到

$$V_n(x_1,x_2,\cdots,x_n)=\prod_{v=1}^{n-1}\prod_{u=v+1}^{n}(x_u-x_v)=\prod_{1\leqslant i<j\leqslant n}(x_j-x_i).$$ □

* **例 1.1.2**　(Cauchy 行列式) 若 a_i,b_j 是任意复数, 所有 $a_i+b_j\neq 0$, 则

$$D_n=D_n(a_1,\cdots,a_n;b_1,\cdots,b_n)=\begin{vmatrix}\dfrac{1}{a_1+b_1}&\dfrac{1}{a_1+b_2}&\cdots&\dfrac{1}{a_1+b_n}\\\dfrac{1}{a_2+b_1}&\dfrac{1}{a_2+b_2}&\cdots&\dfrac{1}{a_2+b_n}\\\vdots&\vdots&&\vdots\\\dfrac{1}{a_n+b_1}&\dfrac{1}{a_n+b_2}&\cdots&\dfrac{1}{a_n+b_n}\end{vmatrix}$$

$$=\frac{\prod\limits_{1\leqslant i<j\leqslant n}(a_i-a_j)(b_i-b_j)}{\prod\limits_{1\leqslant i,j\leqslant n}(a_i+b_j)}.$$

解　我们在此给出两种解法.

解法 1　从每行提出该行元素的公分母, 可得

$$D_n=\left(\prod_{1\leqslant i,j\leqslant n}(a_i+b_j)\right)^{-1}\cdot T_n,$$

其中 T_n 是一个 n 阶行列式, 由它的展开式可知它是变元 a_i,b_j 的多项式. 它的第 k 行的元素是

$$(a_k+b_2)(a_k+b_3)\cdots(a_k+b_n),\quad (a_k+b_1)(a_k+b_3)\cdots(a_k+b_n),$$

$$\cdots,\quad (a_k+b_1)\cdots(a_k+b_{j-1})(a_k+b_{j+1})\cdots(a_k+b_n),\quad \cdots,$$
$$(a_k+b_1)(a_k+b_2)\cdots(a_k+b_{n-1}),$$

若将 T_n 的第 2 列与第 1 列相减, 则可看到所得到的新的第 2 列的每个元素都含有因子 (a_1-a_2), 因而多项式 T_n 有因子 (a_1-a_2). 类似地, 将 T_n 的第 $j(\geqslant 2)$ 列与第 1 列相减, 可知 T_n 有因子 (a_1-a_j). 因此 T_n 有因子

$$(a_1-a_2)(a_1-a_3)\cdots(a_1-a_n).$$

同样, 将 T_n 的第 $j(\geqslant 3)$ 列与第 2 列相减, 可知 T_n 有因子

$$(a_2-a_3)(a_2-a_4)\cdots(a_2-a_n).$$

于是我们得知: 一般地,T_n 有因子

$$\prod_{1\leqslant i<j\leqslant n}(a_i-a_j).$$

又因为行列式 T_n 关于 a_i,b_i 对称, 所以它还有因子

$$\prod_{1\leqslant i<j\leqslant n}(b_i-b_j).$$

因此, 我们得到

$$T_n=\prod_{1\leqslant i<j\leqslant n}(a_i-a_j)(b_i-b_j)\cdot P_n,$$

其中 P_n 是 a_i,b_j 的某个多项式. 比较 T_n 与

$$\prod_{1\leqslant i<j\leqslant n}(a_i-a_j)(b_i-b_j)$$

的次数可知 $\deg P_n=0$, 所以 $P_n=c$(常数), 于是

$$T_n=c\prod_{1\leqslant i<j\leqslant n}(a_i-a_j)(b_i-b_j).$$

最后, 在上式两边令

$$a_1=-b_1,\quad a_2=-b_2,\quad \cdots,\quad a_n=-b_n,$$

此时 T_n 成为下三角行列式, 容易算出其值与右边表达式的相应值恰好相差常数因子 c, 从而 $c=1$. 于是上述公式得证.

解法 2　将 D_n 的前 $n-1$ 行中的每一行分别减去第 n 行, 并在每一行和每一列提取公因子, 可得

$$D_n=\frac{\prod\limits_{i=1}^{n-1}(a_n-a_i)}{\prod\limits_{i=1}^{n}(a_n+b_i)}\cdot\varDelta_n,$$

其中

$$\Delta_n=\begin{vmatrix}\dfrac{1}{a_1+b_1} & \dfrac{1}{a_1+b_2} & \cdots & \dfrac{1}{a_1+b_n}\\ \dfrac{1}{a_2+b_1} & \dfrac{1}{a_2+b_2} & \cdots & \dfrac{1}{a_2+b_n}\\ \vdots & \vdots & & \vdots\\ \dfrac{1}{a_{n-1}+b_1} & \dfrac{1}{a_{n-1}+b_2} & \cdots & \dfrac{1}{a_{n-1}+b_n}\\ 1 & 1 & \cdots & 1\end{vmatrix}.$$

将 Δ_n 的前 $n-1$ 列中的每一列分别减去第 n 列, 并类似地在每一行和每一列提取公因子, 可得

$$\Delta_n=\frac{\prod\limits_{i=1}^{n-1}(b_n-b_i)}{\prod\limits_{j=1}^{n-1}(a_j+b_n)}\cdot\Delta_n',$$

其中

$$\Delta_n'=\begin{vmatrix}\dfrac{1}{a_1+b_1} & \dfrac{1}{a_1+b_2} & \cdots & \dfrac{1}{a_1+b_{n-1}} & 1\\ \dfrac{1}{a_2+b_1} & \dfrac{1}{a_2+b_2} & \cdots & \dfrac{1}{a_2+b_{n-1}} & 1\\ \vdots & \vdots & & \vdots & \vdots\\ \dfrac{1}{a_{n-1}+b_1} & \dfrac{1}{a_{n-1}+b_2} & \cdots & \dfrac{1}{a_{n-1}+b_{n-1}} & 1\\ 0 & 0 & \cdots & 0 & 1\end{vmatrix}=D_{n-1}.$$

于是我们得到递推关系

$$D_n=\frac{\prod\limits_{i=1}^{n-1}(a_n-a_i)(b_n-b_i)}{\prod\limits_{i=1}^{n}(a_n+b_i)\prod\limits_{j=1}^{n-1}(a_j+b_n)}\cdot D_{n-1}.$$

由此可推出题中的等式. □

例 1.1.3 (三对角行列式) 令

$$J_n=J_n(a_i,b_j,c_k)=\begin{vmatrix}a_1 & b_1 & 0 & 0 & \cdots & 0 & 0\\ c_2 & a_2 & b_2 & 0 & \cdots & 0 & 0\\ 0 & c_3 & a_3 & b_3 & \cdots & 0 & 0\\ \vdots & \vdots & \vdots & \vdots & & \vdots & \vdots\\ 0 & 0 & 0 & 0 & \cdots & a_{n-1} & b_{n-1}\\ 0 & 0 & 0 & 0 & \cdots & c_n & a_n\end{vmatrix}.$$

(1) 证明:$J_n=a_nJ_{n-1}-b_{n-1}c_nJ_{n-2}$.

(2) 设 $a_i=a,b_j=b,c_k=c$, 计算 $J_n=J_n(a,b,c)$.

(3) 证明: 若 $bc=b'c'$, 则 $J_n(a,b,c)=J_n(a,b',c')$.

(4) 证明:$J_n(1,1,-1)=F_n(n\geqslant 1)$, 此处 F_n 是 Fibonacci 数.

(5) 设 $b_j=1,c_k=-1$, 记 $\widehat{J}_n(a_1,a_2,\cdots,a_n)=J_n(a_i,1,-1)$, 证明:

$$\frac{\widehat{J}_n(a_1,a_2,\cdots,a_n)}{\widehat{J}_{n-1}(a_2,a_3,\cdots,a_n)}=[a_1,a_2,\cdots,a_n],$$

此处右边的式子表示元素为 $a_1,a_2,\cdots,a_n$ 的简单连分数.

解 (1) 按最后一行展开行列式 J_n, 得到 $J_n=a_nJ_{n-1}-c_n\varDelta_{n-1}$, 然后按最后一列展开行列式 $\varDelta_{n-1}$, 即得结果.

(2) 我们给出两种解法.

解法 1 (i) 若 $bc=0$, 则按第 1 行展开得 $J_n=aJ_{n-1}$, 因此 $J_n=a^n$.

(ii) 下面设 $bc\neq 0$. 因为 a_i,b_j,c_k 都是常数 (与下标无关), 所以按第 1 行展开, 得到递推关系式

$$J_n=aJ_{n-1}-bcJ_{n-2}\quad (n\geqslant 3).$$

其特征方程 $x^2-ax+bc=0$ 的根是

$$\alpha=\frac{a+\sqrt{a^2-4bc}}{2},\quad \beta=\frac{a-\sqrt{a^2-4bc}}{2}.$$

若 $a^2-4bc\neq 0$, 则

$$J_n=c_1\alpha^n+c_2\beta^n.$$

定出常数 $c_1=(J_2-\beta J_1)/(\alpha(\alpha-\beta)),c_2=(J_2-\alpha J_1)/(\beta(\beta-\alpha))$, 从而求出

$$J_n=\frac{\alpha^{n-1}(J_2-\beta J_1)-\beta^{n-1}(J_2-\alpha J_1)}{\alpha-\beta}.$$

注意 $J_1=a,J_2=a^2-bc$, 我们有

$$\begin{aligned}J_2-\beta J_1&=a^2-bc-a\beta=\frac{1}{4}\left(a^2+(a^2-4bc)+2a\sqrt{a^2-4bc}\right)\\&=\frac{1}{4}(a+\sqrt{a^2-4bc})^2=\alpha^2,\end{aligned}$$

类似地,$J_2-\alpha J_1=\beta^2$, 所以

$$J_n=\frac{\alpha^{n-1}\cdot\alpha^2-\beta^{n-1}\cdot\beta^2}{\alpha-\beta}=\frac{\alpha^{n+1}-\beta^{n+1}}{\alpha-\beta}.$$

若 $a^2-4bc=0$, 则 $\alpha=\beta$, 此时

$$J_n=(c_3+c_4n)\alpha^n,$$

定出常数 $c_3=(2\alpha J_1-J_2)/\alpha^2,c_4=(J_2-\alpha J_1)/\alpha^2$, 得到

$$\begin{aligned}J_n&=2\alpha^{n-1}J_1-\alpha^{n-2}J_2+n\alpha^{n-2}J_2-n\alpha^{n-1}J_1\\&=(\alpha J_1-J_2)\alpha^{n-2}+\alpha^{n-1}J_1-n\alpha^{n-2}(\alpha J_1-J_2)\\&=\alpha^{n-1}J_1+(n-1)\alpha^{n-2}(J_2-\alpha J_1).\end{aligned}$$

因为 $J_2-\alpha J_1=J_2-\beta J_1=\alpha^2, J_1=a, \alpha=a/2$, 所以

$$J_n=\alpha^{n-1}J_1+(n-1)\alpha^n=a\left(\frac{a}{2}\right)^{n-1}+(n-1)\left(\frac{a}{2}\right)^n=(n+1)\left(\frac{a}{2}\right)^n.$$

注意, 依步骤 (i), 上述结果在 $bc=0$ 时也是成立的; 特别地, 在 $a^2-4bc\neq 0$ 时, 若 $bc=0$, 则 $\alpha=a, \beta=0, (\alpha^{n+1}-\beta^{n+1})/(\alpha-\beta)=a^n$.

(iii) 合起来, 我们有

$$J_n=\begin{cases} a^n & (bc=0), \\ (n+1)\left(\dfrac{a}{2}\right)^n & (a^2-4bc=0), \\ \dfrac{\alpha^{n+1}-\beta^{n+1}}{\alpha-\beta} & (a^2-4bc\neq 0). \end{cases}$$

解法 2　按第 1 行展开得到递推关系式 (参见解法 1)

$$J_n=aJ_{n-1}-bcJ_{n-2}\quad (n\geqslant 3).$$

其特征方程 $x^2-ax+bc=0$ 的根是

$$\alpha=\frac{a+\sqrt{a^2-4bc}}{2},\quad \beta=\frac{a-\sqrt{a^2-4bc}}{2}.$$

下面不直接应用二阶线性递推关系的特征根, 而是依二次方程的根与系数的关系, 可知 $a=\alpha+\beta, bc=\alpha\beta$, 于是递推关系式改写为

$$J_n=(\alpha+\beta)J_{n-1}-\alpha\beta J_{n-2}\quad (n\geqslant 3).$$

进而将它改写为

$$J_n-\beta J_{n-1}=\alpha(J_{n-1}-\beta J_{n-2}),$$

迭代 1 次, 得到

$$J_n-\beta J_{n-1}=\alpha\cdot\alpha(J_{n-2}-\beta J_{n-3})=\alpha^2(J_{n-2}-\beta J_{n-3}),$$

继续迭代, 最终得到

$$J_n-\beta J_{n-1}=\alpha^{n-2}(J_2-\beta J_1).$$

类似地, 将递推关系式改写为 $J_n-\alpha J_{n-1}=\beta(J_{n-1}-\alpha J_{n-2})$, 可得

$$J_n-\alpha J_{n-1}=\beta^{n-2}(J_2-\alpha J_1).$$

因为 $J_1=a, J_2=a^2-bc$, 所以 (参见解法 1)

$$J_2-\beta J_1=\alpha^2,\quad J_2-\alpha J_1=\beta^2,$$

从而

$$J_n-\beta J_{n-1}=\alpha^n,\quad J_n-\alpha J_{n-1}=\beta^n.$$

若 $\alpha\neq\beta$, 也就是 $a^2-4bc\neq 0$, 则由上两式解得

$$J_n=\frac{\alpha^{n+1}-\beta^{n+1}}{\alpha-\beta}.$$

若 $\alpha=\beta$, 也就是 $a^2-4bc=0$, 则由 $J_n-\beta J_{n-1}=\alpha^n$ 得

$$J_n=\alpha^n+\beta J_{n-1}=\alpha^n+\alpha J_{n-1},$$

于是有限次迭代后得到

$$\begin{aligned}J_n&=\alpha^n+\alpha(\alpha^{n-1}+\alpha J_{n-2})=2\alpha^n+\alpha^2 J_{n-2}=\cdots\\&=(n+1)\alpha^n=(n+1)\left(\frac{a}{2}\right)^n.\end{aligned}$$

(3) 由本例问题 (2) 中所得结果可知,$J_n(a,b,c)$ 的值只与 bc 有关, 所以得到题中的结论.

(4) 此时 $a^2-4bc\neq 0$. 直接应用本例问题 (2) 的结果, 可知 $\alpha=(1+\sqrt{5})/2,\beta=(1-\sqrt{5})/2$, 于是由 Fibonacci 数列的通项公式推出 $J_n=F_n$.

或者, 按第 1 行展开, 得到

$$J_n=J_{n-1}+J_{n-2}\quad(n\geqslant 3),$$

并且初始条件是 $J_1=1,J_2=2$, 这正是 Fibonacci 数列所满足的关系式. 由二阶线性递推式的解的唯一性立得 $J_n=F_n(n\geqslant 1)$.

(5) 按 $J_n(a_i,1,-1)$ 的第 1 列展开, 得到

$$\begin{aligned}&\widehat{J}_n(a_1,a_2,\cdots,a_n)\\
&=a_1\begin{vmatrix}a_2&1&0&\cdots&0&0\\-1&a_3&1&\cdots&0&0\\\vdots&\vdots&\vdots&&\vdots&\vdots\\0&0&0&\cdots&a_{n-1}&1\\0&0&0&\cdots&-1&a_n\end{vmatrix}+\begin{vmatrix}1&0&0&\cdots&0&0\\-1&a_3&1&\cdots&0&0\\\vdots&\vdots&\vdots&&\vdots&\vdots\\0&0&0&\cdots&-1&a_n\end{vmatrix}\\
&=a_1\begin{vmatrix}a_2&1&0&\cdots&0&0\\-1&a_3&1&\cdots&0&0\\\vdots&\vdots&\vdots&&\vdots&\vdots\\0&0&0&\cdots&a_{n-1}&1\\0&0&0&\cdots&-1&a_n\end{vmatrix}+\begin{vmatrix}a_3&1&\cdots&0&0\\-1&a_4&\cdots&0&0\\\vdots&\vdots&&\vdots&\vdots\\0&0&\cdots&a_{n-1}&1\\0&0&\cdots&-1&a_n\end{vmatrix}\\
&=a_1\widehat{J}_{n-1}(a_2,a_3,\cdots,a_n)+\widehat{J}_{n-2}(a_3,a_4,\cdots,a_n).\end{aligned}$$

因此

$$\frac{\widehat{J}_n(a_1,a_2,\cdots,a_n)}{\widehat{J}_{n-1}(a_2,a_3,\cdots,a_n)}=a_1+\frac{\widehat{J}_{n-2}(a_3,a_4,\cdots,a_n)}{\widehat{J}_{n-1}(a_2,a_3,\cdots,a_n)}=a_1+\cfrac{1}{\cfrac{\widehat{J}_{n-1}(a_2,a_3,\cdots,a_n)}{\widehat{J}_{n-2}(a_3,a_4,\cdots,a_n)}},$$

迭代 $n-1$ 次, 即得所要的结果. □

例 1.1.4　设 $a_1,a_2,\cdots,a_n$ 是复数, $f(x)=a_1+a_2x+\cdots+a_nx^{n-1}$.

(1) 令

$$Z_n=Z_n(a_1,a_2,\cdots,a_n)=\begin{vmatrix} a_1 & a_2 & a_3 & \cdots & a_{n-1} & a_n \\ a_nz & a_1 & a_2 & \cdots & a_{n-2} & a_{n-1} \\ a_{n-1}z & a_nz & a_1 & \cdots & a_{n-3} & a_{n-2} \\ \vdots & \vdots & \vdots & & \vdots & \vdots \\ a_2z & a_3z & a_4z & \cdots & a_nz & a_1 \end{vmatrix},$$

证明:

$$Z_n=f(\omega_0)f(\omega_1)f(\omega_2)\cdots f(\omega_{n-1}),$$

其中 $z=r\mathrm{e}^{\varphi\mathrm{i}}=r(\cos\varphi+\mathrm{i}\sin\varphi)$ 是任意复数,

$$\omega_k=\sqrt[n]{r}\mathrm{e}^{(\varphi+2k\pi)\mathrm{i}/n}=\sqrt[n]{r}\left(\cos\frac{\varphi+2k\pi}{n}+\mathrm{i}\sin\frac{\varphi+2k\pi}{n}\right)\quad(k=0,1,\cdots,n-1)$$

是 $\sqrt[n]{z}$ 的所有 n 个值.

*(2) (巡回行列式) 令

$$D_n=D_n(a_1,a_2,\cdots,a_n)=\begin{vmatrix} a_1 & a_2 & a_3 & \cdots & a_{n-1} & a_n \\ a_n & a_1 & a_2 & \cdots & a_{n-2} & a_{n-1} \\ a_{n-1} & a_n & a_1 & \cdots & a_{n-3} & a_{n-2} \\ \vdots & \vdots & \vdots & & \vdots & \vdots \\ a_2 & a_3 & a_4 & \cdots & a_n & a_1 \end{vmatrix},$$

证明:

$$D_n=f(\eta_0)f(\eta_1)f(\eta_2)\cdots f(\eta_{n-1}),$$

其中

$$\eta_k=\mathrm{e}^{2k\pi\mathrm{i}/n}=\cos\frac{2k\pi}{n}+\mathrm{i}\sin\frac{2k\pi}{n}\quad(k=0,1,\cdots,n-1)$$

是 $\sqrt[n]{1}$ 的所有 n 个值.

(3) (斜巡回行列式) 令

$$G_n=G_n(a_1,a_2,\cdots,a_n)=\begin{vmatrix} a_1 & a_2 & a_3 & \cdots & a_{n-1} & a_n \\ -a_n & a_1 & a_2 & \cdots & a_{n-2} & a_{n-1} \\ -a_{n-1} & -a_n & a_1 & \cdots & a_{n-3} & a_{n-2} \\ \vdots & \vdots & \vdots & & \vdots & \vdots \\ -a_2 & -a_3 & -a_4 & \cdots & -a_n & a_1 \end{vmatrix},$$

证明:

$$G_n=f(\theta_0)f(\theta_1)f(\theta_2)\cdots f(\theta_{n-1}),$$

其中

$$\theta_k = \mathrm{e}^{(2k+1)\pi\mathrm{i}/n} = \cos\frac{(2k+1)\pi}{n} + \mathrm{i}\sin\frac{(2k+1)\pi}{n} \quad (k=0,1,\cdots,n-1)$$

是 $\sqrt[n]{-1}$ 的所有 n 个值.

解 (1) 此处给出两种解法, 它们都要用到 ω_k 的特性.

解法 1 将题给行列式的第 2 列, 第 3 列,$\cdots$, 第 n 列分别乘以 $\omega_1,\omega_1^2,\cdots,\omega_1^{n-1}$, 然后与第 1 列相加, 得到

$$Z_n = \begin{vmatrix} a_1+a_2\omega_1+\cdots+a_n\omega_1^{n-1} & a_2 & a_3 & \cdots & a_{n-1} & a_n \\ a_nz+a_1\omega_1+\cdots+a_{n-1}\omega_1^{n-1} & a_1 & a_2 & \cdots & a_{n-2} & a_{n-1} \\ a_{n-1}z+a_nz\omega_1+\cdots+a_{n-2}\omega_1^{n-1} & a_nz & a_1 & \cdots & a_{n-3} & a_{n-2} \\ \vdots & \vdots & \vdots & & \vdots & \vdots \\ a_2z+a_3z\omega_1+\cdots+a_1\omega_1^{n-1} & a_3z & a_4z & \cdots & a_nz & a_1 \end{vmatrix},$$

因为 $\omega_1^n = z, \omega_1^{n+t} = z\omega_1^t\,(t\in\mathbb{Z})$, 所以

$$\begin{aligned} & a_1+a_2\omega_1+\cdots+a_{n-1}\omega_1^{n-2}+a_n\omega_1^{n-1} = f(\omega_1), \\ & a_nz+a_1\omega_1+\cdots+a_{n-1}\omega_1^{n-1} \\ &\quad = \omega_1(a_nz\omega_1^{-1}+a_1+\cdots+a_{n-1}\omega_1^{n-2}) \\ &\quad = \omega_1(a_n\omega_1^{n-1}+a_1+a_2\omega_1+\cdots+a_{n-1}\omega_1^{n-2}) = \omega_1 f(\omega_1), \\ & a_{n-1}z+a_nz\omega_1+a_1\omega_1^2+\cdots+a_{n-2}\omega_1^{n-1} \\ &\quad = \omega_1^2(a_{n-1}z\omega_1^{-2}+a_nz\omega_1^{-1}+a_1+\cdots+a_{n-2}\omega_1^{n-3}) \\ &\quad = \omega_1^2(a_{n-1}\omega_1^{n-2}+a_n\omega_1^{n-1}+a_1+\cdots+a_{n-2}\omega_1^{n-3}) = \omega_1^2 f(\omega_1), \end{aligned}$$

等等. 一般地, 上述行列式的第 1 列的第 j 个元素可化为 $\omega_1^{j-1}f(\omega_1)$, 因此

$$Z_n = \begin{vmatrix} f(\omega_1) & a_2 & a_3 & \cdots & a_{n-1} & a_n \\ \omega_1 f(\omega_1) & a_1 & a_2 & \cdots & a_{n-2} & a_{n-1} \\ \omega_1^2 f(\omega_1) & a_nz & a_1 & \cdots & a_{n-3} & a_{n-2} \\ \vdots & \vdots & \vdots & & \vdots & \vdots \\ \omega_1^{n-1}f(\omega_1) & a_3z & a_4z & \cdots & a_nz & a_1 \end{vmatrix},$$

于是 Z_n 有因子 $f(\omega_1)$. 因为对于任何 $k\,(0\leqslant k\leqslant n-1), \omega_k^n = z, \omega_k^{n+t} = z\omega_k^t\,(t\in\mathbb{Z})$, 所以在上述推理中将 ω_1 换成 $\omega_k(k=0,2,3,\cdots,n-1)$, 可知 Z_n 还有因子 $f(\omega_k)(k=0,2,3,\cdots,n-1)$. 将 Z_n 看作变元 $a_1,a_2,\cdots,a_n$ 的多项式, 是齐 n 次式, 而 $f(\omega_k)(k=0,1,2,\cdots,n-1)$ 之积也是 $a_1,a_2,\cdots,a_n$ 的齐 n 次多项式, 因此

$$Z_n(a_1,a_2,\cdots,a_n) = cf(\omega_0)f(\omega_1)\cdots f(\omega_{n-1}).$$

令 $a_1=1, a_2=\cdots=a_n=0$, 可知常数 $c=1$, 于是得到 $Z_n = f(\omega_0)f(\omega_1)f(\omega_2)\cdots f(\omega_{n-1})$.

解法 2　注意 $\omega_k^{n+t} = z\omega_k^t\,(t \in \mathbb{Z})$, 我们推出 (参见解法 1)

$$\begin{pmatrix} a_1 & a_2 & a_3 & \cdots & a_n \\ a_n z & a_1 & a_2 & \cdots & a_{n-1} \\ a_{n-1}z & a_n z & a_1 & \cdots & a_{n-2} \\ \vdots & \vdots & \vdots & & \vdots \\ a_2 z & a_3 z & a_4 z & \cdots & a_1 \end{pmatrix} \begin{pmatrix} 1 & 1 & \cdots & 1 \\ \omega_0 & \omega_1 & \cdots & \omega_{n-1} \\ \omega_0^2 & \omega_1^2 & \cdots & \omega_{n-1}^2 \\ \vdots & \vdots & & \vdots \\ \omega_0^{n-1} & \omega_1^{n-1} & \cdots & \omega_{n-1}^{n-1} \end{pmatrix}$$

$$= \begin{pmatrix} f(\omega_0) & f(\omega_1) & \cdots & f(\omega_{n-1}) \\ \omega_0 f(\omega_0) & \omega_1 f(\omega_1) & \cdots & \omega_{n-1} f(\omega_{n-1}) \\ \omega_0^2 f(\omega_0) & \omega_1^2 f(\omega_1) & \cdots & \omega_{n-1}^2 f(\omega_{n-1}) \\ \vdots & \vdots & & \vdots \\ \omega_0^{n-1} f(\omega_0) & \omega_1^{n-1} f(\omega_1) & \cdots & \omega_{n-1}^{n-1} f(\omega_{n-1}) \end{pmatrix},$$

两边取行列式, 得到

$$Z_n \cdot |(\omega_i^j)| = f(\omega_0)f(\omega_1)\cdots f(\omega_{n-1}) \cdot |(\omega_i^j)|.$$

因为当 $i \neq j\,(0 \leqslant i,j \leqslant n-1)$ 时 $\omega_i \neq \omega_j$, 所以 Vandermonde 行列式 $|(\omega_i^j)| \neq 0$(见例 1.1.1), 于是得到所要的结果.

或者, 将上述矩阵等式的右边表示为

$$\begin{pmatrix} 1 & 1 & \cdots & 1 \\ \omega_0 & \omega_1 & \cdots & \omega_{n-1} \\ \omega_0^2 & \omega_1^2 & \cdots & \omega_{n-1}^2 \\ \vdots & \vdots & & \vdots \\ \omega_0^{n-1} & \omega_1^{n-1} & \cdots & \omega_{n-1}^{n-1} \end{pmatrix} \begin{pmatrix} f(\omega_0) & 0 & 0 & \cdots & 0 \\ 0 & f(\omega_1) & 0 & \cdots & 0 \\ 0 & 0 & f(\omega_2) & \cdots & 0 \\ \vdots & \vdots & \vdots & & \vdots \\ 0 & 0 & 0 & \cdots & f(\omega_{n-1}) \end{pmatrix},$$

也可推出所要的结果.

(2) 解法 1　在本例问题 (1) 中取 $z = 1$.

解法 2　由例 3.2.3 知与 D_n 相应的 n 阶方阵 (称 n 阶巡回方阵) 的所有特征值是 $f(\eta_0), f(\eta_1), \cdots, f(\eta_{n-1})$, 而此方阵的行列式等于这些特征值之积 (见习题 3.19 的解后的注), 所以得到所要的结果.

(3) 在本例问题 (1) 中取 $z = -1$. □

例 1.1.5　(加边行列式)(1) 设 $A_n = \det(a_{ij})_n$, 令

$$D_{n+1} = \begin{vmatrix} a_{11} & \cdots & a_{1n} & x_1 \\ a_{21} & \cdots & a_{2n} & x_2 \\ \vdots & & \vdots & \vdots \\ a_{n1} & \cdots & a_{nn} & x_n \\ y_1 & \cdots & y_n & z \end{vmatrix}.$$

证明:

$$D_{n+1}=A_nz-\sum_{1\leqslant i,j\leqslant n}A_{ij}x_iy_j,$$

其中 A_{ij} 是行列式 A_n 中元素 a_{ij} 的代数余子式.

(2) 证明行列式

$$\begin{vmatrix} a_1 & 0 & 0 & \cdots & 0 & x_1 \\ 0 & a_2 & 0 & \cdots & 0 & x_2 \\ \vdots & \vdots & \vdots & & \vdots & \vdots \\ 0 & 0 & 0 & \cdots & a_n & x_n \\ y_1 & y_2 & y_3 & \cdots & y_n & z \end{vmatrix}=a_1a_2\cdots a_n\left(z-\sum_{i=1}^{n}\frac{x_iy_i}{a_i}\right).$$

(3) 设 $\boldsymbol{A}$ 是 n 阶方阵, $\boldsymbol{X},\boldsymbol{Y}$ 是 n 维列向量, 则

$$\begin{vmatrix} \boldsymbol{A} & \boldsymbol{X} \\ \boldsymbol{Y}' & \boldsymbol{O} \end{vmatrix}=-\boldsymbol{Y}'\mathrm{adj}(\boldsymbol{A})\boldsymbol{X},$$

其中 $\mathrm{adj}(\boldsymbol{A})$ 是方阵 $\boldsymbol{A}$ 的伴随方阵.

解 (1) 按第 $n+1$ 行展开, 可知

$$D_{n+1}=(-1)^{n+2}y_1C_1+(-1)^{n+3}y_2C_2+\cdots+(-1)^{2n+1}y_nC_n+(-1)^{2n+2}zC_{n+1},$$

其中 $C_k(k=1,2,\cdots,n+1)$ 表示在 D_{n+1} 中划去第 $n+1$ 行和第 k 列所得到的行列式. 然后将上式右边前 n 个加项中的行列式 (即 $C_1,C_2,\cdots,C_n$) 分别按第 n 列展开, 例如, 右边第 1 个加项中的行列式

$$\begin{aligned} C_1&=\begin{vmatrix} a_{12} & \cdots & a_{1n} & x_1 \\ a_{22} & \cdots & a_{2n} & x_2 \\ \vdots & & \vdots & \vdots \\ a_{n2} & \cdots & a_{nn} & x_n \end{vmatrix} \\ &=(-1)^{n+1}x_1\begin{vmatrix} a_{22} & \cdots & a_{2n} \\ \vdots & & \vdots \\ a_{n2} & \cdots & a_{nn} \end{vmatrix}+(-1)^{n+2}x_2\begin{vmatrix} a_{12} & \cdots & a_{1n} \\ a_{32} & \cdots & a_{3n} \\ \vdots & & \vdots \\ a_{n2} & \cdots & a_{nn} \end{vmatrix} \\ &\quad+\cdots+(-1)^{2n}x_n\begin{vmatrix} a_{12} & \cdots & a_{1n} \\ \vdots & & \vdots \\ a_{n-1,2} & \cdots & a_{n-1,n} \end{vmatrix}, \end{aligned}$$

因此右边第 1 个加项等于

$$\begin{aligned} &(-1)^{n+2}y_1\big((-1)^{n+1}x_1\cdot(-1)^{1+1}A_{11}+(-1)^{n+2}x_2\cdot(-1)^{1+2}A_{21} \\ &\quad+\cdots+(-1)^{2n}x_n\cdot(-1)^{n+1}A_{n1}\big) \end{aligned}$$

$$= -(A_{11}x_1y_1 + A_{21}x_2y_1 + \cdots + A_{n1}x_ny_1).$$

对于其他各项也可得到类似的结果 (注意, 当 x_i 的下标增加 1 时, 与它相应的因子 -1 的指数增加 1, 同时, 和它匹配的子式 A_{ij} 所相应的因子 -1 的指数也增加 1, 因此我们总是得到 $-A_{ij}x_iy_j$). 于是我们最终推出所要的结果.

(2) **解法 1**　将题中的行列式记作 $J_{n+1}(a_1,\cdots,a_n,z)$, 并按第 1 行展开, 得到

$$J_{n+1}(a_1,\cdots,a_n,z) = a_1J_n(a_2,\cdots,a_n,z) + (-1)^{n+2}x_1\begin{vmatrix} 0 & a_2 & 0 & 0 & \cdots & 0 \\ 0 & 0 & a_3 & 0 & \cdots & 0 \\ \vdots & \vdots & \vdots & & \vdots & \vdots \\ 0 & 0 & 0 & \cdots & 0 & a_n \\ y_1 & y_2 & y_3 & \cdots & y_{n-1} & y_n \end{vmatrix}.$$

按第 1 列展开上式右边的行列式, 即得递推关系式

$$\begin{aligned} J_{n+1}(a_1,\cdots,a_n,z) &= a_1J_n(a_2,\cdots,a_n,z) - x_1y_1a_2\cdots a_n \\ &= a_1J_n(a_2,\cdots,a_n,z) - x_1y_1\frac{a_1a_2a_3\cdots a_n}{a_1}. \end{aligned}$$

将此关系式应用于 $J_n(a_2,\cdots,a_n,z)$, 可知

$$J_n(a_2,\cdots,a_n,z) = a_2J_{n-1}(a_3,\cdots,a_n,z) - x_2y_2\frac{a_2a_3a_4\cdots a_n}{a_2},$$

因而

$$a_1J_n(a_2,\cdots,a_n,z) = a_1a_2J_{n-1}(a_3,\cdots,a_n,z) - x_2y_2\frac{a_1a_2a_3\cdots a_n}{a_2}.$$

继续这个过程, 每次将得到

$$a_1a_2\cdots a_iJ_{n-i+1}(a_{i+1},\cdots,a_n,z) - x_iy_i\frac{a_1a_2a_3\cdots a_n}{a_i},$$

并且最后一次出现 $a_1a_2\cdots a_nJ_1(z) = a_1a_2\cdots a_nz$. 于是得到所要的公式 (当然, 也可直接依据得到的递推关系式用数学归纳法证明).

解法 2　在本例问题 (1) 中取 $A_n = |\mathrm{diag}(a_1,a_2,\cdots,a_n)| = a_1a_2\cdots a_n$ (对角行列式), 那么 $A_{ij} = 0(i \neq j), A_{ii} = A_n/a_i$. 于是得知题中行列式等于 $a_1a_2\cdots a_n\left(z - \sum\limits_{i=1}^{n}x_iy_i/a_i\right)$.

(3) 这是本例问题 (1) 的特例, 也可直接证明如下: 分别用 $\boldsymbol{A}_i$ 以及 $\boldsymbol{A}_{i,j}$ 表示删除 $\boldsymbol{A}$ 的第 i 行以及第 i 行、第 j 列所得到的 $(n-1)\times n$ 以及 $(n-1)\times(n-1)$ 矩阵, 记 $\boldsymbol{X} = (x_1,\cdots,x_n)', \boldsymbol{Y} = (y_1,\cdots,y_n)'$, 那么

$$\begin{aligned} \begin{vmatrix} \boldsymbol{A} & \boldsymbol{X} \\ \boldsymbol{Y}' & \boldsymbol{O} \end{vmatrix} &= \sum_i x_i(-1)^{n+i+1}\begin{vmatrix} \boldsymbol{A}_i \\ \boldsymbol{Y}' \end{vmatrix} = \sum_{i,j} x_i(-1)^{n+i+1}y_j(-1)^{n+j}|\boldsymbol{A}_{i,j}| \\ &= -\sum_{i,j}(-1)^{i+j}x_iy_j|\boldsymbol{A}_{i,j}| = -\sum_{i,j}x_iy_j\big(\mathrm{adj}(\boldsymbol{A})\big)_{ji} \\ &= -\boldsymbol{Y}'\mathrm{adj}(\boldsymbol{A})\boldsymbol{X}. \end{aligned}$$

□

例 1.1.6 (交错行列式) 设 $\boldsymbol{X}_n=(x_{ij})_n$ 是 n 阶方阵, $\boldsymbol{X}'=-\boldsymbol{X}$, 即 $x_{ii}=0, x_{ij}=-x_{ji}(i\neq j)$. 证明

$$|\boldsymbol{X}_n|=\begin{vmatrix}0 & x_{12} & x_{13} & \cdots & x_{1n}\\ -x_{12} & 0 & x_{23} & \cdots & x_{2n}\\ \vdots & \vdots & \vdots & & \vdots\\ -x_{1n} & -x_{2n} & -x_{3n} & \cdots & 0\end{vmatrix}$$

$$=\begin{cases}P_n^2(\cdots,x_{ij},\cdots) & (n\text{ 是偶数}),\\ 0 & (n\text{ 是奇数}),\end{cases}$$

其中 $P_n(\cdots,x_{ij},\cdots)$ 是 $x_{ij}(1\leqslant i<j\leqslant n)$ 的整系数多项式.

解 当 n 是奇数时,$|\boldsymbol{X}_n|=|\boldsymbol{X}_n'|=|-\boldsymbol{X}_n|=(-1)^n|\boldsymbol{X}_n|=-|\boldsymbol{X}_n|$, 所以 $|\boldsymbol{X}_n|=0$. 当 $n=2p(p\geqslant 1)$ 是偶数时, 我们给出两种解法.

解法 1 对 p 用数学归纳法. 当 $p=1$ 时

$$|\boldsymbol{X}_2|=\begin{vmatrix}0 & x_{12}\\ -x_{12} & 0\end{vmatrix}=x_{12}^2,$$

因此结论成立. 设当 $n=2(p-1)(p\geqslant 1)$ 时结论成立, 考虑 $n=2p$ 阶交错行列式 $|\boldsymbol{X}_n|$. 若所有 $x_{1j}=0(j=2,\cdots,n)$, 则结论显然成立, 若某个 $x_{1j}\neq 0(j>2)$, 则 $x_{j1}=-x_{1j}$. 将 $|\boldsymbol{X}_n|$ 的第 j 列与第 2 列互换, 然后将所得行列式第 j 行与第 2 行互换, 那么所得到的行列式与原行列式相等, 它的 (1,2) 位置的元素不等于 0, 且 (1,2) 位置和 (2,1) 位置的元素只相差一个符号. 因此不妨认为 $x_{12}\neq 0$. 对于每个 $j=3,4,\cdots,n$, 将 $|\boldsymbol{X}_n|$ 的第 j 列加第 1 列的 x_{2j}/x_{12} 倍, 并减第 2 列的 x_{1j}/x_{12} 倍, 得到

$$|\boldsymbol{X}_n|=\begin{vmatrix}0 & x_{12} & 0 & 0 & \cdots & 0\\ -x_{12} & 0 & 0 & 0 & \cdots & 0\\ -x_{13} & -x_{23} & 0 & x_{34}' & \cdots & x_{3n}'\\ -x_{14} & -x_{24} & -x_{34}' & 0 & \cdots & x_{4n}'\\ \vdots & \vdots & \vdots & \vdots & & \vdots\\ -x_{1n} & -x_{2n} & -x_{3n}' & -x_{4n}' & \cdots & 0\end{vmatrix},$$

其中

$$x_{ij}'=x_{ij}-\frac{x_{1i}x_{2j}-x_{2i}x_{1j}}{x_{12}}\quad(3\leqslant i<j\leqslant n).$$

若还令 $x_{ij}''=x_{12}x_{ij}'=x_{12}x_{ij}-x_{1i}x_{2j}+x_{2i}x_{1j}\,(3\leqslant i<j\leqslant n)$, 则

$$|\boldsymbol{X}_n|=x_{12}^2\begin{vmatrix}0 & x_{34}' & \cdots & x_{3n}'\\ -x_{34}' & 0 & \cdots & x_{4n}'\\ \vdots & \vdots & & \vdots\\ -x_{3n}' & -x_{4n}' & \cdots & 0\end{vmatrix}=x_{12}^{4-n}\begin{vmatrix}0 & x_{34}'' & \cdots & x_{3n}''\\ -x_{34}'' & 0 & \cdots & x_{4n}''\\ \vdots & \vdots & & \vdots\\ -x_{3n}'' & -x_{4n}'' & \cdots & 0\end{vmatrix}$$

$$= x_{12}^{4-n}|\widetilde{\boldsymbol{X}}_{2(p-1)}|,$$

其中 $|\widetilde{\boldsymbol{X}}_{2(p-1)}|$ 是一个 $2(p-1)$ 阶 (元素为 $x''_{ij}(3\leqslant i,j\leqslant n)$) 交错行列式. 依归纳假设可知

$$|\boldsymbol{X}_n| = x_{12}^{-2(p-2)}\widetilde{P}_{2(p-1)}^2(\cdots,x''_{ij},\cdots),$$

其中 $\widetilde{P}_{2(p-1)}(\cdots,x''_{ij},\cdots)$ 是 $x''_{ij}(3\leqslant i,j\leqslant n)$ 的整系数多项式. 于是

$$x_{12}^{2(p-2)}|\boldsymbol{X}_n(\cdots,x_{ij},\cdots)| = \widetilde{P}_{2(p-1)}^2(\cdots,x''_{ij},\cdots).$$

因为上式两边都是 $x_{ij}(1\leqslant i<j\leqslant n)$ 的整系数多项式, 所以 x_{12}^{p-2} 整除 $\widetilde{P}_{2(p-1)}(\cdots,x''_{ij},\cdots)$, 因而 $P_n(\cdots,x_{ij},\cdots)=x_{12}^{-p+2}\widetilde{P}_{2(p-1)}(\cdots,x''_{ij},\cdots)$ 是 $x_{ij}(1\leqslant i<j\leqslant n)$ 的整系数多项式, 并且 $|\boldsymbol{X}_n|=P_n^2(\cdots,x_{ij},\cdots)$. 于是完成归纳证明.

解法 2　对 p 用数学归纳法. 当 $p=1$ 时, 结论成立 (同解法 1). 设当 $n=2(p-1)(p\geqslant 1)$ 时结论成立, 考虑 $n=2p$ 阶交错行列式 $|\boldsymbol{X}_n|$. 在例 1.4.2 中取 $A=|\boldsymbol{X}_n|,(i,j)=(1,1),(r,s)=(2,2)$, 可得

$$\begin{vmatrix} A_{11} & A_{12} \\ A_{21} & A_{22} \end{vmatrix} = |\boldsymbol{X}_n|M_{11,22}.$$

因为 $|\boldsymbol{X}_n|$ 是偶数阶交错行列式, 所以 A_{11} 和 A_{22} 是奇数阶交错行列式, 因而 $A_{11}=A_{22}=0$. 我们还可推出 $A_{12}=-A_{21}$, 以及 $M_{11,22}$ (其中因子 $(-1)^{1+2+2+1}=1$) 是 $n-2=2(p-1)$ 阶交错行列式, 因而依归纳假设, $M_{11,22}=Q_{2(p-1)}^2(\cdots,x_{ij},\cdots)$, 其中 $Q_{2(p-1)}$ 是某个以 $x_{ij}(3\leqslant i<j\leqslant n)$ 为变量的整系数多项式. 于是我们得到

$$A_{12}^2 = |\boldsymbol{X}_n|Q_{2(p-1)}^2.$$

因为等式两边都是 $x_{ij}(1\leqslant i<j\leqslant n)$ 的整系数多项式, 所以推出 $|\boldsymbol{X}_n|$ 是某个以 $x_{ij}(1\leqslant i<j\leqslant n)$ 为变量的整系数多项式 P_n 的平方. 于是完成归纳证明. □

1.2　行列式计算的其他若干技巧

本节是对上节的补充, 包括上节一些公式在行列式计算中的应用.

例 1.2.1　(1) 计算下列 n 阶行列式的值:

$$\begin{vmatrix}
a & a & 0 & 0 & \cdots & 0 \\
1 & 1+2a & 2a & 0 & \cdots & 0 \\
0 & 2 & 2+3a & 3a & \cdots & 0 \\
\vdots & \vdots & \vdots & \vdots & & \vdots \\
0 & \cdots & 0 & n-2 & n-2+(n-1)a & (n-1)a \\
0 & 0 & \cdots & 0 & n-1 & n-1+na
\end{vmatrix}.$$

*(2) 计算下列 $n+1$ 阶行列式的值:

$$\begin{vmatrix} x & 1 & 0 & 0 & \cdots & 0 & 0 & 0 \\ -n & x-2 & 2 & 0 & \cdots & 0 & 0 & 0 \\ 0 & -(n-1) & x-4 & 3 & \cdots & 0 & 0 & 0 \\ \vdots & \vdots & \vdots & \vdots & & \vdots & \vdots & \vdots \\ 0 & 0 & 0 & 0 & \cdots & -2 & x-2(n-1) & n \\ 0 & 0 & 0 & 0 & \cdots & 0 & -1 & x-2n \end{vmatrix}.$$

解 (1) 我们给出两种解法.

解法 1 按例 1.1.3(1), 原行列式

$$D_n=\big((n-1)+na\big)D_{n-1}-(n-1)^2aD_{n-2}\quad (n\geqslant 2).$$

直接计算得到 $D_1=a, D_2=2a^2=2!a^2, D_3=6a^3=3!a^3$. 设当阶 $n\leqslant k$ 时 $D_n=n!a^n$, 那么由上述递推关系式及归纳假设得

$$\begin{aligned} D_{k+1}&=\big(k+(k+1)a\big)D_k-k^2aD_{k-1}\\ &=\big(k+(k+1)a\big)\cdot k!a^k-k^2a\cdot(k-1)!a^{k-1}=(k+1)!a^{k+1}. \end{aligned}$$

因此 $D_n=n!a^n(n\geqslant 1)$.

解法 2 从第 1 行提出公因子 a, 然后在所得到的新行列式中从第 2 列减去第 1 列, 得到

$$D_n=a\begin{vmatrix} 1 & 1 & 0 & 0 & \cdots & 0 \\ 1 & 1+2a & 2a & 0 & \cdots & 0 \\ 0 & 2 & 2+3a & 3a & \cdots & 0 \\ \vdots & \vdots & \vdots & \vdots & & \vdots \\ 0 & \cdots & 0 & n-2 & n-2+(n-1)a & (n-1)a \\ 0 & 0 & \cdots & 0 & n-1 & n-1+na \end{vmatrix}$$

$$=a\begin{vmatrix} 1 & 0 & 0 & 0 & \cdots & 0 \\ 1 & 2a & 2a & 0 & \cdots & 0 \\ 0 & 2 & 2+3a & 3a & \cdots & 0 \\ \vdots & \vdots & \vdots & \vdots & & \vdots \\ 0 & \cdots & 0 & n-2 & n-2+(n-1)a & (n-1)a \\ 0 & 0 & \cdots & 0 & n-1 & n-1+na \end{vmatrix}.$$

按第 1 行展开右边的行列式, 然后在新行列式 ($n-1$ 阶) 中从第 1 行提出公因子 $2a$, 得到

$$D_n = a\begin{vmatrix} 2a & 2a & 0 & \cdots & 0 \\ 2 & 2+3a & 3a & \cdots & 0 \\ \vdots & \vdots & \vdots & & \vdots \\ 0 & \cdots & n-2 & n-2+(n-1)a & (n-1)a \\ 0 & \cdots & 0 & n-1 & n-1+na \end{vmatrix}$$

$$= a\cdot(2a)\begin{vmatrix} 1 & 1 & 0 & \cdots & 0 \\ 2 & 2+3a & 3a & \cdots & 0 \\ \vdots & \vdots & \vdots & & \vdots \\ 0 & \cdots & n-2 & n-2+(n-1)a & (n-1)a \\ 0 & \cdots & 0 & n-1 & n-1+na \end{vmatrix}.$$

对于上式右边的 $n-1$ 阶行列式, 我们又可以重复刚才对 D_n 所做的操作, 将产生因子 $3a$, 以及一个同样结构的 $n-2$ 阶行列式, 等等, 于是我们有限次操作后得到

$$D_n = a(2a)(3a)\cdots(na) = n!a^n.$$

(2) 记题中的 $n+1$ 阶行列式为 $J_{n+1}(x)$. 从第 1 行开始, 将每行加其后各行, 可知 $J_{n+1}(x)$ 等于

$$\begin{vmatrix} x-n & x-n & x-n & x-n & \cdots & x-n \\ -n & x-n-1 & x-n & x-n & \cdots & x-n \\ 0 & -(n-1) & x-n-2 & x-n & \cdots & x-n \\ 0 & 0 & -(n-2) & x-n-3 & \cdots & x-n \\ \vdots & \vdots & \vdots & \vdots & & \vdots \\ 0 & 0 & \cdots & -2 & x-(2n-1) & x-n \\ 0 & 0 & 0 & \cdots & -1 & x-2n \end{vmatrix}.$$

在此行列式中, 从第 2 列开始, 由每列减去它的前一列, 可知 $J_{n+1}(x)$ 等于

$$\begin{vmatrix} x-n & 0 & 0 & 0 & 0 & \cdots & 0 \\ -n & x-1 & 1 & 0 & 0 & \cdots & 0 \\ 0 & -(n-1) & x-3 & 2 & 0 & \cdots & 0 \\ 0 & 0 & -(n-2) & x-5 & 3 & \cdots & 0 \\ \vdots & \vdots & \vdots & \vdots & \vdots & & \vdots \\ 0 & 0 & \cdots & 0 & -2 & x-(2n-3) & n-1 \\ 0 & 0 & 0 & \cdots & 0 & -1 & x-(2n-1) \end{vmatrix}.$$

按第 1 行展开此行列式, 有

$$J_{n+1}(x)=(x-n)\times\begin{vmatrix}x-1 & 1 & 0 & 0 & \cdots & 0\\ -(n-1) & x-3 & 2 & 0 & \cdots & 0\\ 0 & -(n-2) & x-5 & 3 & \cdots & 0\\ \vdots & \vdots & \vdots & \vdots & & \vdots\\ 0 & \cdots & 0 & -2 & x-(2n-3) & n-1\\ 0 & 0 & \cdots & 0 & -1 & x-(2n-1)\end{vmatrix}.$$

由此可知

$$J_{n+1}(x)=(x-n)J_n(x-1).$$

将此关系式用于 $J_n(x-1)$, 得到

$$J_n(x-1)=\big((x-1)-(n-1)\big)J_{n-1}\big((x-1)-1\big)=(x-n)J_{n-1}(x-2),$$

从而

$$J_{n+1}=(x-n)^2J_{n-1}(x-2),$$

继续 "迭代" (共 n 次), 注意 $J_1(x-n)=x-n$, 最终我们求出 $J_{n+1}=(x-n)^{n+1}$. □

注 本例中两个行列式都是所谓 "三对角行列式". 问题 (1) 中, 行列式 D_n 的三条 "对角线" 上的元素是递增顺序排列的 (不妨认为 $a>0$), 其中两条副 "对角线" 上的元素成比例 (分别由 1 和 a 开始), 所以问题 1.1.3(1) 中的方法在此有效. 但问题 (2) 中的行列式 J_{n+1} 则不然, 两条副 "对角线" 上的元素分别是 $-n,-(n-1),\cdots,-1$, 和 $1,2,\cdots,n$, 按例 1.1.3(1) 中的方法所得到的行列式 J_n 的两条副 "对角线" 上的元素分别是 $-n,-(n-1),\cdots,-2$, 和 $1,2,\cdots,n-1$, 不具备原行列式的特点, 因而不能套用那里的方法.

例 1.2.2 计算

$$D_n=\begin{vmatrix}a & a+d & a+2d & \cdots & a+(n-1)d\\ a+(n-1)d & a & a+d & \cdots & a+(n-2)d\\ a+(n-2)d & a+(n-1)d & a & \cdots & a+(n-3)d\\ \vdots & \vdots & \vdots & & \vdots\\ a+d & a+2d & a+3d & \cdots & a\end{vmatrix}.$$

解 在此给出两种解法.

解法 1 D_n 是 n 阶巡回行列式. 依例 1.1.4(2), 令

$$f(x)=a+(a+d)x+(a+2d)x^2+\cdots+\big(a+(n-1)d\big)x^{n-1},$$
$$\eta_k=\mathrm{e}^{2k\pi\mathrm{i}/n}=\cos\frac{2k\pi}{n}+\mathrm{i}\sin\frac{2k\pi}{n}\quad(k=0,1,\cdots,n-1),$$

则 $D_n=f(\eta_0)f(\eta_1)\cdots f(\eta_{n-1})$. 我们有

$$f(\eta_0)=f(1)=a+(a+d)+(a+2d)+\cdots+\big(a+(n-1)d\big)=n\left(a+\frac{n-1}{2}d\right),$$

并且当 $k=1,2,\cdots,n-1$ 时

$$\begin{aligned}f(\eta_k)&=a+(a+d)\eta_k+(a+2d)\eta_k^2+\cdots+\big(a+(n-1)d\big)\eta_k^{n-1}\\&=a(1+\eta_k+\cdots+\eta_k^{n-1})+d\big(\eta_k+2\eta_k^2+\cdots+(n-1)\eta_k^{n-1}\big).\end{aligned}$$

因为 $\eta_k(k=0,1,\cdots,n-1)$ 是方程 $x^n-1=0$ 的所有根,$\eta_k\neq 1$ 满足方程 $(x^n-1)/(x-1)=0$, 即 $x^{n-1}+\cdots+x+1=0$, 所以

$$1+\eta_k+\cdots+\eta_k^{n-1}=0.$$

记

$$S_n=\eta_k+2\eta_k^2+3\eta_k^3+\cdots+(n-1)\eta_k^{n-1},$$

则

$$\eta_kS_n=\eta_k^2+2\eta_k^3+\cdots+(n-2)\eta_k^{n-1}+(n-1)\eta_k^n,$$

将此二式相减, 可得 (注意 $\eta_k\neq 1,\eta_k^n=1$)

$$\begin{aligned}(1-\eta_k)S_n&=\eta_k+\eta_k^2+\eta_k^3+\cdots+\eta_k^{n-1}-(n-1)\eta_k^n\\&=\frac{\eta_k(1-\eta_k^{n-1})}{1-\eta_k}-(n-1)=\frac{\eta_k-1}{1-\eta_k}-(n-1)=-n,\end{aligned}$$

所以

$$\eta_k+2\eta_k^2+3\eta_k^3+\cdots+(n-1)\eta_k^{n-1}=S_n=\frac{n}{\eta_k-1},$$

因而

$$f(\eta_k)=\frac{nd}{\eta_k-1}\quad(k=1,2,\cdots,n-1).$$

于是我们推出

$$D_n=f(\eta_0)f(\eta_1)\cdots f(\eta_{n-1})=n\left(a+\frac{n-1}{2}d\right)\cdot\prod_{k=1}^{n-1}\frac{nd}{\eta_k-1}.$$

最后注意, 如上所述, 所有 $\eta_k\neq 1$ 满足方程 $x^{n-1}+\cdots+x+1=0$, 所以

$$(x-\eta_1)(x-\eta_2)\cdots(x-\eta_{n-1})=x^{n-1}+\cdots+x+1,$$

在其中令 $x=1$ 即得

$$(1-\eta_1)(1-\eta_2)\cdots(1-\eta_{n-1})=n,$$

因而最终求得

$$D_n=(-1)^{n-1}\left(a+\frac{n-1}{2}d\right)(nd)^{n-1}.$$

解法 2　依次将 D_n 的第 2 行减第 3 行, 第 3 行减第 4 行, $\cdots$, 第 $n-1$ 行减第 n 行, 第 n 行减第 1 行, 得到

$$D_n=\begin{vmatrix} a & a+d & a+2d & \cdots & a+(n-1)d \\ d & -(n-1)d & d & \cdots & d \\ d & d & -(n-1)d & \cdots & d \\ \vdots & \vdots & \vdots & & \vdots \\ d & d & d & \cdots & -(n-1)d \end{vmatrix}.$$

然后在上面的行列式中, 分别将第 $2,3,\cdots,n$ 列与第 1 列相减, 可得

$$D_n=\begin{vmatrix} a & d & 2d & \cdots & (n-1)d \\ d & -nd & 0 & \cdots & 0 \\ d & 0 & -nd & \cdots & 0 \\ \vdots & \vdots & \vdots & & \vdots \\ d & 0 & 0 & \cdots & -nd \end{vmatrix}.$$

最后, 将上面得到的行列式的第 1 列乘以 n(因而得到 nD_n), 并且将其余各列与 (所得到的新的) 第 1 列相加, 有

$$\begin{aligned} nD_n &= \begin{vmatrix} na+n(n-1)d/2 & d & 2d & \cdots & (n-1)d \\ 0 & -nd & 0 & \cdots & 0 \\ 0 & 0 & -nd & \cdots & 0 \\ \vdots & \vdots & \vdots & & \vdots \\ 0 & 0 & 0 & \cdots & -nd \end{vmatrix} \\ &= n\left(a+\frac{n-1}{2}d\right)(-1)^{n-1}(nd)^{n-1}. \end{aligned}$$

由此立得 $D_n=(-1)^{n-1}\big(a+(n-1)d/2\big)(nd)^{n-1}$. □

例 1.2.3　设 a 和 $n(>1)$ 是给定的互素的正整数, 按 Euclid 除法, 存在唯一确定的一对整数 (s,t), 使得 $a=sn+t, 0\leqslant t\leqslant n-1$. 令

$$u_i=\begin{cases} s+1 & (\text{当 } 0\leqslant i<t), \\ s & (\text{当 } t\leqslant i\leqslant n-1). \end{cases}$$

计算行列式

$$D_n=\begin{vmatrix} u_0 & u_1 & \cdots & u_{n-1} \\ u_{n-1} & u_0 & \cdots & u_{n-2} \\ \vdots & \vdots & & \vdots \\ u_1 & u_2 & \cdots & u_0 \end{vmatrix}.$$

特别地, 若 t 和 n 互素, 求 D_n 的值.

解　这里给出两种解法, 其中解法 2 用到矩阵特征值.

解法 1　题中的行列式是一个 n 阶巡回行列式, 依据例 1.1.4(2), 有

$$D_n=f(\eta_0)f(\eta_1)f(\eta_2)\cdots f(\eta_{n-1}),$$

其中 $f(x)=u_0+u_1x+u_2x^2+\cdots+u_{n-1}x^{n-1}$, 并且

$$\eta_k=\mathrm{e}^{2k\pi\mathrm{i}/n}=\cos\frac{2k\pi}{n}+\mathrm{i}\sin\frac{2k\pi}{n}\quad(k=0,1,\cdots,n-1).$$

记 $\eta=\eta_1$, 那么 $\eta_k=\eta^k(k=0,1,\cdots,n-1)$, 因此

$$D_n=\prod_{k=0}^{n-1}(u_0+u_1\eta^k+u_2\eta^{2k}+\cdots+u_{n-1}\eta^{(n-1)k}).$$

当 $1\leqslant k\leqslant n-1$ 时

$$1+\eta^k+\eta^{2k}+\cdots+\eta^{(n-1)k}=\frac{1-\eta^{nk}}{1-\eta^k}=0,$$
$$1+\eta^k+\eta^{2k}+\cdots+\eta^{(t-1)k}=\frac{1-\eta^{tk}}{1-\eta^k};$$

当 $k=0$ 时

$$1+\eta^k+\cdots+\eta^{(n-1)k}=n,\quad 1+\eta^k+\cdots+\eta^{(t-1)k}=t.$$

因此

$$\begin{aligned}&u_0+u_1\eta^k+u_2\eta^{2k}+\cdots+u_{n-1}\eta^{(n-1)k}\\&=(u_0+u_1\eta^k+u_2\eta^{2k}+\cdots+u_{t-1}\eta^{(t-1)k})\\&\quad+(u_t\eta^{tk}+\cdots+u_{n-1}\eta^{(n-1)k})\\&=(s+1)(1+\eta^k+\eta^{2k}+\cdots+\eta^{(t-1)k})+s(\eta^{tk}+\cdots+\eta^{(n-1)k})\\&=s(1+\eta^k+\cdots+\eta^{(n-1)k})+(1+\eta^k+\cdots+\eta^{(t-1)k}).\end{aligned}$$

于是上式左边等于 $sn+t$(当 $k=0$); 以及 $(1-\eta^{tk})/(1-\eta^k)$(当 $k\neq 0$). 从而我们得到

$$\begin{aligned}D_n&=(sn+t)\prod_{k=1}^{n-1}(u_0+u_1\eta^k+u_2\eta^{2k}+\cdots+u_{n-1}\eta^{(n-1)k})\\&=(sn+t)\prod_{k=1}^{n-1}\frac{1-\eta^{tk}}{1-\eta^k}=a\prod_{k=1}^{n-1}\frac{1-\eta^{tk}}{1-\eta^k}.\end{aligned}$$

特别地, 若 t 和 n 互素, 则集合 $\{\eta,\eta^2,\cdots,\eta^{n-1}\}$ 与集合 $\{\eta^t,\eta^{2t},\cdots,\eta^{(n-1)t}\}$ 相同, 所以此时 $D_n=a$.

解法 2　(参见例 3.2.3) 令

$$\boldsymbol{P}=\begin{pmatrix}0&1&0&\cdots&n\\0&0&1&\cdots&0\\\vdots&\vdots&\vdots&&\vdots\\0&0&0&\cdots&1\\1&0&0&\cdots&0\end{pmatrix},\quad \boldsymbol{U}=\begin{pmatrix}u_0&u_1&\cdots&u_{n-1}\\u_{n-1}&u_0&\cdots&u_{n-2}\\\vdots&\vdots&&\vdots\\u_1&u_2&\cdots&u_0\end{pmatrix},$$

那么 $\boldsymbol{U}=\boldsymbol{I}+\boldsymbol{P}+\boldsymbol{P}^2+\cdots+\boldsymbol{P}^{n-1}$, 并且 $\boldsymbol{P}$ 的全部特征值是 $\eta^k(k=0,1,\cdots,n-1)$,$\boldsymbol{U}$ 的全部特征值是 $f(\eta^k)(k=0,1,\cdots,n-1)$(此处 η 及 $f(x)$ 之意义同解法 1). 于是 (矩阵的行列式等于其所有特征值之积, 见习题 3.19 解后的注)

$$D_n=\prod_{k=0}^{n-1}f(\eta^k)$$

(以下部分的计算同解法 1). □

例 1.2.4 设整数 $m\geqslant 0,n\geqslant 1$. 证明

$$\begin{vmatrix} 1 & 1 & \cdots & 1 \\ \dbinom{m}{1} & \dbinom{m+1}{1} & \cdots & \dbinom{m+n}{1} \\ \dbinom{m+1}{2} & \dbinom{m+2}{2} & \cdots & \dbinom{m+n+1}{2} \\ \vdots & \vdots & & \vdots \\ \dbinom{m+n-1}{n} & \dbinom{m+n}{n} & \cdots & \dbinom{m+2n-1}{n} \end{vmatrix}=1.$$

解 我们给出两种解法.

解法 1 对于给定的正整数 $p,q,(x+1)^p(x+1)^q=(x+1)^{p+q}$, 由二项式定理得到

$$\left(\sum_{r=0}^{p}\binom{p}{r}x^r\right)\left(\sum_{s=0}^{q}\binom{q}{s}x^s\right)=\sum_{t=0}^{p+q}\binom{p+q}{t}x^t,$$

对于任何整数 $l(0\leqslant l\leqslant p+q)$, 比较两边 x^l 的系数, 得到

$$\binom{p}{0}\binom{q}{l}+\binom{p}{1}\binom{q}{l-1}+\cdots+\binom{p}{l}\binom{q}{0}=\binom{p+q}{l}.$$

据此可知题中的行列式

$$\begin{vmatrix} 1 & 1 & \cdots & 1 \\ \dbinom{m}{1} & \dbinom{m+1}{1} & \cdots & \dbinom{m+n}{1} \\ \dbinom{m+1}{2} & \dbinom{m+2}{2} & \cdots & \dbinom{m+n+1}{2} \\ \vdots & \vdots & & \vdots \\ \dbinom{m+n-1}{n} & \dbinom{m+n}{n} & \cdots & \dbinom{m+2n-1}{n} \end{vmatrix}$$

可表示为两个行列式之积:

$$\begin{vmatrix} 1 & 0 & 0 & \cdots & 0 \\ \binom{m}{1} & \binom{m}{0} & 0 & \cdots & 0 \\ \binom{m+1}{2} & \binom{m+1}{1} & \binom{m+1}{0} & \cdots & 0 \\ \vdots & \vdots & \vdots & & \vdots \\ \binom{m+n-1}{n} & \binom{m+n-1}{n-1} & \binom{m+n-1}{n-2} & \cdots & \binom{m+n-1}{0} \end{vmatrix} \begin{vmatrix} 1 & \binom{1}{0} & \binom{2}{0} & \cdots & \binom{n}{0} \\ 0 & \binom{1}{1} & \binom{2}{1} & \cdots & \binom{n}{1} \\ 0 & 0 & \binom{2}{2} & \cdots & \binom{n}{2} \\ \vdots & \vdots & \vdots & & \vdots \\ 0 & 0 & 0 & \cdots & \binom{n}{n} \end{vmatrix},$$

因此它等于 1.

解法 2　将题中的行列式记作 $J(m,n)(m\geqslant 0,n\geqslant 1)$. 从第 $n+1$ 列开始, 每一列减去前一列, 应用组合恒等式 $\binom{s}{r}-\binom{s-1}{r}=\binom{s-1}{r-1}(r\leqslant s)$, 可知

$$J(m,n)=\begin{vmatrix} 1 & 0 & 0 & \cdots & 0 \\ \binom{m}{1} & 1 & 1 & \cdots & 1 \\ \binom{m+1}{2} & \binom{m+1}{1} & \binom{m+2}{1} & \cdots & \binom{m+n}{1} \\ \binom{m+2}{3} & \binom{m+2}{2} & \binom{m+3}{2} & \cdots & \binom{m+n+1}{2} \\ \vdots & \vdots & \vdots & & \vdots \\ \binom{m+n-1}{n} & \binom{m+n-1}{n-1} & \binom{m+n}{n-1} & \cdots & \binom{m+2n-2}{n-1} \end{vmatrix},$$

按第 1 行展开, 得

$$J(m,n)=\begin{vmatrix} 1 & 1 & \cdots & 1 \\ \binom{m+1}{1} & \binom{(m+1)+1}{1} & \cdots & \binom{(m+1)+(n-1)}{1} \\ \binom{(m+1)+1}{2} & \binom{(m+1)+2}{2} & \cdots & \binom{(m+1)+(n-1)+1}{2} \\ \vdots & \vdots & & \vdots \\ \binom{(m+1)+(n-1)-1}{n-1} & \binom{(m+1)+(n-1)}{n-1} & \cdots & \binom{(m+1)+2(n-1)-1}{n-1} \end{vmatrix},$$

于是我们得到递推关系式

$$J(m,n)=J(m+1,n-1).$$

由此可知

$$\begin{aligned} J(m,n)&=J(m+1,n-1)=J(m+2,n-2)\\ &=J(m+3,n-3)=\cdots=J(m+n-1,1). \end{aligned}$$

因为

$$J(m+n-1,1)=\begin{vmatrix}1 & 1\\ \binom{m+n-1}{1} & \binom{(m+n-1)+1}{1}\end{vmatrix}=1,$$

所以题中的行列式等于 1. □

例 1.2.5 计算

$$D_n=\begin{vmatrix}x_1 & \alpha & \alpha & \cdots & \alpha\\ \beta & x_2 & \alpha & \cdots & \alpha\\ \vdots & \vdots & \vdots & & \vdots\\ \beta & \beta & \beta & \cdots & x_n\end{vmatrix}.$$

解 我们给出三种解法. 第一种解法是纯分析的 (应用连续性), 后两种解法本质上相同, 其差别只在于导出递推关系式的过程.

解法 1 令

$$P(x)=\begin{vmatrix}x_1+x & \alpha+x & \alpha+x & \cdots & \alpha+x\\ \beta+x & x_2+x & \alpha+x & \cdots & \alpha+x\\ \vdots & \vdots & \vdots & & \vdots\\ \beta+x & \beta+x & \beta+x & \cdots & x_n+x\end{vmatrix}.$$

如果在此行列式中将第 $2,\cdots,n$ 行分别减第 1 行, 就可看出 $P(x)$ 是 x 的线性函数, 并且 $P(0)=D_n$, 所以

$$P(x)=ax+D_n,$$

其中 a 是常数 (仅与 α,β,x_i 有关). 于是

$$P(-\alpha)=D_n-a\alpha,\quad P(-\beta)=D_n-a\beta,$$

若 $\alpha\neq\beta$, 则可由此解出

$$D_n=\frac{\beta P(-\alpha)-\alpha P(-\beta)}{\beta-\alpha}.$$

容易算出

$$P(-\alpha)=\prod_{i=1}^{n}(x_i-\alpha),\quad P(-\beta)=\prod_{i=1}^{n}(x_i-\beta),$$

所以当 $\alpha\neq\beta$ 时

$$D_n=\frac{1}{\beta-\alpha}\left(\beta\prod_{i=1}^{n}(x_i-\alpha)-\alpha\prod_{i=1}^{n}(x_i-\beta)\right).$$

又因为

$$\begin{aligned}&\lim_{\beta\to\alpha}\frac{\beta P(-\alpha)-\alpha P(-\beta)}{\beta-\alpha}\\ &=\lim_{\beta\to\alpha}\frac{\beta P(-\alpha)-\alpha P(-\alpha)+\alpha P(-\alpha)-\alpha P(-\beta)}{\beta-\alpha}\\ &=P(-\alpha)+\lim_{\beta\to\alpha}\frac{\alpha P(-\alpha)-\alpha P(-\beta)}{\beta-\alpha}\end{aligned}$$

$$= P(-\alpha) + \alpha \lim_{-\beta \to -\alpha} \frac{P(-\beta) - P(-\alpha)}{(-\beta) - (-\alpha)}$$
$$= P(-\alpha) + \alpha P'(-\alpha)$$

(此处 $P'(-\alpha)$ 表示导数 $P'(x)$ 当 $x = -\alpha$ 时的值), 所以当 $\alpha = \beta$ 时

$$D_n = P(-\alpha) + \alpha P'(-\alpha) = \prod_{i=1}^{n}(x_i - \alpha) + \alpha \sum_{j=1}^{n} \prod_{\substack{1 \leqslant i \leqslant n \\ i \neq j}} (x_i - \alpha).$$

解法 2 先设 $n \geqslant 2$. 将 D_n 的第 n 列分拆为

$$(\alpha, \alpha, \cdots, \alpha)' + (0, 0, \cdots, x_n - \alpha)',$$

此处 $'$ 号表示转置, 于是

$$D_n = \begin{vmatrix} x_1 & \alpha & \alpha & \cdots & \alpha \\ \beta & x_2 & \alpha & \cdots & \alpha \\ \vdots & \vdots & \vdots & & \vdots \\ \beta & \beta & \beta & \cdots & \alpha \end{vmatrix} + \begin{vmatrix} x_1 & \alpha & \alpha & \cdots & \alpha & 0 \\ \beta & x_2 & \alpha & \cdots & \alpha & 0 \\ \vdots & \vdots & \vdots & & \vdots & \vdots \\ \beta & \beta & \beta & \cdots & \beta & x_n - \alpha \end{vmatrix}.$$

上式右边第二项等于 $(-1)^{n+n}(x_n - \alpha)D_{n-1} = (x_n - \alpha)D_{n-1}$, 右边第一项中, 分别将前 $n-1$ 行减第 n 行, 我们得到

$$D_n = \begin{vmatrix} x_1 - \beta & \alpha - \beta & \cdots & \alpha - \beta & 0 \\ 0 & x_2 - \beta & \alpha - \beta & \cdots & 0 \\ \vdots & \vdots & \vdots & & \vdots \\ 0 & 0 & \cdots & x_{n-1} - \beta & 0 \\ \beta & \beta & \beta & \cdots & \alpha \end{vmatrix} + (x_n - \alpha)D_{n-1},$$

从而我们有

$$D_n = \alpha \prod_{i=1}^{n-1}(x_i - \beta) + (x_n - \alpha)D_{n-1}.$$

类似地, 将第 n 行分拆为

$$(\beta, \beta, \cdots, \beta) + (0, 0, \cdots, x_n - \beta),$$

可推出

$$D_n = \beta \prod_{i=1}^{n-1}(x_i - \alpha) + (x_n - \beta)D_{n-1}$$

(或者, 考虑 D_n 的转置行列式, 便可直接将 α, β 对换而写出上式).

若 $\alpha \neq \beta$, 则可由上面得到的两个关系式推出

$$(x_n - \beta)D_n = (x_n - \beta)\alpha \prod_{i=1}^{n-1}(x_i - \beta) + (x_n - \beta)(x_n - \alpha)D_{n-1},$$

$$(x_n-\alpha)D_n=(x_n-\alpha)\beta\prod_{i=1}^{n-1}(x_i-\alpha)+(x_n-\alpha)(x_n-\beta)D_{n-1},$$

将此二式相减, 即得

$$D_n=\frac{1}{\beta-\alpha}\left(\beta\prod_{i=1}^{n}(x_i-\alpha)-\alpha\prod_{i=1}^{n}(x_i-\beta)\right).$$

若 $\alpha=\beta$, 则上面得到的两个关系式相重, 我们有

$$D_n(x_1,\cdots,x_n)=\alpha\prod_{i=1}^{n-1}(x_i-\alpha)+(x_n-\alpha)D_{n-1}(x_1,\cdots,x_{n-1}).$$

依此应用数学归纳法可证

$$D_n=\prod_{i=1}^{n}(x_i-\alpha)+\alpha\sum_{j=1}^{n}\prod_{\substack{1\leqslant i\leqslant n\\ i\neq j}}(x_i-\alpha).$$

但我们还可采用下列分析方法 (注意 D_n 关于 α,β 是连续的), 看来要简便些: 令 $\beta=\alpha+\varepsilon$, 其中 $0<\varepsilon<1$, 那么依上述 $\alpha\neq\beta$ 的情形所得结果, 我们有

$$\begin{aligned}D_n(\varepsilon)&=\frac{1}{\varepsilon}\left((\alpha+\varepsilon)\prod_{i=1}^{n}(x_i-\alpha)-\alpha\prod_{i=1}^{n}(x_i-\alpha-\varepsilon)\right)\\&=\frac{1}{\varepsilon}\left(\alpha\prod_{i=1}^{n}(x_i-\alpha)+\varepsilon\prod_{i=1}^{n}(x_i-\alpha)\right.\\&\qquad\left.-\alpha\prod_{i=1}^{n}(x_i-\alpha)+\varepsilon\alpha\sum_{j=1}^{n}\prod_{\substack{1\leqslant i\leqslant n\\ i\neq j}}(x_i-\alpha)+O(\varepsilon^2)\right),\end{aligned}$$

其中 $O(\varepsilon^2)$ 是由 $\prod\limits_{i=1}^{n}\big((x_i-\alpha)-\varepsilon\big)$ 的展开式中含 $\varepsilon^2,\varepsilon^3,\cdots,\varepsilon^n$ 的项产生的,O 中的常数只与 α,x_i 有关. 于是我们得到

$$D_n(\varepsilon)=\prod_{i=1}^{n}(x_i-\alpha)+\alpha\sum_{j=1}^{n}\prod_{\substack{1\leqslant i\leqslant n\\ i\neq j}}(x_i-\alpha)+O(\varepsilon).$$

令 $\varepsilon\to 0$, 即得所求的结果.

最后, 显然上述公式当 $n=1$ 时也成立 (注意约定: 空积等于 1).

解法 3 不妨认为 $n\geqslant 2$. 逐次将 D_n 的第 1 列减第 2 列, 第 2 列减第 3 列, $\cdots$, 第 $n-1$ 列减第 n 列, 得到

$$D_n=\begin{vmatrix}x_1-\alpha & 0 & 0 & \cdots & 0 & \alpha\\ \beta-x_2 & x_2-\alpha & 0 & \cdots & 0 & \alpha\\ \vdots & \vdots & \vdots & & \vdots & \vdots\\ 0 & 0 & 0 & \cdots & x_{n-1}-\alpha & \alpha\\ 0 & 0 & 0 & \cdots & \beta-x_n & x_n\end{vmatrix}.$$

按第 1 行展开上述行列式, 可得

$$D_n(x_1,\cdots,x_n)=(x_1-\alpha)D_{n-1}(x_2,\cdots,x_n)+(-1)^{n+1}\alpha\prod_{i=2}^{n}(\beta-x_i),$$

因此, 我们有

$$D_n(x_1,\cdots,x_n)=(x_1-\alpha)D_{n-1}(x_2,\cdots,x_n)+\alpha\prod_{i=2}^{n}(x_i-\beta).$$

考虑 D_n 的转置 (或者将刚才对列所做的操作改为对行进行, 然后按第 1 列展开得到的新行列式), 还可推出

$$D_n(x_1,\cdots,x_n)=(x_1-\beta)D_{n-1}(x_2,\cdots,x_n)+\beta\prod_{i=2}^{n}(x_i-\alpha).$$

上面两个关系式中,$D_{n-1}=D_{n-1}(x_2,\cdots,x_n)$, 并且连乘积符号是 $\prod\limits_{i=2}^{n}$, 但与解法 2 中所得到的关系式本质上是一致的, 因而以下的计算和推理可与解法 2 类似地进行. □

例 1.2.6 (1) 设 $x_1,x_2,\cdots,x_n$ 是给定的两两互异的实数, 令 $a_{ij}=|x_i-x_j|(i,j=1,2,\cdots,n)$. 证明:

$$D_n=\det(a_{ij})_n=(-1)^n2^{n-2}(x_{k_1}-x_{k_2})(x_{k_2}-x_{k_3})\cdots(x_{k_{n-1}}-x_{k_n})(x_{k_n}-x_{k_1}),$$

其中 $(k_1,k_2,\cdots,k_n)$ 是 $(1,2,\cdots,n)$ 的一个排列, 满足 $x_{k_1}>x_{k_2}>x_{k_3}>\cdots>x_{k_{n-1}}>x_{k_n}$.

(2) 计算行列式

$$\Delta_n=\begin{vmatrix}0&1&2&3&\cdots&n-1\\1&0&1&2&\cdots&n-2\\2&1&0&1&\cdots&n-3\\\vdots&\vdots&\vdots&\vdots&&\vdots\\n-1&n-2&n-3&n-4&\cdots&0\end{vmatrix}.$$

解 (1) 首先设 $x_1>x_2>\cdots>x_n$, 于是 $a_{ij}=x_i-x_j\,(i<j)$, 并且 $a_{ii}=0$. 我们有

$$D_n=\begin{vmatrix}0&x_1-x_2&x_1-x_3&\cdots&x_1-x_n\\x_1-x_2&0&x_2-x_3&\cdots&x_2-x_n\\x_1-x_3&x_2-x_3&0&\cdots&x_3-x_n\\\vdots&\vdots&\vdots&&\vdots\\x_1-x_n&x_2-x_n&x_3-x_n&\cdots&0\end{vmatrix}.$$

依次由第 1 列减第 2 列, 第 2 列减第 3 列,$\cdots$, 第 $n-1$ 列减第 n 列, 可得

$$D_n=\begin{vmatrix}x_2-x_1&x_3-x_2&x_4-x_3&\cdots&x_n-x_{n-1}&x_1-x_n\\x_1-x_2&x_3-x_2&x_4-x_3&\cdots&x_n-x_{n-1}&x_2-x_n\\x_1-x_2&x_2-x_3&x_4-x_3&\cdots&x_n-x_{n-1}&x_3-x_n\\\vdots&\vdots&\vdots&&\vdots&\vdots\\x_1-x_2&x_2-x_3&x_3-x_4&\cdots&x_{n-1}-x_n&x_n-x_n\end{vmatrix},$$

由各列提出公因子, 即得

$$D_n=(x_1-x_2)(x_2-x_3)\cdots(x_{n-1}-x_n)\times\begin{vmatrix}-1&-1&-1&\cdots&-1&x_1-x_n\\1&-1&-1&\cdots&-1&x_2-x_n\\1&1&-1&\cdots&-1&x_3-x_n\\\vdots&\vdots&\vdots&&\vdots&\vdots\\1&1&1&\cdots&1&x_n-x_n\end{vmatrix}.$$

再将上式右边行列式的第 n 行与第 1 行相加, 得到

$$D_n=(x_1-x_2)(x_2-x_3)\cdots(x_{n-1}-x_n)\times\begin{vmatrix}-1&-1&-1&\cdots&-1&x_1-x_n\\1&-1&-1&\cdots&-1&x_2-x_n\\1&1&-1&\cdots&-1&x_3-x_n\\\vdots&\vdots&\vdots&&\vdots&\vdots\\0&0&0&\cdots&0&x_1-x_n\end{vmatrix},$$

由此推出

$$D_n=(x_1-x_2)(x_2-x_3)\cdots(x_{n-1}-x_n)(x_1-x_n)\times\begin{vmatrix}-1&-1&-1&\cdots&-1\\1&-1&-1&\cdots&-1\\1&1&-1&\cdots&-1\\\vdots&\vdots&\vdots&&\vdots\\1&1&1&\cdots&-1\end{vmatrix}.$$

在上式右边的 $n-1$ 阶行列式中, 将第 $2,\cdots,n-1$ 行分别与第 1 行相加, 可知

$$\begin{vmatrix}-1&-1&-1&\cdots&-1\\0&-2&-2&\cdots&-2\\0&0&-2&\cdots&-2\\\vdots&\vdots&\vdots&&\vdots\\0&0&0&\cdots&-2\end{vmatrix}=(-1)^{n-1}2^{n-2}.$$

于是最终求得

$$D_n=(-1)^n2^{n-2}(x_1-x_2)(x_2-x_3)\cdots(x_{n-1}-x_n)(x_n-x_1).$$

对于一般情形, 设 $(k_1,k_2,\cdots,k_n)$ 是 $(1,2,\cdots,n)$ 的一个排列, 满足

$$x_{k_1}>x_{k_2}>x_{k_3}>\cdots>x_{k_{n-1}}>x_{k_n}.$$

令

$$D_n'=\det(a_{k_ik_j})_n,$$

那么将 D_n 的各行作适当置换, 然后将所得行列式的各列作同样的置换, 就得到 D_n', 并且

$$D_n'=(-1)^n2^{n-2}(x_{k_1}-x_{k_2})(x_{k_2}-x_{k_3})\cdots(x_{k_{n-1}}-x_{k_n})(x_{k_n}-x_{k_1}).$$

最后, 因为

$$D_n' = \left((-1)^{r(k_1,k_2,\cdots,k_n)}\right)^2 D_n = D_n,$$

其中 $r(k_1,k_2,\cdots,k_n)$ 表示排列 $(k_1,k_2,\cdots,k_n)$ 的逆序数, 因此得到一般公式.

(2) 在本例问题 (1) 中取

$$x_1 = n-1, \quad x_2 = n-2, \quad \cdots, \quad x_n = 0,$$

即得 $\Delta_n = (-1)^n 2^{n-2}(1-n) = (-1)^{n+1}2^{n-2}(n-1)$. □

例 1.2.7 (1) 设 $\boldsymbol{A} = (a_{ij})_n, f_i(x) = a_{i1} + a_{i2}x + \cdots + a_{in}x^{n-1}(i = 1,2,\cdots,n)$. 证明: 对于任何复数 $x_1,x_2,\cdots,x_n$, 有

$$\begin{vmatrix} f_1(x_1) & f_1(x_2) & \cdots & f_1(x_n) \\ f_2(x_1) & f_2(x_2) & \cdots & f_2(x_n) \\ \vdots & \vdots & & \vdots \\ f_n(x_1) & f_n(x_2) & \cdots & f_n(x_n) \end{vmatrix} = (\det\boldsymbol{A})V_n(x_1,\cdots,x_n),$$

其中 $V_n(x_1,\cdots,x_n)$ 表示 Vandermonde 行列式.

(2) 设 $f_1(x),f_2(x),\cdots,f_n(x)$ 是次数至多为 $n-2$ 的多项式, 则对任何复数 $a_1,a_2,\cdots,a_n$, 有

$$\begin{vmatrix} f_1(a_1) & f_1(a_2) & \cdots & f_1(a_n) \\ f_2(a_1) & f_2(a_2) & \cdots & f_2(a_n) \\ \vdots & \vdots & & \vdots \\ f_n(a_1) & f_n(a_2) & \cdots & f_n(a_n) \end{vmatrix} = 0.$$

(3) 设 $f_i(x) = a_{i1} + a_{i2}x + \cdots + a_{ii}x^{i-1}(i = 1,2,\cdots,n)$. 证明: 对于任何复数 $x_1,x_2,\cdots,x_n$, 有

$$\begin{vmatrix} f_1(x_1) & f_1(x_2) & \cdots & f_1(x_n) \\ f_2(x_1) & f_2(x_2) & \cdots & f_2(x_n) \\ \vdots & \vdots & & \vdots \\ f_n(x_1) & f_n(x_2) & \cdots & f_n(x_n) \end{vmatrix} = a_{11}a_{22}\cdots a_{nn}V_n(x_1,\cdots,x_n),$$

其中 $V_n(x_1,\cdots,x_n)$ 表示 Vandermonde 行列式.

(4) 证明

$$\begin{aligned} A_n &= \begin{vmatrix} 1 & 1 & \cdots & 1 \\ \cos\theta_1 & \cos\theta_2 & \cdots & \cos\theta_n \\ \cos 2\theta_1 & \cos 2\theta_2 & \cdots & \cos 2\theta_n \\ \vdots & \vdots & & \vdots \\ \cos(n-1)\theta_1 & \cos(n-1)\theta_2 & \cdots & \cos(n-1)\theta_n \end{vmatrix} \\ &= 2^{(n-2)(n-1)/2} \prod_{1\leqslant i<j\leqslant n} (\cos\theta_j - \cos\theta_i), \end{aligned}$$

以及

$$B_n=\begin{vmatrix}\sin\theta_1 & \sin\theta_2 & \cdots & \sin\theta_n\\ \sin 2\theta_1 & \sin 2\theta_2 & \cdots & \sin 2\theta_n\\ \vdots & \vdots & & \vdots\\ \sin n\theta_1 & \sin n\theta_2 & \cdots & \sin n\theta_n\end{vmatrix}$$
$$=2^{n(n-1)/2}\prod_{k=1}^{n}\sin\theta_k\prod_{1\leqslant i<j\leqslant n}(\cos\theta_j-\cos\theta_i).$$

(5) 证明

$$P_n=\begin{vmatrix}\cos(\theta_1/2) & \cos(\theta_2/2) & \cdots & \cos(\theta_n/2)\\ \cos(3\theta_1/2) & \cos(3\theta_2/2) & \cdots & \cos(3\theta_n/2)\\ \vdots & \vdots & & \vdots\\ \cos\big((2n-1)\theta_1/2\big) & \cos\big((2n-1)\theta_2/2\big) & \cdots & \cos\big((2n-1)\theta_n/2\big)\end{vmatrix}$$
$$=2^{n(n-1)/2}\prod_{k=1}^{n}\cos(\theta_k/2)\prod_{1\leqslant i<j\leqslant n}(\cos\theta_j-\cos\theta_i).$$

以及

$$Q_n=\begin{vmatrix}\sin(\theta_1/2) & \sin(\theta_2/2) & \cdots & \sin(\theta_n/2)\\ \sin(3\theta_1/2) & \sin(3\theta_2/2) & \cdots & \sin(3\theta_n/2)\\ \vdots & \vdots & & \vdots\\ \sin\big((2n-1)\theta_1/2\big) & \sin\big((2n-1)\theta_2/2\big) & \cdots & \sin\big((2n-1)\theta_n/2\big)\end{vmatrix}$$
$$=2^{n(n-1)/2}\prod_{k=1}^{n}\sin(\theta_k/2)\prod_{1\leqslant i<j\leqslant n}(\cos\theta_j-\cos\theta_i).$$

(6) 设 $k_1<k_2<\cdots<k_n$ 是任意给定的正整数, $V_n(x_1,\cdots,x_n)$ 表示 Vandermonde 行列式. 证明:

$$\frac{V_n(k_1,k_2,\cdots,k_n)}{V_n(1,2,\cdots,n)}$$

是一个整数.

解 (1) 我们有矩阵等式

$$\begin{pmatrix}a_{11} & a_{12} & \cdots & a_{1n}\\ a_{21} & a_{22} & \cdots & a_{2n}\\ a_{31} & a_{32} & \cdots & a_{3n}\\ \vdots & \vdots & & \vdots\\ a_{n1} & a_{n2} & \cdots & a_{nn}\end{pmatrix}\begin{pmatrix}1 & 1 & \cdots & 1\\ x_1 & x_2 & \cdots & x_n\\ x_1^2 & x_2^2 & \cdots & x_n^2\\ \vdots & \vdots & & \vdots\\ x_1^{n-1} & x_2^{n-1} & \cdots & x_n^{n-1}\end{pmatrix}$$

$$
=\begin{pmatrix} f_1(x_1) & f_1(x_2) & \cdots & f_1(x_n) \\ f_2(x_1) & f_2(x_2) & \cdots & f_2(x_n) \\ \vdots & \vdots & & \vdots \\ f_n(x_1) & f_n(x_2) & \cdots & f_n(x_n) \end{pmatrix}.
$$

两边取行列式, 即得所要的结果.

(2) *解法 1*　这是本例问题 (1) 的特例, 因为 $\det\boldsymbol{A}$ 的最后一列是零列, 所以其值为 0.

解法 2　如果 a_k 中有两个相等, 那么题中行列式有两列相等, 从而等于 0. 如果 a_k 两两互异, 那么将题中行列式看作 a_1 的多项式, 由行列式的展开式和题设可知, 此多项式至多是 $n-2$ 次的. 但当自变量 a_1 取值 $a_2,a_3,\cdots,a_n$ 时, 行列式都等于 0, 因此 $n-2$ 次多项式有 $n-1$ 个根, 从而它恒等与零, 于是题中行列式等于 0.

(3) *解法 1*　这是本例问题 (1) 的特例, 因为 $\det\boldsymbol{A}$ 是主对角元为 $a_{11},a_{22},\cdots,a_{nn}$ 的下三角行列式, 所以得到题中的等式.

解法 2　因为 $f_1(x_i)=a_{11}\,(i=1,2,\cdots,n)$, 所以题中行列式的第 1 行是 $(a_{11},a_{11},\cdots,a_{11})$; 提出公因子 a_{11} 后第 1 行成为 $(1,1,\cdots,1)$. 因为 $f_2(x_i)=a_{21}+a_{22}x_i$, 在刚才所得行列式中, 从第 2 行减去第 1 行 $(1,1,\cdots,1)$ 的 a_{21} 倍后, 第 2 行成为 $(a_{22}x_1,a_{22}x_2,\cdots,a_{22}x_n)$; 提出公因子 a_{22} 后第 2 行成为 $(x_1,x_2,\cdots,x_n)$. 于是题中行列式等于

$$
a_{11}a_{22}\begin{vmatrix} 1 & 1 & \cdots & 1 \\ x_1 & x_2 & \cdots & x_n \\ f_3(x_1) & f_3(x_2) & \cdots & f_3(x_n) \\ \vdots & \vdots & & \vdots \\ f_n(x_1) & f_n(x_2) & \cdots & f_n(x_n) \end{vmatrix}.
$$

继续应用 $f_3(x_i)=a_{31}+a_{32}x_i+a_{33}x_i^2$ 进行类似的操作, 将产生因子 a_{33} 以及新的第 3 行 $(x_1^2,x_2^2,\cdots,x_n^2)$. 这样的操作进行有限次后, 即得所要的等式.

解法 3　因为 $f_1(x_i)=a_{11},f_2(x_i)=a_{21}+a_{22}x_i$, 所以可将第 2 行分拆为 $(a_{21},a_{21},\cdots,a_{21})$ 和 $(a_{22}x_1,a_{22}x_2,\cdots,a_{22}x_n)$. 按行列式加法法则, 题中行列式等于

$$
D_n=\begin{vmatrix} a_{11} & a_{11} & \cdots & a_{11} \\ a_{21} & a_{21} & \cdots & a_{21} \\ f_3(x_1) & f_3(x_2) & \cdots & f_3(x_n) \\ \vdots & \vdots & & \vdots \\ f_n(x_1) & f_n(x_2) & \cdots & f_n(x_n) \end{vmatrix}+\begin{vmatrix} a_{11} & a_{11} & \cdots & a_{11} \\ a_{22}x_1 & a_{22}x_2 & \cdots & a_{22}x_n \\ f_3(x_1) & f_3(x_2) & \cdots & f_3(x_n) \\ \vdots & \vdots & & \vdots \\ f_n(x_1) & f_n(x_2) & \cdots & f_n(x_n) \end{vmatrix},
$$

右边第 1 个行列式中前两行成比例, 所以等于 0, 从而

$$
D_n=\begin{vmatrix} a_{11} & a_{11} & \cdots & a_{11} \\ a_{22}x_1 & a_{22}x_2 & \cdots & a_{22}x_n \\ f_3(x_1) & f_3(x_2) & \cdots & f_3(x_n) \\ \vdots & \vdots & & \vdots \\ f_n(x_1) & f_n(x_2) & \cdots & f_n(x_n) \end{vmatrix}.
$$

因为 $f_3(x_i)=a_{31}+a_{32}x_i+a_{33}x_i^2$, 进而可将上面的行列式按第 3 行分拆为三个行列式之和, 其中两个分别含有行 $(a_{31},a_{31},\cdots,a_{31})$ 和 $(a_{32}x_1,a_{32}x_2,\cdots,a_{32}x_n)$, 因而各含有两行成比例, 所以等于 0, 从而

$$D_n=\begin{vmatrix} a_{11} & a_{11} & \cdots & a_{11} \\ a_{22}x_1 & a_{22}x_2 & \cdots & a_{22}x_n \\ a_{33}x_1^2 & a_{33}x_2^2 & \cdots & a_{33}x_n^2 \\ f_4(x_1) & f_4(x_2) & \cdots & f_4(x_n) \\ \vdots & \vdots & & \vdots \\ f_n(x_1) & f_n(x_2) & \cdots & f_n(x_n) \end{vmatrix}.$$

继续进行类似的操作, 有限步后得到

$$\begin{aligned} D_n&=\begin{vmatrix} a_{11} & a_{11} & \cdots & a_{11} \\ a_{22}x_1 & a_{22}x_2 & \cdots & a_{22}x_n \\ a_{33}x_1^2 & a_{33}x_2^2 & \cdots & a_{33}x_n^2 \\ \vdots & \vdots & & \vdots \\ a_{nn}x_1^{n-1} & a_{nn}x_2^{n-1} & \cdots & a_{nn}x_n^{n-1} \end{vmatrix} \\ &=a_{11}a_{22}\cdots a_{nn}V_n(x_1,x_2,\cdots,x_n). \end{aligned}$$

(4) (i) 首先证明: 若 m 是正整数, 则可将 $\cos m\theta$ 表示为 $\cos\theta$ 的 m 次多项式, 将 $\sin m\theta$ 表示为 $\cos\theta$ 的 $m-1$ 次多项式与 $\sin\theta$ 之积的形式. 由 De moivre 公式 $(\cos\theta\pm \mathrm{i}\sin\theta)^m=\cos m\theta\pm \mathrm{i}\sin m\theta$ 可知

$$\begin{aligned} \cos m\theta&=\frac{1}{2}\left((\cos\theta+\mathrm{i}\sin\theta)^m+(\cos\theta-\mathrm{i}\sin\theta)^m\right) \\ &=\frac{1}{2}\sum_{t=0}^{n}\binom{m}{t}\left((\mathrm{i}\sin\theta)^t+(-\mathrm{i}\sin\theta)^t\right)\cos^{m-t}\theta, \end{aligned}$$

当 t 取奇数时,$(\mathrm{i}\sin\theta)^t+(-\mathrm{i}\sin\theta)^t=0$, 所以

$$\begin{aligned} \cos m\theta&=\sum_{0\leqslant 2k\leqslant m}\binom{m}{2k}(-1)^k\sin^{2k}\theta\cos^{m-2k}\theta \\ &=\sum_{0\leqslant 2k\leqslant m}(-1)^k\binom{m}{2k}(1-\cos^2\theta)^k\cos^{m-2k}\theta \\ &=C_m(\cos\theta), \end{aligned}$$

其中

$$C_m(x)=\sum_{0\leqslant 2k\leqslant m}(-1)^k\binom{m}{2k}(1-x^2)^kx^{m-2k}$$

是 x 的 m 次多项式, 而且最高项 x^m 的系数

$$c_m=\sum_{0\leqslant 2k\leqslant m}(-1)^k\binom{m}{2k}\cdot(-1)^k=\sum_{0\leqslant 2k\leqslant m}\binom{m}{2k}.$$

注意

$$0=(1-1)^m=\sum_{0\leqslant 2k\leqslant m}\binom{m}{2k}-\sum_{0\leqslant 2k+1\leqslant m}\binom{m}{2k+1},$$

$$2^m=(1+1)^m=\sum_{0\leqslant 2k\leqslant m}\binom{m}{2k}+\sum_{0\leqslant 2k+1\leqslant m}\binom{m}{2k+1},$$

因此

$$\sum_{0\leqslant 2k\leqslant m}\binom{m}{2k}=\frac{1}{2}2^m=2^{m-1}.$$

由此可知多项式 $C_m(x)$ 的最高项系数 $c_m=2^{m-1}$.

类似地, 我们有

$$\begin{aligned}\sin m\theta&=\frac{1}{2\mathrm{i}}\big((\cos\theta+\mathrm{i}\sin\theta)^m-(\cos\theta-\mathrm{i}\sin\theta)^m\big)\\&=\frac{1}{2\mathrm{i}}\sum_{t=0}^{n}\binom{m}{t}\big((\mathrm{i}\sin\theta)^t-(-\mathrm{i}\sin\theta)^t\big)\cos^{m-t}\theta\\&=\sum_{0\leqslant 2k+1\leqslant m}\binom{m}{2k+1}(-1)^k\sin^{2k+1}\theta\cos^{m-2k-1}\theta\\&=\sin\theta\sum_{0\leqslant 2k+1\leqslant m}(-1)^k\binom{m}{2k+1}(1-\cos^2\theta)^k\theta\cos^{m-2k-1}\theta\\&=\sin\theta\, S_{m-1}(\cos\theta),\end{aligned}$$

其中

$$S_{m-1}(x)=\sum_{0\leqslant 2k+1\leqslant m}(-1)^k\binom{m}{2k+1}(1-x^2)^k x^{m-2k-1}$$

是 x 的 $m-1$ 次多项式, 而且最高项 x^{m-1} 的系数

$$s_{m-1}=\sum_{0\leqslant 2k+1\leqslant m}(-1)^k\binom{m}{2k+1}\cdot(-1)^k=\sum_{0\leqslant 2k+1\leqslant m}\binom{m}{2k+1}=2^{m-1}.$$

(ii) 在本例问题 (3) 中取

$$f_1(x)=1,\quad f_k(x)=C_{k-1}(x)\quad (k=2,\cdots,n),$$

以及

$$x_k=\cos\theta_k\quad (k=1,2,\cdots,n),$$

可知

$$\begin{aligned}A_n&=1\cdot 2^0\cdot 2^1\cdots 2^{n-1}V_n(\cos\theta_1,\cos\theta_2,\cdots,\cos\theta_n)\\&=2^{(n-2)(n-1)/2}\prod_{1\leqslant i<j\leqslant n}(\cos\theta_j-\cos\theta_i).\end{aligned}$$

(iii) 我们还有

$$B_n=\begin{vmatrix}\sin\theta_1 & \sin\theta_2 & \cdots & \sin\theta_n\\ \sin\theta_1 S_2(\cos\theta_1) & \sin\theta_2 S_2(\cos\theta_2) & \cdots & \sin\theta_n S_2(\cos\theta_n)\\ \vdots & \vdots & & \vdots\\ \sin\theta_1 S_n(\cos\theta_1) & \sin\theta_2 S_n(\cos\theta_2) & \cdots & \sin\theta_n S_n(\cos\theta_n)\end{vmatrix}.$$

类似地, 取

$$f_k(x)=S_k(x),\quad x_k=\cos\theta_k\quad (k=1,2,\cdots,n),$$

即得

$$B_n=2^{n(n-1)/2}\prod_{k=1}^{n}\sin\theta_k\prod_{1\leqslant i<j\leqslant n}(\cos\theta_j-\cos\theta_i).$$

(5) 因为

$$\sin\frac{\theta}{2}\cos\left(k+\frac{1}{2}\right)\theta=\frac{1}{2}\big(\sin(k+1)\theta-\sin k\theta\big),$$

所以用 $\sin(\theta_k/2)$ 乘行列式 P_n 的第 $k(=1,2,\cdots,n)$ 列后, 得到

$$P_n=\frac{1}{2^n\prod\limits_{k=1}^{n}\sin(\theta_k/2)}\times\begin{vmatrix}\sin\theta_1 & \cdots & \sin\theta_n\\ \sin 2\theta_1-\sin\theta_1 & \cdots & \sin 2\theta_n-\sin\theta_n\\ \sin 3\theta_1-\sin 2\theta_1 & \cdots & \sin 3\theta_n-\sin 2\theta_n\\ \vdots & & \vdots\\ \sin n\theta_1-\sin(n-1)\theta_1 & \cdots & \sin n\theta_n-\sin(n-1)\theta_n\end{vmatrix}.$$

在右边的行列式中, 依次将第 2 行加上第 1 行, 第 3 行加上新得到的第 2 行, 第 4 行加上新得到的第 3 行, 等等, 最后, 第 n 行加上新得到的第 $n-1$ 行, 可知

$$P_n=\frac{1}{2^n\prod\limits_{k=1}^{n}\sin(\theta_k/2)}\begin{vmatrix}\sin\theta_1 & \sin\theta_2 & \cdots & \sin\theta_n\\ \sin 2\theta_1 & \sin 2\theta_2 & \cdots & \sin 2\theta_n\\ \sin 3\theta_1 & \sin 3\theta_2 & \cdots & \sin 3\theta_n\\ \vdots & \vdots & & \vdots\\ \sin n\theta_1 & \sin n\theta_2 & \cdots & \sin n\theta_n\end{vmatrix}.$$

最后, 应用本例问题 (4) 中行列式 B_n 的公式以及 $\sin\theta=2\sin(\theta/2)\cos(\theta/2)$, 即得

$$P_n=2^{n(n-1)/2}\prod_{k=1}^{n}\cos(\theta_k/2)\prod_{1\leqslant i<j\leqslant n}(\cos\theta_j-\cos\theta_i).$$

类似地, 对于 Q_n, 应用

$$\sin\left(k-\frac{1}{2}\right)\theta\cos\frac{\theta}{2}=\frac{1}{2}\big(\sin k\theta+\sin(k-1)\theta\big),$$

以及本例问题 (4) 中行列式 B_n 的公式, 即可得到所要的结果.

(6) 在本例问题 (3) 中取

$$f_1(x)=1,\quad f_i(x)=x(x-1)(x-2)\cdots(x-i+2)\quad (i=2,\cdots,n).$$

那么对于正整数 $k_1<k_2<\cdots<k_n$, 有

$$D_n=\begin{vmatrix}1 & 1 & \cdots & 1\\ f_2(k_1) & f_2(k_2) & \cdots & f_2(k_n)\\ f_3(k_1) & f_3(k_2) & \cdots & f_3(k_n)\\ \vdots & \vdots & & \vdots\\ f_n(k_1) & f_n(k_2) & \cdots & f_n(k_n)\end{vmatrix}=V_n(k_1,k_2,\cdots,k_n).$$

设 $i\geqslant 2$. 因为对于任何正整数 m, 有

$$f_i(m)=m(m-1)(m-2)\cdots(m-i+2)=(i-1)!\binom{m}{i-1}$$

(当正整数 $m<i-1$ 时, $\binom{m}{i-1}=0$), 所以对于任何正整数 m, $(i-1)!$ 整除 $f_i(m)$. 在行列式 D_n 的第 2 行提出公因子 $1!=1$, 第 3 行提出公因子 $2!,\cdots$, 第 n 行提出公因子 $(n-1)!$, 可知 $\prod\limits_{i=1}^{n-1}i!$ 整除 $D_n=V_n(k_1,k_2,\cdots,k_n)$. 又由例 1.1.1 知

$$V_n(1,2,\cdots,n)=\prod_{i=1}^{n-1}i!,$$

于是本题得证. □

1.3 分块矩阵的行列式

例 1.3.1 (1) 设 $\boldsymbol{A}_n$ 是 n 阶可逆方阵, $\boldsymbol{B}_{n\times m},\boldsymbol{C}_{m\times n}$ 分别是 $n\times m$ 和 $m\times n$ 矩阵, 那么

$$\begin{vmatrix}\boldsymbol{A}_n & \boldsymbol{B}_{n\times m}\\ -\boldsymbol{C}_{m\times n} & \boldsymbol{I}_m\end{vmatrix}=|\boldsymbol{A}_n||\boldsymbol{I}_m+\boldsymbol{C}_{m\times n}\boldsymbol{A}_n^{-1}\boldsymbol{B}_{n\times m}|=|\boldsymbol{A}_n+\boldsymbol{B}_{n\times m}\boldsymbol{C}_{m\times n}|.$$

(2) 若 $\boldsymbol{A}$ 是 n 阶可逆方阵, $\boldsymbol{\beta},\boldsymbol{\gamma}$ 分别是 n 维列向量和 n 维行向量, 则

$$|\boldsymbol{A}+\boldsymbol{\beta}\boldsymbol{\gamma}|=(1+\boldsymbol{\gamma}\boldsymbol{A}^{-1}\boldsymbol{\beta})|\boldsymbol{A}|.$$

(3) 计算行列式

$$D_n=\begin{vmatrix}a_1b_1 & a_1b_2 & a_1b_3 & \cdots & a_1b_{n-1} & a_1b_n\\ a_2b_1 & a_2b_2+x & a_2b_3 & \cdots & a_2b_{n-1} & a_2b_n\\ a_3b_1 & a_3b_2 & a_3b_3+x & \cdots & a_3b_{n-1} & a_3b_n\\ \vdots & \vdots & \vdots & & \vdots & \vdots\\ a_nb_1 & a_nb_2 & a_nb_3 & \cdots & a_nb_{n-1} & a_nb_n+x\end{vmatrix}.$$

解 (1) 用 $\boldsymbol{C}_{m\times n}\boldsymbol{A}_n^{-1}$ 左乘分块矩阵

$$\begin{pmatrix} \boldsymbol{A}_n & \boldsymbol{B}_{n\times m} \\ -\boldsymbol{C}_{m\times n} & \boldsymbol{I}_m \end{pmatrix}$$

的第 1 子块行并加到第 2 子块行, 由分块矩阵的性质, 这不改变原分块矩阵的行列式, 所以

$$\begin{vmatrix} \boldsymbol{A}_n & \boldsymbol{B}_{n\times m} \\ -\boldsymbol{C}_{m\times n} & \boldsymbol{I}_m \end{vmatrix} = \begin{vmatrix} \boldsymbol{A}_n & \boldsymbol{B}_{n\times m} \\ 0 & \boldsymbol{I}_m + \boldsymbol{C}_{m\times n}\boldsymbol{A}_n^{-1}\boldsymbol{B}_{n\times m} \end{vmatrix} = |\boldsymbol{A}_n||\boldsymbol{I}_m + \boldsymbol{C}_{m\times n}\boldsymbol{A}_n^{-1}\boldsymbol{B}_{n\times m}|.$$

又用 $\boldsymbol{C}_{m\times n}$ 右乘上述分块矩阵的第 2 子块列并加到第 1 子块列, 得到

$$\begin{vmatrix} \boldsymbol{A}_n & \boldsymbol{B}_{n\times m} \\ -\boldsymbol{C}_{m\times n} & \boldsymbol{I}_m \end{vmatrix} = \begin{vmatrix} \boldsymbol{A}_n + \boldsymbol{B}_{n\times m}\boldsymbol{C}_{m\times n} & \boldsymbol{B}_{n\times m} \\ 0 & \boldsymbol{I}_m \end{vmatrix} = |\boldsymbol{A}_n + \boldsymbol{B}_{n\times m}\boldsymbol{C}_{m\times n}|.$$

于是题中公式得证.

(2) 它是本例问题 (1) 的特例 ($m=1$).

(3) 解法 1 若 $n=1$, 则 $D_n = a_1b_1$. 若 $n>1, x=0$, 则 $D_n=0$. 下面设 $n>1, x\neq 0$. 记 $\boldsymbol{a}_n=(a_1,\cdots,a_n)', \boldsymbol{b}_n=(b_1,\cdots,b_n)$, 以及 $\boldsymbol{a}_{n-1}=(a_2,\cdots,a_n)', \boldsymbol{b}_{n-1}=(b_2,\cdots,b_n)$. 我们有

$$D_n = \begin{vmatrix} a_1b_1+x & a_1b_2 & a_1b_3 & \cdots & a_1b_{n-1} & a_1b_n \\ a_2b_1 & a_2b_2+x & a_2b_3 & \cdots & a_2b_{n-1} & a_2b_n \\ a_3b_1 & a_3b_2 & a_3b_3+x & \cdots & a_3b_{n-1} & a_3b_n \\ \vdots & \vdots & \vdots & & \vdots & \vdots \\ a_nb_1 & a_nb_2 & a_nb_3 & \cdots & a_nb_{n-1} & a_nb_n+x \end{vmatrix}$$

$$-x\begin{vmatrix} 1 & a_1b_2 & a_1b_3 & \cdots & a_1b_{n-1} & a_1b_n \\ 0 & a_2b_2+x & a_2b_3 & \cdots & a_2b_{n-1} & a_2b_n \\ 0 & a_3b_2 & a_3b_3+x & \cdots & a_3b_{n-1} & a_3b_n \\ \vdots & \vdots & \vdots & & \vdots & \vdots \\ 0 & a_nb_2 & a_nb_3 & \cdots & a_nb_{n-1} & a_nb_n+x \end{vmatrix}$$

$$= |x\boldsymbol{I}_n + \boldsymbol{a}_n\boldsymbol{b}_n| - x\begin{vmatrix} a_2b_2+x & a_2b_3 & \cdots & a_2b_{n-1} & a_2b_n \\ a_3b_2 & a_3b_3+x & \cdots & a_3b_{n-1} & a_3b_n \\ \vdots & \vdots & & \vdots & \vdots \\ a_nb_2 & a_nb_3 & \cdots & a_nb_{n-1} & a_nb_n+x \end{vmatrix}$$

$$= |x\boldsymbol{I}_n + \boldsymbol{a}_n\boldsymbol{b}_n| - x|x\boldsymbol{I}_{n-1} + \boldsymbol{a}_{n-1}\boldsymbol{b}_{n-1}|.$$

依本例问题 (2) 可知

$$\begin{aligned} |x\boldsymbol{I}_n + \boldsymbol{a}_n\boldsymbol{b}_n| &= |x\boldsymbol{I}_n|\big(1+\boldsymbol{b}_n(x^{-1}\boldsymbol{I}_n)\boldsymbol{a}_n\big) \\ &= x^n(1+x^{-1}\boldsymbol{b}_n\boldsymbol{a}_n) = x^n\left(1+x^{-1}\sum_{k=1}^n a_kb_k\right), \end{aligned}$$

$$
\begin{aligned}
|x\boldsymbol{I}_{n-1}+\boldsymbol{a}_{n-1}\boldsymbol{b}_{n-1}| &= |x\boldsymbol{I}_{n-1}|\big(1+\boldsymbol{b}_{n-1}(x^{-1}\boldsymbol{I}_{n-1})\boldsymbol{a}_{n-1}\big)\\
&= x^{n-1}(1+x^{-1}\boldsymbol{b}_{n-1}\boldsymbol{a}_{n-1}) = x^{n-1}\left(1+x^{-1}\sum_{k=2}^{n}a_kb_k\right),
\end{aligned}
$$

所以 $D_n=a_1b_1x^{n-1}$(若约定 $0^0=1$, 则此公式对任何 x 及 $n\geqslant 1$ 有效).

解法 2　如果 $a_1b_1=0$, 那么 D_n 含有一个零行或零列, 因此 $D_n=0$.

现在设 $a_1b_1\neq 0$. 显然 $D_n=D_n(x)$ 是 x 的多项式. 在行列式 D_n 的展开中, 主对角线的元素之积产生 $a_1b_1x^{n-1}$, 其余各项均不含有 x^{n-1}, 因此 $D_n(x)$ 的次数是 $n-1$, 并且 $D_n(x)=a_1b_1x^{n-1}+\cdots$.

我们来考虑 $D_n'(x)$. 按行列式的求导法则, 对其第 1 行求导所得行列式的第 1 行是零行, 从而等于 0. 对其第 2 行求导所得行列式是

$$
\begin{vmatrix}
a_1b_1 & a_1b_2 & a_1b_3 & \cdots & a_1b_{n-1} & a_1b_n\\
0 & 1 & 0 & \cdots & 0 & 0\\
a_3b_1 & a_3b_2 & a_3b_3+x & \cdots & a_3b_{n-1} & a_3b_n\\
\vdots & \vdots & \vdots & & \vdots & \vdots\\
a_nb_1 & a_nb_2 & a_nb_3 & \cdots & a_nb_{n-1} & a_nb_n+x
\end{vmatrix}.
$$

当 $x=0$ 时其第 1 行与第 3 行成比例, 因而等于 0. 类似地可知, 对其余各行求导所得行列式当 $x=0$ 时也等于 0. 于是 $D_n'(0)=0$. 用类似的推理可得到

$$
D_n'(0)=D_n''(0)=\cdots=D_n^{(n-2)}(0)=0.
$$

又由 $D_n(x)=a_1b_1x^{n-1}+\cdots$ 可知 $D_n^{(n-1)}(0)=a_1b_1\neq 0$. 因此 $x=0$ 是 $D_n(x)$ 的 $n-1$ 重根. 因为上面已证 $D_n(x)$ 是 $n-1$ 次多项式, 所以 $D_n=a_1b_1x^{n-1}$ (特别地, 当 $a_1b_1=0$ 时, 此公式也有效).

解法 3　在行列式 D_n 中分别由第 1 行和第 1 列提出公因子 a_1,b_1, 可知

$$
D_n=a_1b_1\begin{vmatrix}
1 & b_2 & b_3 & \cdots & b_{n-1} & b_n\\
a_2 & a_2b_2+x & a_2b_3 & \cdots & a_2b_{n-1} & a_2b_n\\
a_3 & a_3b_2 & a_3b_3+x & \cdots & a_3b_{n-1} & a_3b_n\\
\vdots & \vdots & \vdots & & \vdots & \vdots\\
a_n & a_nb_2 & a_nb_3 & \cdots & a_nb_{n-1} & a_nb_n+x
\end{vmatrix}.
$$

在右边的行列式中, 依次将第 2 列加第 1 列的 $-b_2$ 倍, 第 3 列加第 1 列的 $-b_3$ 倍, $\cdots$, 第 n 列加第 1 列的 $-b_n$ 倍, 得到

$$
D_n=a_1b_1\begin{vmatrix}
1 & 0 & 0 & \cdots & 0 & 0\\
a_2 & x & 0 & \cdots & 0 & 0\\
a_3 & 0 & x & \cdots & 0 & 0\\
\vdots & \vdots & \vdots & & \vdots & \vdots\\
a_n & 0 & 0 & \cdots & 0 & x
\end{vmatrix}=a_1b_1x^{n-1}.
$$

□

注 **1°** 本例问题 (1) 和 (2) 中的公式常用于行列式的计算.

2° 一般地, 设 $\boldsymbol{A},\boldsymbol{D}$ 是方阵, 令

$$\varDelta=\begin{vmatrix}\boldsymbol{A}&\boldsymbol{B}\\\boldsymbol{C}&\boldsymbol{D}\end{vmatrix},$$

则

$$\varDelta=\begin{cases}|\boldsymbol{A}||\boldsymbol{D}-\boldsymbol{C}\boldsymbol{A}^{-1}\boldsymbol{B}| & (|\boldsymbol{A}|\neq 0),\\|\boldsymbol{A}-\boldsymbol{B}\boldsymbol{D}^{-1}\boldsymbol{C}||\boldsymbol{D}| & (|\boldsymbol{D}|\neq 0).\end{cases}$$

若设 $\boldsymbol{A},\boldsymbol{B},\boldsymbol{C},\boldsymbol{D}$ 都是 n 阶方阵, 则有 Schur 公式:

$$\varDelta=\begin{cases}|\boldsymbol{A}\boldsymbol{D}-\boldsymbol{A}\boldsymbol{C}\boldsymbol{A}^{-1}\boldsymbol{B}| & (\text{若 }\boldsymbol{A}\text{ 可逆}),\\|\boldsymbol{A}\boldsymbol{D}-\boldsymbol{B}\boldsymbol{D}^{-1}\boldsymbol{C}\boldsymbol{D}| & (\text{若 }\boldsymbol{D}\text{ 可逆}),\\|\boldsymbol{A}\boldsymbol{D}-\boldsymbol{C}\boldsymbol{B}| & (\text{若 }\boldsymbol{A}\boldsymbol{C}=\boldsymbol{C}\boldsymbol{A}),\\|\boldsymbol{A}\boldsymbol{D}-\boldsymbol{B}\boldsymbol{C}| & (\text{若 }\boldsymbol{C}\boldsymbol{D}=\boldsymbol{D}\boldsymbol{C}).\end{cases}$$

对此可见 Φ·P· 甘特马赫尔. 矩阵论: 上卷 [M]. 北京: 高等教育出版社,1953:45.

例 1.3.2 设 $\boldsymbol{A}=(a_{jk})_n$ 是一个 $\mathbb{C}$ 上的 n 阶方阵, $a_{jk}=b_{jk}+\mathrm{i}c_{jk}\,(j,k=1,2,\cdots,n)$, 其中 $b_{jk},c_{jk}\in\mathbb{R}$, 令 $\boldsymbol{B}=(b_{jk})_n,\boldsymbol{C}=(c_{jk})_n$, 以及

$$\widetilde{\boldsymbol{A}}=\begin{pmatrix}\boldsymbol{B}&-\boldsymbol{C}\\\boldsymbol{C}&\boldsymbol{B}\end{pmatrix}.$$

证明: $\det(\widetilde{\boldsymbol{A}})=|\det(\boldsymbol{A})|^2$.

解 (i) $\det(\widetilde{\boldsymbol{A}})$ 和 $|\det(\boldsymbol{A})|^2$ 都是 $N=2n^2$ 个变量 b_{jk},c_{jk} 的多项式. 如果它们在某个非空开集 $V\subset\mathbb{R}^N$ 上相等, 那么它们将在整个 $\mathbb{R}^N$ 上恒等. 因此我们只需证明存在这样的开集 V.

(ii) 现在设 V_0 是 $\mathbb{R}^N$ 中满足条件 $b_{jk}=0$(当所有 $1\leqslant j,k\leqslant n$), 并且 $c_{jk}=0$(当所有 $1\leqslant j,k\leqslant n,j\neq k$),$c_{kk}=k$(当 $1\leqslant k\leqslant n$) 的点 (b_{jk},c_{jk}) 的某个邻域. 此时相应的方阵 $\boldsymbol{A}$ 是对角的, 并且有特征值 $\mathrm{i},2\mathrm{i},\cdots,n\mathrm{i}$. 由多项式的连续性可知, 如果 V_0 足够小, 那么每个对应于 V_0 的某个点的方阵 $\boldsymbol{A}$ 具有 n 个互异的特征值, 并且它们的虚部是正的. 考虑任意一个这样的方阵 $\boldsymbol{A}$, 设 λ 是其对应于特征向量 $\boldsymbol{z}$ 的特征值. 因为 $\boldsymbol{A}=\boldsymbol{B}+\mathrm{i}\boldsymbol{C}$, 所以

$$\widetilde{\boldsymbol{A}}\begin{pmatrix}\boldsymbol{z}\\-\mathrm{i}\boldsymbol{z}\end{pmatrix}=\begin{pmatrix}\boldsymbol{B}&-\boldsymbol{C}\\\boldsymbol{C}&\boldsymbol{B}\end{pmatrix}\begin{pmatrix}\boldsymbol{z}\\-\mathrm{i}\boldsymbol{z}\end{pmatrix}=\begin{pmatrix}\boldsymbol{A}\boldsymbol{z}\\-\mathrm{i}\boldsymbol{A}\boldsymbol{z}\end{pmatrix}=\lambda\begin{pmatrix}\boldsymbol{z}\\-\mathrm{i}\boldsymbol{z}\end{pmatrix}.$$

因此 λ 是 $\widetilde{\boldsymbol{A}}$ 的一个特征值; 又因为 $\widetilde{\boldsymbol{A}}$ 是实方阵, 所以 $\overline{\lambda}$ 也是它的特征值. 由此可知, 如果 $\lambda_1,\cdots,\lambda_n$ 是 $\boldsymbol{A}$ 的所有特征值 (它们互不相等), 那么 $\lambda_1,\cdots,\lambda_n,\overline{\lambda}_1,\cdots,\overline{\lambda}_n$ 互不相等 (因为 λ_j 虚部是正的, 所以与 $\overline{\lambda}_j$ 的虚部符号相反), 都是 $\widetilde{\boldsymbol{A}}$ 的特征值, 因此 $\widetilde{\boldsymbol{A}}$ 没有任何其他的特征值. 最后, 注意任何 $\mathbb{C}$ 上的方阵的行列式等于它的特征值之积, 所以

$$\det(\widetilde{\boldsymbol{A}})=\lambda_1\cdots\lambda_n\overline{\lambda}_1\cdots\overline{\lambda}_n=\lambda_1\overline{\lambda}_1\cdots\lambda_n\overline{\lambda}_n=|\lambda_1|^2\cdots|\lambda_n|^2,$$

$$|\det(\boldsymbol{A})|^2 = |\lambda_1 \cdots \lambda_n|^2,$$

从而 $\det(\widetilde{\boldsymbol{A}}) = |\det(\boldsymbol{A})|^2$. 这个等式对于 V_0 中的每个点都成立, 所以依 (i), 本题得证. □

1.4 综合性例题

例 1.4.1 设 $n \geqslant 2, V_n(x_1, x_2, \cdots, x_n)$ 是 n 阶 Vandermonde 行列式.

(1) 令 $V_n^{(i)}(x_1, x_2, \cdots, x_n)$ 表示删去 $V_n(x_1, x_2, \cdots, x_n)$ 的第 i 行 $(x_1^{i-1}, x_2^{i-1}, \cdots, x_n^{i-1})$ $(i = 1, 2, \cdots, n)$, 然后增添 (新的) 第 n 行 $(x_1^n, x_2^n, \cdots, x_n^n)$ 所得到的 n 阶行列式. 证明:

$$V_n^{(i)}(x_1, x_2, \cdots, x_n) = \sigma_{n-i+1} V_n(x_1, x_2, \cdots, x_n) \quad (i = 1, 2, \cdots, n),$$

其中 $\sigma_1, \cdots, \sigma_n$ 是由 $x_1, \cdots, x_n$ 形成的初等对称多项式, 即

$$\sigma_j = \sum_{1 \leqslant k_1 < k_2 < \cdots < k_j \leqslant n} x_{k_1} x_{k_2} \cdots x_{k_j} \quad (1 \leqslant j \leqslant n).$$

(2) 设 $\varDelta_n(x_1, x_2, \cdots, x_n)$ 是将 $V_n(x_1, x_2, \cdots, x_n)$ 的第 n 行换为 $(x_1^{n+1}, x_2^{n+1}, \cdots, x_n^{n+1})$ 所得到的行列式. 证明:

$$\varDelta_n(x_1, x_2, \cdots, x_n) = \left(\sum_{k=1}^{n} x_k^2 + \sum_{1 \leqslant i < j \leqslant n} x_i x_j \right) V_n(x_1, x_2, \cdots, x_n).$$

解 (1) 我们给出三种解法.

解法 1 定义变量 x 的 n 次多项式 (其系数与 x_j 有关)

$$D_n(x) = \begin{vmatrix} 1 & 1 & 1 & \cdots & 1 \\ -x & x_1 & x_2 & \cdots & x_n \\ (-x)^2 & x_1^2 & x_2^2 & \cdots & x_n^2 \\ \vdots & \vdots & \vdots & & \vdots \\ (-x)^n & x_1^n & x_2^n & \cdots & x_n^n \end{vmatrix}.$$

由行列式的性质可知它有 n 个根 $-x_1, -x_2, \cdots, -x_n$, 因此

$$D_n(x) = c(x + x_1)(x + x_2) \cdots (x + x_n),$$

其中 c 是 x^n 的系数. 将行列式 $D_n(x)$ 按第 1 列展开, 得到

$$\begin{aligned} D_n(x) &= \sum_{i=1}^{n} (-1)^{i+1} (-x)^{i-1} V_n^{(i)}(x_1, \cdots, x_n) + (-1)^{1+n+1} (-x)^n V_n(x_1, x_2, \cdots, x_n) \\ &= \sum_{i=1}^{n} V_n^{(i)}(x_1, \cdots, x_n) x^{i-1} + V_n(x_1, x_2, \cdots, x_n) x^n. \end{aligned}$$

特别地, 由此可知 $c=V_n(x_1,\cdots,x_n)$, 因此

$$D_n(x)=V_n(x_1,\cdots,x_n)(x+x_1)(x+x_2)\cdots(x+x_n).$$

此外, 由多项式的根与系数的关系, 我们还有

$$(x+x_1)(x+x_2)\cdots(x+x_n)=\sum_{k=0}^{n}\sigma_k x^{n-k}=\sum_{i=1}^{n+1}\sigma_{n-i+1}x^{i-1}$$

(此处 $\sigma_0=1$). 于是

$$\sum_{i=1}^{n}V_n^{(i)}(x_1,\cdots,x_n)x^{i-1}+V_n(x_1,x_2,\cdots,x_n)x^n=\sum_{i=1}^{n+1}\sigma_{n-i+1}V_n(x_1,\cdots,x_n)x^{i-1}.$$

比较两边 $x^0,x,x^2,\cdots,x^{n-1}$ 的系数, 即得所要的公式.

解法 2 不妨认为所有 x_j 互不相等(因为不然 $V_n^{(i)}(x_1,\cdots,x_n)$ 和 $V_n(x_1,\cdots,x_n)$ 都等于 0, 结论显然成立). 考虑以 $u_1,u_2,\cdots,u_n$ 为未知数的线性方程组

$$u_1+\sum_{k=2}^{n}x_i^{k-1}u_k=x_i^n\quad(i=1,2,\cdots,n).$$

方程组的系数行列式是 Vandermonde 行列式 $V_n(x_1,x_2,\cdots,x_n)$, 依假设, 它不等于 0, 因此由 Cramer 法则, 得

$$u_i=\frac{\widetilde{V}_n^{(i)}(x_1,\cdots,x_n)}{V_n(x_1,x_2,\cdots,x_n)}\quad(i=1,2,\cdots,n),$$

其中

$$\widetilde{V}_n^{(1)}(x_1,\cdots,x_n)=\begin{vmatrix}x_1^n & x_1 & \cdots & x_1^{n-1}\\ x_2^n & x_2 & \cdots & x_2^{n-1}\\ \vdots & \vdots & & \vdots\\ x_n^n & x_n & \cdots & x_n^{n-1}\end{vmatrix}=(-1)^{n-1}V_n^{(1)},$$

$$\begin{aligned}\widetilde{V}_n^{(i)}(x_1,\cdots,x_n)&=\begin{vmatrix}1 & x_1 & \cdots & x_1^{i-2} & x_1^n & x_1^i & \cdots & x_1^{n-1}\\ 1 & x_2 & \cdots & x_2^{i-2} & x_2^n & x_2^i & \cdots & x_2^{n-1}\\ \vdots & \vdots & & \vdots & \vdots & \vdots & & \vdots\\ 1 & x_n & \cdots & x_n^{i-2} & x_n^n & x_n^i & \cdots & x_n^{n-1}\end{vmatrix}\\ &=(-1)^{n-i}V_n^{(i)}(x_1,\cdots,x_n)\quad(i=2,\cdots,n-1),\end{aligned}$$

以及

$$\widetilde{V}_n^{(n)}(x_1,\cdots,x_n)=\begin{vmatrix}1 & x_1 & \cdots & x_1^{n-2} & x_1^n\\ 1 & x_2 & \cdots & x_2^{n-2} & x_2^n\\ \vdots & \vdots & & \vdots & \vdots\\ 1 & x_n & \cdots & x_n^{n-2} & x_n^n\end{vmatrix}=V_n^{(n)}(x_1,\cdots,x_n).$$

于是

$$u_i=(-1)^{n-i}\frac{V_n^{(i)}(x_1,\cdots,x_n)}{V_n(x_1,x_2,\cdots,x_n)}\quad(i=1,2,\cdots,n).$$

又由上述线性方程组可知 x 的 n 次多项式 (其最高次项的系数等于 1)

$$P(x)=x^n-u_nx^{n-1}-u_{n-1}x^{n-2}-\cdots-u_2x-u_1$$

有 n 个根 $x_1,x_2,\cdots,x_n$, 因此

$$P(x)=(x-x_1)(x-x_2)\cdots(x-x_n).$$

由根与系数的关系,$P(x)$ 的系数

$$u_i=(-1)^{n-i}\sigma_{n-i+1}\quad(i=1,2,\cdots,n).$$

等置 $u_i(1\leqslant i\leqslant n-1)$ 的上述两种表达式, 即得结果.

解法 3 对 n 用数学归纳法. 当 $n=2$ 时, 可以直接验证 (此时 $i=1,2,3$). 设对于阶数 $l\leqslant n-1$ 的 Vandermonde 行列式 $V_l(x_1,x_2,\cdots,x_l)$ 结论成立, 现在来考虑 $V_n(x_1,x_2,\cdots,x_n)$. 不妨设 $i>1$(因为当 $i=1$ 时要证的等式显然成立). 我们有

$$V_n^{(i)}(x_1,\cdots,x_n)=\begin{vmatrix}1&1&\cdots&1\\x_1&x_2&\cdots&x_n\\\vdots&\vdots&&\vdots\\x_1^{i-2}&x_2^{i-2}&\cdots&x_n^{i-2}\\x_1^{i}&x_2^{i}&\cdots&x_n^{i}\\\vdots&\vdots&&\vdots\\x_1^{n}&x_2^{n}&\cdots&x_n^{n}\end{vmatrix}=(-1)^{i+1}\begin{vmatrix}0&1&1&\cdots&1\\0&x_1&x_2&\cdots&x_n\\\vdots&\vdots&\vdots&&\vdots\\0&x_1^{i-2}&x_2^{i-2}&\cdots&x_n^{i-2}\\1&0&0&\cdots&0\\0&x_1^{i}&x_2^{i}&\cdots&x_n^{i}\\\vdots&\vdots&\vdots&&\vdots\\0&x_1^{n}&x_2^{n}&\cdots&x_n^{n}\end{vmatrix},$$

注意右边行列式是 $n+1$ 阶的. 在其中分别将第 $k\,(=2,\cdots,n+1)$ 列与第 1 列的 x_{k-1}^{i-1} 倍相加, 得到

$$V_n^{(i)}(x_1,\cdots,x_n)=(-1)^{i+1}\begin{vmatrix}0&1&1&\cdots&1\\0&x_1&x_2&\cdots&x_n\\\vdots&\vdots&\vdots&&\vdots\\0&x_1^{i-2}&x_2^{i-2}&\cdots&x_n^{i-2}\\1&x_1^{i-1}&x_2^{i-1}&\cdots&x_n^{i-1}\\0&x_1^{i}&x_2^{i}&\cdots&x_n^{i}\\\vdots&\vdots&\vdots&&\vdots\\0&x_1^{n}&x_2^{n}&\cdots&x_n^{n}\end{vmatrix}.$$

在这个行列式中, 依次将第 $n+1$ 行减第 n 行的 x_n 倍, 第 n 行减第 $n-1$ 行的 x_n 倍,$\cdots$,

第 2 行减第 1 行的 x_n 倍, 可知上式等于

$$(-1)^{i+1}\begin{vmatrix} 0 & 1 & 1 & \cdots & 1 & 1 \\ 0 & x_1-x_n & x_2-x_n & \cdots & x_{n-1}-x_n & 0 \\ \vdots & \vdots & \vdots & & \vdots & \vdots \\ 0 & x_1^{i-2}-x_1^{i-3}x_n & x_2^{i-2}-x_2^{i-3}x_n & \cdots & x_{n-1}^{i-2}-x_{n-1}^{i-3}x_n & 0 \\ 1 & x_1^{i-1}-x_1^{i-2}x_n & x_2^{i-1}-x_2^{i-2}x_n & \cdots & x_{n-1}^{i-1}-x_{n-1}^{i-2}x_n & 0 \\ -x_n & x_1^{i}-x_1^{i-1}x_n & x_2^{i}-x_2^{i-1}x_n & \cdots & x_{n-1}^{i}-x_{n-1}^{i-1}x_n & 0 \\ \vdots & \vdots & \vdots & & \vdots & \vdots \\ 0 & x_1^{n}-x_1^{n-1}x_n & x_2^{n}-x_2^{n-1}x_n & \cdots & x_{n-1}^{n}-x_{n-1}^{n-1}x_n & 0 \end{vmatrix}.$$

按第 1 列展开上述行列式, 它等于

$$(-1)^{2(i+1)}\begin{vmatrix} 1 & 1 & \cdots & 1 & 1 \\ x_1-x_n & x_2-x_n & \cdots & x_{n-1}-x_n & 0 \\ \vdots & \vdots & & \vdots & \vdots \\ x_1^{i-2}-x_1^{i-3}x_n & x_2^{i-2}-x_2^{i-3}x_n & \cdots & x_{n-1}^{i-2}-x_{n-1}^{i-3}x_n & 0 \\ x_1^{i}-x_1^{i-1}x_n & x_2^{i}-x_2^{i-1}x_n & \cdots & x_{n-1}^{i}-x_{n-1}^{i-1}x_n & 0 \\ \vdots & \vdots & & \vdots & \vdots \\ x_1^{n}-x_1^{n-1}x_n & x_2^{n}-x_2^{n-1}x_n & \cdots & x_{n-1}^{n}-x_{n-1}^{n-1}x_n & 0 \end{vmatrix}$$

以及

$$(-1)^{2i+3}(-x_n)\begin{vmatrix} 1 & 1 & \cdots & 1 & 1 \\ x_1-x_n & x_2-x_n & \cdots & x_{n-1}-x_n & 0 \\ \vdots & \vdots & & \vdots & \vdots \\ x_1^{i-2}-x_1^{i-3}x_n & x_2^{i-2}-x_2^{i-3}x_n & \cdots & x_{n-1}^{i-2}-x_{n-1}^{i-3}x_n & 0 \\ x_1^{i-1}-x_1^{i-2}x_n & x_2^{i-1}-x_2^{i-2}x_n & \cdots & x_{n-1}^{i-1}-x_{n-1}^{i-2}x_n & 0 \\ x_1^{i+1}-x_1^{i}x_n & x_2^{i+1}-x_2^{i}x_n & \cdots & x_{n-1}^{i+1}-x_{n-1}^{i}x_n & 0 \\ \vdots & \vdots & & \vdots & \vdots \\ x_1^{n}-x_1^{n-1}x_n & x_2^{n}-x_2^{n-1}x_n & \cdots & x_{n-1}^{n}-x_{n-1}^{n-1}x_n & 0 \end{vmatrix}$$

之和. 这两个行列式都是 n 阶的, 将它们按第 n 列展开, 得到

$$V_n^{(i)}(x_1,\cdots,x_n)=\prod_{i=1}^{n-1}(x_n-x_i)\left(V_{n-1}^{(i-1)}(x_1,\cdots,x_{n-1})+x_nV_{n-1}^{(i)}(x_1,\cdots,x_{n-1})\right).$$

由归纳假设, 我们有

$$V_{n-1}^{(i-1)}(x_1,\cdots,x_{n-1})=\left(\sum_{1\leqslant k_1<\cdots<k_{n-i+1}\leqslant n-1}x_{k_1}\cdots x_{k_{n-i+1}}\right)V_{n-1}(x_1,\cdots,x_{n-1}),$$

$$V_{n-1}^{(i)}(x_1,\cdots,x_{n-1})=\left(\sum_{1\leqslant k_1<\cdots<k_{n-i}\leqslant n-1}x_{k_1}\cdots x_{k_{n-i}}\right)V_{n-1}(x_1,\cdots,x_{n-1}),$$

注意

$$\sum_{1\leqslant k_1<\cdots<k_{n-i+1}\leqslant n-1} x_{k_1}\cdots x_{k_{n-i+1}} + x_n \sum_{1\leqslant k_1<\cdots<k_{n-i}\leqslant n-1} x_{k_1}\cdots x_{k_{n-i}}$$
$$= \sum_{1\leqslant k_1<\cdots<k_{n-i+1}\leqslant n} x_{k_1}\cdots x_{k_{n-i+1}} = \sigma_{n-i+1}$$

(其中 σ_{n-i+1} 按 $x_1,x_2,\cdots,x_n$ 而言), 以及

$$\prod_{i=1}^{n-1}(x_n-x_i)V_{n-1}(x_1,\cdots,x_{n-1}) = V_n(x_1,\cdots,x_n),$$

所以

$$V_n^{(i)}(x_1,\cdots,x_n) = \sigma_{n-i+1}V_n(x_1,\cdots,x_n).$$

于是完成归纳证明.

(2) 我们在此给出四种解法(第五种解法见例 6.4.4(3)), 其中前三种解法是本题 (1) 中相应方法的变体, 解法 4 中的方法看来难以用于本题 (1)(但 $i=n$ 的情形除外).

解法 1　定义变量 x 的 $n+1$ 次多项式 (其系数与 x_j 有关)

$$P_{n+1}(x) = \begin{vmatrix} 1 & 1 & 1 & \cdots & 1 \\ -x & x_1 & x_2 & \cdots & x_n \\ (-x)^2 & x_1^2 & x_2^2 & \cdots & x_n^2 \\ \vdots & \vdots & \vdots & & \vdots \\ (-x)^{n-1} & x_1^{n-1} & x_2^{n-1} & \cdots & x_n^{n-1} \\ (-x)^{n+1} & x_1^{n+1} & x_2^{n+1} & \cdots & x_n^{n+1} \end{vmatrix}.$$

它有 $n+1$ 个根, 由行列式的性质可知其中 n 个是 $-x_1,-x_2,\cdots,-x_n$, 我们用 $-x_{n+1}$ 表示它的第 $n+1$ 个根. 于是

$$P_{n+1}(x) = a_0(x+x_1)(x+x_2)\cdots(x+x_n)(x+x_{n+1}),$$

其中 a_0 是 x^{n+1} 的系数. 将行列式 $P_{n+1}(x)$ 按第 1 列展开, 得到

$$P_{n+1}(x) = -V_n(x_1,\cdots,x_n)x^{n+1} + \varDelta_n(x_1,\cdots,x_n)x^{n-1} + a_{n-2}x^{n-2} + \cdots + a_0,$$

其中系数 $a_{n-2},\cdots,a_0$ 是某些 (元素与 x_j 有关的)n 阶行列式 (下文不需要它们的明显表达式), 特别得到 $a_0 = -V_n(x_1,\cdots,x_n)$, 因此

$$P_{n+1}(x) = -V_n(x_1,\cdots,x_n)(x+x_1)(x+x_2)\cdots(x+x_n)(x+x_{n+1}).$$

又由多项式的根与系数的关系可知

$$(x+x_1)(x+x_2)\cdots(x+x_n)(x+x_{n+1}) = x^{n+1} + \delta_1x^n + \delta_2x^{n-1} + \cdots + \delta_{n+1},$$

其中 δ_j 是 $x_1,x_2,\cdots,x_n,x_{n+1}$ 形成的初等对称多项式, 所以

$$P_{n+1}(x)=-V_n(x_1,\cdots,x_n)(x^{n+1}+\delta_1x^n+\delta_2x^{n-1}+\cdots+\delta_{n+1}).$$

比较上述 $P_{n+1}(x)$ 的两个表达式中 x^{n-1} 的系数, 我们得到

$$\varDelta_n(x_1,\cdots,x_n)=-\delta_2V_n(x_1,\cdots,x_n).$$

注意

$$\delta_2=\sum_{1\leqslant i<j\leqslant n+1}x_ix_j=\sum_{1\leqslant i<j\leqslant n}x_ix_j+x_{n+1}\sum_{i=1}^{n}x_i,$$

并且由于 $P_{n+1}(x)$ 的 x^n 的系数等于 0, 即 $\delta_1=x_1+\cdots+x_{n+1}=0$, 因而 $x_{n+1}=-\sum\limits_{i=1}^{n}x_i$, 于是我们得到

$$\begin{aligned}\delta_2&=\sum_{1\leqslant i<j\leqslant n+1}x_ix_j=\sum_{1\leqslant i<j\leqslant n}x_ix_j+\left(-\sum_{i=1}^{n}x_i\right)\sum_{i=1}^{n}x_i\\&=\sum_{1\leqslant i<j\leqslant n}x_ix_j-\left(\sum_{i=1}^{n}x_i\right)^2=-\sum_{i=1}^{n}x_i^2-\sum_{1\leqslant i<j\leqslant n}x_ix_j.\end{aligned}$$

由此推出

$$\varDelta_n(x_1,\cdots,x_n)=\left(\sum_{k=1}^{n}x_k^2+\sum_{1\leqslant i<j\leqslant n}x_ix_j\right)V_n(x_1,x_2,\cdots,x_n).$$

解法 2 类似于本例问题 (1) 的解法 2, 不妨认为所有 x_j 互不相等. 考虑以 $u_1,u_2,\cdots,u_n$ 为未知数的线性方程组

$$u_1+\sum_{k=2}^{n}x_i^{k-1}u_k=x_i^{n+1}\quad(i=1,2,\cdots,n).$$

依假设, 其系数行列式 $V_n(x_1,x_2,\cdots,x_n)\neq0$, 因此由 Cramer 法则, 得

$$u_n=\frac{\varDelta_n(x_1,\cdots,x_n)}{V_n(x_1,x_2,\cdots,x_n)}.$$

又定义 x 的 $n+1$ 次多项式 (其首项系数为 1)

$$R(x)=x^{n+1}-u_nx^{n-1}-u_{n-1}x^{n-2}-\cdots-u_2x-u_1.$$

由上述线性方程组可知 $x_1,x_2,\cdots,x_n$ 是 $R(x)$ 的 n 个根, 用 x_{n+1} 记其第 $n+1$ 个根, 则得 $R(x)=(x-x_1)(x-x_2)\cdots(x-x_n)(x-x_{n+1})$, 由此依根与系数的关系可知 $R(x)$ 的系数

$$u_n=-\sum_{1\leqslant i<j\leqslant n+1}x_ix_j.$$

于是我们得到

$$\frac{\varDelta_n(x_1,\cdots,x_n)}{V_n(x_1,x_2,\cdots,x_n)}=-\sum_{1\leqslant i<j\leqslant n+1}x_ix_j$$

(以下的推理和计算同解法 1).

解法 3 对 n 用数学归纳法. 当 $n=2$ 时, 可直接验证:

$$\Delta_2(x_1,x_2)=x_2^3-x_1^3=(x_2-x_1)(x_1^2+x_2^2-x_1x_2)=(x_1^2+x_2^2-x_1x_2)V_2(x_1,x_2).$$

设对于阶数 $l\leqslant n-1$, 题中关于 $\Delta_l(x_1,x_2,\cdots,x_l)$ 的公式成立, 现在来考虑 $\Delta_n(x_1,x_2,\cdots,x_n)$. 我们有

$$\Delta_n(x_1,x_2,\cdots,x_n)=\begin{vmatrix}1&1&\cdots&1\\x_1&x_2&\cdots&x_n\\\vdots&\vdots&&\vdots\\x_1^{n-2}&x_2^{n-2}&\cdots&x_n^{n-2}\\x_1^{n+1}&x_2^{n+1}&\cdots&x_n^{n+1}\end{vmatrix}=(-1)^{n+1}\begin{vmatrix}0&1&1&\cdots&1\\0&x_1&x_2&\cdots&x_n\\\vdots&\vdots&\vdots&&\vdots\\0&x_1^{n-2}&x_2^{n-2}&\cdots&x_n^{n-2}\\1&0&0&\cdots&0\\0&x_1^{n+1}&x_2^{n+1}&\cdots&x_n^{n+1}\end{vmatrix},$$

注意右边行列式是 $n+1$ 阶的. 在其中分别将第 $k(=2,\cdots,n+1)$ 列与第 1 列的 x_{k-1}^{n-1} 倍相加, 得到

$$\Delta_n(x_1,\cdots,x_n)=(-1)^{n+1}\begin{vmatrix}0&1&1&\cdots&1\\0&x_1&x_2&\cdots&x_n\\\vdots&\vdots&\vdots&&\vdots\\0&x_1^{n-2}&x_2^{n-2}&\cdots&x_n^{n-2}\\1&x_1^{n-1}&x_2^{n-1}&\cdots&x_n^{n-1}\\0&x_1^{n+1}&x_2^{n+1}&\cdots&x_n^{n+1}\end{vmatrix}.$$

在这个行列式中, 依次将其第 $n+1$ 行与第 n 行的 x_n^2 倍相减, 第 n 行与第 $n-1$ 行的 x_n 倍相减, $\cdots$, 第 2 行与第 1 行的 x_n 倍相减, 可知 $\Delta_n(x_1,\cdots,x_n)$ 等于

$$(-1)^{n+1}\begin{vmatrix}0&1&1&\cdots&1&1\\0&x_1-x_n&x_2-x_n&\cdots&x_{n-1}-x_n&0\\\vdots&\vdots&\vdots&&\vdots&\vdots\\0&x_1^{n-2}-x_1^{n-3}x_n&x_2^{n-2}-x_2^{n-3}x_n&\cdots&x_{n-1}^{n-2}-x_{n-1}^{n-3}x_n&0\\1&x_1^{n-1}-x_1^{n-2}x_n&x_2^{n-1}-x_2^{n-2}x_n&\cdots&x_{n-1}^{n-1}-x_{n-1}^{n-2}x_n&0\\-x_n^2&x_1^{n+1}-x_1^{n-1}x_n^2&x_2^{n+1}-x_2^{n-1}x_n^2&\cdots&x_{n-1}^{n+1}-x_{n-1}^{n-1}x_n^2&0\end{vmatrix}.$$

按第 1 列展开上述行列式, 它等于

$$(-1)^{2(n+1)}\begin{vmatrix}1&1&\cdots&1&1\\x_1-x_n&x_2-x_n&\cdots&x_{n-1}-x_n&0\\\vdots&\vdots&&\vdots&\vdots\\x_1^{n-3}-x_1^{n-4}x_n&x_2^{n-3}-x_2^{n-4}x_n&\cdots&x_{n-1}^{n-3}-x_{n-1}^{n-4}x_n&0\\x_1^{n-2}-x_1^{n-3}x_n&x_2^{n-2}-x_2^{n-3}x_n&\cdots&x_{n-1}^{n-2}-x_{n-1}^{n-3}x_n&0\\x_1^{n+1}-x_1^{n-1}x_n^2&x_2^{n+1}-x_2^{n-1}x_n^2&\cdots&x_{n-1}^{n+1}-x_{n-1}^{n-1}x_n^2&0\end{vmatrix}$$

以及

$$(-1)^{2n+4}x_n^2\begin{vmatrix}1 & 1 & \cdots & 1 & 1\\ x_1-x_n & x_2-x_n & \cdots & x_{n-1}-x_n & 0\\ \vdots & \vdots & & \vdots & \vdots\\ x_1^{n-2}-x_1^{n-3}x_n & x_2^{n-2}-x_2^{n-3}x_n & \cdots & x_{n-1}^{n-2}-x_{n-1}^{n-3}x_n & 0\\ x_1^{n-1}-x_1^{n-2}x_n & x_2^{n-1}-x_2^{n-2}x_n & \cdots & x_{n-1}^{n-1}-x_{n-1}^{n-2}x_n & 0\end{vmatrix}$$

之和. 这两个行列式都是 n 阶的, 将它们按第 n 列展开, 得到

$$\begin{aligned}\varDelta_n(x_1,\cdots,x_n)&=(-1)^{n+1}\prod_{i=1}^{n-1}(x_i-x_n)\Big(\widetilde{\varDelta}_{n-1}(x_1,\cdots,x_{n-1})+x_n^2V_{n-1}(x_1,\cdots,x_{n-1})\Big)\\&=\prod_{i=1}^{n-1}(x_n-x_i)\Big(\widetilde{\varDelta}_{n-1}(x_1,\cdots,x_{n-1})+x_n^2V_{n-1}(x_1,\cdots,x_{n-1})\Big),\end{aligned}$$

其中

$$\widetilde{\varDelta}_{n-1}(x_1,\cdots,x_{n-1})=\begin{vmatrix}1 & 1 & \cdots & 1\\ x_1 & x_2 & \cdots & x_{n-1}\\ x_1^2 & x_2^2 & \cdots & x_{n-1}^2\\ \vdots & \vdots & & \vdots\\ x_1^{n-3} & x_2^{n-3} & \cdots & x_{n-1}^{n-3}\\ x_1^{n-1}(x_1+x_n) & x_2^{n-1}(x_2+x_n) & \cdots & x_{n-1}^{n-1}(x_{n-1}+x_n)\end{vmatrix}.$$

依行列式的加法法则 (按最后一行相加), 我们有

$$\begin{aligned}\widetilde{\varDelta}_{n-1}(x_1,\cdots,x_{n-1})&=\begin{vmatrix}1 & 1 & \cdots & 1\\ x_1 & x_2 & \cdots & x_{n-1}\\ x_1^2 & x_2^2 & \cdots & x_{n-1}^2\\ \vdots & \vdots & & \vdots\\ x_1^{n-3} & x_2^{n-3} & \cdots & x_{n-1}^{n-3}\\ x_1^{n} & x_2^{n} & \cdots & x_{n-1}^{n}\end{vmatrix}+x_n\begin{vmatrix}1 & 1 & \cdots & 1\\ x_1 & x_2 & \cdots & x_{n-1}\\ x_1^2 & x_2^2 & \cdots & x_{n-1}^2\\ \vdots & \vdots & & \vdots\\ x_1^{n-3} & x_2^{n-3} & \cdots & x_{n-1}^{n-3}\\ x_1^{n-1} & x_2^{n-1} & \cdots & x_{n-1}^{n-1}\end{vmatrix}\\&=\varDelta_{n-1}(x_1,\cdots,x_{n-1})+x_nV_{n-1}^{(n-1)}(x_1,\cdots,x_{n-1}).\end{aligned}$$

所以

$$\begin{aligned}\varDelta_n(x_1,\cdots,x_n)=\prod_{i=1}^{n-1}(x_n-x_i)\Big(&\varDelta_{n-1}(x_1,\cdots,x_{n-1})\\&+x_nV_{n-1}^{(n-1)}(x_1,\cdots,x_{n-1})+x_n^2V_{n-1}(x_1,\cdots,x_{n-1})\Big).\end{aligned}$$

又由归纳假设以及本例问题 (1) 中所证, 可知

$$\varDelta_{n-1}(x_1,\cdots,x_{n-1})=\left(\sum_{k=1}^{n-1}x_k^2+\sum_{1\leqslant k_i<k_j\leqslant n-1}x_{k_i}x_{k_j}\right)V_{n-1}(x_1,\cdots,x_{n-1}),$$

$$V_{n-1}^{(n-1)}(x_1,\cdots,x_{n-1})=\left(\sum_{i=1}^{n-1}x_i\right)V_{n-1}(x_1,\cdots,x_{n-1}),$$

由此我们推出

$$\begin{aligned}&\varDelta_n(x_1,\cdots,x_n)\\&=\prod_{i=1}^{n-1}(x_n-x_i)\cdot V_{n-1}(x_1,\cdots,x_{n-1})\cdot\left(\sum_{k=1}^{n-1}x_k^2+\sum_{1\leqslant k_i<k_j\leqslant n-1}x_{k_i}x_{k_j}+x_n\sum_{i=1}^{n-1}x_i+x_n^2\right)\\&=\left(\sum_{k=1}^{n}x_k^2+\sum_{1\leqslant k_i<k_j\leqslant n}x_{k_i}x_{k_j}\right)V_n(x_1,\cdots,x_n).\end{aligned}$$

于是完成归纳证明.

解法 4　定义辅助函数

$$f(u)=\mathrm{e}^{(x_1+\cdots+x_n)u}V_n^{(n)}(x_1,\cdots,x_n),$$

则有

$$f'(u)=(x_1+\cdots+x_n)\mathrm{e}^{(x_1+\cdots+x_n)u}V_n^{(n)}(x_1,\cdots,x_n).$$

又将 $f(u)$ 表示为

$$f(u)=\begin{vmatrix}\mathrm{e}^{x_1u}&\mathrm{e}^{x_2u}&\cdots&\mathrm{e}^{x_nu}\\x_1\mathrm{e}^{x_1u}&x_2\mathrm{e}^{x_2u}&\cdots&x_n\mathrm{e}^{x_nu}\\\vdots&\vdots&&\vdots\\x_1^{n-3}\mathrm{e}^{x_1u}&x_2^{n-3}\mathrm{e}^{x_2u}&\cdots&x_n^{n-3}\mathrm{e}^{x_nu}\\x_1^{n-2}\mathrm{e}^{x_1u}&x_2^{n-2}\mathrm{e}^{x_2u}&\cdots&x_n^{n-2}\mathrm{e}^{x_nu}\\x_1^{n}\mathrm{e}^{x_1u}&x_2^{n}\mathrm{e}^{x_2u}&\cdots&x_n^{n}\mathrm{e}^{x_nu}\end{vmatrix}.$$

依行列式的求导法则, 对此行列式的前 $n-2$ 行分别求导所得行列式都等于 0, 因此

$$f'(u)=\begin{vmatrix}\mathrm{e}^{x_1u}&\mathrm{e}^{x_2u}&\cdots&\mathrm{e}^{x_nu}\\x_1\mathrm{e}^{x_1u}&x_2\mathrm{e}^{x_2u}&\cdots&x_n\mathrm{e}^{x_nu}\\\vdots&\vdots&&\vdots\\x_1^{n-3}\mathrm{e}^{x_1u}&x_2^{n-3}\mathrm{e}^{x_2u}&\cdots&x_n^{n-3}\mathrm{e}^{x_nu}\\x_1^{n-1}\mathrm{e}^{x_1u}&x_2^{n-1}\mathrm{e}^{x_2u}&\cdots&x_n^{n-1}\mathrm{e}^{x_nu}\\x_1^{n}\mathrm{e}^{x_1u}&x_2^{n}\mathrm{e}^{x_2u}&\cdots&x_n^{n}\mathrm{e}^{x_nu}\end{vmatrix}+\begin{vmatrix}\mathrm{e}^{x_1u}&\mathrm{e}^{x_2u}&\cdots&\mathrm{e}^{x_nu}\\x_1\mathrm{e}^{x_1u}&x_2\mathrm{e}^{x_2u}&\cdots&x_n\mathrm{e}^{x_nu}\\\vdots&\vdots&&\vdots\\x_1^{n-3}\mathrm{e}^{x_1u}&x_2^{n-3}\mathrm{e}^{x_2u}&\cdots&x_n^{n-3}\mathrm{e}^{x_nu}\\x_1^{n-2}\mathrm{e}^{x_1u}&x_2^{n-2}\mathrm{e}^{x_2u}&\cdots&x_n^{n-2}\mathrm{e}^{x_nu}\\x_1^{n+1}\mathrm{e}^{x_1u}&x_2^{n+1}\mathrm{e}^{x_2u}&\cdots&x_n^{n+1}\mathrm{e}^{x_nu}\end{vmatrix}.$$

由此得到

$$f'(u)=\mathrm{e}^{(x_1+\cdots+x_n)u}\big(V_n^{(n-1)}(x_1,\cdots,x_n)+\varDelta_n(x_1,\cdots,x_n)\big).$$

等置上面得到的 $f'(u)$ 的两个表达式, 我们推出

$$\varDelta_n(x_1,\cdots,x_n)=(x_1+\cdots+x_n)V_n^{(n)}(x_1,\cdots,x_n)-V_n^{(n-1)}(x_1,\cdots,x_n).$$

又由本例问题 (1) 可知

$$V_n^{(n)}(x_1,\cdots,x_n)=(x_1+\cdots+x_n)V_n(x_1,\cdots,x_n),$$
$$V_n^{(n-1)}(x_1,\cdots,x_n)=\left(\sum_{1\leqslant x_i<x_j\leqslant n}x_ix_j\right)V_n(x_1,\cdots,x_n),$$

所以我们最终求得

$$\begin{aligned}\Delta_n(x_1,\cdots,x_n)&=\left((x_1+\cdots+x_n)^2-\sum_{1\leqslant x_i<x_j\leqslant n}x_ix_j\right)V_n(x_1,\cdots,x_n)\\&=\left(\sum_{k=1}^n x_k^2+\sum_{1\leqslant k_i<k_j\leqslant n}x_{k_i}x_{k_j}\right)V_n(x_1,\cdots,x_n).\end{aligned}$$ □

例 1.4.2 设 $A=\det(a_{ij})$ 是任意 n 阶行列式. 令 A_{ij} 是 a_{ij} 的代数余子式, 用 $M_{ij,rs}$ 表示在 A 中划去 a_{ij} 和 a_{rs} 所在的行和列 (即第 i,r 行和第 j,s 列) 后所得行列式与 $(-1)^{i+j+r+s}$ 的积. 证明: 若 $i\neq r,j\neq s$, 则

$$\begin{vmatrix}A_{ij}&A_{is}\\A_{rj}&A_{rs}\end{vmatrix}=AM_{ij,rs}.$$

解 这里给出两种解法.

解法 1 不妨认为 $(i,j)=(n-1,n-1),(r,s)=(n,n)$(不然, 分别将第 i 行和第 r 行与第 $n-1$ 行和第 n 行互换, 然后分别将第 j 列和第 s 列与第 $n-1$ 列和第 n 列互换). 由

$$a_{h1}A_{i1}+a_{h2}A_{i2}+\cdots+a_{hn}A_{in}=\begin{cases}A&(当\ h=i),\\0&(当\ h\neq i),\end{cases}$$

可知 (设 $1\leqslant m\leqslant n-2$)

$$\begin{pmatrix}a_{11}&\cdots&a_{1m}&\cdots&a_{1n}\\\vdots&&\vdots&&\vdots\\a_{m1}&\cdots&a_{mm}&\cdots&a_{mn}\\\vdots&&\vdots&&\vdots\\a_{n1}&\cdots&a_{nm}&\cdots&a_{nn}\end{pmatrix}\begin{pmatrix}1&0&\cdots&0&A_{m+1,1}&\cdots&A_{n1}\\0&1&\cdots&0&A_{m+1,2}&\cdots&A_{n2}\\\vdots&\vdots&&\vdots&\vdots&&\vdots\\0&0&\cdots&1&A_{m+1,m}&\cdots&A_{nm}\\0&0&\cdots&0&A_{m+1,m+1}&\cdots&A_{n,m+1}\\0&0&\cdots&0&A_{m+1,m+2}&\cdots&A_{n,m+2}\\\vdots&\vdots&&\vdots&\vdots&&\vdots\\0&0&\cdots&0&A_{m+1,n}&\cdots&A_{nn}\end{pmatrix}$$

$$=\begin{pmatrix} a_{11} & \cdots & a_{1m} & 0 & 0 & \cdots & 0 \\ a_{21} & \cdots & a_{2m} & 0 & 0 & \cdots & 0 \\ \vdots & & \vdots & \vdots & \vdots & & \vdots \\ a_{m1} & \cdots & a_{mm} & 0 & 0 & \cdots & 0 \\ a_{m+1,1} & \cdots & a_{m+1,m} & |A| & 0 & \cdots & 0 \\ a_{m+2,1} & \cdots & a_{m+2,m} & 0 & |A| & \cdots & 0 \\ \vdots & & \vdots & \vdots & \vdots & & \vdots \\ a_{n1} & \cdots & a_{nm} & 0 & 0 & \cdots & |A| \end{pmatrix}.$$

因此

$$|A|\begin{vmatrix} A_{m+1,m+1} & \cdots & A_{n,m+1} \\ \vdots & & \vdots \\ A_{m+1,n} & \cdots & A_{nn} \end{vmatrix}=\begin{vmatrix} a_{11} & \cdots & a_{1m} \\ \vdots & & \vdots \\ a_{m1} & \cdots & a_{mm} \end{vmatrix}|A|^{n-m}.$$

取 $m=n-2$, 即得所要的结果.

解法 2 由定义可推出

$$A_{rs}=\begin{vmatrix} a_{11} & \cdots & a_{1,s-1} & a_{1s} & a_{1,s+1} & \cdots & a_{1n} \\ \vdots & & \vdots & \vdots & \vdots & & \vdots \\ a_{r-1,1} & \cdots & a_{r-1,s-1} & a_{r-1,s} & a_{r-1,s+1} & \cdots & a_{r-1,n} \\ 0 & \cdots & 0 & 1 & 0 & \cdots & 0 \\ a_{r+1,1} & \cdots & a_{r+1,s-1} & a_{r+1,s} & a_{r+1,s+1} & \cdots & a_{r+1,n} \\ \vdots & & \vdots & \vdots & \vdots & & \vdots \\ a_{n1} & \cdots & a_{n,s-1} & a_{ns} & a_{n,s+1} & \cdots & a_{nn} \end{vmatrix},$$

用 A_{ij} 乘其第 j 列 (不妨认为 $j<s$), 可知 $A_{ij}A_{rs}$ 等于

$$\begin{vmatrix} a_{11} & \cdots & a_{1j}A_{ij} & \cdots & a_{1,s-1} & a_{1s} & a_{1,s+1} & \cdots & a_{1n} \\ \vdots & & \vdots & & \vdots & \vdots & \vdots & & \vdots \\ a_{r-1,1} & \cdots & a_{r-1,j}A_{ij} & \cdots & a_{r-1,s-1} & a_{r-1,s} & a_{r-1,s+1} & \cdots & a_{r-1,n} \\ 0 & \cdots & 0 & \cdots & 0 & 1 & 0 & \cdots & 0 \\ a_{r+1,1} & \cdots & a_{r+1,j}A_{ij} & \cdots & a_{r+1,s-1} & a_{r+1,s} & a_{r+1,s+1} & \cdots & a_{r+1,n} \\ \vdots & & \vdots & & \vdots & \vdots & \vdots & & \vdots \\ a_{n1} & \cdots & a_{nj}A_{ij} & \cdots & a_{n,s-1} & a_{ns} & a_{n,s+1} & \cdots & a_{nn} \end{vmatrix}.$$

将此行列式的第 1 列的 A_{i1} 倍,$\cdots$, 第 $j-1$ 列的 $A_{i,j-1}$ 倍, 第 $j+1$ 列的 $A_{i,j+1}$ 倍, $\cdots$, 第 n 列的 A_{in} 倍与第 j 列相加, 那么此行列式的第 j 列中, 第 s 个元素变为

$$0+\cdots+0+1\cdot A_{is}+0+\cdots+0=A_{is},$$

并且依据

$$a_{h1}A_{i1}+a_{h2}A_{i2}+\cdots+a_{hn}A_{in}=\begin{cases} A & (\text{当 } h=i), \\ 0 & (\text{当 } h\neq i), \end{cases}$$

可知第 i 个元素等于 A, 其余元素都等于 0. 将这样得到的行列式按第 j 列展开 (不妨认为 $i<r$), 可知 $A_{ij}A_{rs}$ 等于 J_1+J_2, 其中

$$J_1=(-1)^{i+j}A\begin{vmatrix} a_{11} & \cdots & a_{1,j-1} & a_{1,j+1} & \cdots & a_{1s} & \cdots & a_{1n} \\ \vdots & & \vdots & \vdots & & \vdots & & \vdots \\ a_{i-1,1} & \cdots & a_{i-1,j-1} & a_{i-1,j+1} & \cdots & a_{i-1,s} & \cdots & a_{i-1,n} \\ a_{i+1,1} & \cdots & a_{i+1,j-1} & a_{i+1,j+1} & \cdots & a_{i+1,s} & \cdots & a_{i+1,n} \\ \vdots & & \vdots & \vdots & & \vdots & & \vdots \\ a_{r-1,1} & \cdots & a_{r-1,j-1} & a_{r-1,j+1} & \cdots & a_{r-1,s} & \cdots & a_{r-1,n} \\ 0 & \cdots & 0 & 0 & \cdots & 1 & \cdots & 0 \\ a_{r+1,1} & \cdots & a_{r+1,j-1} & a_{r+1,j+1} & \cdots & a_{r+1,s} & \cdots & a_{r+1,n} \\ \vdots & & \vdots & \vdots & & \vdots & & \vdots \\ a_{n1} & \cdots & a_{n,j-1} & a_{n,j+1} & \cdots & a_{ns} & \cdots & a_{nn} \end{vmatrix},$$

$$J_2=(-1)^{r+j}A_{is}\begin{vmatrix} a_{11} & \cdots & a_{1,j-1} & a_{1,j+1} & \cdots & a_{1n} \\ \vdots & & \vdots & \vdots & & \vdots \\ a_{r-1,1} & \cdots & a_{r-1,j-1} & a_{r-1,j+1} & \cdots & a_{r-1,n} \\ a_{r+1,1} & \cdots & a_{r+1,j-1} & a_{r+1,j+1} & \cdots & a_{r+1,n} \\ \vdots & & \vdots & \vdots & & \vdots \\ a_{n1} & \cdots & a_{n,j-1} & a_{n,j+1} & \cdots & a_{nn} \end{vmatrix}.$$

行列式 J_2 的第 2 项等于 $A_{is}A_{rj}$. 若将行列式 J_1 按第 $r-1$ 行, 即按行 $(0\ \cdots\ 0\,0\ \cdots\ 1\ \cdots\ 0)$ 展开, 则它等于将行列式 A 的第 i,r 行及第 j,s 列删去后所得行列式与 $(-1)^{r-1+s-1}=(-1)^{r+s}$ 之积, 这与 $M_{ij,rs}$ 恰好相差一个因子 $(-1)^{i+j}$. 于是我们得到

$$A_{ij}A_{rs}=AM_{ij,rs}+A_{is}A_{rj},$$

因此 $A_{ij}A_{rs}-A_{is}A_{rj}=AM_{ij,rs}$. 由此立得所要的结果. □

例 1.4.3 (1) 给定两个形式幂级数

$$f(z)=\sum_{n=0}^{\infty}a_nz^n,\quad g(z)=\sum_{n=0}^{\infty}b_nz^n,$$

其中 a_n,b_n 是复数. 设它们满足关系式 $f(z)g(z)=1$. 证明

$$\begin{vmatrix} a_1 & a_0 & 0 & 0 & \cdots & 0 \\ a_2 & a_1 & a_0 & 0 & \cdots & 0 \\ a_3 & a_2 & a_1 & a_0 & \cdots & 0 \\ \vdots & \vdots & \vdots & \vdots & & \vdots \\ a_n & a_{n-1} & a_{n-2} & a_{n-3} & \cdots & a_1 \end{vmatrix}=(-1)^na_0^{n+1}b_n.$$

(2) 设 $c_1,c_2,\cdots$ 由下列幂级数展开确定:

$$\mathrm{e}^{-x}=1-c_1x+c_2x^2-c_3x^3+\cdots.$$

证明

$$c_n=\begin{vmatrix}\frac{1}{1!} & 1 & 0 & 0 & \cdots & 0\\ \frac{1}{2!} & \frac{1}{1!} & 1 & 0 & \cdots & 0\\ \frac{1}{3!} & \frac{1}{2!} & \frac{1}{1!} & 1 & \cdots & 0\\ \vdots & \vdots & \vdots & \vdots & & \vdots\\ \frac{1}{(n-1)!} & \frac{1}{(n-2)!} & \frac{1}{(n-3)!} & \frac{1}{(n-4)!} & \cdots & 1\\ \frac{1}{n!} & \frac{1}{(n-1)!} & \frac{1}{(n-2)!} & \frac{1}{(n-3)!} & \cdots & \frac{1}{1!}\end{vmatrix}=\frac{1}{n!}.$$

解　(1) 比较 $f(z)g(z)=1$ 两边 $z^k\,(k=0,1,\cdots,n)$ 的系数, 得到

$$\begin{cases}a_0b_0=1,\\ a_1b_0+a_0b_1=0,\\ a_2b_0+a_1b_1+a_0b_2=0,\\ \cdots,\\ a_nb_0+a_{n-1}b_1+a_{n-2}b_2+\cdots+a_0b_n=0.\end{cases}$$

这是以 $b_0,b_1,\cdots,b_n$ 为未知数的线性方程组. 它的系数行列式等于 a_0^{n+1}, 由此解出

$$b_n=a_0^{-(n+1)}\cdot\begin{vmatrix}a_0 & 0 & 0 & 0 & \cdots & 0 & 1\\ a_1 & a_0 & 0 & 0 & \cdots & 0 & 0\\ a_2 & a_1 & a_0 & 0 & \cdots & 0 & 0\\ \vdots & \vdots & \vdots & \vdots & & \vdots & \vdots\\ a_n & a_{n-1} & a_{n-2} & a_{n-3} & \cdots & a_1 & 0\end{vmatrix}.$$

按最后一列展开行列式, 即得

$$b_n=a_0^{-(n+1)}\cdot(-1)^{n+2}D_n$$

(其中 D_n 表示题中所给的行列式), 于是得到所要的结果.

(2) 在本例问题 (1) 中取

$$f(x)=\mathrm{e}^x=1+\frac{1}{1!}x+\frac{1}{2!}x^2+\cdots+\frac{1}{n!}x^n+\cdots,$$
$$g(x)=\mathrm{e}^{-x}=1-c_1x+c_2x^2-c_3x^3+\cdots+(-1)^nc_nx^n+\cdots,$$

可知

$$(-1)^n\cdot 1^{n+1}\cdot(-1)^n c_n=\begin{vmatrix}\frac{1}{1!} & 1 & 0 & 0 & \cdots & 0\\ \frac{1}{2!} & \frac{1}{1!} & 1 & 0 & \cdots & 0\\ \frac{1}{3!} & \frac{1}{2!} & \frac{1}{1!} & 1 & \cdots & 0\\ \vdots & \vdots & \vdots & \vdots & & \vdots\\ \frac{1}{(n-1)!} & \frac{1}{(n-2)!} & \frac{1}{(n-3)!} & \frac{1}{(n-4)!} & \cdots & 1\\ \frac{1}{n!} & \frac{1}{(n-1)!} & \frac{1}{(n-2)!} & \frac{1}{(n-3)!} & \cdots & \frac{1}{1!}\end{vmatrix},$$

即得 c_n 的行列式表达式. 特别地, 依数学分析的结果推出这个行列式的值是 $1/n!$. 下面给出此行列式的一个直接的计算方法.

将此 n 阶行列式记作 D_n. 按最后一列展开, 得到

$$D_n=D_{n-1}-\begin{vmatrix}\frac{1}{1!} & 1 & 0 & 0 & \cdots & 0\\ \frac{1}{2!} & \frac{1}{1!} & 1 & 0 & \cdots & 0\\ \frac{1}{3!} & \frac{1}{2!} & \frac{1}{1!} & 1 & \cdots & 0\\ \vdots & \vdots & \vdots & \vdots & & \vdots\\ \frac{1}{(n-2)!} & \frac{1}{(n-3)!} & \frac{1}{(n-4)!} & \frac{1}{(n-5)!} & \cdots & 1\\ \frac{1}{n!} & \frac{1}{(n-1)!} & \frac{1}{(n-2)!} & \frac{1}{(n-3)!} & \cdots & \frac{1}{2!}\end{vmatrix},$$

然后按最后一列展开上式右边的行列式, 将产生 $-D_{n-2}/n!$ 和一个阶数为 $n-2$ 的类似的行列式, 又可进行同样的操作, 等等, 最终得到

$$D_n=D_{n-1}-\frac{1}{2!}D_{n-2}+\frac{1}{3!}D_{n-3}-\frac{1}{4!}D_{n-4}+\cdots+(-1)^{n-1}\frac{1}{n!}.$$

显然 $D_1=1/1!, D_2=1/2!$, 设当 $k<n$ 时 $D_k=1/k!$, 那么由上式得到

$$\begin{aligned}n!D_n&=\frac{n!}{1!(n-1)!}-\frac{n!}{2!(n-2)!}+\frac{n!}{3!(n-3)!}-\frac{n!}{4!(n-4)!}+\cdots+(-1)^{n-1}\frac{n!}{n!0!}\\&=\binom{n}{1}-\binom{n}{2}+\binom{n}{3}-\binom{n}{4}+\cdots+(-1)^{n-1}\binom{n}{n}\\&=1-(1-1)^n=1,\end{aligned}$$

因此 $D_n=1/n!$. 于是我们用数学归纳法证明了 $c_n=1/n!$. □

例 1.4.4 设实数 $a_{ik}(i,k=1,\cdots,n)$ 满足条件

$$a_{ik}\leqslant 0\quad(i\neq k;i,k=1,\cdots,n);\quad \sum_{k=1}^{n}a_{ik}>0\quad(i=1,\cdots,n).$$

证明: $\det(a_{ik}) > 0$.

解　我们给出两种解法.

解法 1　(i) 首先注意, 由题设条件可知, 当 $i=1,\cdots,n$ 时

$$a_{ii} > -a_{i1} - \cdots - a_{i,i-1} - a_{i,i+1} - \cdots - a_{in} \geqslant 0.$$

(ii) 对 n 用数学归纳法. 当 $n=1$ 时结论显然成立. 现在设对于 $n-1(n\geqslant 2)$ 阶行列式结论成立. 对于满足条件的 n 阶行列式 $D_n = \det(a_{ik})_n$, 将其第 1 列乘以 $-a_{1k}/a_{11}$, 并与第 k 列相加, 可得

$$D_n = \begin{vmatrix} a_{11} & 0 & \cdots & 0 \\ a_{21} & b_{22} & \cdots & b_{2n} \\ \vdots & \vdots & & \vdots \\ a_{n1} & b_{n2} & \cdots & b_{nn} \end{vmatrix} = a_{11} \begin{vmatrix} b_{22} & \cdots & b_{2n} \\ \vdots & & \vdots \\ b_{n2} & \cdots & b_{nn} \end{vmatrix},$$

其中

$$b_{ik} = a_{ik} - \frac{a_{1k}}{a_{11}} a_{i1} \quad (i \neq 1, k \neq 1).$$

因为已证 $a_{11} > 0$, 并且由 $i \neq 1, k \neq 1$, 可知 $a_{1k} < 0, a_{i1} < 0$, 所以

$$b_{ik} = a_{ik} - \frac{a_{1k}}{a_{11}} a_{i1} \leqslant a_{ik} \leqslant 0 \quad (i \neq k; i,k = 2,\cdots,n).$$

此外, 当 $i \geqslant 2$ 时

$$\begin{aligned} \sum_{k=2}^{n} b_{ik} &= \sum_{k=2}^{n} \left(a_{ik} - \frac{a_{1k}}{a_{11}} a_{i1} \right) = \sum_{k=2}^{n} a_{ik} - \frac{a_{i1}}{a_{11}} \sum_{k=2}^{n} a_{1k} \\ &= \left(\sum_{k=2}^{n} a_{ik} + a_{i1} \right) - \left(\frac{a_{i1}}{a_{11}} \sum_{k=2}^{n} a_{1k} + \frac{a_{i1}}{a_{11}} a_{11} \right) \\ &= \sum_{k=1}^{n} a_{ik} - \frac{a_{i1}}{a_{11}} \sum_{k=1}^{n} a_{1k} > 0 \end{aligned}$$

(最后一步用到 $a_{i1}/a_{11} < 0$). 因此, 依归纳假设, 得

$$\begin{vmatrix} b_{22} & \cdots & b_{2n} \\ \vdots & & \vdots \\ b_{n2} & \cdots & b_{nn} \end{vmatrix} > 0,$$

因而 $D_n > 0$. 于是完成归纳证明.

解法 2　(i) 与解法 1 同样地证明 $a_{ii} > 0 (i=1,\cdots,n)$.

(ii) 设 $\det(a_{ik})_n = 0$, 则线性方程组

$$a_{i1}x_1 + a_{i2}x_2 + \cdots + a_{in}x_n = 0 \quad (i = 1,2,\cdots,n)$$

有解 $(x_1,x_2,\cdots,x_n) \neq (0,0,\cdots,0)$. 设

$$|x_p| = \max_{1\leqslant i\leqslant n} |x_i|,$$

则 $x_p \neq 0$. 由 $a_{p1}x_1+a_{p2}x_2+\cdots+a_{pn}x_n=0$ 得到

$$\begin{aligned}a_{pp}&=\left|\frac{x_1}{x_p}a_{p1}+\cdots+\frac{x_{p-1}}{x_p}a_{p,p-1}+\frac{x_{p+1}}{x_p}a_{p,p+1}+\cdots+\frac{x_n}{x_p}a_{pn}\right|\\&\leqslant\frac{|x_1|}{|x_p|}|a_{p1}|+\cdots+\frac{|x_{p-1}|}{|x_p|}|a_{p,p-1}|+\frac{|x_{p+1}|}{|x_p|}|a_{p,p+1}|+\cdots+\frac{|x_n|}{|x_p|}|a_{pn}|\\&\leqslant|a_{p1}|+\cdots+|a_{p,p-1}|+|a_{p,p+1}|+\cdots+|a_{pn}|\\&=-(a_{p1}+\cdots+a_{p,p-1}+a_{p,p+1}+\cdots+a_{pn}),\end{aligned}$$

因此 $\sum\limits_{k=1}^{n}a_{pk}\leqslant 0$, 与题设矛盾. 因此 $\det(a_{ik})_n\neq 0$.

(iii) 现在证明 $\det(a_{ik})_n>0$. 用反证法. 为此令

$$f(x)=\begin{vmatrix}a_{11}&a_{12}x&\cdots&a_{1n}x\\a_{21}x&a_{22}&\cdots&a_{2n}x\\\vdots&\vdots&&\vdots\\a_{n1}x&a_{n2}x&\cdots&a_{nn}\end{vmatrix},$$

那么对任何 $x\in(0,1)$, $a_{ik}x\leqslant 0\,(i\neq k;i,k=1,\cdots,n)$; 并且由题设条件得到

$$a_{ii}>-a_{i1}-\cdots-a_{i,i-1}-a_{i,i+1}-\cdots-a_{in},$$

从而 (注意 $a_{ii}>0$)

$$a_{ii}>a_{ii}x>(-a_{i1}-\cdots-a_{i,i-1}-a_{i,i+1}-\cdots-a_{in})x,$$

因此, 当 $i=1,\cdots,n$ 时

$$a_{i1}x+\cdots+a_{i,i-1}x+a_{ii}+a_{i,i+1}x+\cdots+a_{in}x>0.$$

这就是说, 对于任何 $x\in(0,1)$, 行列式 $f(x)$ 满足题中的条件, 所以依步骤 (ii) 中所证, 可知当 $x\in(0,1)$ 时 $f(x)$ 不等于零. 此外, 由步骤 (i) 可知 $f(0)=a_{11}a_{22}\cdots a_{nn}>0$. 因此, 若 $\det(a_{ik})_n<0$, 则 $f(1)<0$. 依 $f(x)$ 的连续性推出 $f(x)$ 在 $(0,1)$ 的某个点上为零. 于是得到矛盾. □

* **例 1.4.5** 设 $\boldsymbol{A}=(a_j^{\lambda_k})$ 是一个 n 阶方阵, 其中 a_j,λ_k 是实数, 满足 $0<a_1<a_2<\cdots<a_n$, $0<\lambda_1<\lambda_2<\cdots<\lambda_n$. 证明:$\boldsymbol{A}$ 的行列式 $\det\boldsymbol{A}>0$.

解 (i) 首先证明 $\det\boldsymbol{A}\neq 0$. 用反证法. 设 $\det\boldsymbol{A}=0$, 那么线性方程组

$$\sum_{k=1}^{n}c_ka_j^{\lambda_k}=0\quad(j=1,2,\cdots,n)$$

将有非零解 $(c_1,c_2,\cdots,c_n)$. 因此 n 项幂和函数

$$f(x)=\sum_{k=1}^{n}c_kx^{\lambda_k}$$

有 n 个不同的正零点 $a_1,a_2,\cdots,a_n$.

(ii) 现在对项数 n 用归纳法证明: 不存在具有 n 个不同的正零点的 n 项幂和函数. $n=1$ 时结论显然成立. 设当项数小于 n 时结论成立. 令 $f_1(x)=x^{-\lambda_1}f(x)$. 依 $f(x)$ 的性质,$f_1(x)$ 有 n 个不同的正零点 $a_1,a_2,\cdots,a_n$, 而且由 (数学分析中的) Rolle 定理,$n-1$ 项幂和函数 $f_1'(x)$ 有 $n-1$ 个不同的正零点, 这与归纳假设矛盾. 因此上述结论得证, 亦即 $\det\boldsymbol{A}\neq 0$.

(iii) 最后, 将 $\det\boldsymbol{A}$ 记作 $V(\lambda_1,\lambda_2,\cdots,\lambda_n)$. 由 Vandermonde 行列式的性质可知 $V(1,2,\cdots,n)>0$. 我们令数组 $(1,2,\cdots,n)$ 连续变化为数组 $(\lambda_1,\lambda_2,\cdots,\lambda_n)$ 并保持变化中的数组 $(\lambda_1',\lambda_2',\cdots,\lambda_n')$ 满足 $\lambda_1'<\lambda_2'<\cdots<\lambda_n'$, 那么依上面所证, $V(\lambda_1',\lambda_2',\cdots,\lambda_n')\neq 0$, 因而它与 $V(1,2,\cdots,n)$ 同号. 特别地, 我们得到 $\det\boldsymbol{A}=V(\lambda_1,\lambda_2,\cdots,\lambda_n)>0$. □

注　如果还假设 $\lambda_k(1\leqslant k\leqslant n)$ 是递增的正整数列 (原考题就是如此), 那么还可应用 Descartes 符号法则 (见例 6.4.7 的解后的注) 证明本题:

(i) 如上面所证, 若 $\det\boldsymbol{A}=0$, 则 λ_n 次多项式

$$P(x)=\sum_{k=1}^{n}c_kx^{\lambda_k}$$

有 n 个不同的正零点 $a_1,a_2,\cdots,a_n$. 因为 $P(x)$ 的非零系数的个数至多是 n, 所以其系数变号数 $C\leqslant n-1$, 但它的正根数 $p=n$. 这与 $C-p\geqslant 0$(见例 6.4.7(2))矛盾. 因此 $\det\boldsymbol{A}\neq 0$.

(ii) 现在对行列式 $\det\boldsymbol{A}$ 的阶数 n 用数学归纳法, 证明 $\det\boldsymbol{A}>0$. 当 $n=1$ 时结论显然成立. 设当阶数小于等于 $n-1(n\geqslant 2)$ 的情形结论成立. 考虑满足题设条件的 n 阶行列式 $\det\boldsymbol{A}$. 将它看作变量 a_n 的多项式, 那么当 a_n 由 a_{n-1} 递增到 $+\infty$ 时,$\det\boldsymbol{A}$ 始终不等于 0, 因此 $P(a_n)$ 不变号. 按行列式的最后一列展开, 得到

$$P(a_n)=C_na_n^{\lambda_n}+C_{n-1}a_n^{\lambda_{n-1}}+\cdots+C_1a_n^{\lambda_1},$$

其中 C_n 是满足题设条件的 $n-1$ 阶行列式 $\det(a_j^{\lambda_k})_{1\leqslant j,k\leqslant n-1}$, 因而由归纳假设,$C_n>0$. 于是由上式推出: 当 $a_n\to+\infty$ 时

$$\frac{P(a_n)}{C_na_n^{\lambda_n}}=1+\frac{C_{n-1}}{C_n}a_n^{-(\lambda_n-\lambda_{n-1})}+\cdots+\frac{C_1}{C_n}a_n^{-(\lambda_n-\lambda_1)}\to 1,$$

于是 $P(a_n)>0$, 所以当阶数为 n 的情形, 结论也成立.

习　题　1

1.1　证明

$$\begin{vmatrix} ab-h^2 & af-hg & fh-bg \\ af-gh & ac-g^2 & ch-fg \\ fh-bg & ch-fg & bc-f^2 \end{vmatrix}=\begin{vmatrix} a & h & g \\ h & b & f \\ g & f & c \end{vmatrix}^2.$$

1.2 (1) 证明

$$\begin{vmatrix} \binom{n-1}{n-1} & \binom{n}{n-1} & \cdots & \binom{2n-2}{n-1} \\ \binom{n-1}{n-2} & \binom{n}{n-2} & \cdots & \binom{2n-2}{n-2} \\ \vdots & \vdots & & \vdots \\ \binom{n-1}{1} & \binom{n}{1} & \cdots & \binom{2n-2}{1} \\ 1 & 1 & \cdots & 1 \end{vmatrix} = (-1)^{n(n-1)/2}.$$

(2) 设整数 $m \geqslant 0$. 证明

$$\begin{vmatrix} \binom{m}{1} & 1 & 0 & \cdots & 0 \\ \binom{m}{2} & \binom{m}{1} & 1 & \cdots & 0 \\ \vdots & \vdots & \vdots & & \vdots \\ \binom{m}{n-1} & \binom{m}{n-2} & \binom{m}{n-3} & \cdots & 1 \\ \binom{m}{n} & \binom{m}{n-1} & \binom{m}{n-2} & \cdots & \binom{m}{1} \end{vmatrix} = \binom{m+n-1}{n}.$$

*__1.3__ (1) 已知 α,β,γ 为实数, 求矩阵 $\boldsymbol{A}$ 的行列式的值:

$$\boldsymbol{A} = \begin{pmatrix} \alpha & \beta & 0 & \cdots & 0 \\ \gamma & \alpha & \beta & \ddots & \vdots \\ 0 & \ddots & \ddots & \ddots & 0 \\ \vdots & \ddots & \gamma & \alpha & \beta \\ 0 & \cdots & 0 & \gamma & \alpha \end{pmatrix} \in \mathbb{R}^{n\times n}.$$

(2) 计算 n 阶行列式

$$\begin{vmatrix} x+y & x & 0 & 0 & \cdots & 0 \\ y & x+y & x & 0 & \cdots & 0 \\ 0 & y & x+y & x & \cdots & 0 \\ \vdots & \vdots & \vdots & \vdots & & \vdots \\ 0 & 0 & 0 & \cdots & y & x+y \end{vmatrix}.$$

(3) 计算行列式

$$\begin{vmatrix} 1+a_1+x_1 & a_1+x_2 & \cdots & a_1+x_n \\ a_2+x_1 & 1+a_2+x_2 & \cdots & a_2+x_n \\ \vdots & \vdots & & \vdots \\ a_n+x_1 & a_n+x_2 & \cdots & 1+a_n+x_n \end{vmatrix}.$$

(4) 计算 n 阶行列式

$$\begin{vmatrix} 1+\sin 2\alpha_1 & \sin(\alpha_1+\alpha_2) & \cdots & \sin(\alpha_1+\alpha_n) \\ \sin(\alpha_2+\alpha_1) & 1+\sin 2\alpha_2 & \cdots & \sin(\alpha_2+\alpha_n) \\ \vdots & \vdots & & \vdots \\ \sin(\alpha_n+\alpha_1) & \sin(\alpha_n+\alpha_2) & \cdots & 1+\sin 2\alpha_n \end{vmatrix}.$$

1.4　(1) 计算 n 阶行列式

$$D_n(x)=\begin{vmatrix} 1+x & 1 & \cdots & 1 \\ 1 & 1+x & \cdots & 1 \\ \vdots & \vdots & & \vdots \\ 1 & 1 & \cdots & 1+x \end{vmatrix}.$$

(2) 计算 n 阶行列式

$$X_n(x_1,x_2,\cdots,x_n)=\begin{vmatrix} a+x_1 & a & \cdots & a \\ a & a+x_2 & \cdots & a \\ \vdots & \vdots & & \vdots \\ a & a & \cdots & a+x_n \end{vmatrix}.$$

(3) 计算 $2n$ 阶行列式

$$J_{2n}=\begin{vmatrix} a_1 & 0 & 0 & \cdots & \cdots & 0 & 0 & b_1 \\ 0 & a_2 & 0 & \cdots & \cdots & 0 & b_2 & 0 \\ \vdots & \vdots & \vdots & & & \vdots & \vdots & \vdots \\ 0 & \cdots & 0 & a_n & b_n & 0 & \cdots & 0 \\ 0 & \cdots & 0 & c_n & d_n & 0 & \cdots & 0 \\ \vdots & \vdots & \vdots & & & \vdots & \vdots & \vdots \\ 0 & c_2 & 0 & \cdots & \cdots & 0 & d_2 & 0 \\ c_1 & 0 & 0 & \cdots & \cdots & 0 & 0 & d_1 \end{vmatrix}.$$

(4) 设

$$\boldsymbol{A}_k=\begin{pmatrix} 3 & 2 & 0 & 0 & \cdots & 0 \\ 1 & 3 & 2 & 0 & \cdots & 0 \\ 0 & 1 & 3 & 2 & \cdots & 0 \\ \vdots & \vdots & \vdots & \vdots & & \vdots \\ 0 & 0 & \cdots & 0 & 1 & 3 \end{pmatrix},\quad \boldsymbol{R}_{k\times l}=\begin{pmatrix} 0 & 0 & \cdots & 0 \\ 0 & 0 & \cdots & 0 \\ \vdots & \vdots & & \vdots \\ 2 & 0 & \cdots & 0 \end{pmatrix},$$

$$\boldsymbol{B}_l=\begin{pmatrix}5&3&0&0&\cdots&0\\2&5&3&0&\cdots&0\\0&2&5&3&\cdots&0\\\vdots&\vdots&\vdots&\vdots&&\vdots\\0&0&\cdots&0&2&5\end{pmatrix},\quad \boldsymbol{S}_{l\times k}=\begin{pmatrix}0&\cdots&0&2\\0&\cdots&0&0\\\vdots&&\vdots&\vdots\\0&\cdots&0&0\end{pmatrix}.$$

计算 $k+l$ 阶行列式

$$H_{k+l}=\begin{vmatrix}\boldsymbol{A}_k&\boldsymbol{R}_{k\times l}\\\boldsymbol{S}_{l\times k}&\boldsymbol{B}_l\end{vmatrix}.$$

***1.5** (1) 设

$$\boldsymbol{H}=\begin{pmatrix}\boldsymbol{A}&\boldsymbol{B}\\\boldsymbol{C}&\boldsymbol{D}\end{pmatrix},$$

其中 $\boldsymbol{A},\boldsymbol{D}$ 均为方阵, $\boldsymbol{AC}=\boldsymbol{CA}$. 证明: $\det\boldsymbol{H}=\det(\boldsymbol{AD}-\boldsymbol{CB})$.

(2) 设 $\boldsymbol{A},\boldsymbol{B}$ 分别是 $n\times m$ 和 $m\times n$ 矩阵, 证明: $|\boldsymbol{I}_n-\boldsymbol{AB}|=|\boldsymbol{I}_m-\boldsymbol{BA}|$.

1.6 (1) 设 q_{ij} 表示 i 和 j 的公约数的个数, 计算行列式 $\det(q_{ij})_n$.

(2) 设 $p\leqslant n$ 是给定的正整数, 令 $a_k=1$(若 $k\leqslant p$); $a_k=0$(若 $k>p$). 计算行列式

$$\begin{vmatrix}a_1&a_2&\cdots&a_n\\a_n&a_1&\cdots&a_{n-1}\\a_{n-1}&a_n&\cdots&a_{n-2}\\\vdots&\vdots&&\vdots\\a_2&a_3&\cdots&a_1\end{vmatrix}.$$

1.7 证明

$$\begin{vmatrix}x_1&a_2&a_3&\cdots&a_n\\a_1&x_2&a_3&\cdots&a_n\\a_1&a_2&x_3&\cdots&a_n\\\vdots&\vdots&\vdots&&\vdots\\a_1&a_2&a_3&\cdots&x_n\end{vmatrix}=\prod_{k=1}^{n}(x_k-a_k)+\sum_{k=1}^{n}a_k\prod_{\substack{1\leqslant i\leqslant n\\i\neq k}}(x_i-a_i).$$

1.8 设 $\boldsymbol{A}=(a_{ij})_n$ 是 n 阶方阵, 且

$$s_{ij}=\sum_{\substack{1\leqslant i\leqslant n\\i\neq j}}a_{ij}\quad(i,j=1,2,\cdots,n).$$

证明

$$\det(a_{ij}-s_{ij})_n=-2^{n-1}(n-2)|\boldsymbol{A}|.$$

1.9 (1) 设 $n \geqslant 2$. 证明

$$J_n(a_1,a_2,\cdots,a_n) = \begin{vmatrix} 1 & 1 & \cdots & 1 \\ a_1 & a_2 & \cdots & a_n \\ \vdots & \vdots & & \vdots \\ a_1^{n-2} & a_2^{n-2} & \cdots & a_n^{n-2} \\ a_2a_3\cdots a_n & a_1a_3\cdots a_n & \cdots & a_1a_2\cdots a_{n-1} \end{vmatrix}$$
$$= (-1)^{n-1}V_n(a_1,a_2,\cdots,a_n),$$

其中 $V_n(a_1,a_2,\cdots,a_n)$ 是 Vandermonde 行列式.

(2) 设 $a_{ij} = (t+x_i)^j\ (i,j=1,2,\cdots,n)$. 令 $F(t) = \det(a_{ij})_n$. 证明

$$x_1x_2\cdots x_nF(t) = F(0)(t+x_1)(t+x_2)\cdots(t+x_n).$$

1.10 设 $n \geqslant 2, a_{ij}(i,j=1,2,\cdots,n)$ 和 $b_i(i=1,2,\cdots,n)$ 满足下列条件:

$$\begin{vmatrix} b_r & a_{r,r+1} & \cdots & a_{rn} \\ a_{r+1,r} & a_{r+1,r+1} & \cdots & a_{r+1,n} \\ \vdots & \vdots & & \vdots \\ a_{nr} & a_{n,r+1} & \cdots & a_{nn} \end{vmatrix} = 0 \quad (r=1,2,\cdots,n-1).$$

证明

$$\det(a_{ij})_n = a_{nn}\prod_{k=1}^{n-1}(a_{kk}-b_k).$$

1.11 设 $c_1,c_2,\cdots$ 由下列幂级数展开确定:

$$\frac{x}{\log(1+x)} = 1+c_1x+c_2x^2+\cdots.$$

证明

$$c_n = \begin{vmatrix} \frac{1}{2} & 1 & 0 & 0 & \cdots & 0 \\ \frac{1}{3} & \frac{1}{2} & 1 & 0 & \cdots & 0 \\ \frac{1}{4} & \frac{1}{3} & \frac{1}{2} & 1 & \cdots & 0 \\ \vdots & \vdots & \vdots & \vdots & & \vdots \\ \frac{1}{n+1} & \frac{1}{n} & \frac{1}{n-1} & \frac{1}{n-2} & \cdots & \frac{1}{2} \end{vmatrix}.$$

1.12 (1) 设 $\lambda_1,\cdots,\lambda_n > 0$, 令 $\Lambda_n = \det\big(1/(\lambda_i+\lambda_j)\big)_n$. 证明

$$\Lambda_n = \frac{\prod\limits_{1\leqslant i<j\leqslant n}(\lambda_i-\lambda_j)^2}{\prod\limits_{1\leqslant i,j\leqslant n}(\lambda_i+\lambda_j)}.$$

(2) 证明

$$\begin{vmatrix} \frac{1}{2} & \frac{1}{3} & \cdots & \frac{1}{n+1} \\ \frac{1}{3} & \frac{1}{4} & \cdots & \frac{1}{n+2} \\ \vdots & \vdots & & \vdots \\ \frac{1}{n+1} & \frac{1}{n+2} & \cdots & \frac{1}{2n} \end{vmatrix} > 0.$$

(3) 证明:Hilbert 方阵

$$\mathscr{H}_n = \begin{pmatrix} 1 & \frac{1}{2} & \cdots & \frac{1}{n} \\ \frac{1}{2} & \frac{1}{3} & \cdots & \frac{1}{n+1} \\ \vdots & \vdots & & \vdots \\ \frac{1}{n} & \frac{1}{n+1} & \cdots & \frac{1}{2n-1} \end{pmatrix}$$

可逆.

1.13 给定 n 阶行列式 $A_n = \det(a_{ik})_n$.

(1) 若 a_{ik} 是满足条件 $|a_{ii}| > \sum\limits_{k\neq i}|a_{ik}|$ 的复数, 则 $A_n \neq 0$.

(2) 若 a_{ik} 是满足条件 $a_{ii} > \sum\limits_{k\neq i}|a_{ik}|$ 的实数, 则 $A_n > 0$.

1.14 设 b,c 是给定实数,$bc=4$. 令

$$D_n(x;b,c) = \begin{vmatrix} 5 & x & 0 & 0 & \cdots & 0 & 0 \\ c & 5 & b & 0 & \cdots & 0 & 0 \\ 0 & c & 5 & b & \cdots & 0 & 0 \\ \vdots & \vdots & \vdots & \vdots & & \vdots & \vdots \\ 0 & 0 & 0 & 0 & \cdots & 5 & b \\ 0 & 0 & 0 & 0 & \cdots & c & 5 \end{vmatrix}.$$

证明: 当且仅当

$$cx \neq \frac{5(2^{2n}-1)}{2^{2(n-1)}-1}$$

时,$D_n(x;b,c) \neq 0$.

习题 1 的解答或提示

1.1 提示 应用 $|\mathrm{adj}(\boldsymbol{A})| = |\boldsymbol{A}|^{n-1}$, 这里 $\mathrm{adj}(\boldsymbol{A})$ 是 n 阶方阵 $\boldsymbol{A}$ 的伴随矩阵, 并取 $n=3$.

1.2 (1) 将题中行列式

$$D_n=\begin{vmatrix}\dbinom{n-1}{n-1} & \dbinom{n}{n-1} & \cdots & \dbinom{2n-2}{n-1}\\ \dbinom{n-1}{n-2} & \dbinom{n}{n-2} & \cdots & \dbinom{2n-2}{n-2}\\ \vdots & \vdots & & \vdots\\ \dbinom{n-1}{1} & \dbinom{n}{1} & \cdots & \dbinom{2n-2}{1}\\ 1 & 1 & \cdots & 1\end{vmatrix}$$

简记为 $\det\left(\dbinom{n+j-2}{n-i}\right)_n$. 逐次将第 j 列减去第 $j-1$ 列 $(j=n,n-1,\cdots,2)$, 应用组合恒等式

$$\binom{n}{r}-\binom{n-1}{r}=\binom{n-1}{r-1}\quad (r\leqslant s),$$

并注意 $\dbinom{m}{0}=1(m\geqslant 0)$, 可知 D_n 等于

$$\begin{vmatrix}\dbinom{n-1}{n-1} & \dbinom{n-1}{n-2} & \cdots & \dbinom{2n-3}{n-2}\\ \dbinom{n-1}{n-2} & \dbinom{n-1}{n-3} & \cdots & \dbinom{2n-3}{n-3}\\ \vdots & \vdots & & \vdots\\ \dbinom{n-1}{1} & 1 & \cdots & 1\\ 1 & 0 & \cdots & 0\end{vmatrix}=(-1)^{n+1}\cdot\begin{vmatrix}\dbinom{n-1}{n-2} & \dbinom{n}{n-2} & \cdots & \dbinom{2n-3}{n-2}\\ \dbinom{n-1}{n-3} & \dbinom{n}{n-3} & \cdots & \dbinom{2n-3}{n-3}\\ \vdots & \vdots & & \vdots\\ \dbinom{n-1}{1} & \dbinom{n-2}{1} & \cdots & \dbinom{2n-3}{1}\\ 1 & 1 & \cdots & 1\end{vmatrix}$$

$$=(-1)^{n+1}\det\left(\binom{n+j-2}{n-i-1}\right)_{n-1}.$$

类似地, 逐次将此行列式的第 j 列减去第 $j-1$ 列 $(j=n-1,n-2,\cdots,2)$, 并应用上述组合恒等式, 可推出

$$D_n=(-1)^{n+1}\cdot(-1)^{n-1+1}\det\left(\binom{n+j-2}{n-i-2}\right)_{n-2}=-\det\left(\binom{n+j-2}{n-i-2}\right)_{n-2}.$$

继续类似的操作, 得知

$$D_n=+\det\left(\binom{n+j-2}{n-i-4}\right)_{n-4}=-\det\left(\binom{n+j-2}{n-i-6}\right)_{n-6}=+\det\left(\binom{n+j-2}{n-i-8}\right)_{n-8}$$

$$=\cdots=\pm\det\left(\binom{n+j-2}{2-i}\right)_2=\pm 1,$$

这里 D_n 当 $n=4m,4m+1,m\in\mathbb{N}_0$ 时取正号, 当 $n=4m+2,4m+3$ 时取负号, 因此 $D_n=(-1)^{n(n-1)/2}$.

注 也可通过交换行列式 D_n 的行推出

$$D_n=(-1)^{n(n-1)/2}\det\left(\binom{n+j-2}{i-1}\right)_n,$$

然后由此出发进行计算.

(2) 注意: 当 $k>m$ 时, $\binom{m}{k}=0$. 记题中的行列式为 D_n. 因为

$$D_1=\binom{m}{1}=m=\binom{m+1-1}{1},$$

$$D_2=\begin{vmatrix}\binom{m}{1} & 1\\ \binom{m}{2} & \binom{m}{1}\end{vmatrix}=m^2-\frac{m(m-1)}{2}=\frac{m(m+1)}{2}=\binom{m+2-1}{2},$$

所以题中的结论对 $n=1,2$ 成立. 现在设当 $k\leqslant n$ 时 $D_k=\binom{m+k-1}{k}$, 我们证明 $D_n=\binom{m+n-1}{n}$. 按最后一列展开行列式 D_n, 得到

$$D_n=\binom{m}{1}D_{n-1}-\begin{vmatrix}\binom{m}{1} & 1 & 0 & \cdots & 0\\ \binom{m}{2} & \binom{m}{1} & 1 & \cdots & 0\\ \binom{m}{3} & \binom{m}{2} & \binom{m}{1} & \cdots & 0\\ \vdots & \vdots & \vdots & & \vdots\\ \binom{m}{n-2} & \binom{m}{n-3} & \binom{m}{n-4} & \cdots & 1\\ \binom{m}{n} & \binom{m}{n-1} & \binom{m}{n-2} & \cdots & \binom{m}{2}\end{vmatrix}.$$

然后按最后一列展开上式右边的行列式, 等等, 最终得到

$$D_n=\binom{m}{1}D_{n-1}-\binom{m}{2}D_{n-2}+\binom{m}{3}D_{n-3}-\cdots+(-1)^{n-1}\binom{m}{n}.$$

依归纳假设, 得

$$D_n=\binom{m}{1}\binom{m+n-2}{n-1}-\binom{m}{2}\binom{m+n-3}{n-2}+\binom{m}{3}\binom{m+n-4}{n-3}-\cdots+(-1)^{n-1}\binom{m}{n}.$$

为计算右边的和, 注意当 $|x|<1$ 时

$$(1-x)^m=1-\binom{m}{1}x+\binom{m}{2}x^2-\binom{m}{3}x^3+\cdots,$$

$$(1-x)^{-m}=1+\binom{m}{1}x+\binom{m+1}{2}x^2+\cdots+\binom{m+n-1}{n}x^n+\cdots,$$

将此两式相乘, 比较两边 x^n 的系数, 得到

$$1\cdot\binom{m+n-1}{n}-\binom{m}{1}\binom{m+n-2}{n-1}+\binom{m}{2}\binom{m+n-3}{n-2}$$
$$-\binom{m}{3}\binom{m+n-4}{n-3}+\cdots+(-1)^n\binom{m}{n}=0,$$

因此

$$\binom{m}{1}\binom{m+n-2}{n-1}-\binom{m}{2}\binom{m+n-3}{n-2}$$
$$+\binom{m}{3}\binom{m+n-4}{n-3}-\cdots+(-1)^{n-1}\binom{m}{n}=\binom{m+n-1}{n},$$

从而 $D_n=\binom{m+n-1}{n}$. 于是完成归纳证明.

1.3 (1) **提示** 应用例 1.1.3(2) 的解法. 答案: α^n(当 $\beta\gamma=0$);$(n+1)(\alpha/2)^n$(当 $\alpha^2-4\beta\gamma=0$); $(x_1^{n+1}-x_2^{n+1})/(x_1-x_2)$(当 $\alpha^2-4\beta\gamma\neq 0$), 其中 $x_{1,2}=(\alpha\pm\sqrt{\alpha^2-4\beta\gamma})/2$.

(2) **提示** 与本题 (1) 的解答类似. 答案:$(x+y)^n$(当 $xy=0$); $(n+1)x^n$(当 $x=y$); $(x^{n+1}-y^{n+1})/(x-y)$(当 $x\neq y$).

(3) 题中的行列式所对应的矩阵等于

$$\boldsymbol{I}_n+(a_i+x_j)_{1\leqslant i,j\leqslant n}=\boldsymbol{I}_n+\begin{pmatrix}a_1 & 1\\ a_2 & 1\\ \vdots & \vdots\\ a_n & 1\end{pmatrix}\begin{pmatrix}1 & 1 & \cdots & 1\\ x_1 & x_2 & \cdots & x_n\end{pmatrix},$$

由例 1.3.1(1) 中的公式

$$|\boldsymbol{A}_n+\boldsymbol{B}_{n\times m}\boldsymbol{C}_{m\times n}|=|\boldsymbol{A}_n||\boldsymbol{I}_m+\boldsymbol{C}_{m\times n}\boldsymbol{A}_n^{-1}\boldsymbol{B}_{n\times m}|,$$

在其中取 $m=2,\boldsymbol{A}_n=\boldsymbol{I}_n$, 可知题中的行列式等于

$$\begin{vmatrix}1+\sum\limits_{k=1}^n a_k & n\\ \sum\limits_{k=1}^n a_kx_k & 1+\sum\limits_{k=1}^n x_k\end{vmatrix}=\left(1+\sum_{k=1}^n a_k\right)\left(1+\sum_{k=1}^n x_k\right)-n\sum_{k=1}^n a_kx_k.$$

(4) 题中的行列式所对应的矩阵等于

$$\boldsymbol{I}_n+\begin{pmatrix}\sin\alpha_1 & \cos\alpha_1\\ \sin\alpha_2 & \cos\alpha_2\\ \vdots & \vdots\\ \sin\alpha_n & \cos\alpha_n\end{pmatrix}\begin{pmatrix}\cos\alpha_1 & \cos\alpha_2 & \cdots & \cos\alpha_n\\ \sin\alpha_1 & \sin\alpha_2 & \cdots & \sin\alpha_n\end{pmatrix}.$$

由例 1.3.1(1) 中的公式

$$|\boldsymbol{A}_n+\boldsymbol{B}_{n\times m}\boldsymbol{C}_{m\times n}|=|\boldsymbol{A}_n||\boldsymbol{I}_m+\boldsymbol{C}_{m\times n}\boldsymbol{A}_n^{-1}\boldsymbol{B}_{n\times m}|,$$

在其中取 $m=2,\boldsymbol{A}_n=\boldsymbol{I}_n$, 并算出

$$\boldsymbol{C}_{2\times n}\boldsymbol{A}_n^{-1}\boldsymbol{B}_{n\times 2}=\begin{pmatrix}\cos\alpha_1 & \cos\alpha_2 & \cdots & \cos\alpha_n\\ \sin\alpha_1 & \sin\alpha_2 & \cdots & \sin\alpha_n\end{pmatrix}\begin{pmatrix}\sin\alpha_1 & \cos\alpha_1\\ \sin\alpha_2 & \cos\alpha_2\\ \vdots & \vdots\\ \sin\alpha_n & \cos\alpha_n\end{pmatrix}$$

$$=\begin{pmatrix}\sum\limits_{k=1}^{n}\sin\alpha_k\cos\alpha_k & \sum\limits_{k=1}^{n}\cos^2\alpha_k\\ \sum\limits_{k=1}^{n}\sin^2\alpha_k & \sum\limits_{k=1}^{n}\sin\alpha_k\cos\alpha_k\end{pmatrix},$$

得知

$$D_n=\begin{vmatrix}1+\sum\limits_{k=1}^{n}\sin\alpha_k\cos\alpha_k & \sum\limits_{k=1}^{n}\cos^2\alpha_k\\ \sum\limits_{k=1}^{n}\sin^2\alpha_k & 1+\sum\limits_{k=1}^{n}\sin\alpha_k\cos\alpha_k\end{vmatrix}$$

$$=\left(1+\sum_{k=1}^{n}\sin\alpha_k\cos\alpha_k\right)^2-\left(\sum_{k=1}^{n}\sin^2\alpha_k\right)\left(\sum_{k=1}^{n}\cos^2\alpha_k\right).$$

注意 Lagrange 恒等式

$$\left(\sum_{i=1}^{n}a_i^2\right)\left(\sum_{i=1}^{n}b_i^2\right)-\left(\sum_{i=1}^{n}a_ib_i\right)^2=\sum_{1\leqslant i<j\leqslant n}(a_ib_j-a_jb_i)^2,$$

我们最终求出

$$D_n=1+\sum_{k=1}^{n}\sin 2\alpha_k-\sum_{1\leqslant i<j\leqslant n}\sin^2(\alpha_i-\alpha_j).$$

1.4 (1) 解法 1　将第 $2,\cdots,n$ 列加到第 1 列, 得到

$$D_n(x)=\begin{vmatrix}n+x & 1 & \cdots & 1\\ n+x & 1+x & \cdots & 1\\ \vdots & \vdots & & \vdots\\ n+x & 1 & \cdots & 1+x\end{vmatrix}=(n+x)\begin{vmatrix}1 & 1 & \cdots & 1\\ 1 & 1+x & \cdots & 1\\ \vdots & \vdots & & \vdots\\ 1 & 1 & \cdots & 1+x\end{vmatrix}.$$

在后一行列式中, 从第 n 行起, 每行减去前行, 即得

$$D_n(x)=(n+x)\begin{vmatrix}1 & 1 & 1 & \cdots & 1\\ 0 & x & 0 & \cdots & 0\\ \vdots & \vdots & \vdots & & \vdots\\ 0 & 0 & 0 & \cdots & x\end{vmatrix}=(n+x)x^{n-1}=x^n+nx^{n-1}.$$

解法 2　我们有

$$D_n(x)=\left|x\boldsymbol{I}_n+\begin{pmatrix}1\\1\\\vdots\\1\end{pmatrix}\begin{pmatrix}1 & 1 & \cdots & 1\end{pmatrix}\right|.$$

若 $x\neq 0$, 则由例 1.3.1(2) 中的公式

$$|\boldsymbol{A}+\boldsymbol{\beta}\boldsymbol{\gamma}|=(1+\boldsymbol{\gamma}\boldsymbol{A}^{-1}\boldsymbol{\beta})|\boldsymbol{A}|$$

(取 $\boldsymbol{A}=x\boldsymbol{I}_n$, 则 $\boldsymbol{A}^{-1}=x^{-1}\boldsymbol{I}_n$), 可算出

$$D_n(x)=(1+x^{-1}n)x^n=x^n+nx^{n-1}.$$

显然当 $x=0$ 时此公式也适用.

解法 3　对行列式 $D_n(x)$ 的任何一行求导都得到 $D_{n-1}(x)$, 所以依行列式求导公式可知 $D'_n(x)=nD_{n-1}(x)$. 此外, 还有 $D_n(0)=0$.

因为 $D_1(x)=1+x$, 所以由 $D'_2(x)=2(1+x)$ 可知

$$D_2(x)=\int 2(1+x)\mathrm{d}x=2x+x^2+C,$$

由 $D_2(0)=0$ 定出常数 $C=0$, 于是 $D_2(x)=x^2+2x$. 类似地, 由 $D'_3(x)=3D_2(x)=3(x^2+2x)$ 和 $D_3(0)=0$ 求出 $D_3(x)=x^3+3x^2$. 一般地, 若 $D_k(x)=x^k+kx^{k-1}\,(k\geqslant 1)$ 成立, 则由 $D'_{k+1}(x)=(k+1)D_k(x)$ 及 $D_{k+1}(0)=0$ 可知 $D_{k+1}(x)=x^{k+1}+(k+1)x^k$. 于是我们用数学归纳法证明了 $D_n(x)=x^n+nx^{n-1}\,(n\geqslant 1)$.

解法 4　在行列式的展开中, 只有主对角线元素之积产生 x^n, 所以 $D_n(x)$ 是 x 的 n 次多项式. 如解法 3 可得 $D'_n(x)=nD_{n-1}(x)$. 继续求导, 有

$$D''_n(x)=nD'_{n-1}(x)=n(n-1)D_{n-2}(x),$$

等等, 最终得到

$$D_n^{(n-2)}(x)=n(n-1)\cdots 3\cdot D_2(x),\quad D_n^{(n-1)}(x)=n!D_1(x).$$

因为 $D_k(0)=0(k=2,3,\cdots,n)$, 所以 $D_n^{(k)}(0)=0(k=1,2,\cdots,n-2)$, 但 $D_n^{(n-1)}=n!D_1(0)=n!\neq 0$, 因而 n 次多项式 $D_n(x)$ 以 0 为 $n-1$ 重根. 又如解法 1 可知 $x=-n$ 也是它的一个根. 于是 $D_n(x)=cx^{n-1}(x+n)$. 因为在行列式展开式中 x^n 的系数等于 1, 所以常数 $c=1$, 因而 $D_n(x)=x^n+nx^{n-1}$.

注　下面的问题 (2) 是本题的扩充, 但上面的四种解法除解法 2 外, 均难以扩充使适用于它; 但问题 (2) 中的所有解法都适用于本题.

(2) 解法 1　将最后一列分拆为两列:

$$(a,a,\cdots,a)',\quad (0,0,\cdots,0,x_n)',$$

那么

$$X_n(x_1,x_2,\cdots,x_n)=\begin{vmatrix}a+x_1 & a & \cdots & a\\ a & a+x_2 & \cdots & a\\ \vdots & \vdots & & \vdots\\ a & \cdots & a+x_{n-1} & a\\ a & a & \cdots & a\end{vmatrix}+\begin{vmatrix}a+x_1 & a & \cdots & 0\\ a & a+x_2 & \cdots & 0\\ \vdots & \vdots & & \vdots\\ a & \cdots & a+x_{n-1} & 0\\ a & a & \cdots & x_n\end{vmatrix}.$$

在右边第一个行列式中, 从前 $n-1$ 列中分别减去最后一列, 可知它等于 $x_1x_2\cdots x_{n-1}a$, 并按最后一列展开第二个行列式, 即得

$$X_n(x_1,x_2,\cdots,x_n)=x_1x_2\cdots x_{n-1}a+x_nX_{n-1}(x_1,x_2,\cdots,x_{n-1}).$$

据此递推 (应用数学归纳法), 即得

$$X_n(x_1,x_2,\cdots,x_n)=x_1x_2\cdots x_n+a\sum_{k=1}^{n}\prod_{\substack{1\leqslant i\leqslant n\\ i\neq k}}x_i.$$

解法 2 类似于本题 (1) 的解法 2, 我们有

$$X_n(x_1,x_2,\cdots,x_n)=\left|\mathrm{diag}(x_1,x_2,\cdots,x_n)+\begin{pmatrix}a\\ a\\ \vdots\\ a\end{pmatrix}\begin{pmatrix}1 & 1 & \cdots & 1\end{pmatrix}\right|,$$

若所有 $x_i\neq 0$, 则由问题 1.3.1(2) 中的公式

$$|\boldsymbol{A}+\boldsymbol{\beta\gamma}|=(1+\boldsymbol{\gamma A}^{-1}\boldsymbol{\beta})|\boldsymbol{A}|,$$

其中取 $\boldsymbol{A}=\mathrm{diag}(x_1,x_2,\cdots,x_n)$, 则 $\boldsymbol{A}^{-1}=\mathrm{diag}(x_1^{-1},x_2^{-1},\cdots,x_n^{-1})$, 可得

$$X_n(x_1,x_2,\cdots,x_n)=\left(1+a\sum_{k=1}^{n}\frac{1}{x_k}\right)\prod_{k=1}^{n}x_k=x_1x_2\cdots x_n+a\sum_{k=1}^{n}\prod_{\substack{1\leqslant i\leqslant n\\ i\neq k}}x_i.$$

因为行列式 $X_n(x_1,x_2,\cdots,x_n)$ 和上式右边的函数对于 x_i 都是连续的, 所以它当某些 $x_i=0$ 时也适用 (理解为当 $x_i\to 0$ 时的极限).

解法 3 先设所有 $x_k\neq 0$. 分别从第 $2,3,\cdots,n$ 行减去第 1 行, 然后在所得行列式中从各列分别提出“公因子” $x_1,x_2,\cdots,x_n$, 则得

$$X_n(x_1,x_2,\cdots,x_n)=\begin{vmatrix}a+x_1 & a & a & \cdots & a\\ -x_1 & x_2 & 0 & \cdots & 0\\ -x_1 & 0 & x_3 & \cdots & 0\\ \vdots & \vdots & \vdots & & \vdots\\ -x_1 & 0 & 0 & \cdots & x_n\end{vmatrix}$$

$$= x_1x_2\cdots x_n \begin{vmatrix} a+a/x_1 & a/x_2 & a/x_3 & \cdots & a/x_n \\ -1 & 1 & 0 & \cdots & 0 \\ -1 & 0 & 1 & \cdots & 0 \\ \vdots & \vdots & \vdots & & \vdots \\ -1 & 0 & 0 & \cdots & 1 \end{vmatrix}.$$

将右边所得行列式的第 $2,3,\cdots,n$ 列加到第 1 列, 它可化为

$$\begin{vmatrix} 1+\sum\limits_{k=1}^{n} a/x_k & a/x_2 & a/x_3 & \cdots & a/x_n \\ 0 & 1 & 0 & \cdots & 0 \\ 0 & 0 & 1 & \cdots & 0 \\ \vdots & \vdots & \vdots & & \vdots \\ 0 & 0 & 0 & \cdots & 1 \end{vmatrix},$$

因此我们最终得到

$$X_n(x_1,x_2,\cdots,x_n) = \left(1+a\sum_{k=1}^{n}\frac{1}{x_k}\right)\prod_{k=1}^{n} x_k = x_1x_2\cdots x_n + a\sum_{k=1}^{n}\prod_{\substack{1\leqslant i\leqslant n\\ i\neq k}} x_i.$$

由连续性可知, 最后的公式当某些 $x_k=0$ 时也适用.

解法 4　将原行列式加边表示为下列 $n+1$ 阶行列式:

$$X_n(x_1,x_2,\cdots,x_n) = \begin{vmatrix} 1 & a & a & \cdots & a \\ 0 & a+x_1 & a & \cdots & a \\ 0 & a & a+x_2 & \cdots & a \\ \vdots & \vdots & \vdots & & \vdots \\ 0 & a & a & \cdots & a+x_n \end{vmatrix}.$$

先设所有 $x_k \neq 0$. 类似于解法 3, 分别从上面行列式的第 $2,3,\cdots,n,n+1$ 行减去第 1 行, 得到

$$X_n(x_1,x_2,\cdots,x_n) = \begin{vmatrix} 1 & a & a & \cdots & a \\ -1 & x_1 & 0 & \cdots & 0 \\ -1 & 0 & x_2 & \cdots & 0 \\ \vdots & \vdots & \vdots & & \vdots \\ -1 & 0 & 0 & \cdots & x_n \end{vmatrix},$$

然后从上面行列式的第 $2,3,\cdots,n+1$ 列分别提出“公因子” $x_1,x_2,\cdots,x_n$, 得到

$$X_n(x_1,x_2,\cdots,x_n) = x_1x_2\cdots x_n \begin{vmatrix} 1 & a/x_1 & a/x_2 & \cdots & a/x_n \\ -1 & 1 & 0 & \cdots & 0 \\ -1 & 0 & 1 & \cdots & 0 \\ \vdots & \vdots & \vdots & & \vdots \\ -1 & 0 & 0 & \cdots & 1 \end{vmatrix},$$

最后将此行列式的第 $2,3,\cdots,n,n+1$ 列全加到第 1 列, 即得

$$
\begin{aligned}
X_n(x_1,x_2,\cdots,x_n)&=x_1x_2\cdots x_n\begin{vmatrix}1+\sum\limits_{k=1}^{n}a/x_k & a/x_1 & a/x_2 & \cdots & a/x_n\\ 0 & 1 & 0 & \cdots & 0\\ 0 & 0 & 1 & \cdots & 0\\ \vdots & \vdots & \vdots & & \vdots\\ 0 & 0 & 0 & \cdots & 1\end{vmatrix}\\
&=\left(1+a\sum_{k=1}^{n}\frac{1}{x_k}\right)\prod_{k=1}^{n}x_k=x_1x_2\cdots x_n+a\sum_{k=1}^{n}\prod_{\substack{1\leqslant i\leqslant n\\ i\neq k}}x_i.
\end{aligned}
$$

由连续性可知, 最后的公式当某些 $x_k=0$ 时也适用.

解法 5 与前类似, 不妨设所有 $x_k\neq 0$. 从原行列式各列分别提出"公因子"x_1, $x_2,\cdots,x_n$, 则得

$$
X_n(x_1,x_2,\cdots,x_n)=x_1x_2\cdots x_n\begin{vmatrix}1+a/x_1 & a/x_2 & \cdots & a/x_n\\ a/x_1 & 1+a/x_2 & \cdots & a/x_n\\ \vdots & \vdots & & \vdots\\ a/x_1 & a/x_2 & \cdots & 1+a/x_n\end{vmatrix}.
$$

将第 $2,3,\cdots,n$ 列加到第 1 列, 可知上式等于

$$
\begin{aligned}
&x_1x_2\cdots x_n\begin{vmatrix}1+\sum\limits_{k=1}^{n}a/x_k & a/x_2 & \cdots & a/x_n\\ 1+\sum\limits_{k=1}^{n}a/x_k & 1+a/x_2 & \cdots & a/x_n\\ \vdots & \vdots & & \vdots\\ 1+\sum\limits_{k=1}^{n}a/x_k & a/x_2 & \cdots & 1+a/x_n\end{vmatrix}\\
&=x_1x_2\cdots x_n\left(1+a\sum_{k=1}^{n}\frac{1}{x_k}\right)\begin{vmatrix}1 & a/x_2 & \cdots & a/x_n\\ 1 & 1+a/x_2 & \cdots & a/x_n\\ \vdots & \vdots & & \vdots\\ 1 & a/x_2 & \cdots & 1+a/x_n\end{vmatrix},
\end{aligned}
$$

在上式右边的行列式中, 分别从第 $2,3,\cdots,n$ 行减去第 1 行, 即得

$$
X_n(x_1,x_2,\cdots,x_n)=x_1x_2\cdots x_n\left(1+a\sum_{k=1}^{n}\frac{1}{x_k}\right)\begin{vmatrix}1 & a/x_2 & \cdots & a/x_n\\ 0 & 1 & \cdots & 0\\ \vdots & \vdots & & \vdots\\ 0 & 0 & \cdots & 1\end{vmatrix}
$$

$$= \left(1+a\sum_{k=1}^{n}\frac{1}{x_k}\right)\prod_{k=1}^{n}x_k = x_1x_2\cdots x_n + a\sum_{k=1}^{n}\prod_{\substack{1\leqslant i\leqslant n\\ i\neq k}}x_i.$$

注　我们还可以将上面的解法扩充, 证明行列式

$$\begin{vmatrix} a_1+x_1 & a_1 & \cdots & a_1 \\ a_2 & a_2+x_2 & \cdots & a_2 \\ \vdots & \vdots & & \vdots \\ a_n & a_n & \cdots & a_n+x_n \end{vmatrix} = x_1x_2\cdots x_n + \sum_{k=1}^{n}a_k\prod_{\substack{1\leqslant i\leqslant n\\ i\neq k}}x_i.$$

(3) 在下列各解法中, 约定 J_{2n} 与 $a_1,a_2,\cdots,a_n;\cdots$ (其中省略号 $\cdots$ 表示 $b_1,b_2,\cdots,b_n;c_1,c_2,\cdots,c_n;d_1,d_2,\cdots,d_n$) 有关, $J_{2(n-1)}$ 与 $a_2,a_3,\cdots,a_n;\cdots$ 有关, 等等.

解法 1　在行列式 J_{2n} 的第 1 列和第 $2n$ 列中, 除第 1 行和第 $2n$ 行外, 其余任何两行所产生的 2 阶行列式总含有零行, 所以由 Laplace 展开得知

$$J_{2n} = \begin{vmatrix} a_1 & b_1 \\ c_1 & d_1 \end{vmatrix} J_{2(n-1)} = (a_1d_1-b_1c_1)J_{2(n-1)}.$$

由此递推即得

$$J_{2n} = \prod_{k=1}^{n}(a_kd_k-b_kc_k).$$

解法 2　按第 1 行展开行列式, 得到

$$J_{2n} = a_1\begin{vmatrix} a_2 & 0 & \cdots & \cdots & 0 & b_2 & 0 \\ \vdots & \vdots & & & \vdots & \vdots & \vdots \\ 0 & \cdots & a_n & b_n & 0 & \cdots & 0 \\ 0 & \cdots & c_n & d_n & 0 & \cdots & 0 \\ \vdots & \vdots & & & \vdots & \vdots & \vdots \\ c_2 & 0 & \cdots & \cdots & 0 & d_2 & 0 \\ 0 & 0 & \cdots & \cdots & 0 & 0 & d_1 \end{vmatrix} + (-1)^{1+2n}b_1\begin{vmatrix} 0 & a_2 & 0 & \cdots & \cdots & 0 & b_2 \\ \vdots & \vdots & \vdots & & & \vdots & \vdots \\ 0 & \cdots & 0 & a_n & b_n & 0 & \cdots \\ 0 & \cdots & 0 & c_n & d_n & 0 & \cdots \\ \vdots & \vdots & \vdots & & & \vdots & \vdots \\ 0 & c_2 & 0 & \cdots & \cdots & 0 & d_2 \\ c_1 & 0 & 0 & \cdots & \cdots & 0 & 0 \end{vmatrix},$$

然后按最后一行分别展开上式右边的两个行列式, 即得递推关系式, 从而得到结果.

解法 3　先设 $b_1\neq 0, d_1\neq 0$. 由第 1 行和第 $2n$ 行分别提出“公因子” b_1 和 d_1, 那么此两行分别变成 $(a_1/b_1,0,\cdots,0,1)$ 和 $(c_1/d_1,0,\cdots,0,1)$. 从 (新的) 第 1 行减去第 $2n$ 行, 然后按第 1 行展开所得到的行列式, 即得

$$J_{2n} = b_1d_1\left(\frac{a_1}{b_1}-\frac{c_1}{d_1}\right)J_{2(n-1)} = (a_1d_1-b_1c_1)J_{2(n-1)}.$$

如果 $b_1=d_1=0$, 那么 $J_{2n}=0$, 并且 $a_1d_1-b_1c_1=0$, 因而上述关系式显然成立. 如果

$b_1=0,d_1\neq 0$, 那么按第 1 行展开行列式, 得到

$$J_{2n}=a_1\begin{vmatrix} & & 0\\ J_{2(n-1)} & & \vdots\\ & & 0\\ 0 & \cdots\quad 0 & d_1\end{vmatrix}=a_1d_1J_{2(n-1)}=(a_1d_1-b_1c_1)J_{2(n-1)}.$$

如果 $b_1\neq 0,d_1=0$, 那么也可类似地推出上述关系式. 总之, 我们有递推关系式 $J_{2n}=(a_1d_1-b_1c_1)J_{2(n-1)}$, 从而得到结果.

(4) H_{k+l} 前 k 行的任意 k 列形成的子行列式中, 本身及其余子式都不等于 0 的只有 $|\boldsymbol{A}_k|$ 和由第 $1,2,\cdots,k-1,k+1$ 列所组成的行列式, 所以由 Laplace 展开可知

$$\begin{aligned}H_{k+l}=&|\boldsymbol{A}_k||\boldsymbol{B}_l|+(-1)^{1+2+\cdots+(k-1)+(k+1)+1+2+\cdots+k}\\&\cdot\begin{vmatrix}3&2&0&0&\cdots&0\\1&3&2&0&\cdots&0\\0&1&3&2&\cdots&0\\\vdots&\vdots&\vdots&\vdots&&\vdots\\0&\cdots&0&1&3&0\\0&0&\cdots&0&1&2\end{vmatrix}\begin{vmatrix}2&3&0&0&\cdots&0\\0&5&3&0&\cdots&0\\0&2&5&3&\cdots&0\\\vdots&\vdots&\vdots&\vdots&&\vdots\\0&\cdots&0&2&5&3\\0&0&\cdots&0&2&5\end{vmatrix},\end{aligned}$$

将上式右边的两个 k 阶行列式分别按第 k 列和第 1 列展开, 我们得到

$$H_{k+l}=|\boldsymbol{A}_k||\boldsymbol{B}_l|-4|\boldsymbol{A}_{k-1}||\boldsymbol{B}_{l-1}|.$$

又由例 1.1.3(2) 推出

$$|\boldsymbol{A}_k|=2^{k+1}-1,\quad |\boldsymbol{B}_l|=3^{l+1}-2^{l+1},$$
$$|\boldsymbol{A}_{k-1}|=2^{k}-1,\quad |\boldsymbol{B}_{l-1}|=3^{l}-2^{l},$$

我们最终求得 $H_{k+l}=(2^{k+1}-1)(3^{l+1}-2^{l+1})-4(2^k-1)(3^l-2^l)$.

1.5 (1) 因为 $\boldsymbol{A},\boldsymbol{D}$ 是方阵, 且题设 $\boldsymbol{AC}=\boldsymbol{CA}$, 所以 $\boldsymbol{A},\boldsymbol{C}$ 同阶, 因而 $\boldsymbol{A},\boldsymbol{B},\boldsymbol{C},\boldsymbol{D}$ 都同阶 (设为 n).

(i) 先设 $\boldsymbol{A}$ 可逆. 那么我们有

$$\begin{pmatrix}\boldsymbol{I}_n & \boldsymbol{O}\\ -\boldsymbol{CA}^{-1} & \boldsymbol{I}_n\end{pmatrix}\begin{pmatrix}\boldsymbol{A} & \boldsymbol{B}\\ \boldsymbol{C} & \boldsymbol{D}\end{pmatrix}=\begin{pmatrix}\boldsymbol{A} & \boldsymbol{B}\\ \boldsymbol{O} & \boldsymbol{D}-\boldsymbol{CA}^{-1}\boldsymbol{B}\end{pmatrix}.$$

两边取行列式, 得到

$$\det\boldsymbol{H}=\begin{vmatrix}\boldsymbol{A} & \boldsymbol{B}\\ \boldsymbol{O} & \boldsymbol{D}-\boldsymbol{CA}^{-1}\boldsymbol{B}\end{vmatrix}=\det\boldsymbol{A}\det(\boldsymbol{D}-\boldsymbol{CA}^{-1}\boldsymbol{B})$$

(或者, 如例 1.3.1(1) 的解法, 以 $-\boldsymbol{CA}^{-1}$ 左乘 $\boldsymbol{H}$ 的第 1 行并加到它的第 2 行, 也得到上式). 注意对于同阶方阵 $\boldsymbol{X},\boldsymbol{Y}$, $\det\boldsymbol{X}\det\boldsymbol{Y}=\det(\boldsymbol{XY})$, 所以由上式, 并注意题设条件 $\boldsymbol{AC}=\boldsymbol{CA}$,

我们推出

$$\det\boldsymbol{H}=\det(\boldsymbol{AD}-\boldsymbol{ACA}^{-1}\boldsymbol{B})=\det(\boldsymbol{AD}-\boldsymbol{CAA}^{-1}\boldsymbol{B})=\det(\boldsymbol{AD}-\boldsymbol{CB}).$$

(ii) 现在设 $\boldsymbol{A}$ 不可逆. 因为 $\det(\boldsymbol{A}+\varepsilon\boldsymbol{I}_n)$ 作为 ε 的多项式, 只有有限多个零点, 所以由多项式的连续性, 存在 $\delta>0$, 使当 $0<\varepsilon<\delta$ 时, $\det(\boldsymbol{A}+\varepsilon\boldsymbol{I}_n)\neq 0$. 于是 $\boldsymbol{A}+\varepsilon\boldsymbol{I}_n$ 可逆. 还要注意, 由 $\boldsymbol{AC}=\boldsymbol{CA}$ 可知 $\boldsymbol{A}+\varepsilon\boldsymbol{I}_n$ 与 $\boldsymbol{C}$ 交换, 因此依 (i) 中所证, 得

$$\begin{vmatrix}\boldsymbol{A}+\varepsilon\boldsymbol{I}_n & \boldsymbol{B}\\ \boldsymbol{C} & \boldsymbol{D}\end{vmatrix}=\det\big((\boldsymbol{A}+\varepsilon\boldsymbol{I}_n)\boldsymbol{D}-\boldsymbol{CB}\big).$$

令 $\varepsilon\to 0^+$, 即得 $\det\boldsymbol{H}=\det(\boldsymbol{AD}-\boldsymbol{CB})$(或者, 上式两边作为 ε 的多项式, 当 ε 取区间 $(0,\delta)$ 中的无限多个值时取相同值, 所以它们恒等, 因而当 $\varepsilon=0$ 时上式两边也相等).

注　参见例 1.3.1 后的注 2°.

(2) 解法 1　(参见例 3.2.2 的解法 1) 因为

$$\begin{pmatrix}\boldsymbol{I}_m & \boldsymbol{O}\\ -\boldsymbol{A} & \boldsymbol{I}_n\end{pmatrix}\begin{pmatrix}\boldsymbol{I}_m & \boldsymbol{B}\\ \boldsymbol{A} & \boldsymbol{I}_n\end{pmatrix}=\begin{pmatrix}\boldsymbol{I}_m & \boldsymbol{B}\\ \boldsymbol{O} & \boldsymbol{I}_n-\boldsymbol{AB}\end{pmatrix},$$

$$\begin{pmatrix}\boldsymbol{I}_m & \boldsymbol{B}\\ \boldsymbol{A} & \boldsymbol{I}_n\end{pmatrix}\begin{pmatrix}\boldsymbol{I}_m & \boldsymbol{O}\\ -\boldsymbol{A} & \boldsymbol{I}_n\end{pmatrix}=\begin{pmatrix}\boldsymbol{I}_m-\boldsymbol{BA} & \boldsymbol{B}\\ \boldsymbol{O} & \boldsymbol{I}_n\end{pmatrix},$$

两边分别取行列式, 即得

$$\begin{vmatrix}\boldsymbol{I}_m & \boldsymbol{B}\\ \boldsymbol{A} & \boldsymbol{I}_n\end{vmatrix}=|\boldsymbol{I}_n-\boldsymbol{AB}|,\quad \begin{vmatrix}\boldsymbol{I}_m & \boldsymbol{B}\\ \boldsymbol{A} & \boldsymbol{I}_n\end{vmatrix}=|\boldsymbol{I}_m-\boldsymbol{BA}|,$$

于是 $|\boldsymbol{I}_n-\boldsymbol{AB}|=|\boldsymbol{I}_m-\boldsymbol{BA}|$.

注意: 实际上, 例 3.2.2 的解法 1 已证 $\lambda^n|\lambda\boldsymbol{I}_m-\boldsymbol{AB}|=\lambda^m|\lambda\boldsymbol{I}_n-\boldsymbol{BA}|$, 于是令 $\lambda=1$ 即得本题的结论.

解法 2　见习题 3.21(2).

1.6　(1) 令 $a_{ij}=1$(若 $i\mid j$);$a_{ij}=0$(若 $i\nmid j$). 对于正整数 r, 当且仅当 $a_{ri}a_{rj}=1$ 时,r 是 i 和 j 的公因子, 因此

$$q_{ij}=\sum_{r=1}^{n}a_{ri}a_{rj}.$$

由此推出 $(a_{ij})'_n(a_{ij})_n=(q_{ij})_n$, 两边取行列式得 $\det(q_{ij})_n=\big(\det(a_{ij})_n\big)^2$. 因为当 $i<j$ 时 $a_{ij}=0$, 当 $i=j$ 时, $a_{ij}=1$, 所以 $\det(a_{ij})_n$ 是一个上三角行列式, 其主对角元都是 1, 因此 $\det(a_{ij})_n=1$. 所以 $\det(q_{ij})_n=\big(\det(a_{ij})_n\big)^2=1$.

(2) 由例 1.1.4(2), 题中的行列式

$$D_n=f(\eta_0)f(\eta_1)\cdots f(\eta_{n-1}),$$

其中 $f(x)=a_1+a_2x+a_3x^2+\cdots+a_nx^{n-1}=a_1+a_2x+\cdots+a_px^{p-1},\eta_k=\mathrm{e}^{2k\pi\mathrm{i}/n}$. 当 $k=1,\cdots,n-1$ 时,$\eta_k\neq 1$, 所以

$$f(\eta_k)=1+\eta_k+\eta_k^2+\cdots+\eta_k^{p-1}=\frac{\eta_k^p-1}{\eta_k-1};$$

当 $k=0$ 时,$\eta_0=1, f(\eta_0)=p$. 因此

$$D_n=p\prod_{k=1}^{n-1}\frac{\eta_k^p-1}{\eta_k-1}.$$

若 p 与 n 不互素, 则 $q=\gcd(p,n)>1, p=qp_1, n=qn_1$, 并且 $n_1<n$, 于是

$$\eta_{n_1}^p=(\mathrm{e}^{2n_1\pi\mathrm{i}/n})^p=\mathrm{e}^{2pn_1\pi\mathrm{i}/n}=\mathrm{e}^{2p_1\pi\mathrm{i}}=1,$$

因而 $\eta_{n_1}^p-1=0$, 我们得到 $D_n=0$.

若 p 与 n 互素, 则 $\eta_k\,(k=0,1,\cdots,n-1)$ 两两互异. 这是因为, 若对于 $r>s$ 且 $r,s\in\{0,1,\cdots,n-1\}$, 有 $\eta_r^p=\eta_s^p$, 则

$$\mathrm{e}^{2(r-s)p\pi\mathrm{i}/n}=0,\quad n\mid(r-s)p,$$

但 $0<r-s<n$, 且 p 与 n 互素, 所以这不可能. 此外, 由 $\eta_0^p=1^p=1$ 还可推出 $\eta_k^p(k=1,2,\cdots,n-1)$ 是 $n-1$ 个两两互异的不等于 1 的数, 因而它们是不等于 1 的 n 次单位根 $\{\eta_1,\eta_2,\cdots,\eta_{n-1}\}$ 的一个排列 (参见例 1.2.2 的解法 1), 所以

$$\prod_{k=1}^{n-1}(\eta_k^p-1)=\prod_{k=1}^{n-1}(\eta_k-1),$$

因此 $D_n=p$.

1.7 这里给出 4 种解法 (或提示).

解法 1 可设所有 $a_i\neq 0$(不然结论显然成立), 将题中行列式化成

$$a_1a_2\cdots a_n\begin{vmatrix}x_1/a_1 & 1 & 1 & \cdots & 1\\ 1 & x_2/a_2 & 1 & \cdots & 1\\ 1 & 1 & x_3/a_3 & \cdots & 1\\ \vdots & \vdots & \vdots & & \vdots\\ 1 & 1 & 1 & \cdots & x_n/a_n\end{vmatrix},$$

于是归结为例 1.2.5 的类型.

解法 2 将题中行列式化成 (加边)

$$\begin{vmatrix}x_1 & a_2 & a_3 & \cdots & a_n & 1\\ a_1 & x_2 & a_3 & \cdots & a_n & 1\\ a_1 & a_2 & x_3 & \cdots & a_n & 1\\ \vdots & \vdots & \vdots & & \vdots & \vdots\\ a_1 & a_2 & a_3 & \cdots & x_n & 1\\ 0 & 0 & 0 & \cdots & 0 & 1\end{vmatrix},$$

在此行列式中, 从第 1 列中减去第 $n+1$ 列的 a_1 倍, 从第 2 列中减去第 $n+1$ 列的 a_2 倍,

等等, 最后从第 n 列中减去第 $n+1$ 列的 a_n 倍, 则题中行列式化为

$$\begin{vmatrix} x_1-a_1 & 0 & 0 & \cdots & 0 & 1 \\ 0 & x_2-a_2 & 0 & \cdots & 0 & 1 \\ 0 & 0 & x_3-a_3 & \cdots & 0 & 1 \\ \vdots & \vdots & \vdots & & \vdots & \vdots \\ 0 & 0 & 0 & \cdots & x_n-a_n & 1 \\ -a_1 & -a_2 & -a_3 & \cdots & -a_n & 1 \end{vmatrix}.$$

于是可应用例 1.1.5(2) 的解法.

解法 3　因为 $(1,1,\cdots,1)'(a_1,a_2,\cdots,a_n)$ 等于

$$\begin{pmatrix} a_1 & a_2 & a_3 & \cdots & a_n \\ a_1 & a_2 & a_3 & \cdots & a_n \\ \vdots & \vdots & \vdots & & \vdots \\ a_1 & a_2 & a_3 & \cdots & a_n \end{pmatrix},$$

所以题中行列式所对应的矩阵可表示为

$$\begin{aligned} &\begin{pmatrix} x_1 & a_2 & a_3 & \cdots & a_n \\ a_1 & x_2 & a_3 & \cdots & a_n \\ \vdots & \vdots & \vdots & & \vdots \\ a_1 & a_2 & a_3 & \cdots & x_n \end{pmatrix} \\ &\quad = \operatorname{diag}(x_1-a_1,x_2-a_2,\cdots,x_n-a_n)+(1,1,\cdots,1)'(a_1,a_2,\cdots,a_n), \end{aligned}$$

于是可应用例 1.3.1(2) 中的公式.

解法 4　在题给行列式中, 分别由第 2 行, 第 3 行,$\cdots$, 第 n 行减去第 1 行, 则得行列式

$$\begin{vmatrix} x_1 & a_2 & a_3 & a_4 & \cdots & a_n \\ a_1-x_1 & x_2-a_2 & 0 & 0 & \cdots & 0 \\ a_1-x_1 & 0 & x_3-a_3 & 0 & \cdots & 0 \\ \vdots & \vdots & \vdots & \vdots & & \vdots \\ a_1-x_1 & 0 & 0 & 0 & \cdots & x_n-a_n \end{vmatrix}.$$

按此行列式的第 1 列展开, 即知题中行列式等于

$$x_1|\operatorname{diag}(x_2-a_2,x_3-a_3,x_n-a_n)|-(a_1-x_1)\begin{vmatrix} a_2 & a_3 & a_4 & \cdots & a_n \\ 0 & x_3-a_3 & 0 & \cdots & 0 \\ \vdots & \vdots & \vdots & & \vdots \\ 0 & 0 & 0 & \cdots & x_n-a_n \end{vmatrix}+\cdots$$

$$+(-1)^{1+n}(a_1-x_1)\begin{vmatrix} a_2 & a_3 & \cdots & a_{n-1} & a_n \\ x_2-a_2 & 0 & 0 & \cdots & 0 \\ \vdots & \vdots & \vdots & & \vdots \\ 0 & 0 & \cdots & x_{n-1}-a_{n-1} & 0 \end{vmatrix}$$

$$=x_1(x_2-a_2)(x_3-a_3)\cdots(x_n-a_n)+\sum_{k=2}^{n}a_k(x_1-a_1)\prod_{\substack{2\leqslant i\leqslant n\\ i\neq k}}(x_i-a_i).$$

最后注意

$$\begin{aligned} x_1(x_2-a_2)(x_3-a_3)\cdots(x_n-a_n)&=\big((x_1-a_1)+a_1\big)(x_2-a_2)(x_3-a_3)\cdots(x_n-a_n)\\ &=\prod_{k=1}^{n}(x_k-a_k)+a_1(x_2-a_2)(x_3-a_3)\cdots(x_n-a_n), \end{aligned}$$

即得所要的结果.

1.8 令

$$\sigma_j=\sum_{i=1}^{n}a_{ij}\quad(j=1,2,\cdots,n),$$

那么

$$a_{ij}-s_{ij}=2a_{ij}-\sigma_j\quad(i,j=1,2,\cdots,n),$$

于是

$$\det(a_{ij}-s_{ij})_n=\begin{vmatrix} 2a_{11}-\sigma_1 & 2a_{12}-\sigma_2 & \cdots & 2a_{1n}-\sigma_n \\ 2a_{21}-\sigma_1 & 2a_{22}-\sigma_2 & \cdots & 2a_{2n}-\sigma_n \\ \vdots & \vdots & & \vdots \\ 2a_{n1}-\sigma_1 & 2a_{n2}-\sigma_2 & \cdots & 2a_{nn}-\sigma_n \end{vmatrix},$$

在此行列式中, 将第 n 行与前 $n-1$ 行相加, 则它等于

$$\begin{vmatrix} 2a_{11}-\sigma_1 & 2a_{12}-\sigma_2 & \cdots & 2a_{1n}-\sigma_n \\ 2a_{21}-\sigma_1 & 2a_{22}-\sigma_2 & \cdots & 2a_{2n}-\sigma_n \\ \vdots & \vdots & & \vdots \\ 2a_{n-1,1}-\sigma_1 & 2a_{n-1,2}-\sigma_2 & \cdots & 2a_{n-1,n}-\sigma_n \\ -(n-2)\sigma_1 & -(n-2)\sigma_2 & \cdots & -(n-2)\sigma_n \end{vmatrix}$$

$$=-(n-2)\begin{vmatrix} 2a_{11}-\sigma_1 & 2a_{12}-\sigma_2 & \cdots & 2a_{1n}-\sigma_n \\ 2a_{21}-\sigma_1 & 2a_{22}-\sigma_2 & \cdots & 2a_{2n}-\sigma_n \\ \vdots & \vdots & & \vdots \\ 2a_{n-1,1}-\sigma_1 & 2a_{n-1,2}-\sigma_2 & \cdots & 2a_{n-1,n}-\sigma_n \\ \sigma_1 & \sigma_2 & \cdots & \sigma_n \end{vmatrix},$$

在上述行列式中, 将前 $n-1$ 行分别与第 n 行相加, 那么上式等于

$$-(n-2)\begin{vmatrix} 2a_{11} & 2a_{12} & \cdots & 2a_{1n} \\ 2a_{21} & 2a_{22} & \cdots & 2a_{2n} \\ \vdots & \vdots & & \vdots \\ 2a_{n-1,1} & 2a_{n-1,2} & \cdots & 2a_{n-1,n} \\ \sigma_1 & \sigma_2 & \cdots & \sigma_n \end{vmatrix} = -(n-2)2^{n-1}\begin{vmatrix} a_{11} & a_{12} & \cdots & a_{1n} \\ a_{21} & a_{22} & \cdots & a_{2n} \\ \vdots & \vdots & & \vdots \\ a_{n-1,1} & a_{n-1,2} & \cdots & a_{n-1,n} \\ \sigma_1 & \sigma_2 & \cdots & \sigma_n \end{vmatrix},$$

最后, 在上面的行列式中, 将第 n 行与前 $n-1$ 行相加, 则它等于 $|\boldsymbol{A}|$, 因此 $\det(a_{ij}-s_{ij})_n = -(n-2)2^{n-1}|\boldsymbol{A}|$.

1.9 (1) 首先设某些 $a_i=0$, 例如, 设 $a_1=0$, 那么

$$J_n(a_1,a_2,\cdots,a_n)=\begin{vmatrix} 1 & 1 & \cdots & 1 \\ 0 & a_2 & \cdots & a_n \\ \vdots & \vdots & & \vdots \\ 0 & a_2^{n-2} & \cdots & a_n^{n-2} \\ a_2a_3\cdots a_n & 0 & \cdots & 0 \end{vmatrix},$$

按第 n 行展开得到

$$\begin{aligned} J_n(a_1,a_2,\cdots,a_n) &= (-1)^{n+1}a_2a_3\cdots a_n\begin{vmatrix} 1 & \cdots & 1 \\ a_2 & \cdots & a_n \\ \vdots & & \vdots \\ a_2^{n-2} & \cdots & a_n^{n-2} \end{vmatrix} \\ &= (-1)^{n+1}a_2a_3\cdots a_nV_{n-1}(a_2,a_3,\cdots,a_n). \end{aligned}$$

因为 $a_1=0$, 所以 $a_2a_3\cdots a_n=(a_2-a_1)(a_3-a_1)\cdots(a_n-a_1)$, 因而

$$a_2a_3\cdots a_nV_{n-1}(a_2,a_3,\cdots,a_n)=V_n(a_1,a_2,\cdots,a_n),$$

于是

$$J_n(a_1,a_2,\cdots,a_n)=(-1)^{n+1}V_n(a_1,a_2,\cdots,a_n).$$

下面设所有 $a_i\neq 0$. 用 $(a_1a_2\cdots a_n)^{-1}$ 乘 $J_n(a_1,a_2,\cdots,a_n)$ 的第 n 行, 可知

$$J_n(a_1,a_2,\cdots,a_n)=a_1a_2\cdots a_n\begin{vmatrix} 1 & 1 & \cdots & 1 \\ a_1 & a_2 & \cdots & a_n \\ \vdots & \vdots & & \vdots \\ a_1^{n-2} & a_2^{n-2} & \cdots & a_n^{n-2} \\ 1/a_1 & 1/a_2 & \cdots & 1/a_n \end{vmatrix}$$

$$= (-1)^{n-1}a_1a_2\cdots a_n\begin{vmatrix}1/a_1 & 1/a_2 & \cdots & 1/a_n\\ 1 & 1 & \cdots & 1\\ a_1 & a_2 & \cdots & a_n\\ \vdots & \vdots & & \vdots\\ a_1^{n-2} & a_2^{n-2} & \cdots & a_n^{n-2}\end{vmatrix},$$

然后分别用 $a_1,a_2,\cdots,a_n$ 乘上面行列式的第 $1,2,\cdots,n$ 列, 即得

$$J_n(a_1,a_2,\cdots,a_n) = (-1)^{n-1}V_n(a_1,a_2,\cdots,a_n).$$

于是此时结论也成立.

(2) 我们有

$$\begin{aligned}F(t) &= \prod_{i=1}^{n}(t+x_i)\begin{vmatrix}1 & t+x_1 & \cdots & (t+x_1)^{n-1}\\ 1 & t+x_2 & \cdots & (t+x_2)^{n-1}\\ \vdots & \vdots & & \vdots\\ 1 & t+x_n & \cdots & (t+x_n)^{n-1}\end{vmatrix}\\ &= \prod_{i=1}^{n}(t+x_i)\cdot V_n(t+x_1,t+x_2,\cdots,t+x_n).\end{aligned}$$

又由例 1.1.1 得

$$\begin{aligned}V_n(t+x_1,t+x_2,\cdots,t+x_n) &= \prod_{1\leqslant i<j\leqslant n}\big((t+x_j)-(t+x_i)\big)\\ &= \prod_{1\leqslant i<j\leqslant n}(x_j-x_i) = V_n(x_1,x_2,\cdots,x_n).\end{aligned}$$

于是

$$x_1x_2\cdots x_nF(t) = x_1x_2\cdots x_nV_n(x_1,x_2,\cdots,x_n)\prod_{i=1}^{n}(t+x_i).$$

最后, 注意

$$\begin{aligned}x_1x_2\cdots x_nV_n(x_1,x_2,\cdots,x_n) &= x_1x_2\cdots x_n\begin{vmatrix}1 & x_1 & \cdots & x_1^{n-1}\\ 1 & x_2 & \cdots & x_2^{n-1}\\ \vdots & \vdots & & \vdots\\ 1 & x_n & \cdots & x_n^{n-1}\end{vmatrix}\\ &= \begin{vmatrix}x_1 & x_1^2 & \cdots & x_1^n\\ x_2 & x_2^2 & \cdots & x_2^n\\ \vdots & \vdots & & \vdots\\ x_n & x_n^2 & \cdots & x_n^n\end{vmatrix} = F(0),\end{aligned}$$

即得 $x_1x_2\cdots x_nF(t) = F(0)(t+x_1)(t+x_2)\cdots(t+x_n)$.

1.10 由题设可知

$$\det(a_{ij})_n=\begin{vmatrix}a_{11}&a_{12}&\cdots&a_{1n}\\a_{21}&a_{22}&\cdots&a_{2n}\\\vdots&\vdots&&\vdots\\a_{n1}&a_{n2}&\cdots&a_{nn}\end{vmatrix}+\begin{vmatrix}-b_1&a_{12}&\cdots&a_{1n}\\-a_{21}&a_{22}&\cdots&a_{2n}\\\vdots&\vdots&&\vdots\\-a_{n1}&a_{n2}&\cdots&a_{nn}\end{vmatrix}$$

$$=\begin{vmatrix}a_{11}-b_1&a_{12}&\cdots&a_{1n}\\0&a_{22}&\cdots&a_{2n}\\\vdots&\vdots&&\vdots\\0&a_{n2}&\cdots&a_{nn}\end{vmatrix}=(a_{11}-b_1)\begin{vmatrix}a_{22}&a_{23}&\cdots&a_{2n}\\a_{32}&a_{33}&\cdots&a_{3n}\\\vdots&\vdots&&\vdots\\a_{n2}&a_{n3}&\cdots&a_{nn}\end{vmatrix}.$$

因此由数学归纳法可得所要的结果.

1.11 在例 1.4.3(1) 中取

$$f(x)=\frac{\log(1+x)}{x}=\frac{1}{x}\left(x-\frac{1}{2}x^2+\frac{1}{3}x^3-\frac{1}{4}x^4+\cdots+(-1)^{n-1}\frac{1}{n}x^n+\cdots\right)$$
$$=1-\frac{1}{2}x+\frac{1}{3}x^2-\frac{1}{4}x^3+\cdots+(-1)^{n-1}\frac{1}{n}x^{n-1}+\cdots,$$

以及

$$g(x)=\frac{x}{\log(1+x)}=1+c_1x+c_2x^2+\cdots,$$

即得

$$c_n=(-1)^n\begin{vmatrix}-\frac{1}{2}&1&0&0&\cdots&0\\\frac{1}{3}&-\frac{1}{2}&1&0&\cdots&0\\-\frac{1}{4}&\frac{1}{3}&-\frac{1}{2}&1&\cdots&0\\\vdots&\vdots&\vdots&\vdots&&\vdots\\\frac{(-1)^n}{n+1}&\frac{(-1)^{n-1}}{n}&\frac{(-1)^{n-2}}{n-1}&\frac{(-1)^{n-3}}{n-2}&\cdots&-\frac{1}{2}\end{vmatrix}.$$

首先将上面的行列式的各奇数行乘以 -1, 然后将所得行列式的各偶数列乘以 -1, 则得

$$c_n=(-1)^n(-1)^{[(n+1)/2]}(-1)^{[n/2]}\Delta_n=\Delta_n,$$

其中 Δ_n 表示题中的行列式, 并且最后一步用到 $[(n+1)/2]+[n/2]=n$(这可区分 n 为奇数和偶数两种情形验证).

1.12 **提示** (1) 在例 1.1.2 中取 $a_i=\lambda_i,b_j=\lambda_j(i,j=1,2,\cdots,n)$.

(2) 在本题 (1) 中取 $\lambda_i=i,\lambda_j=j(i,j=1,2,\cdots,n)$.

(3) 解法 1 在例 1.1.2 中取 $a_i=i,b_j=j-1\,(i,j=1,2,\cdots,n)$, 可得

$$\det\mathscr{H}_n=\frac{\prod\limits_{1\leqslant i<j\leqslant n}(i-j)(i-j)}{\prod\limits_{1\leqslant i,j\leqslant n}(i+j-1)}=\frac{\left(\prod\limits_{i=1}^{n}\prod\limits_{j=i+1}^{n}(j-i)\right)^2\prod\limits_{p=1}^{n}(p-1)!}{\prod\limits_{p=1}^{n}(p-1)!\prod\limits_{q=1}^{n}(p+q-1)!}$$

$$=\frac{\left(\prod_{i=1}^{n}(n-i)!\right)^2\prod_{p=1}^{n}(p-1)!}{\prod_{p=1}^{n}(n+p-1)!}=\frac{\left(1!2!\cdots(n-1)!\right)^3}{n!(n+1)!\cdots(2n-1)!}\neq 0,$$

因此 $\mathscr{H}_n$ 可逆.

解法 2 应用补充习题 7.35.

注 应用其他有关知识, 可以证明 $\det\mathscr{H}_n=1/K_n$, 其中 K_n 是一个正整数.

1.13 本题是例 1.4.4 的扩充, 部分解题思路同该例解法.

(1) 解法 1 设 $b_1,b_2,\cdots,b_n$ 是任意给定的不全为 0 的一组复数, 令

$$|b_u|=\max(|b_1|,|b_2|,\cdots,|b_n|),$$

则 $|b_u|\neq 0$. 由题设条件得

$$|a_{uu}b_u|>|b_u|\sum_{k\neq u}|a_{uk}|\geqslant\sum_{k\neq u}|a_{uk}||b_k|\geqslant\left|\sum_{k\neq u}a_{uk}b_k\right|.$$

于是

$$\left|\sum_{k=1}^{n}a_{uk}b_k\right|\geqslant|a_{uu}b_u|-\left|\sum_{k\neq u}a_{uk}b_k\right|>0.$$

也就是 $\sum_{k=1}^{n}a_{uk}b_k\neq 0$. 因此齐次方程组

$$\sum_{k=1}^{n}a_{ik}b_k=0\quad(i=1,2,\cdots,n)$$

不可能有零解, 从而系数行列式 $A_n\neq 0$.

解法 2 (本质上是解法 1 的变体) 用反证法. 设 $A_n=0$, 则线性方程组

$$a_{i1}x_1+a_{i2}x_2+\cdots+a_{in}x_n=0\quad(i=1,2,\cdots,n)$$

有解 $(x_1,x_2,\cdots,x_n)\neq(0,0,\cdots,0)$. 设

$$|x_p|=\max_{1\leqslant i\leqslant n}|x_i|.$$

则 $x_p\neq 0$. 由 $a_{p1}x_1+a_{p2}x_2+\cdots+a_{pn}x_n=0$ 得到

$$\begin{aligned}|a_{pp}|&=\left|\frac{x_1}{x_p}a_{p1}+\cdots+\frac{x_{p-1}}{x_p}a_{p,p-1}+\frac{x_{p+1}}{x_p}a_{p,p+1}+\cdots+\frac{x_n}{x_p}a_{pn}\right|\\&\leqslant\frac{|x_1|}{|x_p|}|a_{p1}|+\cdots+\frac{|x_{p-1}|}{|x_p|}|a_{p,p-1}|+\frac{|x_{p+1}|}{|x_p|}|a_{p,p+1}|+\cdots+\frac{|x_n|}{|x_p|}|a_{pn}|\\&\leqslant|a_{p1}|+\cdots+|a_{p,p-1}|+|a_{p,p+1}|+\cdots+|a_{pn}|,\end{aligned}$$

这与题设矛盾. 因此 $A_n\neq 0$.

解法 3　令 $\boldsymbol{a}_i=(a_{1i},a_{2i},\cdots,a_{ni})'$ 是行列式 A_n 的第 i 列形成的向量. 只需证明 $\boldsymbol{a}_1,\boldsymbol{a}_2,\cdots,\boldsymbol{a}_n$ 在 $\mathbb{C}$ 上线性无关. 用反证法. 设不然, 则存在不全为零的复数 $c_1,c_2,\cdots,c_n$, 使得

$$c_1\boldsymbol{a}_1+c_2\boldsymbol{a}_2+\cdots+c_n\boldsymbol{a}_n=\boldsymbol{O}.$$

设 $|c_t|=\max(|c_1|,|c_2|,\cdots,|c_n|)$, 则 $|c_t|\neq 0$. 由上式解出

$$\boldsymbol{a}_t=-\sum_{k\neq t}\frac{c_k}{c_t}\boldsymbol{a}_k.$$

取等式两边第 t 个分量, 得到

$$a_{tt}=-\sum_{k\neq t}\frac{c_k}{c_t}a_{tk}.$$

于是 (注意 $|c_k|/|c_t|\leqslant 1$)

$$|a_{tt}|=\sum_{k\neq t}\left|\frac{c_k}{c_t}\right||a_{tk}|\leqslant\sum_{k\neq t}|a_{tk}|,$$

这与题设矛盾.

解法 4　对 n 用数学归纳法.$n=1$ 时结论显然成立 (注意约定空和等于 0). 当 $n=2$ 时, 由题设知 $|a_{11}|>|a_{12}|,|a_{22}|>|a_{21}|$, 因此

$$A_2=|a_{11}a_{22}-a_{12}a_{21}|\geqslant|a_{11}||a_{22}|-|a_{12}||a_{21}|>0,$$

于是 $A_2\neq 0$. 设当阶数 $n\geqslant 2$ 时 $A_{n-1}\neq 0$. 对于满足题设条件的 n 阶行列式 A_n, 将其第 1 列乘以 $-a_{1k}/a_{11}$, 并与第 $k(\geqslant 2)$ 列相加, 可得

$$A_n=\begin{vmatrix}a_{11}&0&\cdots&0\\a_{21}&b_{22}&\cdots&b_{2n}\\\vdots&\vdots&&\vdots\\a_{n1}&b_{n2}&\cdots&b_{nn}\end{vmatrix}=a_{11}\begin{vmatrix}b_{22}&\cdots&b_{2n}\\\vdots&&\vdots\\b_{n2}&\cdots&b_{nn}\end{vmatrix},$$

其中

$$b_{ik}=a_{ik}-\frac{a_{1k}}{a_{11}}a_{i1}\quad(i\neq 1,k\neq 1).$$

我们要验证条件

$$|b_{ii}|>\sum_{k\neq 1,i}|b_{ik}|\quad(i\geqslant 2),$$

也就是当 $i\geqslant 2$ 时

$$\left|a_{ii}-\frac{a_{1i}}{a_{11}}a_{i1}\right|>\sum_{k\neq 1,i}\left|a_{ik}-\frac{a_{1k}}{a_{11}}a_{i1}\right|.$$

因为 $|a_{11}|>0$, 所以它等价于

$$|a_{11}a_{ii}-a_{1i}a_{i1}|>\sum_{k\neq 1,i}|a_{11}a_{ik}-a_{1k}a_{i1}|.\qquad(*)$$

对于 $i \geqslant 2$, 上式右边不超过

$$\begin{aligned}\sum_{k\neq 1,i}(|a_{11}||a_{ik}|+|a_{1k}||a_{i1}|) &= |a_{11}|\sum_{k\neq 1,i}|a_{ik}|+|a_{i1}|\sum_{k\neq 1,i}|a_{1k}| \\ &= |a_{11}|\left(\sum_{k\neq i}|a_{ik}|-|a_{i1}|\right)+|a_{i1}|\left(\sum_{k\neq 1}|a_{1k}|-|a_{1i}|\right).\end{aligned}$$

依假设, 我们有

$$\sum_{k\neq i}|a_{ik}|-|a_{i1}|<|a_{ii}|-|a_{i1}|,\quad \sum_{k\neq 1}|a_{1k}|-|a_{1i}|<|a_{11}|-|a_{1i}|,$$

因此前式右边不超过

$$|a_{11}|(|a_{ii}|-|a_{i1}|)+|a_{i1}|(|a_{11}|-|a_{1i}|)=|a_{11}a_{ii}|-|a_{i1}a_{1i}|.$$

此式右边显然不超过 $|a_{11}a_{ii}-a_{1i}a_{i1}|$, 于是不等式 $(*)$ 成立. 因此, 由归纳假设可知 $n-1$ 阶行列式

$$\begin{vmatrix} b_{22} & \cdots & b_{2n} \\ \vdots & & \vdots \\ b_{n2} & \cdots & b_{nn} \end{vmatrix} \neq 0,$$

注意 $a_{11}\neq 0$, 所以 $A_n\neq 0$. 于是完成归纳证明.

(2) 解法 1-1 (归纳证法之一) 因为在此 $|a_{ii}|=a_{ii}$, 所以可与本题 (1) 的解法 4 完全类似地完成数学归纳法证明 (留待读者).

解法 1-2 (归纳证法之二) 归纳证明的第二步: 设当阶数 $n\geqslant 2$ 时 $A_{n-1}>0$. 为证满足题设条件的 n 阶行列式 $A_n=\det(a_{ik})_n>0$, 令

$$g(x)=\begin{vmatrix} a_{11} & \cdots & a_{1,n-1} & a_{1n} \\ \vdots & & \vdots & \vdots \\ a_{n-1,1} & \cdots & a_{n-1,n-1} & a_{n-1,n} \\ a_{n1}x & \cdots & a_{n,n-1}x & a_{nn} \end{vmatrix},$$

容易验证当 $0\leqslant x\leqslant 1$ 时上述行列式满足本题 (1) 中的条件, 所以 $g(x)\neq 0$ (当 $0\leqslant x\leqslant 1$). 又因为 $g(0)=a_{nn}A_{n-1}>0$, 而且 $g(x)$ 在 $[0,1]$ 上连续, 所以若 $g(1)<0$, 则存在 $x_0\in[0,1]$ 使 $g(x_0)=0$, 从而得到矛盾. 因此 $A_n=g(1)>0$.

解法 1-3 (归纳证法之三) 归纳证明的第二步: 设当阶数 $n\geqslant 2$ 时 $A_{n-1}>0$, 并设 n 阶行列式 $A_n=\det(a_{ik})_n$ 满足题设条件. 改用下法证明 $A_n>0$:

用 $A_{1k}(k=1,2,\cdots,n)$ 表示 A_n 的第 1 行元素 a_{1k} 的代数余子式. 由 A_n 满足题设条件 (n 阶情形) 立即推出行列式 A_{11} 也满足题设条件 ($n-1$ 阶情形), 因而由归纳假设知 $A_{11}>0$. 我们还断言: $A_{11}>|A_{1k}|(k=2,\cdots,n)$. 事实上, 我们有

$$A_{11}=\begin{vmatrix} a_{22} & \cdots & a_{2,k-1} & a_{2k} & a_{2,k+1} & \cdots & a_{2n} \\ \vdots & & \vdots & \vdots & \vdots & & \vdots \\ a_{n2} & \cdots & a_{n,k-1} & a_{nk} & a_{n,k+1} & \cdots & a_{nn} \end{vmatrix},$$

$$A_{1k}=(-1)^{1+k}\begin{vmatrix}a_{21}&\cdots&a_{2,k-1}&a_{2,k+1}&\cdots&a_{2n}\\ \vdots&&\vdots&\vdots&&\vdots\\ a_{n1}&\cdots&a_{n,k-1}&a_{n,k+1}&\cdots&a_{nn}\end{vmatrix}$$

$$=(-1)^{2k-1}\begin{vmatrix}a_{22}&\cdots&a_{2,k-1}&a_{21}&a_{2,k+1}&\cdots&a_{2n}\\ \vdots&&\vdots&\vdots&\vdots&&\vdots\\ a_{n2}&\cdots&a_{n,k-1}&a_{n1}&a_{n,k+1}&\cdots&a_{nn}\end{vmatrix},$$

将上式右边的行列式记作 Δ_{n-1}, 则有 $A_{1k}=-\Delta_{n-1}$. 如果 $A_{1k}>0$, 那么 $|A_{1k}|=-\Delta_n$; 如果 $A_{1k}<0$, 那么 $|A_{1k}|=+\Delta_n$. 因此

$$-|A_{1k}|=\begin{vmatrix}a_{22}&\cdots&a_{2,k-1}&\pm a_{21}&a_{2,k+1}&\cdots&a_{2n}\\ \vdots&&\vdots&\vdots&\vdots&&\vdots\\ a_{n2}&\cdots&a_{n,k-1}&\pm a_{n1}&a_{n,k+1}&\cdots&a_{nn}\end{vmatrix},$$

$$A_{11}-|A_{1k}|=\begin{vmatrix}a_{22}&\cdots&a_{2,k-1}&a_{2k}\pm a_{21}&a_{2,k+1}&\cdots&a_{2n}\\ \vdots&&\vdots&\vdots&\vdots&&\vdots\\ a_{n2}&\cdots&a_{n,k-1}&a_{nk}\pm a_{n1}&a_{n,k+1}&\cdots&a_{nn}\end{vmatrix}.$$

我们来验证上式右边的行列式满足题中的条件 ($n-1$ 阶情形). 以 $k=2$ 为例 (其余情形类似). 此时

$$A_{11}-|A_{12}|=\begin{vmatrix}a_{22}\pm a_{21}&a_{23}&\cdots&a_{2n}\\ a_{32}\pm a_{31}&a_{33}&\cdots&a_{3n}\\ \vdots&\vdots&&\vdots\\ a_{n2}\pm a_{n1}&a_{n3}&\cdots&a_{nn}\end{vmatrix},$$

按归纳假设 (即 A_n 满足题设条件) 可知 $a_{ii}>\sum\limits_{k\neq i}|a_{ik}|$, 因而

$$a_{22}\pm a_{21}>\sum_{k\neq 2}|a_{2k}|\pm a_{21}=\sum_{k\neq 1,2}|a_{2k}|+|a_{21}|\pm a_{21}\geqslant\sum_{k\neq 1,2}|a_{2k}|;$$

$$a_{33}>\sum_{k\neq 3}|a_{3k}|=|a_{31}|+|a_{32}|+\sum_{k\neq 1,2,3}|a_{3k}|\geqslant|a_{32}\pm a_{31}|+\sum_{k\neq 1,2,3}|a_{3k}|;$$

等等, 类似地可证关于 $a_{44},\cdots,a_{n-1,n-1}$ 所满足的不等式. 由此依归纳假设得到 $A_{11}-|A_{12}|>0$, 于是 $A_{11}>|A_{12}|$. 因此上述断言得证.

现在将 A_n 按第 1 行展开, 依上面所证得的不等式, 有

$$A_n=\sum_{k=1}^{n}a_{1k}A_{1k}\geqslant a_{11}A_{11}-\sum_{k\neq 1}|a_{1k}||A_{1k}|$$

$$>a_{11}A_{11}-\sum_{k\neq 1}|a_{1k}|A_{11}=\left(a_{11}-\sum_{k\neq 1}|a_{1k}|\right)A_{11},$$

由此及题设条件 (并注意 $A_{11}>0$) 立得 $A_n>0$.

解法 2 因为在此本题 (1) 的条件成立, 所以 $A_n \neq 0$, 然后类似于例 1.4.4 的解法 2 完成证明 (留待读者).

解法 3 设 $\lambda_1,\cdots,\lambda_n$ 是方阵 (a_{ij}) 的全部特征值, 则 $A_n = \lambda_1\cdots\lambda_n$. 因为虚特征值成对共轭地出现, 所以只需证明任何实特征值 $\lambda > 0$, 即知 $A_n > 0$. 设与实特征值 λ 对应的特征向量是 $\boldsymbol{\beta} = (b_1,b_2,\cdots,b_n)'$. 因为 (a_{ij}) 是实方阵, 所以 $\boldsymbol{\beta}$ 是非零实向量. 令 $|b_i| = \max(|b_1|,\cdots,|b_n|)$. 因为 $(a_{ij})\boldsymbol{\beta} = \lambda\boldsymbol{\beta}$ 蕴涵 $(a_{ij})(-\boldsymbol{\beta}) = \lambda(-\boldsymbol{\beta})$, 所以不妨认为 $b_i > 0$. 于是由题设推出

$$a_{ii}b_i > b_i\left(\sum_{k\neq i}|a_{ik}|\right) = \sum_{k\neq i}|b_ia_{ik}| \geqslant \left|\sum_{k\neq i}a_{ik}b_k\right| \geqslant -\sum_{k\neq i}a_{ik}b_k.$$

又由 $(a_{ij})\boldsymbol{\beta} = \lambda\boldsymbol{\beta}$ 可知 $a_{i1}b_1 + \cdots + a_{ii}b_i + \cdots + a_{in}b_n = \lambda b_i$, 因此得到

$$\lambda b_i = a_{ii}b_i + \sum_{k\neq i}a_{ik}b_k > 0,$$

于是 $\lambda > 0$.

1.14 按第 1 行展开题中的行列式, 依例 1.1.3(2) 得

$$D_n(x;bc) = 5\begin{vmatrix} 5 & b & 0 & \cdots & 0 & 0 \\ c & 5 & b & \cdots & 0 & 0 \\ \vdots & \vdots & \vdots & & \vdots & \vdots \\ 0 & 0 & 0 & \cdots & 5 & b \\ 0 & 0 & 0 & \cdots & c & 5 \end{vmatrix} - x\begin{vmatrix} c & b & 0 & \cdots & 0 & 0 \\ 0 & 5 & b & \cdots & 0 & 0 \\ \vdots & \vdots & \vdots & & \vdots & \vdots \\ 0 & 0 & 0 & \cdots & 5 & b \\ 0 & 0 & 0 & \cdots & c & 5 \end{vmatrix}$$

(右边是 $n-1$ 阶行列式), 展开右边第 2 个行列式得

$$\begin{aligned} D_n(x;bc) &= 5\begin{vmatrix} 5 & b & 0 & \cdots & 0 & 0 \\ c & 5 & b & \cdots & 0 & 0 \\ \vdots & \vdots & \vdots & & \vdots & \vdots \\ 0 & 0 & 0 & \cdots & 5 & b \\ 0 & 0 & 0 & \cdots & c & 5 \end{vmatrix}_{n-1} - cx\begin{vmatrix} 5 & b & 0 & \cdots & 0 & 0 \\ c & 5 & b & \cdots & 0 & 0 \\ \vdots & \vdots & \vdots & & \vdots & \vdots \\ 0 & 0 & 0 & \cdots & 5 & b \\ 0 & 0 & 0 & \cdots & c & 5 \end{vmatrix}_{n-2} \\ &= \frac{5}{3}(4^n - 1) - \frac{cx}{3}(4^{n-1} - 1). \end{aligned}$$

由此容易推出题中的结论.

第 2 章　矩阵与线性方程组

2.1　矩阵的幂、逆和迹的计算

例 2.1.1　计算 $\boldsymbol{A}^k(k\geqslant 1)$, 其中

(1)

$$\boldsymbol{A}=\begin{pmatrix}0&1&0&\cdots&0\\0&0&1&\ddots&\vdots\\\vdots&\ddots&\ddots&\ddots&0\\\vdots&&\ddots&\ddots&1\\0&\cdots&\cdots&0&0\end{pmatrix},$$

(2)

$$\boldsymbol{A}=\begin{pmatrix}1&0&\cdots&0&a_1\\0&1&\ddots&\vdots&a_2\\\vdots&\ddots&\ddots&0&\vdots\\\vdots&&\ddots&1&a_{n-1}\\0&\cdots&\cdots&0&1\end{pmatrix}.$$

解　首先注意: 若 $\boldsymbol{e}_i=(0,\cdots,0,1,0,\cdots,0)'$ 是第 i 个 n 维单位列向量, 对于任意 n 阶方阵 (α_{ij}), 用 $\boldsymbol{\alpha}_j$ 记其第 j 列, 则 (可直接验证)

$$(\alpha_{ij})\boldsymbol{e}_j=\boldsymbol{\alpha}_j. \tag{1}$$

(1) 显然 $\boldsymbol{A}=(\boldsymbol{O}\quad\boldsymbol{e}_1\quad\cdots\quad\boldsymbol{e}_{n-1})$. 应用上述公式 (1) 得到

$$\boldsymbol{A}^2=\boldsymbol{A}\boldsymbol{A}=\boldsymbol{A}(\boldsymbol{O}\quad\boldsymbol{e}_1\quad\cdots\quad\boldsymbol{e}_{n-1})=(\boldsymbol{A}\boldsymbol{O}\quad\boldsymbol{A}\boldsymbol{e}_1\quad\cdots\quad\boldsymbol{A}\boldsymbol{e}_{n-1})$$

$$=(\boldsymbol{O}\quad\boldsymbol{O}\quad\boldsymbol{e}_1\quad\cdots\quad\boldsymbol{e}_{n-2})=\begin{pmatrix}0&0&1&\cdots&0\\0&0&0&\ddots&\vdots\\\vdots&\ddots&\ddots&\ddots&1\\\vdots&&\ddots&\ddots&0\\0&\cdots&\cdots&0&0\end{pmatrix}.$$

类似地, 得到

$$A^3=\begin{pmatrix}0&0&0&1&\cdots&0\\0&0&0&0&\ddots&\vdots\\\vdots&\ddots&\ddots&\ddots&\ddots&1\\\vdots&&\ddots&\ddots&\ddots&0\\\vdots&&&\ddots&\ddots&0\\0&\cdots&\cdots&\cdots&0&0\end{pmatrix},$$

等等, 以及

$$A^{n-1}=\begin{pmatrix}0&\cdots&0&1\\0&\cdots&0&0\\\vdots&&\vdots&\vdots\\0&\cdots&0&0\end{pmatrix},\quad A^k=O_n\quad(k\geqslant n).$$

(2) 令

$$B=\begin{pmatrix}0&0&\cdots&0&a_1\\\vdots&0&\ddots&\vdots&a_2\\\vdots&&\ddots&0&\vdots\\\vdots&&&0&a_{n-1}\\0&\cdots&\cdots&\cdots&0\end{pmatrix},$$

那么 $A=I_n+B$. 因为 $I_nB=BI_n$, 所以由矩阵二项式定理得

$$A^k=(I_n+B)^k=\sum_{j=0}^{k}\binom{k}{j}I_n^jB^{k-j}=\sum_{j=0}^{k}\binom{k}{j}B^{k-j}.$$

显然当 $l\geqslant 2$ 时 $B^l=O_n$, 于是当 $k\geqslant 1$ 时

$$A^k=kB+I_n=\begin{pmatrix}1&0&\cdots&0&ka_1\\0&1&\ddots&\vdots&ka_2\\\vdots&\ddots&\ddots&0&\vdots\\\vdots&&\ddots&1&ka_{n-1}\\0&\cdots&\cdots&0&1\end{pmatrix}.$$ □

例 2.1.2 已知

$$A=\begin{pmatrix}1&0&0\\1&0&1\\0&1&0\end{pmatrix}.$$

*(1) 证明: 当 $n\geqslant 3, A^n=A^{n-2}+A^2-I$, 其中 I 是三阶单位方阵.

*(2) 计算 A^{99} 和 A^{100}.

(3) 证明: $\boldsymbol{A}^{100}-\boldsymbol{I}$ 和 $\boldsymbol{A}^2-\boldsymbol{I}$ 都不是零方阵, 但 $(\boldsymbol{A}^{100}-\boldsymbol{I})(\boldsymbol{A}^2-\boldsymbol{I})=\boldsymbol{O}$(零方阵).

解　(1) 对 n 用数学归纳法. 首先算出

$$\boldsymbol{A}^2=\begin{pmatrix}1&0&0\\1&1&0\\1&0&1\end{pmatrix},\quad \boldsymbol{A}^3=\begin{pmatrix}1&0&0\\2&0&1\\1&1&0\end{pmatrix},$$

因此 $\boldsymbol{A}^3=\boldsymbol{A}+\boldsymbol{A}^2-\boldsymbol{I}$. 另一种推导: 将 $\lambda\boldsymbol{I}-\boldsymbol{A}$ 化为对角形

$$\begin{pmatrix}1&0&0\\0&1&0\\0&0&(\lambda-1)(\lambda^2-1)\end{pmatrix},$$

得知 $\boldsymbol{A}$ 的特征多项式 $f(\lambda)=(\lambda-1)(\lambda^2-1)=\lambda^3-\lambda^2-\lambda+1$. 依 Hamilton-Cayley 定理得到 $f(\boldsymbol{A})=\boldsymbol{O}$, 即 $\boldsymbol{A}^3=\boldsymbol{A}+\boldsymbol{A}^2-\boldsymbol{I}$.

设当 $n=k\geqslant 3$ 时题中等式成立, 即 $\boldsymbol{A}^k=\boldsymbol{A}^{k-2}+\boldsymbol{A}^2-\boldsymbol{I}$, 那么

$$\begin{aligned}\boldsymbol{A}^{k+1}&=\boldsymbol{A}\cdot\boldsymbol{A}^k=\boldsymbol{A}(\boldsymbol{A}^{k-2}+\boldsymbol{A}^2-\boldsymbol{I})=\boldsymbol{A}^{k-1}+\boldsymbol{A}^3-\boldsymbol{A}\\&=\boldsymbol{A}^{k-1}+(\boldsymbol{A}+\boldsymbol{A}^2-\boldsymbol{I})-\boldsymbol{A}=\boldsymbol{A}^{k-1}+\boldsymbol{A}^2-\boldsymbol{I},\end{aligned}$$

因此题中的等式当 $n=k+1$ 时也成立. 于是本题得证.

(2) 为求 $\boldsymbol{A}^{100}$, 依本例问题 (1) 中所证, 我们有

$$\boldsymbol{A}^{100-j}-\boldsymbol{A}^{100-j-2}=\boldsymbol{A}^2-\boldsymbol{I}\quad(j=0,2,4,\cdots,96),$$

将这 49 个等式相加, 得到

$$\boldsymbol{A}^{100}-\boldsymbol{A}^2=49(\boldsymbol{A}^2-\boldsymbol{I}),$$

于是

$$\boldsymbol{A}^{100}=\boldsymbol{A}^2+49(\boldsymbol{A}^2-\boldsymbol{I}).$$

因为

$$\boldsymbol{A}^2-\boldsymbol{I}=\begin{pmatrix}1&0&0\\1&1&0\\1&0&1\end{pmatrix}-\begin{pmatrix}1&0&0\\0&1&0\\0&0&1\end{pmatrix}=\begin{pmatrix}0&0&0\\1&0&0\\1&0&0\end{pmatrix},$$

所以最终得到

$$\boldsymbol{A}^{100}=\begin{pmatrix}1&0&0\\1&1&0\\1&0&1\end{pmatrix}+49\begin{pmatrix}0&0&0\\1&0&0\\1&0&0\end{pmatrix}=\begin{pmatrix}1&0&0\\50&1&0\\50&0&1\end{pmatrix}.$$

同样地, 由 $\boldsymbol{A}^{99-j}-\boldsymbol{A}^{99-j-2}=\boldsymbol{A}^2-\boldsymbol{I}\,(j=0,2,4,\cdots,96)$ 可求出 $\boldsymbol{A}^{99}$. 也可用下法: 因为 (例如, 可用初等变换法)

$$\boldsymbol{A}^{-1}=\begin{pmatrix}1&0&0\\-1&1&0\\-1&0&1\end{pmatrix},$$

所以

$$\boldsymbol{A}^{99}=\boldsymbol{A}^{100}\cdot\boldsymbol{A}^{-1}=\begin{pmatrix}1&0&0\\50&1&0\\50&0&1\end{pmatrix}\begin{pmatrix}1&0&0\\-1&1&0\\-1&0&1\end{pmatrix}=\begin{pmatrix}1&0&0\\49&1&0\\49&0&1\end{pmatrix}.$$

(3) 由本例问题 (2) 可知 $\boldsymbol{A}^{100}-\boldsymbol{I}\neq\boldsymbol{O}$ 和 $\boldsymbol{A}^2-\boldsymbol{I}\neq\boldsymbol{O}$. 依本例问题 (1), 我们有

$$\boldsymbol{A}^{102}-\boldsymbol{A}^{100}-(\boldsymbol{A}^2-\boldsymbol{I})=\boldsymbol{O},$$

于是 $\boldsymbol{A}^{100}(\boldsymbol{A}^2-\boldsymbol{I})-(\boldsymbol{A}^2-\boldsymbol{I})=\boldsymbol{O}$, 因此 $(\boldsymbol{A}^{100}-\boldsymbol{I})(\boldsymbol{A}^2-\boldsymbol{I})=\boldsymbol{O}$. □

注 **1°** 本例问题 (1) 和 (2) 的另一解法见习题 3.11(2) 的解.

2° 上面问题 (3) 中, 方阵 $\boldsymbol{A}^2-\boldsymbol{I}$ 和 $\boldsymbol{A}^{100}-\boldsymbol{I}$ 都是非零矩阵, 但其乘积是零矩阵, 称为 (n 阶方阵环中的) 零因子.

例 2.1.3 设 $\boldsymbol{A}=(a_{ij})$ 是 $\mathbb{C}$ 上的 n 阶方阵, 令 $\operatorname{tr}(\boldsymbol{A})=a_{11}+a_{22}+\cdots+a_{nn}$(对角元之和), 称为 $\boldsymbol{A}$ 的迹. 证明:

(1) $\operatorname{tr}(\boldsymbol{A})=\operatorname{tr}(\boldsymbol{A}')$; $\operatorname{tr}(c\boldsymbol{A})=c\operatorname{tr}(\boldsymbol{A})\,(c\in\mathbb{C})$.

(2) 如果 $\boldsymbol{A},\boldsymbol{B}$ 是同阶方阵, 则 $\operatorname{tr}(\boldsymbol{A}+\boldsymbol{B})=\operatorname{tr}(\boldsymbol{A})+\operatorname{tr}(\boldsymbol{B})$.

(3) 如果 $\boldsymbol{A},\boldsymbol{B}$ 分别是 $m\times n,n\times m$ 矩阵 (即 $\boldsymbol{AB}$ 和 $\boldsymbol{BA}$ 都存在), 那么 $\operatorname{tr}(\boldsymbol{AB})=\operatorname{tr}(\boldsymbol{BA})$.

(4) 若 $\boldsymbol{A},\boldsymbol{P}$ 是同阶方阵,$\boldsymbol{P}$ 可逆, 则 $\operatorname{tr}(\boldsymbol{P}^{-1}\boldsymbol{AP})=\operatorname{tr}(\boldsymbol{A})$.

(5) 若 $\boldsymbol{A}$ 是 n 阶复方阵, 则 $\operatorname{tr}(\boldsymbol{A}^*\boldsymbol{A})=\operatorname{tr}(\boldsymbol{AA}^*)=\sum\limits_{1\leqslant i,j\leqslant n}|a_{ij}|^2$.

(6) 若矩阵乘积 $\boldsymbol{AB}$ 和 $\boldsymbol{BA}$ 都存在, 则 $\operatorname{tr}(\boldsymbol{AB})^n=\operatorname{tr}(\boldsymbol{BA})^n\,(n\geqslant 0)$.

(7) 设 $\boldsymbol{A}$ 是一个 n 阶方阵,$\boldsymbol{a}_j=(a_{1j},a_{2j},\cdots,a_{nj})'$ 是它的第 j 个列向量, 定义 n^2 维列向量

$$\operatorname{vec}(\boldsymbol{A})=(a_{11},a_{21},\cdots,a_{n1},a_{12},a_{22},\cdots,a_{n2},\cdots,a_{1n},a_{2n},\cdots,a_{nn})'.$$

证明: 如果 $\boldsymbol{A},\boldsymbol{B}$ 是两个同阶方阵, 那么 $\big(\operatorname{vec}(\boldsymbol{A})\big)'\big(\operatorname{vec}(\boldsymbol{B})\big)=\operatorname{tr}(\boldsymbol{A}'\boldsymbol{B})$.

(8) 若 $\boldsymbol{A},\boldsymbol{B}$ 是两个复数域上的 n 阶方阵, 则不可能成立 $\boldsymbol{AB}-\boldsymbol{BA}=\boldsymbol{I}_n$.

解 (1) (2) 等式可直接验证.

(3) 设 $\boldsymbol{A}=(a_{ij})_{m\times n},\boldsymbol{B}=(b_{ij})_{n\times m},\boldsymbol{AB}=(c_{ij})_m,\boldsymbol{BA}=(d_{ij})_n$, 那么

$$c_{ij}=\sum_{k=1}^{n}a_{ik}b_{kj},\quad d_{ij}=\sum_{l=1}^{m}b_{il}a_{lj}.$$

于是

$$\begin{aligned}\operatorname{tr}(\boldsymbol{AB})&=\sum_{i=1}^{m}c_{ii}=\sum_{i=1}^{m}\left(\sum_{k=1}^{n}a_{ik}b_{ki}\right)=\sum_{i=1}^{m}\sum_{k=1}^{n}a_{ik}b_{ki}\\&=\sum_{k=1}^{n}\left(\sum_{i=1}^{m}b_{ki}a_{ik}\right)=\sum_{k=1}^{n}d_{kk}=\operatorname{tr}(\boldsymbol{BA}).\end{aligned}$$

或者, 因为矩阵的迹等于其所有特征值之和(见习题 3.17(1)), 而 $\boldsymbol{AB}$ 和 $\boldsymbol{BA}$ 的非零特征值完全相同 (见例 3.2.2), 所以立得结论.

(4) 记 $\boldsymbol{R}=\boldsymbol{P}^{-1},\boldsymbol{S}=\boldsymbol{AP}$, 那么 $\boldsymbol{RS}=\boldsymbol{P}^{-1}\boldsymbol{AP},\boldsymbol{SR}=\boldsymbol{APP}^{-1}=\boldsymbol{A}$. 依本题 (3), 有 $\mathrm{tr}(\boldsymbol{RS})=\mathrm{tr}(\boldsymbol{SR})$, 就是 $\mathrm{tr}(\boldsymbol{P}^{-1}\boldsymbol{AP})=\mathrm{tr}(\boldsymbol{A})$.

(5) 设 $\boldsymbol{A}=(a_{ij})$, 则

$$\mathrm{tr}(\boldsymbol{A}^*\boldsymbol{A})=\sum_{1\leqslant i,j\leqslant n}\overline{a_{ji}}a_{ji}=\sum_{1\leqslant i,j\leqslant n}|a_{ji}|^2.$$

对 $\mathrm{tr}(\boldsymbol{AA}^*)$ 也有同样结果.

(6) 当 $n=0,1$ 时, 结论显然成立. 设 $n\geqslant 2$, 那么

$$\begin{aligned}(\boldsymbol{AB})^n&=(\boldsymbol{AB})(\boldsymbol{AB})^{n-1}=\boldsymbol{A}\big(\boldsymbol{B}(\boldsymbol{AB})^{n-1}\big),\\(\boldsymbol{BA})^n&=\underbrace{(\boldsymbol{BA})(\boldsymbol{BA})\cdots(\boldsymbol{BA})}_{n}\\&=\boldsymbol{B}\underbrace{(\boldsymbol{AB})\cdots(\boldsymbol{AB})}_{n-1}\boldsymbol{A}=\big(\boldsymbol{B}(\boldsymbol{AB})^{n-1}\big)\boldsymbol{A},\end{aligned}$$

于是由本例问题 (3) 推出结论.

(7) 设 $\boldsymbol{A}=(a_{ij})_n,\boldsymbol{B}=(b_{ij})_n$, 则

$$\big(\mathrm{vec}(\boldsymbol{A})\big)'\big(\mathrm{vec}(\boldsymbol{B})\big)=\sum_{i=1}^n\sum_{j=1}^n a_{ij}b_{ij}=\mathrm{tr}(\boldsymbol{A}'\boldsymbol{B}).$$

(8) 由本例问题 (3) 可知 $\mathrm{tr}(\boldsymbol{AB}-\boldsymbol{BA})=0$, 但 $\mathrm{tr}\,(\boldsymbol{I}_n)=n$. 所以 $\boldsymbol{AB}-\boldsymbol{BA}=\boldsymbol{I}_n$ 不成立. □

注 1° 本题 (1)~(5) 以及习题 3.17(1) 给出矩阵的迹的常用性质.

2° 在有限域上, 可给出 n 阶方阵 $\boldsymbol{A},\boldsymbol{B}$ 使得 $\boldsymbol{AB}-\boldsymbol{BA}=\boldsymbol{I}_n$, 从而本题 (8) 中的结论不再成立.

例 2.1.4 用 $\mathrm{adj}(\boldsymbol{A})$ 表示方阵 $\boldsymbol{A}$ 的伴随矩阵. 设 $\boldsymbol{A},\boldsymbol{B}$ 是任意两个 n 阶方阵, 证明 $\mathrm{adj}(\boldsymbol{AB})=\mathrm{adj}(\boldsymbol{B})\mathrm{adj}(\boldsymbol{A})$.

解 (i) 如果 $\boldsymbol{A},\boldsymbol{B}$ 可逆, 那么 $\boldsymbol{AB}$ 和 $\boldsymbol{BA}$ 也可逆, 并且

$$\boldsymbol{A}^{-1}=\frac{\mathrm{adj}(\boldsymbol{A})}{|\boldsymbol{A}|},\quad \boldsymbol{B}^{-1}=\frac{\mathrm{adj}(\boldsymbol{B})}{|\boldsymbol{B}|},$$
$$(\boldsymbol{AB})^{-1}=\frac{\mathrm{adj}(\boldsymbol{AB})}{|\boldsymbol{AB}|}=\frac{\mathrm{adj}(\boldsymbol{AB})}{|\boldsymbol{A}||\boldsymbol{B}|}.$$

因为 $(\boldsymbol{AB})^{-1}=\boldsymbol{B}^{-1}\boldsymbol{A}^{-1}$, 所以

$$\frac{\mathrm{adj}(\boldsymbol{AB})}{|\boldsymbol{A}||\boldsymbol{B}|}=\frac{\mathrm{adj}(\boldsymbol{B})}{|\boldsymbol{B}|}\cdot\frac{\mathrm{adj}(\boldsymbol{A})}{|\boldsymbol{A}|},$$

由此得到 $\mathrm{adj}(\boldsymbol{AB})=\mathrm{adj}(\boldsymbol{B})\mathrm{adj}(\boldsymbol{A})$.

(ii) 如果 $\boldsymbol{A},\boldsymbol{B}$ 中至少有一个不可逆. 因为 $\det(\boldsymbol{A}+\varepsilon\boldsymbol{I}_n)$ 和 $\det(\boldsymbol{B}+\varepsilon\boldsymbol{I}_n)$ 作为 ε 的多项式, 只有有限多个零点, 所以由多项式的连续性, 存在 $\delta>0$, 使当 $0<\varepsilon<\delta$ 时, $\det(\boldsymbol{A}+\varepsilon\boldsymbol{I}_n)\det(\boldsymbol{B}+\varepsilon\boldsymbol{I}_n)\neq 0$. 于是 $\boldsymbol{A}+\varepsilon\boldsymbol{I}_n$ 和 $\boldsymbol{B}+\varepsilon\boldsymbol{I}_n$ 可逆. 依步骤 (i) 中所证, 得

$$\mathrm{adj}\big((\boldsymbol{A}+\varepsilon\boldsymbol{I}_n)(\boldsymbol{B}+\varepsilon\boldsymbol{I}_n)\big)=\mathrm{adj}(\boldsymbol{B}+\varepsilon\boldsymbol{I}_n)\mathrm{adj}(\boldsymbol{A}+\varepsilon\boldsymbol{I}_n),$$

令 $\varepsilon\to 0$ 即得所要的结果 (或者, 上式两边矩阵的元素作为 ε 的多项式, 当 ε 取区间 $(0,\delta)$ 中的无限多个值时取相同值, 所以它们恒等, 因而当 $\varepsilon=0$ 时上式两边也相等). □

例 2.1.5 (1) 若 $\boldsymbol{A},\boldsymbol{D}$ 分别是 r 阶和 s 阶方阵, $\boldsymbol{B}$ 和 $\boldsymbol{O}$(零矩阵) 是相应阶的矩阵 (保证下面分块矩阵是 $r+s$ 阶方阵), 则当且仅当 $\boldsymbol{A},\boldsymbol{D}$ 可逆时, 分块方阵 $\left(\begin{smallmatrix}\boldsymbol{A}&\boldsymbol{B}\\\boldsymbol{O}&\boldsymbol{D}\end{smallmatrix}\right)$ 和 $\left(\begin{smallmatrix}\boldsymbol{A}&\boldsymbol{O}\\\boldsymbol{C}&\boldsymbol{D}\end{smallmatrix}\right)$ 可逆, 并且

$$\begin{pmatrix}\boldsymbol{A}&\boldsymbol{B}\\\boldsymbol{O}&\boldsymbol{D}\end{pmatrix}^{-1}=\begin{pmatrix}\boldsymbol{A}^{-1}&-\boldsymbol{A}^{-1}\boldsymbol{B}\boldsymbol{D}^{-1}\\\boldsymbol{O}&\boldsymbol{D}^{-1}\end{pmatrix},$$

$$\begin{pmatrix}\boldsymbol{A}&\boldsymbol{O}\\\boldsymbol{C}&\boldsymbol{D}\end{pmatrix}^{-1}=\begin{pmatrix}\boldsymbol{A}^{-1}&\boldsymbol{O}\\-\boldsymbol{D}^{-1}\boldsymbol{C}\boldsymbol{A}^{-1}&\boldsymbol{D}^{-1}\end{pmatrix}.$$

(2) 若 $\boldsymbol{B},\boldsymbol{C}$ 分别是 r 阶和 s 阶矩阵, $\boldsymbol{B}$ 和 $\boldsymbol{O}$(零矩阵) 是相应阶的矩阵 (保证下面分块矩阵是 $r+s$ 阶方阵), 则当且仅当 $\boldsymbol{A},\boldsymbol{D}$ 可逆时, 分块方阵 $\left(\begin{smallmatrix}\boldsymbol{O}&\boldsymbol{B}\\\boldsymbol{C}&\boldsymbol{D}\end{smallmatrix}\right)$ 可逆, 并且

$$\begin{pmatrix}\boldsymbol{O}&\boldsymbol{B}\\\boldsymbol{C}&\boldsymbol{D}\end{pmatrix}^{-1}=\begin{pmatrix}-\boldsymbol{C}^{-1}\boldsymbol{D}\boldsymbol{B}^{-1}&\boldsymbol{C}^{-1}\\\boldsymbol{B}^{-1}&\boldsymbol{O}\end{pmatrix}.$$

解 诸问题解法类似, 以问题 (1) 中第一个公式为例. 记 $\boldsymbol{M}=\left(\begin{smallmatrix}\boldsymbol{A}&\boldsymbol{B}\\\boldsymbol{O}&\boldsymbol{D}\end{smallmatrix}\right)$. 因为 $|\boldsymbol{M}|=|\boldsymbol{A}||\boldsymbol{D}|$, 所以 $|\boldsymbol{M}|\neq 0$ 等价于 $|\boldsymbol{A}|,|\boldsymbol{D}|\neq 0$. 下面在 $|\boldsymbol{A}|,|\boldsymbol{D}|\neq 0$ 的条件下推导 $\boldsymbol{M}^{-1}$ 的计算公式.

解法 1 因分块方阵 $\boldsymbol{M}$ 可逆, 则将其逆记为 $(X_{ij})_{1\leqslant i,j\leqslant 2}$. 由

$$\begin{pmatrix}\boldsymbol{A}&\boldsymbol{B}\\\boldsymbol{O}&\boldsymbol{D}\end{pmatrix}\begin{pmatrix}\boldsymbol{X}_{11}&\boldsymbol{X}_{12}\\\boldsymbol{X}_{21}&\boldsymbol{X}_{22}\end{pmatrix}=\begin{pmatrix}\boldsymbol{I}_r&\boldsymbol{O}_{r\times s}\\\boldsymbol{O}_{s\times r}&\boldsymbol{I}_s\end{pmatrix}$$

得到

$$\boldsymbol{A}\boldsymbol{X}_{11}+\boldsymbol{B}\boldsymbol{X}_{21}=\boldsymbol{I}_r,\quad \boldsymbol{A}\boldsymbol{X}_{12}+\boldsymbol{B}\boldsymbol{X}_{22}=\boldsymbol{O}_{r\times s},$$
$$\boldsymbol{D}\boldsymbol{X}_{21}=\boldsymbol{O}_{s\times r},\quad \boldsymbol{D}\boldsymbol{X}_{22}=\boldsymbol{I}_s.$$

由 $\boldsymbol{D}\boldsymbol{X}_{22}=\boldsymbol{I}_s$ 可知 $\boldsymbol{X}_{22}=\boldsymbol{D}^{-1}$. 由 $\boldsymbol{D}\boldsymbol{X}_{21}=\boldsymbol{O}_{s\times r}$ 得 $\boldsymbol{X}_{21}=\boldsymbol{D}^{-1}\boldsymbol{O}_{s\times r}=\boldsymbol{O}_{s\times r}$. 将它代入上面第 1 式, 得到 $\boldsymbol{A}\boldsymbol{X}_{11}=\boldsymbol{I}_r$, 所以 $\boldsymbol{X}_{11}=\boldsymbol{A}^{-1}$. 将 $\boldsymbol{X}_{22}=\boldsymbol{D}^{-1}$ 代入上面第 2 式, 解出 $\boldsymbol{X}_{12}=-\boldsymbol{A}^{-1}\boldsymbol{B}\boldsymbol{D}^{-1}$. 于是公式得证.

解法 2 设 $\boldsymbol{A},\boldsymbol{D}$ 可逆. 对分块矩阵

$$\begin{pmatrix}\boldsymbol{A}&\boldsymbol{B}\\\boldsymbol{O}&\boldsymbol{D}\\\boldsymbol{I}_r&\boldsymbol{O}_{r\times s}\\\boldsymbol{O}_{s\times r}&\boldsymbol{I}_s\end{pmatrix}$$

实施分块矩阵的列初等变换. 首先用 $\boldsymbol{A}^{-1}$ 左乘第 1 列, 得到

$$\begin{pmatrix}\boldsymbol{I}_r&\boldsymbol{B}\\\boldsymbol{O}&\boldsymbol{D}\\\boldsymbol{A}^{-1}&\boldsymbol{O}_{r\times s}\\\boldsymbol{O}_{s\times r}&\boldsymbol{I}_s\end{pmatrix},$$

然后在上面矩阵中用 $-\boldsymbol{B}$ 右乘第 1 列加到第 2 列, 得到

$$\begin{pmatrix} \boldsymbol{I}_r & \boldsymbol{O} \\ \boldsymbol{O} & \boldsymbol{D} \\ \boldsymbol{A}^{-1} & -\boldsymbol{A}^{-1}\boldsymbol{B} \\ \boldsymbol{O}_{s\times r} & \boldsymbol{I}_s \end{pmatrix},$$

最后, 用 $\boldsymbol{D}^{-1}$ 右乘第 2 列, 得到

$$\begin{pmatrix} \boldsymbol{I}_r & \boldsymbol{O} \\ \boldsymbol{O} & \boldsymbol{I}_s \\ \boldsymbol{A}^{-1} & -\boldsymbol{A}^{-1}\boldsymbol{B}\boldsymbol{D}^{-1} \\ \boldsymbol{O}_{s\times r} & \boldsymbol{D}^{-1} \end{pmatrix}.$$

由此可知上面分块矩阵的后两行形成的分块矩阵就是 $\boldsymbol{M}^{-1}$. □

例 2.1.6　求下列 $n(>1)$ 阶方阵的逆阵:

(1)

$$\boldsymbol{A}_n = \begin{pmatrix} 0 & 1 & 1 & \cdots & 1 \\ 1 & 0 & 1 & \cdots & 1 \\ \vdots & \vdots & \vdots & & \vdots \\ 1 & 1 & 1 & \cdots & 0 \end{pmatrix}.$$

(2)

$$\boldsymbol{B}_n = \begin{pmatrix} 0 & & & \\ \vdots & & \boldsymbol{I}_{n-1} & \\ 0 & & & \\ 1 & a_1 & \cdots & a_{n-1} \end{pmatrix}.$$

解　(1) 计算 $\boldsymbol{A}_n^{-1}$. 除应用初等变换方法外 (留待读者完成), 下面给出另外两种解法.

解法 1　设 $\boldsymbol{A}_n^{-1}$ 的第 1 行是 $(x_1,x_2,\cdots,x_n)$. 因为 $\boldsymbol{A}_n$ 的主对角线元素全为 0, 其余元素全为 1, 所以由 $\boldsymbol{A}_n^{-1}\boldsymbol{A}_n=\boldsymbol{I}_n$ 可知

$$\begin{cases} x_2+x_3+\cdots+x_n=1, \\ x_1+x_3+\cdots+x_n=0, \\ \cdots, \\ x_1+x_2+\cdots+x_{n-1}=0. \end{cases}$$

将此 n 个方程相加, 然后除以 $n-1$, 得到

$$x_1+x_2+\cdots+x_n=\frac{1}{n-1}.$$

将此式分别减上述方程组中的第 $1,2,\cdots,n$ 个方程, 求得

$$x_1=\frac{2-n}{n-1},\quad x_2=x_3=\cdots=x_n=\frac{1}{n-1}.$$

一般情形, 对于 $\boldsymbol{A}_n^{-1}$ 的第 i 行 $(x_1,x_2,\cdots,x_n)$ 有

$$x_1+x_2+\cdots+x_{k-1}+x_{k+1}+\cdots+x_n=\begin{cases}1 & (当\ k=i),\\ 0 & (当\ k\neq i).\end{cases}$$

可类似地求出

$$x_i=\frac{2-n}{n-1},\quad x_1=x_2=\cdots=x_{i-1}=x_{i+1}=\cdots=x_n=\frac{1}{n-1}.$$

因此

$$\boldsymbol{A}_n^{-1}=\frac{1}{n-1}\begin{pmatrix}2-n & 1 & 1 & \cdots & 1\\ 1 & 2-n & 1 & \cdots & 1\\ \vdots & \vdots & \vdots & & \vdots\\ 1 & 1 & 1 & \cdots & 2-n\end{pmatrix}.$$

解法 2 (本质上是解法 1 的变体) 因为将题中矩阵中的元素 0 和 1 分别换成 x,y 后得到的矩阵

$$\begin{pmatrix}x & y & y & \cdots & y\\ y & x & y & \cdots & y\\ \vdots & \vdots & \vdots & & \vdots\\ y & y & y & \cdots & x\end{pmatrix}$$

有下列特点: 任何两个这种类型的矩阵之积, 仍然是同样的类型. 因此我们令

$$\begin{pmatrix}x & y & y & \cdots & y\\ y & x & y & \cdots & y\\ \vdots & \vdots & \vdots & & \vdots\\ y & y & y & \cdots & x\end{pmatrix}\begin{pmatrix}0 & 1 & 1 & \cdots & 1\\ 1 & 0 & 1 & \cdots & 1\\ \vdots & \vdots & \vdots & & \vdots\\ 1 & 1 & 1 & \cdots & 0\end{pmatrix}$$
$$=\begin{pmatrix}(n-1)y & x+(n-2)y & \cdots & x+(n-2)y\\ x+(n-2)y & (n-1)y & \cdots & x+(n-2)y\\ \vdots & \vdots & & \vdots\\ x+(n-2)y & x+(n-2)y & \cdots & (n-1)y\end{pmatrix}=\boldsymbol{I}_n,$$

于是由 $(n-1)y=1,x+(n-2)y=0$ 求得 $x=1/(n-1),y=(2-n)/(n-1)$, 从而得到 $\boldsymbol{A}_n^{-1}$(如上).

(2) 求 $\boldsymbol{B}_n^{-1}$. 可应用本例问题 (1) 中的解法 1 和 2, 或直接应用例 2.1.5(2) 中的公式. 下面应用初等变换方法: 首先将矩阵

$$\begin{pmatrix}\boldsymbol{B}_n\\ \boldsymbol{I}_n\end{pmatrix}$$

的第 1 列变换为第 n 列, 然后在所得矩阵中分别将第 n 列的 $-a_1$ 倍,$-a_2$ 倍,$\cdots$,$-a_{n-1}$ 倍

分别加到第 1 列, 第 2 列,⋯, 第 $n-1$ 列. 求得

$$\boldsymbol{B}_n^{-1}=\begin{pmatrix} -a_1 & \cdots & -a_{n-1} & 1 \\ & & & 0 \\ & \boldsymbol{I}_{n-1} & & \vdots \\ & & & 0 \end{pmatrix}.$$

或者, 因为 $(\boldsymbol{B}_n')^{-1}=(\boldsymbol{B}_n^{-1})'$, 所以首先将矩阵

$$\begin{pmatrix} \boldsymbol{B}_n' & \boldsymbol{I}_n \end{pmatrix}$$

的第 1 行变换为第 n 行, 然后在所得矩阵中分别将第 n 行的 $-a_1$ 倍,$-a_2$ 倍,⋯,$-a_{n-1}$ 倍分别加到第 1 行, 第 2 行,⋯, 第 $n-1$ 行, 可得

$$(\boldsymbol{B}_n')^{-1}=\begin{pmatrix} -a_1 & & & \\ \vdots & & \boldsymbol{I}_{n-1} & \\ -a_{n-1} & & & \\ 1 & 0 & \cdots & 0 \end{pmatrix},$$

此矩阵的转置就是 $\boldsymbol{B}_n^{-1}$. □

例 2.1.7　设 $n(\geqslant 1)$ 阶方阵 $\boldsymbol{K}_n$ 的所有元素都等于 a, 则当 $an\neq -1$ 时 $\boldsymbol{I}_n+\boldsymbol{K}_n$ 可逆, 并求 $(\boldsymbol{I}_n+\boldsymbol{K}_n)^{-1}$ 以及 $|(\boldsymbol{I}_n+\boldsymbol{K}_n)^{-1}|$.

解　(i) 令 $\boldsymbol{\beta}=(a,a,\cdots,a)'$($n$ 维列向量), $\boldsymbol{\gamma}=(1,1,\cdots,1)$($n$ 维行向量), 那么 $\boldsymbol{K}_n=\boldsymbol{\beta}\boldsymbol{\gamma}$. 对分块矩阵

$$\begin{pmatrix} 1 & -\boldsymbol{\gamma} & 1 & \boldsymbol{O}_{1\times n} \\ \boldsymbol{O}_{n\times 1} & \boldsymbol{I}_n+\boldsymbol{K}_n & \boldsymbol{O}_{n\times 1} & \boldsymbol{I}_n \end{pmatrix}$$

作初等变换: 首先用 $\boldsymbol{\beta}$ 左乘第 1 行加到第 2 行, 得到

$$\begin{pmatrix} 1 & -\boldsymbol{\gamma} & 1 & \boldsymbol{O}_{1\times n} \\ \boldsymbol{\beta} & \boldsymbol{I}_n & \boldsymbol{\beta} & \boldsymbol{I}_n \end{pmatrix},$$

然后用 $\boldsymbol{\gamma}$ 左乘第 2 行加到第 1 行, 可得

$$\begin{pmatrix} 1+\boldsymbol{\gamma}\boldsymbol{\beta} & \boldsymbol{O}_{1\times n} & 1+\boldsymbol{\gamma}\boldsymbol{\beta} & \boldsymbol{\gamma} \\ \boldsymbol{\beta} & \boldsymbol{I}_n & \boldsymbol{\beta} & \boldsymbol{I}_n \end{pmatrix},$$

进而用 $-\boldsymbol{\beta}/(1+\boldsymbol{\gamma}\boldsymbol{\beta})$ 左乘第 1 行加到第 2 行, 可将上述矩阵化为

$$\begin{pmatrix} 1+\boldsymbol{\gamma}\boldsymbol{\beta} & \boldsymbol{O}_{1\times n} & 1+\boldsymbol{\gamma}\boldsymbol{\beta} & \boldsymbol{\gamma} \\ \boldsymbol{O}_{n\times 1} & \boldsymbol{I}_n & \boldsymbol{O}_{n\times 1} & \boldsymbol{I}_n-\boldsymbol{K}_n/(1+\boldsymbol{\gamma}\boldsymbol{\beta}) \end{pmatrix},$$

最后, 用 $1/(1+\boldsymbol{\gamma}\boldsymbol{\beta})$ 左乘第 1 行, 就将原矩阵化为

$$\begin{pmatrix} 1 & \boldsymbol{O}_{1\times n} & 1 & \boldsymbol{\gamma}/(1+\boldsymbol{\gamma}\boldsymbol{\beta}) \\ \boldsymbol{O}_{n\times 1} & \boldsymbol{I}_n & \boldsymbol{O}_{n\times 1} & \boldsymbol{I}_n-\boldsymbol{K}_n/(1+\boldsymbol{\gamma}\boldsymbol{\beta}) \end{pmatrix}.$$

由此推出矩阵

$$\boldsymbol{M}=\begin{pmatrix}1 & -\boldsymbol{\gamma}\\ \boldsymbol{O}_{n\times 1} & \boldsymbol{I}_n+\boldsymbol{K}_n\end{pmatrix}$$

可逆, 并且

$$\boldsymbol{M}^{-1}=\begin{pmatrix}1 & \boldsymbol{\gamma}/(1+\boldsymbol{\gamma\beta})\\ \boldsymbol{O}_{n\times 1} & \boldsymbol{I}_n-\boldsymbol{K}_n/(1+\boldsymbol{\gamma\beta})\end{pmatrix}.$$

依例 2.1.5, 立知 $\boldsymbol{I}_n+\boldsymbol{K}_n$ 可逆, 并且

$$(\boldsymbol{I}_n+\boldsymbol{K}_n)^{-1}=\boldsymbol{I}_n-\frac{\boldsymbol{K}_n}{1+\boldsymbol{\gamma\beta}}.$$

(ii) 由例 1.3.1(2) 可知 $|(\boldsymbol{I}_n+\boldsymbol{K}_n)^{-1}|=|\boldsymbol{I}_n+\boldsymbol{K}_n|^{-1}=(1+\boldsymbol{\gamma\beta})^{-1}=1/(na+1)$. □

例 2.1.8 设 $x_i\,(i=1,2,\cdots,n)$ 两两互异. 求 n 阶 Vandermonde 方阵

$$\mathscr{V}_n=\begin{pmatrix}1 & 1 & 1 & \cdots & 1\\ x_1 & x_2 & x_3 & \cdots & x_n\\ x_1^2 & x_2^2 & x_3^2 & \cdots & x_n^2\\ \vdots & \vdots & \vdots & & \vdots\\ x_1^{n-1} & x_2^{n-1} & x_3^{n-1} & \cdots & x_n^{n-1}\end{pmatrix}$$

的逆矩阵.

解 令 $V_n=V_n(x_1,x_2,\cdots,x_n)=\det\mathscr{V}_n$ 是变量为 $x_1,x_2,\cdots,x_n$ 的 Vandermonde 行列式. 因为 $x_i\,(i=1,2,\cdots,n)$ 两两互异, 由例 1.1.1 可知 $V_n\neq 0$, 所以 $\mathscr{V}_n^{-1}$ 存在, 并且

$$\mathscr{V}_n^{-1}=\left(\frac{V_{i,j}}{V_n}\right)',$$

其中 $V_{i,j}$ 表示方阵 $\mathscr{V}_n$ 的位于 (i,j) 位置的元素的代数余子式. 按定义

$$V_{i,j}=(-1)^{i+j}\begin{vmatrix}1 & \cdots & 1 & 1 & \cdots & 1\\ x_1 & \cdots & x_{j-1} & x_{j+1} & \cdots & x_n\\ \vdots & & \vdots & \vdots & & \vdots\\ x_1^{i-2} & \cdots & x_{j-1}^{i-2} & x_{j+1}^{i-2} & \cdots & x_n^{i-2}\\ x_1^{i+1} & \cdots & x_{j-1}^{i+1} & x_{j+1}^{i+1} & \cdots & x_n^{i+1}\\ \vdots & & \vdots & \vdots & & \vdots\\ x_1^{n-1} & \cdots & x_{j-1}^{n-1} & x_{j+1}^{n-1} & \cdots & x_n^{n-1}\end{vmatrix}.$$

依例 1.4.1(1)

$$\begin{aligned}V_{i,j}&=(-1)^{i+j}V_{n-1}^{(i)}(x_1,\cdots,x_{j-1},x_{j+1},\cdots,x_n)\\ &=(-1)^{i+j}\sigma_{n-i}^{(j)}V_{n-1}(x_1,\cdots,x_{j-1},x_{j+1},\cdots,x_n),\end{aligned}$$

其中 $\sigma_{n-i}^{(j)}=\sigma_{n-i}^{(j)}(x_1,\cdots,x_{j-1},x_{j+1},\cdots,x_n)$ 是 $x_1,\cdots,x_{j-1},x_{j+1},\cdots,x_n$ 形成的第 $n-i$ 个初等对称多项式, 因而

$$\sigma_{n-i}^{(j)}(x_1,\cdots,x_{j-1},x_{j+1},\cdots,x_n)=\sum_{\substack{1\leqslant k_1<\cdots<k_{n-i}\leqslant n\\ k_1,\cdots,k_{n-i}\neq j}}x_{k_1}x_{k_2}\cdots x_{k_{n-i}}.$$

于是

$$\frac{V_{i,j}}{V_n}=(-1)^{i+j}\sigma_{n-i}^{(j)}(x_1,\cdots,x_{j-1},x_{j+1},\cdots,x_n)\times\frac{V_{n-1}(x_1,\cdots,x_{j-1},x_{j+1},\cdots,x_n)}{V_n(x_1,x_2,\cdots,x_n)}.$$

由例 1.1.1 可知

$$V_n(x_1,x_2,\cdots,x_n)=\prod_{1\leqslant u<v\leqslant n}(x_v-x_u),$$

$$\begin{aligned}&V_{n-1}(x_1,\cdots,x_{j-1},x_{j+1},\cdots,x_n)\\&=\prod_{j+1\leqslant u<v\leqslant n}(x_v-x_u)\times\prod_{1\leqslant u<v\leqslant j-1}(x_v-x_u)\cdot\prod_{k=j+1}^{n}\big((x_k-x_{j-1})\cdots(x_k-x_1)\big).\end{aligned}$$

因为诸 x_i 两两互异, 所以

$$\frac{V_{n-1}(x_1,\cdots,x_{j-1},x_{j+1},\cdots,x_n)}{V_n(x_1,x_2,\cdots,x_n)}=\frac{1}{\prod\limits_{j<v}(x_v-x_j)\prod\limits_{u<j}(x_j-x_u)}.$$

又由

$$\begin{aligned}\prod_{j<v}(x_v-x_j)\prod_{u<j}(x_j-x_u)&=\prod_{j<v}(x_v-x_j)\cdot(-1)^{j-1}\prod_{j>u}(x_u-x_j)\\&=(-1)^{j-1}\prod_{\substack{1\leqslant u\leqslant n\\ u\neq j}}(x_u-x_j),\end{aligned}$$

可知

$$\frac{V_{i,j}}{V_n}=(-1)^{i+1}\frac{\sum\limits_{\substack{1\leqslant k_1<\cdots<k_{n-i}\leqslant n\\ k_1,\cdots,k_{n-i}\neq j}}x_{k_1}x_{k_2}\cdots x_{k_{n-i}}}{\prod\limits_{\substack{1\leqslant u\leqslant n\\ u\neq j}}(x_u-x_j)}.$$

最后, 作矩阵转置 (互换 i,j), 我们最终得到 $\boldsymbol{\mathscr{V}}_n^{-1}=(a_{ij})$, 其中

$$a_{ij}=(-1)^{j+1}\frac{\sum\limits_{\substack{1\leqslant k_1<\cdots<k_{n-j}\leqslant n\\ k_1,\cdots,k_{n-j}\neq i}}x_{k_1}x_{k_2}\cdots x_{k_{n-j}}}{\prod\limits_{\substack{1\leqslant u\leqslant n\\ u\neq i}}(x_u-x_i)}.$$

□

2.2 矩阵的秩

例 2.2.1 若 $\boldsymbol{A}$ 是任意 $m\times n$ 矩阵,$\boldsymbol{P}$ 和 $\boldsymbol{Q}$ 分别是任意 m 阶和 n 阶方阵, 则 $r(\boldsymbol{PAQ})\leqslant r(\boldsymbol{A})$, 并且当且仅当 $\boldsymbol{P},\boldsymbol{Q}$ 是可逆方阵时等式成立.

解 (i) 设 $\boldsymbol{a}_1,\cdots,\boldsymbol{a}_m$ 是矩阵 $\boldsymbol{A}$ 的行向量, 于是矩阵 $\boldsymbol{AQ}$ 的行向量是 $\boldsymbol{a}_1\boldsymbol{Q},\cdots,\boldsymbol{a}_m\boldsymbol{Q}$. 设 $\boldsymbol{a}_{i_1}\boldsymbol{Q},\cdots,\boldsymbol{a}_{i_t}\boldsymbol{Q}$ 是其极大线性无关组, 其中 $t=r(\boldsymbol{AQ})$. 如果 $\sum\limits_{j=1}^{t}c_j\boldsymbol{a}_{i_j}=\boldsymbol{O}$, 其中 c_j 不全为 0, 那么

$$\sum_{j=1}^{t}c_j(\boldsymbol{a}_{i_j}\boldsymbol{Q})=\left(\sum_{i=1}^{t}c_i\boldsymbol{a}_{i_j}\right)\boldsymbol{Q}=\boldsymbol{O}\boldsymbol{Q}=\boldsymbol{O},$$

这与 t 的定义矛盾, 因此 $\sum\limits_{j=1}^{t}c_j\boldsymbol{a}_{i_j}=\boldsymbol{O}$ 蕴涵所有 $c_j=0$, 即 $\boldsymbol{a}_{i_1},\cdots,\boldsymbol{a}_{i_t}$ 线性无关. 依 $r(\boldsymbol{A})$ 的定义得到 $r(\boldsymbol{AQ})=t\leqslant r(\boldsymbol{A})$.

(ii) 设 $\boldsymbol{Q}$ 是可逆方阵. 因为存在不全为 0 的 $f_j(j=1,\cdots,t+1)$, 使得 $\sum\limits_{j=1}^{t+1}f_j(\boldsymbol{a}_j\boldsymbol{Q})=\boldsymbol{O}$, 由此得到 $\sum\limits_{j=1}^{t+1}f_j\boldsymbol{a}_j\boldsymbol{Q}=\boldsymbol{O}$, 从而

$$\sum_{j=1}^{t+1}f_j\boldsymbol{a}_j=\sum_{j=1}^{t+1}f_j\boldsymbol{a}_j\boldsymbol{Q}\cdot\boldsymbol{Q}^{-1}=\boldsymbol{O}\boldsymbol{Q}^{-1}=\boldsymbol{O},$$

因此 $t+1>r(\boldsymbol{A})$, 即 $r(\boldsymbol{AQ})\geqslant r(\boldsymbol{A})$. 由此及步骤 (i) 中得到的不等式推出 $r(\boldsymbol{AQ})=r(\boldsymbol{A})$. 于是我们证明了:$r(\boldsymbol{AQ})\leqslant r(\boldsymbol{A})$, 并且当且仅当方阵 $\boldsymbol{Q}$ 可逆时 $r(\boldsymbol{AQ})=r(\boldsymbol{A})$.

(iii) 因为 $(\boldsymbol{PA})'=\boldsymbol{A}'\boldsymbol{P}'$, 所以将上述结论应用于 $\boldsymbol{A}',\boldsymbol{P}'$ 立知:$r(\boldsymbol{PA})=r\big((\boldsymbol{PA})'\big)=r(\boldsymbol{A}'\boldsymbol{P}')\leqslant r(\boldsymbol{A}')=r(\boldsymbol{A})$, 并且当且仅当方阵 $\boldsymbol{P}$ 可逆时 $r(\boldsymbol{PA})=r(\boldsymbol{A})$.

(iv) 最后, 依步骤 (ii) 和 (iii) 所证, 我们有

$$\begin{aligned}r(\boldsymbol{PAQ})&=r\big((\boldsymbol{PA})\boldsymbol{Q}\big)\leqslant r(\boldsymbol{PA})\quad\big(\text{当且仅当方阵 }\boldsymbol{Q}\text{ 可逆时 }r(\boldsymbol{PAQ})=r(\boldsymbol{PA})\big)\\&\leqslant r(\boldsymbol{A})\quad\big(\text{当且仅当方阵 }\boldsymbol{P}\text{ 可逆时 }r(\boldsymbol{PA})=r(\boldsymbol{A})\big),\end{aligned}$$

于是本题得证. □

例 2.2.2 (1) 若 $\boldsymbol{A},\boldsymbol{B}$ 是任意两个同阶矩阵, 则 $r(\boldsymbol{A}+\boldsymbol{B})\leqslant r(\boldsymbol{A})+r(\boldsymbol{B})$.

*(2) 若 $\boldsymbol{A},\boldsymbol{B}$ 分别是 $l\times m$ 和 $m\times n$ 矩阵, 则

$$r(\boldsymbol{A})+r(\boldsymbol{B})-m\leqslant r(\boldsymbol{AB})\leqslant\min\big(r(\boldsymbol{A}),r(\boldsymbol{B})\big)$$

(左半不等式称 Sylvester 不等式).

解 (1) 解法 1 记 $r(\boldsymbol{A})=s,r(\boldsymbol{B})=t$, 不妨认为 $\boldsymbol{A}$ 及 $\boldsymbol{B}$ 的行向量的极大线性无关组分别是 $\boldsymbol{a}_1,\cdots,\boldsymbol{a}_s$ 及 $\boldsymbol{b}_1,\cdots,\boldsymbol{b}_t$, 于是矩阵 $\boldsymbol{A}$ 的所有行向量及矩阵 $\boldsymbol{B}$ 的所有行向

量可分别通过向量 $\boldsymbol{a}_1,\cdots,\boldsymbol{a}_s$ 及 $\boldsymbol{b}_1,\cdots,\boldsymbol{b}_t$ 线性表出, 因而矩阵 $\boldsymbol{A}+\boldsymbol{B}$ 的所有行向量可由 $s+t$ 个向量 $\boldsymbol{a}_1,\cdots,\boldsymbol{a}_s,\boldsymbol{b}_1,\cdots,\boldsymbol{b}_t$ 线性表出. 矩阵 $\boldsymbol{A}+\boldsymbol{B}$ 的所有行向量的极大线性无关组恰好含有 $r(\boldsymbol{A}+\boldsymbol{B})$ 个向量, 它们可由这 $s+t$ 个向量 $\boldsymbol{a}_i,\boldsymbol{b}_j$ 线性表出, 所以 $r(\boldsymbol{A}+\boldsymbol{B})\leqslant s+t=r(\boldsymbol{A})+r(\boldsymbol{B})$.

解法 2　记 $r(\boldsymbol{A})=s,r(\boldsymbol{B})=t$. 令矩阵 $\boldsymbol{C}=\boldsymbol{A}+\boldsymbol{B}$. 通过对 $\boldsymbol{A}$ 的初等行变换可将 $\boldsymbol{A}$ 化成阶梯矩阵, 并将此行变换同步施于 $\boldsymbol{B}$, 则 $\boldsymbol{C}$ 化为

$$\boldsymbol{C}_1=\begin{pmatrix}\boldsymbol{A}_1\\ \boldsymbol{O}\end{pmatrix}+\begin{pmatrix}\boldsymbol{B}_1\\ \boldsymbol{B}_2\end{pmatrix},$$

其中 $\boldsymbol{A}_1$ 是 s 行阶梯矩阵,$\boldsymbol{B}_1$ 是某个 s 行矩阵. 因为我们实际是对 $\boldsymbol{C}$ 作初等行变换, 所以 $r(\boldsymbol{C}_1)=r(\boldsymbol{C})$. 类似地, 对 $\boldsymbol{B}_2$ 作初等行变换将它化成阶梯矩阵, 则 $\boldsymbol{C}_1$ 化为

$$\boldsymbol{C}_2=\begin{pmatrix}\boldsymbol{A}_1\\ \boldsymbol{O}\\ \boldsymbol{O}\end{pmatrix}+\begin{pmatrix}\boldsymbol{B}_1\\ \boldsymbol{O}\\ \boldsymbol{B}_3\end{pmatrix}$$

或者

$$\boldsymbol{C}_2=\begin{pmatrix}\boldsymbol{A}_1\\ \boldsymbol{O}\end{pmatrix}+\begin{pmatrix}\boldsymbol{B}_1\\ \boldsymbol{B}_3\end{pmatrix}$$

两种形式之一, 其中 $\boldsymbol{B}_3$ 是 $u=r(\boldsymbol{B}_2)$ 行阶梯矩阵, 并且 $r(\boldsymbol{C}_2)=r(\boldsymbol{C}_1)=r(\boldsymbol{C})$. 然后对 $\boldsymbol{B}_3$ 作初等列变换 (且同步施于 $\boldsymbol{A}_1$ 和 $\boldsymbol{B}_1$), 则 $\boldsymbol{C}_2$ 或化为

$$\boldsymbol{C}_3=\begin{pmatrix}\boldsymbol{A}_2 & \boldsymbol{A}_3\\ \boldsymbol{O} & \boldsymbol{O}\\ \boldsymbol{O} & \boldsymbol{O}\end{pmatrix}+\begin{pmatrix}\boldsymbol{B}_4 & \boldsymbol{B}_5\\ \boldsymbol{O} & \boldsymbol{O}\\ \boldsymbol{O} & \boldsymbol{I}_u\end{pmatrix}=\begin{pmatrix}\boldsymbol{A}_2+\boldsymbol{B}_4 & \boldsymbol{A}_3+\boldsymbol{B}_5\\ \boldsymbol{O} & \boldsymbol{O}\\ \boldsymbol{O} & \boldsymbol{I}_u\end{pmatrix},$$

或化为

$$\boldsymbol{C}_3=\begin{pmatrix}\boldsymbol{A}_2 & \boldsymbol{A}_3\\ \boldsymbol{O} & \boldsymbol{O}\end{pmatrix}+\begin{pmatrix}\boldsymbol{B}_4 & \boldsymbol{B}_5\\ \boldsymbol{O} & \boldsymbol{I}_u\end{pmatrix}=\begin{pmatrix}\boldsymbol{A}_2+\boldsymbol{B}_4 & \boldsymbol{A}_3+\boldsymbol{B}_5\\ \boldsymbol{O} & \boldsymbol{I}_u\end{pmatrix},$$

并且 $r(\boldsymbol{C}_3)=r(\boldsymbol{C}_2)=r(\boldsymbol{C})$. 最后, 作初等行变换, 可将 $\boldsymbol{C}_3$ 或化成

$$\boldsymbol{C}_4=\begin{pmatrix}\boldsymbol{A}_2+\boldsymbol{B}_4 & \boldsymbol{O}\\ \boldsymbol{O} & \boldsymbol{O}\\ \boldsymbol{O} & \boldsymbol{I}_u\end{pmatrix},$$

或化成

$$\boldsymbol{C}_4=\begin{pmatrix}\boldsymbol{A}_2+\boldsymbol{B}_4 & \boldsymbol{O}\\ \boldsymbol{O} & \boldsymbol{I}_u\end{pmatrix},$$

并且 $r(\boldsymbol{C}_4)=r(\boldsymbol{C}_3)=r(\boldsymbol{C})$. 因为在两种情形中 $\boldsymbol{C}_4$ 的最大阶非零子式是 $\det\left(\begin{smallmatrix}\boldsymbol{D} & \boldsymbol{O}\\ \boldsymbol{O} & \boldsymbol{I}_u\end{smallmatrix}\right)$, 其中 $\boldsymbol{D}$ 是 $\boldsymbol{A}_2+\boldsymbol{B}_4$ 的最大阶非零子式. 由此立得 $r(\boldsymbol{C})=r(\boldsymbol{A}_2+\boldsymbol{B}_4)+r(\boldsymbol{I}_u)\leqslant s+u$. 因为 $u=r(\boldsymbol{B}_2)\leqslant r(\boldsymbol{B})$, 所以 $r(\boldsymbol{A}+\boldsymbol{B})\leqslant r(\boldsymbol{A})+r(\boldsymbol{B})$.

(2) 解法 1 证右半不等式: 设 $\boldsymbol{A}=(a_{ij})_{l\times m},\boldsymbol{B}=(\boldsymbol{b}_1,\cdots,\boldsymbol{b}_m)'$, 其中 $\boldsymbol{b}_i$ 是 $\boldsymbol{B}$ 的行向量, 那么

$$\boldsymbol{AB}=\left(\sum_{j=1}^{m}a_{1j}\boldsymbol{b}_j,\sum_{j=1}^{m}a_{2j}\boldsymbol{b}_j,\cdots,\sum_{j=1}^{m}a_{lj}\boldsymbol{b}_j\right)'.$$

因此 $\boldsymbol{AB}$ 的各行向量是 $\boldsymbol{B}$ 的各行向量的线性组合, 从而它们张成的子空间含在 $\boldsymbol{B}$ 的各行向量张成的子空间之中, 所以 $r(\boldsymbol{AB})\leqslant r(\boldsymbol{B})$. 据此可知 $r(\boldsymbol{B}'\boldsymbol{A}')\leqslant r(\boldsymbol{A}')$, 即 $r\big((\boldsymbol{AB})'\big)\leqslant r(\boldsymbol{A}')$; 注意转置阵与原阵有相同的秩, 所以 $r(\boldsymbol{AB})\leqslant r(\boldsymbol{A})$. 于是 $r(\boldsymbol{AB})\leqslant\min\big(r(\boldsymbol{A}),r(\boldsymbol{B})\big)$.

证左半不等式: 对 $\boldsymbol{B}$ 作初等列变换, 则存在可逆矩阵 $\boldsymbol{P}$ 使得

$$\boldsymbol{BP}=\begin{pmatrix}\boldsymbol{u}_1 & \boldsymbol{u}_2 & \cdots & \boldsymbol{u}_t & \boldsymbol{O}\end{pmatrix},$$

其中列向量 $\boldsymbol{u}_1,\cdots,\boldsymbol{u}_t\big(t=r(\boldsymbol{B})\big)$ 线性无关. 于是

$$\boldsymbol{ABP}=\begin{pmatrix}\boldsymbol{Au}_1 & \boldsymbol{Au}_2 & \cdots & \boldsymbol{Au}_t & \boldsymbol{O}\end{pmatrix}.$$

线性方程 $\boldsymbol{Ax}=\boldsymbol{O}$ 的线性无关的解的个数等于 $m-r(\boldsymbol{A})$. 矩阵 $\boldsymbol{ABP}$ 的线性无关的列向量的个数等于 $r(\boldsymbol{ABP})$, 所以 $\boldsymbol{Au}_1,\cdots,\boldsymbol{Au}_t$ 中零向量的个数不超过 $t-r(\boldsymbol{ABP})=r(\boldsymbol{B})-r(\boldsymbol{ABP})$. 因为使 $\boldsymbol{Au}_j=\boldsymbol{O}$ 的 $\boldsymbol{u}_j$ 线性无关, 所以 $r(\boldsymbol{B})-r(\boldsymbol{ABP})\leqslant m-r(\boldsymbol{A})$. 于是 $r(\boldsymbol{ABP})\geqslant r(\boldsymbol{A})+r(\boldsymbol{B})-m$. 注意依例 2.2.1 有 $r(\boldsymbol{ABP})=r\big(\boldsymbol{I}(\boldsymbol{AB})\boldsymbol{P}\big)=r(\boldsymbol{AB})$, 最终得到 $r(\boldsymbol{AB})\geqslant r(\boldsymbol{A})+r(\boldsymbol{B})-m$.

解法 2 证右半不等式: 定义线性空间

$$\mathscr{M}=\{\boldsymbol{x}=(x_1,\cdots,x_n)'\mid \boldsymbol{Bx}=\boldsymbol{O}\},$$
$$\mathscr{N}=\{\boldsymbol{x}=(x_1,\cdots,x_n)'\mid \boldsymbol{ABx}=\boldsymbol{O}\},$$

那么 $\mathscr{M}\subseteq\mathscr{N}$, 从而 $\dim\mathscr{M}\leqslant\dim\mathscr{N}$. 因为 $\dim\mathscr{M}=n-r(\boldsymbol{B}),\dim\mathscr{N}=n-r(\boldsymbol{AB})$, 所以 $n-r(\boldsymbol{B})\leqslant n-r(\boldsymbol{AB})$, 由此得到 $r(\boldsymbol{AB})\leqslant r(\boldsymbol{B})$. 另一方面, 在此结果中用 $\boldsymbol{B}'$ 代 $\boldsymbol{A},\boldsymbol{A}'$ 代 $\boldsymbol{B}$, 即得 $r(\boldsymbol{B}'\boldsymbol{A}')\leqslant r(\boldsymbol{A}')$. 注意

$$r(\boldsymbol{B}'\boldsymbol{A}')=r\big((\boldsymbol{AB})'\big)=r(\boldsymbol{AB}),\quad r(\boldsymbol{A}')=r(\boldsymbol{A}),$$

所以 $r(\boldsymbol{AB})\leqslant r(\boldsymbol{A})$. 因此最终得到 $r(\boldsymbol{AB})\leqslant\min\big(r(\boldsymbol{A}),r(\boldsymbol{B})\big)$.

证左半不等式: 定义线性空间

$$\mathscr{A}=\{\boldsymbol{y}=(y_1,\cdots,y_m)'\mid \boldsymbol{Ay}=\boldsymbol{O}\},$$
$$\mathscr{B}=\{\boldsymbol{Bx}\mid \boldsymbol{x}=(x_1,\cdots,x_n)',\boldsymbol{ABx}=\boldsymbol{O}\},$$

那么 $\boldsymbol{Bx}\in\mathscr{B}$ 蕴涵 $\boldsymbol{y}=\boldsymbol{Bx}\in\mathscr{A}$. 若 $\boldsymbol{Bx}_1,\cdots,\boldsymbol{Bx}_s$ 是 $\mathscr{B}$ 的一组基, 其中 $s=\dim\mathscr{B}$, 那么 $\boldsymbol{x}_1,\cdots,\boldsymbol{x}_s$ 线性无关 (证明细节由读者补出), 且都属于 $\mathscr{A}$. 因此 $\mathscr{A}$ 中至少含有 s 个线性无关的向量. 于是由例 3.1.3 得到

$$\dim\mathscr{A}\geqslant s=\dim\mathscr{B}=r(\boldsymbol{B})-r(\boldsymbol{AB}).$$

最后, 注意 $\dim \mathscr{A} = m - r(\boldsymbol{A})$, 可知 $m - r(\boldsymbol{A}) \geqslant r(\boldsymbol{B}) - r(\boldsymbol{AB})$, 于是

$$r(\boldsymbol{AB}) \geqslant r(\boldsymbol{A}) + r(\boldsymbol{B}) - m. \qquad \square$$

注 **1°** 本例问题 (1) 的直接证明: 令 $u = r(\boldsymbol{A}) + r(\boldsymbol{B}) + 1$. 考虑 $\boldsymbol{A}+\boldsymbol{B}$ 的任意一个 u 阶子式

$$\begin{vmatrix} a_{i_1j_1}+b_{i_1j_1} & a_{i_1j_2}+b_{i_1j_2} & \cdots & a_{i_1j_u}+b_{i_1j_u} \\ \vdots & \vdots & & \vdots \\ a_{i_uj_1}+b_{i_uj_1} & a_{i_uj_2}+b_{i_uj_2} & \cdots & a_{i_uj_u}+b_{i_uj_u} \end{vmatrix}$$
$$= \begin{vmatrix} a_{i_1j_1} & a_{i_1j_2}+b_{i_1j_2} & \cdots & a_{i_1j_u}+b_{i_1j_u} \\ \vdots & \vdots & & \vdots \\ a_{i_uj_1} & a_{i_uj_2}+b_{i_uj_2} & \cdots & a_{i_uj_u}+b_{i_uj_u} \end{vmatrix}$$
$$+ \begin{vmatrix} b_{i_1j_1} & a_{i_1j_2}+b_{i_1j_2} & \cdots & a_{i_1j_u}+b_{i_1j_u} \\ \vdots & \vdots & & \vdots \\ b_{i_uj_1} & a_{i_uj_2}+b_{i_uj_2} & \cdots & a_{i_uj_u}+b_{i_uj_u} \end{vmatrix},$$

继续 “分拆” 行列式, 可得 2^u 个行列式, 其各列或全由 a_{ij} 组成, 或全由 b_{ij} 组成. 因为 $u = r(\boldsymbol{A}) + r(\boldsymbol{B}) + 1$, 所以这些行列式或者含有 s 个$\big($并且 $s \geqslant r(\boldsymbol{A})+1\big)$全由 a_{ij} 组成的列, 或者含有 t 个$\big($并且 $t \geqslant r(\boldsymbol{B})+1\big)$全由 b_{ij} 组成的列. 对于前者, 例如, 对于 u 阶行列式

$$\begin{vmatrix} a_{i_1j_1} & \cdots & a_{i_1j_s} & b_{i_1j_{s+1}} & \cdots & b_{i_1j_u} \\ \vdots & & \vdots & \vdots & & \vdots \\ a_{i_uj_1} & \cdots & a_{i_uj_s} & b_{i_uj_{s+1}} & \cdots & b_{i_uj_u} \end{vmatrix},$$

首先按第 $s+1$ 列展开, 然后将得到的 $u-1$ 阶行列式按第 $s+1$ 列展开, 等等, 最终它表示为有限多个形如 $\beta\alpha$ 的乘积之和, 其中 β 是某些 b_{ij} 之积,α 是 $\boldsymbol{A}$ 的 s 阶子式; 因为 $s \geqslant r(\boldsymbol{A})+1$, 所以 α 等于 0. 于是前者都等于 0. 类似地, 后者也都等于 0. 由于 $\boldsymbol{A}+\boldsymbol{B}$ 的任意一个 $u = r(\boldsymbol{A}) + r(\boldsymbol{B}) + 1$ 阶子式都为 0, 所以矩阵 $\boldsymbol{A}+\boldsymbol{B}$ 的秩至多是 $r(\boldsymbol{A}) + r(\boldsymbol{B})$.

2° 本例问题 (2) 的右半不等式也可由两个矩阵之积的行列式的 Cauchy-Binet 公式直接推出.

3° 若 $\boldsymbol{A}$ 是 m 阶可逆方阵,$\boldsymbol{B}$ 是 $m\times n$ 矩阵, 则由本例问题 (2) 的不等式得到 $r(\boldsymbol{B}) \leqslant r(\boldsymbol{AB}) \leqslant \min\big(r(\boldsymbol{A}), r(\boldsymbol{B})\big) \leqslant r(\boldsymbol{B})$, 因而 $r(\boldsymbol{AB}) = r(\boldsymbol{B})$. 类似地, 若 $\boldsymbol{B}$ 是 m 阶可逆方阵,$\boldsymbol{A}$ 是 $l\times m$ 矩阵, 则 $r(\boldsymbol{AB}) = r(\boldsymbol{A})$. $\big($当然, 这些结果也可单由本例问题 (2) 的右半不等式推出: 例如, 若 $\boldsymbol{A}$ 是 m 阶可逆方阵, $\boldsymbol{B}$ 是 $m\times n$ 矩阵, 则依此右半不等式, 我们同时有 $r(\boldsymbol{AB}) \leqslant r(\boldsymbol{B})$ 以及 $r(\boldsymbol{B}) = r\big(\boldsymbol{A}^{-1}\cdot(\boldsymbol{AB})\big) \leqslant r(\boldsymbol{AB})$, 因此 $r(\boldsymbol{AB}) = r(\boldsymbol{B})$.$\big)$ 这就是说, 一个矩阵 (未必是方阵) 左乘或右乘一个满秩方阵 (即可逆方阵) 后所得矩阵的秩等于原矩阵的秩 (此外, 这个结论也可在例 2.2.1 中分别取 $\boldsymbol{P}=\boldsymbol{A},\boldsymbol{Q}=\boldsymbol{I}$ 或 $\boldsymbol{P}=\boldsymbol{I},\boldsymbol{Q}=\boldsymbol{B}$ 直接推出).

上述结论的一种扩充, 可见例 2.4.2 以及该问题的注.

4° 本例问题 (2) 的左半不等式是 Fröbenius 不等式 (见例 2.2.4) 的直接推论 (分别用

此处的矩阵 $\boldsymbol{A},\boldsymbol{B}$ 和 $\boldsymbol{I}_m$ 代该不等式中的矩阵 $\boldsymbol{A},\boldsymbol{C}$ 和 $\boldsymbol{B}$). 另外, 本例问题 (2) 的左半不等式还有下列另一种"代数"表述的证法:

记 $r(\boldsymbol{A})=s,r(\boldsymbol{B})=t$, 则存在可逆矩阵 $\boldsymbol{P}_1,\boldsymbol{Q}_1,\boldsymbol{P}_2,\boldsymbol{Q}_2$(它们的阶分别为 l,m,m,n) 使得

$$\boldsymbol{P}_1\boldsymbol{A}\boldsymbol{Q}_1=\begin{pmatrix}\boldsymbol{I}_s & \boldsymbol{O}\\ \boldsymbol{O} & \boldsymbol{O}\end{pmatrix},\quad \boldsymbol{P}_2\boldsymbol{B}\boldsymbol{Q}_2=\begin{pmatrix}\boldsymbol{I}_t & \boldsymbol{O}\\ \boldsymbol{O} & \boldsymbol{O}\end{pmatrix}.$$

于是

$$\boldsymbol{A}\boldsymbol{B}=\boldsymbol{P}_1^{-1}\begin{pmatrix}\boldsymbol{I}_s & \boldsymbol{O}\\ \boldsymbol{O} & \boldsymbol{O}\end{pmatrix}\boldsymbol{Q}_1^{-1}\boldsymbol{P}_2^{-1}\begin{pmatrix}\boldsymbol{I}_t & \boldsymbol{O}\\ \boldsymbol{O} & \boldsymbol{O}\end{pmatrix}\boldsymbol{Q}_2^{-1}.$$

记

$$\boldsymbol{C}=\boldsymbol{Q}_1^{-1}\boldsymbol{P}_2^{-1}=\begin{pmatrix}\boldsymbol{C}_1 & \boldsymbol{C}_2\\ \boldsymbol{C}_3 & \boldsymbol{C}_4\end{pmatrix}\quad (m \text{ 阶方阵}),$$

其中 $\boldsymbol{C}_1$ 为 $s\times t$ 矩阵. 于是

$$\boldsymbol{A}\boldsymbol{B}=\boldsymbol{P}_1^{-1}\begin{pmatrix}\boldsymbol{I}_s & \boldsymbol{O}\\ \boldsymbol{O} & \boldsymbol{O}\end{pmatrix}\boldsymbol{C}\begin{pmatrix}\boldsymbol{I}_t & \boldsymbol{O}\\ \boldsymbol{O} & \boldsymbol{O}\end{pmatrix}\boldsymbol{Q}_2^{-1}=\boldsymbol{P}_1^{-1}\begin{pmatrix}\boldsymbol{C}_1 & \boldsymbol{O}\\ \boldsymbol{O} & \boldsymbol{O}\end{pmatrix}\boldsymbol{Q}_2^{-1}.$$

依例 2.2.1 可知 $r(\boldsymbol{A}\boldsymbol{B})=r(\boldsymbol{C}_1)$. 由方阵 $\boldsymbol{C}$ 可逆, 有 $r(\boldsymbol{C})=m$. 还要注意在一个矩阵中去掉一行或一列所得的矩阵的秩至多比原矩阵的秩少 1, 而矩阵 $\boldsymbol{C}_1$ 是在矩阵 $\boldsymbol{C}$ 中去掉 $m-s$ 行及 $m-t$ 列而得到的, 所以

$$\begin{aligned}r(\boldsymbol{A}\boldsymbol{B})&=r(\boldsymbol{C}_1)\geqslant r(\boldsymbol{C})-(m-s)-(m-t)\\&=m-(m-s)-(m-t)=s+t-m=r(\boldsymbol{A})+r(\boldsymbol{B})-m.\end{aligned}$$

例 2.2.3 (1) 设 $\boldsymbol{A},\boldsymbol{B},\boldsymbol{X}$ 分别是任意 $m\times n,p\times q,m\times q$ 矩阵, 令

$$\boldsymbol{M}=\begin{pmatrix}\boldsymbol{A} & \boldsymbol{X}\\ \boldsymbol{O} & \boldsymbol{B}\end{pmatrix}.$$

证明:

$$r(\boldsymbol{A})+r(\boldsymbol{B})\leqslant r(\boldsymbol{M})\leqslant \min\big(m+r(\boldsymbol{B}),q+r(\boldsymbol{A})\big).$$

(2) 若 $\boldsymbol{A},\boldsymbol{B},\boldsymbol{M}$ 如本例问题 (1), 其中 $\boldsymbol{X}=\boldsymbol{O}_{m\times q}$(零矩阵), 则 $r(\boldsymbol{M})=r(\boldsymbol{A})+r(\boldsymbol{B})$.

(3) 若 $\boldsymbol{A},\boldsymbol{B},\boldsymbol{M}$ 如本例问题 (1), 其中

$$\boldsymbol{X}=\boldsymbol{X}_{m\times q}=\begin{pmatrix}1 & 0 & \cdots & 0\\ 0 & 1 & \cdots & 0\\ \vdots & \vdots & & \vdots\\ 0 & 0 & \cdots & 1\end{pmatrix},$$

则 $r(\boldsymbol{M})=r(\boldsymbol{A})+r(\boldsymbol{B})$.

(4) 设 $\boldsymbol{A}$ 和 $\boldsymbol{B}$ 是任意 m 阶和 n 阶方阵,$\boldsymbol{C}$ 是任意 $n\times m$ 矩阵,$\boldsymbol{M}=\left(\begin{smallmatrix}\boldsymbol{A} & \boldsymbol{O}\\ \boldsymbol{C} & \boldsymbol{B}\end{smallmatrix}\right)$. 证明: 若 $\boldsymbol{A}$ 或 $\boldsymbol{B}$ 可逆, 则 $r(\boldsymbol{M})=r(\boldsymbol{A})+r(\boldsymbol{B})$.

解　(1) 由 $r(\boldsymbol{B})$ 的定义可知 $\boldsymbol{B}$ 的行向量中极大线性无关组含 $r(\boldsymbol{B})$ 个向量, 对其中每个向量在其第一分量前添加 n 个分量 0, 就得到矩阵 $\boldsymbol{M}$ 的 $r(\boldsymbol{B})$ 个行向量, 它们是线性无关的 (请读者补出证明细节). 它们与 $\boldsymbol{M}$ 的最初 m 个行向量合在一起 (总共 $m+r(\boldsymbol{B})$ 个向量)未必是线性无关的, 因此 $\boldsymbol{M}$ 的行秩不超过 $m+r(\boldsymbol{B})$. 同理,$\boldsymbol{M}$ 的列秩不超过 $q+r(\boldsymbol{A})$. 因此右半不等式得证.

左半不等式的证明: 在此给出两种解法.

解法 1　设 $r(\boldsymbol{A})=s,r(\boldsymbol{B})=t$. 那么矩阵 $\boldsymbol{A}$ 和 $\boldsymbol{B}$ 分别有 s 阶和 t 阶子阵

$$\boldsymbol{D}_1=\boldsymbol{A}\begin{pmatrix} i_1 & i_2 & \cdots & i_s \\ j_1 & j_2 & \cdots & j_s \end{pmatrix},\quad \boldsymbol{D}_2=\boldsymbol{B}\begin{pmatrix} k_1 & k_2 & \cdots & k_t \\ l_1 & l_2 & \cdots & l_t \end{pmatrix},$$

满足 $|\boldsymbol{D}_1|\neq 0,|\boldsymbol{D}_2|\neq 0$. 于是 $\boldsymbol{M}$ 的 $s+t$ 阶子阵

$$\boldsymbol{D}=\boldsymbol{M}\begin{pmatrix} i_1 & i_2 & \cdots & i_s & k_1 & k_2 & \cdots & k_t \\ j_1 & j_2 & \cdots & j_s & l_1 & l_2 & \cdots & l_t \end{pmatrix}$$

满足

$$|\boldsymbol{D}|=\begin{vmatrix} \boldsymbol{D}_1 & \widetilde{\boldsymbol{X}} \\ \boldsymbol{O} & \boldsymbol{D}_2 \end{vmatrix}=|\boldsymbol{D}_1||\boldsymbol{D}_2|\neq 0$$

(其中 $\widetilde{\boldsymbol{X}}$ 是 $\boldsymbol{X}$ 的一个子阵), 因而 $r(\boldsymbol{M})\geqslant s+t=r(\boldsymbol{A})+r(\boldsymbol{B})$.

解法 2　设 $r(\boldsymbol{A})=s,r(\boldsymbol{B})=t$. 用 $\boldsymbol{a}_i(i=1,\cdots,m),\boldsymbol{b}_j(j=1,\cdots,p)$ 以及

$$\boldsymbol{x}_k=(x_{k1},\cdots,x_{kq})\quad (k=1,\cdots,m)$$

分别表示 $\boldsymbol{A},\boldsymbol{B}$ 以及 $\boldsymbol{X}$ 的行向量. 不妨设 $\boldsymbol{A}$ 的最初 s 行 $\boldsymbol{a}_1,\cdots,\boldsymbol{a}_s$ 以及 $\boldsymbol{B}$ 的最初 t 行 $\boldsymbol{b}_1,\cdots,\boldsymbol{b}_t$ 分别是它们行向量中的极大线性无关组. 如果 $r(\boldsymbol{M})<s+t$, 那么向量组

$(\boldsymbol{a}_i,x_{i1},\cdots,x_{iq})$　(在 $\boldsymbol{a}_i$ 的最末分量后依次添加分量 $x_{i1},\cdots,x_{iq}$)$(i=1,\cdots,s)$,

$(0,\cdots,0,\boldsymbol{b}_j)$　(在 $\boldsymbol{b}_j$ 的第一分量前添加 n 个分量 0)$(j=1,\cdots,t)$

线性相关, 从而

$$\sum_{i=1}^{s}\alpha_i(\boldsymbol{a}_i,0,\cdots,0)+\sum_{j=1}^{t}\beta_j(0,\cdots,0,\boldsymbol{b}_j)=\boldsymbol{O}\quad (\in\mathbb{R}^{n+q}),$$

其中 α_i,β_j 不全为零. 若 α_i 不全为零, 则取上式两边各个向量的前 n 个分量形成的向量, 可得 $\sum\limits_{i=1}^{s}\alpha_i\boldsymbol{a}_i=\boldsymbol{O}\,(\in\mathbb{R}^n)$, 但 $\boldsymbol{a}_i(i=1,\cdots,s)$ 线性无关, 所以得到矛盾; 同理, 若 β_j 不全为零, 则也得到矛盾. 因此 $r(\boldsymbol{M})\geqslant s+t=r(\boldsymbol{A})+r(\boldsymbol{B})$.

(2) 此时我们有

$$\boldsymbol{M}=\begin{pmatrix} \boldsymbol{A} & \boldsymbol{O} \\ \boldsymbol{O} & \boldsymbol{O} \end{pmatrix}+\begin{pmatrix} \boldsymbol{O} & \boldsymbol{O} \\ \boldsymbol{O} & \boldsymbol{B} \end{pmatrix}=\boldsymbol{M}_1+\boldsymbol{M}_2.$$

依例 2.2.2(1) 可得 $r(\boldsymbol{M})=r(\boldsymbol{M}_1+\boldsymbol{M}_2)\leqslant r(\boldsymbol{M}_1)+r(\boldsymbol{M}_2)=r(\boldsymbol{A})+r(\boldsymbol{B})$. 又由本例问题 (1) 可知相反的不等式也成立, 于是得到所要的等式.

(3) 此时我们有

$$\boldsymbol{M}=\begin{pmatrix}\boldsymbol{A} & \boldsymbol{X}_{m\times q}\\ \boldsymbol{O} & \boldsymbol{O}_{m\times q}\end{pmatrix}+\begin{pmatrix}\boldsymbol{O} & \boldsymbol{O}\\ \boldsymbol{O} & \boldsymbol{B}\end{pmatrix}=\boldsymbol{M}_3+\boldsymbol{M}_2.$$

依例 2.2.2(1) 可得 $r(\boldsymbol{M})=r(\boldsymbol{M}_3+\boldsymbol{M}_2)\leqslant r(\boldsymbol{M}_3)+r(\boldsymbol{M}_2)=r(\boldsymbol{M}_3)+r(\boldsymbol{B})$. 如能证明 $r(\boldsymbol{M}_3)=r(\boldsymbol{A})$, 即可得到所要的结论.$\boldsymbol{M}_3$ 的行向量是

$$\boldsymbol{\theta}_i=(\boldsymbol{a}_i,0,\cdots,0,1,0,\cdots,0)\quad(i=1,\cdots,m),$$

其中后 q 个分量中, 第 $n+i$ 个分量等于 1, 其余等于 0. 如果

$$c_1\boldsymbol{\theta}_1+\cdots+c_m\boldsymbol{\theta}_m=\boldsymbol{O}\quad(\in\mathbb{R}^{n+q}),$$

那么比较等式两边第 $n+1$ 个分量可知 $c_1=0$, 类似地, 可知 $c_2=\cdots=c_m=0$. 因此 $\boldsymbol{M}_3$ 的 m 个行向量线性无关, 从而 $r(\boldsymbol{M}_3)=r(\boldsymbol{A})$.

(4) 将本例问题 (1) 应用于

$$\boldsymbol{M}'=\begin{pmatrix}\boldsymbol{A}' & \boldsymbol{C}'\\ \boldsymbol{O} & \boldsymbol{B}'\end{pmatrix},$$

可得 $r(\boldsymbol{M})=r(\boldsymbol{M}')\geqslant r(\boldsymbol{A}')+r(\boldsymbol{B}')=r(\boldsymbol{A})+r(\boldsymbol{B})$. 若 $\boldsymbol{B}$ 可逆, 则由

$$\boldsymbol{M}=\begin{pmatrix}\boldsymbol{A} & \boldsymbol{O}\\ \boldsymbol{O} & \boldsymbol{O}\end{pmatrix}+\begin{pmatrix}\boldsymbol{O} & \boldsymbol{O}\\ \boldsymbol{C} & \boldsymbol{B}\end{pmatrix}=\boldsymbol{M}_1+\boldsymbol{M}_2$$

以及例 2.2.2(1) 推出 $r(\boldsymbol{M})\leqslant r(\boldsymbol{M}_1)+r(\boldsymbol{M}_2)$. 注意 $r(\boldsymbol{M}_1)=r(\boldsymbol{A})$, 并且 $\boldsymbol{B}$ 可逆蕴涵 $r(\boldsymbol{M}_2)\leqslant n=r(\boldsymbol{B})$, 可得 $r(\boldsymbol{M})\leqslant r(\boldsymbol{A})+r(\boldsymbol{B})$. 于是 $r(\boldsymbol{M})=r(\boldsymbol{A})+r(\boldsymbol{B})$. 若 $\boldsymbol{A}$ 可逆, 则由

$$\boldsymbol{M}=\begin{pmatrix}\boldsymbol{A} & \boldsymbol{O}\\ \boldsymbol{C} & \boldsymbol{O}\end{pmatrix}+\begin{pmatrix}\boldsymbol{O} & \boldsymbol{O}\\ \boldsymbol{O} & \boldsymbol{B}\end{pmatrix}$$

可类似地得到所要的结果. □

例 2.2.4 (Fröbenius 不等式) 设 $\boldsymbol{A},\boldsymbol{B},\boldsymbol{C}$ 是分别为 $m\times n,n\times p,p\times q$ 矩阵, 则

$$r(\boldsymbol{ABC})\geqslant r(\boldsymbol{AB})+r(\boldsymbol{BC})-r(\boldsymbol{B}).$$

解 解法 1 由例 2.2.1 可知矩阵之积

$$\begin{pmatrix}\boldsymbol{I}_m & -\boldsymbol{A}\\ \boldsymbol{O} & \boldsymbol{I}_n\end{pmatrix}\begin{pmatrix}\boldsymbol{AB} & \boldsymbol{O}\\ \boldsymbol{B} & \boldsymbol{BC}\end{pmatrix}\begin{pmatrix}\boldsymbol{I}_p & -\boldsymbol{C}\\ \boldsymbol{O} & \boldsymbol{I}_q\end{pmatrix}$$

的秩等于矩阵

$$\begin{pmatrix}\boldsymbol{AB} & \boldsymbol{O}\\ \boldsymbol{B} & \boldsymbol{BC}\end{pmatrix}$$

的秩, 因为前者等于

$$\begin{pmatrix}\boldsymbol{O} & -\boldsymbol{ABC}\\ \boldsymbol{B} & \boldsymbol{O}\end{pmatrix},$$

所以秩

$$r\begin{pmatrix} O & -ABC \\ B & O \end{pmatrix} = r\begin{pmatrix} AB & O \\ B & BC \end{pmatrix},$$

即

$$r(ABC)+r(B)=r\begin{pmatrix} AB & O \\ B & BC \end{pmatrix}.$$

注意, 若矩阵

$$\begin{pmatrix} AB \\ O \end{pmatrix}$$

的极大线性无关列向量组含 s 个向量, 则矩阵

$$\begin{pmatrix} AB \\ B \end{pmatrix}$$

的相应的 s 个列向量也线性无关 (可用反证法证明); 但反之未必. 因此

$$r\begin{pmatrix} AB & O \\ B & BC \end{pmatrix} \geqslant r\begin{pmatrix} AB & O \\ O & BC \end{pmatrix} = r(AB)+r(BC),$$

所以

$$r(ABC)+r(B)\geqslant r(AB)+r(BC).$$

解法 2　定义

$$\mathscr{A}=\{BCx \mid x=(x_1,\cdots,x_q)', ABCx=O\},$$
$$\mathscr{B}=\{By \mid y=(y_1,\cdots,y_p)', ABy=O\},$$

它们都是线性空间, 并且 $\mathscr{A}\subseteq\mathscr{B}$(请读者补出证明), 因此 $\dim\mathscr{A}\leqslant\dim\mathscr{B}$. 又由例 3.1.3 可知

$$\dim\mathscr{A}=r(BC)-r(ABC),\quad \dim\mathscr{B}=r(B)-r(AB),$$

因此 $r(BC)-r(ABC)\leqslant r(B)-r(AB)$, 即得所要的不等式.

解法 3　方程组 $ABx=O$ 的不满足 $Bx=O$ 的线性无关解 x 的个数是

$$\big(p-r(AB)\big)-\big(p-r(B)\big)=r(B)-r(AB);$$

同理, 方程组 $ABCy=O$ 的不满足 $BCy=O$ 的线性无关解 y 的个数是

$$\big(q-r(ABC)\big)-\big(q-r(BC)\big)=r(BC)-r(ABC).$$

注意, 若 y 满足方程组 $ABCy=O$ 但不满足 $BCy=O$, 则 $x=Cy$ 满足方程组 $ABx=O$ 但不满足 $Bx=O$, 因此

$$r(B)-r(AB)\geqslant r(BC)-r(ABC),$$

由此即得所要的不等式. □

注 本例蕴涵例 2.2.2(2) 中的左半不等式 (见例 2.2.2 的注 4°), 反之, 本例也可应用该不等式来证明:

记 $r(\boldsymbol{B})=s$, 则存在 n 阶和 p 阶 (可逆) 方阵 $\boldsymbol{P}$ 和 $\boldsymbol{Q}$, 使得

$$\boldsymbol{B}=\boldsymbol{P}\begin{pmatrix}\boldsymbol{I}_s & \boldsymbol{O}\\ \boldsymbol{O} & \boldsymbol{O}\end{pmatrix}\boldsymbol{Q}.$$

令

$$\boldsymbol{P}=\begin{pmatrix}\boldsymbol{M} & \boldsymbol{S}\end{pmatrix},\quad \boldsymbol{Q}=\begin{pmatrix}\boldsymbol{N}\\ \boldsymbol{T}\end{pmatrix},$$

其中 $\boldsymbol{M}$ 和 $\boldsymbol{N}$ 分别是 $n\times s$ 和 $s\times p$ 矩阵, 则有

$$\boldsymbol{B}=\begin{pmatrix}\boldsymbol{M} & \boldsymbol{S}\end{pmatrix}\begin{pmatrix}\boldsymbol{I}_s & \boldsymbol{O}\\ \boldsymbol{O} & \boldsymbol{O}\end{pmatrix}\begin{pmatrix}\boldsymbol{N}\\ \boldsymbol{T}\end{pmatrix}=\boldsymbol{MN},$$

于是由例 2.2.2(2) 中的左半不等式推出

$$\begin{aligned}r(\boldsymbol{ABC})&=r(\boldsymbol{AMNC})=r\big((\boldsymbol{AM})(\boldsymbol{NC})\big)\\ &\geqslant r(\boldsymbol{AM})+r(\boldsymbol{NC})-s=r(\boldsymbol{AM})+r(\boldsymbol{NC})-r(\boldsymbol{B}).\end{aligned}$$

最后注意, 由例 2.2.2(2) 中的右半不等式可得 $r(\boldsymbol{AM})\geqslant r(\boldsymbol{AMN})=r(\boldsymbol{AB}),r(\boldsymbol{NC})\geqslant r(\boldsymbol{MNC})=r(\boldsymbol{BC})$, 即得 Fröbenius 不等式.

2.3 线性方程组

例 2.3.1 解下列齐次线性方程组:

(1)

$$\begin{cases}x_1-3x_2+5x_3-2x_4+x_5=0,\\ -2x_1+x_2-3x_3+x_4-4x_5=0,\\ -x_1-7x_2+9x_3-4x_4-5x_5=0,\\ 3x_1-14x_2+22x_3-9x_4+x_5=0.\end{cases}$$

(2)

$$\begin{cases}9z+5w+2u=0,\\ 2x-y+5z+3w+u=0,\\ 4x-2y+z+w=0,\\ 6x-3y+33z+19w+7u=0.\end{cases}$$

解　(1) 对系数矩阵作初等变换:

$$\begin{pmatrix}1 & -3 & 5 & -2 & 1\\ -2 & 1 & -3 & 1 & -4\\ -1 & -7 & 9 & -4 & -5\\ 3 & -14 & 22 & -9 & 1\end{pmatrix}\to\begin{pmatrix}1 & -3 & 5 & -2 & 1\\ 0 & -5 & 7 & -3 & -2\\ 0 & -10 & 14 & -6 & -4\\ 0 & -5 & 7 & -3 & -2\end{pmatrix}\to$$

$$\begin{pmatrix}1 & -3 & 5 & -2 & 1\\ 0 & -5 & 7 & -3 & -2\\ 0 & 0 & 0 & 0 & 0\\ 0 & 0 & 0 & 0 & 0\end{pmatrix}\to\begin{pmatrix}1 & 0 & 4/5 & -1/5 & 11/5\\ 0 & 1 & -7/5 & 3/5 & 2/5\\ 0 & 0 & 0 & 0 & 0\\ 0 & 0 & 0 & 0 & 0\end{pmatrix}.$$

于是原方程组同解于

$$\begin{cases}x_1 = -\dfrac{4}{5}x_3 + \dfrac{1}{5}x_4 - \dfrac{11}{5}x_5,\\ x_2 = \dfrac{7}{5}x_3 - \dfrac{3}{5}x_4 - \dfrac{2}{5}x_5.\end{cases}$$

令自由未知数

$$(x_3,x_4,x_5)=(1,0,0),(0,1,0),(0,0,1),$$

得到原方程组的一组基础解系:

$$\boldsymbol{\eta}_1=\left(-\frac{4}{5},\frac{7}{5},1,0,0\right),$$

$$\boldsymbol{\eta}_2=\left(\frac{1}{5},-\frac{3}{5},0,1,0\right),$$

$$\boldsymbol{\eta}_3=\left(-\frac{11}{5},-\frac{2}{5},0,0,1\right).$$

原方程组的一般解是

$$\begin{aligned}(x_1,x_2,x_3,x_4,x_5)&=k_1\boldsymbol{\eta}_1+k_2\boldsymbol{\eta}_2+k_3\boldsymbol{\eta}_3\\&=\left(-\frac{4}{5}k_1+\frac{1}{5}k_2-\frac{11}{5}k_3,\frac{7}{5}k_1-\frac{3}{5}k_2-\frac{2}{5}k_3,k_1,k_2,k_3\right),\end{aligned}$$

其中 k_1,k_2,k_3 取任意值.

(2) 下面是标准方法的变体, 当未知数个数不大且系数矩阵的秩较小时可考虑采用此法. 借助矩阵的初等变换或其他方法可知系数矩阵

$$\begin{pmatrix}0 & 0 & 9 & 5 & 2\\ 2 & -1 & 5 & 3 & 1\\ 4 & -2 & 1 & 1 & 0\\ 6 & -3 & 33 & 19 & 7\end{pmatrix}$$

的秩等于 2, 子式

$$\begin{vmatrix}0 & 9\\ 2 & 5\end{vmatrix}=-18\neq 0,$$

因此解前两个方程组成的方程组

$$\begin{cases} 9z+5w+2u=0, \\ 2x-y+5z+3w+u=0. \end{cases}$$

将它改写成

$$\begin{cases} 9z = -5w-2u, \\ 2x+5z = y-3w-u. \end{cases}$$

分别取特殊值

$$(y,w,u)=(1,0,0),(0,1,0),(0,0,1),$$

由 Cramer 法则解出对应的解

$$(x,z)=\left(\frac{1}{2},0\right),\left(-\frac{1}{9},-\frac{5}{9}\right),\left(\frac{1}{18},-\frac{2}{9}\right).$$

于是原方程组的一组基础解系是

$$(x,y,z,w,u)=\left(\frac{1}{2},1,0,0,0\right),\left(-\frac{1}{9},0,-\frac{5}{9},1,0\right),\left(\frac{1}{18},0,-\frac{2}{9},0,1\right).$$

由此得到原方程组的一般解是

$$(x,y,z,w,u)=\lambda\left(\frac{1}{2},1,0,0,0\right)+\mu\left(-\frac{1}{9},0,-\frac{5}{9},1,0\right)+\nu\left(\frac{1}{18},0,-\frac{2}{9},0,1\right),$$

也就是

$$(x,y,z,w,u)=\left(\frac{\lambda}{2}-\frac{\mu}{9}+\frac{\nu}{18},\lambda,-\frac{5\mu}{9}-\frac{2\nu}{9},\mu,\nu\right),$$

其中 λ,μ,ν 取任意值. □

例 2.3.2 解非齐次线性方程组

$$\begin{cases} x_1+3x_2-x_3+2x_4-x_5=-4, \\ -3x_1+x_2+2x_3-5x_4-4x_5=-1, \\ 2x_1-3x_2-x_3-x_4+x_5=4, \\ -4x_1+16x_2+x_3+3x_4-9x_5=-21. \end{cases}$$

解 对增广矩阵进行初等变换, 得到

$$\begin{pmatrix} 1 & 3 & -1 & 2 & -1 & -4 \\ -3 & 1 & 2 & -5 & -4 & -1 \\ 2 & -3 & -1 & -1 & 1 & 4 \\ -4 & 16 & 1 & 3 & -9 & -21 \end{pmatrix} \to \begin{pmatrix} 1 & 0 & 0 & -27 & -22 & 2 \\ 0 & 1 & 0 & -4 & -4 & -1 \\ 0 & 0 & 1 & -41 & -33 & 3 \\ 0 & 0 & 0 & 0 & 0 & 0 \end{pmatrix}$$

(读者补出计算细节). 由此易见若取 $x_4=x_5=0$, 那么 $x_1=2,x_2=-1,x_3=3$, 于是原方程组有特解

$$\boldsymbol{\eta}_0=(2,-1,3,0,0).$$

又对应的齐次方程组 (称导出组) 有基础解系

$$\boldsymbol{\eta}_1=(27,4,41,1,0),\quad \boldsymbol{\eta}_2=(22,4,33,0,1),$$

因此原方程组的一般解是

$$\boldsymbol{x}=\boldsymbol{\eta}_0+k_1\boldsymbol{\eta}_1+k_2\boldsymbol{\eta}_2,$$

其中 k_1,k_2 取任意值. □

例 2.3.3　设 $n\geqslant 2$, 解线性方程组

$$\begin{cases}(n-1)x_1=x_2+x_3+\cdots+x_n,\\(n-1)x_2=x_1+x_3+\cdots+x_n,\\\cdots,\\(n-1)x_n=x_1+x_2+\cdots+x_{n-1}.\end{cases}$$

解　移项后可知线性方程组的系数矩阵是

$$\begin{pmatrix}1-n & 1 & 1 & \cdots & 1\\1 & 1-n & 1 & \cdots & 1\\\vdots & \vdots & \vdots & & \vdots\\1 & 1 & 1 & \cdots & 1-n\end{pmatrix}.$$

因为它的各列之和等于零, 所以系数行列式等于 0. 其 $n-1$ 阶主子式 Δ_{n-1} 具有与系数行列式相同的结构, 将它的第 $2,3,\cdots,n-1$ 列加到第 1 列, 可知

$$\Delta_{n-1}=\begin{vmatrix}-1 & 1 & 1 & \cdots & 1\\-1 & 1-n & 1 & \cdots & 1\\\vdots & \vdots & \vdots & & \vdots\\-1 & 1 & 1 & \cdots & 1-n\end{vmatrix},$$

将第 1 列分别加到其余各列, 得到 $\Delta_{n-1}=(-1)^{n-1}n^{n-2}$. 因此系数行列式的秩等于 $n-1$. 由前 $n-1$ 个方程形成的方程组

$$\begin{cases}\begin{array}{ccccccccccc}-(n-1)x_1 & + & x_2 & + & x_3 & + & \cdots & + & x_{n-1} & = & -x_n,\\x_1 & - & (n-1)x_2 & + & x_3 & + & \cdots & + & x_{n-1} & = & -x_n,\\\cdots, & & & & & & & & & & \\x_1 & + & x_2 & + & x_3 & + & \cdots & - & (n-1)x_{n-1} & = & -x_n\end{array}\end{cases}$$

求得

$$x_1=\frac{1}{\Delta_{n-1}}\begin{vmatrix}-x_n & 1 & 1 & \cdots & 1\\-x_n & 1-n & 1 & \cdots & 1\\\vdots & \vdots & \vdots & & \vdots\\-x_n & 1 & 1 & \cdots & 1-n\end{vmatrix}=\frac{1}{\Delta_{n-1}}\cdot(x_n\Delta_{n-1})=x_n,$$

$$x_2=\frac{1}{\Delta_{n-1}}\begin{vmatrix}1-n & -x_n & 1 & \cdots & 1\\ 1 & -x_n & 1 & \cdots & 1\\ \vdots & \vdots & \vdots & & \vdots\\ 1 & -x_n & 1 & \cdots & 1-n\end{vmatrix}=x_n$$

(在第二式中, 首先将行列式的第 1,2 列互换, 然后将所得行列式的第 1,2 行互换), 类似地,$x_3=\cdots=x_{n-1}=x_n$, 其中 x_n 任意取值. 因此, 一般解是 $\boldsymbol{x}=\lambda(1,1,\cdots,1)$, 其中 λ 是任意实数 (或复数). □

注 因为 Δ_{n-1} 的所有对角元素的绝对值 $|a_{ii}|=n-1$, 而且每行其他元素之和等于 $n-2$, 所以满足条件 $|a_{ii}|>\sum\limits_{k\neq i}|a_{ik}|(i=1,2,\cdots,n-1)$, 于是由习题 1.13(1) 直接推出 $\Delta_{n-1}\neq 0$.

例 2.3.4 确定 λ, 使线性方程组

$$\begin{cases}\lambda x_1 + x_2 + x_3 = \lambda-3,\\ x_1+\lambda x_2+x_3=-2,\\ x_1+x_2+\lambda x_3=-2\end{cases}$$

无解, 有唯一解及无穷多解.

解 解法 1 用 $\boldsymbol{A}$ 表示方程组的系数矩阵. 对方程组的增广矩阵 $\widehat{\boldsymbol{A}}$ 实施初等行变换:

$$\widehat{\boldsymbol{A}}=\begin{pmatrix}\lambda & 1 & 1 & \lambda-3\\ 1 & \lambda & 1 & -2\\ 1 & 1 & \lambda & -2\end{pmatrix}\to\begin{pmatrix}1 & 1 & \lambda & -2\\ 1 & \lambda & 1 & -2\\ \lambda & 1 & 1 & \lambda-3\end{pmatrix}$$

$$\to\begin{pmatrix}1 & 1 & \lambda & -2\\ 0 & \lambda-1 & 1-\lambda & 0\\ 0 & 1-\lambda & 1-\lambda^2 & 3(\lambda-1)\end{pmatrix}$$

$$\to\begin{pmatrix}1 & 1 & \lambda & -2\\ 0 & \lambda-1 & 1-\lambda & 0\\ 0 & 0 & (\lambda+2)(1-\lambda) & 3(\lambda-1)\end{pmatrix}.$$

由此可知: 当 $\lambda\neq-2$, 而且 $\lambda\neq 1$ 时, 秩 $r(\boldsymbol{A})=r(\widehat{\boldsymbol{A}})=3$, 方程组有唯一解; 当 $\lambda=-2$ 时,$r(\boldsymbol{A})=2,r(\widehat{\boldsymbol{A}})=3$, 两者不相等, 方程组无解; 当 $\lambda=1$ 时, 可作初等行变换将 $\widehat{A}$ 化为

$$\begin{pmatrix}1 & 1 & 1 & -2\\ 0 & 0 & 0 & 0\\ 0 & 0 & 0 & 0\end{pmatrix},$$

所以 $r(\boldsymbol{A})=r(\widehat{\boldsymbol{A}})=1<3$, 从而方程组有无穷多组解.

解法 2 系数行列式

$$D=\begin{vmatrix}\lambda & 1 & 1\\ 1 & \lambda & 1\\ 1 & 1 & \lambda\end{vmatrix}=(\lambda+2)(\lambda-1)^2,$$

由此得知当 $\lambda\neq -2$, 而且 $\lambda\neq 1$ 时, 由 Cramer 法则, 方程组有唯一解. 当 $\lambda=-2$ 时

$$\widehat{\boldsymbol{A}}=\begin{pmatrix}-2&1&1&-5\\1&-2&1&-2\\1&1&-2&-2\end{pmatrix}\to\begin{pmatrix}0&0&0&-9\\1&-2&1&-2\\1&1&-2&-2\end{pmatrix},$$

第一行给出矛盾方程, 所以方程组无解. 当 $\lambda=1$ 时

$$\widehat{\boldsymbol{A}}=\begin{pmatrix}1&1&1&-2\\1&1&1&-2\\1&1&1&-2\end{pmatrix}\to\begin{pmatrix}1&1&1&-2\\0&0&0&0\\0&0&0&0\end{pmatrix},$$

可见方程组有无穷多组解. □

例 2.3.5 设 $\boldsymbol{A}$ 是 $n\times s$ 实矩阵, $\boldsymbol{B}$ 是 $n\times t$ 实矩阵,$r(\boldsymbol{B})=t$. 令 $\boldsymbol{C}=(\boldsymbol{A}\quad\boldsymbol{B})$(这是 $n\times(s+t)$ 实矩阵). 若 (列向量) $\boldsymbol{x}^{(1)},\cdots,\boldsymbol{x}^{(r)}\in\mathbb{R}^{s+t}$ 是方程组 $\boldsymbol{Cx}=\boldsymbol{O}$ 的任一基础解系, 并且对于每个 $i=1,2,\cdots,r$, 记

$$\boldsymbol{x}^{(i)}=(\boldsymbol{\alpha}^{(i)},\boldsymbol{\beta}^{(i)})',$$

其中 (列向量)$\boldsymbol{\alpha}^{(i)}$ 由 $\boldsymbol{x}^{(i)}$ 的前 s 个分量组成, $\boldsymbol{\beta}^{(i)}$ 由 $\boldsymbol{x}^{(i)}$ 的后 t 个分量组成, 则 $\boldsymbol{\alpha}^{(1)},\boldsymbol{\alpha}^{(2)},\cdots,\boldsymbol{\alpha}^{(r)}$ 线性无关.

解 由题设知, 当 $i=1,2,\cdots,r$ 时

$$(\boldsymbol{A}\quad\boldsymbol{B})\begin{pmatrix}\boldsymbol{\alpha}^{(i)}\\\boldsymbol{\beta}^{(i)}\end{pmatrix}=\boldsymbol{O},$$

即

$$\boldsymbol{A\alpha}^{(i)}+\boldsymbol{B\beta}^{(i)}=\boldsymbol{O}.$$

设

$$c_1\boldsymbol{\alpha}^{(1)}+c_2\boldsymbol{\alpha}^{(2)}+\cdots+c_r\boldsymbol{\alpha}^{(r)}=\boldsymbol{O},$$

我们来证明 $c_1=c_2=\cdots=c_r=0$. 由

$$c_i\big(\boldsymbol{A\alpha}^{(i)}+\boldsymbol{B\beta}^{(i)}\big)=\boldsymbol{O}\quad(i=1,2,\cdots,r)$$

(将它们相加) 得到

$$\boldsymbol{A}(c_1\boldsymbol{\alpha}^{(1)}+c_2\boldsymbol{\alpha}^{(2)}+\cdots+c_r\boldsymbol{\alpha}^{(r)})+\boldsymbol{B}(c_1\boldsymbol{\beta}^{(1)}+c_2\boldsymbol{\beta}^{(2)}+\cdots+c_r\boldsymbol{\beta}^{(r)})=\boldsymbol{O},$$

所以

$$\boldsymbol{B}(c_1\boldsymbol{\beta}^{(1)}+c_2\boldsymbol{\beta}^{(2)}+\cdots+c_r\boldsymbol{\beta}^{(r)})=\boldsymbol{O},$$

因为 $r(\boldsymbol{B})=t$, 所以上述方程组只有零解, 即

$$c_1\boldsymbol{\beta}^{(1)}+c_2\boldsymbol{\beta}^{(2)}+\cdots+c_r\boldsymbol{\beta}^{(r)}=\boldsymbol{O}.$$

由此及假设 $c_1\boldsymbol{\alpha}^{(1)}+c_2\boldsymbol{\alpha}^{(2)}+\cdots+c_r\boldsymbol{\alpha}^{(r)}=\boldsymbol{O}$ 立得

$$c_1\begin{pmatrix}\boldsymbol{\alpha}^{(1)}\\ \boldsymbol{\beta}^{(1)}\end{pmatrix}+c_2\begin{pmatrix}\boldsymbol{\alpha}^{(2)}\\ \boldsymbol{\beta}^{(2)}\end{pmatrix}+\cdots+c_r\begin{pmatrix}\boldsymbol{\alpha}^{(r)}\\ \boldsymbol{\beta}^{(r)}\end{pmatrix}=\boldsymbol{O},$$

即

$$c_1\boldsymbol{x}^{(1)}+c_2\boldsymbol{x}^{(2)}+\cdots+c_r\boldsymbol{x}^{(r)}=\boldsymbol{O}.$$

依基础解系的定义, $\boldsymbol{x}^{(i)}(i=1,2,\cdots,r)$ 线性无关, 所以 $c_1=c_2=\cdots=c_r=0$. □

例 2.3.6 证明: 实系数线性方程组

$$\sum_{j=1}^{n}c_{ij}x_j=b_i\quad(i=1,2,\cdots,n)$$

有解, 当且仅当 n 维欧氏空间 $\mathbb{R}^n$ 中向量 $\boldsymbol{b}=(b_1,b_2,\cdots,b_n)'$ 与齐次线性方程组

$$\sum_{j=1}^{n}c_{ji}x_j=0\quad(i=1,2,\cdots,n)$$

的解空间正交.

解 (i) 记 $\boldsymbol{C}=(c_{ij})_n,\boldsymbol{x}=(x_1,x_2,\cdots,x_n)'$. 设 $\boldsymbol{\alpha}=(\alpha_1,\alpha_2,\cdots,\alpha_n)'$ 是线性方程组 $\boldsymbol{Cx}=\boldsymbol{b}$ 的一个解, 即 $\boldsymbol{C\alpha}=\boldsymbol{b}$. 又设 $\boldsymbol{\beta}=(\beta_1,\beta_2,\cdots,\beta_n)'$ 是线性方程组 $\boldsymbol{C'x}=\boldsymbol{O}$ 的任一解, 即 $\boldsymbol{C'\beta}=\boldsymbol{O}$. 那么

$$(\boldsymbol{b},\boldsymbol{\beta})=\boldsymbol{b}'\boldsymbol{\beta}=(\boldsymbol{C\alpha})'\boldsymbol{\beta}=\boldsymbol{\alpha}'\boldsymbol{C}'\boldsymbol{\beta}=\boldsymbol{\alpha}'(\boldsymbol{C}'\boldsymbol{\beta})=\boldsymbol{\alpha}'\boldsymbol{O}=0.$$

(ii) 现在设向量 $\boldsymbol{b}$ 与 $\boldsymbol{C'x}=\boldsymbol{O}$ 的解空间 V 正交, 但 $\boldsymbol{Cx}=\boldsymbol{b}$ 无解. 我们来导出矛盾. 设矩阵 $\boldsymbol{C}$ 的秩等于 r(即 $\boldsymbol{C}$ 的列向量 $\boldsymbol{l}_1,\boldsymbol{l}_2,\cdots,\boldsymbol{l}_n$ 中恰有 r 个线性无关), 那么 $V\subset\mathbb{R}^n$ 的维数是 $n-r$, 从而 $V^{\perp}$ 的维数等于 $n-(n-r)=r$. 由方程 $\boldsymbol{C'x}=\boldsymbol{O}$ 可知 $\boldsymbol{C}'$ 的行向量与方程的任一解向量 $\boldsymbol{x}$ 正交, 从而 $\boldsymbol{C}$ 的列向量都属于 $V^{\perp}$; 并且依假设,$\boldsymbol{b}$ 也属于 $V^{\perp}$. 因为方程 $\boldsymbol{Cx}=\boldsymbol{b}$ 无解, 所以 $\boldsymbol{b}$ 与 $\boldsymbol{C}$ 的全体列向量 $\boldsymbol{l}_i(i=1,\cdots,n)$ 线性无关(不然则有 $c_1,\cdots,c_n$ 不全为零, 使得 $\boldsymbol{b}=c_1\boldsymbol{l}_1+c_2\boldsymbol{l}_2+\cdots+c_n\boldsymbol{l}_n=(\boldsymbol{l}_1,\boldsymbol{l}_2,\cdots,\boldsymbol{l}_n)(c_1,c_2,\cdots,c_n)'=\boldsymbol{C}(c_1,c_2,\cdots,c_n)'$, 这与 $\boldsymbol{Cx}=\boldsymbol{b}$ 无解的假设矛盾). 于是 $\boldsymbol{l}_1,\boldsymbol{l}_2,\cdots,\boldsymbol{l}_n,\boldsymbol{b}$ 中至少有 $r+1$ 个向量线性无关, 但 $V^{\perp}$ 的维数是 r, 我们得到矛盾. □

例 2.3.7 设 $\boldsymbol{A}=(a_{ij})$ 是 $m\times n$ 实矩阵, $\boldsymbol{x}\in\mathbb{R}^n$(列向量). 证明:

(1) 方程组 $\boldsymbol{A'Ax}=\boldsymbol{O}$ 与 $\boldsymbol{Ax}=\boldsymbol{O}$ 在 $\mathbb{R}^n$ 中同解.

(2) 对于任何给定的 $\boldsymbol{b}=(b_1,b_2,\cdots,b_m)'\in\mathbb{R}^m$, 方程组 $\boldsymbol{A'Ax}=\boldsymbol{A'b}$ 在 $\mathbb{R}^n$ 中有解.

解 (1) 显然 $\boldsymbol{Ax}=\boldsymbol{O}$ 的解也是 $\boldsymbol{A'Ax}=\boldsymbol{O}$ 的解. 反之, 设 (列向量)$\boldsymbol{x}_0\in\mathbb{R}^n$ 满足 $\boldsymbol{A'Ax}_0=\boldsymbol{O}$, 则有 $\boldsymbol{x}_0'\boldsymbol{A'Ax}_0=\boldsymbol{x}_0'\boldsymbol{O}=0$. 记 $\boldsymbol{Ax}_0=(t_1,\cdots,t_m)'\in\mathbb{R}^m$, 则 $\boldsymbol{x}_0'\boldsymbol{A}'=(\boldsymbol{Ax}_0)'=(t_1,\cdots,t_m)$, 于是 $\boldsymbol{x}_0'\boldsymbol{A'Ax}_0=(t_1,\cdots,t_m)(t_1,\cdots,t_m)'=t_1^2+\cdots+t_m^2=0$, 从而所有 $t_k=0$, 即 $\boldsymbol{Ax}_0=\boldsymbol{O}$. 因此 $\boldsymbol{x}_0$ 也是 $\boldsymbol{Ax}=\boldsymbol{O}$ 的解.

(2) (i) 因为 $\boldsymbol{A'Ax}=\boldsymbol{O}$ 和 $\boldsymbol{Ax}=\boldsymbol{O}$ 的解空间的维数分别是 $n-r(\boldsymbol{A'A})$ 和 $n-r(\boldsymbol{A})$, 依本例问题 (1) 中所证的结论可知 $n-r(\boldsymbol{A'A})=n-r(\boldsymbol{A})$, 于是 $r(\boldsymbol{A'A})=r(\boldsymbol{A})$.

(ii) 定义矩阵 $\boldsymbol{M}=(\boldsymbol{A'A},\boldsymbol{A'b})=\boldsymbol{A}'(\boldsymbol{A},\boldsymbol{b})$. 依 Sylvester 不等式 (见例 2.2.2(2))有 $r(\boldsymbol{M})\leqslant r(\boldsymbol{A}')=r(\boldsymbol{A})$; 又因为矩阵 $\boldsymbol{M}$ 比矩阵 $\boldsymbol{A'A}$ 多一列, 所以 $r(\boldsymbol{M})\geqslant r(\boldsymbol{A'A})$. 于是 $r(\boldsymbol{M})=$

$r(\boldsymbol{A}'\boldsymbol{A})$, 即方程组 $\boldsymbol{A}'\boldsymbol{A}\boldsymbol{x}=\boldsymbol{A}'\boldsymbol{b}$ 的系数矩阵与其增广矩阵有相同的秩, 从而它在 $\mathbb{R}^n$ 中有解. □

注　如应用例 2.4.2(1), 可由本例问题 (1) 直接得到 $r(\boldsymbol{A}'\boldsymbol{A})=r(\boldsymbol{A})$. 类似地可证, 对于 $m\times n$ 复矩阵有 $r(\boldsymbol{A}^*\boldsymbol{A})=r(\boldsymbol{A})=r(\boldsymbol{A}\boldsymbol{A}^*)$, 其中 $\boldsymbol{A}^*=\overline{\boldsymbol{A}'}$.

* **例 2.3.8**　设 $\boldsymbol{A}$ 为一 n 阶非奇异方阵,$\boldsymbol{b}=\boldsymbol{A}\boldsymbol{x},\boldsymbol{x}=(x_1,x_2,\cdots,x_n)'$ 为一列向量. 今设 $x_l\neq 0\,(1\leqslant l\leqslant n)$, 用 $\boldsymbol{A}_1$ 表示将 $\boldsymbol{A}$ 的第 l 列用 $\boldsymbol{b}$ 代替后所得的矩阵.

(1) 试证 $\boldsymbol{A}_1$ 非奇异.

(2) 试用 $\boldsymbol{A}$ 的逆矩阵 $\boldsymbol{A}^{-1}$ 及 $\boldsymbol{x}$ 的分量表示出 $\boldsymbol{A}_1$ 的逆矩阵 $\boldsymbol{A}_1^{-1}$.

解　(1) 因为 $|\boldsymbol{A}|\neq 0$, 所以依 Cramer 法则得 $x_l=|\boldsymbol{A}_1|/|\boldsymbol{A}|$. 因为 $x_l\neq 0$, 所以 $|\boldsymbol{A}_1|\neq 0$, 从而方阵 $\boldsymbol{A}_1$ 非奇异.

(2) 若记 $\boldsymbol{A}=(a_{ij})_n,\boldsymbol{b}=(b_1,b_2,\cdots,b_n)'$, 则

$$\boldsymbol{A}_1=\begin{pmatrix} a_{11} & \cdots & a_{1,l-1} & b_1 & a_{1,l+1} & \cdots & a_{1n}\\ a_{21} & \cdots & a_{2,l-1} & b_2 & a_{2,l+1} & \cdots & a_{2n}\\ \vdots & & \vdots & \vdots & \vdots & & \vdots\\ a_{n1} & \cdots & a_{n,l-1} & b_n & a_{n,l+1} & \cdots & a_{nn}\end{pmatrix}.$$

将方阵 $\boldsymbol{A}_1$ 的第 $j(=1,\cdots,l-1,l+1,\cdots,n)$ 列的 $-x_j$ 倍加到第 l 列, 因为对于每个 $i=1,2,\cdots,n$, 有

$$b_i-\sum_{\substack{1\leqslant j\leqslant n\\ j\neq l}}a_{ij}x_j=\sum_{j=1}^{n}a_{ij}x_j-\sum_{\substack{1\leqslant j\leqslant n\\ j\neq l}}a_{ij}x_j=a_{il}x_l,$$

所以 $\boldsymbol{A}_1$ 化成

$$\begin{pmatrix} a_{11} & \cdots & a_{1,l-1} & a_{1l}x_l & a_{1,l+1} & \cdots & a_{1n}\\ a_{21} & \cdots & a_{2,l-1} & a_{2l}x_l & a_{2,l+1} & \cdots & a_{2n}\\ \vdots & & \vdots & \vdots & \vdots & & \vdots\\ a_{n1} & \cdots & a_{n,l-1} & a_{nl}x_l & a_{n,l+1} & \cdots & a_{nn}\end{pmatrix},$$

最后, 用 x_l 除上面方阵的第 l 列, 即将 $\boldsymbol{A}_1$ 化成

$$\begin{pmatrix} a_{11} & \cdots & a_{1,l-1} & a_{1l} & a_{1,l+1} & \cdots & a_{1n}\\ a_{21} & \cdots & a_{2,l-1} & a_{2l} & a_{2,l+1} & \cdots & a_{2n}\\ \vdots & & \vdots & \vdots & \vdots & & \vdots\\ a_{n1} & \cdots & a_{n,l-1} & a_{nl} & a_{n,l+1} & \cdots & a_{nn}\end{pmatrix}.$$

因此

$$\begin{aligned}&\boldsymbol{A}_1P\big(l,1(-x_1)\big)P\big(l,2(-x_2)\big)\cdots P\big(l,l-1(-x_{l-1})\big)\\&\quad\cdot P\big(l,l+1(-x_{l+1})\big)\cdots P\big(l,n(-x_n)\big)P\big(l(1/x_l)\big)=\boldsymbol{A}.\end{aligned}$$

在上式两边首先用 $\boldsymbol{A}_1^{-1}$ 左乘, 然后用 $\boldsymbol{A}^{-1}$ 右乘, 可得

$$\boldsymbol{A}_1^{-1}=P\big(l,1(-x_1)\big)P\big(l,2(-x_2)\big)\cdots P\big(l,l-1(-x_{l-1})\big)$$

$$\cdot P\big(l,l+1(-x_{l+1})\big)\cdots P\big(l,n(-x_n)\big)P\big(l(1/x_l)\big)\boldsymbol{A}^{-1}.$$

若记 $\boldsymbol{A}^{-1}=(\alpha_{ij})_n$, 则

$$\boldsymbol{A}_1^{-1}=\begin{pmatrix}\alpha_{11} & \alpha_{12} & \cdots & \alpha_{1n}\\ \vdots & \vdots & & \vdots\\ \alpha_{l-1,1} & \alpha_{l-1,2} & \cdots & \alpha_{l-1,n}\\ \beta_{l1} & \beta_{l2} & \cdots & \beta_{ln}\\ \alpha_{l+1,1} & \alpha_{l+1,2} & \cdots & \alpha_{l+1,n}\\ \vdots & \vdots & & \vdots\\ \alpha_{n1} & \alpha_{n2} & \cdots & \alpha_{nn}\end{pmatrix},$$

其中

$$\beta_{lj}=\frac{\alpha_{lj}}{x_l}-\sum_{\substack{1\leqslant i\leqslant n\\ i\neq l}}\alpha_{ij}x_i\quad(j=1,2,\cdots,n).$$ □

2.4 综合性例题

例 2.4.1 设 a 为实数, 令

$$\boldsymbol{A}=\begin{pmatrix}1 & \dfrac{a}{n}\\ -\dfrac{a}{n} & 1\end{pmatrix}.$$

(1) 求 $\lim\limits_{n\to\infty}\mathrm{tr}\,(\boldsymbol{A}^n)$.

*(2) 设 $a\neq 0$, 求

$$\lim_{a\to 0}\lim_{n\to\infty}\frac{1}{a}(\boldsymbol{I}_2-\boldsymbol{A}^n).$$

解 (1) 解法 1 若 $a=0$, 则 $\boldsymbol{A}=\boldsymbol{I}_2,\boldsymbol{A}^n=\boldsymbol{I}_2$, 所以 $\lim\limits_{n\to\infty}\mathrm{tr}\,(\boldsymbol{A}^n)=2$. 设 $a\neq 0$. 令 $\tan\theta=a/n$, 那么

$$\boldsymbol{A}=\frac{1}{\cos\theta}\begin{pmatrix}\cos\theta & \sin\theta\\ -\sin\theta & \cos\theta\end{pmatrix}.$$

由数学归纳法可知

$$\boldsymbol{A}^n=\frac{1}{\cos^n\theta}\begin{pmatrix}\cos n\theta & \sin n\theta\\ -\sin n\theta & \cos n\theta\end{pmatrix},$$

于是

$$\mathrm{tr}\,(\boldsymbol{A}^n)=\frac{2\cos n\theta}{\cos^n\theta}.$$

因为 $a \neq 0$, 所以当 $n \to \infty$ 时,$\tan\theta = a/n \to 0$, 从而 $n \to \infty$ 蕴涵 $\theta \to 0$. 于是 (注意 $n = a/\tan\theta$)

$$\lim_{n\to\infty} n\theta = \lim_{\theta\to 0}\frac{a\theta}{\tan\theta} = a\lim_{\theta\to 0}\frac{\theta}{\tan\theta} = a.$$

由此可知 $n \to \infty$ 时,$\theta = O(n^{-1}), \cos\theta = 1 + O(n^{-2})$, 因而

$$\cos^n\theta = \big(1 + O(n^{-2})\big)^n = 1 + O(n^{-1}) \to 1 \quad (n \to \infty).$$

于是

$$\lim_{n\to\infty}\mathrm{tr}\,(\boldsymbol{A}^n) = \lim_{n\to\infty}\frac{2\cos n\theta}{\cos^n\theta} = \lim_{n\to\infty}\frac{2\cos a}{\cos^n\theta} = 2\cos a.$$

因为 $\cos 0 = 1$, 所以上式对所有实数 a 成立.

解法 2 不妨设 $a \neq 0$. 因为 $\boldsymbol{A} = \boldsymbol{I}_2 + (a/n)\boldsymbol{B}$, 其中

$$\boldsymbol{B} = \begin{pmatrix} 0 & 1 \\ -1 & 0 \end{pmatrix},$$

并且 $\boldsymbol{I}_2\boldsymbol{B} = \boldsymbol{B}\boldsymbol{I}_2$, 所以由矩阵二项式定理得

$$\boldsymbol{A}^n = \sum_{k=0}^{n}\binom{n}{k}\frac{a^k}{n^k}\boldsymbol{B}^k\boldsymbol{I}_2^{n-k}.$$

我们算出

$$\boldsymbol{B}^2 = \begin{pmatrix} -1 & 0 \\ 0 & -1 \end{pmatrix} = -\boldsymbol{I}_2, \quad \boldsymbol{B}^3 = \boldsymbol{B}^2\boldsymbol{B} = -\boldsymbol{I}_2\boldsymbol{B} = -\boldsymbol{B},$$

$$\boldsymbol{B}^4 = \boldsymbol{B}^3\boldsymbol{B} = -\boldsymbol{B}\boldsymbol{B} = -\boldsymbol{B}^2 = \boldsymbol{I}_2,$$

由此用数学归纳法易证当 $k \geqslant 0$ 时

$$\boldsymbol{B}^{2k} = (-1)^k\boldsymbol{I}_2, \quad \boldsymbol{B}^{2k+1} = (-1)^k\boldsymbol{B}.$$

于是得到

$$\mathrm{tr}\,(\boldsymbol{A}^n) = 2\sum_{k=0}^{[n/2]}(-1)^k\binom{n}{2k}\frac{a^{2k}}{n^{2k}}.$$

因为当 $r > s$ 时 $\binom{s}{r} = 0$, 所以对于每个 $n \geqslant 1$, 有

$$\mathrm{tr}\,(\boldsymbol{A}^n) = 2\sum_{k=0}^{\infty}(-1)^k\binom{n}{2k}\frac{a^{2k}}{n^{2k}}. \tag{2}$$

由

$$\left|(-1)^k\binom{n}{2k}\frac{a^{2k}}{n^{2k}}\right| \leqslant \frac{a^{2k}}{(2k)!}$$

以及级数 $\sum\limits_{k=0}^{\infty}a^{2k}/(2k)!$(与 n 无关) 的收敛性可知, 级数 (2) 关于 n 一致收敛, 并且对于每个 $k \geqslant 1$, $\lim\limits_{n\to\infty}\binom{n}{2k}/n^{2k}$ 存在, 所以当 $n \to \infty$ 时, 可以对级数 (2) 逐项取极限, 于是

$$\lim_{n\to\infty}\mathrm{tr}\,(\boldsymbol{A}^n) = 2\sum_{k=0}^{\infty}(-1)^k a^{2k}\lim_{n\to\infty}\frac{\binom{n}{2k}}{n^{2k}} = 2\sum_{k=0}^{\infty}(-1)^k\frac{a^{2k}}{(2k)!} = 2\cos a.$$

特别地, 直接验证可知此结果对 $a=0$ 也适用.

(2) 解法 1 由本例问题 (1) 可知

$$\boldsymbol{A}^n=\frac{1}{\cos^n\theta}\begin{pmatrix}\cos n\theta & \sin n\theta\\ -\sin n\theta & \cos n\theta\end{pmatrix},$$

以及

$$\lim_{n\to\infty}\frac{\cos n\theta}{\cos^n\theta}=\cos a,$$

并且类似地可知

$$\lim_{n\to\infty}\frac{\sin n\theta}{\cos^n\theta}=\sin a.$$

因此

$$\begin{aligned}\lim_{a\to0}\lim_{n\to\infty}\frac{1}{a}(\boldsymbol{I}_2-\boldsymbol{A}^n)&=\lim_{a\to0}\frac{1}{a}\lim_{n\to\infty}(\boldsymbol{I}_2-\boldsymbol{A}^n)\\&=\lim_{a\to0}\frac{1}{a}\left(\boldsymbol{I}_2-\lim_{n\to\infty}\boldsymbol{A}^n\right)=\lim_{a\to0}\frac{1}{a}\left(\boldsymbol{I}_2-\begin{pmatrix}\cos a & \sin a\\ -\sin a & \cos a\end{pmatrix}\right)\\&=\lim_{a\to0}\frac{1}{a}\begin{pmatrix}1-\cos a & -\sin a\\ \sin a & 1-\cos a\end{pmatrix}=\begin{pmatrix}0 & -1\\ 1 & 0\end{pmatrix}.\end{aligned}$$

解法 2 (表述上不依赖本例问题 (1), 但与上面的解法无实质性差别)将 $\boldsymbol{A}$ 表示为

$$\boldsymbol{A}=x\begin{pmatrix}\cos\theta & \sin\theta\\ -\sin\theta & \cos\theta\end{pmatrix},$$

其中

$$x=\sqrt{1+\frac{a^2}{n^2}},\quad \theta=\arcsin\frac{a}{\sqrt{n^2+a^2}},$$

于是

$$\boldsymbol{A}^n=x^n\begin{pmatrix}\cos n\theta & \sin n\theta\\ -\sin n\theta & \cos n\theta\end{pmatrix}.$$

当 $n\to\infty$ 时,$x^n\to1$, 并且

$$\sin n\theta=\sin\left(n\arcsin\frac{a}{\sqrt{n^2+a^2}}\right)=\sin\left(\frac{na}{\sqrt{n^2+a^2}}+O(n^{-1})\right)\to\sin a;$$

类似地,$\cos n\theta\to\cos a$. 于是

$$\lim_{n\to\infty}\frac{1}{a}(\boldsymbol{I}_2-\boldsymbol{A}^n)=\frac{1}{a}\begin{pmatrix}1-\cos a & -\sin a\\ \sin a & 1-\cos a\end{pmatrix},$$

令 $a\to0$, 即知所求极限等于 $\left(\begin{smallmatrix}0 & -1\\ 1 & 0\end{smallmatrix}\right)$. □

例 2.4.2 (1) 设 $\boldsymbol{A},\boldsymbol{B}$ 分别是 $l\times m,m\times n$ 矩阵, 记 $\boldsymbol{x}=(x_1,\cdots,x_n)'\in\mathbb{R}^{n\times1},\boldsymbol{y}=(y_1,\cdots,y_l)\in\mathbb{R}^{1\times l}$. 证明:

1° 当且仅当 $\boldsymbol{ABx}=\boldsymbol{O}$ 蕴涵 $\boldsymbol{Bx}=\boldsymbol{O}$ 时, $r(\boldsymbol{AB})=r(\boldsymbol{B})$;

2° 当且仅当 $\boldsymbol{yAB}=\boldsymbol{O}$ 蕴涵 $\boldsymbol{yA}=\boldsymbol{O}$ 时, $r(\boldsymbol{AB})=r(\boldsymbol{A})$.

(2) 设 $\boldsymbol{A},\boldsymbol{B},\boldsymbol{C}$ 分别是 $l\times m,m\times n,n\times q$ 矩阵. 证明: 若 $r(\boldsymbol{B})=r(\boldsymbol{AB})$, 则 $r(\boldsymbol{BC})=r(\boldsymbol{ABC})$.

解 (1) 1° 设 $r(\boldsymbol{AB})=r(\boldsymbol{B})$, 则由例 3.1.3 知 $\dim\mathscr{B}=r(\boldsymbol{B})-r(\boldsymbol{AB})=0$, 因此 $\mathscr{B}$ 只含有 $\boldsymbol{O}\in\mathbb{R}^m$. 于是若 $\boldsymbol{x}=(x_1,\cdots,x_n)'$ 满足 $\boldsymbol{ABx}=\boldsymbol{O}$, 则 $\boldsymbol{Bx}\in\mathscr{B}$, 从而 $\boldsymbol{Bx}=\boldsymbol{O}$. 反之, 设 $\boldsymbol{ABx}=\boldsymbol{O}$ 蕴涵 $\boldsymbol{Bx}=\boldsymbol{O}$. 令

$$\mathscr{M}=\{\boldsymbol{x}=(x_1,\cdots,x_n)'\mid\boldsymbol{Bx}=\boldsymbol{O}\},$$
$$\mathscr{N}=\{\boldsymbol{x}=(x_1,\cdots,x_n)'\mid\boldsymbol{ABx}=\boldsymbol{O}\},$$

那么 $\mathscr{N}\subseteq\mathscr{M}$, 又显然 $\mathscr{M}\subseteq\mathscr{N}$, 因此 $\mathscr{M}=\mathscr{N}$, 从而 $\dim\mathscr{M}=\dim\mathscr{N}$, 也就是 $n-r(\boldsymbol{B})=n-r(\boldsymbol{AB})$, 所以 $r(\boldsymbol{B})=r(\boldsymbol{AB})$.

2° 应用 $\boldsymbol{B}'\boldsymbol{A}'\boldsymbol{y}'=(\boldsymbol{yAB})'=\boldsymbol{O}',\boldsymbol{A}'\boldsymbol{y}'=(\boldsymbol{yA})'=\boldsymbol{O}'$, 并注意 $r(\boldsymbol{B}'\boldsymbol{A}')=r\big((\boldsymbol{AB})'\big)=r(\boldsymbol{AB})$, $r(\boldsymbol{A}')=r(\boldsymbol{A})$, 可由 1° 得到所要的结论.

(2) 解法 1　依本例问题 (1) 可知 $\boldsymbol{ABx}=\boldsymbol{O}$ 蕴涵 $\boldsymbol{Bx}=\boldsymbol{O}$; 令 $\boldsymbol{x}=\boldsymbol{Cy}$, 其中 $\boldsymbol{y}=(y_1,\cdots,y_q)'\in\mathbb{R}^q$, 则 $\boldsymbol{A}(\boldsymbol{BC})\boldsymbol{y}=\boldsymbol{O}$ 蕴涵 $\boldsymbol{BCy}=\boldsymbol{O}$. 于是仍然依本例问题 (1) 可知 $r(\boldsymbol{ABC})=r(\boldsymbol{BC})$.

解法 2　由例 2.2.2(2) 中不等式的右半部分, $r(\boldsymbol{ABC})\leqslant r(\boldsymbol{BC})$. 又由 Fröbenius 不等式 (见例 2.2.4),$r(\boldsymbol{ABC})\geqslant r(\boldsymbol{AB})+r(\boldsymbol{BC})-r(\boldsymbol{B})$. 因为 $r(\boldsymbol{B})=r(\boldsymbol{AB})$, 所以 $r(\boldsymbol{ABC})\geqslant r(\boldsymbol{BC})$. 于是 $r(\boldsymbol{ABC})=r(\boldsymbol{BC})$. □

注　因为显然 $\boldsymbol{Bx}=\boldsymbol{O}$ 蕴涵 $\boldsymbol{ABx}=\boldsymbol{O}$, 所以本例问题 (1) 1° 中的条件可换成两个方程组 $\boldsymbol{Bx}=\boldsymbol{O},\boldsymbol{ABx}=\boldsymbol{O}$ 同解 (对于 2° 类似). 因此本例问题 (1) 是例 2.2.2 后的注 3° 中的结论的一种扩充.

例 2.4.3　(1) 设 $\boldsymbol{A}=\mathrm{diag}(a_1,a_2,\cdots,a_n)$, 其中 $a_1,a_2,\cdots,a_n$ 两两互异. 证明: 若 $\boldsymbol{AB}=\boldsymbol{BA}$, 则 $\boldsymbol{B}$ 是 n 阶对角方阵.

(2) 设 $\boldsymbol{A}=\mathrm{diag}(a_1\boldsymbol{I}_{n_1},a_2\boldsymbol{I}_{n_2},\cdots,a_k\boldsymbol{I}_{n_k})$, 其中 $a_1,a_2,\cdots,a_k$ 两两互异. 证明: 若 $\boldsymbol{AB}=\boldsymbol{BA}$, 则

$$\boldsymbol{B}=\mathrm{diag}(\boldsymbol{B}_1,\boldsymbol{B}_2,\cdots,\boldsymbol{B}_k),$$

其中 $\boldsymbol{B}_i$ 是 n_i 阶方阵.

解　(1) 设 $\boldsymbol{B}=(b_{ij})$, 由 $\boldsymbol{AB}=\boldsymbol{BA}$ 得到

$$(a_ib_{ij})-(b_{ij}a_j)=\boldsymbol{AB}-\boldsymbol{BA}=\boldsymbol{O}\quad(n\text{ 阶零方阵}),$$

于是

$$(a_i-a_j)b_{ij}=0\quad(i\neq j).$$

因为 $a_i\neq a_j$, 所以 $b_{ij}=0\,(i\neq j)$, 从而 $\boldsymbol{B}$ 是对角方阵.

(2) 这是本例问题 (1) 的扩充, 证法类似. 将 $\boldsymbol{B}$ 分块为

$$\boldsymbol{B}=\begin{pmatrix}\boldsymbol{B}_1 & \boldsymbol{C}_{12} & \cdots & \boldsymbol{C}_{1k}\\ \boldsymbol{C}_{21} & \boldsymbol{B}_2 & \cdots & \boldsymbol{C}_{2k}\\ \vdots & \vdots & & \vdots\\ \boldsymbol{C}_{k1} & \boldsymbol{C}_{k2} & \cdots & \boldsymbol{B}_k\end{pmatrix},$$

其中 $\boldsymbol{B}_1$ 是 n_1 阶方阵,$\boldsymbol{C}_{12}$ 是 $n_1\times n_2$ 矩阵, 等等; $\boldsymbol{C}_{21}$ 是 $n_2\times n_1$ 矩阵,$\boldsymbol{B}_2$ 是 n_2 阶方阵, 等等; 其余类似. 由 $\boldsymbol{AB}=\boldsymbol{BA}$ 可知, 当 $i\neq j$ 时

$$a_i\boldsymbol{I}_{n_i}\boldsymbol{C}_{ij}=\boldsymbol{C}_{ij}a_j\boldsymbol{I}_{n_j}=\boldsymbol{O},$$

其中 $\boldsymbol{O}$ 是 $n_i\times n_j$ 矩阵, 元素全为 0. 于是

$$(a_i-a_j)\boldsymbol{C}_{ij}=\boldsymbol{O}.$$

因为 $a_i\neq a_j$, 所以 $C_{ij}=\boldsymbol{O}\,(i\neq j)$, 从而本题得证. □

例 2.4.4 空间中三个平面的方程组成方程组

$$\begin{cases}a_1x+b_1y+c_1z+d_1=0,\\ a_2x+b_2y+c_2z+d_2=0,\\ a_3x+b_3y+c_3z+d_3=0.\end{cases}$$

令

$$\boldsymbol{A}=\begin{pmatrix}a_1 & b_1 & c_1\\ a_2 & b_2 & c_2\\ a_3 & b_3 & c_3\end{pmatrix},\quad \boldsymbol{B}=\begin{pmatrix}a_1 & b_1 & c_1 & d_1\\ a_2 & b_2 & c_2 & d_2\\ a_3 & b_3 & c_3 & d_3\end{pmatrix}.$$

试就矩阵 $\boldsymbol{A}$ 和 $\boldsymbol{B}$ 的秩的各种情形讨论三个平面的位置关系.

解 因为 $r(\boldsymbol{A})\leqslant r(\boldsymbol{B})\leqslant 3$, 所以只可能出现 5 种情形:

$$\big(r(\boldsymbol{A}),r(\boldsymbol{B})\big)=(3,3),(2,3),(2,2),(1,2),(1,1).$$

(i) $\big(r(\boldsymbol{A}),r(\boldsymbol{B})\big)=(3,3)$. 依 Cramer 法则, 题中方程组有唯一一组解, 即三平面交于一点.

(ii) $\big(r(\boldsymbol{A}),r(\boldsymbol{B})\big)=(2,3)$. 此时题中方程组无解 (矛盾方程组), 即三平面无公共点. 进一步讨论如下:

因为 $r(\boldsymbol{B})=3$, 所以 $\boldsymbol{B}$ 必有一个 3 阶子式 $\varDelta$ 不等于 0. 又因为 $r(\boldsymbol{A})<3$, 所以 $|\boldsymbol{A}|=0$, 从而 $\varDelta$ 不能全部由 a_k,b_k,c_k 组成, 因此它含有列 $(d_1,d_2,d_3)'$. 不失一般性, 可设

$$\varDelta=\begin{vmatrix}a_1 & b_1 & d_1\\ a_2 & b_2 & d_2\\ a_3 & b_3 & d_3\end{vmatrix}\neq 0.$$

于是 A 的前二列组成的子阵

$$\begin{pmatrix} a_1 & b_1 \\ a_2 & b_2 \\ a_3 & b_3 \end{pmatrix}$$

必有一 2 阶子式不等于 0(不然, 由 Laplace 展开推出 $\Delta=0$), 不妨认为

$$\delta=\begin{vmatrix} a_1 & b_1 \\ a_2 & b_2 \end{vmatrix}\neq 0.$$

于是方程组

$$\begin{cases} a_1x+b_1y=-c_1z-d_1, \\ a_2x+b_2y=-c_2z-d_2 \end{cases}$$

有解 (其中 z 任意), 即二平面 $a_1x+b_1y+c_1z+d_1=0$ 和 $a_2x+b_2y+c_2z+d_2=0$ 不平行. 显然它们也不可能重合 (因为不然, 它们的方程对应系数成比例, 从而系数矩阵的秩等于 1, 这与 $\delta\neq 0$ 矛盾). 因此此二平面相交. 由于三个平面无公共点, 所以其交线平行于第三平面.

(iii) $\big(r(\boldsymbol{A}),r(\boldsymbol{B})\big)=(2,2)$. 与情形 (ii) 类似, 可设

$$\delta=\begin{vmatrix} a_1 & b_1 \\ a_2 & b_2 \end{vmatrix}\neq 0.$$

因为 $r(\boldsymbol{B})=2$, 所以 $\boldsymbol{B}$ 的三个行向量线性相关. 由 $\delta\neq 0$ 知 $\boldsymbol{B}$ 的前两个行向量线性无关, 第三个行向量是前两个行向量的线性组合, 因此

$$\begin{cases} a_3=\lambda_1a_1+\lambda_2a_2, \\ b_3=\lambda_1b_1+\lambda_2b_2, \\ c_3=\lambda_1c_1+\lambda_2c_2, \\ d_3=\lambda_1d_1+\lambda_2d_2, \end{cases}$$

从而第三平面方程可写成

$$\lambda_1(a_1x+b_1y+c_1z+d_1)+\lambda_2(a_2x+b_2y+c_2z+d_2)=0.$$

由此可知第三平面含有第一和第二平面的所有公共点. 与情形 (ii) 类似地可证第一和第二平面相交于一直线. 因此三个平面相交于一直线.

(iv) $\big(r(\boldsymbol{A}),r(\boldsymbol{B})\big)=(1,2)$. 此时题中方程组无解 (矛盾方程组). 不妨设

$$a_1\neq 0,\quad \eta=\begin{vmatrix} a_1 & d_1 \\ a_2 & d_2 \end{vmatrix}\neq 0.$$

由 $r(\boldsymbol{A})=1$ 及 $a_1\neq 0$ 可知存在常数 λ 使

$$a_2=\lambda a_1,\quad b_2=\lambda b_1,\quad c_2=\lambda c_1.$$

由

$$\eta=\begin{vmatrix} a_1 & d_1 \\ a_2 & d_2 \end{vmatrix}$$

解出 $d_2=a_2d_1/a_1+\eta/a_1=\lambda d_1+\eta/a_1$. 于是

$$a_2x+b_2y+c_2z+d_2=\lambda(a_1x+b_1y+c_1z+d_1)+\eta/a_1,$$

注意 $\eta/a_1\neq 0$, 由此推出第一和第二平面无公共点, 即它们平行. 类似地推出第三与第一平面或平行或重合, 第三与第二平面也是或平行或重合. 合起来即得: 三个平面中至少有两个不重合, 并且不重合的平面互相平行.

(v) $\big(r(\boldsymbol{A}),r(\boldsymbol{B})\big)=(1,1)$. 此时题中方程组可解, 所以三个平面有公共点. 与情形 (iv) 类似, 可设 $a_1\neq 0$. 因为 $r(\boldsymbol{B})=1$, 所以 $\boldsymbol{B}$ 的第二和第三行都与第一行成比例, 于是存在常数 α,β 使得

$$a_2=\alpha a_1,\quad b_2=\alpha b_1,\quad c_2=\alpha c_1,\quad d_2=\alpha d_1;$$
$$a_3=\beta a_1,\quad b_3=\beta b_1,\quad c_3=\beta c_1,\quad d_3=\beta d_1.$$

由此可将第二和第三平面方程改写为

$$\alpha(a_1x+b_1y+c_1z+d_1)=0;$$
$$\beta(a_1x+b_1y+c_1z+d_1)=0.$$

这表明第一平面的所有点都在第二和第三平面上, 换言之, 三个平面重合. □

例 2.4.5 设 $x_0,x_1,\cdots,x_{2n}$ 是两两互异的复数, $y_0,y_1,\cdots,y_{2n}$ 是给定复数. 证明: 存在唯一一个三角多项式

$$S(x)=a_0+\sum_{k=1}^{n}\big(a_k\cos kx+b_k\sin kx\big)$$

满足 $S(x_k)=y_k(k=0,1,\cdots,2n)$.

解 只需证明线性方程组

$$a_0+\sum_{k=1}^{n}\big(a_k\cos kx_j+b_k\sin kx_j\big)=y_j\quad(j=0,1,\cdots,2n)$$

有唯一一组解 $a_0,a_1,\cdots,a_{2n};b_1,b_2,\cdots,b_{2n}$. 依 Cramer 法则, 应证其系数行列式 ($2n+1$ 阶) $D\neq 0$.

因为 $\cos kt=(\mathrm{e}^{\mathrm{i}kt}+\mathrm{e}^{-\mathrm{i}kt})/2,\sin kt=(\mathrm{e}^{\mathrm{i}kt}-\mathrm{e}^{-\mathrm{i}kt})/(2\mathrm{i})$, 所以 D 的每行有形式

$$\Big(1,\frac{1}{2}(\mathrm{e}^{\mathrm{i}t}+\mathrm{e}^{-\mathrm{i}t}),\frac{1}{2}(\mathrm{e}^{\mathrm{i}2t}+\mathrm{e}^{-\mathrm{i}2t}),\cdots,\frac{1}{2}(\mathrm{e}^{\mathrm{i}nt}+\mathrm{e}^{-\mathrm{i}nt}),$$
$$\frac{1}{2\mathrm{i}}(\mathrm{e}^{\mathrm{i}t}-\mathrm{e}^{-\mathrm{i}t}),\frac{1}{2\mathrm{i}}(\mathrm{e}^{\mathrm{i}2t}-\mathrm{e}^{-\mathrm{i}2t}),\cdots,\frac{1}{2\mathrm{i}}(\mathrm{e}^{\mathrm{i}nt}-\mathrm{e}^{-\mathrm{i}nt})\Big),$$

其中第 $j(=1,2,\cdots,2n+1)$ 行中 $t=x_{j-1}$(后同). 从各行提出公"因子" $1/2$ 或 $1/(2\mathrm{i})$ 后得到

$$D=\frac{1}{4^n\mathrm{i}^n}D_1,$$

其中行列式 D_1 的每行有形式

$$(1,\mathrm{e}^{\mathrm{i}t}+\mathrm{e}^{-\mathrm{i}t},\mathrm{e}^{\mathrm{i}2t}+\mathrm{e}^{-\mathrm{i}2t},\cdots,\mathrm{e}^{\mathrm{i}nt}+\mathrm{e}^{-\mathrm{i}nt},$$

$$\mathrm{e}^{\mathrm{i}t}-\mathrm{e}^{-\mathrm{i}t},\mathrm{e}^{\mathrm{i}2t}-\mathrm{e}^{-\mathrm{i}2t},\cdots,\mathrm{e}^{\mathrm{i}nt}-\mathrm{e}^{-\mathrm{i}nt}).$$

将 D_1 的第 $n+2$ 列, 第 $n+3$ 列,$\cdots$, 第 $2n+1$ 列分别加到第 2 列, 第 3 列,$\cdots$, 第 $n+1$ 列, 然后从得到的第 $2,3,\cdots,n+1$ 列分别提出公因子 2, 可得

$$D=\frac{1}{4^n\mathrm{i}^n}\cdot 2^n D_2,$$

其中行列式 D_2 的每行有形式

$$(1,\mathrm{e}^{\mathrm{i}t},\mathrm{e}^{\mathrm{i}2t},\cdots,\mathrm{e}^{\mathrm{i}nt},\mathrm{e}^{\mathrm{i}t}-\mathrm{e}^{-\mathrm{i}t},\mathrm{e}^{\mathrm{i}2t}-\mathrm{e}^{-\mathrm{i}2t},\cdots,\mathrm{e}^{\mathrm{i}nt}-\mathrm{e}^{-\mathrm{i}nt}).$$

将 D_2 第 $n+2$ 列, 第 $n+3$ 列,$\cdots$, 第 $2n+1$ 列分别减去第 2 列, 第 3 列,$\cdots$, 第 $n+1$ 列, 然后从得到的第 $n+2,n+3,\cdots,2n+1$ 列分别提出公因子 -1, 可得

$$D=\frac{1}{4^n\mathrm{i}^n}\cdot 2^n(-1)^n D_3,$$

其中行列式 D_3 的每行有形式

$$(1,\mathrm{e}^{\mathrm{i}t},\mathrm{e}^{\mathrm{i}2t},\cdots,\mathrm{e}^{\mathrm{i}nt},\mathrm{e}^{-\mathrm{i}t},\mathrm{e}^{-\mathrm{i}2t},\cdots,\mathrm{e}^{-\mathrm{i}nt}).$$

由行列式 D_3 的各行提出公因子 $\mathrm{e}^{-\mathrm{i}nt}$, 然后将各列按 $(\mathrm{e}^{\mathrm{i}t})^k$ 升幂排列, 则得

$$D=\frac{1}{4^n\mathrm{i}^n}\cdot 2^n(-1)^n(-1)^\sigma\prod_{k=0}^{2n}\mathrm{e}^{-\mathrm{i}nx_k}\cdot D_4,$$

其中 σ 是排列 $(n,n+1,\cdots,2n,n-1,\cdots,1)$ 中的逆序数, 行列式

$$D_4=\begin{vmatrix}1 & \mathrm{e}^{\mathrm{i}x_0} & (\mathrm{e}^{\mathrm{i}x_0})^2 & \cdots & (\mathrm{e}^{\mathrm{i}x_0})^{2n}\\ 1 & \mathrm{e}^{\mathrm{i}x_1} & (\mathrm{e}^{\mathrm{i}x_1})^2 & \cdots & (\mathrm{e}^{\mathrm{i}x_1})^{2n}\\ 1 & \mathrm{e}^{\mathrm{i}x_2} & (\mathrm{e}^{\mathrm{i}x_2})^2 & \cdots & (\mathrm{e}^{\mathrm{i}x_2})^{2n}\\ \vdots & \vdots & \vdots & & \vdots\\ 1 & \mathrm{e}^{\mathrm{i}x_{2n}} & (\mathrm{e}^{\mathrm{i}x_{2n}})^2 & \cdots & (\mathrm{e}^{\mathrm{i}x_{2n}})^{2n}\end{vmatrix}.$$

因为 D_4 是两两不相等的数 $\mathrm{e}^{\mathrm{i}x_k}(k=0,1,\cdots,2n)$ 的 $2n+1$ 阶 Vandermonde 行列式 (见例 1.1.1), 所以 $D_4\neq 0$, 从而本题得证. □

例 2.4.6　(1) 设 $a_{ij}\,(1\leqslant i,j\leqslant n)$ 是不互素的整数 (即它们的最大公因子大于 1), 则方程组

$$\begin{cases}x_1=a_{11}x_1+a_{12}x_2+\cdots+a_{1n}x_n,\\ x_2=a_{21}x_1+a_{22}x_2+\cdots+a_{2n}x_n,\\ \cdots,\\ x_n=a_{n1}x_1+a_{n2}x_2+\cdots+a_{nn}x_n\end{cases}$$

只有零解.

(2) 设 $\boldsymbol{A}$ 是 n 阶整数方阵, 线性方程组 $\boldsymbol{A}\boldsymbol{x}=\boldsymbol{b}$ 对于任何 $\boldsymbol{b}\in\mathbb{Z}^n$(列向量) 在 $\mathbb{Z}^n$ 中都有解, 则 $|\boldsymbol{A}|=\pm1$.

解 (1) 将方程组化为标准形式

$$\begin{cases} (a_{11}-1)x_1+a_{12}x_2+\cdots+a_{1n}x_n=0,\\ a_{21}x_1+(a_{22}-1)x_2+\cdots+a_{2n}x_n=0,\\ \cdots,\\ a_{n1}x_1+a_{n2}x_2+\cdots+(a_{nn}-1)x_n=0, \end{cases}$$

其系数行列式

$$D=\begin{vmatrix} a_{11}-1 & a_{12} & \cdots & a_{1n}\\ a_{21} & a_{22}-1 & \cdots & a_{2n}\\ \vdots & \vdots & & \vdots\\ a_{n1} & a_{n2} & \cdots & a_{nn}-1 \end{vmatrix}=P(1),$$

其中

$$P(x)=\begin{vmatrix} a_{11}-x & a_{12} & \cdots & a_{1n}\\ a_{21} & a_{22}-x & \cdots & a_{2n}\\ \vdots & \vdots & & \vdots\\ a_{n1} & a_{n2} & \cdots & a_{nn}-x \end{vmatrix}=(-1)^nx^n+c_1x^{n-1}+\cdots+c_n$$

是 x 的 n 次整系数多项式 (因为 a_{ij} 都是整数). 用 d 表示 $a_{ij}\,(1\leqslant i,j\leqslant n)$ 的最大公因子, 依题设,$d>1$. 因为 c_k 都是某些 a_{ij} 的乘积之和(例如,c_1 是

$$\sum_{k=1}^{n}a_{kk}\prod_{\substack{1\leqslant i\leqslant n\\ i\neq k}}(a_{ii}-x)$$

的展开式中 x^{n-1} 的系数), 所以 d 是 $c_1,c_2,\cdots,c_n$ 的一个公因子. 如果 $P(1)=0$, 那么

$$(-1)^n+c_1+\cdots+c_n=0.$$

于是得到矛盾. 因此 $D=P(1)\neq 0$, 从而依 Cramer 法则知题中方程组只有零解.

(2) 取 $\boldsymbol{b}_k=(0,\cdots,1,\cdots,0)'$(第 k 个单位列向量) $(k=1,\cdots,n)$, 那么依题设, 存在 $\boldsymbol{x}_k\in\mathbb{Z}^n$(列向量) 使得 $\boldsymbol{A}\boldsymbol{x}_k=\boldsymbol{b}_k\,(k=1,\cdots,n)$. 令

$$\boldsymbol{X}=(\boldsymbol{x}_1\quad \boldsymbol{x}_2\quad \cdots\quad \boldsymbol{x}_n),\quad \boldsymbol{B}=(\boldsymbol{b}_1\quad \boldsymbol{b}_2\quad \cdots\quad \boldsymbol{b}_n)=\boldsymbol{I}_n,$$

则有 $\boldsymbol{A}\boldsymbol{X}=\boldsymbol{I}_n$. 两边取行列式得 $|\boldsymbol{A}||\boldsymbol{X}|=|\boldsymbol{I}_n|=1$. 因为 $|\boldsymbol{A}|,|\boldsymbol{X}|$ 都是整数, 所以 $|\boldsymbol{A}|=\pm1$.

□

习　题　2

2.1　设 n 阶方阵

$$A=\begin{pmatrix}0&1&0&\cdots&0\\0&0&1&\cdots&0\\\vdots&\vdots&\vdots&&\vdots\\0&0&0&\cdots&1\\1&0&0&\cdots&0\end{pmatrix}.$$

证明:

$$A^k=\begin{pmatrix}O_{(n-k)\times k}&I_{n-k}\\I_k&O_{k\times(n-k)}\end{pmatrix}\quad(k=1,2,\cdots,n-1),$$
$$A^n=I_n,$$
$$A^k=A^{k-n}\quad(k\geqslant n).$$

2.2　设 $a\neq 0$. 证明: 对于任何整数 n, 有

$$\begin{pmatrix}a&b\\0&1\end{pmatrix}^n=\begin{pmatrix}a^n&b_n\\0&1\end{pmatrix},$$

其中 b_n 当 $a\neq 1$ 时为 $b(a^n-1)/(a-1)$; 当 $a=1$ 时为 nb.

2.3　计算 $A^k(k\geqslant 1)$, 其中 A 是下列 $n(\geqslant 1)$ 阶方阵:

(1) $A=\begin{pmatrix}0&0&\cdots&0&1\\0&0&\cdots&1&0\\\vdots&\vdots&&\vdots&\vdots\\0&1&\cdots&0&0\\1&0&\cdots&0&0\end{pmatrix}$.

(2) $A=\begin{pmatrix}\lambda&1&0&\cdots&0\\0&\lambda&1&\ddots&\vdots\\\vdots&\ddots&\ddots&\ddots&0\\\vdots&&\ddots&\lambda&1\\0&\cdots&\cdots&0&\lambda\end{pmatrix}$.

***2.4**　设 a 是实数, 且

$$A=\begin{pmatrix}a&1&&\\&a&\ddots&\\&&\ddots&1\\&&&a\end{pmatrix}$$

(空白处元素为 0) 是 100 阶方阵, 求 A^{50} 的第 1 行元素之和.

2.5　求 $\lim\limits_{n\to\infty}A^n$, 其中:

*(1) $\boldsymbol{A}=\begin{pmatrix}1 & \dfrac{a}{n}\\ -\dfrac{a}{n} & 1\end{pmatrix}$ (a 为实数).

(2) $\boldsymbol{A}=\begin{pmatrix}1 & \dfrac{a}{n}\\ \dfrac{a}{n} & 1\end{pmatrix}$ (a 为实数).

2.6 (1) 如果对于所有与 $\boldsymbol{A}$ 同阶的方阵 $\boldsymbol{B}$, $\operatorname{tr}(\boldsymbol{AB})=0$, 那么 $\boldsymbol{A}$ 是零方阵.

(2) 如果 n 阶复方阵 $\boldsymbol{A}$ 满足条件 $\boldsymbol{AA}^*=\boldsymbol{A}^2$, 则 $\boldsymbol{A}=\boldsymbol{A}^*$.

2.7 设 $n\geqslant 2$, 求下列方阵的逆:

(1) $\boldsymbol{A}_n=\begin{pmatrix}0 & 0 & \cdots & a_n\\ \vdots & \vdots & & \vdots\\ 0 & a_2 & \cdots & 0\\ a_1 & 0 & \cdots & 0\end{pmatrix}$.

(2) $\boldsymbol{B}_n=\begin{pmatrix} & & & a_1\\ & \boldsymbol{I}_{n-1} & & \vdots\\ & & & a_{n-1}\\ 0 & \cdots & 0 & 1\end{pmatrix}$.

(3) $\boldsymbol{C}_n=\begin{pmatrix}1 & 1 & 0 & \cdots & 0\\ 0 & 1 & 1 & \cdots & 0\\ \vdots & \vdots & \vdots & & \vdots\\ 0 & \cdots & 0 & 1 & 1\\ 0 & \cdots & 0 & 0 & 1\end{pmatrix}$.

***2.8** (1) 设 $\boldsymbol{A},\boldsymbol{B}$ 是 n 阶方阵,$\boldsymbol{A}$ 可逆,$\boldsymbol{B}$ 幂零,$\boldsymbol{AB}=\boldsymbol{BA}$. 证明 $\boldsymbol{A}+\boldsymbol{B}$ 可逆.

(2) 试举例说明本题 (1) 中 $\boldsymbol{A},\boldsymbol{B}$ 可交换的条件不能去掉.

2.9 (1) 设 $\boldsymbol{A}$ 是方阵,$\boldsymbol{I}$ 是 (同阶) 单位方阵, 且 $\boldsymbol{A}^2+\boldsymbol{A}-2\boldsymbol{I}=\boldsymbol{O}$. 证明 $\boldsymbol{A}-2\boldsymbol{I}$ 和 $\boldsymbol{A}-5\boldsymbol{I}$ 可逆, 并求它们的逆.

(2) 设 n 阶方阵 $\boldsymbol{A}$ 满足等式 $\boldsymbol{A}^3-2\boldsymbol{A}^2+3\boldsymbol{A}+2\boldsymbol{I}=\boldsymbol{O}$, 则方程 $\boldsymbol{Ax}=\boldsymbol{O}$ 只有解 $\boldsymbol{x}=\boldsymbol{O}$, 且 $\boldsymbol{A}$ 可逆, 并求 $\boldsymbol{A}^{-1}$.

2.10 若 $\boldsymbol{A}$ 是 n 阶可逆方阵,$\boldsymbol{\beta},\boldsymbol{\gamma}$ 是 n 维列向量和 n 维行向量, 并且 $\boldsymbol{\gamma A}^{-1}\boldsymbol{\beta}\neq -1$.

(1) 证明:$\boldsymbol{P}=\left(\begin{smallmatrix}\boldsymbol{A} & \boldsymbol{\beta}\\ -\boldsymbol{\gamma} & 1\end{smallmatrix}\right)$ 可逆, 并求其逆.

(2) 证明:$\boldsymbol{A}+\boldsymbol{\beta\gamma}$ 也可逆, 并求其逆.

(3) 求 $|(\boldsymbol{A}+\boldsymbol{\beta\gamma})^{-1}|$(通过 $|\boldsymbol{A}|$, $\boldsymbol{\beta}$ 和 $\boldsymbol{\gamma}$ 表示).

***2.11** 已知矩阵 $\boldsymbol{A}$ 的伴随矩阵为

$$\operatorname{adj}(\boldsymbol{A})=\begin{pmatrix}1 & 0 & 0 & 0\\ 0 & 1 & 0 & 0\\ 1 & 0 & 1 & 0\\ 0 & -3 & 0 & 8\end{pmatrix},$$

矩阵 $\boldsymbol{B}$ 满足 $\boldsymbol{ABA}^{-1}=\boldsymbol{BA}^{-1}+3\boldsymbol{I}$, 其中 $\boldsymbol{I}$ 是单位矩阵. 试证明 $\boldsymbol{B}$ 可逆, 并求 $\boldsymbol{B}^{-1}$.

2.12 (1) 求矩阵 $\boldsymbol{A}$ 的秩, 其中

$$\boldsymbol{A}=\begin{pmatrix}1 & 2 & 3 & \cdots & n\\ 2 & 3 & 4 & \cdots & n+1\\ \vdots & \vdots & \vdots & & \vdots\\ n & n+1 & n+2 & \cdots & 2n-1\end{pmatrix}.$$

(2) 设 $a,a+d,a+2d,\cdots$ 是一个算术数列,r_n 表示 $n(>2)$ 阶方阵

$$\boldsymbol{P}_n=\begin{pmatrix}a & a+d & \cdots & a+(n-1)d\\ a+nd & a+(n+1)d & \cdots & a+(2n-1)d\\ \vdots & \vdots & & \vdots\\ a+(n-1)nd & a+\big((n-1)n+1\big)d & \cdots & a+(n^2-1)d\end{pmatrix}$$

的秩. 证明:$r_n\leqslant 2$. 并且 $r_n=0$, 当且仅当 $a=d=0$;$r_n=1$ 当且仅当 $a\neq 0$ 且 $d=0$;$r_n=2$ 当且仅当 $d\neq 0$.

2.13 设 $\boldsymbol{A}$ 是 $n(\geqslant 2)$ 阶方阵,$\mathrm{adj}(\boldsymbol{A})$ 是 $\boldsymbol{A}$ 的伴随方阵. 证明:

(1) $r(\boldsymbol{A})=n$, 当且仅当 $r\big(\mathrm{adj}(\boldsymbol{A})\big)=n$.

(2) $r(\boldsymbol{A})=n-1$, 当且仅当 $r\big(\mathrm{adj}(\boldsymbol{A})\big)=1$.

(3) $r(\boldsymbol{A})<n-1$, 当且仅当 $r\big(\mathrm{adj}(\boldsymbol{A})\big)=0$.

2.14 设 $\boldsymbol{A}$ 是 $m\times n$ 矩阵,$r(\boldsymbol{A})=r$, 则存在 $m\times r$ 和 $r\times n$ 矩阵 $\boldsymbol{S}$ 和 $\boldsymbol{T}$, 使得 $\boldsymbol{A}=\boldsymbol{ST}$.

2.15 对于任意 n 阶方阵 $\boldsymbol{A}$, 存在 n 阶可逆方阵 $\boldsymbol{S}$ 和 n 阶上三角方阵 $\boldsymbol{T}$, 使得 $\boldsymbol{A}=\boldsymbol{S}^{-1}\boldsymbol{TS}$.

2.16 (1) 设 $\boldsymbol{A},\boldsymbol{B}$ 分别是 $m\times n,n\times q$ 矩阵,$\boldsymbol{AB}=\boldsymbol{O}$($m\times q$ 阶零矩阵). 证明:$r(\boldsymbol{A})+r(\boldsymbol{B})\leqslant n$; 并且对于任何满足条件 $r(\boldsymbol{A})\leqslant k\leqslant n$ 的整数 k, 存在矩阵 $\boldsymbol{B}$ 使得 $\boldsymbol{AB}=\boldsymbol{O}$ 而且 $r(\boldsymbol{A})+r(\boldsymbol{B})=k$.

(2) 应用本题 (1) 证明: 若 $m\times n$ 矩阵 $\boldsymbol{A}$ 的秩 $r(\boldsymbol{A})=n$, 则线性方程

$$\boldsymbol{Ax}=\boldsymbol{O}$$

在 $\mathbb{R}^n$ 中只有解 $\boldsymbol{x}=\boldsymbol{O}$.

2.17 *(1) 若 $\boldsymbol{A}$ 是一个方阵, 存在正整数 k 使得 $r(\boldsymbol{A}^k)=r(\boldsymbol{A}^{k+1})$, 则当 $l\geqslant k$ 时, 所有 $\boldsymbol{A}^l$ 的秩全相等.

(2) 证明: 对于任意方阵及任意正整数 k 有

$$r(\boldsymbol{A}^{k+1})\leqslant\frac{1}{2}\big(r(\boldsymbol{A}^k)+r(\boldsymbol{A}^{k+2})\big).$$

(3) 若 $\boldsymbol{A}$ 是一个 n 阶方阵, 则当 $l\geqslant n$ 时, 所有 $\boldsymbol{A}^l$ 的秩全相等.

2.18 解线性方程组:

$$(1)\ \begin{cases}x+y+z=1,\\ ax+by+cz=d,\\ a^2x+b^2y+c^2z=d^2.\end{cases}\qquad (2)\ \begin{cases}x+y+z=1,\\ ax+by+cz=d,\\ a^3x+b^3y+c^3z=d^3.\end{cases}$$

*2.19 设 (给定)4 元齐次线性方程组

$$\begin{cases} x_1+x_3=0, \\ x_2-x_4=0. \end{cases} \tag{I}$$

又知某齐次线性方程组 (Ⅱ) 的通解为 $k_1(0,1,1,0)'+k_2(-1,2,2,1)'$.

(1) 求线性方程组 (Ⅰ) 的基础解系.

(2) 问线性方程组 (Ⅰ) 和 (Ⅱ) 是否有非零公共解? 若有, 则求出所有的非零公共解; 若没有, 则说明理由.

2.20 设 $\boldsymbol{A}=(a_{ij}),\boldsymbol{B}=(b_{ij})$ 是 n 阶方阵, 试给出以 n 阶方阵 $\boldsymbol{X}$ 为未知元的矩阵方程 $\boldsymbol{AX}=\boldsymbol{B}$ 有解的一种充分必要条件.

2.21 设 $P_i=(x_i,y_i,z_i)\,(i=1,2,3,4)$ 是空间中四点. 令

$$\boldsymbol{A}=\begin{pmatrix} x_1 & y_1 & z_1 & 1 \\ x_2 & y_2 & z_2 & 1 \\ x_3 & y_3 & z_3 & 1 \\ x_4 & y_4 & z_4 & 1 \end{pmatrix}.$$

证明: 若 $r(\boldsymbol{A})=3,2,1$, 则 4 点 P_1,P_2,P_3,P_4(分别) 共面, 共线, 共点.

***2.22** 线性方程组

$$\sum_{j=1}^{n}a_{ij}x_j=0 \quad (i=1,2,\cdots,n-1)$$

的系数矩阵为 $\boldsymbol{A}=(a_{ij})_{1\leqslant i\leqslant n-1,1\leqslant j\leqslant n}$. 设 $M_j(j=1,2,\cdots,n)$ 是在矩阵 $\boldsymbol{A}$ 中划去第 j 列所得到的 $n-1$ 阶子式. 试证:

(1) $\big(M_1,-M_2,\cdots,(-1)^{n-1}M_n\big)$ 是方程组的一个解.

(2) 若 $r(\boldsymbol{A})=n-1$, 则方程组的解全是 $\big(M_1,-M_2,\cdots,(-1)^{n-1}M_n\big)$ 的倍数.

习题 2 的解答或提示

2.1 (i) 注意

$$\boldsymbol{A}=(\boldsymbol{e}_n \quad \boldsymbol{e}_1 \quad \boldsymbol{e}_2 \quad \cdots \quad \boldsymbol{e}_{n-1}),$$

其中 $\boldsymbol{e}_i$ 是第 i 个 n 维单位列向量. 由例 2.1.1 的解法, 我们有

$$\boldsymbol{Ae}_1=\boldsymbol{e}_n, \quad \boldsymbol{Ae}_k=\boldsymbol{e}_{k-1} \quad (k=2,\cdots,n). \tag{3}$$

(ii) 对 k 用数学归纳法. 显然 $k=1$ 时题中公式成立. 设当指数为 $k-1(\leqslant n-2)$ 时公式成立. 据式 (3) 可知, 当指数为 k 时 (注意此时 $n-k+2>1$)

$$\begin{aligned}\boldsymbol{A}^k=\boldsymbol{AA}^{k-1}&=\boldsymbol{A}\begin{pmatrix} \boldsymbol{O}_{(n-k+1)\times(k-1)} & \boldsymbol{I}_{n-k+1} \\ \boldsymbol{I}_{k-1} & \boldsymbol{O}_{(k-1)\times(n-k+1)} \end{pmatrix}\\ &=\boldsymbol{A}\big(\boldsymbol{e}_{n-k+2} \quad \boldsymbol{e}_{n-k+3} \quad \cdots \quad \boldsymbol{e}_n \quad \boldsymbol{e}_1 \quad \boldsymbol{e}_2 \quad \cdots \quad \boldsymbol{e}_{n-k+1}\big)\end{aligned}$$

$$= \begin{pmatrix} \boldsymbol{A}\boldsymbol{e}_{n-k+2} & \boldsymbol{A}\boldsymbol{e}_{n-k+3} & \cdots & \boldsymbol{A}\boldsymbol{e}_n & \boldsymbol{A}\boldsymbol{e}_1 & \boldsymbol{A}\boldsymbol{e}_2 & \cdots & \boldsymbol{A}\boldsymbol{e}_{n-k+1} \end{pmatrix}$$
$$= \begin{pmatrix} \boldsymbol{e}_{n-k+1} & \boldsymbol{e}_{n-k+2} & \cdots & \boldsymbol{e}_{n-1} & \boldsymbol{e}_n & \boldsymbol{e}_1 & \cdots & \boldsymbol{e}_{n-k} \end{pmatrix}$$
$$= \begin{pmatrix} \boldsymbol{O}_{(n-k)\times k} & \boldsymbol{I}_{n-k} \\ \boldsymbol{I}_k & \boldsymbol{O}_{k\times(n-k)} \end{pmatrix}.$$

于是完成归纳证明.

(iii) 按定义,$\boldsymbol{A}^0 = \boldsymbol{I}_n$, 并且与步骤 (ii) 类似地有

$$\boldsymbol{A}^n = \boldsymbol{A}\boldsymbol{A}^{n-1} = \boldsymbol{A}\begin{pmatrix} 0 & 1 \\ \boldsymbol{I}_{n-1} & 0 \end{pmatrix} = \boldsymbol{A}\begin{pmatrix} \boldsymbol{e}_2 & \boldsymbol{e}_3 & \cdots & \boldsymbol{e}_n & \boldsymbol{e}_1 \end{pmatrix}$$
$$= \begin{pmatrix} \boldsymbol{A}\boldsymbol{e}_2 & \boldsymbol{A}\boldsymbol{e}_3 & \cdots & \boldsymbol{A}\boldsymbol{e}_n & \boldsymbol{A}\boldsymbol{e}_1 \end{pmatrix} = \begin{pmatrix} \boldsymbol{e}_1 & \boldsymbol{e}_2 & \cdots & \boldsymbol{e}_{n-1} & \boldsymbol{e}_n \end{pmatrix} = \boldsymbol{I}_n.$$

因此, 当 $k \geqslant n$ 时 $\boldsymbol{A}^k = \boldsymbol{A}^{k-n}\boldsymbol{A}^n = \boldsymbol{A}^{k-n}\boldsymbol{I}_n = \boldsymbol{A}^{k-n}$.

2.2 提示 当 $n \geqslant 1$ 时, 无论是 $a=1$ 还是 $a\neq 1$ 都可对 n 用数学归纳法证明. 又因为 (无论是 $a=1$ 还是 $a\neq 1$)

$$\boldsymbol{A}^{-1} = \begin{pmatrix} a^{-1} & -a^{-1}b \\ 0 & 1 \end{pmatrix},$$

所以可将数学归纳法应用于 $\boldsymbol{A}^{-n} = (\boldsymbol{A}^{-1})^n$. 还要注意 $\boldsymbol{A}^0 = \boldsymbol{I}_2$.

2.3 解 (1) 注意 $\boldsymbol{A} = \begin{pmatrix} \boldsymbol{e}_n & \boldsymbol{e}_{n-1} & \cdots & \boldsymbol{e}_1 \end{pmatrix}$. 应用习题 2.1 的解中的式 (3) 及数学归纳法可得:$\boldsymbol{A}^k$ 当 k 是偶数时为 $\boldsymbol{I}_n$; 当 k 是奇数时为 $\boldsymbol{A}$.

(2) 类似于例 2.1.1(2) 的解法, 令

$$\boldsymbol{B} = \begin{pmatrix} 0 & 1 & & \\ & \ddots & \ddots & \\ & & \ddots & 1 \\ & & & 0 \end{pmatrix}$$

(空白处元素为 0). 我们有 $\boldsymbol{A} = \lambda\boldsymbol{I}_n + \boldsymbol{B}$, 于是

$$\boldsymbol{A}^k = \sum_{j=0}^{k} \binom{k}{j} \lambda^j \boldsymbol{I}_n^j \boldsymbol{B}^{k-j} = \boldsymbol{B}^k + \binom{k}{1}\lambda\boldsymbol{B}^{k-1} + \cdots + \lambda^k \boldsymbol{I}_n.$$

由例 2.1.1(1) 可知, 当 $k \geqslant n$ 时

$$\boldsymbol{B}^k = \cdots = \boldsymbol{B}^n = \boldsymbol{O}_n,$$

因此, 当 $k < n-1$ 时

$$\boldsymbol{A}^k = \begin{pmatrix} \lambda^k & \binom{k}{1}\lambda^{k-1} & \cdots & 1 & 0 & \cdots & 0 \\ 0 & \lambda^k & \binom{k}{1}\lambda^{k-1} & \cdots & 1 & \cdots & 0 \\ \vdots & \vdots & \vdots & & \vdots & & \vdots \\ 0 & \cdots & \cdots & \cdots & 0 & \lambda^k & \binom{k}{1}\lambda^{k-1} \\ 0 & \cdots & \cdots & \cdots & \cdots & 0 & \lambda^k \end{pmatrix}, \tag{4}$$

当 $k \geqslant n-1$ 时

$$A^k = \begin{pmatrix} \lambda^k & \binom{k}{1}\lambda^{k-1} & \binom{k}{2}\lambda^{k-2} & \cdots & \binom{k}{n-1}\lambda^{k-n+1} \\ 0 & \lambda^k & \binom{k}{1}\lambda^{k-1} & \cdots & \binom{k}{n-2}\lambda^{k-n+2} \\ 0 & 0 & \lambda^k & \cdots & \binom{k}{n-3}\lambda^{k-n+3} \\ \vdots & \vdots & \vdots & & \vdots \\ 0 & 0 & \cdots & 0 & \lambda^k \end{pmatrix}. \tag{5}$$

注意: 当 $v>u$ 时,$\binom{u}{v}=0$, 因而在 $k<n-1$ 的情形, 式 (5) 就化为式 (4), 所以式 (5) 适用于 $k\geqslant 1$ 的所有情形.

2.4 提示 首先应用习题 2.3(2) 的方法求出 $\boldsymbol{A}^{50}$ 的表达式. 答案是 $(a+1)^{50}$.

2.5 提示 (1) 参见例 2.4.1 的解. 答案:

$$\lim_{n\to\infty} \boldsymbol{A}^n = \begin{pmatrix} \cos a & \sin a \\ -\sin a & \cos a \end{pmatrix}.$$

(2) 令 $\tanh\theta = a/n$, 则

$$\boldsymbol{A} = \sqrt{1-\frac{a^2}{n^2}}\begin{pmatrix} \cosh\theta & \sinh\theta \\ \sinh\theta & \cosh\theta \end{pmatrix},$$

用数学归纳法可证

$$\boldsymbol{A}^n = \left(1-\frac{a^2}{n^2}\right)^{n/2}\begin{pmatrix} \cosh n\theta & \sinh n\theta \\ \sinh n\theta & \cosh n\theta \end{pmatrix}.$$

注意

$$\lim_{n\to\infty} n\theta = a\lim_{\theta\to 0}\frac{\theta}{\tanh\theta} = a,$$

所以

$$\lim_{n\to\infty} \boldsymbol{A}^n = \begin{pmatrix} \cosh a & \sinh a \\ \sinh a & \cosh a \end{pmatrix}.$$

2.6 (1) **提示** 记 $\boldsymbol{A}=(a_{ij})_n$, 则

$$\mathrm{tr}(\boldsymbol{A}\boldsymbol{A}^*) = \sum_{i=1}^n\sum_{j=1}^n a_{ij}\overline{a}_{ij}.$$

因为当 $a\in\mathbb{C}$ 时 $a\overline{a}\geqslant 0$, 并且等式仅当 $a=0$ 时成立, 因此当且仅当 $\boldsymbol{A}$ 是零方阵,$\mathrm{tr}(\boldsymbol{A}\boldsymbol{A}^*)=0$. 在题中取 $\boldsymbol{B}=\boldsymbol{A}^*$.

(2) $\mathrm{tr}(\boldsymbol{A}-\boldsymbol{A}^*)(\boldsymbol{A}-\boldsymbol{A}^*)^* = \mathrm{tr}(\boldsymbol{A}-\boldsymbol{A}^*)(\boldsymbol{A}^*-\boldsymbol{A}) = \mathrm{tr}(\boldsymbol{A}\boldsymbol{A}^*)-\mathrm{tr}(\boldsymbol{A}^2)-\mathrm{tr}(\boldsymbol{A}^{*2})+\mathrm{tr}(\boldsymbol{A}^*\boldsymbol{A}) = 2\mathrm{tr}(\boldsymbol{A}\boldsymbol{A}^*-\boldsymbol{A}^2)=2\mathrm{tr}(\boldsymbol{O})=0$, 所以 $\boldsymbol{A}-\boldsymbol{A}^*=\boldsymbol{O}$.

2.7 提示 (1) 若某个 $a_i=0$, 则逆不存在. 下设所有 $a_i\neq 0$.

解法 1 令 $\boldsymbol{A}_n^{-1}$ 的第 1 行是 $(x_1,x_2,\cdots,x_n)$, 那么由 $\boldsymbol{A}_n^{-1}\boldsymbol{A}_n=\boldsymbol{I}_n$ 得到

$$x_n a_1 = 1,\quad x_{n-1}a_2=0,\quad \cdots,\quad x_2 a_{n-1}=0,\quad x_n a_1=0,$$

因此 $\boldsymbol{A}_n^{-1}$ 的第 1 行是 $(0,\cdots,0,a_1^{-1})$. 类似地确定其余各行, 得到

$$\boldsymbol{A}_n^{-1}=\begin{pmatrix}0 & \cdots & 0 & a_1^{-1}\\ 0 & \cdots & a_2^{-1} & 0\\ \vdots & & \vdots & \vdots\\ a_n^{-1} & 0 & \cdots & 0\end{pmatrix}.$$

解法 2　对矩阵 $\begin{pmatrix}\boldsymbol{A}_n & \boldsymbol{I}_n\end{pmatrix}$ 施行行初等变换, 使左半子阵 $\boldsymbol{A}_n$ 化成对角形

$$\mathrm{diag}(a_1,a_2,\cdots,a_n),$$

于是右半子阵 $\boldsymbol{I}_n$ 化成

$$\begin{pmatrix}0 & \cdots & 0 & 1\\ 0 & \cdots & 1 & 0\\ \vdots & & \vdots & \vdots\\ 1 & 0 & \cdots & 0\end{pmatrix},$$

然后使左半的 n 阶子阵化成 $\boldsymbol{I}_n$, 那么右半所得子阵即 $\boldsymbol{A}_n^{-1}$.

(2) 可用本题 (1) 中的两种方法. 例如, 分别将矩阵 $\begin{pmatrix}\boldsymbol{B}_n & \boldsymbol{I}_n\end{pmatrix}$ 的第 n 行的 $-a_1$ 倍,$-a_2$ 倍,$\cdots$,$-a_{n-1}$ 倍分别加到第 1 行, 第 2 行,$\cdots$, 第 $n-1$ 行. 答案是:

$$\boldsymbol{B}_n^{-1}=\begin{pmatrix} & & & -a_1\\ & \boldsymbol{I}_{n-1} & & \vdots\\ & & & -a_{n-1}\\ 0 & \cdots & 0 & 1\end{pmatrix}.$$

另一种方法: 直接应用例 2.1.5(1) 中的第一个公式.

(3) 可用本题 (1) 中的两种方法. 例如初等变换方法: 在矩阵

$$\begin{pmatrix}\boldsymbol{C}_n\\ \boldsymbol{I}_n\end{pmatrix}$$

中, 将第 2 列减第 1 列, 然后将第 3 列减新的第 2 列, 等等. 答案是:

$$\boldsymbol{C}_n^{-1}=\begin{pmatrix}1 & -1 & 1 & \cdots & (-1)^{n-1}\\ 0 & 1 & -1 & \cdots & (-1)^{n-2}\\ \vdots & \vdots & \vdots & & \vdots\\ 0 & \cdots & 0 & 1 & -1\\ 0 & \cdots & 0 & 0 & 1\end{pmatrix}.$$

2.8　(1) 由题设可知

$$\boldsymbol{A}^{-1}\boldsymbol{B}=\boldsymbol{A}^{-1}\boldsymbol{B}\boldsymbol{A}\boldsymbol{A}^{-1}=\boldsymbol{A}^{-1}\boldsymbol{A}\boldsymbol{B}\boldsymbol{A}^{-1}=\boldsymbol{B}\boldsymbol{A}^{-1},$$

因此 $\boldsymbol{A}^{-1}$ 与 $\boldsymbol{B}$ 可交换. 又因为 $\boldsymbol{B}$ 是幂零矩阵, 所以存在正整数 k 使得 $\boldsymbol{B}^k=\boldsymbol{O}_n$(零方阵), 因此

$$\begin{aligned}&(\boldsymbol{A}+\boldsymbol{B})\cdot\boldsymbol{A}^{-1}\big(\boldsymbol{I}_n-\boldsymbol{A}^{-1}\boldsymbol{B}+(\boldsymbol{A}^{-1}\boldsymbol{B})^2-\cdots+(-1)^{k-1}(\boldsymbol{A}^{-1}\boldsymbol{B})^{k-1}\big)\\&\quad=(\boldsymbol{I}_n+\boldsymbol{A}^{-1}\boldsymbol{B})\cdot\big(\boldsymbol{I}_n-\boldsymbol{A}^{-1}\boldsymbol{B}+(\boldsymbol{A}^{-1}\boldsymbol{B})^2-\cdots+(-1)^{k-1}(\boldsymbol{A}^{-1}\boldsymbol{B})^{k-1}\big)\\&\quad=\boldsymbol{I}_n+(-1)^{k-1}(\boldsymbol{A}^{-1}\boldsymbol{B})^k.\end{aligned}$$

注意 $\boldsymbol{A}^{-1}$ 与 $\boldsymbol{B}$ 可交换, 我们有

$$\begin{aligned}(\boldsymbol{A}^{-1}\boldsymbol{B})^k&=\underbrace{\boldsymbol{A}^{-1}\boldsymbol{B}\cdot\boldsymbol{A}^{-1}\boldsymbol{B}\cdots\boldsymbol{A}^{-1}\boldsymbol{B}\cdot\boldsymbol{A}^{-1}\boldsymbol{B}}_{k}\\&=\boldsymbol{A}^{-1}\boldsymbol{A}^{-1}\boldsymbol{B}\boldsymbol{B}\cdots\boldsymbol{A}^{-1}\boldsymbol{B}\boldsymbol{A}^{-1}\boldsymbol{B}=\cdots\\&=\underbrace{\boldsymbol{A}^{-1}\boldsymbol{A}^{-1}\cdots\boldsymbol{A}^{-1}\boldsymbol{A}^{-1}}_{k}\cdot\underbrace{\boldsymbol{B}\boldsymbol{B}\cdots\boldsymbol{B}}_{k}\\&=\boldsymbol{A}^{-k}\boldsymbol{B}^k=\boldsymbol{A}^{-k}\cdot\boldsymbol{O}_n=\boldsymbol{O}_n,\end{aligned}$$

于是

$$(\boldsymbol{A}+\boldsymbol{B})\cdot\boldsymbol{A}^{-1}\big(\boldsymbol{I}_n-\boldsymbol{A}^{-1}\boldsymbol{B}+(\boldsymbol{A}^{-1}\boldsymbol{B})^2-\cdots+(-1)^{k-1}(\boldsymbol{A}^{-1}\boldsymbol{B})^{k-1}\big)=\boldsymbol{I}_n,$$

所以 $\boldsymbol{A}+\boldsymbol{B}$ 可逆.

(2) 例如

$$\boldsymbol{A}=\begin{pmatrix}1&0\\1&1\end{pmatrix},\quad \boldsymbol{B}=\begin{pmatrix}0&1\\0&0\end{pmatrix},$$

则 $\boldsymbol{A}$ 可逆,$\boldsymbol{B}^2=\boldsymbol{O}_2$, 但 $\boldsymbol{AB}\neq\boldsymbol{BA}$, 并且 $\boldsymbol{A}+\boldsymbol{B}=\left(\begin{smallmatrix}1&1\\1&1\end{smallmatrix}\right)$ 不可逆.

注 在复数域, 若 $a\neq0$ 和 $a+b\neq0$, 则有形式幂级数

$$\begin{aligned}\frac{1}{a+b}&=\frac{1}{a(1+a^{-1}b)}\\&=a^{-1}\big(1-a^{-1}b+(a^{-1}b)^2-\cdots+(-1)^{k-1}(a^{-1}b)^{k-1}+(-1)^k(a^{-1}b)^k+\cdots\big),\end{aligned}$$

若 $b^k=0$, 则得

$$(a+b)^{-1}=a^{-1}\big(1-a^{-1}b+(a^{-1}b)^2-\cdots+(-1)^{k-1}(a^{-1}b)^{k-1}\big).$$

这向我们提示了上面题 (1) 的解法. 因为复数域中乘法是交换的, 所以在此要首先证明 $\boldsymbol{A}^{-1}\boldsymbol{B}=\boldsymbol{B}\boldsymbol{A}^{-1}$.

2.9 (1) 由 $\boldsymbol{A}^2+\boldsymbol{A}-3\boldsymbol{I}=\boldsymbol{O}$ 可知

$$\boldsymbol{A}^2-4\boldsymbol{I}^2+\boldsymbol{A}-2\boldsymbol{I}=-3\boldsymbol{I},\quad (\boldsymbol{A}-2\boldsymbol{I})(\boldsymbol{A}+2\boldsymbol{I})+(\boldsymbol{A}-2\boldsymbol{I})=-3\boldsymbol{I},$$

于是

$$(\boldsymbol{A}-2\boldsymbol{I})(\boldsymbol{A}+2\boldsymbol{I}+\boldsymbol{I})=-3\boldsymbol{I},\quad (\boldsymbol{A}-2\boldsymbol{I})\cdot\frac{-1}{3}(\boldsymbol{A}+3\boldsymbol{I})=\boldsymbol{I}.$$

因此 $\boldsymbol{A}-2\boldsymbol{I}$ 可逆, 并且 $(\boldsymbol{A}-2\boldsymbol{I})^{-1}=-(\boldsymbol{A}+3\boldsymbol{I})/3$.

类似地, 由 $A^2+A-3I=O$ 可知 $A^2-25I^2+A-5I=-25I^2-2I$, 从而推出 $A-5I$ 可逆, 并且 $(A-5I)^{-1}=-(A+6I)/27$.

(2) 设 x 满足方程 $Ax=O$, 则

$$\begin{aligned}O=Ox&=(A^3-2A^2+3A+2I)x=(A^3-2A^2+3A)x+2Ix\\&=(A^2-2A+3I)Ax+2x=(A^2-2A+3I)O+2x=2x,\end{aligned}$$

因此 $x=O$. 于是齐次线性方程 $Ax=O$ 只有零解, 所以系数行列式 $|A|\neq 0$, 可知 A 可逆. 或者由题设 $A^3-2A^2+3A+2I-O$ 可知

$$A\cdot(A^2-2A+3I)=-2I,$$

所以 A 可逆, 且 $A^{-1}=-(A^2-2A+3I)/2$.

2.10 解法 1(题 (1) 和 (2)) 参考例 2.1.7(读者补出细节). 通过逐次行初等变换, 最终可将

$$\begin{pmatrix}A & \beta & I_n & O_{n\times 1}\\ -\gamma & 1 & O_{1\times n} & 1\end{pmatrix}$$

化为

$$\begin{pmatrix}I_n & O_{n\times 1} & A^{-1}-A^{-1}\frac{\beta\gamma A^{-1}}{1+\gamma A^{-1}\beta} & -\frac{A^{-1}\beta}{1+\gamma A^{-1}\beta}\\ O_{1\times n} & 1 & \frac{\gamma A^{-1}}{1+\gamma A^{-1}\beta} & \frac{1}{1+\gamma A^{-1}\beta}\end{pmatrix},$$

于是 P 可逆, 并且

$$P^{-1}=\begin{pmatrix}A^{-1}-A^{-1}\frac{\beta\gamma A^{-1}}{1+\gamma A^{-1}\beta} & -\frac{A^{-1}\beta}{1+\gamma A^{-1}\beta}\\ \frac{\gamma A^{-1}}{1+\gamma A^{-1}\beta} & \frac{1}{1+\gamma A^{-1}\beta}\end{pmatrix}. \tag{6}$$

因为用 $-\beta$ 左乘 P 的第 2 行后加到 P 的第 1 行, 可得

$$\begin{pmatrix}I_n & -\beta\\ O_{1\times n} & 1\end{pmatrix}P=\begin{pmatrix}A+\beta\gamma & O_{n\times 1}\\ -\gamma & 1\end{pmatrix},\quad \begin{pmatrix}A+\beta\gamma & O_{n\times 1}\\ -\gamma & 1\end{pmatrix}^{-1}=P^{-1}\begin{pmatrix}I_n & \beta\\ O_{1\times n} & 1\end{pmatrix},$$

所以由式 (6) 及例 2.1.5 推出

$$(A+\beta\gamma)^{-1}=A^{-1}-A^{-1}\frac{\beta\gamma A^{-1}}{1+\gamma A^{-1}\beta}.$$

注 上式称为 Sherman-Morrison 公式, 常用于计算数学和最优化理论. 如果预先给出这个公式, 当然可以用直接验证的解法 (但要注意 $\gamma A^{-1}\beta=\beta\gamma A^{-1}$).

解法 2 (1) 由

$$|P|=\begin{vmatrix}A & \beta\\ 0 & 1+\gamma A^{-1}\beta\end{vmatrix}=|A|(1+\gamma A^{-1}\beta)\neq 0$$

推出 P 可逆. 然后逐次作分块矩阵的初等变换:

$$\begin{pmatrix}I_n & O_{n\times 1}\\ \gamma A^{-1} & 1\end{pmatrix}P=\begin{pmatrix}A & \beta\\ O_{1\times n} & 1+\gamma A^{-1}\beta\end{pmatrix},$$

$$\begin{pmatrix} A & \beta \\ O_{1\times n} & 1+\gamma A^{-1}\beta \end{pmatrix}\begin{pmatrix} I_n & -A^{-1}\beta \\ O_{1\times n} & 1 \end{pmatrix}=\begin{pmatrix} A & O_{n\times 1} \\ O_{1\times n} & 1+\gamma A^{-1}\beta \end{pmatrix},$$

于是 P 被化成对角分块矩阵

$$\begin{pmatrix} I_n & O_{n\times 1} \\ \gamma A^{-1} & 1 \end{pmatrix} P \begin{pmatrix} I_n & -A^{-1}\beta \\ O_{1\times n} & 1 \end{pmatrix}=\begin{pmatrix} A & O_{n\times 1} \\ O_{1\times n} & 1+\gamma A^{-1}\beta \end{pmatrix},$$

由此推出

$$\begin{aligned}&\begin{pmatrix} I_n & -A^{-1}\beta \\ O_{1\times n} & 1 \end{pmatrix}^{-1} P^{-1}\begin{pmatrix} I_n & O_{n\times 1} \\ \gamma A^{-1} & 1 \end{pmatrix}^{-1}\\ &=\begin{pmatrix} A & O_{n\times 1} \\ O_{1\times n} & 1+\gamma A^{-1}\beta \end{pmatrix}^{-1}=\begin{pmatrix} A^{-1} & O_{n\times 1} \\ O_{1\times n} & \frac{1}{1+\gamma A^{-1}\beta} \end{pmatrix}.\end{aligned}$$

因此

$$\begin{aligned}P^{-1}&=\begin{pmatrix} I_n & -A^{-1}\beta \\ O_{1\times n} & 1 \end{pmatrix}\begin{pmatrix} A^{-1} & O_{n\times 1} \\ O_{1\times n} & \frac{1}{1+\gamma A^{-1}\beta} \end{pmatrix}\begin{pmatrix} I_n & O_{n\times 1} \\ \gamma A^{-1} & 1 \end{pmatrix}\\ &=\begin{pmatrix} A^{-1}-A^{-1}\frac{\beta\gamma A^{-1}}{1+\gamma A^{-1}\beta} & -\frac{A^{-1}\beta}{1+\gamma A^{-1}\beta} \\ \frac{\gamma A^{-1}}{1+\gamma A^{-1}\beta} & \frac{1}{1+\gamma A^{-1}\beta} \end{pmatrix}.\end{aligned}$$

(2) 因为

$$P\begin{pmatrix} I_n & O_{n\times 1} \\ \gamma & 1 \end{pmatrix}=\begin{pmatrix} A+\beta\gamma & \beta \\ O_{1\times n} & 1 \end{pmatrix},$$

所以 $|A+\beta\gamma|=|P|$. 由 P 可逆知 $A+\beta\gamma$ 也可逆, 并且由上式及本题 (1) 推出

$$\begin{aligned}\begin{pmatrix} A+\beta\gamma & \beta \\ O_{1\times n} & 1 \end{pmatrix}^{-1}&=\begin{pmatrix} I_n & O_{n\times 1} \\ \gamma & 1 \end{pmatrix}^{-1} P^{-1}=\begin{pmatrix} I_n & O_{n\times 1} \\ -\gamma & 1 \end{pmatrix}\begin{pmatrix} A^{-1}-A^{-1}\frac{\beta\gamma A^{-1}}{1+\gamma A^{-1}\beta} & * \\ * & * \end{pmatrix}\\ &=\begin{pmatrix} A^{-1}-A^{-1}\frac{\beta\gamma A^{-1}}{1+\gamma A^{-1}\beta} & * \\ * & * \end{pmatrix},\end{aligned}$$

又有

$$\begin{pmatrix} A+\beta\gamma & \beta \\ O_{1\times n} & 1 \end{pmatrix}^{-1}=\begin{pmatrix} (A+\beta\gamma)^{-1} & * \\ * & * \end{pmatrix},$$

所以

$$(A+\beta\gamma)^{-1}=A^{-1}-A^{-1}\frac{\beta\gamma A^{-1}}{1+\gamma A^{-1}\beta}.$$

(3) 由例 1.3.1(2) 可知,$|(A+\beta\gamma)^{-1}|=(1+\gamma A^{-1}\beta)^{-1}|A|^{-1}$.

2.11 由 $ABA^{-1}=BA^{-1}+3I$ 得到 $(A-I)BA^{-1}=3I$, 因而

$$(BA^{-1})^{-1}=\frac{1}{3}(A-I),\quad AB^{-1}=\frac{1}{3}(A-I),$$

因此

$$B^{-1}=A^{-1}\cdot\frac{1}{3}(A-I)=\frac{1}{3}(I-A^{-1}).$$

又因为 $|\mathrm{adj}(A)|=|A|^{4-1}=|A|^3$, 并且 $|\mathrm{adj}(A)|=8\neq 0$, 所以 $|A|=2$, 从而 A 可逆, 且

$$A^{-1}=\frac{1}{|A|}\mathrm{adj}(A)=\begin{pmatrix}1/2&0&0&0\\0&1/2&0&0\\1/2&0&1/2&0\\0&-3/2&0&4\end{pmatrix}.$$

代入上述 B^{-1} 的表达式, 算出

$$B^{-1}=\begin{pmatrix}1/6&0&0&0\\0&1/6&0&0\\1/6&0&1/6&0\\0&5/6&0&-1\end{pmatrix}.$$

2.12　(1) $n=1$ 时, 显然矩阵 A 的秩等于 1. 设 $n\geqslant 2$. 方阵 A 中, 从第 2 列开始, 每一列与前一列之差都等于 $(1,1,\cdots,1)'$, 因此通过初等列变换后, 可化为

$$\begin{pmatrix}1&1&0&\cdots&0\\2&1&0&\cdots&0\\\vdots&\vdots&\vdots&&\vdots\\n&1&0&\cdots&0\end{pmatrix},$$

左上方的 2 阶子式等于 $1\cdot1-1\cdot2\neq 0$, 因此矩阵 A 的秩等于 2.

(2) 在矩阵 P_n 中, 从最后一列开始, 每列减去前列, 然后在得到的矩阵中分别从第 $3,\cdots,n$ 列减去第 2 列, 逐次将 P_n 化为

$$\begin{pmatrix}a&d&\cdots&d\\a+nd&d&\cdots&d\\\vdots&\vdots&&\vdots\\a+(n-1)nd&d&\cdots&d\end{pmatrix},\quad\begin{pmatrix}a&d&0&\cdots&0\\a+nd&d&0&\cdots&0\\\vdots&\vdots&\vdots&&\vdots\\a+(n-1)nd&d&0&\cdots&0\end{pmatrix},$$

最后从第 n 行开始, 每行减去前行, P_n 被化为

$$\begin{pmatrix}a&d&0&\cdots&0\\nd&0&0&\cdots&0\\\vdots&\vdots&\vdots&&\vdots\\nd&0&0&\cdots&0\\nd&0&0&\cdots&0\end{pmatrix}.$$

因此,$r_n\leqslant 2$. 由可能不为 0 的 2 阶子式可推出其余各结论.

2.13 解法 1 我们只需证明: 当 $n\geqslant 2$ 时

$$r\big(\mathrm{adj}(\boldsymbol{A})\big)=\begin{cases}n & (\text{当 } r(\boldsymbol{A})=n);\\ 1 & (\text{当 } r(\boldsymbol{A})=n-1);\\ 0 & (\text{当 } r(\boldsymbol{A})<n-1).\end{cases}$$

这是因为 $r(\boldsymbol{A})\in\{0,1,2,\cdots,n\}$, 所以 $r(\boldsymbol{A})=n, r(\boldsymbol{A})=n-1$ 以及 $r(\boldsymbol{A})<n-1$ 包括了 $r(\boldsymbol{A})$ 的所有可能的值, 而这三种情形互相排斥, 所以由上述等式推出题中的结论.

当 $r(\boldsymbol{A})=n$ 时, $|\boldsymbol{A}|\neq 0, \boldsymbol{A}^{-1}$ 存在, $\mathrm{adj}(\boldsymbol{A})=|\boldsymbol{A}|\boldsymbol{A}^{-1}$, 所以 $r\big(\mathrm{adj}(\boldsymbol{A})\big)=r(\boldsymbol{A}^{-1})=n$.

当 $r(\boldsymbol{A})=n-1$ 时, $|\boldsymbol{A}|=0$, 并且 $\boldsymbol{A}$ 有一个 $n-1$ 阶子式不等于 0, 因而 $\mathrm{adj}(\boldsymbol{A})$ 至少有一个非零元, 所以 $r\big(\mathrm{adj}(\boldsymbol{A})\big)\geqslant 1$. 此外, 由 $\boldsymbol{A}\cdot\mathrm{adj}(\boldsymbol{A})=|\boldsymbol{A}|\boldsymbol{I}=\boldsymbol{O}$($n$ 阶零方阵) 以及例 2.2.2(2) 可知 $0\geqslant r(\boldsymbol{A})+r\big(\mathrm{adj}(\boldsymbol{A})\big)-n$, 即得 $r(\boldsymbol{A})+r\big(\mathrm{adj}(\boldsymbol{A})\big)\leqslant n$. 由此及 $r(\boldsymbol{A})=n-1$ 推出 $r\big(\mathrm{adj}(\boldsymbol{A})\big)\leqslant 1$. 合起来即得 $r\big(\mathrm{adj}(\boldsymbol{A})\big)=1$.

当 $r(\boldsymbol{A})<n-1$ 时, $\boldsymbol{A}$ 的所有 $n-1$ 阶子式都等于 0, 因而 $\mathrm{adj}(\boldsymbol{A})=\boldsymbol{O}$($n$ 阶零方阵), 从而 $r\big(\mathrm{adj}(\boldsymbol{A})\big)=0$.

解法 2 直接证明.

(1) 与解法 1 同样证明 $r(\boldsymbol{A})=n\Rightarrow r\big(\mathrm{adj}(\boldsymbol{A})\big)=n$. 反之, 若 $r\big(\mathrm{adj}(\boldsymbol{A})\big)=n$, 但 $|\boldsymbol{A}|=0$, 那么由 $\boldsymbol{A}\cdot\mathrm{adj}(\boldsymbol{A})=|\boldsymbol{A}|\boldsymbol{I}=\boldsymbol{O}$($n$ 阶零方阵) 推出 $\boldsymbol{A}=\boldsymbol{O}\cdot\big(\mathrm{adj}(\boldsymbol{A})\big)^{-1}=\boldsymbol{O}$($n$ 阶零方阵), 从而由定义知 $\mathrm{adj}(\boldsymbol{A})=\boldsymbol{O}$($n$ 阶零方阵). 这不可能. 因此 $|\boldsymbol{A}|\neq 0$, 即 $r(\boldsymbol{A})=n$.

(2) 与解法 1 同样证明 $r(\boldsymbol{A})=n-1\Rightarrow r\big(\mathrm{adj}(\boldsymbol{A})\big)=1$. 反之, 若 $r\big(\mathrm{adj}(\boldsymbol{A})\big)=1$, 则由定义知 $\boldsymbol{A}$ 有一个 $n-1$ 阶子式不等于 0, 从而 $r(\boldsymbol{A})\geqslant n-1$. 此外, 若 $r(\boldsymbol{A})=n$, 则 $|\boldsymbol{A}|\neq 0$, 由 $\boldsymbol{A}\cdot\mathrm{adj}(\boldsymbol{A})=|\boldsymbol{A}|\boldsymbol{I}$ 及例 2.2.2(2) 可知

$$n=r(|\boldsymbol{A}|\boldsymbol{I})=r\big(\boldsymbol{A}\cdot\mathrm{adj}(\boldsymbol{A})\big)\leqslant\min\big(r(\boldsymbol{A}),r(\mathrm{adj}(\boldsymbol{A}))\big)=1,$$

这不可能, 因此 $r(\boldsymbol{A})\leqslant n-1$. 合起来即得 $r(\boldsymbol{A})=n-1$.

(3) 我们有: $r(\boldsymbol{A})<n-1\Leftrightarrow\boldsymbol{A}$ 的所有 $n-1$ 阶子式都等于 $0\Leftrightarrow\mathrm{adj}(\boldsymbol{A})=\boldsymbol{O}$($n$ 阶零方阵) $\Leftrightarrow r\big(\mathrm{adj}(\boldsymbol{A})\big)=0$.

2.14 设 $r(\boldsymbol{A})=r$. 通过行初等变换可将 $\boldsymbol{A}$ 化成阶梯矩阵 $\boldsymbol{U}$, 因此 $\boldsymbol{MA}=\boldsymbol{U}$, 其中 $\boldsymbol{M}$ 是 m 阶可逆方阵, 而

$$\boldsymbol{U}=\begin{pmatrix}* & \cdots & \cdots & *\\ \vdots & & & \vdots\\ 0 & \cdots & \cdots & *\\ 0 & \cdots & \cdots & 0\\ \vdots & & & \vdots\\ 0 & \cdots & \cdots & 0\end{pmatrix}=\begin{pmatrix}\boldsymbol{V}_{r\times n}\\ \boldsymbol{O}_{(m-r)\times n}\end{pmatrix}$$

($*$ 表示非零元素, $\boldsymbol{V}_{r\times n}$ 是 $\boldsymbol{U}$ 的前 r 行组成的秩为 r 的阶梯矩阵). 因此

$$\boldsymbol{A}=\boldsymbol{M}^{-1}\boldsymbol{U}=\begin{pmatrix}\boldsymbol{M}_1 & \boldsymbol{M}_2\end{pmatrix}\begin{pmatrix}\boldsymbol{V}_{r\times n}\\ \boldsymbol{O}_{(m-r)\times n}\end{pmatrix},$$

其中 $\boldsymbol{M}_1$ 和 $\boldsymbol{M}_2$ 分别由 $\boldsymbol{M}$ 的前 r 列和后 $m-r$ 列组成. 由此可知, 在作矩阵乘法时,$\boldsymbol{M}$ 的每行的最后 $m-r$ 个元素与 $\boldsymbol{U}$ 的每列的最后 $m-r$ 个元素之积等于 0, 所以可将 $\boldsymbol{M}_2$ 和 $\boldsymbol{O}_{(m-r)\times n}$ 略去, 得到 $\boldsymbol{A}=\boldsymbol{M}_1\boldsymbol{V}_{r\times n}$, 于是令 $\boldsymbol{S}=\boldsymbol{M}_1,\boldsymbol{T}=\boldsymbol{V}_{r\times n}$, 即合题中的要求.

2.15 对 $\boldsymbol{A}$ 的阶用数学归纳法证明. 当 $\boldsymbol{A}$ 的阶等于 1 时, 结论显然成立. 设对于 $n-1$ 阶方阵结论成立,$\boldsymbol{A}$ 是任意 n 阶方阵. 设 $\boldsymbol{v}$ 是 $\boldsymbol{A}$ 的一个特征向量,$\boldsymbol{v}\neq\boldsymbol{O},\boldsymbol{A}\boldsymbol{v}=\lambda\boldsymbol{v}$. 取 $\mathbb{C}^n$ 的一组基, 以 $\boldsymbol{v}$ 为第一个基向量, 于是有

$$\boldsymbol{V}^{-1}\boldsymbol{A}\boldsymbol{V}=\begin{pmatrix}\lambda & * & \cdots & * \\ 0 & & & \\ \vdots & & \boldsymbol{A}_0 & \\ 0 & & & \end{pmatrix},$$

其中 $\boldsymbol{V}$ 是某个 n 阶可逆方阵. 依归纳假设, 对于 $n-1$ 阶方阵 $\boldsymbol{A}_0$, 存在某个 $n-1$ 阶可逆方阵 $\boldsymbol{S}_0$ 使得 $\boldsymbol{S}_0^{-1}\boldsymbol{A}_0\boldsymbol{S}_0=\boldsymbol{T}_0$(上三角方阵). 令

$$\boldsymbol{S}_1=\begin{pmatrix}1 & 0 & \cdots & 0 \\ 0 & & & \\ \vdots & & \boldsymbol{S}_0 & \\ 0 & & & \end{pmatrix},$$

因而

$$\boldsymbol{S}_1^{-1}=\begin{pmatrix}1 & 0 & \cdots & 0 \\ 0 & & & \\ \vdots & & \boldsymbol{S}_0^{-1} & \\ 0 & & & \end{pmatrix}.$$

于是, 我们有

$$\begin{aligned}\boldsymbol{S}_1^{-1}(\boldsymbol{V}^{-1}\boldsymbol{A}\boldsymbol{V})\boldsymbol{S}_1&=\boldsymbol{S}_1^{-1}\begin{pmatrix}\lambda & * & \cdots & * \\ 0 & & & \\ \vdots & & \boldsymbol{A}_0 & \\ 0 & & & \end{pmatrix}\boldsymbol{S}_1\\ &=\begin{pmatrix}\lambda & * & \cdots & * \\ 0 & & & \\ \vdots & & \boldsymbol{S}_0^{-1}\boldsymbol{A}_0\boldsymbol{S}_0 & \\ 0 & & & \end{pmatrix}=\begin{pmatrix}\lambda & * & \cdots & * \\ 0 & & & \\ \vdots & & \boldsymbol{T}_0 & \\ 0 & & & \end{pmatrix},\end{aligned}$$

此式右边是一个上三角方阵. 注意 $\boldsymbol{S}_1^{-1}(\boldsymbol{V}^{-1}\boldsymbol{A}\boldsymbol{V})\boldsymbol{S}_1=(\boldsymbol{V}\boldsymbol{S}_1)^{-1}\boldsymbol{A}(\boldsymbol{V}\boldsymbol{S}_1)$, 可知对于 n 阶情形结论也成立.

注 还可参见习题 3.8(1).

2.16 (1) 记 $r(\boldsymbol{A})=s$, 那么存在 m 阶可逆方阵 $\boldsymbol{P}$ 和 n 阶可逆方阵 $\boldsymbol{Q}$, 使得

$$\boldsymbol{PAQ}=\begin{pmatrix}\boldsymbol{I}_s & \boldsymbol{O}\\ \boldsymbol{O} & \boldsymbol{O}\end{pmatrix}\quad (m\times n \text{ 矩阵, 记为 } \boldsymbol{R}),$$

于是 $\boldsymbol{A}=\boldsymbol{P}^{-1}\boldsymbol{R}\boldsymbol{Q}^{-1}$. 因为 $\boldsymbol{AB}=\boldsymbol{O}$, 所以 $\boldsymbol{P}^{-1}\boldsymbol{R}\boldsymbol{Q}^{-1}\boldsymbol{B}=\boldsymbol{O}$. 若 $\boldsymbol{x}$ 是 $\boldsymbol{R}\boldsymbol{Q}^{-1}\boldsymbol{B}$ 的任一列向量, 则有 $\boldsymbol{P}^{-1}\boldsymbol{x}=\boldsymbol{O}(\in\mathbb{R}^m)$. 因为 $|\boldsymbol{P}^{-1}|\neq 0$, 所以依 Cramer 法则可知 $\boldsymbol{x}=\boldsymbol{O}(\in\mathbb{R}^m)$. 于是 $\boldsymbol{R}\boldsymbol{Q}^{-1}\boldsymbol{B}=\boldsymbol{O}$. 将 $\boldsymbol{Q}^{-1}\boldsymbol{B}$ 表示为分块矩阵:

$$\boldsymbol{Q}^{-1}\boldsymbol{B}=\begin{pmatrix}\boldsymbol{C}_{s\times(n-s)} & \boldsymbol{D}_{s\times(q-(n-s))}\\ \boldsymbol{E}_{(n-s)\times(n-s)} & \boldsymbol{F}_{(n-s)\times(q-(n-s))}\end{pmatrix}$$

(下文中略去矩阵 $\boldsymbol{C}$ 等的下标), 那么

$$\boldsymbol{R}\boldsymbol{Q}^{-1}\boldsymbol{B}=\begin{pmatrix}\boldsymbol{I}_s & \boldsymbol{O}\\ \boldsymbol{O} & \boldsymbol{O}\end{pmatrix}\begin{pmatrix}\boldsymbol{C} & \boldsymbol{D}\\ \boldsymbol{E} & \boldsymbol{F}\end{pmatrix}=\begin{pmatrix}\boldsymbol{C} & \boldsymbol{D}\\ \boldsymbol{O} & \boldsymbol{O}\end{pmatrix},$$

于是由 $\boldsymbol{R}\boldsymbol{Q}^{-1}\boldsymbol{B}=\boldsymbol{O}$ 推出 $\boldsymbol{C}=\boldsymbol{O},\boldsymbol{D}=\boldsymbol{O}$, 从而

$$\boldsymbol{Q}^{-1}\boldsymbol{B}=\begin{pmatrix}\boldsymbol{O} & \boldsymbol{O}\\ \boldsymbol{E} & \boldsymbol{F}\end{pmatrix},$$

其中 $\boldsymbol{E}_{(n-s)\times(n-s)},\boldsymbol{F}_{(n-s)\times(q-(n-s))}$ 是任意矩阵. 因此我们得到

$$r(\boldsymbol{Q}^{-1}\boldsymbol{B})\leqslant n-s=n-r(\boldsymbol{A}).$$

注意 $\boldsymbol{Q}$ 可逆, 所以 $r(\boldsymbol{B})=r(\boldsymbol{Q}^{-1}\boldsymbol{B})\leqslant n-s=n-r(\boldsymbol{A})$(参见例 2.2.2 后的注 3°).

由上面的计算可知, 对于任意给定的 $\boldsymbol{E}_{(n-s)\times(n-s)}$ 和 $\boldsymbol{F}_{(n-s)\times(q-(n-s))}$ 总有 $\boldsymbol{AB}=\boldsymbol{O}$. 现在设整数 k 满足 $s\leqslant k\leqslant n$. 我们特别取

$$\boldsymbol{E}=\begin{pmatrix}\boldsymbol{T}_{(k-s)\times(n-s)} & \boldsymbol{O}_{(k-s)\times(q-(n-s))}\\ \boldsymbol{O}_{(n-k)\times(n-s)} & \boldsymbol{O}_{(n-k)\times(q-(n-s))}\end{pmatrix},\quad \boldsymbol{F}=\boldsymbol{O}_{(n-s)\times(q-(n-s))},$$

其中

$$\boldsymbol{T}_{(k-s)\times(n-s)}=\begin{pmatrix}1 & 0 & \cdots & 0\\ 0 & 1 & \cdots & 0\\ \vdots & \vdots & & \vdots\\ 0 & 0 & \cdots & 1\end{pmatrix},$$

则有

$$\boldsymbol{Q}^{-1}\boldsymbol{B}=\begin{pmatrix}\boldsymbol{O} & \boldsymbol{O}\\ \boldsymbol{T} & \boldsymbol{O}\\ \boldsymbol{O} & \boldsymbol{O}\end{pmatrix},\quad \boldsymbol{B}=\boldsymbol{Q}\begin{pmatrix}\boldsymbol{O} & \boldsymbol{O}\\ \boldsymbol{T} & \boldsymbol{O}\\ \boldsymbol{O} & \boldsymbol{O}\end{pmatrix},$$

于是 $r(\boldsymbol{B})=r(\boldsymbol{Q}^{-1}\boldsymbol{B})=r(\boldsymbol{T})=k-s=k-r(\boldsymbol{A})$.

(2) 设 $\boldsymbol{Ax}=\boldsymbol{O}$. 由本题 (1) 可知 $r(\boldsymbol{x})=n-r(\boldsymbol{A})=0$, 因此 $\boldsymbol{x}$ 的所有分量都等于 0, 即 $\boldsymbol{Ax}=\boldsymbol{O}$ 只有解 $\boldsymbol{x}=\boldsymbol{O}$.

注　本题 (1) 的前半可由例 2.2.2(2) 的左半直接推出, 也可较简洁地证明如下: 由 $\boldsymbol{AB}=\boldsymbol{O}$ 知 $\boldsymbol{B}$ 的每个列向量都是线性方程组 $\boldsymbol{Ax}=\boldsymbol{O}$ 的解, 所以可用 $\boldsymbol{Ax}=\boldsymbol{O}$ 的基础解系线性表出. 此基础解系由 $n-r(\boldsymbol{A})$ 个线性无关的向量组成, 所以 $\boldsymbol{B}$ 的每个列向量可通过不超过 $n-r(\boldsymbol{A})$ 个线性无关的向量线性表出, 于是 $r(\boldsymbol{B})\leqslant n-r(\boldsymbol{A})$.

2.17　(1) 解法 1　在例 2.4.2(2) 中取 $\boldsymbol{A},\boldsymbol{B},\boldsymbol{C}$ 分别为 $\boldsymbol{A},\boldsymbol{A}^k,\boldsymbol{A}$, 由题设条件推出 $r(\boldsymbol{A}^{k+1})=r(\boldsymbol{A}^{k+2})$; 然后取 $\boldsymbol{A},\boldsymbol{B},\boldsymbol{C}$ 分别为 $\boldsymbol{A},\boldsymbol{A}^{k+1},\boldsymbol{A}$; 等等.

解法 2　因为

$$r(\boldsymbol{A}^{k+1})+r(\boldsymbol{A}^{k+1})=r\begin{pmatrix}\boldsymbol{A}^{k+1} & \boldsymbol{O}\\ \boldsymbol{O} & \boldsymbol{A}^{k+1}\end{pmatrix}\leqslant r\begin{pmatrix}\boldsymbol{A}^{k+1} & \boldsymbol{O}\\ \boldsymbol{A}^{k} & \boldsymbol{A}^{k+1}\end{pmatrix},$$

注意矩阵

$$\begin{pmatrix}\boldsymbol{A}^{k+1} & \boldsymbol{O}\\ \boldsymbol{A}^{k} & \boldsymbol{A}^{k+1}\end{pmatrix}$$

与矩阵

$$\begin{pmatrix}\boldsymbol{A}^{k+1} & \boldsymbol{O}-\boldsymbol{A}^{k+1}\cdot\boldsymbol{A}\\ \boldsymbol{A}^{k} & \boldsymbol{A}^{k+1}-\boldsymbol{A}^{k}\cdot\boldsymbol{A}\end{pmatrix}=\begin{pmatrix}\boldsymbol{A}^{k+1} & -\boldsymbol{A}^{k+2}\\ \boldsymbol{A}^{k} & \boldsymbol{O}\end{pmatrix}$$

有相等的秩, 因此

$$r(\boldsymbol{A}^{k+1})+r(\boldsymbol{A}^{k+1})\leqslant r\begin{pmatrix}\boldsymbol{A}^{k+1} & -\boldsymbol{A}^{k+2}\\ \boldsymbol{A}^{k} & \boldsymbol{O}\end{pmatrix}.$$

类似地, 矩阵

$$\begin{pmatrix}\boldsymbol{A}^{k+1} & -\boldsymbol{A}^{k+2}\\ \boldsymbol{A}^{k} & \boldsymbol{O}\end{pmatrix}$$

与矩阵

$$\begin{pmatrix}\boldsymbol{A}^{k+1}-\boldsymbol{A}^{k}\cdot\boldsymbol{A} & -\boldsymbol{A}^{k+2}-\boldsymbol{O}\cdot\boldsymbol{A}\\ \boldsymbol{A}^{k} & \boldsymbol{O}\end{pmatrix}=\begin{pmatrix}\boldsymbol{O} & -\boldsymbol{A}^{k+2}\\ \boldsymbol{A}^{k} & \boldsymbol{O}\end{pmatrix}$$

有相等的秩, 因此

$$r(\boldsymbol{A}^{k+1})+r(\boldsymbol{A}^{k+1})\leqslant r\begin{pmatrix}\boldsymbol{O} & -\boldsymbol{A}^{k+2}\\ \boldsymbol{A}^{k} & \boldsymbol{O}\end{pmatrix}=r(\boldsymbol{A}^{k})+r(\boldsymbol{A}^{k+2}),$$

按题设, 上式右边等于 $r(\boldsymbol{A}^{k+1})+r(\boldsymbol{A}^{k+2})$, 从而 $r(\boldsymbol{A}^{k+1})\leqslant r(\boldsymbol{A}^{k+2})$. 但同时依例 2.2.1(在其中取 $\boldsymbol{P}=\boldsymbol{I}$) 有

$$r(\boldsymbol{A}^{k+2})=r(\boldsymbol{A}^{k+1}\cdot\boldsymbol{A})\leqslant r(\boldsymbol{A}^{k+1}),$$

因此 $r(\boldsymbol{A}^{k+1})=r(\boldsymbol{A}^{k+2})$. 由此用 $\boldsymbol{A}^{k+1}$ 代替 $\boldsymbol{A}^{k}$,$\boldsymbol{A}^{k+2}$ 代替 $\boldsymbol{A}^{k+1}$, 重复刚才的推理可知 $r(\boldsymbol{A}^{k+2})=r(\boldsymbol{A}^{k+3})$, 等等.

(2) 在例 2.2.4 中取 $\boldsymbol{A},\boldsymbol{B},\boldsymbol{C}$ 分别为 $\boldsymbol{A},\boldsymbol{A}^k,\boldsymbol{A}$(由读者补出细节).

(3) 设存在非零 n 维向量 $\boldsymbol{x}=(x_1,\cdots,x_n)'$ 使得 $\boldsymbol{A}^{n+1}\boldsymbol{x}=\boldsymbol{O}$, 但 $\boldsymbol{A}^n\boldsymbol{x}\neq\boldsymbol{O}$. 因为在 $\mathbb{R}^n$ 中 $n+1$ 个向量 $\boldsymbol{x},\boldsymbol{Ax},\cdots,\boldsymbol{A}^n\boldsymbol{x}$ 线性相关, 所以存在 $c_k(k=0,1,\cdots,n)$ 不全为 0, 使得 $c_0\boldsymbol{x}+c_1\boldsymbol{Ax}+\cdots+c_n\boldsymbol{A}^n\boldsymbol{x}=\boldsymbol{O}$. 若 $c_l(0\leqslant l\leqslant n)$ 是 $n+1$ 个数 $c_0,\cdots,c_n$ 中不等于 0 且下

标最小者, 则 $c_0=\cdots=c_{l-1}=0, c_l\boldsymbol{A}^l\boldsymbol{x}+\cdots+c_n\boldsymbol{A}^n\boldsymbol{x}=\boldsymbol{O}$. 两边乘以 $\boldsymbol{A}^{n-l}$, 注意 $\boldsymbol{A}^{n+1}\boldsymbol{x}=\boldsymbol{A}^{n+2}\boldsymbol{x}=\cdots=\boldsymbol{O}$, 可得 $c_l\boldsymbol{A}^n\boldsymbol{x}=\boldsymbol{O}$. 但 $c_l\neq 0, \boldsymbol{A}^n\boldsymbol{x}\neq\boldsymbol{O}$, 我们得到矛盾. 因此,$\boldsymbol{A}^{n+1}\boldsymbol{x}=\boldsymbol{O}$ 蕴涵 $\boldsymbol{A}^n\boldsymbol{x}\neq\boldsymbol{O}$. 依例 2.4.2(1), $r(\boldsymbol{A}^{n+1})=r(\boldsymbol{A}^n)$. 于是由本题 (2) 得知 $l\geqslant n$ 时, 所有 $\boldsymbol{A}^l$ 的秩全相等.

2.18 (1) 系数行列式等于 $(a-b)(b-c)(c-a)$.

(i) 当 a,b,c 两两互异时

$$x=\frac{(d-b)(d-c)}{(a-b)(a-c)},\quad y=\frac{(d-c)(d-a)}{(b-c)(b-a)},\quad z=\frac{(d-a)(d-b)}{(c-a)(c-b)}.$$

(ii) 当 a,b,c 中恰有两个相等时, 系数矩阵的秩为 2, 有解的充分必要条件是增广矩阵的秩等于 2. 例如 $a=b, a\neq c$ 时, 由

$$\begin{pmatrix}1&1&1&1\\a&a&c&d\\a^2&a^2&c^2&d^2\end{pmatrix}$$

的秩等于 2 推出 $d=a$ 或 $d=c$. 若 $d=a$, 则解为 $x=1+\lambda, y=-\lambda, z=0$; 若 $d=c$, 则解为 $x=\lambda, y=-\lambda, z=1$($\lambda$ 任意).$a=c, a\neq b$ 的情形的解由读者补出.

(iii) 当 $a=b=c$ 时, 有解的充分必要条件是增广矩阵的秩等于 1. 据此推出 $d=a$, 解为 $x=1-\lambda-\mu, y=\lambda, z=\mu$($\lambda,\mu$ 任意). 所有计算细节请读者补出.

(2) 系数行列式等于 $(a-b)(b-c)(c-a)(a+b+c)$.

(i) 当 $(a-b)(b-c)(c-a)(a+b+c)\neq 0$ 时

$$\begin{aligned}x&=\frac{(d-b)(d-c)(b+c+d)}{(a-b)(a-c)(a+b+c)},\\y&=\frac{(d-c)(d-a)(a+c+d)}{(b-c)(b-a)(a+b+c)},\\z&=\frac{(d-a)(d-b)(a+b+d)}{(c-a)(c-b)(a+b+c)}.\end{aligned}$$

(ii) 当 $(a-b)(b-c)(c-a)\neq 0, a+b+c=0$ 时, 系数矩阵的秩为 2, 有解的充分必要条件是增广矩阵

$$\begin{pmatrix}1&1&1&1\\a&b&c&d\\a^3&b^3&c^3&d^3\end{pmatrix}$$

的秩等于 2. 此时由增广矩阵的 3 阶子式

$$\begin{vmatrix}1&1&1\\a&b&d\\a^3&b^3&d^3\end{vmatrix}=(a-b)(b-d)(d-a)(a+b+d)=0,$$

推出 $d=a$ 或 $d=b$ 或 $d=-(a+b)=c$(此处用到假设条件 $a+b+c=0$). 在这些情形, 方程组有解. 例如若 $d=a$, 则解为 $x=1+(b-c)\lambda, y=(c-a)\lambda, z=(a-b)\lambda$($\lambda$ 任意). 其他情形的解由读者补出.

(iii) 当 a,b,c 中恰有两个相等(于是 $(a-b)(b-c)(c-a)=0$)时, 例如 $a=b,a\neq c$ 时, 有解的充分必要条件是矩阵

$$\begin{pmatrix} 1 & 1 & 1 & 1 \\ a & a & c & d \\ a^3 & a^3 & c^3 & d^3 \end{pmatrix}$$

的秩等于 2. 由此推出 $d=a$ 或 $d=c$ 或 $d+a+c=0$. 若 $d=a$, 则解为 $x=1+\lambda,y=-\lambda,z=0$. 若 $d=c$, 则解为 $x=\lambda,y=-\lambda,z=1$. 若 $d+a+c=0$, 则解为 $x=\lambda-3c/(a-c),y=-\lambda-1,z=(2a+c)/(a-c)$(上述各式中 λ 任意). 其他情形的解由读者补出.

(iv) 当 $a=b=c$ 时, 有解条件是 $a=d$, 此时解为 $x=1-\lambda-\mu,y=\lambda,z=\mu(\lambda,\mu$ 任意). 上面所有计算细节请读者补出.

2.19 方程组 (Ⅰ) 的系数矩阵的秩等于 2, 由

$$\begin{cases} x_1 \qquad = -x_3, \\ \qquad x_2 = \qquad x_4. \end{cases}$$

取 $(x_3,x_4)=(1,0),(0,1)$ 得到基础解系 $(-1,0,1,0),(0,1,0,1)$.

(ii) 方程组 (Ⅰ) 的通解是

$$(x_1,x_2,x_3,x_4)=\lambda(-1,0,1,0)+\mu(0,1,0,1)=(-\lambda,\mu,\lambda,\mu)$$

$(\lambda,\mu$ 任意). 方程组 (Ⅱ) 的通解是

$$(x_1,x_2,x_3,x_4)=k_1(0,1,1,0)+k_2(-1,2,2,1)=(-k_2,k_1+2k_2,k_1+2k_2,k_2)$$

$(k_1,k_2$ 任意). 由

$$(-\lambda,\mu,\lambda,\mu)=(-k_2,k_1+2k_2,k_1+2k_2,k_2)$$

推出

$$k_2=\lambda,\quad k_1+2k_2=\mu,\quad k_1+2k_2=\lambda,\quad k_2=\mu,$$

于是 $\lambda=\mu=k_2,k_1=-\lambda$. 由此可知方程组 (Ⅰ) 和 (Ⅱ) 的所有非零公共解是

$$\lambda(-1,1,1,1)\quad(\lambda\neq 0).$$

2.20 分别用 $\boldsymbol{x}_1,\cdots,\boldsymbol{x}_n$ 以及

$$\boldsymbol{b}_1=(b_{11},b_{21},\cdots,b_{n1})',\quad \cdots,\quad \boldsymbol{b}_n=(b_{1n},b_{2n},\cdots,b_{nn})'$$

表示矩阵 $\boldsymbol{X}$ 和 $\boldsymbol{B}$ 的列向量, 那么矩阵方程 $\boldsymbol{AX}=\boldsymbol{B}$ 等价于 $\boldsymbol{A}\boldsymbol{x}_k=\boldsymbol{b}_k\,(k=1,\cdots,n)$. 令

$$\boldsymbol{A}_k=\begin{pmatrix} a_{11} & \cdots & a_{1n} & b_{1k} \\ a_{21} & \cdots & a_{2n} & b_{2k} \\ \vdots & & \vdots & \vdots \\ a_{n1} & \cdots & a_{nn} & b_{nk} \end{pmatrix}\quad(k=1,2,\cdots,n),$$

那么每个方程 $\boldsymbol{A}\boldsymbol{x}_k=\boldsymbol{b}_k$ 有解 $\boldsymbol{x}_k$ 的充分必要条件是 $r(\boldsymbol{A})=r(\boldsymbol{A}_k)$, 因而

$$r(\boldsymbol{A})=r(\boldsymbol{A}_1)=\cdots=r(\boldsymbol{A}_n).$$

这正是矩阵方程 $\boldsymbol{A}\boldsymbol{X}=\boldsymbol{B}$ 有解的一种充分必要条件.

2.21 解法 1 若 $r(\boldsymbol{A})=3$, 则 $|\boldsymbol{A}|=0$, 从而方程组 (以 a,b,c,d 为未知数)

$$\begin{cases} ax_1+by_1+cz_1+d=0,\\ ax_2+by_2+cz_2+d=0,\\ ax_3+by_3+cz_3+d=0,\\ ax_4+by_4+cz_4+d=0 \end{cases}$$

至少有一组非零解 (a,b,c,d). 这表明点 $P_i(i=1,2,3,4)$ 都在平面 $ax+by+cz+d=0$ 上.

(注: 反之, 若 4 点 P_i 在平面 $ax+by+cz+d=0$ 上, 则因为 a,b,c,d 不全为 0, 所以上述方程组有非零解 (a,b,c,d), 从而 $|\boldsymbol{A}|=0$. 于是我们得到: 当且仅当 $|\boldsymbol{A}|=0$,4 点 P_i 共面.)

$r(\boldsymbol{A})=2,1$ 的情形留待读者.

解法 2 令

$$\boldsymbol{A}_1=\begin{pmatrix} x_1 & y_1 & z_1 & 1\\ x_2-x_1 & y_2-y_1 & z_2-z_1 & 0\\ x_3-x_1 & y_3-y_1 & z_3-z_1 & 0\\ x_4-x_1 & y_4-y_1 & z_4-z_1 & 0 \end{pmatrix},$$

记

$$\boldsymbol{B}=\begin{pmatrix} x_2-x_1 & y_2-y_1 & z_2-z_1\\ x_3-x_1 & y_3-y_1 & z_3-z_1\\ x_4-x_1 & y_4-y_1 & z_4-z_1 \end{pmatrix},$$

则 $r(\boldsymbol{A}_1)=r(\boldsymbol{A}),r(\boldsymbol{B})=r(\boldsymbol{A}_1)-1=r(\boldsymbol{A})-1$.

(i) 若 $r(\boldsymbol{A})=3,r(\boldsymbol{B})=2$, 则不妨认为 $\boldsymbol{B}$ 的前 2 行线性无关, 第 3 行可由它们线性表出, 因而向量 $\overrightarrow{P_1P_2}$ 和 $\overrightarrow{P_1P_3}$ 线性无关, 张成一个平面, 而向量 $\overrightarrow{P_1P_4}$ 在此平面上. 于是四点 P_1,P_2,P_3,P_4 共面.

(ii) 若 $r(\boldsymbol{A})=2,r(\boldsymbol{B})=1$, 则类似地得知向量 $\overrightarrow{P_1P_2},\overrightarrow{P_1P_3},\overrightarrow{P_1P_4}$ 在一条直线上, 即四点 P_1,P_2,P_3,P_4 共线.

(iii) 若 $r(\boldsymbol{A})=1$, 则 $r(\boldsymbol{B})=0$, 所以 $\boldsymbol{B}=\boldsymbol{O}$(零方阵), 所以 $x_k-x_1=y_k-y_1=z_k-z_1=0$, 从而 $(x_k,y_k,z_k)=(x_1,y_1,z_1)(k=2,3,4)$, 即四点 P_1,P_2,P_3,P_4 重合. 或者, 可认为 $\boldsymbol{A}$ 的后 3 行可由第 1 行线性表出, 从而 $(x_k,y_k,z_k,1)=\lambda_k(x_1,y_1,z_1,1)(k=2,3,4)$. 比较两边点的第 4 分量得 $\lambda_k=1$. 由此得到结论.

2.22 (1) 解法 1 将 $\boldsymbol{A}$ 的第 i 行 $\boldsymbol{r}_i(i=1,2,\cdots,n-1)$ 添加到 $\boldsymbol{A}$ 得到 n 阶方阵

$$\boldsymbol{B}_i=\begin{pmatrix}\boldsymbol{A}\\ \boldsymbol{r}_i\end{pmatrix},$$

显然 $|\boldsymbol{B}_i|=0$. 因此, 若按最后一行应用 Laplace 展开行列式 $|\boldsymbol{B}_i|$, 可得

$$(-1)^{n+1}a_{i1}M_1+(-1)^{n+2}a_{i2}M_2+\cdots+(-1)^{n+n}a_{in}M_n=0,$$

两边乘以 $(-1)^{-(n+1)}$, 即知 $\big(M_1,-M_2,\cdots,(-1)^{n-1}M_n\big)$ 满足 $\sum\limits_{j=1}^{n}a_{ij}x_j=0\,(i=1,2,\cdots,n-1)$, 因而是方程组的一个解.

解法 2　如果 $r(\boldsymbol{A})<n-1$, 那么所有 $M_j=0$, 因而得到方程组的一个平凡解

$$(M_1,-M_2,\cdots,(-1)^{n-1}M_n).$$

如果 $r(\boldsymbol{A})=n-1$, 那么 $\boldsymbol{A}$ 的 n 个列向量 $\boldsymbol{c}_j(j=1,2,\cdots,n)$ 中极大线性无关组含有 $n-1$ 个向量. 设某个 $m(1\leqslant m\leqslant n)$ 满足

$$\boldsymbol{c}_m=\sum_{\substack{1\leqslant j\leqslant n\\ j\neq m}}x_j\boldsymbol{c}_j,$$

其中 x_j 是某些复数, 于是 $(x_1,\cdots,x_{m-1},x_{m+1},\cdots,x_n)$ 满足线性方程组 (下面的推理中不妨认为 $m\neq 1$)

$$\begin{cases}a_{11}x_1+\cdots+a_{1,m-1}x_{m-1}+a_{1,m+1}x_{m+1}+\cdots+a_{1n}x_n=a_{1m},\\ a_{21}x_1+\cdots+a_{2,m-1}x_{m-1}+a_{2,m+1}x_{m+1}+\cdots+a_{2n}x_n=a_{2m},\\ \cdots,\\ a_{n-1,1}x_1+\cdots+a_{n-1,m-1}x_{m-1}+a_{n-1,m+1}x_{m+1}+\cdots+a_{n-1,n}x_n=a_{n-1,m},\end{cases}$$

并且系数行列式即 $M_m\neq 0$. 因此, 依 Cramer 法则, 得

$$x_1=\frac{1}{M_m}\begin{vmatrix}a_{1m} & a_{12} & \cdots & a_{1,m-1} & a_{1,m+1} & \cdots & a_{1n}\\ a_{2m} & a_{22} & \cdots & a_{2,m-1} & a_{2,m+1} & \cdots & a_{2n}\\ \vdots & \vdots & & \vdots & \vdots & & \vdots\\ a_{n-1,m} & a_{n-1,2} & \cdots & a_{n-1,m-1} & a_{n-1,m+1} & \cdots & a_{n-1,n}\end{vmatrix},$$

将上述行列式的第 1 列交换到第 m 列的位置, 可知

$$x_1=(-1)^{m-2}\frac{M_1}{M_m}.$$

类似地, 得到

$$\begin{aligned}&x_2=(-1)^{(m-2)-1}\frac{M_2}{M_m},\quad \cdots,\quad x_{m-1}=(-1)^{(m-2)-(m-2)}\frac{M_{m-1}}{M_m},\\ &x_{m+1}=(-1)^{(m-2)-m}\frac{M_{m+1}}{M_m},\quad \cdots,\quad x_n=(-1)^{(m-2)-(n-1)}\frac{M_n}{M_m}.\end{aligned}$$

因为由上面的方程组可知 $(x_1,\cdots,x_{m-1},1,x_{m+1},\cdots,x_n)$ 是题中方程组的一个解, 所以

$$(-1)^{m-2}M_m\cdot(x_1,\cdots,x_{m-1},1,x_{m+1},\cdots,x_n)=\big(M_1,-M_2,\cdots,(-1)^{n-1}M_n\big)$$

也是方程组的一个解.

(2) 当 $r(\boldsymbol{A})=n-1$ 时, 方程组的基础解系由一个解向量组成; 并且矩阵 $\boldsymbol{A}$ 至少有一个 $n-1$ 阶子式 $M_m\neq 0$, 因而依本题 (1) 所证,$\big(M_1,-M_2,\cdots,(-1)^{n-1}M_n\big)$ 是方程组的一个非零解. 由此立得所要的结论.

第 3 章 线性空间与线性变换

3.1 线性空间及线性变换

例 3.1.1 (1) 求 $\mathbb{R}^3$ 中由基 $\boldsymbol{\alpha}_1=(1,1,0)',\boldsymbol{\alpha}_2=(0,1,1)',\boldsymbol{\alpha}_3=(1,0,1)'$ 到基 $\boldsymbol{\beta}_1=(1,0,-1)'$, $\boldsymbol{\beta}_2=(2,1,1)',\boldsymbol{\beta}_3=(1,1,2)'$ 的过渡矩阵 (转换矩阵).

(2) 设 $\boldsymbol{\alpha}_1,\boldsymbol{\alpha}_2,\boldsymbol{\alpha}_3$ 和 $\boldsymbol{\beta}_1,\boldsymbol{\beta}_2,\boldsymbol{\beta}_3$ 是 $\mathbb{R}^3$ 的两组基, 向量 $\boldsymbol{\gamma}$ 在这两组基下的坐标表示分别为 $(x_1,x_2,x_3)'$ 和 $(y_1,y_2,y_3)'$. 求基变换公式.

解 (1) 令

$$\boldsymbol{A}=(\boldsymbol{\alpha}_1,\boldsymbol{\alpha}_2,\boldsymbol{\alpha}_3)=\begin{pmatrix}1&0&1\\1&1&0\\0&1&1\end{pmatrix},$$

$$\boldsymbol{B}=(\boldsymbol{\beta}_1,\boldsymbol{\beta}_2,\boldsymbol{\beta}_3)=\begin{pmatrix}1&2&1\\0&1&1\\-1&1&2\end{pmatrix},$$

则过渡矩阵 $\boldsymbol{C}$ 满足 $\boldsymbol{AC}=\boldsymbol{B}$, 因此 $\boldsymbol{C}=\boldsymbol{A}^{-1}\boldsymbol{B}$. 因为 3×6(一般情形 $n\times 2n$) 矩阵

$$\boldsymbol{A}^{-1}(\boldsymbol{A}\quad \boldsymbol{B})=(\boldsymbol{A}^{-1}\boldsymbol{A}\quad \boldsymbol{A}^{-1}\boldsymbol{B})=(\boldsymbol{I}\quad \boldsymbol{A}^{-1}\boldsymbol{B}),$$

并且 $\boldsymbol{A}^{-1}=\boldsymbol{P}_m\cdots\boldsymbol{P}_1$, 此处 $\boldsymbol{P}_i$ 是一些初等矩阵, 并且是对矩阵 $(\boldsymbol{A}\quad \boldsymbol{B})$ “左乘”, 因此若通过初等行变换使得 $(\boldsymbol{A}\quad \boldsymbol{B})$ 化成 $(\boldsymbol{I}\quad \boldsymbol{M})$, 那么 $\boldsymbol{M}=\boldsymbol{A}^{-1}\boldsymbol{B}$, 即所求的 $\boldsymbol{C}$. 在此得到

$$\boldsymbol{C}=\begin{pmatrix}1&1&0\\-1&0&1\\0&1&1\end{pmatrix}.$$

具体计算过程如下 (细节由读者补出):

$$(\boldsymbol{A}\quad \boldsymbol{B})=\begin{pmatrix}1&0&1&1&2&1\\1&1&0&0&1&1\\0&1&1&-1&1&2\end{pmatrix}\to\begin{pmatrix}1&0&1&1&2&1\\0&1&-1&-1&-1&0\\0&1&1&-1&1&2\end{pmatrix}$$

$$\to\begin{pmatrix}1&0&1&1&2&1\\0&1&-1&-1&-1&0\\0&0&2&0&2&2\end{pmatrix}\to\begin{pmatrix}1&0&1&1&2&1\\0&1&-1&-1&-1&0\\0&0&1&0&1&1\end{pmatrix}$$

$$\to\begin{pmatrix}1&0&0&1&1&0\\0&1&0&-1&0&1\\0&0&1&0&1&1\end{pmatrix}=(\boldsymbol{I}\quad\boldsymbol{A}^{-1}\boldsymbol{B}).$$

(2) 求基变换公式, 即求 $\boldsymbol{\alpha}_i$ 到 $\boldsymbol{\beta}_j$ 的过渡矩阵 $\boldsymbol{C}$:

$$(\boldsymbol{\beta}_1,\boldsymbol{\beta}_2,\boldsymbol{\beta}_3)=(\boldsymbol{\alpha}_1,\boldsymbol{\alpha}_2,\boldsymbol{\alpha}_3)\boldsymbol{C}.$$

因为

$$\boldsymbol{\gamma}=(\boldsymbol{\alpha}_1,\boldsymbol{\alpha}_2,\boldsymbol{\alpha}_3)\begin{pmatrix}x_1\\x_2\\x_3\end{pmatrix}=(\boldsymbol{\beta}_1,\boldsymbol{\beta}_2,\boldsymbol{\beta}_3)\begin{pmatrix}y_1\\y_2\\y_3\end{pmatrix}=(\boldsymbol{\alpha}_1,\boldsymbol{\alpha}_2,\boldsymbol{\alpha}_3)\boldsymbol{C}\begin{pmatrix}y_1\\y_2\\y_3\end{pmatrix},$$

所以

$$\begin{pmatrix}x_1\\x_2\\x_3\end{pmatrix}=\boldsymbol{C}\begin{pmatrix}y_1\\y_2\\y_3\end{pmatrix}.$$

又由题设, 得

$$\begin{pmatrix}y_1\\y_2\\y_3\end{pmatrix}=\begin{pmatrix}1&0&0\\1&1&0\\1&1&1\end{pmatrix}\begin{pmatrix}x_1\\x_2\\x_3\end{pmatrix}.$$

于是

$$\boldsymbol{C}=\begin{pmatrix}1&0&0\\1&1&0\\1&1&1\end{pmatrix}^{-1}=\begin{pmatrix}1&0&0\\-1&1&0\\0&-1&1\end{pmatrix},$$

由此得到基变换公式

$$(\boldsymbol{\beta}_1,\boldsymbol{\beta}_2,\boldsymbol{\beta}_3)=(\boldsymbol{\alpha}_1,\boldsymbol{\alpha}_2,\boldsymbol{\alpha}_3)\begin{pmatrix}1&0&0\\-1&1&0\\0&-1&1\end{pmatrix}.$$ □

注　在此汇集几个与线性空间的基本概念有关的公式. 注意在此基采用列向量表示. 设 V 是数域 $\mathbb{K}$ 上的 n 维线性空间.

1. 基变换. 设 $\boldsymbol{e}_i$ 和 $\boldsymbol{e}_i'(i=1,\cdots,n)$ 是 V 的两组基, 则

$$(\boldsymbol{e}_1',\boldsymbol{e}_2',\cdots,\boldsymbol{e}_n')=(\boldsymbol{e}_1,\boldsymbol{e}_2,\cdots,\boldsymbol{e}_n)\boldsymbol{C},$$

n 阶方阵 $\boldsymbol{C}$ 称为由基 $\boldsymbol{e}_i$ 到基 $\boldsymbol{e}_i'$ 的过渡矩阵 (转换矩阵), 而且 $\boldsymbol{C}$ 可逆. 反之, 若 $\boldsymbol{e}_i$ 是 V 的一组基, n 阶方阵 $\boldsymbol{C}$ 可逆, 则

$$(\boldsymbol{e}_1',\boldsymbol{e}_2',\cdots,\boldsymbol{e}_n')=(\boldsymbol{e}_1,\boldsymbol{e}_2,\cdots,\boldsymbol{e}_n)\boldsymbol{C}$$

也是 V 的一组基.

2. 坐标变换. 设 $\boldsymbol{\xi} \in V$ 在基 $\boldsymbol{e}_i$ 和 $\boldsymbol{e}_i'(i=1,\cdots,n)$ 下的坐标分别是 $(x_1,x_2,\cdots,x_n)$ 和 $(x_1',x_2',\cdots,x_n')$, 即

$$\boldsymbol{\xi} = x_1\boldsymbol{e}_1 + x_2\boldsymbol{e}_2 + \cdots + x_n\boldsymbol{e}_n = (\boldsymbol{e}_1,\boldsymbol{e}_2,\cdots,\boldsymbol{e}_n)(x_1,x_2,\cdots,x_n)',$$
$$\boldsymbol{\xi} = x_1'\boldsymbol{e}_1' + x_2'\boldsymbol{e}_2' + \cdots + x_n'\boldsymbol{e}_n' = (\boldsymbol{e}_1',\boldsymbol{e}_2',\cdots,\boldsymbol{e}_n')(x_1',x_2',\cdots,x_n')',$$

则两组坐标间有关系

$$(x_1,x_2,\cdots,x_n)' = \boldsymbol{C}(x_1',x_2',\cdots,x_n')',$$
$$(x_1',x_2',\cdots,x_n')' = \boldsymbol{C}^{-1}(x_1,x_2,\cdots,x_n)',$$

其中 $\boldsymbol{C}$ 是由基 $\boldsymbol{e}_i$ 到基 $\boldsymbol{e}_i'$ 的过渡矩阵.

3. 线性变换的矩阵. 设 $T:V\to V$ 是 V 中的线性变换, $\boldsymbol{e}_i(i=1,\cdots,n)$ 是 V 的基, 则

$$T(\boldsymbol{e}_1,\boldsymbol{e}_2,\cdots,\boldsymbol{e}_n) = (T\boldsymbol{e}_1,T\boldsymbol{e}_2,\cdots,T\boldsymbol{e}_n) = (\boldsymbol{e}_1,\boldsymbol{e}_2,\cdots,\boldsymbol{e}_n)\boldsymbol{A},$$

其中 n 阶矩阵 $\boldsymbol{A}$ 称为 T 在基 $\boldsymbol{e}_i$ 下的矩阵 (表示).

4. 通过线性变换的矩阵计算变换的像的坐标. 设 V 中的线性变换 T 在基 $\boldsymbol{e}_i$ 下的矩阵是 $\boldsymbol{A}$,V 中向量 $\boldsymbol{\xi}$ 在基 $\boldsymbol{e}_i$ 下的坐标是 $(x_1,x_2,\cdots,x_n)$, 则像 $T\boldsymbol{\xi}$ 在基 $\boldsymbol{e}_i$ 下的坐标

$$(y_1,y_2,\cdots,y_n)' = \boldsymbol{A}(x_1,x_2,\cdots,x_n)'.$$

5. 同一线性变换在不同基下的矩阵间的关系. 设 $T:V\to V$ 是 V 中的线性变换, $\boldsymbol{e}_i$ 和 $\boldsymbol{e}_i'(i=1,\cdots,n)$ 是 V 的两组基, 由基 $\boldsymbol{e}_i$ 到基 $\boldsymbol{e}_i'$ 的过渡矩阵是 $\boldsymbol{C}$. 若 T 在基 $\boldsymbol{e}_i$ 和 $\boldsymbol{e}_i'$ 下的矩阵分别是 $\boldsymbol{A}$ 和 $\boldsymbol{B}$, 则

$$\boldsymbol{B} = \boldsymbol{C}^{-1}\boldsymbol{A}\boldsymbol{C},$$

即 $\boldsymbol{A}$ 和 $\boldsymbol{B}$ 相似.

有关证明可见 (例如) 北京大学数学力学系. 高等代数 [M]. 北京: 人民教育出版社,1978. 还可参见例 3.1.1, 例 3.1.2 及习题 3.4 等的解.

例 3.1.2 设 e_1,e_2,e_3,e_4 是数域 $\mathbb{K}$ 上的 4 维线性空间 V 的一组基, V 中的线性变换 T 在这组基下的矩阵是

$$A = \begin{pmatrix} 1 & 0 & 2 & 1 \\ -1 & 2 & 1 & 3 \\ 1 & 2 & 5 & 5 \\ 2 & -2 & 1 & -2 \end{pmatrix}.$$

(1) 证明:$b_1 = e_1 - 2e_2 + e_4, b_2 = 3e_2 - e_3 - e_4, b_3 = e_3 + e_4, b_4 = 2e_4$ 也是 V 的一组基.

(2) 求线性变换 T 在基 b_1,b_2,b_3,b_4 下的矩阵.

(3) 求 T 的核 (零空间) 和值域 (像空间).

解 (1) 解法 1 只需证明 b_1,b_2,b_3,b_4 在 $\mathbb{K}$ 上线性无关. 设

$$c_1b_1 + c_2b_2 + c_3b_3 + c_4b_4 = 0,$$

则

$$\begin{aligned}&c_1(e_1-2e_2+e_4)+c_2(3e_2-e_3-e_4)+c_3(e_3+e_4)+c_4\cdot 2e_4\\&\quad=c_1e_1+(-2c_1+3c_2)e_2+(-c_2+c_3)e_3+(c_1-c_2+c_3+2c_4)e_4=0.\end{aligned}$$

因为 e_1,e_2,e_3,e_4 在 $\mathbb{K}$ 上线性无关, 所以

$$\begin{cases}c_1 & =0,\\ -2c_1+3c_2 & =0,\\ \quad -c_2+c_3 & =0,\\ c_1-c_2+c_3+2c_4 & =0,\end{cases}$$

因为系数行列式不等于零, 所以 $c_1=c_2=c_3=c_4=0$, 因而 b_1,b_2,b_3,b_4 在 $\mathbb{K}$ 上线性无关, 也是 V 的一组基.

解法 2　我们有

$$(b_1,b_2,b_3,b_4)=(e_1,e_2,e_3,e_4)\begin{pmatrix}1&0&0&0\\-2&3&0&0\\0&-1&1&0\\1&-1&1&2\end{pmatrix}.$$

右边的 4 阶矩阵的行列式不等于零; 向量 e_i 是基, $\det(e_1,e_2,e_3,e_4)$ 的各列线性无关, 因而不为零. 于是 $\det(b_1,b_2,b_3,b_4)\neq 0$, 向量 b_1,b_2,b_3,b_4 线性无关, 构成 V 的一组基 (也可直接应用例 3.1.1 后的注).

我们看到, 上面的 4 阶矩阵正是解法 1 中齐次线性方程组的系数矩阵.

(2) 解法 1　由题设, 由基 e_i 到基 b_i 的过渡矩阵

$$C=\begin{pmatrix}1&0&0&0\\-2&3&0&0\\0&-1&1&0\\1&-1&1&2\end{pmatrix}.$$

于是

$$\begin{aligned}(b_1,b_2,b_3,b_4)&=(e_1,e_2,e_3,e_4)C,\\T(e_1,e_2,e_3,e_4)&=(e_1,e_2,e_3,e_4)A,\end{aligned}$$

因此

$$T(b_1,b_2,b_3,b_4)=T(e_1,e_2,e_3,e_4)C=(e_1,e_2,e_3,e_4)AC.$$

注意过渡矩阵 C 可逆 ($|C|\neq 0$), 将 $(b_1,b_2,b_3,b_4)C^{-1}=(e_1,e_2,e_3,e_4)$ 代入上式得到

$$T(b_1,b_2,b_3,b_4)=(b_1,b_2,b_3,b_4)C^{-1}AC.$$

于是 T 在基 b_i 下的矩阵

$$B=C^{-1}AC=\begin{pmatrix}2&-3&3&2\\2/3&-4/3&10/3&10/3\\8/3&-16/3&40/3&40/3\\0&1&-7&-8\end{pmatrix}.$$

解法 2 我们有 (应用矩阵 A 的定义)

$$\begin{aligned}Tb_1&=T(e_1-2e_2+e_4)=Te_1-2Te_2+Te_4\\&=(e_1-e_2+e_3+2e_4)-2(2e_2+2e_3-2e_4)+(e_1+3e_2+5e_3-2e_4)\\&=2e_1-2e_2+2e_3+4e_4\\&=2(e_1-2e_2+e_4)+4e_2-2e_4-2e_2+2e_3+4e_4\\&=2b_1+2e_2+2e_3+2e_4\\&=2b_1+\frac{2}{3}(3e_2-e_3-e_4)+\frac{2}{3}e_3+\frac{2}{3}e_4+2e_3+2e_4\\&=2b_1+\frac{2}{3}b_2+\frac{8}{3}(e_3+e_4)\\&=2b_1+\frac{2}{3}b_2+\frac{8}{3}b_3.\end{aligned}$$

因为 b_i 是一组基, 所以上面“凑”的方法总能见效, 但计算量较大. 也可采用下法: 令

$$Tb_1=c_1b_1+c_2b_2+c_3b_3+c_4b_4,$$

其中 $c_i\in\mathbb{K}$. 因为 (如上所计算)

$$Tb_1=2e_1-2e_2+2e_3+4e_4,$$

又由题设

$$b_1=e_1-2e_2+e_4,\quad b_2=3e_2-e_3-e_4,\quad b_3=e_3+e_4,\quad b_4=2e_4,$$

将它们代入前式两边, 并化简, 得到

$$(2-c_1)e_1+(-2+2c_1-3c_2)e_2+(2+c_2-c_3)e_3+(4-c_1+c_2-c_3-2c_4)e_4=0,$$

因为 e_i 在 $\mathbb{K}$ 上线性无关, 所以

$$2-c_1=0,\quad -2+2c_1-3c_2=0,\quad 2+c_2-c_3=0,\quad 4-c_1+c_2-c_3-2c_4=0,$$

由此解得 $c_1=2,c_2=2/3,c_3=8/3,c_4=0$, 从而

$$Tb_1=2b_1+\frac{2}{3}b_2+\frac{8}{3}b_3.$$

用同样的方法, 我们得到

$$Tb_2=-3b_1-\frac{4}{3}b_2-\frac{16}{3}b_3+b_4,$$

$$Tb_3 = 3b_1 + \frac{10}{3}b_2 + \frac{40}{3}b_3 - 7b_4,$$
$$Tb_4 = 2b_1 + \frac{10}{3}b_2 + \frac{40}{3}b_3 - 8b_4.$$

由此得到 T 在基 b_i 下的矩阵 B(如解法 1 中所示).

(3) 由题设, $T(e_1,e_2,e_3,e_4) = (e_1,e_2,e_3,e_4)A$, 即

$$T(e_1,e_2,e_3,e_4) = (e_1,e_2,e_3,e_4)\begin{pmatrix} 1 & 0 & 2 & 1 \\ -1 & 2 & 1 & 3 \\ 1 & 2 & 5 & 5 \\ 2 & -2 & 1 & -2 \end{pmatrix}.$$

对 A 作初等列变换:

(i) 将第 1 列的 -2 倍及第 2 列的 $-3/2$ 倍加到第 3 列.

(ii) 将第 1 列的 -1 倍及第 2 列的 -2 倍加到第 4 列.

A 化为

$$\begin{pmatrix} 1 & 0 & 0 & 0 \\ -1 & 2 & 0 & 0 \\ 1 & 2 & 0 & 0 \\ 2 & -2 & 0 & 0 \end{pmatrix}.$$

将 A 的各列分别记为

$$a_1 = (1,-1,1,2)', \quad a_2 = (0,2,2,-2)',$$
$$a_3 = (2,1,5,1)', \quad a_4 = (1,3,5,-2)',$$

那么上述初等列变换 (i) 表明

$$(-2)a_1 + \left(-\frac{3}{2}\right)a_2 + a_3 = 0,$$

等价地

$$4a_1 + 3a_2 - 2a_3 = 0.$$

因为

$$(e_1,e_2,e_3,e_4)a_1 = (e_1,e_2,e_3,e_4)(1,-1,1,2)' = e_1 - e_2 + e_3 + 2e_4 = Te_1,$$
$$(e_1,e_2,e_3,e_4)a_2 = (e_1,e_2,e_3,e_4)(0,2,2,-2)' = 2e_2 + 2e_3 - 2e_4 = Te_2,$$
$$(e_1,e_2,e_3,e_4)a_i = Te_i \quad (i=3,4),$$

所以由

$$(e_1,e_2,e_3,e_4)(4a_1 + 3a_2 - 2a_3) = (e_1,e_2,e_3,e_4)\cdot 0 = 0$$

得到 $4Te_1 + 3Te_2 - 2Te_3 = 0$, 即

$$T(4e_1 + 3e_2 - 2e_3) = 0.$$

类似地, 上述初等列变换 (ii) 表明

$$-a_1-2a_2+a_4=0,$$

因此

$$T(e_1+2e_2-e_4)=0.$$

即 $4e_1+3e_2-2e_3,e_1+2e_2-e_4$ 被 T 变换为 0(零向量). 此外, $4e_1+3e_2-2e_3,e_1+2e_2-e_4,Te_1(=e_1-e_2+e_3+2e_4),Te_2(=2e_2+2e_3-2e_4)$ 在 $\mathbb{K}$ 上线性无关. 事实上, 若

$$c_1(4e_1+3e_2-2e_3)+c_2(e_1+2e_2-e_4)+c_3(e_1-e_2+e_3+2e_4)+c_4(2e_2+2e_3-2e_4)=0,$$

则

$$\begin{cases} 4c_1+c_2+c_3=0, \\ 3c_1+2c_2-c_3+2c_4=0, \\ 2c_1-c_3-2c_4=0, \\ c_2-2c_3+2c_4=0. \end{cases}$$

这是 c_i 的线性齐次方程组, 其系数行列式不等于 0, 因此所有 $c_i=0$. 于是 $4e_1+3e_2-2e_3,e_1+2e_2-e_4,Te_1(=e_1-e_2+e_3+2e_4),Te_2(=2e_2+2e_3-2e_4)$ 也构成 V 的一组基(也可如本题 (1) 的解法 2 那样证明). 上面已证基向量 $4e_1+3e_2-2e_3,e_1+2e_2-e_4$ 被 T 变换为 0(零向量), 所以 T 的核由 $4e_1+3e_2-2e_3,e_1+2e_2-e_4$ 张成, 值域由 $Te_1=e_1-e_2+e_3+2e_4,Te_2=2e_2+2e_3-2e_4$ 张成. 它们的维数都等于 2. □

注 本书中矩阵、向量通常用黑体字母表示, 但本例例外, 是为了让读者对于非黑体字母表示矩阵、向量有所体会. 要注意的是, 此时需依上下文关系区分数字 0 和零向量.

例 3.1.3 设 $\boldsymbol{A},\boldsymbol{B}$ 分别是 $l\times m,m\times n$ 矩阵, 记 $\boldsymbol{x}=(x_1,\cdots,x_n)'\in\mathbb{R}^{n\times 1}$. 令 $\mathscr{B}=\{\boldsymbol{Bx}\mid\boldsymbol{x}=(x_1,\cdots,x_n)',\boldsymbol{ABx}=\boldsymbol{O}\}$, 则 $\dim\mathscr{B}=r(\boldsymbol{B})-r(\boldsymbol{AB})$.

解 (i) 令 $\mathscr{M}=\{\boldsymbol{x}=(x_1,\cdots,x_n)'\mid\boldsymbol{Bx}=\boldsymbol{O}\}$, 那么 $\mathscr{M}$ 是矩阵 $\boldsymbol{B}$ 的核 (零空间), 记为 $\mathrm{Ker}(\boldsymbol{B})$. 记其维数为 p. 因为 $\dim\mathrm{Im}(\boldsymbol{B})+\dim\mathrm{Ker}(\boldsymbol{B})=n$, 其中 $\mathrm{Im}(\boldsymbol{B})$ 表示矩阵 $\boldsymbol{B}$ 的像空间 (值域), 而且其维数 $\dim\mathrm{Im}(\boldsymbol{B})=r(\boldsymbol{B})$, 所以

$$p=\dim\mathscr{M}=n-r(\boldsymbol{B}).$$

同样, 令 $\mathscr{N}=\{\boldsymbol{x}=(x_1,\cdots,x_n)'\mid\boldsymbol{ABx}=\boldsymbol{O}\}$, 记其维数为 q, 则有

$$q=\dim\mathscr{N}=n-r(\boldsymbol{AB}).$$

(ii) 显然 $\mathscr{M}\subseteq\mathscr{N}$, 因而可设 $\mathscr{M}$ 和 $\mathscr{N}$ 的基分别是 $\boldsymbol{a}_1,\cdots,\boldsymbol{a}_p$ 和 $\boldsymbol{a}_1,\cdots,\boldsymbol{a}_p,\boldsymbol{a}_{p+1},\cdots,\boldsymbol{a}_q$. 如果 $\boldsymbol{Bx}\in\mathscr{B}$, 那么 $\boldsymbol{ABx}=\boldsymbol{O}$, 因而 $\boldsymbol{x}\in\mathscr{N}$. 反之, 如果 $\boldsymbol{x}\in\mathscr{N}$, 那么 $\boldsymbol{Bx}\in\mathscr{B}$. 因此 $\mathscr{B}$ 由 $\boldsymbol{Ba}_1,\cdots,\boldsymbol{Ba}_q$ 生成; 又因为 $\boldsymbol{a}_1,\cdots,\boldsymbol{a}_p\in\mathscr{M}$ 蕴涵 $\boldsymbol{Ba}_1,\cdots,\boldsymbol{Ba}_p=\boldsymbol{O}$, 所以实际上 $\boldsymbol{B}$ 由 $\boldsymbol{Ba}_{p+1},\cdots,\boldsymbol{Ba}_q$ 生成. 我们来证明这些向量线性无关. 事实上, 若

$$c_1\boldsymbol{Ba}_{p+1}+\cdots+c_{q-p}\boldsymbol{Ba}_q=\boldsymbol{O},$$

其中 $c_j(j=1,\cdots,q-p)$ 不全为 0, 则有 $\boldsymbol{B}(c_1\boldsymbol{a}_{p+1}+\cdots+c_{q-p}\boldsymbol{a}_q)=\boldsymbol{O}$, 于是 $c_1\boldsymbol{a}_{p+1}+\cdots+c_{q-p}\boldsymbol{a}_q\in\mathscr{M}$, 从而

$$c_1\boldsymbol{a}_{p+1}+\cdots+c_{q-p}\boldsymbol{a}_q=d_1\boldsymbol{a}_1+\cdots+d_p\boldsymbol{a}_p,$$

其中 $d_i(i=1,\cdots,p)$ 不全为 0. 但是上式与 $\boldsymbol{a}_1,\cdots,\boldsymbol{a}_q$ 的定义矛盾, 因此 $\boldsymbol{B}\boldsymbol{a}_{p+1},\cdots,\boldsymbol{B}\boldsymbol{a}_q$ 确实线性无关, 它们构成 $\mathscr{B}$ 的一组基. 由此推出 $\dim\mathscr{B}=q-p=\big(n-r(\boldsymbol{AB})\big)-\big(n-r(\boldsymbol{B})\big)=r(\boldsymbol{B})-r(\boldsymbol{AB})$. □

注　关于 $m\times n$ 矩阵 $\boldsymbol{A}$ 的零空间 (核) 和像空间 (值域) 的维数关系式

$$\dim\operatorname{Im}(\boldsymbol{A})+\dim\operatorname{Ker}(\boldsymbol{A})=n\quad(\text{矩阵 }\boldsymbol{A}\text{ 的列数}),\quad \dim\operatorname{Im}(\boldsymbol{A})=r(\boldsymbol{A}),$$

可参见屠伯埙, 等. 高等代数 [M]. 上海: 上海科学技术出版社,1987:401. 对于 $m=n$ 的特殊情形还可见北京大学数学力学系. 高等代数 [M]. 北京: 人民教育出版社,1978.

例 3.1.4　设 n 阶方阵 $\boldsymbol{A}$ 是幂等的 (即满足 $\boldsymbol{A}^2=\boldsymbol{A}$), 证明:$\mathbb{C}^n=\operatorname{Im}(\boldsymbol{A})\oplus\operatorname{Im}(\boldsymbol{I}-\boldsymbol{A})$(其中 $\boldsymbol{I}$ 是 n 阶单位方阵).

解　令

$$W_1=\{\boldsymbol{w}_1\in\mathbb{C}^n\mid \boldsymbol{A}\boldsymbol{w}_1=\boldsymbol{w}_1,\},$$
$$W_2=\{\boldsymbol{w}_2\in\mathbb{C}^n\mid \boldsymbol{A}\boldsymbol{w}_2=\boldsymbol{O}\}.$$

读者容易自行验证 W_1,W_2 是 $\mathbb{C}^n$ 的子空间. 对于任意 $\boldsymbol{w}\in\mathbb{C}^n$, 可将它表示为 $\boldsymbol{w}=\boldsymbol{A}\boldsymbol{w}+(\boldsymbol{w}-\boldsymbol{A}\boldsymbol{w})$, 于是 (注意 $\boldsymbol{A}^2=\boldsymbol{A}$)

$$\boldsymbol{A}(\boldsymbol{A}\boldsymbol{w})=\boldsymbol{A}^2\boldsymbol{w}=\boldsymbol{A}\boldsymbol{w},$$
$$\boldsymbol{A}(\boldsymbol{w}-\boldsymbol{A}\boldsymbol{w})=\boldsymbol{A}\boldsymbol{w}-\boldsymbol{A}^2\boldsymbol{w}=\boldsymbol{A}\boldsymbol{w}-\boldsymbol{A}\boldsymbol{w}=\boldsymbol{O},$$

因而 $\boldsymbol{A}\boldsymbol{w}\in W_1,\boldsymbol{w}-\boldsymbol{A}\boldsymbol{w}\in W_2$. 此外, 若 $\boldsymbol{w}\in W_1\cap W_2$, 则由 W_1 的定义知 $\boldsymbol{A}\boldsymbol{w}=\boldsymbol{w}$, 由 W_2 的定义知 $\boldsymbol{A}\boldsymbol{w}=\boldsymbol{O}$, 所以 $\boldsymbol{w}=\boldsymbol{O}$. 这表明 $W_1\cap W_2=\{\boldsymbol{O}\}$. 于是我们证明了

$$\mathbb{C}^n=W_1\oplus W_2.$$

由此可知任何 $\boldsymbol{w}\in\mathbb{C}^n$ 可表示为 $\boldsymbol{w}=\boldsymbol{w}_1+\boldsymbol{w}_2$, 其中 $\boldsymbol{w}_1\in W_1,\boldsymbol{w}_2\in W_2$, 并且

$$\boldsymbol{A}\boldsymbol{w}=\boldsymbol{A}(\boldsymbol{w}_1+\boldsymbol{w}_2)=\boldsymbol{A}\boldsymbol{w}_1+\boldsymbol{A}\boldsymbol{w}_2=\boldsymbol{w}_1+\boldsymbol{O}=\boldsymbol{w}_1\in W_1.$$

因此

$$W_1=\operatorname{Im}(\boldsymbol{A}),\quad W_2=\operatorname{Ker}(\boldsymbol{A}),$$

最后注意由 $\boldsymbol{A}\boldsymbol{w}=\boldsymbol{w}$ 可推出 $\operatorname{Ker}(\boldsymbol{A})=\operatorname{Im}(\boldsymbol{I}-\boldsymbol{A})$, 所以 $\mathbb{C}^n=\operatorname{Im}(\boldsymbol{A})\oplus\operatorname{Im}(\boldsymbol{I}-\boldsymbol{A})$. □

例 3.1.5　设 σ 是数域 K 上的向量空间 $\mathscr{R}$ 的一个线性变换, 则 $\mathscr{R}_0=\{\boldsymbol{x}\mid\boldsymbol{x}\in\mathscr{R},\sigma\boldsymbol{x}=\boldsymbol{O}\}$ 形成 $\mathscr{R}$ 的 (线性) 子空间, 并且 $\dim\mathscr{R}=\dim\sigma\mathscr{R}+\dim\mathscr{R}_0$.

解　容易验证 $\mathscr{R}_0$ 是 $\mathscr{R}$ 的子空间 (留待读者证明). 设 $\dim\mathscr{R}_0=s$, 令 $\boldsymbol{u}_1,\cdots,\boldsymbol{u}_s$ 是它的一组基, 那么 $\sigma\boldsymbol{u}_k=\boldsymbol{O}(k=1,\cdots,s)$, 并且存在向量 $\boldsymbol{u}_{s+1},\cdots,\boldsymbol{u}_n$, 使 $\boldsymbol{u}_1,\cdots,\boldsymbol{u}_s,\boldsymbol{u}_{s+1},\cdots,\boldsymbol{u}_n$

形成 $\mathscr{R}$ 的一组基. 空间 $\mathscr{R}$ 的任一向量 $\boldsymbol{x}$ 表示为 $a_1\boldsymbol{u}_1+\cdots+a_s\boldsymbol{u}_s+a_{s+1}\boldsymbol{u}_{s+1}+\cdots+a_n\boldsymbol{u}_n$(其中 $a_k\in K$), 于是由

$$\sigma\boldsymbol{x}=a_1\sigma\boldsymbol{u}_1+\cdots+a_s\sigma\boldsymbol{u}_s+a_{s+1}\sigma\boldsymbol{u}_{s+1}+\cdots+a_n\sigma\boldsymbol{u}_n=a_{s+1}\sigma\boldsymbol{u}_{s+1}+\cdots+a_n\sigma\boldsymbol{u}_n$$

可知 $\sigma\boldsymbol{u}_{s+1},\cdots,\sigma\boldsymbol{u}_n$ 生成 $\sigma\mathscr{R}$. 只需证明 $\sigma\boldsymbol{u}_{s+1},\cdots,\sigma\boldsymbol{u}_n$ 在 K 上线性无关, 即得 $\dim\sigma\mathscr{R}=n-s$, 从而题中结论成立. 设数 $c_k\in K(k=1,\cdots,n-s)$ 是任意 $n-s$ 个数, 使得 $c_1\sigma\boldsymbol{u}_{s+1}+\cdots+c_{n-s}\sigma\boldsymbol{u}_n=\boldsymbol{O}$, 则得 $\sigma(c_1\boldsymbol{u}_{s+1}+\cdots+c_{n-s}\boldsymbol{u}_n)=\boldsymbol{O}$, 因此 $c_1\boldsymbol{u}_{s+1}+\cdots+c_{n-s}\boldsymbol{u}_n\in\mathscr{R}_0$. 由于 $\boldsymbol{u}_{s+1},\cdots,\boldsymbol{u}_n$ 在 K 上线性无关, 所以 $c_1=\cdots=c_{n-s}=0$. 于是本题得证. □

* **例 3.1.6** 设 $n\geqslant 3.\boldsymbol{A}=(a_{ij})$ 是 n 阶方阵, 其中

$$a_{ij}=\begin{cases}a & (\text{当 } i=j),\\ 1 & (\text{当 } i\neq j).\end{cases}$$

令 $W=\{\boldsymbol{x}\in\mathbb{R}^n\mid \boldsymbol{A}\boldsymbol{x}=\boldsymbol{O}\}$. 确定 a 使 $\dim W=1$, 并求相应的 W 的基.

解 W 是线性空间 $\mathbb{R}^n$ 的子空间. 若 $\dim W=1$, 则 $\boldsymbol{A}\boldsymbol{x}=\boldsymbol{O}$ 有非零解, 因此 $\det\boldsymbol{A}=0$. 算出 $\det\boldsymbol{A}=(a-1)^{n-1}(a+n-1)$(参见习题 1.4(1)), 由 $(a-1)^{n-1}(a+n-1)=0$ 得 $a=1$ 或 $a=1-n$.

若 $a=1$, 则 $\boldsymbol{x}=(x_1,x_2,\cdots,x_n)'\in W\Leftrightarrow\boldsymbol{A}\boldsymbol{x}=\boldsymbol{O}\Leftrightarrow x_1+x_2+\cdots+x_n=0$, 因此 $\dim W=n-1$. 因为 $n\geqslant 3$, 所以 $\dim W=n-1\geqslant 2$, 不可能等于 1, 所以舍去 $a=1$.

若 $a=1-n$, 则 $\boldsymbol{x}_0=(1,1,\cdots,1)'\neq\boldsymbol{O}$ 满足 $\boldsymbol{A}\boldsymbol{x}_0=\boldsymbol{O}$, 且 $r(\boldsymbol{A})=n-1$(因为 $\boldsymbol{A}$ 的 $n-1$ 阶主子式不等于 0), 于是 $\dim W=1$, 而 $\boldsymbol{x}_0=(1,1,\cdots,1)'$ 是 W 的基. □

* **例 3.1.7** 设 $T_1,T_2,\cdots,T_n$ 是数域上线性空间 V 的非零线性变换, 试证明存在向量 $\boldsymbol{\alpha}\in V$, 使得 $T_i(\boldsymbol{\alpha})\neq 0\,(i=1,2,\cdots,n)$.

解 令

$$V_i=\operatorname{Ker}(T_i)=\{\boldsymbol{x}\in V\mid T_i(\boldsymbol{x})=\boldsymbol{O}\}\quad(i=1,2,\cdots,n)$$

(这是 V 的子空间). 因为 T_i 是非零线性变换, 所以存在 $\boldsymbol{x}\in V$ 使 $T_i(\boldsymbol{x})\neq\boldsymbol{O}$, 从而 $x\in V\setminus V_i$, 即 V_i 是 V 的真子空间. 我们只需证明: 存在 $\boldsymbol{\alpha}\in V$, 满足 $\boldsymbol{\alpha}\notin V_i\,(i=1,2,\cdots,n)$.

对 n 用数学归纳法.$n=1$ 时结论显然成立 (因为 $V\setminus V_1$ 非空). 设 $n=k(\geqslant 1)$ 时结论成立, 即存在 $\boldsymbol{\alpha}_0\in V$, 满足 $\boldsymbol{\alpha}_0\notin V_i\,(i=1,2,\cdots,k)$. 考虑 $n=k+1$ 的情形. 若此时 $\boldsymbol{\alpha}_0\notin V_{k+1}$, 则结论成立. 不然 $\boldsymbol{\alpha}_0\in V_{k+1}$. 因为 V_{k+1} 是 V 的真子空间, 所以存在 $\boldsymbol{\beta}\in V\setminus V_{k+1}$. 于是 $k+1$ 个向量

$$\boldsymbol{\beta},\quad \boldsymbol{\beta}+\boldsymbol{\alpha}_0,\quad \boldsymbol{\beta}+2\boldsymbol{\alpha}_0,\quad \cdots,\quad \boldsymbol{\beta}+k\boldsymbol{\alpha}_0$$

全不属于子空间 V_{k+1}(不然 $\boldsymbol{\beta}$ 将属于 V_{k+1}). 如果它们中有一个不属于任何子空间 $V_1,\cdots,V_k$, 即有一个不属于

$$\mathscr{V}=\bigcup_{i=1}^{k}V_i,$$

那么结论已经成立. 但若不然, 则上述 $k+1$ 个向量全属于 $\mathscr{V}$, 那依抽屉原理, 其中至少有 2 个同属于 k 个子空间 $V_1,\cdots,V_k$ 中的某个, 例如 V_1. 设它们是 $\boldsymbol{\beta}+s\boldsymbol{\alpha}_0$ 和 $\boldsymbol{\beta}+t\boldsymbol{\alpha}_0$, 其中

$s \neq t$. 于是

$$\boldsymbol{\alpha}_0 = \frac{1}{s-t}\big((\boldsymbol{\beta}+s\boldsymbol{\alpha}_0)-(\boldsymbol{\beta}+t\boldsymbol{\alpha}_0)\big)$$

属于 V_1, 这与归纳假设矛盾. □

例 3.1.8 证明:T 为数域 K 上 n 维线性空间 V_n 中数乘变换 (即 T 将任何向量 $\boldsymbol{x} \in V_n$ 映为 $c\boldsymbol{x}$, 其中 $c \in K$ 是一个常数), 当且仅当在 V_n 的任一组基 T 下的矩阵均是数量矩阵 (纯量矩阵)$c\boldsymbol{I}_n$.

解 (i) 设 T 是数乘变换. 任取 V_n 的一组基 $\boldsymbol{f}_1,\boldsymbol{f}_2,\cdots,\boldsymbol{f}_n$, 则 $T\boldsymbol{f}_i = c\boldsymbol{f}_i(i=1,2,\cdots,n)$. 于是

$$T(\boldsymbol{f}_1,\boldsymbol{f}_2,\cdots,\boldsymbol{f}_n) = (T\boldsymbol{f}_1,T\boldsymbol{f}_2,\cdots,T\boldsymbol{f}_n) = (c\boldsymbol{f}_1,c\boldsymbol{f}_2,\cdots,c\boldsymbol{f}_n) = (\boldsymbol{f}_1,\boldsymbol{f}_2,\cdots,\boldsymbol{f}_n)(c\boldsymbol{I}_n),$$

因此 T 在基 $\boldsymbol{f}_i$ 下的矩阵是 $c\boldsymbol{I}_n$.

(ii) 反之, 设在 V_n 的任一组基 $\boldsymbol{f}_i$ 下, T 的矩阵均是数量矩阵, 即存在 $c \in K$, 使得

$$T(\boldsymbol{f}_1,\boldsymbol{f}_2,\cdots,\boldsymbol{f}_n) = (\boldsymbol{f}_1,\boldsymbol{f}_2,\cdots,\boldsymbol{f}_n)(c\boldsymbol{I}_n).$$

因为数域 K 上 n 维线性空间 V_n 同构于 P 上 n 数组形成的线性空间, 所以不妨认为 V_n 中任一向量 $\boldsymbol{x} = (x_1,x_2,\cdots,x_n) = \sum\limits_{i=1}^{n} x_i\boldsymbol{e}_i$(此处 $\boldsymbol{e}_1 = (1,0,\cdots,0)$, 等等), 于是我们有

$$T\boldsymbol{x} = T\left(\sum_{i=1}^{n} x_i\boldsymbol{e}_i\right) = \sum_{i=1}^{n} x_i(T\boldsymbol{e}_i) = \sum_{i=1}^{n} x_i(c\boldsymbol{e}_i) = c\sum_{i=1}^{n} x_i\boldsymbol{e}_i = c\boldsymbol{x}.$$

因此 T 是 V_n 中的数乘变换. □

例 3.1.9 若 T 是数域 K 上 n 维线性空间 V_n 中的一个线性变换, 在 V_n 的任何一组基下的矩阵都相同, 则 T 是数乘变换.

解 解法 1 设 (列向量)$\boldsymbol{e}_i(i=1,2,\cdots,n)$ 是 V_n 的一组基, T 在这组基下的矩阵是 $\boldsymbol{C} = (c_{ij})$, 还任取 n 阶可逆矩阵 $\boldsymbol{X}$, 令

$$(\boldsymbol{f}_1,\boldsymbol{f}_2,\cdots,\boldsymbol{f}_n) = (\boldsymbol{e}_1,\boldsymbol{e}_2,\cdots,\boldsymbol{e}_n)\boldsymbol{X},$$

则 $\boldsymbol{f}_i$ 也是 V_n 的一组基, 并且 T 在这组基下的矩阵是 $\boldsymbol{X}^{-1}\boldsymbol{C}\boldsymbol{X}$. 于是由题设得到 $\boldsymbol{X}\boldsymbol{C} = \boldsymbol{C}\boldsymbol{X}$, 即 $\boldsymbol{C}$ 可与所有可逆矩阵交换. 特别取 $\boldsymbol{X}_1 = \mathrm{diag}(1,2,\cdots,n)$, 则 $\boldsymbol{C}\boldsymbol{X}_1 = \boldsymbol{X}_1\boldsymbol{C}$, 比较等式两边相同位置的元素可知 $c_{ij} = 0(i \neq j)$. 于是 $\boldsymbol{C}$ 是对角方阵, 即

$$\boldsymbol{C} = \mathrm{diag}(c_{11},c_{22},\cdots,c_{nn}).$$

进而取

$$\boldsymbol{X}_2 = \begin{pmatrix} 0 & 1 & 0 & \cdots & 0 \\ 0 & 0 & 1 & \cdots & 0 \\ \vdots & \vdots & \vdots & & \vdots \\ 0 & 0 & 0 & \cdots & 1 \\ 1 & 0 & 0 & \cdots & 0 \end{pmatrix},$$

则 $CX_2 = X_2C$, 比较等式两边相同位置的元素可知 $c_{11} = c_{22} = \cdots = c_{nn}(= c)$. 于是 $C = cI_n$, 从而依例 3.1.8, T 是数乘变换.

解法 2 如解法 1 所证, 矩阵 C 是对角方阵:

$$C = \mathrm{diag}(c_{11}, c_{22}, \cdots, c_{nn}).$$

并且可与任何可逆矩阵交换. 特别地, 任取一个可逆矩阵 $P = (p_{ij})$, 其中 $p_{12}, p_{13}, \cdots, p_{1n}$ 全不为零, 则有 $PC = CP$, 即

$$\begin{pmatrix} c_{11}p_{11} & c_{11}p_{12} & \cdots & c_{11}p_{1n} \\ c_{22}p_{21} & c_{22}p_{22} & \cdots & c_{22}p_{2n} \\ \vdots & \vdots & & \vdots \\ c_{nn}p_{n1} & c_{nn}p_{n2} & \cdots & c_{nn}p_{nn} \end{pmatrix} = \begin{pmatrix} c_{11}p_{11} & c_{22}p_{12} & \cdots & c_{nn}p_{1n} \\ c_{11}p_{21} & c_{22}p_{22} & \cdots & c_{nn}p_{2n} \\ \vdots & \vdots & & \vdots \\ c_{11}p_{n1} & c_{22}p_{n2} & \cdots & c_{nn}p_{nn} \end{pmatrix}.$$

比较等式两边相同位置的元素即得 $c_{11} = c_{22} = \cdots = c_{nn}(= c)$.

解法 3 (i) 设 $e_i(i = 1, 2, \cdots, n)$ 是 V_n 的一组基, T 在这组基下的矩阵是 $C = (c_{ij})$. 取 $X = \mathrm{diag}(x_1, x_2, \cdots, x_n)$, 其中 $x_i \in K$ 两两互异且不为零. 那么 X 可逆, 于是向量组

$$(f_1, f_2, \cdots, f_n) = (e_1, e_2, \cdots, e_n)X$$

也是 V_n 的一组基, 并且 T 在这组基下的矩阵是 $X^{-1}CX$. 依题设得到 $CX = XC$(注意: 此等式与解法 2 中的等式 $PC = CP$ 具有类似的特征, 只是此处的对角阵 X 相当于那里的 C, 而此处的 C 相当于那里的 P). 比较等式两边相同位置的元素 (应用 X 的特殊取法), 得知 $c_{ij} = 0(i \neq j)$, 即 C 是对角阵:

$$C = \mathrm{diag}(c_{11}, c_{22}, \cdots, c_{nn}).$$

(ii) 由

$$T(e_1, e_2, \cdots, e_n) = (e_1, e_2, \cdots, e_n)C$$

(比较等式两边的第 1 列) 知

$$Te_1 = c_{11}e_1.$$

又由题设, T 在基 $e_2, e_1, \cdots, e_n$ 下的矩阵也是 C, 所以

$$T(e_2, e_1, \cdots, e_n) = (e_2, e_1, \cdots, e_n)C,$$

从而 (比较等式两边的第 2 列)

$$Te_1 = c_{22}e_1.$$

由类似的推理, 一般地得到

$$Te_1 = c_{kk}e_1 \quad (k = 1, 2, \cdots, n).$$

因此 $c_{11} = c_{22} = \cdots = c_{nn}$. 于是得到所要的结论. □

注 **1°** 在解法 1 中证得 C 可与所有可逆矩阵交换后, 也可引用补充习题 7.5 推出 C 为数量矩阵, 从而 T 是数乘变换.

2° 解法 3 的步骤 (i) 中证明了: 与对角阵 $X = \mathrm{diag}(x_1, x_2, \cdots, x_n)$ (其中 x_i 两两互异且不为零) 可交换的矩阵也是对角阵(还可参见例 2.4.3(1), 只要求 x_i 两两互异).

3.2　方阵的特征值和特征向量

例 3.2.1　设

$$A=\begin{pmatrix}b&c&a\\c&a&b\\a&b&c\end{pmatrix},\quad B=\begin{pmatrix}c&a&b\\a&b&c\\b&c&a\end{pmatrix},\quad C=\begin{pmatrix}a&b&c\\b&c&a\\c&a&b\end{pmatrix}.$$

证明:

(1) $\boldsymbol{B},\boldsymbol{C}$ 与 $\boldsymbol{A}$ 有相同的特征多项式.

(2) 若 $\boldsymbol{BC}=\boldsymbol{CB}$, 则 $\boldsymbol{A}$ 至少有 2 个特征值等于 0.

解　(1) $\boldsymbol{A}$ 的特征多项式

$$\varphi_{\boldsymbol{A}}(x)=\det(x\boldsymbol{I}_3-\boldsymbol{A})=\begin{vmatrix}x-b&-c&-a\\-c&x-a&-b\\-a&-b&x-c\end{vmatrix},$$

将右边行列式第 2,3 列与第 1 列相加, 可得

$$\begin{aligned}\varphi_{\boldsymbol{A}}(x)&=\begin{vmatrix}x-a-b-c&-c&-a\\x-a-b-c&x-a&-b\\x-a-b-c&-b&x-c\end{vmatrix}=(x-a-b-c)\begin{vmatrix}1&-c&-a\\1&x-a&-b\\1&-b&x-c\end{vmatrix}\\&=(x-a-b-c)(x^2-a^2-b^2-c^2+ab+bc+ca),\end{aligned}$$

此式关于 a,b,c 对称, 而 $\boldsymbol{B},\boldsymbol{C}$ 是由 $\boldsymbol{A}$ 作文字 a,b,c 间的适当置换得到, 所以 $\boldsymbol{B},\boldsymbol{C}$ 与 $\boldsymbol{A}$ 有相同的特征多项式.

(2) 若 $\boldsymbol{BC}=\boldsymbol{CB}$, 则比较两边对应元素可知 $a^2+b^2+c^2=ab+bc+ca$, 从而由本例问题 (1) 得到

$$\varphi_{\boldsymbol{A}}(x)=x^2(x-a-b-c),$$

因此 $\boldsymbol{A}$ 至少有 2 个特征值等于 0. □

* **例 3.2.2**　若 $\boldsymbol{A},\boldsymbol{B}$ 分别是 $m\times n,n\times m$ 矩阵, 则 $\boldsymbol{AB}$ 和 $\boldsymbol{BA}$ 有相同的非零特征值 (计及重数).

解　我们给出 6 种解法.

解法 1　因为

$$\begin{pmatrix}\boldsymbol{I}_m&-\boldsymbol{A}\\\boldsymbol{O}&\lambda\boldsymbol{I}_n\end{pmatrix}\begin{pmatrix}\lambda\boldsymbol{I}_m&\boldsymbol{A}\\\boldsymbol{B}&\boldsymbol{I}_n\end{pmatrix}=\begin{pmatrix}\lambda\boldsymbol{I}_m-\boldsymbol{AB}&\boldsymbol{O}\\\lambda\boldsymbol{B}&\lambda\boldsymbol{I}_n\end{pmatrix},$$

$$\begin{pmatrix} \boldsymbol{I}_m & \boldsymbol{O} \\ -\boldsymbol{B} & \lambda \boldsymbol{I}_n \end{pmatrix} \begin{pmatrix} \lambda \boldsymbol{I}_m & \boldsymbol{A} \\ \boldsymbol{B} & \boldsymbol{I}_n \end{pmatrix} = \begin{pmatrix} \lambda \boldsymbol{I}_m & \boldsymbol{A} \\ \boldsymbol{O} & \lambda \boldsymbol{I}_n - \boldsymbol{BA} \end{pmatrix},$$

两边取行列式得

$$\lambda^n |\lambda \boldsymbol{I}_m - \boldsymbol{AB}| = \lambda^m |\lambda \boldsymbol{I}_n - \boldsymbol{BA}|.$$

因此, 若 $\lambda \neq 0$, 则 $|\lambda \boldsymbol{I}_m - \boldsymbol{AB}| = 0$, 当且仅当 $|\lambda \boldsymbol{I}_n - \boldsymbol{BA}| = 0$. 于是 $\boldsymbol{AB}$ 和 $\boldsymbol{BA}$ 有相同的非零特征值 (计及重数).

解法 2 设 $r(\boldsymbol{A}) = s$, 那么存在 m 阶和 n 阶可逆方阵 $\boldsymbol{P}$ 和 $\boldsymbol{Q}$ 使得

$$\boldsymbol{PAQ} = \begin{pmatrix} \boldsymbol{I}_s & \boldsymbol{O}_{s\times(n-s)} \\ \boldsymbol{O}_{(m-s)\times s} & \boldsymbol{O}_{(m-s)\times(n-s)} \end{pmatrix}.$$

记

$$\boldsymbol{Q}^{-1}\boldsymbol{BP}^{-1} = \begin{pmatrix} \boldsymbol{C}_{11} & \boldsymbol{C}_{12} \\ \boldsymbol{C}_{21} & \boldsymbol{C}_{22} \end{pmatrix},$$

此处矩阵分块与 $\boldsymbol{PAQ}$ 的分块方式相同, 于是

$$\begin{aligned} \boldsymbol{P}(\boldsymbol{AB})\boldsymbol{P}^{-1} = \boldsymbol{PAQQ}^{-1}\boldsymbol{BP}^{-1} &= \begin{pmatrix} \boldsymbol{I}_s & \boldsymbol{O}_{s\times(n-s)} \\ \boldsymbol{O}_{(m-s)\times s} & \boldsymbol{O}_{(m-s)\times(n-s)} \end{pmatrix} \begin{pmatrix} \boldsymbol{C}_{11} & \boldsymbol{C}_{12} \\ \boldsymbol{C}_{21} & \boldsymbol{C}_{22} \end{pmatrix} \\ &= \begin{pmatrix} \boldsymbol{C}_{11} & \boldsymbol{C}_{12} \\ \boldsymbol{O}_{(m-s)\times s} & \boldsymbol{O}_{(m-s)\times(n-s)} \end{pmatrix}. \end{aligned}$$

注意 $\boldsymbol{P}(\boldsymbol{AB})\boldsymbol{P}^{-1}$ 与 $\boldsymbol{AB}$ 有相同的特征值, 由此可知 $\boldsymbol{AB}$ 和 $\boldsymbol{C}_{11}$ 有相同的非零特征值. 类似地, 由

$$\begin{aligned} \boldsymbol{Q}^{-1}(\boldsymbol{BA})\boldsymbol{Q} = \boldsymbol{Q}^{-1}\boldsymbol{BP}^{-1}\boldsymbol{PAQ} &= \begin{pmatrix} \boldsymbol{C}_{11} & \boldsymbol{C}_{12} \\ \boldsymbol{C}_{21} & \boldsymbol{C}_{22} \end{pmatrix} \begin{pmatrix} \boldsymbol{I}_s & \boldsymbol{O}_{s\times(n-s)} \\ \boldsymbol{O}_{(m-s)\times s} & \boldsymbol{O}_{(m-s)\times(n-s)} \end{pmatrix} \\ &= \begin{pmatrix} \boldsymbol{C}_{11} & \boldsymbol{O}_{s\times(n-s)} \\ \boldsymbol{C}_{21} & \boldsymbol{O}_{(m-s)\times(n-s)} \end{pmatrix} \end{aligned}$$

推出 $\boldsymbol{BA}$ 和 $\boldsymbol{C}_{11}$ 有相同的非零特征值. 于是 $\boldsymbol{AB}$ 和 $\boldsymbol{BA}$ 有相同的非零特征值 (计及重数).

解法 3 考虑 $m+n$ 阶分块方阵

$$\begin{pmatrix} \boldsymbol{O} & \boldsymbol{O} \\ \boldsymbol{B} & \boldsymbol{O} \end{pmatrix},$$

用 $\boldsymbol{A}$ 左乘第 2 行并加到第 1 行, 得到 $m+n$ 阶分块方阵

$$\begin{pmatrix} \boldsymbol{AB} & \boldsymbol{O} \\ \boldsymbol{B} & \boldsymbol{O} \end{pmatrix};$$

对列作类似的操作, 得到 $m+n$ 阶分块方阵

$$\begin{pmatrix} \boldsymbol{O} & \boldsymbol{O} \\ \boldsymbol{B} & \boldsymbol{BA} \end{pmatrix}.$$

也就是

$$\begin{pmatrix} \boldsymbol{I}_m & \boldsymbol{A} \\ \boldsymbol{O} & \boldsymbol{I}_n \end{pmatrix}\begin{pmatrix} \boldsymbol{O} & \boldsymbol{O} \\ \boldsymbol{B} & \boldsymbol{O} \end{pmatrix}=\begin{pmatrix} \boldsymbol{AB} & \boldsymbol{O} \\ \boldsymbol{B} & \boldsymbol{O} \end{pmatrix},$$

$$\begin{pmatrix} \boldsymbol{O} & \boldsymbol{O} \\ \boldsymbol{B} & \boldsymbol{O} \end{pmatrix}\begin{pmatrix} \boldsymbol{I}_m & \boldsymbol{A} \\ \boldsymbol{O} & \boldsymbol{I}_n \end{pmatrix}=\begin{pmatrix} \boldsymbol{O} & \boldsymbol{O} \\ \boldsymbol{B} & \boldsymbol{BA} \end{pmatrix}.$$

于是

$$\begin{pmatrix} \boldsymbol{I}_m & \boldsymbol{A} \\ \boldsymbol{O} & \boldsymbol{I}_n \end{pmatrix}^{-1}\begin{pmatrix} \boldsymbol{AB} & \boldsymbol{O} \\ \boldsymbol{B} & \boldsymbol{O} \end{pmatrix}\begin{pmatrix} \boldsymbol{I}_m & \boldsymbol{A} \\ \boldsymbol{O} & \boldsymbol{I}_n \end{pmatrix}=\begin{pmatrix} \boldsymbol{O} & \boldsymbol{O} \\ \boldsymbol{B} & \boldsymbol{BA} \end{pmatrix}.$$

可见

$$\begin{pmatrix} \boldsymbol{AB} & \boldsymbol{O} \\ \boldsymbol{B} & \boldsymbol{O} \end{pmatrix} \quad 与 \quad \begin{pmatrix} \boldsymbol{O} & \boldsymbol{O} \\ \boldsymbol{B} & \boldsymbol{BA} \end{pmatrix}$$

相似, 于是 $\boldsymbol{AB}$ 和 $\boldsymbol{BA}$ 有相同的非零特征值 (计及重数).

解法 4　(i) 首先考虑特殊情形 $m=n$. 若 $\boldsymbol{A}$ 可逆, 则 $\boldsymbol{BA}=\boldsymbol{A}^{-1}(\boldsymbol{AB})\boldsymbol{A}$, 即 $\boldsymbol{AB}$ 与 $\boldsymbol{BA}$ 相似, 故得结论. 设 $\boldsymbol{A}$ 不可逆, 即 $|\boldsymbol{A}|\neq 0$. 因为 $f(\varepsilon)=|\varepsilon\boldsymbol{I}+\boldsymbol{A}|$ 是 ε 的多项式, 其零点个数有限, 且是孤立的, 所以由 $f(0)=0$ 可知存在 $\delta>0$, 使得当 $0<\varepsilon<\delta$ 时 $f(\varepsilon)\neq 0$, 因而 $\varepsilon\boldsymbol{I}+\boldsymbol{A}$ 可逆, 从而依刚才所证(用 $\varepsilon\boldsymbol{I}+\boldsymbol{A}$ 代替 $\boldsymbol{A}$)可知 $(\varepsilon\boldsymbol{I}+\boldsymbol{A})\boldsymbol{B}$ 与 $\boldsymbol{B}(\varepsilon\boldsymbol{I}+\boldsymbol{A})$ 相似, 于是它们有相同的特征多项式, 即

$$|\lambda\boldsymbol{I}_n-(\varepsilon\boldsymbol{I}+\boldsymbol{A})\boldsymbol{B}|=|\lambda\boldsymbol{I}_n-\boldsymbol{B}(\varepsilon\boldsymbol{I}+\boldsymbol{A})|.$$

上式两边都是 ε 的连续函数, 令 $\varepsilon\to 0$, 即得

$$|\lambda\boldsymbol{I}_n-\boldsymbol{AB}|=|\lambda\boldsymbol{I}_n-\boldsymbol{BA}|,$$

于是 $\boldsymbol{AB}$ 和 $\boldsymbol{BA}$ 有相同的非零特征值 (计及重数).

(ii) 现在设 $m\neq n$, 不妨设 $m<n$. 适当添加零行或零列, 定义 n 阶方阵

$$\boldsymbol{A}_1=\begin{pmatrix} \boldsymbol{A} \\ \boldsymbol{O} \end{pmatrix},\quad \boldsymbol{B}_1=\begin{pmatrix} \boldsymbol{B} & \boldsymbol{O} \end{pmatrix},$$

则有

$$\boldsymbol{A}_1\boldsymbol{B}_1=\begin{pmatrix} \boldsymbol{AB} & \boldsymbol{O} \\ \boldsymbol{O} & \boldsymbol{O} \end{pmatrix},\quad \boldsymbol{B}_1\boldsymbol{A}_1=\boldsymbol{BA},$$

依步骤 (i) 中所证知 $\boldsymbol{A}_1\boldsymbol{B}_1$ 与 $\boldsymbol{B}_1\boldsymbol{A}_1$, 从而 $\boldsymbol{AB}$ 和 $\boldsymbol{BA}$ 有相同的非零特征值 (计及重数).

解法 5　设 $\lambda\neq 0$ 是 $\boldsymbol{AB}$ 的特征值, 则存在 $\boldsymbol{x}\neq\boldsymbol{O}$, 使得 $\boldsymbol{ABx}=\lambda\boldsymbol{x}$. 令 $\boldsymbol{y}=\boldsymbol{Bx}$, 则 $\boldsymbol{Ay}=\boldsymbol{ABx}=\lambda\boldsymbol{x}\neq\boldsymbol{O}$, 因此 $\boldsymbol{y}\neq\boldsymbol{O}$, 并且 $\boldsymbol{BAy}=\boldsymbol{BABx}=\boldsymbol{B}(\boldsymbol{ABx})=\boldsymbol{B}(\lambda\boldsymbol{x})=\lambda(\boldsymbol{Bx})=\lambda\boldsymbol{y}$, 可见 λ 也是 $\boldsymbol{BA}$ 的 (非零) 特征值. 类似地可证 $\boldsymbol{BA}$ 的 (非零) 特征值也是 $\boldsymbol{AB}$ 的特征值.

解法 6　(i) 首先证明: $\boldsymbol{I}_m-\boldsymbol{AB}$ 可逆, 当且仅当 $\boldsymbol{I}_n-\boldsymbol{BA}$ 可逆, 这可由解法 1 推出, 下面补充另一证法: 设 $\boldsymbol{X}=(\boldsymbol{I}_m-\boldsymbol{AB})^{-1}$ 存在, 则有

$$(\boldsymbol{I}_n-\boldsymbol{BA})(\boldsymbol{I}_n+\boldsymbol{BXA})=\boldsymbol{I}_n+\boldsymbol{BXA}-\boldsymbol{BA}-\boldsymbol{BABXA}$$

$$
\begin{aligned}
&= \boldsymbol{I}_n + (\boldsymbol{BXA} - \boldsymbol{BABXA}) - \boldsymbol{BA}\\
&= \boldsymbol{I}_n + \boldsymbol{B}(\boldsymbol{I}_m - \boldsymbol{AB})\boldsymbol{XA} - \boldsymbol{BA}\\
&= \boldsymbol{I}_n + \boldsymbol{BA} - \boldsymbol{BA} = \boldsymbol{I}_n,
\end{aligned}
$$

因此 $\boldsymbol{I}_n - \boldsymbol{BA}$ 可逆. 类似地, 可证: 若 $\boldsymbol{I}_n - \boldsymbol{BA}$ 可逆, 则 $\boldsymbol{I}_m - \boldsymbol{AB}$ 也可逆.

(ii) 设 $\lambda \neq 0$ 是 $\boldsymbol{AB}$ 的特征值, 则存在 $\boldsymbol{x} \neq \boldsymbol{O}$, 使得 $\boldsymbol{ABx} = \lambda\boldsymbol{x}$. 记 $\boldsymbol{A}_1 = \lambda^{-1}\boldsymbol{A}$, 则有 $\boldsymbol{A}_1\boldsymbol{Bx} = \boldsymbol{x}$, 于是 $(\boldsymbol{A}_1\boldsymbol{B} - \boldsymbol{I}_m)\boldsymbol{x} = \boldsymbol{O}$ 有非零解, 从而 $\boldsymbol{I}_m - \boldsymbol{A}_1\boldsymbol{B}$ 不可逆. 依步骤 (i) 中所证, $\boldsymbol{I}_n - \boldsymbol{BA}_1$ 也不可逆, 于是 $(\boldsymbol{I}_n - \boldsymbol{BA}_1)\boldsymbol{y} = \boldsymbol{O}$ 有非零解 $\boldsymbol{y}$. 由此推出 $(\boldsymbol{I}_n - \boldsymbol{B}\lambda^{-1}\boldsymbol{A})\boldsymbol{y} = \boldsymbol{O}$, 也就是 $\boldsymbol{BA}y = \lambda\boldsymbol{y}$, 即 $\lambda \neq 0$ 也是 $\boldsymbol{BA}$ 的特征值. 类似地, 可证 $\boldsymbol{BA}$ 的 (非零) 特征值也是 $\boldsymbol{AB}$ 的特征值. □

注 **1°** 解法 5 和 6 不能提供关于特征值的重数的信息.

2° 考虑特殊情形: 设 $\boldsymbol{A},\boldsymbol{B}$ 是同阶方阵. 若其中有一个 (例如 $\boldsymbol{A}$) 可逆, 则

$$\boldsymbol{A}^{-1}(\lambda\boldsymbol{I}_n - \boldsymbol{AB})\boldsymbol{A} = (\lambda\boldsymbol{I}_n - \boldsymbol{BA}),$$

于是

$$|\lambda\boldsymbol{I}_n - \boldsymbol{AB}| = |\boldsymbol{A}^{-1}(\lambda\boldsymbol{I}_n - \boldsymbol{AB})\boldsymbol{A}| = |\lambda\boldsymbol{I}_n - \boldsymbol{BA}|.$$

若 $\boldsymbol{A},\boldsymbol{B}$ 均不可逆, 那么 $\det(\boldsymbol{A} + \varepsilon\boldsymbol{I}_n)$ 作为 ε 的多项式是 ε 的连续函数, 而且只有有限多个 (孤立) 零点, $\varepsilon = 0$ 是其一个零点, 所以存在 $\delta > 0$, 使当 $0 < \varepsilon < \delta$ 时 $\det(\boldsymbol{A} + \varepsilon\boldsymbol{I}_n) \neq 0$, 从而 $\boldsymbol{A} + \varepsilon\boldsymbol{I}_n$ 可逆. 依刚才所证,

$$|\lambda\boldsymbol{I}_n - (\boldsymbol{A} + \varepsilon\boldsymbol{I}_n)\boldsymbol{B}| = |\lambda\boldsymbol{I}_n - \boldsymbol{B}(\boldsymbol{A} + \varepsilon\boldsymbol{I}_n)|,$$

或

$$|\lambda\boldsymbol{I}_n - \boldsymbol{AB} - \varepsilon\boldsymbol{B}| - |\lambda\boldsymbol{I}_n - \boldsymbol{BA} - \varepsilon\boldsymbol{B}| = 0.$$

等式左边作为 ε 的多项式, 在区间 $(0,\delta)$ 上恒等于零, 因此是零多项式, 从而对任何 ε,

$$|\lambda\boldsymbol{I}_n - \boldsymbol{AB} - \varepsilon\boldsymbol{B}| = |\lambda\boldsymbol{I}_n - \boldsymbol{BA} - \varepsilon\boldsymbol{B}|.$$

特别地, 取 $\varepsilon = 0$, 也推出

$$|\lambda\boldsymbol{I}_n - \boldsymbol{AB}| = |\lambda\boldsymbol{I}_n - \boldsymbol{BA}|$$

(以上证明与习题 1.5(1) 的证明方法是类似的). 因此, 对于任何同阶方阵 $\boldsymbol{A},\boldsymbol{B}$, 方阵 $\boldsymbol{AB}$ 与 $\boldsymbol{BA}$ 有相同的特征多项式 (从而有相同的特征值).

* **例 3.2.3** 求 n 阶巡回方阵

$$\boldsymbol{A}_n = \mathrm{circ}(a_1, a_2, \cdots, a_n) = \begin{pmatrix} a_1 & a_2 & a_3 & \cdots & a_{n-1} & a_n \\ a_n & a_1 & a_2 & \cdots & a_{n-2} & a_{n-1} \\ a_{n-1} & a_n & a_1 & \cdots & a_{n-3} & a_{n-2} \\ \vdots & \vdots & \vdots & & \vdots & \vdots \\ a_2 & a_3 & a_4 & \cdots & a_n & a_1 \end{pmatrix}$$

(其中 a_j 是任意复数) 的所有特征值及相应的特征向量.

解　(i) 令

$$\boldsymbol{P}=\begin{pmatrix}0&1&0&\cdots&0\\0&0&1&\cdots&0\\\vdots&\vdots&\vdots&&\vdots\\0&0&0&\cdots&1\\1&0&0&\cdots&0\end{pmatrix}=\begin{pmatrix}\boldsymbol{O}&\boldsymbol{I}_{n-1}\\1&\boldsymbol{O}\end{pmatrix},$$

$$f(x)=a_1+a_2x+\cdots+a_nx^{n-1},$$

其中 $\boldsymbol{O}$ 是某些 (适当阶的) 元素全为 0 的矩阵. 我们首先证明:$\boldsymbol{A}_n=f(\boldsymbol{P})$. 为此应用例 2.1.1(1) 中的方法 (和记号). 因为

$$\boldsymbol{P}=(\boldsymbol{e}_n\quad\boldsymbol{e}_1\quad\boldsymbol{e}_2\quad\cdots\quad\boldsymbol{e}_{n-1})$$

($\boldsymbol{e}_i$ 是单位列向量), 所以

$$\begin{aligned}\boldsymbol{P}^2&=\boldsymbol{P}(\boldsymbol{e}_n\quad\boldsymbol{e}_1\quad\boldsymbol{e}_2\quad\cdots\quad\boldsymbol{e}_{n-1})=(\boldsymbol{P}\boldsymbol{e}_n\quad\boldsymbol{P}\boldsymbol{e}_1\quad\boldsymbol{P}\boldsymbol{e}_2\quad\cdots\quad\boldsymbol{P}\boldsymbol{e}_{n-1})\\&=(\boldsymbol{e}_{n-1}\quad\boldsymbol{e}_n\quad\boldsymbol{e}_1\quad\cdots\quad\boldsymbol{e}_{n-2})\\&=\begin{pmatrix}0&0&1&0&\cdots&0\\0&0&0&1&\cdots&0\\\vdots&\vdots&\vdots&\vdots&&\vdots\\0&0&0&0&\cdots&1\\1&0&0&0&\cdots&0\\0&1&0&0&\cdots&0\end{pmatrix}=\begin{pmatrix}\boldsymbol{O}&\boldsymbol{I}_{n-2}\\\boldsymbol{I}_2&\boldsymbol{O}\end{pmatrix};\end{aligned}$$

类似地, 得到

$$\begin{aligned}\boldsymbol{P}^3&=\boldsymbol{P}\boldsymbol{P}^2=\boldsymbol{P}(\boldsymbol{e}_{n-1}\quad\boldsymbol{e}_n\quad\boldsymbol{e}_1\quad\cdots\quad\boldsymbol{e}_{n-2})\\&=(\boldsymbol{P}\boldsymbol{e}_{n-1}\quad\boldsymbol{P}\boldsymbol{e}_n\quad\boldsymbol{P}\boldsymbol{e}_1\quad\cdots\quad\boldsymbol{P}\boldsymbol{e}_{n-2})=(\boldsymbol{e}_{n-2}\quad\boldsymbol{e}_{n-1}\quad\boldsymbol{e}_n\cdots\quad\boldsymbol{e}_{n-3})\\&=\begin{pmatrix}0&0&0&1&\cdots&0\\0&0&0&0&\cdots&0\\\vdots&\vdots&\vdots&\vdots&&\vdots\\1&0&0&0&\cdots&0\\0&1&0&0&\cdots&0\\0&0&1&0&\cdots&0\end{pmatrix}=\begin{pmatrix}\boldsymbol{O}&\boldsymbol{I}_{n-3}\\\boldsymbol{I}_3&\boldsymbol{O}\end{pmatrix},\end{aligned}$$

一般地, 有

$$\boldsymbol{P}^k=\begin{pmatrix}\boldsymbol{O}&\boldsymbol{I}_{n-k}\\\boldsymbol{I}_k&\boldsymbol{O}\end{pmatrix}\quad(1\leqslant k\leqslant n-1).$$

特别地, 得到

$$P^{n-1}=(e_2\quad e_3\quad e_4\quad\cdots\quad e_1)=\begin{pmatrix}0&0&0&0&\cdots&1\\1&0&0&0&\cdots&0\\0&1&0&0&\cdots&0\\\vdots&\vdots&\vdots&\vdots&&\vdots\\0&0&0&0&\cdots&0\\0&0&0&0&\cdots&0\end{pmatrix}=\begin{pmatrix}O&1\\I_{n-1}&O\end{pmatrix};$$

以及 $\boldsymbol{P}^0=\boldsymbol{P}^n=\boldsymbol{I}_n$, 从而 $\boldsymbol{P}^{n+1}=\boldsymbol{P}$, 等等. 于是可以直接验证 $\boldsymbol{A}_n=f(\boldsymbol{P})$.

(ii) 方阵 $\boldsymbol{P}$ 的特征多项式是

$$|\lambda \boldsymbol{I}-\boldsymbol{P}|=\lambda^n-1=\prod_{k=0}^{n-1}(\lambda-\eta_k),$$

其中

$$\eta_k=\mathrm{e}^{2k\pi\mathrm{i}/n}=\cos\frac{2k\pi}{n}+\mathrm{i}\sin\frac{2k\pi}{n}\quad(k=0,1,\cdots,n-1),$$

因此 $\boldsymbol{P}$ 的所有特征值是 $\eta_k(k=0,1,\cdots,n-1)$. 依步骤 (i) 中所证, $\boldsymbol{A}_n=f(\boldsymbol{P})$ 的所有特征值是 $f(\eta_k)(k=0,1,\cdots,n-1)$.

(iii) 为求相应的特征向量, 先对于每个 $k=0,1,\cdots,n-1$, 解线性方程组

$$(\eta_k\boldsymbol{I}_n-\boldsymbol{P})\boldsymbol{x}=\boldsymbol{O},$$

得到解

$$\boldsymbol{x}_k=(1,\eta_k,\eta_k^2,\cdots,\eta_k^{n-1})',$$

并且 $\boldsymbol{P}\boldsymbol{x}_k=\eta_k\boldsymbol{x}_k$. 于是

$$\begin{aligned}\boldsymbol{A}_n\boldsymbol{x}_k&=f(\boldsymbol{P})\boldsymbol{x}_k=(a_1\boldsymbol{I}_n+a_2\boldsymbol{P}+\cdots+a_n\boldsymbol{P}^{n-1})\boldsymbol{x}_k\\&=a_1\boldsymbol{I}_n\boldsymbol{x}_k+a_2(\boldsymbol{P}\boldsymbol{x}_k)+\cdots+a_n(\boldsymbol{P}^{n-1}\boldsymbol{x}_k)\\&=a_1\boldsymbol{x}_k+a_2\eta_k\boldsymbol{x}_k+\cdots+a_n\eta_k^{n-1}\boldsymbol{x}_k\\&=(a_1+a_2\eta_k+\cdots+a_n\eta_k^{n-1})\boldsymbol{x}_k=f(\eta_k)\boldsymbol{x}_k.\end{aligned}$$

因此 $\boldsymbol{x}_k$ 是 $\boldsymbol{A}_n$ 属于特征值 $f(\eta_k)$ 的一个特征向量. 因为 η_k 两两互异, 特征值 $f(\eta_k)$ 互不相同, 所以 $\boldsymbol{x}_k(k=0,1,\cdots,n-1)$ 线性无关. 因此 $\boldsymbol{x}_k(k=0,1,\cdots,n-1)$ 是所求的特征向量. □

注 上述 n 阶方阵 $\boldsymbol{P}$ 称为本原置换方阵, 除 $\boldsymbol{P}^n=\boldsymbol{I}$ 外, 还可证明 $\boldsymbol{P}'=\boldsymbol{P}^{-1}=\boldsymbol{P}^{n-1}$. 此外, 我们可以直接验证:$n$ 阶方阵 $\boldsymbol{C}$ 是巡回的, 当且仅当 $\boldsymbol{C}=\boldsymbol{P}\boldsymbol{C}\boldsymbol{P}'$.

例 3.2.4　设 a 是实数, $bc>0$, 证明: 三对角方阵

$$\boldsymbol{T}_n=\boldsymbol{T}_n(a,b,c)=\begin{pmatrix} a & b & & & & \\ c & a & b & & & \\ & c & a & b & & \\ & & \ddots & \ddots & \ddots & \\ & & & c & a & b \\ & & & & c & a \end{pmatrix}$$

(空白处元素为 0) 的所有特征值都是实的, 并且属于每个特征值的特征向量形成 1 维空间.

解　(i) 因为 $\det(\lambda\boldsymbol{I}-\boldsymbol{T}_n)$ 是一个三对角行列式, 由例 1.1.3(3) 可知: 若 $\boldsymbol{H}_n=\boldsymbol{T}_n(a,h,\overline{h})$, 其中 h 是取定的非零复数, $\overline{h}$ 是其共轭, 满足 $h\overline{h}=bc$, 则

$$\det(\lambda\boldsymbol{I}-\boldsymbol{H}_n)=\det(\lambda\boldsymbol{I}-\boldsymbol{T}_n).$$

因为 $\boldsymbol{H}_n$ 是 Hermite 方阵, 所以 $\boldsymbol{H}_n$ 的特征值全是实的, 因而 $\det(\lambda\boldsymbol{I}-\boldsymbol{H}_n)=0$ 只有实根, 也就是 $\boldsymbol{T}_n$ 的所有特征值都是实的.

(ii) 设 λ 是 $\boldsymbol{T}_n$ 的任一特征值, $\boldsymbol{x}=(x_1,x_2,\cdots,x_n)'\neq\boldsymbol{O}$ 是 $\boldsymbol{T}_n$ 的属于 λ 的特征向量, 则 $(\lambda\boldsymbol{I}-\boldsymbol{T}_n)\boldsymbol{x}=\boldsymbol{O}$, 也就是

$$\begin{cases} (\lambda-a)x_1-bx_2=0, \\ -cx_1+(\lambda-a)x_2-bx_3=0, \\ \cdots, \\ -cx_{n-2}+(\lambda-a)x_{n-1}-bx_n=0, \\ -cx_{n-1}+(\lambda-a)x_n=0. \end{cases}$$

因为 $b\neq 0$, 所以由第 1 个方程可知 x_2 由 x_1 确定, 由第 2 个方程可知 x_3 由 x_1,x_2 确定, 因而也由 x_1 确定, 等等, 一般地, $x_2,\cdots,x_n$ 全由 x_1 确定. 特别地, 由此推出, 若 x_1 代以 kx_1 (k 为常数), 则 $x_2,\cdots,x_n$ 代以 $kx_2,\cdots,kx_n$, 因此除常数因子外, 特征向量 $\boldsymbol{x}$ 是唯一确定的, 从而属于特征值 λ 的特征向量形成 1 维空间. □

例 3.2.5　设 n 阶矩阵 $\boldsymbol{A}=(a_{ij})$, 其中 $a_{ii}=1+1/n\,(i=1,2,\cdots,n)$, 其余元素都等于 $1/n$.

(1) 求 $\boldsymbol{A}$ 的特征值和特征向量.

(2) 证明 $\boldsymbol{A}$ 可逆, 并求其逆.

解　(1) 解法 1　$\boldsymbol{A}$ 的特征多项式

$$\varphi_{\boldsymbol{A}}(\lambda)=\begin{vmatrix} \lambda-1-\frac{1}{n} & -\frac{1}{n} & \cdots & -\frac{1}{n} \\ -\frac{1}{n} & \lambda-1-\frac{1}{n} & \cdots & -\frac{1}{n} \\ \vdots & \vdots & & \vdots \\ -\frac{1}{n} & -\frac{1}{n} & \cdots & \lambda-1-\frac{1}{n} \end{vmatrix}.$$

将第 $2,3,\cdots,n$ 行都加到第 1 行, 然后在得到的行列式中将第 $2,3,\cdots,n$ 列分别减去第 1

列, 得到

$$\varphi_{\boldsymbol{A}}(\lambda)=\begin{vmatrix}\lambda-2 & 0 & 0 & \cdots & 0\\ -\frac{1}{n} & \lambda-1 & 0 & \cdots & 0\\ \vdots & \vdots & \vdots & & \vdots\\ -\frac{1}{n} & -\frac{1}{n} & \cdots & -\frac{1}{n} & \lambda-1\end{vmatrix}=(\lambda-1)^{n-1}(\lambda-2).$$

因此 $\boldsymbol{A}$ 的特征值是 $1(n-1$ 重) 和 2.

由 $(2\boldsymbol{I}_n-\boldsymbol{A})\boldsymbol{x}=\boldsymbol{O}$, 对系数矩阵实施初等行变换, 将它化为

$$\begin{pmatrix}1 & -1 & & & \\ & 1 & -1 & & \\ & & \ddots & \ddots & \\ & & & 1 & -1\\ & & & & 0\end{pmatrix}$$

(空白处元素为 0), 得到属于特征值 2 的特征向量是 $\boldsymbol{f}_1=(1,1,\cdots,1)'$. 类似地, 由 $(2\boldsymbol{I}_n-\boldsymbol{A})\boldsymbol{x}=\boldsymbol{O}$, 将其系数矩阵化为

$$\begin{pmatrix}1 & 1 & \cdots & 1\\ 0 & 0 & \cdots & 0\\ \vdots & \vdots & & \vdots\\ 0 & 0 & \cdots & 0\end{pmatrix},$$

得到属于特征值 1 的特征向量是

$$\boldsymbol{g}_1=(-1,1,0,\cdots,0)',\quad \boldsymbol{g}_2=(-1,0,1,0,\cdots,0)',$$
$$\cdots,\quad \boldsymbol{g}_{n-1}=(-1,0,\cdots,0,1)'.$$

解法 2 (i) 我们有

$$\boldsymbol{A}=\boldsymbol{I}_n+\frac{1}{n}\boldsymbol{B},$$

其中 $\boldsymbol{B}=(1,1,\cdots,1)'(1,1,\cdots,1)$(即 $\boldsymbol{B}$ 是元素全为 1 的 n 阶方阵). 注意

$$\begin{aligned}\boldsymbol{B}^2&=(1,1,\cdots,1)'(1,1,\cdots,1)\cdot(1,1,\cdots,1)'(1,1,\cdots,1)\\&=(1,1,\cdots,1)'\cdot n\cdot(1,1,\cdots,1)\\&=n(1,1,\cdots,1)'(1,1,\cdots,1)=n\boldsymbol{B},\end{aligned}$$

所以 $\boldsymbol{B}$ 被多项式 $f(x)=x^2-nx=x(x-n)$ 零化, 从而其极小多项式 $m_{\boldsymbol{B}}(x)$ 整除 $f(x)$, 由此推出 $m_{\boldsymbol{B}}(x)$ 的根至多是 0 和 n; 而 $\boldsymbol{B}$ 的特征多项式整除 $m_{\boldsymbol{B}}(x)^n$, 所以 $\boldsymbol{B}$ 的特征值只可能属于集合 $\{0,n\}$. 由于 $\boldsymbol{B}$ 的诸特征值之和等于 $\mathrm{tr}(\boldsymbol{B})=n\big($见习题 3.17(1)$\big)$, 因此 $0,n($其中 0 的重数是 $n-1)$ 就是 $\boldsymbol{B}$ 的全部特征值. 注意 $\boldsymbol{A}$ 的特征多项式

$$\varphi_{\boldsymbol{A}}(\lambda)=|\lambda\boldsymbol{I}_n-\boldsymbol{A}|=\left|\lambda\boldsymbol{I}_n-\boldsymbol{I}_n-\frac{1}{n}\boldsymbol{B}\right|$$

$$=\frac{1}{n^n}|n(\lambda-1)\boldsymbol{I}_n-\boldsymbol{B}|=\frac{1}{n^n}\varphi_{\boldsymbol{B}}\big(n(\lambda-1)\big),$$

当且仅当 $n(\lambda-1)=0$ 或 n 时 $\varphi_{\boldsymbol{A}}(\lambda)=0$, 因此 $\boldsymbol{A}$ 的特征值是 $1(n-1$ 重) 和 2.

(ii) 对于 $\boldsymbol{B}$ 的特征值 n, 由

$$\begin{aligned}\boldsymbol{B}(1,1,\cdots,1)'&=(1,1,\cdots,1)'(1,1,\cdots,1)\cdot(1,1,\cdots,1)'\\&=(1,1,\cdots,1)'\cdot(1,1,\cdots,1)(1,1,\cdots,1)'\\&=(1,1,\cdots,1)'n=n(1,1,\cdots,1)'\end{aligned}$$

可知 $\boldsymbol{B}$ 的属于特征值 n 的特征向量是 $(1,1,\cdots,1)'$. 因为

$$\lambda\boldsymbol{I}_n-\boldsymbol{A}=\lambda\boldsymbol{I}_n-\left(\boldsymbol{I}_n+\frac{1}{n}\boldsymbol{B}\right)=(\lambda-1)\boldsymbol{I}_n-\frac{1}{n}\boldsymbol{B},$$

所以

$$\begin{aligned}(\lambda\boldsymbol{I}_n-\boldsymbol{A})(1,1,\cdots,1)'&=\left((\lambda-1)\boldsymbol{I}_n-\frac{1}{n}\boldsymbol{B}\right)(1,1,\cdots,1)'\\&=(\lambda-1)(1,1,\cdots,1)'-\frac{1}{n}\boldsymbol{B}(1,1,\cdots,1)',\end{aligned}$$

从而 (在上式中取 $\lambda=2$)

$$(2\boldsymbol{I}_n-\boldsymbol{A})(1,1,\cdots,1)'=(1,1,\cdots,1)'-\frac{1}{n}\cdot n(1,1,\cdots,1)'=\boldsymbol{O},$$

于是 $(1,1,\cdots,1)'$ 是 $\boldsymbol{A}$ 的属于特征值 $\lambda=2$ 的一个特征向量.

类似地, 对于 $\boldsymbol{B}$ 的特征值 0, 由初等行变换知矩阵 $0\cdot\boldsymbol{I}_n-\boldsymbol{B}=\boldsymbol{B}$ 可化为

$$\begin{pmatrix}1&1&\cdots&1\\0&0&\cdots&0\\\vdots&\vdots&&\vdots\\0&0&\cdots&0\end{pmatrix},$$

由此求出 $\boldsymbol{B}$ 的属于特征值 0 的特征向量是

$$(-1,1,0,\cdots,0)',\quad(-1,0,1,0,\cdots,0)',\quad\cdots,\quad(-1,0,\cdots,0,1)'.$$

于是由

$$\lambda\boldsymbol{I}_n-\boldsymbol{A}=(\lambda-1)\boldsymbol{I}_n-\frac{1}{n}\boldsymbol{B}$$

(在其中取 $\lambda=1$) 可知上面 $n-1$ 个向量也是 $\boldsymbol{A}$ 的属于特征值 $\lambda=1(n-1$ 重) 的特征向量. 我们总共求出 $\boldsymbol{A}$ 的 n 个 (线性无关的) 特征向量, 因此它们恰为 $\boldsymbol{A}$ 的全部 (线性无关的) 特征向量.

(2) *解法 1*　由本例问题 (1) 解法 1 知 $\boldsymbol{A}$ 的极小多项式 $m_{\boldsymbol{A}}(x)=(x-2)(x-1)$. 因为 $m_{\boldsymbol{A}}(\boldsymbol{A})=(\boldsymbol{A}-2\boldsymbol{I}_n)(\boldsymbol{A}-\boldsymbol{I}_n)=\boldsymbol{O}$, 所以 $\boldsymbol{A}(\boldsymbol{A}-3\boldsymbol{I}_n)=-2\boldsymbol{I}_n^2$, 即

$$\boldsymbol{A}\cdot\frac{1}{2}(3\boldsymbol{I}_n-\boldsymbol{A})=\boldsymbol{I}_n,$$

因此 $\boldsymbol{A}^{-1}$ 存在, 并且

$$\boldsymbol{A}^{-1}=\frac{1}{2}(3\boldsymbol{I}_n-\boldsymbol{A})=\begin{pmatrix}1-\dfrac{1}{2n} & -\dfrac{1}{2n} & \cdots & -\dfrac{1}{2n}\\ -\dfrac{1}{2n} & 1-\dfrac{1}{2n} & \cdots & -\dfrac{1}{2n}\\ \vdots & \vdots & & \vdots\\ -\dfrac{1}{2n} & -\dfrac{1}{2n} & \cdots & 1-\dfrac{1}{2n}\end{pmatrix}.$$

解法 2 由 $\boldsymbol{A}=\boldsymbol{I}_n+\boldsymbol{B}/n$ 知 $n(\boldsymbol{A}-\boldsymbol{I}_n)=\boldsymbol{B}$, 从而

$$n^2(\boldsymbol{A}-\boldsymbol{I}_n)^2=\boldsymbol{B}^2.$$

又依本例问题 (1) 的解法 2 知 $\boldsymbol{B}^2=n\boldsymbol{B}=n\cdot n(\boldsymbol{A}-\boldsymbol{I}_n)=n^2(\boldsymbol{A}-\boldsymbol{I}_n)$, 所以

$$n^2(\boldsymbol{A}-\boldsymbol{I}_n)^2=n^2(\boldsymbol{A}-\boldsymbol{I}_n),\quad (\boldsymbol{A}-\boldsymbol{I}_n)^2=\boldsymbol{A}-\boldsymbol{I}_n.$$

由此得到 $\boldsymbol{A}^2-3\boldsymbol{A}=-2\boldsymbol{I}_n$, 即

$$\boldsymbol{A}\cdot\frac{1}{2}(3\boldsymbol{I}_n-\boldsymbol{A})=\boldsymbol{I}_n,$$

于是 $\boldsymbol{A}^{-1}$ 存在, 并且 $\boldsymbol{A}^{-1}=3\boldsymbol{I}_n/2-\boldsymbol{A}/2$, 等等.

解法 3 由本例问题 (1) 知, 若令

$$\boldsymbol{T}=(\boldsymbol{f}_1,\boldsymbol{g}_1,\cdots,\boldsymbol{g}_{n-1})=\begin{pmatrix}1 & -1 & -1 & \cdots & -1\\ 1 & 1 & 0 & \cdots & 0\\ 1 & 0 & 1 & \cdots & 0\\ \vdots & \vdots & \vdots & & \vdots\\ 1 & 0 & 0 & \cdots & 1\end{pmatrix},\quad \boldsymbol{B}=\begin{pmatrix}2 & & & & \\ & 1 & & & \\ & & 1 & & \\ & & & \ddots & \\ & & & & 1\end{pmatrix},$$

则 $\boldsymbol{T}$ 可逆 (因为 $\boldsymbol{f}_1,\boldsymbol{g}_1,\cdots,\boldsymbol{g}_{n-1}$ 线性无关), $\boldsymbol{A}=\boldsymbol{T}\boldsymbol{B}\boldsymbol{T}^{-1}$, 于是 $\boldsymbol{A}^{-1}=\boldsymbol{T}\boldsymbol{B}^{-1}\boldsymbol{T}^{-1}$, 等等 (此法计算量较大).

解法 4 对矩阵 $(\boldsymbol{A}\quad \boldsymbol{I}_n)$ 实施初等行变换, 将它化为 $(\boldsymbol{I}_n\quad \boldsymbol{M})$, 则 $\boldsymbol{A}^{-1}=\boldsymbol{M}$(细节由读者完成). 此变换的可实施性证明了 $\boldsymbol{A}$ 可逆. 也可由 $|\boldsymbol{A}|$ 等于 $\boldsymbol{A}$ 的所有特征值之积 (考虑重数) 推出 $|\boldsymbol{A}|\neq 0$, 从而 $\boldsymbol{A}$ 可逆. □

3.3 方阵的相似和 Jordan 标准形

例 3.3.1 求下列 $\mathbb{C}$ 上 3 阶矩阵的 Jordan 标准形, 并求相应的变换方阵 $\boldsymbol{T}$:

(1) $\boldsymbol{A}=\begin{pmatrix}1 & 2 & 2\\ 1 & -1 & 1\\ 4 & -12 & 1\end{pmatrix}$.

(2) $\boldsymbol{B}=\begin{pmatrix}-4 & 9 & -4\\ -9 & 18 & -8\\ -15 & 29 & -13\end{pmatrix}$.

(3) $\boldsymbol{C}=\begin{pmatrix}4 & 6 & 0\\ -3 & -5 & 0\\ -3 & -6 & 1\end{pmatrix}$.

解　(1) 直接计算得到特征多项式 $\varphi_{\boldsymbol{A}}(\lambda)=|\lambda\boldsymbol{I}-\boldsymbol{A}|=\lambda^3-\lambda^2+\lambda-1=(\lambda-1)(\lambda^2+1)=(\lambda-1)(\lambda-\mathrm{i})(\lambda+\mathrm{i})$. 或者, 分别求出 $\boldsymbol{A}$ 的同阶主子式之和(见习题 3.19(1)):

$$\begin{aligned}
&S_1(\boldsymbol{A})=1+(-1)+1=1,\\
&S_2(\boldsymbol{A})=\begin{vmatrix}1 & 2\\ 1 & -1\end{vmatrix}+\begin{vmatrix}-1 & 1\\ -12 & 1\end{vmatrix}+\begin{vmatrix}1 & 2\\ 4 & 1\end{vmatrix}=-3+11-7=1,\\
&S_3(\boldsymbol{A})=|\boldsymbol{A}|=1,
\end{aligned}$$

从而 $\varphi_{\boldsymbol{A}}(\lambda)=\lambda^3-\lambda^2+\lambda-1$. 于是 $\boldsymbol{A}$ 的特征值是 $\lambda_1=1,\lambda_2=\mathrm{i},\lambda_3=-\mathrm{i}$.

解方程组 $(\lambda_1\boldsymbol{I}-\boldsymbol{A})\boldsymbol{x}=\boldsymbol{O}$(此处 $\boldsymbol{x},\boldsymbol{O}$ 是列向量), 即

$$\begin{cases}
\qquad\; -\;2x_2\;-2x_3=0,\\
-x_1+2x_2-x_3=0,\\
-4x_1+12x_2\qquad\;=0,
\end{cases}$$

得 $\boldsymbol{A}$ 属于特征值 $\lambda_1=1$ 的特征子空间

$$W(1)=\mathrm{Ker}(\boldsymbol{A}-\lambda_1\boldsymbol{I})=\{t(3,1,-1)',t\in\mathbb{C}\}.$$

类似地

$$\begin{aligned}
W(\mathrm{i})&=\mathrm{Ker}(\boldsymbol{A}-\lambda_2\boldsymbol{I})=\{t(4+2\mathrm{i},1+\mathrm{i},-4)',t\in\mathbb{C}\},\\
W(-\mathrm{i})&=\mathrm{Ker}(\boldsymbol{A}-\lambda_3\boldsymbol{I})=\{t(4-2\mathrm{i},1-\mathrm{i},-4)',t\in\mathbb{C}\}
\end{aligned}$$

(读者补出计算细节). 注意属于不同特征值的特征向量线性无关. 取 $\boldsymbol{a}_1=(3,1,-1)',\boldsymbol{a}_2=(4+2\mathrm{i},1+\mathrm{i},-4)',\boldsymbol{a}_3=(4-2\mathrm{i},1-\mathrm{i},-4)'$ 作为基向量, 那么

$$\boldsymbol{A}(\boldsymbol{a}_1,\boldsymbol{a}_2,\boldsymbol{a}_3)=(\boldsymbol{A}\boldsymbol{a}_1,\boldsymbol{A}\boldsymbol{a}_2,\boldsymbol{A}\boldsymbol{a}_3)=(\lambda_1\boldsymbol{a}_1,\lambda_2\boldsymbol{a}_2,\lambda_3\boldsymbol{a}_3)=(\boldsymbol{a}_1,\boldsymbol{a}_2,\boldsymbol{a}_3)\begin{pmatrix}1 & 0 & 0\\ 0 & \mathrm{i} & 0\\ 0 & 0 & -\mathrm{i}\end{pmatrix},$$

所以

$$\boldsymbol{T}^{-1}\boldsymbol{A}\boldsymbol{T}=\begin{pmatrix}1 & 0 & 0\\ 0 & \mathrm{i} & 0\\ 0 & 0 & -\mathrm{i}\end{pmatrix},$$

其中

$$T=(a_1,a_2,a_3)=\begin{pmatrix}3&4+2\mathrm{i}&4-2\mathrm{i}\\1&1+\mathrm{i}&1-\mathrm{i}\\-1&-4&-4\end{pmatrix}.$$

本例也可直接应用习题 3.8(2) 得到结果.

(2) 解法 1 特征多项式

$$\varphi_{\boldsymbol{B}}(\lambda)=|\lambda\boldsymbol{I}-\boldsymbol{B}|=\lambda^3-\lambda^2-\lambda+1=(\lambda-1)^2(\lambda+1),$$

特征值 $\lambda_1=\lambda_2=1,\lambda_3=-1$. 对于 2 重特征值 $\lambda=1$, 由

$$(\boldsymbol{I}-\boldsymbol{B})\boldsymbol{x}=\begin{pmatrix}5&-9&4\\9&-17&8\\15&-29&14\end{pmatrix}\boldsymbol{x}=\boldsymbol{O}$$

得到

$$W_1=\mathrm{Ker}(\boldsymbol{B}-\boldsymbol{I})=\{t(1,1,1)',t\in\mathbb{C}\}.$$

可见 $\lambda=1$ 的代数重数 (即作为特征多项式的根的重数, 在此等于 2) 大于其几何重数 (即属于它的特征子空间 W_1 的维数, 在此等于 1). 我们进而求出 $\lambda\boldsymbol{I}-\boldsymbol{B}$ 的行列式因子 $D_0(\lambda)=D_1(\lambda)=D_2(\lambda)=1,D_3(\lambda)=(\lambda-1)^2(\lambda+1)$, 因而 B 的初等因子是 $\lambda+1,(\lambda-1)^2$. 于是 $\boldsymbol{B}$ 的 Jordan 标准形是

$$\boldsymbol{J}_{\boldsymbol{B}}=\begin{pmatrix}1&1&0\\0&1&0\\0&0&-1\end{pmatrix}.$$

为求变换矩阵, 先求对应于初等因子 $(\lambda-1)^2$ 的不变子空间的基. 上面已经求出 $W_1=\{t(1,1,1)',t\in\mathbb{C}\}$. 由

$$(\boldsymbol{I}-\boldsymbol{B})^2\boldsymbol{x}=\begin{pmatrix}4&-8&4\\12&-24&12\\24&-48&24\end{pmatrix}\boldsymbol{x}=\boldsymbol{O}$$

得到

$$W_2=\{u(2,1,0)'+v(1,0,-1)',u,v\in\mathbb{C}\}.$$

注意 $W_2\supset W_1$. 显然 $(2,1,0)'\in W_2$, 但 $\notin W_1$(因为它与 $(1,1,1)'$ 线性无关). 由

$$(\boldsymbol{I}-\boldsymbol{B})(2,1,0)'=(1,1,1)',\quad(\boldsymbol{I}-\boldsymbol{B})^2(2,1,0)'=\boldsymbol{O}$$

可知 W_2 是由 $(2,1,0)'$ 生成的循环子空间, 因而 $(1,1,1)'$ 和 $(2,1,0)'$ 组成它的一组基. 其次, 由

$$(-\boldsymbol{I}-\boldsymbol{B})\boldsymbol{x}=\begin{pmatrix}3&-9&4\\9&-19&8\\15&-29&12\end{pmatrix}\boldsymbol{x}=\boldsymbol{O}$$

得到

$$W_3 = \mathrm{Ker}(\boldsymbol{B}+\boldsymbol{I}) = \{t(1,3,6)', t \in \mathbb{C}\}.$$

现在取

$$\boldsymbol{a}_1 = (-1,-1,-1)', \quad \boldsymbol{a}_2 = (2,1,0)', \quad \boldsymbol{a}_3 = (1,3,6)'$$

作为 (整个空间的) 基向量. 那么

$$\begin{aligned}
\boldsymbol{B}\boldsymbol{a}_1 &= \boldsymbol{B}(-1,-1,-1)' = (-1,-1,-1)' = \lambda_1 \boldsymbol{a}_1,\\
\boldsymbol{B}\boldsymbol{a}_2 &= \boldsymbol{B}(2,1,0)' = (2,1,0)' - (1,1,1)' = \lambda_1 \boldsymbol{a}_2 + \boldsymbol{a}_1,
\end{aligned}$$

所以

$$\boldsymbol{B}(\boldsymbol{a}_1,\boldsymbol{a}_2,\boldsymbol{a}_3) = (\boldsymbol{B}\boldsymbol{a}_1,\boldsymbol{B}\boldsymbol{a}_2,\boldsymbol{B}\boldsymbol{a}_3) = (\lambda_1\boldsymbol{a}_1, \lambda_1\boldsymbol{a}_2+\boldsymbol{a}_1, \lambda_3\boldsymbol{a}_3) = (\boldsymbol{a}_1,\boldsymbol{a}_2,\boldsymbol{a}_3)\begin{pmatrix}1 & 1 & 0\\ 0 & 1 & 0\\ 0 & 0 & -1\end{pmatrix},$$

最终得到

$$\boldsymbol{T}^{-1}\boldsymbol{B}\boldsymbol{T} = \begin{pmatrix}1 & 1 & 0\\ 0 & 1 & 0\\ 0 & 0 & -1\end{pmatrix},$$

其中

$$\boldsymbol{T} = (\boldsymbol{a}_1,\boldsymbol{a}_2,\boldsymbol{a}_3) = \begin{pmatrix}-1 & 2 & 1\\ -1 & 1 & 3\\ -1 & 0 & 6\end{pmatrix}.$$

解法 2　$|x\boldsymbol{I}-\boldsymbol{B}|$ 的行列式因子 $D_0(x) = D_1(x) = D_2(x) = 1, D_3(x) = (x-1)^2(x+1)$, 因而 $|x\boldsymbol{I}-\boldsymbol{B}|$ 的初等因子是 $x+1, (x-1)^2$. 于是 $\boldsymbol{B}$ 的 Jordan 标准形是

$$\begin{pmatrix}1 & 1 & 0\\ 0 & 1 & 0\\ 0 & 0 & -1\end{pmatrix}.$$

Jordan 标准形是唯一存在的 (不计 Jordan 块的次序), 所以变换方阵 $\boldsymbol{T}$ 存在. 我们来选取线性无关的向量 $\boldsymbol{a}_1,\boldsymbol{a}_2,\boldsymbol{a}_3$(列向量) 满足

$$\boldsymbol{B}(\boldsymbol{a}_1,\boldsymbol{a}_2,\boldsymbol{a}_3) = (\boldsymbol{a}_1,\boldsymbol{a}_2,\boldsymbol{a}_3)\begin{pmatrix}1 & 1 & 0\\ 0 & 1 & 0\\ 0 & 0 & -1\end{pmatrix},$$

于是

$$\boldsymbol{B}\boldsymbol{a}_1 = \boldsymbol{a}_1, \quad \boldsymbol{B}\boldsymbol{a}_2 = \boldsymbol{a}_1 + \boldsymbol{a}_2, \quad \boldsymbol{B}\boldsymbol{a}_3 = -\boldsymbol{a}_3.$$

易见其中第三个方程就是 $(-\boldsymbol{I}-\boldsymbol{B})\boldsymbol{a}_3=\boldsymbol{O}$, 实际就是解法 1 中确定 W_3, 解的一般形式是 $t(1,3,6)'$, 在此我们特别取 $t=1$, 即 $\boldsymbol{a}_3=(1,3,6)'$. 前两个方程与解法 1 中确定 W_1 的基是一致的, 其中第一个方程就是 $(\boldsymbol{I}-\boldsymbol{B})\boldsymbol{a}_1=\boldsymbol{O}$, 第二个方程就是 $(\boldsymbol{I}-\boldsymbol{B})\boldsymbol{a}_2=-\boldsymbol{a}_1$, 于是 $(\boldsymbol{I}-\boldsymbol{B})^2\boldsymbol{a}_2=\boldsymbol{O}$. 第一个方程解的一般形式是 $t(1,1,1)'$, 第二个方程解的一般形式是 $u(2,1,0)'+v(1,0,-1)'$. 注意 $(1,0,-1)'=(2,1,0)'-(1,1,1)'$. 所以三个向量

$$(1,1,1)',\quad (2,1,0)',\quad (1,0,-1)'$$

线性相关, 但其中任两个线性无关. 我们取 $\boldsymbol{a}_1=(-1,-1,-1)'$,$\boldsymbol{a}_2=(2,1,0)'$, 那么容易验证 $\boldsymbol{a}_1,\boldsymbol{a}_2,\boldsymbol{a}_3$ 线性无关, 于是就得到与解法 1 同样的结果 (当然, 其他选取将给出不同的 $\boldsymbol{T}$; 因为 $\boldsymbol{T}$ 并不唯一).

(3) 因为 $\boldsymbol{C}$ 的特征多项式 $\varphi_{\boldsymbol{C}}(\lambda)=(\lambda-1)^2(\lambda+2)$, 所以特征值 $\lambda_1=\lambda_2=1,\lambda_3=-2$. 对于特征值 $\lambda=-2$, 解方程组

$$(-2\boldsymbol{I}_3-\boldsymbol{C})\boldsymbol{x}=\boldsymbol{O},$$

得到属于 $\lambda=-2$ 的特征子空间

$$W(-2)=\{k(-1,1,1)',k\in\mathbb{C}\}.$$

对于 2 重特征值 $\lambda=1$, 解相应的方程组

$$(\boldsymbol{I}_3-\boldsymbol{C})\boldsymbol{x}=\boldsymbol{O},$$

得到属于 $\lambda=1$ 的特征子空间

$$W(1)=\{u(-2,1,0)'+v(0,0,1)',u,v\in\mathbb{C}\}$$

(可见 $\lambda=1$ 的代数重数和几何重数相同). 取向量组

$$\boldsymbol{a}_1=(-1,1,1)',\quad \boldsymbol{a}_2=(-2,1,0)',\quad \boldsymbol{a}_3=(0,0,1)'$$

作为空间的基 (它们是线性无关的), 则变换矩阵

$$\boldsymbol{T}=\begin{pmatrix}-1&-2&0\\1&1&0\\1&0&1\end{pmatrix},$$

并且

$$\boldsymbol{T}^{-1}\boldsymbol{C}\boldsymbol{T}=\begin{pmatrix}-2&0&0\\0&1&0\\0&0&1\end{pmatrix}.$$

实际上, $\boldsymbol{C}$ 的初等因子是 $\lambda+2,\lambda-1,\lambda-1$, 因此对于特征值 $\lambda=1$ 的有关计算与本例问题 (2) 的解法有所不同. □

注 **1°** 如果不要求算出 $\boldsymbol{T}$, 那么确定了初等因子后就可直接写出 Jordan 标准形.

2° 关于本例问题 (2) 中对于重特征值情形的计算, 应用了下列事实:

设 $\boldsymbol{A}$ 是 $\mathbb{C}$ 上的 n 阶矩阵, 整数 $p>1,(\lambda-\lambda_0)^p$ 是 $\boldsymbol{A}$ 的一个初等因子. 还设存在非零(列) 向量 $\boldsymbol{x}$ 满足

$$(\lambda_0\boldsymbol{I}_n-\boldsymbol{A})^p\boldsymbol{x}=\boldsymbol{O},\quad (\lambda_0\boldsymbol{I}_n-\boldsymbol{A})^{p-1}\boldsymbol{x}\neq\boldsymbol{O}.$$

令

$$\boldsymbol{e}_1=(\boldsymbol{A}-\lambda_0\boldsymbol{I}_n)^{p-1}\boldsymbol{x},\quad \boldsymbol{e}_2=(\boldsymbol{A}-\lambda_0\boldsymbol{I}_n)^{p-2}\boldsymbol{x},\quad \cdots,\quad \boldsymbol{e}_p=\boldsymbol{x}.$$

由

$$(\lambda_0\boldsymbol{I}_n-\boldsymbol{A})\boldsymbol{e}_1=(\lambda_0\boldsymbol{I}_n-\boldsymbol{A})^p\boldsymbol{x}=\boldsymbol{O}$$

可知 λ_0 是 $\boldsymbol{A}$ 的一个特征值, $\boldsymbol{e}_1$ 是相应的特征向量. 可以证明 $\boldsymbol{e}_1,\cdots,\boldsymbol{e}_p$ 在 $\mathbb{C}$ 上线性无关(参见补充习题 7.7(2)), 它们张成一个子空间, 称为 $\boldsymbol{A}$ 的对应于初等因子 $(\lambda-\lambda_0)^p$ 的不变子空间 (还称作由 $\boldsymbol{x}$ 生成的循环子空间). 注意

$$\boldsymbol{A}\boldsymbol{e}_1=\lambda_0\boldsymbol{e}_1,\quad \boldsymbol{A}\boldsymbol{e}_2=\lambda_0\boldsymbol{e}_2+\boldsymbol{e}_1,\quad \cdots,\quad \boldsymbol{A}\boldsymbol{e}_p=\lambda_0\boldsymbol{e}_p+\boldsymbol{e}_{p-1},$$

我们推出 $\boldsymbol{A}$ 的 Jordan 标准形中有 p 阶子块

$$J_\lambda=\begin{pmatrix}\lambda_0 & 1 & 0 & \cdots & 0\\ 0 & \lambda_0 & 1 & \cdots & 0\\ \vdots & \vdots & \vdots & & \vdots\\ 0 & 0 & \cdots & \lambda_0 & 1\\ 0 & 0 & 0 & \cdots & \lambda_0\end{pmatrix}.$$

对此可参见: Φ· P· 甘特马赫尔. 矩阵论: 上卷 [M]. 北京: 高等教育出版社,1953:199-200.

例 3.3.2　判断下列矩阵是否相似于对角形:

$$\boldsymbol{A}=\begin{pmatrix}7 & -12 & 6\\ 10 & -19 & 10\\ 12 & -24 & 13\end{pmatrix},\quad \boldsymbol{B}=\begin{pmatrix}2 & -1 & 2\\ 5 & -3 & 3\\ -1 & 0 & -2\end{pmatrix}.$$

解　(i) $\boldsymbol{A}$ 的特征多项式

$$\varphi_{\boldsymbol{A}}(\lambda)=|\lambda\boldsymbol{I}_3-\boldsymbol{A}|=\begin{vmatrix}\lambda-7 & 12 & -6\\ -10 & \lambda+19 & -10\\ -12 & 24 & \lambda-13\end{vmatrix}=\begin{vmatrix}\lambda-7 & 2\lambda-2 & -6\\ -10 & \lambda-1 & -10\\ -12 & 0 & \lambda-13\end{vmatrix}$$

$$=\begin{vmatrix}\lambda+13 & 0 & 14\\ -10 & \lambda-1 & -10\\ -12 & 0 & \lambda-13\end{vmatrix}=(\lambda-1)\begin{vmatrix}\lambda+13 & 14\\ -12 & \lambda-13\end{vmatrix}$$

$$=(\lambda-1)\begin{vmatrix}\lambda+1 & \lambda+1\\ -12 & \lambda-13\end{vmatrix}=(\lambda-1)(\lambda+1)\begin{vmatrix}1 & 1\\ -12 & \lambda-13\end{vmatrix}$$

$$=(\lambda-1)^2(\lambda+1).$$

特征值 $\lambda_1=\lambda_2=1,\lambda_3=-1$. 对于 $\lambda_1=\lambda_2=1$, 方程组 $\boldsymbol{Ax}=\boldsymbol{x}$, 即

$$\begin{cases} 6x_1 - 12x_2 + 6x_3 = 0, \\ 10x_1 - 20x_2 + 10x_3 = 0, \\ 12x_1 - 24x_2 + 12x_3 = 0, \end{cases}$$

其系数矩阵的秩等于 1, 基本解系:$\boldsymbol{e}_1=(2,1,0)',\boldsymbol{e}_2=(1,0,-1)'$. 对于 $\lambda_3=-1$, 解方程组 $\boldsymbol{Ax}=-\boldsymbol{x}$, 即

$$\begin{cases} 8x_1 - 12x_2 + 6x_3 = 0, \\ 10x_1 - 18x_2 + 10x_3 = 0, \\ 12x_1 - 24x_2 + 14x_3 = 0, \end{cases}$$

得基本解系:$\boldsymbol{e}_3=(3,5,6)'$. 这两种情形, 基本解的个数都等于特征值的重数 (或属于 λ_i 的线性无关的特征向量个数 n_i 之和等于空间维数, 或依据其他等价判据), 所以 $\boldsymbol{A}$ 相似于对角形. 令

$$\boldsymbol{T}=(\boldsymbol{e}_1,\boldsymbol{e}_2,\boldsymbol{e}_3)=\begin{pmatrix} 2 & 1 & 3 \\ 1 & 0 & 5 \\ 0 & -1 & 6 \end{pmatrix},$$

则 $\boldsymbol{T}^{-1}\boldsymbol{AT}=\mathrm{diag}(1,1,-1)$.

(ii) $\boldsymbol{B}$ 的特征多项式 $\varphi_{\boldsymbol{B}}(\lambda)=|\lambda\boldsymbol{I}_3-\boldsymbol{B}|=(\lambda+1)^3$, 特征值 $\lambda_1=\lambda_2=\lambda_3=-1$. 方程 $\boldsymbol{Bx}=-\boldsymbol{x}$, 即

$$\begin{cases} 3x_1 - x_2 + 2x_3 = 0, \\ 5x_1 - 2x_2 + 3x_3 = 0, \\ -x_1 - x_3 = 0, \end{cases}$$

其系数矩阵的秩等于 2, 基本解系:$\boldsymbol{e}=(1,1,-1)'$. 因为对应于 3 重根的线性无关的特征向量个数是 1, 所以 $\boldsymbol{B}$ 不相似于对角形. □

注 考虑初等因子, 直接可知矩阵 $\boldsymbol{A}$ 和 $\boldsymbol{B}$ 分别相似于 Jordan 标准形

$$\boldsymbol{J}_{\boldsymbol{A}}=\begin{pmatrix} 1 & 0 & 0 \\ 0 & 1 & 0 \\ 0 & 0 & -1 \end{pmatrix}, \quad \boldsymbol{J}_{\boldsymbol{B}}=\begin{pmatrix} -1 & 1 & 0 \\ 0 & -1 & 1 \\ 0 & 0 & -1 \end{pmatrix},$$

从而判断可否化为对角形. 对于矩阵 $\boldsymbol{B}$, 还可参见例 3.3.1(2) 的解法.

例 3.3.3 证明:n 阶方阵 $\boldsymbol{A}$ 是幂等的 (即 $\boldsymbol{A}^2=\boldsymbol{A}$), 当且仅当它相似于对角阵

$$\mathrm{diag}(1,\cdots,1,0,\cdots,0).$$

解 (i) 若 $\boldsymbol{A}=\boldsymbol{T}^{-1}\mathrm{diag}(1,\cdots,1,0,\cdots,0)\boldsymbol{T}$, 则

$$\begin{aligned} \boldsymbol{A}^2 &= \boldsymbol{T}^{-1}\mathrm{diag}(1,\cdots,1,0,\cdots,0)\boldsymbol{T}\boldsymbol{T}^{-1}\mathrm{diag}(1,\cdots,1,0,\cdots,0)\boldsymbol{T} \\ &= \boldsymbol{T}^{-1}\big(\mathrm{diag}(1,\cdots,1,0,\cdots,0)\big)^2\boldsymbol{T} \\ &= \boldsymbol{T}^{-1}\mathrm{diag}(1,\cdots,1,0,\cdots,0)\boldsymbol{T}=\boldsymbol{A}, \end{aligned}$$

即方阵 $\boldsymbol{A}$ 是幂等的.

(ii) 现证幂等方阵 $\boldsymbol{A}$ 相似于对角阵 $\mathrm{diag}(1,\cdots,1,0,\cdots,0)$. 下面给出 6 种解法.

解法 1　设

$$\boldsymbol{A}=\boldsymbol{P}^{-1}(\boldsymbol{J}_1\oplus\cdots\oplus\boldsymbol{J}_k)\boldsymbol{P}=\boldsymbol{P}^{-1}\begin{pmatrix}\boldsymbol{J}_1 & & \\ & \ddots & \\ & & \boldsymbol{J}_k\end{pmatrix}\boldsymbol{P}$$

(空白处元素为 0) 是 $\boldsymbol{A}$ 的 Jordan 分解, 其中 $\boldsymbol{J}_i$ 是 Jordan 块. 于是

$$\begin{aligned}\boldsymbol{A}^2&=\boldsymbol{P}^{-1}(\boldsymbol{J}_1\oplus\cdots\oplus\boldsymbol{J}_k)\boldsymbol{P}\boldsymbol{P}^{-1}(\boldsymbol{J}_1\oplus\cdots\oplus\boldsymbol{J}_k)\boldsymbol{P}\\&=\boldsymbol{P}^{-1}(\boldsymbol{J}_1\oplus\cdots\oplus\boldsymbol{J}_k)^2\boldsymbol{P}=\boldsymbol{P}^{-1}(\boldsymbol{J}_1^2\oplus\cdots\oplus\boldsymbol{J}_k^2)\boldsymbol{P}.\end{aligned}$$

由 $\boldsymbol{A}^2=\boldsymbol{A}$ 推出 $\boldsymbol{J}_i^2=\boldsymbol{J}_i(i=1,\cdots,k)$. 因此 $\boldsymbol{J}_i$ 的阶只能等于 $1\big($参见习题 2.3(2)$\big)$, 从而 $J_i=1$ 或 0, 于是 $\boldsymbol{A}$ 相似于对角阵 $\mathrm{diag}(1,\cdots,1,0,\cdots,0)$.

解法 2　记 $r(\boldsymbol{A})=s$. 由习题 3.9(1) 知 $r(\boldsymbol{A})+r(\boldsymbol{I}-\boldsymbol{A})=n$. 由习题 3.9(2) 的解法 1 可知存在线性无关的向量 $\boldsymbol{a}_1,\cdots,\boldsymbol{a}_s,\boldsymbol{b}_1,\cdots,\boldsymbol{b}_{n-s}$, 满足

$$\boldsymbol{A}\boldsymbol{a}_i=1\cdot\boldsymbol{a}_i\quad(i=1,2,\cdots,s);\quad \boldsymbol{A}\boldsymbol{b}_j=0\cdot\boldsymbol{a}_j\quad(j=1,2,\cdots,n-s).$$

令 $\boldsymbol{P}=(\boldsymbol{a}_1,\cdots,\boldsymbol{a}_s,\boldsymbol{b}_1,\cdots,\boldsymbol{b}_{n-s})$, 即得

$$\boldsymbol{A}\boldsymbol{P}=\boldsymbol{P}\begin{pmatrix}\boldsymbol{I}_s & \boldsymbol{O}\\ \boldsymbol{O} & \boldsymbol{O}\end{pmatrix},$$

因而

$$\boldsymbol{P}^{-1}\boldsymbol{A}\boldsymbol{P}=\begin{pmatrix}\boldsymbol{I}_s & \boldsymbol{O}\\ \boldsymbol{O} & \boldsymbol{O}\end{pmatrix}.$$

解法 3　因为 $\boldsymbol{A}^2=\boldsymbol{A}$, 所以多项式 $f(x)=x^2-x=x(x-1)$ 满足 $f(\boldsymbol{A})=\boldsymbol{O}$. 于是 $\boldsymbol{A}$ 的特征矩阵 $x\boldsymbol{I}-\boldsymbol{A}$ 的极小多项式整除 $f(x)$, 可见 $x\boldsymbol{I}-\boldsymbol{A}$ 的初等因子只能由 x 和 $x-1$ 组成, 从而 $\boldsymbol{A}$ 相似于对角阵 $\mathrm{diag}(1,\cdots,1,0,\cdots,0)$.

解法 4　记 $r(\boldsymbol{A})=s,\boldsymbol{a}_1,\cdots,\boldsymbol{a}_n$ 是其列向量, 则 $\boldsymbol{A}=(\boldsymbol{a}_1,\cdots,\boldsymbol{a}_n)$. 不妨设 $\boldsymbol{a}_1,\cdots,\boldsymbol{a}_s$ 是 $\boldsymbol{A}$ 的极大线性无关列向量组. 由 $\boldsymbol{A}^2=\boldsymbol{A}$ 得到

$$\boldsymbol{A}(\boldsymbol{a}_1,\cdots,\boldsymbol{a}_n)=(\boldsymbol{a}_1,\cdots,\boldsymbol{a}_n),$$
$$(\boldsymbol{A}\boldsymbol{a}_1,\cdots,\boldsymbol{A}\boldsymbol{a}_n)=(\boldsymbol{a}_1,\cdots,\boldsymbol{a}_n),$$

因此

$$\boldsymbol{A}\boldsymbol{a}_j=1\cdot\boldsymbol{a}_j\quad(j=1,\cdots,s).$$

又由 $r(\boldsymbol{A})=s$, 记方程组 $\boldsymbol{A}\boldsymbol{x}=\boldsymbol{O}$ 的基础解组是 $\boldsymbol{b}_1,\cdots,\boldsymbol{b}_{n-s}$, 于是

$$\boldsymbol{A}\boldsymbol{b}_j=\boldsymbol{O}(=0\cdot\boldsymbol{b}_j)\quad(j=1,\cdots,n-s).$$

定义 n 阶方阵

$$\boldsymbol{P}=(\boldsymbol{a}_1,\cdots,\boldsymbol{a}_s,\boldsymbol{b}_1,\cdots,\boldsymbol{b}_{n-s}),$$

则有

$$\begin{aligned}\boldsymbol{AP}&=(\boldsymbol{Aa}_1,\cdots,\boldsymbol{Aa}_s,\boldsymbol{Ab}_1,\cdots,\boldsymbol{Ab}_{n-s})=(\boldsymbol{a}_1,\cdots,\boldsymbol{a}_s,\boldsymbol{O},\cdots,\boldsymbol{O})\\&=(\boldsymbol{a}_1,\cdots,\boldsymbol{a}_s,\boldsymbol{b}_1,\cdots,\boldsymbol{b}_{n-s})\begin{pmatrix}\boldsymbol{I}_s&\boldsymbol{O}\\\boldsymbol{O}&\boldsymbol{O}\end{pmatrix}=\boldsymbol{P}\begin{pmatrix}\boldsymbol{I}_s&\boldsymbol{O}\\\boldsymbol{O}&\boldsymbol{O}\end{pmatrix}.\end{aligned}$$

最后注意, 若

$$\sum_{i=1}^{s}c_i\boldsymbol{a}_i+\sum_{j=1}^{n-s}c_j\boldsymbol{b}_j=\boldsymbol{O},$$

则

$$\sum_{i=1}^{s}c_i\boldsymbol{Aa}_i+\sum_{j=1}^{n-s}c_j\boldsymbol{Ab}_j=\boldsymbol{O},$$

由此及 $\boldsymbol{Ab}_j=\boldsymbol{O}$ 得到

$$\sum_{i=1}^{s}c_i\boldsymbol{a}_i=\boldsymbol{O},$$

于是由 $\boldsymbol{a}_1,\cdots,\boldsymbol{a}_s$ 的线性无关性推出 $c_i=0(i=1,\cdots,s)$; 进而由

$$\sum_{j=1}^{n-s}c_j\boldsymbol{b}_j=\boldsymbol{O}-\sum_{i=1}^{s}c_i\boldsymbol{a}_i=\boldsymbol{O}$$

及 $\boldsymbol{b}_1,\cdots,\boldsymbol{b}_{n-s}$ 的线性无关性推出 $c_j=0(j=1,\cdots,n-s)$. 于是我们证明了列向量 $\boldsymbol{a}_1,\cdots,\boldsymbol{a}_s,\boldsymbol{b}_1,\cdots,\boldsymbol{b}_{n-s}$ 线性无关, 从而方阵 $\boldsymbol{P}$ 可逆. 于是我们最终得到

$$\boldsymbol{A}=\boldsymbol{P}\begin{pmatrix}\boldsymbol{I}_s&\boldsymbol{O}\\\boldsymbol{O}&\boldsymbol{O}\end{pmatrix}\boldsymbol{P}^{-1}.$$

解法 5 (i) 可设 $\boldsymbol{A}$ 非零 (不然结论已成立). 由 $\boldsymbol{A}^2=\boldsymbol{A}$ 可知 $\boldsymbol{A}(\boldsymbol{A}-\boldsymbol{I}_n)=(\boldsymbol{A}-\boldsymbol{I}_n)\boldsymbol{A}=\boldsymbol{O}$. 作 $n\times 2n$ 矩阵 $\boldsymbol{S}=(\boldsymbol{A},\boldsymbol{A}-\boldsymbol{I}_n)$. 若将其第 $n+k$ 列减第 k 列 $(k=1,2,\cdots,n)$, 则得矩阵 $(\boldsymbol{A},-\boldsymbol{I}_n)$, 因此 $\boldsymbol{S}$ 的秩为 n, 于是 $\boldsymbol{S}$ 中存在 n 阶子式 $\boldsymbol{P}$, 其行列式不等于零. 此外, 还有 $\boldsymbol{P}=(\boldsymbol{P}_1,\boldsymbol{P}_2)$, 其中 $\boldsymbol{P}_1$ 是 $n\times s$ 矩阵, 属于 $\boldsymbol{A}$,$\boldsymbol{P}_2$ 是 $n\times(n-s)$ 矩阵, 属于 $\boldsymbol{A}-\boldsymbol{I}_n$. 由 $(\boldsymbol{A}-\boldsymbol{I}_n)\boldsymbol{A}=\boldsymbol{O}$ 可知 $(\boldsymbol{A}-\boldsymbol{I}_n)\boldsymbol{P}_1=\boldsymbol{O}$, 从而

$$(\boldsymbol{A}-\boldsymbol{I}_n)\boldsymbol{P}=\big((\boldsymbol{A}-\boldsymbol{I}_n)\boldsymbol{P}_1,(\boldsymbol{A}-\boldsymbol{I}_n)\boldsymbol{P}_2\big)=\big(\boldsymbol{O},(\boldsymbol{A}-\boldsymbol{I}_n)\boldsymbol{P}_2\big);$$

类似地, 由 $\boldsymbol{A}(\boldsymbol{A}-\boldsymbol{I}_n)=\boldsymbol{O}$ 可知 $\boldsymbol{AP}_2=\boldsymbol{O}$, 从而

$$\boldsymbol{AP}=\boldsymbol{A}(\boldsymbol{P}_1,\boldsymbol{P}_2)=(\boldsymbol{AP}_1,\boldsymbol{AP}_2)=(\boldsymbol{AP}_1,\boldsymbol{O}).$$

将上面所得二式相减, 得到

$$-\boldsymbol{I}_n\boldsymbol{P}=\big(-\boldsymbol{AP}_1,(\boldsymbol{A}-\boldsymbol{I}_n)\boldsymbol{P}_2\big),$$

因此

$$P=\big(AP_1,-(A-I_n)P_2\big).$$

由此可得

$$AP=\big(A^2P_1,-A(A-I_n)P_2\big)=(AP_1,OP_2)=(AP_1,O).$$

(ii) 注意 A 非零, P 可逆, 所以 $AP\neq O$, 于是由上式知 $AP_1\neq O$, 从而 $s\geqslant 1$. 此外, 注意 $A=(A_0,P_1)$, 其中 A_0 由 A 的前 $n-s$ 列组成. 由 $A^2=A(A_0,P_1)=(AA_0,AP_1)$ 及 $A^2=A=(A_0,P_1)$ 得知 $(AA_0,AP_1)=(A_0,P_1)$, 从而 $AP_1=P_1$. 于是由步骤 (i) 中的结论得到

$$AP=(P_1,O).$$

(iii) 如果我们记

$$P=(P_1,P_2)=\begin{pmatrix}P_1^{(s)} & *\\ P_1^{(n-s)} & *\end{pmatrix},$$

其中 $P_1^{(s)}$ 是由 P_1 的最初 s 行组成的 s 阶方阵, $P_1^{(n-s)}$ 由 P_1 的其余各行组成, 而 $*$ 则是对 P_2 作相应分划而得, 那么

$$P\begin{pmatrix}I_s & O\\ O & O\end{pmatrix}=\begin{pmatrix}P_1^{(s)} & *\\ P_1^{(n-s)} & *\end{pmatrix}\begin{pmatrix}I_s & O\\ O & O\end{pmatrix}=\begin{pmatrix}P_1^{(s)} & O\\ P_1^{(n-s)} & O\end{pmatrix}=(P_1,O),$$

于是由步骤 (ii) 所得的结果推出

$$AP=P\begin{pmatrix}I_s & O\\ O & O\end{pmatrix},$$

或

$$P^{-1}AP=\begin{pmatrix}I_s & O\\ O & O\end{pmatrix}.$$

解法 6　可设 A 非零, 则其秩 $r(A)=s\geqslant 1$, 于是存在可逆方阵 P,Q 使得

$$PAQ=\begin{pmatrix}I_s & O\\ O & O\end{pmatrix}.$$

令分块方阵

$$Q^{-1}AQ=\begin{pmatrix}B_{11} & B_{12}\\ B_{21} & B_{22}\end{pmatrix},$$

其中 B_{11} 的阶是 s. 由 $PAQ\cdot Q^{-1}AQ=PA^2Q=PAQ$ 得到

$$\begin{pmatrix}I_s & O\\ O & O\end{pmatrix}\begin{pmatrix}B_{11} & B_{12}\\ B_{21} & B_{22}\end{pmatrix}=\begin{pmatrix}I_s & O\\ O & O\end{pmatrix}.$$

算出上式左边可得

$$\begin{pmatrix}B_{11} & B_{12}\\ O & O\end{pmatrix}=\begin{pmatrix}I_s & O\\ O & O\end{pmatrix},$$

于是 $\boldsymbol{B}_{11}=\boldsymbol{I}_s,\boldsymbol{B}_{12}=\boldsymbol{O}$, 从而

$$\boldsymbol{Q}^{-1}\boldsymbol{A}\boldsymbol{Q}=\begin{pmatrix}\boldsymbol{I}_s & \boldsymbol{O}\\ \boldsymbol{B}_{21} & \boldsymbol{B}_{22}\end{pmatrix},$$

因为 $r(\boldsymbol{A})=s$, 由此推出 $\boldsymbol{B}_{22}=\boldsymbol{O}$. 于是

$$\boldsymbol{Q}^{-1}\boldsymbol{A}\boldsymbol{Q}=\begin{pmatrix}\boldsymbol{I}_s & \boldsymbol{O}\\ \boldsymbol{B}_{21} & \boldsymbol{O}\end{pmatrix}.$$

注意到

$$\begin{pmatrix}\boldsymbol{I}_s & \boldsymbol{O}\\ -\boldsymbol{B}_{21} & \boldsymbol{I}_{n-s}\end{pmatrix}\begin{pmatrix}\boldsymbol{I}_s & \boldsymbol{O}\\ \boldsymbol{B}_{21} & \boldsymbol{O}\end{pmatrix}\begin{pmatrix}\boldsymbol{I}_s & \boldsymbol{O}\\ \boldsymbol{B}_{21} & \boldsymbol{I}_{n-s}\end{pmatrix}=\begin{pmatrix}\boldsymbol{I}_s & \boldsymbol{O}\\ \boldsymbol{O} & \boldsymbol{O}\end{pmatrix},$$

我们由上二式得到

$$\begin{pmatrix}\boldsymbol{I}_s & \boldsymbol{O}\\ -\boldsymbol{B}_{21} & \boldsymbol{I}_{n-s}\end{pmatrix}\boldsymbol{Q}^{-1}\boldsymbol{A}\boldsymbol{Q}\begin{pmatrix}\boldsymbol{I}_s & \boldsymbol{O}\\ \boldsymbol{B}_{21} & \boldsymbol{I}_{n-s}\end{pmatrix}=\begin{pmatrix}\boldsymbol{I}_s & \boldsymbol{O}\\ \boldsymbol{O} & \boldsymbol{O}\end{pmatrix}.$$

令

$$\boldsymbol{T}=\begin{pmatrix}\boldsymbol{I}_s & \boldsymbol{O}\\ -\boldsymbol{B}_{21} & \boldsymbol{I}_{n-s}\end{pmatrix}\boldsymbol{Q}^{-1},$$

从而 $\boldsymbol{A}$ 相似于对角阵 $\mathrm{diag}(1,\cdots,1,0,\cdots,0)$. □

注 由例 3.1.4 可知: 若 $\boldsymbol{A}$ 是幂等的, 则 $\mathbb{C}^n=W_1\oplus W_2$. 反之, 若此分解式成立, 则 $\boldsymbol{A}$ 相似于对角阵 $\mathrm{diag}(1,\cdots,1,0,\cdots,0)$, 从而是幂等的.

3.4 综合性例题

例 3.4.1 (1) 设 $\boldsymbol{A}=(a_{ij})$ 是 n 阶复方阵, 令

$$\rho_k=\sum_{\substack{1\leqslant j\leqslant n\\ j\neq k}}|a_{kj}|,\quad \tau_l=\sum_{\substack{1\leqslant j\leqslant n\\ j\neq l}}|a_{jl}|,$$

则对于 $\boldsymbol{A}$ 的任意特征值 λ, 至少存在一个 k 和一个 $l\in\{1,2,\cdots,n\}$, 使得 $|\lambda-a_{kk}|\leqslant\rho_k,|\lambda-a_{ll}|\leqslant\tau_l$.

(2) 若 $\boldsymbol{A}$ 是 n 阶实方阵, 并且其元素满足不等式

$$a_{kk}>\sum_{\substack{1\leqslant j\leqslant n\\ j\neq k}}|a_{kj}|\quad(k=1,2,\cdots,n),$$

则 $\boldsymbol{A}$ 的任何特征值的实部为正.

解　(1) 设 $(x_1,x_2,\cdots,x_n)'\neq \boldsymbol{O}$ 是属于特征值 λ 的一个特征向量, 那么

$$\boldsymbol{A}(x_1,x_2,\cdots,x_n)'=\lambda(x_1,x_2,\cdots,x_n)'.$$

比较两边向量的第 r 个坐标, 得到

$$\sum_{j=1}^{n}a_{rj}x_j=\lambda x_r,$$

于是

$$(\lambda-a_{rr})x_r=\sum_{\substack{1\leqslant j\leqslant n\\ j\neq r}}a_{rj}x_j\quad (r=1,2,\cdots,n).$$

设 $|x_k|=\max(|x_1|,|x_2|,\cdots,|x_n|)$, 由上式得到

$$|\lambda-a_{kk}||x_k|=\left|\sum_{\substack{1\leqslant j\leqslant n\\ j\neq k}}a_{rj}x_j\right|\leqslant \sum_{\substack{1\leqslant j\leqslant n\\ j\neq k}}|a_{rj}||x_k|=\rho_k|x_k|,$$

因此 $|\lambda-a_{kk}|\leqslant\rho_k$. 将此不等式应用于方阵 $\boldsymbol{A}'$, 并注意 $\boldsymbol{A},\boldsymbol{A}'$ 有相同的特征值, 即得另一不等式.

(2) 由本例问题 (1) 推出: 对于 $\boldsymbol{A}$ 的任何特征值 $\lambda=a+b\mathrm{i}$, 至少存在一个 k 使得

$$|\lambda-a_{kk}|<\rho_k.$$

由题设条件可知 $a_{kk}>0$, 并且

$$|\lambda-a_{kk}|<a_{kk}.$$

因为 a_{kk} 是实数, 所以

$$\sqrt{(a-a_{kk})^2+b^2}<a_{kk}.$$

将不等式两边平方得到

$$-2aa_{kk}<-(a^2+b^2)\leqslant 0.$$

由此及 $a_{kk}>0$ 立知 $a>0$. □

例 3.4.2　设 $\boldsymbol{A}$ 是 n 阶复方阵, $\boldsymbol{I}$ 表示 n 阶单位方阵.

(1) 若 ω 是任意复数, $m_\omega(\boldsymbol{A})$ 表示 ω 在 $\boldsymbol{A}$ 的 n 个特征值中出现的次数, 则

$$r(\omega\boldsymbol{I}-\boldsymbol{A})\geqslant n-m_\omega(\boldsymbol{A}).$$

(2) 设 λ 是矩阵 $\boldsymbol{A}$ 的重数为 1 的特征值, 则 $r(\lambda\boldsymbol{I}-\boldsymbol{A})=n-1$.

解　(1) 若 $m_\omega(\boldsymbol{A})=n$, 则结论显然成立. 若 $m_\omega(\boldsymbol{A})=0$, 则 ω 不是 $\boldsymbol{A}$ 的特征值, 从而 $(\omega\boldsymbol{I}-\boldsymbol{A})\boldsymbol{x}=\boldsymbol{O}$ 只有零解, 于是 $\det(\omega\boldsymbol{I}-\boldsymbol{A})\neq 0$. 因此 $r(\omega\boldsymbol{I}-\boldsymbol{A})=n$, 结论也成立. 下面设 $m_\omega(\boldsymbol{A})=k(1\leqslant k<n)$. 那么 ω 是 $\boldsymbol{A}$ 的 k 重特征值. 在习题 3.13 中取 $f(x)=\omega-x$, 则 $f(\boldsymbol{A})=\omega\boldsymbol{I}-\boldsymbol{A}$ 有 k 重特征值 $f(\omega)=0$ (注意: 由 $\boldsymbol{Ax}=\omega\boldsymbol{x}\Leftrightarrow(\omega\boldsymbol{I}-\boldsymbol{A})\boldsymbol{x}=\boldsymbol{O}$ 可知 0 是 $\omega\boldsymbol{I}-\boldsymbol{A}$ 的特征值, 但不能断定其重数是 k), 从而 $\omega\boldsymbol{I}-\boldsymbol{A}$ 的特征多项式

$$\varphi(x)=\det\big(x\boldsymbol{I}-(\omega\boldsymbol{I}-\boldsymbol{A})\big)=x^n-c_1x^{n-1}+\cdots+(-1)^{n-k}c_{n-k}x^k,$$

其中 $c_{n-k}\neq 0$ 是 $\omega\boldsymbol{I}-\boldsymbol{A}$ 的所有 $n-k$ 阶主子式之和, 因此这些 $n-k$ 阶主子式中至少有一个非零, 于是 $r(\omega\boldsymbol{I}-\boldsymbol{A})\geqslant n-k=n-m_\omega(\boldsymbol{A})$.

(2) 由本例问题 (1), $r(\lambda\boldsymbol{I}-\boldsymbol{A})\geqslant n-1$. 同时由 $\varphi_{\boldsymbol{A}}(\lambda)=|\lambda\boldsymbol{I}-\boldsymbol{A}|=0$ 可知 $r(\lambda\boldsymbol{I}-\boldsymbol{A})<n$. 因此 $r(\lambda\boldsymbol{I}-\boldsymbol{A})=n-1$. □

* **例 3.4.3** 设

$$\boldsymbol{A}=\begin{pmatrix}3&2&-1\\-2&-2&2\\3&6&-1\end{pmatrix},$$

求:

(1) $\boldsymbol{A}$ 的所有特征值和特征向量.

(2) $\boldsymbol{A}^k$(其中 k 是正整数)(给出计算公式).

解 (1) 计算特征多项式 ($\boldsymbol{I}$ 是 3 阶单位方阵):

$$\begin{aligned}\varphi_{\boldsymbol{A}}(\lambda)=|\lambda\boldsymbol{I}-\boldsymbol{A}|&=\begin{vmatrix}\lambda-3&-2&1\\2&\lambda+2&-2\\-3&-6&\lambda+1\end{vmatrix}=\begin{vmatrix}\lambda-2&-2&1\\0&\lambda+2&-2\\\lambda-2&-6&\lambda+1\end{vmatrix}\\&=(\lambda-2)\begin{vmatrix}1&-2&1\\0&\lambda+2&-2\\1&-6&\lambda+1\end{vmatrix}=(\lambda-2)\begin{vmatrix}1&-2&1\\0&\lambda+2&-2\\0&-4&\lambda\end{vmatrix}\\&=(\lambda-2)^2(\lambda+4).\end{aligned}$$

因此有 3 个特征值:$\lambda=-4,2(2$ 重).

对于特征值 $\lambda=-4$, 解方程组 $(-4\boldsymbol{I}-\boldsymbol{A})(x_1,x_2,x_3)'=(0,0,0)'$, 得

$$\begin{cases}7x_1+2x_2-x_3=0,\\x_1-x_2-x_3=0,\\x_1+2x_2+x_3=0,\end{cases}$$

消元后得到线性无关方程组

$$\begin{cases}7x_1+2x_2-x_3=0,\\2x_1+x_2=0,\end{cases}$$

由此得到相应的特征向量 $(x_1,x_2,x_3)=u(1,-2,3)(u\neq 0)$.

对于特征值 $\lambda=2$, 解方程组 $(2\boldsymbol{I}-\boldsymbol{A})(x_1,x_2,x_3)'=(0,0,0)'$, 得

$$\begin{cases}x_1+2x_2-x_3=0,\\2x_1+4x_2-2x_3=0,\\-3x_1-6x_2+3x_3=0,\end{cases}$$

消元后得到线性无关方程组

$$x_1+2x_2-x_3=0.$$

由此得到相应的特征向量 $(x_1,x_2,x_3)=u(-2,1,0)+v(1,0,1)$($u,v$ 不同时等于 0).

(2) 解法 1　不妨设 $k\geqslant 2$. 因为 $\boldsymbol{A}$ 的极小多项式 $m_{\boldsymbol{A}}(x)=(x-2)(x+4)$, 所以存在多项式 $q(x)$ 使得

$$x^k=(x-2)(x+4)q(x)+\alpha x+\beta,$$

其中 α,β 待定. 令 $x=2,-4$, 求出

$$\alpha=\alpha(k)=\frac{2^k-(-4)^k}{6},\quad \beta=\frac{2^{k+1}+(-4)^k}{3}(=2^k-2\alpha).$$

注意 $m_{\boldsymbol{A}}(\boldsymbol{A})=\boldsymbol{O}$, 所以推出公式:

$$\boldsymbol{A}^k=\alpha\boldsymbol{A}+\beta\boldsymbol{I}=\alpha(\boldsymbol{A}-2\boldsymbol{I})+2^k\boldsymbol{I}\quad(k\geqslant 2).$$

直接验证可知它对 $k=1$ 也成立.

解法 2　不妨设 $k\geqslant 3$. 那么存在非零多项式 $q_1(x)$ 使得

$$x^k=\varphi_{\boldsymbol{A}}(x)q_1(x)+(ax^2+bx+c),$$

其中 a,b,c 是待定系数. 我们有

$$x^k-2^k=(x-2)^2(x+4)q_1(x)+(ax^2+bx+c-2^k).$$

因为 $x-2$ 整除左边及右边第一加项, 所以也整除多项式 $ax^2+bx+c-2^k$, 于是

$$x^{k-1}+2x^{k-2}+\cdots+2^{k-1}=(x-2)(x+4)q_1(x)+r(x),$$

其中多项式

$$r(x)=\frac{ax^2+bx+c-2^k}{x-2}$$

至多 1 次. 若记 $r(x)=\alpha_1x+\beta_1$, 则

$$x^{k-1}+2x^{k-2}+\cdots+2^{k-1}=(x-2)(x+4)q_1(x)+\alpha_1x+\beta_1.$$

在其中分别令 $x=2$ 和 -4, 得到

$$\begin{aligned}&k\cdot 2^{k-1}=2\alpha_1+\beta_1,\\&(-4)^{k-1}+2(-4)^{k-2}+\cdots+2^{k-1}=-4\alpha_1+\beta_1.\end{aligned}$$

注意

$$(-4)^{k-1}+2(-4)^{k-2}+\cdots+2^{k-1}=\frac{(-4)^k-2^k}{(-4)-2}=\frac{1-(-2)^k}{6}\cdot 2^k,$$

于是解出

$$\begin{aligned}&\alpha_1=\alpha_1(k)=\frac{6k-(-2)^{k+1}-2}{36}\cdot 2^{k-1},\\&\beta_1=k\cdot 2^{k-1}-2\alpha_1,\end{aligned}$$

从而 $\alpha_1 x+\beta_1=\alpha_1(x-2)+k\cdot 2^{k-1}$. 因为

$$\begin{aligned}x^k-2^k&=\varphi_{\boldsymbol{A}}(x)q_1(x)+(x-2)\big(\alpha_1(x-2)+k\cdot 2^{k-1}\big)\\&=\varphi_{\boldsymbol{A}}(x)q_1(x)+\alpha_1(x-2)^2+k\cdot 2^{k-1}(x-2),\end{aligned}$$

并且 $\varphi_{\boldsymbol{A}}(\boldsymbol{A})=\boldsymbol{O}$, 所以

$$\boldsymbol{A}^k-2^k\boldsymbol{I}=\alpha_1(\boldsymbol{A}-2\boldsymbol{I})^2+k\cdot 2^{k-1}(\boldsymbol{A}-2\boldsymbol{I}),$$

从而得到计算公式

$$\boldsymbol{A}^k=\alpha_1(\boldsymbol{A}-2\boldsymbol{I})^2+k\cdot 2^{k-1}(\boldsymbol{A}-2\boldsymbol{I})+2^k\boldsymbol{I}\quad(k\geqslant 3).$$

注意 $\alpha_1(1)=0,\alpha_1(2)=1$, 直接验证可知它对 $k=1,2$ 也成立.

解法 3 依本例问题 (1) 的结果, 可知 $\boldsymbol{A}$ 相似于对角形 (Jordan 标准形). 为求变换矩阵, 依据那里求出的 $\boldsymbol{A}$ 的特征向量, 取

$$\boldsymbol{e}_1'=\boldsymbol{e}_1-2\boldsymbol{e}_2+3\boldsymbol{e}_3,\quad \boldsymbol{e}_2'=-2\boldsymbol{e}_1+\boldsymbol{e}_2,\quad \boldsymbol{e}_3'=\boldsymbol{e}_1+\boldsymbol{e}_3$$

为新基 (它们线性无关, 对此可参见例 3.1.2(1)), 那么由 $\boldsymbol{e}_i$ 到 $\boldsymbol{e}_i'$ 的过渡矩阵为

$$\boldsymbol{C}=\begin{pmatrix}1&-2&1\\-2&1&0\\3&0&1\end{pmatrix},$$

于是

$$\boldsymbol{C}^{-1}\boldsymbol{A}\boldsymbol{C}=\begin{pmatrix}-4&0&0\\0&2&0\\0&0&2\end{pmatrix}.$$

由此得到

$$\boldsymbol{A}^k=\boldsymbol{C}\begin{pmatrix}-4&0&0\\0&2&0\\0&0&2\end{pmatrix}^k\boldsymbol{C}^{-1}=\boldsymbol{C}\begin{pmatrix}(-4)^k&0&0\\0&2^k&0\\0&0&2^k\end{pmatrix}\boldsymbol{C}^{-1}.$$

为求 $\boldsymbol{C}^{-1}$, 除通常方法外, 在此也可用下列特殊方法: 解方程组

$$\begin{cases}\boldsymbol{e}_1-2\boldsymbol{e}_2+3\boldsymbol{e}_3=\boldsymbol{e}_1',\\-2\boldsymbol{e}_1+\boldsymbol{e}_2=\boldsymbol{e}_2',\\\boldsymbol{e}_1+\boldsymbol{e}_3=\boldsymbol{e}_3'\end{cases}$$

(视 $\boldsymbol{e}_i$ 为未知元) 得到

$$\boldsymbol{e}_1=-\frac{1}{6}\boldsymbol{e}_1'-\frac{1}{3}\boldsymbol{e}_2'+\frac{1}{2}\boldsymbol{e}_3',\quad \boldsymbol{e}_2=-\frac{1}{3}\boldsymbol{e}_1'+\frac{1}{3}\boldsymbol{e}_2'+\boldsymbol{e}_3',\quad \boldsymbol{e}_3=\frac{1}{6}\boldsymbol{e}_1'+\frac{1}{3}\boldsymbol{e}_2'+\frac{1}{2}\boldsymbol{e}_3'.$$

于是由 $\boldsymbol{e}_i'$ 到 $\boldsymbol{e}_i$ 的过渡矩阵

$$\boldsymbol{C}^{-1}=\begin{pmatrix}-\dfrac{1}{6} & -\dfrac{1}{3} & \dfrac{1}{6}\\ -\dfrac{1}{3} & \dfrac{1}{3} & \dfrac{1}{3}\\ \dfrac{1}{2} & 1 & \dfrac{1}{2}\end{pmatrix}=\frac{1}{6}\begin{pmatrix}-1 & -2 & 1\\ -2 & 2 & 2\\ 3 & 6 & 3\end{pmatrix}.$$

读者据此给出计算公式, 并与解法 1 中的公式比较. □

注 **1°** 本例问题 (2) 的解法 1 和解法 2 所得公式实际上是一样的. 因为两种解法分别推出

$$x^k=m_{\boldsymbol{A}}(x)q(x)+\alpha x+\beta,$$
$$x^k=\varphi_{\boldsymbol{A}}(x)q_1(x)+\alpha_1(x-2)^2+k\cdot 2^{k-1}(x-2)+2^k,$$

所以

$$m_{\boldsymbol{A}}(x)q(x)+\alpha x+\beta=\varphi_{\boldsymbol{A}}(x)q_1(x)+\alpha_1(x-2)^2+k\cdot 2^{k-1}(x-2)+2^k.$$

用 $\boldsymbol{A}$ 代 x 即得

$$\alpha\boldsymbol{A}+\beta\boldsymbol{I}=\alpha_1(\boldsymbol{A}-2\boldsymbol{I})^2+k\cdot 2^{k-1}(\boldsymbol{A}-2\boldsymbol{I})+2^k\boldsymbol{I}.$$

解法 2 中应用 3 次多项式 $\varphi_{\boldsymbol{A}}(x)$ 作除法, 其余项次数不超过 2, 因而要确定 3 个系数 a,b,c, 在 $\varphi_{\boldsymbol{A}}(x)$ 有重根的情形是不可能的, 所以考虑将左边变为 x^k-2^k. 当然, 这不如解法 1 简单, 但这种特殊处理方法仍然有其参考意义.

2° 通常求极小多项式有 3 种方法:(i) 求出方阵 $\lambda\boldsymbol{I}-\boldsymbol{A}$ 的最后一个不变因式, 即 $\boldsymbol{A}$ 的极小多项式.(ii) 应用性质: 极小多项式 $m_{\boldsymbol{A}}(\lambda)$ 整除特征多项式 $\varphi_{\boldsymbol{A}}(\lambda)$, 且 $m_{\boldsymbol{A}}(\boldsymbol{A})=\boldsymbol{O}$. 在本例中, $\varphi_{\boldsymbol{A}}(\lambda)=(\lambda-2)^2(\lambda+4)$, 次数低于 3 的多项式 $\lambda-2,(\lambda-2)^2,(\lambda-2)(\lambda+4)$ 中只有最后一个使 $\boldsymbol{A}$ 零化, 因此 $\boldsymbol{A}$ 的极小多项式是 $(\lambda-2)(\lambda+4)$.(iii) 应用性质:$m_{\boldsymbol{A}}(\lambda)$ 整除 $\varphi_{\boldsymbol{A}}(\lambda)$, 并且 $\varphi_{\boldsymbol{A}}(\lambda)$ 整除 $m_{\boldsymbol{A}}(\lambda)^n$(其中 n 是 $\boldsymbol{A}$ 的阶).

例 3.4.4 对于任何方阵 $\boldsymbol{A}$, 令 $\mathrm{e}^{\boldsymbol{A}}=\sum\limits_{k=0}^{\infty}\boldsymbol{A}^k/k!$. 证明:

(1) 级数 $\sum\limits_{k=0}^{\infty}\boldsymbol{A}^k/k!$ 收敛.

(2) $\det(\mathrm{e}^{\boldsymbol{A}})=\mathrm{e}^{\mathrm{tr}(\boldsymbol{A})}$.

解 (1) (i) 对于方阵 $\boldsymbol{A}=(a_{ij})_n$, 定义 $\nu(\boldsymbol{A})=\|\boldsymbol{A}\|=\sum\limits_{i,j}|a_{ij}|$(这是一种矩阵范数). 显然 $|a_{ij}|\leqslant\nu(\boldsymbol{A})$. 并且对于任何同阶方阵 $\boldsymbol{A}$ 和 $\boldsymbol{B}=(b_{ij})_n$, 有

$$\begin{aligned}\nu(\boldsymbol{AB})&=\sum_{i,j}\left|\sum_k a_{ik}b_{kj}\right|\leqslant\sum_{i,j}\sum_k|a_{ik}||b_{kj}|\\&\leqslant\sum_{i,j}\sum_{k,l}|a_{ik}||b_{lj}|=\sum_{i,k}|a_{ik}|\sum_{j,l}|b_{lj}|=\nu(\boldsymbol{A})\nu(\boldsymbol{B}).\end{aligned}$$

于是对于任何整数 $k\geqslant 1,\nu(\boldsymbol{A}^k)\leqslant\nu(\boldsymbol{A})^k$.

(ii) 由步骤 (i) 可知 $\boldsymbol{A}^k$ 的每个元素的绝对值不大于 $\nu(\boldsymbol{A}^k)\leqslant\nu(\boldsymbol{A})^k$, 因此 $\sum\limits_{k=0}^{N}\boldsymbol{A}^k/k!$ 的每个元素的绝对值不大于 $\sum\limits_{k=0}^{N}\nu(\boldsymbol{A})^k/k!$. 当 $N\to\infty$ 时这个级数收敛, 所以级数 $\sum\limits_{k=0}^{\infty}\boldsymbol{A}^k/k!$ 收敛.

(2) (i) 设

$$\boldsymbol{T}=\begin{pmatrix}t_{11} & * & \cdots & * \\ 0 & t_{22} & \cdots & * \\ \vdots & \vdots & & \vdots \\ 0 & \cdots & \cdots & t_{nn}\end{pmatrix}$$

是一个 n 阶上三角方阵, 则对 $k\geqslant 1$, 有

$$\boldsymbol{T}^k=\begin{pmatrix}t_{11}^k & * & \cdots & * \\ 0 & t_{22}^k & \cdots & * \\ \vdots & \vdots & & \vdots \\ 0 & \cdots & \cdots & t_{nn}^k\end{pmatrix},$$

从而

$$\sum_{k=0}^{\infty}\frac{\boldsymbol{T}^k}{k!}=\begin{pmatrix}\mathrm{e}^{t_{11}} & * & \cdots & * \\ 0 & \mathrm{e}^{t_{22}} & \cdots & * \\ \vdots & \vdots & & \vdots \\ 0 & \cdots & \cdots & \mathrm{e}^{t_{nn}}\end{pmatrix}.$$

于是

$$\det\left(\sum_{k=0}^{\infty}\frac{\boldsymbol{T}^k}{k!}\right)=\mathrm{e}^{t_{11}}\mathrm{e}^{t_{22}}\cdots\mathrm{e}^{t_{nn}}=\mathrm{e}^{t_{11}+t_{22}+\cdots+t_{nn}},$$

即对于上三角方阵 $\boldsymbol{T}$ 有

$$\det\left(\mathrm{e}^{\boldsymbol{T}}\right)=\mathrm{e}^{\mathrm{tr}\,(\boldsymbol{T})}.$$

(ii) 对于任意 n 阶方阵 $\boldsymbol{A}$, 存在 n 阶可逆方阵 $\boldsymbol{S}$ 和 n 阶上三角方阵 $\boldsymbol{T}$, 使得 $\boldsymbol{A}=\boldsymbol{S}^{-1}\boldsymbol{T}\boldsymbol{S}$(见习题 3.8(1)). 因为

$$(\boldsymbol{S}^{-1}\boldsymbol{T}\boldsymbol{S})^k=(\boldsymbol{S}^{-1}\boldsymbol{T}\boldsymbol{S})(\boldsymbol{S}^{-1}\boldsymbol{T}\boldsymbol{S})\cdots(\boldsymbol{S}^{-1}\boldsymbol{T}\boldsymbol{S})=\boldsymbol{S}^{-1}\boldsymbol{T}^k\boldsymbol{S},$$

所以

$$\mathrm{e}^{\boldsymbol{A}}=\mathrm{e}^{\boldsymbol{S}^{-1}\boldsymbol{T}\boldsymbol{S}}=\sum_{k=0}^{\infty}\frac{(\boldsymbol{S}^{-1}\boldsymbol{T}\boldsymbol{S})^k}{k!}=\sum_{k=0}^{\infty}\frac{\boldsymbol{S}^{-1}\boldsymbol{T}^k\boldsymbol{S}}{k!}=\boldsymbol{S}^{-1}\left(\sum_{k=0}^{\infty}\frac{\boldsymbol{T}^k}{k!}\right)\boldsymbol{S}=\boldsymbol{S}^{-1}\mathrm{e}^{\boldsymbol{T}}\boldsymbol{S}.$$

注意 $\mathrm{tr}(\boldsymbol{A})=\mathrm{tr}(\boldsymbol{S}^{-1}\boldsymbol{T}\boldsymbol{S})=\mathrm{tr}(\boldsymbol{T})$(见例 2.1.3(4)), 我们由上式推出

$$\det(\mathrm{e}^{\boldsymbol{A}})=\det(\boldsymbol{S}^{-1}\mathrm{e}^{\boldsymbol{T}}\boldsymbol{S})=\det(\boldsymbol{S}^{-1})\det(\mathrm{e}^{\boldsymbol{T}})\det(\boldsymbol{S})$$

$$= \det(\mathrm{e}^{\boldsymbol{T}}) = \mathrm{e}^{\operatorname{tr}(\boldsymbol{T})} = \mathrm{e}^{\operatorname{tr}(\boldsymbol{A})}.$$ □

* **例 3.4.5** (1) 设 s 阶方阵 $\boldsymbol{M}$ 的所有特征值的绝对值小于 1, 则无穷级数 $\sum\limits_{i=0}^{\infty}\boldsymbol{M}^i$ 收敛, 并且等于 $(\boldsymbol{I}-\boldsymbol{M})^{-1}$.

(2) 若 s 阶方阵 $\boldsymbol{M}=(m_{ij})_n$ 的所有元素 $m_{ij}\geqslant 0$, 并且

$$\sum_{j=1}^{n} m_{ij} < 1 \quad (i=1,2,\cdots,s),$$

则 $\boldsymbol{M}$ 的所有特征值的绝对值小于 1(应用特征向量).

解 (1) 存在可逆方阵 $\boldsymbol{P}$ 使得 $\boldsymbol{J}=\boldsymbol{P}^{-1}\boldsymbol{M}\boldsymbol{P}$, 此处 $\boldsymbol{J}$ 是 $\boldsymbol{M}$ 的 Jordan 标准形. $\boldsymbol{J}^n$ 的元素是 $\binom{n}{l}\lambda^{n-l}\,(0\leqslant n\leqslant s)$, 其中 λ 是 $\boldsymbol{M}$ 的某个特征值 (见习题 2.3(2)). 因为 $|\lambda|<1$, 所以当 $n\to\infty$ 时, $\boldsymbol{J}^n\to\boldsymbol{O}$(即其各元素趋于 0), 因而 $\boldsymbol{M}^n=(\boldsymbol{P}\boldsymbol{J}\boldsymbol{P}^{-1})^n=\boldsymbol{P}\boldsymbol{J}^n\boldsymbol{P}^{-1}\to\boldsymbol{O}$. 令

$$\boldsymbol{S}_n=\boldsymbol{I}+\boldsymbol{M}+\boldsymbol{M}^2+\cdots+\boldsymbol{M}^{n-1},$$

则 $(\boldsymbol{I}-\boldsymbol{M})\boldsymbol{S}_n=\boldsymbol{I}-\boldsymbol{M}^n$. 因为当 $n\to\infty$ 时, $\boldsymbol{I}-\boldsymbol{M}^n\to\boldsymbol{I}$, 所以 $(\boldsymbol{I}-\boldsymbol{M})\boldsymbol{S}_n$ 收敛于 $\boldsymbol{I}$, 因而方阵无穷序列 $\boldsymbol{S}_n$ 收敛, 记其极限为 $\sum\limits_{i=0}^{\infty}\boldsymbol{M}^i$, 则 $(\boldsymbol{I}-\boldsymbol{M})\sum\limits_{i=0}^{\infty}\boldsymbol{M}^i=\boldsymbol{I}$. 类似地, 由 $\boldsymbol{S}_n(\boldsymbol{I}-\boldsymbol{M})=\boldsymbol{I}-\boldsymbol{M}^n$ 推出 $\left(\sum\limits_{i=0}^{\infty}\boldsymbol{M}^i\right)(\boldsymbol{I}-\boldsymbol{M})=\boldsymbol{I}$. 所以

$$\sum_{i=0}^{\infty}\boldsymbol{M}^i=(\boldsymbol{I}-\boldsymbol{M})^{-1}.$$

或者, 注意 $(\boldsymbol{I}-\boldsymbol{M})^{-1}$ 存在. 其证如下: 只需证明 $\boldsymbol{I}-\boldsymbol{M}$ 的特征值不为零, 从而 $\det(\boldsymbol{I}-\boldsymbol{M})\neq 0$. 设不然, 则存在 $\boldsymbol{x}\neq\boldsymbol{O}$, 使得 $(\boldsymbol{I}-\boldsymbol{M})\boldsymbol{x}=\boldsymbol{O}$, 于是 $\boldsymbol{M}\boldsymbol{x}=\boldsymbol{x}$, 从而 $\boldsymbol{A}$ 有特征值 1, 与题设矛盾. 于是我们得到关系式 $(\boldsymbol{I}-\boldsymbol{M})\boldsymbol{S}_n=\boldsymbol{I}-\boldsymbol{M}^n$ 后, 即有

$$\boldsymbol{S}_n=(\boldsymbol{I}-\boldsymbol{M})^{-1}(\boldsymbol{I}-\boldsymbol{M}^n)=(\boldsymbol{I}-\boldsymbol{M})^{-1}-(\boldsymbol{I}-\boldsymbol{M})^{-1}\boldsymbol{M}^n.$$

令 $n\to\infty$, 即得所要的结论.

(2) 首先定义: $\boldsymbol{x}=(x_1,x_2,\cdots,x_s)'>\boldsymbol{O}$ (列向量) $\Leftrightarrow x_i>0\,(i=1,2,\cdots,s)$.

令 $\boldsymbol{y}=(1,1,\cdots,1)'$. 由题设可知 $\boldsymbol{u}=\boldsymbol{y}-\boldsymbol{M}\boldsymbol{y}>\boldsymbol{O}$, 即 $\boldsymbol{y}>\boldsymbol{M}\boldsymbol{y}$. 注意 $\boldsymbol{u}=(\boldsymbol{I}-\boldsymbol{M})\boldsymbol{y}$, 所以

$$(\boldsymbol{I}+\boldsymbol{M}+\boldsymbol{M}^2+\cdots+\boldsymbol{M}^n)(\boldsymbol{I}-\boldsymbol{M})\boldsymbol{y}=(\boldsymbol{I}+\boldsymbol{M}+\boldsymbol{M}^2+\cdots+\boldsymbol{M}^n)\boldsymbol{u},$$

于是

$$(\boldsymbol{I}-\boldsymbol{M}^{n+1})\boldsymbol{y}=\boldsymbol{u}+\boldsymbol{M}\boldsymbol{u}+\cdots+\boldsymbol{M}^n\boldsymbol{u}.$$

记 $\boldsymbol{v}^{(n)}=\boldsymbol{u}+\boldsymbol{M}\boldsymbol{u}+\cdots+\boldsymbol{M}^n\boldsymbol{u}$, 由上式得到

$$\boldsymbol{y}-\boldsymbol{M}^{n+1}\boldsymbol{y}=\boldsymbol{v}^{(n)}.$$

因为

$$\boldsymbol{v}^{(n+1)}=\boldsymbol{u}+\boldsymbol{M}\boldsymbol{u}+\cdots+\boldsymbol{M}^n\boldsymbol{u}+\boldsymbol{M}^{n+1}\boldsymbol{u}=\boldsymbol{v}^{(n)}+\boldsymbol{M}^{n+1}\boldsymbol{u}$$

以及 $\boldsymbol{v}^{(n+1)}=\boldsymbol{y}-\boldsymbol{M}^{n+2}\boldsymbol{y}$, 所以

$$\boldsymbol{y}\geqslant\boldsymbol{v}^{(n+1)}\geqslant\boldsymbol{v}^{(n)},$$

即 $\boldsymbol{v}^{(n)}$ 的诸元素形成单调增加且有上界的数列, 从而 $\lim\limits_{n\to\infty}\boldsymbol{v}^{(n)}$ 存在. 于是由 $\boldsymbol{v}^{(n+1)}=\boldsymbol{v}^{(n)}+\boldsymbol{M}^{n+1}\boldsymbol{u}$ 得到 $\lim\limits_{n\to\infty}\boldsymbol{M}^{n+1}\boldsymbol{u}=\boldsymbol{O}$. 因为 $\boldsymbol{u}>\boldsymbol{O}$, 所以 $\lim\limits_{n\to\infty}\boldsymbol{M}^n=\boldsymbol{O}$(零方阵). 设 λ 是 $\boldsymbol{M}$ 的任意特征值, 则存在 $\boldsymbol{x}\neq\boldsymbol{O}$, 满足 $\boldsymbol{M}\boldsymbol{x}=\lambda\boldsymbol{x}$, 从而 $\boldsymbol{M}^n\boldsymbol{x}=\lambda^n\boldsymbol{x}$, 或 $\lambda^n\boldsymbol{x}=\boldsymbol{O}$, 由此及 $\boldsymbol{x}\neq\boldsymbol{O}$ 推出 $|\lambda|<1$. □

注 对于 n 阶方阵 $\boldsymbol{A}=(a_{ij})_n$, 令

$$\|\boldsymbol{A}\|=\max_{1\leqslant i\leqslant n}\sum_{j=1}^{n}|a_{ij}|,$$

则定义了一种矩阵范数 (模). 本例问题 (2) 表明: 若 $\boldsymbol{M}$ 是范数小于 1 的非负方阵, 则其所有特征值的绝对值小于 1; 并且由问题 (1) 知 $\sum\limits_{i=0}^{\infty}\boldsymbol{M}^i=(\boldsymbol{I}-\boldsymbol{M})^{-1}$.

习 题 3

*__3.1__ (1) 给定 $\mathbb{R}^3$ 中 4 个向量

$$\boldsymbol{a}_1=(3,-1,1),\quad \boldsymbol{a}_2=(1,1,2),\quad \boldsymbol{a}_3=(1,-3,-3),\quad \boldsymbol{a}_4=(4,0,5),$$

证明: $\boldsymbol{a}_1,\boldsymbol{a}_2,\boldsymbol{a}_3,\boldsymbol{a}_4$ 线性相关; $\boldsymbol{a}_1,\boldsymbol{a}_2,\boldsymbol{a}_4$ 线性无关.

(2) $\mathbb{R}^n$ 以单位向量 $\boldsymbol{e}_i=(0,\cdots,1,0,\cdots,1)'(i=1,\cdots,n)$ 为基形成 n 维向量空间. 定义映射 $T:\mathbb{R}^n\to\mathbb{R}^n$ 为: 对于任意 $\boldsymbol{x}=(x_1,x_2,\cdots,x_n)'$, 令 $T\boldsymbol{x}=(x_n,x_1,\cdots,x_{n-1})'$. 证明 T 是线性变换, 求 T 的矩阵 $\boldsymbol{A}$, 以及 $\boldsymbol{A}^{-1}$.

3.2 设 T 是线性空间 K^n 中的线性变换, 定义子空间

$$V_1=\{\boldsymbol{x}\mid T^n\boldsymbol{x}=\boldsymbol{O},\boldsymbol{x}\in K^n\},$$

以及

$$V_2=\{\boldsymbol{x}\mid T^{n+1}\boldsymbol{x}=\boldsymbol{O},\boldsymbol{x}\in K^n\},$$

证明 $V_1=V_2$.

*__3.3__ 设数域 $\mathbb{K}$ 上的 n 阶方阵 $\boldsymbol{A}$ 满足 $\boldsymbol{A}^2=\boldsymbol{A}$, V_1,V_2 分别是齐次线性方程组 $\boldsymbol{A}\boldsymbol{x}=\boldsymbol{O}$ 和 $(\boldsymbol{A}-\boldsymbol{I}_n)\boldsymbol{x}=\boldsymbol{O}$ 在 $\mathbb{K}^n$ 中的解空间, 试证明: $\mathbb{K}^n=V_1\oplus V_2$, 其中 $\boldsymbol{I}_n$ 表示 n 阶单位矩阵, $\oplus$ 表示直和.

3.4 (1) 设给定 $\mathbb{C}^4$ 中的线性变换

$$T:\quad T(x_1,x_2,x_3,x_4)=(y_1,y_2,y_3,y_4),$$

其中

$$(y_1,y_2,y_3,y_4)=(x_1,x_2,x_3,x_4)\begin{pmatrix}1&3&2&0\\2&6&4&0\\0&0&0&1\\3&9&6&1\end{pmatrix},$$

求 T 的像空间 $\mathrm{Im}(T)$ 和核空间 $\mathrm{Ker}(T)$, 以及它们的维数.

(2) 设 V_n 是所有变元 x 的次数不超过 n 的实系数多项式组成的线性空间, 定义 V_n 中的映射

$$T:\quad f(x)\longmapsto\frac{1}{a}\big(f(x+a)-f(x)\big),$$

其中 a 是给定的非零实数. 证明 T 是 V_n 中的线性变换, 并求 T 在 V_n 的基

$$1,\quad x,\quad \frac{x(x-a)}{2!},\quad \cdots,\quad \frac{x(x-a)\cdots\big(x-(n-1)a\big)}{n!}$$

下的矩阵表示.

3.5 证明: 任意两个 n 阶巡回方阵之积也是巡回方阵.

3.6 *(1) 求

$$\boldsymbol{A}=\begin{pmatrix}2&-2&2\\1&1&0\\1&3&-2\end{pmatrix}$$

的特征值和特征向量.

(2) 求 a 使得 0 是矩阵

$$\boldsymbol{A}=\begin{pmatrix}1&0&1\\0&2&0\\1&0&a\end{pmatrix}$$

的一个特征值, 并对 a 的这个值求出 $\boldsymbol{A}$ 的全部特征值及相应的特征向量.

3.7 设

$$\boldsymbol{A}=\begin{pmatrix}-1&-2t&0\\0&1&-3t\\1&t&1\end{pmatrix}.$$

(1) 求 t, 使 $\boldsymbol{A}$ 有三个实特征值.

(2) 对于题 (1) 中的 t, 求特征值的绝对值的最大值, 并求属于这个特征值的特征向量.

(3) 确定是否存在 t, 使 $\boldsymbol{A}$ 只有两个不同的特征值. 如果存在, 求出属于这些特征值的特征向量.

3.8 (1) 证明: 任何 n 阶方阵 $\boldsymbol{A}$ 必相似于上三角阵, 其主对角线元素是 $\boldsymbol{A}$ 的 n 个特征值 $\lambda_1,\cdots,\lambda_n$, 即存在 n 阶可逆方阵 $\boldsymbol{P}$ 使得

$$\boldsymbol{P}^{-1}\boldsymbol{A}\boldsymbol{P}=\begin{pmatrix}\lambda_1&*&*&*\\&\lambda_2&*&*\\&&\ddots&*\\&&&\lambda_n\end{pmatrix},$$

其中空白处元素为 0.

(2) 设 n 阶方阵 $\boldsymbol{A}$ 的 n 个特征向量 $\boldsymbol{s}_i=(\boldsymbol{s}_{1i},\boldsymbol{s}_{2i},\cdots,\boldsymbol{s}_{ni})'(i=1,2,\cdots,n)$ 线性无关, 用 $\boldsymbol{S}$ 记以 $\boldsymbol{s}_1,\boldsymbol{s}_2,\cdots,\boldsymbol{s}_n$ 为列形成的 n 阶方阵, 则 $\boldsymbol{S}^{-1}\boldsymbol{AS}$ 是 n 阶对角阵 (对角元是 $\boldsymbol{A}$ 的 n 个特征值).

(3) 若 n 阶方阵 $\boldsymbol{A}$ 的 n 个特征值两两互异, 则 $\boldsymbol{A}$ 相似于 n 阶对角阵 (对角元是 $\boldsymbol{A}$ 的 n 个特征值).

3.9 设 $\boldsymbol{A}$ 是 n 阶实方阵, $\boldsymbol{A}^2=\boldsymbol{A}$(即 $\boldsymbol{A}$ 是幂等的). 证明:

(1) $r(\boldsymbol{A})+r(\boldsymbol{I}-\boldsymbol{A})=n(\boldsymbol{I}$ 是 n 阶单位方阵).

(2) $\boldsymbol{A}$ 恰有 $r(\boldsymbol{A})$ 个特征值 $1,n-r(\boldsymbol{A})$ 个特征值 0.

(3) $r(\boldsymbol{A})=\operatorname{tr}(\boldsymbol{A})$, $r(\boldsymbol{I}-\boldsymbol{A})=\operatorname{tr}(\boldsymbol{I}-\boldsymbol{A})$.

3.10 设 $\boldsymbol{A}$ 为 n 阶幂零矩阵, 即有正整数 k 使得 $\boldsymbol{A}^k=\boldsymbol{O}$(零方阵).

(1) 求 $\boldsymbol{A}$ 的全部特征值.

(2) 设 $\boldsymbol{A}$ 的秩为 r, 则 $\boldsymbol{A}^{r+1}=\boldsymbol{O}$.

(3) 求 $\det(\boldsymbol{I}_n+\boldsymbol{A})(\boldsymbol{I}_n$ 表示 n 阶单位方阵).

3.11 (1) 设

$$\boldsymbol{A}=\begin{pmatrix}1&0&2\\0&-1&1\\0&1&0\end{pmatrix},$$

计算 $2\boldsymbol{A}^8-3\boldsymbol{A}^5+\boldsymbol{A}^4+\boldsymbol{A}^2-4\boldsymbol{I}_3$.

*(2) 设 $n\geqslant 3$, 且

$$\boldsymbol{A}=\begin{pmatrix}1&0&0\\1&1&0\\0&1&0\end{pmatrix},$$

证明: $\boldsymbol{A}^n=\boldsymbol{A}^{n-2}+\boldsymbol{A}^2-\boldsymbol{I}(\boldsymbol{I}$ 是 3 阶单位方阵), 并计算 $\boldsymbol{A}^{100}$.

(3) 设 3 阶方阵 $\boldsymbol{A}$ 的特征值是 $1,-1,2$, 则当 $n\geqslant 0$ 时

$$\boldsymbol{A}^{2n}=\frac{1}{3}((2^{2n}-1)\boldsymbol{A}^2-(2^{2n}-4)\boldsymbol{I}),$$

其中 $\boldsymbol{I}$ 是 3 阶单位方阵.

3.12 判断下列 3 阶方阵在 $\mathbb{Q},\mathbb{R},\mathbb{C}$ 上是否可对角化 (即相似于对角方阵), 并求其 Jordan 标准形:

(1) $\boldsymbol{A}=\begin{pmatrix}1&2&3\\0&1&2\\0&-3&1\end{pmatrix}$.

(2) $\boldsymbol{B}=\begin{pmatrix}-1&1&0\\-4&3&0\\8&-5&3\end{pmatrix}$.

(3) $\boldsymbol{C}=\begin{pmatrix}\sqrt{2} & 1 & 0\\ 0 & 1 & 0\\ 1-\sqrt{2} & -1 & 1\end{pmatrix}$.

3.13 *(1) 设 $\lambda_1,\cdots,\lambda_n$ 是 n 阶方阵 $\boldsymbol{A}$ 的全部特征值, $f(x)$ 是任意非常数多项式, 则 $f(\lambda_1),\cdots,f(\lambda_n)$ 就是 $f(\boldsymbol{A})$ 的全部特征值.

(2) 设 n 阶方阵 $\boldsymbol{A}$ 可逆, $\lambda_1,\cdots,\lambda_n$ 是它的全部特征值, 则所有 $\lambda_i\neq 0$, 并且其逆 $\boldsymbol{A}^{-1}$ 的全部特征值是 $1/\lambda_1,\cdots,1/\lambda_n$, 其伴随阵 $\operatorname{adj}(\boldsymbol{A})$ 的全部特征值是 $|\boldsymbol{A}|/\lambda_1,\cdots,|\boldsymbol{A}|/\lambda_n$.

3.14 设 $\boldsymbol{A}$ 是 n 阶方阵, λ 是 $|\lambda\boldsymbol{I}_n-\boldsymbol{A}|$ 的 k 重根, 则 $r(\lambda\boldsymbol{I}_n-\boldsymbol{A})\geqslant n-k$.

***3.15** 设 $\boldsymbol{A}$ 是 3 阶方阵, $\boldsymbol{A}^2\neq\boldsymbol{O},\boldsymbol{A}^3=\boldsymbol{O}$. 证明:

(1) $\boldsymbol{A}$ 只有零特征值.

(2) 若矩阵 $\boldsymbol{B}$ 与 $\boldsymbol{A}$ 相似, 则 $\boldsymbol{B}$ 具有 $\boldsymbol{A}$ 的上述同样性质.

(3) 矩阵 $\boldsymbol{A}$ 相似于

$$\boldsymbol{C}=\begin{pmatrix}0 & 1 & 0\\ 0 & 0 & 1\\ 0 & 0 & 0\end{pmatrix}.$$

***3.16** 设方阵 $\boldsymbol{A},\boldsymbol{B}$ 满足 $\boldsymbol{AB}+\boldsymbol{BA}=\boldsymbol{I},\boldsymbol{A}^2=\boldsymbol{B}^2=\boldsymbol{O}$, 令 $\boldsymbol{C}=\boldsymbol{AB}$.

(1) 证明 $\boldsymbol{C}^2=\boldsymbol{C}$, 并且 $\boldsymbol{C}$ 只有特征值 0 和 1.

(2) 若 $\boldsymbol{v}_0$ 和 $\boldsymbol{v}_1$ 分别是 $\boldsymbol{C}$ 对应于特征值 0 和 1 的特征向量, 则 $\boldsymbol{Bv}_0=\boldsymbol{Av}_1=\boldsymbol{O}$.

(3) 证明: $\boldsymbol{Bv}_1$ 和 $\boldsymbol{Av}_0$ 分别是 $\boldsymbol{C}$ 对应于特征值 0 和 1 的特征向量.

3.17 设 $\boldsymbol{A}$ 是 n 阶方阵. 证明:

*(1) $\boldsymbol{A}$ 的迹 $\operatorname{tr}(\boldsymbol{A})=\lambda_1+\cdots+\lambda_n$, 其中 $\lambda_1,\cdots,\lambda_n$ 是其全部特征值 (计及重数).

*(2) 若 $\boldsymbol{A}$ 是幂零方阵, 即存在正整数 m 使得 $\boldsymbol{A}^m=\boldsymbol{O}$, 则 $\operatorname{tr}(\boldsymbol{A})=0$.

(3) $\boldsymbol{A}$ 为幂零方阵, 当且仅当 $\operatorname{tr}(\boldsymbol{A}^k)=0\,(k\in\mathbb{N}_0)$.

(4) $\boldsymbol{A}$ 是幂零方阵, 当且仅当 $\boldsymbol{A}$ 的特征值全为零.

3.18 (1) 求可逆方阵 $\boldsymbol{T}$, 使得 $\boldsymbol{B}=\boldsymbol{T}^{-1}\boldsymbol{AT}$, 其中

$$\boldsymbol{A}=\begin{pmatrix}1 & -3\\ 1 & 2\end{pmatrix},\quad \boldsymbol{B}=\begin{pmatrix}4 & -3\\ 3 & -1\end{pmatrix}.$$

(2) 求可逆方阵 $\boldsymbol{T}$, 使得 $\boldsymbol{T}^{-1}\boldsymbol{AT}$ 是对角方阵, 其中

$$\boldsymbol{A}=\begin{pmatrix}1 & 0 & -4\\ 0 & 5 & 4\\ -4 & 4 & 3\end{pmatrix}.$$

*(3) 求方阵

$$\boldsymbol{A}=\begin{pmatrix}-5 & 6\\ -4 & 5\end{pmatrix}$$

的特征值和特征向量, 以及使 $\boldsymbol{C}^{-1}\boldsymbol{AC}$ 成为对角形的方阵 $\boldsymbol{C}$, 并求 $\boldsymbol{A}^{2n}$(n 是正整数).

(4) 求方阵

$$A=\begin{pmatrix}-1&1&0\\-4&3&0\\1&0&2\end{pmatrix}$$

的 Jordan 标准形, 并给出变换矩阵 $\boldsymbol{T}$.

*(5) 证明: 任何复方阵 $\boldsymbol{A}$ 都与它的转置矩阵 $\boldsymbol{A}'$ 相似.

3.19 (1) 设 $\boldsymbol{A}$ 是 n 阶方阵, 则

$$|x\boldsymbol{I}-\boldsymbol{A}|=x^n-S_1(\boldsymbol{A})x^{n-1}+\cdots+(-1)^kS_k(\boldsymbol{A})x^{n-k}+\cdots+(-1)^nS_n(\boldsymbol{A}),$$

其中 $\boldsymbol{S}_k(\boldsymbol{A})$ 是 $\boldsymbol{A}$ 的所有 k 阶主子式之和.

(2) 设 $\boldsymbol{A}$ 是 3 阶方阵, 则

$$|x\boldsymbol{I}-\boldsymbol{A}|=x^3-\mathrm{tr}(\boldsymbol{A})x^2+\mathrm{tr}(\mathrm{adj}(\boldsymbol{A}))x-|\boldsymbol{A}|$$

($\boldsymbol{I}$ 是 3 阶单位方阵, $\mathrm{adj}(\boldsymbol{A})$ 是 $\boldsymbol{A}$ 的伴随方阵).

(3) 设 $\boldsymbol{A},\boldsymbol{B}$ 是 3 阶方阵, 则

$$|x\boldsymbol{A}-\boldsymbol{B}|=|\boldsymbol{A}|x^3-\mathrm{tr}\big(\mathrm{adj}(\boldsymbol{A})\boldsymbol{B}\big)x^2+\mathrm{tr}\big(\mathrm{adj}(\boldsymbol{B})\boldsymbol{A}\big)x-|\boldsymbol{B}|,$$
$$|\boldsymbol{A}+\boldsymbol{B}|=|\boldsymbol{A}|+\mathrm{tr}\big(\mathrm{adj}(\boldsymbol{A})\boldsymbol{B}\big)+\mathrm{tr}\big(\mathrm{adj}(\boldsymbol{B})\boldsymbol{A}\big)+|\boldsymbol{B}|.$$

(4) 设 $\boldsymbol{A}$ 是 n 阶可逆方阵, 则其特征多项式 $|x\boldsymbol{I}-\boldsymbol{A}|$ 中 x 的系数是 $(-1)^{n-1}|\boldsymbol{A}|\mathrm{tr}(\boldsymbol{A}^{-1})$.

(5) 设 $\boldsymbol{A}$ 是 n 阶方阵, 其特征多项式

$$|x\boldsymbol{I}-\boldsymbol{A}|=x^n+c_1x^{n-1}+\cdots+c_{n-1}x+c_n,$$

则

$$\mathrm{adj}(\boldsymbol{A})=(-1)^{n-1}(\boldsymbol{A}^{n-1}+c_1\boldsymbol{A}^{n-2}+\cdots+c_{n-1}\boldsymbol{I}_n).$$

(6) 设 $\boldsymbol{A}$ 是 n 阶方阵, 其秩等于 r, 则它有特征值 0, 而且重数至少是 $n-r$.

3.20 设 n 阶方阵 $\boldsymbol{A}=(a_{ij})$ 的特征值是 $\lambda_1,\cdots,\lambda_n$, 试通过 a_{ij} 表示 λ_i 的平方和与立方和.

3.21 (1) 设 $\boldsymbol{A}$ 是 n 阶方阵, $\boldsymbol{I}=\boldsymbol{I}_n$. 证明: 当 t 足够小时

$$\frac{1}{\det(\boldsymbol{I}-t\boldsymbol{A})}=\exp\left(\sum_{k=1}^{\infty}\frac{1}{k}(\mathrm{tr}\,(\boldsymbol{A}^k))t^k\right),$$
$$\det(\boldsymbol{I}+t\boldsymbol{A})=\exp\left(\sum_{k=1}^{\infty}\frac{(-1)^{k-1}}{k}(\mathrm{tr}\,(\boldsymbol{A}^k))t^k\right).$$

*(2) 对于任何 $n\times m$ 矩阵 $\boldsymbol{A}$ 和 $m\times n$ 矩阵 $\boldsymbol{B}$, 有 $\det(\boldsymbol{I}_n-\boldsymbol{AB})=\det(\boldsymbol{I}_m-\boldsymbol{BA})$.

3.22 设

$$\boldsymbol{P}=\begin{pmatrix}-a&a\\b&-b\end{pmatrix}\quad(a+b>0).$$

求 $\boldsymbol{Q}=\boldsymbol{I}+\sum\limits_{k=1}^{\infty}\frac{\boldsymbol{P}^k}{k!}$, 其中 $\boldsymbol{I}=\boldsymbol{I}_2$.

习题 3 的解答或提示

3.1 (1) 因为方程组

$$x_1\boldsymbol{a}_1+x_2\boldsymbol{a}_2+x_3\boldsymbol{a}_3=\boldsymbol{O}$$

有解 $x_1=1,x_2=-2,x_3=-1$, 所以 $1\boldsymbol{a}_1+(-2)\boldsymbol{a}_2+(-1)\boldsymbol{a}_3+0\boldsymbol{a}_4=\boldsymbol{O}$, 因此所给 4 向量线性相关.

因为 $l_1\boldsymbol{a}_1+l_2\boldsymbol{a}_2+l_4\boldsymbol{a}_4=\boldsymbol{O}$, 即

$$\begin{cases} 3l_1 + l_2 + 4l_4 = 0, \\ -l_1 + l_2 = 0, \\ l_1 + 2l_2 + 5l_4 = 0 \end{cases}$$

只有零解 $l_1=l_2=l_4=0$, 因此 a_1,a_2,a_4 线性无关.

(2) 容易直接验证 T 是线性变换 (由读者完成). 因为 $T\boldsymbol{e}_i=\boldsymbol{e}_{i+1}(i=1,2,\cdots,n-1),T\boldsymbol{e}_n=\boldsymbol{e}_1$, 所以

$$T(\boldsymbol{e}_1\quad \boldsymbol{e}_2\quad \cdots\quad \boldsymbol{e}_n)=(\boldsymbol{e}_n\quad \boldsymbol{e}_1\quad \cdots\quad \boldsymbol{e}_{n-1})=(\boldsymbol{e}_1\quad \boldsymbol{e}_2\quad \cdots\quad \boldsymbol{e}_n)\begin{pmatrix} \boldsymbol{O} & 1 \\ \boldsymbol{I}_{n-1} & \boldsymbol{O} \end{pmatrix},$$

于是

$$\boldsymbol{A}=\begin{pmatrix} \boldsymbol{O} & 1 \\ \boldsymbol{I}_{n-1} & \boldsymbol{O} \end{pmatrix}$$

(即例 3.2.3 中的 $\boldsymbol{P}^{n-1}$). 因为 $\boldsymbol{A}'\boldsymbol{A}=\boldsymbol{I}$, 所以 $\boldsymbol{A}^{-1}=\boldsymbol{A}'$(即例 3.2.3 中的 $\boldsymbol{P}$).

3.2 (i) 设 $\boldsymbol{x}\in V_1$, 则 $T^n\boldsymbol{x}=\boldsymbol{O}$, 故 $T^{n+1}\boldsymbol{x}=T(T^n\boldsymbol{x})=\boldsymbol{TO}=\boldsymbol{O}$, 即 $\boldsymbol{x}\in V_2$, 所以 $V_1\subseteq V_2$.

(ii) 现设存在 $\boldsymbol{x}^*\in V_2$, 但 $\boldsymbol{x}^*\notin V_1$. 于是 $T^{n+1}\boldsymbol{x}^*=\boldsymbol{O},T^n\boldsymbol{x}^*\neq\boldsymbol{O}$. 因 $n+1$ 个向量 $\boldsymbol{x}^*,T\boldsymbol{x}^*,\cdots,T^n\boldsymbol{x}^*$ 线性相关, 故有不全为零的数 $c_0,c_1,\cdots,c_n\in K$ 使

$$c_0\boldsymbol{x}^*+c_1T\boldsymbol{x}^*+\cdots+c_nT^n\boldsymbol{x}^*=\boldsymbol{O}.$$

用 T^n 对两边作变换, 由 $\boldsymbol{x}^*$ 的性质, 可得 $c_0T^n\boldsymbol{x}^*=\boldsymbol{O},c_0=0$. 此时上式成为

$$c_1T\boldsymbol{x}^*+\cdots+c_nT^n\boldsymbol{x}^*=\boldsymbol{O}.$$

用 T^{n-1} 对上式两边作变换, 可得 $c_1=0$. 继续上面的操作, 可得 $c_0=c_1=\cdots=c_n=0$, 这与 c_k 的性质矛盾, 于是 $\boldsymbol{x}^*\in V_1$, 从而 $V_2\subseteq V_1$.

综合步骤 (i) 和 (ii) 所证可得 $V_1=V_2$.

3.3 可由例 3.1.4 推出 (其中 $\mathbb{C}$ 换为 $\mathbb{K}$). 直接证明如下: 对于任何向量 $\boldsymbol{x}\in\mathbb{K}^n$, 有 $(\boldsymbol{A}-\boldsymbol{I}_n)(\boldsymbol{A}\boldsymbol{x})=(\boldsymbol{A}^2-\boldsymbol{A})\boldsymbol{x}=\boldsymbol{O}\boldsymbol{x}=\boldsymbol{O}$, 所以 $\boldsymbol{A}\boldsymbol{x}\in V_2$. 类似地, $(\boldsymbol{A}-\boldsymbol{I}_n)\boldsymbol{x}\in V_1$. 于是 $\boldsymbol{x}=-(\boldsymbol{A}-\boldsymbol{I}_n)\boldsymbol{x}+\boldsymbol{A}\boldsymbol{x}$, 其中 $-(\boldsymbol{A}-\boldsymbol{I}_n)\boldsymbol{x}\in V_1,\boldsymbol{A}\boldsymbol{x}\in V_2$. 现在证明子空间 V_1,V_2 (作为解空间) 之交是零空间. 若 $\boldsymbol{x}\in V_1\cap V_2$, 则 $\boldsymbol{A}\boldsymbol{x}=\boldsymbol{O},(\boldsymbol{A}-\boldsymbol{I}_n)\boldsymbol{x}=\boldsymbol{O}$, 于是 $\boldsymbol{x}=\boldsymbol{I}_n\boldsymbol{x}-\boldsymbol{A}\boldsymbol{x}+\boldsymbol{A}\boldsymbol{x}=-(\boldsymbol{A}-\boldsymbol{I}_n)\boldsymbol{x}+\boldsymbol{A}\boldsymbol{x}=\boldsymbol{O}$. 因此 $\mathbb{K}^n$ 中任何向量 $\boldsymbol{x}\in V_1\oplus V_2$, 于是 $\mathbb{K}^n=V_1\oplus V_2$.

3.4 (1) 解法 1　用 $\boldsymbol{e}_i$ 表示标准单位向量. 算出

$$\begin{aligned}(y_1,y_2,y_3,y_4)&=(x_1+2x_2+3x_4,3(x_1+2x_2+3x_4),2(x_1+2x_2+3x_4),x_3+x_4)\\&=(x_1+2x_2+3x_4)(1,3,2,0)+(x_3+x_4)(0,0,0,1)\\&=(x_1+2x_2+3x_4)(\boldsymbol{e}_1+3\boldsymbol{e}_2+2\boldsymbol{e}_3)+(x_3+x_4)\boldsymbol{e}_4.\end{aligned}$$

当 $(x_1,x_2,x_3,x_4)\in\mathbb{C}^4$ 时, $x_1+2x_2+3x_4,x_3+x_4\in\mathbb{C}$; 当 $\alpha,\beta\in\mathbb{C}$ 时, 存在 $(x_1,x_2,x_3,x_4)\in\mathbb{C}^4$ (未必唯一) 使得 $x_1+2x_2+3x_4=\alpha,x_3+x_4=\beta$, 因此 T 的像空间是 $\boldsymbol{e}_1+3\boldsymbol{e}_2+2\boldsymbol{e}_3$ 和 $\boldsymbol{e}_4$ 张成的子空间. 因为 T 的矩阵的秩等于 2(或 $\boldsymbol{e}_1+3\boldsymbol{e}_2+2\boldsymbol{e}_3$ 和 $\boldsymbol{e}_4$ 在 $\mathbb{C}$ 上线性无关), 所以 T 的像空间的维数等于 2.

又由 $(y_1,y_2,y_3,y_4)=\boldsymbol{O}$ 得到

$$(x_1+2x_2+3x_4)(\boldsymbol{e}_1+3\boldsymbol{e}_2+2\boldsymbol{e}_3)+(x_3+x_4)\boldsymbol{e}_4=\boldsymbol{O},$$

因为 $\boldsymbol{e}_i$ 是基, 所以

$$x_1+2x_2+3x_4=0,\quad x_3+x_4=0,$$

即若 $T(x_1,x_2,x_3,x_4)=\boldsymbol{O}$, 则 $(x_1,x_2,x_3,x_4)\in\mathbb{C}^4$ 满足上述方程组. 反之, 对于

$$(x_1,x_2,x_3,x_4)=(2u+3v,-u,v,-v)=u(2e_1-e_2)+v(3e_1+e_3-e_4)\in\mathbb{C}^4\quad(u,v\in\mathbb{C}),$$

直接验证可知 $T(x_1,x_2,x_3,x_4)=\boldsymbol{O}$. 于是 T 的核空间由向量 $2\boldsymbol{e}_1-\boldsymbol{e}_2$ 和 $3\boldsymbol{e}_1+\boldsymbol{e}_3-\boldsymbol{e}_4$ 张成 (此二向量在 $\mathbb{C}$ 上线性无关), 其维数等于 2(或由例 3.1.3 后的注中的公式得知它等于 $4-2=2$).

解法 2　参见例 3.1.2(3) 的解法. 由题设, 得

$$(y_1,y_2,y_3,y_4)=(x_1,x_2,x_3,x_4)\begin{pmatrix}1&3&2&0\\2&6&4&0\\0&0&0&1\\3&9&6&1\end{pmatrix},$$

所以

$$(y_1,y_2,y_3,y_4)'=\begin{pmatrix}1&3&2&0\\2&6&4&0\\0&0&0&1\\3&9&6&1\end{pmatrix}'(x_1,x_2,x_3,x_4)'=\begin{pmatrix}1&2&0&3\\3&6&0&9\\2&4&0&6\\0&0&1&1\end{pmatrix}(x_1,x_2,x_3,x_4)',$$

将右边的方阵记作 $\boldsymbol{A}$, 它乃是题中变换在通常标准基 $\boldsymbol{e}_i$ 下的矩阵. 将其各列记为 $\boldsymbol{a}_i(i=1,\cdots,4)$. 将 $\boldsymbol{A}$ 的第 1 列的 -2 倍加到第 2 列, 将 $\boldsymbol{A}$ 的第 1 列的 -3 倍及第 3 列的 -1 倍加到第 4 列, 则 $\boldsymbol{A}$ 化成

$$\begin{pmatrix}1&0&0&0\\3&0&0&0\\2&0&0&0\\0&0&1&0\end{pmatrix}.$$

这表明

$$T(2\boldsymbol{e}_1-\boldsymbol{e}_2)=\boldsymbol{O},\quad T(3\boldsymbol{e}_1+\boldsymbol{e}_3-\boldsymbol{e}_4)=\boldsymbol{O}.$$

此外, $2\boldsymbol{e}_1-\boldsymbol{e}_2,3\boldsymbol{e}_1+\boldsymbol{e}_3-\boldsymbol{e}_4,T\boldsymbol{e}_1=\boldsymbol{e}_1+3\boldsymbol{e}_2+2\boldsymbol{e}_3,T\boldsymbol{e}_3=\boldsymbol{e}_4$ 在 $\mathbb{C}$ 上线性无关, 所以 T 的核空间由向量 $2\boldsymbol{e}_1-\boldsymbol{e}_2$ 和 $3\boldsymbol{e}_1+\boldsymbol{e}_3-\boldsymbol{e}_4$ 张成, T 的像空间由 $\boldsymbol{e}_1+3\boldsymbol{e}_2+2\boldsymbol{e}_3$ 和 $\boldsymbol{e}_4$ 张成, 且都是 2 维子空间.

(2) 按定义直接验证 T 是线性变换 (留待读者证明). 将题中给定的基中元素记为 $\varepsilon_0=\varepsilon_0(x)=1,\varepsilon_1=\varepsilon_1(x)=x,\varepsilon_2=\varepsilon_2(x)=x(x-a)/2!$, 等等. 那么

$$\begin{aligned}
&T\varepsilon_0=0,\\
&T\varepsilon_1=1=\varepsilon_0,\\
&T\varepsilon_2=\frac{1}{a}\big(\varepsilon_2(x+a)-\varepsilon_2(x)\big)=\frac{1}{a}\left(\frac{(x+a)x}{2!}-\frac{x(x-a)}{2!}\right)=x=\varepsilon_1,\\
&\cdots,\\
&T\varepsilon_n=\frac{1}{a}\big(\varepsilon_n(x+a)-\varepsilon_n(x)\big)\\
&\qquad=\frac{x(x-a)\cdots\big(x-(n-2)a\big)}{n!a}\Big((x+a)-\big(x-(n-1)a\big)\Big)\\
&\qquad=\frac{x(x-a)\cdots\big(x-(n-2)a\big)}{(n-1)!}=\varepsilon_{n-1}.
\end{aligned}$$

因此

$$T(\varepsilon_0,\varepsilon_1,\cdots,\varepsilon_n)=(T\varepsilon_0,T\varepsilon_1,\cdots,T\varepsilon_n)=(\varepsilon_0,\varepsilon_1,\cdots,\varepsilon_n)\begin{pmatrix}0&1&0&\cdots&0\\0&0&1&\cdots&0\\\vdots&\vdots&\vdots&&\vdots\\0&0&0&\cdots&1\\0&0&0&\cdots&0\end{pmatrix},$$

右边的 $n+1$ 阶矩阵即所求.

3.5　提示　应用例 3.2.3 中的结果. 若 $\boldsymbol{A}=\operatorname{circ}(a_1,a_2,\cdots,a_n)$ 和 $\boldsymbol{B}=\operatorname{circ}(b_1,b_2,\cdots,b_n)$ 是 n 阶巡回方阵, 则 $\boldsymbol{A}=f(\boldsymbol{P}),\boldsymbol{B}=g(\boldsymbol{P})$, 其中 $f(x)=a_1+a_2x+\cdots+a_nx^{n-1},g(x)=b_1+b_2x+\cdots+b_nx^{n-1}$. 直接计算得 $f(\boldsymbol{P})g(\boldsymbol{P})=h(\boldsymbol{P})$, 其中 $h(x)=c_1+c_2x+\cdots+c_nx^{n-1}$. 也可应用例 3.2.3 后的注中所说的巡回方阵的充分必要条件.

3.6　(1) **提示**　由 $|\lambda\boldsymbol{I}-\boldsymbol{A}|=(\lambda-1)(\lambda-2)(\lambda+2)$ 得特征值 $\lambda=1,2,-2$. 由 $\boldsymbol{Ax}=\lambda\boldsymbol{x},\boldsymbol{x}=(x_1,x_2,x_3)'$, 可得对应于 $\lambda=1,2,-2$ 的解分别是 $\boldsymbol{x}=(0,t,t)',(t,t,t)',(-3t,t,7t)'$. 于是对应于 $\lambda=1,2,-2$ 的特征向量是 $t(0,1,1)',t(1,1,1)',t(-3,1,7)\,(t\neq0)$ (读者补出有关计算细节).

(2) (i) 因为 0 是 $\boldsymbol{A}$ 的特征值, 所以 $\det\boldsymbol{A}=0$. 又可直接算出 $\det\boldsymbol{A}=2(a-1)$, 于是 $a=1$.

(ii) 由 $\boldsymbol{A}$ 的特征方程

$$|\lambda\boldsymbol{I}-\boldsymbol{A}|=\begin{vmatrix}\lambda-1 & 0 & -1\\ 0 & \lambda-2 & 0\\ -1 & 0 & \lambda-1\end{vmatrix}=\lambda(\lambda-2)^2=0$$

得 $\boldsymbol{A}$ 的全部特征值为 $\lambda=2$(二重), 及 $\lambda=0$.

(iii) 对于 $\lambda=2$, 由 $(2\boldsymbol{I}-\boldsymbol{A})\boldsymbol{x}=\boldsymbol{O}$, 作初等变换

$$2\boldsymbol{I}-\boldsymbol{A}=\begin{pmatrix}1 & 0 & -1\\ 0 & 0 & 0\\ -1 & 0 & 1\end{pmatrix}\to\begin{pmatrix}1 & 0 & -1\\ 0 & 0 & 0\\ 0 & 0 & 0\end{pmatrix},$$

得基本解系 $\boldsymbol{\alpha}_1=(0,1,0)',\boldsymbol{\alpha}_2=(1,0,1)'$. 因此相应的特征向量是 $k_1\boldsymbol{\alpha}_1+k_2\boldsymbol{\alpha}_2(k_1,k_2$ 不全为零).

对于 $\lambda=0$, 由 $(0\boldsymbol{I}-\boldsymbol{A})\boldsymbol{x}=\boldsymbol{O}$, 作初等变换

$$0\boldsymbol{I}-\boldsymbol{A}=\begin{pmatrix}-1 & 0 & -1\\ 0 & -2 & 0\\ -1 & 0 & -1\end{pmatrix}\to\begin{pmatrix}1 & 0 & 1\\ 0 & 2 & 0\\ 0 & 0 & 0\end{pmatrix},$$

得基本解系 $\boldsymbol{\alpha}_3=(1,0,-1)'$. 因此相应的特征向量是 $k_3\boldsymbol{\alpha}_3(k_3\neq 0)$.

3.7 (1) 算出 $\det(\boldsymbol{A}-\lambda\boldsymbol{I})=(1-\lambda)\big(\lambda^2-(1-3t^2)\big)$, 因此当且仅当 $1-3t^2\geqslant 0$, 即 $t^2\leqslant 1/3$ 或 $t\in[-1/\sqrt{3},1/\sqrt{3}]$ 时, $\boldsymbol{A}$ 有三个实特征值: $\lambda_1=1,\lambda_2=\sqrt{1-3t^2},\lambda_3=-\sqrt{1-3t^2}$.

(2) 因为 $t\in[-1/\sqrt{3},1/\sqrt{3}]$, 所以 $|\lambda_2|=|\lambda_3|\leqslant 1=|\lambda_1|$; 又因为当 $t=0$ 时, $|\lambda_2|=|\lambda_3|=1$, 所以当 $t\in[-1/\sqrt{3},1/\sqrt{3}]$ 时, 特征值的绝对值的最大值由 $\lambda_1=1$ 给出 (当 $t=0$ 时, $\lambda_2=1$ 和 $\lambda_3=-1$ 的绝对值也等于 1).

解方程组 $(\boldsymbol{A}-\boldsymbol{I})\boldsymbol{x}=\boldsymbol{O}$(此处 $\boldsymbol{x}$ 和 $\boldsymbol{O}$ 是列向量). 将

$$\boldsymbol{A}-\boldsymbol{I}=\begin{pmatrix}-2 & -2t & 0\\ 0 & 0 & -3t\\ 1 & t & 0\end{pmatrix}$$

化为阶梯形

$$\begin{pmatrix}1 & t & 0\\ 0 & 0 & -3t\\ 0 & 0 & 0\end{pmatrix}.$$

若 $t\neq 0$, 则解得 $\boldsymbol{x}=k(-t,1,0)'(k\neq 0)$, 此即属于特征值 $\lambda_1=1$ 的特征向量. 若 $t=0$, 则解得

$$\boldsymbol{x}=k\begin{pmatrix}0\\1\\0\end{pmatrix}+l\begin{pmatrix}0\\0\\1\end{pmatrix}\quad(k^2+l^2\neq 0).$$

它们是属于特征值 $\lambda_1=\lambda_2=1$ 的特征向量. 而属于特征值 $\lambda_3=-1$ 的特征向量则由方程组 $(\boldsymbol{A}+\boldsymbol{I})\boldsymbol{x}=\boldsymbol{O}$ 的解给出, 即 $\boldsymbol{x}=k(1,0,-1)'(k\neq 0)$.

(3) 由本题 (1) 可知, 当 $1-3t^2=0$ 及 $t=0$ 时, $\boldsymbol{A}$ 只有两个不同的特征值.

若 $1-3t^2=0$ 即 $t=\pm 1/\sqrt{3}$, 则 $\lambda_1=1,\lambda_2=\lambda_3=0$. 在 (2) 中已求出 (因为 $t=\pm 1/\sqrt{3}\neq 0$) 属于 $\lambda_1=1$ 的特征向量是 $\boldsymbol{x}=k(-t,1,0)'(k\neq 0)$. 属于特征值 $\lambda_2=\lambda_3=0$ 的特征向量由方程组 $\boldsymbol{A}\boldsymbol{x}=\boldsymbol{O}$ 的解给出. 将 $\boldsymbol{A}$ 化为阶梯形

$$\begin{pmatrix}1&0&2\\0&1&-3t\\0&0&0\end{pmatrix}$$

(其中 $t=\pm 1/\sqrt{3}$), 求得 $\boldsymbol{x}=k(-2,3t,1)'(k\neq 0,t=\pm 1/\sqrt{3})$.

若 $t=0$, 则 $\lambda_1=\lambda_2=1,\lambda_3=-1$. 属于这些特征值的特征向量可见本题 (2).

3.8 (1) 依习题 2.15(归纳证明), 对于 n 阶方阵 $\boldsymbol{A}$, 存在可逆方阵 $\boldsymbol{P}$ 使得

$$\boldsymbol{P}^{-1}\boldsymbol{A}\boldsymbol{P}=\begin{pmatrix}\lambda_1&*&*&*\\&\lambda_2&*&*\\&&\ddots&*\\&&&\lambda_n\end{pmatrix}.$$

因为相似方阵有相同的特征值, 所以对角元 $\lambda_1,\cdots,\lambda_n$ 是 $\boldsymbol{A}$ 的全部特征值.

(2) 设

$$\boldsymbol{A}\begin{pmatrix}s_{1i}\\s_{2i}\\\vdots\\s_{ni}\end{pmatrix}=\lambda_i\begin{pmatrix}s_{1i}\\s_{2i}\\\vdots\\s_{ni}\end{pmatrix}\quad(i=1,2,\cdots,n),$$

则

$$\begin{aligned}\boldsymbol{A}\boldsymbol{S}&=\boldsymbol{A}\begin{pmatrix}\boldsymbol{s}_1&\boldsymbol{s}_2&\cdots&\boldsymbol{s}_n\end{pmatrix}=\begin{pmatrix}\boldsymbol{A}\boldsymbol{s}_1&\boldsymbol{A}\boldsymbol{s}_2&\cdots&\boldsymbol{A}\boldsymbol{s}_n\end{pmatrix}=\begin{pmatrix}\lambda_1\boldsymbol{s}_1&\lambda_2\boldsymbol{s}_2&\cdots&\lambda_n\boldsymbol{s}_n\end{pmatrix}\\&=\begin{pmatrix}\boldsymbol{s}_1&\boldsymbol{s}_2&\cdots&\boldsymbol{s}_n\end{pmatrix}\mathrm{diag}(\lambda_1,\lambda_2,\cdots,\lambda_n)=\boldsymbol{S}\mathrm{diag}(\lambda_1,\lambda_2,\cdots,\lambda_n).\end{aligned}$$

因为 $\boldsymbol{s}_1,\cdots,\boldsymbol{s}_n$ 线性无关, 所以 $\det\boldsymbol{S}\neq 0$, 于是

$$\boldsymbol{S}^{-1}\boldsymbol{A}\boldsymbol{S}=\begin{pmatrix}\lambda_1&&\boldsymbol{O}\\&\ddots&\\\boldsymbol{O}&&\lambda_n\end{pmatrix}.$$

(3) 若 $\boldsymbol{A}$ 的 n 个特征值两两互异, 则 $\boldsymbol{A}$ 的相应的特征向量线性无关, 于是由本题 (2) 得到结论.

注　1° 本题 (1) 和 (2) 也可直接应用 Jordan 标准形推出.

2° 由本题 (1) 立得 $|\boldsymbol{A}|=\lambda_1\cdots\lambda_n$(特征值计及重数). 当然, 也可在 $\boldsymbol{A}$ 的特征多项式 $\varphi_{\boldsymbol{A}}(\lambda)=|\lambda\boldsymbol{I}_n-\boldsymbol{A}|=(\lambda-\lambda_1)(\lambda-\lambda_2)\cdots(\lambda-\lambda_n)$ 中令 $\lambda=0$ 得到.

3.9 (1) 这里给出 2 种解法.

解法 1 设 $\boldsymbol{A}^2=\boldsymbol{A}$, 则 $r\big(\boldsymbol{A}(\boldsymbol{I}-\boldsymbol{A})\big)=r(\boldsymbol{A}-\boldsymbol{A}^2)=r(\boldsymbol{A}-\boldsymbol{A})=r(\boldsymbol{O})=0$(此处 $\boldsymbol{O}$ 为 n 阶零方阵). 又由例 2.2.2(2) 可知

$$r\big(\boldsymbol{A}(\boldsymbol{I}-\boldsymbol{A})\big)\geqslant r(\boldsymbol{A})+r(\boldsymbol{I}-\boldsymbol{A})-n,$$

因此

$$r(\boldsymbol{A})+r(\boldsymbol{I}-\boldsymbol{A})\leqslant n.$$

此外, 由例 2.2.2(1), 我们还有 $r(\boldsymbol{I})=r(\boldsymbol{A}+\boldsymbol{I}-\boldsymbol{A})\leqslant r(\boldsymbol{A})+r(\boldsymbol{I}-\boldsymbol{A})$, 因此

$$r(\boldsymbol{A})+r(\boldsymbol{I}-\boldsymbol{A})\geqslant n.$$

合起来, 即得 $r(\boldsymbol{A})+r(\boldsymbol{I}-\boldsymbol{A})=n$.

解法 2 我们有 $\dim\operatorname{Im}(\boldsymbol{A})+\dim\operatorname{Ker}(\boldsymbol{A})=n$. 由例 3.1.4 可知 $\operatorname{Ker}(\boldsymbol{A})=\operatorname{Im}(\boldsymbol{I}-\boldsymbol{A})$, 于是由 $\dim\operatorname{Im}(\boldsymbol{A})=r(\boldsymbol{A}),\dim\operatorname{Ker}(\boldsymbol{A})=\dim\operatorname{Im}(\boldsymbol{I}-\boldsymbol{A})=r(\boldsymbol{I}-\boldsymbol{A})$(参见例 3.1.3 后的注) 得到 $r(\boldsymbol{A})+r(\boldsymbol{I}-\boldsymbol{A})=n$.

(2) 解法 1 记 $r(\boldsymbol{A})=s$. 由 $r(\boldsymbol{A})+r(\boldsymbol{I}-\boldsymbol{A})=n$ 不妨认为 $0<s<n$(不然则 $\boldsymbol{A}=\boldsymbol{O}$ 或 $\boldsymbol{I}$, 结论显然成立). 因为 $\boldsymbol{A}$ 相似于上三角阵

$$\boldsymbol{M}=\begin{pmatrix}\lambda_1 & * & * & *\\ & \lambda_2 & * & *\\ & & \ddots & *\\ & & & \lambda_n\end{pmatrix},$$

其中空白处元素为 0, 对角元 $\lambda_1,\cdots,\lambda_n$ 是 $\boldsymbol{A}$ 的全部特征值 (见习题 3.8(1)), 所以 $r(\boldsymbol{M})=r(\boldsymbol{A})=s<n$, 从而 $\boldsymbol{M}$ 的对角元中至少有 $n-s$ 个为零, 可见 $\boldsymbol{A}$ 至少有 $n-s$ 个零特征值. 同理, 由 $r(\boldsymbol{I}-\boldsymbol{A})=n-r(\boldsymbol{A})=n-s$ 推知 $\boldsymbol{I}-\boldsymbol{A}$ 至少有 $n-(n-s)=s$ 个零特征值; 应用习题 3.13, 取多项式 $f(x)=1-x$, 则知方阵 $\boldsymbol{A}=f(\boldsymbol{I}-\boldsymbol{A})$ 至少有 s 个特征值 $f(0)=1$. 因此 $\boldsymbol{A}$ 的特征值恰由 $s=r(\boldsymbol{A})$ 个 1 和 $n-s=n-r(\boldsymbol{A})$ 个 0 组成.

解法 2 记 $r(\boldsymbol{A})=s$, 不妨认为 $0<s<n$. 易见 $\boldsymbol{A}$ 只有特征值 0 和 1. 事实上, 若 $\boldsymbol{A}\boldsymbol{x}=\lambda\boldsymbol{x}\,(\boldsymbol{x}\neq\boldsymbol{O})$, 则 $\boldsymbol{A}^2\boldsymbol{x}=\boldsymbol{A}(\boldsymbol{A}\boldsymbol{x})=\boldsymbol{A}(\lambda\boldsymbol{x})=\lambda(\boldsymbol{A}\boldsymbol{x})=\lambda(\lambda\boldsymbol{x})=\lambda^2\boldsymbol{x}$. 又因为 $\boldsymbol{A}^2=\boldsymbol{A}$, 所以 $\boldsymbol{A}^2\boldsymbol{x}=\boldsymbol{A}\boldsymbol{x}=\lambda\boldsymbol{x}$. 于是 $\lambda^2\boldsymbol{x}=\lambda\boldsymbol{x},(\lambda^2-\lambda)\boldsymbol{x}=\boldsymbol{O}$. 因为 $\boldsymbol{x}\neq\boldsymbol{O}$, 所以 $\lambda^2-\lambda=0,\lambda=0,1$. 对于 $\lambda=1$, 特征方阵 $\lambda\boldsymbol{I}-\boldsymbol{A}=\boldsymbol{I}-\boldsymbol{A}$ 的秩等于 $n-s$, 所以线性方程组 $(\lambda\boldsymbol{I}-\boldsymbol{A})\boldsymbol{x}=\boldsymbol{O}$ 的解空间的维数等于 s, 我们得到 s 个 $\boldsymbol{A}$ 属于 $\lambda=1$ 的线性无关的特征向量. 同理, 我们得到 $n-s$ 个 $\boldsymbol{A}$ 属于 $\lambda=0$ 的线性无关的特征向量. 依特征向量的性质, 所有这些特征向量合在一起也线性无关, 其总数恰等于 n, 因此 $\boldsymbol{A}$ 的特征值恰由 s 个 1 和 $n-s$ 个 0 组成.

(3) 因为由本题 (2) 的解法 1, $\boldsymbol{A}$ 相似于上三角阵, 其主对角线上的元素含 $r(\boldsymbol{A})$ 个 1, 其余为 0, 所以由例 2.1.3 得到 $r(\boldsymbol{A})=\operatorname{tr}(\boldsymbol{A})$, 以及 $r(\boldsymbol{I}-\boldsymbol{A})=n-s=\operatorname{tr}(\boldsymbol{I})-\operatorname{tr}(\boldsymbol{A})=\operatorname{tr}(\boldsymbol{I}-\boldsymbol{A})$. 或者由本题 (2) 及习题 3.17(1) 得到结论.

3.10 (1) 解法 1 设 λ 和 $\boldsymbol{x}$ 是 $\boldsymbol{A}$ 的任一特征值及相应的特征向量, 由定义

$$\boldsymbol{A}\boldsymbol{x}=\lambda\boldsymbol{x},\quad \boldsymbol{A}^2\boldsymbol{x}=\boldsymbol{A}\lambda\boldsymbol{x}=\lambda\boldsymbol{A}\boldsymbol{x}=\lambda^2\boldsymbol{x},\quad \cdots,\quad \boldsymbol{A}^k\boldsymbol{x}=\lambda^k\boldsymbol{x}.$$

因为 $\boldsymbol{A}^k=\boldsymbol{O},\boldsymbol{x}\neq\boldsymbol{O}$, 所以 $\lambda^k=0,\lambda=0$, 即 $\boldsymbol{A}$ 只有零特征值.

解法 2　设 $\lambda_1,\lambda_2,\cdots,\lambda_n$ 是 $\boldsymbol{A}$ 的全部特征值. 令 $f(x)=x^k$. 因为 $\boldsymbol{A}^k=\boldsymbol{O}$, 所以 $f(\boldsymbol{A})=\boldsymbol{A}^k=\boldsymbol{O}$, 从而 $f(\boldsymbol{A})$ 的全部特征值 $f(\lambda_1)=\lambda_1^k,f(\lambda_2)=\lambda_2^k,\cdots,f(\lambda_n)=\lambda_n^k$ 均等于 0, 于是 $\lambda_1=\lambda_2=\cdots=\lambda_n=0$.

解法 3　设 $\lambda_1,\lambda_2,\cdots,\lambda_n$ 是 $\boldsymbol{A}$ 的全部特征值. 又设 $\boldsymbol{A}$ 的 Jordan 标准形为 $\boldsymbol{J}$, 则 $\boldsymbol{A}=\boldsymbol{P}^{-1}\boldsymbol{J}\boldsymbol{P},\boldsymbol{A}^k=\boldsymbol{P}^{-1}\boldsymbol{J}^k\boldsymbol{P}$. 因为 $\boldsymbol{A}^k=\boldsymbol{O}$, 所以 $\boldsymbol{J}^k=\boldsymbol{O}$, 因而 $\boldsymbol{J}^k$ 的对角元素 $\lambda_1^k,\lambda_2^k,\cdots,\lambda_n^k$ 均等于 0, 于是 $\lambda_1=\lambda_2=\cdots=\lambda_n=0$.

(2) 设 $\boldsymbol{A}=\boldsymbol{P}^{-1}\boldsymbol{J}\boldsymbol{P}$, 其中 $\boldsymbol{J}=\mathrm{diag}(\boldsymbol{J}_1,\boldsymbol{J}_2,\cdots,\boldsymbol{J}_s)$ 为 $\boldsymbol{A}$ 的 Jordan 标准形, $\boldsymbol{J}_k$ 为 Jordan 块, 其阶为 n_k, $\sum\limits_{k=1}^{s}n_k=n$. 依本题 (1) 中所证, $\boldsymbol{J}_k$ 的对角元素均为 0, 所以 $r(\boldsymbol{J}_k)=n_k-1$. 由于 $\sum\limits_{k=1}^{s}(n_k-1)=r$, 所以 $n_k-1\leqslant r,n_k\leqslant r+1(k=1,2,\cdots,s)$. 由此可算出 $\boldsymbol{J}_k^{r+1}=\boldsymbol{O}(k=1,2,\cdots,s)$, 于是 $\boldsymbol{J}^{r+1}=\boldsymbol{O},\boldsymbol{A}^{r+1}=(\boldsymbol{P}^{-1}\boldsymbol{J}\boldsymbol{P})^{r+1}=\boldsymbol{P}^{-1}\boldsymbol{J}^{r+1}\boldsymbol{P}=\boldsymbol{O}$.

(3) 保持本题 (2) 中的记号. 我们有

$$\det(\boldsymbol{I}_n+\boldsymbol{A})=\det(\boldsymbol{I}_n+\boldsymbol{P}^{-1}\boldsymbol{J}\boldsymbol{P})=\det\big(\mathrm{diag}(\boldsymbol{A}_{11},\boldsymbol{A}_{22},\cdots,\boldsymbol{A}_{ss})\big),$$

其中

$$\boldsymbol{A}_{kk}=\begin{pmatrix}1&1&0&0&\cdots&0&0\\0&1&1&0&\cdots&0&0\\0&0&1&1&\cdots&0&0\\\vdots&\vdots&\vdots&\vdots&&\vdots&\vdots\\0&0&0&0&\cdots&0&1\end{pmatrix}.$$

因为 $\det(\boldsymbol{A}_{kk})=1$, 所以 $\det(\boldsymbol{I}_n+\boldsymbol{A})=1$.

3.11　(1) $\boldsymbol{A}$ 的特征多项式

$$\chi(x)=\det(x\boldsymbol{I}_3-\boldsymbol{A})=\begin{vmatrix}x-1&0&-2\\0&x+1&-1\\0&-1&x\end{vmatrix}=x^3-2x+1.$$

多项式 $f(x)=2x^8-3x^5+x^4+x^2-4$ 除以 $\chi(x)$ 的余式是 $r(x)=24x^2-37x+10$, 注意 $\chi(\boldsymbol{A})=\boldsymbol{O}$(3 阶零矩阵), 所以

$$f(\boldsymbol{A})=2\boldsymbol{A}^8-3\boldsymbol{A}^5+\boldsymbol{A}^4+\boldsymbol{A}^2-4\boldsymbol{I}_3=r(\boldsymbol{A})=24\boldsymbol{A}^2-37\boldsymbol{A}+10\boldsymbol{I}_3.$$

因为

$$\boldsymbol{A}^2=\begin{pmatrix}1&2&2\\0&2&-1\\0&-1&1\end{pmatrix},$$

因此

$$2\boldsymbol{A}^8-3\boldsymbol{A}^5+\boldsymbol{A}^4+\boldsymbol{A}^2-4\boldsymbol{I}_3=\begin{pmatrix}-3&48&-26\\0&95&-61\\0&-61&34\end{pmatrix}.$$

(2) $\boldsymbol{A}$ 的特征多项式 $\varphi_{\boldsymbol{A}}(x)=|x\boldsymbol{I}-\boldsymbol{A}|=(x-1)^2(x+1)$. 因为 $n\geqslant 3$, 所以存在多项式 $q(x)$ 和 $r(x)$ 使得

$$x^n-x^{n-2}=\varphi_{\boldsymbol{A}}(x)q(x)+r(x),$$

其中 $r(x)$ 的次数不超过 2. 因为 $x=\pm 1$ 时 x^n-x^{n-2} 和 $\varphi_{\boldsymbol{A}}(x)$ 都等于 0, 所以 $r(\pm 1)=0$, 于是 $r(x)=c(x+1)(x-1)$, 其中系数 $c\neq 0$. 由此得到

$$x^n-x^{n-2}=\varphi_{\boldsymbol{A}}(x)q(x)+c(x+1)(x-1),$$

即 $x^{n-2}(x^2-1)=(x^2-1)(x-1)q(x)+c(x^2-1)$, 于是

$$x^{n-2}=(x-1)q(x)+c,$$

令 $x=1$ 即得 $c=1$, 从而最终得到

$$x^n-x^{n-2}=\varphi_{\boldsymbol{A}}(x)q(x)+x^2-1.$$

因为 $\varphi_{\boldsymbol{A}}(\boldsymbol{A})=\boldsymbol{O}$(零方阵), 所以

$$\boldsymbol{A}^n-\boldsymbol{A}^{n-2}=\boldsymbol{A}^2-\boldsymbol{I}.$$

应用此递推关系算出

$$\begin{aligned}\boldsymbol{A}^{100}&=\boldsymbol{A}^{98}+\boldsymbol{A}^2-\boldsymbol{I}=\boldsymbol{A}^{96}+2(\boldsymbol{A}^2-\boldsymbol{I})=\cdots\\&=\boldsymbol{A}^{100-98}+49(\boldsymbol{A}^2-\boldsymbol{I})=\boldsymbol{A}^2+49(\boldsymbol{A}^2-\boldsymbol{I})\\&=\begin{pmatrix}1&0&0\\50&1&0\\50&0&1\end{pmatrix}\end{aligned}$$

(本题另一解法见例 2.1.2).

(3) 可认为 $n\geqslant 2$(因为 $n=0,1$ 时结论显然成立). 因为 $\boldsymbol{A}$ 的特征多项式

$$\varphi_{\boldsymbol{A}}(\lambda)=(\lambda-1)(\lambda+1)(\lambda-2)$$

是 3 次的, 所以存在非零多项式 $q(\lambda)$ 使得

$$\lambda^{2n}=\varphi_{\boldsymbol{A}}(\lambda)q(\lambda)+(a\lambda^2+b\lambda+c).$$

令 $\lambda=1,-1,2$ 得到

$$1=a+b+c,\quad 1=a-b+c,\quad 2^{2n}=4a+2b+c,$$

由此确定 a,b,c, 从而

$$\lambda^{2n}=\varphi_{\boldsymbol{A}}(\lambda)q(\lambda)+\frac{1}{3}\big((2^{2n}-1)\lambda^2-(2^{2n}-4)\big),$$

用 $\boldsymbol{A}$ 代 λ, 因为 $\varphi_{\boldsymbol{A}}(\boldsymbol{A})=\boldsymbol{O}$, 所以

$$\boldsymbol{A}^{2n}=\frac{1}{3}\big((2^{2n}-1)\boldsymbol{A}^2-(2^{2n}-4)\boldsymbol{I}\big).$$

3.12 (1) 由

$$\det(x\boldsymbol{I}-\boldsymbol{A})=\begin{vmatrix}x-1&-2&-3\\0&x-1&-2\\0&3&x-1\end{vmatrix}=(x-1)(x-1-\mathrm{i}\sqrt{6})(x-1+\mathrm{i}\sqrt{6}),$$

可知在 $\mathbb{C}$ 上 $\boldsymbol{A}$ 的特征值 $1,1\pm\mathrm{i}\sqrt{6}$ 两两互异, 因而相似于对角阵

$$\begin{pmatrix}1&0&0\\0&1+\mathrm{i}\sqrt{6}&0\\0&0&1-\mathrm{i}\sqrt{6}\end{pmatrix},$$

这也是 $\boldsymbol{A}$ 的 Jordan 标准形 (参见习题 3.8 的解后的注).

(2) 因为

$$\det(x\boldsymbol{I}-\boldsymbol{B})=\begin{vmatrix}x+1&-1&0\\4&x-3&0\\-8&5&x-3\end{vmatrix},$$

行列式因子是

$$D_0(x)=1,\quad D_1(x)=1,\quad D_2(x)=1,\quad D_3(x)=(x-1)^2(x-3),$$

不变因子是

$$d_1(x)=d_2(x)=1,\quad d_3(x)=(x-1)^2(x-3),$$

初等因子是 $(x-1)^2,(x-3)$. 于是 $\boldsymbol{B}$ 有 Jordan 标准形

$$\begin{pmatrix}1&1&0\\0&1&0\\0&0&3\end{pmatrix},$$

因此 $\boldsymbol{B}$ 在 $\mathbb{C}$(因而在 $\mathbb{Q},\mathbb{R}$) 上不可能相似于对角阵. 或者, 因为 $\boldsymbol{B}$ 的最小多项式 $(x-1)^2(x-3)$ 有重根, 所以不可能相似于对角阵.

(3) 由

$$\det(x\boldsymbol{I}-\boldsymbol{C})=\begin{vmatrix}x-\sqrt{2}&-1&0\\0&x-1&0\\\sqrt{2}-1&1&x-1\end{vmatrix}$$

得到

$$D_0(x)=1,\quad D_1(x)=1,\quad D_2(x)=x-1,\quad D_3(x)=(x-1)^2(x-\sqrt{2});$$

$$d_1(x)=1,\quad d_2(x)=x-1,\quad d_3(x)=(x-1)(x-\sqrt{2}).$$

于是初等因子是 $x-1,x-1,x-\sqrt{2}$. 所以 $\boldsymbol{C}$ 有 Jordan 标准形

$$\begin{pmatrix}1&0&0\\0&1&0\\0&0&\sqrt{2}\end{pmatrix},$$

并且在 $\mathbb{R}$(因而 $\mathbb{C}$) 上相似于对角阵.

3.13 (1) 解法 1 (不应用方阵多项式的基本性质) (i) 设 $f(x)$ 的零点是 $\alpha_1,\cdots,\alpha_m$, 则

$$\begin{aligned}&f(x)=c_m(x-\alpha_1)\cdots(x-\alpha_m),\\&f(\boldsymbol{A})=c_m(\boldsymbol{A}-\alpha_1\boldsymbol{I})\cdots(\boldsymbol{A}-\alpha_m\boldsymbol{I}),\\&|f(\boldsymbol{A})|=|c_m\boldsymbol{I}||\boldsymbol{A}-\alpha_1\boldsymbol{I}|\cdots|\boldsymbol{A}-\alpha_m\boldsymbol{I}|=c_m^n\prod_{i=1}^m|\boldsymbol{A}-\alpha_i\boldsymbol{I}|.\end{aligned}$$

若 $\varphi_{\boldsymbol{A}}(x)$ 是 $\boldsymbol{A}$ 的特征多项式, 则

$$\varphi_{\boldsymbol{A}}(\lambda)=|\lambda\boldsymbol{I}-\boldsymbol{A}|=\prod_{j=1}^n(\lambda-\lambda_j),$$

从而当 $i=1,\cdots,m$ 时

$$|\boldsymbol{A}-\alpha_i\boldsymbol{I}|=(-1)^n\varphi_{\boldsymbol{A}}(\alpha_i)=(-1)^n\prod_{j=1}^n(\alpha_i-\lambda_j)=\prod_{j=1}^n(\lambda_j-\alpha_i).$$

由此得到

$$|f(\boldsymbol{A})|=c_m^n\prod_{i=1}^m\prod_{j=1}^n(\lambda_j-\alpha_i)=\prod_{j=1}^n\left(c_m\prod_{i=1}^m(\lambda_j-\alpha_i)\right)=\prod_{j=1}^nf(\lambda_j).$$

(ii) 将步骤 (i) 中得到的结论应用于多项式 $F(x)=\lambda-f(x)$(其中 λ 是任意复数), 则 $F(\boldsymbol{A})=\lambda\boldsymbol{I}-f(\boldsymbol{A})$, 并且

$$|\lambda\boldsymbol{I}-f(\boldsymbol{A})|=\prod_{j=1}^n\big(\lambda-f(\lambda_j)\big),$$

因此方阵 $f(\boldsymbol{A})$ 的特征值恰是 $f(\lambda_1),\cdots,f(\lambda_n)$(特别地, $f(\lambda_i)$ 对于 $f(\boldsymbol{A})$ 的重数与 λ_i 对于 $\boldsymbol{A}$ 的重数一致).

注 设 $f(x)=c_0+c_1x+\cdots+c_mx^m\,(m\geqslant1,c_m\neq0)$. 若 $\boldsymbol{A}\boldsymbol{x}=\lambda_i\boldsymbol{x},\boldsymbol{x}\neq\boldsymbol{O}$, 则对任何正整数 l, $\boldsymbol{A}^l\boldsymbol{x}=\lambda_i^l\boldsymbol{x}$, 从而

$$\begin{aligned}f(\boldsymbol{A})\boldsymbol{x}&=(c_0\boldsymbol{I}+c_1\boldsymbol{A}+\cdots+c_m\boldsymbol{A}^m)\boldsymbol{x}=c_0\boldsymbol{x}+c_1\boldsymbol{A}\boldsymbol{x}+\cdots+c_m\boldsymbol{A}^m\boldsymbol{x}\\&=c_0\boldsymbol{x}+c_1\lambda_i\boldsymbol{x}+\cdots+c_m\lambda_i^m\boldsymbol{x}=(c_0+c_1\lambda_i+\cdots+c_m\lambda_i^m)\boldsymbol{x}\\&=f(\lambda_i)\boldsymbol{x}\quad(\boldsymbol{x}\neq\boldsymbol{O}).\end{aligned}$$

因而每个 $f(\lambda_i)$ 都是 $f(\boldsymbol{A})$ 的特征值. 但这个推理无法判断 $f(\lambda_i)$ 是否是 $f(\boldsymbol{A})$ 的重特征值, 因此只能断定 $f(\lambda_i)$ 中两两互异的值是 $f(\boldsymbol{A})$ 的特征值, 不能断言 $f(\lambda_i)\,(i=1,\cdots,n)$ 恰是 $f(\boldsymbol{A})$ 的全部特征值.

解法 2 (应用方阵多项式的基本性质)　由习题 3.8(1), 存在可逆矩阵 $\boldsymbol{P}$ 使得

$$\boldsymbol{P}^{-1}\boldsymbol{A}\boldsymbol{P}=\begin{pmatrix}\lambda_1 & * & * & * \\ & \lambda_2 & * & * \\ & & \ddots & * \\ & & & \lambda_n\end{pmatrix},$$

于是

$$\boldsymbol{P}^{-1}f(\boldsymbol{A})\boldsymbol{P}=\begin{pmatrix}f(\lambda_1) & * & * & * \\ & f(\lambda_2) & * & * \\ & & \ddots & * \\ & & & f(\lambda_n)\end{pmatrix}.$$

因为相似矩阵有相同的特征值, 所以上式右边的方阵的特征值 $f(\lambda_1),\cdots,f(\lambda_n)$ 恰是 $f(\boldsymbol{A})$ 的全部特征值.

(2) (i) $\boldsymbol{A}$ 的特征多项式 $\varphi_{\boldsymbol{A}}(\lambda)=|\lambda\boldsymbol{I}_n-\boldsymbol{A}|$, 若 $\lambda=0$ 是 $\boldsymbol{A}$ 的特征值, 则 $\varphi_{\boldsymbol{A}}(0)=0$, 从而 $|\boldsymbol{A}|=|0\cdot\boldsymbol{I}_n-\boldsymbol{A}|=\varphi_{\boldsymbol{A}}(0)=0$. 因此可逆矩阵的特征值不等于零 (还可见习题 3.19 解后的注).

(ii) 若矩阵 $\boldsymbol{A}$ 可逆, 则依步骤 (i) 所证, $\boldsymbol{A}$ 和 $\boldsymbol{A}^{-1}$ 的特征值都不等于零.$\boldsymbol{A}$ 的特征多项式 $\varphi_{\boldsymbol{A}}(x)=|x\boldsymbol{I}_n-\boldsymbol{A}|$. 因为 $x\boldsymbol{I}_n-\boldsymbol{A}^{-1}=x\boldsymbol{A}^{-1}(\boldsymbol{A}-x^{-1}\boldsymbol{I}_n)$(当 $x\neq0$), 所以 $\boldsymbol{A}^{-1}$ 的特征多项式

$$\begin{aligned}\varphi_{\boldsymbol{A}^{-1}}(x)&=|x\boldsymbol{I}_n-\boldsymbol{A}^{-1}|=|x\boldsymbol{A}^{-1}(\boldsymbol{A}-x^{-1}\boldsymbol{I}_n)|\\&=|x\boldsymbol{A}^{-1}||\boldsymbol{A}-x^{-1}\boldsymbol{I}_n|=(-1)^nx^n|\boldsymbol{A}|^{-1}|x^{-1}\boldsymbol{I}_n-\boldsymbol{A}|\\&=(-1)^nx^n|\boldsymbol{A}|^{-1}\varphi_{\boldsymbol{A}}(x^{-1})\quad(x\neq0).\end{aligned}$$

因此 $\boldsymbol{A}$ 和 $\boldsymbol{A}^{-1}$ 的特征值互为倒数.

(iii) 因为 $\operatorname{adj}(\boldsymbol{A})=|\boldsymbol{A}|\boldsymbol{A}^{-1}$, 所以由步骤 (ii) 的结果得到所要的结论.

3.14　解法 1　这是例 3.4.2 的特例.

解法 2　由习题 3.8(1), 存在可逆矩阵 $\boldsymbol{P}$ 使得

$$\boldsymbol{P}^{-1}\boldsymbol{A}\boldsymbol{P}=\begin{pmatrix}\lambda_1 & * & * & * & * & * \\ & \ddots & * & * & * & * \\ & & \lambda_1 & * & * & * \\ & & & \lambda_{k+1} & * & * \\ & & & & \ddots & * \\ & & & & & \lambda_n\end{pmatrix}$$

(上三角矩阵), 于是

$$P^{-1}(\lambda_1 I_n - A)P = \begin{pmatrix} 0 & & & & & \\ & \ddots & & & * & \\ & & 0 & & & \\ & & & \lambda_1-\lambda_{k+1} & & \\ & & & & \ddots & \\ & & & & & \lambda_1-\lambda_n \end{pmatrix}.$$

因为上式右边 (上三角) 矩阵的右下角元素形成的 $n-k$ 阶行列式不等于零, 所以上式右边矩阵的秩至少是 $n-k$, 而且相似矩阵有相同的秩, 于是本题得证.

3.15 (1) 见习题 3.10(1)(A 是幂零方阵).

(2) 设 $B=P^{-1}AP$, 则 $A=PBP^{-1}, A^2=PBP^{-1}\cdot PBP^{-1}=PB^2P^{-1}$. 由 $A^2\neq O$ 可知 $PB^2P^{-1}\neq O$, 因此 $B^2\neq O$(不然 $B^2=O$). 同理 $PB^3P^{-1}=A^3=O$, 所以 $B^3=P^{-1}OP=O$. 依本题 (1), B 只有零特征值.

(3) 设 A 相似于上三角阵 B(参见习题 3.8(1)). 由本题 (1), A 只有零特征值, 所以

$$B=\begin{pmatrix} 0 & \beta & \gamma \\ 0 & 0 & \delta \\ 0 & 0 & 0 \end{pmatrix}.$$

依本题 (2), $B^2\neq O$, 由

$$B^2=\begin{pmatrix} 0 & 0 & \beta\delta \\ 0 & 0 & 0 \\ 0 & 0 & 0 \end{pmatrix}$$

知 $\beta\delta\neq 0$. 任取 $p_{11}\neq 0$, 令

$$P=\begin{pmatrix} p_{11} & p_{12} & 0 \\ 0 & p_{11}/\beta & p_{23} \\ 0 & 0 & p_{11}/(\beta\delta) \end{pmatrix}.$$

那么 P 可逆. 因为

$$BP=\begin{pmatrix} 0 & p_{11} & \beta p_{23}+p_{11}\gamma/(\beta\delta) \\ 0 & 0 & p_{11}/\beta \\ 0 & 0 & 0 \end{pmatrix},$$

$$PC=P\begin{pmatrix} 0 & 1 & 0 \\ 0 & 0 & 1 \\ 0 & 0 & 0 \end{pmatrix}=\begin{pmatrix} 0 & p_{11} & p_{12} \\ 0 & 0 & p_{11}/\beta \\ 0 & 0 & 0 \end{pmatrix},$$

取 p_{12}, p_{23} 满足 $p_{12}=\beta p_{23}+\gamma p_{11}/(\beta\delta)$, 那么 $BP=PC$, 于是 B 与 C 相似, 从而 A 与 C 相似.

3.16　(1) 将 $\boldsymbol{AB}+\boldsymbol{BA}=\boldsymbol{I}$ 两边平方, 得 $\boldsymbol{AB}\cdot\boldsymbol{AB}+\boldsymbol{AB}\cdot\boldsymbol{BA}+\boldsymbol{BA}\cdot\boldsymbol{AB}+\boldsymbol{BA}\cdot\boldsymbol{BA}=\boldsymbol{I}$, 即 $\boldsymbol{C}^2+\boldsymbol{AB}^2\boldsymbol{A}+\boldsymbol{BA}^2\boldsymbol{B}+\boldsymbol{BABA}=\boldsymbol{I}$. 应用 $\boldsymbol{A}^2=\boldsymbol{B}^2=\boldsymbol{O}$ 得到 $\boldsymbol{C}^2+\boldsymbol{BABA}=\boldsymbol{I}$. 又由 $\boldsymbol{C}+\boldsymbol{BA}=\boldsymbol{I}$ 得 $\boldsymbol{BA}=\boldsymbol{I}-\boldsymbol{C}$, 将此代入前式, 得 $\boldsymbol{C}^2+(\boldsymbol{I}-\boldsymbol{C})^2=\boldsymbol{I}$, 因此 $\boldsymbol{C}^2=\boldsymbol{C}$, 即 $\boldsymbol{C}$ 是幂等的. 由此推出它只有特征值 0 和 1(见习题 3.9).

(2) 由 $\boldsymbol{v}_1$ 的定义, $\boldsymbol{v}_1\neq\boldsymbol{O}$, 满足 $\boldsymbol{C}\boldsymbol{v}_1=1\cdot\boldsymbol{v}_1=\boldsymbol{v}_1$, 因此

$$\boldsymbol{A}\boldsymbol{v}_1=\boldsymbol{A}(\boldsymbol{C}\boldsymbol{v}_1)=\boldsymbol{A}(\boldsymbol{AB}\boldsymbol{v}_1)=\boldsymbol{A}^2\boldsymbol{B}\boldsymbol{v}_1=\boldsymbol{OB}\boldsymbol{v}_1=\boldsymbol{O}.$$

类似地, 向量 $\boldsymbol{v}_0\neq\boldsymbol{O}$, 满足 $\boldsymbol{C}\boldsymbol{v}_0=0\cdot\boldsymbol{v}_0=\boldsymbol{O}$; 又由 $\boldsymbol{B}=\boldsymbol{BI}=\boldsymbol{B}(\boldsymbol{AB}+\boldsymbol{BA})=\boldsymbol{BAB}+\boldsymbol{B}^2\boldsymbol{A}=\boldsymbol{BAB}=\boldsymbol{BC}$, 可知

$$\boldsymbol{B}\boldsymbol{v}_0=\boldsymbol{BC}\boldsymbol{v}_0=\boldsymbol{B}(\boldsymbol{C}\boldsymbol{v}_0)=\boldsymbol{BO}=\boldsymbol{O}.$$

(3) 由 $\boldsymbol{v}_1$ 的定义知 $\boldsymbol{A}(\boldsymbol{B}\boldsymbol{v}_1)=\boldsymbol{C}\boldsymbol{v}_1=\boldsymbol{v}_1\neq\boldsymbol{O}$, 因此 $\boldsymbol{B}\boldsymbol{v}_1\neq\boldsymbol{O}$. 还有

$$\boldsymbol{C}(\boldsymbol{B}\boldsymbol{v}_1)=\boldsymbol{AB}^2\boldsymbol{v}_1=\boldsymbol{AO}\boldsymbol{v}_1=\boldsymbol{O}=0\cdot(\boldsymbol{B}\boldsymbol{v}_1),$$

因此 $\boldsymbol{B}\boldsymbol{v}_1$ 是 $\boldsymbol{C}$ 对应于特征值 0 的特征向量.

因为 $\boldsymbol{B}(\boldsymbol{A}\boldsymbol{v}_0)=\boldsymbol{BA}\boldsymbol{v}_0=(\boldsymbol{I}-\boldsymbol{AB})\boldsymbol{v}_0=\boldsymbol{v}_0-\boldsymbol{C}\boldsymbol{v}_0=\boldsymbol{v}_0-\boldsymbol{O}=\boldsymbol{v}_0\neq\boldsymbol{O}$, 因此 $\boldsymbol{A}\boldsymbol{v}_0\neq\boldsymbol{O}$. 还有 $\boldsymbol{A}=\boldsymbol{AI}=\boldsymbol{A}(\boldsymbol{AB}+\boldsymbol{BA})=\boldsymbol{A}^2\boldsymbol{B}+\boldsymbol{ABA}=\boldsymbol{CA}$, 所以

$$\boldsymbol{C}(\boldsymbol{A}\boldsymbol{v}_0)=\boldsymbol{CA}\boldsymbol{v}_0=\boldsymbol{A}\boldsymbol{v}_0=1\cdot(\boldsymbol{A}\boldsymbol{v}_0),$$

因此 $\boldsymbol{A}\boldsymbol{v}_0$ 是 $\boldsymbol{C}$ 对应于特征值 1 的特征向量.

3.17　(1) 参见习题 3.19(1). 因为 $\boldsymbol{A}$ 的特征多项式 $\varphi_{\boldsymbol{A}}(\lambda)=|\lambda\boldsymbol{I}-\boldsymbol{A}|$ 是 λ 的 n 次多项式, 由行列式 (按第一行) 展开可知 λ^{n-1} 只在对角元 $\lambda-a_{11},\lambda-a_{22},\cdots,\lambda-a_{nn}$ 的每 $n-1$ 个的乘积中出现, 所以

$$\begin{aligned}|\lambda\boldsymbol{I}-\boldsymbol{A}|&=\begin{vmatrix}\lambda-a_{11} & -a_{12} & -a_{13} & \cdots & -a_{1n}\\ -a_{21} & \lambda-a_{22} & -a_{23} & \cdots & -a_{2n}\\ \vdots & \vdots & \vdots & & \vdots\\ -a_{n1} & -a_{n2} & -a_{n3} & \cdots & \lambda-a_{nn}\end{vmatrix}\\ &=\lambda^n-(a_{11}+a_{22}+\cdots+a_{nn})\lambda^{n-1}+\cdots.\end{aligned}$$

同时有

$$|\lambda\boldsymbol{I}-\boldsymbol{A}|=(\lambda-\lambda_1)(\lambda-\lambda_2)\cdots(\lambda-\lambda_n)=\lambda^n-(\lambda_1+\lambda_2+\cdots+\lambda_n)\lambda^{n-1}+\cdots.$$

比较 λ^{n-1} 的系数, 即得所要等式.

(2) 由习题 3.10(1) 知 $\boldsymbol{A}$ 的所有特征值 $\lambda_i=0$. 于是由本题 (1) 得到 $\mathrm{tr}(\boldsymbol{A})=0$.

(3) 由本题 (2) 的证明可知, 若 $\boldsymbol{A}$ 为幂零方阵, 则 $\boldsymbol{A}$ 只有零特征值, 从而 $\boldsymbol{A}^k(k\in\mathbb{N}_0)$ 也只有零特征值$\big($应用习题 3.13, 在其中取 $f(x)=x^k\big)$, 于是由本题 (1) 知 $\mathrm{tr}(\boldsymbol{A}^k)=0\,(k\in\mathbb{N}_0)$.

反之, 设 $\mathrm{tr}(\boldsymbol{A}^k)=0\,(k\in\mathbb{N}_0)$. 令 $\lambda_1,\lambda_2,\cdots,\lambda_n$ 是 $\boldsymbol{A}$ 的全部特征值, 那么对于任何正整数 $k,\boldsymbol{A}^k$ 的全部特征值是 $\lambda_1^k,\lambda_2^k,\cdots,\lambda_n^k$ $\big($见习题 3.13, 取多项式 $f(x)=x^k\big)$. 依本题 (1),

$\mathrm{tr}(\boldsymbol{A}^k)=\lambda_1^k+\lambda_2^k+\cdots+\lambda_n^k$. 由假设条件知 $\lambda_1^k+\lambda_2^k+\cdots+\lambda_n^k=0\,(k=1,2,\cdots,n)$, 于是由例 6.4.6(2) 推出 $\lambda_1=\lambda_2=\cdots=\lambda_n=0$, 从而 $\boldsymbol{A}$ 的特征多项式

$$\varphi_{\boldsymbol{A}}(\lambda)=(\lambda-\lambda_1)(\lambda-\lambda_2)\cdots(\lambda-\lambda_n)=\lambda^n.$$

由 Hamilton-Cayley 定理立得 $\varphi_{\boldsymbol{A}}(\lambda)=\boldsymbol{O}$, 即 $\boldsymbol{A}^n=\boldsymbol{O}$.

(4) 解法 1　由本题 (2) 的证明可知, 若 $\boldsymbol{A}$ 为幂零方阵, 则 $\boldsymbol{A}$ 只有零特征值. 反之, 若 $\boldsymbol{A}$ 只有零特征值, 那么由习题 3.13 知 $\boldsymbol{A}^k(k\in\mathbb{N}_0)$ 也只有零特征值, 因而 $\mathrm{tr}(\boldsymbol{A}^k)=0\,(k\in\mathbb{N}_0)$. 于是由本题 (3) 知 $\boldsymbol{A}$ 为幂零方阵.

解法 2　同解法 1 知, 若 $\boldsymbol{A}$ 为幂零方阵, 则 $\boldsymbol{A}$ 只有零特征值. 反之, 若 $\boldsymbol{A}$ 只有零特征值, 则存在可逆矩阵 $\boldsymbol{T}$ 使得 $\boldsymbol{A}=\boldsymbol{TJT}^{-1}$, 其中 $\boldsymbol{J}$ 是 $\boldsymbol{A}$ 的 Jordan 标准形, 即

$$\boldsymbol{J}=\begin{pmatrix}\boldsymbol{J}_1 & & & \\ & \boldsymbol{J}_2 & & \\ & & \ddots & \\ & & & \boldsymbol{J}_s\end{pmatrix},\quad \boldsymbol{J}_i=\begin{pmatrix}0 & 1 & & & \\ & 0 & 1 & & \\ & & \ddots & \ddots & \\ & & & \ddots & 1\\ & & & & 0\end{pmatrix}$$

(空白处元素为零). 设 Jordan 块 $\boldsymbol{J}_i$ 的阶为 $m_i(\geqslant 1)$, 则 $\boldsymbol{J}_i^{m_i}=\boldsymbol{O}$. 令 $m=\max\limits_i m_i$, 则

$$\boldsymbol{J}^m=\begin{pmatrix}\boldsymbol{J}_1^m & & & \\ & \boldsymbol{J}_2^m & & \\ & & \ddots & \\ & & & \boldsymbol{J}_s^m\end{pmatrix}=\boldsymbol{O},$$

于是 $\boldsymbol{A}^m=(\boldsymbol{TJT}^{-1})^m=\boldsymbol{TJ}^m\boldsymbol{T}^{-1}=\boldsymbol{TOT}^{-1}=\boldsymbol{O}$.

注　**1°** 由本题 (3) 的证明可知 (应用例 6.4.6(2)): $\mathrm{tr}(\boldsymbol{A}^k)=0\,(k\in\mathbb{N}_0)\Leftrightarrow\mathrm{tr}(\boldsymbol{A}^k)=0\,(k=1,2,\cdots,n)$.

2° 由本题 (3) 和 (4) 立知: $\boldsymbol{A}$ 为幂零方阵 $\Leftrightarrow\mathrm{tr}(\boldsymbol{A}^k)=0\,(k\in\mathbb{N}_0)\Leftrightarrow\boldsymbol{A}$ 只有零特征值.

3.18　(1) 因为

$$|\lambda\boldsymbol{I}_2-\boldsymbol{A}|=\lambda^2-3\lambda+5,$$
$$|\lambda\boldsymbol{I}_2-\boldsymbol{B}|=\lambda^2-3\lambda+5,$$

所以 $\boldsymbol{A},\boldsymbol{B}$ 有相同的不变因子 $1,\lambda^2-3\lambda+5$, 从而相似, 于是 $\boldsymbol{T}$ 存在. 设

$$\boldsymbol{T}=\begin{pmatrix}x & y\\ z & t\end{pmatrix},$$

由 $\boldsymbol{AT}=\boldsymbol{TB}$ 得到

$$\begin{cases}x-3z=4x+3y,\\ x+2z=4z+3t,\\ y-3t=-3x-y,\\ y+2t=-3z-t,\end{cases}$$

由消元法得到线性无关方程组

$$\begin{cases} x + y + z = 0, \\ y + 3z + 3t = 0, \end{cases}$$

得解 $x=2z+3t, y=-3z-3t$. 于是

$$|\boldsymbol{T}| = \begin{vmatrix} 2z+3t & -3z-3t \\ z & t \end{vmatrix} = 3z^2+5zt+3t^2.$$

(例如) 令 $z=-1, t=1$, 则 $x=1, y=0$(并且 $|\boldsymbol{T}|=1$, 当然这不必要), 而 $\boldsymbol{T}=\begin{pmatrix} 1 & 0 \\ -1 & 1 \end{pmatrix}$.

(2) **提示**　$\boldsymbol{A}$ 的特征值是 $3,-3,9$, 相应的特征向量是

$$t(2,2,-1)', \quad t(2,-1,2)', \quad t(1,-2,-2)'.$$

与不同特征值相应的特征向量线性无关. 应用习题 3.8(2), 得到

$$\boldsymbol{T} = \begin{pmatrix} 2 & 2 & 1 \\ 2 & -1 & -2 \\ -1 & 2 & -2 \end{pmatrix}.$$

(3) **提示**　$\boldsymbol{A}$ 的特征值是 ± 1, 相应的特征向量是 $t(1,1)', t(3,2)'$. 应用习题 3.8(2), 得到

$$\boldsymbol{C} = \begin{pmatrix} 1 & 3 \\ 1 & 2 \end{pmatrix}, \quad \boldsymbol{C}^{-1}\boldsymbol{A}\boldsymbol{C} = \mathrm{diag}(1,-1).$$

于是 $\boldsymbol{C}^{-1}\boldsymbol{A}^{2n}\boldsymbol{C}=\mathrm{diag}(1,1), \boldsymbol{A}^{2n}=\boldsymbol{C}\boldsymbol{I}_2\boldsymbol{C}^{-1}=\boldsymbol{I}_2$. 或者, 由 Hamilton-Cayley 定理得 $\boldsymbol{A}^2=\boldsymbol{I}_2$, 从而 $\boldsymbol{A}^{2n}=\boldsymbol{I}_2$.

(4) **提示**　参考例 3.3.1(2) 的解法. 答案:

$$\boldsymbol{T}^{-1}\boldsymbol{A}\boldsymbol{T} = \begin{pmatrix} 2 & 0 & 0 \\ 0 & 1 & 1 \\ 0 & 0 & 1 \end{pmatrix}, \quad \boldsymbol{T} = \begin{pmatrix} 0 & 1 & 0 \\ 0 & 2 & 1 \\ 1 & -1 & -1 \end{pmatrix}.$$

(5) 解法 1　存在可逆方阵 $\boldsymbol{P}$ 使得

$$\boldsymbol{P}^{-1}\boldsymbol{A}\boldsymbol{P} = \begin{pmatrix} \boldsymbol{J}_1 & & \boldsymbol{O} \\ & \ddots & \\ \boldsymbol{O} & & \boldsymbol{J}_s \end{pmatrix} = \boldsymbol{M}$$

($\boldsymbol{A}$ 的 Jordan 标准形), 其中 $\boldsymbol{J}_i$ 是 Jordan 块, 其阶为 k_i, 特征值为 λ_i(k_i 重). 于是

$$\boldsymbol{P}'\boldsymbol{A}'(\boldsymbol{P}')^{-1} = \begin{pmatrix} \boldsymbol{J}_1' & & \boldsymbol{O} \\ & \ddots & \\ \boldsymbol{O} & & \boldsymbol{J}_s' \end{pmatrix} = \boldsymbol{M}'.$$

因为 $\boldsymbol{J}_i$ 与 $\boldsymbol{J}_i'$ 有相等的初等因子 $(\lambda-\lambda_i)^{k_i}$, 所以 $\boldsymbol{M}$ 与 $\boldsymbol{M}'$ 有相同的初等因子, 因而相似, 即存在可逆矩阵 $\boldsymbol{T}$, 使得 $\boldsymbol{T}^{-1}\boldsymbol{M}\boldsymbol{T}=\boldsymbol{M}'$. 于是 $\boldsymbol{T}^{-1}\boldsymbol{P}^{-1}\boldsymbol{A}\boldsymbol{P}\boldsymbol{T}=\boldsymbol{P}'\boldsymbol{A}'(\boldsymbol{P}')^{-1}$, 或 $(\boldsymbol{P}\boldsymbol{T})^{-1}\boldsymbol{A}(\boldsymbol{P}\boldsymbol{T})=\boldsymbol{P}'\boldsymbol{A}'(\boldsymbol{P}')^{-1}$, 因此 $(\boldsymbol{P}')^{-1}(\boldsymbol{P}\boldsymbol{T})^{-1}\boldsymbol{A}(\boldsymbol{P}\boldsymbol{T})\boldsymbol{P}'=\boldsymbol{A}'$. 令 $\boldsymbol{Q}=(\boldsymbol{P}\boldsymbol{T})\boldsymbol{P}'$, 即得 $\boldsymbol{Q}^{-1}\boldsymbol{A}'\boldsymbol{Q}=\boldsymbol{A}$, 因此 $\boldsymbol{A}$ 与 $\boldsymbol{A}'$ 相似.

或者, 因为矩阵相似是等价关系 (特别地, 是传递的), 所以由 $\boldsymbol{A}$ 与 $\boldsymbol{M}$,$\boldsymbol{A}'$ 与 $\boldsymbol{M}'$, 以及 $\boldsymbol{M}$ 与 $\boldsymbol{M}'$ 分别相似推出 $\boldsymbol{A}$ 与 $\boldsymbol{A}'$ 相似.

解法 2 对于任何方阵 $\boldsymbol{M}$ 有 $|\boldsymbol{M}|=|\boldsymbol{M}'|$, 因此 $\boldsymbol{A}$ 与 $\boldsymbol{A}'$ 有相同的各阶行列式因子, 从而相似.

解法 3 矩阵 $\lambda\boldsymbol{I}-\boldsymbol{A}$ 与 $\lambda\boldsymbol{I}-\boldsymbol{A}'$ 对应的各级子式互为转置, 所以分别相等, 因而 $\lambda\boldsymbol{I}-\boldsymbol{A}$ 与 $\lambda\boldsymbol{I}-\boldsymbol{A}'$ 有相同的各级行列式因子, 从而 $\lambda\boldsymbol{I}-\boldsymbol{A}$ 与 $\lambda\boldsymbol{I}-\boldsymbol{A}'$ 等价, 于是 $\boldsymbol{A}$ 与 $\boldsymbol{A}'$ 相似.

解法 4 (i) 我们首先证明: 若

$$\boldsymbol{J}=\begin{pmatrix}\boldsymbol{J}_1 & & \\ & \ddots & \\ & & \boldsymbol{J}_s\end{pmatrix},$$

其中 $\boldsymbol{J}_i$ 是阶为 r_i 的 Jordan 块 (即 $\boldsymbol{J}$ 是 Jordan 矩阵), 则 $\boldsymbol{J}$ 与 $\boldsymbol{J}'$ 相似.

在 $\mathbb{C}$ 上的 n 维线性空间 V 中存在一组基 $\boldsymbol{e}_{i,1},\boldsymbol{e}_{i,2},\cdots,\boldsymbol{e}_{i,r_i}(i=1,2,\cdots,s)$ 以及线性变换 T_i, 使得 $\boldsymbol{J}_i$ 是 T_i 在此基下的矩阵 (表示). 于是

$$T_i(\boldsymbol{e}_{i,1},\boldsymbol{e}_{i,2},\cdots,\boldsymbol{e}_{i,r_i})=(\boldsymbol{e}_{i,1},\boldsymbol{e}_{i,2},\cdots,\boldsymbol{e}_{i,r_i})\boldsymbol{J}_i \quad (i=1,2,\cdots,s);$$

同时我们有

$$T_i(\boldsymbol{e}_{i,r_i},\boldsymbol{e}_{i,r_i-1},\cdots,\boldsymbol{e}_{i,1})=(\boldsymbol{e}_{i,r_i},\boldsymbol{e}_{i,r_i-1},\cdots,\boldsymbol{e}_{i,1})\boldsymbol{J}_i' \quad (i=1,2,\cdots,s).$$

因此 $\boldsymbol{J}_i$ 和 $\boldsymbol{J}_i'$ 是 T_i 在两组不同的基下的矩阵 (表示), 从而相似, 即存在可逆矩阵 $\boldsymbol{C}_i$, 使得

$$\boldsymbol{J}_i'=\boldsymbol{C}_i^{-1}\boldsymbol{J}_i\boldsymbol{C}_i \quad (i=1,2,\cdots,s).$$

令

$$\boldsymbol{C}=\begin{pmatrix}\boldsymbol{C}_1 & & \\ & \ddots & \\ & & \boldsymbol{C}_s\end{pmatrix},$$

则 $\boldsymbol{C}$ 可逆, 并且 $\boldsymbol{J}'=\boldsymbol{C}^{-1}\boldsymbol{J}\boldsymbol{C}$, 即 $\boldsymbol{J}$ 与 $\boldsymbol{J}'$ 相似.

(ii) 设 $\boldsymbol{J}$ 是 $\boldsymbol{A}$ 的 Jordan 标准形, 则存在可逆矩阵 $\boldsymbol{T}$ 使得 $\boldsymbol{A}=\boldsymbol{T}^{-1}\boldsymbol{J}\boldsymbol{T}$, 于是 $\boldsymbol{A}'=\boldsymbol{T}'\boldsymbol{J}'(\boldsymbol{T}')^{-1}$, 即 $\boldsymbol{A}'$ 与 $\boldsymbol{J}'$ 相似. 因为步骤 (i) 中已证 $\boldsymbol{J}$ 与 $\boldsymbol{J}'$ 相似, 所以依相似性质的传递性知 $\boldsymbol{A}$ 与 $\boldsymbol{A}'$ 相似.

解法 5 与解法 4 类似, 只要证明 Jordan 矩阵 $\boldsymbol{J}$ 与 $\boldsymbol{J}'$ 相似. 设 $\boldsymbol{J}$ 如解法 4. 在 $\mathbb{C}$ 上的 n 维线性空间 V 中存在一组基 (列向量) $\boldsymbol{e}_{1,1},\boldsymbol{e}_{1,2},\cdots,\boldsymbol{e}_{1,r_1},\boldsymbol{e}_{2,1},\boldsymbol{e}_{2,2},\cdots,\boldsymbol{e}_{2,r_2},\cdots,\boldsymbol{e}_{s,1},\boldsymbol{e}_{s,2},\cdots,\boldsymbol{e}_{s,r_s}$, 以及线性变换 T, 使得 $\boldsymbol{J}$ 是 T 在此基下的矩阵 (表示). 于是同时有

$$T(\boldsymbol{e}_{1,1},\boldsymbol{e}_{1,2},\cdots,\boldsymbol{e}_{1,r_1},\boldsymbol{e}_{2,1},\boldsymbol{e}_{2,2},\cdots,\boldsymbol{e}_{2,r_2},\cdots,\boldsymbol{e}_{s,1},\boldsymbol{e}_{s,2},\cdots,\boldsymbol{e}_{s,r_s})$$

$$=(\boldsymbol{e}_{1,1},\boldsymbol{e}_{1,2},\cdots,\boldsymbol{e}_{1,r_1},\boldsymbol{e}_{2,1},\boldsymbol{e}_{2,2},\cdots,\boldsymbol{e}_{2,r_2},\cdots,\boldsymbol{e}_{s,1},\boldsymbol{e}_{s,2},\cdots,\boldsymbol{e}_{s,r_s})\boldsymbol{J};$$

$$T(\boldsymbol{e}_{1,r_1},\boldsymbol{e}_{1,r_1-1},\cdots,\boldsymbol{e}_{1,1},\boldsymbol{e}_{2,r_2},\boldsymbol{e}_{2,r_2-1},\cdots,\boldsymbol{e}_{2,1},\cdots,\boldsymbol{e}_{s,r_s},\boldsymbol{e}_{s,r_s-1},\cdots,\boldsymbol{e}_{s,1})$$
$$=(\boldsymbol{e}_{1,r_1},\boldsymbol{e}_{1,r_1-1},\cdots,\boldsymbol{e}_{1,1},\boldsymbol{e}_{2,r_2},\boldsymbol{e}_{2,r_2-1},\cdots,\boldsymbol{e}_{2,1},\cdots,\boldsymbol{e}_{s,r_s},\boldsymbol{e}_{s,r_s-1},\cdots,\boldsymbol{e}_{s,1},)\boldsymbol{J}'.$$

因此 $\boldsymbol{J}$ 和 $\boldsymbol{J}'$ 是 T 在两组不同的基下的矩阵 (表示), 从而相似.

3.19　提示　(1) 应用行列式展开(参见习题 3.17(1)).

(2) 当 $n=3$ 时可按本题 (1) 中公式验证.

(3) 在第一个公式中令 $x=-1$, 即得第二个公式. 第一个公式之证: 若 $\boldsymbol{A}$ 可逆, 则

$$|x\boldsymbol{A}-\boldsymbol{B}|=|\boldsymbol{A}\boldsymbol{A}^{-1}(x\boldsymbol{A}-\boldsymbol{B})|=|\boldsymbol{A}||x\boldsymbol{I}-\boldsymbol{A}^{-1}\boldsymbol{B}|,$$

应用本题 (1), 可知(此处用 $\widetilde{\boldsymbol{A}}$ 记 $\mathrm{adj}(\boldsymbol{A})$)

$$|x\boldsymbol{A}-\boldsymbol{B}|=|\boldsymbol{A}|\big(x^3-\mathrm{tr}(\boldsymbol{A}^{-1}\boldsymbol{B})x^2+\mathrm{tr}(\widetilde{\boldsymbol{A}^{-1}\boldsymbol{B}})x-|\boldsymbol{A}^{-1}\boldsymbol{B}|\big),$$

因为 $\boldsymbol{A}^{-1}=|\boldsymbol{A}|^{-1}\widetilde{\boldsymbol{A}}$, 所以 (应用例 2.1.3)

$$\mathrm{tr}(\boldsymbol{A}^{-1}\boldsymbol{B})=|\boldsymbol{A}|^{-1}\mathrm{tr}(\widetilde{\boldsymbol{A}}\boldsymbol{B});$$

又因为 $\widetilde{\boldsymbol{A}^{-1}\boldsymbol{B}}=\widetilde{\boldsymbol{B}}\widetilde{\boldsymbol{A}^{-1}}$(见例 2.1.4), 以及 $\widetilde{\boldsymbol{A}^{-1}}=|\boldsymbol{A}^{-1}|(\boldsymbol{A}^{-1})^{-1}=|\boldsymbol{A}|^{-1}\boldsymbol{A}$, 所以

$$\mathrm{tr}(\widetilde{\boldsymbol{A}^{-1}\boldsymbol{B}})=\mathrm{tr}(\widetilde{\boldsymbol{B}}\widetilde{\boldsymbol{A}^{-1}})=|\boldsymbol{A}|^{-1}\mathrm{tr}(\widetilde{\boldsymbol{B}}\boldsymbol{A}).$$

由此推出第一个公式. 若 $\boldsymbol{A}$ 不可逆, 则可与例 2.1.4 解法的步骤 (ii) 类似地处理, 用 $\boldsymbol{A}+\varepsilon\boldsymbol{I}$ 代替 $\boldsymbol{A}$, 最后令 $\varepsilon\to 0$.

(4) 由本题 (1), x 的系数等于 $(-1)^{n-1}\mathrm{tr}(\widetilde{\boldsymbol{A}})$, 注意 $\widetilde{\boldsymbol{A}}=|\boldsymbol{A}|\boldsymbol{A}^{-1}$(参见本题 (3) 的解).

(5) 先设 $|\boldsymbol{A}|\neq 0$(即 $\boldsymbol{A}$ 可逆). 依 Hamilton-Cayley 定理, $\boldsymbol{A}^n+c_1\boldsymbol{A}^{n-1}+\cdots+c_n\boldsymbol{I}_n=\boldsymbol{O}$, 因而

$$\boldsymbol{A}(\boldsymbol{A}^{n-1}+c_1\boldsymbol{A}^{n-2}+\cdots+c_{n-1}\boldsymbol{I}_n)=-c_n\boldsymbol{I}_n,$$

又由本题 (1), $c_n=(-1)^n|\boldsymbol{A}|\neq 0$, 可得

$$\boldsymbol{A}\cdot(-c_n^{-1})(\boldsymbol{A}^{n-1}+c_1\boldsymbol{A}^{n-2}+\cdots+c_{n-1}\boldsymbol{I}_n)=\boldsymbol{I}_n,$$

于是

$$\begin{aligned}\boldsymbol{A}^{-1}&=-c_n^{-1}(\boldsymbol{A}^{n-1}+c_1\boldsymbol{A}^{n-2}+\cdots+c_{n-1}\boldsymbol{I}_n)\\&=(-1)^{n+1}|\boldsymbol{A}|^{-1}(\boldsymbol{A}^{n-1}+c_1\boldsymbol{A}^{n-2}+\cdots+c_{n-1}\boldsymbol{I}_n),\end{aligned}$$

由此推出

$$\begin{aligned}\mathrm{adj}(\boldsymbol{A})&=|\boldsymbol{A}|\boldsymbol{A}^{-1}=|\boldsymbol{A}|\cdot(-1)^{n+1}|\boldsymbol{A}|^{-1}(\boldsymbol{A}^{n-1}+c_1\boldsymbol{A}^{n-2}+\cdots+c_{n-1}\boldsymbol{I}_n)\\&=(-1)^{n-1}(\boldsymbol{A}^{n-1}+c_1\boldsymbol{A}^{n-2}+\cdots+c_{n-1}\boldsymbol{I}_n).\end{aligned}$$

若 $|\boldsymbol{A}|=0$, 则类似于本题 (3), 用 $\boldsymbol{A}+\varepsilon\boldsymbol{I}_n$ 代替 $\boldsymbol{A}$.

(6) 由本题 (1), $S_{r+1}(\boldsymbol{A})=\cdots=S_n(\boldsymbol{A})=0$, 所以 $|x\boldsymbol{I}-\boldsymbol{A}|=x^n+c_1x^{n-1}+\cdots+c_{n-r}x^{n-r}=x^{n-r}(x^r+c_1x^{r-1}+\cdots+c_{n-r})$; 当 $c_{n-r}=0$ 时根 $x=0$ 的重数将大于 $n-r$.

注 由本题 (1) 可知 $\boldsymbol{A}$ 的行列式等于 $\boldsymbol{A}$ 的所有特征值之积, 还推出习题 3.17(1) 中的结论.

3.20 我们有

$$\mathrm{tr}(\boldsymbol{A}^2)=\sum_{1\leqslant r,s\leqslant n}a_{rs}a_{sr}.$$

因为 $\boldsymbol{A}^2$ 的特征值是 $\lambda_1^2,\cdots,\lambda_n^2$, 所以由习题 3.17(1) 知

$$\mathrm{tr}(\boldsymbol{A}^2)=\sum_{r=1}^{n}\lambda_r^2.$$

于是

$$\sum_{r=1}^{n}\lambda_r^2=\sum_{1\leqslant r,s\leqslant n}a_{rs}a_{sr}.$$

类似地, 得到

$$\sum_{r=1}^{n}\lambda_r^3=\sum_{1\leqslant r,s,t\leqslant n}a_{rs}a_{st}a_{tr}.$$

3.21 提示 (1) 若方阵 $\boldsymbol{A}$ 的模 $\nu(\boldsymbol{A})<1$, 则有级数展开

$$\log(\boldsymbol{I}-\boldsymbol{A})=-\sum_{k=1}^{\infty}\boldsymbol{A}^k/k.$$

由此及例 3.4.4, 得

$$\begin{aligned}\frac{1}{\det(\boldsymbol{I}-t\boldsymbol{A})}&=\det(\boldsymbol{I}-t\boldsymbol{A})^{-1}=\det\left(\mathrm{e}^{\log(\boldsymbol{I}-t\boldsymbol{A})^{-1}}\right)\\&=\det\left(\exp\left(\sum_{k=1}^{\infty}\boldsymbol{A}^kt^k/k\right)\right)=\prod_{k=1}^{\infty}\det\left(\mathrm{e}^{\boldsymbol{A}^kt^k/k}\right)\\&=\prod_{k=1}^{\infty}\mathrm{e}^{\mathrm{tr}(\boldsymbol{A}^kt^k/k)}=\prod_{k=1}^{\infty}\mathrm{e}^{\mathrm{tr}\,(\boldsymbol{A}^k)t^k/k}=\exp\left(\sum_{k=1}^{\infty}\frac{1}{k}\mathrm{tr}\,(\boldsymbol{A}^k)t^k\right).\end{aligned}$$

由 $\boldsymbol{I}+t\boldsymbol{A}=\boldsymbol{I}-(-t)\boldsymbol{A}$ 可推出另一式.

(2) 取 $\varepsilon>0$ 充分小, 依本题 (1) 及例 2.1.3(6) 可推出 $\det(\boldsymbol{I}_n-\varepsilon\boldsymbol{AB})=\det(\boldsymbol{I}_m-\varepsilon\boldsymbol{BA})$. 因为 $\det(\boldsymbol{I}_n-\varepsilon\boldsymbol{AB})-\det(\boldsymbol{I}_m-\varepsilon\boldsymbol{BA})$ 作为 ε 的多项式, 在区间 $[0,\varepsilon]$ 上都取值 0, 所以是零多项式 (不然只有有限多个零点), 于是对任何 ε, $\det(\boldsymbol{I}_n-\varepsilon\boldsymbol{AB})=\det(\boldsymbol{I}_m-\varepsilon\boldsymbol{BA})$. 令 $\varepsilon=1$ 即得 $\det(\boldsymbol{I}_n-\boldsymbol{AB})=\det(\boldsymbol{I}_m-\boldsymbol{BA})$.

3.22 令

$$\boldsymbol{Q}_n=\boldsymbol{I}+\sum_{k=1}^{n}\frac{\boldsymbol{P}^k}{k!}\quad(n\geqslant 1),$$

以及

$$\boldsymbol{U}=\begin{pmatrix}1&a\\1&-b\end{pmatrix},$$

那么 $\boldsymbol{U}$ 可逆, 并且

$$\boldsymbol{U}^{-1}\boldsymbol{P}\boldsymbol{U}=\operatorname{diag}\big(0,-(a+b)\big),$$

于是

$$\boldsymbol{U}^{-1}\boldsymbol{P}^n\boldsymbol{U}=\operatorname{diag}\big(0,(-1)^n(a+b)^n\big),$$

从而

$$\boldsymbol{U}^{-1}\boldsymbol{Q}_n\boldsymbol{U}=\boldsymbol{I}+\sum_{k=1}^{n}\frac{1}{k!}(\boldsymbol{U}^{-1}\boldsymbol{P}^k\boldsymbol{U}).$$

由此求得

$$\boldsymbol{Q}_n=\boldsymbol{U}\operatorname{diag}\left(1,1+\sum_{k=1}^{n}\frac{1}{k!}\big(-(a+b)\big)^k\right)\boldsymbol{U}^{-1}.$$

令 $n\to\infty$, 则 $\boldsymbol{Q}_n$ 的各元素收敛, 我们得到

$$\boldsymbol{Q}=\lim_{n\to\infty}\boldsymbol{Q}_n=\boldsymbol{U}\operatorname{diag}(1,\mathrm{e}^{-(a+b)})\boldsymbol{U}^{-1}=\frac{1}{a+b}\begin{pmatrix}b+a\mathrm{e}^{-(a+b)} & a(1-\mathrm{e}^{-(a+b)})\\ b(1-\mathrm{e}^{-(a+b)}) & b+a\mathrm{e}^{-(a+b)}\end{pmatrix}.$$

第 4 章　欧氏空间

4.1　欧氏空间

例 4.1.1　设 $\boldsymbol{A}$ 是 n 维欧氏空间 V 的一组基的度量矩阵, 则存在对角元素全为正数的上三角矩阵使得 $\boldsymbol{A}=\boldsymbol{Q}'\boldsymbol{Q}$.

解　设这组基是 $\boldsymbol{a}_1,\cdots,\boldsymbol{a}_n$, 用 Schmidt 正交化方法由它得到标准正交基 $\boldsymbol{e}_1,\cdots,\boldsymbol{e}_n$. 那么

$$(\boldsymbol{e}_1,\cdots,\boldsymbol{e}_n)=(\boldsymbol{a}_1,\cdots,\boldsymbol{a}_n)\boldsymbol{C},$$

其中 $\boldsymbol{C}$ 是由基 $\boldsymbol{a}_i$ 到基 $\boldsymbol{e}_i$ 的过渡矩阵. 因为标准正交基 $\boldsymbol{e}_i$ 的度量矩阵是单位矩阵 $\boldsymbol{I}_n$; 并且按定义, 其度量矩阵也等于

$$\begin{aligned}\big((\boldsymbol{e}_i,\boldsymbol{e}_j)\big)_n&=(\boldsymbol{e}_1,\cdots,\boldsymbol{e}_n)'(\boldsymbol{e}_1,\cdots,\boldsymbol{e}_n)=\big((\boldsymbol{a}_1,\cdots,\boldsymbol{a}_n)\boldsymbol{C}\big)'\big((\boldsymbol{a}_1,\cdots,\boldsymbol{a}_n)\boldsymbol{C}\big)\\&=\boldsymbol{C}'(\boldsymbol{a}_1,\cdots,\boldsymbol{a}_n)'(\boldsymbol{a}_1,\cdots,\boldsymbol{a}_n)\boldsymbol{C}=\boldsymbol{C}'\boldsymbol{A}\boldsymbol{C}.\end{aligned}$$

所以

$$\boldsymbol{C}'\boldsymbol{A}\boldsymbol{C}=\boldsymbol{I}_n.$$

又因为由 Schmidt 正交化过程可知 $\boldsymbol{C}$ 是对角元素全为正数的上三角矩阵, 从而可逆, 并且其逆 $\boldsymbol{C}^{-1}$ 也是对角元素全为正数的上三角矩阵. 记 $\boldsymbol{Q}=\boldsymbol{C}^{-1}$, 即得 $\boldsymbol{A}=(\boldsymbol{C}')^{-1}\boldsymbol{I}_n\boldsymbol{C}^{-1}=\boldsymbol{Q}'\boldsymbol{I}_n\boldsymbol{Q}=\boldsymbol{Q}'\boldsymbol{Q}$. □

注　**1°** 度量矩阵是正定的. 可以一般地证明正定矩阵可表示为 $\boldsymbol{Q}'\boldsymbol{Q}$ 的形式, 其中 $\boldsymbol{Q}$ 是对角元素全为正数的上三角矩阵 (Cholesky 分解). 对此可见, 例如: 屠伯埙, 等. 高等代数 [M]. 上海: 上海科学技术出版社, 1987:354.

2° 下面是一些与欧氏空间结构有关的基本结论:

1. 度量矩阵是对称的并且是正定的. 标准正交基的度量矩阵是单位矩阵.

2. 设给出 n 维欧氏空间 V 两组基 $\boldsymbol{a}_i$ 和 $\boldsymbol{b}_i(i=1,\cdots,n)$, 并且它们的度量矩阵分别是 $\boldsymbol{A}$ 和 $\boldsymbol{B}$. 若由基 $\boldsymbol{a}_i$ 到基 $\boldsymbol{b}_i$ 的过渡矩阵是 $\boldsymbol{C}$, 即 $(\boldsymbol{b}_1,\cdots,\boldsymbol{b}_n)=(\boldsymbol{a}_1,\cdots,\boldsymbol{a}_n)\boldsymbol{C}$, 则 $\boldsymbol{B}=\boldsymbol{C}'\boldsymbol{A}\boldsymbol{C}$(即 $\boldsymbol{B}$ 与 $\boldsymbol{C}$ 合同).

3. 如果 $\boldsymbol{a}_i$ 和 $\boldsymbol{b}_i$ 都是标准正交基, 那么 $\boldsymbol{C}'\boldsymbol{C}=\boldsymbol{I}_n$ (即 $\boldsymbol{C}'=\boldsymbol{C}^{-1}$, 因此 $\boldsymbol{C}$ 是正交矩阵).

例 4.1.2　设给定 n 维欧氏空间 V 的一组基 $\boldsymbol{a}_1,\boldsymbol{a}_2,\cdots,\boldsymbol{a}_n$, 其度量矩阵是 $\boldsymbol{A}$. 作 $2n\times n$ 矩阵

$$\boldsymbol{M}=\begin{pmatrix}\boldsymbol{A}\\ \boldsymbol{I}_n\end{pmatrix},$$

依次按下列法则对 $\boldsymbol{M}$ 作初等变换: 首先对 $\boldsymbol{M}$ 作第一次初等列变换, 然后作相应的初等行变换 (即若初等列变换施行于第 i,j 列, 则相同运算的初等行变换施行于第 i,j 行); 然后作第二次初等列变换, 以及相应的初等行变换; 等等. 有限次后, $\boldsymbol{M}$ 被化为

$$\boldsymbol{N}=\begin{pmatrix}\boldsymbol{B}\\ \boldsymbol{C}\end{pmatrix}.$$

令

$$(\boldsymbol{b}_1,\boldsymbol{b}_2,\cdots,\boldsymbol{b}_n)=(\boldsymbol{e}_1,\boldsymbol{e}_2,\cdots,\boldsymbol{e}_n)\boldsymbol{C}.$$

证明: $\boldsymbol{b}_1,\boldsymbol{b}_2,\cdots,\boldsymbol{b}_n$ 也是 V 的一组基, 其度量矩阵是 $\boldsymbol{B}$, 并且 $\boldsymbol{B}=\boldsymbol{C}'\boldsymbol{A}\boldsymbol{C}$.

解　(i) 因为初等列变换相当于右乘一个初等矩阵 $\boldsymbol{C}_1$, 施行如题中所述的相应的初等行变换相当于左乘初等矩阵 $\boldsymbol{C}_1'$, 因此实施第一次初等列变换和相应的初等行变换后, 矩阵 $\boldsymbol{M}$ 的子块 $\boldsymbol{A}$ 变成 $\boldsymbol{C}_1'\boldsymbol{A}\boldsymbol{C}_1$. 又因为初等列变换只涉及第 $1\sim n$ 列, 相应的初等行变换也只涉及第 $1\sim n$ 行, $\boldsymbol{M}$ 是 $2n\times n$ 矩阵, 所以相应的初等行变换不作用于 $\boldsymbol{M}$ 的子块 $\boldsymbol{I}_n$, 因而实施第一次初等列变换和相应的初等行变换后, 只有初等列变换改变子块 $\boldsymbol{I}_n$, 从而它变成 $\boldsymbol{I}_n\boldsymbol{C}_1=\boldsymbol{C}_1$. 设连续实施题中所说的初等变换 r 次, 则 $\boldsymbol{M}$ 的子块 $\boldsymbol{A}$ 变成

$$\boldsymbol{C}_r'\cdots\boldsymbol{C}_1'\boldsymbol{A}\boldsymbol{C}_1\cdots\boldsymbol{C}_r;$$

子块 $\boldsymbol{I}_n$ 变成

$$\boldsymbol{I}_n\boldsymbol{C}_1\cdots\boldsymbol{C}_r=\boldsymbol{C}_1\cdots\boldsymbol{C}_r.$$

令 $\boldsymbol{C}=\boldsymbol{C}_1\cdots\boldsymbol{C}_r$, 可见 $\boldsymbol{M}$ 被化为

$$\boldsymbol{N}=\begin{pmatrix}\boldsymbol{B}\\ \boldsymbol{C}\end{pmatrix},$$

其中 $\boldsymbol{B}=\boldsymbol{C}_r'\cdots\boldsymbol{C}_1'\boldsymbol{A}\boldsymbol{C}_1\cdots\boldsymbol{C}_r=\boldsymbol{C}'\boldsymbol{A}\boldsymbol{C}$.

(ii) 因为 $\boldsymbol{C}$ 是有限个初等矩阵之积, 所以可逆. 而 $\boldsymbol{e}_1,\boldsymbol{e}_2,\cdots,\boldsymbol{e}_n$ 是 V 的一组基, 所以 $(\boldsymbol{b}_1,\boldsymbol{b}_2,\cdots,\boldsymbol{b}_n)=(\boldsymbol{e}_1,\boldsymbol{e}_2,\cdots,\boldsymbol{e}_n)\boldsymbol{C}$ 也是 V 的一组基.

(iii) 基 $\boldsymbol{b}_i(i=1,\cdots,n)$ 的度量矩阵

$$\begin{aligned}\big((\boldsymbol{b}_i,\boldsymbol{b}_j)\big)&=(\boldsymbol{b}_1,\boldsymbol{b}_2,\cdots,\boldsymbol{b}_n)'(\boldsymbol{b}_1,\boldsymbol{b}_2,\cdots,\boldsymbol{b}_n)\\&=\big((\boldsymbol{e}_1,\boldsymbol{e}_2,\cdots,\boldsymbol{e}_n)\boldsymbol{C}\big)'(\boldsymbol{e}_1,\boldsymbol{e}_2,\cdots,\boldsymbol{e}_n)\boldsymbol{C}\\&=\boldsymbol{C}'(\boldsymbol{e}_1,\boldsymbol{e}_2,\cdots,\boldsymbol{e}_n)'(\boldsymbol{e}_1,\boldsymbol{e}_2,\cdots,\boldsymbol{e}_n)\boldsymbol{C},\end{aligned}$$

按矩阵 $\boldsymbol{A}$ 的定义, $(\boldsymbol{e}_1,\boldsymbol{e}_2,\cdots,\boldsymbol{e}_n)'(\boldsymbol{e}_1,\boldsymbol{e}_2,\cdots,\boldsymbol{e}_n)=\boldsymbol{A}$, 因此上式等于 $\boldsymbol{C}'\boldsymbol{A}\boldsymbol{C}$, 而依步骤 (i) 中所证, $\boldsymbol{C}'\boldsymbol{A}\boldsymbol{C}=\boldsymbol{B}$. 于是基 $\boldsymbol{b}_i(i=1,\cdots,n)$ 的度量矩阵恰是 $\boldsymbol{B}$.　□

* **例 4.1.3** 在二阶实矩阵构成的线性空间 $\mathbb{R}^{2\times 2}$ 中定义

$$(\boldsymbol{A},\boldsymbol{B})=\operatorname{tr}(\boldsymbol{A}'\boldsymbol{B})\quad(\forall \boldsymbol{A},\boldsymbol{B}\in\mathbb{R}^{2\times 2}).$$

(1) 证明 $(\boldsymbol{A},\boldsymbol{B})$ 是线性空间 $\mathbb{R}^{2\times 2}$ 的内积.

(2) 设 W 是由

$$\boldsymbol{A}_1=\begin{pmatrix}1&1\\0&0\end{pmatrix},\quad \boldsymbol{A}_2=\begin{pmatrix}0&1\\1&1\end{pmatrix}$$

生成的子空间, 试求 $W^{\perp}$ 的一组标准正交基.

解 (1) 请读者逐条验证 $(\boldsymbol{A},\boldsymbol{B})=\operatorname{tr}(\boldsymbol{A}'\boldsymbol{B})$ 符合内积的要求 (应用例 2.1.3).

(2) (i) 设

$$\boldsymbol{X}=\begin{pmatrix}a&b\\c&d\end{pmatrix}\in W^{\perp},$$

则

$$\operatorname{tr}(\boldsymbol{A}_1'\boldsymbol{X})=\operatorname{tr}(\boldsymbol{A}_2'\boldsymbol{X})=0.$$

因为

$$\boldsymbol{A}_1'\boldsymbol{X}=\begin{pmatrix}a&b\\a&b\end{pmatrix},\quad \boldsymbol{A}_2'\boldsymbol{X}=\begin{pmatrix}c&d\\a+c&b+d\end{pmatrix},$$

所以

$$a+b=0,\quad c+b+d=0,$$

或 $a=-b,c=-b-d$, 因此

$$\boldsymbol{X}=\begin{pmatrix}-b&b\\-b-d&d\end{pmatrix}=b\begin{pmatrix}-1&1\\-1&0\end{pmatrix}+d\begin{pmatrix}0&0\\-1&1\end{pmatrix}.$$

于是 $W^{\perp}$ 的基由

$$\boldsymbol{A}=\begin{pmatrix}0&0\\-1&1\end{pmatrix},\quad \boldsymbol{B}=\begin{pmatrix}-1&1\\-1&0\end{pmatrix}$$

组成.

(ii) 进行标准正交化. 按 Schmidt 正交化方法, 首先构造 (细节由读者完成)

$$\boldsymbol{C}=\boldsymbol{B}-\frac{(\boldsymbol{A},\boldsymbol{B})}{(\boldsymbol{A},\boldsymbol{A})}\boldsymbol{A}=\boldsymbol{B}-\frac{\operatorname{tr}(\boldsymbol{A}'\boldsymbol{B})}{\operatorname{tr}(\boldsymbol{A}'\boldsymbol{A})}\boldsymbol{A}=\boldsymbol{B}-\frac{1}{2}\boldsymbol{A}=\begin{pmatrix}-1&1\\-1/2&-1/2\end{pmatrix},$$

于是

$$\boldsymbol{A}_0=\frac{1}{\sqrt{(\boldsymbol{A},\boldsymbol{A})}}\boldsymbol{A}=\frac{1}{\sqrt{\operatorname{tr}(\boldsymbol{A}'\boldsymbol{A})}}\boldsymbol{A}=\frac{1}{\sqrt{2}}\boldsymbol{A}=\begin{pmatrix}0&0\\-1/\sqrt{2}&1/\sqrt{2}\end{pmatrix},$$

$$\boldsymbol{B}_0=\frac{1}{\sqrt{(\boldsymbol{C},\boldsymbol{C})}}\boldsymbol{C}=\frac{1}{\sqrt{\operatorname{tr}(\boldsymbol{C}'\boldsymbol{C})}}\boldsymbol{C}=\begin{pmatrix}-\sqrt{10}/5&\sqrt{10}/5\\-\sqrt{10}/10&-\sqrt{10}/10\end{pmatrix}.$$

方阵 $\boldsymbol{A}_0,\boldsymbol{B}_0$ 构成 $W^{\perp}$ 的一组标准正交基. □

例 4.1.4 设 V_1,V_2 是 $\mathbb{R}^n$ 的两个 (线性) 子空间, $\dim(V_1)>\dim(V_2)$, 则存在子空间 V_3, 使得 $V_3\subseteq V_1,V_3\perp V_2$, 并且 $\dim(V_1)-\dim(V_2)\leqslant\dim(V_3)\leqslant\dim(V_1)$.

解　解法 1　记 $\dim(V_1)=s,\dim(V_2)=t$. 因为 $\mathbb{R}^n=V_2\oplus V_2^{\perp}$, 所以 $\dim(V_2^{\perp})=n-t$. 又因为 $V_1\cup V_2^{\perp}\subseteq\mathbb{R}^n$, 所以 $\dim(V_1\cup V_2^{\perp})\leqslant n$. 取 $V_3=V_1\cap V_2^{\perp}$, 则 $V_3\subseteq V_1,\dim(V_3)\leqslant s$, 并且由维数公式得到

$$\begin{aligned}\dim(V_3)&=\dim(V_1)+\dim(V_2^{\perp})-\dim(V_1\cup V_2^{\perp})\\&=s+(n-t)-\dim(V_1\cup V_2^{\perp})\geqslant s+(n-t)-n\\&=s-t.\end{aligned}$$

解法 2　因为维数相同的欧氏空间同构, 所以不妨就 n 维列向量 $\boldsymbol{x}$ 组成的空间 V^n 进行讨论. 注意, 若 $\boldsymbol{x},\boldsymbol{y}\in V^n$, 则它们的内积 $(\boldsymbol{x},\boldsymbol{y})=\boldsymbol{x}'\boldsymbol{y}$.

(i) 记 $\dim(V_1)=s,\dim(V_2)=t$. 设 V_1,V_2 的基分别是 $\boldsymbol{a}_1,\cdots,\boldsymbol{a}_s$ 和 $\boldsymbol{b}_1,\cdots,\boldsymbol{b}_t$. 作 $n\times s$ 矩阵 $\boldsymbol{A}=(\boldsymbol{a}_1,\cdots,\boldsymbol{a}_s)$ 和 $n\times t$ 矩阵 $\boldsymbol{B}=(\boldsymbol{b}_1,\cdots,\boldsymbol{b}_t)$, 则 $V_1=\{\boldsymbol{A}\boldsymbol{x}\mid\boldsymbol{x}\in V^s\},V_2=\{\boldsymbol{B}\boldsymbol{x}\mid\boldsymbol{x}\in V^t\}$. 定义

$$V_3=\{\boldsymbol{x}\mid\boldsymbol{x}=\boldsymbol{A}\boldsymbol{y},\boldsymbol{B}'\boldsymbol{A}\boldsymbol{y}=\boldsymbol{O},\boldsymbol{y}\in V^s\}.$$

于是 $V_3\subseteq V_1$.

(ii) 因为当 $\boldsymbol{x}\in V_3$ 时, 存在 $\boldsymbol{y}\in V^s$ 使得 $\boldsymbol{x}=\boldsymbol{A}\boldsymbol{y},\boldsymbol{B}'\boldsymbol{A}\boldsymbol{y}=\boldsymbol{O}$; 而对于任何 $\boldsymbol{z}\in V_2$, 存在 $\boldsymbol{u}\in V^t$ 使得 $\boldsymbol{z}=\boldsymbol{B}\boldsymbol{u}$, 于是

$$\boldsymbol{x}'\boldsymbol{z}=(\boldsymbol{A}\boldsymbol{y})'\boldsymbol{B}\boldsymbol{u}=\boldsymbol{y}'\boldsymbol{A}'\boldsymbol{B}\boldsymbol{u}=(\boldsymbol{B}'\boldsymbol{A}\boldsymbol{y})'\boldsymbol{u}=\boldsymbol{O}'\boldsymbol{u}=\boldsymbol{O},$$

因此 $\boldsymbol{x}\in V_2^{\perp}$, 所以 $V_3\perp V_2$.

(iii) 线性方程组

$$\boldsymbol{B}'\boldsymbol{A}\boldsymbol{y}=\boldsymbol{O}\quad(\boldsymbol{y}\in V^s)$$

的系数矩阵 $\boldsymbol{B}'\boldsymbol{A}$ 的阶是 $t\times s$, 其解空间 K 的维数 k 满足不等式 $s\geqslant k=s-r(\boldsymbol{B}'\boldsymbol{A})$, 其中 $r(\boldsymbol{B}'\boldsymbol{A})$ 表示 $\boldsymbol{A}'\boldsymbol{B}$ 的秩. 因为 $r(\boldsymbol{B}'\boldsymbol{A})\leqslant t$, 所以 $s\geqslant k\geqslant s-t$.

(iv) 设 $\boldsymbol{d}_1,\cdots,\boldsymbol{d}_k\in V^k$ 是上述线性方程组的解空间的一组基, 作 $s\times k$ 矩阵 $\boldsymbol{D}=(\boldsymbol{d}_1,\cdots,\boldsymbol{d}_k)$. 那么 $K=\{\boldsymbol{y}\mid\boldsymbol{y}=\boldsymbol{D}\boldsymbol{t},\boldsymbol{t}\in V^k\}$, 因而

$$V_3=\{\boldsymbol{x}\mid\boldsymbol{x}=\boldsymbol{A}\boldsymbol{y},\boldsymbol{y}\in K\}=\{\boldsymbol{x}\mid\boldsymbol{x}=\boldsymbol{A}\boldsymbol{D}\boldsymbol{t},\boldsymbol{t}\in V^k\}.$$

于是 $\dim(V_3)=r(\boldsymbol{A}\boldsymbol{D})$(见例 3.1.3 后的注). 由例 2.2.2(2) 知

$$r(\boldsymbol{A})+r(\boldsymbol{D})-s\leqslant r(\boldsymbol{A}\boldsymbol{D})\leqslant\min\big(r(\boldsymbol{A}),r(\boldsymbol{D})\big).$$

因为 $\boldsymbol{A}$ 的各列线性无关, 而且 $s\leqslant n$, 所以 $r(\boldsymbol{A})=s$; 又步骤 (iii) 中已证 $r(\boldsymbol{A})=s\geqslant k=r(\boldsymbol{D})$, 所以由上述不等式得到 $r(\boldsymbol{D})\leqslant r(\boldsymbol{A}\boldsymbol{D})\leqslant r(\boldsymbol{D})$, 从而 $r(\boldsymbol{A}\boldsymbol{D})=r(\boldsymbol{D})=k$, 即得 $\dim(V_3)=k$. 将此与步骤 (iii) 中的结果相结合, 即得 $\dim(V_1)-\dim(V_2)\leqslant\dim(V_3)\leqslant\dim(V_1)$. □

注 维数公式: 若 V_1, V_2 是线性空间 V 的两个子空间, 则

$$\dim(V_1)+\dim(V_2)=\dim(V_1+V_2)+\dim(V_1\cap V_2).$$

见 (例如) 北京大学数学力学系. 高等代数 [M]. 北京: 人民教育出版社:1978.

例 4.1.5 设 $V\subset\mathbb{R}^n$ 是一子空间. 若有不全为零的实数 $a_1,\cdots,a_p$ 使对 V 中一切形如 $(v_1,\cdots,v_p,0,\cdots,0)'$ 的向量 $\boldsymbol{v}$ 都有

$$\sum_{j=1}^{p}a_jv_j=0,$$

则当 $\dim V+p<n$ 时必有不全为零的实数 $a_{p+1},\cdots,a_n$, 使对 V 中一切向量 $\boldsymbol{v}=(v_1,\cdots,v_n)'$ 都有

$$\boldsymbol{a}'\boldsymbol{v}=\sum_{j=1}^{n}a_jv_j=0,$$

这里 $\boldsymbol{a}=(a_1,\cdots,a_p,a_{p+1},\cdots,a_n)'$.

解 我们有 $\mathbb{R}^n=V\oplus V^{\perp}$. 记 n 维列向量 $\boldsymbol{\alpha}=(a_1,\cdots,a_p,0,\cdots,0)'$. 若 $\boldsymbol{\alpha}\in V$, 则依关于实数 $a_1,\cdots,a_p$ 的题设有

$$\sum_{j=1}^{p}a_ja_j=0,$$

因此 $a_1=\cdots=a_p=0$, 这与题设矛盾, 所以 $\boldsymbol{\alpha}\in V^{\perp}$. 于是对于任何

$$\boldsymbol{v}=(v_1,\cdots,v_p,v_{p+1},\cdots,v_n)'\in V$$

都有

$$\boldsymbol{\alpha}'\boldsymbol{v}=\sum_{j=1}^{p}a_jv_j=0.$$

记 $\dim V=s$, 设 $\boldsymbol{v}^{(k)}=(v_1^{(k)},\cdots,v_p^{(k)},v_{p+1}^{(k)},\cdots,v_n^{(k)})'(k=1,\cdots,s)$ 是 V 的一组基. 我们只需确定不全为零的实数 $a_{p+1},\cdots,a_n$, 使得

$$\boldsymbol{a}'\boldsymbol{v}^{(k)}=\sum_{j=1}^{n}a_jv_j^{(k)}=0\quad(k=1,\cdots,s),$$

依刚才所证, $\sum\limits_{j=1}^{p}a_jv_j^{(k)}=0\,(k=1,\cdots,s)$, 所以得到方程组

$$\sum_{j=p+1}^{n}v_j^{(k)}a_j=0\quad(k=1,\cdots,s),$$

因为题设 $s<n-p$, 所以上述方程组有非零解 $(a_{p+1},\cdots,a_n)$, 于是本题得证. □

例 4.1.6 设 $\boldsymbol{a}_1,\boldsymbol{a}_2,\cdots,\boldsymbol{a}_m$ 与 $\boldsymbol{b}_1,\boldsymbol{b}_2,\cdots,\boldsymbol{b}_m$ 是数域 K 上的欧氏空间 V 中的两组向量, 满足条件

$$(\boldsymbol{a}_i,\boldsymbol{a}_j)=(\boldsymbol{b}_i,\boldsymbol{b}_j)\quad(i,j=1,2,\cdots,m),$$

则 $\boldsymbol{a}_1,\boldsymbol{a}_2,\cdots,\boldsymbol{a}_m$ 生成的线性子空间 L_1 与 $\boldsymbol{b}_1,\boldsymbol{b}_2,\cdots,\boldsymbol{b}_m$ 生成的线性子空间 L_2 同构.

解　解法 1　令

$$\sigma(t_1\boldsymbol{a}_1+\cdots+t_m\boldsymbol{a}_m)=t_1\boldsymbol{b}_1+\cdots+t_m\boldsymbol{b}_m\quad(t_i\in K).$$

我们来证明 σ 是 V_1 到 V_2 的同构映射.

(i) 显然 V_1 中任一向量 $t_1\boldsymbol{a}_1+\cdots+t_m\boldsymbol{a}_m$ 被 σ 映为 V_2 中的向量 $t_1\boldsymbol{b}_1+\cdots+t_m\boldsymbol{b}_m$; 而且 V_2 中的任何向量 $t_1\boldsymbol{b}_1+\cdots+t_m\boldsymbol{b}_m$ 都是 V_1 中的向量 $t_1\boldsymbol{a}_1+\cdots+t_m\boldsymbol{a}_m$ 在 σ 下的像, 因此 V_1 到 V_2 的映射 σ 是映上的.

(ii) 设 $\boldsymbol{\alpha},\boldsymbol{\beta}\in V_1$, 则

$$\boldsymbol{\alpha}=\sum_{k=1}^m c_k\boldsymbol{a}_k,\quad \boldsymbol{\beta}=\sum_{k=1}^m d_k\boldsymbol{a}_k,$$
$$\sigma(\boldsymbol{\alpha})=\sum_{k=1}^m c_k\boldsymbol{b}_k,\quad \sigma(\boldsymbol{\beta})=\sum_{k=1}^m d_k\boldsymbol{b}_k,$$

其中 $c_k,d_k\in K$. 若 $\sigma(\boldsymbol{\alpha})=\sigma(\boldsymbol{\beta})$, 则由上式得到

$$\boldsymbol{\delta}=\sigma(\boldsymbol{\alpha})-\sigma(\boldsymbol{\beta})=\sum_{k=1}^m(c_k-d_k)\boldsymbol{b}_k=\boldsymbol{O},$$

于是

$$(\boldsymbol{\delta},\boldsymbol{\delta})=\sum_{1\leqslant i,j\leqslant m}(c_i-d_i)(c_j-d_j)(\boldsymbol{b}_i,\boldsymbol{b}_j)=0.$$

记

$$\boldsymbol{\theta}=\boldsymbol{\alpha}-\boldsymbol{\beta}=\sum_{k=1}^m c_k\boldsymbol{a}_k-\sum_{k=1}^m d_k\boldsymbol{a}_k=\sum_{k=1}^m(c_k-d_k)\boldsymbol{a}_k.$$

依题设条件及内积性质, 我们有

$$\begin{aligned}(\boldsymbol{\theta},\boldsymbol{\theta})&=\left(\sum_{k=1}^m(c_k-d_k)\boldsymbol{a}_k,\sum_{k=1}^m(c_k-d_k)\boldsymbol{a}_k\right)=\sum_{1\leqslant i,j\leqslant m}(c_i-d_i)(c_j-d_j)(\boldsymbol{a}_i,\boldsymbol{a}_j)\\&=\sum_{1\leqslant i,j\leqslant m}(c_i-d_i)(c_j-d_j)(\boldsymbol{b}_i,\boldsymbol{b}_j)=(\boldsymbol{\delta},\boldsymbol{\delta})=0.\end{aligned}$$

因此 $\boldsymbol{\theta}=\boldsymbol{O}$, 即 $\boldsymbol{\alpha}=\boldsymbol{\beta}$. 因此 σ 是 V_1 到 V_2 的一一映射.

(iii) 此外, 依 σ 的定义得到

$$\sigma(\boldsymbol{\alpha}+\boldsymbol{\beta})=\sigma\left(\sum_{k=1}^m(c_k+d_k)\boldsymbol{a}_k\right)=\sum_{k=1}^m(c_k+d_k)\boldsymbol{b}_k=\sum_{k=1}^m c_k\boldsymbol{b}_k+\sum_{k=1}^m d_k\boldsymbol{b}_k=\sigma(\boldsymbol{\alpha})+\sigma(\boldsymbol{\beta}).$$

类似地, 可验证

$$\sigma(a\boldsymbol{\alpha})=a\sigma(\boldsymbol{\alpha}),$$

其中 $a\in K$ 任意, 以及(参见步骤 (ii) 中的证法)

$$\big(\sigma(\boldsymbol{\alpha}),\sigma(\boldsymbol{\beta})\big)=(\boldsymbol{\alpha},\boldsymbol{\beta}).$$

因此 σ 是由 V_1 到 V_2 的同构映射.

解法 2 若 V_1,V_2 有相同的维数, 则二者同构. 现在设 $\dim V_1=r,\dim V_2=s$ 并且 $r\neq s$, 要导出矛盾.

(i) 首先证明: 对于任意给定的 $\boldsymbol{\alpha}\in V_1$, 有

$$\big(\sigma(\boldsymbol{\alpha}),\sigma(\boldsymbol{\alpha})\big)=(\boldsymbol{\alpha},\boldsymbol{\alpha}).$$

为此, 记 $\boldsymbol{\alpha}=c_1\boldsymbol{a}_1+c_2\boldsymbol{a}_2+\cdots+c_m\boldsymbol{a}_m\in V_1$(其中 $c_1,\cdots,c_m\in K$), 那么

$$(\boldsymbol{\alpha},\boldsymbol{\alpha})=\sum_{1\leqslant i,j\leqslant m}c_ic_j(\boldsymbol{a}_i,\boldsymbol{a}_j).$$

因为 $\sigma(\boldsymbol{\alpha})=c_1\boldsymbol{b}_1+c_2\boldsymbol{b}_2+\cdots+c_m\boldsymbol{b}_m$, 所以由题设条件有

$$\big(\sigma(\boldsymbol{\alpha}),\sigma(\boldsymbol{\alpha})\big)=\sum_{1\leqslant i,j\leqslant m}c_ic_j(\boldsymbol{b}_i,\boldsymbol{b}_j)=\sum_{1\leqslant i,j\leqslant m}c_ic_j(\boldsymbol{a}_i,\boldsymbol{a}_j)=(\boldsymbol{\alpha},\boldsymbol{\alpha}).$$

(ii) 若 $s>r$, 不妨认为 $\boldsymbol{b}_1,\cdots,\boldsymbol{b}_s$ 是 $\boldsymbol{b}_i(i=1,\cdots,m)$ 中极大线性无关向量组. 依 r 的定义, 存在不全为零的数 $h_1,\cdots,h_s$ 使得

$$\boldsymbol{\beta}=h_1\boldsymbol{a}_1+\cdots+h_s\boldsymbol{a}_s=\boldsymbol{O},$$

依步骤 (i) 中所得关系式可知 $\big(\sigma(\boldsymbol{\beta}),\sigma(\boldsymbol{\beta})\big)=0$, 因此 $\sigma(\boldsymbol{\beta})=0$, 即

$$h_1\boldsymbol{b}_1+\cdots+h_s\boldsymbol{b}_s=\boldsymbol{O},$$

因为 h_i 不全为零, 所以这与 s 的定义矛盾. 类似地, 若 $s<r$, 不妨认为 $\boldsymbol{a}_1,\cdots,\boldsymbol{a}_r$ 是 $\boldsymbol{a}_i(i=1,\cdots,m)$ 中极大线性无关向量组. 那么存在不全为零的数 $f_1,\cdots,f_r$ 使得 $f_1\boldsymbol{b}_1+\cdots+f_r\boldsymbol{b}_r=\boldsymbol{O}$, 从而由步骤 (i) 中所得关系式推出 $f_1\boldsymbol{a}_1+\cdots+f_r\boldsymbol{a}_r=\boldsymbol{O}$, 因为 f_i 不全为零, 所以这与 r 的定义矛盾. 于是 $r=s$, 从而本题得证. □

注 在解法 1 步骤 (ii) 中, 由 $\sigma(\boldsymbol{\alpha})=\sigma(\boldsymbol{\beta})$ 得到 $\sum\limits_{k=1}^{m}(c_k-d_k)\boldsymbol{b}_k=\boldsymbol{O}$, 我们不能据此断定 $c_k=d_k$, 因为 $\boldsymbol{b}_k$ 未必线性无关.

4.2 正交变换与正交矩阵

例 4.2.1 设 V 是一个 n 维欧氏空间, $\boldsymbol{a}\in V$ 是一个给定非零向量, 定义 V 中的变换

$$\sigma(\boldsymbol{v})=\sigma_{\boldsymbol{a}}(\boldsymbol{v})=\boldsymbol{v}-\frac{2(\boldsymbol{v},\boldsymbol{a})}{(\boldsymbol{a},\boldsymbol{a})}\boldsymbol{a}\quad(\forall\boldsymbol{v}\in V)$$

(称作由 $\boldsymbol{a}$ 确定的镜面反射).

(1) 证明 σ 是 V 中的对称变换.

(2) 证明 σ 是 V 中的正交变换, 并且 $\sigma^2=\varepsilon$(恒等变换).

(3) 确定 σ 在一个标准正交基 $\boldsymbol{\alpha}_i(i=1,2,\cdots)$ (其中 $\boldsymbol{\alpha}_1=\boldsymbol{a}/|\boldsymbol{a}|$) 下的矩阵表示.

解 (1) 容易直接验证 σ 是线性变换. 对于任何 $\boldsymbol{u},\boldsymbol{v}\in V$, 有

$$\big(\sigma(\boldsymbol{u}),\boldsymbol{v}\big)=\left(\boldsymbol{u}-\frac{2(\boldsymbol{u},\boldsymbol{a})}{(\boldsymbol{a},\boldsymbol{a})}\boldsymbol{a},\boldsymbol{v}\right)=(\boldsymbol{u},\boldsymbol{v})-\frac{2(\boldsymbol{u},\boldsymbol{a})}{(\boldsymbol{a},\boldsymbol{a})}(\boldsymbol{a},\boldsymbol{v}),$$

类似地, 有

$$\big(\boldsymbol{u},\sigma(\boldsymbol{v})\big)=\left(\boldsymbol{u},\boldsymbol{v}-\frac{2(\boldsymbol{v},\boldsymbol{a})}{(\boldsymbol{a},\boldsymbol{a})}\boldsymbol{a}\right)=(\boldsymbol{u},\boldsymbol{v})-\frac{2(\boldsymbol{v},\boldsymbol{a})}{(\boldsymbol{a},\boldsymbol{a})}(\boldsymbol{u},\boldsymbol{a}).$$

因为 $(\boldsymbol{a},\boldsymbol{v})=(\boldsymbol{v},\boldsymbol{a})$, 所以 $\big(\sigma(\boldsymbol{u}),\boldsymbol{v}\big)=\big(\boldsymbol{u},\sigma(\boldsymbol{v})\big)$, 于是 σ 是对称变换.

(2) 对于任意的 $\boldsymbol{v}\in V$, 有

$$\begin{aligned}\big(\sigma(\boldsymbol{v}),\sigma(\boldsymbol{v})\big)&=\left(\boldsymbol{v}-\frac{2(\boldsymbol{v},\boldsymbol{a})}{(\boldsymbol{a},\boldsymbol{a})}\boldsymbol{a},\boldsymbol{v}-\frac{2(\boldsymbol{v},\boldsymbol{a})}{(\boldsymbol{a},\boldsymbol{a})}\boldsymbol{a}\right)\\&=(\boldsymbol{v},\boldsymbol{v})+\left(\boldsymbol{v},-\frac{2(\boldsymbol{v},\boldsymbol{a})}{(\boldsymbol{a},\boldsymbol{a})}\boldsymbol{a}\right)+\left(-\frac{2(\boldsymbol{v},\boldsymbol{a})}{(\boldsymbol{a},\boldsymbol{a})}\boldsymbol{a},\boldsymbol{v}\right)+\left(-\frac{2(\boldsymbol{v},\boldsymbol{a})}{(\boldsymbol{a},\boldsymbol{a})}\boldsymbol{a},-\frac{2(\boldsymbol{v},\boldsymbol{a})}{(\boldsymbol{a},\boldsymbol{a})}\boldsymbol{a}\right),\end{aligned}$$

因为

$$\begin{aligned}&\left(\boldsymbol{v},-\frac{2(\boldsymbol{v},\boldsymbol{a})}{(\boldsymbol{a},\boldsymbol{a})}\boldsymbol{a}\right)=\left(-\frac{2(\boldsymbol{v},\boldsymbol{a})}{(\boldsymbol{a},\boldsymbol{a})}\boldsymbol{a},\boldsymbol{v}\right)=-\frac{2(\boldsymbol{v},\boldsymbol{a})}{(\boldsymbol{a},\boldsymbol{a})}(\boldsymbol{v},\boldsymbol{a})=-\frac{2(\boldsymbol{v},\boldsymbol{a})^2}{(\boldsymbol{a},\boldsymbol{a})},\\&\left(-\frac{2(\boldsymbol{v},\boldsymbol{a})}{(\boldsymbol{a},\boldsymbol{a})}\boldsymbol{a},-\frac{2(\boldsymbol{v},\boldsymbol{a})}{(\boldsymbol{a},\boldsymbol{a})}\boldsymbol{a}\right)=\frac{4(\boldsymbol{v},\boldsymbol{a})^2}{(\boldsymbol{a},\boldsymbol{a})^2}(\boldsymbol{a},\boldsymbol{a})=\frac{4(\boldsymbol{v},\boldsymbol{a})^2}{(\boldsymbol{a},\boldsymbol{a})},\end{aligned}$$

所以

$$\big(\sigma(\boldsymbol{v}),\sigma(\boldsymbol{v})\big)=(\boldsymbol{v},\boldsymbol{v}),$$

因此 σ 是 V 中的正交变换.

由定义可知, 对于任何 $\boldsymbol{v}\in V$, 有

$$\begin{aligned}\sigma^2(\boldsymbol{v})=\sigma\big(\sigma(\boldsymbol{v})\big)&=\sigma\left(\boldsymbol{v}-\frac{2(\boldsymbol{v},\boldsymbol{a})}{(\boldsymbol{a},\boldsymbol{a})}\boldsymbol{a}\right)=\sigma(\boldsymbol{v})-\frac{2(\boldsymbol{v},\boldsymbol{a})}{(\boldsymbol{a},\boldsymbol{a})}\sigma(\boldsymbol{a})\\&=\boldsymbol{v}-\frac{2(\boldsymbol{v},\boldsymbol{a})}{(\boldsymbol{a},\boldsymbol{a})}\boldsymbol{a}-\frac{2(\boldsymbol{v},\boldsymbol{a})}{(\boldsymbol{a},\boldsymbol{a})}\left(\boldsymbol{a}-\frac{2(\boldsymbol{a},\boldsymbol{a})}{(\boldsymbol{a},\boldsymbol{a})}\boldsymbol{a}\right)=\boldsymbol{v},\end{aligned}$$

所以 σ^2 是恒等变换.

(3) 因为 $\dim V=n$, 并且 $\boldsymbol{a}/|\boldsymbol{a}|$ 是单位向量, 所以存在 $\boldsymbol{a}_2,\cdots,\boldsymbol{a}_n$ 与 $\boldsymbol{a}_1=\boldsymbol{a}/|\boldsymbol{a}|$ 一起构成 V 的标准正交基, 于是按 σ 的定义并注意 $\boldsymbol{a}_i$ 互相正交, 得到

$$\sigma(\boldsymbol{a}_1)=-\boldsymbol{a}_1,\quad\sigma(\boldsymbol{a}_i)=\boldsymbol{a}_i\quad(i=2,\cdots,n),$$

因此 σ 在此基下的矩阵表示是对角矩阵 $\mathrm{diag}(-1,1,\cdots,1)$. □

注 **1°** 令

$$\boldsymbol{a}_0=\frac{\boldsymbol{a}}{\sqrt{(\boldsymbol{a},\boldsymbol{a})}},$$

则 $\boldsymbol{a}_0$ 是单位向量, 并且 σ 可写成

$$\sigma(\boldsymbol{v})=\sigma_{\boldsymbol{a}}(\boldsymbol{v})=\boldsymbol{v}-2(\boldsymbol{v},\boldsymbol{a}_0)\boldsymbol{a}_0\quad(\forall\boldsymbol{v}\in V).$$

2° 在 3 维空间中, 由矩阵表示看出 σ 是对于 XOY 平面的反射. 特别地, 连续两次反射将变为自身, 即 $\sigma^2=\varepsilon$.

例 4.2.2 (1) 设 $\boldsymbol{a},\boldsymbol{b}$ 是 n 维欧氏空间 V 中的任意两个单位向量, 则存在一个镜面反射 σ 使得 $\sigma(\boldsymbol{a})=\boldsymbol{b}$.

(2) 证明: n 维欧氏空间 V 中任何正交变换可表示为不超过 n 个镜面反射的乘积.

解 (1) 令 $\boldsymbol{\alpha}=|\boldsymbol{a}-\boldsymbol{b}|^{-1}(\boldsymbol{a}-\boldsymbol{b})$, 定义镜面反射

$$\sigma(\boldsymbol{v})=\sigma_{(\boldsymbol{a},\boldsymbol{b})}(\boldsymbol{v})=\boldsymbol{v}-2(\boldsymbol{v},\boldsymbol{\alpha})\boldsymbol{\alpha},$$

那么

$$\begin{aligned}\sigma(\boldsymbol{a})&=\boldsymbol{a}-2\big(\boldsymbol{a},|\boldsymbol{a}-\boldsymbol{b}|^{-1}(\boldsymbol{a}-\boldsymbol{b})\big)|\boldsymbol{a}-\boldsymbol{b}|^{-1}(\boldsymbol{a}-\boldsymbol{b})=\boldsymbol{a}-2|\boldsymbol{a}-\boldsymbol{b}|^{-2}(\boldsymbol{a},\boldsymbol{a}-\boldsymbol{b})(\boldsymbol{a}-\boldsymbol{b})\\&=\boldsymbol{a}-2|\boldsymbol{a}-\boldsymbol{b}|^{-2}\big((\boldsymbol{a},\boldsymbol{a})-(\boldsymbol{a},\boldsymbol{b})\big)(\boldsymbol{a}-\boldsymbol{b})=\boldsymbol{a}-2|\boldsymbol{a}-\boldsymbol{b}|^{-2}\big(1-(\boldsymbol{a},\boldsymbol{b})\big)(\boldsymbol{a}-\boldsymbol{b}),\end{aligned}$$

因为

$$|\boldsymbol{a}-\boldsymbol{b}|^2=(\boldsymbol{a}-\boldsymbol{b},\boldsymbol{a}-\boldsymbol{b})=(\boldsymbol{a},\boldsymbol{a})-2(\boldsymbol{a},\boldsymbol{b})+(\boldsymbol{b},\boldsymbol{b})=1-2(\boldsymbol{a},\boldsymbol{b})+1=2\big(1-(\boldsymbol{a},\boldsymbol{b})\big),$$

所以

$$\sigma(\boldsymbol{a})=\boldsymbol{a}-(\boldsymbol{a}-\boldsymbol{b})=\boldsymbol{b}.$$

(2) 设 ρ 是 V 中的正交变换. 若 $\boldsymbol{e}_1,\boldsymbol{e}_2,\cdots,\boldsymbol{e}_n$ 是 V 的一组标准正交基, 则 (依正交变换的定义)$\boldsymbol{f}_1=\rho(\boldsymbol{e}_1),\boldsymbol{f}_2=\rho(\boldsymbol{e}_2),\cdots,\boldsymbol{f}_n=\rho(\boldsymbol{e}_n)$ 也构成 V 的标准正交基. 若 $\boldsymbol{u}=\sum\limits_{i=1}^{n}u_i\boldsymbol{e}_i$, 并且 $\rho(\boldsymbol{u})=\boldsymbol{v}$, 则 $\boldsymbol{v}=\sum\limits_{i=1}^{n}u_i\boldsymbol{f}_i$. 因此 ρ 由 $\rho(\boldsymbol{e}_i)$ 唯一确定. 我们只需考虑 V 的标准正交基 $\boldsymbol{e}_i(i=1,\cdots,n)$ 和 $\rho(\boldsymbol{e}_i)=\boldsymbol{f}_i(i=1,\cdots,n)$.

情形 (i). 若集合 $\{\boldsymbol{e}_i(i=1,\cdots,n)\}=\{\boldsymbol{f}_i(i=1,\cdots,n)\}$, 不妨认为 $\boldsymbol{e}_i=\boldsymbol{f}_i(i=1,\cdots,n)$, 令 $\sigma_1=\sigma_{\boldsymbol{e}_1}$ 是 $\boldsymbol{e}_1$ 确定的镜面反射, 则 $\sigma_1(\boldsymbol{e}_1)=-\boldsymbol{e}_1,\sigma_1(\boldsymbol{e}_2)=\boldsymbol{e}_2,\cdots,\sigma_1(\boldsymbol{e}_n)=\boldsymbol{e}_n$, 于是 $\sigma_1\sigma_1(\boldsymbol{e}_i)=\boldsymbol{f}_i(i=1,\cdots,n)$, 从而 $\rho=\sigma_1\sigma_1$.

情形 (ii). 若 $\{\boldsymbol{e}_i(i=1,\cdots,n)\}\neq\{\boldsymbol{f}_i(i=1,\cdots,n)\}$, 不妨设 $\boldsymbol{e}_1\neq\boldsymbol{f}_1$, 则依本题 (1) 可知 $\sigma_{21}=\sigma_{(\boldsymbol{e}_1,\boldsymbol{f}_1)}$ 将 $\boldsymbol{e}_1$ 变换为 $\boldsymbol{f}_1$. 如果还有 $\sigma_{21}(\boldsymbol{e}_i)=\boldsymbol{f}_i(i=2,\cdots,n)$, 那么 $\rho=\sigma_{21}$.

不然, 记 $\boldsymbol{g}_i=\sigma_{21}(\boldsymbol{e}_i)(i=2,\cdots,n)$, 则有

$$\sigma_{21}(\boldsymbol{e}_1)=\boldsymbol{f}_1,\quad \{\boldsymbol{g}_i(i=2,\cdots,n)\}\neq\{\boldsymbol{f}_i(i=2,\cdots,n)\},$$

不妨设 $\boldsymbol{g}_2=\sigma_{21}(\boldsymbol{e}_2)\neq\boldsymbol{f}_2$, 则令 $\sigma_{211}=\sigma_{(\boldsymbol{g}_2,\boldsymbol{f}_2)}$, 依本题 (1) 可知

$$\sigma_{211}(\boldsymbol{g}_2)=\boldsymbol{f}_2,$$

并且可以直接验证

$$\sigma_{211}(\boldsymbol{f}_1)=\boldsymbol{f}_1.$$

事实上

$$\sigma_{211}(\boldsymbol{f}_1)=\boldsymbol{f}_1-2\left(\boldsymbol{f}_1,\frac{\boldsymbol{g}_2-\boldsymbol{f}_2}{|\boldsymbol{g}_2-\boldsymbol{f}_2|}\right)\frac{\boldsymbol{g}_2-\boldsymbol{f}_2}{|\boldsymbol{g}_2-\boldsymbol{f}_2|}$$

$$
\begin{aligned}
&=\boldsymbol{f}_1-2\left(\boldsymbol{f}_1,\frac{\boldsymbol{g}_2}{|\boldsymbol{g}_2-\boldsymbol{f}_2|}\right)\frac{\boldsymbol{g}_2-\boldsymbol{f}_2}{|\boldsymbol{g}_2-\boldsymbol{f}_2|}+2\left(\boldsymbol{f}_1,\frac{\boldsymbol{f}_2}{|\boldsymbol{g}_2-\boldsymbol{f}_2|}\right)\frac{\boldsymbol{g}_2-\boldsymbol{f}_2}{|\boldsymbol{g}_2-\boldsymbol{f}_2|}\\
&=\boldsymbol{f}_1-\frac{2(\boldsymbol{f}_1,\boldsymbol{g}_2)}{|\boldsymbol{g}_2-\boldsymbol{f}_2|}\cdot\frac{\boldsymbol{g}_2-\boldsymbol{f}_2}{|\boldsymbol{g}_2-\boldsymbol{f}_2|}+\frac{2(\boldsymbol{f}_1,\boldsymbol{f}_2)}{|\boldsymbol{g}_2-\boldsymbol{f}_2|}\frac{\boldsymbol{e}_2-\boldsymbol{f}_2}{|\boldsymbol{e}_2-\boldsymbol{f}_2|},
\end{aligned}
$$

因为 σ_{21} 是正交变换, 所以

$$
(\boldsymbol{f}_1,\boldsymbol{g}_2)=\big(\sigma_{21}(\boldsymbol{e}_1),\sigma_{21}(\boldsymbol{e}_2)\big)=(\boldsymbol{e}_1,\boldsymbol{e}_2)=0,
$$

并且还有 $(\boldsymbol{f}_1,\boldsymbol{f}_2)=0$, 因此由前式得到 $\sigma_{211}(\boldsymbol{f}_1)=\boldsymbol{f}_1$. 这样, 在此情形有

$$
\sigma_{211}\sigma_{21}(\boldsymbol{e}_1)=\sigma_{211}(\boldsymbol{f}_1)=\boldsymbol{f}_1,\quad \sigma_{211}\sigma_{21}(\boldsymbol{e}_2)=\sigma_{211}(\boldsymbol{g}_2)=\boldsymbol{f}_2.
$$

如果 $\sigma_{211}\sigma_{21}(\boldsymbol{e}_i)=\boldsymbol{f}_i(i=3,\cdots,n)$, 则 $\rho=\sigma_{211}\sigma_{21}$; 不然, 又可重复类似的推理. 因此, 至多通过 $r(\leqslant n)$ 次操作, 得到一系列镜面反射 σ_i 使得

$$
(\boldsymbol{e}_1,\boldsymbol{e}_2,\cdots,\boldsymbol{e}_n)\xrightarrow{\sigma_1}(\boldsymbol{f}_1,\boldsymbol{g}_2,\cdots,\boldsymbol{g}_n)\xrightarrow{\sigma_2}(\boldsymbol{f}_1,\boldsymbol{f}_2,\boldsymbol{h}_3,\cdots,\boldsymbol{h}_n)\xrightarrow{\sigma_3}\cdots\xrightarrow{\sigma_r}(\boldsymbol{f}_1,\boldsymbol{f}_2,\cdots,\boldsymbol{f}_n),
$$

于是 $\rho=\sigma_r\sigma_{r-1}\cdots\sigma_1$. □

例 4.2.3 设 $\boldsymbol{A}$ 是一个 3 阶正交矩阵, $|\boldsymbol{A}|=1$, 证明:

(1) 1 是 $\boldsymbol{A}$ 的特征值.

*(2) $\boldsymbol{A}$ 的特征多项式是

$$
\varphi_{\boldsymbol{A}}(x)=x^3-cx^2+cx-1,
$$

其中 $-1\leqslant c\leqslant 3$.

(3) 存在正交矩阵 $\boldsymbol{T}$, 使得

$$
\boldsymbol{T}'\boldsymbol{A}\boldsymbol{T}=\begin{pmatrix}1&0&0\\0&\cos\theta&\sin\theta\\0&-\sin\theta&\cos\theta\end{pmatrix}.
$$

解 (1) 解法 1 因为 $\boldsymbol{A}$ 是正交矩阵, 所以其特征值的模都等于 1(见习题 4.7(2)), 而且其特征值之积等于 $|\boldsymbol{A}|=1$(实数). 若 $\boldsymbol{A}$ 有复特征值, 则复根必成对共轭出现 (其积大于零), 剩下的一个特征值必定是 1; 若 $\boldsymbol{A}$ 没有复特征值, 则显然至少有一个特征值 1.

解法 2 用 $\boldsymbol{I}$ 表示 3 阶单位矩阵. 因为

$$
|\boldsymbol{I}-\boldsymbol{A}|=(-1)^3|\boldsymbol{A}-\boldsymbol{I}|=-|\boldsymbol{A}'-\boldsymbol{I}|,
$$

同时有

$$
|\boldsymbol{I}-\boldsymbol{A}|=|\boldsymbol{A}\boldsymbol{A}'-\boldsymbol{A}|=|\boldsymbol{A}||\boldsymbol{A}'-\boldsymbol{I}|=|\boldsymbol{A}'-\boldsymbol{I}|,
$$

两式相加即得 $|\boldsymbol{I}-\boldsymbol{A}|=0$, 或 $|1\cdot\boldsymbol{I}-\boldsymbol{A}|=0$, 可见 1 是 $\boldsymbol{A}$ 的特征值.

(2) 依方程根与系数的关系(或由习题 3.19(2)), 有

$$
\varphi_{\boldsymbol{A}}(x)=x^3+c_1x^2+c_2x-1.
$$

其中常数项等于 3 个特征值之积的相反数, 即 $-|\boldsymbol{A}|=-1$. 记其另两个特征值为 $a=r+\mathrm{i}s,\overline{a}=r-\mathrm{i}s(r,s\in\mathbb{R}$, 符号 $\overline{a}$ 表示 a 的共轭复数), 那么 $|a|=|\overline{a}|=1$, 并且 $\varphi_{\boldsymbol{A}}(x)$ 的 2 次项系数

$$c_1=-(a+\overline{a}+1)=-2r-1,$$

1 次项系数 (注意 $|a\overline{a}|=1$)

$$c_2=a\overline{a}+a\cdot 1+\overline{a}\cdot 1=r^2+s^2+2r=1+2r.$$

记 $t=1+2r$, 注意 $|r|\leqslant|a|=1$, 即得 $-1\leqslant t\leqslant 3$.

(3) 设对应于特征值 1 的特征向量是 $\boldsymbol{a}_1$, 并且可设它是单位向量. 将它扩充为欧氏空间 $\mathbb{R}^3$ 的标准正交基, 则

$$\boldsymbol{A}(\boldsymbol{a}_1,\boldsymbol{a}_2,\boldsymbol{a}_3)=(\boldsymbol{a}_1,\boldsymbol{a}_2,\boldsymbol{a}_3)\boldsymbol{C},$$

其中

$$\boldsymbol{C}=\begin{pmatrix}1&a&d\\0&b&e\\0&c&f\end{pmatrix}.$$

因为 $\boldsymbol{a}_i$ 是标准正交基, 所以 $\boldsymbol{Q}=(\boldsymbol{a}_1,\boldsymbol{a}_2,\boldsymbol{a}_3)$ 是正交矩阵, 从而 $\boldsymbol{C}=\boldsymbol{Q}^{-1}\boldsymbol{A}\boldsymbol{Q}$ 作为正交矩阵之积, 也是正交矩阵. 由 $\boldsymbol{C}'\boldsymbol{C}=\boldsymbol{I}$ 立得

$$1+a^2+d^2=1,\quad b^2+c^2=1,\quad e^2+f^2=1,\quad be+cf=0.$$

因此 $a=d=0$, 并且存在 α 使得 $b=\cos\alpha,c=\sin\alpha$. 同理, 存在 β 使得 $e=\cos\beta,f=\sin\beta$. 因为 $be+cf=0$, 所以

$$\cos\alpha\cos\beta+\sin\alpha\sin\beta=0,$$

即 $\cos(\alpha-\beta)=0$, 从而 $\alpha-\beta=(2k+1)\pi/2$. 由此可知 e 当 k 是奇数时为 $-\sin\alpha$, 当 k 是偶数时为 $\sin\alpha$; f 当 k 是奇数时为 $\cos\alpha$, 当 k 是偶数时为 $-\cos\alpha$. 于是

$$\boldsymbol{C}=\begin{pmatrix}1&0&0\\0&\cos\alpha&-\sin\alpha\\0&\sin\alpha&\cos\alpha\end{pmatrix}\quad\text{或}\quad\begin{pmatrix}1&0&0\\0&\cos\alpha&\sin\alpha\\0&\sin\alpha&-\cos\alpha\end{pmatrix}.$$

因为 $|\boldsymbol{C}|=|\boldsymbol{A}|=1$, 所以取第一式, 并令 $\alpha=-\theta$, 即得所要结果. □

例 4.2.4 设 $\boldsymbol{A}$ 为 n 阶正交矩阵, 则存在正交矩阵 $\boldsymbol{T}$, 使得

$$\boldsymbol{T}'\boldsymbol{A}\boldsymbol{T}=\mathrm{diag}(\boldsymbol{I}_p,-\boldsymbol{I}_q,\boldsymbol{A}_1,\cdots,\boldsymbol{A}_r),$$

其中 $p,q,r\geqslant 0,p+q+2r=n,\boldsymbol{I}_p,\boldsymbol{I}_q$ 分别是 p,q 阶单位矩阵, 以及

$$\boldsymbol{A}_i=\begin{pmatrix}\cos\theta_i&\sin\theta_i\\-\sin\theta_i&\cos\theta_i\end{pmatrix}\quad(i=1,2,\cdots,r)$$

(正交矩阵的正交相似标准形).

解　因为正交矩阵是实正规矩阵 (即满足条件 $\boldsymbol{AA}'=\boldsymbol{A}'\boldsymbol{A}$ 的实方阵 $\boldsymbol{A}$), 所以存在正交矩阵 $\boldsymbol{T}$, 使得

$$\boldsymbol{T}'\boldsymbol{AT}=\mathrm{diag}(\lambda_1,\lambda_2,\cdots,\lambda_s,\boldsymbol{A}_1,\cdots,\boldsymbol{A}_r),$$

其中 $s,r\geqslant 0, s+2r=n,\lambda_1,\lambda_2,\cdots,\lambda_s$ 是 $\boldsymbol{A}$ 的实特征值, 以及

$$\boldsymbol{A}_i=\begin{pmatrix} a_i & b_i \\ -b_i & a_i \end{pmatrix}\quad (i=1,2,\cdots,r),$$

并且 $a_i\pm \mathrm{i}b_i\,(b_i\neq 0,\mathrm{i}=\sqrt{-1})$ 是 $\boldsymbol{A}$ 的复特征值. 因为正交矩阵的特征值的模等于 1 (见习题 4.7(2)), 所以实特征值等于 ± 1. 若 $\lambda_1=\cdots=\lambda_p=1,\lambda_{p+1}=\cdots=\lambda_{p+q}=-1(p+q=s)$, 则得对角分块矩阵中的子块 $\boldsymbol{I}_p$ 和 $-\boldsymbol{I}_q$. 对于复特征值 $a_i\pm\mathrm{i}b_i$, 有 $a_i^2+b_i^2=1$, 存在 θ_i 使得 $a_i=\cos\theta_i,b_i=\sin\theta_i$, 于是得到 $\boldsymbol{A}_i$ 的三角表达式. □

注　**1°** 关于实正规矩阵的正交相似标准形, 可参见, 例如: 屠伯埙, 等. 高等代数 [M]. 上海: 上海科学技术出版社,1987:317.

2° 由本例立知: 若正交矩阵 $\boldsymbol{A}$ 的特征值都是实数, 则 $\boldsymbol{A}$ 对称.

例 4.2.5　将正交矩阵

$$\boldsymbol{A}=\begin{pmatrix} \dfrac{2}{3} & -\dfrac{1}{3} & \dfrac{2}{3} \\ \dfrac{2}{3} & \dfrac{2}{3} & -\dfrac{1}{3} \\ -\dfrac{1}{3} & \dfrac{2}{3} & \dfrac{2}{3} \end{pmatrix}$$

化为正交相似标准形, 并求相应的正交矩阵 $\boldsymbol{T}$.

解　(i) 正交矩阵 $\boldsymbol{A}$ 的特征多项式

$$\varphi_{\boldsymbol{A}}(\lambda)=\begin{vmatrix} \lambda-\dfrac{2}{3} & \dfrac{1}{3} & -\dfrac{2}{3} \\ -\dfrac{2}{3} & \lambda-\dfrac{2}{3} & \dfrac{1}{3} \\ \dfrac{1}{3} & -\dfrac{2}{3} & \lambda-\dfrac{2}{3} \end{vmatrix}=(\lambda-1)(\lambda^2-\lambda+1),$$

特征值 (注意 $|\lambda_i|=1$)

$$\begin{aligned}\lambda_1&=1,\\ \lambda_2&=\frac{1}{2}+\frac{1}{2}\mathrm{i}\sqrt{3}=\cos\frac{\pi}{3}+\mathrm{i}\sin\frac{\pi}{3},\\ \lambda_3&=\frac{1}{2}-\frac{1}{2}\mathrm{i}\sqrt{3}=\cos\frac{\pi}{3}-\mathrm{i}\sin\frac{\pi}{3}.\end{aligned}$$

于是 $\boldsymbol{A}$ 相似于标准形

$$\boldsymbol{B}=\begin{pmatrix} 1 & 0 & 0 \\ 0 & \cos\dfrac{\pi}{3} & \sin\dfrac{\pi}{3} \\ 0 & -\sin\dfrac{\pi}{3} & \cos\dfrac{\pi}{3} \end{pmatrix}.$$

(ii) 对于 $\lambda_1=1$, 解方程组

$$\begin{cases} -\dfrac{1}{3}x_1 - \dfrac{1}{3}x_2 + \dfrac{2}{3}x_3 = 0, \\ \dfrac{2}{3}x_1 - \dfrac{1}{3}x_2 - \dfrac{1}{3}x_3 = 0, \\ -\dfrac{1}{3}x_1 + \dfrac{2}{3}x_2 - \dfrac{1}{3}x_3 = 0, \end{cases}$$

或者 $x_1-x_3=0, x_2-x_3=0$. 由此得到向量 $\boldsymbol{f}_1=(1,1,1)$, 规范化 (使模等于 1) 后即得基向量

$$\boldsymbol{e}_1=\left(\frac{\sqrt{3}}{3},\frac{\sqrt{3}}{3},\frac{\sqrt{3}}{3}\right).$$

(iii) 对于 $\lambda_1=(1+\mathrm{i}\sqrt{3})/2$, 解方程组

$$\begin{cases} \left(\dfrac{1}{6}-\dfrac{\sqrt{3}}{2}\mathrm{i}\right)x_1 - \dfrac{1}{3}x_2 + \dfrac{2}{3}x_3 = 0, \\ \dfrac{2}{3}x_1 - \left(\dfrac{1}{6}-\dfrac{\sqrt{3}}{2}\mathrm{i}\right)x_2 - \dfrac{1}{3}x_3 = 0, \\ -\dfrac{1}{3}x_1 + \dfrac{2}{3}x_2 + \left(\dfrac{1}{6}-\dfrac{\sqrt{3}}{2}\mathrm{i}\right)x_3 = 0, \end{cases}$$

系数矩阵的秩等于 2, 令 $x_1=1$, 由前两方程解出

$$x_2=-\frac{1}{2}-\frac{\sqrt{3}}{2}\mathrm{i},\quad x_3=-\frac{1}{2}+\frac{\sqrt{3}}{2}\mathrm{i},$$

于是由

$$(x_1,x_2,x_3)=\left(1,-\frac{1}{2}-\frac{\sqrt{3}}{2}\mathrm{i},-\frac{1}{2}+\frac{\sqrt{3}}{2}\mathrm{i}\right)=\left(1,-\frac{1}{2},-\frac{1}{2}\right)+\mathrm{i}\left(0,-\frac{\sqrt{3}}{2},\frac{\sqrt{3}}{2}\right)$$

得到向量

$$\boldsymbol{f}_2=\left(1,-\frac{1}{2},-\frac{1}{2}\right),\quad \boldsymbol{f}_3=\left(0,-\frac{\sqrt{3}}{2},\frac{\sqrt{3}}{2}\right),$$

规范化 (使模等于 1) 后即得基向量

$$\boldsymbol{e}_2=\left(\frac{\sqrt{6}}{3},-\frac{\sqrt{6}}{6},-\frac{\sqrt{6}}{6}\right),\quad \boldsymbol{e}_3=\left(0,-\frac{\sqrt{2}}{2},\frac{\sqrt{2}}{2}\right).$$

(iv) 于是

$$\boldsymbol{T}=\begin{pmatrix} \dfrac{\sqrt{3}}{3} & \dfrac{\sqrt{6}}{3} & 0 \\ \dfrac{\sqrt{3}}{3} & -\dfrac{\sqrt{6}}{6} & -\dfrac{\sqrt{2}}{2} \\ \dfrac{\sqrt{3}}{3} & -\dfrac{\sqrt{6}}{6} & \dfrac{\sqrt{2}}{2} \end{pmatrix},$$

并且 $\boldsymbol{T}^{-1}\boldsymbol{A}\boldsymbol{T}=\boldsymbol{B}$(矩阵 $\boldsymbol{A}$ 正交相似于矩阵 $\boldsymbol{B}$). □

注 对于本例的计算, 还可参见 (例如)Φ · P· 甘特马赫尔. 矩阵论: 上卷 [M]. 北京: 高等教育出版社, 1953:282-283.

4.3　酉空间和酉矩阵

例 4.3.1　设 $\boldsymbol{e}_i(i=1,2,\cdots,n)$ 和 $\boldsymbol{f}_i(i=1,2,\cdots,n)$ 是酉空间中两个标准正交基, 则它们之间的过渡矩阵是酉矩阵.

解　按定义, 由 $\boldsymbol{e}_i$ 到 $\boldsymbol{f}_i$ 的过渡矩阵 $\boldsymbol{A}=(a_{ij})_n$ 满足关系式

$$(\boldsymbol{f}_1,\boldsymbol{f}_2,\cdots,\boldsymbol{f}_n)=(\boldsymbol{e}_1,\boldsymbol{e}_2,\cdots,\boldsymbol{e}_n)\boldsymbol{A},$$

于是

$$\boldsymbol{f}_k=a_{1k}\boldsymbol{e}_1+a_{2k}\boldsymbol{e}_2+\cdots+a_{nk}\boldsymbol{e}_n\quad(k=1,2,\cdots,n).$$

因为 $\boldsymbol{f}_i$ 是标准正交基, 所以

$$(\boldsymbol{f}_i,\boldsymbol{f}_j)=\delta_{ij},$$

其中 δ_{ij} 是 Kronecker 符号. 将上述表达式代入, 即得

$$(a_{1i}\boldsymbol{e}_1+a_{2i}\boldsymbol{e}_2+\cdots+a_{ni}\boldsymbol{e}_n,a_{1j}\boldsymbol{e}_1+a_{2j}\boldsymbol{e}_2+\cdots+a_{nj}\boldsymbol{e}_n)=\delta_{ij}.$$

依酉空间中的内积定义和性质, 上式左边等于

$$a_{1i}\overline{a_{1j}}+a_{2i}\overline{a_{2j}}+\cdots+a_{ni}\overline{a_{nj}},$$

它等于 δ_{ij}, 即知 $\overline{\boldsymbol{A}}'\boldsymbol{A}=\boldsymbol{I}_n$, 所以 $\boldsymbol{A}$ 是酉矩阵. □

例 4.3.2　设 $\boldsymbol{S}$ 是实对称矩阵, $\boldsymbol{T}$ 是实反对称矩阵, 那么 $|\boldsymbol{I}-\boldsymbol{T}-\mathrm{i}\boldsymbol{S}|\neq 0\,(\mathrm{i}=\sqrt{-1},\boldsymbol{I}$ 是单位矩阵), 并且

$$\boldsymbol{U}=(\boldsymbol{I}+\boldsymbol{T}+\mathrm{i}\boldsymbol{S})(\boldsymbol{I}-\boldsymbol{T}-\mathrm{i}\boldsymbol{S})^{-1}$$

是酉矩阵.

解　因为 $(\boldsymbol{T}+\mathrm{i}\boldsymbol{S})'=\boldsymbol{T}'+\mathrm{i}\boldsymbol{S}'=-\boldsymbol{T}+\mathrm{i}\boldsymbol{S}=-\overline{(\boldsymbol{T}+\mathrm{i}\boldsymbol{S})}$, 所以 $\boldsymbol{T}+\mathrm{i}\boldsymbol{S}$ 是反 Hermite 矩阵, 因此 1 不是它的特征值(见习题 4.12(2)), 从而 $|\boldsymbol{I}-\boldsymbol{T}-\mathrm{i}\boldsymbol{S}|\neq 0$, 即 $(\boldsymbol{I}-\boldsymbol{T}-\mathrm{i}\boldsymbol{S})^{-1}$ 存在. 直接验证可知

$$(\boldsymbol{I}-\boldsymbol{T}-\mathrm{i}\boldsymbol{S})(\boldsymbol{I}+\boldsymbol{T}+\mathrm{i}\boldsymbol{S})=(\boldsymbol{I}+\boldsymbol{T}+\mathrm{i}\boldsymbol{S})(\boldsymbol{I}-\boldsymbol{T}-\mathrm{i}\boldsymbol{S}),$$

因此

$$\begin{aligned}\boldsymbol{U}^*\boldsymbol{U}&=(\boldsymbol{I}-\boldsymbol{T}-\mathrm{i}\boldsymbol{S})^{*-1}(\boldsymbol{I}+\boldsymbol{T}+\mathrm{i}\boldsymbol{S})^*(\boldsymbol{I}+\boldsymbol{T}+\mathrm{i}\boldsymbol{S})(\boldsymbol{I}-\boldsymbol{T}-\mathrm{i}\boldsymbol{S})^{-1}\\&=(\boldsymbol{I}+\boldsymbol{T}+\mathrm{i}\boldsymbol{S})^{-1}(\boldsymbol{I}-\boldsymbol{T}-\mathrm{i}\boldsymbol{S})(\boldsymbol{I}+\boldsymbol{T}+\mathrm{i}\boldsymbol{S})(\boldsymbol{I}-\boldsymbol{T}-\mathrm{i}\boldsymbol{S})^{-1}\\&=(\boldsymbol{I}+\boldsymbol{T}+\mathrm{i}\boldsymbol{S})^{-1}(\boldsymbol{I}+\boldsymbol{T}+\mathrm{i}\boldsymbol{S})(\boldsymbol{I}-\boldsymbol{T}-\mathrm{i}\boldsymbol{S})(\boldsymbol{I}-\boldsymbol{T}-\mathrm{i}\boldsymbol{S})^{-1}=\boldsymbol{I},\end{aligned}$$

因此 U 是酉阵. □

例 4.3.3 设 $\boldsymbol{\alpha}_1,\boldsymbol{\alpha}_2,\cdots,\boldsymbol{\alpha}_n$ 是酉空间 V_n 的一组基, 对于任意给定的向量

$$\boldsymbol{\beta}=(b_1,b_2,\cdots,b_n)'\in V_n,$$

求向量 $\boldsymbol{\alpha}\in V_n$, 使得 $(\boldsymbol{\alpha},\boldsymbol{\alpha}_i)=b_i\,(i=1,2,\cdots,n)$, 并且通过基 $\boldsymbol{\alpha}_i$ 的度量矩阵 (即这组基的 Gram 矩阵)

$$\boldsymbol{G}=\boldsymbol{G}(\boldsymbol{\alpha}_1,\boldsymbol{\alpha}_2,\cdots,\boldsymbol{\alpha}_n)=\big((\boldsymbol{\alpha}_i,\boldsymbol{\alpha}_j)\big)_{1\leqslant i,j\leqslant n}$$

给出 $\boldsymbol{\alpha}$.

解 设

$$\boldsymbol{\alpha}=\sum_{j=1}^{n}x_j\boldsymbol{\alpha}_j$$

为所求, 其中 $\boldsymbol{x}=(x_1,x_2,\cdots,x_n)'\in\mathbb{C}^n$. 那么

$$\overline{b}_i=(\boldsymbol{\alpha}_i,\boldsymbol{\alpha})=\left(\boldsymbol{\alpha}_i,\sum_{j=1}^{n}x_j\boldsymbol{\alpha}_j\right)=\sum_{j=1}^{n}(\boldsymbol{\alpha}_i,x_j\boldsymbol{\alpha}_j)=\sum_{j=1}^{n}\overline{x}_j(\boldsymbol{\alpha}_i,\boldsymbol{\alpha}_j),$$

所以

$$\begin{aligned}\overline{\boldsymbol{\beta}}=(\overline{b}_1,\overline{b}_2,\cdots,\overline{b}_n)'&=\left(\sum_{j=1}^{n}\overline{x}_j(\boldsymbol{\alpha}_1,\boldsymbol{\alpha}_j),\sum_{j=1}^{n}\overline{x}_j(\boldsymbol{\alpha}_2,\boldsymbol{\alpha}_j),\cdots,\sum_{j=1}^{n}\overline{x}_j(\boldsymbol{\alpha}_n,\boldsymbol{\alpha}_j)\right)'\\&=\begin{pmatrix}(\boldsymbol{\alpha}_1,\boldsymbol{\alpha}_1)&(\boldsymbol{\alpha}_1,\boldsymbol{\alpha}_2)&\cdots&(\boldsymbol{\alpha}_1,\boldsymbol{\alpha}_n)\\(\boldsymbol{\alpha}_2,\boldsymbol{\alpha}_1)&(\boldsymbol{\alpha}_2,\boldsymbol{\alpha}_2)&\cdots&(\boldsymbol{\alpha}_2,\boldsymbol{\alpha}_n)\\\vdots&\vdots&&\vdots\\(\boldsymbol{\alpha}_n,\boldsymbol{\alpha}_1)&(\boldsymbol{\alpha}_n,\boldsymbol{\alpha}_2)&\cdots&(\boldsymbol{\alpha}_n,\boldsymbol{\alpha}_n)\end{pmatrix}(\overline{x}_1,\overline{x}_2,\cdots,\overline{x}_n)'\\&=\boldsymbol{G}(\boldsymbol{\alpha}_1,\boldsymbol{\alpha}_2,\cdots,\boldsymbol{\alpha}_n)\overline{\boldsymbol{x}}.\end{aligned}$$

从而 (注意 $\overline{\boldsymbol{G}}=\boldsymbol{G}'$)

$$\boldsymbol{x}=\overline{\boldsymbol{G}^{-1}\overline{\boldsymbol{\beta}}}=(\boldsymbol{G}')^{-1}\boldsymbol{\beta},$$

于是 $\boldsymbol{\alpha}=(\boldsymbol{\alpha}_1,\boldsymbol{\alpha}_2,\cdots,\boldsymbol{\alpha}_n)\boldsymbol{x}=(\boldsymbol{\alpha}_1,\boldsymbol{\alpha}_2,\cdots,\boldsymbol{\alpha}_n)(\boldsymbol{G}')^{-1}\boldsymbol{\beta}$. □

例 4.3.4 设 $\boldsymbol{U}$ 是 n 阶酉矩阵, $\boldsymbol{A}=\mathrm{diag}(\lambda_1,\lambda_2,\cdots,\lambda_n)$, 那么 $\boldsymbol{UA}$(以及 $\boldsymbol{AU}$) 的特征值 ω 满足不等式

$$\min_{1\leqslant i\leqslant n}|\lambda_i|\leqslant|\omega|\leqslant\max_{1\leqslant i\leqslant n}|\lambda_i|.$$

解 设 $\boldsymbol{x}=(x_1,x_2,\cdots,x_n)'$ 是 $\boldsymbol{UA}$ 的与 ω 相应的单位特征向量, 那么 $\boldsymbol{UAx}=\omega\boldsymbol{x},\overline{\boldsymbol{x}}'\boldsymbol{x}=1$, 于是

$$\overline{(\boldsymbol{UAx})}'(\boldsymbol{UAx})=\overline{\omega\boldsymbol{x}}'(\omega\boldsymbol{x})=(\overline{\omega}\omega)(\overline{\boldsymbol{x}}'\boldsymbol{x})=|\omega|^2,$$

以及 (注意 $\boldsymbol{U}^*\boldsymbol{U}=\boldsymbol{I}_n$)

$$\begin{aligned}\overline{(\boldsymbol{UAx})}'(\boldsymbol{UAx})&=\overline{\boldsymbol{x}}'\boldsymbol{A}^*\boldsymbol{U}^*\boldsymbol{UAx}=\overline{\boldsymbol{x}}'\boldsymbol{A}^*\boldsymbol{Ax}\\&=\overline{\boldsymbol{x}}'\mathrm{diag}(|\lambda_1|^2,|\lambda_2|^2,\cdots,|\lambda_n|^2)\boldsymbol{x}=\sum_{k=1}^{n}|\lambda_k|^2|x_k|^2.\end{aligned}$$

因为 $\sum\limits_{k=1}^{n}|x_k|^2=\overline{\boldsymbol{x}}'\boldsymbol{x}=1$, 所以

$$\begin{aligned}\min_{1\leqslant i\leqslant n}|\lambda_i|^2&=\min_{1\leqslant i\leqslant n}|\lambda_i|^2\sum_{k=1}^{n}|x_k|^2\leqslant\sum_{k=1}^{n}|\lambda_k|^2|x_k|^2\\&\leqslant\max_{1\leqslant i\leqslant n}|\lambda_i|^2\sum_{k=1}^{n}|x_k|^2=\max_{1\leqslant i\leqslant n}|\lambda_i|^2,\end{aligned}$$

于是

$$\min_{1\leqslant i\leqslant n}|\lambda_i|^2\leqslant|\omega|^2\leqslant\max_{1\leqslant i\leqslant n}|\lambda_i|^2,$$

由此立得所要的 (对于矩阵 $\boldsymbol{UA}$ 特征值 ω 的) 不等式.

因为 $\boldsymbol{AU}=\boldsymbol{U}^{-1}(\boldsymbol{UA})\boldsymbol{U}$, 所以 $\boldsymbol{UA}$ 与 $\boldsymbol{AU}$ 相似, 它们具有相同的特征值, 因而对于矩阵 $\boldsymbol{AU}$ 的特征值不等式也成立. □

4.4　综合性例题

* **例 4.4.1**　对欧氏空间 $\mathbb{R}^5$ 中的单位向量 $\boldsymbol{u}$, 定义 $\mathbb{R}^5$ 上的一个线性变换

$$T_{\boldsymbol{u}}(\boldsymbol{x})=\boldsymbol{x}-2(\boldsymbol{x},\boldsymbol{u})\boldsymbol{u}\quad(\forall\boldsymbol{x}\in\mathbb{R}^5).$$

设 $\boldsymbol{\alpha},\boldsymbol{\beta}$ 是 $\mathbb{R}^5$ 中两个线性无关的单位向量. 若存在正整数 k, 使得 $(T_{\boldsymbol{\alpha}}T_{\boldsymbol{\beta}})^k$ 是恒等变换, 试确定 $\boldsymbol{\alpha}$ 和 $\boldsymbol{\beta}$ 满足什么条件.

解　(i) 设 $V\subset\mathbb{R}^5$ 是线性无关的单位向量 $\boldsymbol{\alpha},\boldsymbol{\beta}$ 张成的 2 维子空间, $V^{\perp}$ 是 V 在 $\mathbb{R}^5$ 中的正交补空间, 那么对于任意 $\boldsymbol{x}\in V^{\perp}$, 有 $(\boldsymbol{x},\boldsymbol{\alpha})=(\boldsymbol{x},\boldsymbol{\beta})=0$, 于是

$$T_{\boldsymbol{\alpha}}T_{\boldsymbol{\beta}}=T_{\boldsymbol{\alpha}}\big(\boldsymbol{x}-2(\boldsymbol{x},\boldsymbol{\beta})\boldsymbol{\beta}\big)=T_{\boldsymbol{\alpha}}(\boldsymbol{x})=\boldsymbol{x}-2(\boldsymbol{x},\boldsymbol{\alpha})\boldsymbol{\alpha}=\boldsymbol{x},$$

从而 $T_{\boldsymbol{\alpha}}T_{\boldsymbol{\beta}}$ 在 $V^{\perp}$ 上是恒等变换. 因为 $\mathbb{R}^5=V\oplus V^{\perp}$, 所以若 $(T_{\boldsymbol{\alpha}}T_{\boldsymbol{\beta}})^k$ 是 $\mathbb{R}^5$ 上的恒等变换, 则 $(T_{\boldsymbol{\alpha}}T_{\boldsymbol{\beta}})^k$ 在 V 上是恒等变换.

(ii) 因为 $\boldsymbol{\alpha},\boldsymbol{\beta}$ 是单位向量, 所以在 2 维子空间 V 中 $(\boldsymbol{\alpha},\boldsymbol{\beta})=\cos\theta$, 其中 $\theta\in[0,2\pi)$ 是 $\boldsymbol{\alpha},\boldsymbol{\beta}$ 的夹角. 设线性变换 $T_{\boldsymbol{\alpha}}T_{\boldsymbol{\beta}}$ 在 V 中的矩阵表示是 $\boldsymbol{A}$, 则

$$T_{\boldsymbol{\alpha}}T_{\boldsymbol{\beta}}(\boldsymbol{\alpha},\boldsymbol{\beta})=(\boldsymbol{\alpha},\boldsymbol{\beta})\boldsymbol{A},$$

因为

$$\begin{aligned}T_{\boldsymbol{\alpha}}T_{\boldsymbol{\beta}}(\boldsymbol{\alpha})&=T_{\boldsymbol{\alpha}}\big(\boldsymbol{\alpha}-2(\boldsymbol{\alpha},\boldsymbol{\beta})\boldsymbol{\beta}\big)=T_{\boldsymbol{\alpha}}\big(\boldsymbol{\alpha}-(2\cos\theta)\boldsymbol{\beta}\big)\\&=\boldsymbol{\alpha}-(2\cos\theta)\boldsymbol{\beta}-2\big(\boldsymbol{\alpha}-(2\cos\theta)\boldsymbol{\beta},\boldsymbol{\alpha}\big)\boldsymbol{\alpha}\\&=\boldsymbol{\alpha}-(2\cos\theta)\boldsymbol{\beta}-2\big(|\boldsymbol{\alpha}|^2-(2\cos\theta)(\boldsymbol{\beta},\boldsymbol{\alpha})\big)\boldsymbol{\alpha}\end{aligned}$$

$$\begin{aligned}
&= \boldsymbol{\alpha} - (2\cos\theta)\boldsymbol{\beta} - 2(1-2\cos^2\theta)\boldsymbol{\alpha} \\
&= (4\cos^2\theta - 1)\boldsymbol{\alpha} - (2\cos\theta)\boldsymbol{\beta}, \\
T_{\boldsymbol{\alpha}}T_{\boldsymbol{\beta}}(\boldsymbol{\beta}) &= T_{\boldsymbol{\alpha}}\big(\boldsymbol{\beta} - 2(\boldsymbol{\beta},\boldsymbol{\beta})\boldsymbol{\beta}\big) = T_{\boldsymbol{\alpha}}\big(\boldsymbol{\beta} - 2\cdot|\boldsymbol{\beta}|^2\boldsymbol{\beta}\big) \\
&= T_{\boldsymbol{\alpha}}(-\boldsymbol{\beta}) = -\boldsymbol{\beta} - 2(-\boldsymbol{\beta},\boldsymbol{\alpha})\boldsymbol{\alpha} \\
&= (2\cos\theta)\boldsymbol{\alpha} - \boldsymbol{\beta},
\end{aligned}$$

所以

$$\boldsymbol{A} = \begin{pmatrix} 4\cos^2\theta - 1 & 2\cos\theta \\ -2\cos\theta & -1 \end{pmatrix}.$$

存在正整数 k, 使 $(T_{\boldsymbol{\alpha}}T_{\boldsymbol{\beta}})^k$ 是 V 上的恒等变换, 当且仅当 $\boldsymbol{A}^k = \boldsymbol{I}_2$, 因此 $\boldsymbol{A}$ 的特征值全是 k 次单位根 (参见补充习题 7.26). 因为 $\det(\boldsymbol{A}) = 1$, 且 $\det(\boldsymbol{A})$ 也等于其所有特征值之积, 所以 $\boldsymbol{A}$ 的特征值成对共轭地出现. 不妨设 $\boldsymbol{A}$ 的特征值是 $\cos(2\pi/k) \pm \mathrm{i}\sin(2\pi/k)$. 又因为矩阵的迹等于其全部特征值之和(参见习题 3.17(1)), 所以

$$2\cos\frac{2\pi}{k} = 4\cos^2\theta - 2,$$

因此 $\cos(2\pi/k) = \cos 2\theta$, 从而 $\boldsymbol{\alpha},\boldsymbol{\beta}$ 的夹角 $\theta = \pi/k$ 或 $\pi/k + \pi$. □

例 4.4.2 求平面 $ax+by+cz=0$ 外一点 $P(x_0,y_0,z_0)$ 到该平面的距离 d.

解 记

$$W = \{(x,y,z)' \in \mathbb{R}^3 \mid ax+by+cz=0\}.$$

定义向量 $\boldsymbol{p}_0 = (x_0,y_0,z_0)' \in \mathbb{R}^3$. 设 $\boldsymbol{p}_1 = (x_1,y_1,z_1)'$ 是 $\boldsymbol{p}_0$ 在 W 上的正射影, 则 $\boldsymbol{p}_0 - \boldsymbol{p}_1 \in W^{\perp}$. 对于任意 $\boldsymbol{v} \in W$, 由于 W 是子空间, 所以 $\boldsymbol{p}_1 - \boldsymbol{v} \in W$, 从而 $\boldsymbol{p}_0 - \boldsymbol{p}_1 \perp \boldsymbol{p}_1 - \boldsymbol{v}$. 由勾股定理, $|\boldsymbol{p}_0 - \boldsymbol{p}_1|^2 + |\boldsymbol{v} - \boldsymbol{p}_1|^2 = |\boldsymbol{p}_0 - \boldsymbol{v}|^2$, 所以 $|\boldsymbol{p}_0 - \boldsymbol{p}_1| \leqslant |\boldsymbol{p}_0 - \boldsymbol{v}|$, 因此 $|\boldsymbol{p}_0 - \boldsymbol{p}_1|$ 就是所求的距离 d.

令 $\boldsymbol{u} = (a,b,c)'$, 因为对于任何 $(x,y,z)' \in W, (x,y,z)\boldsymbol{u} = ax+by+cz = 0$, 所以 $\boldsymbol{u} \in W^{\perp}$. 由 $\dim W + \dim W^{\perp} = 3, \dim W = 2$ 可知 $\dim W^{\perp} = 1$, 所以 $\boldsymbol{p}_0 - \boldsymbol{p}_1$ 与 $\boldsymbol{u}$ 线性相关, 存在实数 $c \neq 0$, 使得 $\boldsymbol{p}_0 - \boldsymbol{p}_1 = c\boldsymbol{u}$. 于是

$$(\boldsymbol{u}, \boldsymbol{p}_0 - \boldsymbol{p}_1) = (\boldsymbol{u}, c\boldsymbol{u}) = c|\boldsymbol{u}|^2,$$

同时还有

$$(\boldsymbol{u}, \boldsymbol{p}_0 - \boldsymbol{p}_1) = (\boldsymbol{u}, \boldsymbol{p}_0) - (\boldsymbol{u}, \boldsymbol{p}_1) = (\boldsymbol{u}, \boldsymbol{p}_0) - 0 = ax_0 + by_0 + cz_0,$$

因此

$$c|\boldsymbol{u}|^2 = ax_0 + by_0 + cz_0, \quad c = \frac{|ax_0 + by_0 + cz_0|}{|\boldsymbol{u}|^2},$$

从而求出

$$d = |\boldsymbol{p}_0 - \boldsymbol{p}_1| = |c\boldsymbol{u}| = |c||\boldsymbol{u}| = \frac{ax_0 + by_0 + cz_0}{|\boldsymbol{u}|^2}|\boldsymbol{u}| = \frac{|ax_0 + by_0 + cz_0|}{\sqrt{a^2+b^2+c^2}}.$$ □

注　上面的解法实际是用线性代数的语言重复平常解析几何中用向量代数的语言所作的推导. 对于多维情形 $(n>3)$, 可参见, 例如:A·И· 柯斯特利金. 代数学引论: 第二卷 [M]. 北京: 高等教育出版社,2008:162.

例 4.4.3　设 $\boldsymbol{A}$ 为 n 阶实反对称矩阵 (即 $\boldsymbol{A}'=-\boldsymbol{A}$), 证明:

(1) $\boldsymbol{I}\pm\boldsymbol{A}$ 可逆 ($\boldsymbol{I}$ 是 n 阶单位方阵).

(2) $\boldsymbol{T}=(\boldsymbol{I}-\boldsymbol{A})(\boldsymbol{I}+\boldsymbol{A})^{-1}$ 是正交矩阵, 且 -1 不是它的特征值.

(3) 对于任何不以 -1 为特征值的正交矩阵 $\boldsymbol{T}$, 存在反对称矩阵 $\boldsymbol{A}$, 使得 $\boldsymbol{T}$ 可表示为

$$\boldsymbol{T}=(\boldsymbol{I}-\boldsymbol{A})(\boldsymbol{I}+\boldsymbol{A})^{-1}.$$

解　(1) 若 $\boldsymbol{I}+\boldsymbol{A}$ 不可逆, 则 $|\boldsymbol{I}+\boldsymbol{A}|=0$, 或 $|(-1)\boldsymbol{I}-\boldsymbol{A}|=0$, 因而 -1 是 $\boldsymbol{A}$ 的特征值, 但实反对称矩阵的非零特征值是纯虚数(见习题 5.6(1)), 得到矛盾. 类似地, 若 $|\boldsymbol{A}+\boldsymbol{I}|=0$, 则可得 $|(-1)\big((-1)\boldsymbol{I}-\boldsymbol{A}\big)|=0$, 或 $(-1)^n|(-1)\boldsymbol{I}-\boldsymbol{A}|=0$, 也得到矛盾.

(2) (i) 因为 (注意 $\boldsymbol{A}'=-\boldsymbol{A},\boldsymbol{A}=-\boldsymbol{A}'$)

$$\begin{aligned}\boldsymbol{T}'\boldsymbol{T}&=\big((\boldsymbol{I}-\boldsymbol{A})(\boldsymbol{I}+\boldsymbol{A})^{-1}\big)'\big((\boldsymbol{I}-\boldsymbol{A})(\boldsymbol{I}+\boldsymbol{A})^{-1}\big)\\&=\big((\boldsymbol{I}+\boldsymbol{A})^{-1}\big)'(\boldsymbol{I}-\boldsymbol{A})'(\boldsymbol{I}-\boldsymbol{A})(\boldsymbol{I}+\boldsymbol{A})^{-1}\\&=\big((\boldsymbol{I}+\boldsymbol{A})'\big)^{-1}(\boldsymbol{I}-\boldsymbol{A})'(\boldsymbol{I}-\boldsymbol{A})(\boldsymbol{I}+\boldsymbol{A})^{-1}\\&=(\boldsymbol{I}'+\boldsymbol{A}')^{-1}(\boldsymbol{I}'-\boldsymbol{A}')(\boldsymbol{I}-\boldsymbol{A})(\boldsymbol{I}+\boldsymbol{A})^{-1}\\&=(\boldsymbol{I}-\boldsymbol{A})^{-1}(\boldsymbol{I}+\boldsymbol{A})(\boldsymbol{I}-\boldsymbol{A})(\boldsymbol{I}+\boldsymbol{A})^{-1}\\&=(\boldsymbol{I}-\boldsymbol{A})^{-1}(\boldsymbol{I}^2-\boldsymbol{A}^2)(\boldsymbol{I}+\boldsymbol{A})^{-1}\\&=(\boldsymbol{I}-\boldsymbol{A})^{-1}(\boldsymbol{I}-\boldsymbol{A})(\boldsymbol{I}+\boldsymbol{A})(\boldsymbol{I}+\boldsymbol{A})^{-1}=\boldsymbol{I},\end{aligned}$$

所以 $\boldsymbol{T}$ 是正交矩阵.

(ii) 因为

$$\begin{aligned}\boldsymbol{I}+\boldsymbol{T}&=(\boldsymbol{I}+\boldsymbol{A})(\boldsymbol{I}+\boldsymbol{A})^{-1}+(\boldsymbol{I}-\boldsymbol{A})(\boldsymbol{I}+\boldsymbol{A})^{-1}\\&=\big((\boldsymbol{I}+\boldsymbol{A})+(\boldsymbol{I}-\boldsymbol{A})\big)(\boldsymbol{I}+\boldsymbol{A})^{-1}\\&=2\boldsymbol{I}(\boldsymbol{I}+\boldsymbol{A})^{-1}=2(\boldsymbol{I}+\boldsymbol{A})^{-1},\end{aligned}$$

所以依本例问题 (1) 可知

$$|\boldsymbol{I}+\boldsymbol{T}|=2^n|\boldsymbol{I}+\boldsymbol{A}|^{-1}\neq 0,$$

即 -1 不是 $\boldsymbol{T}$ 的特征方程 $\varphi_{\boldsymbol{T}}(x)=|x\boldsymbol{I}-\boldsymbol{T}|$ 的根.

(3) 由题设知 $|\boldsymbol{I}+\boldsymbol{T}|\neq 0$, 所以 $(\boldsymbol{I}+\boldsymbol{T})^{-1}$ 存在. 取

$$\boldsymbol{A}=(\boldsymbol{I}+\boldsymbol{T})^{-1}(\boldsymbol{I}-\boldsymbol{T}).$$

那么

$$\boldsymbol{A}'=\big((\boldsymbol{I}+\boldsymbol{T})^{-1}(\boldsymbol{I}-\boldsymbol{T})\big)'=(\boldsymbol{I}-\boldsymbol{T})'(\boldsymbol{I}+\boldsymbol{T})'^{-1}$$

$$\begin{aligned}&=(I'-T')(I'+T')^{-1}=(I-T^{-1})(I+T^{-1})^{-1}\\&=I(I+T^{-1})^{-1}-T^{-1}(I+T^{-1})^{-1}\\&=(I+T^{-1})^{-1}-\big((I+T^{-1})T\big)^{-1}\\&=(I+T^{-1})^{-1}-(I+T)^{-1};\end{aligned}$$

并且

$$\begin{aligned}-\boldsymbol{A}&=-(\boldsymbol{I}+\boldsymbol{T})^{-1}(\boldsymbol{I}-\boldsymbol{T})=(\boldsymbol{I}+\boldsymbol{T})^{-1}(\boldsymbol{T}-\boldsymbol{I})\\&=(\boldsymbol{I}+\boldsymbol{T})^{-1}\boldsymbol{T}-(\boldsymbol{I}+\boldsymbol{T})^{-1}=\big(\boldsymbol{T}^{-1}(\boldsymbol{I}+\boldsymbol{T})\big)^{-1}-(\boldsymbol{I}+\boldsymbol{T})^{-1}\\&=(\boldsymbol{I}+\boldsymbol{T}^{-1})^{-1}-(\boldsymbol{I}+\boldsymbol{T})^{-1}.\end{aligned}$$

因此 $\boldsymbol{A}'=-\boldsymbol{A}$, 即 $\boldsymbol{A}$ 是反对称的.

还要证明 $\boldsymbol{T}=(\boldsymbol{I}-\boldsymbol{A})(\boldsymbol{I}+\boldsymbol{A})^{-1}$. 事实上

$$\begin{aligned}\boldsymbol{I}\pm\boldsymbol{A}&=\boldsymbol{I}\pm(\boldsymbol{I}+\boldsymbol{T})^{-1}(\boldsymbol{I}-\boldsymbol{T})=(\boldsymbol{I}+\boldsymbol{T})(\boldsymbol{I}+\boldsymbol{T})^{-1}\pm(\boldsymbol{I}+\boldsymbol{T})^{-1}(\boldsymbol{I}-\boldsymbol{T})\\&=(\boldsymbol{I}+\boldsymbol{T})^{-1}\big((\boldsymbol{I}+\boldsymbol{T})\pm(\boldsymbol{I}-\boldsymbol{T})\big),\end{aligned}$$

因此 $\boldsymbol{I}+\boldsymbol{A}=2(\boldsymbol{I}+\boldsymbol{T})^{-1},\boldsymbol{I}-\boldsymbol{A}=2(\boldsymbol{I}+\boldsymbol{T})^{-1}\boldsymbol{T}$, 于是

$$\begin{aligned}(\boldsymbol{I}-\boldsymbol{A})(\boldsymbol{I}+\boldsymbol{A})^{-1}&=2(\boldsymbol{I}+\boldsymbol{T})^{-1}\boldsymbol{T}\cdot\big(2(\boldsymbol{I}+\boldsymbol{T})^{-1}\big)^{-1}=2(\boldsymbol{I}+\boldsymbol{T})^{-1}\boldsymbol{T}\cdot\frac{1}{2}(\boldsymbol{I}+\boldsymbol{T})\\&=(\boldsymbol{I}+\boldsymbol{T})^{-1}(\boldsymbol{T}+\boldsymbol{T}^2)=(\boldsymbol{I}+\boldsymbol{T})^{-1}(\boldsymbol{I}+\boldsymbol{T})\boldsymbol{T}=\boldsymbol{T}.\end{aligned}$$

因此本题得证. □

注 本例问题 (3) 的解法中 $\boldsymbol{A}=(\boldsymbol{I}+\boldsymbol{T})^{-1}(\boldsymbol{I}-\boldsymbol{T})$ 的取法与实数情形类似: 由 $x=(1-y)/(1+y)\,(y\neq-1)$ 容易解出 $y=(1-x)/(1+x)\,(x\neq-1)$.

* **例 4.4.4** 设 s,t 是给定实数. 令

$$\boldsymbol{\sigma}_1=\begin{pmatrix}0&-\mathrm{i}\\\mathrm{i}&0\end{pmatrix},\quad \boldsymbol{\sigma}_2=\begin{pmatrix}1&0\\-1&0\end{pmatrix},$$

求 $\boldsymbol{U}=\mathrm{e}^{\mathrm{i}t\boldsymbol{\sigma}_1/2}\mathrm{e}^{\mathrm{i}s\boldsymbol{\sigma}_2/2}$, 并证明 $\boldsymbol{U}$ 是一个酉阵.

解 (i) 记 $\boldsymbol{A}=\mathrm{i}\sigma_1$, 则

$$\boldsymbol{A}=\begin{pmatrix}0&1\\-1&0\end{pmatrix},\quad \boldsymbol{A}^2=\begin{pmatrix}-1&0\\0&-1\end{pmatrix}=-\boldsymbol{I}_2,\quad \boldsymbol{A}^3=-\boldsymbol{A},\quad \boldsymbol{A}^4=\boldsymbol{I}_2.$$

于是

$$\begin{aligned}\boldsymbol{P}=\mathrm{e}^{\mathrm{i}t\boldsymbol{\sigma}_1/2}&=\sum_{n=0}^{\infty}\frac{1}{2^n n!}(t\mathrm{i}\sigma_1)^n\\&=\sum_{m=0}^{\infty}\frac{t^{4m}}{2^{4m}(4m)!}\boldsymbol{A}^{4m}+\sum_{m=0}^{\infty}\frac{t^{4m+1}}{2^{4m+1}(4m+1)!}\boldsymbol{A}^{4m+1}\end{aligned}$$

$$
\begin{aligned}
&+\sum_{m=0}^{\infty}\frac{t^{4m+2}}{2^{4m+1}(4m+2)!}\boldsymbol{A}^{4m+2}+\sum_{m=0}^{\infty}\frac{t^{4m+3}}{2^{4m+3}(4m+3)!}\boldsymbol{A}^{4m+3}\\
=&\sum_{m=0}^{\infty}\frac{t^{4m}}{2^{4m}(4m)!}\boldsymbol{I}_2+\sum_{m=0}^{\infty}\frac{t^{4m+1}}{2^{4m+1}(4m+1)!}\boldsymbol{A}\\
&-\sum_{m=0}^{\infty}\frac{t^{4m+2}}{2^{4m+2}(4m+2)!}\boldsymbol{I}_2-\sum_{m=0}^{\infty}\frac{t^{4m+3}}{2^{4m+3}(4m+3)!}\boldsymbol{A}\\
=&\begin{pmatrix}a & b\\ c & d\end{pmatrix},
\end{aligned}
$$

其中

$$
\begin{aligned}
a=&\sum_{m=0}^{\infty}\frac{t^{4m}}{2^{4m}(4m)!}\cdot 1+\sum_{m=0}^{\infty}\frac{t^{4m+1}}{2^{4m+1}(4m+1)!}\cdot 0\\
&-\sum_{m=0}^{\infty}\frac{t^{4m+2}}{2^{4m+2}(4m+2)!}\cdot 1-\sum_{m=0}^{\infty}\frac{t^{4m+3}}{2^{4m+3}(4m+3)!}\cdot 0\\
=&\sum_{m=0}^{\infty}\frac{t^{4m}}{2^{4m}(4m)!}-\sum_{m=0}^{\infty}\frac{t^{4m+2}}{2^{4m+2}(4m+2)!}\\
=&\sum_{k=0}^{\infty}\frac{1}{(2k)!}\left(\frac{t}{2}\right)^{2k}=\cos\frac{t}{2}.
\end{aligned}
$$

类似地

$$
b=\sin\frac{t}{2},\quad c=-\sin\frac{t}{2},\quad d=\cos\frac{t}{2}.
$$

因此

$$
\boldsymbol{P}=\mathrm{e}^{\mathrm{i}t\boldsymbol{\sigma}_1/2}=\begin{pmatrix}\cos(t/2) & \sin(t/2)\\ -\sin(t/2) & \cos(t/2)\end{pmatrix}.
$$

(ii) 注意

$$
\boldsymbol{\sigma}_2^n=\begin{pmatrix}1 & 0\\ 0 & (-1)^n\end{pmatrix},
$$

同理得到

$$
\begin{aligned}
\boldsymbol{Q}=\mathrm{e}^{\mathrm{i}s\boldsymbol{\sigma}_2/2}=\sum_{n=0}^{\infty}\frac{1}{n!}\left(\frac{\mathrm{i}s}{2}\right)^n\boldsymbol{\sigma}_2^n&=\begin{pmatrix}\sum\limits_{n=0}^{\infty}\frac{1}{n!}\left(\frac{\mathrm{i}s}{2}\right)^n & 0\\ 0 & \sum\limits_{n=0}^{\infty}\frac{1}{n!}\left(-\frac{\mathrm{i}s}{2}\right)^n\end{pmatrix}\\
&=\begin{pmatrix}\mathrm{e}^{\mathrm{i}s/2} & 0\\ 0 & \mathrm{e}^{-\mathrm{i}s/2}\end{pmatrix}.
\end{aligned}
$$

(iii) 直接验证可知

$$
\boldsymbol{P}'\boldsymbol{P}=\boldsymbol{I}_2,\quad \boldsymbol{Q}^*\boldsymbol{Q}=\boldsymbol{I}_2,
$$

所以 $\boldsymbol{P}$(实方阵) 是正交矩阵, $\boldsymbol{Q}$(复方阵) 是酉阵, 于是

$$
\boldsymbol{U}^*\boldsymbol{U}=(\boldsymbol{P}\boldsymbol{Q})^*(\boldsymbol{P}\boldsymbol{Q})=\boldsymbol{Q}^*\boldsymbol{P}^*\boldsymbol{P}\boldsymbol{Q}=\boldsymbol{Q}^*(\boldsymbol{P}'\boldsymbol{P})\boldsymbol{Q}=\boldsymbol{Q}^*\boldsymbol{I}_2\boldsymbol{Q}=\boldsymbol{Q}^*\boldsymbol{Q}=\boldsymbol{I}_2,
$$

即 $\boldsymbol{U}$ 是 2 阶酉阵, 并且

$$\boldsymbol{U}=\boldsymbol{PQ}=\begin{pmatrix}\cos(t/2) & \sin(t/2)\\ -\sin(t/2) & \cos(t/2)\end{pmatrix}\begin{pmatrix}\mathrm{e}^{\mathrm{i}s/2} & 0\\ 0 & \mathrm{e}^{-\mathrm{i}s/2}\end{pmatrix}$$
$$=\begin{pmatrix}\mathrm{e}^{\mathrm{i}s/2}\cos(t/2) & \mathrm{e}^{-\mathrm{i}s/2}\sin(t/2)\\ -\mathrm{e}^{\mathrm{i}s/2}\sin(t/2) & \mathrm{e}^{-\mathrm{i}s/2}\cos(t/2)\end{pmatrix}.$$
□

* **例 4.4.5** 设 n 阶方阵 $\boldsymbol{A}$ 可表示成: $\boldsymbol{A}=\boldsymbol{H}+\boldsymbol{K}$, 其中 $\boldsymbol{H}=\overline{\boldsymbol{H}}'$, $\boldsymbol{K}=-\overline{\boldsymbol{K}}'$. 设 a,h,k 分别是 $\boldsymbol{A},\boldsymbol{H},\boldsymbol{K}$ 中元素的最大模, 若 $z=x+y\mathrm{i}(x,y\in\mathbb{R})$ 是 $\boldsymbol{A}$ 的任一特征值, 试证明: $|z|\leqslant na, |x|\leqslant nh, |y|\leqslant nk$.

解 记 $\boldsymbol{A}=(a_{mj})_n,\boldsymbol{H}=(h_{mj})_n,\boldsymbol{K}=(k_{mj})_n$. 由 $\boldsymbol{A}=\boldsymbol{H}+\boldsymbol{K},\boldsymbol{H}=\overline{\boldsymbol{H}}',\boldsymbol{K}=-\overline{\boldsymbol{K}}'$ 可知 $\overline{\boldsymbol{A}}'=\boldsymbol{H}-\boldsymbol{K}$, 所以

$$\boldsymbol{H}=\frac{1}{2}(\boldsymbol{A}+\overline{\boldsymbol{A}}'),\quad \boldsymbol{K}=\frac{1}{2}(\boldsymbol{A}-\overline{\boldsymbol{A}}').$$

对于特征值 $z=x+y\mathrm{i}$, 存在 $\boldsymbol{u}=(u_1,u_2,\cdots,u_n)'\neq\boldsymbol{O}$, 使得 $\boldsymbol{Au}=z\boldsymbol{u}$, 于是

$$\overline{\boldsymbol{u}}'\boldsymbol{Au}=z\overline{\boldsymbol{u}}'\boldsymbol{u},\quad \overline{\boldsymbol{u}}'\overline{\boldsymbol{A}}'\boldsymbol{u}=\overline{z}\overline{\boldsymbol{u}}'\boldsymbol{u},$$

注意 $x=(z+\overline{z})/2, y=(z-\overline{z})/(2\mathrm{i})$, 分别将上面二式相加和相减, 得到

$$x\overline{\boldsymbol{u}}'\boldsymbol{u}=\frac{1}{2}\overline{\boldsymbol{u}}'(\boldsymbol{A}+\overline{\boldsymbol{A}}')\boldsymbol{u}=\overline{\boldsymbol{u}}'\boldsymbol{Hu}=\sum_{1\leqslant m,j\leqslant n}h_{mj}\overline{u}_m u_j,$$
$$y\overline{\boldsymbol{u}}'\boldsymbol{u}=\frac{1}{2\mathrm{i}}\overline{\boldsymbol{u}}'(\boldsymbol{A}-\overline{\boldsymbol{A}}')\boldsymbol{u}=\overline{\boldsymbol{u}}'\boldsymbol{Ku}=-\mathrm{i}\sum_{1\leqslant m,j\leqslant n}k_{mj}\overline{u}_m u_j.$$

因为 $\overline{\boldsymbol{u}}'\boldsymbol{u}=|\boldsymbol{u}|^2>0$, 所以

$$|x|=|\boldsymbol{u}|^{-2}\left|\sum_{1\leqslant m,j\leqslant n}h_{mj}\overline{u}_m u_j\right|\leqslant|\boldsymbol{u}|^{-2}\sum_{1\leqslant m,j\leqslant n}|h_{mj}||\overline{u}_m||u_j|$$
$$\leqslant|\boldsymbol{u}|^{-2}h\sum_{1\leqslant m,j\leqslant n}|\overline{u}_m||u_j|=|\boldsymbol{u}|^{-2}h\left(\sum_{j=1}^{n}|u_j|\right)^2$$
$$\leqslant|\boldsymbol{u}|^{-2}h\cdot n|\boldsymbol{u}|^2=nh.$$

类似地, 有 $|y|\leqslant nk$. 又因为 $z=x+y\mathrm{i}$, 所以

$$z\overline{\boldsymbol{u}}'\boldsymbol{u}=\sum_{1\leqslant m,j\leqslant n}(h_{mj}+k_{mj})\overline{u}_m u_j=\sum_{1\leqslant m,j\leqslant n}a_{mj}\overline{u}_m u_j,$$

从而类似地可证 $|z|\leqslant na$. □

注 若 (复方阵)$\boldsymbol{A}$ 是 Hermite 矩阵 (即满足 $\boldsymbol{A}^*=\boldsymbol{A}$), 则 $\boldsymbol{K}=\boldsymbol{O},k=0$, 由本例推出 $y=0$, 即 Hermite 矩阵的特征值都是实数. 若 $\boldsymbol{A}$ 是反 Hermite 矩阵 (即满足 $\boldsymbol{A}^*=-\boldsymbol{A}$), 则 $\boldsymbol{H}=\boldsymbol{O},h=0$, 由本例推出 $x=0$, 即反 Hermite 矩阵的特征值都是纯虚数或零(见习题 4.12(2)).

例 4.4.6 设 $\alpha_1,\alpha_2,\cdots,\alpha_n$ 是实系数方程 $x^n+c_1x^{n-1}+\cdots+c_n=0$ 的全部根, 令

$$s_k=\alpha_1^k+\alpha_2^k+\cdots+\alpha_n^k\quad(k=1,2,\cdots).$$

证明

$$S=\begin{pmatrix}s_0&s_1&\cdots&s_{n-2}&s_{n-1}\\s_1&s_2&\cdots&s_{n-1}&s_n\\\vdots&\vdots&&\vdots&\vdots\\s_{n-2}&s_{n-1}&\cdots&s_{2n-4}&s_{2n-3}\\s_{n-1}&s_n&\cdots&s_{2n-3}&s_{2n-2}\end{pmatrix}$$

是 Hermite 矩阵, 并且它的阶等于上述方程的互不相等的根的个数.

解 (i) 因为实系数方程的复根成对共轭出现, 所以 $\overline{s}_j=s_j$, 从而 $\boldsymbol{S}^*=\boldsymbol{S}$, 即 $\boldsymbol{S}$ 是 Hermite 矩阵.

(ii) 设方程的互不相等的根的个数是 $t(\leqslant n)$, 将它们记作 $\beta_1,\cdots,\beta_t$, 设 β_i 的重数是 $m_i(i=1,\cdots,t),m_i\geqslant 1,m_1+\cdots+m_t=n$. 那么

$$s_k=m_1\beta_1^k+m_2\beta_2^k+\cdots+m_t\beta_t^k.$$

令

$$\boldsymbol{A}_n=\boldsymbol{A}_n(\alpha_1,\alpha_2,\cdots,\alpha_n)=\begin{pmatrix}1&1&\cdots&1\\\alpha_1&\alpha_2&\cdots&\alpha_n\\\alpha_1^2&\alpha_2^2&\cdots&\alpha_n^2\\\vdots&\vdots&&\vdots\\\alpha_1^{n-1}&\alpha_2^{n-1}&\cdots&\alpha_n^{n-1}\end{pmatrix}$$

($\alpha_1,\alpha_2,\cdots,\alpha_n$ 的 Vandermonde 矩阵), 那么直接验证可知 $\boldsymbol{S}=\boldsymbol{A}_n\boldsymbol{A}_n'$. 因为 $\alpha_1,\alpha_2,\cdots,\alpha_n$ 中不相等的值是 $\beta_1,\cdots,\beta_t$, 所以可设 $\alpha_{i_1}=\beta_1,\alpha_{i_2}=\beta_2,\cdots,\alpha_{i_t}=\beta_t$. 由例 1.1.1 中的公式可知 $\boldsymbol{A}_n(\alpha_1,\alpha_2,\cdots,\alpha_n)$ 的子式 $|\boldsymbol{A}_t(\alpha_{i_1},\alpha_{i_2},\cdots,\alpha_{i_t})|\neq 0$, 并且若 m_i 中有一个大于 1, 例如, $m_1>1$, 则有一个 $t+1$ 阶子式含有两个列同为 $(1,\beta_1,\beta_1^2,\cdots,\beta_1^t)'$, 从而此 $t+1$ 阶子式等于零. 因此 $\boldsymbol{A}_n$ 的秩等于 t. 于是应用例 2.2.2(2) 推出

$$r(\boldsymbol{S})=r(\boldsymbol{A}_n\boldsymbol{A}_n')\leqslant\min\big(r(\boldsymbol{A}_n),r(\boldsymbol{A}_n')\big)=t.$$

另一方面, $\boldsymbol{S}$ 的 t 阶主子式 (即同时位于最初 t 行和最初 t 列的元素组成的行列式)

$$|\boldsymbol{S}_t|=\begin{vmatrix}s_0&s_1&\cdots&s_{t-1}\\s_1&s_2&\cdots&s_t\\\vdots&\vdots&&\vdots\\s_{t-1}&s_t&\cdots&s_{2t-2}\end{vmatrix}$$

的元素 $s_0=\sum_{i=1}^{t}\sqrt{m_i}\cdot\sqrt{m_i}$, $s_1=\sum_{i=1}^{t}\sqrt{m_i}\cdot\sqrt{m_i}\beta_i,\cdots$, 所以

$$|\boldsymbol{S}_t|=\begin{vmatrix}\sqrt{m_1} & \sqrt{m_2} & \cdots & \sqrt{m_t}\\ \sqrt{m_1}\beta_1 & \sqrt{m_2}\beta_2 & \cdots & \sqrt{m_t}\beta_t\\ \sqrt{m_1}\beta_1^2 & \sqrt{m_2}\beta_2^2 & \cdots & \sqrt{m_t}\beta_t^2\\ \vdots & \vdots & & \vdots\\ \sqrt{m_1}\beta_1^{t-1} & \sqrt{m_2}\beta_2^{t-1} & \cdots & \sqrt{m_t}\beta_t^{t-1}\end{vmatrix}\cdot\begin{vmatrix}\sqrt{m_1} & \sqrt{m_1}\beta_1 & \sqrt{m_1}\beta_1^2 & \cdots & \sqrt{m_1}\beta_1^{t-1}\\ \sqrt{m_2} & \sqrt{m_2}\beta_2 & \sqrt{m_2}\beta_2^2 & \cdots & \sqrt{m_2}\beta_2^{t-1}\\ \vdots & \vdots & \vdots & & \vdots\\ \sqrt{m_t} & \sqrt{m_t}\beta_t & \sqrt{m_t}\beta_t^2 & \cdots & \sqrt{m_t}\beta_t^{t-1}\end{vmatrix}$$

$$=m_1m_2\cdots m_t\begin{vmatrix}1 & 1 & \cdots & 1\\ \beta_1 & \beta_2 & \cdots & \beta_t\\ \beta_1^2 & \beta_2^2 & \cdots & \beta_t^2\\ \vdots & \vdots & & \vdots\\ \beta_1^{t-1} & \beta_2^{t-1} & \cdots & \beta_t^{t-1}\end{vmatrix}^2\neq 0.$$

因此

$$r(\boldsymbol{S})\geqslant t.$$

由上述两个不等式即得 $r(\boldsymbol{S})=t$. □

注 **1°** 由例 1.1.1 可知 $\boldsymbol{S}=\boldsymbol{A}_n\boldsymbol{A}_n'=\prod\limits_{1\leqslant j<i\leqslant n}(\alpha_i-\alpha_j)^2$.

2° 若所有根 α_i 都是实的, 则 $\boldsymbol{S}$ 是 (实) 对称阵, 从而本例的第二个结论也可应用例 5.2.3 中的一般结果推出.

3° 若本例中的方程不是实系数的, 则 $\boldsymbol{S}$ 未必是 Hermite 矩阵, 但题中第二个结论仍然成立, 并且上面相应的证明仍然有效.

习 题 4

***4.1** (1) 设 2 阶实矩阵

$$\boldsymbol{A}=\begin{pmatrix}a_{11} & a_{12}\\ a_{21} & a_{22}\end{pmatrix},$$

令列向量 $\boldsymbol{a}_1=(a_{11},a_{21})',\boldsymbol{a}_2=(a_{12},a_{22})'$. 证明: $\boldsymbol{A}'\boldsymbol{A}=\boldsymbol{I}_2$ 的充分必要条件是 $\boldsymbol{a}_1$ 和 $\boldsymbol{a}_2$ 的长度为 1, 且正交.

(2) 由 $\mathbb{R}^3$ 中 3 向量

$$\boldsymbol{\beta}_1=(3,0,4),\quad \boldsymbol{\beta}_2=(-1,0,7),\quad \boldsymbol{\beta}_3=(2,9,11)$$

求正交基 $\boldsymbol{\alpha}_1,\boldsymbol{\alpha}_2,\boldsymbol{\alpha}_3$.

4.2 设给定 2 维欧氏空间 V 的一组基

$$\boldsymbol{a}_1=(1,0)',\quad \boldsymbol{a}_2=(0,1)',$$

其度量矩阵是

$$\boldsymbol{A}=\begin{pmatrix}1&1\\1&2\end{pmatrix}.$$

判断 $\boldsymbol{a}_i$ 是否是标准正交基; 若不是, 试由此求出一组标准正交基.

4.3 设 $\boldsymbol{A},\boldsymbol{B}$ 是 n 阶正交矩阵, 则 $\boldsymbol{A}\boldsymbol{B}^{-1}$ 的行向量构成标准正交基.

4.4 (1) 设在 $\mathbb{R}^n$ 中, 对于任意向量 $\boldsymbol{x}=(x_1,x_2,\cdots,x_n),\boldsymbol{y}=(y_1,y_2,\cdots,y_n)$, 定义实数

$$(\boldsymbol{x},\boldsymbol{y})=\sum_{k=1}^{n}kx_ky_k,$$

证明 $(\boldsymbol{x},\boldsymbol{y})$ 是 $\mathbb{R}^n$ 中向量 $\boldsymbol{x},\boldsymbol{y}$ 的内积.

(2) 对于 $\mathbb{R}^{n\times n}$(即所有 n 阶实矩阵在通常的那些运算下形成的线性空间) 中任意两个矩阵 $\boldsymbol{A}=(a_{ij}),\boldsymbol{B}=(b_{ij})$ 定义实数

$$(\boldsymbol{A},\boldsymbol{B})=\sum_{k=1}^{n}a_{kk}b_{kk},$$

或者

$$(\boldsymbol{A},\boldsymbol{B})=\sum_{1\leqslant i,j\leqslant n}(i+j)a_{ii}b_{jj},$$

判断它们是否定义了 $\mathbb{R}^{n\times n}$ 中的一个内积.

4.5 设 $\boldsymbol{a}$ 是 n 维欧氏空间 V 中的非零向量, 定义 V 中的变换

$$\sigma(\boldsymbol{v})=\boldsymbol{v}+c(\boldsymbol{v},\boldsymbol{a})\boldsymbol{a}\quad(\forall\boldsymbol{v}\in V),$$

其中 $c\neq0$. 证明: σ 是正交变换, 当且仅当 $c=-2/(\boldsymbol{a},\boldsymbol{a})$.

4.6 证明: 每个 n 阶可逆矩阵 $\boldsymbol{A}$ 都可分解为 $\boldsymbol{A}=\boldsymbol{T}\boldsymbol{Q}$, 其中 $\boldsymbol{T}$ 是正交矩阵, $\boldsymbol{Q}$ 是对角元素全为正数的上三角矩阵, 并且这种表示形式唯一.

4.7 设 $\boldsymbol{U}$ 是一个正交矩阵, 证明:

(1) $|\det\boldsymbol{U}|=1$.

(2) $\boldsymbol{U}$ 的特征值的模等于 1.

(3) 如果 λ 是 $\boldsymbol{U}$ 的特征值, 那么 $1/\lambda$ 也是 $\boldsymbol{U}$ 的特征值.

(4) $\boldsymbol{U}$ 的伴随矩阵 $\mathrm{adj}(\boldsymbol{U})$ 也是正交矩阵.

4.8 (1) 设 $\boldsymbol{A}$ 是可逆实反对称矩阵, 证明 $\boldsymbol{A}^2+\boldsymbol{A}^{-1}$ 可逆, 并且

$$\boldsymbol{T}=(\boldsymbol{A}^2-\boldsymbol{A}^{-1})(\boldsymbol{A}^2+\boldsymbol{A}^{-1})^{-1}$$

是正交矩阵.

(2) 设 $\boldsymbol{A}$ 和 $\boldsymbol{B}$ 分别是实的对称和反对称矩阵, $\boldsymbol{A}\boldsymbol{B}=\boldsymbol{B}\boldsymbol{A},|\boldsymbol{A}-\boldsymbol{B}|\neq0$, 则

$$(\boldsymbol{A}+\boldsymbol{B})(\boldsymbol{A}-\boldsymbol{B})^{-1}$$

是正交矩阵.

4.9 若 $\boldsymbol{A},\boldsymbol{B}$ 是 n 阶正交矩阵, $|\boldsymbol{A}|=-|\boldsymbol{B}|$, 则 $|\boldsymbol{A}+\boldsymbol{B}|=0$.

4.10 令

$$\boldsymbol{U}=\begin{pmatrix}1 & 0 & 0\\ 0 & \cos\theta & \sin\theta\\ 0 & -\sin\theta & \cos\theta\end{pmatrix}.$$

证明: 若 $\cos(\theta/2)\neq 0$, 则 $\boldsymbol{I}+\boldsymbol{U}$ 可逆 (其中 $\boldsymbol{I}=\boldsymbol{I}_3$), 并且

$$(\boldsymbol{I}-\boldsymbol{U})(\boldsymbol{I}+\boldsymbol{U})^{-1}=\tan\frac{\theta}{2}\begin{pmatrix}0 & 0 & 0\\ 0 & 0 & -1\\ 0 & 1 & 0\end{pmatrix}.$$

4.11 设 $\boldsymbol{G}=\boldsymbol{G}(\boldsymbol{\alpha}_1,\boldsymbol{\alpha}_2,\cdots,\boldsymbol{\alpha}_n)$ 是向量组 $\boldsymbol{\alpha}_1,\boldsymbol{\alpha}_2,\cdots,\boldsymbol{\alpha}_n$ 的 Gram 矩阵, 则此组向量的秩等于 $r(\boldsymbol{G})$.

***4.12** (1) 满足条件 $\boldsymbol{A}^*=\boldsymbol{A}$ 的复矩阵 $\boldsymbol{A}$ 称为 Hermite 矩阵. 证明: Hermite 矩阵的特征值都是实数, 并且属于不同特征值的特征向量互相正交.

(2) 满足条件 $\boldsymbol{A}^*=-\boldsymbol{A}$ 的复矩阵 $\boldsymbol{A}$ 称为反 Hermite 矩阵. 证明: 反 Hermite 矩阵的特征值都是 0 或纯虚数.

4.13 设 $\boldsymbol{P},\boldsymbol{Q}$ 是 n 阶实矩阵. 证明: 复矩阵 $\boldsymbol{U}=\boldsymbol{P}+\mathrm{i}\boldsymbol{Q}$ 是酉矩阵, 当且仅当 $\boldsymbol{P}'\boldsymbol{Q}$ 是对称矩阵, 并且 $\boldsymbol{P}'\boldsymbol{P}+\boldsymbol{Q}'\boldsymbol{Q}=\boldsymbol{I}_n$.

4.14 设 $\boldsymbol{A},\boldsymbol{B}$ 是两个 n 阶 Hermite 矩阵, 那么 $\boldsymbol{AB}$ 为 Hermite 矩阵的充分必要条件是 $\boldsymbol{AB}=\boldsymbol{BA}$.

4.15 证明: n 阶复矩阵 $\boldsymbol{A}$ 可以表示为 $\boldsymbol{A}=\boldsymbol{P}+\boldsymbol{Q}$, 其中 $\boldsymbol{P},\boldsymbol{Q}$ 分别是 Hermite 矩阵和反 Hermite 矩阵, 并且 $\boldsymbol{A}$ 是 (复) 正规矩阵 (即满足条件 $\boldsymbol{AA}^*=\boldsymbol{A}^*\boldsymbol{A}$, 也称规范矩阵), 当且仅当 $\boldsymbol{PQ}=\boldsymbol{QP}$.

4.16 设 $\boldsymbol{A}=(a_{ij})_n$ 是一个复方阵, $\lambda_k=x_k+y_k\mathrm{i}(x_k,y_k\in\mathbb{R},k=1,2,\cdots,n)$ 是它的全部特征值, 证明:

(1) $\sum\limits_{k=1}^{n}|\lambda_k|^2\leqslant\sum\limits_{1\leqslant m,j\leqslant n}|a_{mj}|^2$ (Schur 不等式).

(2) $\sum\limits_{k=1}^{n}|x_k|^2\leqslant\dfrac{1}{4}\sum\limits_{1\leqslant m,j\leqslant n}|a_{mj}+\overline{a}_{jm}|^2$.

(3) $\sum\limits_{k=1}^{n}|y_k|^2\leqslant\dfrac{1}{4}\sum\limits_{1\leqslant m,j\leqslant n}|a_{mj}-\overline{a}_{jm}|^2$.

4.17 证明: 若 $\boldsymbol{A}$ 是 n 阶 (复) 正规矩阵, 则存在酉矩阵 $\boldsymbol{U}$ 使得

$$\boldsymbol{U}^{-1}\boldsymbol{AU}=\mathrm{diag}(\lambda_1,\lambda_2,\cdots,\lambda_n),$$

其中 $\lambda_1,\lambda_2,\cdots,\lambda_n$ 是 $\boldsymbol{A}$ 的全部特征值.

4.18 设 $\boldsymbol{A}$ 是 n 阶酉矩阵, $\boldsymbol{B}$ 是 n 阶正规矩阵, $\omega\in\mathbb{C}$ 满足方程 $|\boldsymbol{A}-\omega\boldsymbol{B}|=0$. 证明: $\beta\leqslant|\omega|^{-1}\leqslant\gamma$, 其中 β,γ 分别是 $\boldsymbol{B}$ 的特征值的绝对值中的最大和最小者.

***4.19** 设 $\boldsymbol{A}_n=\mathrm{cicr}(a_1,a_2,\cdots,a_n)$ 是 n 阶巡回方阵, $f(x)=a_1+a_2x+\cdots+a_nx^{n-1},\eta=\mathrm{e}^{2\pi\mathrm{i}/n}$, 则存在酉阵 $\boldsymbol{U}$ 使得

$$\boldsymbol{U}^*\boldsymbol{A}_n\boldsymbol{U}=\mathrm{diag}\big(f(\eta^0),f(\eta^1),\cdots,f(\eta^{n-1})\big).$$

习题 4 的解答或提示

4.1 (1) 因为

$$A'A = \begin{pmatrix} a_1'a_1 & a_1'a_2 \\ a_2'a_1 & a_2'a_2 \end{pmatrix},$$

所以 $A'A = I_2 \Leftrightarrow a_i'a_j = (a_i, a_j) = \delta_{ij}$(Kronecker 符号).

(2) 易见 $\beta_1, \beta_2, \beta_3$ 线性无关. 按 Schmidt 正交化公式

$$\begin{aligned}
\alpha_1 &= \beta_1 = (3,0,4), \\
\alpha_2 &= \beta_2 - \frac{(\beta_2, \alpha_1)}{(\alpha_1, \alpha_1)}\alpha_1 = (-1,0,7) - \frac{25}{25}(3,0,4) = (-4,0,3), \\
\alpha_3 &= \beta_3 - \frac{(\beta_3, \alpha_1)}{(\alpha_1, \alpha_1)}\alpha_1 - \frac{(\beta_3, \alpha_2)}{(\alpha_2, \alpha_2)}\alpha_2 \\
&= (2,9,11) - \frac{50}{25}(3,0,4) - \frac{25}{25}(-4,0,3) = (0,9,0).
\end{aligned}$$

4.2 因为度量矩阵 A 不是单位矩阵, 所以 a_i 不是标准正交基. 为求一组标准正交基, 有多种方法.

解法 1　由度量矩阵的定义知

$$(a_1, a_1) = 1, \quad (a_1, a_2) = 1, \quad (a_2, a_1) = 1, \quad (a_2, a_2) = 2.$$

用 Schmidt 正交化方法. 首先正交化:

$$\begin{aligned}
\beta_1 &= a_1 = (1,0)', \\
\beta_2 &= a_2 - \frac{(a_1, a_2)}{(\beta_1, \beta_1)}\beta_1 = a_2 - \frac{(a_1, a_2)}{(a_1, a_1)}a_1 = a_2 - a_1 = (-1,1)'.
\end{aligned}$$

然后单位化:

$$b_1 = \frac{\beta_1}{|\beta_1|} = \frac{a_1}{|a_1|} = \frac{a_1}{\sqrt{(a_1, a_1)}} = \frac{a_1}{\sqrt{1}} = a_1 = (1,0)';$$

以及

$$b_2 = \frac{\beta_2}{|\beta_2|} = \frac{(-1,1)'}{\sqrt{(a_2 - a_1, a_2 - a_1)}},$$

因为 $(a_2 - a_1, a_2 - a_1) = (a_2, a_2) - (a_2, a_1) - (a_1, a_2) + (a_1, a_1) = 2 - 1 - 1 + 1 = 1$, 所以 $b_2 = (-1,1)'$.

解法 2　应用例 4.1.2, 在其中取 $B = I_2$. 对矩阵

$$\begin{pmatrix} A \\ I_2 \end{pmatrix} = \begin{pmatrix} 1 & 1 \\ 1 & 2 \\ 1 & 0 \\ 0 & 1 \end{pmatrix}$$

实施初等变换: 首先第 1 列乘 -1 加到第 2 列, 然后第 1 行乘 -1 加到第 2 行, 将它化为

$$\begin{pmatrix}\boldsymbol{B}\\\boldsymbol{C}\end{pmatrix}=\begin{pmatrix}1&0\\0&1\\1&-1\\0&1\end{pmatrix}.$$

于是

$$\boldsymbol{C}=\begin{pmatrix}1&-1\\0&1\end{pmatrix};\quad \boldsymbol{C}'\boldsymbol{A}\boldsymbol{C}=\boldsymbol{B}=\boldsymbol{I}_2.$$

由此得到一组标准正交基

$$(\boldsymbol{b}_1,\boldsymbol{b}_2)=(\boldsymbol{a}_1,\boldsymbol{a}_2)\boldsymbol{C},$$

即 $\boldsymbol{b}_1=(1,0)',\boldsymbol{b}_2=(-1,1)'$.

注 **1°** 注意, 本题没有给出内积的具体定义, 只给出度量矩阵, 所以 Schmidt 正交化的应用是在特殊情形下得以实施的.

2° 因为度量矩阵是正定的, 所以可解释为某个二次型的矩阵, 所以不用解法 1, 应用非退化线性变换化二次型为标准形 (平方和) 的方法, 也可求出矩阵 $\boldsymbol{C}$.

4.3 由 $(\boldsymbol{A}\boldsymbol{B}^{-1})'(\boldsymbol{A}\boldsymbol{B}^{-1})=(\boldsymbol{B}^{-1})'\boldsymbol{A}'\boldsymbol{A}\boldsymbol{B}^{-1}=(\boldsymbol{B}')'\boldsymbol{I}_n\boldsymbol{B}^{-1}=\boldsymbol{I}_n$ 可知 $\boldsymbol{C}=\boldsymbol{A}\boldsymbol{B}^{-1}$ 是正交矩阵. 若 $\boldsymbol{c}_1,\cdots,\boldsymbol{c}_n$ 是 $\boldsymbol{C}$ 的行向量, 则它们线性无关 (因为 $\boldsymbol{C}$ 可逆), 并且

$$\boldsymbol{C}\boldsymbol{C}'=(\boldsymbol{c}_1,\cdots,\boldsymbol{c}_n)'(\boldsymbol{c}_1,\cdots,\boldsymbol{c}_n)=\boldsymbol{I}_n,$$

同时还有

$$(\boldsymbol{c}_1,\cdots,\boldsymbol{c}_n)'(\boldsymbol{c}_1,\cdots,\boldsymbol{c}_n)=\begin{pmatrix}\boldsymbol{c}_1\boldsymbol{c}_1'&\boldsymbol{c}_1\boldsymbol{c}_2'&\cdots&\boldsymbol{c}_1\boldsymbol{c}_n'\\\boldsymbol{c}_2\boldsymbol{c}_1'&\boldsymbol{c}_2\boldsymbol{c}_2'&\cdots&\boldsymbol{c}_2\boldsymbol{c}_n'\\\vdots&\vdots&&\vdots\\\boldsymbol{c}_n\boldsymbol{c}_1'&\boldsymbol{c}_n\boldsymbol{c}_2'&\cdots&\boldsymbol{c}_n\boldsymbol{c}_n'\end{pmatrix},$$

所以 $\boldsymbol{c}_i'\boldsymbol{c}_j=(\boldsymbol{c}_i,\boldsymbol{c}_j)=\delta_{ij}$(Kronecker 符号). 因此 $\boldsymbol{c}_i(i=1,\cdots,n)$ 构成标准正交基.

4.4 容易按内积定义直接验证和判断. 题 (2) 中第一个不是内积, 第二个是内积.

4.5 **提示** 由例 4.2.1 知条件是充分的. 反之, 设 σ 是正交变换, 则 $\big(\sigma(\boldsymbol{v}),\sigma(\boldsymbol{v})\big)=(\boldsymbol{v},\boldsymbol{v})$. 算出

$$\big(\sigma(\boldsymbol{v}),\sigma(\boldsymbol{v})\big)=(\boldsymbol{v},\boldsymbol{v})+2c(\boldsymbol{v},\boldsymbol{x})^2+c^2(\boldsymbol{v},\boldsymbol{x})^2(\boldsymbol{a},\boldsymbol{a}),$$

所以

$$2c(\boldsymbol{v},\boldsymbol{x})^2+c^2(\boldsymbol{v},\boldsymbol{x})^2(\boldsymbol{a},\boldsymbol{a})=0,$$

从而得到 $c=-2/(\boldsymbol{a},\boldsymbol{a})$.

4.6 (参见例 4.1.1 的解法) 令 $\boldsymbol{A}$ 的列向量是 $\boldsymbol{a}_1,\boldsymbol{a}_2,\cdots,\boldsymbol{a}_n$. 因为 $\boldsymbol{A}$ 可逆, 所以它们线性无关, 可作为 $\mathbb{R}^n$ 的一组基. 对它们实施 Schmidt 正交化和单位化, 得到 $\mathbb{R}^n$ 的一组标准正交基

$$\boldsymbol{e}_1=p_{11}\boldsymbol{a}_1,$$

$$\begin{aligned}
\boldsymbol{e}_2 &= p_{12}\boldsymbol{a}_1 + p_{22}\boldsymbol{a}_2,\\
&\cdots,\\
\boldsymbol{e}_n &= p_{1n}\boldsymbol{a}_1 + p_{2n}\boldsymbol{a}_2 + \cdots + p_{nn}\boldsymbol{a}_n,
\end{aligned}$$

其中 (依正交化过程)$p_{ii} > 0$, 所以

$$(\boldsymbol{e}_1,\boldsymbol{e}_2,\cdots,\boldsymbol{e}_n) = (\boldsymbol{a}_1,\boldsymbol{a}_2,\cdots,\boldsymbol{a}_n)\boldsymbol{P},$$

其中

$$\boldsymbol{P} = \begin{pmatrix} p_{11} & p_{12} & \cdots & p_{1n}\\ 0 & p_{22} & \cdots & p_{2n}\\ \vdots & \vdots & & \vdots\\ 0 & 0 & \cdots & p_{nn} \end{pmatrix},$$

并且 $\boldsymbol{T} = (\boldsymbol{e}_1,\boldsymbol{e}_2,\cdots,\boldsymbol{e}_n)$ 的列向量组成标准正交基, 所以是正交矩阵. 令 $\boldsymbol{Q} = \boldsymbol{P}^{-1}$, 即得 $\boldsymbol{A} = \boldsymbol{T}\boldsymbol{Q}$.

若还有 $\boldsymbol{A} = \boldsymbol{T}_1\boldsymbol{Q}_1$, 其中 $\boldsymbol{T}_1$ 是正交矩阵, $\boldsymbol{Q}_1$ 是对角元全为正数的上三角阵, 那么 $\boldsymbol{T}_1\boldsymbol{Q}_1 = \boldsymbol{T}\boldsymbol{Q}$, 于是 $\boldsymbol{T}^{-1}\boldsymbol{T}_1 = \boldsymbol{Q}\boldsymbol{Q}_1^{-1}$. 因为正交矩阵之积仍是正交矩阵, 所以 $\boldsymbol{T}^{-1}\boldsymbol{T}_1$ 是正交矩阵, 从而 $\boldsymbol{Q}\boldsymbol{Q}_1^{-1}$ 是正交矩阵. 又因为上三角阵之积仍是上三角阵, 所以 $\boldsymbol{Q}\boldsymbol{Q}_1^{-1}$ 同时也是上三角阵. 记

$$\boldsymbol{U} = \boldsymbol{Q}\boldsymbol{Q}_1^{-1} = \begin{pmatrix} u_{11} & u_{12} & \cdots & u_{1n}\\ 0 & u_{22} & \cdots & u_{2n}\\ \vdots & \vdots & & \vdots\\ 0 & 0 & \cdots & u_{nn} \end{pmatrix}.$$

由 $\boldsymbol{U}'\boldsymbol{U} = \boldsymbol{I}_n$ 得到

$$\begin{pmatrix} u_{11} & 0 & \cdots & 0\\ u_{12} & u_{22} & \cdots & 0\\ \vdots & \vdots & & \vdots\\ u_{1n} & u_{2n} & \cdots & u_{nn} \end{pmatrix}\begin{pmatrix} u_{11} & u_{12} & \cdots & u_{1n}\\ 0 & u_{22} & \cdots & u_{2n}\\ \vdots & \vdots & & \vdots\\ 0 & 0 & \cdots & u_{nn} \end{pmatrix} = \boldsymbol{I}_n.$$

比较两边相同位置的元素, 可知 $u_{ij} = 0(i \neq j), u_{ii}^2 = 1$. 因为由关于 $\boldsymbol{Q},\boldsymbol{Q}_1$ 的假设可知 $u_{ii} > 0$, 所以 $u_{ii} = 1$, 于是 $\boldsymbol{U} = \boldsymbol{Q}\boldsymbol{Q}_1^{-1} = \boldsymbol{I}_n$, 从而 $\boldsymbol{Q} = \boldsymbol{Q}_1$. 进而可知 $\boldsymbol{T}^{-1}\boldsymbol{T}_1 = \boldsymbol{Q}\boldsymbol{Q}_1^{-1} = \boldsymbol{I}_n$, 从而 $\boldsymbol{T} = \boldsymbol{T}_1$.

注　还可以证明: 任意 n 阶实矩阵 $\boldsymbol{A}$ 可表示为 $\boldsymbol{A} = \boldsymbol{T}\boldsymbol{Q}$ 的形式, 其中 $\boldsymbol{T}$ 是正交矩阵, $\boldsymbol{Q}$ 是对角元素全为非负数的上三角矩阵.

4.7　(1) 因为 $\boldsymbol{U}^{-1} = \boldsymbol{U}'$, 所以 $\boldsymbol{U}'\boldsymbol{U} = \boldsymbol{I}_n, \det(\boldsymbol{U}'\boldsymbol{U}) = 1$. 注意 $\det(\boldsymbol{U}) = \det(\boldsymbol{U}')$, 所以 $\big(\det(\boldsymbol{U})\big)^2 = 1$, 从而 $|\det(\boldsymbol{U})| = 1$.

(2) 设

$$\boldsymbol{U}\boldsymbol{x} = \lambda\boldsymbol{x}\quad(\boldsymbol{x} \neq \boldsymbol{O}),$$

在等式两边取 (复数) 共轭, 得到 $\overline{\boldsymbol{U}\boldsymbol{x}}=\overline{\lambda\boldsymbol{x}}$. 因为 $\boldsymbol{U}$ 是实矩阵, 所以 $\boldsymbol{U}\overline{\boldsymbol{x}}=\overline{\lambda}\overline{\boldsymbol{x}}$. 我们还有 $(\boldsymbol{U}\boldsymbol{x})'=(\lambda\boldsymbol{x})'$, 所以 $\boldsymbol{x}'\boldsymbol{U}'=\lambda\boldsymbol{x}'$. 于是

$$(\boldsymbol{x}'\boldsymbol{U}')(\boldsymbol{U}\overline{\boldsymbol{x}})=(\lambda\boldsymbol{x}')(\overline{\lambda}\overline{\boldsymbol{x}}).$$

因为 $\boldsymbol{U}'\boldsymbol{U}=\boldsymbol{I}_n$, 所以 $\boldsymbol{x}'\overline{\boldsymbol{x}}=\lambda\overline{\lambda}\overline{\boldsymbol{x}}$. 记 $\boldsymbol{x}=(x_1,x_2,\cdots,x_n)'$, 则得

$$x_1\overline{x_1}+x_2\overline{x_2}+\cdots+x_n\overline{x_n}=\lambda\overline{\lambda}(x_1\overline{x_1}+x_2\overline{x_2}+\cdots+x_n\overline{x_n}).$$

因为 $\boldsymbol{x}\neq\boldsymbol{O}$, 所以 x_i 不可能全为零, 从而

$$x_1\overline{x_1}+x_2\overline{x_2}+\cdots+x_n\overline{x_n}=|x_1|^2+|x_2|^2+\cdots+|x_n|^2\neq 0,$$

于是 $|\lambda|^2=\lambda\overline{\lambda}=1$, 即 $|\lambda|=1$.

(3) 解法 1 因为 $\det(\boldsymbol{U})$ 等于 $\boldsymbol{U}$ 的所有特征值之积, 所以由本题 (1) 知 $\boldsymbol{U}$ 的特征值不为零. 若 λ 是 $\boldsymbol{U}$ 的特征值, 则 $1/\lambda$ 是 $\boldsymbol{U}^{-1}$ 的特征值(见习题 3.13(2)). 因为 $\boldsymbol{U}^{-1}=\boldsymbol{U}'$,$\boldsymbol{U}'$ 与 $\boldsymbol{U}$ 有相同的特征值, 所以 $1/\lambda$ 也是 $\boldsymbol{U}$ 的特征值.

解法 2 由 $\boldsymbol{U}\boldsymbol{x}=\lambda\boldsymbol{x},\boldsymbol{x}\neq\boldsymbol{O}$ 可知 $\boldsymbol{U}'\boldsymbol{U}\boldsymbol{x}=\lambda\boldsymbol{U}'\boldsymbol{x}$. 因为 $\boldsymbol{U}'\boldsymbol{U}=\boldsymbol{I}_n$, 所以 $\boldsymbol{x}=\lambda\boldsymbol{U}'\boldsymbol{x}$, 或 $\boldsymbol{U}'\boldsymbol{x}=(1/\lambda)\boldsymbol{x},\boldsymbol{x}\neq\boldsymbol{O}$, 因此 $1/\lambda$ 是 $\boldsymbol{U}'$ 的特征值. $\boldsymbol{U}'$ 与 $\boldsymbol{U}$ 有相同的特征值, 所以 $1/\lambda$ 也是 $\boldsymbol{U}$ 的特征值.

(4) 因为 $\mathrm{adj}(\boldsymbol{U})=|\boldsymbol{U}|\boldsymbol{U}'$, 所以 $\big(\mathrm{adj}(\boldsymbol{U})\big)'=(|\boldsymbol{U}|\boldsymbol{U}')'=|\boldsymbol{U}|\boldsymbol{U}$, 于是依本题 (1) 得到

$$\mathrm{adj}(\boldsymbol{U})\big(\mathrm{adj}(\boldsymbol{U})\big)'=|\boldsymbol{U}|^2\boldsymbol{U}'\boldsymbol{U}=\boldsymbol{U}'\boldsymbol{U}=\boldsymbol{I}_n,$$

所以 $\mathrm{adj}(\boldsymbol{U})$ 是正交矩阵.

4.8 (1) 解法 1 (i) 若 $\boldsymbol{A}^2+\boldsymbol{A}^{-1}$ 不可逆, 则 $|\boldsymbol{A}^2+\boldsymbol{A}^{-1}|=0$. 因为 $\boldsymbol{A}$ 可逆, 所以 $|\boldsymbol{A}^{-1}(\boldsymbol{A}^3+\boldsymbol{I})|=0$(此处 $\boldsymbol{I}$ 是单位方阵), 从而 $|\boldsymbol{A}^3+\boldsymbol{I}|=0$, 或 $|\boldsymbol{I}-(-\boldsymbol{A}^3)|=0$, 由此可见 $-\boldsymbol{A}^3$ 有特征值 1; 但依题设, $\boldsymbol{A}'=-\boldsymbol{A}$ 从而 $(-\boldsymbol{A}^3)'=\boldsymbol{A}^3$, 即 $-\boldsymbol{A}^3$ 是实反对称矩阵, 因而它的特征值仅是 0 或纯虚数(参见习题 5.6(1)). 于是我们得到矛盾. 因此 $\boldsymbol{A}^2+\boldsymbol{A}^{-1}$ 可逆.

或者, 因为 $|\boldsymbol{A}^2+\boldsymbol{A}^{-1}|=|\boldsymbol{A}^2||\boldsymbol{I}+(\boldsymbol{A}^{-1})^3|$, 并且 $\boldsymbol{A}$ 反对称蕴涵 $(\boldsymbol{A}^{-1})^3$ 也反对称, 所以类似地得知 $\boldsymbol{A}^2+\boldsymbol{A}^{-1}$ 可逆.

(ii) 因为 $\boldsymbol{A}$ 反对称, 所以 $\boldsymbol{A}^{-1}$ 也反对称 (见习题 5.8), 并且 $(\boldsymbol{A}')^2=\boldsymbol{A}^2$, 于是

$$\boldsymbol{T}'=\big((\boldsymbol{A}^2+\boldsymbol{A}^{-1})'\big)^{-1}(\boldsymbol{A}^2-\boldsymbol{A}^{-1})'=(\boldsymbol{A}^2-\boldsymbol{A}^{-1})^{-1}(\boldsymbol{A}^2+\boldsymbol{A}^{-1}).$$

因此

$$\begin{aligned}\boldsymbol{T}'\boldsymbol{T}&=(\boldsymbol{A}^2-\boldsymbol{A}^{-1})^{-1}(\boldsymbol{A}^2+\boldsymbol{A}^{-1})(\boldsymbol{A}^2-\boldsymbol{A}^{-1})(\boldsymbol{A}^2+\boldsymbol{A}^{-1})^{-1}\\&=(\boldsymbol{A}^2-\boldsymbol{A}^{-1})^{-1}\cdot(\boldsymbol{A}^2+\boldsymbol{A}^{-1})(\boldsymbol{A}^2-\boldsymbol{A}^{-1})\cdot(\boldsymbol{A}^2+\boldsymbol{A}^{-1})^{-1}\\&=(\boldsymbol{A}^2-\boldsymbol{A}^{-1})^{-1}\big(\boldsymbol{A}^4-(\boldsymbol{A}^{-1})^2\big)(\boldsymbol{A}^2+\boldsymbol{A}^{-1})^{-1}\\&=(\boldsymbol{A}^2-\boldsymbol{A}^{-1})^{-1}\cdot(\boldsymbol{A}^2-\boldsymbol{A}^{-1})(\boldsymbol{A}^2+\boldsymbol{A}^{-1})\cdot(\boldsymbol{A}^2+\boldsymbol{A}^{-1})^{-1}=\boldsymbol{I},\end{aligned}$$

因此 $\boldsymbol{T}$ 是正交矩阵.

解法 2　因为 $\boldsymbol{A}$ 反对称蕴涵 $(\boldsymbol{A}^{-1})^3$ 也反对称, 所以由例 4.4.3(1) 知 $\boldsymbol{I}+(\boldsymbol{A}^{-1})^3$ 可逆, 从而 $\boldsymbol{A}^2+\boldsymbol{A}^{-1}=\boldsymbol{A}^2\big(\boldsymbol{I}+(\boldsymbol{A}^{-1})^3\big)$ 也可逆. 同理, 依例 4.4.3(2) 知

$$\boldsymbol{T}_1=\big(\boldsymbol{I}-(\boldsymbol{A}^{-1})^3\big)\big(\boldsymbol{I}+(\boldsymbol{A}^{-1})^3\big)^{-1}$$

是正交矩阵. 于是由

$$\begin{aligned}\boldsymbol{T}&=(\boldsymbol{A}^2-\boldsymbol{A}^{-1})(\boldsymbol{A}^2+\boldsymbol{A}^{-1})^{-1}\\&=\big((\boldsymbol{I}-(\boldsymbol{A}^{-1})^3)\boldsymbol{A}^2\big)\big((\boldsymbol{I}+(\boldsymbol{A}^{-1})^3)\boldsymbol{A}^2\big)^{-1}\\&=\big(\boldsymbol{I}-(\boldsymbol{A}^{-1})^3\big)\cdot\boldsymbol{A}^2(\boldsymbol{A}^2)^{-1}\cdot\big(\boldsymbol{I}+(\boldsymbol{A}^{-1})^3\big)^{-1}=\boldsymbol{T}_1\end{aligned}$$

推出 $\boldsymbol{T}$ 是正交矩阵.

(2) 因为

$$\begin{aligned}&\big((\boldsymbol{A}-\boldsymbol{B})'\big)^{-1}(\boldsymbol{A}+\boldsymbol{B})'(\boldsymbol{A}+\boldsymbol{B})(\boldsymbol{A}-\boldsymbol{B})^{-1}\\&\quad=(\boldsymbol{A}+\boldsymbol{B})^{-1}(\boldsymbol{A}-\boldsymbol{B})(\boldsymbol{A}+\boldsymbol{B})(\boldsymbol{A}-\boldsymbol{B})^{-1}\\&\quad=(\boldsymbol{A}+\boldsymbol{B})^{-1}(\boldsymbol{A}+\boldsymbol{B})(\boldsymbol{A}-\boldsymbol{B})(\boldsymbol{A}-\boldsymbol{B})^{-1}=\boldsymbol{I},\end{aligned}$$

所以本题得证.

4.9　因为 $\boldsymbol{A},\boldsymbol{B}$ 是正交矩阵, 所以 $\boldsymbol{A}^{-1}$ 也是正交矩阵, 从而 $\boldsymbol{A}^{-1}\boldsymbol{B}$ 是正交矩阵. 由 $|\boldsymbol{A}|=-|\boldsymbol{B}|$ 可知 $|\boldsymbol{A}^{-1}\boldsymbol{B}|=-1$. 因为正交矩阵的特征值的绝对值等于 1, 且其行列式 (实数) 等于其所有特征值之积, 所以 -1 是 $\boldsymbol{A}^{-1}\boldsymbol{B}$ 的特征值, 从而 $|(-1)\boldsymbol{I}-\boldsymbol{A}^{-1}\boldsymbol{B}|=0$, 于是 $|\boldsymbol{A}+\boldsymbol{B}|=0$.

4.10　**提示**　因为 $|\boldsymbol{I}+\boldsymbol{U}|=8\cos^2(\theta/2)\neq 0$, 所以 $\boldsymbol{I}+\boldsymbol{U}$ 可逆. 算出

$$\boldsymbol{I}+\boldsymbol{U}=\begin{pmatrix}2&0&0\\0&1+\cos\theta&\sin\theta\\0&-\sin\theta&1+\cos\theta\end{pmatrix}=2\begin{pmatrix}1&0&0\\0&\cos^2\dfrac{\theta}{2}&\sin\dfrac{\theta}{2}\cos\dfrac{\theta}{2}\\0&-\sin\dfrac{\theta}{2}\cos\dfrac{\theta}{2}&\cos^2\dfrac{\theta}{2}\end{pmatrix},$$

$$(\boldsymbol{I}+\boldsymbol{U})^{-1}=\frac{1}{2\cos\dfrac{\theta}{2}}\begin{pmatrix}1&0&0\\0&\cos\dfrac{\theta}{2}&-\sin\dfrac{\theta}{2}\\0&\sin\dfrac{\theta}{2}&\cos\dfrac{\theta}{2}\end{pmatrix},$$

即得所要结果.

4.11　取酉空间 V 的一组标准正交基 $\boldsymbol{e}_1,\boldsymbol{e}_2,\cdots,\boldsymbol{e}_n$, 那么

$$\boldsymbol{\alpha}_i=\sum_{k=1}^n(\boldsymbol{\alpha}_i,\boldsymbol{e}_k)\boldsymbol{e}_k=\sum_{k=1}^n x_{ik}\boldsymbol{e}_k,$$

其中 $x_{ik}=(\boldsymbol{\alpha}_i,\boldsymbol{e}_k)(k=1,2,\cdots,n)$ 是 $\boldsymbol{\alpha}_i$ 在基 $\boldsymbol{e}_i(i=1,2,\cdots,n)$ 下的坐标, 并记 $\boldsymbol{x}_i=(x_{i1},x_{i2},\cdots,x_{in})'$. 于是应用 $\boldsymbol{e}_k$ 的正交性可得到

$$(\boldsymbol{\alpha}_i,\boldsymbol{\alpha}_j)=\left(\sum_{k=1}^n x_{ik}\boldsymbol{e}_k,\sum_{k=1}^n x_{jk}\boldsymbol{e}_k\right)=\boldsymbol{x}_i'\boldsymbol{x}_j\quad(1\leqslant i,j\leqslant n).$$

令 $\boldsymbol{A}=(\boldsymbol{x}_1,\boldsymbol{x}_2,\cdots,\boldsymbol{x}_n)$, 则有 $\boldsymbol{G}=\boldsymbol{A}'\overline{\boldsymbol{A}}$, 于是

$$r(\boldsymbol{G})=r(\boldsymbol{A}'\overline{\boldsymbol{A}})=r(\overline{\boldsymbol{A}})=r(\boldsymbol{A})$$

(参见例 2.3.7 后的注, 因为 $\boldsymbol{A}'=\overline{(\overline{\boldsymbol{A}})'}$), 从而等于向量组 $\boldsymbol{x}_i$ 即 $\boldsymbol{\alpha}_i(i=1,2,\cdots,n)$ 的秩.

4.12 提示 (1) 参见例 5.2.1 的解法 1 以及习题 5.5(2) 的解 (注意, 实对称矩阵是 Hermite 矩阵的特殊情形). 例如, 设实数 $\lambda\neq\mu$ 是 $\boldsymbol{A}$ 的两个特征值, $\boldsymbol{Ax}=\lambda\boldsymbol{x},\boldsymbol{Ay}=\mu\boldsymbol{y},\boldsymbol{x},\boldsymbol{y}\neq\boldsymbol{O}$, 则 $(\boldsymbol{Ax},\boldsymbol{y})=(\lambda\boldsymbol{x},\boldsymbol{y})=\lambda(\boldsymbol{x},\boldsymbol{y}),(\boldsymbol{x},\boldsymbol{Ay})=(\boldsymbol{x},\mu\boldsymbol{y})=\mu(\boldsymbol{x},\boldsymbol{y})$, 由 Hermite 矩阵的定义可知 $(\boldsymbol{Ax},\boldsymbol{y})=(\boldsymbol{x},\boldsymbol{Ay})$, 所以 $\lambda(\boldsymbol{x},\boldsymbol{y})=\mu(\boldsymbol{x},\boldsymbol{y}),(\lambda-\mu)(\boldsymbol{x},\boldsymbol{y})=0$, 因为 $\lambda-\mu\neq0$, 所以 $(\boldsymbol{x},\boldsymbol{y})=0$.

(2) 若 $\boldsymbol{A}$ 是反 Hermite 矩阵, 则 $\mathrm{i}\boldsymbol{A}$ 是 Hermite 矩阵. 若 $\boldsymbol{Ax}=\lambda\boldsymbol{x},\boldsymbol{x}\neq\boldsymbol{O}$, 则 $(\mathrm{i}\boldsymbol{A})\boldsymbol{x}=(\mathrm{i}\lambda)\boldsymbol{x}$, 因此依本题 (1), 其特征值 $\mathrm{i}\lambda$ 是实数, 从而 $\boldsymbol{A}$ 的特征值是 0 或纯虚数.

注 还可参见例 4.4.5 后的注.

4.13 因为 $\boldsymbol{U}^*\boldsymbol{U}=\overline{\boldsymbol{U}}'\boldsymbol{U}=(\boldsymbol{P}'-\mathrm{i}\boldsymbol{Q}')(\boldsymbol{P}+\mathrm{i}\boldsymbol{Q})=\boldsymbol{P}'\boldsymbol{P}+\boldsymbol{Q}'\boldsymbol{Q}+\mathrm{i}(\boldsymbol{P}'\boldsymbol{Q}-\boldsymbol{Q}'\boldsymbol{P})$, 所以 $\boldsymbol{U}$ 是酉矩阵, 当且仅当 $\boldsymbol{P}'\boldsymbol{P}+\boldsymbol{Q}'\boldsymbol{Q}=\boldsymbol{I}_n,\boldsymbol{P}'\boldsymbol{Q}=\boldsymbol{Q}'\boldsymbol{P}$.

4.14 我们有 $(\boldsymbol{AB})^*=\boldsymbol{B}^*\boldsymbol{A}^*=\boldsymbol{BA}$. 因此 $(\boldsymbol{AB})^*=\boldsymbol{AB}\Leftrightarrow\boldsymbol{AB}=\boldsymbol{BA}$.

4.15 参见例 4.4.5. 令

$$\boldsymbol{P}=\frac{1}{2}(\boldsymbol{A}+\boldsymbol{A}^*),\quad \boldsymbol{Q}=\frac{1}{2}(\boldsymbol{A}-\boldsymbol{A}^*),$$

即有 $\boldsymbol{A}=\boldsymbol{P}+\boldsymbol{Q}$, 并且符合要求. 因为 $\boldsymbol{AA}^*=(\boldsymbol{P}+\boldsymbol{Q})(\boldsymbol{P}-\boldsymbol{Q})=\boldsymbol{P}^2-\boldsymbol{Q}^2+\boldsymbol{QP}-\boldsymbol{PQ},\boldsymbol{A}^*\boldsymbol{A}=(\boldsymbol{P}-\boldsymbol{Q})(\boldsymbol{P}+\boldsymbol{Q})=\boldsymbol{P}^2-\boldsymbol{Q}^2+\boldsymbol{PQ}-\boldsymbol{QP}$, 因此 $\boldsymbol{AA}^*=\boldsymbol{A}^*\boldsymbol{A}\Leftrightarrow\boldsymbol{PQ}=\boldsymbol{QP}$.

4.16 (1) 由 Schur 定理, 存在酉矩阵 $\boldsymbol{U}$, 使得

$$\boldsymbol{U}^{-1}\boldsymbol{AU}=\boldsymbol{B}$$

(酉相似), 其中 $\boldsymbol{B}=(b_{mj})_n$ 是上三角阵, 对角元是 $\lambda_1,\lambda_2,\cdots,\lambda_n$. 于是

$$\boldsymbol{B}^*\boldsymbol{B}=\overline{\boldsymbol{U}^{-1}\boldsymbol{AU}}'\overline{\boldsymbol{U}}^{-1}\boldsymbol{AU}=\boldsymbol{U}^{-1}\overline{\boldsymbol{A}}'\boldsymbol{AU}.$$

应用例 2.1.3(4) 和 (5), 可知

$$\mathrm{tr}(\boldsymbol{A}^*\boldsymbol{A})=\mathrm{tr}(\boldsymbol{U}^{-1}\boldsymbol{A}^*\boldsymbol{AU})=\mathrm{tr}(\boldsymbol{B}^*\boldsymbol{B}).$$

即

$$\sum_{1\leqslant m,j\leqslant n}|a_{mj}|^2=\sum_{k=1}^{n}|\lambda_k|^2+\sum_{m<j}|b_{mj}|^2\geqslant\sum_{k=1}^{n}|\lambda_k|^2.$$

(2) 和 (3) 由 $\boldsymbol{U}^{-1}\boldsymbol{AU}=\boldsymbol{B}$ 可推出

$$\frac{1}{2}(\boldsymbol{B}\pm\boldsymbol{B}^*)=\boldsymbol{U}^{-1}\frac{1}{2}(\boldsymbol{A}\pm\boldsymbol{A}^*)\boldsymbol{U}.$$

注意

$$\boldsymbol{A}\pm\boldsymbol{A}^*=(a_{mj}\pm\overline{a}_{jm})_n,\quad \boldsymbol{B}\pm\boldsymbol{B}^*=(b_{mj}\pm\overline{b}_{jm})_n,$$

以及 $(\lambda_k+\overline{\lambda}_k)/2=x_k,(\lambda_k-\overline{\lambda}_k)/2=y_k$, 即可类似于本题 (1) 得到所要的不等式.

注 关于 Schur 定理可见, 例如: 屠伯埙, 等. 高等代数 [M]. 上海: 上海科学技术出版社,1987:320.

4.17 由 Schur 定理, 存在 n 阶酉矩阵 $\boldsymbol{U}$ 使得

$$\boldsymbol{U}^*\boldsymbol{A}\boldsymbol{U}=\begin{pmatrix}\lambda_1 & c_{12} & c_{13} & \cdots & c_{1n}\\ & \lambda_2 & c_{23} & \cdots & c_{2n}\\ & & \lambda_3 & \cdots & c_{3n}\\ & & & \ddots & \vdots\\ & & & & \lambda_n\end{pmatrix}\ (\text{记作 } \boldsymbol{P})$$

(空白处元素为零), 其中 $\lambda_1,\lambda_2,\cdots,\lambda_n$ 是 $\boldsymbol{A}$ 的全部特征值. 于是

$$\boldsymbol{U}^*\boldsymbol{A}^*\boldsymbol{U}=(\boldsymbol{U}^*\boldsymbol{A}\boldsymbol{U})^*=\begin{pmatrix}\overline{\lambda}_1 & & & & \\ \overline{c}_{12} & \overline{\lambda}_2 & & & \\ \overline{c}_{13} & \overline{c}_{23} & \overline{\lambda}_3 & & \\ \vdots & & & \ddots & \\ \overline{c}_{1n} & \overline{c}_{2n} & \overline{c}_{3n} & \cdots & \overline{\lambda}_n\end{pmatrix}\ (\text{记作 } \boldsymbol{Q})$$

(空白处元素为零). 因为

$$\boldsymbol{U}^*(\boldsymbol{A}\boldsymbol{A}^*)\boldsymbol{U}=(\boldsymbol{U}^*\boldsymbol{A}\boldsymbol{U})(\boldsymbol{U}^*\boldsymbol{A}^*\boldsymbol{U})=\boldsymbol{P}\boldsymbol{Q},$$
$$\boldsymbol{U}^*(\boldsymbol{A}^*\boldsymbol{A})\boldsymbol{U}=(\boldsymbol{U}^*\boldsymbol{A}^*\boldsymbol{U})(\boldsymbol{U}^*\boldsymbol{A}\boldsymbol{U})=\boldsymbol{Q}\boldsymbol{P},$$

所以由 $\boldsymbol{A}\boldsymbol{A}^*=\boldsymbol{A}^*\boldsymbol{A}$ 推出

$$\boldsymbol{P}\boldsymbol{Q}=\boldsymbol{Q}\boldsymbol{P}.$$

又因为

$$\boldsymbol{P}\boldsymbol{Q}=\begin{pmatrix}|\lambda_1|^2+\sum\limits_{j=2}^{n}|c_{1j}|^2 & & & & \\ & |\lambda_2|^2+\sum\limits_{j=3}^{n}|c_{2j}|^2 & & & \\ & & \ddots & & \\ & & & |\lambda_{n-1}|^2+|c_{n-1,n}|^2 & \\ & & & & |\lambda_n|^2\end{pmatrix},$$

以及

$$\boldsymbol{Q}\boldsymbol{P}=\begin{pmatrix}|\lambda_1|^2 & & & & \\ & |\lambda_2|^2+|c_{12}|^2 & & & \\ & & |\lambda_3|^2+\sum\limits_{i=1}^{2}|c_{i3}|^2 & & \\ & & & \ddots & \\ & & & & |\lambda_n|^2+\sum\limits_{i=1}^{n-1}|c_{in}|^2\end{pmatrix}$$

(空白处的元素未注明, 也不必算出), 比较上述两个矩阵的对角元, 即得 $c_{ij}=0(1\leqslant i<j\leqslant n)$. 因此 $\boldsymbol{P}$ 是对角阵.

4.18 由 $|\boldsymbol{A}-\omega\boldsymbol{B}|=0$ 可推出 $\omega\neq 0$. 又由习题 4.17 可知, 存在酉矩阵 $\boldsymbol{U}$ 使得

$$\boldsymbol{U}^{-1}\boldsymbol{B}\boldsymbol{U}=\operatorname{diag}(\lambda_1,\lambda_2,\cdots,\lambda_n),$$

其中 $\lambda_1,\lambda_2,\cdots,\lambda_n$ 是 $\boldsymbol{B}$ 的全部特征值. 于是由

$$\begin{aligned}|\boldsymbol{A}-\omega\boldsymbol{B}|&=|\omega||\boldsymbol{A}||\omega^{-1}\boldsymbol{I}_n-\boldsymbol{A}^*\boldsymbol{B}|=|\omega||\boldsymbol{A}||\boldsymbol{U}^{-1}(\omega^{-1}\boldsymbol{I}_n-\boldsymbol{A}^*\boldsymbol{B})\boldsymbol{U}|\\&=|\omega||\boldsymbol{A}||\omega^{-1}\boldsymbol{I}_n-(\boldsymbol{U}^{-1}\boldsymbol{A}^*\boldsymbol{U})(\boldsymbol{U}^{-1}\boldsymbol{B}\boldsymbol{U})|\end{aligned}$$

以及 $|\boldsymbol{A}-\omega\boldsymbol{B}|=0$ 可知 ω^{-1} 是 $(\boldsymbol{U}^{-1}\boldsymbol{A}^*\boldsymbol{U})(\boldsymbol{U}^{-1}\boldsymbol{B}\boldsymbol{U})$ 的特征值. 因为 $\boldsymbol{U}^{-1}\boldsymbol{A}^*\boldsymbol{U}$ 是酉矩阵, $\boldsymbol{U}^{-1}\boldsymbol{B}\boldsymbol{U}$ 是对角阵, 用它们分别作为例 4.3.4 中的矩阵 $\boldsymbol{U}$ 和 $\boldsymbol{A}$, 立得所要的不等式.

4.19 **提示** 保持例 3.2.3 解中的记号, 注意 $\eta_k=\eta^k$. 因为内积

$$(\boldsymbol{x}_i,\boldsymbol{x}_j)=\sum_{k=0}^{n-1}\overline{\eta^{jk}}\eta^{ik}=\begin{cases}0 & (i\neq j),\\ n & (i=j),\end{cases}$$

因此 $\overline{\boldsymbol{x}_i}'\boldsymbol{x}_j=\delta_{ij}$, 从而

$$\boldsymbol{U}=\frac{1}{\sqrt{n}}\begin{pmatrix}\boldsymbol{x}_0 & \boldsymbol{x}_1 & \cdots & \boldsymbol{x}_{n-1}\end{pmatrix}$$

是一个酉阵. 由 $\boldsymbol{A}_n\boldsymbol{x}_k=f(\eta_k)\boldsymbol{x}_k$ 可知

$$\boldsymbol{A}_n\boldsymbol{U}=\boldsymbol{U}\operatorname{diag}\big(f(\eta_0),f(\eta_1),\cdots,f(\eta_{n-1})\big).$$

第 5 章　二　次　型

5.1　二次型的标准形

例 5.1.1　求非退化 (即可逆) 线性变换, 将二次型

$$f(x_1,x_2,x_3)=x_1x_2+x_1x_3+x_2x_3$$

化为标准形.

解　因为 f 中没有完全平方项, 所以令

$$x_1=y_1-y_2,\quad x_2=y_1+y_2,\quad x_3=y_3,$$

于是 f 化为

$$f_1(y_1,y_2,y_3)=y_1^2-y_2^2+2y_1y_3=(y_1^2+2y_1y_3)-y_2^2=(y_1+y_3)^2-y_2^2-y_3^2.$$

再令

$$z_1=y_1+y_3,\quad z_2=y_2,\quad z_3=y_3,$$

则得标准形

$$f_2(z_1,z_2,z_3)=z_1^2-z_2^2-z_3^2.$$

由第二次变换得

$$y_1=z_1-z_3,\quad y_2=z_2,\quad y_3=z_3,$$

将它们代入第一次变换表达式中, 得到所求的变换是

$$x_1=z_1-z_2-z_3,\quad x_2=z_1+z_2-z_3,\quad x_3=z_3.$$

因为线性变换的系数行列式不为零, 所以是非退化的. □

例 5.1.2　求非退化线性变换, 将二次型

$$\begin{aligned}f(x_1,x_2,x_3,x_4)=&\,2x_1^2+2x_2^2+\frac{1}{2}x_3^2+2x_4^2\\&+4x_1x_2+2x_1x_3+4x_1x_4-2x_2x_3+4x_2x_4+4x_3x_4\end{aligned}$$

化为标准形.

解 用配方法.

(i) 先将含有 x_1 的项结合, 得

$$f(x_1,x_2,x_3,x_4)=2(x_1^2+2x_1x_2+x_1x_3+2x_1x_4)$$
$$+2x_2^2-2x_2x_3+4x_2x_4+\frac{1}{2}x_3^2+4x_3x_4+2x_4^2.$$

因为

$$2(x_1^2+2x_1x_2+x_1x_3+2x_1x_4)$$
$$=2\left(x_1+x_2+\frac{1}{2}x_3+x_4\right)^2-2x_2^2-\frac{1}{2}x_3^2-2x_4^2-2x_2x_3-4x_2x_4-2x_3x_4,$$

所以

$$f(x_1,x_2,x_3,x_4)=2\left(x_1+x_2+\frac{1}{2}x_3+x_4\right)^2-4x_2x_3+2x_3x_4.$$

令

$$y_1=x_1+x_2+\frac{1}{2}x_3+x_4,\quad y_2=x_2,\quad y_3=x_3,\quad y_4=x_4,$$

则 f 化为

$$f_1(y_1,y_2,y_3,y_4)=2y_1^2-4y_2y_3+2y_3y_4.$$

(ii) 类似于例 5.1.1 处理 $-4y_2y_3+2y_3y_4$, 令

$$y_1=z_1,\quad y_2=z_2,\quad y_3=z_2+z_3,\quad y_4=z_4,$$

则 f_1 化为

$$f_2(z_1,z_2,z_3,z_4)=2z_1^2-4z_2^2-4z_2z_3+2z_2z_4+2z_3z_4.$$

(iii) 因为上式右边含 z_2 的项

$$-4z_2^2-4z_2z_3+2z_2z_4=-4\left(z_2^2+z_2z_3-\frac{1}{2}z_2z_4\right)$$
$$=-4\left(z_2+\frac{1}{2}z_3-\frac{1}{4}z_4\right)^2+z_3^2+\frac{1}{4}z_4^2-z_3z_4,$$

所以

$$f_2(z_1,z_2,z_3,z_4)=2z_1^2-4\left(z_2+\frac{1}{2}z_3-\frac{1}{4}z_4\right)^2+z_3^2+z_3z_4+\frac{1}{4}z_4^2,$$

令

$$u_1=z_1,\quad u_2=z_2+\frac{1}{2}z_3-\frac{1}{4}z_4,\quad u_3=z_3,\quad u_4=z_4,$$

则 f_2 化为

$$f_3(u_1,u_2,u_3,u_4)=2u_1^2-4u_2^2+u_3^2+u_3u_4+\frac{1}{4}u_4^2.$$

(iv) 因为

$$u_3^2+u_3u_4+\frac{1}{4}u_4^2=\left(u_3+\frac{1}{2}u_4\right)^2,$$

所以令

$$v_1=u_1,\quad v_2=u_2,\quad v_3=u_3+\frac{1}{2}u_4,\quad v_4=u_4,$$

则 f_3 化为 (最终结果)

$$f_4=2v_1^2-4v_2^2+v_3^2.$$

(v) 分别求出上述各个变换的逆, 然后逐次代入, 得到所求的变换

$$\begin{aligned}&x_1=v_1-\frac{3}{2}v_2+\frac{1}{4}v_3-\frac{3}{2}v_4,\\&x_2=v_2-\frac{1}{2}v_3+\frac{1}{2}v_4,\quad x_3=v_2+\frac{1}{2}v_3,\quad x_4=v_4.\end{aligned}$$

因为这个线性变换的系数行列式不为零, 所以是非退化的. □

例 5.1.3 求正交变换, 将二次型

$$f(x_1,x_2,x_3,x_4)=2x_1x_2+2x_1x_3-2x_1x_4-2x_2x_3+2x_2x_4+2x_3x_4$$

化为标准形.

解 解法 1 (i) 二次型 $f(x_1,x_2,x_3,x_4)$ 的矩阵 (实对称阵)

$$\boldsymbol{A}=\begin{pmatrix}0&1&1&-1\\1&0&-1&1\\1&-1&0&1\\-1&1&1&0\end{pmatrix}.$$

首先求正交矩阵 $\boldsymbol{T}$, 使得 $\boldsymbol{T}^{-1}\boldsymbol{A}\boldsymbol{T}$ 为对角形. $\boldsymbol{A}$ 的特征多项式

$$|\lambda\boldsymbol{I}-\boldsymbol{A}|=\begin{vmatrix}\lambda&-1&-1&1\\-1&\lambda&1&-1\\-1&1&\lambda&-1\\1&-1&-1&\lambda\end{vmatrix}=(\lambda-1)^3(\lambda+3)$$

(此行列式可用常规方法计算, 也可将它变换为

$$(\lambda-1)\boldsymbol{I}_4+(1,-1,-1,1)(1,-1,-1,1)',$$

然后应用例 1.3.1(2)), 于是特征值 $\lambda_1=\lambda_2=\lambda_3=1,\lambda_4=-3$. 属于 $\lambda=1$ 的特征向量 $\boldsymbol{x}=(x_1,x_2,x_3,x_4)'$ 满足方程

$$\begin{cases}x_1-x_2-x_3+x_4=0,\\-x_1+x_2+x_3-x_4=0,\\-x_1+x_2+x_3-x_4=0,\\x_1-x_2-x_3+x_4=0.\end{cases}$$

它等价于

$$x_1-x_2-x_3+x_4=0,$$

求得它的基础解系

$$\boldsymbol{\alpha}_1=(1,1,0,0)',\quad \boldsymbol{\alpha}_2=(1,0,1,0)',\quad \boldsymbol{\alpha}_3=(-1,0,0,1)',$$

对它们实施 Schmidt 正交化, 得到

$$\begin{aligned}\boldsymbol{\beta}_1&=\boldsymbol{\alpha}_1=(1,1,0,0)',\\ \boldsymbol{\beta}_2&=\boldsymbol{\alpha}_2-\frac{(\boldsymbol{\alpha}_2,\boldsymbol{\beta}_1)}{(\boldsymbol{\beta}_1,\boldsymbol{\beta}_1)}\boldsymbol{\beta}_1=\left(\frac{1}{2},-\frac{1}{2},1,0\right)',\\ \boldsymbol{\beta}_3&=\boldsymbol{\alpha}_3-\frac{(\boldsymbol{\alpha}_3,\boldsymbol{\beta}_1)}{(\boldsymbol{\beta}_1,\boldsymbol{\beta}_1)}\boldsymbol{\beta}_1-\frac{(\boldsymbol{\alpha}_3,\boldsymbol{\beta}_2)}{(\boldsymbol{\beta}_2,\boldsymbol{\beta}_2)}\boldsymbol{\beta}_2=\left(-\frac{1}{3},\frac{1}{3},\frac{1}{3},1\right)'.\end{aligned}$$

再进行单位化, 得到规范正交向量

$$\begin{aligned}\boldsymbol{a}_1&=\left(\frac{1}{\sqrt{2}},\frac{1}{\sqrt{2}},0,0\right)',\\ \boldsymbol{a}_2&=\left(\frac{1}{\sqrt{6}},-\frac{1}{\sqrt{6}},\frac{2}{\sqrt{6}},0\right)',\\ \boldsymbol{a}_3&=\left(-\frac{1}{\sqrt{12}},\frac{1}{\sqrt{12}},\frac{1}{\sqrt{12}},\frac{3}{\sqrt{12}}\right)',\end{aligned}$$

为求属于 $\lambda_4=-3$ 的特征向量, 我们解方程组

$$\begin{cases}3x_1+x_2+x_3-x_4=0,\\ x_1+3x_2-x_3+x_4=0,\\ x_1-x_2+3x_3+x_4=0,\\ -x_1+x_2+x_3+3x_4=0.\end{cases}$$

将这四个方程相加得到 $x_1+x_2+x_3+x_4=0$. 将方程组的前两个方程分别与此方程相减, 得到 $x_1=x_4,x_2=x_3$, 由此及方程组的后两个方程推出 $x_1+x_2=x_3+x_4=0$. 因此可取基础解系 $\boldsymbol{\alpha}=(1,-1,-1,1)'$, 单位化, 即得

$$\boldsymbol{a}_4=\left(\frac{1}{2},-\frac{1}{2},-\frac{1}{2},\frac{1}{2}\right)'.$$

于是得到正交矩阵

$$\boldsymbol{T}=\begin{pmatrix}\frac{1}{\sqrt{2}} & \frac{1}{\sqrt{6}} & -\frac{1}{\sqrt{12}} & \frac{1}{2}\\ \frac{1}{\sqrt{2}} & -\frac{1}{\sqrt{6}} & \frac{1}{\sqrt{12}} & -\frac{1}{2}\\ 0 & \frac{2}{\sqrt{6}} & \frac{1}{\sqrt{12}} & -\frac{1}{2}\\ 0 & 0 & \frac{3}{\sqrt{12}} & \frac{1}{2}\end{pmatrix},$$

并且 $\boldsymbol{T}^{-1}\boldsymbol{A}\boldsymbol{T}=\mathrm{diag}(1,1,1,-3)$.

(ii) 因为

$$f(x_1,x_2,x_3,x_4)=(x_1,x_2,x_3,x_4)\boldsymbol{A}(x_1,x_2,x_3,x_4)',$$

若令

$$(x_1,x_2,x_3,x_4)'=\boldsymbol{T}(y_1,y_2,y_3,y_4)'$$

(或 $(x_1,x_2,x_3,x_4)=(y_1,y_2,y_3,y_4)\boldsymbol{T}'$), 即令

$$\begin{aligned}
x_1&=\frac{1}{\sqrt{2}}y_1+\frac{1}{\sqrt{6}}y_2-\frac{1}{\sqrt{12}}y_3+\frac{1}{2}y_4,\\
x_2&=\frac{1}{\sqrt{2}}y_1-\frac{1}{\sqrt{6}}y_2+\frac{1}{\sqrt{12}}y_3-\frac{1}{2}y_4,\\
x_3&=\frac{2}{\sqrt{6}}y_2+\frac{1}{\sqrt{12}}y_3-\frac{1}{2}y_4,\\
x_4&=\frac{3}{\sqrt{12}}y_3+\frac{1}{2}y_4,
\end{aligned}$$

则有 (注意 $\boldsymbol{T}'=\boldsymbol{T}^{-1}$)

$$\begin{aligned}
f(x_1,x_2,x_3,x_4)&=(y_1,y_2,y_3,y_4)\boldsymbol{T}'\boldsymbol{A}\boldsymbol{T}(y_1,y_2,y_3,y_4)'\\
&=(y_1,y_2,y_3,y_4)\cdot\mathrm{diag}(1,1,1,-3)\cdot(y_1,y_2,y_3,y_4)',
\end{aligned}$$

于是 $f(x_1,x_2,x_3,x_4)$ 化为标准形

$$g(y_1,y_2,y_3,y_4)=y_1^2+y_2^2+y_3^2-3y_4^2.$$

解法 2　(i) 同解法 1, 求属于 $\lambda=1$ 的特征向量 $\boldsymbol{x}=(x_1,x_2,x_3,x_4)$, 相应的方程组等价于方程

$$x_1-x_2-x_3+x_4=0.$$

我们要求出它的组成正交系的三个解. 首先取 (例如)$\boldsymbol{a}_1=(1,1,1,1)'$. 为求第二个解, 增加一个与 $\boldsymbol{a}_1$ 正交的条件:

$$x_1+x_2+x_3+x_4=0,$$

于是我们可取 (例如)$\boldsymbol{a}_2=(1,1,-1,-1)'$(它同时满足上述两个方程). 为求第三个解, 我们再增加一个与 $\boldsymbol{a}_2$ 正交的条件:

$$x_1+x_2-x_3-x_4=0.$$

由上述三个方程可唯一地确定解 $\boldsymbol{a}_3=(1,-1,1,-1)'$(即不计相差一个数值因子). 同解法 1, 求出属于 $\lambda_4=-3$ 的特征向量, 可取 $\boldsymbol{a}_4=(1,-1,-1,1)'$. 将 $\boldsymbol{a}_i(i=1,2,3,4)$ 单位化, 即得

$$\boldsymbol{T}=\begin{pmatrix}
\frac{1}{2} & \frac{1}{2} & \frac{1}{2} & \frac{1}{2}\\
\frac{1}{2} & \frac{1}{2} & -\frac{1}{2} & -\frac{1}{2}\\
\frac{1}{2} & -\frac{1}{2} & \frac{1}{2} & -\frac{1}{2}\\
\frac{1}{2} & -\frac{1}{2} & -\frac{1}{2} & \frac{1}{2}
\end{pmatrix},$$

并且 $T^{-1}AT=\mathrm{diag}(1,1,1,-3)$.

(ii) 类似于解法 1, 令

$$\begin{aligned}x_1&=\frac{1}{2}(y_1+y_2+y_3+y_4),\\x_2&=\frac{1}{2}(y_1+y_2-y_3-y_4),\\x_3&=\frac{1}{2}(y_1-y_2+y_3-y_4),\\x_4&=\frac{1}{2}(y_1-y_2-y_3+y_4),\end{aligned}$$

则 $f(x_1,x_2,x_3,x_4)$ 化为标准形 $g(y_1,y_2,y_3,y_4)=y_1^2+y_2^2+y_3^2-3y_4^2$. □

注 **1°** 应用数学归纳法 (依本例解法的思路) 可证: 实对称阵 $\boldsymbol{A}$ 正交相似于对角阵 $\mathrm{diag}(\lambda_1,\lambda_2,\cdots,\lambda_n)$, 其中 $\lambda_1,\lambda_2,\cdots,\lambda_n$ 是 $\boldsymbol{A}$ 的全部特征值.

2° 本题中的矩阵 $\boldsymbol{T}$ 也可应用例 5.1.4 的方法求出, 但不能确定 $\boldsymbol{T}$ 是正交阵.

例 5.1.4 (1) 设 $\boldsymbol{A}=(a_{ij})$ 是 n 阶实对称阵. 如果对 $n\times 2n$ 矩阵 $(\boldsymbol{A}\quad \boldsymbol{I}_n)$ 实施一系列初等行变换, 左乘 $P\big(i,j(c)\big)(j<i)$ 将它化为 $(\boldsymbol{Q}\quad \boldsymbol{M})$ 的形式, 其中 $\boldsymbol{Q}$ 是一个上三角阵, 它的 n 个对角元素依次是 $\lambda_1,\cdots,\lambda_r,0,\cdots,0$, 并且实数 $\lambda_i\neq 0(i=1,\cdots,r),r\geqslant 1$. 记 $\boldsymbol{C}=\boldsymbol{M}'$(即 $\boldsymbol{M}=\boldsymbol{C}'$), 那么 $\boldsymbol{C}'\boldsymbol{A}\boldsymbol{C}=\mathrm{diag}(\lambda_1,\cdots,\lambda_r,0,\cdots,0)$, 即 $\boldsymbol{A}$ 合同于对角阵.

(2) 设 $\boldsymbol{A}$ 是 n 阶实对称阵. 作 $2n\times n$ 矩阵

$$\boldsymbol{M}=\begin{pmatrix}\boldsymbol{A}\\\boldsymbol{I}_n\end{pmatrix},$$

依次按下列法则对 $\boldsymbol{M}$ 作初等变换: 首先对 $\boldsymbol{M}$ 作第一次初等列 (行) 变换, 然后作相应的初等行 (列) 变换 (即若初等列变换施行于第 i,j 列, 则相同运算的初等行变换施行于第 i,j 行; 等等); 然后作第二次初等列 (行) 变换, 以及相应的初等行 (列) 变换; 等等. 有限次后,$\boldsymbol{M}$ 被化为

$$\boldsymbol{N}=\begin{pmatrix}\boldsymbol{Q}\\\boldsymbol{C}\end{pmatrix}.$$

证明: $\boldsymbol{Q}$ 必为对称矩阵, 并且 $\boldsymbol{Q}=\boldsymbol{C}'\boldsymbol{A}\boldsymbol{C}$, 即 $\boldsymbol{A}$ 合同于 $\boldsymbol{Q}$.

解 (1) 设题中实施的一系列初等行变换即左乘的初等矩阵依次是

$$P_1\big(i_1,j_1(c_1)\big),\quad P_2\big(i_2,j_2(c_2)\big),\quad \cdots,\quad P_t\big(i_t,j_t(c_t)\big),$$

其中 $j_1<i_1,\cdots,j_t<i_t$, 那么矩阵

$$\boldsymbol{M}=P_t\big(i_t,j_t(c_t)\big)\cdots P_2\big(i_2,j_2(c_2)\big)P_1\big(i_1,j_1(c_1)\big).$$

由

$$\boldsymbol{M}(\boldsymbol{A}\quad \boldsymbol{I}_n)=(\boldsymbol{M}\boldsymbol{A}\quad \boldsymbol{M})=(\boldsymbol{Q}\quad \boldsymbol{M})$$

知 $\boldsymbol{M}\boldsymbol{A}=\boldsymbol{Q}$, 从而

$$\boldsymbol{M}\boldsymbol{A}\boldsymbol{M}'=\boldsymbol{Q}\Big(P_t\big(i_t,j_t(c_t)\big)\cdots P_2\big(i_2,j_2(c_2)\big)P_1\big(i_1,j_1(c_1)\big)\Big)'$$

$$=\boldsymbol{Q}P_1\big(i_1,j_1(c_1)\big)'P_2\big(i_2,j_2(c_2)\big)'\cdots P_t\big(i_t,j_t(c_t)\big)'$$
$$=\boldsymbol{Q}P_1\big(j_1,i_1(c_1)\big)P_2\big(j_2,i_2(c_2)\big)\cdots P_t\big(j_t,i_t(c_t)\big)=\boldsymbol{Q}_1.$$

因为 $\boldsymbol{Q}$ 是上三角阵, 并且 $j_1<i_1,\cdots,j_t<i_t$, 所以对于 $\boldsymbol{Q}$ 依次右乘 $P_1\big(j_1,i_1(c_1)\big)$, $P_2\big(j_2,i_2(c_2)\big),\cdots,P_t\big(j_t,i_t(c_t)\big)$ 后,$\boldsymbol{Q}$ 的对角元及对角线下方的元素不变, 从而 $\boldsymbol{Q}_1$ 仍然是上三角阵. 又因为 $\boldsymbol{A}$ 对称, 所以 $(\boldsymbol{MAM}')'=\boldsymbol{MA'M'}=\boldsymbol{MAM}'$, 即 $\boldsymbol{Q}_1$ 对称, 所以 $\boldsymbol{Q}_1$ 实际上是对角阵, 并且其对角元就是 $\boldsymbol{Q}$ 的对角元.

(2) 参见例 4.1.2 的解的步骤 (i)(保留那里的记号), 可知

$$\boldsymbol{Q}=\boldsymbol{C}_r'\cdots\boldsymbol{C}_1'\boldsymbol{AC}_1\cdots\boldsymbol{C}_r=\boldsymbol{C}'\boldsymbol{AC},$$

其中 $\boldsymbol{C}=\boldsymbol{C}_1\cdots\boldsymbol{C}_r$. 因为 $\boldsymbol{A}$ 对称, 所以 $(\boldsymbol{C}'\boldsymbol{AC})'=\boldsymbol{C}'\boldsymbol{AC}$, 即 $\boldsymbol{Q}$ 也是对称矩阵. □

注 **1°** 本例的问题 (1) 和问题 (2) 是类似的. 在问题 (2) 中若 $\boldsymbol{Q}$ 是上 (下) 三角阵, 则必为对角阵. 因此问题 (1) 和问题 (2) 都可用于化二次型为标准形, 但计算量不同.

2° 在应用本例问题 (1) 中的方法时, 如果 $\boldsymbol{A}=(a_{ij})$ 中 a_{ii} 不全为零 (不妨认为 $a_{11}\neq 0$), 那么, 常可通过实施一系列初等行变换, 左乘 $P\big(i,j(c)\big)(i>j)$ 将它化为上三角阵. 但在所有 $a_{ii}=0$ 的情形要首先同时实施适当的初等行变换及与它相应的初等列变换, 将 $\boldsymbol{A}$ 化为 a_{ii} 不全为零的对称矩阵 (见例 5.1.6 的解法 1). 此时实际上与本例问题 (2) 中的方法差别不大.

例 5.1.5 求非退化线性变换, 将二次型

$$f(x_1,x_2,x_3)=x_1^2-x_2^2+2x_3^2-2x_1x_2+4x_1x_3$$

化为标准形.

解 *解法 1* 应用例 5.1.4(1) 中的方法. 二次型的矩阵

$$\boldsymbol{A}=\begin{pmatrix}1&-1&2\\-1&-1&0\\2&0&2\end{pmatrix}.$$

作矩阵

$$(\boldsymbol{A}\quad\boldsymbol{I}_3)=\begin{pmatrix}1&-1&2&1&0&0\\-1&-1&0&0&1&0\\2&0&2&0&0&1\end{pmatrix}.$$

要将左半化为上三角阵. 依次将第 1 行加到第 2 行, 将所得矩阵的第 1 行的 (−2) 倍加到第 3 行, 得到

$$\begin{pmatrix}1&-1&2&1&0&0\\0&-2&2&1&1&0\\0&2&-2&-2&0&1\end{pmatrix}.$$

将此矩阵的第 2 行加到第 3 行, 即得

$$\begin{pmatrix}1 & -1 & 2 & 1 & 0 & 0\\0 & -2 & 2 & 1 & 1 & 0\\0 & 0 & 0 & -1 & 1 & 1\end{pmatrix}.$$

依例 5.1.4(1) 知

$$\boldsymbol{C}'\boldsymbol{A}\boldsymbol{C}=\begin{pmatrix}1 & 0 & 0\\0 & -2 & 0\\0 & 0 & 0\end{pmatrix},$$

其中

$$\boldsymbol{C}'=\begin{pmatrix}1 & 0 & 0\\1 & 1 & 0\\-1 & 1 & 1\end{pmatrix},\quad \boldsymbol{C}=(\boldsymbol{C}')'=\begin{pmatrix}1 & 1 & -1\\0 & 1 & 1\\0 & 0 & 1\end{pmatrix}.$$

由此定义变换

$$(x_1,x_2,x_3)'=\boldsymbol{C}(y_1,y_2,y_3)',$$

即

$$x_1=y_1+y_2-y_3,\quad x_2=y_2+y_3,\quad x_3=y_3$$

将 f 化为标准形 $y_1^2-2y_2^2$(参见例 5.1.3 的解法 1 的步骤 (ii)). 因为 $\boldsymbol{C}$ 可逆, 所以上述线性变换非退化.

解法 2 应用例 5.1.4(2) 中的方法. 作矩阵

$$\begin{pmatrix}\boldsymbol{A}\\\boldsymbol{I}_3\end{pmatrix}=\begin{pmatrix}1 & -1 & 2\\-1 & -1 & 0\\2 & 0 & 2\\1 & 0 & 0\\0 & 1 & 0\\0 & 0 & 1\end{pmatrix}.$$

要将上半化为上三角阵 (由操作的“对称性”特点, 实际得到的是对角阵). 对此矩阵依次作下列初等变换: 第 1 列加到第 2 列, 然后将所得矩阵的第 1 行加到第 2 行, 则

$$\begin{pmatrix}\boldsymbol{A}\\\boldsymbol{I}_3\end{pmatrix}\to\begin{pmatrix}1 & 0 & 2\\-1 & -2 & 0\\2 & 2 & 2\\1 & 1 & 0\\0 & 1 & 0\\0 & 0 & 1\end{pmatrix}\to\begin{pmatrix}1 & 0 & 2\\0 & -2 & 2\\2 & 2 & 2\\1 & 1 & 0\\0 & 1 & 0\\0 & 0 & 1\end{pmatrix};$$

将上式右边矩阵第 1 列的 (−2) 倍加到第 3 列, 然后将所得矩阵的第 1 行的 (−2) 倍加到第 3 行, 则此矩阵

$$\to \begin{pmatrix} 1 & 0 & 0 \\ 0 & -2 & 2 \\ 2 & 2 & -2 \\ 1 & 1 & -2 \\ 0 & 1 & 0 \\ 0 & 0 & 1 \end{pmatrix} \to \begin{pmatrix} 1 & 0 & 0 \\ 0 & -2 & 2 \\ 0 & 2 & -2 \\ 1 & 1 & -2 \\ 0 & 1 & 0 \\ 0 & 0 & 1 \end{pmatrix};$$

最后, 将上式右边矩阵的第 2 列加到第 3 列, 然后将所得矩阵的第 2 行加到第 3 行, 则

$$\to \begin{pmatrix} 1 & 0 & 0 \\ 0 & -2 & 0 \\ 0 & 2 & 0 \\ 1 & 1 & -1 \\ 0 & 1 & 1 \\ 0 & 0 & 1 \end{pmatrix} \to \begin{pmatrix} 1 & 0 & 0 \\ 0 & -2 & 0 \\ 0 & 0 & 0 \\ 1 & 1 & -1 \\ 0 & 1 & 1 \\ 0 & 0 & 1 \end{pmatrix}.$$

由此直接得到

$$\boldsymbol{C} = \begin{pmatrix} 1 & 1 & -1 \\ 0 & 1 & 1 \\ 0 & 0 & 1 \end{pmatrix}, \quad \boldsymbol{Q} = \begin{pmatrix} 1 & 0 & 0 \\ 0 & -2 & 0 \\ 0 & 0 & 0 \end{pmatrix}.$$

余同解法 1. □

例 5.1.6　求非退化线性变换, 将二次型

$$f(x_1, x_2, x_3) = 2x_1x_2 + 2x_1x_3 - 6x_2x_3$$

化为标准形.

解　解法 1　二次型的矩阵

$$\boldsymbol{A} = \begin{pmatrix} 0 & 1 & 1 \\ 1 & 0 & -3 \\ 1 & -3 & 0 \end{pmatrix},$$

其对角元全为零, 不可能对矩阵

$$(\boldsymbol{A} \quad \boldsymbol{I}_3) = \begin{pmatrix} 0 & 1 & 1 & 1 & 0 & 0 \\ 1 & 0 & -3 & 0 & 1 & 0 \\ 1 & -3 & 0 & 0 & 0 & 1 \end{pmatrix}$$

只通过初等行变换将其左半化为上三角阵. 我们首先将它的第 2 行加到第 1 行, 得到

$$\begin{pmatrix} 1 & 1 & -2 & 1 & 1 & 0 \\ 1 & 0 & -3 & 0 & 1 & 0 \\ 1 & -3 & 0 & 0 & 0 & 1 \end{pmatrix},$$

然后相应地将上述矩阵的第 2 列加到第 1 列, 这不改变右半矩阵(因而实际上对 $\boldsymbol{I}_3$ 只实施了例 5.1.4(1) 中所说的那种初等行变换), 但保证左半产生对称矩阵, 这样得到

$$\begin{pmatrix} 2 & 1 & -2 & 1 & 1 & 0 \\ 1 & 0 & -3 & 0 & 1 & 0 \\ -2 & -3 & 0 & 0 & 0 & 1 \end{pmatrix},$$

对于得到的这个矩阵完全适宜实施初等行变换使左半化为上三角阵, 而且对 $\boldsymbol{I}_3$ 也仅仅实施了全部初等行变换, 从而例 5.1.4(1) 的结论在此有效. 现在依次将其第 1 行的 $(-1/2)$ 倍加到第 2 行, 将其第 1 行加到第 3 行, 得到

$$\begin{pmatrix} 2 & 1 & -2 & 1 & 1 & 0 \\ 0 & -\frac{1}{2} & -2 & -\frac{1}{2} & \frac{1}{2} & 0 \\ 0 & -2 & -2 & 1 & 1 & 1 \end{pmatrix},$$

然后将上述矩阵的第 2 行的 (-4) 倍加到第 3 行, 即得

$$\begin{pmatrix} 2 & 1 & -2 & 1 & 1 & 0 \\ 0 & -\frac{1}{2} & -2 & -\frac{1}{2} & \frac{1}{2} & 0 \\ 0 & 0 & 6 & 3 & -1 & 1 \end{pmatrix}.$$

由此可知

$$\boldsymbol{C}'\boldsymbol{A}\boldsymbol{C} = \begin{pmatrix} 2 & 0 & 0 \\ 0 & -\frac{1}{2} & 0 \\ 0 & 0 & 6 \end{pmatrix}, \quad \boldsymbol{C} = \begin{pmatrix} 1 & -\frac{1}{2} & 3 \\ 1 & \frac{1}{2} & -1 \\ 0 & 0 & 1 \end{pmatrix}.$$

因此通过非退化线性变换 $(x_1, x_2, x_3)' = \boldsymbol{C}(y_1, y_2, y_3)'$, 将 $f(x_1, x_2, x_3)$ 化为标准形

$$2y_1^2 - \frac{1}{2}y_2^2 + 6y_3^2.$$

解法 2 作矩阵

$$\begin{pmatrix} 0 & 1 & 1 \\ 1 & 0 & -3 \\ 1 & -3 & 0 \\ 1 & 0 & 0 \\ 0 & 1 & 0 \\ 0 & 0 & 1 \end{pmatrix}.$$

然后依次进行下列初等变换 (读者写出中间结果): 第 2 行加到第 1 行, 第 2 列加到第 1 列; 第 1 行的 $(-1/2)$ 倍加到第 2 行, 第 1 列的 $(-1/2)$ 倍加到第 2 列; 第 1 行加到第 3 行, 第 1 列加到第 3 列; 第 2 行的 (-4) 倍加到第 3 行, 第 2 列的 (-4) 倍加到第 3 列; 第 2 行的

(-4) 倍加到第 3 行, 第 2 列的 (-4) 倍加到第 3 列. 这样就得到

$$\begin{pmatrix} 2 & 0 & 0 \\ 0 & -\frac{1}{2} & 0 \\ 0 & 0 & 6 \\ 1 & -\frac{1}{2} & 3 \\ 1 & \frac{1}{2} & -1 \\ 0 & 0 & 1 \end{pmatrix}.$$

由此直接得到

$$\boldsymbol{C} = \begin{pmatrix} 1 & -\frac{1}{2} & 3 \\ 1 & \frac{1}{2} & -1 \\ 0 & 0 & 1 \end{pmatrix}, \quad \boldsymbol{C}'\boldsymbol{A}\boldsymbol{C} = \begin{pmatrix} 2 & 0 & 0 \\ 0 & -\frac{1}{2} & 0 \\ 0 & 0 & 6 \end{pmatrix},$$

导致与解法 1 相同的结果.

如果我们对前面得到的 6×3 矩阵继续作初等变换: 将其第 2 行乘以 2, 然后 (将所得矩阵的) 第 2 列乘以 2, 就可得到

$$\begin{pmatrix} 2 & 0 & 0 \\ 0 & -2 & 0 \\ 0 & 0 & 6 \\ 1 & -1 & 3 \\ 1 & 1 & -1 \\ 0 & 0 & 1 \end{pmatrix}.$$

于是在线性变换

$$x_1 = y_1 - y_2 + 3y_3, \quad x_2 = y_1 + y_2 - y_3, \quad x_3 = y_3$$

下,f 被化为 $2y_1^2 - 2y_2^2 + 6y_3^2$. □

例 5.1.7 设 $\overline{x} = \dfrac{1}{n}\sum\limits_{i=1}^{n} x_i$, 求二次型 $F(x_1, \cdots, x_n) = \sum\limits_{i=1}^{n}(x_i - \overline{x})^2$ 的秩和规范形.

解 我们有

$$\begin{aligned} F &= \sum_{i=1}^{n}(x_i^2 - 2x_i\overline{x} + \overline{x}^2) = \sum_{i=1}^{n} x_i^2 - 2\overline{x}\sum_{i=1}^{n} x_i + n\overline{x}^2 \\ &= \sum_{i=1}^{n} x_i^2 - 2\overline{x} \cdot n\overline{x} + n\overline{x}^2 = \sum_{i=1}^{n} x_i^2 - n\overline{x}^2 \\ &= \sum_{i=1}^{n} x_i^2 - n\left(\frac{1}{n}\sum_{i=1}^{n} x_n\right)^2 = \sum_{i=1}^{n} x_i^2 - \frac{1}{n}\left(\sum_{i=1}^{n} x_i^2 + 2\sum_{1 \leqslant i < j \leqslant n} x_i x_j\right) \\ &= \sum_{i=1}^{n}\left(1 - \frac{1}{n}\right)x_i^2 - \frac{2}{n}\sum_{1 \leqslant i < j \leqslant n} x_i x_j. \end{aligned}$$

于是 F 的矩阵

$$\boldsymbol{A}=\begin{pmatrix}1-\frac{1}{n} & -\frac{1}{n} & \cdots & -\frac{1}{n}\\ -\frac{1}{n} & 1-\frac{1}{n} & \cdots & -\frac{1}{n}\\ \vdots & \vdots & & \vdots\\ -\frac{1}{n} & -\frac{1}{n} & \cdots & 1-\frac{1}{n}\end{pmatrix}.$$

$\boldsymbol{A}$ 的特征多项式

$$\varphi_{\boldsymbol{A}}(\lambda)=|\lambda\boldsymbol{I}_n-\boldsymbol{A}|=\begin{vmatrix}\lambda-1+\frac{1}{n} & \frac{1}{n} & \cdots & \frac{1}{n}\\ \frac{1}{n} & \lambda-1+\frac{1}{n} & \cdots & \frac{1}{n}\\ \vdots & \vdots & & \vdots\\ \frac{1}{n} & \frac{1}{n} & \cdots & \lambda-1+\frac{1}{n}\end{vmatrix}.$$

将第 $2,3,\cdots,n$ 行都加到第 1 行, 第 1 行各元素都等于 λ, 因此

$$\varphi_{\boldsymbol{A}}(\lambda)=\lambda\begin{vmatrix}1 & 1 & \cdots & 1\\ \frac{1}{n} & \lambda-1+\frac{1}{n} & \cdots & \frac{1}{n}\\ \vdots & \vdots & & \vdots\\ \frac{1}{n} & \frac{1}{n} & \cdots & \lambda-1+\frac{1}{n}\end{vmatrix}.$$

将第 $2,3,\cdots,n$ 行都减去第 1 行的 $1/n$ 倍, 得到

$$\varphi_{\boldsymbol{A}}(\lambda)=\lambda\begin{vmatrix}1 & 1 & 1 & \cdots & 1\\ 0 & \lambda-1 & 0 & \cdots & \frac{1}{n}\\ \vdots & \vdots & \vdots & & \vdots\\ 0 & 0 & 0 & \cdots & \lambda-1\end{vmatrix}=\lambda(\lambda-1)^{n-1}$$

(此行列式也可应用习题 1.4(2) 求出). 于是 $\boldsymbol{A}$ 的特征值是 $\lambda_1=\cdots=\lambda_{n-1}=1,\lambda_n=0$, 从而 $\boldsymbol{A}$ 与对角阵 $\boldsymbol{B}=\mathrm{diag}(1,1,\cdots,1,0)$ 合同, 从而有可逆阵 $\boldsymbol{C}$ 使 $\boldsymbol{A}=\boldsymbol{C}'\boldsymbol{B}\boldsymbol{C}$, 因此 F 的秩等于 $r(\boldsymbol{A})=r(\boldsymbol{C}'\boldsymbol{B}\boldsymbol{C})=r(\boldsymbol{B})=n-1$(见例 2.2.1); 并且 F 有标准形 $y_1^2+\cdots+y_{n-1}^2$, 因为平方项非零系数都等于 1, 所以也是规范形. □

5.2 对称矩阵与反对称矩阵

例 5.2.1 证明:(实) 对称矩阵的特征值是实数.

解 解法 1 设 $\boldsymbol{Ax}=\lambda\boldsymbol{x},\boldsymbol{x}\neq\boldsymbol{O}$. 因为 $\boldsymbol{A}$ 是实矩阵, 所以取复数共轭得到 $\boldsymbol{A}\overline{\boldsymbol{x}}=\overline{\lambda}\overline{\boldsymbol{x}}$; 再在两边取转置得 $\overline{\boldsymbol{x}}'\boldsymbol{A}'=\overline{\lambda}\overline{\boldsymbol{x}}'$, 因为 $\boldsymbol{A}'=\boldsymbol{A}$, 所以得到 $\overline{\boldsymbol{x}}'\boldsymbol{A}=\overline{\lambda}\overline{\boldsymbol{x}}'$. 由此可知 $\overline{\boldsymbol{x}}'\boldsymbol{Ax}=\overline{\lambda}\overline{\boldsymbol{x}}'\boldsymbol{x}$. 同时还有 $\overline{\boldsymbol{x}}'\boldsymbol{Ax}=\overline{\boldsymbol{x}}'(\lambda\boldsymbol{x})=\lambda\overline{\boldsymbol{x}}'\boldsymbol{x}$. 因此 $\overline{\lambda}\overline{\boldsymbol{x}}'\boldsymbol{x}=\lambda\overline{\boldsymbol{x}}'\boldsymbol{x}$, 或 $(\overline{\lambda}-\lambda)\overline{\boldsymbol{x}}'\boldsymbol{x}=0$. 因为 $\boldsymbol{x}\neq\boldsymbol{O}$, 所以 $\overline{\boldsymbol{x}}'\boldsymbol{x}\neq 0$, 从而 $\overline{\lambda}-\lambda=0$, 这表明 λ 是实数.

解法 2 因为矩阵的特征多项式与极小多项式 $m(x)$ 有相同的根 (只是可能重数不同), 所以对于 $\boldsymbol{A}$ 的任何特征值 $\lambda, m(\lambda)=0$. 又因为 $\boldsymbol{A}$ 是实矩阵, 所以 $m(x)$ 是实系数多项式. 设 $\lambda=a+b\mathrm{i}\,(\mathrm{i}=\sqrt{-1})$, 而且 $b\neq 0$, 我们来导出矛盾. 由 $m(\lambda)=0$ 可知

$$m(x)=(x-\lambda)\big(f(x)+\mathrm{i}g(x)\big),$$

其中 f,g 是实系数多项式, 并且均非零 (因为不然 $m(x)$ 不是实系数多项式). 两边取共轭, 注意 $m(x)=\overline{m(x)}$, 所以也有

$$m(x)=(x-\overline{\lambda})\big(f(x)-\mathrm{i}g(x)\big).$$

于是 $(x-\lambda)\big(f(x)+\mathrm{i}g(x)\big)=(x-\overline{\lambda})\big(f(x)-\mathrm{i}g(x)\big)$, 从而 $x-\lambda$ 是 $f(x)-\mathrm{i}g(x)$ 的一个因式. 于是 $m(x)=(x-\lambda)\big(f(x)+\mathrm{i}g(x)\big)$ 是

$$\big(f(x)+\mathrm{i}g(x)\big)\big(f(x)-\mathrm{i}g(x)\big)=f(x)^2+g(x)^2$$

的因式. 因为 $m(\boldsymbol{A})=\boldsymbol{O}$(零矩阵), 所以

$$f(\boldsymbol{A})^2+g(\boldsymbol{A})^2=\boldsymbol{O}.$$

显然 $f(\boldsymbol{A}),g(\boldsymbol{A})$ 都是实对称矩阵, 记 $f(\boldsymbol{A})=(\alpha_{ij}),g(\boldsymbol{A})=(\beta_{ij})$, 则由上式得到

$$\sum_{j=1}^{n}\alpha_{ij}^2+\sum_{j=1}^{n}\beta_{ij}^2=0\quad(i=1,2,\cdots,n),$$

于是 $\alpha_{ij}=\beta_{ij}=0$, 即 $f(\boldsymbol{A})=g(\boldsymbol{A})=\boldsymbol{O}$. 但 $f(x),g(x)$ 的次数均低于 $m(x)$ 的次数, 这与极小多项式的性质不符.

解法 3 由 Schur 定理, 存在酉阵 $\boldsymbol{U}$ 使得

$$\overline{\boldsymbol{U}'}\boldsymbol{AU}=\begin{pmatrix}\lambda_1 & a_{12} & a_{13} & \cdots & a_{1n}\\ 0 & \lambda_2 & a_{23} & \cdots & a_{2n}\\ 0 & 0 & \lambda_3 & \cdots & a_{3n}\\ \vdots & \vdots & \vdots & & \vdots\\ 0 & 0 & 0 & \cdots & \lambda_n\end{pmatrix},$$

其中 $\lambda_1,\lambda_2,\cdots,\lambda_n$ 是 $\boldsymbol{A}$ 的全部特征值. 于是 $\overline{\overline{\boldsymbol{U}'}\boldsymbol{AU}}=\boldsymbol{U}'\overline{\boldsymbol{A}}\overline{\boldsymbol{U}}=\boldsymbol{U}'\boldsymbol{A}\overline{\boldsymbol{U}}$. 因为 $(\overline{\boldsymbol{U}'}\boldsymbol{AU})'=\boldsymbol{U}'\boldsymbol{A}'\overline{\boldsymbol{U}}=\boldsymbol{U}'\boldsymbol{A}\overline{\boldsymbol{U}}$, 所以 $\overline{\overline{\boldsymbol{U}'}\boldsymbol{AU}}=(\overline{\boldsymbol{U}'}\boldsymbol{AU})'$, 即

$$\begin{pmatrix}\overline{\lambda}_1 & \overline{a}_{12} & \overline{a}_{13} & \cdots & \overline{a}_{1n}\\ 0 & \overline{\lambda}_2 & \overline{a}_{23} & \cdots & \overline{a}_{2n}\\ 0 & 0 & \overline{\lambda}_3 & \cdots & \overline{a}_{3n}\\ \vdots & \vdots & \vdots & & \vdots\\ 0 & 0 & 0 & \cdots & \overline{\lambda}_n\end{pmatrix}=\begin{pmatrix}\lambda_1 & a_{12} & a_{13} & \cdots & a_{1n}\\ 0 & \lambda_2 & a_{23} & \cdots & a_{2n}\\ 0 & 0 & \lambda_3 & \cdots & a_{3n}\\ \vdots & \vdots & \vdots & & \vdots\\ 0 & 0 & 0 & \cdots & \lambda_n\end{pmatrix}',$$

比较等式两边对角元素可知 $\lambda_i=\overline{\lambda}_i$, 所以 λ_i 为实数. □

例 5.2.2 (1) 用适当的正交矩阵 $\boldsymbol{P}$ 将对称矩阵

$$\boldsymbol{A}=\begin{pmatrix}1&3&0\\3&-1&-1\\0&-1&1\end{pmatrix}$$

化为对角形.

(2) 求主轴方向, 将

$$f(\boldsymbol{x})=\boldsymbol{x}'\boldsymbol{A}\boldsymbol{x}=x_1^2-x_2^2+x_3^2-2x_2x_3+6x_1x_2$$

化为标准形.

解 基于 5.1 节中的方法, 我们在此只给出思路和主要步骤的结果, 读者应当能够补出相应的计算细节.

(1) $\boldsymbol{A}$ 的特征多项式

$$\varphi_{\boldsymbol{A}}(x)=x^3-x^2-11x+11=(x-1)(x^2-11),$$

所以 $\boldsymbol{A}$ 的特征值 $\lambda=1,\pm\sqrt{11}$. 算出

$$\begin{aligned}&\operatorname{Ker}(\boldsymbol{I}_3-\boldsymbol{A})=\{k(1,0,3)'\}=\left\{k\left(\frac{1}{\sqrt{10}},0,\frac{3}{\sqrt{10}}\right)'\right\},\\&\operatorname{Ker}(\pm\sqrt{11}\boldsymbol{I}_3-\boldsymbol{A})=\left\{k\left(\frac{3}{\sqrt{22\mp2\sqrt{11}}},\frac{\pm\sqrt{11}-1}{\sqrt{22\mp2\sqrt{11}}},-\frac{1}{\sqrt{22\mp2\sqrt{11}}}\right)'\right\},\end{aligned}$$

令

$$\boldsymbol{P}=\begin{pmatrix}\frac{1}{\sqrt{10}}&\frac{3}{\sqrt{22-2\sqrt{11}}}&\frac{3}{\sqrt{22+2\sqrt{11}}}\\0&\frac{\sqrt{11}-1}{\sqrt{22-2\sqrt{11}}}&-\frac{\sqrt{11}+1}{\sqrt{22+2\sqrt{11}}}\\\frac{3}{\sqrt{10}}&-\frac{1}{\sqrt{22-2\sqrt{11}}}&-\frac{1}{\sqrt{22+2\sqrt{11}}}\end{pmatrix},$$

则 $\boldsymbol{P}$ 是正交矩阵,$\boldsymbol{P}^{-1}=\boldsymbol{P}'$, 并且

$$\boldsymbol{P}^{-1}\boldsymbol{A}\boldsymbol{P}=\begin{pmatrix}1&0&0\\0&\sqrt{11}&0\\0&0&-\sqrt{11}\end{pmatrix}.$$

(2) 由本例问题 (1) 所得正交矩阵 $\boldsymbol{P}$ 的各列向量得到主轴方向 (即新的正交基):

$$(1,0,3)',\quad(3,\sqrt{11}-1,-1)',\quad(3,-\sqrt{11}-1,-1)',$$

以及标准形:

$$f(\boldsymbol{x})=y_1^2+\sqrt{11}y_2^2-\sqrt{11}y_3^2.$$ □

例 5.2.3 证明: 对称矩阵的秩等于其非零主子式的最高阶数.

解 解法 1 设 $\boldsymbol{A}=(a_{ij})$ 是 n 阶对称矩阵, 非零主子式的最高阶数为 t. 若 $t=0$, 则 $a_{ii}=0\,(i=1,\cdots,n)$, 因此

$$\begin{vmatrix} a_{ii} & a_{ij} \\ a_{ji} & a_{jj} \end{vmatrix}=a_{ii}a_{jj}-a_{ij}^2=0 \quad (i<j),$$

所以 $a_{ij}=0\,(i,j=1,2,\cdots,n)$. 于是 $\boldsymbol{A}=\boldsymbol{O},r(\boldsymbol{A})=0$.

若 $t=n-1$, 那么存在 $\boldsymbol{A}$ 的一个非零 $n-1$ 阶主子式, 而且 n 阶主子式即 $|\boldsymbol{A}|=0$, 因此 $r(\boldsymbol{A})=n-1$.

若 $0<t<n-1$, 因为对于 t 阶主子式

$$\left|\boldsymbol{A}\begin{pmatrix} i_1 & i_2 & \cdots & i_t \\ i_1 & i_2 & \cdots & i_t \end{pmatrix}\right|,$$

对序号相同的行和列实施同样的初等变换不影响对称性, 也不影响 $\boldsymbol{A}$ 的秩, 所以我们可设 $\boldsymbol{A}$ 的位于左上角的 t 阶主子式不为零, 即

$$\varDelta_t=\left|\boldsymbol{A}\begin{pmatrix} 1 & 2 & \cdots & t \\ 1 & 2 & \cdots & t \end{pmatrix}\right|\neq 0,$$

那么由题设知, 对于任何 $j>i>t$, 有

$$\mu_i=\left|\boldsymbol{A}\begin{pmatrix} 1 & 2 & \cdots & t & i \\ 1 & 2 & \cdots & t & i \end{pmatrix}\right|=0,$$

$$\mu_{ij}=\left|\boldsymbol{A}\begin{pmatrix} 1 & 2 & \cdots & t & i & j \\ 1 & 2 & \cdots & t & i & j \end{pmatrix}\right|=0.$$

我们断言 $\varDelta_t$ 的任何加边行列式

$$\varDelta_{ij}=\left|\boldsymbol{A}\begin{pmatrix} 1 & 2 & \cdots & t & i \\ 1 & 2 & \cdots & t & j \end{pmatrix}\right|=0 \quad (i\neq j).$$

事实上, 若它不为零, 则与 μ_{ij} 对应的矩阵 $\boldsymbol{M}$ 的秩等于 $t+1$, 并且 $\boldsymbol{M}$ 的前 t 行及标号为 i 的行也是与 $\varDelta_{ij}$ 对应的矩阵的 $t+1$ 个行, 从而线性无关; 而由对称性可知,$\boldsymbol{M}$ 的前 r 列及标号为 i 的列也线性无关. 于是这组行与这组列的交叉元素组成的行列式, 即 $\mu_i\neq 0$. 这与上述结论矛盾. 由此可推知 $\boldsymbol{A}$ 的秩等于 t.

解法 2 设 $\boldsymbol{A}$ 是 n 阶对称矩阵, 非零主子式的最高阶数为 t. 于是

$$r(\boldsymbol{A})\geqslant t.$$

又由习题 3.19(1),$\boldsymbol{A}$ 的特征多项式

$$\varphi_{\boldsymbol{A}}(x)=x^n-S_1(\boldsymbol{A})x^{n-1}+\cdots+(-1)^k S_k(\boldsymbol{A})x^{n-k}+\cdots+(-1)^n S_n(\boldsymbol{A}),$$

其中 $S_k(\boldsymbol{A})$ 是 $\boldsymbol{A}$ 的所有 k 阶主子式之和. 由题设,$S_{t+1}(\boldsymbol{A})=\cdots=S_n(\boldsymbol{A})=0$, 所以

$$\begin{aligned}\varphi_{\boldsymbol{A}}(x)&=x^n-S_1(\boldsymbol{A})x^{n-1}+\cdots+(-1)^kS_t(\boldsymbol{A})x^{n-t}\\&=x^{n-t}\big(x^t-S_1(\boldsymbol{A})x^{t-1}+\cdots+(-1)^kS_t(\boldsymbol{A})\big).\end{aligned}$$

因为有可能 $S_t(\boldsymbol{A})=0$, 所以 $\boldsymbol{A}$ 的零特征值的重数至少是 $n-t$, 从而 $\boldsymbol{A}$ 的非零特征值的个数至多是 t. 因为 $\boldsymbol{A}$ 是实对称阵, 所以存在正交矩阵 $\boldsymbol{T}$, 使得

$$\boldsymbol{A}=\boldsymbol{T}'\mathrm{diag}(\lambda_1,\cdots,\lambda_n)\boldsymbol{T},$$

其中 λ_i 是 $\boldsymbol{A}$ 的全部特征值 (见例 5.1.3 后的注 1°), 而且其中至多有 t 个非零. 因为相似矩阵有相同的秩, 所以

$$r(\boldsymbol{A})\leqslant t.$$

合起来即得 $r(\boldsymbol{A})=t$. □

注 上面的解法 1 中应用了下面两个基本事实:

1° 如果 $m\times n$ 矩阵 $\boldsymbol{A}$ 有一个 r 阶子式不为零, 而它的所有加边子式全等于零, 那么 $\boldsymbol{A}$ 的秩等于 r.

2° 如果 $m\times n$ 矩阵 $\boldsymbol{A}$ 的秩等于 r, 并且它的第 $i_1,i_2,\cdots,i_r$ 行及第 $j_1,j_2,\cdots,j_r$ 列分别线性无关, 那么行列式

$$\left|\boldsymbol{A}\begin{pmatrix}i_1 & i_2 & \cdots & i_r\\ j_1 & j_2 & \cdots & j_r\end{pmatrix}\right|\neq 0.$$

对此可参见: 屠伯埙, 等. 高等代数 [M]. 上海: 上海科学技术出版社,1987:130,126.

例 5.2.4 设 $\boldsymbol{A},\boldsymbol{B}$ 是 n 阶实对称阵, 则 $\boldsymbol{A},\boldsymbol{B}$ 正交相似的充分必要条件是它们有完全相同的特征值.

解 因为相似矩阵有相同的特征值, 所以条件是必要的. 现在设 n 阶实对称阵 $\boldsymbol{A}$ 和 $\boldsymbol{B}$ 有相同的特征值 $\lambda_1,\cdots,\lambda_n$. 由 $\boldsymbol{A},\boldsymbol{B}$ 的实对称性知, 分别存在正交阵 $\boldsymbol{P},\boldsymbol{Q}$, 使得

$$\boldsymbol{P}'\boldsymbol{A}\boldsymbol{P}=\boldsymbol{D}_1,\quad \boldsymbol{Q}'\boldsymbol{B}\boldsymbol{Q}=\boldsymbol{D}_2$$

(参见例 5.1.3 的注 1°), 其中

$$\boldsymbol{D}_1=\mathrm{diag}(\lambda_1,\lambda_2,\cdots,\lambda_n),\quad \boldsymbol{D}_2=\mathrm{diag}(\lambda_{k_1},\lambda_{k_2},\cdots,\lambda_{k_n}),$$

而 $(k_1,k_2,\cdots,k_n)$ 是 $(1,2,\cdots,n)$ 的一个排列. 如果 $\boldsymbol{D}_2$ 中 λ_1 位于 (i_1,i_1) 位置, 那么首先将 $\boldsymbol{D}_2$ 的第 i_1 行与第 1 行交换, 然后 (在所得矩阵中) 将第 i_1 列与第 1 列交换, 就使 λ_1 位于 (1,1) 位置. 这就是说在矩阵

$$P(1,i_1)\cdot\boldsymbol{D}_2\cdot P(1,i_1)$$

中位于 (1,1) 位置的元素是 λ_1. 类似地, 在 $P(1,i_1)\cdot\boldsymbol{D}_2\cdot P(1,i_1)$ 中调整 λ_2 的位置, 可使在矩阵

$$P(2,i_2)\big(P(1,i_1)\cdot\boldsymbol{D}_2\cdot P(1,i_1)\big)P(2,i_2)$$

中位于 (2,2) 位置的元素是 λ_2. 继续这种操作至多 n 次, 可使

$$\begin{aligned}&P(n,i_n)\cdots P(2,i_2)P(1,i_1)\cdot \boldsymbol{D}_2\cdot P(1,i_1)P(2,i_2)\cdots P(n,i_n)\\&\quad=\mathrm{diag}(\lambda_1,\lambda_2,\cdots,\lambda_n)=\boldsymbol{D}_1.\end{aligned}$$

记 $\boldsymbol{S}=P(n,i_n)\cdots P(2,i_2)P(1,i_1)$, 则

$$\begin{aligned}\boldsymbol{S}'&=P(1,i_1)'P(2,i_2)'\cdots P(n,i_n)'=P(1,i_1)P(2,i_2)\cdots P(n,i_n)\\&=P(1,i_1)^{-1}P(2,i_2)^{-1}\cdots P(n,i_n)^{-1}=\boldsymbol{S}^{-1},\end{aligned}$$

所以 $\boldsymbol{S}$ 是正交阵. 由 $\boldsymbol{S}\boldsymbol{D}_2\boldsymbol{S}'=\boldsymbol{D}_1=\boldsymbol{P}'\boldsymbol{A}\boldsymbol{P}$ 可知 $\boldsymbol{D}_2=\boldsymbol{S}'\boldsymbol{P}'\boldsymbol{A}\boldsymbol{P}\boldsymbol{S}$; 由此及 $\boldsymbol{Q}'\boldsymbol{B}\boldsymbol{Q}=\boldsymbol{D}_2$ 得到

$$\boldsymbol{S}'\boldsymbol{P}'\boldsymbol{A}\boldsymbol{P}\boldsymbol{S}=\boldsymbol{Q}'\boldsymbol{B}\boldsymbol{Q},$$

因此 $\boldsymbol{B}=\boldsymbol{Q}\boldsymbol{S}'\boldsymbol{P}'\cdot\boldsymbol{A}\cdot\boldsymbol{P}\boldsymbol{S}\boldsymbol{Q}'$. 因为 $\boldsymbol{P}\boldsymbol{S}\boldsymbol{Q}'$ 是正交矩阵之积, 所以是正交阵, 从而 $\boldsymbol{A},\boldsymbol{B}$ 正交相似. □

例 5.2.5　设 $\boldsymbol{A},\boldsymbol{B}$ 是 n 阶实对称矩阵, 并且 $\boldsymbol{A}\boldsymbol{B}=\boldsymbol{B}\boldsymbol{A}$, 则存在一个正交阵 $\boldsymbol{T}$, 使得同时有

$$\boldsymbol{T}'\boldsymbol{A}\boldsymbol{T}=\mathrm{diag}(\lambda_1,\lambda_2,\cdots,\lambda_n),\quad \boldsymbol{T}'\boldsymbol{B}\boldsymbol{T}=\mathrm{diag}(\mu_1,\mu_2,\cdots,\mu_n),$$

其中 λ_i,μ_i 分别是 $\boldsymbol{A},\boldsymbol{B}$ 的特征值.

解　(i) 因为 $\boldsymbol{A}$ 是实对称矩阵, 所以存在正交矩阵 $\boldsymbol{P}$, 使得

$$\boldsymbol{P}'\boldsymbol{A}\boldsymbol{P}=\mathrm{diag}(\lambda_1,\lambda_2,\cdots,\lambda_n),$$

其中 $\lambda_i(i=1,2,\cdots,n)$ 是 $\boldsymbol{A}$ 的全部特征值 (见例 5.1.3 后的注 1°). 设 $\lambda_i(i=1,2,\cdots,n)$ 中互不相同的值是 $a_1,a_2,\cdots,a_k$, 那么适当对 λ_i 编号, 可以认为

$$\boldsymbol{P}'\boldsymbol{A}\boldsymbol{P}=\mathrm{diag}(a_1\boldsymbol{I}_{n_1},a_2\boldsymbol{I}_{n_2},\cdots,a_k\boldsymbol{I}_{n_k})(=\boldsymbol{\varLambda}).$$

其中 $n_j\geqslant 1,n_1+n_2+\cdots+n_k=n$.

(ii) 又因为 $\boldsymbol{B}$ 是实对称矩阵, 所以 $\boldsymbol{C}=\boldsymbol{P}'\boldsymbol{B}\boldsymbol{P}$ 也是实对称矩阵. 应用条件 $\boldsymbol{A}\boldsymbol{B}=\boldsymbol{B}\boldsymbol{A}$ 可得

$$\begin{aligned}\boldsymbol{C}\boldsymbol{\varLambda}&=\boldsymbol{P}'\boldsymbol{B}\boldsymbol{P}\cdot\boldsymbol{P}'\boldsymbol{A}\boldsymbol{P}=\boldsymbol{P}'\boldsymbol{B}(\boldsymbol{P}\boldsymbol{P}')\boldsymbol{A}\boldsymbol{P}=\boldsymbol{P}'\boldsymbol{B}\boldsymbol{A}\boldsymbol{P}=\boldsymbol{P}'\boldsymbol{A}\boldsymbol{B}\boldsymbol{P}\\&=\boldsymbol{P}'\boldsymbol{A}(\boldsymbol{P}\boldsymbol{P}')\boldsymbol{B}\boldsymbol{P}=(\boldsymbol{P}'\boldsymbol{A}\boldsymbol{P})(\boldsymbol{P}'\boldsymbol{B}\boldsymbol{P})=\boldsymbol{\varLambda}\boldsymbol{C},\end{aligned}$$

即 $\boldsymbol{C}$ 与分块对角矩阵 $\boldsymbol{\varLambda}$ 可换, 依例 2.4.3 可知

$$\boldsymbol{C}=\mathrm{diag}(\boldsymbol{C}_1,\boldsymbol{C}_2,\cdots,\boldsymbol{C}_k),$$

其中 $\boldsymbol{C}_j$ 是 n_j 阶方阵, 并且是对称的 (因为 $\boldsymbol{C}$ 对称). 于是存在正交矩阵 $\boldsymbol{M}_j$ 使得 $\boldsymbol{M}_j'\boldsymbol{C}_j\boldsymbol{M}_j(j=1,2,\cdots,k)$ 是对角矩阵. 于是

$$\boldsymbol{M}=\mathrm{diag}(\boldsymbol{M}_1,\boldsymbol{M}_2,\cdots,\boldsymbol{M}_k)$$

也是正交矩阵. 令

$$T = PM,$$

则 T 是正交矩阵, 并且

$$\begin{aligned}T'BT &= M'P'BPM = M'(P'BP)M = M'CM\\ &= \mathrm{diag}(M_1', M_2', \cdots, M_k')\mathrm{diag}(C_1, C_2, \cdots, C_k)\mathrm{diag}(M_1, M_2, \cdots, M_k)\\ &= \mathrm{diag}(M_1'C_1M_1, M_2'C_2M_2, \cdots, M_k'C_kM_k) = \mathrm{diag}(\mu_1, \mu_2, \cdots, \mu_n).\end{aligned}$$

因为 $\mathrm{diag}(\mu_1, \mu_2, \cdots, \mu_n)$ 与 B 相似, 所以 $\mu_1, \mu_2, \cdots, \mu_n$ 就是 B 的全部特征值.

(iii) 我们还有

$$\begin{aligned}T'AT &= M'P'APM = M'(P'AP)M\\ &= \mathrm{diag}(M_1', M_2', \cdots, M_k')\mathrm{diag}(a_1I_{n_1}, a_2I_{n_2}, \cdots, a_kI_{n_k})\\ &\quad\cdot \mathrm{diag}(M_1, M_2, \cdots, M_k)\\ &= \mathrm{diag}(M_1'a_1I_{n_1}M_1, M_2'a_2I_{n_2}M_2, \cdots, M_k'a_kI_{n_k}M_k),\end{aligned}$$

因为 $M_j'a_jI_{n_j}M_j = a_jI_{n_j}M_j'M_j = a_jI_{n_j}$, 所以

$$T'AT = \mathrm{diag}(a_1I_{n_1}, a_2I_{n_2}, \cdots, a_kI_{n_k}) = \mathrm{diag}(\lambda_1, \lambda_2, \cdots, \lambda_n).$$

于是本题得证. □

注 由本例可知, 若 A, B 是 n 阶实对称矩阵, 并且 $AB = BA$, 则存在正交阵 T, 使得

$$\begin{aligned}T'(AB)T &= (T'AT)(T'BT) = \mathrm{diag}(\lambda_1, \lambda_2, \cdots, \lambda_n)\mathrm{diag}(\mu_1, \mu_2, \cdots, \mu_n)\\ &= \mathrm{diag}(\lambda_1\mu_1, \lambda_2\mu_2, \cdots, \lambda_n\mu_n),\end{aligned}$$

即 AB 可对角化.

例 5.2.6 设 A, B 是正交矩阵, $AB = BA$, 并且 $A+I, B+I$ 可逆, 则

$$C = (AB - I)(AB + A + B + I)^{-1}$$

是反对称矩阵.

解 解法 1 (i) 因为

$$AB + A + B + I = A(B+I) + (B+I) = (A+I)(B+I),$$

并且 $A+I, B+I$ 可逆, 所以

$$C = (AB - I)\big((A+I)(B+I)\big)^{-1} = (AB - I)(B+I)^{-1}(A+I)^{-1}.$$

(ii) 由 C 的上述表达式得到

$$C' = \big((AB - I)(B+I)^{-1}(A+I)^{-1}\big)'$$

$$\begin{aligned}&=\left((\boldsymbol{A}+\boldsymbol{I})'\right)^{-1}\left((\boldsymbol{B}+\boldsymbol{I})'\right)^{-1}(\boldsymbol{AB}-\boldsymbol{I})'\\&=(\boldsymbol{A}'+\boldsymbol{I})^{-1}(\boldsymbol{B}'+\boldsymbol{I})^{-1}(\boldsymbol{B}'\boldsymbol{A}'-\boldsymbol{I})\\&=(\boldsymbol{A}^{-1}+\boldsymbol{I})^{-1}\cdot(\boldsymbol{B}^{-1}+\boldsymbol{I})^{-1}(\boldsymbol{B}^{-1}\boldsymbol{A}^{-1}-\boldsymbol{I}).\end{aligned}$$

因为

$$\begin{aligned}(\boldsymbol{B}^{-1}+\boldsymbol{I})^{-1}(\boldsymbol{B}^{-1}\boldsymbol{A}^{-1}-\boldsymbol{I})&=(\boldsymbol{B}^{-1}+\boldsymbol{I})^{-1}\boldsymbol{B}^{-1}\boldsymbol{A}^{-1}(\boldsymbol{I}-\boldsymbol{BA})\\&=\left(\boldsymbol{B}(\boldsymbol{B}^{-1}+\boldsymbol{I})\right)^{-1}\boldsymbol{A}^{-1}(\boldsymbol{I}-\boldsymbol{AB})=(\boldsymbol{B}+\boldsymbol{I})^{-1}\boldsymbol{A}^{-1}(\boldsymbol{I}-\boldsymbol{AB})\\&=\left(\boldsymbol{A}(\boldsymbol{B}+\boldsymbol{I})\right)^{-1}(\boldsymbol{I}-\boldsymbol{AB})=(\boldsymbol{AB}+\boldsymbol{A})^{-1}(\boldsymbol{I}-\boldsymbol{AB})\\&=(\boldsymbol{BA}+\boldsymbol{A})^{-1}(\boldsymbol{I}-\boldsymbol{AB})=\left((\boldsymbol{B}+\boldsymbol{I})\boldsymbol{A}\right)^{-1}(\boldsymbol{I}-\boldsymbol{AB})\\&=\boldsymbol{A}^{-1}(\boldsymbol{B}+\boldsymbol{I})^{-1}(\boldsymbol{I}-\boldsymbol{AB}),\end{aligned}$$

从而

$$\boldsymbol{C}'=(\boldsymbol{A}^{-1}+\boldsymbol{I})^{-1}\cdot\boldsymbol{A}^{-1}(\boldsymbol{B}+\boldsymbol{I})^{-1}(\boldsymbol{I}-\boldsymbol{AB}),$$

类似地, 可知 $(\boldsymbol{A}^{-1}+\boldsymbol{I})^{-1}\boldsymbol{A}^{-1}=(\boldsymbol{A}+\boldsymbol{I})^{-1}$, 所以 $\boldsymbol{C}'$ 有表达式

$$\boldsymbol{C}'=(\boldsymbol{A}+\boldsymbol{I})^{-1}(\boldsymbol{B}+\boldsymbol{I})^{-1}(\boldsymbol{I}-\boldsymbol{AB}).$$

(iii) 由于 $\boldsymbol{AB}=\boldsymbol{BA}$, 所以

$$\begin{aligned}(\boldsymbol{I}-\boldsymbol{AB})(\boldsymbol{A}+\boldsymbol{I})(\boldsymbol{B}+\boldsymbol{I})&=(\boldsymbol{I}-\boldsymbol{AB})(\boldsymbol{AB}+\boldsymbol{A}+\boldsymbol{B}+\boldsymbol{I})\\&=\boldsymbol{AB}+\boldsymbol{A}+\boldsymbol{B}+\boldsymbol{I}-(\boldsymbol{AB})^2-\boldsymbol{BA}^2-\boldsymbol{AB}^2-\boldsymbol{AB}\\&=\boldsymbol{I}+\boldsymbol{A}+\boldsymbol{B}-\boldsymbol{AB}^2-\boldsymbol{BA}^2-(\boldsymbol{AB})^2;\end{aligned}$$

类似地

$$(\boldsymbol{B}+\boldsymbol{I})(\boldsymbol{A}+\boldsymbol{I})(\boldsymbol{AB}-\boldsymbol{I})=-(\boldsymbol{I}+\boldsymbol{A}+\boldsymbol{B}-\boldsymbol{AB}^2-\boldsymbol{BA}^2-(\boldsymbol{AB})^2).$$

于是

$$(\boldsymbol{I}-\boldsymbol{AB})(\boldsymbol{A}+\boldsymbol{I})(\boldsymbol{B}+\boldsymbol{I})=-(\boldsymbol{B}+\boldsymbol{I})(\boldsymbol{A}+\boldsymbol{I})(\boldsymbol{AB}-\boldsymbol{I}),$$

从而

$$(\boldsymbol{A}+\boldsymbol{I})^{-1}(\boldsymbol{B}+\boldsymbol{I})^{-1}(\boldsymbol{I}-\boldsymbol{AB})=-(\boldsymbol{AB}-\boldsymbol{I})(\boldsymbol{B}+\boldsymbol{I})^{-1}(\boldsymbol{A}+\boldsymbol{I})^{-1},$$

即 $\boldsymbol{C}'=-\boldsymbol{C}$, 所以 $\boldsymbol{C}$ 是反对称矩阵.

解法 2　(与解法 1 大同小异) 题设条件保证了

$$(\boldsymbol{AB}+\boldsymbol{A}+\boldsymbol{B}+\boldsymbol{I})^{-1}=(\boldsymbol{A}+\boldsymbol{I})^{-1}(\boldsymbol{B}+\boldsymbol{I})^{-1}$$

存在. 因为 $\boldsymbol{AB}=\boldsymbol{BA}$, 所以 $\boldsymbol{A}^{-1}\boldsymbol{B}^{-1}=\boldsymbol{B}^{-1}\boldsymbol{A}^{-1}$(即 $\boldsymbol{A}^{-1},\boldsymbol{B}^{-1}$ 也是乘法交换的). 并且 $\boldsymbol{A}^{-1}=\boldsymbol{A}',\boldsymbol{B}^{-1}=\boldsymbol{B}'$. 由此可得

$$\boldsymbol{C}'=\left((\boldsymbol{AB}-\boldsymbol{I})(\boldsymbol{AB}+\boldsymbol{A}+\boldsymbol{B}+\boldsymbol{I})^{-1}\right)'$$

$$= \left((\boldsymbol{AB}+\boldsymbol{A}+\boldsymbol{B}+\boldsymbol{I})'\right)^{-1}(\boldsymbol{AB}-\boldsymbol{I})'$$
$$= (\boldsymbol{B}^{-1}\boldsymbol{A}^{-1}+\boldsymbol{A}^{-1}+\boldsymbol{B}^{-1}+\boldsymbol{I})^{-1}(\boldsymbol{B}^{-1}\boldsymbol{A}^{-1}-\boldsymbol{I}).$$

类似地, 还有

$$\begin{aligned}\boldsymbol{C} &= (\boldsymbol{AB}-\boldsymbol{I})(\boldsymbol{BA})^{-1}\cdot(\boldsymbol{AB})(\boldsymbol{AB}+\boldsymbol{A}+\boldsymbol{B}+\boldsymbol{I})^{-1}\\ &= \left((\boldsymbol{AB}-\boldsymbol{I})(\boldsymbol{BA})^{-1}\right)\cdot\left((\boldsymbol{AB}+\boldsymbol{A}+\boldsymbol{B}+\boldsymbol{I})(\boldsymbol{AB})^{-1}\right)^{-1}\\ &= (\boldsymbol{I}-\boldsymbol{B}^{-1}\boldsymbol{A}^{-1})(\boldsymbol{B}^{-1}\boldsymbol{A}^{-1}+\boldsymbol{A}^{-1}+\boldsymbol{B}^{-1}+\boldsymbol{I})^{-1}.\end{aligned}$$

直接验证可得

$$\begin{aligned}&(\boldsymbol{B}^{-1}\boldsymbol{A}^{-1}+\boldsymbol{A}^{-1}+\boldsymbol{B}^{-1}+\boldsymbol{I})(\boldsymbol{I}-\boldsymbol{B}^{-1}\boldsymbol{A}^{-1})\\ &\quad = -(\boldsymbol{B}^{-1}\boldsymbol{A}^{-1}-\boldsymbol{I})(\boldsymbol{B}^{-1}\boldsymbol{A}^{-1}+\boldsymbol{A}^{-1}+\boldsymbol{B}^{-1}+\boldsymbol{I}),\end{aligned}$$

所以 $\boldsymbol{C}=-\boldsymbol{C}'$. □

注 除了 $\boldsymbol{A},\boldsymbol{B}$ 以及 $\boldsymbol{A}^{-1},\boldsymbol{B}^{-1}$ 分别乘法可换外, 可以直接验证 $\boldsymbol{A}+\boldsymbol{I},\boldsymbol{B}+\boldsymbol{I}$ 以及 $(\boldsymbol{A}+\boldsymbol{I})^{-1},(\boldsymbol{B}+\boldsymbol{I})^{-1}$ 也分别乘法可换. 此外, 加法自然可换. 因此可将 $\boldsymbol{C}'$ 类比为通常的分式 $(ab-1)/((a+1)(b+1))$, 将 $\boldsymbol{C}$ 类比为通常的分式 $(1-ab)/((a+1)(b+1))$, 从而看出解题思路.

例 5.2.7 (1) 证明: 对于任何 n 阶实反对称矩阵 $\boldsymbol{C}$, 有

$$|\boldsymbol{I}+\boldsymbol{C}|\geqslant 1$$

(其中 $\boldsymbol{I}$ 是 n 阶单位阵), 并且等式当且仅当 $\boldsymbol{C}$ 是零矩阵时成立.

(2) 证明: 对于任何 n 阶正定矩阵 $\boldsymbol{A}$ 及实反对称矩阵 $\boldsymbol{C}$, 有

$$|\boldsymbol{A}+\boldsymbol{C}|\geqslant|\boldsymbol{A}|,$$

并且等式当且仅当 $\boldsymbol{C}$ 是零矩阵时成立.

解 (1) 设 λ_i 是 $\boldsymbol{C}$ 的全部特征值. 依习题 3.13(1) $\big($在其中取多项式 $f(x)=x+1\big)$可知 $\boldsymbol{I}+\boldsymbol{C}$ 的全部特征值是 $1+\lambda_1,\cdots,1+\lambda_n$ $\big($或者, 若 $|\lambda\boldsymbol{I}-\boldsymbol{C}|=(\lambda-\lambda_1)\cdots(\lambda-\lambda_n)$, 则有 $|\lambda\boldsymbol{I}-(\boldsymbol{I}+\boldsymbol{C})|=|(\lambda-1)\boldsymbol{I}-\boldsymbol{C}|=(\lambda-1-\lambda_1)\cdots(\lambda-1-\lambda_n)$, 由此推出此结论$\big)$. 于是

$$|\boldsymbol{I}+\boldsymbol{C}|=(1+\lambda_1)\cdots(1+\lambda_n)$$

(见习题 3.19 的解后的注). 因为实反对称矩阵的特征值是零或纯虚数$\big($见习题 5.6(1)$\big)$, 并且由题设知 $|\boldsymbol{I}+\boldsymbol{C}|$ 是一个实数, 从而 $\boldsymbol{C}$ 的纯虚数特征值 (复数共轭地) 成对出现. 注意

$$(1+\mathrm{i}\lambda)(1-\mathrm{i}\lambda)=1+\lambda^2\geqslant 1,$$

并且当且仅当 $\lambda=0$ 时等式成立, 所以 $|\boldsymbol{I}+\boldsymbol{C}|\geqslant 1$, 并且当且仅当 $\boldsymbol{C}$ 的所有特征值都不是纯虚数 (从而上面不等式中 $\lambda=0$) 时, 即 $\boldsymbol{C}$ 只有零特征值 (由 Hamilton-Cayley 定理), 也就是 $\boldsymbol{C}$ 为零矩阵时, 等式成立.

(2) 解法 1　因为 $\boldsymbol{A}$ 正定, 所以合同于 $\boldsymbol{I}_n$, 即存在可逆矩阵 $\boldsymbol{Q}$ 使得 $\boldsymbol{Q}'\boldsymbol{A}\boldsymbol{Q}=\boldsymbol{I}_n$, 令 $\boldsymbol{P}=\boldsymbol{Q}^{-1}$ (可逆), 可知

$$\boldsymbol{A}=\boldsymbol{P}'\boldsymbol{P}$$

(注: 正定矩阵可表为一个可逆阵及其转置阵之积, 实际上这是正定矩阵的基本性质之一, 可以直接引用). 令 $\boldsymbol{C}_1=(\boldsymbol{P}^{-1})'\boldsymbol{C}\boldsymbol{P}^{-1}$, 那么

$$\boldsymbol{A}+\boldsymbol{C}=\boldsymbol{P}'(\boldsymbol{I}_n+\boldsymbol{C}_1)\boldsymbol{P}.$$

直接验证可知 $\boldsymbol{C}_1$ 是实反对称矩阵, 所以由本题 (1) 推出 (注意 $|\boldsymbol{P}|\neq 0$)

$$|\boldsymbol{A}+\boldsymbol{C}|=|\boldsymbol{P}|^2|\boldsymbol{I}_n+\boldsymbol{C}_1|\geqslant|\boldsymbol{P}|^2=|\boldsymbol{A}|,$$

并且当且仅当 $\boldsymbol{C}_1=\boldsymbol{O}$, 即 $\boldsymbol{C}=\boldsymbol{O}$ 时等式成立.

解法 2　先设 $\boldsymbol{C}$ 不是零矩阵. 因为 $\boldsymbol{A}$ 正定, 所以存在可逆矩阵 $\boldsymbol{P}$, 使得

$$\boldsymbol{P}'\boldsymbol{A}\boldsymbol{P}=\boldsymbol{I}_n.$$

注意 $\boldsymbol{P}'\boldsymbol{C}\boldsymbol{P}$ 仍然是实反对称矩阵, 所以存在正交矩阵 $\boldsymbol{T}$, 使得

$$\boldsymbol{T}'(\boldsymbol{P}'\boldsymbol{C}\boldsymbol{P})\boldsymbol{T}=\mathrm{diag}(\boldsymbol{O}_r,\boldsymbol{D}_1,\cdots,\boldsymbol{D}_t),$$

其中 $\boldsymbol{O}_r$ 是 r 阶零矩阵, 且

$$\boldsymbol{D}_k=\begin{pmatrix}0 & b_k\\ -b_k & 0\end{pmatrix}\quad(k=1,2,\cdots,t),$$

$b_k\neq 0,t\geqslant 1,2t+r=n$(见实正规矩阵的正交相似标准形定理, 可参见例 4.2.4 后的注 1°). 于是

$$\begin{aligned}|\boldsymbol{P}'(\boldsymbol{A}+\boldsymbol{C})\boldsymbol{P}|&=|\boldsymbol{P}'\boldsymbol{A}\boldsymbol{P}+\boldsymbol{P}'\boldsymbol{C}\boldsymbol{P}|=|\boldsymbol{I}_n+\boldsymbol{P}'\boldsymbol{C}\boldsymbol{P}|\\&=|\boldsymbol{T}'(\boldsymbol{I}_n+\boldsymbol{P}'\boldsymbol{C}\boldsymbol{P})\boldsymbol{T}|=|\boldsymbol{T}'\boldsymbol{I}_n\boldsymbol{T}+\boldsymbol{T}'(\boldsymbol{P}'\boldsymbol{C}\boldsymbol{P})\boldsymbol{T}|\\&=|\boldsymbol{I}_n+\mathrm{diag}(\boldsymbol{O}_r,\boldsymbol{D}_1,\cdots,\boldsymbol{D}_t)|\\&=|\mathrm{diag}(\boldsymbol{I}_r,\boldsymbol{D}_1+\boldsymbol{I}_2,\cdots,\boldsymbol{D}_t+\boldsymbol{I}_2)|.\end{aligned}$$

因为

$$|\boldsymbol{D}_k+\boldsymbol{I}_2|=\begin{vmatrix}1 & b_k\\ -b_k & 1\end{vmatrix}=(1+b_k^2)>1,$$

所以

$$|\boldsymbol{P}'(\boldsymbol{A}+\boldsymbol{C})\boldsymbol{P}|>1,$$

从而 (注意 $|\boldsymbol{P}'\boldsymbol{A}\boldsymbol{P}|=|\boldsymbol{I}_n|=1$)

$$|\boldsymbol{A}+\boldsymbol{C}|>|\boldsymbol{P}'\boldsymbol{P}|^{-2}=|\boldsymbol{A}|.$$

若 $\boldsymbol{C}$ 是零矩阵, 则 $|\boldsymbol{A}+\boldsymbol{C}|=|\boldsymbol{A}|$. 合起来, 即得题中的结论. □

注　由本例问题 (2) 可立即得到一个较弱的结果: 对于任何 n 阶正定矩阵 $\boldsymbol{A}$ 及实反对称矩阵 $\boldsymbol{C}$, $|\boldsymbol{A}+\boldsymbol{C}|>0$(它有多个独立证明).

5.3 正定矩阵

例 5.3.1 设 $a_i>0(i=1,2,\cdots,n)$ 两两不相等, 则下列方阵正定:

$$A=\left(\frac{1}{a_i+a_j}\right)_n.$$

解 解法 1 易见 A 是实对称阵. 因为 $a_i>0$ 两两不相等, 所以由 Cauchy 行列式 (见例 1.1.2) 的计算公式, A 的 k 阶顺序主子式

$$\begin{vmatrix} \frac{1}{a_1+a_1} & \frac{1}{a_1+a_2} & \cdots & \frac{1}{a_1+a_k} \\ \frac{1}{a_2+a_1} & \frac{1}{a_2+a_2} & \cdots & \frac{1}{a_2+a_k} \\ \vdots & \vdots & & \vdots \\ \frac{1}{a_k+a_1} & \frac{1}{a_k+a_2} & \cdots & \frac{1}{a_k+a_k} \end{vmatrix}=\frac{\prod\limits_{1\leqslant i<j\leqslant k}(a_i-a_j)^2}{\prod\limits_{1\leqslant i,j\leqslant k}(a_i+a_j)}>0,$$

因此 A 是正定阵.

解法 2 易见 A 是实对称阵. 对于任何 $x=(x_1,x_2,\cdots,x_n)'\neq O$, 有

$$\begin{aligned} x'Ax&=\sum_{1\leqslant i,j\leqslant n}\frac{x_ix_j}{a_i+a_j}=\sum_{1\leqslant i,j\leqslant n}\int_0^{\infty}x_ix_j\mathrm{e}^{-(a_i+a_j)t}\mathrm{d}t\\ &=\int_0^{\infty}(x_1\mathrm{e}^{-a_1t}+x_2\mathrm{e}^{-a_2t}+\cdots+x_n\mathrm{e}^{-a_nt})^2\mathrm{d}t. \end{aligned}$$

如果

$$x_1\mathrm{e}^{-a_1t}+x_2\mathrm{e}^{-a_2t}+\cdots+x_n\mathrm{e}^{-a_nt}=0,$$

那么因为 $a_i>0(i=1,2,\cdots,n)$ 两两不相等, 不妨认为 $a_1<a_2<\cdots<a_n$, 所以

$$\mathrm{e}^{-a_1t}(x_1+x_2\mathrm{e}^{-(a_2-a_1)t}+\cdots+x_n\mathrm{e}^{-(a_n-a_1)t})=0.$$

注意 $\mathrm{e}^{-a_1t}\neq 0$, 我们有

$$x_1+x_2\mathrm{e}^{-(a_2-a_1)t}+\cdots+x_n\mathrm{e}^{-(a_n-a_1)t}=0,$$

令 $t\to\infty$, 可得 $x_1=0$. 类似地, 可推出 $x_2=\cdots=x_n=0$, 这与 $x\neq O$ 的假设矛盾, 因此 $x_1\mathrm{e}^{-a_1t}+x_2\mathrm{e}^{-a_2t}+\cdots+x_n\mathrm{e}^{-a_nt}\neq 0$, 从而

$$x'Ax=\int_0^{\infty}(x_1\mathrm{e}^{-a_1t}+x_2\mathrm{e}^{-a_2t}+\cdots+x_n\mathrm{e}^{-a_nt})^2\mathrm{d}t>0,$$

因此 A 是正定阵. □

例 5.3.2 证明: A 为正定矩阵, 当且仅当 A^{-1} 是正定矩阵.

解　首先注意 $\boldsymbol{A}$ 正定, 所以 $|\boldsymbol{A}|>0$, 从而 $\boldsymbol{A}^{-1}$ 存在. 其次, 因为 $(\boldsymbol{A}^{-1})^{-1}=\boldsymbol{A}$(即 $\boldsymbol{A}^{-1}$ 的逆是 $\boldsymbol{A}$), 所以如果证明了: 若 $\boldsymbol{A}$ 正定, 则 $\boldsymbol{A}^{-1}$ 也正定, 那么据此, 若 $\boldsymbol{A}^{-1}$ 正定, 则 $(\boldsymbol{A}^{-1})^{-1}=\boldsymbol{A}$ 也正定. 因此下面只证明: 若 $\boldsymbol{A}$ 正定, 则 $\boldsymbol{A}^{-1}$ 也正定.

(i) 设 $\boldsymbol{A}$ 正定, 那么 $\boldsymbol{A}$ 是实对称阵, 即 $\boldsymbol{A}'=\boldsymbol{A}$. 又 $(\boldsymbol{A}^{-1})'\boldsymbol{A}'=(\boldsymbol{A}\boldsymbol{A}^{-1})'=\boldsymbol{I}$, 所以 $(\boldsymbol{A}^{-1})'=(\boldsymbol{A}')^{-1}=\boldsymbol{A}^{-1}$, 于是 $\boldsymbol{A}^{-1}$ 也是实对称阵.

(ii) 因为 $\boldsymbol{A}$ 正定, 所以与 $\boldsymbol{I}$ 合同, 即存在可逆矩阵 $\boldsymbol{T}$, 使得 $\boldsymbol{T}'\boldsymbol{A}\boldsymbol{T}=\boldsymbol{I}$, 所以 $(\boldsymbol{T}'\boldsymbol{A}\boldsymbol{T})^{-1}=\boldsymbol{I}$. 又因为

$$(\boldsymbol{T}'\boldsymbol{A}\boldsymbol{T})^{-1}=\boldsymbol{T}^{-1}\boldsymbol{A}^{-1}(\boldsymbol{T}')^{-1}=\boldsymbol{T}^{-1}\boldsymbol{A}^{-1}(\boldsymbol{T}^{-1})',$$

所以 $\boldsymbol{T}^{-1}\boldsymbol{A}^{-1}(\boldsymbol{T}^{-1})'=\boldsymbol{I}$. 记 $\boldsymbol{Q}=(\boldsymbol{T}^{-1})'$, 则 $\boldsymbol{Q}$ 可逆, 且有 $\boldsymbol{Q}'\boldsymbol{A}^{-1}\boldsymbol{Q}=\boldsymbol{I}$, 因此 $\boldsymbol{A}^{-1}$ 与 $\boldsymbol{I}$ 合同, 从而正定.

或者, 因为 $\boldsymbol{A}$ 正定, 所以其所有特征值 $\lambda_i>0$, 从而 $\boldsymbol{A}^{-1}$ 的所有特征值 $1/\lambda_i>0$ (参见习题 3.13(2)), 因此 $\boldsymbol{A}^{-1}$ 正定.(还可应用正定性的其他等价条件.) □

注　若 $\boldsymbol{A}$ 正定, 则因为伴随矩阵 $\mathrm{adj}(\boldsymbol{A})=|\boldsymbol{A}|\boldsymbol{A}^{-1}$ 以及 $|\boldsymbol{A}|>0$, 所以由本例推出 $\mathrm{adj}(\boldsymbol{A})$ 也正定.

例 5.3.3　设 $\boldsymbol{A},\boldsymbol{B}$ 分别是 m,n 阶正定矩阵, 则

$$\boldsymbol{C}=\begin{pmatrix}\boldsymbol{A}&\boldsymbol{O}\\\boldsymbol{O}&\boldsymbol{B}\end{pmatrix}$$

是 $m+n$ 阶正定矩阵.

解　解法 1　因为 $\boldsymbol{A},\boldsymbol{B}$ 是正定矩阵, 所以是对称的, 从而可以直接验证 $\boldsymbol{C}$ 也是对称的. 对于任意的 $\boldsymbol{z}=(z_1,\cdots,z_m,z_{m+1},\cdots,z_{m+n})'\in\mathbb{R}^{m+n}$, 若 $\boldsymbol{z}\neq\boldsymbol{O}$, 则 $\boldsymbol{x}=(z_1,\cdots,z_m)'$ 和 $\boldsymbol{y}=(z_{m+1},\cdots,z_{m+n})'$ 中至少有一个非零, 不妨设 $\boldsymbol{x}=(z_1,\cdots,z_m)'\neq\boldsymbol{O}$, 那么由 $\boldsymbol{A}$ 正定以及 $\boldsymbol{x}\neq\boldsymbol{O}$ 可知

$$\boldsymbol{x}'\boldsymbol{A}\boldsymbol{x}>0,$$

并且由 $\boldsymbol{B}$ 正定推出

$$\boldsymbol{y}'\boldsymbol{A}\boldsymbol{y}\geqslant 0$$

(若 $\boldsymbol{y}\neq\boldsymbol{O}$, 则取不等号; 若 $\boldsymbol{y}=\boldsymbol{O}$, 则取等号), 因此

$$\boldsymbol{z}'\boldsymbol{C}\boldsymbol{z}=\begin{pmatrix}\boldsymbol{x}'&\boldsymbol{y}'\end{pmatrix}\begin{pmatrix}\boldsymbol{A}&\boldsymbol{O}\\\boldsymbol{O}&\boldsymbol{B}\end{pmatrix}\begin{pmatrix}\boldsymbol{x}'\\\boldsymbol{y}'\end{pmatrix}=\boldsymbol{x}'\boldsymbol{A}\boldsymbol{x}+\boldsymbol{y}'\boldsymbol{A}\boldsymbol{y}>0,$$

因此 $\boldsymbol{C}$ 正定.

(以下解法中 $\boldsymbol{C}$ 的对称性的证明同解法 1, 一概省略.)

解法 2　由

$$\varphi_{\boldsymbol{C}}(\lambda)=\begin{vmatrix}\lambda\boldsymbol{I}_m-\boldsymbol{A}&\boldsymbol{O}\\\boldsymbol{O}&\lambda\boldsymbol{I}_n-\boldsymbol{B}\end{vmatrix}=|\lambda\boldsymbol{I}_m-\boldsymbol{A}||\lambda\boldsymbol{I}_n-\boldsymbol{B}|=\varphi_{\boldsymbol{A}}(\lambda)\varphi_{\boldsymbol{B}}(\lambda)$$

可知 $\boldsymbol{C}$ 的特征值恰由 $\boldsymbol{A}$ 和 $\boldsymbol{B}$ 的全部特征值组成. 因为 $\boldsymbol{A},\boldsymbol{B}$ 正定, 它们的特征值全正, 因而 $\boldsymbol{C}$ 的特征值全正, 从而正定.

解法 3 因为 $\boldsymbol{A},\boldsymbol{B}$ 正定, 所以分别合同于 $\boldsymbol{I}_m$ 和 $\boldsymbol{I}_n$, 于是分别存在 m 阶和 n 阶可逆矩阵 $\boldsymbol{R}$ 和 $\boldsymbol{S}$, 使得

$$\boldsymbol{A}=\boldsymbol{R}'\boldsymbol{I}_m\boldsymbol{R},\quad \boldsymbol{B}=\boldsymbol{S}'\boldsymbol{I}_n\boldsymbol{S}.$$

令

$$\boldsymbol{T}=\begin{pmatrix}\boldsymbol{R} & \boldsymbol{O}\\ \boldsymbol{O} & \boldsymbol{S}\end{pmatrix},$$

则

$$\boldsymbol{T}'=\begin{pmatrix}\boldsymbol{R}' & \boldsymbol{O}\\ \boldsymbol{O} & \boldsymbol{S}'\end{pmatrix},$$

并且 $\boldsymbol{T}'\boldsymbol{C}\boldsymbol{T}=\boldsymbol{I}_{m+n}$(读者补出计算细节), 因此 $\boldsymbol{C}$ 合同于 $\boldsymbol{I}_{m+n}$, 所以正定.

解法 4 因为 $\boldsymbol{A}$ 正定, 所以它的各级顺序主子式 $\varDelta_1,\varDelta_2,\cdots,\varDelta_m>0$; 类似地, $\boldsymbol{B}$ 的各级顺序主子式 $\delta_1,\delta_2,\cdots,\delta_n>0$. 而 $\boldsymbol{C}$ 的各级顺序主子式

$$\begin{aligned}&\varLambda_1=\varDelta_1>0,\quad \varLambda_2=\varDelta_2>0,\quad \cdots,\quad \varLambda_m=\varDelta_m>0;\\ &\varLambda_{m+1}=\varDelta_m\cdot\delta_1>0,\quad \varLambda_{m+2}=\varDelta_m\cdot\delta_2>0,\quad \cdots,\quad \varLambda_{m+n}=\varDelta_m\cdot\delta_n>0.\end{aligned}$$

因此 $\boldsymbol{C}$ 正定. □

例 5.3.4 设 $\boldsymbol{P},\boldsymbol{Q},\boldsymbol{A}$ 是 n 阶矩阵, $\boldsymbol{P},\boldsymbol{Q}$ 正定, 证明: $\boldsymbol{P}-\boldsymbol{A}'\boldsymbol{Q}^{-1}\boldsymbol{A}$ 正定, 当且仅当 $\boldsymbol{Q}-\boldsymbol{A}\boldsymbol{P}^{-1}\boldsymbol{A}'$ 正定.

解 (1) $\boldsymbol{P}-\boldsymbol{A}'\boldsymbol{Q}^{-1}\boldsymbol{A}$ 正定 $\Rightarrow\boldsymbol{Q}-\boldsymbol{A}\boldsymbol{P}^{-1}\boldsymbol{A}'$ 正定.

(i) 令

$$\boldsymbol{M}=\begin{pmatrix}\boldsymbol{Q} & \boldsymbol{A}\\ \boldsymbol{A}' & \boldsymbol{P}\end{pmatrix},\quad \boldsymbol{C}_1=\begin{pmatrix}\boldsymbol{I}_n & -\boldsymbol{Q}^{-1}\boldsymbol{A}\\ \boldsymbol{O}_n & \boldsymbol{I}_n\end{pmatrix},$$

其中 $\boldsymbol{O}_n$ 是 n 阶零方阵, 那么 $\boldsymbol{M}$ 对称, $\boldsymbol{C}_1$ 可逆. 并且有合同关系

$$\boldsymbol{C}_1'\boldsymbol{M}\boldsymbol{C}_1=\begin{pmatrix}\boldsymbol{Q} & \boldsymbol{O}_n\\ \boldsymbol{O}_n & \boldsymbol{P}-\boldsymbol{A}'\boldsymbol{Q}^{-1}\boldsymbol{A}\end{pmatrix}.$$

因为 $\boldsymbol{Q}$ 和 $\boldsymbol{P}-\boldsymbol{A}'\boldsymbol{Q}^{-1}\boldsymbol{A}$ 正定, 所以由例 5.3.3 可知上式右边的矩阵正定, 从而它与 $\boldsymbol{I}_{2n}$ 合同, 于是由上式知 $\boldsymbol{M}$ 也与 $\boldsymbol{I}_{2n}$ 合同 (合同关系是传递的), 即得 $\boldsymbol{M}$ 的正定性.

(ii) 令

$$\boldsymbol{N}=\begin{pmatrix}\boldsymbol{P} & \boldsymbol{A}'\\ \boldsymbol{A} & \boldsymbol{Q}\end{pmatrix},\quad \boldsymbol{C}_2=\begin{pmatrix}\boldsymbol{O}_n & \boldsymbol{I}_n\\ \boldsymbol{I}_n & \boldsymbol{O}_n\end{pmatrix},$$

那么 $\boldsymbol{C}_2'=\boldsymbol{C}_2$, 并且

$$\boldsymbol{C}_2'\boldsymbol{M}\boldsymbol{C}_2=\boldsymbol{N},$$

即矩阵 $\boldsymbol{M}$ 与 $\boldsymbol{N}$ 合同, 从而 (同理)$\boldsymbol{N}$ 也正定.

(iii) 令

$$\boldsymbol{C}_3=\begin{pmatrix}\boldsymbol{I}_n & -\boldsymbol{P}^{-1}\boldsymbol{A}'\\ \boldsymbol{O}_n & \boldsymbol{I}_n\end{pmatrix},$$

那么

$$C_3'NC_3=\begin{pmatrix}P & O_n\\ O_n & Q-AP^{-1}A'\end{pmatrix},$$

所以上式右边的矩阵 (记作 R) 与 N 合同, 从而 (同理) 矩阵 R 正定. 最后, 由

$$C_2'RC_2=\begin{pmatrix}Q-AP^{-1}A' & O_n\\ O_n & P\end{pmatrix}$$

可知上式右边的矩阵 (记作 S) 正定, 因而它的各级顺序主子式大于零; 从而 $Q-AP^{-1}A'$ 的各级顺序主子式也大于零, 所以正定.

(2) $Q-AP^{-1}A'$ 正定 $\Rightarrow P-A'Q^{-1}A$ 正定.

为此只需在 (1) 中分别用 Q 代 P,A' 代 A,P 代 Q, 即可得知 $P-A'Q^{-1}A$ 正定. □

例 5.3.5　若 A 是 n 阶实反对称矩阵, 则 I_n-A^2 可逆并且正定.

解　因为 A 反对称, 所以 $A'=-A,A^2=A(-A')=-AA'$, 从而 $I_n-A^2=I_n+AA'$. 因此

$$(I_n-A^2)'=(I_n+AA')'=I_n+(AA')'=I_n+AA'=I_n-A^2,$$

即 I_n-A^2 是实对称阵. 对于任何非零 (列向量)$x\in\mathbb{R}^n$, 有

$$\begin{aligned}x'(I_n-A^2)x&=x'(I_n+AA')x=x'x+x'(AA')x\\&=x'x+(x'A)(A'x)=x'x+(x'A)(x'A)'>0.\end{aligned}$$

因此 I_n-A^2 正定. 特别地, 其行列式是正的, 所以可逆.

也可直接证明 I_n-A^2 可逆: 因为反对称矩阵 A 的特征值 λ 是纯虚数或零, 因此 A^2 的特征值等于 λ^2(参见习题 3.13(1)), 不等于 1, 从而 I_n-A^2 的特征值不等于零, 因而其行列式也不等于零. □

例 5.3.6　设 A,B 是 n 阶正定矩阵, 则 $A+B$ 是正定矩阵.

解　*解法 1*　由 A,B 的正定性, 存在可逆矩阵 P_1,P_2 使得 $A=P_1'I_nP=P_1'P_1,B=P_2'I_nP_2=P_2'P_2$(参见习题 5.14(1)). 于是

$$A+B=P_1'P_1+P_2'P_2=(P_1'\quad P_2')\begin{pmatrix}P_1\\P_2\end{pmatrix}=Q'Q,$$

其中

$$Q=\begin{pmatrix}P_1\\P_2\end{pmatrix}$$

是 $2n\times n$ 矩阵. 对于任何非零 (列向量)$x\in\mathbb{R}^n$, 有

$$x'Q'Qx=(Qx)'(Qx)>0,$$

所以 $A+B$ 正定.

解法 2　因为 A,B 正定, 所以任何非零 (列向量)$x\in\mathbb{R}^n$, 有

$$x'Ax=(Ax)'(Ax)>0,\quad x'Bx=(Bx)'(Bx)>0,$$

从而

$$\boldsymbol{x}'(\boldsymbol{A}+\boldsymbol{B})\boldsymbol{x}=\boldsymbol{x}'\boldsymbol{A}\boldsymbol{x}+\boldsymbol{x}'\boldsymbol{B}\boldsymbol{x}>0,$$

于是 $\boldsymbol{A}+\boldsymbol{B}$ 正定.

解法 3 由例 5.3.8 后的注可知: 存在可逆矩阵 $\boldsymbol{Q}$ 使得

$$\boldsymbol{Q}'\boldsymbol{B}\boldsymbol{Q}=\mathrm{diag}(\lambda_1,\cdots,\lambda_n)(=\boldsymbol{\Lambda}),\quad \boldsymbol{Q}'\boldsymbol{A}\boldsymbol{Q}=\boldsymbol{I}_n,$$

于是得到合同关系

$$\boldsymbol{Q}'(\boldsymbol{A}+\boldsymbol{B})\boldsymbol{Q}=\boldsymbol{I}_n+\mathrm{diag}(\lambda_1,\cdots,\lambda_n)=\mathrm{diag}(1+\lambda_1,\cdots,1+\lambda_n).$$

因为 $\boldsymbol{B}$ 正定, 所以由 $\boldsymbol{Q}'\boldsymbol{B}\boldsymbol{Q}=\mathrm{diag}(\lambda_1,\cdots,\lambda_n)$ 知所有 $\lambda_i>0$, 从而所有 $1+\lambda_i>0$, 可见 $\boldsymbol{A}+\boldsymbol{B}$ 正定. □

注 如果 $\boldsymbol{A},\boldsymbol{B}$ 中有一个半正定, 则 $\boldsymbol{A}+\boldsymbol{B}$ 也正定.

例 5.3.7 设 $\boldsymbol{A},\boldsymbol{B}$ 是 n 阶正定矩阵, $\boldsymbol{A}\boldsymbol{B}=\boldsymbol{B}\boldsymbol{A}$, 则 $\boldsymbol{A}\boldsymbol{B}$ 是正定矩阵.

解 解法 1 首先注意 $\boldsymbol{A},\boldsymbol{B}$ 是同阶正定矩阵, $(\boldsymbol{A}\boldsymbol{B})'=\boldsymbol{B}'\boldsymbol{A}'=\boldsymbol{B}\boldsymbol{A}=\boldsymbol{A}\boldsymbol{B}$, 所以 $\boldsymbol{A}\boldsymbol{B}$ 对称.

因为 $\boldsymbol{A}$ 是正定矩阵, 所以存在可逆矩阵 $\boldsymbol{P}$ 使得 $\boldsymbol{A}=\boldsymbol{P}\boldsymbol{P}'$(见例 5.2.7(2) 的解法 1). 因此

$$\boldsymbol{A}\boldsymbol{B}=\boldsymbol{P}\boldsymbol{P}'\boldsymbol{B}=\boldsymbol{P}\boldsymbol{P}'\boldsymbol{B}\boldsymbol{P}\boldsymbol{P}^{-1}=\boldsymbol{P}(\boldsymbol{P}'\boldsymbol{B}\boldsymbol{P})\boldsymbol{P}^{-1}=\boldsymbol{P}\boldsymbol{C}\boldsymbol{P}^{-1},$$

其中 $\boldsymbol{C}=\boldsymbol{P}'\boldsymbol{B}\boldsymbol{P}$ 与正定矩阵 $\boldsymbol{B}$ 合同, 所以也是正定的, 于是 $\boldsymbol{C}$ 的特征值全大于零. 因为 $\boldsymbol{A}\boldsymbol{B}$ 与 $\boldsymbol{C}$ 相似, 所以与 $\boldsymbol{C}$ 有相同的特征值, 从而它的特征值全大于零, 因此是正定的.

解法 2 首先注意对于同阶正定矩阵 $\boldsymbol{A},\boldsymbol{B}$, 由条件 $\boldsymbol{A}\boldsymbol{B}=\boldsymbol{B}\boldsymbol{A}$ 可推出 $(\boldsymbol{A}\boldsymbol{B})'=\boldsymbol{B}'\boldsymbol{A}'=\boldsymbol{B}\boldsymbol{A}=\boldsymbol{A}\boldsymbol{B}$, 所以 $\boldsymbol{A}\boldsymbol{B}$ 对称.

由 $\boldsymbol{A}$ 的正定性知, 存在正交矩阵 $\boldsymbol{S}$ 使得

$$\boldsymbol{S}'\boldsymbol{A}\boldsymbol{S}=\mathrm{diag}(\lambda_1,\lambda_2,\cdots,\lambda_n),$$

其中 λ_i 是 $\boldsymbol{A}$ 的全部特征值. 又因为 $\boldsymbol{B}$ 正定, 所以 $\boldsymbol{S}'\boldsymbol{B}\boldsymbol{S}$ 也正定, 因此存在正交矩阵 $\boldsymbol{T}$ 使得

$$\boldsymbol{T}'(\boldsymbol{S}'\boldsymbol{B}\boldsymbol{S})\boldsymbol{T}=\mathrm{diag}(\mu_1,\mu_2,\cdots,\mu_n),$$

其中 $\mu_i>0$ 是 $\boldsymbol{S}'\boldsymbol{B}\boldsymbol{S}$ 的全部特征值 (因为 $\boldsymbol{B}$ 与 $\boldsymbol{S}'\boldsymbol{B}\boldsymbol{S}$ 相似, 所以实际上 μ_i 是 $\boldsymbol{B}$ 的全部特征值). 注意 $\boldsymbol{S}\boldsymbol{T}$ 是正交矩阵之积, 所以也是正交矩阵. 我们还有

$$\begin{aligned}\boldsymbol{G}&=(\boldsymbol{S}\boldsymbol{T})'(\boldsymbol{A}\boldsymbol{B})(\boldsymbol{S}\boldsymbol{T})=(\boldsymbol{S}\boldsymbol{T})'(\boldsymbol{B}\boldsymbol{A})(\boldsymbol{S}\boldsymbol{T})=(\boldsymbol{S}\boldsymbol{T})'\boldsymbol{B}\cdot(\boldsymbol{S}\boldsymbol{T})(\boldsymbol{S}\boldsymbol{T})'\boldsymbol{A}(\boldsymbol{S}\boldsymbol{T})\\&=(\boldsymbol{S}\boldsymbol{T})'\boldsymbol{B}(\boldsymbol{S}\boldsymbol{T})\cdot\boldsymbol{T}'(\boldsymbol{S}'\boldsymbol{A}\boldsymbol{S})\boldsymbol{T}=\boldsymbol{C}\cdot\boldsymbol{D},\end{aligned}$$

其中

$$\begin{aligned}\boldsymbol{C}&=(\boldsymbol{S}\boldsymbol{T})'\boldsymbol{B}(\boldsymbol{S}\boldsymbol{T})=\mathrm{diag}(\mu_1,\mu_2,\cdots,\mu_n),\\\boldsymbol{D}&=\boldsymbol{T}'(\boldsymbol{S}'\boldsymbol{A}\boldsymbol{S})\boldsymbol{T}=\boldsymbol{T}'\mathrm{diag}(\lambda_1,\lambda_2,\cdots,\lambda_n)\boldsymbol{T}.\end{aligned}$$

由此可知 $\boldsymbol{G}$ 的 k 阶顺序主子式

$$|\boldsymbol{G}_k| = \mu_1 \cdots \mu_k |\boldsymbol{D}_k|,$$

其中 $\boldsymbol{D}$ 的 k 阶顺序主子式 $|\boldsymbol{D}_k| > 0$(因为 $\boldsymbol{D}$ 正定), 所以 $\boldsymbol{G}$ 正定, 从而与它合同的矩阵 $\boldsymbol{AB}$ 也是正定的.

解法 3　由例 5.2.5 后的注, 并且注意所有 $\lambda_i\mu_i > 0$, 立知 $\boldsymbol{AB}$ 正定. □

例 5.3.8　设 $\boldsymbol{A},\boldsymbol{B}$ 分别是 n 阶正定矩阵和半正定矩阵, 则 $\boldsymbol{AB}$ 的特征值全为非负实数.

解　解法 1　设 $\alpha+\beta\mathrm{i}$ 是 $\boldsymbol{AB}$ 的任一特征值, 其中 $\alpha,\beta \in \mathbb{R}$, 并设对应的特征向量 (列向量) 是 $\boldsymbol{u}+\boldsymbol{v}\mathrm{i} \neq \boldsymbol{O}$, 其中 $\boldsymbol{u},\boldsymbol{v} \in \mathbb{R}^n$. 那么

$$\boldsymbol{AB}(\boldsymbol{u}+\boldsymbol{v}\mathrm{i}) = (\alpha+\beta\mathrm{i})(\boldsymbol{u}+\boldsymbol{v}\mathrm{i}) = (\alpha\boldsymbol{u}-\beta\boldsymbol{v})+(\alpha\boldsymbol{v}+\beta\boldsymbol{u})\mathrm{i}.$$

以及

$$\boldsymbol{AB}(\boldsymbol{u}+\boldsymbol{v}\mathrm{i}) = \boldsymbol{ABu}+(\boldsymbol{ABv})\mathrm{i}.$$

因此

$$\boldsymbol{ABu} = \alpha\boldsymbol{u}-\beta\boldsymbol{v}, \quad \boldsymbol{ABv} = \alpha\boldsymbol{v}+\beta\boldsymbol{u}.$$

注意 $\boldsymbol{A}^{-1}$ 存在, 以 $\boldsymbol{v}'\boldsymbol{A}^{-1}$ 左乘第一个等式两边, 以 $\boldsymbol{u}'\boldsymbol{A}^{-1}$ 左乘第二个等式两边, 得到

$$\boldsymbol{v}'\boldsymbol{Bu} = \alpha\boldsymbol{v}'\boldsymbol{A}^{-1}\boldsymbol{u}-\beta\boldsymbol{v}'\boldsymbol{A}^{-1}\boldsymbol{v},$$
$$\boldsymbol{u}'\boldsymbol{Bv} = \alpha\boldsymbol{u}'\boldsymbol{A}^{-1}\boldsymbol{v}+\beta\boldsymbol{u}'\boldsymbol{A}^{-1}\boldsymbol{u}.$$

因为矩阵 $\boldsymbol{A}^{-1}$ 对称, 并且 $\boldsymbol{u}'\boldsymbol{A}^{-1}\boldsymbol{v}$ 是一个实数, 所以 $\boldsymbol{v}'\boldsymbol{A}^{-1}\boldsymbol{u} = (\boldsymbol{u}'\boldsymbol{A}^{-1}\boldsymbol{v})' = \boldsymbol{u}'\boldsymbol{A}^{-1}\boldsymbol{v}$. 类似地, 矩阵 $\boldsymbol{B}$ 对称, 实数 $\boldsymbol{v}'\boldsymbol{Bu} = (\boldsymbol{u}'\boldsymbol{Bv})' = \boldsymbol{u}'\boldsymbol{Bv}$. 因此将上述两个等式相减, 得到

$$\beta(\boldsymbol{u}'\boldsymbol{A}^{-1}\boldsymbol{u}+\boldsymbol{v}'\boldsymbol{A}^{-1}\boldsymbol{v}) = 0.$$

因为 $\boldsymbol{A}^{-1}$ 正定 (见例 5.3.2), 而且 $\boldsymbol{u}+\boldsymbol{v}\mathrm{i} \neq \boldsymbol{O}$(从而 $\boldsymbol{u},\boldsymbol{v}$ 不同时为零), 所以

$$\boldsymbol{u}'\boldsymbol{A}^{-1}\boldsymbol{u}+\boldsymbol{v}'\boldsymbol{A}^{-1}\boldsymbol{v} > 0,$$

于是 $\beta = 0$, 因此 $\boldsymbol{AB}$ 的特征值等于 $\alpha \in \mathbb{R}$. 由此得到

$$\boldsymbol{ABu} = \alpha\boldsymbol{u}, \quad \boldsymbol{ABv} = \alpha\boldsymbol{v}.$$

因为 $\boldsymbol{u},\boldsymbol{v}$ 不同时为零, 所以 $\alpha\boldsymbol{u},\alpha\boldsymbol{v}$ 中至少有一个是 $\boldsymbol{AB}$ 的对应于特征值 α 的特征向量. 不妨认为 $\boldsymbol{u}$ 非零, 那么 $\boldsymbol{ABu} = \alpha\boldsymbol{u},\boldsymbol{u} \neq \boldsymbol{O}$, 以 $\boldsymbol{u}'\boldsymbol{A}^{-1}$ 左乘此式两边, 得到

$$\boldsymbol{u}'\boldsymbol{Bu} = \alpha\boldsymbol{u}'\boldsymbol{A}^{-1}\boldsymbol{u}.$$

由 $\boldsymbol{B}$ 的半正定性及 $\boldsymbol{A}^{-1}$ 的正定性可知上式左边非负, 右边为正, 所以 $\alpha \geqslant 0$.

解法 2　(i) 我们首先证明: 若 $\boldsymbol{A}$ 是正定阵, $\boldsymbol{B}$ 是同阶的半正定阵 (或正定阵), 那么方程 $|\lambda\boldsymbol{A}-\boldsymbol{B}| = 0$ 的根全大于等于 0(或全大于 0).

因为 $\boldsymbol{A}$ 正定, 所以存在可逆矩阵 $\boldsymbol{P}$ 使得 $\boldsymbol{P}'\boldsymbol{A}\boldsymbol{P}=\boldsymbol{I}_n$. 又因为 $\boldsymbol{B}$ 实对称, 所以 $\boldsymbol{C}=\boldsymbol{P}'\boldsymbol{B}\boldsymbol{P}$ 也实对称, 从而存在正交矩阵 $\boldsymbol{U}$ 使得

$$\boldsymbol{U}'\boldsymbol{P}'\boldsymbol{B}\boldsymbol{P}\boldsymbol{U}=\boldsymbol{U}'\boldsymbol{C}\boldsymbol{U}=\mathrm{diag}(\lambda_1,\cdots,\lambda_n),$$

其中 $\lambda_1,\cdots,\lambda_n$ 是 $\boldsymbol{C}$ 的全部特征值. 令 $\boldsymbol{Q}=\boldsymbol{P}\boldsymbol{U}$(可逆矩阵), 则有

$$\boldsymbol{Q}'\boldsymbol{B}\boldsymbol{Q}=\mathrm{diag}(\lambda_1,\cdots,\lambda_n)(=\boldsymbol{\Lambda}).$$

此外, 因为

$$\boldsymbol{U}'\boldsymbol{P}'\boldsymbol{A}\boldsymbol{P}\boldsymbol{U}=\boldsymbol{U}'\boldsymbol{I}_n\boldsymbol{U}=\boldsymbol{I}_n,$$

所以还有

$$\boldsymbol{Q}'\boldsymbol{A}\boldsymbol{Q}=\boldsymbol{I}_n.$$

于是

$$\boldsymbol{Q}'(\lambda\boldsymbol{A}-\boldsymbol{B})\boldsymbol{Q}=\lambda\boldsymbol{I}_n-\boldsymbol{\Lambda}=\mathrm{diag}(\lambda-\lambda_1,\lambda-\lambda_2,\cdots,\lambda-\lambda_n).$$

从而

$$|\boldsymbol{Q}'||\lambda\boldsymbol{A}-\boldsymbol{B}||\boldsymbol{Q}|=(\lambda-\lambda_1)(\lambda-\lambda_2)\cdots(\lambda-\lambda_n).$$

因此 $|\lambda\boldsymbol{A}-\boldsymbol{B}|=0$ 的全部根是 $\lambda_1,\cdots,\lambda_n$. 由 $\boldsymbol{Q}'\boldsymbol{B}\boldsymbol{Q}=\mathrm{diag}(\lambda_1,\cdots,\lambda_n)$ 可知: 若 $\boldsymbol{B}$ 半正定, 则 $\lambda_i\geqslant 0$; 若 B 正定, 则 $\lambda_i>0$.

(ii) 现在将步骤 (i) 中的结论应用于方程 $|\lambda\boldsymbol{A}^{-1}-\boldsymbol{B}|=0$, 立知它的所有根 $\lambda_i\geqslant 0$. 因为 $|\lambda\boldsymbol{I}-\boldsymbol{A}\boldsymbol{B}|=|\boldsymbol{A}||\lambda\boldsymbol{A}^{-1}-\boldsymbol{B}|$, 所以 $\boldsymbol{A}\boldsymbol{B}$ 的所有特征值非负.

解法 3 由习题 5.14(2) 可知 $\boldsymbol{A}=\boldsymbol{D}^2$, 其中 $\boldsymbol{D}$ 是一个正定矩阵. 于是 $\boldsymbol{A}\boldsymbol{B}=\boldsymbol{D}^2\boldsymbol{B}$. 由此推出 (注意 $\boldsymbol{D}'=\boldsymbol{D}$)

$$\boldsymbol{D}^{-1}(\boldsymbol{A}\boldsymbol{B})\boldsymbol{D}=\boldsymbol{D}^{-1}\boldsymbol{D}^2\boldsymbol{B}\boldsymbol{D}=\boldsymbol{D}\boldsymbol{B}\boldsymbol{D}=\boldsymbol{D}'\boldsymbol{B}\boldsymbol{D}.$$

因此 $\boldsymbol{A}\boldsymbol{B}$ 与对称矩阵 $\boldsymbol{D}'\boldsymbol{B}\boldsymbol{D}$ 相似, 从而有相同的特征值. 因为后者与半正定矩阵 $\boldsymbol{B}$ 合同, 所以全部特征值非负, 于是 $\boldsymbol{A}\boldsymbol{B}$ 的所有特征值非负. □

注 上面解法 2 的步骤 (i) 证明了: 对于同阶正定矩阵 $\boldsymbol{A}$ 和实对称阵 $\boldsymbol{B}$, 存在一个可逆矩阵 $\boldsymbol{Q}$ 同时使 $\boldsymbol{Q}'\boldsymbol{A}\boldsymbol{Q}$ 为单位阵, $\boldsymbol{Q}'\boldsymbol{B}\boldsymbol{Q}$ 为对角阵.

5.4 综合性例题

* **例 5.4.1** 设 $f(\boldsymbol{x})=\boldsymbol{x}'\boldsymbol{A}\boldsymbol{x}$ 是 n 元 $x_1,\cdots,x_n$ 的实二次型, $\boldsymbol{x}=(x_1,\cdots,x_n)'$, 并设 $\boldsymbol{A}$ 的特征值是 $\lambda_1,\cdots,\lambda_n$. 那么 f 在约束条件 $x_1^2+\cdots+x_n^2=1$ 之下的最大值等于 $\max\limits_{1\leqslant i\leqslant n}\lambda_i$, 最小值等于 $\min\limits_{1\leqslant i\leqslant n}\lambda_i$.

解　(i) 因为 $\boldsymbol{A}$ 是实对称矩阵, 所以存在正交矩阵 $\boldsymbol{T}$ 使得 $\boldsymbol{A}=\boldsymbol{T}'\boldsymbol{Q}\boldsymbol{T}$, 其中 $\boldsymbol{Q}=\mathrm{diag}(\lambda_1,\cdots,\lambda_n)$, 于是 $\boldsymbol{TAT}'=\boldsymbol{Q}$. 令 $\boldsymbol{x}=\boldsymbol{Ty},\boldsymbol{y}=(y_1,y_2,\cdots,y_n)$, 则

$$f=\boldsymbol{x}'\boldsymbol{A}\boldsymbol{x}=(\boldsymbol{Ty})'\boldsymbol{ATy}=\boldsymbol{y}'(\boldsymbol{T}'\boldsymbol{AT})\boldsymbol{y}=\boldsymbol{y}'(\boldsymbol{TAT}')'\boldsymbol{y}=\boldsymbol{y}'\boldsymbol{Q}'\boldsymbol{y}=\boldsymbol{y}'\boldsymbol{Q}\boldsymbol{y},$$

因此

$$f=\lambda_1y_1^2+\lambda_2y_2^2+\cdots+\lambda_ny_n^2.$$

约束条件 $x_1^2+\cdots+x_n^2=1$ 可表示为 $\boldsymbol{x}'\boldsymbol{x}=1$. 因为 $\boldsymbol{T}$ 是正交矩阵, 所以

$$\boldsymbol{x}'\boldsymbol{x}=(\boldsymbol{Ty})'(\boldsymbol{Ty})=\boldsymbol{y}'\boldsymbol{T}'\boldsymbol{Ty}=\boldsymbol{y}'\boldsymbol{I}_n\boldsymbol{y}=\boldsymbol{y}'\boldsymbol{y},$$

因此约束条件 $x_1^2+\cdots+x_n^2=1$ 等价于 $y_1^2+\cdots+y_n^2=1$.

(ii) 设 $\max\limits_{1\leqslant i\leqslant n}\lambda_i=\lambda_t$, 那么在此约束条件下

$$f=\lambda_1y_1^2+\lambda_2y_2^2+\cdots+\lambda_ny_n^2\leqslant\lambda_t(y_1^2+y_2^2+\cdots+y_n^2)=\lambda_t.$$

所以 f(在约束条件下) 的最大值不超过 $\max\limits_{1\leqslant i\leqslant n}\lambda_i$.

(iii) 取 $\boldsymbol{y}_0=(0,0,\cdots,1,0,\cdots,0)'$, 其中只有第 t 个坐标等于 1, 那么 $\boldsymbol{y}_0'\boldsymbol{y}_0=1$, 并且

$$f(\boldsymbol{y}_0)=\boldsymbol{y}_0'\boldsymbol{Q}\boldsymbol{y}_0=\lambda_t,$$

因此 f(在约束条件下) 的最大值恰为 $\max\limits_{1\leqslant i\leqslant n}\lambda_i$. 可类似地证明最小值是 $\min\limits_{1\leqslant i\leqslant n}\lambda_i$(由读者完成). □

* **例 5.4.2**　设 $\boldsymbol{A}$ 为 n 阶实对称矩阵, $\boldsymbol{b}$ 为 n 维实 (列) 向量, 证明: $\boldsymbol{A}-\boldsymbol{bb}'>0$(即正定) 的充分必要条件是 $\boldsymbol{A}>0$ 且 $\boldsymbol{b}'\boldsymbol{A}^{-1}\boldsymbol{b}<1$.

解　解法 1　(i) 我们有

$$\begin{pmatrix}\boldsymbol{I}_n & -\boldsymbol{b}\\ \boldsymbol{O}_{1\times n} & 1\end{pmatrix}\begin{pmatrix}\boldsymbol{A} & \boldsymbol{b}\\ \boldsymbol{b}' & 1\end{pmatrix}\begin{pmatrix}\boldsymbol{I}_n & \boldsymbol{O}_{n\times 1}\\ -\boldsymbol{b}' & 1\end{pmatrix}=\begin{pmatrix}\boldsymbol{A}-\boldsymbol{bb}' & \boldsymbol{O}_{n\times 1}\\ \boldsymbol{O}_{1\times n} & 1\end{pmatrix},$$

以及

$$\begin{pmatrix}\boldsymbol{I}_n & \boldsymbol{O}_{n\times 1}\\ -\boldsymbol{b}'\boldsymbol{A}^{-1} & 1\end{pmatrix}\begin{pmatrix}\boldsymbol{A} & \boldsymbol{b}\\ \boldsymbol{b}' & 1\end{pmatrix}\begin{pmatrix}\boldsymbol{I}_n & -\boldsymbol{A}^{-1}\boldsymbol{b}\\ \boldsymbol{O}_{1\times n} & 1\end{pmatrix}=\begin{pmatrix}\boldsymbol{A} & \boldsymbol{O}_{n\times 1}\\ \boldsymbol{O}_{1\times n} & 1-\boldsymbol{b}'\boldsymbol{A}^{-1}\boldsymbol{b}\end{pmatrix}.$$

因此

$$\begin{pmatrix}\boldsymbol{A}-\boldsymbol{bb}' & \boldsymbol{O}_{n\times 1}\\ \boldsymbol{O}_{1\times n} & 1\end{pmatrix}$$

合同于

$$\begin{pmatrix}\boldsymbol{A} & \boldsymbol{b}\\ \boldsymbol{b}' & 1\end{pmatrix};$$

$$\begin{pmatrix} A & O_{n\times 1} \\ O_{1\times n} & 1-b'A^{-1}b \end{pmatrix}$$

合同于

$$\begin{pmatrix} A & b \\ b' & 1 \end{pmatrix}.$$

因为合同关系是传递的, 所以

$$G=\begin{pmatrix} A-bb' & O_{n\times 1} \\ O_{1\times n} & 1 \end{pmatrix}$$

合同于

$$H=\begin{pmatrix} A & O_{n\times 1} \\ O_{1\times n} & 1-b'A^{-1}b \end{pmatrix}.$$

还要注意与正定矩阵合同的矩阵也是正定的. 事实上, 若 Q 正定, $P=C'QC$, 其中 C 可逆, 那么 P 对称, 并且变换 $x=Cy$ 将二次型 $f=x'Qx$ 化为 $f=(Cy)'Q(Cy)=y'(C'QC)y=y'Py$. 因为 C 可逆, 所以对于所有 $y\neq O, x=C^{-1}y\neq O$, 从而 $y'Py=x'Qx>0$.

(ii) 若 $A>0$, 并且 $b'A^{-1}b<1$, 则 H 的所有顺序主子式大于零, 即 H 正定 (这个结论也可由例 5.3.3 直接得到), 于是 G 也正定, 从而 G 的所有顺序主子式大于零, 因而 $A-bb'$ 正定. 反之, 若 $A-bb'$ 正定, 则 G 也正定, 类似地, 由此推出 A 正定, 并且 $b'A^{-1}b<1$.

解法 2 (i) 若 $A-bb'$ 正定, 则

$$x'(A-bb')x>0 \quad (\forall x\neq O),$$

从而 $x'Ax>x'bb'x=|b'x|^2\geqslant 0$, 所以对称矩阵 A 正定. 又由例 1.3.1(2) 知

$$|A-bb'|=|A|(1-b'A^{-1}b),$$

由 $A-bb'$ 和 A 的正定性知 $1-b'A^{-1}b>0$.

(ii) 反之, 设 A 正定, $1-b'A^{-1}b>0$. 记 $b=(b_1,b_2,\cdots,b_n)', b_k=(b_1,b_2,\cdots,b_k)'(k=1,2,\cdots,n)$, 以及

$$A_k=A\begin{pmatrix} 1 & 2 & \cdots & k \\ 1 & 2 & \cdots & k \end{pmatrix}$$

(即 A 的第 k 个主子式对应的矩阵). 于是 $A-bb'$ 的各阶顺序主子式

$$\Delta_k=|A_k-b_kb_k'|=|A_k|\big(1-b_k'(A_k)^{-1}b_k\big) \quad (k=1,2,\cdots,n)$$

(这里应用了例 1.3.1(2)). 我们来证明 $\Delta_k>0$.

因为 A 正定, 所以 A_k 也正定 (因为它的各阶主子式作为 A 的主子式是正的), 从而 $(A_k)^{-1}$ 也正定 (见例 5.3.2). 由正定矩阵的性质, 存在正交矩阵 T, 使

$$A=T'\mathrm{diag}(\lambda_1,\lambda_2,\cdots,\lambda_n)T,$$

其中 $\lambda_i>0$ 是 $\boldsymbol{A}$ 的特征值, 于是

$$\boldsymbol{A}^{-1}=\boldsymbol{T}'\mathrm{diag}(\lambda_1^{-1},\lambda_2^{-1},\cdots,\lambda_n^{-1})\boldsymbol{T},$$

从而

$$\begin{aligned}\boldsymbol{A}_k&=\boldsymbol{T}_k'\mathrm{diag}(\lambda_1,\lambda_2,\cdots,\lambda_k)\boldsymbol{T}_k,\\(\boldsymbol{A}_k)^{-1}&=\boldsymbol{T}_k'\mathrm{diag}(\lambda_1^{-1},\lambda_2^{-1},\cdots,\lambda_k^{-1})\boldsymbol{T}_k,\end{aligned}$$

其中

$$\boldsymbol{T}_k=\boldsymbol{T}\begin{pmatrix}1&2&\cdots&k\\1&2&\cdots&k\end{pmatrix}.$$

还有

$$\boldsymbol{b}'\boldsymbol{A}^{-1}\boldsymbol{b}=\boldsymbol{b}'\boldsymbol{T}'\mathrm{diag}(\lambda_1^{-1},\lambda_2^{-1},\cdots,\lambda_n^{-1})\boldsymbol{T}\boldsymbol{b}=(\boldsymbol{T}\boldsymbol{b})'\mathrm{diag}(\lambda_1^{-1},\lambda_2^{-1},\cdots,\lambda_n^{-1})(\boldsymbol{T}\boldsymbol{b}).$$

所以

$$\begin{aligned}\boldsymbol{b}_k'(\boldsymbol{A}_k)^{-1}\boldsymbol{b}_k&=\boldsymbol{b}_k'\boldsymbol{T}_k'\mathrm{diag}(\lambda_1^{-1},\lambda_2^{-1},\cdots,\lambda_k^{-1})\boldsymbol{T}_k\boldsymbol{b}_k\\&=(\boldsymbol{T}_k\boldsymbol{b}_k)'\mathrm{diag}(\lambda_1^{-1},\lambda_2^{-1},\cdots,\lambda_k^{-1})(\boldsymbol{T}_k\boldsymbol{b}_k)\\&=(\boldsymbol{T}\boldsymbol{b})_k'\mathrm{diag}(\lambda_1^{-1},\lambda_2^{-1},\cdots,\lambda_n^{-1})(\boldsymbol{T}\boldsymbol{b})_k\\&\leqslant(\boldsymbol{T}\boldsymbol{b})'\mathrm{diag}(\lambda_1^{-1},\lambda_2^{-1},\cdots,\lambda_n^{-1})(\boldsymbol{T}\boldsymbol{b})=\boldsymbol{b}'\boldsymbol{A}^{-1}\boldsymbol{b}<1.\end{aligned}$$

注意 $|\boldsymbol{A}_k|>0$, 由此得到 $\Delta_k=|\boldsymbol{A}_k|\big(1-\boldsymbol{b}_k'(\boldsymbol{A}_k)^{-1}\boldsymbol{b}_k\big)>0$. 于是 $\boldsymbol{A}-\boldsymbol{b}\boldsymbol{b}'$ 正定. □

注 解法 1 应用了例 5.3.4 解法的思路, 矩阵分块技巧也类似.

* **例 5.4.3** 设二次曲面 $x^2+ay^2+z^2+2bxy+2xz+2yz=4$ 可以经由正交变换

$$\begin{pmatrix}x\\y\\z\end{pmatrix}=\boldsymbol{P}\begin{pmatrix}\xi\\\eta\\\zeta\end{pmatrix}$$

化成椭圆柱面方程 $\eta^2+4\zeta^2=4$, 试求 a,b 和正交矩阵 $\boldsymbol{P}$.

解 (i) 二次型的矩阵为

$$\boldsymbol{A}=\begin{pmatrix}1&b&1\\b&a&1\\1&1&1\end{pmatrix}.$$

其特征多项式是 (请读者补出计算细节)

$$\varphi_{\boldsymbol{A}}(x)=x(x-2)(x-a)-2b-(1+b^2)(x-1).$$

$\boldsymbol{A}$ 的特征值是椭圆柱面方程中 ξ^2,η^2,ζ^2 的系数, 所以 $\varphi_{\boldsymbol{A}}(x)$ 的三个根是 $0,1,4$, 将它们代入特征方程, 求得 $a=3,b=1$.

(ii) 分别求出 $\boldsymbol{A}$ 属于特征值 $0,1,4$ 的特征向量

$$(-1,0,1)',\quad (1,-1,1)',\quad (1,2,1)',$$

它们两两正交, 单位化后作为 $\boldsymbol{P}$ 的列向量, 即得所求的正交矩阵

$$\boldsymbol{P}=\frac{1}{\sqrt{6}}\begin{pmatrix}-\sqrt{3} & \sqrt{2} & 1\\ 0 & -\sqrt{2} & 2\\ \sqrt{3} & \sqrt{2} & 1\end{pmatrix}$$

(请读者补出有关计算细节). □

例 5.4.4 证明: 对于任何 n 阶正定矩阵 $\boldsymbol{A}$ 及半正定矩阵 $\boldsymbol{B}$ 有

$$|\boldsymbol{A}+\boldsymbol{B}|\geqslant|\boldsymbol{A}|+|\boldsymbol{B}|,$$

并且等式当且仅当 $\boldsymbol{B}$ 为零矩阵时成立.

解 因为 $\boldsymbol{A}$ 正定, 所以它合同于 $\boldsymbol{I}_n$, 即存在可逆方阵 $\boldsymbol{P}$ 使得

$$\boldsymbol{P}'\boldsymbol{A}\boldsymbol{P}=\boldsymbol{I}_n.$$

又因为 $\boldsymbol{A}$ 半正定, 所以它合同于 $\boldsymbol{B}_1=\mathrm{diag}(\boldsymbol{I}_r,\boldsymbol{O})$, 其中 $r\leqslant n$, 即存在可逆方阵 $\boldsymbol{Q}$ 使得

$$\boldsymbol{B}=\boldsymbol{Q}'\boldsymbol{B}_1\boldsymbol{Q}.$$

于是

$$\boldsymbol{P}'(\boldsymbol{A}+\boldsymbol{B})\boldsymbol{P}=\boldsymbol{P}'\boldsymbol{A}\boldsymbol{P}+\boldsymbol{P}'\boldsymbol{B}\boldsymbol{P}=\boldsymbol{I}_n+\boldsymbol{P}'\boldsymbol{Q}'\boldsymbol{B}_1\boldsymbol{Q}\boldsymbol{P}=\boldsymbol{I}_n+\boldsymbol{R}'\boldsymbol{B}_1\boldsymbol{R}=\boldsymbol{I}_n+\boldsymbol{C},$$

其中 $\boldsymbol{R}=\boldsymbol{Q}\boldsymbol{P}$ 可逆, 因此 $\boldsymbol{C}=\boldsymbol{P}'\boldsymbol{B}\boldsymbol{P}=\boldsymbol{R}'\boldsymbol{B}_1\boldsymbol{R}$ 仍然半正定. 由习题 5.15(2) 可知

$$|\boldsymbol{I}_n+\boldsymbol{C}|\geqslant|\boldsymbol{C}|+1=|\boldsymbol{C}|+|\boldsymbol{I}_n|,$$

并且等式当且仅当 $\boldsymbol{C}=\boldsymbol{O}$ 时成立. 注意 $|\boldsymbol{P}||\boldsymbol{P}'|=|\boldsymbol{P}|^2>0$, 由此可知

$$\begin{aligned}|\boldsymbol{P}'||\boldsymbol{A}+\boldsymbol{B}||\boldsymbol{P}|&=|\boldsymbol{P}'(\boldsymbol{A}+\boldsymbol{B})\boldsymbol{P}|=|\boldsymbol{I}_n+\boldsymbol{C}|\geqslant|\boldsymbol{C}|+|\boldsymbol{I}_n|\\&=|\boldsymbol{P}'\boldsymbol{B}\boldsymbol{P}|+|\boldsymbol{P}'\boldsymbol{A}\boldsymbol{P}|=|\boldsymbol{P}'||\boldsymbol{B}||\boldsymbol{P}|+|\boldsymbol{P}'||\boldsymbol{A}||\boldsymbol{P}|=|\boldsymbol{P}'|(|\boldsymbol{A}|+|\boldsymbol{B}|)|\boldsymbol{P}|,\end{aligned}$$

因为 $|\boldsymbol{P}'|=|\boldsymbol{P}|\neq0$, 所以 $|\boldsymbol{A}+\boldsymbol{B}|\geqslant|\boldsymbol{A}|+|\boldsymbol{B}|$; 并且等式当且仅当 $\boldsymbol{C}=\boldsymbol{O}$, 即 $\boldsymbol{B}=\boldsymbol{O}$ 时成立. □

* **例 5.4.5** 设对称阵 $\boldsymbol{A}$ 的特征值 $\lambda_1\leqslant\lambda_2\leqslant\cdots\leqslant\lambda_n$, 对称阵 $\boldsymbol{B}$ 的特征值 $\mu_1\leqslant\mu_2\leqslant\cdots\leqslant\mu_n$, 则矩阵 $\boldsymbol{A}+\boldsymbol{B}$ 的特征值全部在 $[\lambda_1+\mu_1,\lambda_n+\mu_n]$ 之中.

解 (i) 首先注意, 对于任意 n 阶矩阵 $\boldsymbol{K}$, 有

$$|x\boldsymbol{I}-\boldsymbol{K}|=|(x-a)\boldsymbol{I}-(\boldsymbol{K}-a\boldsymbol{I})|,$$

因此 x_0 是 $\boldsymbol{K}$ 的特征值, 当且仅当 x_0-a 是 $\boldsymbol{K}-a\boldsymbol{I}$ 的特征值.

这个事实也可由习题 3.13(1) 推出. 例如, 若 x_0 是 $\boldsymbol{K}$ 的特征值, 则取多项式 $f(x)=x-a$, 可知 $f(x_0)=x_0-a$ 是矩阵 $f(\boldsymbol{K})=\boldsymbol{K}-a\boldsymbol{I}$ 的特征值.

(ii) 因为 $\lambda_i(i=1,2,\cdots,n)$ 是 $\boldsymbol{A}$ 的特征值, 所以由步骤 (i) 中所说的事实可知: $\boldsymbol{A}-\lambda_1\boldsymbol{I}$ 的全部特征值是 $\lambda_i-\lambda_1$, 因而都非负, 所以矩阵 $\boldsymbol{A}-\lambda_1\boldsymbol{I}$ 半正定.

或者, 存在正交矩阵 $\boldsymbol{T}$, 使得

$$\boldsymbol{T}'\boldsymbol{A}\boldsymbol{T}=\operatorname{diag}(\lambda_1,\lambda_2,\cdots,\lambda_n),$$

于是

$$\boldsymbol{T}'(\boldsymbol{A}-\lambda_1\boldsymbol{I})\boldsymbol{T}=\operatorname{diag}(0,\lambda_2-\lambda_1,\cdots,\lambda_n-\lambda_1),$$

其中 $\boldsymbol{I}$ 是 n 阶单位矩阵, 可见 $\boldsymbol{A}-\lambda_1\boldsymbol{I}$ 的所有特征值非负, 从而是半正定矩阵.

同理, $\boldsymbol{B}-\mu_1\boldsymbol{I}$ 也是半正定矩阵. 于是 $\boldsymbol{C}=(\boldsymbol{A}+\boldsymbol{B})-(\lambda_1+\mu_1)\boldsymbol{I}=(\boldsymbol{A}-\lambda_1\boldsymbol{I})+(\boldsymbol{B}-\mu_1\boldsymbol{I})$ 是半正定矩阵, 其特征值非负.

(iii) 如果 η 是 $\boldsymbol{A}+\boldsymbol{B}$ 的任一特征值, 那么依步骤 (i) 中所说的事实, $\eta-(\lambda_1+\mu_1)$ 是 $\boldsymbol{C}$ 的一个特征值. 因为 $\boldsymbol{C}$ 是半正定矩阵, 所以 $\eta-(\lambda_1+\mu_1)\geqslant 0$, 即 $\eta\geqslant\lambda_1+\mu_1$.

(iv) 类似地, 考虑 $\lambda_n\boldsymbol{I}-\boldsymbol{A},\mu_n\boldsymbol{I}-\boldsymbol{B}$, 以及 $\boldsymbol{D}=(\lambda_n+\mu_n)\boldsymbol{I}-(\boldsymbol{A}+\boldsymbol{B})$, 它们都是半负定的 (即其特征值全非正), 从而可推出 $\eta\leqslant\lambda_n+\mu_n$. □

习　题　5

5.1　(1) 应用正交变换将

$$f(x_1,x_2,\cdots,x_n)=x_1x_2+x_2x_3+\cdots+x_{n-1}x_n$$

化为标准形.

(2) 将二次型

$$f(x,y,z,w)=3(x^2+y^2+z^2)+w^2+2xy-2yz+2xz$$

化为规范形.

(3) 判断二次型

$$f(x_1,x_2,x_3)=x_1^2+4x_2^2+4x_3^2-2x_1x_2-2x_1x_3+4x_2x_3$$

是否正定.

(4) 求 λ 的值, 使二次型

$$f(x,y,z,w)=\lambda(x^2+y^2+z^2)+w^2+2xy-2yz+2xz$$

是正定的, 或半正定的.

(5) 求二次型

$$f(x_1,x_2,\cdots,x_{2n-1},x_{2n})=x_1x_2+2x_3x_4+3x_5x_6+\cdots+nx_{2n-1}x_{2n}$$

的秩和符号差.

(6) 证明实二次型

$$f(x_1,x_2,\cdots,x_n)=\sum_{i,j=1}^{n}(aij+i+j)x_ix_j \quad (n\geqslant 2,a\in\mathbb{R})$$

的秩及符号差与参数 a 无关.

5.2 判断下列二次型的正定性或半正定性:

(1) $f(x_1,x_2,\cdots,x_n)=\sum\limits_{i=1}^{n}x_i^2+\sum\limits_{i=1}^{n-1}x_ix_{i+1}$.

(2) $f(x_1,x_2,\cdots,x_n)=\sum\limits_{i=1}^{n}x_i^2+\sum\limits_{1\leqslant i<j\leqslant n}x_ix_j$.

(3) $f(x_1,x_2,\cdots,x_n)=n\sum\limits_{i=1}^{n}x_i^2-\left(\sum\limits_{i=1}^{n}x_i\right)^2$.

5.3 设

$$\boldsymbol{A}=\begin{pmatrix}-4&0&3\\0&2&0\\3&0&4\end{pmatrix},$$

求 $\boldsymbol{A}^n(n\geqslant 1)$ 及 $\boldsymbol{A}^{-1}$.

5.4 求所有二阶实对称矩阵构成的向量空间 M 的维数, 并且给出它的一组基. 考虑 n 阶一般情形.

5.5 (1) 证明: 若 $\boldsymbol{A}$ 是可逆的实对称矩阵, 则 $\boldsymbol{A}^{-1}$ 也是实对称矩阵, 并且合同于 $\boldsymbol{A}$.

(2) 证明: 实对称矩阵的不同特征值所对应的特征向量正交.

5.6 (1) 证明: 实反对称矩阵的特征值是 0 或纯虚数, 并且对应于纯虚数的特征向量的实部和虚部形成的实向量等长且互相正交.

(2) 证明: 可逆实反对称矩阵 $\boldsymbol{A}$ 的阶必为偶数, 并且 $|\boldsymbol{A}|>0$; 奇数阶实反对称矩阵必不可逆.

5.7 证明: 对于任何 n 阶实反对称矩阵 $\boldsymbol{C}$, 矩阵 $\boldsymbol{C}'\boldsymbol{C}$ 半正定, 并且 $|\boldsymbol{I}+\boldsymbol{C}|^2=|\boldsymbol{I}+\boldsymbol{C}'\boldsymbol{C}|$.

***5.8** 证明: 若 $\boldsymbol{A}$ 是可逆反对称矩阵, 则 $\boldsymbol{A}^{-1}$ 也是反对称矩阵.

5.9 设 n 阶矩阵 $\boldsymbol{A}$ 具有性质: $\boldsymbol{x}'\boldsymbol{A}\boldsymbol{x}=0(\forall\boldsymbol{x}\in\mathbb{R}^n)$(此处 $\boldsymbol{x}$ 是列向量), 则 $\boldsymbol{A}$ 是反对称矩阵.

5.10 设实 $m\times n$ 矩阵 $\boldsymbol{A}=(a_{ij})$ 的秩为 n, 证明: $\boldsymbol{A}'\boldsymbol{A}$ 是正定矩阵.

5.11 设 $\boldsymbol{A},\boldsymbol{B}$ 分别是 n 阶正定矩阵和实对称矩阵, 证明: $\boldsymbol{A}+\boldsymbol{B}$ 正定, 当且仅当 $\boldsymbol{B}\boldsymbol{A}^{-1}$ 的特征值全大于 -1.

5.12 设

$$\boldsymbol{D}=\begin{pmatrix}\boldsymbol{A}&\boldsymbol{C}\\\boldsymbol{C}'&\boldsymbol{B}\end{pmatrix}$$

是正定矩阵, 其中 $\boldsymbol{A},\boldsymbol{B}$ 分别是 m,n 阶对称矩阵, $\boldsymbol{C}$ 为 $m\times n$ 矩阵. 证明 $\boldsymbol{B}-\boldsymbol{C}'\boldsymbol{A}^{-1}\boldsymbol{C}$ 是正定矩阵.

5.13 设 $\boldsymbol{A}$ 是 $m\times n(m\leqslant n)$ 矩阵, 证明: $\boldsymbol{A}\boldsymbol{A}'$ 正定, 当且仅当 $\boldsymbol{A}$ 的秩 $r(\boldsymbol{A})=m$.

5.14 (1) 设 $\boldsymbol{A}$ 是 n 阶正定矩阵, 证明 $\boldsymbol{A}$ 与 $\boldsymbol{I}_n$ 合同.

(2) 设 $\boldsymbol{A}$ 是 n 阶正定矩阵, 则存在可逆矩阵 $\boldsymbol{P}$ 使得 $\boldsymbol{A}=\boldsymbol{P}'\boldsymbol{P}$.

*(3) 设 $\boldsymbol{A}$ 是 n 阶正定矩阵, 则存在正定矩阵 $\boldsymbol{D}$ 使得 $\boldsymbol{A}=\boldsymbol{D}^2$.

(4) 设 n 阶实对称阵 $\boldsymbol{A}$ 满足关系式

$$\boldsymbol{A}^3-6\boldsymbol{A}^2+11\boldsymbol{A}-6\boldsymbol{I}_n=\boldsymbol{O}$$

($\boldsymbol{O}$ 是零矩阵), 则 $\boldsymbol{A}$ 是正定矩阵.

5.15 (1) 设 $\boldsymbol{A}$ 是 n 阶正定矩阵, $a>0$, 证明

$$|\boldsymbol{A}+a\boldsymbol{I}_n|>|\boldsymbol{A}|+a^n.$$

(2) 设 $\boldsymbol{A}$ 是 n 阶半正定矩阵, $a>0$, 证明

$$|\boldsymbol{A}+a\boldsymbol{I}_n|\geqslant|\boldsymbol{A}|+a^n,$$

并且等式当且仅当 $\boldsymbol{A}$ 为零方阵时成立.

5.16 (1) 设 $\boldsymbol{A}$ 及 $\boldsymbol{B}$ 分别是同阶可逆实阵及反对称实阵, 则 $|\boldsymbol{A}'\boldsymbol{A}+\boldsymbol{B}|>0$.

(2) 设 $\boldsymbol{A}$ 是 n 阶反对称实阵, 则对任何 $\varepsilon>0, |\varepsilon\boldsymbol{I}_n+\boldsymbol{A}|>0$.

5.17 设二次型 $f(\boldsymbol{x})=\boldsymbol{x}'\boldsymbol{A}\boldsymbol{x}$ 的矩阵的特征值是 $\lambda_i(i=1,\cdots,n)$, 证明: 当 (列向量)$\boldsymbol{x}\neq\boldsymbol{O}$ 时

$$\min_{1\leqslant i\leqslant n}\lambda_i\leqslant\frac{\boldsymbol{x}'\boldsymbol{A}\boldsymbol{x}}{\boldsymbol{x}'\boldsymbol{x}}\leqslant\max_{1\leqslant i\leqslant n}\lambda_i.$$

习题 5 的解答或提示

5.1 (1) 二次型的矩阵

$$\boldsymbol{A}=\frac{1}{2}\begin{pmatrix}0&1&&\\1&0&\ddots&\\&\ddots&\ddots&1\\&&1&0\end{pmatrix}$$

(空白处元素为零). 应用例 1.1.3 求出特征多项式

$$\varphi_{\boldsymbol{A}}(\lambda)=\frac{\alpha^{n+1}-\beta^{n+1}}{\alpha-\beta}$$

其中

$$\alpha=\alpha(\lambda)=\frac{\lambda+\sqrt{\lambda^2-1}}{2},\quad \beta=\beta(\lambda)=\frac{\lambda-\sqrt{\lambda^2-1}}{2}.$$

因此 $\varphi_{\boldsymbol{A}}(\lambda)=0$ 的根由

$$\alpha^{n+1}-\beta^{n+1}=0,$$

即

$$(\alpha/\beta)^{n+1}=1\quad(\alpha\neq\beta)$$

确定. 于是

$$\alpha/\beta = \mathrm{e}^{2k\pi\mathrm{i}/(n+1)} \quad (k=1,2,\cdots,n).$$

注意 $\alpha+\beta=\lambda, \alpha\beta=1/4$, 所以

$$\alpha^2 = \alpha\beta\cdot\frac{\alpha}{\beta} = \frac{1}{4}\mathrm{e}^{2k\pi\mathrm{i}/(n+1)} \quad (k=1,2,\cdots,n),$$

由此求得

$$\alpha = \frac{1}{2}\mathrm{e}^{k\pi\mathrm{i}/(n+1)}, \quad \beta = \frac{1}{2}\mathrm{e}^{-k\pi\mathrm{i}/(n+1)} \quad (k=1,2,\cdots,n),$$

从而最终得到 $\boldsymbol{A}$ 的 n 个特征值

$$\lambda_k = \frac{\mathrm{e}^{k\pi\mathrm{i}/(n+1)} + \mathrm{e}^{-k\pi\mathrm{i}/(n+1)}}{2} = \cos\frac{k\pi}{n+1} \quad (k=1,2,\cdots,n).$$

于是

$$f = \sum_{k=1}^{n}\left(\cos\frac{k\pi}{n+1}\right)y_k^2.$$

(2) **提示** 答案: 令

$$x = \frac{\sqrt{3}}{3}x_1 - \frac{\sqrt{6}}{12}x_2 - \frac{\sqrt{2}}{4}x_3, \quad y = \frac{\sqrt{6}}{4}x_2 + \frac{\sqrt{2}}{4}x_3, \quad z = \frac{\sqrt{2}}{2}x_3, \quad w = x_4,$$

则 $f = x_1^2 + x_2^2 + x_3^2 + x_4^2$.

(3) 解法 1 二次型的矩阵

$$\boldsymbol{A} = \begin{pmatrix} 1 & -1 & -1 \\ -1 & 4 & 2 \\ -1 & 2 & 4 \end{pmatrix}.$$

它的顺序主子式

$$\Delta_1 = 1, \quad \Delta_2 = \begin{vmatrix} 1 & -1 \\ -1 & 4 \end{vmatrix} = 3, \quad \Delta_3 = |\boldsymbol{A}| = 8,$$

全大于零, 所以 f 正定.

解法 2 直接配方得到

$$f = (x_1 - x_2 - x_3)^2 + 3\left(x_2 + \frac{1}{3}x_3\right)^2 + \frac{8}{3}x_3^2,$$

正惯性指数 $p=3$, 所以 f 正定.

解法 3 求出 $\boldsymbol{A}$ 的特征值 $\lambda = 2, (7\pm\sqrt{33})/2$, 全大于零, 所以 f 正定.

(4) 二次型的矩阵

$$\boldsymbol{A}(\lambda) = \begin{pmatrix} \lambda & 1 & 1 & 0 \\ 1 & \lambda & -1 & 0 \\ 1 & -1 & \lambda & 0 \\ 0 & 0 & 0 & 1 \end{pmatrix}.$$

通过初等变换化为对角形 $\operatorname{diag}(\lambda+1,\lambda+1,\lambda-2,1)$. 相似矩阵有相同特征值. 当 $\lambda>2$ 时二次型正定; 当 $\lambda=2$ 时二次型半正定 (当 $\lambda<2$ 时二次型不定).

(5) (i) 二次型的矩阵

$$\boldsymbol{A}=\operatorname{diag}(\boldsymbol{A}_1,\boldsymbol{A}_2,\cdots,\boldsymbol{A}_n),$$

其中子块

$$\boldsymbol{A}_k=\begin{pmatrix}0&\dfrac{k}{2}\\\dfrac{k}{2}&0\end{pmatrix}\quad(k=1,2,\cdots,n).$$

因为

$$|\boldsymbol{A}|=|\boldsymbol{A}_1||\boldsymbol{A}_2|\cdots|\boldsymbol{A}_n|=(-1)^n\frac{1^2\cdot2^2\cdots n^2}{2^{2n}}\neq0,$$

所以二次型的秩等于 $2n$.

(ii) 令

$$x_1=y_1+y_2,\quad x_2=y_1-y_2,$$

则

$$x_1x_2=y_1^2-y_2^2;$$

一般地, 令

$$x_{2k-1}=y_{2k-1}+x_{2k},\quad x_{2k}=y_{2k-1}-x_{2k}\quad(k=1,2,\cdots,n),$$

则

$$x_{2k-1}x_{2k}=y_{2k-1}^2-y_{2k}^2.$$

于是 f 化为

$$f(y_1,y_2,\cdots,y_{2n-1},y_{2n})=y_1^2-y_2^2+2y_3^2-2y_4^2+\cdots+ny_1^2-ny_{2n}^2,$$

因此

$$\text{符号差}=\text{正惯性指标}-\text{负惯性指标}=n-n=0.$$

(6) **提示**　通过初等变换可知, 二次型的矩阵合同于

$$\begin{pmatrix}0&-1&0&\cdots&0\\-1&0&0&\cdots&0\\0&0&0&\cdots&0\\\vdots&\vdots&\vdots&&\vdots\\0&0&0&\cdots&0\end{pmatrix},$$

即可通过非奇异线性变换将 f 化为

$$f(y_1,y_2,\cdots,y_n)=-2y_1y_2,$$

由此可推出 f 的秩为 2, 符号差为 0.

5.2 (1) f 的矩阵是

$$\begin{pmatrix} 1 & \frac{1}{2} & & \\ \frac{1}{2} & 1 & \ddots & \\ & \ddots & \ddots & \frac{1}{2} \\ & & \frac{1}{2} & 1 \end{pmatrix}$$

(空白处元素为 0), 其 k 阶顺序主子式 $\Delta_k = 2^{-k}(k+1) > 0$(三对角行列式, 见例 1.1.3), 所以正定.

(2) f 的矩阵同上题, 所以正定. 或者, 求出矩阵的特征值(见补充习题 7.40) $(n+1)/2, 1/2, \cdots, 1/2$, 全大于零.

(3) f 的矩阵的特征值是 $n, n, \cdots, n, 0$. 所以 f 有规范形 $f = y_1^2 + y_2^2 + \cdots + y_{n-1}^2$, 因而 f 半正定. 或者由 Cauchy 不等式可知, 对任何 $(x_1, x_2, \cdots, x_n)' \in \mathbb{R}^n, f \geqslant 0$, 等式当诸 x_i 相等时成立, 所以对于任何 $(a, a, \cdots, a)' \neq \boldsymbol{O}$ 总有 $f = 0$, 所以 f 半正定.

5.3 因为 $\boldsymbol{A}$ 对称, 所以可以正交对角化. $\det(\boldsymbol{A} - \lambda \boldsymbol{I}) = (2-\lambda)(\lambda+5)(\lambda-5)$, 属于特征值 2,5 和 -5 的特征向量分别是 $(0,1,0)', (1,0,3)'$ 和 $(-3,0,1)'$. 因此得到

$$\boldsymbol{P}'\boldsymbol{A}\boldsymbol{P} = \boldsymbol{D} = \begin{pmatrix} 2 & 0 & 0 \\ 0 & 5 & 0 \\ 0 & 0 & -5 \end{pmatrix},$$

其中

$$\boldsymbol{P} = \frac{1}{\sqrt{10}} \begin{pmatrix} 0 & 1 & -3 \\ \sqrt{10} & 0 & 0 \\ 0 & 3 & 1 \end{pmatrix},$$

因而

$$\boldsymbol{P}^{-1} = \boldsymbol{P}' = \frac{1}{\sqrt{10}} \begin{pmatrix} 0 & \sqrt{10} & 0 \\ 1 & 0 & 3 \\ -3 & 0 & 1 \end{pmatrix}.$$

于是, 当 $n \geqslant 1$ 时

$$\begin{aligned} \boldsymbol{A}^n &= \boldsymbol{P} \begin{pmatrix} 2^n & 0 & 0 \\ 0 & 5^n & 0 \\ 0 & 0 & (-5)^n \end{pmatrix} \boldsymbol{P}' \\ &= \frac{1}{10} \begin{pmatrix} 5^n + 9(-5)^n & 0 & 3 \cdot 5^n - 3(-5)^n \\ 0 & 10 \cdot 2^n & 0 \\ 3 \cdot 5^n - 3(-5)^n & 0 & 9 \cdot 5^n + (-5)^n \end{pmatrix}. \end{aligned}$$

又因为

$$\boldsymbol{D}^{-1} = \begin{pmatrix} 2^{-1} & 0 & 0 \\ 0 & 5^{-1} & 0 \\ 0 & 0 & -5^{-1} \end{pmatrix},$$

所以

$$A^{-1}=PD^{-1}P'=\frac{1}{50}\begin{pmatrix}-8&0&6\\0&25&0\\6&0&8\end{pmatrix}.\qquad\square$$

5.4　考虑最简单的二阶实对称矩阵

$$\begin{pmatrix}1&0\\0&0\end{pmatrix},\quad\begin{pmatrix}0&0\\0&1\end{pmatrix},\quad\begin{pmatrix}0&1\\1&0\end{pmatrix},$$

若实数 c_1,c_2,c_3 使得

$$c_1\begin{pmatrix}1&0\\0&0\end{pmatrix}+c_2\begin{pmatrix}0&0\\0&1\end{pmatrix}+c_3\begin{pmatrix}0&1\\1&0\end{pmatrix}=\begin{pmatrix}0&0\\0&0\end{pmatrix},$$

则

$$\begin{pmatrix}c_1&c_3\\c_3&c_2\end{pmatrix}=\begin{pmatrix}0&0\\0&0\end{pmatrix},$$

从而 $c_1=c_2=c_3=0$, 因此它们线性无关. 此外, M 中任意一个矩阵

$$A=\begin{pmatrix}a_{11}&a_{12}\\a_{21}&a_{22}\end{pmatrix}$$

(其中 $a_{12}=a_{21}$), 可以表示为

$$a_{11}\begin{pmatrix}1&0\\0&0\end{pmatrix}+a_{22}\begin{pmatrix}0&0\\0&1\end{pmatrix}+a_{12}\begin{pmatrix}0&1\\1&0\end{pmatrix},$$

因此上述三个矩阵构成 M 的一组基, 从而 $\dim M=3$.

所有 n 阶实对称矩阵形成的向量空间同构于所有上三角矩阵组成的线性空间, 从而所求的维数等于 $n(n+1)/2$(读者给出细节, 并给出一组基).

5.5　(1) (i) 因为 A 是实对称矩阵, 所以存在正交矩阵 T 使得

$$A=T'QT,$$

其中 $Q=\mathrm{diag}(\lambda_1,\cdots,\lambda_n),\lambda_i(i=1,\cdots,n)$ 是 A 的全部特征值 (见例 5.1.3 后的注 1°). 又因为 A 可逆, 所以所有 $\lambda_i\neq 0$ (因为 $|A|=\lambda_1\cdots\lambda_n$). 于是 (注意 $T'=T^{-1}$)

$$A^{-1}=(T'QT)^{-1}=T^{-1}Q^{-1}(T')^{-1}=T'Q^{-1}T,$$

其中 $Q^{-1}=Q=\mathrm{diag}(\lambda_1^{-1},\cdots,\lambda_n^{-1})$. 由此可知

$$(A^{-1})'=(T'Q^{-1}T)'=T'(Q^{-1})'T=T'Q^{-1}T,$$

因此 $(A^{-1})'=A^{-1}$, 即 A^{-1} 也是实对称矩阵.

(ii) 由步骤 (i) 中所证 $\boldsymbol{A}=\boldsymbol{T}'\boldsymbol{Q}\boldsymbol{T},\boldsymbol{A}^{-1}=\boldsymbol{T}'\boldsymbol{Q}^{-1}\boldsymbol{T}$ 可知

$$\boldsymbol{Q}=\boldsymbol{T}\boldsymbol{A}\boldsymbol{T}',\quad \boldsymbol{Q}^{-1}=\boldsymbol{T}\boldsymbol{A}^{-1}\boldsymbol{T}'.$$

因为 $\boldsymbol{Q}=\boldsymbol{Q}\boldsymbol{Q}^{-1}\boldsymbol{Q}$, 所以

$$\begin{aligned}\boldsymbol{A}&=\boldsymbol{T}'\boldsymbol{Q}\boldsymbol{T}=\boldsymbol{T}'\boldsymbol{Q}\boldsymbol{Q}^{-1}\boldsymbol{Q}\boldsymbol{T}=\boldsymbol{T}'\boldsymbol{Q}\cdot\boldsymbol{Q}^{-1}\cdot\boldsymbol{Q}\boldsymbol{T}\\&=\boldsymbol{T}'\boldsymbol{Q}\cdot\boldsymbol{T}\boldsymbol{A}^{-1}\boldsymbol{T}'\cdot\boldsymbol{Q}\boldsymbol{T}=(\boldsymbol{T}'\boldsymbol{Q}\boldsymbol{T})\boldsymbol{A}^{-1}(\boldsymbol{T}'\boldsymbol{Q}\boldsymbol{T}).\end{aligned}$$

注意 $(\boldsymbol{T}'\boldsymbol{Q}\boldsymbol{T})'=\boldsymbol{T}'\boldsymbol{Q}'\boldsymbol{T}=\boldsymbol{T}'\boldsymbol{Q}\boldsymbol{T}$, 若记 $\boldsymbol{C}=\boldsymbol{T}'\boldsymbol{Q}\boldsymbol{T}$, 则 $\boldsymbol{C}$ 可逆, 并且 $\boldsymbol{A}=\boldsymbol{C}'\boldsymbol{A}^{-1}\boldsymbol{C}$, 所以 $\boldsymbol{A},\boldsymbol{A}^{-1}$ 合同.

(2) 设 λ_1,λ_2 是实对称矩阵 $\boldsymbol{A}$ 的两个不同的特征值, $\boldsymbol{A}\boldsymbol{x}_1=\lambda_1\boldsymbol{x}_1,\boldsymbol{A}\boldsymbol{x}_2=\lambda_2\boldsymbol{x}_2$, 并且 $\boldsymbol{x}_1,\boldsymbol{x}_2\neq\boldsymbol{O}$, 那么

$$\lambda_1\boldsymbol{x}_1'\boldsymbol{x}_2=(\lambda_1\boldsymbol{x}_1)'\boldsymbol{x}_2=(\boldsymbol{A}\boldsymbol{x}_1)'\boldsymbol{x}_2=\boldsymbol{x}_1'\boldsymbol{A}'\boldsymbol{x}_2=\boldsymbol{x}_1'\boldsymbol{A}\boldsymbol{x}_2=\boldsymbol{x}_1'(\boldsymbol{A}\boldsymbol{x}_2)=\boldsymbol{x}_1'\lambda_2\boldsymbol{x}_2=\lambda_2\boldsymbol{x}_1'\boldsymbol{x}_2,$$

即 $(\lambda_1-\lambda_2)\boldsymbol{x}_1'\boldsymbol{x}_2=0$. 因为 $\lambda_1-\lambda_2\neq 0$, 所以 $\boldsymbol{x}_1'\boldsymbol{x}_2=0$.

注 属于同一个特征值的线性无关的特征向量未必正交, 但可应用 Schmidt 正交化得到正交的特征向量 (参见例 5.1.3 的解法).

5.6 (1) 解法 1 (i) 设实反对称矩阵 $\boldsymbol{A}$ 的特征值 $\lambda=a+b\mathrm{i}$, 相应的特征向量 $\boldsymbol{x}=\boldsymbol{u}+\boldsymbol{v}\mathrm{i}\neq\boldsymbol{O}$, 其中 $\boldsymbol{u},\boldsymbol{v}$ 是实向量. 那么由 $\boldsymbol{A}\boldsymbol{x}=\lambda\boldsymbol{x}$ 得到

$$\boldsymbol{A}(\boldsymbol{u}+\boldsymbol{v}\mathrm{i})=(a+b\mathrm{i})(\boldsymbol{u}+\boldsymbol{v}\mathrm{i}),$$

即 $\boldsymbol{A}\boldsymbol{u}+\mathrm{i}\boldsymbol{A}\boldsymbol{v}=(a\boldsymbol{u}-b\boldsymbol{v})+(b\boldsymbol{u}+a\boldsymbol{v})\mathrm{i}$, 分别等置两边的实部和虚部得到

$$\boldsymbol{A}\boldsymbol{u}=a\boldsymbol{u}-b\boldsymbol{v},\quad \boldsymbol{A}\boldsymbol{v}=b\boldsymbol{u}+a\boldsymbol{v},$$

于是

$$\boldsymbol{u}'\boldsymbol{A}\boldsymbol{u}=a\boldsymbol{u}'\boldsymbol{u}-b\boldsymbol{u}'\boldsymbol{v},\quad \boldsymbol{v}'\boldsymbol{A}\boldsymbol{v}=b\boldsymbol{v}'\boldsymbol{u}+a\boldsymbol{v}'\boldsymbol{v}.$$

因为 $\boldsymbol{u}'\boldsymbol{v}=\boldsymbol{v}'\boldsymbol{u}=(\boldsymbol{u},\boldsymbol{v})$(内积), 所以上二式相加得到

$$\boldsymbol{u}'\boldsymbol{A}\boldsymbol{u}+\boldsymbol{v}'\boldsymbol{A}\boldsymbol{v}=a(|\boldsymbol{u}|^2+|\boldsymbol{v}|^2).$$

又因为 $\boldsymbol{u}'\boldsymbol{A}\boldsymbol{u}\in\mathbb{C},\boldsymbol{A}'=-\boldsymbol{A}$, 所以

$$\boldsymbol{u}'\boldsymbol{A}\boldsymbol{u}=(\boldsymbol{u}'\boldsymbol{A}\boldsymbol{u})'=\boldsymbol{u}'\boldsymbol{A}'\boldsymbol{u}=-\boldsymbol{u}'\boldsymbol{A}\boldsymbol{u},$$

从而 $\boldsymbol{u}'\boldsymbol{A}\boldsymbol{u}=0$. 类似地, 可知 $\boldsymbol{v}'\boldsymbol{A}\boldsymbol{v}=0$. 因此

$$a(|\boldsymbol{u}|^2+|\boldsymbol{v}|^2)=\boldsymbol{u}'\boldsymbol{A}\boldsymbol{u}+\boldsymbol{v}'\boldsymbol{A}\boldsymbol{v}=0.$$

于是由 $\boldsymbol{u}+\boldsymbol{v}\mathrm{i}\neq\boldsymbol{O}$ 推出 $a=0$, 从而 $\lambda=a+b\mathrm{i}=b\mathrm{i}(b=0$ 时 $\lambda=0)$.

(ii) 由步骤 (i) 知 $a=0,b\neq 0$, 所以 $\boldsymbol{Au}=-b\boldsymbol{v},\boldsymbol{Av}=b\boldsymbol{u}$, 即

$$\boldsymbol{u}=b^{-1}\boldsymbol{Av},\quad \boldsymbol{v}=-b^{-1}\boldsymbol{Au},$$

于是

$$\begin{aligned}|\boldsymbol{u}|^2&=\boldsymbol{u}'\boldsymbol{u}=\boldsymbol{u}'b^{-1}\boldsymbol{Av}=b^{-1}\boldsymbol{u}'\boldsymbol{Av},\\|\boldsymbol{v}|^2&=\boldsymbol{v}'\boldsymbol{v}=-\boldsymbol{v}'b^{-1}\boldsymbol{Au}=-b^{-1}\boldsymbol{v}'\boldsymbol{Au}=b^{-1}\boldsymbol{v}'\boldsymbol{A}'\boldsymbol{u}=b^{-1}(\boldsymbol{u}'\boldsymbol{Av})'.\end{aligned}$$

因为 $\boldsymbol{u}'\boldsymbol{Av}=(\boldsymbol{u}'\boldsymbol{Av})'$, 所以 $|\boldsymbol{u}|^2=|\boldsymbol{v}|^2$.

此外, 由 $\boldsymbol{u}'\boldsymbol{Au}=0\big($见步骤 (i)$\big)$及

$$\boldsymbol{u}'\boldsymbol{v}=\boldsymbol{u}'(-b^{-1}\boldsymbol{Au})=-b^{-1}\boldsymbol{u}'\boldsymbol{Au},$$

可知 $\boldsymbol{u}'\boldsymbol{v}=0$, 即 $\boldsymbol{u},\boldsymbol{v}$ 正交.

解法 2　(i) 设 $\boldsymbol{Ax}=\lambda\boldsymbol{x},\boldsymbol{x}\neq\boldsymbol{O}$. 因为 $\boldsymbol{A}$ 是实矩阵, 所以取复数共轭得到 $\boldsymbol{A}\overline{\boldsymbol{x}}=\overline{\lambda}\overline{\boldsymbol{x}}$. 另一方面, 因为 $(\boldsymbol{Ax})'=(\lambda\boldsymbol{x})'$, 所以 $\boldsymbol{x}'\boldsymbol{A}'=\lambda\boldsymbol{x}'$, 即 $-\boldsymbol{x}'\boldsymbol{A}=\lambda\boldsymbol{x}'$, 因而 $\boldsymbol{x}'\boldsymbol{A}\overline{\boldsymbol{x}}=-\lambda\boldsymbol{x}'\overline{\boldsymbol{x}}$. 将 $\boldsymbol{A}\overline{\boldsymbol{x}}=\overline{\lambda}\overline{\boldsymbol{x}}$ 代入, 即得 $\overline{\lambda}\boldsymbol{x}'\overline{\boldsymbol{x}}=-\lambda\boldsymbol{x}'\overline{\boldsymbol{x}}$, 因此 $(\overline{\lambda}+\lambda)\boldsymbol{x}'\overline{\boldsymbol{x}}=0$. 因为 $\boldsymbol{x}\neq\boldsymbol{O}$, 所以 $\boldsymbol{x}'\overline{\boldsymbol{x}}>0$, 从而 $\overline{\lambda}+\lambda=0$, 这表明 λ 是纯虚数或零. 本题第二部分的证明同解法 1.

解法 3　由 Schur 定理, 存在酉阵 $\boldsymbol{U}$ 使得

$$\overline{\boldsymbol{U}'}\boldsymbol{AU}=\begin{pmatrix}\lambda_1&a_{12}&a_{13}&\cdots&a_{1n}\\0&\lambda_2&a_{23}&\cdots&a_{2n}\\0&0&\lambda_3&\cdots&a_{3n}\\\vdots&\vdots&\vdots&&\vdots\\0&0&0&\cdots&\lambda_n\end{pmatrix},$$

其中 $\lambda_1,\lambda_2,\cdots,\lambda_n$ 是 $\boldsymbol{A}$ 的全部特征值. 于是 $\overline{\overline{\boldsymbol{U}'}\boldsymbol{AU}}=\boldsymbol{U}'\boldsymbol{A}\overline{\boldsymbol{U}}$, 由 $(\overline{\boldsymbol{U}'}\boldsymbol{AU})'=-\boldsymbol{U}'\boldsymbol{A}\overline{\boldsymbol{U}}$, 比较等式两边对角元素可知 $\lambda_i=-\overline{\lambda_i}$, 所以若 $\lambda_i\neq 0$, 则必为纯虚数. 本题第二部分的证明同解法 1.

(2) 实反对称矩阵的特征值是纯虚数或零, 矩阵行列式等于其所有特征值之积. 若实反对称矩阵 $\boldsymbol{A}$ 可逆, 则零不能是 $\boldsymbol{A}$ 的特征值 (不然 $|\boldsymbol{A}|=0$). 又因为 $|\boldsymbol{A}|$ 是实数, 所以纯虚数特征值成对共轭出现, 因此 n 是偶数. 注意 $(\mathrm{i}b)(-\mathrm{i}b)=b^2>0$, 所以 $|\boldsymbol{A}|>0$.

若实反对称矩阵 $\boldsymbol{A}$ 的阶 n 是奇数, 则因为 $|\boldsymbol{A}|$ 是实数, 所以其纯虚数特征值成对共轭出现, 因而必有零特征值, 从而 $|\boldsymbol{A}|=0$. 或者, 因为 $\boldsymbol{A}'=-\boldsymbol{A}$, 所以 $|\boldsymbol{A}'|=|-\boldsymbol{A}|=(-1)^n|\boldsymbol{A}|$, 于是 $\big(1-(-1)^n\big)|\boldsymbol{A}|=0$. 因为 n 是奇数, 所以 $2|\boldsymbol{A}|=0,|\boldsymbol{A}|=0$.

5.7　因为 $(\boldsymbol{C}'\boldsymbol{C})'=\boldsymbol{C}'\boldsymbol{C}$, 所以 $\boldsymbol{C}'\boldsymbol{C}$ 对称; 并且对于任何非零列向量 $\boldsymbol{x}\in\mathbb{R}^n$,$\boldsymbol{x}'(\boldsymbol{C}'\boldsymbol{C})\boldsymbol{x}=(\boldsymbol{Cx})'(\boldsymbol{Cx})\geqslant 0$, 因此 $\boldsymbol{C}'\boldsymbol{C}$ 半正定. 又因为 $|\boldsymbol{I}+\boldsymbol{C}|=|(\boldsymbol{I}+\boldsymbol{C})'|=|\boldsymbol{I}+\boldsymbol{C}'|=|\boldsymbol{I}-\boldsymbol{C}|$, 所以

$$\begin{aligned}|\boldsymbol{I}+\boldsymbol{C}|^2&=|\boldsymbol{I}+\boldsymbol{C}||\boldsymbol{I}+\boldsymbol{C}|=|\boldsymbol{I}+\boldsymbol{C}||\boldsymbol{I}-\boldsymbol{C}|\\&=|(\boldsymbol{I}+\boldsymbol{C})(\boldsymbol{I}-\boldsymbol{C})|=|\boldsymbol{I}-\boldsymbol{CC}|=|\boldsymbol{I}+\boldsymbol{C}'\boldsymbol{C}|.\end{aligned}$$

5.8 由 $AA^{-1}=I$ 可知 $(AA^{-1})'=I$, 或$(A^{-1})'A'=I$. 因为 $A'=-A$, 所以 $-(A^{-1})'\cdot A=I$, 这表明 $A^{-1}=-(A^{-1})'$, 或 $(A^{-1})'=-A^{-1}$, 所以 A^{-1} 是反对称矩阵.

5.9 提示 设 $A=(a_{ij}),e_1=(1,0,\cdots,0)'$, 等等. 那么由 $e_i'Ae_i=0$ 可知 $a_{ii}=0$. 类似地, 由

$$(e_i+e_j)'A(e_i+e_j)=0 \quad (i\neq j)$$

推出 $a_{ii}+a_{ij}+a_{ji}+a_{jj}=0$, 从而 $a_{ij}=-a_{ji}(i\neq j)$.

5.10 提示 先证 $A'A$ 对称. 然后令

$$f(x_1,x_2,\cdots,x_n)=x'(A'A)x, \quad x=(x_1,x_2,\cdots,x_n)'.$$

由 $f=(Ax)'(Ax)$ 推出

$$f=(a_{11}x_1+a_{12}x_2+\cdots+a_{1n}x_n)^2+\cdots+(a_{m1}x_1+a_{m2}x_2+\cdots+a_{mn}x_n)^2\geqslant 0.$$

因为题设 A 的秩为 n, 所以若 $x\neq O$, 则

$$a_{11}x_1+a_{12}x_2+\cdots+a_{1n}x_n, \quad \cdots, \quad a_{m1}x_1+a_{m2}x_2+\cdots+a_{mn}x_n$$

不可能全为零, 从而当 $x\neq O$ 时,$f(x)>0$.

5.11 (i) (类似于例 5.3.6 的解法 3) 由例 5.3.8 后的注可知: 存在可逆矩阵 Q 使得

$$Q'BQ=\mathrm{diag}(\lambda_1,\cdots,\lambda_n)(=\Lambda), \quad Q'AQ=I_n.$$

于是

$$Q'(A+B)Q=I_n+\mathrm{diag}(\lambda_1,\cdots,\lambda_n)=\mathrm{diag}(1+\lambda_1,\cdots,1+\lambda_n).$$

可见 $A+B$ 正定, 当且仅当所有 $1+\lambda_i>0$, 或所有 $\lambda_i>-1$.

(ii) 因为

$$BA^{-1}=(Q')^{-1}\Lambda Q^{-1}\cdot\left((Q')^{-1}Q^{-1}\right)^{-1}=(Q')^{-1}\Lambda Q',$$

所以 BA^{-1} 与 Λ 相似, 从而 $\lambda_1+1,\cdots,\lambda_n+1$ 是其全部特征值, 于是本题得证.

5.12 提示 令

$$P=\begin{pmatrix} I_m & -A^{-1}C \\ O & I_m \end{pmatrix},$$

则

$$P'DP=\begin{pmatrix} A & O \\ O & B-C'A^{-1}C \end{pmatrix}.$$

上式右边的矩阵正定.

5.13 若 AA' 正定, 则对任何 $x=(x_1,\cdots,x_m)'\in\mathbb{R}^m\neq O$, $x'AA'x>0$, 即 $(A'x)'A'x>0$, 因此对任何 $x\in\mathbb{R}^m\neq O$,$A'x\neq O$, 即线性方程组 $A'x=O$ 只有零解, 所以系数矩阵的秩 $r(A')=r(A)=m$.

反之, 若 $r(A)=m$, 则线性方程组 $A'x=O$ 只有零解, 因而对任何 (列向量) $x\in\mathbb{R}^m\neq O$, 必有 $A'x\neq O$, 从而 $(A'x)'A'x>0$, 所以 $x'AA'x>0$. 由此可知 AA' 正定.

5.14　(1) 因为 $\boldsymbol{A}$ 正定, 所以它的所有特征值 $\lambda_i > 0$. 由 $\boldsymbol{A}$ 的实对称性知, 存在正交矩阵 $\boldsymbol{T}$, 使得

$$\boldsymbol{A} = \boldsymbol{T}'\mathrm{diag}(\lambda_1, \lambda_2, \cdots, \lambda_n)\boldsymbol{T}$$

(见例 5.1.3 后的注 1°). 因为

$$\mathrm{diag}(\lambda_1, \lambda_2, \cdots, \lambda_n) = \mathrm{diag}(\sqrt{\lambda_1}, \sqrt{\lambda_2}, \cdots, \sqrt{\lambda_n})'\boldsymbol{I}_n\mathrm{diag}(\sqrt{\lambda_1}, \sqrt{\lambda_2}, \cdots, \sqrt{\lambda_n}),$$

记 $\boldsymbol{P} = \mathrm{diag}(\sqrt{\lambda_1}, \sqrt{\lambda_2}, \cdots, \sqrt{\lambda_n})\boldsymbol{T}$, 即得 $\boldsymbol{A} = \boldsymbol{P}'\boldsymbol{I}_n\boldsymbol{P}$.

(2) 由本题 (1) 的结果立得 $\boldsymbol{A} = \boldsymbol{P}'\boldsymbol{I}_n\boldsymbol{P} = \boldsymbol{P}'\boldsymbol{P}$.

注　更精细的分解是: $\boldsymbol{P}$ 为对角元全为正数的上三角阵 (Cholesky 分解). 见例 4.1.1 后的注.

(3) 由本题 (1) 的解法可知

$$\begin{aligned}\boldsymbol{A} &= \boldsymbol{T}'\mathrm{diag}(\lambda_1, \lambda_2, \cdots, \lambda_n)\boldsymbol{T}\\ &= \boldsymbol{T}'\mathrm{diag}(\sqrt{\lambda_1}, \sqrt{\lambda_2}, \cdots, \sqrt{\lambda_n})\boldsymbol{T}\boldsymbol{T}'\mathrm{diag}(\sqrt{\lambda_1}, \sqrt{\lambda_2}, \cdots, \sqrt{\lambda_n})\boldsymbol{T},\end{aligned}$$

令

$$\boldsymbol{D} = \boldsymbol{T}'\mathrm{diag}(\sqrt{\lambda_1}, \sqrt{\lambda_2}, \cdots, \sqrt{\lambda_n})\boldsymbol{T},$$

则 $\boldsymbol{A} = \boldsymbol{D}^2$. 因为 $\boldsymbol{D}$ 与正定矩阵 $\mathrm{diag}(\sqrt{\lambda_1}, \sqrt{\lambda_2}, \cdots, \sqrt{\lambda_n})$ 合同, 所以 $\boldsymbol{D}$ 也正定.

(4) 若 λ 是 $\boldsymbol{A}$ 的特征值, 并且 $\boldsymbol{A}\boldsymbol{x} = \lambda\boldsymbol{x}, \boldsymbol{x} \neq \boldsymbol{O}$, 则 $\boldsymbol{A}^3\boldsymbol{x} = \lambda^3\boldsymbol{x}, \boldsymbol{A}^2\boldsymbol{x} = \lambda^2\boldsymbol{x}$, 于是

$$(\boldsymbol{A}^3 - 6\boldsymbol{A}^2 + 11\boldsymbol{A} - 6\boldsymbol{I}_n)\boldsymbol{x} = (\lambda^3 - 6\lambda^2 + 11\lambda - 6)\boldsymbol{x}.$$

因为 $\boldsymbol{A}^3 - 6\boldsymbol{A}^2 + 11\boldsymbol{A} - 6\boldsymbol{I}_n = \boldsymbol{O}$, 所以

$$(\lambda^3 - 6\lambda^2 + 11\lambda - 6)\boldsymbol{x} = \boldsymbol{O},$$

因此 $\lambda^3 - 6\lambda^2 + 11\lambda - 6 = 0$. 由此解得 $\lambda = 1,2,3$. 可见 $\boldsymbol{A}$ 的特征值全为正, 从而 $\boldsymbol{A}$ 正定.

5.15　(1) 解法 1　因为 $\boldsymbol{A}$ 正定, 所以其所有特征值 $\lambda_1, \cdots, \lambda_n > 0$, 并且矩阵 $\boldsymbol{A} + a\boldsymbol{I}_n$ 的全部特征值是 $\lambda_1 + a, \cdots, \lambda_n + a$(参见例 5.2.7(1) 的解), 于是 (矩阵的行列式等于其所有特征值之积)

$$|\boldsymbol{A} + a\boldsymbol{I}_n| = (\lambda_1 + a)\cdots(\lambda_n + a) > \lambda_1\lambda_2\cdots\lambda_n + a^n = |\boldsymbol{A}| + a^n.$$

解法 2　因为 $\boldsymbol{A}$ 是实对称矩阵, 所以正交相似于 $\mathrm{diag}(\lambda_1, \cdots, \lambda_n)$(见例 5.1.3 的注 1°):

$$\boldsymbol{T}'\boldsymbol{A}\boldsymbol{T} = \mathrm{diag}(\lambda_1, \cdots, \lambda_n),$$

其中 $\boldsymbol{T}$ 是正交矩阵, λ_i 是正定矩阵 $\boldsymbol{A}$ 的特征值, 所以全大于零. 于是

$$\boldsymbol{T}'(\boldsymbol{A} + a\boldsymbol{I}_n)\boldsymbol{T} = \boldsymbol{T}'\boldsymbol{A}\boldsymbol{T} + a\boldsymbol{T}'\boldsymbol{I}_n\boldsymbol{T} = \mathrm{diag}(\lambda_1, \cdots, \lambda_n) + a\boldsymbol{I}_n = \mathrm{diag}(\lambda_1 + a, \cdots, \lambda_n + a),$$

由此推出

$$|\boldsymbol{A} + a\boldsymbol{I}_n| = |\boldsymbol{T}'(\boldsymbol{A} + a\boldsymbol{I}_n)\boldsymbol{T}| = |\mathrm{diag}(\lambda_1 + a, \cdots, \lambda_n + a)|$$

$$=(\lambda_1+a)\cdots(\lambda_n+a)>\lambda_1\lambda_2\cdots\lambda_n+a^n=|\boldsymbol{A}|+a^n.$$

解法 3 设 $\boldsymbol{A}=(a_{ij})$. 由行列式的展开(参见习题 3.19(1))

$$|\boldsymbol{A}+a\boldsymbol{I}_n|=P_n+P_{n-1}a+\cdots+P_1a^{n-1}+a^n,$$

其中 P_k 是 $\boldsymbol{A}$ 的所有 k 阶主子式之和. 考虑任一 m 阶主子式对应的矩阵

$$\boldsymbol{A}_m=\begin{pmatrix} a_{i_1i_1} & a_{i_1i_2} & \cdots & a_{i_1i_m} \\ \vdots & \vdots & & \vdots \\ a_{i_mi_1} & a_{i_mi_2} & \cdots & a_{i_mi_m} \end{pmatrix}.$$

作以 $\boldsymbol{A}$ 为矩阵的二次型

$$f(\boldsymbol{x})=\boldsymbol{x}'\boldsymbol{A}\boldsymbol{x}\quad(\boldsymbol{x}\in\mathbb{R}^n),$$

以及以 $\boldsymbol{A}_m$ 为矩阵的二次型

$$f_m(\boldsymbol{y})=\boldsymbol{y}'\boldsymbol{A}_m\boldsymbol{y}\quad(\boldsymbol{y}\in\mathbb{R}^m).$$

对于任何 $\boldsymbol{y}_0=(y_{i_1},y_{i_2},\cdots,y_{i_m})'\neq\boldsymbol{O}$, 令 $\boldsymbol{x}_0=(x_1,x_2,\cdots,x_n)$, 其中 $x_{i_k}=y_{i_k}\,(k=1,2,\cdots,m)$, 其余的 $x_i=0$. 因为 $\boldsymbol{A}$ 正定, $\boldsymbol{x}\neq\boldsymbol{O}$, 所以

$$f(\boldsymbol{x}_0)=\boldsymbol{x}_0'\boldsymbol{A}\boldsymbol{x}_0>0,$$

这就是

$$f_m(\boldsymbol{y}_0)=\boldsymbol{y}_0'\boldsymbol{A}_m\boldsymbol{y}_0>0,$$

因此 $f_m(\boldsymbol{y})$ 正定. 于是 $\boldsymbol{A}_m$ 的各阶主子式是正的, 特别地, m 阶主子式 $|\boldsymbol{A}_m|>0$. 由此推出所有 $P_k>0$, 从而 $|\boldsymbol{A}+a\boldsymbol{I}_n|>|P_n|+a^n=|\boldsymbol{A}|+a^n$.

(2) **提示** 证法与上面类似. 注意半正定矩阵的所有特征值非负, 并且 $|\boldsymbol{A}+a\boldsymbol{I}_n|=(\lambda_1+a)\cdots(\lambda_n+a)\geqslant|\boldsymbol{A}|+a^n$, 等式仅当所有 $\lambda_i=0$ 时成立.

5.16 提示 (1) 证明 $\boldsymbol{A}'\boldsymbol{A}$ 正定.

(2) 若 $\boldsymbol{A}$ 的特征值为 $\lambda_1,\cdots,\lambda_n$, 则 $\varepsilon\boldsymbol{I}_n+\boldsymbol{A}$ 的特征值为 $\lambda_1+\varepsilon,\cdots,\lambda_n+\varepsilon$, 其中 λ_i 等于 0 或是成对共轭出现的纯虚数.

5.17 提示 证明实际上包含在例 5.4.1 的解法中 (题中的表达式 $\boldsymbol{x}'\boldsymbol{A}\boldsymbol{x}/(\boldsymbol{x}'\boldsymbol{x})$ 称为 Rayleigh 商).

第6章　多　项　式

6.1　多项式的不可约性

例 6.1.1　设 $P(x)\in\mathbb{Z}[x],\deg P=n\geqslant 2$. 如果 $P(x)$ 在 $2n+1$ 个不同的整数上的值都是素数, 那么 $P(x)$ 在 $\mathbb{Q}$ 上不可约.

解　用反证法. 设 $P(x)=\varphi(x)\psi(x)$, 其中 $\varphi(x),\psi(x)\in\mathbb{Z}[x]$ (依 Gauss 引理), 并且 $\deg\varphi=m\geqslant 1,\deg\psi=n-m\geqslant 1$. 依题设, 存在 $2n+1$ 个不同的整数 $a_i(i=1,2,\cdots,2n+1)$ 使得 $P(a_i)=\varphi(a_i)\psi(a_i)$ 都是素数. 由于 $\varphi(a_i),\psi(a_i)\in\mathbb{Z}$, 所以 $|\varphi(a_i)|$ 和 $|\psi(a_i)|$ 中有一个而且仅有一个等于 1.

若使得 $|\varphi(a_i)|=1$ 的整数 a_i 的个数 $r>2m=2\deg\varphi$, 则对于这些数 a_i 有 $\varphi(a_i)\in\{1,-1\}$. 由于这里 $\varphi(a_i)$ 的个数 $r>2m$, 所以由抽屉原理可知, 其中或者至少有 $m+1$ 个都等于 1, 或者至少有 $m+1$ 个都等于 -1. 不妨设前一种情形成立, 于是至少存在 $m+1$ 个 a_i 使得 $\varphi(a_i)-1=0$. 因为 $\deg\varphi=m$, 所以多项式 $\varphi(x)-1$ 恒等于零, 这不可能.

若使得 $|\varphi(a_i)|=1$ 的整数 a_i 的个数 $r\leqslant 2m$, 则整数 a_i 中有

$$2n+1-r\geqslant 2n+1-2m>2(n-m)=2\deg\psi$$

个使得 $|\psi(a_i)|=1$. 我们可以类似地推出矛盾.　□

例 6.1.2　(1) 设 $n>1,a_1,\cdots,a_{n-1}$ 是整数, 满足条件 $0<a_1<a_2<\cdots<a_{n-1}$. 确定 n 和整数 $a_1,\cdots,a_{n-1}$, 使多项式

$$F(x)=x(x-a_1)(x-a_2)\cdots(x-a_{n-1})+1$$

在 $\mathbb{Q}$ 上不可约.

(2) 若 $n>1,a_1,a_2,\cdots,a_n$ 是两两互异的整数, 讨论多项式

$$P(x)=(x-a_1)(x-a_2)\cdots(x-a_n)+1$$

在 $\mathbb{Q}$ 上的不可约性.

解　(1) 我们给出两种解法.

解法 1　设 $F(x)=\varphi(x)\psi(x)$, 其中 $\varphi(x),\psi(x)\in\mathbb{Z}[x],\deg\varphi,\deg\psi<n$. 由

$$F(0),F(a_1),\cdots,F(a_{n-1})=1$$

以及 $a_i \in \mathbb{Z}$, 我们推出

$$\varphi(0)\psi(0)=1, \quad \varphi(a_i)\psi(a_i)=1 \quad (i=1,\cdots,n-1),$$

从而

$$\varphi(0)=\psi(0)=\pm 1, \quad \varphi(a_i)=\psi(a_i)=\pm 1 \quad (i=1,\cdots,n-1),$$

于是 $\varphi(x)-\psi(x)\in\mathbb{Z}[x]$ 的次数小于 n, 但有 n 个不同的根, 因而它是一个零多项式, 即 $\varphi(x)=\psi(x)$. 由此我们得到

$$F(x)=\varphi^2(x). \tag{1}$$

因为 $\deg\varphi^2$ 是偶数, 所以由式 (1) 可知: 若 $\deg F=n$ 是奇数, 则 $F(x)$(在 $\mathbb{Q}$ 上) 不可约.

现在设 $\deg F=n$ 是偶数, 那么 $n=2m$, 其中 $m=\deg\varphi\geqslant 1$. 若 $m\geqslant 3$, 则有

$$\begin{aligned}F\left(\frac{1}{2}\right)&=1+(-1)^{n-1}\cdot\frac{1}{2}\cdot\frac{2a_1-1}{2}\cdot\frac{2a_2-1}{2}\cdots\frac{2a_{n-1}-1}{2}\\&=1-\frac{1}{2}\cdot\frac{2a_1-1}{2}\cdot\frac{2a_2-1}{2}\cdots\frac{2a_{n-1}-1}{2}\\&\leqslant 1-\frac{1}{2}\cdot\frac{1}{2}\cdot\frac{3}{2}\cdots\frac{4m-3}{2}<0,\end{aligned}$$

但 $F(1/2)=\varphi^2(1/2)\geqslant 0$, 我们得到矛盾, 因此此时 $F(x)$ 不可约.

如果 $m=1$(即 $n=2$), 那么当正整数 $a_1=2$ 时

$$F(x)=x(x-2)+1=(x-1)^2,$$

即 $F(x)$ 可约. 当正整数 $a_1=1$ 时, $F(x)=x(x-1)+1=x^2-x+1$ 没有实根, 所以不可约. 当正整数 $a_1\geqslant 3$ 时, 有 $F(1/2)<0$(得到矛盾), 从而 $F(x)$ 也不可约.

如果 $m=2$(即 $n=4$), 那么当正整数组 $(a_1,a_2,a_3)=(1,2,3)$ 时

$$\begin{aligned}F(x)&=x(x-1)(x-2)(x-3)+1=x(x-3)\cdot(x-1)(x-2)+1\\&=(x^2-3x)(x^2-3x+2)+1=(x^2-3x)^2+2(x^2-3x)+1\\&=(x^2-3x+1)^2,\end{aligned}$$

即 $F(x)$ 可约. 当正整数组 $(a_1,a_2,a_3)\neq(1,2,3)$ 并且满足 $a_1<a_2<a_3$ 时, 有 $F(1/2)<0$ (得到矛盾), 从而 $F(x)$ 不可约.

综上所述, 我们得知: 当且仅当下列 3 种情形, $F(x)$ 在 $\mathbb{Q}$ 上不可约: (i) $\deg F=n$ 是奇数;(ii) $\deg F=n$ 是大于或等于 6 的偶数;(iii) $\deg F=2$, 且正整数 $a_1\neq 2$ 以及 $\deg F=4$, 且正整数组 $(a_1,a_2,a_3)\neq(1,2,3)$. 换言之, 除例外情形 $F(x)=x(x-2)+1$ 及 $F(x)=x(x-1)(x-2)(x-3)+1$, $F(x)$ 在 $\mathbb{Q}$ 上不可约.

解法 2 与解法 1 相同, 设 $F(x)=\varphi(x)\psi(x)$, 可推出式 (1), 因而若 $\deg F=n$ 是奇数, 则 $F(x)$(在 $\mathbb{Q}$ 上) 不可约.

现在设 $\deg F=n$ 是偶数, 那么 $n=2m$, 其中 $m=\deg\varphi\geqslant 1$. 将式 (1) 改写为

$$x(x-a_1)(x-a_2)\cdots(x-a_{2m-1})=\big(\varphi(x)+1\big)\big(\varphi(x)-1\big).$$

由式 (1) 可知 $\varphi(x)$ 的最高次项的系数等于 1. 我们任意取定下标集

$$I=\{i(1),\cdots,i(m-1)\},\quad J=\{j(1),\cdots,j(m)\},$$

其中

$$i(1)<i(2)<\cdots<i(m-1),\quad j(1)<j(2)<\cdots<j(m),$$

并且

$$I\cup J=\{1,2,\cdots,m-1\}.$$

首先令

$$x(x-a_{i(1)})\cdots(x-a_{i(m-1)})=\varphi(x)+1,$$
$$(x-a_{j(1)})\cdots(x-a_{j(m)})=\varphi(x)-1.$$

将此二式相减, 得到

$$x(x-a_{i(1)})\cdots(x-a_{i(m-1)})-(x-a_{j(1)})\cdots(x-a_{j(m)})=2.$$

在此式中分别令 $x=a_{j(1)},\cdots,a_{j(m)}$, 得到 m 个等式

$$a_{j(k)}(a_{j(k)}-a_{i(1)})\cdots(a_{j(k)}-a_{i(m-1)})=2\quad(k=1,\cdots,m),\tag{2}$$

其中左边的 m 个因子是按递减的次序排列的, 并且 $a_{j(k)}>0$. 当 $m=1$ 时, I 是空集, $J=\{a_{j(1)}\}=\{a_1\}$. 我们由式 (2) 得到 $a_1=2$, 于是

$$F(x)=x(x-a_1)+1=x(x-2)+1=(x-1)^2$$

可约; 当正整数 $a_1\neq 2$ 时, 式 (2) 不可能成立, 从而 $F(x)$ 不可约. 若 $m=2$, 则 $|I|=m-1=1\geqslant 1,|J|=m=2$, 于是式 (2) 成为

$$a_{j(1)}(a_{j(1)}-a_{i(1)})=2,\quad a_{j(2)}(a_{j(2)}-a_{i(1)})=2.$$

因为只有一个分解式 $1\cdot 2=2$ 符合要求, 而且 $a_{j(1)}\neq a_{j(2)}$, 所以上式不可能成立. 类似地, 当 $m>2$ 时, 式 (2) 也不可能成立. 这表明 $m\geqslant 2$ 时 $F(x)$ 不可约.

其次, 令

$$x(x-a_{i(1)})\cdots(x-a_{i(m-1)})=\varphi(x)-1,$$
$$(x-a_{j(1)})\cdots(x-a_{j(m)})=\varphi(x)+1.$$

与上面类似地得到 m 个等式

$$a_{j(k)}(a_{j(k)}-a_{i(1)})\cdots(a_{j(k)}-a_{i(m-1)})=-2\quad(k=1,\cdots,m),\tag{3}$$

同样地, 其中左边的 m 个因子是按递减的次序排列的, 并且 $a_{j(k)}>0$. 显然 $m=1$ 时, 式 (3) 不可能成立. 当 $m=2$ 时, $|I|=1,|J|=2$, 式 (3) 成为

$$a_{j(1)}(a_{j(1)}-a_{i(1)})=-2,\quad a_{j(2)}(a_{j(2)}-a_{i(1)})=-2.\tag{4}$$

因为恰有两个分解式 $1\cdot(-2)=-2, 2\cdot(-1)=-2$ 符合要求, 因而 $a_{j(1)}=1, a_{j(2)}=2, a_{i(1)}=3$ 是上式的唯一解. 注意 $a_1<a_2<a_3$, 我们得到 $(a_1,a_2,a_3)=(1,2,3)$, 于是

$$\begin{aligned}F(x)&=x(x-a_1)(x-a_2)(x-a_3)+1\\&=x(x-1)(x-2)(x-3)+1=(x^2-3x+1)^2\end{aligned}$$

可约; 当正整数组 $(a_1,a_2,a_3)\neq(1,2,3)$(其中 $a_1<a_2<a_3$) 时, 式 (4) 不成立. 并且与上面类似地可知, $m\neq 2$ 时, 式 (3) 不成立, 从而在这些情形, $F(x)$ 不可约.

综合起来, 我们得到结论: 除去例外情形

$$F(x)=x(x-2)+1 \quad 和 \quad F(x)=x(x-1)(x-2)(x-3)+1,$$

$F(x)$ 在 $\mathbb{Q}$ 上不可约.

(2) 不妨认为 $\alpha_1<\alpha_2<\cdots<\alpha_n$. 令 $X=x-\alpha_1, a_k=\alpha_{k+1}-\alpha_1\,(k=1,\cdots,n-1)$, 并定义 $\mathbb{Z}$ 上的多项式

$$R(X)=X(X-a_1)\cdots(X-a_{n-1}),$$

那么 $R(X)$ 满足本例问题 (1) 中的所有条件(其中多项式 $F(x)$ 代以 $R(X)$). 于是推出结论: 除例外情形 $P(x)=(x-a)(x-a-2)$ 以及 $P(x)=(x-a)(x-a-1)(x-a-2)(x-a-3)$ (其中 a 是任意整数), $P(x)$ 在 $\mathbb{Q}$ 上不可约. □

例 6.1.3 设整系数多项式

$$P(x)=a_{2n+1}x^{2n+1}+a_{2n}x^{2n}+\cdots+a_{n+1}x^{n+1}+a_nx^n+\cdots+a_1x+a_0.$$

证明: 若存在素数 p 整除系数 $a_{2n},\cdots,a_{n+1}$, 但不整除 a_{2n+1}; 并且 p^2 整除 $a_n,\cdots,a_1,a_0$, 但 p^3 不整除 a_0, 则 $P(x)$ 在有理数域上不可约.

解 用反证法. 设

$$P(x)=(b_sx^s+b_{s-1}x^{s-1}+\cdots+b_0)\cdot(c_tx^t+c_{t-1}x^{t-1}+\cdots+c_0),$$

其中 $0<s,t<2n+1, s+t=2n+1$.

(i) 因为 $a_0=b_0c_0$, 并且 $p^2\mid a_0$, 所以 p 整除 b_0,c_0 之一, 不妨认为 $p\mid b_0$(若 $p\mid c_0$, 则推理是类似的). 因为 $p\nmid a_{2n+1}=b_sc_t$, 所以 $p\nmid b_s$. 现在设 k 是这样的下标:p 整除 $b_0,\cdots,b_{k-1}$, 但不整除 b_k. 由 $p\nmid b_s$ 可知 $1\leqslant k\leqslant s$. 我们有

$$a_k=b_kc_0+b_{k-1}c_1+\cdots+b_0c_k.$$

因为 $p\mid a_k, p\mid(b_{k-1}c_1+\cdots+b_0c_k)$, 因此 $p\mid b_kc_0$; 但 $p\nmid b_k$, 所以 $p\mid c_0$.

(ii) 设 m 是这样的下标:p 整除 $c_0,\cdots,c_{m-1}$, 但不整除 c_m. 因为 $p\nmid a_{2n+1}=b_sc_t$, 所以 $p\nmid c_t$, 可知 $1\leqslant m\leqslant t$. 我们有

$$a_{k+m}=b_kc_m+b_{k-1}c_{m+1}+b_{k-2}c_{m+2}+\cdots.$$

因为 $p \mid b_{k-1}, b_{k-2}, \cdots$, 但 $p \nmid b_k c_m$, 所以 $p \nmid a_{k+m}$. 由题设, $P(x)$ 的所有系数中, 只有 a_{2n+1} 不被 p 整除, 所以 $a_{k+m} = a_{2n+1}$, 即 $k+m = 2n+1$. 由于整数 $k \leqslant s, m \leqslant t, s+t = 2n+1$, 所以 $k = s, m = t$, 由 k, m 的定义即知

$$p \mid b_0, \cdots, b_{s-1}, c_0, \cdots, c_{t-1}.$$

(iii) 因为 $s+t = 2n+1$, 所以 s, t 中必有一个不大于 n, 不妨认为 $s \leqslant n$, 从而 $t \geqslant n+1$, 因而 $s < t$. 我们有等式

$$a_s = b_s c_0 + b_{s-1} c_1 + \cdots + b_0 c_s.$$

因为 $s \leqslant n$, 依题设, $p^2 \mid a_s$, 并且 $s < t$ 蕴涵 $p \mid c_s$, 所以 $p^2 \mid (b_{s-1}c_1 + \cdots + b_0 c_s)$. 于是由上面等式推出 $p^2 \mid b_s c_0$. 因为 $p \nmid b_s$(即上述 b_k), 所以 $p^2 \mid c_0$. 这样就有 $p^3 \mid b_0 c_0 = a_0$. 这与题设矛盾. 于是本题得证. □

6.2　多项式的因式分解和根

例 6.2.1　设 $Q(x) \in \mathbb{Z}[x]$ 非零, 整数 m 不整除 $Q(1), Q(2), \cdots, Q(m)$, 那么方程 $Q(x) = 0$ 没有整数根.

解　由题设, 显然整数 $m > 1$. 若 $Q(x)$ 是非零常数多项式, 则结论显然成立. 下面设 $\deg Q \geqslant 1$. 用反证法. 设方程 $Q(x) = 0$ 有整数根 α, 那么

$$Q(x) = (x-\alpha)R(x),$$

其中 $R(x) \in \mathbb{Z}[x]$. 我们有

$$Q(1)Q(2)\cdots Q(m) = (1-\alpha)(2-\alpha)\cdots(m-\alpha)R(1)R(2)\cdots R(m).$$

由题设, m 不整除 $Q(1), Q(2), \cdots, Q(m)$, 因而 m 不整除 m 个连续整数 $1-\alpha, 2-\alpha, \cdots, m-\alpha$ 中的任何一个, 我们得到矛盾. □

例 6.2.2　设 m 是正整数, 用下式定义实系数多项式 $f(x)$ 和 $g(x)$:

$$(1+\mathrm{i}x)^m = f(x) + \mathrm{i}g(x).$$

证明: 对于任何不同时为零的实数 a 和 b, 多项式 $af(x)+bg(x)$ 只有实根.

解　(i) 由 $(1+\mathrm{i}x)^m = f(x)+\mathrm{i}g(x)$ 可知 $(1-\mathrm{i}x)^m = f(x)-\mathrm{i}g(x)$, 所以

$$f(x) = \frac{(1+\mathrm{i}x)^m + (1-\mathrm{i}x)^m}{2},$$
$$g(x) = \frac{(1+\mathrm{i}x)^m - (1-\mathrm{i}x)^m}{2\mathrm{i}},$$

于是

$$\begin{aligned}af(x)+bg(x)&=\frac{a(1+\mathrm{i}x)^m+a(1-\mathrm{i}x)^m}{2}+\frac{b(1+\mathrm{i}x)^m-b(1-\mathrm{i}x)^m}{2\mathrm{i}}\\&=\frac{a(1+\mathrm{i}x)^m+a(1-\mathrm{i}x)^m}{2}-\frac{b\mathrm{i}(1+\mathrm{i}x)^m-b\mathrm{i}(1-\mathrm{i}x)^m}{2}\\&=\frac{a+b\mathrm{i}}{2}(1-\mathrm{i}x)^m+\frac{a-b\mathrm{i}}{2}(1+\mathrm{i}x)^m.\end{aligned}$$

(ii) 设 z 是 $af(x)+bg(x)$ 的一个根, 若 $z=\pm\mathrm{i}$, 则 $1+\mathrm{i}z$ 和 $1-\mathrm{i}z$ 中有且只有一个等于零, 从而 $af(z)+bg(z)\neq 0$, 因此 $z\neq\pm\mathrm{i}$. 由 $af(z)+bg(z)=0$ 得到

$$\frac{a+b\mathrm{i}}{2}(1-\mathrm{i}z)^m+\frac{a-b\mathrm{i}}{2}(1+\mathrm{i}z)^m=0,$$

于是 (注意 $z\neq\pm\mathrm{i}$)

$$\frac{a+b\mathrm{i}}{a-b\mathrm{i}}\cdot\frac{(1-\mathrm{i}z)^m}{(1+\mathrm{i}z)^m}=-1,$$

从而

$$\left|\frac{1-\mathrm{i}z}{1+\mathrm{i}z}\right|^m=\left|\frac{a-b\mathrm{i}}{a+b\mathrm{i}}\right|.$$

因为实数 a,b 不同时为零, $a+b\mathrm{i}$ 和 $a-b\mathrm{i}$ 是共轭复数, 所以

$$\left|\frac{1-\mathrm{i}z}{1+\mathrm{i}z}\right|=1.$$

(iii) 由上式得到 $|1-\mathrm{i}z|=|1+\mathrm{i}z|$, 于是 $(1-\mathrm{i}z)(1+\mathrm{i}\overline{z})=(1+\mathrm{i}z)(1-\mathrm{i}\overline{z})$, 两边展开后得到 $\mathrm{i}(z-\overline{z})=-\mathrm{i}(z-\overline{z})$, 从而 $z-\overline{z}=0$, 因此 z 是实数. □

例 6.2.3 (1) 设 $f(x)$ 是 $\mathbb{C}$ 上的 $n(>0)$ 次多项式, 而且 $f'(x)\mid f(x)$, 证明:$f(x)$ 恰有一个 n 重根.

(2) 设 $f(x)$ 是 n 次复系数多项式, $\left(f'(x)\right)^q\mid\left(f(x)\right)^p$, 其中 p,q 是正整数. 证明:$f(x)$ 只有一个 n 重根.

(3) 设 $f(x)$ 是 n 次复系数多项式, $f(0)=0$. 令 $g(x)=xf(x)$. 证明: 若 $f'(x)\mid g'(x)$, 则 $g(x)$ 有 $n+1$ 重零根.

解 (1) 解法 1 设 $f(x)=c_0x^n+\cdots$, 其中系数 $c_0\in\mathbb{C}$ 且不等于 0, 则 $f'(x)=c_0nx^{n-1}+\cdots$. 因为 $f'(x)\mid f(x)$, 并且 $\deg\left(f(x)\right)-\deg\left(f'(x)\right)=1$, 所以

$$nf(x)=(x-\alpha)f'(x),$$

其中 $\alpha\in\mathbb{C}$. 两边求导可得

$$nf'(x)=f'(x)+(x-\alpha)f''(x),$$

因此

$$(n-1)f'(x)=(x-\alpha)f''(x).$$

类似地, 在此等式两边求导可得 $(n-2)f'(x)=(x-\alpha)f'''(x)$. 继续进行这样的操作, 得到

$$(n-k)f^{(k)}(x)=(x-\alpha)f^{(k+1)}(x)\quad(k=0,1,2,\cdots,n-1).$$

将上述 n 个等式左右分别相乘, 两边约去 $f'(x)f''(x)\cdots f^{(n-1)}(x)$, 得到

$$f(x)=\frac{1}{n!}(x-\alpha)^n f^{(n)}(x).$$

注意 $f^{(n)}(x)=c_0 n!$, 所以 $f(x)=c_0(x-\alpha)^n$, 因而 $f(x)$ 恰有 n 重根.

解法 2　(纯分析证法) 同解法 1, 我们有分解式

$$nf(x)=(x-\alpha)f'(x),$$

其中 $\alpha\in\mathbb{C}$. 因为多项式 f 只有有限多个根, 所以存在 $\xi>\alpha$ 使得在区间 $(\alpha,\xi]$ 上 $f(x)$ 不变号, 不妨设 $f(x)>0$, 并且由 $nf(x)=(x-\alpha)f'(x)$ 可知 $f'(x)>0$. 于是在区间 $(\alpha,\xi]$ 上

$$\frac{f'(x)}{f(x)}=\frac{n}{x-\alpha},\quad (\log f(x))'=\frac{n}{x-\alpha}.$$

两边积分, 得到

$$\int_x^\xi (\log f(t))'\,\mathrm{d}t=\int_x^\xi \frac{n}{t-\alpha}\mathrm{d}t,$$
$$f(x)=\frac{f(\xi)}{(\xi-\alpha)^n}(x-\alpha)^n.$$

因此 α 是 $f(x)$ 的 n 重根. 因为 $f(x)$ 是 n 次多项式, 所以它恰有一个 n 重根. $f(x)<0$ 的情形可考虑 $\log\big(-f(x)\big)'$, 也得同样结论.

解法 3　用反证法. 设 $f(x)$ 有 $s(\geqslant 2)$ 个两两不等的根 $\alpha_1,\cdots,\alpha_s$. 在 $\mathbb{C}$ 上 $f(x)$ 有分解式

$$f(x)=c(x-\alpha_1)^{m_1}(x-\alpha_2)^{m_2}\cdots(x-\alpha_s)^{m_s},$$

其中系数 $c\neq 0, m_k\geqslant 1, m_1+m_2+\cdots+m_s=\deg\big(f(x)\big)=n$. 那么 $\alpha_k(k=1,2,\cdots,s)$ 是 $f'(x)$ 的 m_k-1 重根, 并且

$$(m_1-1)+(m_2-1)+\cdots+(m_s-1)=n-s<n-1=\deg\big(f'(x)\big).$$

这表明 $f'(x)$ 至少还有一个异于所有 $\alpha_1,\cdots,\alpha_s$ 的根 α. 因为 $f'(x)\mid f(x)$, 所以 α 也是 $f(x)$ 的异于所有 $\alpha_1,\cdots,\alpha_s$ 的根. 这与假设矛盾.

解法 4　如果 $n=1$, 那么题中结论显然成立, 所以可设 $n\geqslant 2$. 设 $f'(x)$ 在 $\mathbb{C}$ 上有分解式

$$f'(x)=c(x-\alpha_1)^{m_1}(x-\alpha_2)^{m_2}\cdots(x-\alpha_s)^{m_s}\quad (c\neq 0).$$

因为 $\deg\big(f'(x)\big)=n-1\geqslant 1$, 所以 $s\geqslant 1, m_i\geqslant 0$, 并且

$$m_1+m_2+\cdots+m_s=\deg\big(f'(x)\big)=n-1.$$

因为 $f'(x)\mid f(x)$, 所以 $\alpha_i(i=1,2,\cdots,s)$ 是 $f(x)$ 的 m_i+1 重根, 于是

$$(m_1+1)+(m_2+1)+\cdots(m_s+1)\leqslant\deg\big(f(x)\big)=n,$$

也就是 $m_1+m_2+\cdots+m_s+s\leqslant n$. 所以

$$s\leqslant n-(m_1+m_2+\cdots+m_s)=n-(n-1)=1.$$

上面已知 $s\geqslant 1$, 于是 $s=1$, 从而由 $m_1+m_2+\cdots+m_s=n-1$ 得 $m_1=n-1$. 于是 $f'(x)=c(x-\alpha_1)^{n-1}$, 即 $f'(x)$ 恰有 $n-1$ 重根 α_1, 从而 n 次多项式 $f(x)$ 也恰以 α_1 为 n 重根.

解法 5 令 $f(x)=c\prod\limits_{i=1}^{k}(x-r_i)^{m_i}$, 其中 $m_i\geqslant 1, m_1+\cdots+m_k=n; r_i,c\in\mathbb{C}, c\neq 0$, 那么

$$\begin{aligned}f'(x)&=c\Big(m_1(x-r_1)^{m_1-1}\prod_{i\neq 1}(x-r_i)^{m_i}+m_2(x-r_2)^{m_2-1}\prod_{i\neq 2}(x-r_i)^{m_i}\\&\qquad+\cdots+m_k(x-r_k)^{m_k-1}\prod_{i\neq k}(x-r_i)^{m_i}\Big)\\&=cg(x)\prod_{i=1}^{k}(x-r_i)^{m_i-1},\end{aligned}$$

其中 $g(x)\in\mathbb{C}[x], g(r_i)\neq 0(i=1,\cdots,k)$, 并且

$$\deg g=(n-1)-\sum_{i=1}^{k}(m_i-1)=k-1.$$

因为 $g(x)\mid f'(x), f'(x)\mid f(x)$, 所以 $g(x)\mid f(x)$, 因而 $g(x)$ 的每个根也是 $f(x)$ 的根. 但因为 $g(r_i)\neq 0(i=1,\cdots,k)$, 所以 $f(x)$ 与 $g(x)$ 无共根, 因而 $g(x)$ 的根集是空集, 即 $g(x)=c_1$, 其中 c_1 是非零常数. 于是 $\deg g=k-1=0, k=1$, 从而 $m_1=n$. 由此得到 $f(x)=cc_1(x-r_1)^n$, 可见 $f(x)$ 只有一个 n 重 (复) 根.

解法 6 我们约定零多项式的次数等于 0. 只需证明: 若 $\alpha\in\mathbb{C}$ 是 $f(x)$ 的 $s(\geqslant 1)$ 重根, 则必有 $s=n$. 为此, 设 $f(x)$ 在 $\mathbb{C}$ 上有分解式

$$f(x)=(x-\alpha)^s g(x),$$

其中 $g(x)$ 是 $\mathbb{C}$ 上的多项式, $g(\alpha)\neq 0$. 我们算出

$$f'(x)=(x-\alpha)^{s-1}\big(sg(x)+(x-\alpha)g'(x)\big).$$

记

$$g_1(x)=sg(x)+(x-\alpha)g'(x), \tag{5}$$

则得 $f'(x)=(x-\alpha)^{s-1}g_1(x)$, 因而 $g_1(x)\mid f'(x)$. 因为 $f'(x)\mid f(x)$, 所以

$$g_1(x)\mid f(x)=(x-\alpha)^s g(x).$$

注意 $g(\alpha)\neq 0$, 所以由式 (5) 知也有 $g_1(\alpha)\neq 0$(特别地, g_1 不是零多项式), 因此由上式得到 $g_1(x)\mid g(x)$. 由此并且再次应用式 (5), 我们推出 $g_1(x)\mid g'(x)$, 从而

$$\deg\big(g_1(x)\big)\leqslant\deg\big(g'(x)\big).$$

另外, 由式 (5) 可知 $\deg\big(g_1(x)\big)=\deg\big(g(x)\big)$, 所以 $\deg\big(g(x)\big)\leqslant\deg\big(g'(x)\big)$, 因此 $g(x)$ 是常数多项式. 于是从 $f(x)=(x-\alpha)^s g(x)$ 推出 $f(x)=c(x-\alpha)^s$. 因为 f 是 n 次多项式, 所以 $s=n$.

(2) 由题设, $\big(f'(x)\big)^q \mid \big(f(x)\big)^p$, 所以 $\big(f'(x)\big)^q$ 的每个根也是 $\big(f(x)\big)^p$ 的根, 从而 $f'(x)$ 的每个根也是 $f(x)$ 的根, 于是 $f'(x)\mid f(x)$. 因此归结为本题 (1).

(3) 我们有 $g'(x)=f(x)+xf'(x)$. 因为 $f'(x)\mid g'(x)$, 所以 $f'(x)\mid f(x)$. 依本题 (1) 可知, $f(x)$ 只有一个 n 重根. 又因为 $f(0)=0$, 所以它只有 n 重零根, 从而 $g(x)=xf(x)$ 有 $n+1$ 重零根. □

例 6.2.4 设 $P(x)$ 和 $Q(x)$ 是非常数复系数多项式, 它们有相同的零点集合, 这些零点两两互异, 但作为 $P(x)$ 的零点的重数与作为 $Q(x)$ 的零点的重数未必相同. 还设对于多项式 $p(x)=P(x)+1$ 和 $q(x)=Q(x)+1$, 同样的性质也成立. 证明:$P(x)\equiv Q(x)$, 即 $P(x)$ 与 $Q(x)$ 恒等.

解 由题设, $P(x)$ 与 $Q(x)$ 的次数未必相等, 不妨设 $n=\deg P\geqslant\deg Q$. 用反证法. 设 $P(x)\not\equiv Q(x)$, 令 $R(x)=P(x)-Q(x)$. 设 $u_1,\cdots,u_r$ 是 $P(x)$ 的 (也是 $Q(x)$ 的)互异零点的集合, $v_1,\cdots,v_s$ 是 $p(x)$ 的(也是 $q(x)$ 的) 互异零点的集合. 显然任何一个 u_i 不可能等于某个 v_j. 因为 $R(x)=P(x)-Q(x)=\big(P(x)+1\big)-\big(Q(x)+1\big)=p(x)-q(x)$, 所以 $u_1,\cdots,u_r;v_1,\cdots,v_s$ 是 $R(x)$ 的互异零点, 并且它们未必是单重的, 因而 $\deg R\geqslant r+s$. 此外, 由 $R(x)=P(x)-Q(x)$ 可知 $R(x)$ 的次数不可能超过 $P(x)$ 和 $Q(x)$ 的次数, 所以 $\deg R\leqslant\max(\deg P,\deg Q)=n$. 于是我们得到

$$n\geqslant r+s. \tag{6}$$

另一方面, 若 $P(x)$ 的零点 u_i 的重数是 $\mu_i(\geqslant 1)$, 则它的全部零点 (计及重数) 是

$$\underbrace{u_1,\cdots,u_1}_{\mu_1},\quad\cdots,\quad\underbrace{u_r,\cdots,u_r}_{\mu_r}. \tag{7}$$

如果 $\mu_i=1$, 那么 u_i 不是 $P'(x)$(此处 P' 表示 P 的导数) 的零点; 如果 $\mu_i>1$, 那么 u_i 是 $P'(x)$ 的 $m_i-1(\geqslant 1)$ 重零点. 于是式 (7) 中有 $(m_1-1)+\cdots+(m_r-1)=(m_1+\cdots+m_r)-r=n-r$ 个 u_i(计及重数) 是 $P'(x)$ 的零点. 又因为 $P'(x)=\big(p(x)-1\big)'=p'(x)$, 所以类似地推出 $p(x)$ 的全部零点 (计及重数)

$$\underbrace{v_1,\cdots,v_1}_{\nu_1},\quad\cdots,\quad\underbrace{v_r,\cdots,v_r}_{\nu_r}$$

(其中 $\nu_j(\geqslant 1)$ 是 v_j 的重数) 中有 $n-s$ 个 v_j(计及重数) 也是 $P'(x)$ 的零点. 并且这些 u_i 和 v_j 互异. 于是

$$\deg P'\geqslant(n-r)+(n-s),$$

即

$$n-1\geqslant(n-r)+(n-s).$$

由此得到 $n\leqslant r+s-1$. 这与式 (6) 矛盾. 因此 $P(x)\equiv Q(x)$. □

例 6.2.5 给定下列两个复系数多项式:

$$f(x)=a_0+a_1x+a_2x^2+a_{10}x^{10}+a_{11}x^{11}+a_{12}x^{12}+a_{13}x^{13}\quad(a_{13}\neq 0),$$
$$g(x)=b_0+b_1x+b_2x^2+b_3x^3+b_{11}x^{11}+b_{12}x^{12}+b_{13}x^{13}\quad(b_3\neq 0),$$

证明: 它们的最大公因式的次数至多为 6.

解 令

$$f_1(x)=a_0+a_1x+a_2x^2,\quad f_2(x)=a_{10}+a_{11}x+a_{12}x^2+a_{13}x^3,$$
$$g_1(x)=b_0+b_1x+b_2x^2+b_3x^3,\quad g_2(x)=b_{11}x+b_{12}x^2+b_{13}x^3,$$

则有

$$f(x)=f_1(x)+x^{10}f_2(x),\quad g(x)=g_1(x)+x^{10}g_2(x).$$

因此

$$f(x)g_2(x)-g(x)f_2(x)=f_1(x)g_2(x)-f_2(x)g_1(x).$$

因为 $\gcd(f(x),g(x))$ 整除等式左边, 故亦整除等式右边. 但因 $f_1(x)g_2(x)$ 至多为 5 次, 而由于 $a_{13}b_3\neq 0$, 得知 $f_2(x)g_1(x)$ 恰好为 6 次, 所以 $\gcd(f(x),g(x))$ 整除一个 6 次多项式, 从而其次数至多为 6 次. □

6.3 对称多项式

例 6.3.1 设 $f(x)=x^3+px^2+qx+r\,(r\neq 0)$ 的根为 x_1,x_2,x_3, 用 p,q,r 表示 $x_1^k+x_2^k+x_3^k\,(k=-1,2,3)$ 以及 $x_2/x_1+x_1/x_2+x_2/x_3+x_3/x_2+x_1/x_3+x_3/x_1$.

解 因为 $r\neq 0$, 所以 $x_1,x_2,x_3\neq 0$. 由方程的根与系数的关系, 有

$$\sigma_1=x_1+x_2+x_3=-p,\quad \sigma_2=x_1x_2+x_1x_3+x_2x_3=q,\quad \sigma_3=x_1x_2x_3=-r.$$

(i) 直接完成初等代数运算, 可知

$$x_1^{-1}+x_2^{-1}+x_3^{-1}=\frac{x_1x_2+x_1x_3+x_2x_3}{x_1x_2x_3}=\frac{q}{-r}=-\frac{q}{r},$$
$$x_1^2+x_2^2+x_3^2=(x_1+x_2+x_3)^2-2(x_1x_2+x_1x_3+x_2x_3)=p^2-2q.$$

(ii) 应用经典方法 (由读者补出计算过程) 可知对称多项式

$$x_1^3+x_2^3+x_3^3=\sigma_1^3-3\sigma_1\sigma_2+3\sigma_3=-p^3+3pq-3r.$$

或者应用多项式公式展开 $(x_1+x_2+x_3)^3$, 然后集项 (但比较特殊, 无一般性).

(iii) 记 $f = x_2/x_1 + x_1/x_2 + x_2/x_3 + x_3/x_2 + x_1/x_3 + x_3/x_1$, 那么应用经典方法 (由读者补出计算过程) 得

$$f\sigma_3 = fx_1x_2x_3 = x_2^2x_3 + x_1^2x_3 + x_1x_2^2 + x_1x_3^2 + x_1^2x_2 + x_2x_3^2 = \sigma_1\sigma_2 - 3\sigma_3,$$

所以 $f = \sigma_1\sigma_2/\sigma_3 - 3 = pq/r - 3$. □

* **例 6.3.2** 设

$$f(x) = a_3x^3 + a_2x^2 + a_1x + a_0, \quad g(x) = b_2x^2 + b_1x + b_0$$

是两个实系数多项式, $a_3b_2 \neq 0$. 这两个多项式的结式定义为如下的行列式:

$$\mathrm{res}(f,g) = \begin{vmatrix} a_3 & 0 & b_2 & 0 & 0 \\ a_2 & a_3 & b_1 & b_2 & 0 \\ a_1 & a_2 & b_0 & b_1 & b_2 \\ a_0 & a_1 & 0 & b_0 & b_1 \\ 0 & a_0 & 0 & 0 & b_0 \end{vmatrix}.$$

证明下面的结论:

(1) 存在两个多项式 $u(x), v(x)$, 其中 $u(x)$ 的次数小于 $2, v(x)$ 的次数小于 3, 使得

$$\mathrm{res}(f,g) = u(x)f(x) + v(x)g(x).$$

(2) 多项式 $f(x), g(x)$ 互素的充分必要条件是 $\mathrm{res}(f,g) \neq 0$.

解 (1) 将题中行列式的第 1 行乘以 x^4, 第 2 行乘以 x^3, 第 3 行乘以 x^2, 第 4 行乘以 x, 然后将它们加到第 5 行, 可得

$$\mathrm{res}(f,g) = \begin{vmatrix} a_3 & 0 & b_2 & 0 & 0 \\ a_2 & a_3 & b_1 & b_2 & 0 \\ a_1 & a_2 & b_0 & b_1 & b_2 \\ a_0 & a_1 & 0 & b_0 & b_1 \\ xf(x) & f(x) & x^2g(x) & xg(x) & g(x) \end{vmatrix}.$$

将上式右边的行列式按最后一行展开, 得到

$$\mathrm{res}(f,g) = c_1xf(x) + c_0f(x) + d_2x^2g(x) + d_1xg(x) + d_0g(x),$$

按 $f(x)$ 和 $g(x)$ 将右边集项, 即得符合要求的结果.

(2) 依本题 (1) 的结果, $\mathrm{res}(f,g) = u(x)f(x) + v(x)g(x)$. 若 $\mathrm{res}(f,g) \neq 0$, 则由定义, 它是一个非零常数, 所以 $f(x), g(x)$ 互素. 反之, 若 $\mathrm{res}(f,g) = 0$, 则有 $u(x)f(x) = -v(x)g(x)$. 因为 $u(x)$ 的次数低于 $g(x)$ 的次数, 所以 $g(x)$ 有一个不可约因子整除 $f(x)$, 从而 $f(x), g(x)$ 不互素. □

例 6.3.3 设 $P, Q \in \mathbb{Z}[x]$, 并且在 $\mathbb{C}[x]$ 中有分解式

$$P(x) = a_0x^p + \cdots + a_p = a_0\prod_{i=1}^{p}(x - t_i) \quad (a_0 \neq 0),$$

$$Q(x)=b_0x^q+\cdots+b_q=b_0\prod_{j=1}^{q}(x-u_j)\quad (b_0\neq 0).$$

证明:

$$r(P,Q)=a_0^qb_0^p\prod_{\substack{(i,j)\\ t_i\neq u_j}}(t_i-u_j)$$

是一个非零整数.

解 设 $r(P,Q)$ 的定义中的乘积 $\prod(t_i-u_j)$ 含有 l 项 (t_i-u_j) 形式的因子, 那么显然 $l\leqslant pq$, 并且任何其他的含有 l 项 (t_i-u_j) 形式的因子 (也就是说, 有些 (t_i-u_j) 不满足条件 $t_i\neq u_j$)的乘积都等于 0. 这种形式的乘积总共 $\binom{pq}{l}$ 个 (其中只有一个不等于 0). 于是我们有

$$r(P,Q)=a_0^qb_0^p\sum\prod_{(i,j)}(t_i-u_j),\tag{8}$$

其中求和展布在所有 $\binom{pq}{l}$ 个上述形式的乘积上. 因为 $P,Q\in\mathbb{Z}[x]$, 所以式 (8) 是 $t_1,\cdots,t_p;u_1,\cdots,u_q$ 的整系数多项式, 并且分别关于 $t_1,\cdots,t_p$ 及 $u_1,\cdots,u_q$ 对称. 我们首先将它看作系数在 $\mathbb{Z}[u_1,\cdots,u_q]$ (即 q 变元 $u_1,\cdots,u_q$ 的整系数多项式形成的环) 中的 $t_1,\cdots,t_p$ 的对称多项式

$$\sum_{(k_1,\cdots,k_p)}f_{(k_1,\cdots,k_p)}t_1^{k_1}\cdots t_p^{k_p},\quad f_{(k_1,\cdots,k_p)}\in\mathbb{Z}[u_1,\cdots,u_q],$$

那么由对称多项式的基本定理可知

$$r(P,Q)=\phi(\sigma_1,\cdots,\sigma_p),\tag{9}$$

其中 $\sigma_1,\cdots,\sigma_p$ 是由 $t_1,\cdots,t_p$ 形成的初等对称多项式, 即

$$\sigma_1=\sum_{i=1}^{p}t_i,\quad \sigma_2=\sum_{1\leqslant k_1<k_2\leqslant p}t_{k_1}t_{k_2},\quad \cdots,$$

$$\sigma_i=\sum_{1\leqslant k_1<k_2<\cdots<k_i\leqslant p}t_{k_1}t_{k_2}\cdots t_{k_i},\quad \sigma_p=\prod_{i=1}^{p}t_i;$$

而 ϕ 是系数在 $\mathbb{Z}[u_1,\cdots,u_q]$ 中的 p 元多项式. 显然, $\phi(\sigma_1,\cdots,\sigma_p)$ 也可看作系数在 $\mathbb{Z}[\sigma_1,\cdots,\sigma_p]$ (即 p 变元 $\sigma_1,\cdots,\sigma_p$ 的整系数多项式形成的环) 中的 $u_1,\cdots,u_q$ 的对称多项式

$$\sum_{(i_1,\cdots,i_q)}g_{(i_1,\cdots,i_q)}u_1^{i_1}\cdots u_q^{i_q},\quad g_{(i_1,\cdots,i_q)}\in\mathbb{Z}[\sigma_1,\cdots,\sigma_p],$$

所以仍然由对称多项式的基本定理可知

$$\phi(\sigma_1,\cdots,\sigma_p)=\psi(\omega_1,\cdots,\omega_q),\tag{10}$$

其中 $\omega_1,\cdots,\omega_q$ 是由 $u_1,\cdots,u_q$ 形成的初等对称多项式, 而 ψ 是系数在 $\mathbb{Z}[\sigma_1,\cdots,\sigma_p]$ 中的 q 元多项式. 于是由式 (9) 和 (10), 我们最终得到

$$r(P,Q)=\theta(\sigma_1,\cdots,\sigma_p;\omega_1,\cdots,\omega_q),$$

其中 $\theta\in\mathbb{Z}[X_1,\cdots,X_p;Y_1,\cdots,Y_q]$. 由 $P,Q\in\mathbb{Z}[x]$ 可知 $\sigma_1,\cdots,\sigma_p$ 以及 $\omega_1,\cdots,\omega_q$ 都是整数, 因此由上式推出 $r(P,Q)$ 也是整数; 并且由定义, $r(P,Q)$ 显然不等于 0. 于是本题得证. □

注 $r(P,Q)$ 称作多项式 P 和 Q 的半结式.

6.4 综合性例题

例 6.4.1 (1) 设 $P(x)\in\mathbb{R}[x]$. 证明: 当且仅当 $P(x)$ 可表示为

$$P(x)=\varphi^2(x)+\psi^2(x),$$

其中 $\varphi(x),\psi(x)\in\mathbb{R}[x]$, 有 $P(x)\geqslant 0$(对所有 $x\in\mathbb{R}$).

(2) 设 $P(x)\in\mathbb{R}[x]$. 证明: 当且仅当 $P(x)$ 可表示为

$$P(x)=|a_0+a_1x+\cdots+a_nx^n|^2,$$

其中 $a_0,a_1,\cdots,a_n$ 是某些复数, 有 $P(x)\geqslant 0$(对所有 $x\in\mathbb{R}$).

(3) 设 $P(x)\in\mathbb{R}[x]$. 证明: 当且仅当 $P(x)$ 可表示为

$$P(x)=\varphi^2(x)+\psi^2(x)+x\big(\theta^2(x)+\omega^2(x)\big),$$

其中 $\varphi(x),\psi(x),\theta(x),\omega(x)\in\mathbb{R}[x]$, 有 $P(x)\geqslant 0$(对所有 $x\geqslant 0$).

解 (1) 条件的充分性是显然的. 现在证明条件的必要性. 设对所有 $x\in\mathbb{R},P(x)\geqslant 0$. 当 $\deg P=0$ 时结论显然成立; 并且不可能 $\deg P=1$. 下面设 $\deg P\geqslant 2$. 于是可将 $P(x)$ 表示为

$$P(x)=a_0(x-\alpha_1)^{k_1}(x-\alpha_2)^{k_2}\cdots(x-\alpha_r)^{k_r}Q(x),\tag{11}$$

其中 $a_0\in\mathbb{R},\alpha_1<\alpha_2<\cdots<\alpha_r$ 是 $P(x)$ 的全部实根, $r,k_1,\cdots,k_r\geqslant 1;Q(x)\in\mathbb{R}[x]$ 无实根.

(i) 我们首先证明所有的 k_i 都是偶数. 事实上, 在 $r>1$ 的情形, 若 k_m 是奇数, 并且 $\alpha_m\in(\alpha_{m-1},\alpha_{m+1})$, 则在 (α_{m-1},α_m) 和 (α_m,α_{m+1}) 中分别任取实数 a,b. 于是

$$\begin{aligned}P(a)&=a_0(a-\alpha_1)^{k_1}\cdots(a-\alpha_{m-1})^{k_{m-1}}\cdot(a-\alpha_m)^{k_m}\\&\quad\cdot(a-\alpha_{m+1})^{k_{m+1}}\cdots(a-\alpha_r)^{k_r}Q(a),\\P(b)&=a_0(b-\alpha_1)^{k_1}\cdots(b-\alpha_{m-1})^{k_{m-1}}\cdot(b-\alpha_m)^{k_m}\\&\quad\cdot(b-\alpha_{m+1})^{k_{m+1}}\cdots(b-\alpha_r)^{k_r}Q(b),\end{aligned}$$

因为数 a 和 α_m 都大于 $\alpha_1,\cdots,\alpha_{m-1}$, 数 b 和 α_m 都小于 $\alpha_{m+1},\cdots,\alpha_r$. 所以

$$(a-\alpha_1)^{k_1}\cdots(a-\alpha_{m-1})^{k_{m-1}}$$

与

$$(b-\alpha_1)^{k_1}\cdots(b-\alpha_{m-1})^{k_{m-1}}$$

同号, 且

$$(a-\alpha_{m+1})^{k_{m+1}}\cdots(a-\alpha_r)^{k_r}$$

与

$$(b-\alpha_{m+1})^{k_{m+1}}\cdots(b-\alpha_r)^{k_r}$$

同号; 又因为 $Q(x)$ 无实根, 所以 $Q(a)$ 与 $Q(b)$ 同号. 但因为 k_m 是奇数, 而且 $a<\alpha_m<b$, 所以 $(a-\alpha_m)^{k_m}$ 与 $(b-\alpha_m)^{k_m}$ 异号. 由此推出 $P(a)$ 与 $P(b)$ 异号. 这与假设矛盾, 因而 k_m 是偶数. 若 k_1 是奇数, 则取 $a<\alpha_1,b\in(\alpha_1,\alpha_2)$; 若 k_r 是奇数, 则取 $a\in(\alpha_{r-1},\alpha_r),b>\alpha_r$. 同样可得矛盾, 因而 k_1 和 k_r 都是偶数. 在 $r=1$ 的情形也可类似地证明上述断语成立.

(ii) 令 $k_i=2t_i(i=1,\cdots,r)$ 以及

$$\mu(x)=(x-\alpha_1)^{t_1}(x-\alpha_2)^{t_2}\cdots(x-\alpha_r)^{t_r},$$

由式 (11) 得到

$$P(x)=a_0\mu^2(x)Q(x). \tag{12}$$

(iii) 因为 $Q(x)$ 无实根, 所以我们可写出

$$Q(x)=(x-\beta_1)(x-\overline{\beta_1})\cdots(x-\beta_s)(x-\overline{\beta_s}), \tag{13}$$

其中 $\overline{\beta_i}$ 是 β_i 的复数共轭, $\beta_1,\overline{\beta_1},\cdots,\beta_s,\overline{\beta_s}$ 是 $Q(x)$ 的全部虚根. 记

$$(x-\beta_1)\cdots(x-\beta_s)=\varphi_1(x)+\mathrm{i}\psi_1(x),$$

其中 $\varphi_1(x)$ 和 $\psi_1(x)\in\mathbb{R}[x]$, 则

$$(x-\overline{\beta_1})\cdots(x-\overline{\beta_s})=\overline{\varphi_1(x)+\mathrm{i}\psi_1(x)}=\varphi_1(x)-\mathrm{i}\psi_1(x),$$

于是由式 (13) 得到

$$Q(x)=\big(\varphi_1(x)+\mathrm{i}\psi_1(x)\big)\big(\varphi_1(x)-\mathrm{i}\psi_1(x)\big)=\varphi_1^2(x)+\psi_1^2(x).$$

由此及式 (12) 可得

$$P(x)=a_0\mu^2(x)\big(\varphi_1^2(x)+\psi_1^2(x)\big).$$

因为 $P(x)\geqslant 0(x\in\mathbb{R})$, 所以 $a_0\geqslant 0$. 令

$$\varphi(x)=\sqrt{a_0}\mu(x)\varphi_1(x),\quad \psi(x)=\sqrt{a_0}\mu(x)\psi_1(x)\in\mathbb{R}[x],$$

即得

$$P(x)=\varphi^2(x)+\psi^2(x).$$

于是条件的必要性得证.

(2) 充分性显然. 为证必要性, 依本例问题 (1) 的解答, 由式 (12) 和 (13) 得到

$$P(x)=\mu^2(x)(x-\beta_1)(x-\overline{\beta_1})\cdots(x-\beta_s)(x-\overline{\beta_s})$$

$$= \big(\mu(x)(x-\beta_1)\cdots(x-\beta_s)\big)\cdot\big(\mu(x)(x-\overline{\beta_1})\cdots(x-\overline{\beta_s})\big).$$

令 $n=\sum\limits_{i=1}^{r}t_i+s$, 并记

$$\mu(x)(x-\beta_1)\cdots(x-\beta_s)=a_0+a_1x+\cdots+a_nx^n\in\mathbb{C}[x],$$

立得

$$P(x)=(a_0+a_1x+\cdots+a_nx^n)\cdot\overline{(a_0+a_1x+\cdots+a_nx^n)}=|a_0+a_1x+\cdots+a_nx^n|^2,$$

于是必要性得证.

(3) 类似于式 (11), 我们可写出

$$P(x)=a_0(x+\beta_1)^{l_1}\cdots(x+\beta_s)^{l_s}(x-\alpha_1)^{k_1}\cdots(x-\alpha_r)^{k_r}Q(x),$$

其中 $a_0\in\mathbb{R},0<\alpha_1<\alpha_2<\cdots<\alpha_r$ 是 $P(x)$ 的全部正实根, $0\geqslant-\beta_1>-\beta_2>\cdots>-\beta_s$ 是 $P(x)$ 的全部非正实根, $Q(x)\in\mathbb{R}[x]$ 无实根. 显然当 $x\geqslant0$ 时 $(x+\beta_i)^{l_i}\geqslant0$, 并且可以认为 $a_0>0$(对于平凡情形 $a_0=0$ 结论显然成立). 因此与本例问题 (1) 类似地可知所有 k_i 都是偶数. 此外, 如果某个 $l_i(\geqslant3)$ 是奇数, 那么当 $x\in\mathbb{R}$ 时 $(x+\beta_i)^{l_i-1}\geqslant0$; 如果某个 l_i 是偶数, 那么当 $x\in\mathbb{R}$ 时也有 $(x+\beta_i)^{l_i}\geqslant0$. 将这两种类型的因子 $(x+\beta_i)^{l_i-1},(x+\beta_i)^{l_i}$, 与 $a_0(x-\alpha_1)^{k_1}\cdots(x-\alpha_r)^{k_r}Q(x)$ 之积记作 $T(x)$, 那么可将 $P(x)$ 表示为

$$P(x)=(x+\gamma_1)\cdots(x+\gamma_t)T(x),$$

其中 $\gamma_1,\cdots,\gamma_t\geqslant0,T(x)\in\mathbb{R}[x]$, 对于所有 $x\in\mathbb{R},T(x)\geqslant0$. 依本例问题 (1), 存在 $\varphi_1(x),\psi_1(x)\in\mathbb{R}[x]$, 使得 $T(x)=\varphi_1^2(x)+\psi_1^2(x)$, 从而

$$P(x)=(x+\gamma_1)\cdots(x+\gamma_t)\big(\varphi_1^2(x)+\psi_1^2(x)\big).$$

注意

$$\begin{aligned}(x+\gamma_t)\big(\varphi_1^2(x)+\psi_1^2(x)\big)&=x\big(\varphi_1^2(x)+\psi_1^2(x)\big)+\gamma_t\big(\varphi_1^2(x)+\psi_1^2(x)\big)\\&=\varphi_2^2(x)+\psi_2^2(x)+x\big(\varphi_1^2(x)+\psi_1^2(x)\big),\end{aligned}$$

其中 $\varphi_2(x)=\sqrt{\gamma_t}\varphi_1(x),\psi_2(x)=\sqrt{\gamma_t}\psi_1(x)$; 以及

$$\begin{aligned}&(x+\gamma_{t-1})\Big(\varphi_2^2(x)+\psi_2^2(x)+x\big(\varphi_1^2(x)+\psi_1^2(x)\big)\Big)\\&=x\big(\varphi_2^2(x)+\psi_2^2(x)\big)+x^2\big(\varphi_1^2(x)+\psi_1^2(x)\big)\\&\quad+\gamma_{t-1}\big(\varphi_2^2(x)+\psi_2^2(x)\big)+\gamma_{t-1}x\big(\varphi_1^2(x)+\psi_1^2(x)\big)\\&=\Big(x^2\big(\varphi_1^2(x)+\psi_1^2(x)\big)+\gamma_{t-1}\big(\varphi_2^2(x)+\psi_2^2(x)\big)\Big)\\&\quad+x\Big(\big(\varphi_2^2(x)+\psi_2^2(x)\big)+\gamma_{t-1}\big(\varphi_1^2(x)+\psi_1^2(x)\big)\Big).\end{aligned}$$

因为对于所有 $x\in\mathbb{R}$

$$x^2\big(\varphi_1^2(x)+\psi_1^2(x)\big)+\gamma_{t-1}\big(\varphi_2^2(x)+\psi_2^2(x)\big)\geqslant 0,$$
$$\big(\varphi_2^2(x)+\psi_2^2(x)\big)+\gamma_{t-1}\big(\varphi_1^2(x)+\psi_1^2(x)\big)\geqslant 0,$$

所以依本例问题 (1) 可知, 存在 $\varphi_3(x),\psi_3(x),\varphi_4(x),\psi_4(x)\in\mathbb{R}[x]$, 使得

$$(x+\gamma_{t-1})\left(\varphi_2^2(x)+\psi_2^2(x)+x\big(\varphi_1^2(x)+\psi_1^2(x)\big)\right)=\varphi_4^2(x)+\psi_4^2(x)+x\big(\varphi_3^2(x)+\psi_3^2(x)\big).$$

重复这个过程有限次, 最终可得

$$P(x)=(x+\gamma_1)\cdots(x+\gamma_t)T(x)=\varphi^2(x)+\psi^2(x)+x\big(\theta^2(x)+\omega^2(x)\big),$$

其中 $\varphi(x),\psi(x),\theta(x),\omega(x)\in\mathbb{R}[x]$. □

例 6.4.2 设 $n>1$. 证明: 多项式

$$P(x)=(x-2)(x-2^2)\cdots(x-2^n)+(-1)^{n-1}\cdot 2$$

在 $\mathbb{Q}$ 上不可约, 并且有 n 个实根, 分别位于区间 $(2^i-1,2^i+1)(i=1,2,\cdots,n)$ 中.

解 (i) 记 $\xi_i=2^i(i=1,2,\cdots,n)$. 将 $P(x)$ 展开, 得到

$$P(x)=a_0x^n+a_1x^{n-1}+\cdots+a_{n-1}x+a_n,$$

其中

$$a_0=1,\quad a_j=(-1)^j\sigma_j\quad(1\leqslant j\leqslant n-1),\quad a_n=(-1)^n\sigma_n+(-1)^{n-1}\cdot 2,$$

此处 $\sigma_j\,(1\leqslant j\leqslant n)$ 表示 $\xi_i(1\leqslant i\leqslant n)$ 的初等对称函数. 由此可见素数 $2\nmid a_0,2\mid a_j\,(1\leqslant j\leqslant n),2^2\nmid a_n$, 因此由 Eisenstein 判别法可知 $P(x)$ 在 $\mathbb{Q}$ 上不可约.

(ii) 如果 $n=2$, 那么 $P(x)=x^2-6x+6$ 有两个实根 $x_1=3-\sqrt{3}\in(1,3)$ 和 $x_2=3+\sqrt{3}\in(3,5)$. 下面设 $n>2$. 令

$$g(x)=\prod_{k=1}^{n}(x-2^k).$$

那么对于每个 $j=1,2,\cdots,n$, 当 $k\in\{1,2,\cdots,n\}$ 时总有 $|2^j+1-2^k|\geqslant 1$, 并且至少存在一个 k 使得 $|2^j+1-2^k|>2$, 因此

$$|g(2^j+1)|=\prod_{k=1}^{n}\left|2^j+1-2^k\right|>2\quad(j=1,2,\cdots,n);$$

类似地, 可证

$$|g(2^j-1)|>2\quad(j=1,2,\cdots,n).$$

因此 $P(2^j\pm1)=g(2^j\pm1)+(-1)^{n-1}\cdot 2$ 的符号由 $g(2^j\pm1)$ 的符号所决定, 即 $P(2^j\pm1)$ 与 $g(2^j\pm1)$ 同号. 但因为 $2,2^2,\cdots,2^n$ 是 $g(x)$ 的全部根, 而在 x 轴上 2^j-1 和 2^j+1 分别位于点 2^j 的左侧和右侧, 因此对于每个 $j=1,2,\cdots,n$, 数 $g(2^j-1)$ 与 $g(2^j+1)$ 异号,

因而 $P(2^j-1)$ 与 $P(2^j+1)$ 也异号, 由此推出 $P(x)$ 恰有 n 个不同的实根分别位于区间 $(2^i-1,2^i+1)(i=1,2,\cdots,n)$ 中. □

例 6.4.3 设 $P,Q\in\mathbb{Z}[z]$ 不恒等于零, 次数分别为 p,q, 则 P,Q 在 $\mathbb{Z}[z]$ 中互素, 当且仅当对所有 $\alpha\in\mathbb{C}$

$$(p+q)\|P\|^q\|Q\|^p\max\big(|P(\alpha)|,|Q(\alpha)|\big)>1,$$

其中 $\|P\|$ 表示 P 的所有系数的平方和的平方根.

解 若 P 和 Q 不互素, 则它们有公共根 α, 对此 α 题中的不等式不成立. 现在设 P,Q 互素. 记

$$P(z)=\sum_{i=0}^{p}a_iz^i,\quad Q(z)=\sum_{j=0}^{q}b_jz^j,\quad a_i,b_j\in\mathbb{Z}.$$

那么它们的结式

$$\operatorname{res}(P,Q)=\begin{vmatrix} a_p & & & & b_q & & & \\ a_{p-1} & a_p & & & b_{q-1} & b_q & & \\ \vdots & a_{p-1} & \ddots & & \vdots & b_{q-1} & \ddots & \\ a_0 & \vdots & \ddots & a_p & b_0 & \vdots & \ddots & b_q \\ & a_0 & & a_{p-1} & & b_0 & & b_{q-1} \\ & & \ddots & \vdots & & & \ddots & \vdots \\ & & & a_0 & & & & b_0 \end{vmatrix}$$

($p+q$ 阶行列式, 空白处元素为零).

若 $|\alpha|\leqslant 1$, 则将第 i 行乘以 $\alpha^{p+q-i}(i=1,2,\cdots,p+q)$ 并将前 $p+q-1$ 行加到最末行, 于是最末行变成

$$\big(\alpha^{q-1}P(\alpha),\alpha^{q-2}P(\alpha),\cdots,P(\alpha),\alpha^{p-1}Q(\alpha),\alpha^{p-2}Q(\alpha),\cdots,Q(\alpha)\big).$$

将最末行各元素的代数余子式记为 $A_1,A_2,\cdots,A_q,B_1,B_2,\cdots,B_p$, 则得

$$\operatorname{res}(P,Q)=\sum_{i=1}^{q}P(\alpha)\alpha^{q-i}A_i+\sum_{j=1}^{p}Q(\alpha)\alpha^{p-j}B_j,$$

于是

$$|\operatorname{res}(P,Q)|\leqslant|P(\alpha)|\sum_{i=1}^{q}|A_i|+|Q(\alpha)|\sum_{j=1}^{p}|B_j|.$$

应用 Hadamard 不等式(见补充习题 7.47(2)), 得到

$$|A_i|\leqslant\|P\|^{q-1}\|Q\|^p,\quad |B_j|\leqslant\|P\|^q\|Q\|^{p-1}.$$

于是

$$|\operatorname{res}(P,Q)|\leqslant q|P(\alpha)|\|P\|^{q-1}\|Q\|^p\|P\|^{q-1}\|Q\|^p+p|Q(\alpha)|\|P\|^q\|Q\|^{p-1}$$

$$< (p+q)\|P\|^q\|Q\|^p \max\big(|P(\alpha)|,|Q(\alpha)|\big).$$

因为 P,Q 互素, 所以无公根, 从而 $\text{res}(P,Q)\neq 0$. 又因为 $a_i,b_j\in\mathbb{Z}$, 所以 $\text{res}(P,Q)$ 是非零整数, 因此 $|\text{res}(P,Q)|\geqslant 1$. 于是从上面的不等式推出所要的结果.

若 $|\alpha|>1$, 则以 α^{-i+1} 乘上述结式的第 $i(=1,2,\cdots,p+q)$ 行, 并将前 $p+q-1$ 行加到最末行, 于是最末行变成

$$\big(\alpha^{-p}P(\alpha),\alpha^{-p-1}P(\alpha),\cdots,\alpha^{-p-q+1}P(\alpha),\alpha^{-q}Q(\alpha),\alpha^{-q-1}Q(\alpha),\cdots,\alpha^{-p-q+1}Q(\alpha)\big).$$

由此可类似地得到所要的不等式. □

例 6.4.4 $k_1<k_2<\cdots<k_n$ 是非负整数, 令

$$\varDelta(k_1,k_2,\cdots,k_n)=\begin{vmatrix} x_1^{k_1} & x_2^{k_1} & \cdots & x_n^{k_1}\\ x_1^{k_2} & x_2^{k_2} & \cdots & x_n^{k_2}\\ \vdots & \vdots & & \vdots\\ x_1^{k_n} & x_2^{k_n} & \cdots & x_n^{k_n}\end{vmatrix},$$

$V_n(x_1,x_2,\cdots,x_n)=\varDelta(0,1,\cdots,n-1)$ 是 Vandermonde 行列式.

(1) 证明:$\varDelta(k_1,k_2,\cdots,k_n)=V_n(x_1,x_2,\cdots,x_n)P(x_1,x_2,\cdots,x_n)$, 其中 P 是 $x_1,x_2,\cdots,x_n$ 的齐次对称多项式.

(2) 证明:

$$\lim_{\substack{x_1\to 0\\ \cdots\\ x_n\to 0}}\frac{\varDelta(k_1,k_2,\cdots,k_n)}{V_n(x_1,x_2,\cdots,x_n)}=\begin{cases}1 & (\text{当 }(k_1,k_2,\cdots,k_n)=(0,1,\cdots,n-1)),\\ 0 & (\text{当 }(k_1,k_2,\cdots,k_n)\neq(0,1,\cdots,n-1)).\end{cases}$$

(3) 证明:

$$\varDelta(0,1,\cdots,n-2,n+1)=\left(\sum_{k=1}^n x_k^2+\sum_{1\leqslant i<j\leqslant n}x_ix_j\right)V_n(x_1,x_2,\cdots,x_n).$$

解 (1) 如果某两个 x_i,x_j 相等, 那么题中要证的等式显然成立. 下面设所有 x_k 互不相等. 因为 $\varDelta(k_1,k_2,\cdots,k_n)$ 是 x_n 的多项式, 由行列式性质可知, 当 $x_n=x_1,x_2,\cdots,x_{n-1}$ 时, 此多项式等于 0, 因此它有因子 $(x_n-x_1)(x_n-x_2)\cdots(x_n-x_{n-1})$. 类似地, $\varDelta(k_1,k_2,\cdots,k_n)$ 也是 x_{n-1} 的多项式, 因此推出它有因子 $(x_{n-1}-x_1)(x_{n-1}-x_2)\cdots(x_{n-1}-x_{n-2})$. 继续类似的推理, 可知 $\varDelta(k_1,k_2,\cdots,k_n)$ 有因子

$$\prod_{j=2}^n\prod_{i=1}^{j-1}(x_j-x_i)=\prod_{1\leqslant i<j\leqslant n}(x_j-x_i).$$

由此及例 1.1.1 推出 $V_n(x_1,x_2,\cdots,x_n)$ 整除 $\varDelta(k_1,k_2,\cdots,k_n)$. 于是存在变量 $x_1,x_2,\cdots,x_n$ 的多项式 P, 使得

$$\varDelta(k_1,k_2,\cdots,k_n)=V_n(x_1,x_2,\cdots,x_n)P(x_1,x_2,\cdots,x_n).$$

因为以任何顺序重新排列 $x_1,x_2,\cdots,x_n$ 时, 行列式 $\Delta(k_1,k_2,\cdots,k_n)$ 和 $V_n(x_1,x_2,\cdots,x_n)$ 的变号情况相同, 但绝对值都不变, 因此多项式 P 保持不变, 因而是 $x_1,x_2,\cdots,x_n$ 的对称函数. 又由行列式展开可知 $\Delta(k_1,k_2,\cdots,k_n)$ 和 $V_n(x_1,x_2,\cdots,x_n)$ 都是关于 $x_1,x_2,\cdots,x_n$ 的齐次多项式, 因此 P 也是关于 $x_1,x_2,\cdots,x_n$ 的齐次多项式, 其次数等于

$$k_1+k_2+\cdots+k_n-1-2-\cdots-(n-1)=k_1+k_2+\cdots+k_n-n(n-1)/2.$$

(2) 由本例问题 (1) 所证可知, 当 $(k_1,k_2,\cdots,k_n)=(0,1,\cdots,n-1)$ 时 $\Delta(k_1,k_2,\cdots,k_n)=V_n(x_1,x_2,\cdots,x_n)$, 从而 $P(x_1,x_2,\cdots,x_n)=1$; 当 $(k_1,k_2,\cdots,k_n)\neq(0,1,\cdots,n-1)$ 时, 因为 $0\leqslant k_1<k_2<\cdots<k_n$, 所以多项式 $P(x_1,x_2,\cdots,x_n)$ 的次数大于 0, 注意它是齐次的, 因而

$$\lim_{\substack{x_1\to 0\\ \cdots\\ x_n\to 0}} P(x_1,x_2,\cdots,x_n)=0.$$

(3) 由本例问题 (1) 可知, 此时 $P(x_1,x_2,\cdots,x_n)$ 是齐 2 次对称多项式, 所以令

$$P=A\sum_{k=1}^{n}x_k^2+B\sum_{1\leqslant i<j\leqslant n}x_ix_j,$$

其中 A,B 是待定系数. 在等式

$$\begin{vmatrix} 1 & 1 & \cdots & 1\\ x_1 & x_2 & \cdots & x_n\\ \vdots & \vdots & & \vdots\\ x_1^{n-2} & x_2^{n-2} & \cdots & x_n^{n-2}\\ x_1^{n+1} & x_2^{n+1} & \cdots & x_n^{n+1} \end{vmatrix}=\left(A\sum_{k=1}^{n}x_k^2+B\sum_{1\leqslant i<j\leqslant n}x_ix_j\right)\begin{vmatrix} 1 & 1 & \cdots & 1\\ x_1 & x_2 & \cdots & x_n\\ \vdots & \vdots & & \vdots\\ x_1^{n-2} & x_2^{n-2} & \cdots & x_n^{n-2}\\ x_1^{n-1} & x_2^{n-1} & \cdots & x_n^{n-1} \end{vmatrix}$$

中, 左边行列式的副对角线元素之积 $x_1^{n+1}x_2^{n-2}\cdots x_{n-1}\cdot 1$, 以及右边行列式的副对角线元素之积 $x_1^{n-1}x_2^{n-2}\cdots x_{n-1}\cdot 1$ 都只出现 1 次 (没有同类项), 并且它们所带符号相同, 所以由

$$x_1^{n+1}x_2^{n-2}\cdots x_{n-1}=Ax_1^2\cdot(x_1^{n-1}x_2^{n-2}\cdots x_{n-1})$$

推出 $A=1$. 此外, 在右边行列式的展开式中出现下列两项 (它们没有同类项):

$$x_1^{n-2}x_2^{n-1}(x_3^{n-3}x_4^{n-4}\cdots x_{n-1}\cdot 1),\quad x_1^{n-1}x_2^{n-2}(x_3^{n-3}x_4^{n-4}\cdots x_{n-1}\cdot 1),$$

它们所带符号相反, 因此在右边出现

$$\begin{aligned}&Ax_1^2\cdot x_1^{n-2}x_2^{n-1}(x_3^{n-3}x_4^{n-4}\cdots x_{n-1}\cdot 1)-Bx_1x_2\cdot x_1^{n-1}x_2^{n-2}(x_3^{n-3}x_4^{n-4}\cdots x_{n-1}\cdot 1)\\&\quad=(A-B)x_1^nx_2^{n-1}x_3^{n-3}x_4^{n-4}\cdots x_{n-1}.\end{aligned}$$

但等式左边行列式的展开式中不出现含因子 x_1^n 的项, 因此上式等于 0, 于是 $A-B=0,B=A=1$. 由此即得要证的等式. □

注 本例问题 (3) 的其他四种解法见例 1.4.1(2) 的解.

例 6.4.5 设 $x_1,x_2,\cdots,x_n$ 是给定复数. 令

$$S_k=x_1^k+x_2^k+\cdots+x_n^k \quad (k=0,1,2,\cdots),$$

还设 $\sigma_1,\sigma_2,\cdots,\sigma_n$ 是 $x_1,x_2,\cdots,x_n$ 的初等对称多项式.

(1) 证明 Newton 公式:

$$S_k-\sigma_1S_{k-1}+\sigma_2S_{k-2}+\cdots+(-1)^{k-1}\sigma_{k-1}S_1+(-1)^kk\sigma_k=0 \quad (k\leqslant n);$$

$$S_k-\sigma_1S_{k-1}+\sigma_2S_{k-2}+\cdots+(-1)^n\sigma_nS_{k-n}=0 \quad (k>n).$$

(2) 证明: 当 $k=1,2,\cdots,n$ 时, 有

$$\sigma_k=\frac{1}{k!}\begin{vmatrix} S_1 & 1 & 0 & 0 & \cdots & 0\\ S_2 & S_1 & 2 & 0 & \cdots & 0\\ S_3 & S_2 & S_1 & 3 & \cdots & 0\\ \vdots & \vdots & \vdots & \vdots & & \vdots\\ S_{k-1} & S_{k-2} & S_{k-3} & S_{k-4} & \cdots & k-1\\ S_k & S_{k-1} & S_{k-2} & S_{k-3} & \cdots & S_1 \end{vmatrix}.$$

(3) 证明: 当 $k=1,2,\cdots,n$ 时, 有

$$S_k=\begin{vmatrix} \sigma_1 & 1 & 0 & 0 & \cdots & 0\\ 2\sigma_2 & \sigma_1 & 1 & 0 & \cdots & 0\\ 3\sigma_3 & \sigma_2 & \sigma_1 & 1 & \cdots & 0\\ \vdots & \vdots & \vdots & \vdots & & \vdots\\ (k-1)\sigma_{k-1} & \sigma_{k-2} & \sigma_{k-3} & \sigma_{k-4} & \cdots & 1\\ k\sigma_k & \sigma_{k-1} & \sigma_{k-2} & \sigma_{k-3} & \cdots & \sigma_1 \end{vmatrix}.$$

(4) 计算 $n+1$ 阶行列式

$$\begin{vmatrix} x^n & x^{n-1} & x^{n-2} & \cdots & x & 1\\ S_1 & 1 & 0 & \cdots & 0 & 0\\ S_2 & S_1 & 2 & \cdots & 0 & 0\\ \vdots & \vdots & \vdots & & \vdots & \vdots\\ S_{n-1} & S_{n-2} & S_{n-3} & \cdots & n-1 & 0\\ S_n & S_{n-1} & S_{n-2} & \cdots & S_1 & n \end{vmatrix}.$$

解 (1) 解法 1 补充定义 $\sigma_0=1$. 令

$$f(x)=(x-x_1)(x-x_2)\cdots(x-x_n)=\sum_{j=0}^{n}(-1)^j\sigma_jx^{n-j},$$

那么 $f'(x)=\sum\limits_{i=1}^{n}f(x)/(x-x_i)$, 所以

$$x^{k+1}f'(x)=\sum_{i=1}^{n}\frac{x^{k+1}f(x)}{x-x_i}=\sum_{i=1}^{n}\frac{(x^{k+1}-x_i^{k+1}+x_i^{k+1})f(x)}{x-x_i}$$

$$= f(x)\sum_{i=1}^{n}\frac{x^{k+1}-x_i^{k+1}}{x-x_i}+\sum_{i=1}^{n}x_i^{k+1}\frac{f(x)}{x-x_i}.$$

用 $g(x)$ 表示上式右边第 2 加项, 这是一个次数小于 n 的多项式. 因为

$$\begin{aligned}\sum_{i=1}^{n}\frac{x^{k+1}-x_i^{k+1}}{x-x_i}&=\sum_{i=1}^{n}(x^k+x_ix^{k-1}+\cdots+x_i^{k-1}x+x_i^k)\\&=x^k\sum_{i=1}^{n}1+x^{k-1}\sum_{i=1}^{n}x_i+\cdots+x\sum_{i=1}^{n}x_i^{k-1}+\sum_{i=1}^{n}x_i^k\\&=S_0x^k+S_1x^{k-1}+\cdots+S_{k-1}x+S_k,\end{aligned}$$

所以我们得到

$$x^{k+1}f'(x)=(S_0x^k+S_1x^{k-1}+\cdots+S_{k-1}x+S_k)f(x)+g(x).\tag{14}$$

(i) 当 $k\leqslant n$ 时, 由式 (14) 及 $f(x)$ 的定义可知

$$\begin{aligned}x^{k+1}f'(x)=&(S_0x^k+S_1x^{k-1}+\cdots+S_{k-2}x^2+S_{k-1}x+S_k)\\&\times\big(x^n-\sigma_1x^{n-1}+\sigma_2x^{n-2}+\cdots+(-1)^{k-1}\sigma_{k-1}x^{n-k+1}\\&+(-1)^k\sigma_kx^{n-k}+\cdots+(-1)^n\sigma_n\big)+g(x).\end{aligned}$$

在其展开式中, x^n 的系数等于

$$S_k-\sigma_1S_{k-1}+\sigma_2S_{k-2}-\cdots+(-1)^{k-1}\sigma_{k-1}S_1+(-1)^k\sigma_kS_0;$$

同时由 $f(x)$ 的定义推出

$$\begin{aligned}x^{k+1}f'(x)&=x^{k+1}\left(\sum_{j=0}^{n}(-1)^j\sigma_jx^{n-j}\right)'\\&=x^{k+1}\big(nx^{n-1}-(n-1)\sigma_1x^{n-2}+\cdots\\&\quad+(-1)^k(n-k)\sigma_kx^{n-k-1}+\cdots+(-1)^{n-1}\sigma_{n-1}\big)\\&=nx^{n+k}-(n-1)\sigma_1x^{n+k-1}+\cdots\\&\quad+(-1)^k(n-k)\sigma_kx^n+\cdots+(-1)^{n-1}\sigma_{n-1}x^{k+1},\end{aligned}$$

其中 x^n 的系数等于 $(-1)^k(n-k)\sigma_k=(-1)^kn\sigma_k-(-1)^kk\sigma_k$. 于是我们得到

$$S_k-\sigma_1S_{k-1}+\sigma_2S_{k-2}+\cdots+(-1)^{k-1}\sigma_{k-1}S_1+(-1)^k\sigma_kS_0=(-1)^kn\sigma_k-(-1)^kk\sigma_k,$$

注意 $S_0=n$, 由此立得题中第一个等式.

(ii) 当 $k>n$ 时, 由式 (14) 及 $f(x)$ 的定义可知

$$\begin{aligned}x^{k+1}f'(x)=&(S_0x^k+S_1x^{k-1}+\cdots+S_{k-n}x^n\\&+S_{k-n+1}x^{n-1}+\cdots+S_{k-2}x^2+S_{k-1}x+S_k)\end{aligned}$$

$$\times\left(x^n-\sigma_1x^{n-1}+\sigma_2x^{n-2}+\cdots+(-1)^{n-1}\sigma_{n-1}x+(-1)^n\sigma_n\right)+g(x).$$

在其展开式中, x^n 的系数等于

$$S_k-\sigma_1S_{k-1}+\sigma_2S_{k-2}+\cdots+(-1)^{n-1}\sigma_{n-1}S_{k-n+1}+(-1)^n\sigma_nS_{k-n};$$

同时, 多项式 $x^{k+1}f'(x)=nx^{n+k}-(n-1)\sigma_1x^{n+k-1}+\cdots+(-1)^{n-1}\sigma_{n-1}x^{k+1}$ 中, 最低项的次数 $k+1>n$, 所以 x^n 的系数等于 0, 于是得到题中第二个等式.

第二个等式的另一证法: 因为 $f(x_i)=0\,(i=1,2,\cdots,n)$, 所以

$$x_i^{k-n}\sum_{j=0}^{n}(-1)^j\sigma_jx^{n-j}=\sum_{j=0}^{n}(-1)^j\sigma_jx_i^{k-j}=0\quad(i=1,2,\cdots,n),$$

对 i 求和可知

$$\sum_{j=0}^{n}(-1)^j\sigma_j\sum_{i=1}^{n}x_i^{k-j}=0,$$

注意 $\sum\limits_{i=1}^{n}x_i^{k-j}=S_{k-j}$, 所以得到要证的等式.

解法 2 (i) 当 $k\leqslant n$ 时

$$\sigma_1S_{k-1}=(x_1+x_2+\cdots+x_n)(x_1^{k-1}+x_2^{k-1}+\cdots+x_n^{k-1})=S_k+S(x_1^{k-1}x_2),$$

其中记号 $S(x_1^{k-1}x_2)$ 表示首项是 $x_1^{k-1}x_2$ 的对称多项式 (项的排列次序按字典方法). 类似地

$$\begin{aligned}\sigma_2S_{k-2}&=(x_1x_2+x_1x_3+\cdots+x_{n-1}x_n)(x_1^{k-2}+x_2^{k-2}+\cdots+x_n^{k-2})\\&=S(x_1^{k-1}x_2)+S(x_1^{k-2}x_2x_3),\end{aligned}$$

一般地

$$\begin{aligned}\sigma_jS_{k-j}&=(x_1x_2\cdots x_j+x_1x_3\cdots x_{j+1}+\cdots\\&\quad+x_{n-j+1}x_{n-j+2}\cdots x_{n-1}x_n)(x_1^{k-j}+x_2^{k-j}+\cdots+x_n^{k-j})\\&=S(x_1^{k-j+1}x_2\cdots x_j)+S(x_1^{k-j}x_2\cdots x_{j+1})\quad(1\leqslant j\leqslant k-2);\\ \sigma_{k-1}S_1&=(x_1x_2\cdots x_{k-1}+\cdots+x_{n-k+2}\cdots x_n)(x_1+\cdots+x_n)\\&=S(x_1^2x_2\cdots x_{k-1})+k\sigma_k.\end{aligned}$$

基于上述各等式, 我们立得

$$-\sigma_1S_{k-1}+\sigma_2S_{k-2}+\cdots+(-1)^{k-1}\sigma_{k-1}S_1=-S_k+(-1)^{k-1}k\sigma_k,$$

移项后即得所要的公式.

(ii) 当 $k>n$ 时

$$\sigma_jS_{k-j}=(x_1x_2\cdots x_j+x_1x_3\cdots x_{j+1}+\cdots$$

$$
\begin{aligned}
&+x_{n-j+1}x_{n-j+2}\cdots x_{n-1}x_n)(x_1^{k-j}+x_2^{k-j}+\cdots+x_n^{k-j})\\
&=S(x_1^{k-j+1}x_2\cdots x_j)+S(x_1^{k-j}x_2\cdots x_{j+1})\quad(1\leqslant j\leqslant n-1);\\
\sigma_nS_{k-n}&=x_1x_2\cdots x_n(x_1^{k-n}+x_2^{k-n}+\cdots+x_n^{k-n})\\
&=S(x_1^{k-n+1}x_2\cdots x_n).
\end{aligned}
$$

因此

$$
-\sigma_1S_{k-1}+\sigma_2S_{k-2}+\cdots+(-1)^n\sigma_nS_{k-n}=-S(x_k),
$$

因为 $S(x_k)=S_k$, 移项后即得所要的公式.

(2) 解法 1　由 Newton 公式中的第一式(见本例问题 (1))逐次得

$$
\begin{cases}
\sigma_1=S_1,\\
S_1\sigma_1-2\sigma_2=S_2,\\
S_2\sigma_1-S_1\sigma_2+3\sigma_3=S_3,\\
\cdots,\\
S_{k-2}\sigma_1-S_{k-3}\sigma_2+\cdots+(-1)^{k-1}S_1\sigma_{k-2}+(-1)^k(k-1)\sigma_{k-1}=S_{k-1},\\
S_{k-1}\sigma_1-S_{k-2}\sigma_2+\cdots+(-1)^kS_1\sigma_{k-1}+(-1)^{k+1}k\sigma_k=S_k.
\end{cases}
$$

这是以 $\sigma_1,\cdots,\sigma_k$ 为未知数的线性方程组. 它的系数行列式等于 $1\cdot(-2)\cdot 3\cdots(-1)^{k+1}k=(-1)^{[k/2]}k!$, 于是

$$
\sigma_k=\frac{1}{(-1)^{[k/2]}k!}\begin{vmatrix}
1 & 0 & 0 & \cdots & 0 & S_1\\
S_1 & -2 & 0 & \cdots & 0 & S_2\\
S_2 & -S_1 & 3 & \cdots & 0 & S_3\\
\vdots & \vdots & \vdots & & \vdots & \vdots\\
S_{k-2} & -S_{k-3} & S_{k-4} & \cdots & (-1)^k(k-1) & S_{k-1}\\
S_{k-1} & -S_{k-2} & S_{k-3} & \cdots & (-1)^kS_1 & S_k
\end{vmatrix}.
$$

将此行列式的最后一列逐次与前一列对换, 并将元素非正的列乘 -1(当 k 为偶数和奇数时, 这样的列的个数分别是 $[k/2]-1$ 和 $[k/2]$), 那么当 k 是偶数时

$$
(-1)^{-[k/2]}\cdot(-1)^{k-1}\cdot(-1)^{[k/2]-1}=1;
$$

当 k 是奇数时

$$
(-1)^{-[k/2]}\cdot(-1)^{k-1}\cdot(-1)^{[k/2]}=1.
$$

于是我们得到

$$
\sigma_k=\frac{1}{k!}\begin{vmatrix}
S_1 & 1 & 0 & 0 & \cdots & 0\\
S_2 & S_1 & 2 & 0 & \cdots & 0\\
S_3 & S_2 & S_1 & 3 & \cdots & 0\\
\vdots & \vdots & \vdots & \vdots & & \vdots\\
S_{k-1} & S_{k-2} & S_{k-3} & S_{k-4} & \cdots & k-1\\
S_k & S_{k-1} & S_{k-2} & S_{k-3} & \cdots & S_1
\end{vmatrix}.
$$

解法 2　由题中所给的行列式 (记作 Δ_k) 出发, 将其第 2 列的 $-\sigma_1$ 倍, 第 3 列的 σ_2 倍,$\cdots$, 第 k 列的 $(-1)^{k-1}\sigma_{k-1}$ 倍都加到第 1 列, 由 Newton 公式 (第一式) 得到

$$\Delta_k=\frac{1}{k!}\begin{vmatrix}0 & 1 & 0 & 0 & \cdots & 0\\ 0 & S_1 & 2 & 0 & \cdots & 0\\ 0 & S_2 & S_1 & 3 & \cdots & 0\\ \vdots & \vdots & \vdots & \vdots & & \vdots\\ 0 & S_{k-2} & S_{k-3} & S_{k-4} & \cdots & k-1\\ (-1)^{k+1}k\sigma_k & S_{k-1} & S_{k-2} & S_{k-3} & \cdots & S_1\end{vmatrix}.$$

按第 1 列展开上面的行列式, 立得

$$\Delta_k=(1/k!)\cdot(-1)^{k+1}\cdot(-1)^{k+1}k\sigma_k(k-1)!=\sigma_k.$$

(3) 解法 1　与本例问题 (2) 类似, 由 Newton 公式中的第一式 (见本例问题 (1))逐次得到

$$\begin{cases}S_1=\sigma_1,\\ \sigma_1S_1-S_2=2\sigma_2,\\ \sigma_2S_1-\sigma_1S_2+S_3=3\sigma_3,\\ \cdots,\\ \sigma_{k-2}S_1-\sigma_{k-3}S_2+\cdots+(-1)^{k-1}\sigma_1S_{k-2}+(-1)^kS_{k-1}=(k-1)\sigma_{k-1},\\ \sigma_{k-1}S_1-\sigma_{k-2}S_2+\cdots+(-1)^k\sigma_1S_{k-1}+(-1)^{k+1}S_k=k\sigma_k.\end{cases}$$

这是以 $S_1,\cdots,S_k$ 为未知数的线性方程组. 它的系数行列式等于 $(-1)^{[k/2]}$, 于是

$$S_k=(-1)^{-[k/2]}\begin{vmatrix}1 & 0 & 0 & \cdots & 0 & \sigma_1\\ \sigma_1 & -1 & 0 & \cdots & 0 & 2\sigma_2\\ \sigma_2 & -\sigma_1 & 1 & \cdots & 0 & 3\sigma_3\\ \vdots & \vdots & \vdots & & \vdots & \vdots\\ \sigma_{k-2} & -\sigma_{k-3} & \sigma_{k-4} & \cdots & (-1)^k & (k-1)\sigma_{k-1}\\ \sigma_{k-1} & -\sigma_{k-2} & \sigma_{k-3} & \cdots & (-1)^k\sigma_1 & k\sigma_k\end{vmatrix}.$$

由此与本例问题 (2) 类似地可推出所要的公式.

解法 2　将题中所给的行列式的第 2 列的 $-S_1$ 倍, 第 3 列的 S_2 倍,$\cdots$, 第 k 列的 $(-1)^{k-1}S_{k-1}$ 倍都加到第 1 列, 由 Newton 公式 (第一式) 得知新的第 1 列的最后元素等于 $(-1)^{k-1}S_k$, 其余元素都等于 0, 按新的第 1 列展开行列式, 即得知行列式等于 S_k.

(4) 将题给行列式第 2 列的 $-\sigma_1$ 倍, 第 2 列的 σ_2 倍, 第 3 列的 $-\sigma_3$ 倍,$\cdots$, 第 $n+1$ 列的 $(-1)^n\sigma_n$ 倍都加到第 1 列, 由 Newton 公式 (第一式) 可知新的第 1 列除第 1 个元素外全等于 0, 按此列展开所得到的行列式, 即得答案

$$n!\big(x^n-\sigma_1x^{n-1}+\sigma_2x^{n-2}+\cdots+(-1)^n\sigma_n\big)=n!(x-x_1)(x-x_2)\cdots(x-x_n).\qquad\square$$

例 6.4.6　(1) 证明: 方程组

$$\begin{cases} x_1+x_2+\cdots+x_n=a, \\ x_1^2+x_2^2+\cdots+x_n^2=a, \\ \cdots, \\ x_1^n+x_2^n+\cdots+x_n^n=a \end{cases}$$

的解 $x_1,x_2,\cdots,x_n$ 满足方程

$$x^n-\binom{a}{1}x^{n-1}+\binom{a}{2}x^{n-2}+\cdots+(-1)^n\binom{a}{n}=0,$$

此处 $\binom{a}{k}=a(a-1)\cdots(a-k+1)/k!$, 并求 $x_1^{n+1}+x_2^{n+1}+\cdots+x_n^{n+1}$.

(2) 证明: 如果 $x_1,x_2,\cdots,x_n$ 的方幂和

$$\sum_{i=1}^{n}x_i^k=0 \quad (k=1,2,\cdots,n),$$

那么只能 $x_1=x_2=\cdots=x_n=0$.

解　(1) (i) 令方幂和 $S_k=\sum\limits_{i=1}^{n}x_i^k(k\geqslant 0)$, 并用 $\sigma_1,\sigma_2,\cdots,\sigma_n$ 表示 $x_1,x_2,\cdots,x_n$ 形成的初等对称函数. 依 Newton 公式(见例 6.4.5(1)), 当 $k\leqslant n$ 时

$$k\sigma_k=S_1\sigma_{k-1}-S_2\sigma_{k-2}+\cdots+(-1)^{k-1}S_k.$$

由给定的方程组得知, 当 $k\leqslant n$ 时

$$k\sigma_k=a\sigma_{k-1}-a\sigma_{k-2}+\cdots+(-1)^{k-1}a;$$
$$(k-1)\sigma_{k-1}=a\sigma_{k-2}+\cdots+(-1)^{k-2}a.$$

两式相加得 $k\sigma_k+(k-1)\sigma_{k-1}=a\sigma_{k-1}$, 因此

$$\sigma_k=\frac{a-k+1}{k}\sigma_{k-1} \quad (k\leqslant n).$$

因为 $\sigma_1=a$, 所以

$$\sigma_2=\frac{a(a-1)}{2!}, \quad \cdots, \quad \sigma_k=\frac{a(a-1)\cdots(a-k+1)}{k!} \quad (k\leqslant n),$$

因此 $x_1,x_2,\cdots,x_n$ 是方程

$$x^n-\binom{a}{1}x^{n-1}+\binom{a}{2}x^{n-2}+\cdots+(-1)^n\binom{a}{n}=0$$

的 n 个根, 此处 $\binom{a}{k}=a(a-1)\cdots(a-k+1)/k!$.

(ii) 由 Newton 公式 (第一式和第二式) 及题设可知

$$S_n=\sigma_1a-\sigma_2a+\cdots+(-1)^n\sigma_{n-1}a+(-1)^{n+1}n\sigma_n,$$
$$S_{n+1}=\sigma_1a-\sigma_2a+\cdots+(-1)^n\sigma_{n-1}a+(-1)^{n+1}\sigma_na,$$

两式相减, 得到

$$S_n-S_{n+1}=(-1)^{n+1}n\sigma_n-(-1)^{n+1}\sigma_n a=(-1)^{n+1}(n-a)\sigma_n,$$

由此并应用步骤 (i) 中得到的 σ_n 的表达式, 我们有

$$\begin{aligned}S_{n+1}&=S_n-(-1)^{n+1}(n-a)\sigma_n=a-(-1)^{n+1}(n-a)\frac{a(a-1)\cdots(a-n+1)}{n!}\\&=a-\frac{a(1-a)(2-a)\cdots(n-a)}{n!}.\end{aligned}$$

(2) 解法 1　由本题 (1) 可知 $x_1,x_2,\cdots,x_n$ 满足 n 次方程 $x^n=0$, 所以所有 $x_i=0$.

或者, 直接由 Newton 公式推出 $\sigma_1=\sigma_2=\cdots=\sigma_n=0$, 可知 $x_1,x_2,\cdots,x_n$ 满足 n 次方程 $x^n=0$, 从而得出结论.

解法 2　对 n 用归纳法. 当 $n=1$ 时结论显然成立. 现设当 x_i 的个数小于 n 时结论成立, 要证当 x_i 的个数等于 n 时结论也成立. 可以认为 $x_1,x_2,\cdots,x_n$ 全不为零, 不然由归纳假设已得结论. 设其中互不相同的是 $\xi_1,\xi_2,\cdots,\xi_t$, 而 ξ_j 重复 l_j 次, $l_j>0,l_1+l_2+\cdots+l_t=n$. 于是给定条件可表为 l_j 的线性齐次方程组

$$\sum_{j=1}^{t}l_j\xi_j^k=0\quad(k=1,2,\cdots,n).$$

因为前 t 个方程的系数行列式等于 $\xi_1\xi_2\cdots\xi_t\cdot V(\xi_1,\xi_2,\cdots,\xi_t)\neq0$(此处 $V(\xi_1,\cdots,\xi_t)$ 是 Vandermonde 行列式), 所以 $l_1=l_2=\cdots=l_t=0$, 故得矛盾, 于是结论当 x_i 的个数等于 n 时也成立. 因此本题得证. □

例 6.4.7　设 $P(x)=c_nx^n+c_{n-1}x^{n-1}+\cdots+c_0$ 是 n 次实系数多项式, 按升幂排列顺序列出所有系数:$c_n,c_{n-1},\cdots,c_0$. 若其中任何相邻两项反号, 则称一次变号; 若 $c_i=0$, 但 c_{i+1},c_{i-1} 反号, 也称一次变号 (其余情形类似). 变号次数的总和称为多项式 $P(x)$ 的系数序列变号数(简称 $P(x)$ 的系数变号数). 证明:

(1) 若 $P(x)$ 的系数变号数为 C,r 是一个正实数, 则多项式 $(x-r)P(x)$ 的系数变号数大于或等于 $C+1$.

(2) 若 $P(x)$ 的系数变号数为 C, 并且有 p 个正根 (计及重数), 则 $C-p\geqslant0$.

*(3) $C-p$ 是偶数.

解　(1) 对 $\deg P=n$ 用数学归纳法. 首先设 $n=1$. 若 $P(x)=c_1x$, 则结论显然成立. 若 $P(x)=c_1x+c_0(c_0\neq0)$, 则

$$(x-r)P(x)=c_1x^2+(c_0-rc_1)x-rc_0.$$

如果 $c_1c_0>0$(即 c_1,c_0 同号), 那么 c_1 与 $-rc_0$ 反号, 因而无论 c_0-rc_1 是否等于 0, 在 $c_1,c_0-rc_1,-rc_0$ 中总恰有一次变号. 如果 $c_1c_0<0$(即 c_1,c_0 反号), 那么 $c_0-rc_1\neq0$, 并且 c_1 与 $-rc_0$ 同号. 于是若 $c_1>0,c_0<0$, 则 $c_0-rc_1<0$; 若 $c_1<0,c_0>0$, 则 $c_0-rc_1>0$. 因而在 $c_1,c_0-rc_1,-rc_0$ 中总恰有两次变号. 因此结论成立.

下面设对于 $\deg P\leqslant n-1(n\geqslant2)$ 的情形结论成立. 令 $P(x)=c_nx^n+Q(x)$, 其中 $Q(x)=c_{n-1}x^{n-1}+\cdots+c_1x+c_0$, 那么

$$(x-r)P(x)=c_nx^{n+1}-rc_nx^n+(x-x)Q(x)=c_nx^{n+1}+(c_{n-1}-rc_n)x^n+\cdots.$$

设 $P(x)$ 的系数变号数等于 C. 我们区分两种情形讨论, 完成归纳证明:

情形 1. 设 c_n 与其后第一个非零系数同号. 那么 c_n 与 $Q(x)$ 的最高项系数同号, 从而 $Q(x)$ 与 $P(x)$ 有相同的系数变号数 C; 并且多项式 $(x-r)P(x)$ 和 $(x-r)Q(x)$ 的最高次项的系数同号, 除 x^n 外 $(x-r)P(x)$ 和 $(x-r)Q(x)$ 的所有其他对应项 (次数小于 n) 的系数分别相等. 因此 $(x-r)P(x)$ 的系数变号数至少与 $(x-r)Q(x)$ 的系数变号数相等, 依归纳假设, 它不小于 $C+1$.

情形 2. 设 c_n 与其后第一个非零系数反号. 那么 $Q(x)$ 的系数变号数等于 $C-1$. 此时, 无论 c_{n-1} 是否为 0, $(x-r)P(x)$ 中 x^{n+1} 的系数 c_n 与 x^n 的系数 $c_{n-1}-rc_n$ 总是反号的, 因而 $(x-r)P(x)$ 的系数变号数要比 $(x-r)Q(x)$ 的系数变号数多 1. 因此, 依归纳假设, $(x-r)P(x)$ 的变号数大于或等于 $\big((C-1)+1\big)+1=C+1$.

(2) 我们有表达式 $P(x)=(x-r_1)\cdots(x-r_p)R(x)$, 其中 $r_1,\cdots,r_p$ 是 $P(x)$ 的全部正根, $R(x)$ 是实系数多项式 (无正根), 其系数变号数 $r\geqslant 0$. 依本例问题 (1), 多项式 $(x-r_p)R(x)$ 的系数变号数大于或等于 $r+1$, 多项式 $(x-r_{p-1})(x-r_p)R(x)$ 的系数变号数大于或等于 $(r+1)+1=r+2$, 等等, 因此 $P(x)=(x-r_1)\cdots(x-r_p)R(x)$ 的系数变号数 $C\geqslant r+p$. 于是 $C-p\geqslant r\geqslant 0$.

(3) 如果 $P(x)=c_nx^n+\cdots+c_0$ 只有一个非零系数, 那么 $C=0,p=0$, 因而结论成立. 下面设 $P(x)$ 至少有两个非零系数, 设非零系数序列是 $c_u,\cdots,c_v$, 其中 $u\leqslant n,v\geqslant 0$. 还将 $P(x)$ 的所有正根排列为 $0<r_1<\cdots<r_p$. 取 $\xi\in(0,r_1),\eta\in(r_p,\infty)$. 那么 $f(\xi)\neq 0$, 并且当 $\xi\to 0$ 时

$$\frac{P(\xi)}{\xi^v}=(c_v+c_{v+1}\xi+\cdots+c_u\xi^{u-v})\to c_v,$$

因此 $P(\xi)$ 与 c_v 同号. 类似地, 可证 $P(\eta)$ 与 c_u 同号.

如果 c_u,c_v 同号, 那么 $C\geqslant 0$ 是偶数 (这可对 $c_{u-1},\cdots,c_{v+1}$ 中非零系数的个数用归纳法证明), 此时 $P(\xi)$ 与 $P(\eta)$ 同号, 因此由 $P(x)$ 的连续性可知它在区间 (ξ,η) 中有偶数个 (正) 根, 即 $p\geqslant 0$ 是偶数, 于是 $C-p$ 是偶数. 如果 c_u,c_v 反号, 那么 $C\geqslant 1$ 是奇数, 此时 $P(\xi)$ 与 $P(\eta)$ 反号, 因此 $P(x)$ 在区间 (ξ,η) 中有奇数个 (正) 根, 即 $p\geqslant 1$ 是奇数, 于是 $C-p$ 也是偶数. □

注 对 $P(-x)$ 应用上述结论, 可得到关于 $P(x)$ 的负根个数的相应结论. 所有这些结果称为 Descartes 符号法则.

习　题　6

6.1 设 k 是整数, 判断 (并证明) 多项式

$$P(x)=x^4+4kx+1$$

在 $\mathbb{Q}$ 上是否可约.

6.2 *(1) 若 $n>1,a_1,a_2,\cdots,a_n$ 是两两互异的整数, 则多项式

$$P(x)=(x-a_1)(x-a_2)\cdots(x-a_n)-1$$

在 $\mathbb{Q}$ 上不可约.

(2) 若 $n\geqslant 1,a_1,a_2,\cdots,a_n$ 是两两互异的整数, 则多项式

$$P(x)=(x-a_1)^2(x-a_2)^2\cdots(x-a_n)^2+1$$

在 $\mathbb{Q}$ 上不可约.

6.3 设 $P(x)$ 是整系数多项式, 令集合 $A=\{m\in\mathbb{Z}\mid P(m)\text{是素数}\}$. 证明: 若 A 是无限集合, 则 $P(x)$ 在 $\mathbb{Q}$ 上不可约.

6.4 设 $a_1,a_2,\cdots,a_{2n}$ 是不同的整数, 并且方程

$$(x-a_1)(x-a_2)\cdots(x-a_{2n})+(-1)^{n-1}(n!)^2=0$$

有整数根 r, 那么 $2nr=a_1+a_2+\cdots+a_{2n}$.

***6.5** 证明: 多项式

$$f(x)=1+\frac{x}{1!}+\frac{x^2}{2!}+\cdots+\frac{x^n}{n!}$$

没有重根.

***6.6** 已知 $n-1$ 个实系数多项式 $f_1(x),f_2(x),\cdots,f_{n-1}(x)\,(n>1)$, 并且多项式 $g(x)=f_1(x^n)+xf_2(x^n)+\cdots+x^{n-2}f_{n-1}(x^n)$ 能被 $x^{n-1}+\cdots+x^2+x+1$ 整除. 证明:$f_i(1)=0(i=1,2,\cdots,n-1)$.

***6.7** 设多项式 $g(x)=p^k(x)g_1(x)\,(k\geqslant 1)$, 多项式 $p(x)$ 与 $g_1(x)$ 互素. 证明: 对任何多项式 $f(x)$ 有

$$\frac{f(x)}{g(x)}=\frac{r(x)}{p^k(x)}+\frac{f_1(x)}{p^{k-1}(x)g_1(x)},$$

其中 $r(x),f_1(x)$ 都是多项式, 并且 $r(x)=0$ 或 $\deg\big(r(x)\big)<\deg\big(p(x)\big)$.

6.8 设 $p(x),q(x)\in\mathbb{R}[x]$ 满足恒等式 $p\big(q(x)\big)=q\big(p(x)\big)$ (当所有 $x\in\mathbb{R}$). 证明: 如果方程 $p(x)=q(x)$ 没有实根, 那么方程 $p\big(p(x)\big)=q\big(q(x)\big)$ 也没有实根.

6.9 求一个整系数多项式, 它有一个实根 $\sqrt[7]{3/5}+\sqrt[7]{5/3}$.

6.10 求 $p(x),q(x)\in\mathbb{Z}[x]$, 使得

$$\frac{p(\sqrt{2}+\sqrt{3}+\sqrt{5})}{q(\sqrt{2}+\sqrt{3}+\sqrt{5})}=\sqrt{2}+\sqrt{3}.$$

6.11 设 $P(x)$ 和 $Q(x)$ 是非常数复系数多项式, 令 $\mathscr{P}_k=\{z\mid z\in\mathbb{C},P(z)=k\},\mathscr{Q}_k=\{z\mid z\in\mathbb{C},Q(z)=k\}(k=0,1)$. 证明: 若 $\mathscr{P}_0=\mathscr{Q}_0,\mathscr{P}_1=\mathscr{Q}_1$, 则 $P(x)\equiv Q(x)$.

6.12 设 $P(x),Q(x),R(x)$ 是 3 次实系数多项式. 证明: 如果对于所有 $x\in\mathbb{R},P(x)\leqslant Q(x)\leqslant R(x)$, 并且存在某个实数 u 使得等式成立, 即 $P(u)=Q(u)=R(u)$, 那么存在实数 $k\in[0,1]$ 使得 $Q(x)=kP(x)+(1-k)R(x)$. 此外, 如果 $P(x),Q(x),R(x)$ 是 4 次实系数多项式, 上述结论是否成立?

6.13 求多项式 $f(x)=x^n+a(n>1)$ 的判别式.

习题 6 的解答或提示

6.1 解法 1　令 $x=y+1$, 则 $P(x)$ 化为

$$P_1(y)=y^4+4y^3+6y^2+(4k+4)y+(4k+2).$$

应用 Eisenstein 多项式不可约判别法可知, P_1(因而 P) 在 $\mathbb{Q}$ 上不可约.

解法 2　若 P 有 1 次因子, 则必为 $x\pm1$(因为 P 的常数项等于 1), 但 $P(\pm1)\neq0$, 所以 P 没有 1 次因子. 设

$$P(x)=(x^2+ax+1)(x^2+bx+1),$$

其中 a,b 为整数, 比较等式两边的对应项系数, 得到

$$a+b=0,\quad 2+ab=0,\quad a+b=4k,$$

于是 $a^2=2$. 因为 a 是整数, 这不可能. 因此 P 在 $\mathbb{Q}$ 上不可约.

6.2 (1) 设 $P(x)=\varphi(x)\psi(x)$, 其中 $\varphi,\psi\in\mathbb{Z}[x],\deg\varphi,\deg\psi<n$. 因为 $P(a_i)=-1$, 所以 $\varphi(a_i)\psi(a_i)=-1(i=1,2,\cdots,n)$. 注意 $\varphi(a_i),\psi(a_i)\in\mathbb{Z}$, 因而 $\varphi(a_i)=-\psi(a_i)=\pm1(i=1,2,\cdots,n)$. 于是多项式 $\varphi(x)+\psi(x)$ 有 n 个不同的根 $a_1,a_2,\cdots,a_n$, 但此多项式的次数小于 n, 因此它是一个零多项式 (即恒等于 0), 从而 $\varphi(x)=-\psi(x)$. 由此及 $P(x)=\varphi(x)\psi(x)$ 可得 $P(x)=-\varphi^2(x)$, 也就是

$$(x-a_1)(x-a_2)\cdots(x-a_n)-1=-\varphi^2(x).$$

如果 n 是奇数, 那么上式左边多项式的次数是奇数, 而右边多项式的次数是偶数, 我们得到矛盾; 不然, 上式两边 x^n 的系数分别是 1 和 -1, 我们也得到矛盾. 因此 $P(x)$ 在 $\mathbb{Q}$ 上不可约.

(2) 设 $P(x)=\varphi(x)\psi(x)$, 其中 $\varphi,\psi\in\mathbb{Z}[x]$. 因为 $P(x)>0$(当 $x\in\mathbb{R}$), 所以 $P(x)$ 没有实根, 从而 $\varphi(x)$ 和 $\psi(x)$ 也没有实根, 并且不妨认为 $\varphi(x)>0,\psi(x)>0$(当 $x\in\mathbb{R}$). 由 $P(a_k)=1(k=1,\cdots,n)$ 可知 $\varphi(a_k)=\psi(a_k)=1(k=1,\cdots,n)$. 注意 $\deg\varphi+\deg\psi=2n$. 若 $\deg\varphi<n$, 则 $\varphi(x)$ 恒等于 1(因为它有 n 个根); 同理, 若 $\deg\psi<n$, 则 $\psi(x)$ 也恒等于 1. 于是 $P(x)$ 将恒等于 1, 显然这不可能. 因此 $\deg\varphi=\deg\psi=n$. 由此以及 $\varphi(a_k)-1=0,\psi(a_k)-1=0(k=1,\cdots,n)$, 我们推出

$$\varphi(x)-1=\alpha(x-a_1)(x-a_2)\cdots(x-a_n),$$
$$\varphi(x)-1=\beta(x-a_1)(x-a_2)\cdots(x-a_n),$$

其中 $\alpha,\beta\in\mathbb{Z}$ 非零. 由此及 $P(x)=\varphi(x)\psi(x)$ 得到

$$(x-a_1)^2\cdots(x-a_n)^2+1=\big(\alpha(x-a_1)\cdots(x-a_n)+1\big)\cdot\big(\beta(x-a_1)\cdots(x-a_n)+1\big),$$

也就是

$$(x-a_1)^2(x-a_2)^2\cdots(x-a_n)^2+1$$

$$=\alpha\beta(x-a_1)^2\cdots(x-a_n)^2+(\alpha+\beta)(x-a_1)\cdots(x-a_n)+1.$$

由此得到 $\alpha\beta=1,\alpha+\beta=0$. 但这两个方程没有非零整数解, 所以 $P(x)$ 在 $\mathbb{Q}$ 上不可约.

6.3 用反证法. 设 $P(x)=f(x)g(x)$, 其中 f,g 是整系数多项式. 若 $P(m)$ 是素数, 则 $f(m),g(m)$ 中必有一个为 ±1. 因为 A 是无限集, 所以至少有一个多项式, 例如 $f(x)$, 对无限多个整数 m 都取同一个值 (比如 1), 从而 $f(x)=1$ 有无限个整数根, 这不可能(或者, 只可能 $f(x)$ 为常数多项式 1, 从而 $P(x)$ 不可约).

6.4 由题设, 显然 r 不等于任何一个 a_i. 因为 $a_i(i=1,2,\cdots,2n)$ 是互不相等的整数, 所以 $r-a_i(i=1,2,\cdots,2n)$ 是互不相等的非零整数. 不妨设 $a_1<a_2<\cdots<a_{2n}$.

如果 $r<a_1$, 或者 $r>a_{2n}$, 那么 $|r-a_i|(i=1,2,\cdots,2n)$ 互不相等. 如果 r 落在某个区间 (a_j,a_{j+1}) 中, 那么由于 a_j,r,a_{j+1} 是互异整数, 可知这个区间的长度 $a_{j+1}-a_j\geqslant2$. 此外, 其余每个区间 (a_i,a_{i+1}) 的长度至少等于 1; 而且在数轴上, 其余的点 a_i 位于点 r 的两侧. 由此推出:$|r-a_i|(i=1,2,\cdots,2n)$ 中至多有 n 对分别相等. 于是, 若将 $|r-a_i|(i=1,2,\cdots,2n)$ 按递增次序排列, 这些数将分别依次大于或等于 $1,1;2,2;\cdots;n,n$. 据此, 我们得到

$$\prod_{i=1}^{2n}|r-a_i|\geqslant1^2\cdot2^2\cdots n^2=(n!)^2.$$

但由题设, 上式中等式恰好成立, 所以 $2n$ 个非零整数 $|r-a_i|(i=1,2,\cdots,2n)$ 中恰好有两个等于 1, 两个等于 2…… 两个等于 n, 于是 $r-a_i(i=1,2,\cdots,2n)$ 在某种次序下, 可排列为 $1,-1,2,-2,\cdots,n,-n$, 从而

$$\sum_{i=1}^{2n}(r-a_i)=1-1+2-2+\cdots+n-n=0,$$

由此即得 $2nr=a_1+a_2+\cdots+a_{2n}$.

6.5 解法 1 用反证法. 设 α 是 $f(x)$ 的一个重根, 则 α 也是 $f'(x)$ 的一个根. 若 $n=1$, 则显然不可能. 若 $n>1$, 则 α 是 $f(x)-f'(x)$ 的一个根. 但 $f(x)-f'(x)=x^n/n!$, 由 $n>1$ 可知 $\alpha=0$. 但显然 $f(0)=1\neq0$, 所以也不可能.

解法 2 因为当 $n\geqslant1$ 时总有

$$f'(x)=1+x+\cdots+\frac{x^{n-1}}{(n-1)!},$$

因而

$$f(x)=\left(1+x+\cdots+\frac{x^{n-1}}{(n-1)!}\right)+\frac{x^n}{n!}=f'(x)+\frac{x^n}{n!},$$

于是

$$\gcd\left(f(x),f'(x)\right)=\gcd\left(f'(x)+\frac{x^n}{n!},f'(x)\right)=\gcd\left(\frac{x^n}{n!},1+x+\cdots+\frac{x^{n-1}}{(n-1)!}\right)=1,$$

所以 $f(x)$ 没有重根.

6.6 由题设, 存在多项式 $h(x)$ 使得 $g(x)=(x^{n-1}+\cdots+x^2+x+1)h(x)$. 因为

$$x^{n-1}+\cdots+x^2+x+1=(x^n-1)/(x-1),$$

所以 $x^{n-1}+\cdots+x^2+x+1$ 的 $n-1$ 个根是 $(\mathrm{i}=\sqrt{-1})$

$$\varepsilon_k=\cos\frac{2k\pi}{n}+\mathrm{i}\sin\frac{2k\pi}{n}\quad(k=1,\cdots,n-1).$$

于是 $\varepsilon_k^n=1$. 因为 $g(\varepsilon_k)=(\varepsilon_k^{n-1}+\cdots+\varepsilon_k^2+\varepsilon_k+1)h(\varepsilon_k)=0\cdot h(\varepsilon_k)=0$, 所以

$$f_1(\varepsilon_k^n)+\varepsilon_k f_2(\varepsilon_k^n)+\cdots+\varepsilon_k^{n-2}f_{n-1}(\varepsilon_k^n)=0\quad(k=1,\cdots,n-1),$$

也就是

$$f_1(1)+\varepsilon_k f_2(1)+\cdots+\varepsilon_k^{n-2}f_{n-1}(1)=0\quad(k=1,\cdots,n-1).$$

因为以 $x_k\,(k=1,\cdots,n-1)$ 为未知数的齐次线性方程组

$$x_1+\varepsilon_k x_2+\cdots+\varepsilon_k^{n-2}x_{n-1}=0\quad(k=1,\cdots,n-1)$$

的系数行列式是 $n-1$ 阶 Vandermonde 行列式 $V_{n-1}(\varepsilon_1,\varepsilon_2,\cdots,\varepsilon_{n-1})$, 而 ε_k 两两互异, 所以此行列式不等于 0(见例 1.1.1), 从而上述方程组只有零解, 即得 $f_k(1)=0\,(k=1,\cdots,n-1)$.

6.7　因为 $p(x)$ 与 $g_1(x)$ 互素, 所以存在多项式 $u(x)$ 和 $v(x)$ 使得

$$u(x)p(x)+v(x)g_1(x)=1.$$

因为 $f(x)/g(x)$ 不恒等于 0(不然取 $r(x)=0, f_1(x)=0$ 即得结论), 所以用它乘等式两边得

$$\frac{f(x)}{g(x)}=\frac{u(x)f(x)}{p^{k-1}(x)g_1(x)}+\frac{v(x)f(x)}{p^k(x)}.$$

又由带余数除法, 存在多项式 $q(x)$ 和 $r(x)$ 使得 $v(x)f(x)=q(x)p(x)+r(x)$, 其中 $r(x)=0$, 或者 $\deg\big(r(x)\big)<\deg\big(p(x)\big)$, 将此代入上式, 并令 $f_1(x)=u(x)f(x)+q(x)g_1(x)$, 即得题中所要的等式.

6.8　解法 1　设方程 $p\big(p(x)\big)=q\big(q(x)\big)$ 有一个实根 $x=\theta$, 即 $p\big(p(\theta)\big)=q\big(q(\theta)\big)$. 令 $u=p(\theta),v=q(\theta)$, 则得 $p(u)=q(v)$. 又由题设恒等式可知 $p\big(q(\theta)\big)=q\big(p(\theta)\big)$, 即 $p(v)=q(u)$. 因此 $p(u)-q(u)=q(v)-p(v)=-\big(p(v)-q(v)\big)$. 另外, 由题设, 方程 $p(x)=q(x)$ 无实根, 所以 $u\neq v$. 于是我们得知: 多项式 $p(x)-q(x)$ 在两个不同的实数 u,v 上的值有相反的符号. 因而存在实数 ξ 使得 $p(\xi)-q(\xi)=0$, 这与方程 $p(x)=q(x)$ 无实根的题设矛盾.

解法 2　因为方程 $p(x)=q(x)$ 无实根, 而且 $p(x)$ 和 $q(x)$ 连续, 所以对于任何 $x\in\mathbb{R}$, 或者 $p(x)>q(x)$, 或者 $p(x)<q(x)$. 不妨设前者成立, 则对于任何 $x\in\mathbb{R}$ (此时也有 $p(x),q(x)\in\mathbb{R}$), 有 $p\big(p(x)\big)>q\big(p(x)\big)=p\big(q(x)\big)>q\big(q(x)\big)$(这里中间一步用到题设恒等式), 这表明方程 $p\big(p(x)\big)=q\big(q(x)\big)$ 无实根.

6.9　**解**　令 $u=\sqrt[7]{3/5}, v=u+u^{-1}$. 那么

$$\begin{aligned}v^3&=(u+u^{-1})^3=u^3+3u^2\cdot(u^{-1})+3u\cdot(u^{-1})^2+(u^{-1})^3=u^3+3u+3u^{-1}+u^{-3}\\&=u^3+3(u+u^{-1})+u^{-3},\end{aligned}$$

所以

$$u^3+u^{-3}=v^3-3(u+u^{-1})=v^3-3v.$$

类似地, 由二项式定理, 得

$$\begin{aligned}u^5+u^{-5}&=(u+u^{-1})^5-5\big(u^4\cdot(u^{-1})+u\cdot(u^{-1})^4\big)-10\big(u^3(u^{-1})^2+u^2(u^{-1})^3\big)\\&=(u+u^{-1})^5-5(u^3+u^{-3})-10\big(u+u^{-1}\big)\\&=v^5-5(v^3-3v)-10v=v^5-5v^3+5v;\end{aligned}$$

以及

$$\begin{aligned}u^7+u^{-7}&=(u+u^{-1})^7-7\big(u^6\cdot(u^{-1})+u\cdot(u^{-1})^6\big)\\&\quad-21\big(u^5(u^{-1})^2+u^2(u^{-1})^5\big)-35\big(u^4(u^{-1})^3+u^3(u^{-1})^4\big)\\&=(u+u^{-1})^7-7(u^5+u^{-5})-21(u^3+u^{-3})-35(u+u^{-1})\\&=v^7-7(v^5-5v^3+5v)-21(v^3-3v)-35v\\&=v^7-7v^5+14v^3-7v.\end{aligned}$$

因此 $v=u+u^{-1}=\sqrt[7]{3/5}+\sqrt[7]{5/3}$ 是多项式 $x^7-7x^5+14x^3-7x-(u^7+u^{-7})$ 的一个根. 将 $u^7+u^{-7}=3/5+5/3$ 代入，并乘以 15, 即知 $15x^7-105x^5+210x^3-105x-34$ 是所求多项式之一.

6.10 解法 1 令

$$f(y)=(y-\sqrt{2}-\sqrt{3})(y-\sqrt{2}+\sqrt{3})(y+\sqrt{2}-\sqrt{3})(y+\sqrt{2}+\sqrt{3}),$$

那么

$$\begin{aligned}f(y)&=(y-\sqrt{2}-\sqrt{3})(y+\sqrt{2}+\sqrt{3})\cdot(y-\sqrt{2}+\sqrt{3})(y+\sqrt{2}-\sqrt{3})\\&=\big(y^2-(\sqrt{2}+\sqrt{3})^2\big)\cdot\big(y^2-(\sqrt{2}-\sqrt{3})^2\big)\\&=(y^2-5-2\sqrt{6})(y^2-5+2\sqrt{6})=(y^2-5)^2-(2\sqrt{6})^2\\&=y^4-10y^2+1.\end{aligned}$$

令 $g(x)=f(x-\sqrt{5})$, 则有

$$\begin{aligned}g(x)&=(x-\sqrt{5})^4-10(x-\sqrt{5})^2+1=x^4-4\sqrt{5}x^3+20x^2-24\\&=-(3x^4-20x^2+24)+(x-\sqrt{5})\cdot 4x^3.\end{aligned}$$

因为 $g(\sqrt{2}+\sqrt{3}+\sqrt{5})=f(\sqrt{2}+\sqrt{3})=0$, 所以若令 $p(x)=3x^4-20x^2+24, q(x)=4x^3$, 则由上式可得

$$-p(\sqrt{2}+\sqrt{3}+\sqrt{5})+\big((\sqrt{2}+\sqrt{3}+\sqrt{5})-\sqrt{5}\big)\cdot q(\sqrt{2}+\sqrt{3}+\sqrt{5})=0,$$

因此

$$\frac{p(\sqrt{2}+\sqrt{3}+\sqrt{5})}{q(\sqrt{2}+\sqrt{3}+\sqrt{5})}=\sqrt{2}+\sqrt{3}.$$

解法 2　令 $u=\sqrt{2}+\sqrt{3}+\sqrt{5}, v=\sqrt{2}+\sqrt{3}$. 那么 $u^2-2uv+v^2=(u-v)^2=(\sqrt{5})^2=5$, 以及 $v^2=(\sqrt{2}+\sqrt{3})^2=5+2\sqrt{6}$, 于是

$$u^2-2uv=5-v^2=5-(5+2\sqrt{6})=-2\sqrt{6}.$$

将此式两边平方, 得到 $u^4-4u^3v+4u^2v^2=24$, 然后应用 $u^2-2uv+v^2=5$, 将 $v^2=5-u^2+2uv$ 代入, 得到 $u^4-4u^3v+4u^2(5-u^2+2uv)=24$, 化简后即有

$$3u^4-20u^2+24=4u^3\cdot v.$$

由此可见, 若令 $p(x)=3x^4-20x^2+24, q(x)=4x^3$, 则有 $p(u)=v\cdot q(u)$, 因而符合题意.

6.11　提示　参见例 6.2.4.

6.12　显然多项式 $P(x)-Q(x)$ 的次数小于或等于 3. 因为 $P(u)=Q(u)$, 所以 u 是多项式 $Q(x)-P(x)$ 的一个实根, 于是

$$Q(x)-P(x)=(x-u)F(x),$$

其中 $F(x)\in\mathbb{R}[x], \deg F\leqslant 2$. 依题设, 对于所有 $x\in\mathbb{R}, Q(x)-P(x)\geqslant 0$, 因而 $F(x)\geqslant 0$(当 $x\geqslant u$), $F(x)\leqslant 0$(当 $x\leqslant u$), 从而

$$F(x)=(x-u)G(x),$$

其中 $G(x)\in\mathbb{R}[x], \deg G\leqslant 1$, 并且对于所有 $x\in\mathbb{R}, G(x)\geqslant 0$. 由此推出 $G(x)$ 不可能是线性函数 $ax+b(a,b\neq 0)$, 从而或者恒等于零, 或者是非零常数多项式. 如果 $G(x)$ 恒等于零, 那么 $F(x)$ 也恒等于零, 从而 $Q(x)=P(x)$, 于是取 $k=1$ 即得结论. 如果 $G(x)=c$, 其中 $c>0$ 是常数, 那么 $F(x)=c(x-u)$, 从而

$$Q(x)=P(x)+(x-u)F(x)=P(x)+c(x-u)^2.$$

类似地, 由 $Q(x)\leqslant R(x)$(当所有 $x\in\mathbb{R}$) 以及 $Q(u)=R(u)$ 可推出: 或者 $Q(x)=R(x)$, 此时题中结论也已成立 (取 $k=0$); 或者 $R(x)=Q(x)+d(x-u)^2$, 其中 $d>0$ 是常数, 也就是

$$Q(x)=R(x)-d(x-u)^2.$$

于是我们有

$$\begin{aligned}Q(x)&=kQ(x)+(1-k)Q(x)\\&=k\big(P(x)+c(x-u)^2\big)+(1-k)\big(R(x)-d(x-u)^2\big)\\&=kP(x)+(1-k)R(x)+\big(kc-(1-k)d\big)(x-u)^2.\end{aligned}$$

取 k 使得 $kc-(1-k)d=0$, 于是 $k=d/(c+d)\in(0,1)$, 即得 $Q(x)=kP(x)+(1-k)R(x)$.

当 $P(x),Q(x),R(x)$ 是 4 次实系数多项式时, 题中结论不再成立. 反例: $P(x)=x^4-x^2, Q(x)=x^4, R(x)=2x^4+x^2$, 于是 $u=0$. 如果 $Q(x)=kP(x)+(1-k)R(x)$, 那么取 $x=1$ 得到 $3k=2$, 取 $x=2$ 得到 $6k=5$, 我们得到矛盾.

6.13 按公式, 判别式 (n 和 a_0 分别为多项式的次数和最高项系数)

$$D(f)=(-1)^{n(n-1)/2}a_0^{-1}\mathrm{res}(f,f')=(-1)^{n(n-1)/2}n^n a^{n-1}.$$

为计算 $\mathrm{res}(f,f')$ 可应用它的行列式表达式, 或应用

$$\mathrm{res}(f,f')=a_0^{n-1}f'(\omega_1)\cdots f'(\omega_n),$$

其中 $\omega_i(i=1,\cdots,n)$ 是 $f(x)$ 的 n 个根.

第 7 章　补充习题

补充习题

***7.1**　求下面 $n+1$ 阶行列式的值:

$$D=\begin{vmatrix} s_0 & s_1 & s_2 & \cdots & s_{n-1} & 1 \\ s_1 & s_2 & s_3 & \cdots & s_n & x \\ s_2 & s_3 & s_4 & \cdots & s_{n+1} & x^2 \\ \vdots & \vdots & \vdots & & \vdots & \vdots \\ s_n & s_{n+1} & s_{n+2} & \cdots & s_{2n-1} & x^n \end{vmatrix},$$

其中 $s_k=x_1^k+x_2^k+\cdots+x_n^k$.

7.2　设 $\boldsymbol{u}=(u_1,u_2,\cdots,u_n)'\in\mathbb{R}^n,\boldsymbol{u}'\boldsymbol{u}=\sum\limits_{i=1}^n u_i^2=1$, 令

$$\boldsymbol{J}_n=\boldsymbol{I}_n-2\boldsymbol{u}\boldsymbol{u}'=\begin{pmatrix} 1-2u_1^2 & -2u_1u_2 & \cdots & -2u_1u_n \\ -2u_2u_1 & 1-2u_2^2 & \cdots & -2u_2u_n \\ \vdots & \vdots & & \vdots \\ -2u_nu_1 & -2u_nu_2 & \cdots & 1-2u_n^2 \end{pmatrix}$$

(称 n 阶实镜像阵), 求 $|\boldsymbol{J}_n|$.

7.3　计算

$$\varDelta_n=\begin{vmatrix} x & a & a & \cdots & a \\ a & x & a & \cdots & a \\ \vdots & \vdots & \vdots & & \vdots \\ a & a & a & \cdots & x \end{vmatrix}.$$

7.4　(1) 设 $\boldsymbol{A}$ 为 n 阶矩阵, $|\boldsymbol{A}|=a$, 求 $|(b\boldsymbol{A})^{-1}+\mathrm{adj}(c\boldsymbol{A})|$, 其中 a,b,c 是非零复数,adj($\boldsymbol{A}$) 表示 $\boldsymbol{A}$ 的伴随方阵.

(2) 设

$$\boldsymbol{A}^{-1}=\begin{pmatrix} 1 & 1 & 1 \\ 1 & 2 & 1 \\ 1 & 1 & 3 \end{pmatrix},$$

求 $(\boldsymbol{A}^*)^{-1}$.

(3) 设 $\boldsymbol{A}=(a_{ij})_n$, 其中 a_{ij} 当 $i\geqslant j$ 时等于 1; 当 $i<j$ 时等于 0. 求 $|\boldsymbol{A}|$ 的所有元素的代数余子式之和.

(4) 设 $\boldsymbol{A}$ 是 n 阶可逆方阵,$\boldsymbol{B}$ 是互换 $\boldsymbol{A}$ 的第 i,j 行所得到的方阵, 求 $\boldsymbol{A}\boldsymbol{B}^{-1}$; 并且若 $\boldsymbol{C}=\boldsymbol{A}^{-1}\boldsymbol{B}$, 则 $\boldsymbol{C}=\boldsymbol{C}^{-1}$.

*(5) 设

$$\boldsymbol{A}=\begin{pmatrix}2&1&1\\1&2&1\\1&1&2\end{pmatrix},$$

证明:$\boldsymbol{A}^{-1}=(\boldsymbol{A}^2-6\boldsymbol{A}+9\boldsymbol{I}_3)/4$.

*(6) 若 n 阶方阵 $\boldsymbol{A}$ 满足 $\boldsymbol{A}^k=\boldsymbol{O}$(其中 k 为正整数), 则 $\boldsymbol{I}_n-\boldsymbol{A}$ 可逆, 并用 $\boldsymbol{A}$ 表示 $(\boldsymbol{I}_n-\boldsymbol{A})^{-1}$. 对

$$\boldsymbol{A}=\begin{pmatrix}0&1&0\\0&0&1\\0&0&0\end{pmatrix}$$

计算 $(\boldsymbol{I}_3-\boldsymbol{A})^{-1}$.

7.5 若 n 阶方阵 $\boldsymbol{A}$ 与任何 n 阶可逆方阵 $\boldsymbol{B}$ 都可交换, 即 $\boldsymbol{A}\boldsymbol{B}=\boldsymbol{B}\boldsymbol{A}$, 则 $\boldsymbol{A}=a\boldsymbol{I}_n$(数量矩阵), 其中 a 是一个常数.

7.6 设

$$\boldsymbol{A}=\begin{pmatrix}1&1&-1\\0&2&2\\1&-1&0\end{pmatrix},\quad \boldsymbol{B}=\begin{pmatrix}2&2&1\\4&0&-2\\0&6&6\end{pmatrix},$$

解方程 $\boldsymbol{X}\boldsymbol{A}=\boldsymbol{B}$.

7.7 (1) 设 $\boldsymbol{A},\boldsymbol{B}$ 分别是 $n\times m,m\times n$ 矩阵,$n<m$. 证明: 若 $\boldsymbol{A}\boldsymbol{B}=\boldsymbol{I}_n$, 则矩阵 $\boldsymbol{B}$ 的列向量线性无关.

(2) 设 $\boldsymbol{A}$ 是 n 阶矩阵,$\boldsymbol{x}_1,\boldsymbol{x}_2,\cdots,\boldsymbol{x}_s$ 是 n 维非零 (列) 向量, 满足

$$\boldsymbol{A}\boldsymbol{x}_i=\boldsymbol{x}_{i+1}\quad(i=1,2,\cdots,s-1);\quad \boldsymbol{A}\boldsymbol{x}_s=\boldsymbol{O},$$

则 $\boldsymbol{x}_1,\boldsymbol{x}_2,\cdots,\boldsymbol{x}_s$ 线性无关.

(3) 若 $\mathbb{R}^n$ 中 $s(\geqslant 2)$ 个非零向量 $\boldsymbol{x}_1,\boldsymbol{x}_2,\cdots,\boldsymbol{x}_s$ 两两正交, 则它们线性无关; 并且 $s\leqslant n$.

7.8 设 $\boldsymbol{A}$ 是 $m\times n$ 实矩阵,$n<m$, 并且非齐次线性方程 $\boldsymbol{A}\boldsymbol{x}=\boldsymbol{b}$ 有唯一解, 则 $\boldsymbol{A}'\boldsymbol{A}$ 可逆.

7.9 设 $\boldsymbol{A},\boldsymbol{B}$ 是 n 阶方阵,$r(\boldsymbol{A})+r(\boldsymbol{B})<n$. 证明:

(1) 方程 $\boldsymbol{A}\boldsymbol{x}=\boldsymbol{O}$ 与 $\boldsymbol{B}\boldsymbol{x}=\boldsymbol{O}$ 有公共解.

(2) $\boldsymbol{A},\boldsymbol{B}$ 有公共的特征向量.

***7.10** 设

$$A=\begin{pmatrix}0&0&a&b\\0&0&b&a\\a&b&0&0\\b&a&0&0\end{pmatrix},$$

其中 a,b 是非零实数,$|a|\neq|b|$.

(1) 求 A 的特征值及长度为 1 的特征向量.

(2) 求 $(1,0,0,0)A^n(1,0,0,0)'$, 其中 n 是正整数.

***7.11** 已知 n 阶方阵

$$A=\begin{pmatrix}a_1^2&a_1a_2+1&\cdots&a_1a_n+1\\a_2a_1+1&a_2^2&\cdots&a_2a_n+1\\\vdots&\vdots&&\vdots\\a_na_1+1&a_na_2+1&\cdots&a_n^2\end{pmatrix},$$

其中 $\sum\limits_{i=1}^{n}a_i=1,\sum\limits_{i=1}^{n}a_i^2=n.$

(1) 求 A 的全部特征值.

(2) 求 A 的行列式 $\det(A)$ 和迹 $\mathrm{tr}(A)$.

7.12 求 n 阶实镜像阵

$$J_n=I_n-2uu'=\begin{pmatrix}1-2u_1^2&-2u_1u_2&\cdots&-2u_1u_n\\-2u_2u_1&1-2u_2^2&\cdots&-2u_2u_n\\\vdots&\vdots&&\vdots\\-2u_nu_1&-2u_nu_2&\cdots&1-2u_n^2\end{pmatrix}$$

$\Big($其中 $u=(u_1,u_2,\cdots,u_n)'\in\mathbb{R}^n,u'u=\sum\limits_{i=1}^{n}u_i^2=1\Big)$ 的 n 个特征值和迹.

7.13 若 λ 是矩阵

$$A=\begin{pmatrix}0&-1&0&0\\0&0&-1&0\\0&0&0&-1\\a_1&a_2&a_3&a_4\end{pmatrix}$$

的特征值, 则 $(1,-\lambda,\lambda^2,-\lambda^3)'$ 是 A 的一个属于 λ 的特征向量.

7.14 证明:A 是数量矩阵 (即 $A=cI_n,c$ 为常数), 当且仅当一切非零向量都是 A 的特征向量.

***7.15** 设矩阵 A 与 B 没有公共的特征值,$f(x)$ 是矩阵 A 的特征多项式, 证明以下的结论:

(1) 矩阵 $f(B)$ 可逆.

(2) 矩阵方程 $AX=XB$ 只有零解.

7.16 设 n 阶矩阵 A 有两两互异的特征值, 矩阵 B 满足 $AB=BA$, 则存在次数不超过 $n-1$ 的多项式 $f(x)$, 使得 $B=f(A)$.

7.17 证明:0 是 n 阶矩阵 $\boldsymbol{A}$ 的重数为 1 的特征值, 当且仅当 $|\boldsymbol{A}|=0$, 并且 $\operatorname{tr}\big(\operatorname{adj}(\boldsymbol{A})\big)\neq 0$(此处 $\operatorname{adj}(\boldsymbol{A})$ 表示 $\boldsymbol{A}$ 的伴随方阵).

7.18 设 $\boldsymbol{A}$ 是 n 阶非零矩阵,$m_0(\boldsymbol{A})$ 表示 $\boldsymbol{A}$ 的零特征值的重数.

(1) 证明:$m_0(\boldsymbol{A})\geqslant n-r(\boldsymbol{A})$.

(2) 若 $m_0(\boldsymbol{A})=n-r(\boldsymbol{A})$, 则 $\boldsymbol{A}$ 有一个阶为 $r(\boldsymbol{A})$ 的主子式不等于零.

7.19 设 $\boldsymbol{A}$ 是 n 阶非零矩阵, $m_0(\boldsymbol{A})$ 表示 $\boldsymbol{A}$ 的零特征值的重数. 证明:

(1) $r(\boldsymbol{A})=r(\boldsymbol{A}^2)$ 的充分必要条件是 $m_0(\boldsymbol{A})=n-r(\boldsymbol{A})$.

(2) 若 $m_0(\boldsymbol{A})=k$, 则 $r(\boldsymbol{A}^{k+l})=n-k\,(l\geqslant 0)$.

7.20 设 $\boldsymbol{A}=\left(\begin{smallmatrix}a&b\\c&d\end{smallmatrix}\right)$ 是实矩阵, $|\boldsymbol{A}|=1$. 证明:

(1) 若 $|a+d|>2$, 则 $\boldsymbol{A}$ 相似于 $\operatorname{diag}(\lambda,\lambda^{-1})$, 其中 $\lambda\in\mathbb{R},\lambda\neq 0,\pm1$.

(2) 若 $|a+d|=2$, 则或者 $\boldsymbol{A}=\pm\boldsymbol{I}_2$, 或者 $\boldsymbol{A}$ 相似于

$$\begin{pmatrix}1&1\\0&1\end{pmatrix}\quad\text{或}\quad\begin{pmatrix}-1&1\\0&-1\end{pmatrix}.$$

(3) 若 $|a+d|<2$, 则 $\boldsymbol{A}$ 相似于

$$\begin{pmatrix}\cos\theta&\sin\theta\\-\sin\theta&\cos\theta\end{pmatrix},$$

其中 $\theta\in\mathbb{R}$.

7.21 若矩阵 $\boldsymbol{A}$ 的阶 $n=2,3,4$, 试确定其 Jordan 标准形有几种可能形式.

7.22 若 $\boldsymbol{A}$ 为 n 阶非零矩阵, $\boldsymbol{A}^m=\boldsymbol{O}\,(m\geqslant 1)$, 求 $\boldsymbol{A}$ 的 Jordan 标准形.

7.23 求下列矩阵的不变因子:

(1)

$$\boldsymbol{A}=\begin{pmatrix}0&0&0&\cdots&0&-a_n\\1&0&0&\cdots&0&-a_1\\0&1&0&\cdots&0&-a_2\\\vdots&\vdots&\vdots&&\vdots&\vdots\\0&0&0&\cdots&1&-a_{n-1}\end{pmatrix}.$$

(2)

$$\boldsymbol{B}=\begin{pmatrix}\lambda&1&0&\cdots&0&0\\0&\lambda&1&\cdots&0&0\\0&0&\lambda&\cdots&0&0\\\vdots&\vdots&\vdots&&\vdots&\vdots\\0&0&0&\cdots&\lambda&1\\0&0&0&\cdots&0&\lambda\end{pmatrix}.$$

(3)

$$
\boldsymbol{C}=\begin{pmatrix}
a & -b & & & & & \\
b & a & 1 & & & & \\
 & & a & -b & & & \\
 & & b & a & 1 & & \\
 & & & & \ddots & 1 & \\
 & & & & & a & -b \\
 & & & & & b & a
\end{pmatrix},
$$

其中 $b\neq 0$, 空白处元素为零.

7.24　定义 n 阶矩阵

$$
\boldsymbol{J}=\begin{pmatrix}
\lambda & 1 & 0 & 0 & \cdots & 0 \\
0 & \lambda & 1 & 0 & \cdots & 0 \\
\vdots & \vdots & \vdots & \vdots & & \vdots \\
0 & 0 & \cdots & 0 & \lambda & 1 \\
0 & 0 & 0 & \cdots & 0 & \lambda
\end{pmatrix},
$$

以及

$$
\boldsymbol{H}=\begin{pmatrix}
0 & 0 & \cdots & 0 & 1 \\
0 & 0 & \cdots & 1 & 0 \\
\vdots & \vdots & & \vdots & \vdots \\
0 & 1 & \cdots & 0 & 0 \\
1 & 0 & \cdots & 0 & 0
\end{pmatrix}\quad (\text{副对角线元素全为 } 1).
$$

(1) 将 n 阶矩阵 $\boldsymbol{H}$ 对角化.

(2) 证明:$\boldsymbol{H}^2=\boldsymbol{I}_n$(即 $\boldsymbol{H}^{-1}=\boldsymbol{H}$), $\boldsymbol{H}'=\boldsymbol{H}$, 并且 $\boldsymbol{HJH}=\boldsymbol{J}'$.

7.25　设 n 阶矩阵 $\boldsymbol{A},\boldsymbol{B}$ 都可对角化 (即分别与某个对角矩阵相似). 证明: 若 $\boldsymbol{AB}=\boldsymbol{BA}$, 则存在可逆矩阵 $\boldsymbol{T}$, 使得矩阵 $\boldsymbol{A},\boldsymbol{B},\boldsymbol{AB}$ 可同时对角化, 即 $\boldsymbol{T}^{-1}\boldsymbol{AT},\boldsymbol{T}^{-1}\boldsymbol{BT},\boldsymbol{T}^{-1}\boldsymbol{ABT}$ 都分别等于某个对角阵.

7.26　n 阶方阵 $\boldsymbol{A}$ 满足 $\boldsymbol{A}^k=\boldsymbol{I}_n$(其中 k 是正整数), 当且仅当 $\boldsymbol{A}$ 相似于对角元是 k 次单位根的对角阵.

7.27　求下列矩阵的 Jordan 标准形:

(1)

$$
\boldsymbol{A}=\begin{pmatrix}
0 & -3 & -1 & -2 \\
2 & 0 & 1 & -1 \\
2 & 4 & 3 & 3 \\
-2 & 2 & -1 & 3
\end{pmatrix}.
$$

(2)

$$B=\begin{pmatrix}4&-5&2&0&0&0\\5&-7&3&0&0&0\\6&-9&4&0&0&0\\0&0&0&0&1&0\\0&0&0&-4&4&0\\0&0&0&-2&1&2\end{pmatrix}.$$

7.28 (1) 给定方阵

$$A=\begin{pmatrix}-65&112&-48&64&-192\\49&-73&32&-48&128\\-32&48&-17&32&-80\\-59&96&-41&59&-164\\41&-64&27&-40&111\end{pmatrix},$$

求其特征多项式, 极小多项式以及 Jordan 标准形.

(2) 给定方阵

$$B=\begin{pmatrix}-66&112&-48&64&-192\\-43&58&-24&44&-96\\44&-64&26&-44&108\\-36&63&-27&35&-108\\-24&30&-12&25&-49\end{pmatrix},$$

求其特征多项式, 极小多项式,Jordan 标准形以及变换矩阵 $\boldsymbol{T}$.

7.29 设 σ 是数域 F 上的向量空间 V 中的一个线性变换, 满足条件 $\sigma^2=\sigma$, 证明:

(1) $\operatorname{Ker}(\sigma)=\{\boldsymbol{v}-\sigma(\boldsymbol{v})\mid \boldsymbol{v}\in V\}$.

(2) $V=\operatorname{Ker}(\sigma)\oplus\operatorname{Im}(\sigma)$.

(3) 若 ϕ 是 V 中的一个线性变换, 则 $\operatorname{Ker}(\sigma)$ 和 $\operatorname{Im}(\sigma)$ 都是 ϕ 的不变子空间的充分必要条件是 $\sigma\phi=\phi\sigma$.

7.30 设 F^n 是数域 F 上 n 维向量 $\boldsymbol{x}=(x_1,x_2,\cdots,x_n)'$ 组成的线性空间, 定义变换 σ :

$$\sigma(\boldsymbol{x})=(0,x_1,\cdots,x_{n-1})'\quad(\boldsymbol{x}\in F^n).$$

证明: σ 是 F_n 中的线性变换, $\sigma^n=o\big($零变换, 即对任何 $\boldsymbol{x}\in F^n,o(\boldsymbol{x})=\boldsymbol{O}\big)$, 并且求 $\operatorname{Ker}(\sigma)$ 和 $\operatorname{Im}(\sigma)$ 的维数.

7.31 设 $M_n(F)$ 是数域 F 上 n 阶方阵组成的线性空间.

(1) 令 $\boldsymbol{E}_{ij}$ 是 n 阶方阵, 其 (i,j) 位置元素为 1, 其余元素全为零, 证明 $\boldsymbol{E}_{ij}(i,j=1,2,\cdots,n)$ 组成 $M_n(F)$ 的一组基.

(2) 取定矩阵 $\boldsymbol{T}\in M_n(F)$, 定义变换 $\sigma=\sigma_{\boldsymbol{T}}$:

$$\sigma(\boldsymbol{A})=\boldsymbol{TA}-\boldsymbol{AT}\quad\big(\boldsymbol{A}\in M_n(F)\big).$$

证明 σ 是 $M_n(F)$ 中的线性变换.

(3) 若取定 $\boldsymbol{T}$ 是一个对角矩阵, 求变换 σ 在基 $\boldsymbol{E}_{ij}(i,j=1,2,\cdots,n)$ 下的矩阵 (表示).

(4) 若 $\boldsymbol{T}$ 是对角元素两两不等的对角矩阵, 求 $\mathrm{Ker}(\sigma)$ 的维数.

***7.32** 在 4 维欧氏空间 $\mathbb{R}^4$ 中, 其子空间 V 由 3 个向量 $\boldsymbol{\alpha}=(-1,1,0,0)',\boldsymbol{\beta}=(0,-1,1,0)'$ 和 $\boldsymbol{\gamma}=(0,0,-1,1)$ 生成, 求出 V 中和 $\boldsymbol{\delta}=(-1,1,-2,-2)'$ 正交的最大子空间的一组标准正交基.

7.33 设 $\boldsymbol{A},\boldsymbol{B}$ 是 n 阶酉阵, 则

$$\boldsymbol{C}=\frac{1}{\sqrt{2}}\begin{pmatrix}\boldsymbol{A} & -\boldsymbol{B}\\ \boldsymbol{B}^{-1} & \boldsymbol{A}^{-1}\end{pmatrix}$$

也是酉阵.

7.34 设 n 阶实矩阵 $\boldsymbol{A}$ 是幂等的 (即满足条件 $\boldsymbol{A}^2=\boldsymbol{A}$), 则 $\boldsymbol{A}$ 可表示为两个实对称矩阵之积.

7.35 证明:Hilbert 方阵

$$\mathscr{H}_n=\begin{pmatrix}1 & \frac{1}{2} & \cdots & \frac{1}{n}\\ \frac{1}{2} & \frac{1}{3} & \cdots & \frac{1}{n+1}\\ \vdots & \vdots & & \vdots\\ \frac{1}{n} & \frac{1}{n+1} & \cdots & \frac{1}{2n-1}\end{pmatrix}$$

正定.

7.36 设 c 是实数, $\boldsymbol{v}\in\mathbb{R}^n$(列向量). 证明: 若 $1+c\boldsymbol{v}'\boldsymbol{v}>0$, 则 $\boldsymbol{A}=\boldsymbol{I}_n+c\boldsymbol{v}\boldsymbol{v}'$ 正定.

7.37 证明: 二次型

$$f(x_1,x_2,\cdots,x_n)=\sum_{i=1}^{n}x_i^2+\sum_{1\leqslant i,j\leqslant n}x_ix_j$$

正定.

7.38 (1) 设 $\boldsymbol{B}$ 是 m 阶正定矩阵, $\boldsymbol{A}$ 是 $m\times n$ 实矩阵, $m\geqslant n$, 则 $\boldsymbol{A}'\boldsymbol{B}\boldsymbol{A}$ 正定, 当且仅当 $r(\boldsymbol{A})=n$.

(2) 设 $\boldsymbol{A}$ 是 $m\times n$ 矩阵, $a>0$, 则 $\boldsymbol{A}'\boldsymbol{A}+a\boldsymbol{I}_n$ 是正定矩阵.

7.39 证明: 不存在不可逆实矩阵 $\boldsymbol{A}$ 使得 $\boldsymbol{A}+\boldsymbol{A}'$ 是正定矩阵.

7.40 用正交变换化下列二次型为标准形, 并求变换矩阵 $\boldsymbol{T}$:

(1) $f(x_1,x_2,\cdots,x_n)=\sum\limits_{i=1}^{n}x_i^2+\sum\limits_{1\leqslant i<j\leqslant n}x_ix_j$.

(2) $f(x_1,x_2,\cdots,x_n)=\sum\limits_{1\leqslant i<j\leqslant n}x_ix_j$.

7.41 设 $f=5x^2+5y^2+cz^2-2xy+6xz-6yz$ 的秩 (即其系数矩阵的秩) 等于 2, 求 c, 并判断曲面 $f(x,y,z)=1$ 的形状.

7.42 (1) 设 $\boldsymbol{A}=(a_{ij})$ 是 n 阶实矩阵, 则二次型

$$f(x_1,x_2,\cdots,x_n)=\sum_{i=1}^{n}\left(\sum_{j=1}^{n}a_{ij}x_j\right)^2$$

的秩等于 $\boldsymbol{A}$ 的秩.

(2) 设方程 $x^n+c_1x^{n-1}+\cdots+c_n=0$ 有 n 个两两互异的实根 $\alpha_1,\alpha_2,\cdots,\alpha_n$, 令

$$s_k=\alpha_1^k+\alpha_2^k+\cdots+\alpha_n^k \quad (k=1,2,\cdots).$$

证明

$$f(x_1,x_2,\cdots,x_n)=\sum_{i,j=0}^{n-1}s_{i+j}x_ix_j$$

的秩等于 n, 并且是正定的.

7.43 设 $\boldsymbol{A}=(a_{ij})$ 是 n 阶正定矩阵, 定义二次型

$$f(y_1,y_2,\cdots,y_n)=\begin{vmatrix} a_{11} & a_{12} & \cdots & a_{1n} & y_1 \\ a_{21} & a_{22} & \cdots & a_{2n} & y_2 \\ \vdots & \vdots & & \vdots & \vdots \\ a_{n1} & a_{n2} & \cdots & a_{nn} & y_n \\ y_1 & y_2 & \cdots & y_n & 0 \end{vmatrix}.$$

求 f 的矩阵, 并证明 f 是负定二次型.

7.44 证明: 二次型

$$f(x_1,x_2,\cdots,x_{2n})=x_1x_{2n}+x_2x_{2n-1}+x_3x_{2n-2}+\cdots+x_nx_{n+1}$$

是不定的.

7.45 (1) 证明实对称阵的对角元介于它的最小和最大特征值之间.

(2) 证明正定矩阵的对角元大于零.

***7.46** 设 $\boldsymbol{A}=(a_{ij})$ 是 n 阶正定矩阵, 则

$$|\boldsymbol{A}|\leqslant a_{11}a_{22}\cdots a_{nn},$$

并且等式当且仅当 $\boldsymbol{A}$ 是对角矩阵时成立.

7.47 (1) 设实 $n\times m$ 矩阵 $\boldsymbol{A}=(a_{ij})$ 的秩为 n, 则

$$|\boldsymbol{AA}'|\leqslant\prod_{i=1}^{n}\sum_{j=1}^{m}a_{ij}^2,$$

并且当且仅当 $\boldsymbol{A}$ 的行向量互相正交时等式成立.

*(2) (Hadamard 不等式) 设 $\boldsymbol{A}=(a_{ij})$ 是 n 阶实方阵, 则

$$|\boldsymbol{A}|\leqslant\prod_{i=1}^{n}\left(\sum_{j=1}^{n}a_{ij}^2\right)^{1/2},$$

以及 (等价形式)

$$|\boldsymbol{A}|\leqslant\prod_{j=1}^{n}\left(\sum_{i=1}^{n}a_{ij}^2\right)^{1/2}.$$

注 当 $\boldsymbol{A}$ 是复方阵时 Hadamard 不等式仍然成立. 在有些文献中, 本题 (1) 中的不等式也称为 Hadamard 不等式. 这些不等式有很多证法.

7.48 设 $\boldsymbol{A}=(a_{ij})$ 是 n 阶实矩阵. 证明:

(1) 若 $|a_{ij}|\leqslant C\,(1\leqslant i,j\leqslant n)$, 则

$$|\det(\boldsymbol{A})|\leqslant n^{n/2}C^n.$$

(2) 若 $0\leqslant a_{ij}\leqslant C\,(1\leqslant i,j\leqslant n)$, 则

$$|\det(\boldsymbol{A})|\leqslant 2^{-n}(n+1)^{(n+1)/2}C^n.$$

7.49 设 $\boldsymbol{A}=(a_{ij})$ 是 n 阶实矩阵, $\lambda=x+y\mathrm{i}\,(x,y\in\mathbb{R})$ 是 $\boldsymbol{A}$ 的任意特征值, 则

$$|y|\leqslant c\sqrt{\frac{n(n-1)}{2}},$$

其中

$$c=\frac{1}{2}\max_{1\leqslant i,j\leqslant n}|a_{ij}-a_{ji}|.$$

*__7.50__ 求使下列矩阵对角化的正交矩阵:

(1) $\boldsymbol{A}=\begin{pmatrix}2&1&1\\1&2&1\\1&1&2\end{pmatrix}$.

(2) $\mathrm{e}^{\mathrm{i}\pi\boldsymbol{A}/2}$ (矩阵 $\boldsymbol{A}$ 同本题 (1)).

*__7.51__ 设 $0<t_1<t_2<\cdots<t_n$, 令 $\boldsymbol{R}=(t_{ij})_n$, 其中 $t_{ij}=\min(t_i,t_j)$.

(1) 证明 $\boldsymbol{R}$ 是正定矩阵.

(2) 求 $\boldsymbol{R}^{-1}$.

(3) 证明

$$\frac{\int_{-\infty}^{x_n}\exp\left(-\dfrac{1}{2}\boldsymbol{x}'\boldsymbol{R}^{-1}\boldsymbol{x}\right)\mathrm{d}x_n}{\int_{-\infty}^{\infty}\exp\left(-\dfrac{1}{2}\boldsymbol{x}'\boldsymbol{R}^{-1}\boldsymbol{x}\right)\mathrm{d}x_n}=\frac{1}{\sqrt{2\pi(t_n-t_{n-1})}}\int_{-\infty}^{x_n}\exp\left(-\frac{(x_n-x_{n-1})^2}{2(t_n-t_{n-1})}\right)\mathrm{d}x_n,$$

其中 $\boldsymbol{x}=(x_1,x_2,\cdots,x_n)'$.

*__7.52__ 设 m 阶方阵 $\boldsymbol{A}=(a_{ij})$ 的各元素 $a_{ij}>0$, 并且

$$\sum_{i=1}^{m}a_{ij}=1\quad(i=1,2,\cdots,m).$$

(1) 证明 1 是 $\boldsymbol{A}$ 的一个特征值.

(2) 设 $m=2,n$ 是正整数, 求 $\lim\limits_{n\to\infty}\boldsymbol{A}^n$.

*__7.53__ 证明: 任意 n 阶实方阵 $\boldsymbol{A}$ 的特征向量也是其伴随矩阵 $\mathrm{adj}(\boldsymbol{A})$ 的特征向量.

7.54 (1) 证明: 任何方阵均可表为一个可逆方阵和一个幂等方阵之积的形式.

*(2) 证明: 任何一个实方阵均可表示成两个对称矩阵的乘积, 其中至少有一个矩阵可逆.

7.55 设 $\boldsymbol{B}=(b_{ij})$ 是一个无限下三角方阵:

$$\begin{pmatrix} 1 & 0 & 0 & 0 & 0 & \cdots \\ 1 & 1 & 0 & 0 & 0 & \cdots \\ 1 & 2 & 1 & 0 & 0 & \cdots \\ 1 & 3 & 3 & 1 & 0 & \cdots \\ \vdots & \vdots & \vdots & \vdots & \vdots & \end{pmatrix},$$

其非零部分由杨辉三角组成, 即元素 $b_{ij}=\binom{i}{j}$. 还设

$$\boldsymbol{D}=\operatorname{diag}(1,2,4,\cdots,2^i,\cdots)$$

是一个无限对角矩阵. 证明:

$$\boldsymbol{B}^{2^n}=\boldsymbol{D}^n\boldsymbol{B}\boldsymbol{D}^{-n} \quad (n\geqslant 0).$$

7.56 设 $\boldsymbol{X}_n\,(n=1,2,\cdots)$ 是 3 阶方阵的无限序列, 满足递推关系

$$\boldsymbol{X}_{n+1}=\boldsymbol{A}\boldsymbol{X}_n+\boldsymbol{B} \quad (n\geqslant 0),$$

其中

$$\boldsymbol{A}=\begin{pmatrix} 0 & 1 & 0 \\ 0 & 0 & 1 \\ 1 & 0 & 0 \end{pmatrix}, \quad \boldsymbol{B}=\boldsymbol{I}_3, \quad \boldsymbol{X}_0=\boldsymbol{O}.$$

求 $\boldsymbol{X}_n$.

***7.57** 设 f 是 $n(\geqslant 1)$ 维实线性空间 V 的线性变换. 证明: f 至少有一个维数是 1 或 2 的不变子空间.

***7.58** 设 $M_n(\mathbb{C})$ 是所有 n 阶复方阵构成的线性空间, $T:M_n(\mathbb{C})\to\mathbb{C}$ 是一个线性映射, 满足 $T(\boldsymbol{AB})=T(\boldsymbol{BA})$. 证明: 存在 $\lambda\in\mathbb{C}$, 使得

$$T(\boldsymbol{A})=\lambda\cdot\operatorname{tr}(\boldsymbol{A}), \quad \forall\boldsymbol{A}\in M_n(\mathbb{C}).$$

***7.59** 设 $\boldsymbol{A}$ 是 $m\times n$ 实矩阵, 其秩 $r(\boldsymbol{A})=k$. 试证下列结论:

(1) 如果 $\boldsymbol{A}=\boldsymbol{A}_1+\boldsymbol{A}_2+\cdots+\boldsymbol{A}_k$, 每个 $\boldsymbol{A}_i$ 都是秩为 1 的实矩阵, 则 $l\geqslant k$.

(2) 存在秩为 1 的 $m\times n$ 实矩阵 $\boldsymbol{A}_1,\boldsymbol{A}_2,\cdots,\boldsymbol{A}_k$, 使得 $\boldsymbol{A}=\boldsymbol{A}_1+\boldsymbol{A}_2+\cdots+\boldsymbol{A}_k$.

7.60 (1) 设 P 为数域, $f_1,f_2,f_3\in P[x]$ 非零, $d(x)$ 是 $f_1(x),f_2(x),f_3(x)$ 的最大公因式. 证明: 存在 $g_i,h_i\in P[x]\,(i=1,2,3)$, 使得

$$d(x)=\begin{vmatrix} f_1(x) & f_2(x) & f_3(x) \\ g_1(x) & g_2(x) & g_3(x) \\ h_1(x) & h_2(x) & h_3(x) \end{vmatrix}.$$

*(2) 设 $p(x),p_i(x)(i=0,1,\cdots,n-1)$ 是复系数多项式. 证明: 若

$$\sum_{i=0}^{n-1}x^ip_i(x^{in})=p(x^n), \quad (x-1)\mid p(x),$$

则 $(x-1)\mid p_i(x)\,(i=0,1,\cdots,n-1)$.

补充习题的解答或提示

7.1 用 $\boldsymbol{A}$ 表示与 D 相应的矩阵, 那么

$$\boldsymbol{A}=\begin{pmatrix}1&1&\cdots&1&1\\x_1&x_2&\cdots&x_n&x\\\vdots&\vdots&&\vdots&\vdots\\x_1^{n-1}&x_2^{n-1}&\cdots&x_n^{n-1}&x^{n-1}\\x_1^n&x_2^n&\cdots&x_n^n&x^n\end{pmatrix}\begin{pmatrix}1&x_1&\cdots&x_1^{n-1}&0\\1&x_2&\cdots&x_2^{n-1}&0\\\vdots&\vdots&&\vdots&\vdots\\1&x_n&\cdots&x_n^{n-1}&0\\0&0&\cdots&0&1\end{pmatrix}.$$

由例 1.1.1 可知右边第一个矩阵的行列式等于

$$\prod_{1\leqslant i\leqslant n}(x-x_i)\prod_{1\leqslant i<j\leqslant n}(x_j-x_i),$$

右边第二个矩阵的行列式等于 $\prod\limits_{1\leqslant i<j\leqslant n}(x_j-x_i)$, 因此

$$D=\prod_{1\leqslant i\leqslant n}(x-x_i)\prod_{1\leqslant i<j\leqslant n}(x_j-x_i)^2.$$

7.2 解法 1 将 $|\boldsymbol{J}_n|$ 变形为加边行列式 (显然不改变 $|\boldsymbol{J}_n|$ 的值)

$$|\boldsymbol{J}_n|=\begin{vmatrix}1&2u_1&2u_2&\cdots&2u_n\\0&1-2u_1^2&-2u_1u_2&\cdots&-2u_1u_n\\0&-2u_2u_1&1-2u_2^2&\cdots&-2u_2u_n\\\vdots&\vdots&\vdots&&\vdots\\0&-2u_nu_1&-2u_nu_2&\cdots&1-2u_n^2\end{vmatrix}.$$

将其第 1 行的 u_i 倍分别加到第 $i+1$ 行 $(i=2,3,\cdots,n)$, 得到

$$|\boldsymbol{J}_n|=\begin{vmatrix}1&2u_1&2u_2&2u_3&\cdots&2u_n\\u_1&1&0&0&\cdots&0\\u_2&0&1&0&\cdots&0\\\vdots&\vdots&\vdots&\vdots&&\vdots\\u_n&0&0&0&\cdots&1\end{vmatrix}.$$

应用例 1.1.5(2), 并且注意 $\boldsymbol{u}'\boldsymbol{u}=1$, 即得 $|\boldsymbol{J}_n|=-1$.

解法 2 直接应用例 1.3.1(2) 中的公式.

解法 3 $|\boldsymbol{J}_n|$ 是矩阵 $\boldsymbol{A}=2\boldsymbol{u}\boldsymbol{u}'$ 的特征多项式, 由于

$$\boldsymbol{A}=\begin{pmatrix}2u_1^2&u_1u_2&\cdots&u_1u_n\\u_2u_1&2u_2^2&\cdots&u_2u_n\\\vdots&\vdots&&\vdots\\u_nu_1&u_nu_2&\cdots&2u_n^2\end{pmatrix},$$

其所有 1 阶主子式之和等于 $2\boldsymbol{u}\boldsymbol{u}'=2$, 其余各阶主子式都等于零, 所以由习题 3.19(1) 得到 $|\boldsymbol{J}_n|=1^n-S_1(\boldsymbol{A})\cdot 1^{n-1}=1-2=-1$.

解法 4 **提示** 在 $|\boldsymbol{J}_n|$ 中, 首先用 u_n 乘第 n 行, 然后从所得行列式的第 n 列中提出 u_n, 最后应用所得到的第 n 列将行列式化为上三角形.

7.3 提示或解 本题可以作为例 1.2.5 或习题 1.4(2) 的特殊情形得到结果. 下面给出一些独立解法.

解法 1 从第 $2,3,\cdots,n$ 各行分别减去第 1 行, 然后在所得行列式中将第 $2,3,\cdots,n$ 列全加到第 1 列, 即得上三角行列式 (也可类似地化为下三角行列式).

解法 2 将 $\varDelta_n$ 化为 $n+1$ 阶加边行列式

$$\varDelta_n=\begin{vmatrix}1 & -a & -a & -a & \cdots & -a\\ 0 & x & a & a & \cdots & a\\ 0 & a & x & a & \cdots & a\\ \vdots & \vdots & \vdots & \vdots & & \vdots\\ 0 & a & a & a & \cdots & x\end{vmatrix}.$$

将第 1 行分别加到其余各行, 得到

$$\varDelta_n=\begin{vmatrix}1 & -a & -a & -a & \cdots & -a\\ 1 & x-a & 0 & 0 & \cdots & 0\\ 1 & 0 & x-a & 0 & \cdots & 0\\ \vdots & \vdots & \vdots & \vdots & & \vdots\\ 1 & 0 & 0 & 0 & \cdots & x-a\end{vmatrix}.$$

设 $x\neq a$, 用 $a/(x-a)$ 乘第 $2,3,\cdots,n+1$ 行, 都加到第 1 行, 得到

$$\varDelta_n=\begin{vmatrix}1+\dfrac{na}{x-a} & 0 & 0 & 0 & \cdots & 0\\ 1 & x-a & 0 & 0 & \cdots & 0\\ 1 & 0 & x-a & 0 & \cdots & 0\\ \vdots & \vdots & \vdots & \vdots & & \vdots\\ 1 & 0 & 0 & 0 & \cdots & x-a\end{vmatrix}=(x-a)^{n-1}\big(x+(n-1)a\big).$$

当 $x=a$ 时此式显然有效.

解法 3 将第 1 列表示成

$$(x-a,0,\cdots,0)'+(a,a,\cdots,a)',$$

$\varDelta_n$ 可分拆为两个行列式, 在其中第二个行列式中, 从第 $2,3,\cdots,n$ 行中分别减去第 1 行, 得

知它等于

$$\begin{vmatrix} a & a & a & a & \cdots & a \\ 0 & x-a & 0 & 0 & \cdots & 0 \\ 0 & a & x-a & 0 & \cdots & 0 \\ \vdots & \vdots & \vdots & \vdots & & \vdots \\ 0 & 0 & 0 & 0 & \cdots & x-a \end{vmatrix} = a(x-a)^{n-1}.$$

于是得到递推公式

$$\Delta_n = (x-a)\Delta_{n-1} + a(x-a)^{n-1}.$$

用归纳法即得结果.

解法 4 $\Delta_n = \Delta_n(x)$ 是 x 的多项式, a 和 $-(n-1)a$ 显然是它的根. 由行列式的求导法则可知 a 是 $n-1$ 重根.

解法 5 与 Δ_n 对应的矩阵可表示为

$$(x-a)\boldsymbol{I}_n + (a,a,\cdots,a)'(1,1,\cdots,1),$$

于是可应用例 1.3.1(2) 中的公式.

解法 6 用 $\boldsymbol{\Lambda}_n$ 记与 Δ_n 对应的矩阵, 并令

$$\boldsymbol{A} = \begin{pmatrix} 1 & 0 & 0 & \cdots & 0 \\ -1 & 1 & 0 & \cdots & 0 \\ \vdots & \vdots & \vdots & & \vdots \\ -1 & 0 & 0 & \cdots & 1 \end{pmatrix}, \quad \boldsymbol{B} = \begin{pmatrix} 1 & 0 & 0 & \cdots & 0 \\ 1 & 1 & 0 & \cdots & 0 \\ \vdots & \vdots & \vdots & & \vdots \\ 1 & 0 & 0 & \cdots & 1 \end{pmatrix},$$

则

$$\boldsymbol{A}\boldsymbol{\Lambda}_n\boldsymbol{B} = \begin{pmatrix} x+(n-1)a & a & a & a & \cdots & a \\ 0 & x-a & 0 & 0 & \cdots & 0 \\ 1 & 0 & x-a & 0 & \cdots & 0 \\ \vdots & \vdots & \vdots & \vdots & & \vdots \\ 0 & 0 & 0 & 0 & \cdots & x-a \end{pmatrix}.$$

取等式两边的行列式, 并注意 $|\boldsymbol{A}| = |\boldsymbol{B}| = 1$, 即得结果.

7.4 (1) 注意 $\operatorname{adj}(\boldsymbol{A}) = |\boldsymbol{A}|\boldsymbol{A}^{-1}$, 我们有

$$\begin{aligned} &(b\boldsymbol{A})^{-1} = b^{-1}\boldsymbol{A}^{-1}, \\ &\operatorname{adj}(c\boldsymbol{A}) = |c\boldsymbol{A}|(c\boldsymbol{A})^{-1} = c^n|\boldsymbol{A}|\cdot c^{-1}\boldsymbol{A}^{-1} = c^{n-1}a\boldsymbol{A}^{-1}, \\ &(b\boldsymbol{A})^{-1} + \operatorname{adj}(c\boldsymbol{A}) = b^{-1}\boldsymbol{A}^{-1} + c^{n-1}a\boldsymbol{A}^{-1} = (b^{-1}+c^{n-1}a)\boldsymbol{A}^{-1}, \end{aligned}$$

所以

$$\begin{aligned} |(b\boldsymbol{A})^{-1} + \operatorname{adj}(c\boldsymbol{A})| &= |(b^{-1}+c^{n-1}a)\boldsymbol{A}^{-1}| = (b^{-1}+c^{n-1}a)^n|\boldsymbol{A}|^{-1} \\ &= (b^{-1}+c^{n-1}a)^n a^{-1} = \frac{(1+abc^{n-1})^n}{ab^n}. \end{aligned}$$

(2) **提示** $\operatorname{adj}(\boldsymbol{A})=|\boldsymbol{A}|\boldsymbol{A}^{-1}$, 对矩阵 $(\boldsymbol{A}^{-1}\ \ \boldsymbol{I}_3)$ 实施初等行变换, 将它化为

$$\begin{pmatrix}1&0&0&5/2&-1&-1/2\\0&1&0&-1&1&0\\0&0&1&-1/2&0&1/2\end{pmatrix},$$

可知

$$\boldsymbol{A}=\begin{pmatrix}5/2&-1&-1/2\\-1&1&0\\-1/2&0&1/2\end{pmatrix}.$$

又有 $|\boldsymbol{A}|^{-1}=|\boldsymbol{A}^{-1}|=2$, 所以

$$\big(\operatorname{adj}(\boldsymbol{A})\big)^{-1}=|\boldsymbol{A}^{-1}|\boldsymbol{A}=\begin{pmatrix}5&-2&-1\\-2&2&0\\-1&0&1\end{pmatrix}.$$

(3) **提示** 所求之和即 $\operatorname{adj}(\boldsymbol{A})$ 的所有元素之和. $\boldsymbol{A}$ 有特殊形式, 所以 $\operatorname{adj}(\boldsymbol{A})$ 也可能有特殊形式, 从而可期待易于计算. 为此对矩阵 $(\boldsymbol{A}\ \ \boldsymbol{I}_n)$ 实施初等行变换, 将它化为

$$\begin{pmatrix}1&0&\cdots&0&0&1&0&\cdots&0&0\\0&1&\cdots&0&0&-1&1&\cdots&0&0\\\vdots&\vdots&&\vdots&\vdots&\vdots&\vdots&&\vdots&\vdots\\0&0&\cdots&1&0&0&0&\cdots&1&0\\0&0&\cdots&0&1&0&0&\cdots&-1&1\end{pmatrix}.$$

因为 $|\boldsymbol{A}|=1$, 所以上述初等变换相当于

$$|\boldsymbol{A}|\boldsymbol{A}^{-1}(\boldsymbol{A}\ \ \boldsymbol{I}_n)=(|\boldsymbol{A}|\boldsymbol{A}^{-1}\boldsymbol{A}\ \ \ |\boldsymbol{A}|\boldsymbol{A}^{-1}\boldsymbol{I}_n)=(\boldsymbol{I}_n\ \ \ |\boldsymbol{A}|\boldsymbol{A}^{-1})=\big(\boldsymbol{I}_n\ \ \ \operatorname{adj}(\boldsymbol{A})\big),$$

由此可知

$$\operatorname{adj}(\boldsymbol{A})=\begin{pmatrix}1&0&\cdots&0&0\\-1&1&\cdots&0&0\\\vdots&\vdots&&\vdots&\vdots\\0&0&\cdots&1&0\\0&0&\cdots&-1&1\end{pmatrix}.$$

于是所求和等于 $n\cdot1+(n-1)\cdot(-1)=1$.

(4) 因为 $\boldsymbol{B}=P(i,j)\boldsymbol{A}$, 其中 $P(i,j)$ 是实现题中所说的行交换的初等矩阵 (由交换 $\boldsymbol{I}_n$ 的第 i 行和第 j 行而得到, 参见符号说明), 所以

$$\boldsymbol{A}\boldsymbol{B}^{-1}=\boldsymbol{A}\big(P(i,j)\boldsymbol{A}\big)^{-1}=\boldsymbol{A}\boldsymbol{A}^{-1}P(i,j)^{-1}=P(i,j)^{-1}=P(i,j).$$

类似地

$$\boldsymbol{C}^2=\boldsymbol{A}^{-1}\boldsymbol{B}\boldsymbol{A}^{-1}\boldsymbol{B}=\boldsymbol{A}^{-1}\big(\boldsymbol{A}\boldsymbol{B}^{-1}\big)^{-1}\boldsymbol{B}$$

$$=\boldsymbol{A}^{-1}P(i,j)^{-1}\boldsymbol{B}=\big(P(i,j)\boldsymbol{A}\big)^{-1}\boldsymbol{B}=\boldsymbol{B}^{-1}\boldsymbol{B}=\boldsymbol{I},$$

所以 $\boldsymbol{C}^{-1}=\boldsymbol{C}$.

(5) **提示**　矩阵 $\boldsymbol{A}$ 的特征多项式 $\varphi_{\boldsymbol{A}}(\lambda)=\lambda^3-6\lambda^2+9\lambda-4$, 由 Hamilton-Cayley 定理, $\varphi_{\boldsymbol{A}}(\boldsymbol{A})=\boldsymbol{O}$, 所以 $\boldsymbol{A}^3-6\boldsymbol{A}^2+9\boldsymbol{A}-4\boldsymbol{I}_3=\boldsymbol{O}$, 于是 $\boldsymbol{A}(\boldsymbol{A}^2-6\boldsymbol{A}+9\boldsymbol{I}_3)/4=\boldsymbol{I}_3$.

(6) **提示**　令 $\boldsymbol{S}_m=\boldsymbol{I}_n+\boldsymbol{A}+\cdots+\boldsymbol{A}^m$, 那么 $(\boldsymbol{I}_n-\boldsymbol{A})\boldsymbol{S}_m=\boldsymbol{I}_n-\boldsymbol{A}^m$. 因为 $\boldsymbol{A}^k=\boldsymbol{O}$, 所以 $(\boldsymbol{I}_n-\boldsymbol{A})\boldsymbol{S}_k=\boldsymbol{I}_n,(\boldsymbol{I}_n-\boldsymbol{A})^{-1}=\boldsymbol{I}_n+\boldsymbol{A}+\cdots+\boldsymbol{A}^{k-1}$. 对于给定的 $\boldsymbol{A},k=3$, 因此

$$(\boldsymbol{I}_3-\boldsymbol{A})^{-1}=\begin{pmatrix}1&1&1\\0&1&1\\0&0&1\end{pmatrix}.$$

7.5　解法 1　设 $\boldsymbol{A}=(\alpha_{ij})_{1\leqslant i,j\leqslant n}$. 记 $\boldsymbol{A}=(\boldsymbol{a}_1,\boldsymbol{a}_2,\cdots,\boldsymbol{a}_n)$, 其中 $\boldsymbol{a}_i$ 是列向量, $P(i,j)$ 是交换 $\boldsymbol{I}_n$ 的第 i 行和第 j 行得到的初等矩阵, 那么

$$\boldsymbol{A}P(i,j)=(\boldsymbol{a}_1,\boldsymbol{a}_2,\cdots,\boldsymbol{a}_n)P(i,j)=(\boldsymbol{O},\cdots,\boldsymbol{O},\boldsymbol{a}_i,\boldsymbol{O},\cdots,\boldsymbol{O})=\begin{pmatrix} & \alpha_{1i} & \\ & \vdots & \\ \boldsymbol{O} & \alpha_{ii} & \boldsymbol{O}\\ & \vdots & \\ & \alpha_{ni} & \end{pmatrix},$$

其中 $\boldsymbol{a}_i=(\alpha_{1i},\alpha_{2i},\cdots,\alpha_{ni})'$ 位于第 j 列. 类似地, 设

$$\boldsymbol{A}=\begin{pmatrix}\boldsymbol{b}_1\\\boldsymbol{b}_2\\\vdots\\\boldsymbol{b}_n\end{pmatrix},$$

其中 $\boldsymbol{b}_i$ 是行向量, 那么

$$P(i,j)\boldsymbol{A}=\begin{pmatrix}\boldsymbol{O}\\\vdots\\\boldsymbol{O}\\\boldsymbol{b}_j\\\boldsymbol{O}\\\vdots\\\boldsymbol{O}\end{pmatrix}=\begin{pmatrix} & & \boldsymbol{O} & & \\ \alpha_{j1} & \cdots & \alpha_{jj} & \cdots & \alpha_{jn}\\ & & \boldsymbol{O} & & \end{pmatrix},$$

其中 $\boldsymbol{b}_j=(\alpha_{j1},\alpha_{j2},\cdots,\alpha_{jn})$ 位于第 i 行. 依题设

$$\boldsymbol{A}P(i,j)=P(i,j)\boldsymbol{A}\quad(\forall i,j=1,2,\cdots,n),$$

对每组 (i,j) 比较两边相同位置的元素, 可知 $\boldsymbol{A}$ 的对角元相等, 非对角元等于 0.

解法 2　设 $\boldsymbol{A}=(\alpha_{ij})_{1\leqslant i,j\leqslant n}$. 取对角阵

$$\boldsymbol{B}=\begin{pmatrix}1&&&\\&2&&\\&&\ddots&\\&&&n\end{pmatrix},$$

那么由 $\boldsymbol{AB}=\boldsymbol{BA}$ 得到

$$\boldsymbol{A}(\boldsymbol{e}_1,2\boldsymbol{e}_2,\cdots,n\boldsymbol{e}_n)=\begin{pmatrix}\boldsymbol{e}_1'\\2\boldsymbol{e}_2'\\\vdots\\n\boldsymbol{e}_n'\end{pmatrix}\boldsymbol{A},$$

其中列向量 $\boldsymbol{e}_1=(1,0,\cdots,0)',\boldsymbol{e}_2=(0,1,0,\cdots,0)'$, 等等. 比较两边相同位置的元素, 可知

$$i\alpha_{ij}=j\alpha_{ij},$$

于是若 $i\neq j$, 则 $\alpha_{ij}=0$, 即 $\boldsymbol{A}$ 的非对角元全等于零, 从而 $\boldsymbol{A}$ 是对角阵:

$$\boldsymbol{A}=\begin{pmatrix}\alpha_{11}&&&\\&\alpha_{22}&&\\&&\ddots&\\&&&\alpha_{nn}\end{pmatrix}.$$

设 $P(i,j)$ 如解法 1, 那么由 $\boldsymbol{A}P(i,j)=P(i,j)\boldsymbol{A}$ 类似地得到 $\alpha_{ii}=\alpha_{jj}(i\neq j;i,j=1,2,\cdots,n)$. 于是 $\boldsymbol{A}$ 的对角元全相等.

7.6　提示　解法 1　因为 $|\boldsymbol{A}|=6\neq 0$, 所以 $\boldsymbol{A}$ 可逆, 于是

$$\boldsymbol{X}=\boldsymbol{BA}^{-1}=\begin{pmatrix}2&2&1\\4&0&-2\\0&6&6\end{pmatrix}\cdot\frac{1}{6}\begin{pmatrix}2&1&4\\2&1&-2\\-2&2&2\end{pmatrix}=\begin{pmatrix}1&1&1\\2&0&2\\0&3&0\end{pmatrix}.$$

解法 2　对矩阵

$$\begin{pmatrix}\boldsymbol{A}\\\boldsymbol{B}\end{pmatrix}$$

作初等列变换, 将 $\boldsymbol{A}$ 化为 $\boldsymbol{I}$, 得到

$$\begin{pmatrix}\boldsymbol{I}\\\boldsymbol{M}\end{pmatrix}.$$

因为 $\boldsymbol{A}$ 变换为 $\boldsymbol{I}$, 所以上述初等列变换相当于右乘 $\boldsymbol{A}^{-1}$, 从而 $\boldsymbol{M}$ 是 $\boldsymbol{B}$ 右乘 $\boldsymbol{A}^{-1}$ 而得, 即

$M = BA^{-1}$, 可见 M 就是所要求的 X. 在此算得

$$\begin{pmatrix}1&1&-1\\0&2&2\\1&-1&0\\2&2&1\\4&0&-2\\0&6&6\end{pmatrix} \to \begin{pmatrix}1&0&0\\0&1&0\\0&0&1\\1&1&1\\2&0&2\\0&3&0\end{pmatrix}.$$

注 对于方程 $AX = B$, 应对矩阵 $(A \quad B)$ 实施初等行变换 (相当于左乘 A^{-1}), 将它化为 $(I \quad X)$.

解法 3 令 $X = (x_{ij})_{1\leqslant i,j\leqslant 3}$, 得到 $x_{i1}, x_{i2}, x_{i3}\,(i = 1,2,3)$ 的线性方程组. 这三个方程组的系数矩阵 S 是一样的, 只是常数项组成的列向量 c_1, c_2, c_3 不同. 作矩阵

$$(S \quad c_1 \quad c_2 \quad c_3),$$

对它作初等行变换 (Gauss 消元), 化为

$$(T_0 \quad d_1 \quad d_2 \quad d_3),$$

其中 T_0 是 3 阶梯形阵, 然后由 $(T_0 \quad d_1), (T_0 \quad d_2), (T_0 \quad d_3)$ 分别求出 $x_{i1}, x_{i2}, x_{i3}\,(i = 1,2,3)$. 在此我们算得

$$\begin{pmatrix}1&0&1&2&4&0\\1&2&-1&2&0&6\\-1&2&0&1&-2&6\end{pmatrix} \to \begin{pmatrix}1&0&1&2&4&0\\0&2&-2&0&-4&6\\0&0&3&3&6&0\end{pmatrix}$$

(读者完成计算细节).

7.7 (1) 解法 1 记 $B = (b_1, \cdots, b_n)$, 其中 b_i 是 B 的列向量. 若存在 $c_1, c_2, \cdots, c_n$, 使得

$$(b_1, \cdots, b_n)(c_1, c_2, \cdots, c_n)' = O,$$

此即 $B(c_1, c_2, \cdots, c_n)' = O$, 于是 $AB(c_1, c_2, \cdots, c_n)' = O$. 但 $AB = I_n$, 所以 $(c_1, c_2, \cdots, c_n)' = O$. 因此 $b_1, \cdots, b_n$ 线性无关.

解法 2 因为 $n < m$, 所以 $r(B) \leqslant n$. 又由例 2.2.2(2)(右半), 得到 $r(B) \geqslant r(AB) = r(I_n) = n$. 因此 $r(B) = n$, 从而 B 的列向量线性无关.

(2) 由题设, 若 $1 \leqslant i \leqslant s-1$, 则

$$A^i x_1 = A^{i-1}(Ax_1) = A^{i-1}x_2 = A^{i-2}(Ax_2) = A^{i-2}x_3 = \cdots = x_{i+1},$$

若 $i \geqslant s$, 则

$$A^i x_1 = A^{i-s+1}(A^{s-1}x_1) = A^{i-s+1}x_s = O.$$

如果 $c_1x_1 + c_2x_2 + \cdots + c_sx_s = O$, 那么 $c_1x_1 + c_2Ax_1 + \cdots + c_sA^{s-1}x_1 = O$, 于是

$$A^{s-1}(c_1x_1 + c_2Ax_1 + \cdots + c_sA^{s-1}x_1) = O,$$

即

$$c_1\boldsymbol{A}^{s-1}\boldsymbol{x}_1+c_2\boldsymbol{A}^{s}\boldsymbol{x}_1+\cdots+c_s\boldsymbol{A}^{2s-2}\boldsymbol{x}_1=\boldsymbol{O}.$$

因为上式左边除第一加项外都等于 $\boldsymbol{O}$, 所以 $c_1\boldsymbol{A}^{s-1}\boldsymbol{x}_1=\boldsymbol{O}$, 即 $c_1\boldsymbol{x}_s=\boldsymbol{O}$. 因为 $\boldsymbol{x}_s\neq\boldsymbol{O}$, 所以 $c_1=0$. 由此进而可知 $c_2\boldsymbol{x}_2+\cdots+c_s\boldsymbol{x}_s=\boldsymbol{O}$. 重复上面的推理 (用 $\boldsymbol{A}^{s-2}$ 代替 $\boldsymbol{A}^{s-1}$) 可推出 $c_2=0$. 继续这种推理, 可知所有系数 $c_i=0$.

(3) (i) 若 s 个非零向量 $\boldsymbol{x}_i(i=1,2,\cdots,s)$ 满足关系式

$$\sum_{i=1}^{s}c_i\boldsymbol{x}_i=\boldsymbol{O},$$

其中 $c_i\in\mathbb{R}$, 那么内积

$$\left(\boldsymbol{x}_1,\sum_{i=1}^{s}c_i\boldsymbol{x}_i\right)=0,$$

即

$$c_1(\boldsymbol{x}_1,\boldsymbol{x}_1)+\sum_{i=2}^{s}c_i(\boldsymbol{x}_1,\boldsymbol{x}_i)=0.$$

因为 $(\boldsymbol{x}_1,\boldsymbol{x}_i)=0(i\geqslant 2)$, 所以 $c_1(\boldsymbol{x}_1,\boldsymbol{x}_1)=0$, 注意 $(\boldsymbol{x}_1,\boldsymbol{x}_1)\neq 0$, 从而 $c_1=0$, 并且

$$\sum_{i=2}^{s}c_i\boldsymbol{x}_i=\boldsymbol{O}.$$

类似地, 考虑上式左边向量与 $\boldsymbol{x}_2$ 的内积, 可推出 $c_2=0$. 继续这种推理, 可知所有 $c_i=0$. 因此 $\boldsymbol{x}_i(i=1,2,\cdots,s)$ 线性无关.

(ii) 不妨设 $s=n+1,\boldsymbol{x}_i(i=1,2,\cdots,n+1)$ 全不为零. 依步骤 (i) 中所证, $\boldsymbol{x}_i(i=1,2,\cdots,n)$ 线性无关, 所以可作为 $\mathbb{R}^n$ 的一组基, 于是

$$\boldsymbol{x}_{n+1}=\sum_{i=1}^{n}c_i\boldsymbol{x}_i,$$

其中 $c_i\in\mathbb{R}$, 并且不全为零 (因为 $\boldsymbol{x}_{n+1}$ 非零), 于是

$$(\boldsymbol{x}_{n+1},\boldsymbol{x}_{n+1})=\left(\boldsymbol{x}_{n+1},\sum_{i=1}^{n}c_i\boldsymbol{x}_i\right)=\sum_{i=1}^{n}c_i(\boldsymbol{x}_{n+1},\boldsymbol{x}_i)=\sum_{i=1}^{n}c_i\cdot 0=0,$$

我们得到矛盾.

或者, 设 $s>n$. 因为 $\boldsymbol{x}_i(i=1,2,\cdots,s)$ 全不为零, 所以用步骤 (i) 中的推理可知它们线性无关, 但 $\mathbb{R}^n$ 具有有限的维数 n, 产生矛盾.

7.8 解法 1 若 $\boldsymbol{A}'\boldsymbol{A}$ 不可逆, 则 $\boldsymbol{A}'\boldsymbol{A}\boldsymbol{x}=\boldsymbol{O}$ 有非零解 (列向量)$\boldsymbol{\alpha}\in\mathbb{R}^n$, 即 $\boldsymbol{A}'\boldsymbol{A}\boldsymbol{\alpha}=\boldsymbol{O}$. 于是

$$\boldsymbol{\alpha}'\cdot\boldsymbol{A}'\boldsymbol{A}\boldsymbol{\alpha}=\boldsymbol{\alpha}'\boldsymbol{O}=\boldsymbol{O},$$

或 $(\boldsymbol{A}\boldsymbol{\alpha})'(\boldsymbol{A}\boldsymbol{\alpha})=\boldsymbol{O}$, 因而 $\boldsymbol{A}\boldsymbol{\alpha}=\boldsymbol{O}$. 因为齐次方程 $\boldsymbol{A}\boldsymbol{x}=\boldsymbol{O}$ 有非零解 $\boldsymbol{\alpha}$, 所以 $r(\boldsymbol{A})<n$. 但题设 $\boldsymbol{A}\boldsymbol{x}=\boldsymbol{b}$ 有唯一解, 从而 $r(\boldsymbol{A})=r((\boldsymbol{A}\quad\boldsymbol{b}))=n$(此处 $(\boldsymbol{A}\quad\boldsymbol{b})$ 是增广矩阵), 我们得到矛盾.

解法 2 由 $\boldsymbol{Ax}=\boldsymbol{b}$ 有唯一解知 $r(\boldsymbol{A})=n$. 又对于实矩阵 $\boldsymbol{A}$,$r(\boldsymbol{A})=r(\boldsymbol{A}'\boldsymbol{A})$(见例 2.3.7 后的注), 从而 $r(\boldsymbol{A}'\boldsymbol{A})=n$, 于是 $\boldsymbol{A}'\boldsymbol{A}$ 可逆.

7.9 (1) 解法 1 记 $r(\boldsymbol{A})=s,r(\boldsymbol{B})=t$, 则 $s+t<n$. 又设 $\boldsymbol{a}_i(i=1,2,\cdots,n-s)$ 及 $\boldsymbol{b}_j(j=1,2,\cdots,n-t)$ 分别是 $\boldsymbol{Ax}=\boldsymbol{O}$ 和 $\boldsymbol{Bx}=\boldsymbol{O}$ 的基础解系. 因为向量 $\boldsymbol{a}_i,\boldsymbol{b}_j$ 的总数 $(n-s)+(n-t)=n+(n-s-t)>n$, 所以它们线性相关, 从而存在 $2n-s-t$ 个不全为零的常数 $c_i(i=1,2,\cdots,n-s),d_j(j=1,2,\cdots,n-t)$, 使得

$$\sum_{i=1}^{n-s}c_i\boldsymbol{a}_i+\sum_{j=1}^{n-t}d_j\boldsymbol{b}_j=\boldsymbol{O}.$$

若所有 c_i 都等于零, 则 d_j 不全为零, 由上式推出 $\boldsymbol{b}_j(j=1,2,\cdots,n-t)$ 线性相关, 这与基础解系的定义矛盾; 类似地, 若所有 d_j 都等于零, 则也得到矛盾. 因此两组数 $c_i(i=1,2,\cdots,n-s),d_j(j=1,2,\cdots,n-t)$ 都不全为零, 从而两组线性无关向量 $\boldsymbol{a}_i(i=1,2,\cdots,n-s)$ 及 $\boldsymbol{b}_j(j=1,2,\cdots,n-t)$ 的线性组合

$$\sum_{i=1}^{n-s}c_i\boldsymbol{a}_i,\quad -\sum_{j=1}^{n-t}d_j\boldsymbol{b}_j$$

都是非零向量, 并且两者相等, 分别是 $\boldsymbol{Ax}=\boldsymbol{O}$ 和 $\boldsymbol{Bx}=\boldsymbol{O}$ 的解, 即这两个方程组的公共解.

解法 2 由秩的定义及题设可知

$$r\begin{pmatrix}\boldsymbol{A}\\ \boldsymbol{B}\end{pmatrix}\leqslant r(\boldsymbol{A})+r(\boldsymbol{B})<n,$$

因此线性方程组

$$\begin{pmatrix}\boldsymbol{A}\\ \boldsymbol{B}\end{pmatrix}\boldsymbol{x}=\boldsymbol{O}$$

有非零解 $\boldsymbol{x}\in\mathbb{C}^n$, 此解乃是所说的公共解.

(2) 因为 $r(\boldsymbol{A}),r(\boldsymbol{B})<n$, 所以 $|\boldsymbol{A}|=|0\cdot\boldsymbol{I}_n-\boldsymbol{A}|=0,|\boldsymbol{B}|=|0\cdot\boldsymbol{I}_n-\boldsymbol{B}|=0$, 可见 0 是 $\boldsymbol{A},\boldsymbol{B}$ 的公共特征值. 由本题 (1) 可知 $\boldsymbol{Ax}=\boldsymbol{O},\boldsymbol{Bx}=\boldsymbol{O}$ 有公共非零解, 从而 $\boldsymbol{A},\boldsymbol{B}$ 有公共特征向量.

7.10 提示 令

$$\boldsymbol{B}=\begin{pmatrix}a&b\\ b&a\end{pmatrix},$$

则

$$\boldsymbol{A}=\begin{pmatrix}\boldsymbol{O}&\boldsymbol{B}\\ \boldsymbol{B}&\boldsymbol{O}\end{pmatrix}.$$

$\boldsymbol{A}$ 的特征多项式

$$\varphi_{\boldsymbol{A}}(\lambda)=|\lambda\boldsymbol{I}_4-\boldsymbol{A}|=|\lambda\boldsymbol{I}_2-\boldsymbol{B}||\lambda\boldsymbol{I}_2+\boldsymbol{B}|=|(\lambda-a)^2-b^2||(\lambda+a)^2-b^2|,$$

因此 $\boldsymbol{A}$ 的特征值 $\lambda=a\pm b,-a\pm b$. 因为 $ab\neq 0,a+b\neq 0$, 所以求出与 $\lambda=a+b$ 对应的长为 1 的特征向量是 $\boldsymbol{p}=(1/2,1/2,1/2,1/2)'$. 类似地, 求出另外 3 个长为 1 的特征向量 $\boldsymbol{q}=(1/2,-1/2,1/2,-1/2)',\boldsymbol{r}=(1/2,-1/2,-1/2,1/2)',\boldsymbol{s}=(1/2,1/2,-1/2,-1/2)'$.

(2) 令矩阵 $\boldsymbol{T}=(\boldsymbol{p},\boldsymbol{q},\boldsymbol{r},\boldsymbol{s})$. 因为 $\boldsymbol{A}$ 的特征值两两互异, 所以特征向量线性无关, $|\boldsymbol{T}|\neq 0$, 并且

$$\boldsymbol{T}^{-1}\boldsymbol{A}\boldsymbol{T}=\mathrm{diag}(a+b,a-b,b-a,-a-b).$$

于是

$$\boldsymbol{T}^{-1}\boldsymbol{A}^n\boldsymbol{T}=(\boldsymbol{T}^{-1}\boldsymbol{A}\boldsymbol{T})^n=\mathrm{diag}\big((a+b)^n,(a-b)^n,(b-a)^n,(-a-b)^n\big).$$

由此可得

$$\begin{aligned}&(1,0,0,0)\boldsymbol{A}^n(1,0,0,0)'\\&\quad=(1,0,0,0)\boldsymbol{T}\mathrm{diag}\big((a+b)^n,(a-b)^n,(b-a)^n,(-a-b)^n\big)\boldsymbol{T}^{-1}(1,0,0,0)'\\&\quad=\frac{1}{4}\big((a+b)^n+(a-b)^n+(b-a)^n+(-a-b)^n\big)\\&\quad=\begin{cases}\dfrac{1}{2}\big((a+b)^{2m}+(a-b)^{2m}\big) & (n=2m),\\ 0 & (n=2m-1).\end{cases}\end{aligned}$$

7.11 (1) 令

$$\boldsymbol{B}=\begin{pmatrix}a_1 & a_2 & \cdots & a_n\\ 1 & 1 & \cdots & 1\end{pmatrix},$$

则 $\boldsymbol{A}=\boldsymbol{B}'\boldsymbol{B}-\boldsymbol{I}_n$, 所以 $\boldsymbol{A}$ 的特征多项式

$$\varphi_{\boldsymbol{A}}(\lambda)=|\lambda\boldsymbol{I}_n-\boldsymbol{B}'\boldsymbol{B}+\boldsymbol{I}_n|=|(\lambda+1)\boldsymbol{I}_n-\boldsymbol{B}'\boldsymbol{B}|=|(\lambda+1)\boldsymbol{I}_n+(-\boldsymbol{B}')\boldsymbol{B}|.$$

由例 1.3.1(2) 可知

$$\begin{aligned}\begin{vmatrix}(\lambda+1)\boldsymbol{I}_n & -\boldsymbol{B}'\\ \boldsymbol{B} & \boldsymbol{I}_2\end{vmatrix}&=|(\lambda+1)\boldsymbol{I}_n+(-\boldsymbol{B}')\boldsymbol{B}|=|(\lambda+1)\boldsymbol{I}_n||\boldsymbol{I}_2+\boldsymbol{B}\big((\lambda+1)\boldsymbol{I}_n\big)^{-1}(-\boldsymbol{B}')|\\&=(\lambda+1)^n\left|\boldsymbol{I}_2-\frac{1}{\lambda+1}\boldsymbol{B}\boldsymbol{B}'\right|=(\lambda+1)^{n-2}|(\lambda+1)\boldsymbol{I}_2-\boldsymbol{B}\boldsymbol{B}'|.\end{aligned}$$

因此

$$\varphi_{\boldsymbol{A}}(\lambda)=(\lambda+1)^{n-2}|(\lambda+1)\boldsymbol{I}_2-\boldsymbol{B}\boldsymbol{B}'|.$$

注意由题设条件得到

$$\boldsymbol{B}\boldsymbol{B}'=\begin{pmatrix}\sum\limits_{i=1}^n a_i^2 & \sum\limits_{i=1}^n a_i\\ \sum\limits_{i=1}^n a_i & n\end{pmatrix}=\begin{pmatrix}n & 1\\ 1 & n\end{pmatrix},$$

所以

$$\varphi_{\boldsymbol{A}}(\lambda)=(\lambda+1)^{n-2}\begin{vmatrix}\lambda+1-n & -1\\ -1 & \lambda+1-n\end{vmatrix}=(\lambda+1)^{n-2}\big((\lambda+1-n)^2-1\big).$$

由此可知, 当 $n=2$ 时 $\boldsymbol{A}$ 的两个特征值 $\lambda_1=0,\lambda_2=2$. 当 $n>2$ 时 $\boldsymbol{A}$ 的特征值 $\lambda=-1$($n-2$ 重), $n,n-2$(注意: 实际上, $n>2$ 情形的结果对 $n=2$ 也适用).

(2) 显然 $\det(\boldsymbol{A})=|-(0\cdot\boldsymbol{I}_n-\boldsymbol{A})|=(-1)^n\varphi_{\boldsymbol{A}}(0)=(-1)^n n(n-2)$. 因为方阵的迹等于其诸特征值之和(见习题 3.17(1)), 所以 $\text{tr}(\boldsymbol{A})=n$(当 $n\geqslant 2$).

7.12　提示　应用例 1.3.1(2) 中的公式. 特征值是 $1(n-1$ 重) 和 -1. 迹等于 $n-2$.

7.13　提示　直接验证

$$\boldsymbol{A}(1,-\lambda,\lambda^2,-\lambda^3)'=(\lambda,-\lambda^2,\lambda^3,a_1-a_2\lambda+a_3\lambda^2-a_4\lambda^3)'.$$

又 $\boldsymbol{A}$ 的特征多项式 $\varphi_{\boldsymbol{A}}(x)=x^4-a_4x^3+a_3x^2-a_2x+a_1$. 由 $\varphi_{\boldsymbol{A}}(\lambda)=0$ 推出 $a_1-a_2\lambda+a_3\lambda^2-a_4\lambda^3=-\lambda^4$, 所以

$$\boldsymbol{A}(1,-\lambda,\lambda^2,-\lambda^3)'=(\lambda,-\lambda^2,\lambda^3,-\lambda^4)=\lambda(1,-\lambda,\lambda^2,-\lambda^3)'.$$

7.14　若 $\boldsymbol{A}=c\boldsymbol{I}_n$, 则对于任何 $\boldsymbol{x}\neq\boldsymbol{O},\boldsymbol{A}\boldsymbol{x}=c\boldsymbol{I}_n\boldsymbol{x}=c\boldsymbol{x}$, 所以 $\boldsymbol{x}$ 是 $\boldsymbol{A}$ 的一个特征向量. 反之, 设 $\boldsymbol{A}$ 以任何 $\boldsymbol{x}\neq\boldsymbol{O}$ 为特征向量, 取 $\boldsymbol{e}_1=(1,0,0,\cdots,0)',\boldsymbol{e}_2=(0,1,0,\cdots,0)',\cdots,\boldsymbol{e}_n=(0,0,\cdots,0,1)'$, 那么存在 λ_i 使得

$$\boldsymbol{A}\boldsymbol{e}_i=\lambda_i\boldsymbol{e}_i\quad(i=1,2,\cdots,n).$$

又取

$$\boldsymbol{x}_0=(1,1,\cdots,1)=\sum_{i=1}^n\boldsymbol{e}_i,$$

那么 $\boldsymbol{x}_0$ 非零, 于是存在 λ 使得

$$\boldsymbol{A}\boldsymbol{x}_0=\lambda\boldsymbol{x}_0=\sum_{i=1}^n\lambda\boldsymbol{e}_i;$$

因为

$$\boldsymbol{A}\boldsymbol{x}_0=\boldsymbol{A}\sum_{i=1}^n\boldsymbol{e}_i=\sum_{i=1}^n\boldsymbol{A}\boldsymbol{e}_i=\sum_{i=1}^n\lambda_i\boldsymbol{e}_i,$$

所以

$$\sum_{i=1}^n\lambda_i\boldsymbol{e}_i=\sum_{i=1}^n\lambda\boldsymbol{e}_i,$$

即

$$\sum_{i=1}^n(\lambda-\lambda_i)\boldsymbol{e}_i=\boldsymbol{O}.$$

因为 $\boldsymbol{e}_i(i=1,2,\cdots,n)$ 线性无关, 所以 $\lambda-\lambda_i=0(i=1,2,\cdots,n)$, 从而

$$\boldsymbol{A}\boldsymbol{e}_i=\lambda\boldsymbol{e}_i\quad(i=1,2,\cdots,n).$$

因此

$$\boldsymbol{A}(\boldsymbol{e}_1,\boldsymbol{e}_2,\cdots,\boldsymbol{e}_n)=\lambda(\boldsymbol{e}_1,\boldsymbol{e}_2,\cdots,\boldsymbol{e}_n),$$

即 $\boldsymbol{A}\boldsymbol{I}_n=\lambda\boldsymbol{I}_n$, 于是 $\boldsymbol{A}=\lambda\boldsymbol{I}_n$.

7.15 (1) 解法 1 设 $\lambda_1,\cdots,\lambda_n$ 是 $\boldsymbol{A}$ 的特征值, 则 $f(x)=(x-\lambda_1)\cdots(x-\lambda_n)$, 于是 $f(\boldsymbol{B})=(\boldsymbol{B}-\lambda_1\boldsymbol{I})\cdots(\boldsymbol{B}-\lambda_n\boldsymbol{I})$. 因为任何 λ_i 都不是 $\boldsymbol{B}$ 的特征值, 所以 $|\boldsymbol{B}-\lambda_i\boldsymbol{I}|\neq 0$, 从而 $|f(\boldsymbol{B})|=|\boldsymbol{B}-\lambda_1\boldsymbol{I}|\cdots|\boldsymbol{B}-\lambda_n\boldsymbol{I}|\neq 0$, 于是矩阵 $f(\boldsymbol{B})$ 可逆.

解法 2 设 $\boldsymbol{B}$ 的特征多项式是 $g(x)$. 因为 $\boldsymbol{A},\boldsymbol{B}$ 没有公共特征值, 即 f 和 g 没有公共根, 所以 f 与 g 互素. 于是存在多项式 $u(x),v(x)$, 满足

$$u(x)f(x)+v(x)g(x)=1.$$

由此得到 $u(\boldsymbol{B})f(\boldsymbol{B})+v(\boldsymbol{B})g(\boldsymbol{B})=\boldsymbol{I}$. 依 Hamilton-Cayley 定理, $g(\boldsymbol{B})=0$, 所以 $u(\boldsymbol{B})f(\boldsymbol{B})=\boldsymbol{I}$, 从而矩阵 $f(\boldsymbol{B})$ 可逆.

(2) 设 $f(x)=a_nx^n+a_{n-1}x^{n-1}+\cdots+a_0$. 注意 $\boldsymbol{IX}=\boldsymbol{XI},\boldsymbol{AX}=\boldsymbol{XB}$, 以及

$$\begin{aligned}\boldsymbol{A}^2\boldsymbol{X}&=\boldsymbol{A}(\boldsymbol{AX})=\boldsymbol{A}(\boldsymbol{XB})=(\boldsymbol{AX})\boldsymbol{B}=(\boldsymbol{XB})\boldsymbol{B}=\boldsymbol{XB}^2,\\ \boldsymbol{A}^3\boldsymbol{X}&=\boldsymbol{A}(\boldsymbol{A}^2\boldsymbol{X})=\boldsymbol{A}(\boldsymbol{XB}^2)=(\boldsymbol{AX})\boldsymbol{B}^2=(\boldsymbol{XB})\boldsymbol{B}^2=\boldsymbol{XB}^3,\end{aligned}$$

类似地, 可知 $\boldsymbol{A}^k\boldsymbol{X}=\boldsymbol{XB}^k(k=0,1,\cdots,n)$. 于是

$$\sum_{k=0}^{n}a_k\boldsymbol{A}^k\boldsymbol{X}=\sum_{k=0}^{n}a_k\boldsymbol{XB}^k,$$

即 $f(\boldsymbol{A})\boldsymbol{X}=\boldsymbol{X}f(\boldsymbol{B})$. 仍然由 Hamilton-Cayley 定理知 $f(\boldsymbol{A})=\boldsymbol{O}$, 所以 $\boldsymbol{X}f(\boldsymbol{B})=\boldsymbol{O}$. 因为 $f(\boldsymbol{B})$ 可逆, 所以 $\boldsymbol{X}=\boldsymbol{O}$.

注 上述问题中, $\boldsymbol{A},\boldsymbol{B}$ 分别是 $\mathbb{C}$ 上的 m 阶和 n 阶方阵, 而 $\boldsymbol{X}$ 是 $m\times n$ 矩阵.

7.16 因为 $\boldsymbol{A}$ 的全部特征值两两互异, 所以存在可逆矩阵 $\boldsymbol{P}$ 使得

$$\boldsymbol{P}^{-1}\boldsymbol{AP}=\mathrm{diag}(\lambda_1,\lambda_2,\cdots,\lambda_n)\quad(\text{记作 }\boldsymbol{Q}),$$

其中 $\lambda_1,\lambda_2,\cdots,\lambda_n$ 是 $\boldsymbol{A}$ 的全部特征值 (见习题 3.8(3)). 因为 $\boldsymbol{AB}=\boldsymbol{BA}$, 所以

$$(\boldsymbol{P}^{-1}\boldsymbol{AP})(\boldsymbol{P}^{-1}\boldsymbol{BP})=\boldsymbol{P}^{-1}\boldsymbol{ABP}=\boldsymbol{P}^{-1}\boldsymbol{BAP}=(\boldsymbol{P}^{-1}\boldsymbol{BP})(\boldsymbol{P}^{-1}\boldsymbol{AP}),$$

于是依例 2.4.3(1), $\boldsymbol{P}^{-1}\boldsymbol{BP}$ 是对角阵. 设

$$\boldsymbol{P}^{-1}\boldsymbol{BP}=\mathrm{diag}(\mu_1,\mu_2,\cdots,\mu_n).$$

考虑线性方程组

$$\begin{cases}x_{n-1}\lambda_1^{n-1}+\cdots+x_1\lambda_1+x_0=\mu_1,\\ x_{n-1}\lambda_2^{n-1}+\cdots+x_1\lambda_2+x_0=\mu_2,\\ \cdots,\\ x_{n-1}\lambda_n^{n-1}+\cdots+x_1\lambda_n+x_0=\mu_n.\end{cases}$$

其系数行列式不为零 (见例 1.1.1), 所以有解 $x_i=c_i(i=0,1,\cdots,n-1)$, 于是

$$\begin{aligned}\boldsymbol{P}^{-1}\boldsymbol{BP}&=\mathrm{diag}(\mu_1,\mu_2,\cdots,\mu_n)\\ &=\mathrm{diag}(c_{n-1}\lambda_1^{n-1}+c_{n-2}\lambda_1^{n-2}+\cdots+c_1\lambda_1+c_0,\end{aligned}$$

$$c_{n-1}\lambda_2^{n-1}+c_{n-2}\lambda_2^{n-2}+\cdots+c_1\lambda_2+c_0,$$
$$\cdots,c_{n-1}\lambda_n^{n-1}+c_{n-2}\lambda_n^{n-2}+\cdots+c_1\lambda_n+c_0),$$

注意对角阵的特点, 上式可化为

$$\begin{aligned}&c_{n-1}\mathrm{diag}(\lambda_1^{n-1},\lambda_2^{n-1},\cdots,\lambda_n^{n-1})+c_{n-2}\mathrm{diag}(\lambda_1^{n-2},\lambda_2^{n-2},\cdots,\lambda_n^{n-2})\\&\quad+\cdots+c_1\mathrm{diag}(\lambda_1,\lambda_2,\cdots,\lambda_n)+c_0\boldsymbol{I}_n\\&=c_{n-1}\mathrm{diag}(\lambda_1,\lambda_2,\cdots,\lambda_n)^{n-1}+c_{n-2}\mathrm{diag}(\lambda_1,\lambda_2,\cdots,\lambda_n)^{n-2}\\&\quad+\cdots+c_1\mathrm{diag}(\lambda_1,\lambda_2,\cdots,\lambda_n)+c_0\boldsymbol{I}_n\\&=c_{n-1}\boldsymbol{Q}^{n-1}+c_{n-2}\boldsymbol{Q}^{n-2}+\cdots+c_1\boldsymbol{Q}+c_0\boldsymbol{I}_n.\end{aligned}$$

若令

$$f(x)=c_{n-1}x^{n-1}+\cdots+c_1x+c_0,$$

则得 $\boldsymbol{P}^{-1}\boldsymbol{B}\boldsymbol{P}=f(\boldsymbol{Q})$. 注意 $\boldsymbol{P}\boldsymbol{Q}^k\boldsymbol{P}^{-1}=(\boldsymbol{P}\boldsymbol{Q}\boldsymbol{P}^{-1})^k$, 由此得到

$$\boldsymbol{B}=\boldsymbol{P}f(\boldsymbol{Q})\boldsymbol{P}^{-1}=f(\boldsymbol{P}\boldsymbol{Q}\boldsymbol{P}^{-1})=f(\boldsymbol{A}).$$

7.17　提示　矩阵 $\boldsymbol{A}$ 的特征多项式

$$\varphi_{\boldsymbol{A}}(x)=x^n+c_1x^{n-1}+\cdots+c_{n-1}x+c_n,$$

其中

$$c_{n-1}=(-1)^{n-1}\mathrm{tr}\big(\mathrm{adj}(\boldsymbol{A})\big),\quad c_n=(-1)^n|\boldsymbol{A}|$$

(见习题 3.19(1)). 于是 0 是 $\boldsymbol{A}$ 的重数为 1 的特征值, 当且仅当 $c_{n-1}\neq0$, 同时 $c_n=0$.

7.18　(1) 可由例 3.4.2(1) 推出.

(2) 参考例 3.4.2(1) 的解法. 若 $m_0(\boldsymbol{A})=0$, 则结论显然成立. 若 $m_0(\boldsymbol{A})=n$, 则 $\boldsymbol{A}$ 的特征多项式 $\varphi_{\boldsymbol{A}}(x)=x^n$, 由 Hamilton-Cayley 定理得到 $\boldsymbol{A}^n=\boldsymbol{O}$, 这与题设矛盾, 因此只需考虑 $1\leqslant m_0(\boldsymbol{A})<n$ 的情形. 记 $k=m_0(\boldsymbol{A})$, 那么

$$\varphi_{\boldsymbol{A}}(x)=x^n+c_1x^{n-1}+\cdots+c_{n-k}x^k,$$

其中

$$c_{n-k}=(-1)^{n-k}\sum_{i_1<i_2<\cdots<i_{n-k}}\left|\boldsymbol{A}\begin{pmatrix}i_1&i_2&\cdots&i_{n-k}\\i_1&i_2&\cdots&i_{n-k}\end{pmatrix}\right|\neq0$$

(见习题 3.19(1)), 于是存在某个 $n-k$ 阶主子式不等于零, 而依题设得到 $n-k=r(\boldsymbol{A})$.

7.19　(1) 将 $\boldsymbol{A}$ 的 Jordan 标准形表示为

$$\begin{pmatrix}\boldsymbol{B}&\boldsymbol{O}\\\boldsymbol{O}&\boldsymbol{C}\end{pmatrix},$$

其中 B 由非零特征值 λ 对应的子块

$$\begin{pmatrix}\lambda & 1 & & \\ & \ddots & \ddots & \\ & & \lambda & 1 \\ & & & \lambda\end{pmatrix} \quad (\lambda \neq 0)$$

(空白处元素为零) 组成, C 由零特征值对应的子块

$$\widetilde{J} = \begin{pmatrix}0 & 1 & & \\ & \ddots & \ddots & \\ & & 0 & 1 \\ & & & 0\end{pmatrix}$$

(空白处元素为零) 组成. 因为相似矩阵有相同的秩, 所以

$$r(A) = r(B) + r(C).$$

由 A^2 相似于

$$\begin{pmatrix}B & O \\ O & C\end{pmatrix}^2 = \begin{pmatrix}B^2 & O \\ O & C^2\end{pmatrix},$$

可知

$$r(A^2) = r(B^2) + r(C^2).$$

又因为 B 可逆, 所以 $r(B) = r(B^2)$(见例 2.2.2 后的注 3°). 于是当且仅当

$$r(C) = r(C^2)$$

时, $r(A) = r(A^2)$. 由例 2.1.1(1) 可知这等价于所有 Jordan 子块 $\widetilde{J}$ 的阶都是 1 (即 $\widetilde{J} = O$). 因此当且仅当 $C = O$ 时, $r(A) = r(A^2)$. 因为 0 是 A 的 $m_0(A)$ 重特征值, 所以 C 的阶数为 $m_0(A)$,B 为 $n - m_0(A)$ 阶可逆矩阵, 即 $r(B) = n - m_0(A)$. 注意 $r(A) = r(B)$, 于是当且仅当 $r(A) = n - m_0(A)$ 时, $r(A) = r(A^2)$.

(2) 由本题 (1) 所证, 存在可逆矩阵 P 使得

$$P^{-1}AP = \begin{pmatrix}B & O \\ O & C\end{pmatrix},$$

于是

$$P^{-1}A^{k+l}P = \begin{pmatrix}B^{k+l} & O \\ O & C^{k+l}\end{pmatrix}.$$

由定义, C 的阶等于 $k = m_0(A)$, 并且是由 $\widetilde{J}$ 形 Jordan 块组成的对角分块矩阵. 因为每个 $\widetilde{J}$ 的阶都不超过 k, 所以由例 2.1.1(1) 可知 $C^{k+l} = O\,(l \geqslant 0)$, 从而

$$P^{-1}A^{k+l}P = \mathrm{diag}(B^{k+l}, O).$$

注意 $\boldsymbol{B}^{k+l}$ 是 $n-k$ 阶可逆矩阵, 所以 $r(\boldsymbol{A}^{k+l})=r(\boldsymbol{B}^{k+l})=n-k\,(l\geqslant 0)$.

7.20　因为 $\boldsymbol{A}$ 的特征多项式

$$\varphi_{\boldsymbol{A}}(x)=x^2-(a+d)x+|\boldsymbol{A}|=x^2-(a+d)x+1,$$

可求出 $\boldsymbol{A}$ 的特征值

$$\lambda_1,\lambda_2=\frac{(a+d)\pm\sqrt{(a+d)^2-4}}{2},$$

由根与系数的关系知 $\lambda_1+\lambda_2=a+d,\lambda_1\lambda_2=1$.

(1) 因为 $|a+d|>2$, 所以 $(a+d)^2-4>0,\boldsymbol{A}$ 有两个不相等的实特征值 λ_1,λ_2. 由 $\lambda_1\lambda_2=1$ 可知 $\lambda_1,\lambda_2\neq 0,\pm1$. 记 $\lambda_1=\lambda$, 则 $\lambda_2=\lambda^{-1}$. 于是 $\boldsymbol{A}$ 有 Jordan 标准形

$$\begin{pmatrix}\lambda & 0\\ 0 & \lambda^{-1}\end{pmatrix}.$$

(2) 因为 $|a+d|=2$, 所以 $\boldsymbol{A}$ 有 2 重实特征值 $\lambda=(a+d)/2$, 于是 $|\lambda|=1$. 由此可知 $\boldsymbol{A}$ 的 Jordan 标准形有下列 4 种可能情形:

$$\begin{pmatrix}1 & 0\\ 0 & 1\end{pmatrix},\quad\begin{pmatrix}-1 & 0\\ 0 & -1\end{pmatrix},\quad\begin{pmatrix}1 & 1\\ 0 & 1\end{pmatrix},\quad\begin{pmatrix}-1 & 1\\ 0 & -1\end{pmatrix}.$$

对于前两种情形, 存在可逆矩阵 $\boldsymbol{P}$ 使得

$$\boldsymbol{P}^{-1}\boldsymbol{A}\boldsymbol{P}=\pm\boldsymbol{I}_2,$$

所以 $\boldsymbol{A}=\pm\boldsymbol{I}_2$. 对于后两种情形, $\boldsymbol{A}$ 相似于

$$\begin{pmatrix}1 & 1\\ 0 & 1\end{pmatrix},$$

或

$$\begin{pmatrix}-1 & 1\\ 0 & -1\end{pmatrix}.$$

(3) 因为 $|a+d|<2$, 所以 $\boldsymbol{A}$ 有共轭复特征值 $\lambda,\overline{\lambda}$. 因为 $\lambda\overline{\lambda}=1$, 所以可令

$$\lambda=\cos\theta+\mathrm{i}\sin\theta,\quad \overline{\lambda}=\cos\theta-\mathrm{i}\sin\theta,$$

其中 $\sin\theta\neq 0$. 设属于它们的特征向量分别是

$$\boldsymbol{\xi}=\boldsymbol{f}_1+\mathrm{i}\boldsymbol{f}_2,\quad \overline{\boldsymbol{\xi}}=\boldsymbol{f}_1-\mathrm{i}\boldsymbol{f}_2,$$

其中 $\boldsymbol{f}_1,\boldsymbol{f}_2\in\mathbb{R}^2$, 那么

$$\boldsymbol{f}_1=\frac{1}{2}(\boldsymbol{\xi}+\overline{\boldsymbol{\xi}}),\quad \boldsymbol{f}_2=\frac{1}{2\mathrm{i}}(\boldsymbol{\xi}-\overline{\boldsymbol{\xi}}).$$

由 $\boldsymbol{A}\boldsymbol{\xi}=\lambda\boldsymbol{\xi},\boldsymbol{A}\overline{\boldsymbol{\xi}}=\overline{\boldsymbol{A}\boldsymbol{\xi}}=\overline{\lambda\boldsymbol{\xi}}$ 得到

$$\boldsymbol{A}(\boldsymbol{f}_1+\mathrm{i}\boldsymbol{f}_2)=(\cos\theta+\mathrm{i}\sin\theta)(\boldsymbol{f}_1+\mathrm{i}\boldsymbol{f}_2),$$

$$\boldsymbol{A}(\boldsymbol{f}_1-\mathrm{i}\boldsymbol{f}_2)=(\cos\theta-\mathrm{i}\sin\theta)(\boldsymbol{f}_1-\mathrm{i}\boldsymbol{f}_2),$$

于是

$$\boldsymbol{A}\boldsymbol{f}_1=\cos\theta\boldsymbol{f}_1-\sin\theta\boldsymbol{f}_2,\quad \boldsymbol{A}\boldsymbol{f}_2=\sin\theta\boldsymbol{f}_1+\cos\theta\boldsymbol{f}_2.$$

在基 $\boldsymbol{f}_1,\boldsymbol{f}_2$ 之下有

$$\boldsymbol{A}(\boldsymbol{f}_1,\boldsymbol{f}_2)=(\boldsymbol{A}\boldsymbol{f}_1,\boldsymbol{A}\boldsymbol{f}_2)=(\boldsymbol{f}_1,\boldsymbol{f}_2)\begin{pmatrix}\cos\theta & \sin\theta\\ -\sin\theta & \cos\theta\end{pmatrix},$$

于是

$$\boldsymbol{T}^{-1}\boldsymbol{A}\boldsymbol{T}=\begin{pmatrix}\cos\theta & \sin\theta\\ -\sin\theta & \cos\theta\end{pmatrix},$$

其中 $\boldsymbol{T}=(\boldsymbol{f}_1,\boldsymbol{f}_2)$.

7.21 $n=2$, 两种:

$$\begin{pmatrix}\alpha & 0\\ 0 & \beta\end{pmatrix},\quad \begin{pmatrix}\alpha & 1\\ 0 & \alpha\end{pmatrix}.$$

$n=3$, 三种:

$$\begin{pmatrix}\alpha & 0 & 0\\ 0 & \beta & 0\\ 0 & 0 & \gamma\end{pmatrix},\quad \begin{pmatrix}\alpha & 1 & 0\\ 0 & \alpha & 0\\ 0 & 0 & \beta\end{pmatrix},\quad \begin{pmatrix}\alpha & 1 & 0\\ 0 & \alpha & 1\\ 0 & 0 & \alpha\end{pmatrix}.$$

$n=4$, 五种:

$$\begin{pmatrix}\alpha & 0 & 0 & 0\\ 0 & \beta & 0 & 0\\ 0 & 0 & \gamma & 0\\ 0 & 0 & 0 & \delta\end{pmatrix},\quad \begin{pmatrix}\alpha & 1 & 0 & 0\\ 0 & \alpha & 0 & 0\\ 0 & 0 & \beta & 0\\ 0 & 0 & 0 & \delta\end{pmatrix},\quad \begin{pmatrix}\alpha & 1 & 0 & 0\\ 0 & \alpha & 1 & 0\\ 0 & 0 & \alpha & 0\\ 0 & 0 & 0 & \beta\end{pmatrix},$$

$$\begin{pmatrix}\alpha & 1 & 0 & 0\\ 0 & \alpha & 0 & 0\\ 0 & 0 & \beta & 1\\ 0 & 0 & 0 & \beta\end{pmatrix},\quad \begin{pmatrix}\alpha & 1 & 0 & 0\\ 0 & \alpha & 1 & 0\\ 0 & 0 & \alpha & 1\\ 0 & 0 & 0 & \alpha\end{pmatrix}.$$

7.22 由习题 3.10 知 $\boldsymbol{A}$ 只有零特征值, 所以特征多项式 $\varphi_{\boldsymbol{A}}(x)=x^n$, 其初等因子都是 x^n 的因子, 具有 $x^t(0\leqslant t\leqslant n)$ 的形式, 所以它的 Jordan 标准形是对角分块阵, 对角块是

$$\boldsymbol{J}_t=\begin{pmatrix}0 & 1 & & & \\ & 0 & 1 & & \\ & & \ddots & \ddots & \\ & & & 0 & 1\\ & & & & 0\end{pmatrix}$$

(空白处元素为 0), 以及 $\boldsymbol{J}_0=\boldsymbol{O}$(一阶零矩阵).

7.23　(1) 矩阵 $\boldsymbol{A}: e_0(x)=\cdots=e_{n-1}(x)=1, e_n(x)=a_0+a_1x+\cdots+a_{n-1}x^{n-1}+x^n$.

(2) 矩阵 $\boldsymbol{B}: e_0(x)=\cdots=e_{n-1}(x)=1, e_n(x)=(x-\lambda)^n$.

(3) 矩阵 $\boldsymbol{C}: e_0(x)=\cdots=e_{n-1}(x)=1, e_n(x)=\left((x-a)^2+b^2\right)^n$.

7.24　(1) $\boldsymbol{H}$ 的特征多项式 $\varphi_{\boldsymbol{H}}(\lambda)=(\lambda-1)^k(\lambda+1)^{n-k}$ (参见习题 1.4(3)), 其中 $k=[(n+1)/2]$(此处 $[a]$ 表示实数 a 的整数部分), 所以其特征值为 $1,-1$(重数分别是 k 和 $n-k$). 现在求对应的特征向量: 因为对于所有 $\boldsymbol{x}=(x_1,x_2,\cdots,x_n)'\in\mathbb{R}^n$, 有

$$\boldsymbol{Hx}=(x_n,x_{n-1},\cdots,x_1)',$$

所以可以直接验证向量

$$\boldsymbol{\alpha}=(1,0,\cdots,0,1)',\quad (0,1,0,\cdots,0,1,0)',\quad (0,0,1,0,\cdots,0,1,0,0)',\quad \cdots$$

都满足 $\boldsymbol{A\alpha}=\boldsymbol{\alpha}$, 向量

$$\boldsymbol{\beta}=(1,0,\cdots,0,-1)',\quad (0,1,0,\cdots,0,-1,0)',\quad (0,0,1,0,\cdots,0,-1,0,0)',\quad \cdots$$

都满足 $\boldsymbol{A\beta}=-\boldsymbol{\beta}$; 并且它们线性无关. 因此 $\boldsymbol{T}^{-1}\boldsymbol{HT}=\mathrm{diag}(\boldsymbol{I}_k,-\boldsymbol{I}_{n-k})$, 其中

$$\boldsymbol{T}=\begin{pmatrix}1&0&0&\cdots&\cdots&0&0&1\\0&1&0&\cdots&\cdots&0&1&0\\\vdots&\vdots&\vdots&&&\vdots&\vdots&\vdots\\0&\cdots&0&1&1&0&\cdots&0\\0&\cdots&0&1&-1&0&\cdots&0\\\vdots&\vdots&\vdots&&&\vdots&\vdots&\vdots\\0&1&0&\cdots&\cdots&0&-1&0\\1&0&0&\cdots&\cdots&0&0&-1\end{pmatrix}.$$

(2) **提示**　直接验证, 或计算 $\boldsymbol{J}'$ 的特征值和特征向量.

7.25　**提示**　类似于例 5.2.5 可证明存在可逆矩阵 $\boldsymbol{T}$, 使得 $\boldsymbol{T}^{-1}\boldsymbol{AT}=\mathrm{diag}(\lambda_1,\lambda_2,\cdots,\lambda_n)$, $\boldsymbol{T}^{-1}\boldsymbol{BT}=\mathrm{diag}(\mu_1,\mu_2,\cdots,\mu_n)$. 于是

$$\begin{aligned}\boldsymbol{T}^{-1}\boldsymbol{ABT}&=(\boldsymbol{T}^{-1}\boldsymbol{AT})(\boldsymbol{T}^{-1}\boldsymbol{BT})=\mathrm{diag}(\lambda_1,\lambda_2,\cdots,\lambda_n)\mathrm{diag}(\mu_1,\mu_2,\cdots,\mu_n)\\&=\mathrm{diag}(\lambda_1\mu_1,\lambda_2\mu_2,\cdots,\lambda_n\mu_n).\end{aligned}$$

7.26　(i) 若 $\boldsymbol{A}$ 相似于对角阵 $\mathrm{diag}(\rho_1,\cdots,\rho_n)$, 其中 ρ_i 是 k 次单位根, 则存在可逆矩阵 $\boldsymbol{T}$ 使得 $\boldsymbol{A}=\boldsymbol{T}^{-1}\mathrm{diag}(\rho_1,\cdots,\rho_n)\boldsymbol{T}$, 于是

$$\begin{aligned}\boldsymbol{A}^k&=\left(\boldsymbol{T}^{-1}\mathrm{diag}(\rho_1,\cdots,\rho_n)\boldsymbol{T}\right)^k=\boldsymbol{T}^{-1}\mathrm{diag}(\rho_1,\cdots,\rho_n)^k\boldsymbol{T}\\&=\boldsymbol{T}^{-1}\mathrm{diag}(\rho_1^k,\cdots,\rho_n^k)\boldsymbol{T}=\boldsymbol{T}^{-1}\boldsymbol{I}_n\boldsymbol{T}=\boldsymbol{I}_n.\end{aligned}$$

(ii) 反之, 若 $\boldsymbol{A}^k=\boldsymbol{I}_n$, 则 $\boldsymbol{A}$ 相似于对角元是 k 次单位根的对角阵.

设 $\lambda_i(i=1,\cdots,n)$ 是 $\boldsymbol{A}$ 的全部特征值, 则 $\lambda_i^k(i=1,\cdots,n)$ 是 $\boldsymbol{A}^k$ 的全部特征值 (见习题 3.13, 在其中取 $f(x)=x^k$), 于是 $\lambda_i^k=1$(因为 $\boldsymbol{I}_n$ 只以 1 为特征值), 从而 λ_i 是 k 次单位根.

也可由 $\boldsymbol{Ax}=\lambda_i\boldsymbol{x},\boldsymbol{x}\neq\boldsymbol{O}$ 推出 $\boldsymbol{A}^k\boldsymbol{x}=\lambda_i^k\boldsymbol{x}$; 同时由 $\boldsymbol{A}^k=\boldsymbol{I}_n$ 得到 $\boldsymbol{A}^k\boldsymbol{x}=\boldsymbol{I}_n\boldsymbol{x}=\boldsymbol{x}$. 于是 $\lambda_i^k\boldsymbol{x}=\boldsymbol{x},\lambda_i^k=1$.

下面还要证明 $\boldsymbol{A}$ 相似于 $\mathrm{diag}(\lambda_1,\cdots,\lambda_n)$. 这里给出 2 种解法.

解法 1 因为 $\boldsymbol{A}^k-\boldsymbol{I}_n$ 是零矩阵, 所以 $F(x)=x^k-1$ 是 $\boldsymbol{A}$ 的零化多项式, 从而 $\boldsymbol{A}$ 的极小多项式 $m(x)$ 是 $F(x)$ 的因子. 因为 F 没有重因子, 所以 $m(x)$ 也无重因子, 因而 $\boldsymbol{A}$ 的初等因子都是一次的. 于是 $\boldsymbol{A}$ 相似于对角阵, 而且对角元是 $\boldsymbol{A}$ 的全部特征值 (是单位根).

解法 2 应用 Jordan 标准形, 得

$$\boldsymbol{TAT}^{-1}=\mathrm{diag}(\boldsymbol{J}_1,\cdots,\boldsymbol{J}_s),$$

其中 $\boldsymbol{J}_i$ 是 Jordan 块, $\boldsymbol{T}$ 可逆, 那么有

$$(\boldsymbol{TAT}^{-1})^k=\boldsymbol{TA}^k\boldsymbol{T}^{-1}=\boldsymbol{TI}_n\boldsymbol{T}^{-1}=\boldsymbol{I}_n,$$
$$(\boldsymbol{TAT}^{-1})^k=\mathrm{diag}(\boldsymbol{J}_1,\cdots,\boldsymbol{J}_s)^k=\mathrm{diag}(\boldsymbol{J}_1^k,\cdots,\boldsymbol{J}_s^k).$$

因此每个 $\boldsymbol{J}_i^k$ 都是与 $\boldsymbol{J}_i$ 同阶的单位阵. 因为

$$\boldsymbol{J}_i=\begin{pmatrix}\lambda_i & 1 & & & \\ & \lambda_i & 1 & & \\ & & \ddots & \ddots & \\ & & & \lambda_i & 1 \\ & & & & \lambda_i\end{pmatrix},$$

所以(参见习题 2.3(2))

$$\boldsymbol{J}_i^k=\begin{pmatrix}\lambda_i^k & * & * & * & * \\ & \lambda_i^k & * & * & * \\ & & \ddots & * & * \\ & & & \lambda_i^k & * \\ & & & & \lambda_i^k\end{pmatrix}$$

(上三角阵), 因此, 若 $\boldsymbol{J}_i$ 的阶大于 1, 则 $\boldsymbol{J}_i^k$ 不可能是阶大于 1 的单位阵, 从而每个 $\boldsymbol{J}_i$ 的阶都等于 1, 于是对角分块阵 $\mathrm{diag}(\boldsymbol{J}_1,\cdots,\boldsymbol{J}_s)$ 就是通常的对角阵 $\mathrm{diag}(\lambda_1,\cdots,\lambda_n)$.

7.27 (1) 不变因子是 $d_1(x)=d_2(x)=d_3(x)=1,d_4(x)=(x-2)^2(x^2-2x+2)$, 初等因子是 $(x-2)^2,x-(1+\mathrm{i}),x-(1-\mathrm{i})$, 因此 Jordan 标准形是

$$\begin{pmatrix}1+\mathrm{i} & 0 & 0 & 0 \\ 0 & 1-\mathrm{i} & 0 & 0 \\ 0 & 0 & 2 & 1 \\ 0 & 0 & 0 & 2\end{pmatrix}.$$

(2) 令

$$B_1=\begin{pmatrix}4&-5&2\\5&-7&3\\6&-9&4\end{pmatrix},\quad B_2=\begin{pmatrix}0&1&0\\-4&4&0\\-2&1&2\end{pmatrix}.$$

B_1 的初等因子是 $\lambda^2,\lambda-1$;B_2 的初等因子是 $\lambda-2,(\lambda-2)^2$. 由此可知 B 的 Jordan 标准形是

$$\begin{pmatrix}0&1&0&0&0&0\\0&0&0&0&0&0\\0&0&1&0&0&0\\0&0&0&2&0&0\\0&0&0&0&2&1\\0&0&0&0&0&2\end{pmatrix}.$$

7.28 提示 (1) 特征多项式是 $(x-3)^5$, 极小多项式是 $(x-3)^2$. 计算可知

$$\begin{aligned}&(3I_5-A)(1,0,0,1,0)'=(4,-1,0,3,-1)',\\&(3I_5-A)^2(1,0,0,1,0)'=O,\\&(3I_5-A)(4,-4,1,3,-3)'=(0,-4,4,1,-3)',\\&(3I_5-A)^2(4,-4,1,3,-3)'=O,\\&(3I_5-A)(0,0,4,0,-1)=O.\end{aligned}$$

Jordan 标准形是

$$\begin{pmatrix}3&1&0&0&0\\0&3&0&0&0\\0&0&3&1&0\\0&0&0&3&0\\0&0&0&0&3\end{pmatrix}.$$

(2) 特征多项式是 $(x-2)^3(x+1)^2$, 极小多项式是 $(x-2)^2(x+1)^2$. 变换矩阵是

$$T=\begin{pmatrix}1&-4&4&0&0\\0&1&-4&4&0\\0&0&1&-4&4\\1&-3&3&-1&0\\0&1&-3&3&-1\end{pmatrix}.$$

Jordan 标准形是

$$T^{-1}BT=\begin{pmatrix}2&1&0&0&0\\0&2&0&0&0\\0&0&2&0&0\\0&0&0&-1&1\\0&0&0&0&-1\end{pmatrix}.$$

7.29 (1) 记向量集合 $K=\{\boldsymbol{v}-\sigma(\boldsymbol{v}) \mid \boldsymbol{v}\in V\}$. 对于任意 $\boldsymbol{u}\in K$, 存在 $\boldsymbol{v}$, 使得 $\boldsymbol{u}=\boldsymbol{v}-\sigma(\boldsymbol{v})$, 所以 (注意 $\sigma^2=\sigma$)

$$\sigma(\boldsymbol{u})=\sigma\big(\boldsymbol{v}-\sigma(\boldsymbol{v})\big)=\sigma(\boldsymbol{v})-\sigma^2(\boldsymbol{v})=\sigma(\boldsymbol{v})-\sigma(\boldsymbol{v})=\boldsymbol{O},$$

于是 $\boldsymbol{u}\in \mathrm{Ker}(\sigma)$. 反之, 对于任意 $\boldsymbol{t}\in\mathrm{Ker}(\sigma)\subseteq V$, 有 $\sigma(\boldsymbol{t})=\boldsymbol{O}$, 所以 $\boldsymbol{t}=\boldsymbol{t}-\sigma(\boldsymbol{t})$, 于是 $\boldsymbol{t}\in K$. 因此

$$\mathrm{Ker}(\sigma)=K=\{\boldsymbol{v}-\sigma(\boldsymbol{v})\mid \boldsymbol{v}\in V\}.$$

(2) (参见例 3.1.4, 那里是用矩阵表述的.) (i) 设 $\boldsymbol{u}\in\mathrm{Ker}(\sigma)\cap\mathrm{Im}(\sigma)$. 那么由 $\boldsymbol{u}\in\mathrm{Im}(\sigma)$ 可知, 存在 $\boldsymbol{t}\in V$ 使得 $\boldsymbol{u}=\sigma(\boldsymbol{t})$. 于是 (注意 $\sigma^2=\sigma$)

$$\sigma(\boldsymbol{u})=\sigma^2(\boldsymbol{t})=\sigma(\boldsymbol{t})=\boldsymbol{u}.$$

同时由 $\boldsymbol{u}\in\mathrm{Ker}(\sigma)$ 可知

$$\sigma(\boldsymbol{u})=\boldsymbol{O}.$$

因此 $\boldsymbol{u}=\boldsymbol{O}$. 于是可定义 $\mathrm{Ker}(\sigma)\oplus\mathrm{Im}(\sigma)$, 将它记作 L.

(ii) 对于任意 $\boldsymbol{u}\in V$, 有 $\boldsymbol{u}=\big(\boldsymbol{u}-\sigma(\boldsymbol{u})\big)+\sigma(\boldsymbol{u})$, 其中 $\boldsymbol{u}-\sigma(\boldsymbol{u})\in\mathrm{Ker}(\sigma),\sigma(\boldsymbol{u})\in\mathrm{Im}(\sigma)$, 因此 $\boldsymbol{u}\in L$, 从而 $V\subseteq L$. 显然 $L\subseteq V$. 因此 $V=\mathrm{Ker}(\sigma)\oplus\mathrm{Im}(\sigma)$.

(3) (i) 设 $\sigma\phi=\phi\sigma$. 对于任意 $\boldsymbol{u}\in\mathrm{Ker}(\sigma)$, 有 $\sigma(\boldsymbol{u})=\boldsymbol{O}$, 所以

$$\sigma\big(\phi(\boldsymbol{u})\big)=\sigma\phi(\boldsymbol{u})=\phi\sigma(\boldsymbol{u})=\phi\big(\sigma(\boldsymbol{u})\big)=\phi(\boldsymbol{O})=\boldsymbol{O},$$

因此 $\phi(\boldsymbol{u})$ 在 σ 作用下变为 $\boldsymbol{O}$, 从而 $\phi(\boldsymbol{u})\in\mathrm{Ker}(\sigma)$. 于是 $\mathrm{Ker}(\sigma)$ 是 ϕ 的不变子空间.

类似地, 对于任意 $\boldsymbol{u}\in\mathrm{Im}(\sigma)$, 存在 $\boldsymbol{t}\in V$ 使得 $\boldsymbol{u}=\sigma(\boldsymbol{t})$, 所以

$$\phi(\boldsymbol{u})=\phi\big(\sigma(\boldsymbol{t})\big)=\phi\sigma(\boldsymbol{t})=\sigma\phi(\boldsymbol{t})=\sigma\big(\phi(\boldsymbol{t})\big),$$

其中 $\phi(\boldsymbol{t})\in V$, 因此 $\phi(\boldsymbol{u})$ 是 $\phi(\boldsymbol{t})$ 在 σ 下的像, 从而 $\phi(\boldsymbol{u})\in\mathrm{Im}(\sigma)$. 于是 $\mathrm{Im}(\sigma)$ 是 ϕ 的不变子空间.

(ii) 反之, 设 $\mathrm{Ker}(\sigma)$ 和 $\mathrm{Im}(\sigma)$ 都是 ϕ 的不变子空间. 我们要证明: 对于任意 $\boldsymbol{u}\in V$, 有 $\sigma\phi(\boldsymbol{u})=\phi\sigma(\boldsymbol{u})$. 事实上, 我们有

$$\sigma\phi(\boldsymbol{u})=\sigma\phi\big(\boldsymbol{u}-\sigma(\boldsymbol{u})+\sigma(\boldsymbol{u})\big)=\sigma\big(\phi(\boldsymbol{u}-\sigma(\boldsymbol{u}))+\phi\sigma(\boldsymbol{u})\big)=\sigma\phi\big(\boldsymbol{u}-\sigma(\boldsymbol{u})\big)+\sigma\phi\sigma(\boldsymbol{u}).$$

由本题 (1), $\boldsymbol{u}-\sigma(\boldsymbol{u})\in\mathrm{Ker}(\sigma)$, 因为 $\mathrm{Ker}(\sigma)$ 在 ϕ 作用下不变, 所以 $\phi\big(\boldsymbol{u}-\sigma(\boldsymbol{u})\big)\in\mathrm{Ker}(\sigma)$, 从而

$$\sigma\phi\big(\boldsymbol{u}-\sigma(\boldsymbol{u})\big)=\boldsymbol{O}.$$

类似地, $\mathrm{Im}(\sigma)$ 在 ϕ 作用下不变, 所以由 $\sigma(\boldsymbol{u})\in\mathrm{Im}(\sigma)$ 可知 $\phi\sigma(\boldsymbol{u})=\phi\big(\sigma(\boldsymbol{u})\big)\in\mathrm{Im}(\sigma)$, 从而存在 $\boldsymbol{t}\in V$ 使得 $\phi\sigma(\boldsymbol{u})=\sigma(\boldsymbol{t})$, 于是

$$\sigma\phi\sigma(\boldsymbol{u})=\sigma\big(\phi\sigma(\boldsymbol{u})\big)=\sigma\big(\sigma(\boldsymbol{t})\big)=\sigma^2(\boldsymbol{t})=\sigma(\boldsymbol{t}).$$

合起来, 我们得到

$$\sigma\phi(\boldsymbol{u})=\sigma\phi\big(\boldsymbol{u}-\sigma(\boldsymbol{u})\big)+\sigma\phi\sigma(\boldsymbol{u})=\boldsymbol{O}+\sigma(\boldsymbol{t})=\sigma(\boldsymbol{t})=\phi\sigma(\boldsymbol{u}).$$

于是 $\sigma\phi=\phi\sigma$.

7.30 读者易按定义验证 σ 是线性变换. 由定义得到

$$\begin{aligned}\sigma^n(\boldsymbol{x})&=\sigma^{n-1}\big(\sigma(\boldsymbol{x})\big)=\sigma^{n-1}\big((0,x_2,\cdots,x_{n-1})'\big)\\&=\sigma^{n-2}\big(\sigma((0,x_2,\cdots,x_{n-1})')\big)=\sigma^{n-2}\big((0,0,x_3,\cdots,x_{n-2})'\big)\\&=\cdots=(0,0,\cdots,0)'.\end{aligned}$$

因此 $\sigma^n=\boldsymbol{O}$.

若 $\sigma(\boldsymbol{x})=\boldsymbol{O}$, 必须且只需 $(0,x_1,\cdots,x_{n-1})'=(0,0,\cdots,0)$, 因此 $x_2=x_3=\cdots=x_{n-1}=0$, 而 $x_n\in F$ 任意, 所以 $\dim\ \mathrm{Ker}(\sigma)=1$. 因为 $\dim\ \mathrm{Ker}(\sigma)+\dim\ \mathrm{Im}(\sigma)=n$, 所以 $\dim\ \mathrm{Im}(\sigma)=n-1$.

7.31 (1) 读者易按定义验证.

(2) 若当 $c_{ij}\in F$, $\sum\limits_{i,j=1}^{n}c_{ij}\boldsymbol{E}_{ij}=\boldsymbol{O}$ (n 阶零方阵), 则矩阵 $(c_{ij})=\boldsymbol{O}$, 因此所有 $c_{ij}=0$, 从而 $\boldsymbol{E}_{ij}(i,j=1,2,\cdots,n)$ 在 F 上线性无关. 又任何 $\boldsymbol{A}=(a_{ij})\in M_n(F)$ 均可表示为 $\sum\limits_{i,j=1}^{n}a_{ij}\boldsymbol{E}_{ij}$. 因此 $\boldsymbol{E}_{ij}(i,j=1,2,\cdots,n)$ 是 $M_n(F)$ 的一组基.

(3) 注意由本题 (1) 可知 $\dim M_n(F)=n^2$. 设 $\boldsymbol{T}=\mathrm{diag}(t_1,t_2,\cdots,t_n)$. 因为

$$\sigma(\boldsymbol{E}_{ij})=\boldsymbol{T}\boldsymbol{E}_{ij}-\boldsymbol{E}_{ij}\boldsymbol{T}=(t_i-t_j)\boldsymbol{E}_{ij}\quad(i,j=1,2,\cdots,n),$$

所以 σ 的矩阵表示是 n^2 阶对角阵

$$\mathrm{diag}(t_1-t_1,t_1-t_2,\cdots,t_1-t_n,t_2-t_1,t_2-t_2,\cdots,t_2-t_n,\cdots,t_n-t_1,t_n-t_2,\cdots,t_n-t_n).$$

(4) 由例 2.4.3(1) 可知 $\mathrm{Ker}(\sigma)$ 由 n 阶对角阵组成, 所以其维数等于 n.

7.32 设 $\boldsymbol{\sigma}=a\boldsymbol{\alpha}+b\boldsymbol{\beta}+c\boldsymbol{\gamma}\in V$ 与 $\boldsymbol{\delta}=(-1,1,-2,-2)$ 正交, 则

$$-a\cdot(-1)+(a-b)\cdot1+(b-c)\cdot(-2)+c\cdot(-2)=0,$$

即得 $2a-3b=0$. 取 $a=3k$, 则 $b=2k$, 于是 $\boldsymbol{\sigma}=k(3\boldsymbol{\alpha}+2\boldsymbol{\beta})+c\boldsymbol{\gamma}$, 其中 k,c 是任意实数. 分别令 $c=1,k=0$ 和 $c=0,k=1$, 得到题中所求的一组 (非标准正交) 基:

$$\boldsymbol{\gamma}=(0,0,-1,1)',\quad\boldsymbol{\eta}=3\boldsymbol{\alpha}+2\boldsymbol{\beta}=(-3,1,2,0)'.$$

先正交化:

$$\widetilde{\boldsymbol{\eta}}=\boldsymbol{\eta}-\frac{(\boldsymbol{\eta},\boldsymbol{\gamma})}{(\boldsymbol{\gamma},\boldsymbol{\gamma})}\boldsymbol{\gamma}=(-3,1,2,0)'-\frac{-2}{2}(0,0,-1,1)'=(-3,1,1,1)'.$$

再单位化, 即得所求标准正交基:

$$\boldsymbol{\varepsilon}_1=\left(0,0,-\frac{\sqrt{2}}{2},\frac{\sqrt{2}}{2}\right)',\quad\boldsymbol{\varepsilon}_2=\left(-\frac{\sqrt{3}}{2},\frac{\sqrt{3}}{6},\frac{\sqrt{3}}{6},\frac{\sqrt{3}}{6}\right)'.$$

7.33 提示 注意 $\boldsymbol{A}^{-1}=\overline{\boldsymbol{A}'},\boldsymbol{B}^{-1}=\overline{\boldsymbol{B}'}$. 令 $\boldsymbol{A}=(a_{ij}),\boldsymbol{B}=(b_{ij})$, 即可按定义直接验证.

7.34 由例 3.3.3 可知 $\boldsymbol{A}$ 相似于对角矩阵 $\boldsymbol{J}=\mathrm{diag}(1,\cdots,1,0,\cdots,0)$, 即存在可逆矩阵 $\boldsymbol{P}$ 使得 $\boldsymbol{A}=\boldsymbol{P}^{-1}\boldsymbol{J}\boldsymbol{P}$. 于是

$$\boldsymbol{A}=\boldsymbol{P}^{-1}\boldsymbol{J}^2\boldsymbol{P}=\boldsymbol{P}^{-1}\boldsymbol{J}(\boldsymbol{P}^{-1})'\cdot\boldsymbol{P}'\boldsymbol{J}\boldsymbol{P}=\boldsymbol{T}\boldsymbol{S},$$

其中 $\boldsymbol{T},\boldsymbol{S}$ 都是对称的.

7.35 在例 5.3.1 中取

$$a_1=\frac{1}{2},\quad a_2=1+\frac{1}{2},\quad a_3=2+\frac{1}{2},\quad \cdots,\quad a_n=n-1+\frac{1}{2}.$$

7.36 (参考例 5.4.2 的解法 1 的思路) $c\geqslant 0$ 时结论显然成立 (按定义验证). 设 $c<0$, 那么

$$\begin{pmatrix}\boldsymbol{I}_n & \boldsymbol{O}_{n\times 1}\\ c\boldsymbol{v}' & 1\end{pmatrix}\begin{pmatrix}-\boldsymbol{I}_n/c & \boldsymbol{v}\\ \boldsymbol{v}' & 1\end{pmatrix}\begin{pmatrix}\boldsymbol{I}_n & c\boldsymbol{v}\\ \boldsymbol{O}_{1\times n} & 1\end{pmatrix}=\begin{pmatrix}-\boldsymbol{I}_n/c & \boldsymbol{O}_{n\times 1}\\ \boldsymbol{O}_{1\times n} & 1+c\boldsymbol{v}'\boldsymbol{v}\end{pmatrix},$$

因此

$$\boldsymbol{A}=\begin{pmatrix}-\boldsymbol{I}_n/c & \boldsymbol{v}\\ \boldsymbol{v}' & 1\end{pmatrix}$$

合同于

$$\boldsymbol{B}=\begin{pmatrix}-\boldsymbol{I}_n/c & \boldsymbol{O}_{n\times 1}\\ \boldsymbol{O}_{1\times n} & 1+c\boldsymbol{v}'\boldsymbol{v}\end{pmatrix}.$$

因为 $\boldsymbol{B}$ 的所有顺序主子式是正的, 所以 $\boldsymbol{B}$ 正定, 从而 $\boldsymbol{A}$ 也正定. 又因为

$$\begin{pmatrix}\boldsymbol{I}_n & -\boldsymbol{v}\\ \boldsymbol{O}_{1\times n} & 1\end{pmatrix}\boldsymbol{A}\begin{pmatrix}\boldsymbol{I}_n & \boldsymbol{O}_{n\times 1}\\ -\boldsymbol{v}' & 1\end{pmatrix}=\begin{pmatrix}-\boldsymbol{I}_n/c-\boldsymbol{v}\boldsymbol{v}' & \boldsymbol{O}_{n\times 1}\\ \boldsymbol{O}_{1\times n} & 1\end{pmatrix}\quad(\text{记作 }\boldsymbol{C}),$$

所以由 $\boldsymbol{A}$ 的正定性推出 $\boldsymbol{C}$ 也正定, 于是 $-\boldsymbol{I}_n/c-\boldsymbol{v}\boldsymbol{v}'$ 正定. 由此可知

$$-\frac{1}{c}(\boldsymbol{I}_n+c\boldsymbol{v}\boldsymbol{v}')$$

正定. 因为 $-1/c>0$, 所以 $\boldsymbol{I}_n+c\boldsymbol{v}\boldsymbol{v}'$ 正定.

7.37 系数矩阵

$$\boldsymbol{A}=\begin{pmatrix}1 & \frac{1}{2} & \frac{1}{2} & \cdots & \frac{1}{2}\\ \frac{1}{2} & 1 & \frac{1}{2} & \cdots & \frac{1}{2}\\ \frac{1}{2} & \frac{1}{2} & 1 & \cdots & \frac{1}{2}\\ \vdots & \vdots & \vdots & & \vdots\\ \frac{1}{2} & \frac{1}{2} & \frac{1}{2} & \cdots & 1\end{pmatrix}$$

的 $k(=2,3,\cdots,n)$ 阶主子式

$$\Delta_k=\begin{vmatrix}1&\frac{1}{2}&\frac{1}{2}&\cdots&\frac{1}{2}\\\frac{1}{2}&1&\frac{1}{2}&\cdots&\frac{1}{2}\\\frac{1}{2}&\frac{1}{2}&1&\cdots&\frac{1}{2}\\\vdots&\vdots&\vdots&&\vdots\\\frac{1}{2}&\frac{1}{2}&\frac{1}{2}&\cdots&1\end{vmatrix}=\frac{1}{2^k}\begin{vmatrix}2&1&1&\cdots&1\\1&2&1&\cdots&1\\1&1&2&\cdots&1\\\vdots&\vdots&\vdots&&\vdots\\1&1&1&\cdots&2\end{vmatrix},$$

将右边行列式的第 $2,3,\cdots,k$ 行加到第 1 行, 得到

$$\Delta_k=\frac{1}{2^k}\begin{vmatrix}k+1&k+1&k+1&\cdots&k+1\\1&2&1&\cdots&1\\1&1&2&\cdots&1\\\vdots&\vdots&\vdots&&\vdots\\1&1&1&\cdots&2\end{vmatrix}=\frac{k+1}{2^k}>0.$$

7.38 (1) 解法 1 显然 $\boldsymbol{A}'\boldsymbol{B}\boldsymbol{A}$ 对称. 由 $m\geqslant n$ 及

$$r(\boldsymbol{A}'\boldsymbol{B}\boldsymbol{A})\leqslant\min\big(n,r(\boldsymbol{A}),r(\boldsymbol{B})\big)$$

(见例 2.2.2(2))可知, 若 $r(\boldsymbol{A})<n$, 则 n 阶矩阵 $\boldsymbol{A}'\boldsymbol{B}\boldsymbol{A}$ 的秩小于 n, 从而 $|\boldsymbol{A}'\boldsymbol{B}\boldsymbol{A}|=0$. 因此 $\boldsymbol{A}'\boldsymbol{B}\boldsymbol{A}$ 的正定性蕴涵 $r(\boldsymbol{A})=n$(实际上还蕴涵 $m=r(\boldsymbol{B})\geqslant n$). 现在设 $r(\boldsymbol{A})=n$. 因为 $\boldsymbol{B}$ 正定, 所以存在 m 阶可逆矩阵 $\boldsymbol{R}$ 使得 $\boldsymbol{B}=\boldsymbol{R}'\boldsymbol{R}$ (见习题 5.14(2)), 于是对于 $\mathbb{R}^n$ 中任何非零向量 $\boldsymbol{x}$ 有 $\boldsymbol{A}\boldsymbol{x}\neq\boldsymbol{O},\boldsymbol{R}\boldsymbol{A}\boldsymbol{x}\neq\boldsymbol{O}$, 从而

$$\boldsymbol{x}'(\boldsymbol{A}'\boldsymbol{B}\boldsymbol{A})\boldsymbol{x}=\boldsymbol{x}'\boldsymbol{A}'\boldsymbol{R}'\boldsymbol{R}\boldsymbol{A}\boldsymbol{x}=(\boldsymbol{R}\boldsymbol{A}\boldsymbol{x})'\boldsymbol{R}\boldsymbol{A}\boldsymbol{x}>0.$$

即 $\boldsymbol{A}'\boldsymbol{B}\boldsymbol{A}$ 正定.

解法 2 若 $\boldsymbol{A}'\boldsymbol{B}\boldsymbol{A}$ 正定, 则对 $\mathbb{R}^n$ 中任何非零向量 $\boldsymbol{x}$ 有 $\boldsymbol{x}'(\boldsymbol{A}'\boldsymbol{B}\boldsymbol{A})\boldsymbol{x}>0$, 从而

$$(\boldsymbol{A}\boldsymbol{x})'\boldsymbol{B}(\boldsymbol{A}\boldsymbol{x})>0,$$

可见 $\boldsymbol{A}\boldsymbol{x}\neq\boldsymbol{O}$, 从而 $\boldsymbol{A}\boldsymbol{x}=\boldsymbol{O}$ 只有零解, 于是 $r(\boldsymbol{A})=n$. 反之, 若 $r(\boldsymbol{A})=n$, 则对于 $\mathbb{R}^n$ 中任何非零向量 $\boldsymbol{x}$ 有 $\boldsymbol{A}\boldsymbol{x}\neq\boldsymbol{O}$ (因为此时 $\boldsymbol{A}\boldsymbol{x}=\boldsymbol{O}$ 只有零解), 于是依 $\boldsymbol{B}$ 的正定性知

$$\boldsymbol{x}'(\boldsymbol{A}'\boldsymbol{B}\boldsymbol{A})\boldsymbol{x}=(\boldsymbol{A}\boldsymbol{x})'\boldsymbol{B}(\boldsymbol{A}\boldsymbol{x})>0,$$

从而 $\boldsymbol{A}'\boldsymbol{B}\boldsymbol{A}$(其对称性显然) 正定.

解法 3 注意本题是习题 5.13 的扩充. 因为 $\boldsymbol{B}$ 正定, 所以存在正交矩阵 $\boldsymbol{P}$ 使得

$$\boldsymbol{B}=\boldsymbol{P}\mathrm{diag}(\lambda_1,\lambda_2,\cdots,\lambda_m)\boldsymbol{P}',$$

其中 $\lambda_1,\lambda_2,\cdots,\lambda_m>0$ 是 $\boldsymbol{B}$ 的全部特征值. 令

$$\boldsymbol{C}=\boldsymbol{P}\mathrm{diag}(\sqrt{\lambda_1},\sqrt{\lambda_2},\cdots,\sqrt{\lambda_m})\boldsymbol{P}',$$

则 $\boldsymbol{C}^2=\mathrm{diag}(\lambda_1,\lambda_2,\cdots,\lambda_m),\boldsymbol{C}'=\boldsymbol{C}$, 所以

$$\boldsymbol{A}'\boldsymbol{B}\boldsymbol{A}=\boldsymbol{A}'\boldsymbol{P}\mathrm{diag}(\lambda_1,\lambda_2,\cdots,\lambda_m)\boldsymbol{P}'\boldsymbol{A}=\boldsymbol{A}'\boldsymbol{P}\boldsymbol{C}^2\boldsymbol{P}'\boldsymbol{A}=\boldsymbol{A}'\boldsymbol{P}\boldsymbol{C}\boldsymbol{P}'\boldsymbol{P}\boldsymbol{C}\boldsymbol{P}'\boldsymbol{A}.$$

记 $\boldsymbol{D}=\boldsymbol{P}\boldsymbol{C}\boldsymbol{P}'$, 则 $\boldsymbol{D}$ 是 m 阶对称矩阵, 并且

$$\boldsymbol{A}'\boldsymbol{B}\boldsymbol{A}=(\boldsymbol{A}'\boldsymbol{D})(\boldsymbol{A}'\boldsymbol{D})',$$

其中 $\boldsymbol{A}'\boldsymbol{D}$ 是 $n\times m$ 矩阵, 并且 $n\leqslant m$, 所以由习题 5.13 推出 $\boldsymbol{A}'\boldsymbol{B}\boldsymbol{A}$ 正定, 当且仅当 $r(\boldsymbol{A}'\boldsymbol{D})=n$. 因为 D 是可逆矩阵, 所以 $r(\boldsymbol{A}'\boldsymbol{D})=r(\boldsymbol{A}')=r(\boldsymbol{A})$(见例 2.2.2 后的注 3°), 所以本题得证.

(2) **提示** 对称性:$(\boldsymbol{A}'\boldsymbol{A}+a\boldsymbol{I}_n)'=(\boldsymbol{A}'\boldsymbol{A})'+a\boldsymbol{I}_n=\boldsymbol{A}'\boldsymbol{A}+a\boldsymbol{I}_n$. 又对任意非零 $\boldsymbol{x}\in\mathbb{R}^n$ 有

$$\boldsymbol{x}'(\boldsymbol{A}'\boldsymbol{A}+a\boldsymbol{I}_n)\boldsymbol{x}=(\boldsymbol{A}\boldsymbol{x})'(\boldsymbol{A}\boldsymbol{x})+a\boldsymbol{x}'\boldsymbol{x}>0.$$

或者证明 $\boldsymbol{A}'\boldsymbol{A}+a\boldsymbol{I}_n$ 的特征值全为正数. 设 λ 是 $\boldsymbol{A}'\boldsymbol{A}$ 的任意特征值, $\boldsymbol{A}'\boldsymbol{A}\boldsymbol{x}=\lambda\boldsymbol{x},\boldsymbol{x}\neq\boldsymbol{O}$, 则 $\boldsymbol{x}'\boldsymbol{A}'\boldsymbol{A}\boldsymbol{x}=\boldsymbol{x}'(\lambda\boldsymbol{x})$, 因此 $(\boldsymbol{A}\boldsymbol{x})'(\boldsymbol{A}\boldsymbol{x})=\lambda(\boldsymbol{x}'\lambda\boldsymbol{x})$, 因为 $\boldsymbol{x}\neq\boldsymbol{O}$, 所以 $(\boldsymbol{A}\boldsymbol{x})'(\boldsymbol{A}\boldsymbol{x})>0,\boldsymbol{x}'\lambda\boldsymbol{x}>0$, 从而 $\lambda>0$. 注意 $(\boldsymbol{A}'\boldsymbol{A}+a\boldsymbol{I}_n)\boldsymbol{x}=(\lambda+a)\boldsymbol{x}$, 所以 $\boldsymbol{A}'\boldsymbol{A}+a\boldsymbol{I}_n$ 的特征值是 $\lambda+a$, 并且全大于 0.

7.39 设 $\boldsymbol{A}$ 是 n 阶实矩阵. 若 $\boldsymbol{A}=\boldsymbol{A}'$, 并且 $\boldsymbol{A}+\boldsymbol{A}'$ 正定, 则

$$|\boldsymbol{A}|=2^{-n}|\boldsymbol{A}+\boldsymbol{A}'|>0.$$

若 $\boldsymbol{A}\neq\boldsymbol{A}'$, 则

$$\boldsymbol{A}=\frac{1}{2}(\boldsymbol{A}+\boldsymbol{A}')+\frac{1}{2}(\boldsymbol{A}-\boldsymbol{A}'),$$

右边两个矩阵分别是对称的和非零反对称的. 由例 5.2.7(2) 可知: 若 $\boldsymbol{A}+\boldsymbol{A}'$ 是正定矩阵, 则

$$|\boldsymbol{A}|>\left|\frac{1}{2}(\boldsymbol{A}+\boldsymbol{A}')\right|=2^{-n}|\boldsymbol{A}+\boldsymbol{A}'|>0.$$

因此, 若 $\boldsymbol{A}$ 不可逆, 即 $|\boldsymbol{A}|=0$, 则 $\boldsymbol{A}+\boldsymbol{A}'$ 不可能正定.

7.40 (1) (i) 二次型的矩阵 $\boldsymbol{A}$ 的特征多项式

$$|\lambda\boldsymbol{I}_n-\boldsymbol{A}|=\begin{vmatrix}\lambda-1 & -\frac{1}{2} & \cdots & -\frac{1}{2}\\ -\frac{1}{2} & \lambda-1 & \cdots & -\frac{1}{2}\\ \vdots & \vdots & & \vdots\\ -\frac{1}{2} & \cdots & -\frac{1}{2} & \lambda-1\end{vmatrix}=\left(\lambda-\frac{1}{2}\right)^{n-1}\left(\lambda-\frac{n+1}{2}\right)$$

(见补充习题 7.3), 所以特征值是 $(n+1)/2,1/2,\cdots,1/2$.

(ii) 对于特征值 $(n+1)/2$, 因为方程组

$$\left(\frac{n+1}{2}\boldsymbol{I}_n-\boldsymbol{A}\right)\boldsymbol{x}=\boldsymbol{O}$$

的系数矩阵的各行元素之和都为零, 所以直接看出 $(1,1,\cdots,1)'$ 是其一个解, 单位化后得到对应的特征向量 $\boldsymbol{f}_1=(1/\sqrt{n})(1,1,\cdots,1)'$.

(iii) 方程组

$$\left(\frac{1}{2}\boldsymbol{I}_n-\boldsymbol{A}\right)\boldsymbol{x}=\boldsymbol{O}$$

的解为

$$(1,-1,\cdots,0)',\quad (1,0,-1,\cdots,0)',\quad \cdots,\quad (1,0,\cdots,0,-1)',$$

标准正交化 (Schmidt 方法) 得到对应的特征向量

$$\begin{aligned}
\boldsymbol{f}_2&=\frac{1}{\sqrt{2}}(1,-1,0,\cdots,0)',\\
\boldsymbol{f}_3&=\frac{1}{\sqrt{6}}(1,1,-2,0,\cdots,0)',\\
&\cdots,\\
\boldsymbol{f}_n&=\frac{1}{\sqrt{n(n-1)}}(1,1,\cdots,1,1-n)'.
\end{aligned}$$

(iv) 令 $\boldsymbol{x}=\boldsymbol{T}\boldsymbol{y}$, 其中

$$\boldsymbol{T}=(\boldsymbol{f}_1,\boldsymbol{f}_2,\cdots,\boldsymbol{f}_n),$$

则得

$$f=\frac{n+1}{2}y_1^2+\frac{1}{2}y_2^2+\cdots+\frac{1}{2}y_n^2.$$

注　若不限定用正交变换, 则可将 f 变换如下:

$$\begin{aligned}
f=&\left(x_1+\frac{1}{2}\sum_{j=2}^{n}x_j\right)^2+\frac{3}{4}\left(x_2+\frac{1}{3}\sum_{j=3}^{n}x_j\right)^2+\cdots\\
&+\frac{n}{2(n-1)}\left(x_{n-1}+\frac{1}{n}x_n\right)^2+\frac{n+1}{2n}x_n^2,
\end{aligned}$$

等等 (注意: 标准形与所用方法有关, 一般不唯一; 但规范形是唯一的).

(2) 解法 1　类似于本题 (1), 得到

$$f=\frac{n-1}{2}y_1^2-\frac{1}{2}y_2^2+\cdots-\frac{1}{2}y_n^2,$$

变换同本题 (1).

解法 2　令

$$\begin{aligned}
F_1(x_1,x_2,\cdots,x_n)&=\sum_{i=1}^{n}x_i^2+\sum_{1\leqslant i<j\leqslant n}x_ix_j,\\
F_2(x_1,x_2,\cdots,x_n)&=\sum_{i=1}^{n}x_i^2.
\end{aligned}$$

那么

$$f(x_1,x_2,\cdots,x_n)=F_1(x_1,x_2,\cdots,x_n)-F_2(x_1,x_2,\cdots,x_n).$$

作变换如本题 (1), 则 F_1 化为

$$\widetilde{F}_1(y_1,y_2,\cdots,y_n)=\frac{n+1}{2}y_1^2+\frac{1}{2}y_2^2+\cdots+\frac{1}{2}y_n^2.$$

因为 $\boldsymbol{T}$ 是正交矩阵, 所以 $\boldsymbol{x}'\boldsymbol{x}=(\boldsymbol{T}\boldsymbol{y})'(\boldsymbol{T}\boldsymbol{y})=\boldsymbol{y}'\boldsymbol{T}'\boldsymbol{T}\boldsymbol{y}=\boldsymbol{y}'\boldsymbol{y}$, 因此 F_2 化为

$$\widetilde{F}_2(y_1,y_2,\cdots,y_n)=\boldsymbol{y}'\boldsymbol{y}=y_1^2+y_2^2+\cdots+y_n^2.$$

于是 f 化为

$$\widetilde{F}_1(y_1,y_2,\cdots,y_n)-\widetilde{F}_2(y_1,y_2,\cdots,y_n)=\frac{n-1}{2}y_1^2-\frac{1}{2}y_2^2+\cdots-\frac{1}{2}y_n^2.$$

7.41 提示 二次型 f 的矩阵

$$\boldsymbol{A}=\begin{pmatrix}5&-1&3\\-1&5&-3\\3&-3&c\end{pmatrix}.$$

由 $r(\boldsymbol{A})=2$ 及

$$\begin{vmatrix}5&-1\\-1&5\end{vmatrix}\neq 0$$

知 $|\boldsymbol{A}|=0$, 由此解出 $c=3$. 于是

$$f=5x^2+5y^2+3z^2-2xy+6xz-6yz.$$

将它化为标准形

$$f(\xi,\eta,\zeta)=4\eta^2+9\zeta^2,$$

因此 $f(x,y,z)=1$ 在坐标系 O-$\xi\eta\zeta$ 下的方程是 $4\eta^2+9\zeta^2=1$, 这是椭圆柱面.

7.42 (1) 解法 1 记 $\boldsymbol{x}=(x_1,x_2,\cdots,x_n)'$, 则

$$\boldsymbol{A}\boldsymbol{x}=\left(\sum_{j=1}^n a_{1j}x_j,\sum_{j=1}^n a_{2j}x_j,\cdots,\sum_{j=1}^n a_{nj}x_j\right)',$$

因此

$$(\boldsymbol{A}\boldsymbol{x})'\boldsymbol{A}\boldsymbol{x}=\sum_{i=1}^n\left(\sum_{j=1}^n a_{ij}x_j\right)^2.$$

于是二次型

$$f(x_1,x_2,\cdots,x_n)=(\boldsymbol{A}\boldsymbol{x})'\boldsymbol{A}\boldsymbol{x}=\boldsymbol{x}'(\boldsymbol{A}'\boldsymbol{A})\boldsymbol{x},$$

其矩阵是 $\boldsymbol{A}'\boldsymbol{A}$, 从而它的秩 $r(\boldsymbol{A}'\boldsymbol{A})=r(\boldsymbol{A})$(见例 2.3.7 后的注).

解法 2 记 $\boldsymbol{x}=(x_1,x_2,\cdots,x_n)'$, 那么 (如解法 1 中所证)

$$f(x_1,x_2,\cdots,x_n)=(\boldsymbol{A}\boldsymbol{x})'\boldsymbol{A}\boldsymbol{x}.$$

设 $\boldsymbol{A}$ 的秩是 r, 记其行向量

$$\boldsymbol{a}_i=(a_{i1},a_{i2},\cdots,a_{in})\quad(i=1,2,\cdots,n).$$

不妨认为 $\boldsymbol{A}$ 的前 r 行线性无关, 并且其主子式

$$\Delta_r=\left|\boldsymbol{A}\begin{pmatrix}1&2&\cdots&r\\1&2&\cdots&r\end{pmatrix}\right|\neq 0$$

(不然可适当改变 a_{ij} 及 x_j 的下标顺序). 于是

$$\boldsymbol{A}\boldsymbol{x}=(\boldsymbol{a}_1,\cdots,\boldsymbol{a}_r,\boldsymbol{a}_{r+1},\cdots,\boldsymbol{a}_n)'\boldsymbol{x}=(\boldsymbol{a}_1\boldsymbol{x},\cdots,\boldsymbol{a}_r\boldsymbol{x},\boldsymbol{a}_{r+1}\boldsymbol{x},\cdots,\boldsymbol{a}_n\boldsymbol{x})'.$$

作变换 (显然此变换可逆)

$$y_1=\boldsymbol{a}_1\boldsymbol{x},\quad\cdots,\quad y_r=\boldsymbol{a}_r\boldsymbol{x},\quad y_{r+1}=x_{r+1},\quad\cdots,\quad y_n=x_n,$$

则有

$$\boldsymbol{A}\boldsymbol{x}=\big(y_1,\cdots,y_r,l_{r+1}(\boldsymbol{y}),\cdots,l_n(\boldsymbol{y})\big)',$$

其中

$$l_{r+1}(\boldsymbol{y})=\boldsymbol{a}_{r+1}\boldsymbol{x},\quad\cdots,\quad l_n(\boldsymbol{y})=\boldsymbol{a}_n\boldsymbol{x}$$

是 $y_1,\cdots,y_r,y_{r+1},\cdots,y_n$ 的线性形. 于是 f 化为

$$\begin{aligned}f&=\big(y_1,\cdots,y_r,l_{r+1}(\boldsymbol{y}),\cdots,l_n(\boldsymbol{y})\big)\big(y_1,\cdots,y_r,l_{r+1}(\boldsymbol{y}),\cdots,l_n(\boldsymbol{y})\big)'\\&=y_1^2+\cdots+y_r^2+l_{r+1}(\boldsymbol{y})^2+\cdots+l_n(\boldsymbol{y})^2.\end{aligned}$$

因为 $\boldsymbol{a}_{r+1},\cdots,\boldsymbol{a}_n$ 都是 $\boldsymbol{a}_1,\boldsymbol{a}_2,\cdots,\boldsymbol{a}_r$ 的线性组合:

$$\boldsymbol{a}_t=\sum_{k=1}^{r}c_{tk}\boldsymbol{a}_k\quad(t=r+1,\cdots,n),$$

所以对于 $t=r+1,\cdots,n$, 有

$$l_t(\boldsymbol{y})=\boldsymbol{a}_t\boldsymbol{x}=\sum_{k=1}^{r}c_{tk}\boldsymbol{a}_k\boldsymbol{x}=\sum_{k=1}^{r}c_{tk}y_k,$$

从而在上述变换下, f 实际上是 $y_1,\cdots,y_r$ 的二次型:

$$f=y_1^2+\cdots+y_r^2+\left(\sum_{k=1}^{r}c_{r+1,k}y_k\right)^2+\cdots+\left(\sum_{k=1}^{r}c_{nk}y_k\right)^2.$$

对于任何非零向量 $(y_1,\cdots,y_r)'\in\mathbb{R}^r$, 总有 $f>0$, 因此 f 是 $(y_1,\cdots,y_r)'\in\mathbb{R}^r$ 的正定型, 所以它的秩等于 r. 注意可逆变换不改变二次型的秩, 于是本题得证.

(2) 下面两种解法分别对应于本题 (1) 的解法 1 和解法 2.

解法 1 记 $\boldsymbol{x}=(x_0,x_1,\cdots,x_{n-1})'$, 则 $f=\boldsymbol{x}'\boldsymbol{S}\boldsymbol{x}$, 其中系数矩阵

$$\boldsymbol{S}=\begin{pmatrix} s_0 & s_1 & \cdots & s_{n-2} & s_{n-1} \\ s_1 & s_2 & \cdots & s_{n-1} & s_n \\ \vdots & \vdots & & \vdots & \vdots \\ s_{n-2} & s_{n-1} & \cdots & s_{2n-4} & s_{2n-3} \\ s_{n-1} & s_n & \cdots & s_{2n-3} & s_{2n-2} \end{pmatrix},$$

它的第 k 个顺序主子式

$$\begin{aligned}\Delta_k &= \begin{vmatrix} s_0 & s_1 & \cdots & s_{k-2} & s_{k-1} \\ s_1 & s_2 & \cdots & s_{k-1} & s_k \\ \vdots & \vdots & & \vdots & \vdots \\ s_{k-2} & s_{k-1} & \cdots & s_{2k-4} & s_{2k-3} \\ s_{k-1} & s_k & \cdots & s_{2k-3} & s_{2k-2} \end{vmatrix} \\ &= \begin{vmatrix} 1 & 1 & \cdots & 1 \\ \alpha_1 & \alpha_2 & \cdots & \alpha_k \\ \alpha_1^2 & \alpha_2^2 & \cdots & \alpha_k^2 \\ \vdots & \vdots & & \vdots \\ \alpha_1^{k-1} & \alpha_2^{k-1} & \cdots & \alpha_k^{k-1} \end{vmatrix} \begin{vmatrix} 1 & \alpha_1 & \alpha_1^2 & \cdots & \alpha_1^{k-1} \\ 1 & \alpha_2 & \alpha_2^2 & \cdots & \alpha_2^{k-1} \\ \vdots & \vdots & \vdots & & \vdots \\ 1 & \alpha_k & \alpha_k^2 & \cdots & \alpha_k^{k-1} \end{vmatrix} \\ &= \prod_{1\leqslant i<j\leqslant k}(\alpha_j-\alpha_i)^2\end{aligned}$$

(见例 1.1.1). 因为 $\alpha_1,\alpha_2,\cdots,\alpha_k$ 两两互异, 所以 $\Delta_k>0$. 于是 $f(\boldsymbol{x})$ 是正定的. 特别地, 由此可知 f 的秩等于 n.

解法 2 因为

$$\begin{aligned} f &= \sum_{i,j=0}^{n-1}\left(\sum_{k=1}^{n}\alpha_k^{i+j}\right)x_ix_j = \sum_{k=1}^{n}\left(\sum_{i,j=0}^{n-1}\alpha_k^i x_i \alpha_k^j x_j\right) \\ &= \sum_{k=1}^{n}(x_0+\alpha_k x_1+\cdots+\alpha_k^{n-1}x_{n-1})^2, \end{aligned}$$

并且矩阵

$$\boldsymbol{A}=\begin{pmatrix} 1 & \alpha_1 & \alpha_1^2 & \cdots & \alpha_1^{n-1} \\ 1 & \alpha_2 & \alpha_2^2 & \cdots & \alpha_2^{n-1} \\ \vdots & \vdots & \vdots & & \vdots \\ 1 & \alpha_k & \alpha_k^2 & \cdots & \alpha_n^{n-1} \end{pmatrix}$$

的秩等于 n(应用例 1.1.1 的公式, 注意 $\alpha_1,\alpha_2,\cdots,\alpha_n$ 两两互异), 所以由本题 (1) 知 f 的秩为 n, 并且可逆变换

$$y_k=x_0+\alpha_k x_1+\cdots+\alpha_k^{n-1}x_{n-1}\quad (k=1,2,\cdots,n)$$

将 f 化为

$$f = y_1^2 + y_2^2 + \cdots + y_n^2,$$

因此 f 正定(当然, 若不应用本题 (1), 直接通过上述变换也可得到结论).

7.43　解法 1　由例 1.1.5 可知

$$f(y_1, y_2, \cdots, y_n) = -\sum_{1 \leqslant i,j \leqslant n} A_{ij} y_i y_j,$$

其中 A_{ij} 是 $\boldsymbol{A}$ 的元素 a_{ij} 的代数余子式. 因为 $\boldsymbol{A}$ 对称, 所以 f 的矩阵是 $-\mathrm{adj}(\boldsymbol{A})$, 此处 $\mathrm{adj}(\boldsymbol{A})$ 表示方阵 $\boldsymbol{A}$ 的伴随方阵. 由此可知

$$f(y_1, y_2, \cdots, y_n) = \boldsymbol{y}'\big(-\mathrm{adj}(\boldsymbol{A})\big)\boldsymbol{y},$$

其中 $\boldsymbol{y} = (y_1, y_2, \cdots, y_n)' \in \mathbb{R}^n$. 因为 $\boldsymbol{A}$ 正定, 所以 $\mathrm{adj}(\boldsymbol{A})$ 也正定 (见例 5.3.2 后的注), 因此 f 负定.

或者, 由 $\mathrm{adj}(\boldsymbol{A}) = |\boldsymbol{A}|\boldsymbol{A}^{-1}$ 得到

$$f(y_1, y_2, \cdots, y_n) = -|\boldsymbol{A}|\boldsymbol{y}'\boldsymbol{A}^{-1}\boldsymbol{y}.$$

因为 $\boldsymbol{A}$ 正定, 所以 $|\boldsymbol{A}| > 0, \boldsymbol{A}^{-1}$ 也正定 (见例 5.3.2), 因此 f 负定.

解法 2　记 $\boldsymbol{y} = (y_1, y_2, \cdots, y_n)', \boldsymbol{O} = (0, 0, \cdots, 0)'$. 令

$$\boldsymbol{\varLambda} = \begin{pmatrix} \boldsymbol{A} & \boldsymbol{y} \\ \boldsymbol{y}' & 0 \end{pmatrix},$$

则 $f(y_1, y_2, \cdots, y_n) = |\boldsymbol{\varLambda}|$. 取

$$\boldsymbol{P} = \begin{pmatrix} \boldsymbol{I}_n & -\boldsymbol{A}^{-1}\boldsymbol{y} \\ \boldsymbol{O}' & 1 \end{pmatrix},$$

那么

$$\boldsymbol{P}'\boldsymbol{\varLambda}\boldsymbol{P} = \mathrm{diag}(\boldsymbol{A}, -\boldsymbol{y}'\boldsymbol{A}^{-1}\boldsymbol{y}).$$

两边取行列式得到 (注意 $|\boldsymbol{P}| = 1, |\boldsymbol{A}| > 0$)

$$|\boldsymbol{\varLambda}| = |\boldsymbol{A}|(-\boldsymbol{y}'\boldsymbol{A}^{-1}\boldsymbol{y}) < 0 \quad (\boldsymbol{y} \neq \boldsymbol{O}),$$

即 $f(y_1, y_2, \cdots, y_n) < 0$(当 $\boldsymbol{y} \neq \boldsymbol{O}$), 从而 f 负定. 特别地, 由上式可知 f 的矩阵是 $-|\boldsymbol{A}|\boldsymbol{A}^{-1} = -\mathrm{adj}(\boldsymbol{A})$.

解法 3　记 $\boldsymbol{y} = (y_1, y_2, \cdots, y_n)'$, 那么

$$f(y_1, y_2, \cdots, y_n) = \begin{vmatrix} \boldsymbol{A} & \boldsymbol{y} \\ \boldsymbol{y}' & 0 \end{vmatrix}.$$

用 $-\boldsymbol{A}^{-1}\boldsymbol{y}$ 右乘第 1 列, 加到第 2 列, 得到

$$f(y_1, y_2, \cdots, y_n) = \begin{vmatrix} \boldsymbol{A} & \boldsymbol{O} \\ \boldsymbol{y}' & -\boldsymbol{y}'\boldsymbol{A}^{-1}\boldsymbol{y} \end{vmatrix} = |\boldsymbol{A}|(-\boldsymbol{y}'\boldsymbol{A}^{-1}\boldsymbol{y}).$$

余同解法 2.

7.44 提示 作可逆线性变换

$$x_1=y_1+y_{2n},\quad x_2=y_2+y_{2n-1},\quad \cdots,\quad x_n=y_n+y_{n+1},$$
$$x_{n+1}=y_n-y_{n+1},\quad \cdots,\quad x_{2n-1}=y_2-y_{2n-1},\quad x_{2n}=y_1-y_{2n},$$

则 f 化为标准形 $y_1^2+y_2^2+\cdots+y_n^2-y_{n+1}^2-y_{n+2}^2-\cdots-y_{2n}^2$.

或者, 当 $\boldsymbol{x}=(x_1,\cdots,x_n,x_{n+1},\cdots,x_{2n})'=(-1,\cdots,-1,1,\cdots,1)'$ 时 $f=-n$; 当 $\boldsymbol{x}=(-1,-1,\cdots,-1)'$ 时, $f=n$.

7.45 提示 (1) 在习题 5.17 中取 $\boldsymbol{x}=(1,0,\cdots,0)'$ 可知 a_{11} 介于 $\boldsymbol{A}$ 的最大和最小特征值之间.

(2) 因为正定矩阵的特征值大于零, 所以由本题 (1) 推出所要结果.

7.46 解法 1 用 $\boldsymbol{A}_n$ 表示题中的矩阵, 对阶 n 用数学归纳法. 当 $n=1$ 时 $|\boldsymbol{A}_1|=a_{11}$, 结论显然成立. 当 $n=2$ 时

$$|\boldsymbol{A}_2|=a_{11}a_{22}-a_{12}^2\leqslant a_{11}a_{22},$$

并且当且仅当 $a_{12}=a_{21}=0$ 时等式成立.

设命题对 $n=k(\geqslant 1)$ 成立, 则当 $n=k+1$ 时, 可将 $\boldsymbol{A}_{k+1}$ 表示为

$$\boldsymbol{A}_{k+1}=\begin{pmatrix}\boldsymbol{A}_k & \boldsymbol{\alpha}\\ \boldsymbol{\alpha}' & a_{k+1,k+1}\end{pmatrix},$$

其中 $\boldsymbol{\alpha}=(a_{1,k+1},a_{2,k+1},\cdots,a_{k,k+1})'$. 还令

$$\boldsymbol{T}=\begin{pmatrix}\boldsymbol{I}_k & -\boldsymbol{A}_k^{-1}\boldsymbol{\alpha}\\ \boldsymbol{O} & 1\end{pmatrix},$$

其中 $\boldsymbol{O}$ 是 $1\times k$ 矩阵, 元素全为零. 那么

$$\boldsymbol{T}'\boldsymbol{A}_{k+1}\boldsymbol{T}=\begin{pmatrix}\boldsymbol{A}_k & \boldsymbol{O}'\\ \boldsymbol{O} & a_{k+1,k+1}-\boldsymbol{\alpha}'\boldsymbol{A}_k^{-1}\boldsymbol{\alpha}\end{pmatrix},$$

于是

$$|\boldsymbol{A}_{k+1}|=|\boldsymbol{A}_k|(a_{k+1,k+1}-\boldsymbol{\alpha}'\boldsymbol{A}_k^{-1}\boldsymbol{\alpha}).$$

因为 $\boldsymbol{A}_{k+1}$ 正定, 所以顺序主子式全为正, 从而 $\boldsymbol{A}_k$ 也是正定的, 因而 $\boldsymbol{A}_k^{-1}$ 正定 (见例 5.3.2). 由此可知 $\boldsymbol{\alpha}'\boldsymbol{A}_k^{-1}\boldsymbol{\alpha}\geqslant 0$, 从而

$$|\boldsymbol{A}_{k+1}|\leqslant|\boldsymbol{A}_k|\cdot a_{k+1,k+1},$$

于是依归纳假设, $|\boldsymbol{A}_{k+1}|\leqslant a_{11}a_{22}\cdots a_{k+1,k+1}$; 并且当且仅当 $\boldsymbol{A}_k$ 为对角阵, 同时 $\boldsymbol{\alpha}'\boldsymbol{A}_k^{-1}\boldsymbol{\alpha}=0$ 即 $\boldsymbol{\alpha}'$ 为零向量 (因为 $\boldsymbol{A}_k^{-1}$ 正定) 时等式成立, 于是当且仅当 $\boldsymbol{A}_{k+1}$ 为对角阵时等式成立.

解法 2 (i) 可设 $|\boldsymbol{A}|\neq 0$(不然不等式已成立), 因为 $\boldsymbol{A}$ 正定, 所以对角元 $a_{ii}>0(i=1,2,\cdots,n)$(见补充习题 7.45(2)). 令

$$\boldsymbol{P}=\mathrm{diag}(a_{11}^{-1/2},a_{22}^{-1/2},\cdots,a_{nn}^{-1/2}),$$

$$B = D'AD = DAD,$$

那么矩阵 B 与 A 合同, 所以 B 也是正定矩阵. 因为

$$|DAD| = (a_{11}a_{22}\cdots a_{nn})^{-1}|A|,$$

所以题中的不等式等价于 $|B| \leqslant 1$.

(ii) 设 B 的特征值是 $\lambda_i (i=1,2,\cdots,n)$, 则所有 $\lambda_i > 0$. 由算术–几何平均不等式得到

$$|B| = \prod_{i=1}^{n} \lambda_i \leqslant \left(\frac{1}{n}\sum_{i=1}^{n}\lambda_i\right)^n = \left(\frac{1}{n}\mathrm{tr}(B)\right)^n,$$

并且当且仅当所有 λ_i 相等时等式成立. 因为 B 的对角元都等于 1, 所以 $\mathrm{tr}(B) = n$, 从而 $|B| \leqslant 1$, 并且等式当且仅当所有 $\lambda_i = 1$ 时成立. 此条件等价于 $B = I_n$, 因而等价于 $A = D^{-1}BD$ 是对角阵.

7.47 (1) 由习题 5.10, AA' 是正定矩阵, 其对角元

$$b_{ii} = \sum_{j=1}^{m} a_{ij}^2,$$

所以由补充习题 7.46 推出本题中的不等式, 并且等式成立的充分必要条件在此是 AA' 的非对角元为零, 这等价于 A 的行向量互相正交.

(2) 分别用 n 阶方阵 A 和 A' 代替本题 (1) 中的矩阵 A, 并且注意 $|AA'| = |A'A| = |A|^2$.

7.48 (1) 解法 1 由 Hadamard 不等式 (见补充习题 7.47(2)) 得到

$$|\det(A)|^2 \leqslant \prod_{i=1}^{n}\left(\sum_{j=1}^{n} a_{ij}^2\right) \leqslant \prod_{i=1}^{n}\left(\sum_{j=1}^{n} C^2\right) = n^n C^{2n},$$

所以 $|\det(A)| \leqslant n^{n/2}C^n$.

解法 2 由算术–几何平均不等式, 并应用习题 4.16(1), 可得

$$\begin{aligned}
|\det(A)|^2 &= |\lambda_1|^2|\lambda_2|^2\cdots|\lambda_n|^2 \\
&\leqslant \left(\frac{|\lambda_1|^2+|\lambda_2|^2+\cdots+|\lambda_n|^2}{n}\right)^n \\
&\leqslant \left(\frac{1}{n}\sum_{1\leqslant i,j\leqslant n}|a_{ij}|^2\right)^n \leqslant \left(\frac{1}{n}n^2C^2\right)^n = n^nC^{2n}.
\end{aligned}$$

所以 $|\det(A)| \leqslant n^{n/2}C^n$.

(2) 定义 $n+1$ 阶矩阵

$$B = \begin{pmatrix} \dfrac{C}{2} & 0 & \cdots & 0 \\ \dfrac{C}{2} & a_{11} & \cdots & a_{1n} \\ \vdots & \vdots & & \vdots \\ \dfrac{C}{2} & a_{n1} & \cdots & a_{nn} \end{pmatrix}.$$

那么 (按第 1 行展开)

$$\det(\boldsymbol{B})=\frac{C}{2}\det(\boldsymbol{A}).$$

同时还有 (第 $2,\cdots,n+1$ 列分别减第 1 列)

$$\det(\boldsymbol{B})=\begin{vmatrix}\dfrac{C}{2} & -\dfrac{C}{2} & \cdots & -\dfrac{C}{2}\\ \dfrac{C}{2} & a_{11}-\dfrac{C}{2} & \cdots & a_{1n}-\dfrac{C}{2}\\ \vdots & \vdots & & \vdots\\ \dfrac{C}{2} & a_{n1}-\dfrac{C}{2} & \cdots & a_{nn}-\dfrac{C}{2}\end{vmatrix}.$$

因为上面行列式的所有元素的绝对值都不超过 $C/2$, 所以由本题 (1) 得到

$$|\det(\boldsymbol{A})|\leqslant(n+1)^{(n+1)/2}\left(\frac{C}{2}\right)^{n+1}.$$

于是

$$\frac{C}{2}|\det(\boldsymbol{A})|\leqslant(n+1)^{(n+1)/2}\left(\frac{C}{2}\right)^{n+1}.$$

由此立得所要的不等式.

7.49 设 $\lambda_k=x_k+y_k\mathrm{i}(k=1,2,\cdots,n)(x_k,y_k\in\mathbb{R})$ 是 $\boldsymbol{A}$ 的全部特征值. 由习题 4.16 得到

$$\sum_{k=1}^{n}y_k^2\leqslant\frac{1}{4}\sum_{1\leqslant i,j\leqslant n}|a_{ij}-a_{ji}|^2\leqslant c^2n(n-1)$$

(注意 $i=j$ 时, $a_{ij}-a_{ji}=0$). 若 λ 是实数, 则 $y=0$, 结论显然成立. 若 $y\neq0$, 则因为 $\boldsymbol{A}$ 的复特征值成对共轭出现, 所以在上式左边的和中, y 出现两次, 从而

$$2y^2\leqslant c^2n(n-1),$$

于是本题得证.

7.50 (1) **提示** $\boldsymbol{A}$ 是实对称阵. 由 $|\lambda\boldsymbol{I}-\boldsymbol{A}|=(\lambda-1)^2(\lambda-4)$ 得到 $\boldsymbol{A}$ 的特征值 $\lambda=1$(2 重), 4. 与特征值 4 对应的模为 1 的特征向量是 $\boldsymbol{p}=(1/\sqrt{3},1/\sqrt{3},1/\sqrt{3})$. 与 2 重特征值 1 对应的特征向量是 $\beta(-1,1,0)'+\gamma(-1,0,1)'(\beta,\gamma\neq0)$. 对此进行 Schmidt 正交化得到 $\boldsymbol{q}=(-1/\sqrt{2},1/\sqrt{2},0)',\boldsymbol{r}=(-1/\sqrt{6},-1/\sqrt{6},2/\sqrt{6})'$. 令

$$\boldsymbol{T}=(\boldsymbol{p},\boldsymbol{q},\boldsymbol{r})=\begin{pmatrix}1/\sqrt{3} & -1/\sqrt{2} & -1/\sqrt{6}\\ 1/\sqrt{3} & 1/\sqrt{2} & -1/\sqrt{6}\\ 1/\sqrt{3} & 0 & 2/\sqrt{6}\end{pmatrix}$$

(正交矩阵), 即得 $\boldsymbol{T}^{-1}\boldsymbol{A}\boldsymbol{T}=\mathrm{diag}(4,1,1)$.

(2) 设矩阵 $\boldsymbol{T}$ 如本题 (1). 令

$$\boldsymbol{S}_n=\boldsymbol{I}_3+\frac{\mathrm{i}\pi}{2}\boldsymbol{A}+\frac{1}{2!}\left(\frac{\mathrm{i}\pi}{2}\boldsymbol{A}\right)^2+\cdots+\frac{1}{n!}\left(\frac{\mathrm{i}\pi}{2}\boldsymbol{A}\right)^n$$

$$= \boldsymbol{I}_3 + \frac{\mathrm{i}\pi}{2}\boldsymbol{A} + \frac{1}{2!}\left(\frac{\mathrm{i}\pi}{2}\right)^2 \boldsymbol{A}^2 + \cdots + \frac{1}{n!}\left(\frac{\mathrm{i}\pi}{2}\right)^n \boldsymbol{A}^n.$$

那么

$$\begin{aligned}\boldsymbol{T}^{-1}\boldsymbol{S}_n\boldsymbol{T} &= \boldsymbol{I}_3 + \frac{\mathrm{i}\pi}{2}\boldsymbol{T}^{-1}\boldsymbol{A}\boldsymbol{T} + \frac{1}{2!}\left(\frac{\mathrm{i}\pi}{2}\right)^2 \boldsymbol{T}^{-1}\boldsymbol{A}^2\boldsymbol{T} + \cdots + \frac{1}{n!}\left(\frac{\mathrm{i}\pi}{2}\right)^n \boldsymbol{T}^{-1}\boldsymbol{A}^n\boldsymbol{T} \\ &= \boldsymbol{I}_3 + \frac{\mathrm{i}\pi}{2}\boldsymbol{T}^{-1}\boldsymbol{A}\boldsymbol{T} + \frac{1}{2!}\left(\frac{\mathrm{i}\pi}{2}\right)^2 (\boldsymbol{T}^{-1}\boldsymbol{A}\boldsymbol{T})^2 + \cdots + \frac{1}{n!}\left(\frac{\mathrm{i}\pi}{2}\right)^n (\boldsymbol{T}^{-1}\boldsymbol{A}\boldsymbol{T})^n,\end{aligned}$$

由本题 (1) 得到

$$\begin{aligned}\boldsymbol{T}^{-1}\boldsymbol{S}_n\boldsymbol{T} &= \boldsymbol{I}_3 + \frac{\mathrm{i}\pi}{2}\mathrm{diag}(4,1,1) + \frac{1}{2!}\left(\frac{\mathrm{i}\pi}{2}\right)^2 \mathrm{diag}(4^2,1,1) + \cdots + \frac{1}{n!}\left(\frac{\mathrm{i}\pi}{2}\right)^n \mathrm{diag}(4^n,1,1) \\ &= \mathrm{diag}\left(\sum_{k=0}^{n}\frac{1}{k!}(2\pi\mathrm{i})^k, \sum_{k=0}^{n}\frac{1}{k!}\left(\frac{\pi\mathrm{i}}{2}\right)^k, \sum_{k=0}^{n}\frac{1}{k!}\left(\frac{\pi\mathrm{i}}{2}\right)^k\right).\end{aligned}$$

于是

$$\begin{aligned}\boldsymbol{T}^{-1}\mathrm{e}^{\mathrm{i}\pi\boldsymbol{A}/2}\boldsymbol{T} &= \boldsymbol{T}^{-1}\left(\lim_{n\to\infty}\boldsymbol{S}_n\right)\boldsymbol{T} = \lim_{n\to\infty}\boldsymbol{T}^{-1}\boldsymbol{S}_n\boldsymbol{T} \\ &= \lim_{n\to\infty}\mathrm{diag}\left(\sum_{k=0}^{n}\frac{1}{k!}(2\pi\mathrm{i})^k, \sum_{k=0}^{n}\frac{1}{k!}\left(\frac{\pi\mathrm{i}}{2}\right)^k, \sum_{k=0}^{n}\frac{1}{k!}\left(\frac{\pi\mathrm{i}}{2}\right)^k\right) \\ &= \mathrm{diag}(\mathrm{e}^{2\pi\mathrm{i}}, \mathrm{e}^{\pi\mathrm{i}/2}, \mathrm{e}^{\pi\mathrm{i}/2}) = \mathrm{diag}(1,\mathrm{i},\mathrm{i}).\end{aligned}$$

7.51 (1) 易见 $\boldsymbol{R}$ 对称, 其 $k(=1,2,\cdots,n)$ 阶主子式

$$R_k = \begin{vmatrix} t_1 & t_1 & t_1 & t_1 & \cdots & t_1 \\ t_1 & t_2 & t_2 & t_2 & \cdots & t_2 \\ t_1 & t_2 & t_3 & t_3 & \cdots & t_3 \\ \vdots & \vdots & \vdots & \vdots & & \vdots \\ t_1 & t_2 & t_3 & t_4 & \cdots & t_k \end{vmatrix},$$

首先将第 1 列的 -1 倍加到其余各列, 然后在得到的行列式中将第 2 列的 -1 倍加到其后的各列; 以此类推, 最终可知

$$\begin{aligned}R_k &= \begin{vmatrix} t_1 & 0 & 0 & 0 & \cdots & 0 \\ t_1 & t_2-t_1 & 0 & 0 & \cdots & 0 \\ t_1 & t_2-t_1 & t_3-t_2 & t_4-t_3 & \cdots & 0 \\ \vdots & \vdots & \vdots & \vdots & & \vdots \\ t_1 & t_2-t_1 & t_3-t_2 & t_4-t_3 & \cdots & t_k-t_{k-1} \end{vmatrix} \\ &= t_1(t_2-t_1)(t_3-t_2)\cdots(t_{k-1}-t_{k-2})(t_k-t_{k-1}) > 0,\end{aligned}$$

所以 $\boldsymbol{R}$ 正定.

(2) 设 $\boldsymbol{R}^{-1}=(\boldsymbol{a}_1,\boldsymbol{a}_2,\cdots,\boldsymbol{a}_n)$, 其中 $\boldsymbol{a}_j=(a_{1j},a_{2j},\cdots,a_{nj})'$, 则 $\boldsymbol{R}\boldsymbol{R}^{-1}=(\boldsymbol{e}_1,\boldsymbol{e}_2,\cdots,\boldsymbol{e}_n)$, 其中 $\boldsymbol{e}_j=(1,0,\cdots,0)'$, 等等. 于是得到 n 个线性方程组

$$\boldsymbol{R}\boldsymbol{a}_j=\boldsymbol{e}_j\quad(j=1,2,\cdots,n).$$

当 $j=1$ 时, 方程组 $\boldsymbol{R}\boldsymbol{a}_1=\boldsymbol{e}_1$ 的系数行列式等于

$$\Delta=R_n=t_1(t_2-t_1)(t_3-t_2)\cdots(t_n-t_{n-1})$$

(参见本题 (1) 的解). 同理, 行列式

$$\Delta_1=\begin{vmatrix}1&t_1&t_1&t_1&\cdots&t_1\\0&t_2&t_2&t_2&\cdots&t_2\\0&t_2&t_3&t_3&\cdots&t_3\\\vdots&\vdots&\vdots&\vdots&&\vdots\\0&t_2&t_3&t_4&\cdots&t_n\end{vmatrix}=\begin{vmatrix}t_1&t_1&t_1&\cdots&t_1\\t_2&t_2&t_2&\cdots&t_2\\t_2&t_3&t_3&\cdots&t_3\\\vdots&\vdots&\vdots&&\vdots\\t_2&t_3&t_4&\cdots&t_n\end{vmatrix}$$
$$=t_2(t_3-t_2)(t_4-t_3)\cdots(t_n-t_{n-1}).$$

因此

$$\alpha_{11}=\frac{t_2}{t_1(t_2-t_1)}.$$

类似地, 行列式

$$\Delta_2=\begin{vmatrix}t_1&1&t_1&t_1&\cdots&t_1\\t_1&0&t_2&t_2&\cdots&t_2\\t_1&0&t_3&t_3&\cdots&t_3\\\vdots&\vdots&\vdots&\vdots&&\vdots\\t_1&0&t_3&t_4&\cdots&t_n\end{vmatrix}=\frac{t_1}{t_2}\begin{vmatrix}t_2&1&t_1&t_1&\cdots&t_1\\t_2&0&t_2&t_2&\cdots&t_2\\t_2&0&t_3&t_3&\cdots&t_3\\\vdots&\vdots&\vdots&\vdots&&\vdots\\t_2&0&t_3&t_4&\cdots&t_n\end{vmatrix}$$
$$=(-1)^{1+2}\frac{t_1}{t_2}\begin{vmatrix}t_2&t_2&t_2&\cdots&t_2\\t_2&t_3&t_3&\cdots&t_3\\\vdots&\vdots&\vdots&&\vdots\\t_2&t_3&t_4&\cdots&t_n\end{vmatrix}$$
$$=-\frac{t_1}{t_2}\cdot t_2(t_3-t_2)(t_4-t_3)\cdots(t_n-t_{n-1})$$
$$=-t_1(t_3-t_2)(t_4-t_3)\cdots(t_n-t_{n-1}),$$

所以

$$\alpha_{21}=-\frac{1}{t_2-t_1}.$$

此外，行列式

$$\Delta_3=\begin{vmatrix} t_1 & t_1 & 1 & t_1 & \cdots & t_1 \\ t_1 & t_2 & 0 & t_2 & \cdots & t_2 \\ t_1 & t_2 & 0 & t_3 & \cdots & t_3 \\ \vdots & \vdots & \vdots & \vdots & & \vdots \\ t_1 & t_2 & 0 & t_4 & \cdots & t_k \end{vmatrix}=\begin{vmatrix} 0 & 0 & 1 & 0 & \cdots & 0 \\ t_1 & t_2 & 0 & t_2 & \cdots & t_2 \\ t_1 & t_2 & 0 & t_3 & \cdots & t_3 \\ \vdots & \vdots & \vdots & \vdots & & \vdots \\ t_1 & t_2 & 0 & t_4 & \cdots & t_k \end{vmatrix}=\begin{vmatrix} t_1 & t_2 & t_2 & \cdots & t_2 \\ t_1 & t_2 & t_3 & \cdots & t_3 \\ \vdots & \vdots & \vdots & & \vdots \\ t_1 & t_2 & t_4 & \cdots & t_k \end{vmatrix}=0,$$

类似地，$\Delta_3=\cdots=\Delta_n=0$，因此

$$\alpha_{31}=\cdots=\alpha_{n1}=0.$$

于是

$$\boldsymbol{a}_1=\left(\frac{t_2}{t_1(t_2-t_1)},-\frac{1}{t_2-t_1},0,\cdots,0\right)'.$$

用同样的方法求得

$$\boldsymbol{a}_n=\left(0,\cdots,0,-\frac{1}{t_n-t_{n-1}},\frac{1}{t_n-t_{n-1}}\right)'.$$

当 $j=2,\cdots,n-1$ 时，类似地，由 $\boldsymbol{R}\boldsymbol{a}_j=\boldsymbol{e}_j$ 可知

$$\boldsymbol{a}_j=(0,\cdots,0,\alpha_{j-1,j},\alpha_{jj},\alpha_{j+1,j},0,\cdots,0)',$$

并且

$$\begin{pmatrix} t_{j-1} & t_{j-1} & t_{j-1} \\ t_{j-1} & t_j & t_j \\ t_{j-1} & t_j & t_{j+1} \end{pmatrix}\begin{pmatrix} \alpha_{j-1,j} \\ \alpha_{jj} \\ \alpha_{j+1,j} \end{pmatrix}=\begin{pmatrix} 0 \\ 1 \\ 0 \end{pmatrix},$$

由此解得

$$\begin{aligned}\boldsymbol{a}_j=\bigg(&0,\cdots,0,-\frac{1}{t_j-t_{j-1}},\frac{t_{j+1}-t_j}{(t_j-t_{j-1})(t_{j+1}-t_j)},\\ &-\frac{1}{t_{j+1}-t_j},0,\cdots,0\bigg)'\quad(j=2,\cdots,n-1).\end{aligned}$$

(3) 由本题 (2) 可知 $\boldsymbol{R}^{-1}$ 是一个三对角方阵，并且我们只对 x_n 积分，所以

$$\begin{aligned}&(x_1\quad x_2\quad\cdots\quad x_n)\boldsymbol{R}^{-1}\begin{pmatrix} x_1 \\ x_2 \\ \vdots \\ x_n \end{pmatrix}\\ &=(x_1\quad x_2\quad\cdots\quad x_n)\begin{pmatrix} \alpha_{11} & \alpha_{12} & & & & \\ \alpha_{21} & \alpha_{22} & \alpha_{23} & & & \\ & \alpha_{32} & \alpha_{33} & \alpha_{34} & & \\ & & \alpha_{43} & \alpha_{44} & \ddots & \\ & & & \ddots & \ddots & \alpha_{n-1,n} \\ & & & & \alpha_{n,n-1} & \alpha_{nn} \end{pmatrix}\begin{pmatrix} x_1 \\ x_2 \\ \vdots \\ x_n \end{pmatrix}\end{aligned}$$

$$= \frac{(x_n - x_{n-1})^2}{t_n - t_{n-1}} + \boldsymbol{B}(x_1, x_2, \cdots, x_{n-1}),$$

其中 $\boldsymbol{B}(x_1, x_2, \cdots, x_{n-1})$ 与 x_n 无关, 于是

$$\int_{-\infty}^{\infty} \exp\left(-\frac{1}{2}\boldsymbol{x}'\boldsymbol{R}^{-1}\boldsymbol{x}\right) \mathrm{d}x_n = \sqrt{2\pi(t_n - t_{n-1})}\mathrm{e}^{\boldsymbol{B}},$$

$$\int_{-\infty}^{x_n} \exp\left(-\frac{1}{2}\boldsymbol{x}'\boldsymbol{R}^{-1}\boldsymbol{x}\right) \mathrm{d}x_n = \mathrm{e}^{\boldsymbol{B}} \int_{-\infty}^{x_n} \exp\left(-\frac{(x_n - x_{n-1})^2}{2(t_n - t_{n-1})}\right) \mathrm{d}x_n,$$

从而

$$\frac{\int_{-\infty}^{x_n} \exp\left(-\frac{1}{2}\boldsymbol{x}'\boldsymbol{R}^{-1}\boldsymbol{x}\right) \mathrm{d}x_n}{\int_{-\infty}^{\infty} \exp\left(-\frac{1}{2}\boldsymbol{x}'\boldsymbol{R}^{-1}\boldsymbol{x}\right) \mathrm{d}x_n} = \frac{1}{\sqrt{2\pi(t_n - t_{n-1})}} \int_{-\infty}^{x_n} \exp\left(-\frac{(x_n - x_{n-1})^2}{2(t_n - t_{n-1})}\right) \mathrm{d}x_n.$$

7.52 提示 (1) 令 $\boldsymbol{x} = (1, 1, \cdots, 1)'$, 应用题设条件可直接验证 $\boldsymbol{A}\boldsymbol{x} = \boldsymbol{x}$.

(2) 当 $m = 2$ 时, 可将 $\boldsymbol{A}$ 表示为

$$\begin{pmatrix} 1-\alpha & \alpha \\ \beta & 1-\beta \end{pmatrix},$$

其中 $0 < \alpha, \beta < 1$. 可求出

$$\boldsymbol{A}\begin{pmatrix} 1 \\ 1 \end{pmatrix} = \begin{pmatrix} 1 \\ 1 \end{pmatrix}, \quad \boldsymbol{A}\begin{pmatrix} \alpha \\ -\beta \end{pmatrix} = (1-\alpha-\beta)\begin{pmatrix} \alpha \\ -\beta \end{pmatrix},$$

于是

$$\boldsymbol{A}^n\begin{pmatrix} 1 \\ 1 \end{pmatrix} = \begin{pmatrix} 1 \\ 1 \end{pmatrix}, \quad \boldsymbol{A}^n\begin{pmatrix} \alpha \\ -\beta \end{pmatrix} = (1-\alpha-\beta)^n\begin{pmatrix} \alpha \\ -\beta \end{pmatrix},$$

从而

$$\boldsymbol{A}^n\begin{pmatrix} 1 & \alpha \\ 1 & -\beta \end{pmatrix} = \begin{pmatrix} 1 & (1-\alpha-\beta)^n\alpha \\ 1 & -(1-\alpha-\beta)^n\beta \end{pmatrix},$$

所以

$$\begin{aligned} \boldsymbol{A}^n &= \begin{pmatrix} 1 & (1-\alpha-\beta)^n\alpha \\ 1 & -(1-\alpha-\beta)^n\beta \end{pmatrix}\begin{pmatrix} 1 & \alpha \\ 1 & -\beta \end{pmatrix}^{-1} \\ &= -\frac{1}{\alpha+\beta}\begin{pmatrix} 1 & (1-\alpha-\beta)^n\alpha \\ 1 & -(1-\alpha-\beta)^n\beta \end{pmatrix}\begin{pmatrix} -\beta & -\alpha \\ -1 & 1 \end{pmatrix}, \end{aligned}$$

注意 $-1 < 1-\alpha-\beta < 1$, 即得

$$\lim_{n\to\infty} \boldsymbol{A}^n = -\frac{1}{\alpha+\beta}\begin{pmatrix} 1 & 0 \\ 1 & 0 \end{pmatrix}\begin{pmatrix} -\beta & -\alpha \\ -1 & 1 \end{pmatrix} = \frac{1}{\alpha+\beta}\begin{pmatrix} \beta & \alpha \\ \beta & \alpha \end{pmatrix}.$$

7.53 设 λ 是 $\boldsymbol{A}$ 的特征值, 对应的特征向量是 $\boldsymbol{x} \neq \boldsymbol{O}$, 则 $\boldsymbol{A}\boldsymbol{x} = \lambda\boldsymbol{x}$. 若 $\lambda \neq 0$, 则

$$\mathrm{adj}(\boldsymbol{A})\boldsymbol{x} = \mathrm{adj}(\boldsymbol{A})\left(\frac{1}{\lambda}\boldsymbol{A}\boldsymbol{x}\right) = \frac{|\boldsymbol{A}|}{\lambda}\boldsymbol{x}.$$

若 $\lambda=0$, 则 $\boldsymbol{Ax}=\boldsymbol{O}\,(\boldsymbol{x}\neq\boldsymbol{O})$. 如果 $\boldsymbol{A}$ 的秩 $r(\boldsymbol{A})\leqslant n-2$, 则依习题 2.13 可知 $\mathrm{adj}(\boldsymbol{A})=\boldsymbol{O}$(零矩阵), 所以

$$\mathrm{adj}(\boldsymbol{A})\boldsymbol{x}=\boldsymbol{Ox}=\boldsymbol{O}=0\cdot\boldsymbol{x}=\lambda\boldsymbol{x}.$$

如果 $r(\boldsymbol{A})=n-1$, 定义集合 $S=\{\boldsymbol{y}\mid \boldsymbol{Ay}=\boldsymbol{O}\}=\mathrm{Ker}(\boldsymbol{A})$, 那么

$$\dim S=n-r(\boldsymbol{A})=n-(n-1)=1$$

(这也可由习题 2.13 推出). 由此并注意非零向量 $\boldsymbol{x}\in S$, 可知 $\boldsymbol{x}$ 是 S 的基. 而由

$$\boldsymbol{A}\big(\mathrm{adj}(\boldsymbol{A})\boldsymbol{x}\big)=|\boldsymbol{A}|\boldsymbol{I}_n\boldsymbol{x}=|\boldsymbol{A}|\boldsymbol{x}=0\cdot\boldsymbol{x}$$

可知 $\mathrm{adj}(\boldsymbol{A})\boldsymbol{x}\in S$, 于是存在实数 μ 使得

$$\mathrm{adj}(\boldsymbol{A})\boldsymbol{x}=\mu\boldsymbol{x}.$$

总之, 在各种情形下 $\boldsymbol{x}$ 都是 $\mathrm{adj}(\boldsymbol{A})$ 的特征向量 (但相应的特征值有所不同).

7.54 (1) 可设 $\boldsymbol{A}$ 是非零方阵, 其秩为 r. 于是通过初等变换, 可找到可逆矩阵 $\boldsymbol{P},\boldsymbol{Q}$(它们都是一些初等矩阵之积) 使得

$$\boldsymbol{PAQ}=\begin{pmatrix}\boldsymbol{I}_r & \boldsymbol{O}\\ \boldsymbol{O} & \boldsymbol{O}\end{pmatrix}\quad(\text{记作 }\boldsymbol{C}).$$

于是

$$\boldsymbol{A}=\boldsymbol{P}^{-1}\boldsymbol{C}\boldsymbol{Q}^{-1}=\boldsymbol{P}^{-1}\boldsymbol{Q}^{-1}\boldsymbol{Q}\boldsymbol{C}\boldsymbol{Q}^{-1}.$$

令 $\boldsymbol{T}=\boldsymbol{P}^{-1}\boldsymbol{Q}^{-1},\boldsymbol{S}=\boldsymbol{QCQ}^{-1}$, 则 $\boldsymbol{A}=\boldsymbol{TS}$. 显然 $\boldsymbol{T}$ 可逆, 并且 $\boldsymbol{S}^2=\boldsymbol{QCQ}^{-1}\cdot\boldsymbol{QCQ}^{-1}=\boldsymbol{QC}^2\boldsymbol{Q}^{-1}$. 因为 $\boldsymbol{C}^2=\boldsymbol{C}$, 所以 $\boldsymbol{S}^2=\boldsymbol{QCQ}^{-1}=\boldsymbol{S}$, 即 $\boldsymbol{S}$ 是幂等矩阵.

(2) 解法 1 (i) 设 $\boldsymbol{A}$ 是一个任意实方阵, $\boldsymbol{J}=\mathrm{diag}(\boldsymbol{J}_1,\cdots,\boldsymbol{J}_k)$ 是它的 Jordan 标准形, 于是存在可逆矩阵 $\boldsymbol{P}$, 使得

$$\boldsymbol{A}=\boldsymbol{P}^{-1}\boldsymbol{JP}.$$

设 Jordan 块 (阶为 n_i)

$$\boldsymbol{J}_i=\begin{pmatrix}\lambda_i & 1 & 0 & 0 & \cdots & 0\\ 0 & \lambda_i & 1 & 0 & \cdots & 0\\ \vdots & \vdots & \vdots & \vdots & & \vdots\\ 0 & 0 & \cdots & 0 & \lambda_i & 1\\ 0 & 0 & 0 & \cdots & 0 & \lambda_i\end{pmatrix},$$

定义 n_i 阶方阵

$$\boldsymbol{H}_i=\begin{pmatrix}0 & 0 & \cdots & 0 & 1\\ 0 & 0 & \cdots & 1 & 0\\ \vdots & \vdots & & \vdots & \vdots\\ 0 & 1 & \cdots & 0 & 0\\ 1 & 0 & \cdots & 0 & 0\end{pmatrix}$$

(副对角线元素全为 1), 那么 $\boldsymbol{H}_i^2=\boldsymbol{I}_{n_i}$(即 $\boldsymbol{H}_i^{-1}=\boldsymbol{H}_i$), $\boldsymbol{H}_i'=\boldsymbol{H}_i$, 并且 $\boldsymbol{H}_i\boldsymbol{J}_i\boldsymbol{H}_i=\boldsymbol{J}_i'$(见补充习题 7.24(2)). 于是

$$\boldsymbol{HJH}=\boldsymbol{J}',$$

其中 $\boldsymbol{H}$ 是分块对角矩阵: $\boldsymbol{H}=\mathrm{diag}(\boldsymbol{H}_1,\cdots,\boldsymbol{H}_k)$, 并且 $\boldsymbol{H}^{-1}=\boldsymbol{H},\boldsymbol{H}'=\boldsymbol{H}$.

(ii) 由 $\boldsymbol{HJH}=\boldsymbol{J}'$ 可知 $\boldsymbol{J}=\boldsymbol{HJ'H}$, 所以

$$\boldsymbol{A}=\boldsymbol{P}^{-1}\boldsymbol{JP}=\boldsymbol{P}^{-1}\cdot\boldsymbol{HJ'H}\cdot\boldsymbol{P}=\boldsymbol{P}^{-1}\boldsymbol{H}\cdot\boldsymbol{J}'\cdot\boldsymbol{HP},$$

由 $\boldsymbol{A}=\boldsymbol{P}^{-1}\boldsymbol{JP}$ 可知 $\boldsymbol{J}=\boldsymbol{PAP}^{-1}$, 所以 $\boldsymbol{J}'=(\boldsymbol{P}^{-1})'\boldsymbol{A}'\boldsymbol{P}'$, 将此代入上式得到

$$\boldsymbol{A}=\boldsymbol{P}^{-1}\boldsymbol{H}\cdot(\boldsymbol{P}^{-1})'\boldsymbol{A}'\boldsymbol{P}'\cdot\boldsymbol{HP}=\boldsymbol{P}^{-1}\boldsymbol{H}(\boldsymbol{P}^{-1})'\boldsymbol{A}'\cdot(\boldsymbol{P}'\boldsymbol{HP}).$$

令 $\boldsymbol{S}=\boldsymbol{P}'\boldsymbol{HP}$, 那么 $\boldsymbol{S}$ 可逆, 对称. 注意 $\boldsymbol{P}^{-1}\boldsymbol{H}(\boldsymbol{P}^{-1})'=\boldsymbol{S}^{-1}$, 所以

$$\boldsymbol{A}=(\boldsymbol{S}^{-1}\boldsymbol{A}')\cdot\boldsymbol{S};$$

进而令 $\boldsymbol{T}=\boldsymbol{S}^{-1}\boldsymbol{A}'$, 则

$$\boldsymbol{A}=\boldsymbol{TS},$$

并且 (注意 $\boldsymbol{S}'=\boldsymbol{S}$)

$$\boldsymbol{T}'=(\boldsymbol{S}^{-1}\boldsymbol{A}')'=\boldsymbol{A}(\boldsymbol{S}^{-1})'=\boldsymbol{S}^{-1}\boldsymbol{A}'\boldsymbol{S}\cdot(\boldsymbol{S}^{-1})'=\boldsymbol{S}^{-1}\boldsymbol{A}'\boldsymbol{S}'\cdot(\boldsymbol{S}^{-1})'=\boldsymbol{S}^{-1}\boldsymbol{A}'=\boldsymbol{T},$$

即 $\boldsymbol{T}$ 对称.

解法 2 与解法 1 同一思路, 但要简单些. 设 $\boldsymbol{J}=\mathrm{diag}(\boldsymbol{J}_1,\cdots,\boldsymbol{J}_k)$ 是实方阵 $\boldsymbol{A}$ 的 Jordan 标准形, 于是存在可逆矩阵 $\boldsymbol{P}$, 使得

$$\boldsymbol{A}=\boldsymbol{P}^{-1}\boldsymbol{JP}.$$

设 Jordan 块 (阶为 n_i)

$$\boldsymbol{J}_i=\begin{pmatrix}\lambda_i & 1 & 0 & 0 & \cdots & 0\\ 0 & \lambda_i & 1 & 0 & \cdots & 0\\ \vdots & \vdots & \vdots & \vdots & & \vdots\\ 0 & 0 & \cdots & 0 & \lambda_i & 1\\ 0 & 0 & 0 & \cdots & 0 & \lambda_i\end{pmatrix},$$

并定义 n_i 阶方阵

$$\boldsymbol{H}_i=\begin{pmatrix}0 & 0 & \cdots & 0 & 1\\ 0 & 0 & \cdots & 1 & 0\\ \vdots & \vdots & & \vdots & \vdots\\ 0 & 1 & \cdots & 0 & 0\\ 1 & 0 & \cdots & 0 & 0\end{pmatrix}$$

以及

$$Q_i = \begin{pmatrix} 0 & 0 & \cdots & 0 & 1 & \lambda_i \\ 0 & \cdots & 0 & 1 & \lambda_i & 0 \\ \vdots & & \vdots & \vdots & \vdots & \vdots \\ 1 & \lambda_i & 0 & \cdots & 0 & 0 \\ \lambda_i & 0 & 0 & \cdots & 0 & 0 \end{pmatrix},$$

那么可以直接验证 $\boldsymbol{Q}_i = \boldsymbol{Q}_i', \boldsymbol{H}_i = \boldsymbol{H}_i'$, 并且 $\boldsymbol{J}_i = \boldsymbol{Q}_i\boldsymbol{H}_i$. 于是

$$\boldsymbol{J} = \mathrm{diag}(\boldsymbol{Q}_1, \cdots, \boldsymbol{Q}_k)\mathrm{diag}(\boldsymbol{H}_1, \cdots, \boldsymbol{H}_k) = \boldsymbol{Q}\boldsymbol{H}.$$

由此得到

$$\begin{aligned} \boldsymbol{A} &= \boldsymbol{P}^{-1}\boldsymbol{J}\boldsymbol{P} = \boldsymbol{P}^{-1}\boldsymbol{Q}\boldsymbol{H}\boldsymbol{P} = \boldsymbol{P}^{-1}\boldsymbol{Q}\cdot(\boldsymbol{P}')^{-1}\boldsymbol{P}'\cdot\boldsymbol{H}\boldsymbol{P} \\ &= \big(\boldsymbol{P}^{-1}\boldsymbol{Q}(\boldsymbol{P}^{-1})'\big)(\boldsymbol{P}'\boldsymbol{H}\boldsymbol{P}) = \boldsymbol{T}\boldsymbol{S}. \end{aligned}$$

其中 $\boldsymbol{T}, \boldsymbol{S}$ 对称, 并且 $\boldsymbol{S}$ 可逆.

7.55　提示　可考虑 n 阶的情形, 因为出现的矩阵乘法只含有有限和. 先证明 $\boldsymbol{B}^2 = \boldsymbol{D}\boldsymbol{B}\boldsymbol{D}^{-1}$. 注意组合等式

$$\binom{i}{j}\binom{j}{k} = \binom{i}{k}\binom{i-k}{i-j}, \qquad \sum_{l=0}^{i-k}\binom{i-k}{l} = 2^{i-k}.$$

7.56　因为

$$\boldsymbol{X}_k - \boldsymbol{X}_{k-1} = \boldsymbol{A}^{k-1}\boldsymbol{X}_1 \quad (k \geqslant 1), \quad \boldsymbol{X}_1 = \boldsymbol{B} = \boldsymbol{I}_3,$$

所以

$$\boldsymbol{X}_n = \boldsymbol{I}_3 + \boldsymbol{A} + \boldsymbol{A}^2 + \cdots + \boldsymbol{A}^{n-1}.$$

注意 $\boldsymbol{A}^2 = \boldsymbol{A}', \boldsymbol{A}^3 = \boldsymbol{I}_3$, 得到

$$\boldsymbol{X}_3 = \boldsymbol{I}_3 + \boldsymbol{A} + \boldsymbol{A}^2 = \boldsymbol{I}_3 + \boldsymbol{A} + \boldsymbol{A}' = \begin{pmatrix} 1 & 1 & 1 \\ 1 & 1 & 1 \\ 1 & 1 & 1 \end{pmatrix} \quad (\text{记作 } \boldsymbol{P}),$$

于是当 $m \geqslant 1$, 有

$$\begin{aligned} \boldsymbol{X}_{3m} &= (\boldsymbol{I}_3 + \boldsymbol{A} + \boldsymbol{A}^2) + (\boldsymbol{A}^3 + \boldsymbol{A}^4 + \boldsymbol{A}^5) + \cdots + (\boldsymbol{A}^{3m-3} + \boldsymbol{A}^{3m-2} + \boldsymbol{A}^{3m-1}) \\ &= (\boldsymbol{I}_3 + \boldsymbol{A} + \boldsymbol{A}^2) + \boldsymbol{A}^3(\boldsymbol{I}_3 + \boldsymbol{A} + \boldsymbol{A}^2) + \cdots + \boldsymbol{A}^{3(m-1)}(\boldsymbol{I}_3 + \boldsymbol{A} + \boldsymbol{A}^2) \\ &= m(\boldsymbol{I}_3 + \boldsymbol{A} + \boldsymbol{A}^2) = m\boldsymbol{P} = \begin{pmatrix} m & m & m \\ m & m & m \\ m & m & m \end{pmatrix}. \end{aligned}$$

类似地, 有

$$\boldsymbol{X}_{3m+1}=m\boldsymbol{P}+\boldsymbol{I}_3=\begin{pmatrix}m+1&m&m\\m&m+1&m\\m&m&m+1\end{pmatrix},$$

$$\boldsymbol{X}_{3m+2}=m\boldsymbol{P}+\boldsymbol{I}_3+\boldsymbol{A}=\begin{pmatrix}m+1&m+1&m\\m&m+1&m+1\\m+1&m&m+1\end{pmatrix}.$$

7.57 若 f 有一个实特征值, 则属于它的特征向量生成 f 的 1 维不变子空间. 若 f 没有实特征值, 则因其特征多项式是实系数的, 所以其特征值是成对共轭出现的复数. 设在某组基下 f 的矩阵是 $\boldsymbol{F}$, 那么 $(\lambda\boldsymbol{I}-\boldsymbol{F})\boldsymbol{z}=\boldsymbol{O}$ 的非零解 $\boldsymbol{z}=(z_1,z_2,\cdots,z_n)'$ 是属于复特征值 λ 的特征向量, 并且 (注意 $\overline{\boldsymbol{F}}=\boldsymbol{F}$)$\boldsymbol{F}\boldsymbol{z}=\lambda\boldsymbol{z},\boldsymbol{F}\overline{\boldsymbol{z}}=\overline{\lambda}\overline{\boldsymbol{z}}$. 记 $z_k=x_k+\mathrm{i}y_k,x_k,y_k\in\mathbb{R}(k=1,2,\cdots,n)$, 那么 $\boldsymbol{z}=\boldsymbol{x}+\mathrm{i}\boldsymbol{y}$, 其中 $\boldsymbol{x}=(x_1,x_2,\cdots,x_n)$ 和 $\boldsymbol{y}=(y_1,y_2,\cdots,y_n)\in\mathbb{R}^n$. 记 $\lambda=a+b\mathrm{i},a,b\in\mathbb{R}$, 由 $\boldsymbol{F}\boldsymbol{z}=\lambda\boldsymbol{z}$ 或 $\boldsymbol{F}\overline{\boldsymbol{z}}=\overline{\lambda}\overline{\boldsymbol{z}}$ (分别等置等式两边的实部和虚部) 得到

$$\boldsymbol{F}\boldsymbol{x}=a\boldsymbol{x}-b\boldsymbol{y},\quad \boldsymbol{F}\boldsymbol{y}=a\boldsymbol{x}+b\boldsymbol{y},$$

因此 $\boldsymbol{x},\boldsymbol{y}$ 生成 f 的不变子空间, 其维数小于等于 2.

7.58 设 $\boldsymbol{E}_{ij}(i,j=1,2,\cdots,n)$ 是 $M_n(\mathbb{C})$ 的 (标准) 基 (如补充习题 7.31(1)), 那么 $\boldsymbol{E}_{ij}\boldsymbol{E}_{kl}=\delta_{jk}\boldsymbol{E}_{il}$, 其中 δ_{jk} 是 Kronecker 符号. 由此及 $T(\boldsymbol{AB})=T(\boldsymbol{BA})$ 推出

$$T(\boldsymbol{E}_{ij})=T(\boldsymbol{E}_{ik}\boldsymbol{E}_{kj})=T(\boldsymbol{E}_{kj}\boldsymbol{E}_{ik})=T(\delta_{ji}\boldsymbol{E}_{kk}),$$

因此

$$T(\boldsymbol{E}_{ij})=\boldsymbol{O}\quad(i\neq j),\quad T(\boldsymbol{E}_{ii})=T(\boldsymbol{E}_{kk})\quad(i,k=1,2,\cdots,n).$$

特别地, 所有 $T(\boldsymbol{E}_{ii})(i=1,2,\cdots,n)$ 相等, 记为 λ, 从而

$$T(\boldsymbol{E}_{ij})=\lambda\mathrm{tr}(\boldsymbol{E}_{ij})\quad(i,j=1,2,\cdots,n).$$

注意 $\boldsymbol{E}_{ij}(i,j=1,2,\cdots,n)$ 是 $M_n(\mathbb{C})$ 的基, 由此及迹的性质推出 $T(\boldsymbol{A})=\lambda\mathrm{tr}(\boldsymbol{A})$ $(\forall\boldsymbol{A}\in M_n(\mathbb{C}))$.

7.59 (1) 因为 $r(\boldsymbol{A}_i)=1$, 所以可以分别在 $\boldsymbol{A}_i$ 中取一个非零列向量 $\boldsymbol{b}_i(i=1,2,\cdots,l)$. 于是 $\boldsymbol{A}_i$ 的各列向量都是 $\boldsymbol{b}_i$ 的某个实数倍, 即存在一组实数 $c_{i1},c_{i2},\cdots,c_{in}$, 使得

$$\boldsymbol{A}_i=(c_{i1}\boldsymbol{b}_i,c_{i2}\boldsymbol{b}_i,\cdots,c_{in}\boldsymbol{b}_i)\quad(i=1,2,\cdots,l).$$

于是

$$\boldsymbol{A}=\boldsymbol{A}_1+\boldsymbol{A}_2+\cdots+\boldsymbol{A}_l=\left(\sum_{i=1}^{l}c_{i1}\boldsymbol{b}_i,\sum_{i=1}^{l}c_{i2}\boldsymbol{b}_i,\cdots,\sum_{i=1}^{l}c_{in}\boldsymbol{b}_i\right).$$

设 V 是列向量 $\boldsymbol{b}_1,\boldsymbol{b}_2,\cdots,\boldsymbol{b}_l$ 生成的 $\mathbb{R}^m$ 的子空间, 则 $\dim V\leqslant l$, 并且 $\boldsymbol{A}$ 的每个列向量都属于 V, 从而 $\boldsymbol{A}$ 的任意 $l+1$ 个列向量都线性相关, 于是 $k=r(\boldsymbol{A})\leqslant l$.

(2) 因为 $r(\boldsymbol{A})=k$, 所以不妨设 $\boldsymbol{A}$ 的最初 k 个列向量 $\boldsymbol{a}_i(i=1,2,\cdots,k)$ 线性无关. 于是对于 $\boldsymbol{A}$ 的后 $n-k$ 个列向量 $\boldsymbol{a}_i(i=k+1,\cdots,n)$, 分别存在实数 $r_{ij}(j=1,2,\cdots,k)$ 使得

$$\boldsymbol{a}_i=\sum_{j=1}^{k}r_{ij}\boldsymbol{a}_j \quad (i=k+1,\cdots,n).$$

定义矩阵

$$\boldsymbol{A}_j=(\boldsymbol{O},\cdots,\boldsymbol{O},\boldsymbol{a}_j,\boldsymbol{O},\cdots,\boldsymbol{O},r_{k+1,j}\boldsymbol{a}_j,\cdots,r_{nj}\boldsymbol{a}_j) \quad (j=1,2,\cdots,k),$$

其中列向量 $\boldsymbol{a}_j$ 位于 $\boldsymbol{A}_j$ 的第 j 列, 列向量 $r_{k+1,j}\boldsymbol{a}_j$ 位于 $\boldsymbol{A}_j$ 的第 $k+1$ 列, 等等. 那么 $\boldsymbol{A}=\boldsymbol{A}_1+\boldsymbol{A}_2+\cdots+\boldsymbol{A}_k$.

7.60 (1) 因为 d 是 f_1,f_2,f_3 的最大公因式, 所以存在 $t_1,t_2,t_3\in P[x]$ 使得

$$f_1t_1+f_2t_2+f_3t_3=d.$$

令 $h_3=\gcd(t_1,t_2)$, $g_1=-t_2/h_3$, $g_2=t_1/h_3$, 那么 $\gcd(g_1,g_2)=1$. 于是存在 $q_1,q_2\in P[x]$ 使得

$$g_1q_1+g_2q_2=1.$$

令 $h_1=-t_3q_2$, $h_2=t_3q_1$, $g_3=0$(零多项式), 那么 $g_1h_2-g_2h_1=t_3(g_1q_1+g_2q_2)=t_3\cdot 1=t_3$. 于是

$$\begin{aligned}\begin{vmatrix}f_1 & f_2 & f_3\\ g_1 & g_2 & g_3\\ h_1 & h_2 & h_3\end{vmatrix}&=f_1(g_2h_3-h_2g_3)+f_2(g_3h_1-g_1h_3)+f_3(g_1h_2-g_2h_1)\\ &=f_1t_1+f_2t_2+f_3t_3=d.\end{aligned}$$

(2) 设 $1,\varepsilon_1,\varepsilon_2,\cdots,\varepsilon_{n-1}$ 是 1 的 n 个不同的 n 次方根. 因为 $(x-1)\mid p(x)$, 所以 $p(1)=0$. 在题给等式

$$\sum_{i=0}^{n-1}x^ip_i(x^{in})=p(x^n)$$

中分别令 $x=1,\varepsilon_1,\varepsilon_2,\cdots,\varepsilon_{n-1}$, 得到

$$\begin{aligned}&p_0(1)+p_1(1)+p_2(1)+\cdots+p_{n-1}(1)=0,\\ &p_0(1)+\varepsilon_1p_1(1)+\varepsilon_1^2p_2(1)+\cdots+\varepsilon_1^{n-1}p_{n-1}(1)=0,\\ &\cdots,\\ &p_0(1)+\varepsilon_{n-1}p_1(1)+\varepsilon_{n-1}^2p_1(1)+\cdots+\varepsilon_{n-1}^{n-1}p_{n-1}(1)=0.\end{aligned}$$

作为 $p_0(1),\cdots,p_{n-1}(1)$ 的齐次线性方程组, 其系数行列式不为零 (依 Vandermonde 行列式计算公式), 因此 $p_i(1)=0(i=0,1,\cdots,n-1)$, 从而 $(x-1)\mid p_i(x)(i=0,1,\cdots,n-1)$.

补充习题 (续)

在此对第 1 版增加一些补充题 (60 个题或题组), 它们选自国内外资料, 标注 * 的是近几年的某些硕士研究生入学考试试题.

***7.61** 计算 n 阶行列式

$$\Delta_n=\begin{vmatrix}1-a_1 & a_2 & & & \\ -1 & 1-a_2 & a_3 & & \\ & -1 & 1-a_3 & \ddots & \\ & & \ddots & \ddots & a_n \\ & & & -1 & 1-a_n\end{vmatrix}.$$

7.62 (1) 设 $\boldsymbol{A}$ 是任意 n 阶方阵,adj$(\boldsymbol{A})$ 表示 $\boldsymbol{A}$ 的伴随矩阵,$\boldsymbol{\beta}$ 和 $\boldsymbol{\gamma}$ 分别是 n 维列向量和 n 维行向量. 证明:

$$|\boldsymbol{A}+\boldsymbol{\beta}\boldsymbol{\gamma}|=|\boldsymbol{A}|+\boldsymbol{\gamma}\,\mathrm{adj}(\boldsymbol{A})\,\boldsymbol{\beta}.$$

(2) 设 $\boldsymbol{A}$ 是任意 n 阶方阵,$\boldsymbol{\beta}=(1,1,\cdots,1)'$ 是 n 维列向量, c 是常数. 证明:

$$|\boldsymbol{A}+c\boldsymbol{\beta}\boldsymbol{\beta}'|=|\boldsymbol{A}|+c\sum_{1\leqslant i,j\leqslant n}A_{ij},$$

其中 A_{ij} 表示 $\boldsymbol{A}$ 的元素 a_{ij} 的代数余子式.

(3) 记 $A(\lambda)=\det(a_{ij}+\lambda)_{1\leqslant i,j\leqslant n}$, 证明:

$$A(\lambda)=A(0)+\lambda\sum_{i,j=1}^{n}A_{ij},$$

其中 A_{ij} 表示 a_{ij} 在 $\det(a_{ij})_{1\leqslant i,j\leqslant n}$ 中的代数余子式.

(4) 令

$$\boldsymbol{D}_n(x)=\begin{pmatrix}x_1 & x_2 & \cdots & x_n\\ a_{21} & a_{22} & \cdots & a_{2n}\\ \vdots & \vdots & & \vdots\\ a_{n1} & a_{n2} & \cdots & a_{nn}\end{pmatrix},$$

A_{ij} 是 $|\boldsymbol{D}_n(x)|$ 的 (i,j) 位置的元素的代数余子式. 证明:

$$D_n=\begin{vmatrix}1 & 1 & \cdots & 1\\ a_{21}-x_1 & a_{22}-x_2 & \cdots & a_{2n}-x_n\\ \vdots & \vdots & & \vdots\\ a_{n1}-x_1 & a_{n2}-x_2 & \cdots & a_{nn}-x_n\end{vmatrix}=\sum_{1\leqslant i,j\leqslant n}A_{ij}.$$

***7.63** 设 n 阶方阵 $\boldsymbol{M}_n=(|i-j|)_{1\leqslant i,j\leqslant n}$, 令 $D_n=\det(\boldsymbol{M}_n)$.

(1) 计算 D_4.

(2) 证明 D_n 满足递推关系式 $D_n=-4D_{n-1}-4D_{n-2}$.

(3) 求 n 阶方阵

$$\boldsymbol{A}_n=\left(\left|\frac{1}{i}-\frac{1}{j}\right|\right)_{1\leqslant i,j\leqslant n}$$

的行列式 $\det(\boldsymbol{A}_n)$.

7.64 设 n 阶方阵 $\boldsymbol{A}_n=(a_{ij})$, 其中

$$a_{ij}=\begin{cases}(-1)^{|i-j|} & (\text{当 } i\neq j \text{ 时}),\\ 2 & (\text{当 } i=j \text{ 时}).\end{cases}$$

求 $\det(\boldsymbol{A}_n)$.

***7.65** (1) 设 $\boldsymbol{A},\boldsymbol{B}$ 是 n 阶实方阵, 证明:

$$\det\begin{pmatrix}\boldsymbol{A} & \boldsymbol{B}\\ -\boldsymbol{B} & \boldsymbol{A}\end{pmatrix}=\det(\boldsymbol{A}+\sqrt{-1}\boldsymbol{B})\cdot\det(\boldsymbol{A}-\sqrt{-1}\boldsymbol{B}).$$

(2) 设 $\boldsymbol{A}$ 是 $m\times n$ 矩阵,$\boldsymbol{B}$ 是 $n\times m$ 矩阵,λ 是任意复数, 证明:

$$\lambda^n\cdot\det(\lambda\boldsymbol{I}_m-\boldsymbol{AB})=\lambda^m\cdot\det(\lambda\boldsymbol{I}_n-\boldsymbol{BA}).$$

7.66 (1) 若 n 阶矩阵 $\boldsymbol{A}$ 的主对角元都不超过 1, 其所有特征值都非负, 则 $|\boldsymbol{A}|\leqslant 1$.

(2) 若 n 阶实矩阵 $\boldsymbol{A}$ 满足 $\boldsymbol{A}^3=\boldsymbol{A}+\boldsymbol{I}$ ($\boldsymbol{I}$ 为 n 阶单位方阵), 则 $|\boldsymbol{A}|>0$.

(3) 若 $\boldsymbol{A}$ 是 n 阶非零实方阵, 满足 $\operatorname{adj}(\boldsymbol{A})=\boldsymbol{A}'$, 则 $|\boldsymbol{A}|\neq 0$.

7.67 (1) 设 $\boldsymbol{A}$ 和 $\boldsymbol{B}$ 分别是 4×2 和 2×4 实矩阵, 并且

$$\boldsymbol{AB}=\begin{pmatrix}1 & 0 & -1 & 0\\ 0 & 1 & 0 & -1\\ -1 & 0 & 1 & 0\\ 0 & -1 & 0 & 1\end{pmatrix},$$

求 $\boldsymbol{BA}$.

(2) 设 $\boldsymbol{A}$ 和 $\boldsymbol{B}$ 分别是 3×2 和 2×3 矩阵, 并且

$$\boldsymbol{AB}=\begin{pmatrix}8 & 2 & -2\\ 2 & 5 & 4\\ -2 & 4 & 5\end{pmatrix},$$

证明:

$$\boldsymbol{BA}=\begin{pmatrix}9 & 0\\ 0 & 9\end{pmatrix}.$$

(3) 设 n 阶矩阵 $\boldsymbol{A},\boldsymbol{B}$ 满足 $\boldsymbol{A}+\boldsymbol{B}=\boldsymbol{AB}$. 若

$$\boldsymbol{A}=\begin{pmatrix}1 & -3 & 0\\ 2 & 1 & 0\\ 0 & 0 & 2\end{pmatrix},$$

求矩阵 $\boldsymbol{B}$.

7.68 设 $\boldsymbol{A}_n=(a_{ij})$ 是 n 阶方阵, 其中 $a_{ij}=i+j$. 求 $\boldsymbol{A}_n$ 的秩 $r_n=r(\boldsymbol{A}_n)$.

7.69 设 $\boldsymbol{A}$ 是 n 阶非零矩阵, 证明: 若 $\boldsymbol{A}$ 有 s 个非零特征值, 则 $r(\boldsymbol{A})\geqslant s$.

***7.70** 设实方阵

$$\boldsymbol{H}=\begin{pmatrix} a_1 & b_1 & 0 & 0 & \cdots & \cdots & 0 & 0\\ b_1 & a_2 & b_2 & 0 & \cdots & \cdots & 0 & 0\\ 0 & b_2 & a_3 & b_3 & \cdots & \cdots & 0 & 0\\ \cdots & \cdots & \cdots & \ddots & \cdots & \cdots & \cdots & \cdots\\ \cdots & \cdots & \cdots & \cdots & \ddots & \cdots & \cdots & \cdots\\ \cdots & \cdots & \cdots & \cdots & \cdots & \ddots & \cdots & \cdots\\ 0 & 0 & 0 & \cdots & \cdots & b_{n-2} & a_{n-1} & b_{n-1}\\ 0 & 0 & 0 & \cdots & \cdots & 0 & b_{n-1} & a_n \end{pmatrix},$$

其中 $b_j\neq 0(j=1,2,\cdots,n-1)$. 证明:

(1) $\boldsymbol{H}$ 的秩 $r\geqslant n-1$.

(2) $\boldsymbol{H}$ 的特征值均不相同.

***7.71** 设矩阵

$$\boldsymbol{B}=\begin{pmatrix} \boldsymbol{A} & \boldsymbol{v}\\ \boldsymbol{v}' & 0 \end{pmatrix},$$

其中 $\boldsymbol{A}$ 是 n 阶可逆反对称矩阵,$\boldsymbol{v}$ 是 n 维列向量, 求 $r(\boldsymbol{B})$.

***7.72** 设 $\boldsymbol{A},\boldsymbol{B}$ 是 n 阶方阵. 证明:

(1) 若 $\boldsymbol{AB}=\boldsymbol{O}$, 则 $r(\boldsymbol{A})+r(\boldsymbol{B})\leqslant n$.

(2) 设整数 k 满足 $r(\boldsymbol{A})\leqslant k\leqslant n$, 则存在方阵 $\boldsymbol{C}$, 使得 $\boldsymbol{AC}=\boldsymbol{O}$, 并且 $r(\boldsymbol{A})+r(\boldsymbol{C})=k$.

***7.73** 已知 n 阶方阵 $\boldsymbol{A}$ 满足 $\boldsymbol{A}^2=\boldsymbol{I}_n$, 问 $r(\boldsymbol{I}_n+\boldsymbol{A})+r(\boldsymbol{I}_n-\boldsymbol{A})=$? 并证明你的答案.

***7.74** 已知 3 阶实矩阵 $\boldsymbol{A}=(a_{ij})$, 其中 $a_{ij}\leqslant 0(i\neq j,i,j=1,2,3)$, 请说明:

(1) 若 $a_{ii}>0(i=1,2,3)$,$\boldsymbol{A}$ 是否是可逆矩阵?

(2) 若 $a_{1j}+a_{2j}+a_{3j}>0(j=1,2,3)$,$\boldsymbol{A}$ 是否是可逆矩阵?

7.75 设 $\boldsymbol{A},\boldsymbol{B}$ 是 n 阶复方阵. 证明:

(1) 若秩 $r(\boldsymbol{AB}-\boldsymbol{BA})=1$, 则 $(\boldsymbol{AB}-\boldsymbol{BA})^2=\boldsymbol{O}$.

(2) 若 $\boldsymbol{A}^2\boldsymbol{B}+\boldsymbol{BA}^2=2\boldsymbol{ABA}$, 则存在正整数 k, 使得 $(\boldsymbol{AB}-\boldsymbol{BA})^k=\boldsymbol{O}$.

***7.76** 设 $\boldsymbol{A}$ 为 n 阶幂等矩阵, 即 $\boldsymbol{A}^2=\boldsymbol{A}$. 证明:

(1) $\boldsymbol{A}$ 的 Jordan 标准形为

$$\begin{pmatrix} \boldsymbol{I}_r & \boldsymbol{O}\\ \boldsymbol{O} & \boldsymbol{O} \end{pmatrix},$$

其中 $\boldsymbol{I}_r$ 为 r 阶单位方阵,r 为矩阵的秩.

(2) 矩阵 $\boldsymbol{I}_n-\boldsymbol{A}$ 的列向量张成的子空间 $\mathcal{R}(\boldsymbol{I}_n-\boldsymbol{A})=\mathrm{Ker}(\boldsymbol{A})$, 其中 $\mathrm{Ker}(\boldsymbol{A})=\{\boldsymbol{x}\,|\,\boldsymbol{Ax}=\boldsymbol{O}\}$ ($\boldsymbol{A}$ 的零空间).

7.77　设 V 是所有满足递推关系

$$x_{n+4}+a_1x_{n+3}+a_2x_{n+2}+a_3x_{n+1}+a_4x_n=0\quad(n\geqslant 0)$$

的实数列 $\{x_n(n\geqslant 0)\}$ 组成的 4 维实线性空间, 定义线性变换 $\tau:V\to V$:

$$\tau\big(\{x_n(n\geqslant 0)\}\big)=\{x_{n+1}(n\geqslant 0)\}.$$

求 V 的一组基, 在此基下 τ 的矩阵表示 $\boldsymbol{T}$, 以及 $\det(\boldsymbol{T}),\mathrm{tr}(\boldsymbol{T})$ 和特征多项式 $\varphi_{\boldsymbol{T}}(x)$.

7.78　(1) 设 V 是所有满足递推关系 $x_{n+3}-2x_{n+2}-x_{n+1}+2x_n=0\,(n\geqslant 0)$ 的实数列 $\{x_n(n\geqslant 0)\}$ 组成的 3 维实线性空间, 试求 V 的一组基, 使得在此基下线性变换 $\tau:V\to V$:

$$\tau\big(\{x_n(n\geqslant 0)\}\big)=\{x_{n+1}(n\geqslant 0)\}$$

的矩阵 (表示) 是对角阵.

(2) 设数列 $\{x_n(n\geqslant 0)\}$ 满足递推关系

$$x_{n+3}-6x_{n+2}+12x_{n+1}-8x_n=0\quad(n\geqslant 0)$$

和 $x_0=1,x_1=3,x_2=9$, 求 $x_n(n\geqslant 0)$.

(3) 计算 n 阶行列式

$$\varDelta_n=\begin{vmatrix}4&1&-6&&&&\\1&4&1&-6&&&\\&1&4&1&\ddots&&\\&&1&4&\ddots&-6&\\&&&1&\ddots&1&-6\\&&&&\ddots&4&1\\&&&&&1&4\end{vmatrix}$$

(空白处元素为 0).

7.79　*(1) 给定一个数列 $\{x_n(n\geqslant 0)\}$, 满足

$$\begin{pmatrix}x_{3n}\\x_{3n+1}\\x_{3n+2}\end{pmatrix}=\begin{pmatrix}3&-2&1\\4&-1&0\\4&-3&2\end{pmatrix}\begin{pmatrix}x_{3n-3}\\x_{3n-2}\\x_{3n-1}\end{pmatrix}\quad(n\geqslant 1).$$

已知初始值 $x_0=5,x_1=7,x_2=8$, 求 x_n 的通项公式.

(2) 设当 $n\geqslant 1$ 时,

$$\begin{cases}x_n=4x_{n-1}-5y_{n-1},\\y_n=2x_{n-1}-3y_{n-1}.\end{cases}$$

已知 $x_0=2,y_0=1$, 求 x_{100},y_{100}.

7.80 对于复数 λ, 用 $\boldsymbol{J}_n(\lambda)$ 表示特征值 λ 的 n 阶 Jordan 块:

$$\boldsymbol{J}_n(\lambda)=\begin{pmatrix}\lambda & 1 & & & \\ & \lambda & 1 & & \\ & & \ddots & \ddots & \\ & & & \lambda & 1 \\ & & & & \lambda\end{pmatrix}$$

(空白处元素为 0).

设 n 阶矩阵 $\boldsymbol{A}=\boldsymbol{J}_n(0)$, 求 $\boldsymbol{A}^2$ 的 Jordan 标准形.

***7.81** 设 λ 是非零复数,k 为正整数.

(1) 求 $\left(\boldsymbol{J}_n(\lambda)\right)^k$ 的 Jordan 标准形.

(2) 证明:$\boldsymbol{J}_n(\lambda)$ 有 k 次方根, 即存在 n 阶复方阵 $\boldsymbol{B}$, 使得 $\boldsymbol{B}^k=\boldsymbol{J}_n(\lambda)$.

(3) 证明: 任意 n 阶可逆复方阵 $\boldsymbol{A}$ 都有 k 次方根.

7.82 若 $\boldsymbol{A}$ 和 $\boldsymbol{B}$ 分别是 $m\times n$ 和 $n\times m$ 矩阵,$m\geqslant n$, 则 $\boldsymbol{AB}$ 和 $\boldsymbol{BA}$ 的特征多项式有关系式

$$\varphi_{\boldsymbol{AB}}(\lambda)=\lambda^{m-n}\varphi_{\boldsymbol{BA}}(\lambda),$$

即

$$|\lambda\boldsymbol{I}_m-\boldsymbol{AB}|=\lambda^{m-n}|\lambda\boldsymbol{I}_n-\boldsymbol{BA}|.$$

7.83 设 $\boldsymbol{A}$ 是秩为 1 的 n 阶矩阵.

(1) 证明: 存在 n 维非零列向量 $\boldsymbol{a}$ 和 $\boldsymbol{b}$, 使得 $\mathrm{tr}(\boldsymbol{A})=\boldsymbol{a}'\boldsymbol{b}=\boldsymbol{b}'\boldsymbol{a}$.

(2) 证明: 对于任何正整数 $k,\boldsymbol{A}^k=\left(\mathrm{tr}(\boldsymbol{A})\right)^{k-1}\boldsymbol{A}$.

(3) 求 $\boldsymbol{A}$ 的特征多项式和全部特征值.

7.84 (1) 设 $\boldsymbol{A}$ 是 3 阶对合矩阵, 即它满足关系式 $\boldsymbol{A}^2=\boldsymbol{I}$. 证明: 若它的所有元素非零, 则它的迹 $\mathrm{tr}(\boldsymbol{A})$ 等于 1 或 -1.

(2) 设 $\boldsymbol{A}$ 是 n 阶对合矩阵, 并且 $\boldsymbol{A}\neq\pm\boldsymbol{I}$. 证明: $\mathrm{tr}(\boldsymbol{A})\equiv n\,(\mathrm{mod}\,2)$, 并且 $|\mathrm{tr}(\boldsymbol{A})|\leqslant n-2$.

7.85 设 $\boldsymbol{A},\boldsymbol{B}$ 是 n 阶可逆矩阵,$\boldsymbol{A}+\boldsymbol{B}=k\boldsymbol{E}$, 其中 k 是非零常数,$\boldsymbol{E}$ 是所有元素都为 1 的 n 阶矩阵. 用 $\sigma(\boldsymbol{C})$ 表示矩阵 $\boldsymbol{C}$ 的所有元素之和. 证明:

$$\sigma(\boldsymbol{A}^{-1})=\frac{\sigma(\boldsymbol{B}^{-1})}{k\sigma(\boldsymbol{B}^{-1})-1}.$$

7.86 设 $\boldsymbol{A},\boldsymbol{B}$ 是 n 阶复矩阵. 证明: 若 $\boldsymbol{AB}^2-\boldsymbol{B}^2\boldsymbol{A}=\boldsymbol{B}$, 则 $\boldsymbol{B}$ 是幂零的.

7.87 (1) 设 $\boldsymbol{A}$ 是 $n(>1)$ 阶矩阵. 证明:

$$\boldsymbol{A}\,\mathrm{adj}(\boldsymbol{A})=|\mathrm{adj}(\boldsymbol{A})|^{1/(n-1)}\boldsymbol{I}_n.$$

(2) 证明: 若方阵 $\boldsymbol{A}$ 的特征多项式是 $\phi(\lambda)=\lambda^3-\lambda$, 则 $\boldsymbol{A}$ 不可能是任何矩阵的伴随矩阵.

7.88 设 V_1,V_2 是数域 $\mathbb{K}$ 上 n 维线性空间 V 的子空间, 并且 $\dim V_1+\dim V_2=n,V_1\cap V_2=\{\boldsymbol{O}\}$, 证明: $V=V_1\oplus V_2$.

***7.89** 设 $\boldsymbol{A}=\begin{pmatrix}\boldsymbol{A}_1\\ \boldsymbol{A}_2\end{pmatrix}$ 是 n 阶复矩阵, 令

$$V_1=\{\boldsymbol{x}\,|\,\boldsymbol{A}_1\boldsymbol{x}=\boldsymbol{O}\},\quad V_2=\{\boldsymbol{x}\,|\,\boldsymbol{A}_2\boldsymbol{x}=\boldsymbol{O}\}.$$

证明: 矩阵 $\boldsymbol{A}$ 可逆, 当且仅当向量空间 $\mathbb{C}^n=V_1\oplus V_2$.

7.90 (1) 证明: 若 3 阶方阵 $\boldsymbol{A},\boldsymbol{B},\boldsymbol{C},\boldsymbol{D}$ 有相同的特征多项式, 则其中必有两个相似.

*(2) 证明:8 个满足 $\boldsymbol{A}^3=\boldsymbol{O}$ 的 5 阶复矩阵中必有两个相似.

***7.91** 设 3 维复向量空间 V 上的线性变换 $\mathscr{A}$ 在一组基 $\varepsilon_1,\varepsilon_2,\varepsilon_3$ 下的矩阵为

$$\boldsymbol{A}=\begin{pmatrix}2&3&2\\1&8&2\\-2&-14&-3\end{pmatrix},$$

求 V 的另一组基 $\boldsymbol{\eta}_1,\boldsymbol{\eta}_2,\boldsymbol{\eta}_3$, 使得 $\mathscr{A}$ 在这组基下的矩阵就是矩阵 $\boldsymbol{A}$ 的 Jordan 标准形.

***7.92** 数域 $\mathbb{K}$ 上的线性空间 V 上的线性函数是指映射 $f:V\to\mathbb{K}$, 满足

$$f(a\boldsymbol{\alpha}+b\boldsymbol{\beta})=af(\boldsymbol{\alpha})+bf(\boldsymbol{\beta})\quad(\text{对所有 } a,b\in\mathbb{K},\boldsymbol{\alpha},\boldsymbol{\beta}\in V).$$

现在给定 n 维线性空间 V 上 m 个互不相同的线性函数 $f_1,f_2,\cdots,f_m\,(1\leqslant m<n)$. 证明: 存在非零向量 $\boldsymbol{\alpha}$, 使得 $f_i(\boldsymbol{\alpha})=0\,(i=1,2,\cdots,m)$.

***7.93** 设 V 是一个 n 维实向量空间,U_1 和 U_2 是 V 的子空间, 并且 $\dim U_1\leqslant m,\dim U_2\leqslant m$, 其中 $m<n$. 证明: 存在 V 的子空间 W, 使得 $\dim W=n-m$, 并且 $W\cap U_1=W\cap U_2=\{\boldsymbol{O}\}$.

7.94 设 $V_1,V_2,\cdots,V_s$ 是 n 维线性空间 V 的真子空间. 证明: 存在一个不同时属于这些子空间的非零向量.

***7.95** 设 $V=\mathbb{R}^{n\times n}$ 是实数域上所有 $n(\geqslant 2)$ 阶方阵构成的线性空间, 定义变换 $f:V\to V$ 为

$$f(\boldsymbol{A})=\boldsymbol{A}+\boldsymbol{A}'\quad(\text{对所有 } \boldsymbol{A}\in V),$$

求 f 的特征值、特征子空间及极小多项式.

***7.96** 设 n 阶复方阵 $\boldsymbol{A}$ 的全部特征值为 $\lambda_1,\lambda_2,\cdots,\lambda_n$. 求其伴随阵 $\mathrm{adj}(\boldsymbol{A})$ 的全部特征值.

***7.97** 设有 $n+1$ 个列向量 $\boldsymbol{\alpha}_1,\boldsymbol{\alpha}_2,\cdots,\boldsymbol{\alpha}_n,\boldsymbol{\beta}\in\mathbb{R}^n,\boldsymbol{A}$ 是 n 阶实正定矩阵, 证明: 若 (1) $\boldsymbol{\alpha}_j\neq\boldsymbol{O}\,(j=1,2,\cdots,n)$, (2) $\boldsymbol{\alpha}_i'\boldsymbol{A}\boldsymbol{\alpha}_j=\boldsymbol{O}\,(i\neq j,i,j=1,2,\cdots,n)$, (3) $\boldsymbol{\beta}$ 与每个 $\boldsymbol{\alpha}_j$ 都正交, 则 $\boldsymbol{\beta}=\boldsymbol{O}$.

***7.98** 设 $\mathbb{R}_n[x]$ 是所有次数不超过 n 的实系数多项式构成的实线性空间. 对于每个正整数 k, 定义

$$\binom{x}{k}=\frac{x(x-1)\cdots(x-k+1)}{k!},\quad \text{以及}\quad \binom{x}{0}=1.$$

(1) 证明: $\binom{x}{k}\,(k=0,1,\cdots,n)$ 组成 $\mathbb{R}_n[x]$ 的一组基.

(2) 对于任意多项式 $f(x)\in\mathbb{R}_n[x]$, 写出它关于这组基的线性组合.

(3) 证明: 若 $f(x)\in\mathbb{R}_n[x], f(i)\in\mathbb{Z}$(当 $i=0,1,\cdots,n$ 时), 则 $f(s)\in\mathbb{Z}$(对所有 $s\in\mathbb{Z}$).

***7.99** (1) 设 V_n 是所有次数小于 n 的实系数多项式组成的实线性空间. 证明: $(f,g)=\int_0^1 f(x)g(x)\mathrm{d}x$ 为 V 上的内积, 因而 V 是欧氏空间.

(2) 证明下述 n 阶对称矩阵为正定矩阵:

$$\boldsymbol{A}=\begin{pmatrix}\frac{1}{1} & \frac{1}{2} & \cdots & \frac{1}{n}\\ \frac{1}{2} & \frac{1}{3} & \cdots & \frac{1}{n+1}\\ \vdots & \vdots & & \vdots\\ \frac{1}{n} & \frac{1}{n+1} & \cdots & \frac{1}{2n-1}\end{pmatrix}.$$

***7.100** 设 V_n 是所有次数小于 n 的实系数多项式组成的 (n 维) 实线性空间. 求导算子 $\boldsymbol{D}$:

$$\boldsymbol{D}f(x)=f'(x)\quad (\text{对所有 } f(x)\in V_n)$$

是 V_n 上的线性变换.

(1) 对任意实数 a, 定义平移算子 $\boldsymbol{S}_a$:

$$\boldsymbol{S}_a f(x)=f(x+a)\quad (\text{对所有 } f(x)\in V_n).$$

证明:$\boldsymbol{S}_a$ 是 V_n 上的线性变换, 并且存在一个多项式 $F(x)\in V_n$, 使得 $\boldsymbol{S}_a=F(\boldsymbol{D})$.

(2) 分别求出 $\boldsymbol{S}_a$ 和 $\boldsymbol{D}$ 在基 $1,x,x^2/2!,\cdots,x^{n-1}/(n-1)!$ 下的矩阵.

7.101 设 σ 是 n 维欧氏空间的线性变换, 它的矩阵的迹也称为该线性变换的迹. 证明: 若 $\sigma^3+\sigma=o$(零变换), 则 σ 的迹为零.

***7.102** 给定实二次型 $f(\boldsymbol{x})=\boldsymbol{x}'\boldsymbol{A}\boldsymbol{x},\boldsymbol{x}=(x_1,\cdots,x_n)'$. 证明: 若存在 $\boldsymbol{x}_1\neq\boldsymbol{x}_2$, 满足 $f(\boldsymbol{x}_1)+f(\boldsymbol{x}_2)=0$, 则存在非零向量 $\boldsymbol{x}_3$, 使得 $f(\boldsymbol{x}_3)=0$.

***7.103** 通过正交变换将下列实二次型化成标准形:

$$q(x_1,x_2,x_3)=5x_1^2+5x_2^2+5x_3^2-2x_1x_2-2x_1x_3-2x_2x_3.$$

***7.104** 设 $\boldsymbol{A},\boldsymbol{B}$ 是两个 n 阶实矩阵, 并且 $\boldsymbol{A}$ 是 (对称) 正定矩阵,$\boldsymbol{B}$ 是反对称矩阵. 证明:$\boldsymbol{A}+\boldsymbol{B}$ 是可逆矩阵.

***7.105** 设 $\boldsymbol{A},\boldsymbol{B}$ 是两个 $n(\geqslant 2)$ 阶实 (对称) 正定矩阵, 则 $\det(\boldsymbol{A}+\boldsymbol{B})>\det(\boldsymbol{A})+\det(\boldsymbol{B})$.

***7.106** 设 $\boldsymbol{A}$ 是 n 阶实 (对称) 正定矩阵, $\boldsymbol{B}$ 是 n 阶实 (对称) 半正定矩阵.

(1) 证明:$\det(\boldsymbol{A}+\boldsymbol{B})\geqslant\det(\boldsymbol{A})+\det(\boldsymbol{B})$.

(2) 当 $n\geqslant 2$ 时, 问: 在什么条件下有 $\det(\boldsymbol{A}+\boldsymbol{B})>\det(\boldsymbol{A})+\det(\boldsymbol{B})$? 并证明之.

***7.107** 给定实对称矩阵

$$\boldsymbol{A}=\begin{pmatrix}-4 & 2 & 2\\ 2 & -1 & 4\\ 2 & 4 & a\end{pmatrix},$$

已知 -5 是它的重数为 2 的特征值.

(1) 求 a 的值.

(2) 求一个正交矩阵 $\boldsymbol{Q}$, 使得 $\boldsymbol{Q}^{-1}\boldsymbol{A}\boldsymbol{Q}$ 为对角矩阵.

*__7.108__　已知实对称矩阵

$$\boldsymbol{A}=\begin{pmatrix}2 & 2 & -2\\ 2 & 5 & -4\\ -2 & -4 & 5\end{pmatrix}.$$

(1) 求正交矩阵 $\boldsymbol{Q}$, 使得 $\boldsymbol{Q}^{-1}\boldsymbol{A}\boldsymbol{Q}$ 为对角矩阵.

(2) 求解矩阵方程 $\boldsymbol{X}^2=\boldsymbol{A}$.

*__7.109__　如果 n 阶实方阵 $\boldsymbol{R}$ 正交相似于对角方阵 $\mathrm{diag}(-1,1,\cdots,1)$, 则称为反射矩阵. 证明: 每个 2 阶正交矩阵都能写成反射矩阵的乘积.

7.110　设 $\boldsymbol{A}$ 是 n 阶实对称矩阵, $\boldsymbol{B}$ 是 n 阶实矩阵. 证明: 若 $\boldsymbol{A}\boldsymbol{B}'+\boldsymbol{B}\boldsymbol{A}$ 的全部特征值是正的, 则 $\boldsymbol{A}$ 可逆.

7.111　若 $\boldsymbol{G}$ 是 n 阶 (实对称) 正定矩阵, $\boldsymbol{A}$ 是 $m\times n(m\leqslant n)$ 实矩阵, 则 $\boldsymbol{A}\boldsymbol{G}\boldsymbol{A}'$ 正定的充分必要条件是 $r(\boldsymbol{A})=m$.

7.112　若 $\boldsymbol{A}$ 和 $\boldsymbol{B}$ 是同阶 (实对称) 正定矩阵, 则

$$\boldsymbol{C}=2\boldsymbol{A}(\boldsymbol{A}+\boldsymbol{B})^{-1}\boldsymbol{A}+2\boldsymbol{B}(\boldsymbol{A}+\boldsymbol{B})^{-1}\boldsymbol{B}-(\boldsymbol{A}+\boldsymbol{B})$$

是半正定矩阵.

7.113　设 $\boldsymbol{P},\boldsymbol{Q},\boldsymbol{A}$ 分别是 $m\times m,n\times n,m\times n$ 实矩阵,$\boldsymbol{P},\boldsymbol{Q}$ 是正定矩阵. 证明: 当且仅当 $\boldsymbol{Q}-\boldsymbol{A}\boldsymbol{P}^{-1}\boldsymbol{A}'$ 正定时,$\boldsymbol{P}-\boldsymbol{A}'\boldsymbol{Q}^{-1}\boldsymbol{A}$ 正定.

7.114　若 $f(x_1,x_2)=f_{11}x_1^2+2f_{12}x_1x_2+f_{22}x_2^2$ 是正定二次型, 则存在非零向量 $\boldsymbol{u}=(u_1,u_2)\in\mathbb{Z}^2$, 使得

$$f(u_1,u_2)\leqslant\sqrt{\frac{4D}{3}}=\frac{2}{\sqrt{3}}D^{1/2},$$

其中 $D=f_{11}f_{22}-f_{12}^2$(二次型的判别式).

7.115　设 n 次多项式 $P(x)$ 有 n 个实根 $\alpha_1,\alpha_2,\cdots,\alpha_n$, 令 $s_i=\alpha_1^i+\alpha_2^i+\cdots+\alpha_n^i\,(i=1,2,\cdots,n)$. 证明: 若二次型

$$F(x_1,x_2,\cdots,x_n)=\sum_{i,j=0}^{n-1}s_{i+j}x_ix_j$$

是正定的, 则 $\alpha_1,\alpha_2,\cdots,\alpha_n$ 两两互异.

7.116　若多项式 $P(x)$ 在 $\mathbb{N}_0$ 上的值 $P(0),P(\pm1),\cdots,P(\pm n),\cdots$ 都是整数, 则称它为整值多项式. 记

$$\binom{x}{k}=\frac{x(x-1)(x-2)\cdots(x-k+1)}{1\cdot2\cdot\cdots\cdot m}\quad(k\in\mathbb{N}).$$

证明:

(1) 如果 m 次多项式在 $m+1$ 个连续整数上都取整数值，那么它是整值多项式.

(2) 每个次数为 $2m-1$ 的奇多项式 $P(x)$ 可以写成

$$P(x)=c_1\binom{x}{1}+c_2\binom{x+1}{3}+c_3\binom{x+2}{5}+\cdots+c_m\binom{x+m-1}{2m-1},$$

并且当且仅当 $c_1,c_2,\cdots,c_{m-1},c_m$ 都是整数时,$P(x)$ 是整值多项式.

(3) 每个次数为 $2m$ 的偶多项式 $P(x)$ 可以写成

$$P(x)=d_0+d_1\frac{x}{1}\binom{x}{1}+d_2\frac{x}{2}\binom{x+1}{3}+\cdots+d_m\frac{x}{m}\binom{x+m-1}{2m-1},$$

并且当且仅当 $d_0,d_1,d_2,\cdots,d_{m-1},d_m$ 都是整数时,$P(x)$ 是整值多项式.

***7.117** 已知 $(x-1)^2(x+1)\,|\,ax^4+bx^2+cx+1$, 求 a,b,c.

***7.118** 设实系数多项式 $f(x)\geqslant 0$(对所有实数 x), 证明: $f(x)$ 可以表示成两个实系数多项式的平方和:$f(x)=\big(g(x)\big)^2+\big(h(x)\big)^2$.

***7.119** 设 $p(x),q(x),r(x)$ 都是数域 $\mathbb{K}$ 上的正次数多项式, 而且 $p(x)$ 与 $q(x)$ 互素,$\deg(r(x))<\deg(p(x))+\deg(q(x))$. 证明: 存在数域 $\mathbb{K}$ 上的多项式 $u(x),v(x)$, 满足 $\deg(u(x))<\deg(p(x)),\deg(v(x))<\deg(q(x))$, 使得

$$\frac{r(x)}{p(x)q(x)}=\frac{u(x)}{p(x)}+\frac{v(x)}{q(x)}.$$

***7.120** 设整系数多项式 $f(x)$ 有根 p/q, 其中 p,q 是互素整数, 证明:

(1) $p-q\,|\,f(1),p+q\,|\,f(-1)$.

(2) 对于任意整数 m, 有 $mq-p\,|\,f(m)$.

***7.121** 构造一个次数尽可能低的多项式 $f(x)$, 使得 $f(1)=0,f'(1)=1,f''(1)=2,f(0)=3,f'(0)=-1$.

7.122 (1) 设 $n\geqslant 1,\boldsymbol{P}$ 是 $2n$ 阶可逆矩阵, 并且有分块矩阵表示:

$$\boldsymbol{P}=\begin{vmatrix}\boldsymbol{A}&\boldsymbol{B}\\\boldsymbol{C}&\boldsymbol{D}\end{vmatrix},\quad \boldsymbol{P}^{-1}=\begin{vmatrix}\boldsymbol{E}&\boldsymbol{F}\\\boldsymbol{G}&\boldsymbol{H}\end{vmatrix}.$$

求证:$|\boldsymbol{P}|\cdot|\boldsymbol{H}|=|\boldsymbol{A}|$.

*(2) 设 $n\geqslant 2$, 计算

$$\begin{vmatrix}2+a_1c_1+b_1d_1&a_2c_1+b_2d_1&\cdots&a_nc_1+b_nd_1\\a_1c_2+b_1d_2&2+a_2c_2+b_2d_2&\cdots&a_nc_2+b_nd_2\\\vdots&\vdots&&\vdots\\a_1c_n+b_1d_n&a_2c_n+b_2d_n&\cdots&2+a_nc_n+b_nd_n\end{vmatrix}.$$

7.123 *(1) 设 3 阶实方阵 $\boldsymbol{A}$ 满足 $\boldsymbol{A}^2=\boldsymbol{I}$ (单位矩阵), 并且 $\boldsymbol{A}\neq\pm\boldsymbol{I}$, 则 $\big(\mathrm{tr}(\boldsymbol{A})\big)^2=1$.

(2) 设 $\boldsymbol{A},\boldsymbol{B}$ 是 n 阶实矩阵,m 为正整数, 存在 $m+1$ 个不同的实数 $t_1,t_2,\cdots,t_{m+1}$, 使得 $\boldsymbol{C}_i=\boldsymbol{A}+t_i\boldsymbol{B}\,(i=1,2,\cdots,m+1)$ 满足 $\boldsymbol{C}_i^m=\boldsymbol{O}$, 则 $\boldsymbol{A}^m=\boldsymbol{B}^m=\boldsymbol{O}$ (即是幂零的).

7.124 设 $\boldsymbol{A}$ 为 n 阶矩阵, 并且存在一个具有非零常数项的多项式 $P(x)$, 使得 $P(\boldsymbol{A})\neq\boldsymbol{O}$, 则 $\boldsymbol{A}$ 的特征值全不为零.

***7.125**　设 $\boldsymbol{A}=(a_{ij})$ 是一个 $n\times n$ 的秩为 r 的复矩阵, 并且 $\boldsymbol{A}$ 的第 r 个顺序主子式不为零, 即

$$\boldsymbol{A}\begin{pmatrix}1 & 2 & \cdots & r\\ 1 & 2 & \cdots & r\end{pmatrix}\neq 0.$$

证明: 若 $r<n$, 则对每个 $r<i\leqslant n$ 都存在复数 $x_{i1},\cdots,x_{ir}$, 使得对任意 $1\leqslant j\leqslant n$,

$$a_{ij}=x_{i1}a_{1j}+x_{i2}a_{2j}+\cdots+x_{ir}a_{rj}$$

都成立.

***7.126**　设 V 是一个有限维复线性空间,$\mathscr{A}:V\to V$ 是一个可逆线性变换. 如果存在 V 中的一组非零向量 $\boldsymbol{\nu}_1,\cdots,\boldsymbol{\nu}_m$, 使得它们张成向量空间 V, 并且 $\mathscr{A}(\boldsymbol{\nu}_i)\in\{\boldsymbol{\nu}_1,\cdots,\boldsymbol{\nu}_m\}$(对所有的 i). 证明: $\mathscr{A}$ 可以对角化, 并且特征值均为单位根.

7.127　(1) 当 t 取何值时, 二次型

$$f(x_1,x_2,x_3)=x_1^2+2t^2x_2^2+5x_3^2+2tx_1x_2-2x_1x_3+4x_2x_3$$

正定?

*(2) 用正交线性变换将下列二次型化为标准形:

$$f(x_1,x_2,x_3)=x_1^2+2x_2^2+3x_3^2-4x_1x_2-4x_2x_3.$$

***7.128**　设 $\boldsymbol{A}$ 为 n 阶实对称半正定矩阵. 证明:$\boldsymbol{A}$ 的伴随矩阵 $\operatorname{adj}(\boldsymbol{A})$ 也是实对称半正定矩阵.

***7.129**　设 $\boldsymbol{A},\boldsymbol{B}$ 为 n 阶实对称矩阵, 并且 $\boldsymbol{AB}=\boldsymbol{BA}$. 证明: 存在 n 阶正交矩阵 $\boldsymbol{T}$, 使得 $\boldsymbol{T}^{-1}\boldsymbol{AT},\boldsymbol{T}^{-1}\boldsymbol{BT}$ 均为对角矩阵.

***7.130**　设 $\boldsymbol{A},\boldsymbol{B},\boldsymbol{E}$ 都是 n 阶复方阵,$\boldsymbol{A},\boldsymbol{B}$ 非奇异,$\boldsymbol{E}$ 的元素均为 1,m 是不等于 1 的复数,$\sigma(\boldsymbol{W})$ 表示矩阵 $\boldsymbol{W}$ 的所有元素之和.

(1) 若 $\boldsymbol{A}+\boldsymbol{B}=m\boldsymbol{E}$, 则 $\big(1-m\sigma(\boldsymbol{A}^{-1})\big)\big(1-m\sigma(\boldsymbol{B}^{-1})\big)=1$.

(2) 本题 (1) 中的命题的逆命题是否成立? 若成立, 则证明之; 若不成立, 则试举一反例.

补充习题 (续) 的解答或提示

7.61　这是三对角行列式, 见例 1.1.3(1), 其中主对角元素 (n 个) 是 $1-a_1,1-a_2,\cdots,1-a_n$; 下副对角元素 ($n-1$ 个) 是 $-1,-1,\cdots,-1$; 上副对角元素 ($n-1$ 个) 是 $a_2,a_3,\cdots,a_n$. 将第 n 列表示为

$$(0,\cdots,0,a_n,-a_n)'+(0,\cdots,0,0,1)',$$

那么

$$\Delta_n = \begin{vmatrix} 1-a_1 & a_2 & & & \\ -1 & 1-a_2 & \ddots & & \\ & -1 & \ddots & a_{n-1} & \\ & & \ddots & 1-a_{n-1} & a_n \\ & & & -1 & -a_n \end{vmatrix}$$

$$+\begin{vmatrix} 1-a_1 & a_2 & & & \\ -1 & 1-a_2 & \ddots & & \\ & -1 & \ddots & a_{n-1} & \\ & & \ddots & 1-a_{n-1} & 0 \\ & & & -1 & 1 \end{vmatrix}.$$

对于右边第一个行列式, 将其最末行与上一行相加, 然后将由此得到的第 $n-1$ 行与上一行相加, 如此继续, 最后得到一个主对角元素为 $-a_1,-a_2,\cdots,-a_n$ 的上三角行列式, 其值等于 $(-1)^n a_1a_2\cdots a_n$. 对于右边第二个行列式, 按最后一列展开, 得到 $n-1$ 阶行列式 Δ_{n-1}. 于是

$$\Delta_n = (-1)^n a_1a_2\cdots a_n + \Delta_{n-1} \quad (n>1).$$

因为 $\Delta_1 = 1-a_1$(或者 $\Delta_2 = a_1a_2-a_1+1$), 所以递推得到

$$\Delta_n = (-1)^n a_1\cdots a_n + (-1)^{n-1}a_1\cdots a_{n-1} + \cdots + a_1a_2 - a_1 + 1.$$

7.62 (1) 设 $\boldsymbol{A}$ 是任意 n 阶方阵, 若 $\boldsymbol{A}$ 可逆, 则有 $\boldsymbol{A}^{-1}=\mathrm{adj}(\boldsymbol{A})/|\boldsymbol{A}|$, 因此由例 1.3.1(2) 得到

$$|\boldsymbol{A}+\boldsymbol{\beta\gamma}| = (1+\boldsymbol{\gamma A}^{-1}\boldsymbol{\beta})|\boldsymbol{A}| = |\boldsymbol{A}| + \boldsymbol{\gamma}\mathrm{adj}(\boldsymbol{A})\boldsymbol{\beta}.$$

现设 $\boldsymbol{A}$ 不可逆. 令 $\boldsymbol{A}_\varepsilon = \boldsymbol{A}+\varepsilon\boldsymbol{I}_n$. 因为 $|\boldsymbol{A}_\varepsilon|$ 作为 ε 的多项式, 只有有限多个零点, 所以由多项式的连续性, 存在 $\delta>0$, 使当 $0<\varepsilon<\delta$ 时,$|\boldsymbol{A}_\varepsilon|\neq 0$. 于是 $\boldsymbol{A}_\varepsilon$ 可逆, 从而

$$|\boldsymbol{A}_\varepsilon+\boldsymbol{\beta\gamma}| = |\boldsymbol{A}_\varepsilon| + \boldsymbol{\gamma}\mathrm{adj}(\boldsymbol{A}_\varepsilon)\boldsymbol{\beta}.$$

令 $\varepsilon\to 0+$, 即得

$$|\boldsymbol{A}+\boldsymbol{\beta\gamma}| = |\boldsymbol{A}| + \boldsymbol{\gamma}\mathrm{adj}(\boldsymbol{A})\boldsymbol{\beta}.$$

(2) 在本题 (1) 的公式中用 $c\boldsymbol{\beta}$ 代替 $\boldsymbol{\beta}$, 用 $\boldsymbol{\beta}'$ 代替 $\boldsymbol{\gamma}$.

(3) **提示** 在本题 (2) 中取 $c=\lambda$, 那么矩阵

$$(a_{ij}+\lambda)_{1\leqslant i,j\leqslant n} = (a_{ij})_{1\leqslant i,j\leqslant n} + \lambda(1,1,\cdots,1)'(1,1,\cdots,1).$$

(4) 因为

$$D_n=\begin{vmatrix}1+x_1 & 1+x_2 & \cdots & 1+x_n\\ a_{21}-x_1 & a_{22}-x_2 & \cdots & a_{2n}-x_n\\ \vdots & \vdots & & \vdots\\ a_{n1}-x_1 & a_{n2}-x_2 & \cdots & a_{nn}-x_n\end{vmatrix}-\begin{vmatrix}x_1 & x_2 & \cdots & x_n\\ a_{21}-x_1 & a_{22}-x_2 & \cdots & a_{2n}-x_n\\ \vdots & \vdots & & \vdots\\ a_{n1}-x_1 & a_{n2}-x_2 & \cdots & a_{nn}-x_n\end{vmatrix},$$

在上式右边的两个行列式中, 分别将第 1 行加到其余各行, 可得

$$D_n=\begin{vmatrix}1+x_1 & 1+x_2 & \cdots & 1+x_n\\ 1+a_{21} & 1+a_{22} & \cdots & 1+a_{2n}\\ \vdots & \vdots & & \vdots\\ 1+a_{n1} & 1+a_{n2} & \cdots & 1+a_{nn}\end{vmatrix}-|\boldsymbol{D}_n(x)|.$$

在本题 (2) 中取 $c=1,\boldsymbol{A}=\boldsymbol{A}(x)$, 可知上式右边的第 1 个行列式等于

$$|\boldsymbol{D}_n(x)|+\sum_{1\leqslant i,j\leqslant n}A_{ij}$$

(或者: 直接在本题 (3) 中取 $\lambda=1$, 也可得到上式). 因此本题得证.

7.63 本题中的 D_n 是例 1.2.6(1) 中定义的行列式 D_n 的特例.

(1) 按定义

$$D_4=\begin{vmatrix}0&1&2&3\\1&0&1&2\\2&1&0&1\\3&2&1&0\end{vmatrix}.$$

这是 4 阶对称行列式. 有多种方法计算, 下面是其中的一种. 从第 2,3,4 列分别减去第 1 列, 得到

$$D_4=\begin{vmatrix}0&1&2&3\\1&-1&0&1\\2&-1&-2&-1\\3&-1&-2&-3\end{vmatrix}.$$

在上述行列式中, 将第 1 行加到其余各行, 得到

$$D_4=\begin{vmatrix}0&1&2&3\\1&0&2&4\\2&0&0&2\\3&0&0&0\end{vmatrix}=-3\cdot\begin{vmatrix}1&2&3\\0&2&4\\0&0&2\end{vmatrix}$$

$$= -3 \cdot 2 \cdot \begin{vmatrix} 1 & 2 \\ 0 & 2 \end{vmatrix} = -3 \cdot 2 \cdot 2 = -12.$$

或者:“提前”应用本题 (2) 的递推公式，首先算出 $D_3 = 4, D_2 = -1$，于是 $D_4 = -4D_3 - 4D_2 = -12$.

(2) 按定义,D_n 是对称的, 相邻元素之差的绝对值都是 1:

$$D_n = \begin{vmatrix} 0 & 1 & 2 & \cdots & n-2 & n-1 \\ 1 & 0 & 1 & \cdots & n-3 & n-2 \\ 2 & 1 & 0 & \cdots & n-4 & n-3 \\ \vdots & \vdots & \vdots & & \vdots & \vdots \\ n-2 & n-3 & n-4 & \cdots & 0 & 1 \\ n-1 & n-2 & n-3 & \cdots & 1 & 0 \end{vmatrix}.$$

将 D_n 的第 1 行减第 2 行, 得到

$$D_n = \begin{vmatrix} -1 & 1 & 1 & \cdots & 1 & 1 \\ 1 & 0 & 1 & \cdots & n-3 & n-2 \\ 2 & 1 & 0 & \cdots & n-4 & n-3 \\ \vdots & \vdots & \vdots & & \vdots & \vdots \\ n-2 & n-3 & n-4 & \cdots & 0 & 1 \\ n-1 & n-2 & n-3 & \cdots & 1 & 0 \end{vmatrix}.$$

将此行列式的第 1 列减第 2 列, 得到

$$D_n = \begin{vmatrix} -2 & 1 & 1 & \cdots & 1 & 1 \\ 1 & 0 & 1 & \cdots & n-3 & n-2 \\ 1 & 1 & 0 & \cdots & n-4 & n-3 \\ \vdots & \vdots & \vdots & & \vdots & \vdots \\ 1 & n-3 & n-4 & \cdots & 0 & 1 \\ 1 & n-2 & n-3 & \cdots & 1 & 0 \end{vmatrix}.$$

然后将此行列式的第 1 行减第 2 行并加第 3 行，得到

$$D_n = \begin{vmatrix} -2 & 2 & 0 & \cdots & 0 & 0 \\ 1 & 0 & 1 & \cdots & n-3 & n-2 \\ 1 & 1 & 0 & \cdots & n-4 & n-3 \\ \vdots & \vdots & \vdots & & \vdots & \vdots \\ 1 & n-3 & n-4 & \cdots & 0 & 1 \\ 1 & n-2 & n-3 & \cdots & 1 & 0 \end{vmatrix}.$$

最后, 将所得行列式的第 1 列减第 2 列并加第 3 列, 得到

$$D_n=\begin{vmatrix}-4 & 2 & 0 & \cdots & 0 & 0\\ 2 & 0 & 1 & \cdots & n-3 & n-2\\ 0 & 1 & 0 & \cdots & n-4 & n-3\\ \vdots & \vdots & \vdots & & \vdots & \vdots\\ 0 & n-3 & n-4 & \cdots & 0 & 1\\ 0 & n-2 & n-3 & \cdots & 1 & 0\end{vmatrix}.$$

按第 1 行展开此行列式, 即得 $D_n=-4D_{n-1}-4D_{n-2}$.

(3) 因为 $|1/i-1/j|=|i-j|/(ij)$, 所以

$$\det(\boldsymbol{A}_n)=\frac{1}{(1\cdot 2\cdot\cdots\cdot n)^2}D_n=\frac{1}{(n!)^2}D_n.$$

现在来计算 D_n(参见例 1.2.6). 令 $L_n=D_n+2D_{n-1}$, 依本题 (2) 的递推关系式得到 $L_n=-2L_{n-1}\,(n\geqslant 3)$. 因为 $D_3=4, D_2=-1$, 所以 $L_3=2$, 于是当 $n\geqslant 3$ 时,

$$L_n=(-2)^{n-3}L_3=2\cdot(-2)^{n-3},$$

即

$$D_n=-2D_{n-1}+2\cdot(-2)^{n-3}.$$

令 $u_n=D_n/(2(-2)^{n-3})\,(n\geqslant 3)$, 则有

$$u_n=u_{n-1}+1\quad(n\geqslant 3).$$

因为 $u_3=D_3/2=2$, 所以 $u_n=u_3+(n-3)=n-1$, 于是当 $n\geqslant 3$ 时,

$$D_n=2\cdot(-2)^{n-3}(n-1);$$

直接验证可知上式对于 $n=2$ 也成立. 因此 $\det(\boldsymbol{A}_n)=2(-2)^{n-3}(n-1)/(n!)^2\,(n\geqslant 2)$.

7.64　按定义, 行列式是对称的, 对角元全为 2, 其余元素为 1 或 -1(与 n 的奇偶性有关):

$$\det(\boldsymbol{A}_n)=\begin{vmatrix}2 & -1 & 1 & \cdots & \pm 1 & \mp 1\\ -1 & 2 & -1 & \cdots & \mp 1 & \pm 1\\ 1 & -1 & 2 & \cdots & \pm 1 & \mp 1\\ \vdots & \vdots & \vdots & & \vdots & \vdots\\ \pm 1 & \mp 1 & \pm 1 & \cdots & 2 & -1\\ \mp 1 & \pm 1 & \mp 1 & \cdots & -1 & 2\end{vmatrix},$$

其中当 n 为偶数或奇数时, 第 n 行分别是 $(-1,1,-1,\cdots,-1,2)$ 或 $(1,-1,1,\cdots,-1,2)$, 即第 n 行元素的上号对应于偶数 n, 下号对应于奇数 n. 将第 2 行加到第 1 行, 然后将第 3 行

加到第 2 行 …… 将第 n 行加到第 $n-1$ 行, 得到

$$\det(\boldsymbol{A}_n)=\begin{vmatrix}1&1&0&\cdots&0&0\\0&1&1&\cdots&0&0\\0&0&1&\cdots&0&0\\\vdots&\vdots&\vdots&&\vdots&\vdots\\0&0&0&\cdots&1&1\\\mp1&\pm1&\mp1&\cdots&-1&2\end{vmatrix}.$$

在此行列式中, 从第 2 列减去第 1 列, 从第 3 列减去新的第 2 列 …… 最后, 从第 n 列减去新的第 $n-1$ 列, 得到

$$\det(\boldsymbol{A}_n)=\begin{vmatrix}1&0&0&\cdots&0&0\\0&1&0&\cdots&0&0\\0&0&1&\cdots&0&0\\\vdots&\vdots&\vdots&&\vdots&\vdots\\0&0&0&\cdots&1&0\\\mp1&\pm2&\mp3&\cdots&\mp(n-1)&n+1\end{vmatrix}$$

(其中第 n 行元素的上号对应于偶数 n, 下号对应于奇数 n). 按第 n 列展开行列式, 得到 $\det(\boldsymbol{A}_n)=n+1$.

7.65 (1) 在矩阵等式

$$\begin{pmatrix}\boldsymbol{I}_n&\sqrt{-1}\boldsymbol{I}_n\\\boldsymbol{O}&\boldsymbol{I}_n\end{pmatrix}\begin{pmatrix}\boldsymbol{A}&\boldsymbol{B}\\-\boldsymbol{B}&\boldsymbol{A}\end{pmatrix}\begin{pmatrix}\boldsymbol{I}_n&-\sqrt{-1}\boldsymbol{I}_n\\\boldsymbol{O}&\boldsymbol{I}_n\end{pmatrix}=\begin{pmatrix}\boldsymbol{A}-\sqrt{-1}\boldsymbol{B}&\boldsymbol{O}\\-\boldsymbol{B}&\boldsymbol{A}+\sqrt{-1}\boldsymbol{B}\end{pmatrix}$$

两边取行列式, 即得结果.

(2) **提示** 参见例 3.2.2 解法 1(不妨设 $\lambda\neq0$).

7.66 (1) 用 λ_i 表示 $\boldsymbol{A}=(a_{ij})$ 的特征值. 由算术–几何平均不等式 (并参见习题 3.19 解后的注) 得到

$$|\boldsymbol{A}|^{1/n}=(\lambda_1\cdots\lambda_n)^{1/n}\leqslant\frac{\lambda_1+\cdots+\lambda_n}{n}.$$

$\boldsymbol{A}$ 的迹等于 $\lambda_1+\cdots+\lambda_n$, 也等于 $a_{11}+a_{22}+\cdots+a_{nn}$. 由题设, 其值小于 n, 因此 $|\boldsymbol{A}|^{1/n}\leqslant1$, 于是 $|\boldsymbol{A}|\leqslant1$.

(2) 设矩阵 $\boldsymbol{A}$ 的特征多项式为 $\varphi(x)$, 极小多项式为 $m(x)$. 它们都是实系数多项式. 由 $\boldsymbol{A}^3=\boldsymbol{A}+\boldsymbol{I}$ 可知 $\boldsymbol{A}$ 满足 $f(x)=x^3-x-1$, 即有 $f(\boldsymbol{A})=\boldsymbol{O}$. 由极小多项式的定义可知 $m(x)$ 整除 $f(x)$. 因为 $f(x)$ 无重根, 所以 $m(x)$ 也无重根, 从而 $\boldsymbol{A}$ 相似于对角形. 于是存在可逆矩阵 $\boldsymbol{P}$, 使得

$$\boldsymbol{P}^{-1}\boldsymbol{A}\boldsymbol{P}=\mathrm{diag}(\lambda_1,\lambda_2,\cdots,\lambda_n).$$

由此可推出 $\lambda_1,\cdots,\lambda_n$ 是 $\boldsymbol{A}$ 的全部特征值, 即是 $\varphi(x)$ 的全部根. 此外, 由此及 $\boldsymbol{A}^3-\boldsymbol{A}+\boldsymbol{I}=\boldsymbol{O}$ 还可推出

$$\boldsymbol{P}^{-1}\boldsymbol{A}^3\boldsymbol{P}-\boldsymbol{P}^{-1}\boldsymbol{A}\boldsymbol{P}+\boldsymbol{I}=\boldsymbol{O},$$

即

$$\operatorname{diag}(\lambda_1^3-\lambda_1+1,\lambda_2^3-\lambda_2+1,\cdots,\lambda_n^3-\lambda_n+1)=\boldsymbol{O}.$$

于是 $\lambda_i^3-\lambda_i+1=0(i=1,2,\cdots,n)$. 由此可知 $\lambda_i=a(>0)$ 或 $\xi\pm\mathrm{i}\eta$ ($\xi,\eta\in\mathbb{R}$, 即一对共轭复根). 于是 $\lambda_1,\lambda_2,\cdots,\lambda_n\in\{a,\xi\pm\mathrm{i}\eta\}$. 因为 $\varphi(x)$ 是实系数多项式, 其共轭复根成对出现, 所以

$$|\boldsymbol{A}|=\lambda_1\lambda_2\cdots\lambda_n=a^s\big((\xi+\mathrm{i}\eta)(\xi-\mathrm{i}\eta)\big)^t>0$$

(其中 s,t 是非负整数).

(3) 由 $\boldsymbol{A}\operatorname{adj}(\boldsymbol{A})=|\boldsymbol{A}|\boldsymbol{I}$ 可知 $\boldsymbol{A}\boldsymbol{A}'=|\boldsymbol{A}|\boldsymbol{I}$. 若 $|\boldsymbol{A}|=0$, 则 $\boldsymbol{A}\boldsymbol{A}'=\boldsymbol{O}$, 从而 $\boldsymbol{A}$ 的行向量 $\boldsymbol{a}_j\,(j=1,\cdots,n)$ 满足 $\boldsymbol{a}_j\boldsymbol{a}_j'=0$, 于是 $\boldsymbol{a}_j=\boldsymbol{O}\,(j=1,\cdots,n)$. 但 $\boldsymbol{A}$ 非零, 得到矛盾.

7.67　(1) 设

$$\boldsymbol{A}=\begin{pmatrix}\boldsymbol{A}_1\\ \boldsymbol{A}_2\end{pmatrix},\quad \boldsymbol{B}=\begin{pmatrix}\boldsymbol{B}_1 & \boldsymbol{B}_2\end{pmatrix},$$

其中 $\boldsymbol{A}_1,\boldsymbol{A}_2,\boldsymbol{B}_1,\boldsymbol{B}_2$ 都是 2 阶实矩阵. 于是

$$\boldsymbol{A}\boldsymbol{B}=\begin{pmatrix}\boldsymbol{A}_1\\ \boldsymbol{A}_2\end{pmatrix}\begin{pmatrix}\boldsymbol{B}_1 & \boldsymbol{B}_2\end{pmatrix}=\begin{pmatrix}\boldsymbol{A}_1\boldsymbol{B}_1 & \boldsymbol{A}_1\boldsymbol{B}_2\\ \boldsymbol{A}_2\boldsymbol{B}_1 & \boldsymbol{A}_2\boldsymbol{B}_2\end{pmatrix},$$

因此

$$\boldsymbol{A}_1\boldsymbol{B}_1=\boldsymbol{A}_2\boldsymbol{B}_2=\boldsymbol{I}_2,\quad \boldsymbol{A}_1\boldsymbol{B}_2=\boldsymbol{A}_2\boldsymbol{B}_1=-\boldsymbol{I}_2,$$

从而

$$\boldsymbol{B}_1=\boldsymbol{A}_1^{-1},\quad \boldsymbol{B}_2=-\boldsymbol{A}_1^{-1},\quad \boldsymbol{A}_2=\boldsymbol{B}_2^{-1}=-\boldsymbol{A}_1.$$

最终得到

$$\boldsymbol{B}\boldsymbol{A}=\begin{pmatrix}\boldsymbol{B}_1 & \boldsymbol{B}_2\end{pmatrix}\begin{pmatrix}\boldsymbol{A}_1\\ \boldsymbol{A}_2\end{pmatrix}=\boldsymbol{B}_1\boldsymbol{A}_1+\boldsymbol{B}_2\boldsymbol{A}_2=2\boldsymbol{I}_2=\begin{pmatrix}2 & 0\\ 0 & 2\end{pmatrix}.$$

(2) **提示**　因为 $r(\boldsymbol{A}\boldsymbol{B})=2,(\boldsymbol{A}\boldsymbol{B})^2=9(\boldsymbol{A}\boldsymbol{B})$, 所以

$$r(\boldsymbol{B}\boldsymbol{A})\geqslant r\big(\boldsymbol{A}(\boldsymbol{B}\boldsymbol{A})\boldsymbol{B}\big)=r(\boldsymbol{A}\boldsymbol{B})^2=2,$$

于是 $\boldsymbol{B}\boldsymbol{A}$ 可逆. 此外, 由

$$(\boldsymbol{B}\boldsymbol{A})^3=\boldsymbol{B}(\boldsymbol{A}\boldsymbol{B})^2\boldsymbol{A}=\boldsymbol{B}(9\boldsymbol{A}\boldsymbol{B})\boldsymbol{A}=9(\boldsymbol{B}\boldsymbol{A})^2,$$

以及 $\boldsymbol{B}\boldsymbol{A}$ 可逆推出 $\boldsymbol{B}\boldsymbol{A}=9\boldsymbol{I}_2$.

(3) 因为

$$\boldsymbol{A}\boldsymbol{B}-\boldsymbol{A}-\boldsymbol{B}+\boldsymbol{I}=(\boldsymbol{A}-\boldsymbol{I})(\boldsymbol{B}-\boldsymbol{I}),$$

所以由题设条件可知

$$(\boldsymbol{A}-\boldsymbol{I})(\boldsymbol{B}-\boldsymbol{I})=\boldsymbol{I},$$

可见 $\boldsymbol{A}-\boldsymbol{I},\boldsymbol{B}-\boldsymbol{I}$ 都可逆, 并且

$$\boldsymbol{B}-\boldsymbol{I}=(\boldsymbol{A}-\boldsymbol{I})^{-1},$$

于是

$$\boldsymbol{B}=\boldsymbol{I}+(\boldsymbol{A}-\boldsymbol{I})^{-1}.$$

算出

$$\boldsymbol{A}-\boldsymbol{I}=\begin{pmatrix}0&-3&0\\2&0&0\\0&0&1\end{pmatrix},\quad (\boldsymbol{A}-\boldsymbol{I})^{-1}=\begin{pmatrix}0&\frac{1}{2}&0\\-\frac{1}{3}&0&0\\0&0&1\end{pmatrix},$$

由此得到

$$\boldsymbol{B}=\begin{pmatrix}1&\frac{1}{2}&0\\-\frac{1}{3}&1&0\\0&0&2\end{pmatrix}.$$

7.68 解法 1 显然 $r_1=1$. 设 $n\geqslant 2$. 因为 $\boldsymbol{A}_n=(i)_{1\leqslant i,j\leqslant n}+(j)_{1\leqslant i,j\leqslant n}$, 并且右边两个方阵的秩都是 1, 所以依例 2.2.2(1) 可知 $r_n(n\geqslant 2)$ 至多为 2. 因为 $\boldsymbol{A}_n$ 左上角的行列式为

$$\begin{vmatrix}2&3\\3&4\end{vmatrix}=-1,$$

所以 $r_n=2(n\geqslant 2)$.

解法 2 考虑 $n\geqslant 2$ 的情形, 那么

$$\boldsymbol{A}_n=\begin{pmatrix}2&3&\cdots&n+1\\3&4&\cdots&n+2\\\vdots&\vdots&&\vdots\\n&n+1&\cdots&2n-1\\n+1&n+2&\cdots&2n\end{pmatrix}$$

逐次从第 n 行减第 $n-1$ 行, 从第 $n-1$ 行减第 $n-2$ 行 …… 从第 2 行减第 1 行,$\boldsymbol{A}_n$ 变换为

$$\begin{pmatrix}2&3&\cdots&n+1\\1&1&\cdots&1\\1&1&\cdots&1\\\vdots&\vdots&&\vdots\\1&1&\cdots&1\end{pmatrix},$$

然后从第 3～n 行分别减第 2 行, $\boldsymbol{A}_n$ 变换为

$$\begin{pmatrix}2 & 3 & \cdots & n+1\\ 1 & 1 & \cdots & 1\\ 0 & 0 & \cdots & 0\\ \vdots & \vdots & & \vdots\\ 0 & 0 & \cdots & 0\end{pmatrix}.$$

由此可见 $r_n = 2(n \geqslant 2)$.

7.69　提示　参见补充习题 7.18(1), 或者应用补充习题 7.19(2). 不妨设 $0<s<n$(不然结论显然成立), 在其中取 $l=0, k=n-s$, 可知

$$r(\boldsymbol{A}^{n-s}) = n-(n-s) = s.$$

由此及例 2.2.2(2) 中不等式的右半可知 $r(\boldsymbol{A}) \geqslant r(\boldsymbol{A}^{n-s}) = s$. 此外还可由习题 3.19(6) 推出; 或在例 3.4.2(1) 中令 $\omega=0$, 立即得到结论.

直接证明如下:$\boldsymbol{A}$ 的 Jordan 标准形为 $\mathrm{diag}\{J_1,\cdots,J_p,J_{p+1},\cdots,J_n\}$, 其中 Jordan 块 $J_1,\cdots,J_p$ 由非零特征值确定,$J_{p+1},\cdots,J_n$ 由零特征值确定. 因为 $\det(\mathrm{diag}\{J_1,\cdots,J_p\}) \neq 0$, 并且 $J_1,\cdots,J_p$ 的阶数之和不小于 s (若不计特征值的重数), 所以 $r(\boldsymbol{A}) \geqslant s$.

7.70　(i) $\boldsymbol{H}$ 是实对称方阵, 所以其特征值是实数 (见例 5.2.1). 设实数 λ 是 $\boldsymbol{H}$ 的任一特征值,$\boldsymbol{x} = (x_1, x_2, \cdots, x_n)'$ 是 $\boldsymbol{H}$ 的属于 λ 的特征向量, 则 $(\lambda \boldsymbol{I} - \boldsymbol{H})\boldsymbol{x} = \boldsymbol{O}$, 也就是

$$\begin{cases}(\lambda - a_1)x_1 - b_1 x_2 = 0,\\ -b_1 x_1 + (\lambda - a_2)x_2 - b_2 x_3 = 0,\\ \cdots,\\ -b_{n-2}x_{n-2} + (\lambda - a_{n-1})x_{n-1} - b_{n-1}x_n = 0,\\ -b_{n-1}x_{n-1} + (\lambda - a_n)x_n = 0.\end{cases}$$

因为 $b_1 \neq 0$, 所以由第 1 个方程得到

$$x_2 = \frac{\lambda - a_1}{b_1}\cdot x_1 = \frac{\mu_2}{b_1}\cdot x_1,$$

其中 $\mu_2 = \lambda - a_1$ 是常数. 因此 x_2 等于 x_1 的某个倍数. 由第 2 个方程可知 x_3 由 x_1, x_2 确定, 因而也由 x_1 确定, 并且

$$x_3 = \frac{-b_1 x_1 + (\lambda - a_2)x_2}{b_2} = \frac{\mu_3}{b_1 b_2}\cdot x_1,$$

其中 $\mu_3 = -b_1^2 + (\lambda - a_2)\mu_2$. 因此 x_3 等于 x_1 的某个倍数. 一般地, 由第 $k-1(4 \leqslant k \leqslant n)$ 个方程得到

$$x_k = \frac{\mu_k}{b_1 \cdots b_{k-1}}\cdot x_1,$$

其中 $\mu_k = -b_1^{k-1} + (\lambda - a_{k-1})\mu_{k-1}$. 因此 $x_2,\cdots,x_n$ 全由 x_1 确定, 都等于 x_1 的某个倍数. 特别地, 由此推出, 若 x_1 代以 kx_1(k 为常数), 则 $x_2,\cdots,x_n$ 代以 $kx_2,\cdots,kx_n$, 因此除常数因子外, 特征向量 $\boldsymbol{x}$ 是唯一确定的, 从而属于特征值 λ 的特征向量形成 1 维空间.

(ii) 现在证明 $\boldsymbol{H}$ 的特征值两两互异. 因为 $\boldsymbol{H}$ 是实对称方阵, 所以相似于对角方阵 $\mathrm{diag}(\lambda_1,\lambda_2,\cdots,\lambda_n)$, 其中 λ_i 是其全部特征值 (见例 5.1.3 的注 1°). 又由步骤 (i) 可知 λ_i 的特征子空间都是 1 维的, 设 $\boldsymbol{e}_i$ 是子空间的基, 则有

$$\boldsymbol{He}_1=\lambda_1\boldsymbol{e}_1,\quad \boldsymbol{He}_2=\lambda_2\boldsymbol{e}_2.$$

如果 $\lambda_1=\lambda_2(=\lambda)$, 那么将上二式相减, 得到

$$\boldsymbol{H}(\boldsymbol{e}_1-\boldsymbol{e}_2)=\lambda_1(\boldsymbol{e}_1-\boldsymbol{e}_2).$$

于是 $\boldsymbol{e}_1-\boldsymbol{e}_2$ 与 $\boldsymbol{e}_1$ 线性相关, 从而 $\boldsymbol{e}_2$ 与 $\boldsymbol{e}_1$ 线性相关, 此不可能. 因此 λ_i 两两互异.

(iii) 因为 λ_i 两两互异, 所以 λ_i 中至多有一个为 0, 于是由补充习题 7.69 推出 $r(\boldsymbol{H})\geqslant n-1$.

7.71 因为 $\boldsymbol{A}$ 是 n 阶可逆反对称矩阵, 所以 $|\boldsymbol{A}|=(-1)^n|\boldsymbol{A}'|=(-1)^n|\boldsymbol{A}|\neq 0$, 可见 n 是偶数, 于是 $\boldsymbol{B}$ 的阶数 $n+1$ 是奇数. 此外,$r(\boldsymbol{B})\geqslant r(\boldsymbol{A})=n$.

另一方面, 若令 $n+1$ 阶方阵

$$\boldsymbol{C}=\begin{pmatrix}\boldsymbol{A} & -\boldsymbol{v}\\ \boldsymbol{v}' & 0\end{pmatrix},$$

则 $\boldsymbol{C}$ 是反对称的, 所以 $|\boldsymbol{C}|=0$. 于是

$$\begin{aligned}|\boldsymbol{B}|=|\boldsymbol{B}'|&=\begin{vmatrix}\boldsymbol{A}' & \boldsymbol{v}\\ \boldsymbol{v}' & 0\end{vmatrix}=\begin{vmatrix}-\boldsymbol{A} & \boldsymbol{v}\\ \boldsymbol{v}' & 0\end{vmatrix}\\ &=(-1)^n\begin{vmatrix}\boldsymbol{A} & -\boldsymbol{v}\\ \boldsymbol{v}' & 0\end{vmatrix}=1\cdot\begin{vmatrix}\boldsymbol{A} & -\boldsymbol{v}\\ \boldsymbol{v}' & 0\end{vmatrix}=|\boldsymbol{C}|=0.\end{aligned}$$

因此 $r(\boldsymbol{B})=n$.

7.72 本题是习题 2.16(1) 的特殊情形 (只考虑方阵). 下面是一个独立证明.

(1) 因为 $\boldsymbol{AB}=\boldsymbol{O}$, 所以 $\boldsymbol{B}$ 的每个列向量都是齐次线性方程 $\boldsymbol{Ax}=\boldsymbol{O}$ 的解, 这些列向量形成的向量组的秩 (即极大线性无关组中向量的个数) 不超过 $n-r(\boldsymbol{A})$, 即 $r(\boldsymbol{B})\leqslant n-r(\boldsymbol{A})$, 因此 $r(\boldsymbol{A})+r(\boldsymbol{B})\leqslant n$.

(2) 若 $k=r(\boldsymbol{A})$, 则取 $\boldsymbol{C}=\boldsymbol{O}_n$($n$ 阶零方阵). 下面设 $r(\boldsymbol{A})<k$. 齐次线性方程 $\boldsymbol{Ax}=\boldsymbol{O}$ 的基础解系由 $n-r(\boldsymbol{A})$ 个线性无关的解向量组成. 由 $r(\boldsymbol{A})<k\leqslant n$ 可知, 可以从中任取 $t=k-r(\boldsymbol{A})$ 个解向量 $\boldsymbol{x}_1,\cdots,\boldsymbol{x}_t$ 以及 $n-t=n-\big(k-r(\boldsymbol{A})\big)$ 个零 (列) 向量组成 n 阶方阵 $\boldsymbol{C}$, 即有 $r(\boldsymbol{C})=k-r(\boldsymbol{A})$, 从而 $r(\boldsymbol{A})+r(\boldsymbol{C})=k$, 并且

$$\boldsymbol{AC}=\boldsymbol{A}\big(\boldsymbol{x}_1,\cdots,\boldsymbol{x}_t,\boldsymbol{O}_{n\times(n-t)}\big)=\big(\boldsymbol{Ax}_1,\cdots,\boldsymbol{Ax}_t,\boldsymbol{AO}_{n\times(n-t)}\big)=\boldsymbol{O}.$$

7.73 结论是 $r(\boldsymbol{I}+\boldsymbol{A})+r(\boldsymbol{I}-\boldsymbol{A})=n$, 其中 $\boldsymbol{I}$ 表示 $\boldsymbol{I}_n$. 在下面三个解法中, 可设 $\boldsymbol{A}\neq\boldsymbol{I}$ (不然结论显然成立).

解法1 因为

$$(\boldsymbol{I}+\boldsymbol{A})+(\boldsymbol{I}-\boldsymbol{A})=2\boldsymbol{I},$$

所以

$$r(\boldsymbol{I}+\boldsymbol{A})+r(\boldsymbol{I}-\boldsymbol{A})\geqslant r(2\boldsymbol{I})=n.$$

又因为由 $\boldsymbol{A}^2=\boldsymbol{I}$ 可知

$$(\boldsymbol{I}+\boldsymbol{A})(\boldsymbol{I}-\boldsymbol{A})=\boldsymbol{I}^2-\boldsymbol{A}^2=\boldsymbol{O},$$

所以由 Sylvester 不等式得到

$$r(\boldsymbol{I}+\boldsymbol{A})+r(\boldsymbol{I}-\boldsymbol{A})-n\leqslant 0.$$

因此 $r(\boldsymbol{I}+\boldsymbol{A})+r(\boldsymbol{I}-\boldsymbol{A})=n$.

解法 2　作初等变换:

$$\begin{pmatrix}\boldsymbol{A}-\boldsymbol{I} & \boldsymbol{O}\\ \boldsymbol{O} & \boldsymbol{A}+\boldsymbol{I}\end{pmatrix}\xrightarrow{(1)}\begin{pmatrix}\boldsymbol{A}-\boldsymbol{I} & \boldsymbol{A}-\boldsymbol{I}\\ \boldsymbol{O} & \boldsymbol{A}+\boldsymbol{I}\end{pmatrix}\xrightarrow{(2)}$$
$$\begin{pmatrix}\boldsymbol{A}-\boldsymbol{I} & \boldsymbol{A}-\boldsymbol{I}\\ \boldsymbol{I}-\boldsymbol{A} & 2\boldsymbol{I}\end{pmatrix}\xrightarrow{(3)}\begin{pmatrix}\boldsymbol{O} & \boldsymbol{A}-\boldsymbol{I}\\ \boldsymbol{O} & 2\boldsymbol{I}\end{pmatrix}\xrightarrow{(4)}\begin{pmatrix}\boldsymbol{O} & \boldsymbol{O}\\ \boldsymbol{O} & 2\boldsymbol{I}\end{pmatrix},$$

其中:

(1) 第 1 列 $\times\boldsymbol{I}$ 加到第 2 列;

(2) 第 1 行 $\times(-\boldsymbol{I})$ 加到第 2 行;

(3) $(1/2)(\boldsymbol{A}-\boldsymbol{I})\times$ 第 2 列加到第 1 列 (应用 $\boldsymbol{A}^2=\boldsymbol{I}$);

(4) $(-1/2)(\boldsymbol{A}-\boldsymbol{I})\times$ 第 2 行加到第 1 行.

于是

$$r\begin{pmatrix}\boldsymbol{A}-\boldsymbol{I} & \boldsymbol{O}\\ \boldsymbol{O} & \boldsymbol{A}+\boldsymbol{I}\end{pmatrix}=r\begin{pmatrix}\boldsymbol{O} & \boldsymbol{O}\\ \boldsymbol{O} & 2\boldsymbol{I}\end{pmatrix},$$

即 $r(\boldsymbol{A}+\boldsymbol{I})+r(\boldsymbol{A}-\boldsymbol{I})=n$(显然这等价于结论).

解法 3　(i) 我们首先证明: 存在可逆矩阵 $\boldsymbol{P}$, 使得

$$\boldsymbol{P}^{-1}\boldsymbol{A}\boldsymbol{P}=\operatorname{diag}(\boldsymbol{I}_s,-\boldsymbol{I}_{n-s}),\tag{$*$}$$

其中 $0\leqslant s\leqslant n$(即求 $\boldsymbol{A}$ 的 Jordan 标准形).

方法 1:　因为 $\boldsymbol{A}^2=\boldsymbol{I}$, 所以 $f(x)=x^2-1$ 是 $\boldsymbol{A}$ 的零化多项式 $\big($即 $f(\boldsymbol{A})=\boldsymbol{O}\big)$. 由于 $f(x)$ 无重根, 因此 $\boldsymbol{A}$ 相似于对角矩阵, 对角元是 $\boldsymbol{A}$ 的特征值. 因为 $f(x)=x^2-1=0$ 只有根 ±1, 所以 $\boldsymbol{A}$ 的特征值 $\in\{1,-1\}$. 因此适当排列特征值后, 即得式 $(*)$.

方法 2:　令

$$\boldsymbol{B}=(\boldsymbol{A}+\boldsymbol{I}\quad \boldsymbol{A}-\boldsymbol{I}).$$

由第 1 列减第 2 列, 则 $\boldsymbol{B}\to(2\boldsymbol{I}\quad \boldsymbol{A}-\boldsymbol{I})$. 因此 $r(\boldsymbol{B})\geqslant n$. 又因为 $\boldsymbol{B}$ 是 $2n\times n$ 矩阵, 所以 $r(\boldsymbol{B})\leqslant n$. 于是 $r(\boldsymbol{B})=n$. 因此可取 $\boldsymbol{B}$ 的 n 个线性无关的列组成矩阵 $\boldsymbol{P}$. 令

$$\boldsymbol{P}=(\boldsymbol{M}\quad \boldsymbol{N}),$$

其中 $\boldsymbol{M}\,(n\times s(0\leqslant s\leqslant n)$ 矩阵) 和 $\boldsymbol{N}\big(n\times(n-s)$ 矩阵$\big)$分别由取自 $\boldsymbol{A}+\boldsymbol{I}$ 的 s 列和取自 $\boldsymbol{A}-\boldsymbol{I}$ 的 $n-s$ 列组成. 因为依题设,

$$(\boldsymbol{A}+\boldsymbol{I})(\boldsymbol{A}-\boldsymbol{I})=\boldsymbol{A}^2-\boldsymbol{I}^2=\boldsymbol{O},$$

所以 $\boldsymbol{A}+\boldsymbol{I}$ 左乘 $\boldsymbol{A}-\boldsymbol{I}$ 的任意列均得到零向量, 因此由 $\boldsymbol{N}$ 的定义可知

$$(\boldsymbol{A}+\boldsymbol{I})\boldsymbol{N}=\boldsymbol{O}_{n\times(n-s)}.$$

类似地,

$$(\boldsymbol{A}-\boldsymbol{I})\boldsymbol{M}=\boldsymbol{O}_{n\times s}.$$

于是

$$\begin{aligned}(\boldsymbol{A}+\boldsymbol{I})\boldsymbol{P}&=\big((\boldsymbol{A}+\boldsymbol{I})\boldsymbol{M}\quad \boldsymbol{O}_{n\times(n-s)}\big)=(\boldsymbol{R}_{n\times s}\quad \boldsymbol{O}_{n\times(n-s)}),\\(\boldsymbol{A}-\boldsymbol{I})\boldsymbol{P}&=\big(\boldsymbol{O}_{n\times s}\quad (\boldsymbol{A}-\boldsymbol{I})\boldsymbol{N}\big)=(\boldsymbol{O}_{n\times s}\quad \boldsymbol{T}_{n\times(n-s)}).\end{aligned}$$

将此二式分别相减和相加, 可知

$$2\boldsymbol{P}=(\boldsymbol{R}_{n\times s}\quad -\boldsymbol{T}_{n\times(n-s)}),\quad 2\boldsymbol{AP}=(\boldsymbol{R}_{n\times s}\quad \boldsymbol{T}_{n\times(n-s)}).$$

因为

$$\begin{aligned}(\boldsymbol{R}_{n\times s}\quad \boldsymbol{T}_{n\times(n-s)})&=(\boldsymbol{R}_{n\times s}\quad -\boldsymbol{T}_{n\times(n-s)})\begin{pmatrix}\boldsymbol{I}_s & \boldsymbol{O}\\ \boldsymbol{O} & -\boldsymbol{I}_{n-s}\end{pmatrix}\\&=2\boldsymbol{P}\begin{pmatrix}\boldsymbol{I}_s & \boldsymbol{O}\\ \boldsymbol{O} & -\boldsymbol{I}_{n-s}\end{pmatrix},\end{aligned}$$

所以

$$2\boldsymbol{AP}=2\boldsymbol{P}\begin{pmatrix}\boldsymbol{I}_s & \boldsymbol{O}\\ \boldsymbol{O} & -\boldsymbol{I}_{n-s}\end{pmatrix}.$$

注意 $\boldsymbol{P}$ 可逆, 由此即得式 $(*)$.

(ii) 由式 $(*)$ 可得

$$\begin{aligned}\boldsymbol{P}^{-1}(\boldsymbol{A}-\boldsymbol{I})\boldsymbol{P}&=\mathrm{diag}(\boldsymbol{O}_s,-2\boldsymbol{I}_{n-s}),\\\boldsymbol{P}^{-1}(\boldsymbol{A}+\boldsymbol{I})\boldsymbol{P}&=\mathrm{diag}(2\boldsymbol{I}_s,-\boldsymbol{O}_{n-s}),\end{aligned}$$

所以 $r(\boldsymbol{A}+\boldsymbol{I})=s,r(\boldsymbol{A}-\boldsymbol{I})=n-s$, 于是 $r(\boldsymbol{A}+\boldsymbol{I})+r(\boldsymbol{A}-\boldsymbol{I})=n$.

7.74 参见例 1.4.4. 特别地, 本题 (2) 是该例的特殊情形. 下面是独立解答.

(1) 矩阵 $\boldsymbol{A}$ 未必可逆, 例如

$$\boldsymbol{A}=\begin{pmatrix}1 & -1 & 0\\ -1 & 1 & 0\\ 0 & -2 & 1\end{pmatrix}$$

符合题设条件, 但 $|\boldsymbol{A}|=0$.

(2) $\boldsymbol{A}$ 可逆, 用反证法. 设 $|\boldsymbol{A}|=0$, 则列向量 $\boldsymbol{\alpha}_j=(a_{1j},a_{2j},a_{3j})(j=1,2,3)$ 线性相关, 不妨设

$$\boldsymbol{\alpha}_1+\lambda_2\boldsymbol{\alpha}_2+\lambda_3\boldsymbol{\alpha}_3=\boldsymbol{O}, \tag{$*$}$$

其中 λ_2,λ_3 不全为零. 于是

$$a_{11}+\lambda_2a_{21}+\lambda_3a_{31}=0.$$

又由题设,

$$a_{11}+a_{21}+a_{31}>0.$$

将上二式相减得到

$$(\lambda_2-1)a_{21}+(\lambda_3-1)a_{31}<0.$$

因为 $a_{ij}\leqslant 0(i\neq j)$, 所以 λ_2,λ_3 中必有一个大于 1.

(i) 设 $\lambda_2>1$, 则由式 $(*)$ 有

$$a_{12}+\lambda_2a_{22}+\lambda_3a_{32}=0,$$

又由题设 $a_{12}+a_{22}+a_{32}>0$(及 $\lambda_2>0$) 可知

$$\lambda_2a_{12}+\lambda_2a_{22}+\lambda_2a_{32}>0.$$

将上二式相减得到

$$(1-\lambda_2)a_{12}+(\lambda_3-\lambda_2)a_{32}<0.$$

由此类似地 (注意 $1-\lambda_2<0$) 推出 $\lambda_3-\lambda_2>0$, 因此

$$\lambda_3>\lambda_2>1.$$

另一方面, 由式 $(*)$ 和题设还可类似地得到

$$a_{13}+\lambda_2a_{23}+\lambda_3a_{33}=0,$$
$$\lambda_3a_{13}+\lambda_3a_{23}+\lambda_3a_{33}>0.$$

将上二式相减得到

$$(1-\lambda_3)a_{13}+(\lambda_2-\lambda_3)a_{23}<0.$$

因为左边是正数, 所以得到矛盾.

(ii) 设 $\lambda_3>1$, 可与步骤 (i) 类似地推出矛盾 (实际上, 在式 $(*)$ 中交换 $\lambda_2\boldsymbol{\alpha}_2$ 和 $\lambda_3\boldsymbol{\alpha}_3$ 的位置, 即知步骤 (i) 的推理可照搬到此).

7.75 记 $\boldsymbol{C}=\boldsymbol{AB}-\boldsymbol{BA}$.

(1) 因为迹

$$\operatorname{tr}(\boldsymbol{C})=\operatorname{tr}(\boldsymbol{AB})-\operatorname{tr}(\boldsymbol{BA})=0,$$

所以由补充习题 7.83(3) 可知 $\boldsymbol{C}$ 只有零特征值. 因为 $\boldsymbol{C}$ 的秩为 1, 所以它的 Jordan 标准形中恰有一个非零子块

$$\boldsymbol{J}_2(0)=\begin{pmatrix}0&1\\0&0\end{pmatrix}.$$

于是由 $\boldsymbol{J}_2(0)^2=\boldsymbol{O}$ 推出 $\boldsymbol{C}^2=\boldsymbol{O}$.

(2) 因为依题设有

$$\begin{aligned}\boldsymbol{AC}-\boldsymbol{CA}&=(\boldsymbol{A}^2\boldsymbol{B}-\boldsymbol{ABA})-(\boldsymbol{ABA}-\boldsymbol{BA}^2)\\&=\boldsymbol{A}^2\boldsymbol{B}+\boldsymbol{BA}^2-2\boldsymbol{ABA}=\boldsymbol{O},\end{aligned}$$

所以 $\boldsymbol{A},\boldsymbol{C}$ 可交换, 于是对于任何 $m\in\mathbb{N}_0$,

$$\boldsymbol{C}^{m+1}=\boldsymbol{C}^m(\boldsymbol{AB}-\boldsymbol{BA})=\boldsymbol{AC}^m\boldsymbol{B}-\boldsymbol{C}^m\boldsymbol{BA},$$

从而 $\mathrm{tr}(\boldsymbol{C}^{m+1})=0$. 由习题 3.17(3) 并且应用该题解后的注 1°, 可知 $\boldsymbol{C}$ 是幂零方阵.

7.76 (1) 见例 3.3.3 的解法 1~6.

(2) 设 $\boldsymbol{A}=\boldsymbol{A}^2$. 若 $\boldsymbol{x}\in\mathcal{R}(\boldsymbol{I}_n-\boldsymbol{A})$, 则存在向量 $\boldsymbol{y}$, 使得

$$\boldsymbol{x}=(\boldsymbol{I}_n-\boldsymbol{A})\boldsymbol{y}$$

(参见本题的解后注). 因为 $\boldsymbol{A}^2=\boldsymbol{A}$, 所以

$$\boldsymbol{Ax}=\boldsymbol{A}(\boldsymbol{I}_n-\boldsymbol{A})\boldsymbol{y}=(\boldsymbol{A}-\boldsymbol{A}^2)\boldsymbol{y}=\boldsymbol{O},$$

从而 $\boldsymbol{x}\in\mathrm{Ker}(\boldsymbol{A})$, 于是 $\mathcal{R}(\boldsymbol{I}_n-\boldsymbol{A})\subseteq\mathrm{Ker}(\boldsymbol{A})$. 反之, 若 $\boldsymbol{x}\in\mathrm{Ker}(\boldsymbol{A})$, 则 $\boldsymbol{Ax}=\boldsymbol{O}$, 所以 $(\boldsymbol{I}_n-\boldsymbol{A})\boldsymbol{x}=\boldsymbol{x}$, 从而 $\boldsymbol{x}\in\mathcal{R}(\boldsymbol{I}_n-\boldsymbol{A})$, 于是 $\mathrm{Ker}(\boldsymbol{A})\subseteq\mathcal{R}(\boldsymbol{I}_n-\boldsymbol{A})$. 因此 $\mathcal{R}(\boldsymbol{I}_n-\boldsymbol{A})=\mathrm{Ker}(\boldsymbol{A})$.

注 设 n 阶矩阵 $\boldsymbol{B}$ 的列向量是 $\boldsymbol{\beta}_1,\boldsymbol{\beta}_2,\cdots,\boldsymbol{\beta}_n$, 那么由它们张成的子空间 $L(\boldsymbol{\beta}_1,\boldsymbol{\beta}_2,\cdots,\boldsymbol{\beta}_n)$ 中的元素可表示为 (列向量)

$$\boldsymbol{x}=y_1\boldsymbol{\beta}_1+y_2\boldsymbol{\beta}_2+\cdots+y_n\boldsymbol{\beta}_n,$$

其中 $y_i\in\mathbb{R}$. 令 $\boldsymbol{y}=(y_1,y_2,\cdots,y_n)'$, 则有

$$\boldsymbol{x}=(\boldsymbol{\beta}_1,\cdots,\boldsymbol{\beta}_n)(y_1,y_2,\cdots,y_n)'=\boldsymbol{By}.$$

因此 $L(\boldsymbol{\beta}_1,\boldsymbol{\beta}_2,\cdots,\boldsymbol{\beta}_n)=\mathrm{Im}(\boldsymbol{B})$.

7.77 (i) 在 V 中取元素 $\boldsymbol{v}_i(i=0,1,2,3)$, 即实数列

$$\boldsymbol{v}_0=\{1,0,0,0,\cdots\},\quad \boldsymbol{v}_1=\{0,1,0,0,\cdots\},$$
$$\boldsymbol{v}_2=\{0,0,1,0,\cdots\},\quad \boldsymbol{v}_3=\{0,0,0,1,\cdots\}$$

(注: 这里实际是给出 4 组初始条件, 从而由题中的递推关系得到 4 个实数列, 它们就是所取的元素 $\boldsymbol{v}_i(i=0,1,2,3)$). 我们证明: 对于任何满足题中的递推关系的实数列 $\boldsymbol{v}=\{x_0,x_1,x_2,x_3,\cdots\}$, 有

$$\boldsymbol{v}=x_0\boldsymbol{v}_0+x_1\boldsymbol{v}_1+x_2\boldsymbol{v}_2+x_3\boldsymbol{v}_3. \qquad (*)$$

事实上, $\boldsymbol{v}$ 的前 4 项显然分别等于上式右边数列的前 4 项. 对于 $\boldsymbol{v}$ 的第 5 项 x_4, 由递推关系得到

$$x_4+a_1x_3+a_2x_2+a_3x_1+a_4x_0=0,$$

所以

$$x_4=-(a_1x_3+a_2x_2+a_3x_1+a_4x_0).$$

由递推关系算出数列 $\boldsymbol{v}_0,\boldsymbol{v}_1,\boldsymbol{v}_2,\boldsymbol{v}_3$ 的第 5 项分别等于 $-a_4,-a_3,-a_2,-a_1$, 因此式 $(*)$ 右边数列的第 5 项是

$$x_0(-a_4)+x_1(-a_3)+x_2(-a_2)+x_3(-a_1)=-(a_1x_3+a_2x_2+a_3x_1+a_4x_0).$$

于是等式 $(*)$ 对于数列的第 5 项成立. 一般地 (用数学归纳法), 可知对于数列的其他各项, 等式 $(*)$ 也成立. 于是关系式 $(*)$ 得证. 此外, 若

$$c_0\boldsymbol{v}_0+c_1\boldsymbol{v}_1+c_2\boldsymbol{v}_2+c_3\boldsymbol{v}_3=\boldsymbol{O}$$

(右边 $\boldsymbol{O}$ 表示元素全为零的数列), 则分别比较等式两边数列的前 4 项, 可知 $c_0=c_1=c_2=c_3=0$, 因此 V 的元素 $\boldsymbol{v}_0,\boldsymbol{v}_1,\boldsymbol{v}_2,\boldsymbol{v}_3$ 线性无关, 从而它们组成 V 的一组基 (称为 V 的标准基).

(ii) 因为 $\boldsymbol{v}_i(i=0,1,2,3)$ 是 V 的基, 所以

$$\tau(\boldsymbol{v}_0)=\sum_{i=0}^{3}\beta_i\boldsymbol{v}_i,$$

由 $\tau(\boldsymbol{v}_0)=\{0,0,0,-a_4,\cdots\}$, 比较上式两边数列的前 4 项, 得到 $\beta_0=\beta_1=\beta_2=0,\beta_3=-a_4$, 因此 $\tau(\boldsymbol{v}_0)=-a_4\boldsymbol{v}_3$. 可类似地考察 $\tau(\boldsymbol{v}_i)(i=1,2,3)$, 于是有

$$\begin{aligned}&\tau(\boldsymbol{v}_0)=-a_4\boldsymbol{v}_3,\quad \tau(\boldsymbol{v}_1)=\boldsymbol{v}_0-a_3\boldsymbol{v}_3,\\&\tau(\boldsymbol{v}_2)=\boldsymbol{v}_1-a_2\boldsymbol{v}_3,\quad \tau(\boldsymbol{v}_3)=\boldsymbol{v}_2-a_1\boldsymbol{v}_3.\end{aligned}$$

因此在基 $\boldsymbol{v}_i(i=0,1,2,3)$ 下,τ 的矩阵表示是

$$\boldsymbol{T}=\begin{pmatrix}0&1&0&0\\0&0&1&0\\0&0&0&1\\-a_4&-a_3&-a_2&-a_1\end{pmatrix}.$$

由此立得 $\det(\boldsymbol{T})=a_4,\operatorname{tr}(\boldsymbol{T})=-a_1,\varphi_{\boldsymbol{T}}(x)=t^4+a_1t^3+a_2t^2+a_3t+a_4$.

注　由本题的解法可知: 一般地, 若递推关系是

$$x_{n+p}+a_1x_{n+p-1}+a_2x_{n+p-2}+\cdots+a_px_n=0\quad(n\geqslant 0),$$

其中 $p\geqslant 1$, 则在标准基(如本题的解中那样构造)下,τ 的矩阵是

$$\boldsymbol{T}=\begin{pmatrix}0&&&\\\vdots&&\boldsymbol{I}_{p-1}&\\0&&&\\-a_p&-a_{p-1}&\cdots&-a_1\end{pmatrix},$$

特征多项式是 $\varphi_{\boldsymbol{T}}(x)=t^p+a_1t^{p-1}+a_2t^{p-2}+\cdots+a_p$.

7.78 (1) 依补充习题 7.77 解后的注, 若取基

$$\boldsymbol{v}_0=\{1,0,0,\cdots\},\quad \boldsymbol{v}_1=\{0,1,0,\cdots\},\quad \boldsymbol{v}_2=\{0,0,1,\cdots\},$$

则 τ(即其矩阵 $\boldsymbol{T}$) 的特征多项式是

$$\varphi_{\boldsymbol{T}}(x)=t^3-2t^2-t+2=(t+1)(t-1)(t-2).$$

特征值是 $-1,1,2$. 对于特征值 -1, 设 $\boldsymbol{p}_1=\{x_0,x_1,x_2,\cdots\}$ 是所属的特征向量, 那么

$$\tau(\boldsymbol{p}_1)=-\boldsymbol{p}_1,$$

从而 $\{x_1,x_2,\cdots,x_{n+1},\cdots\}=\{-x_0,-x_1,\cdots,-x_n,\cdots\}$, 因此 $x_{n+1}=-x_n(n\geqslant 0)$. 可见可取 $\boldsymbol{p}_1=\{(-1)^n(n\geqslant 0)\}$. 类似地, 对于特征值 1, 所属的特征向量 $\boldsymbol{p}_2=\{1^n(n\geqslant 0)\}$; 对于特征值 2, 所属的特征向量 $\boldsymbol{p}_3=\{2^n(n\geqslant 0)\}$. 于是在基 $\boldsymbol{p}_i(i=1,2,3)$ 下,τ 的矩阵表示是 $\mathrm{diag}(-1,1,2)$.

(2) 应用题设递推关系定义线性空间 V, 按补充习题 7.77 解中的方式定义线性变换 τ, 取 V 的基如本题 (1). 那么 τ 的矩阵是

$$\boldsymbol{T}=\begin{pmatrix}0&1&0\\0&0&1\\8&-12&6\end{pmatrix},$$

特征多项式是 $\varphi_{\boldsymbol{T}}(x)=(x-2)^3$(参见补充习题 7.77 解后的注). 因为 $\varphi_{\boldsymbol{T}}(x)$ 的初等因子是 $(x-2)^3$, 所以 $\boldsymbol{T}$ 有 Jordan 标准形

$$\boldsymbol{J}=\begin{pmatrix}2&1&0\\0&2&1\\0&0&2\end{pmatrix}.$$

于是存在 (实数列)$\boldsymbol{p}_i\in V(i=1,2,3)$ 形成 V 的基, 在此基下,

$$\tau(\boldsymbol{p}_1,\boldsymbol{p}_2,\boldsymbol{p}_3)=(\boldsymbol{p}_1,\boldsymbol{p}_2,\boldsymbol{p}_3)\boldsymbol{J},$$

因此

$$\tau(\boldsymbol{p}_1)=2\boldsymbol{p}_1,\quad \tau(\boldsymbol{p}_2)=\boldsymbol{p}_1+2\boldsymbol{p}_2,\quad \tau(\boldsymbol{p}_3)=\boldsymbol{p}_2+2\boldsymbol{p}_3.$$

设数列 $\boldsymbol{p}_1=\{\delta_0,\delta_1,\cdots,\delta_n,\cdots\}$, 则由 $\tau(\boldsymbol{p}_1)=2\boldsymbol{p}_1$ 可知 $\delta_{n+1}=2\delta_n(n\geqslant 0)$, 所以可取 $\boldsymbol{p}_1=\{2^n(n\geqslant 0)\}$. 设数列 $\boldsymbol{p}_2=\{\eta_0,\eta_1,\cdots,\eta_n,\cdots\}$, 则由 $\tau(\boldsymbol{p}_2)=\boldsymbol{p}_1+2\boldsymbol{p}_2$ 可知 $\eta_{n+1}=\delta_n+2\eta_n(n\geqslant 0)$, 所以可取 $\boldsymbol{p}_2=\{n2^{n-1}(n\geqslant 0)\}$. 类似地, 由 $\tau(\boldsymbol{p}_3)=\boldsymbol{p}_2+2\boldsymbol{p}_3$, 可取 $\boldsymbol{p}_3=\{\binom{n}{2}2^{n-1}(n\geqslant 0)\}$. 在基 $\boldsymbol{p}_i(i=1,2,3)$ 下, 题中所求数列 $\boldsymbol{x}=\{x_n(n\geqslant 0)\}$ 可表示为

$$\boldsymbol{x}=c_1\boldsymbol{p}_1+c_2\boldsymbol{p}_2+c_3\boldsymbol{p}_3,$$

等置等式两边数列的序号为 n 的项得到

$$x_n = c_1\cdot 2^n + c_2\cdot n2^{n-1} + c_3\binom{n}{2}2^{n-1},$$

令 $n=0,1,2$, 由题中所给初始条件解出 $c_1=c_2=c_3=1$. 因此 $x_n = 2^n + n2^{n-1} + \binom{n}{2}2^{n-1}$.

(3) **提示** 记 $x_n = \varDelta_n$, 按第 1 行展开行列式, 得到递推关系

$$x_n - 4x_{n-1} + x_{n-2} + 6x_{n-3} = 0.$$

故可用本题 (1), (2) 的解法来解本题. 特征多项式是 $x^3-4x^2+x+6=(x+1)(x-2)(x-3)$, 特征值是 $-1,2,3$. 相应的线性空间 V 由数列 $\{(-1)^n(n\geqslant 0)\},\{2^n(n\geqslant 0)\},\{3^n(n\geqslant 0)\}$ 生成 (即此 3 个数列是 V 的基). 于是

$$x_n = a\cdot(-1)^n + b\cdot 2^n + c\cdot 3^n.$$

因为 $x_1=4,x_2=15,x_3=50$, 所以 $a=1/12,b=-4/3,c=9/4$, 从而

$$\varDelta_n = \big((-1)^n - 2^{n+4} + 3^{n+3}\big)/12.$$

7.79 提示 (1) 以下解法可参考例 3.4.3.

(i) 记题中所给矩阵为 $\boldsymbol{A}$, 求出它的 Jordan 标准形及相应的变换方阵 $\boldsymbol{T}$, 则有

$$\boldsymbol{A}=\begin{pmatrix}1&2&3\\2&3&4\\2&3&5\end{pmatrix}\begin{pmatrix}1&1&0\\0&1&0\\0&0&2\end{pmatrix}\begin{pmatrix}-3&1&1\\2&1&-2\\0&-1&1\end{pmatrix}=\boldsymbol{TJT}^{-1}.$$

于是

$$\begin{pmatrix}x_{3n}\\x_{3n+1}\\x_{3n+2}\end{pmatrix}=\boldsymbol{A}\begin{pmatrix}x_{3n-3}\\x_{3n-2}\\x_{3n-1}\end{pmatrix}=\boldsymbol{AA}\begin{pmatrix}x_{3(n-1)-3}\\x_{3(n-1)-2}\\x_{3(n-1)-1}\end{pmatrix}=\cdots$$
$$=\boldsymbol{A}^n\begin{pmatrix}x_0\\x_1\\x_2\end{pmatrix}=(\boldsymbol{TJT}^{-1})^n\begin{pmatrix}5\\7\\8\end{pmatrix}=\boldsymbol{TJ}^n\boldsymbol{T}^{-1}\begin{pmatrix}5\\7\\8\end{pmatrix}.$$

因为

$$\boldsymbol{T}^{-1}\begin{pmatrix}5\\7\\8\end{pmatrix}=\begin{pmatrix}0\\1\\1\end{pmatrix},$$

所以

$$\begin{pmatrix}x_{3n}\\x_{3n+1}\\x_{3n+2}\end{pmatrix}=\boldsymbol{TJ}^n\begin{pmatrix}0\\1\\1\end{pmatrix}\quad(n\geqslant 1).$$

(ii) 现在计算 $\boldsymbol{J}^n$. 记 2 阶 Jordan 块

$$\boldsymbol{J}_1=\begin{pmatrix}1&1\\0&1\end{pmatrix},$$

则

$$\boldsymbol{J}^n=\begin{pmatrix}\boldsymbol{J}_1&0\\0&2\end{pmatrix}^n=\begin{pmatrix}\boldsymbol{J}_1^n&0\\0&2^n\end{pmatrix}.$$

因为 $\boldsymbol{J}_1$ 的最小多项式是 $(x-1)^2$, 所以 $(\boldsymbol{J}_1-\boldsymbol{I})^n=\boldsymbol{O}(n\geqslant 2)$, 于是由

$$x^n=\big((x-1)-1\big)^n=(x-1)^n+\cdots+\binom{n}{2}(x-1)^2+\binom{n}{1}(x-1)+1$$

推出

$$\boldsymbol{J}_1^n=\binom{n}{1}(\boldsymbol{J}_1-\boldsymbol{I})+\boldsymbol{I}=\begin{pmatrix}0&n\\0&0\end{pmatrix}+\begin{pmatrix}1&0\\0&1\end{pmatrix}=\begin{pmatrix}1&n\\0&1\end{pmatrix},$$

于是

$$\boldsymbol{J}^n=\begin{pmatrix}1&n&0\\0&1&0\\0&0&2^n\end{pmatrix}.$$

因此推出

$$\begin{pmatrix}x_{3n}\\x_{3n+1}\\x_{3n+2}\end{pmatrix}=\boldsymbol{T}\boldsymbol{J}^n\begin{pmatrix}0\\1\\1\end{pmatrix}=\boldsymbol{T}\begin{pmatrix}n\\1\\2^n\end{pmatrix}\quad(n\geqslant 1).$$

(2) 解法 1 (i) 令 $\boldsymbol{z}_n=(x_n,y_n)'$ 以及

$$\boldsymbol{A}=\begin{pmatrix}4&-5\\2&-3\end{pmatrix},$$

则

$$\boldsymbol{z}_n=\boldsymbol{A}\boldsymbol{z}_{n-1}=\cdots=\boldsymbol{A}^n\boldsymbol{z}_0.$$

(ii) $\boldsymbol{A}$ 的特征值 $\lambda_1=2,\lambda_2=-1$, 相应的特征向量 $\boldsymbol{\xi}_1=(5,2)',\boldsymbol{\xi}_2=(1,1)'$, 于是

$$\boldsymbol{T}^{-1}\boldsymbol{A}\boldsymbol{T}=\mathrm{diag}(2,-1),$$

其中

$$\boldsymbol{T}=\begin{pmatrix}5&1\\2&1\end{pmatrix}.$$

因此

$$\boldsymbol{A}^n=\boldsymbol{T}^{-1}\boldsymbol{A}^n\boldsymbol{T}=\frac{1}{3}\begin{pmatrix}5&1\\2&1\end{pmatrix}\begin{pmatrix}2^n&0\\0&(-1)^n\end{pmatrix}\begin{pmatrix}1&-1\\-2&5\end{pmatrix}.$$

(iii) 注意 $\boldsymbol{z}_0=(2,1)'$, 由此算出

$$\boldsymbol{z}_{100}=\frac{1}{3}\begin{pmatrix}5&1\\2&1\end{pmatrix}\begin{pmatrix}2^{100}&0\\0&(-1)^{100}\end{pmatrix}\begin{pmatrix}1&-1\\-2&5\end{pmatrix}\begin{pmatrix}2\\1\end{pmatrix}=\frac{1}{3}\begin{pmatrix}5\cdot 2^{100}+1\\2\cdot 2^{100}+1\end{pmatrix},$$

于是 $x_{100}=(5\cdot 2^{100}+1)/3, y_{100}=(2\cdot 2^{100}+1)/3$.

解法 2　记号同解法 1. 那么 $\boldsymbol{z}_j=\boldsymbol{A}\boldsymbol{z}_{j-1}(j\geqslant 1)$. 因为 $\boldsymbol{\xi}_1=(5,2)',\boldsymbol{\xi}_2=(1,1)'$ 组成 $\mathbb{R}^2$ 的基, 所以可求出

$$\boldsymbol{z}_0=\frac{1}{3}\boldsymbol{\xi}_1+\frac{1}{3}\boldsymbol{\xi}_2=\frac{1}{3}(\boldsymbol{\xi}_1+\boldsymbol{\xi}_2).$$

于是

$$\boldsymbol{z}_1=\boldsymbol{A}\boldsymbol{z}_0=\frac{1}{3}(\boldsymbol{A}\boldsymbol{\xi}_1+\boldsymbol{A}\boldsymbol{\xi}_2)=\frac{1}{3}(\lambda_1\boldsymbol{\xi}_1+\lambda_2\boldsymbol{\xi}_2),$$

迭代 n 次得到

$$\boldsymbol{z}_n=\frac{1}{3}(\lambda_1^n\boldsymbol{\xi}_1+\lambda_2^n\boldsymbol{\xi}_2),$$

于是可求出 x_{100},y_{100}.

7.80　算出

$$\boldsymbol{A}^2=\begin{pmatrix}0&0&1&0&\cdots&0\\0&0&0&1&\cdots&0\\\vdots&\vdots&\vdots&\vdots&\ddots&\vdots\\0&0&0&0&\cdots&1\\0&0&0&0&\cdots&0\\0&0&0&0&\cdots&0\end{pmatrix},$$

以及它的特征矩阵

$$\lambda\boldsymbol{I}_n-\boldsymbol{A}^2=\begin{pmatrix}\lambda&0&-1&&&\\&\lambda&0&-1&&\\&&\ddots&\ddots&\ddots&\\&&&\lambda&0&-1\\&&&&\ddots&0\\&&&&&\lambda\end{pmatrix}$$

(空白处元素为 0). 它的行列式因子

$$D_{n-2}(\lambda)=1,\quad D_n(\lambda)=\lambda^n,$$

因此不变因子

$$d_1(\lambda)=\cdots=d_{n-2}(\lambda)=1,\quad d_{n-1}(\lambda)=\lambda^s,\quad d_n(\lambda)=\lambda^t,$$

其中 $0\leqslant s\leqslant t,s+t=n$. 下面分两种情形确定 $\boldsymbol{A}^2$ 的极小多项式.

情形 1　$n=2k$ 为偶数. 因为矩阵 $\boldsymbol{A}$ 的极小多项式是 $\lambda^n=(\lambda^2)^k$, 所以推出矩阵 $\boldsymbol{A}^2$ 的极小多项式是 λ^k, 于是 $s=k,t=k$. 因此

$$d_1(\lambda)=\cdots=d_{n-2}(\lambda)=1,\quad d_{n-1}=\lambda^k,\quad d_n(\lambda)=\lambda^k,$$

可见初等因子是 λ^k,λ^k, 从而 $\boldsymbol{A}^2$ 的 Jordan 标准形是

$$\begin{pmatrix}\boldsymbol{J}_k(0) & \\ & \boldsymbol{J}_k(0)\end{pmatrix}.$$

情形2 $n=2k+1$ 为奇数. 那么由矩阵 $\boldsymbol{A}$ 的极小多项式是 $\lambda^n=(\lambda^2)^k\lambda$ 可知 $(\boldsymbol{A}^2)^{k+1}=\boldsymbol{O}$, 由此推出矩阵 $\boldsymbol{A}^2$ 的极小多项式是 λ^{k+1}. 因此 $\boldsymbol{A}^2$ 的 Jordan 标准形是

$$\begin{pmatrix}\boldsymbol{J}_{k+1}(0) & \\ & \boldsymbol{J}_k(0)\end{pmatrix}.$$

上述两种情形可以合并写成

$$\begin{pmatrix}\boldsymbol{J}_{[(n+1)/2]}(0) & \\ & \boldsymbol{J}_{[n/2]}(0)\end{pmatrix}.$$

7.81 (1) 由习题 2.3(2) 可知 $\big(\boldsymbol{J}_n(\lambda)\big)^k-\lambda^k\boldsymbol{I}_n$ 是对角元素全为 0 的 n 阶上三角方阵, 所以是幂零指数 (即使得该矩阵的幂为零的最小幂指数) 为 n 的幂零矩阵. 由习题 3.10(1) 可推出其 Jordan 标准形为 $\boldsymbol{J}_n(0)$, 从而 $\big(\boldsymbol{J}_n(\lambda)\big)^k$ 的 Jordan 标准形为 $\boldsymbol{J}_n(\lambda^k)$.

(2) 在本题 (1) 的结论中用 $\sqrt[k]{\lambda}$ 代替 λ, 可知 $\big(\boldsymbol{J}_n(\sqrt[k]{\lambda})\big)^k$ 的 Jordan 标准形为 $\boldsymbol{J}_n(\lambda)$, 因此存在可逆矩阵 $\boldsymbol{T}$, 使得

$$\boldsymbol{J}_n(\lambda)=\boldsymbol{T}^{-1}\big(\boldsymbol{J}_n(\sqrt[k]{\lambda})\big)^k\boldsymbol{T}=\big(\boldsymbol{T}^{-1}\boldsymbol{J}_n(\sqrt[k]{\lambda})\boldsymbol{T}\big)^k.$$

令 $\boldsymbol{B}=\boldsymbol{T}^{-1}\boldsymbol{J}_n(\sqrt[k]{\lambda})\boldsymbol{T}$, 即有 $\boldsymbol{B}^k=\boldsymbol{J}_n(\lambda)$.

(3) 设 $\boldsymbol{A}$ 的 Jordan 标准形为 $\boldsymbol{J}=\mathrm{diag}(\boldsymbol{J}_{m_1}(\lambda_1),\cdots,\boldsymbol{J}_{m_s}(\lambda_s))$, 则存在可逆矩阵 $\boldsymbol{P}$, 使得

$$\boldsymbol{A}=\boldsymbol{P}^{-1}\boldsymbol{J}\boldsymbol{P}.$$

而依本题 (2), 存在矩阵 $\boldsymbol{B}_1,\cdots,\boldsymbol{B}_s$, 满足

$$\boldsymbol{J}_{m_j}(\lambda_j)=\boldsymbol{B}_j^k\quad(j=1,\cdots,s).$$

于是 $\boldsymbol{J}=\mathrm{diag}(\boldsymbol{B}_1^k,\cdots,\boldsymbol{B}_s^k)$, 从而

$$\boldsymbol{A}=\boldsymbol{P}^{-1}\mathrm{diag}(\boldsymbol{B}_1^k,\cdots,\boldsymbol{B}_s^k)\boldsymbol{P}=\Big(\boldsymbol{P}^{-1}\mathrm{diag}(\boldsymbol{B}_1,\cdots,\boldsymbol{B}_s)\boldsymbol{P}\Big)^k,$$

因此 $\boldsymbol{A}$ 有 k 次方根.

7.82 解法1 如例 3.2.2 的解法 1 中所证, 若 $\boldsymbol{A},\boldsymbol{B}$ 分别是 $m\times n,n\times m$ 矩阵, 则

$$\lambda^n|\lambda\boldsymbol{I}_m-\boldsymbol{A}\boldsymbol{B}|=\lambda^m|\lambda\boldsymbol{I}_n-\boldsymbol{B}\boldsymbol{A}|,$$

即

$$\lambda^n\varphi_{\boldsymbol{AB}}(\lambda)=\lambda^m\varphi_{\boldsymbol{BA}}(\lambda).$$

此式两边都是 λ 的 $m+n$ 次多项式, 左边多项式的根是 $0(n$ 重) 和 $\boldsymbol{AB}$ 的 m 个特征值, 右边多项式的根是 $0(m$ 重) 和 $\boldsymbol{BA}$ 的 n 个特征值, 而且 $m>n$, 所以得知 $\boldsymbol{AB}$ 的 m 个特征值由 $0(m-n$ 重) 及 $\boldsymbol{BA}$ 的 n 个特征值组成. 注意两边多项式的最高项系数都等于 1, 所以

$$\varphi_{\boldsymbol{AB}}(\lambda)=\lambda^{m-n}\varphi_{\boldsymbol{BA}}(\lambda),$$

此即

$$|\lambda \boldsymbol{I}_m-\boldsymbol{AB}|=\lambda^{m-n}|\lambda \boldsymbol{I}_n-\boldsymbol{BA}|.$$

解法2 如例 3.2.2 的注 2° 所证, 对于同阶方阵 $\boldsymbol{A}_1,\boldsymbol{B}_1$, 矩阵 $\boldsymbol{A}_1\boldsymbol{B}_1$ 和 $\boldsymbol{B}_1\boldsymbol{A}_1$ 有相同的特征多项式. 现在取 m 阶方阵

$$\boldsymbol{A}_1=(\boldsymbol{A}\quad \boldsymbol{O}_{m\times(m-n)}),\quad \boldsymbol{B}_1=(\boldsymbol{B}\quad \boldsymbol{O}_{(m-n)\times m})',$$

那么

$$|\lambda \boldsymbol{I}_m-\boldsymbol{A}_1\boldsymbol{B}_1|=|\lambda \boldsymbol{I}_m-\boldsymbol{B}_1\boldsymbol{A}_1|.$$

因为 $\boldsymbol{A}_1\boldsymbol{B}_1=\boldsymbol{AB}$, 所以

$$|\lambda \boldsymbol{I}_m-\boldsymbol{A}_1\boldsymbol{B}_1|=|\lambda \boldsymbol{I}_m-\boldsymbol{AB}|.$$

又因为

$$\boldsymbol{B}_1\boldsymbol{A}_1=(\boldsymbol{B}\quad \boldsymbol{O}_{(m-n)\times m})'(\boldsymbol{A}\quad \boldsymbol{O}_{m\times(m-n)})=\begin{pmatrix}\boldsymbol{BA} & \boldsymbol{O}\\ \boldsymbol{O} & \boldsymbol{O}\end{pmatrix},$$

所以

$$\begin{aligned}|\lambda \boldsymbol{I}_m-\boldsymbol{B}_1\boldsymbol{A}_1|&=\left|\lambda \boldsymbol{I}_m-\begin{pmatrix}\boldsymbol{BA} & \boldsymbol{O}\\ \boldsymbol{O} & \boldsymbol{O}\end{pmatrix}\right|=\begin{vmatrix}\lambda \boldsymbol{I}_n-\boldsymbol{BA} & \boldsymbol{O}\\ \boldsymbol{O} & \lambda \boldsymbol{I}_{m-n}\end{vmatrix}\\ &=\lambda^{m-n}|\lambda \boldsymbol{I}_n-\boldsymbol{BA}|.\end{aligned}$$

于是 $|\lambda \boldsymbol{I}_m-\boldsymbol{AB}|=\lambda^{m-n}|\lambda \boldsymbol{I}_n-\boldsymbol{BA}|$.

7.83 由习题 2.14 可知, 存在 n 维非零列向量 $\boldsymbol{a}=(a_1,a_2,\cdots,a_n)'$ 和 $\boldsymbol{b}=(b_1,b_2,\cdots,b_n)'$, 使得 $\boldsymbol{A}=\boldsymbol{ab}'$.

这个结论的独立证明如下:

解法1 设 $r(\boldsymbol{A})=1$. 那么通过初等行变换和初等列变换可知, 存在 n 阶可逆矩阵 $\boldsymbol{R}$ 和 $\boldsymbol{S}$, 使得

$$\boldsymbol{RAS}=\begin{pmatrix}1 & \boldsymbol{O}_{1,n-1}\\ \boldsymbol{O}_{n-1,1} & \boldsymbol{O}_{n-1}\end{pmatrix}=\begin{pmatrix}1\\ \boldsymbol{O}_{n-1,1}\end{pmatrix}\begin{pmatrix}1 & \boldsymbol{O}_{1,n-1}\end{pmatrix},$$

其中 $\boldsymbol{O}_{1,n-1}$ 是元素全为 0 的 $1\times(n-1)$ 矩阵, 等等. 因此

$$\boldsymbol{A}=\boldsymbol{R}^{-1}\begin{pmatrix}1\\ \boldsymbol{O}_{n-1,1}\end{pmatrix}\begin{pmatrix}1 & \boldsymbol{O}_{1,n-1}\end{pmatrix}\boldsymbol{S}^{-1}.$$

令

$$\boldsymbol{a}=\boldsymbol{R}^{-1}\begin{pmatrix}1\\ \boldsymbol{O}_{n-1,1}\end{pmatrix},\quad \boldsymbol{b}=\left(\begin{pmatrix}1 & \boldsymbol{O}_{1,n-1}\end{pmatrix}\boldsymbol{S}^{-1}\right)',$$

即得 $\boldsymbol{A}=\boldsymbol{a}\boldsymbol{b}'$.

解法2 因为 $r(\boldsymbol{A})=1$, 所以 $\boldsymbol{A}$ 的行向量的极大线性无关组只由一个非零 (行) 向量组成, 将它记作 $\boldsymbol{\beta}$(即 $1\times n$ 矩阵 $\boldsymbol{Q}$), 其余行向量都是 $\boldsymbol{\beta}$ 的某个倍数, 所以

$$\boldsymbol{A}=\begin{pmatrix}a_1\boldsymbol{\beta}\\a_2\boldsymbol{\beta}\\\vdots\\a_m\boldsymbol{\beta}\end{pmatrix}=\begin{pmatrix}a_1\\a_2\\\vdots\\a_m\end{pmatrix}\boldsymbol{\beta}=\boldsymbol{P}\boldsymbol{Q},$$

此处 $n\times 1$ 矩阵 $\boldsymbol{P}=(a_1,a_2,\cdots,a_n)'$, 诸 a_i 是常数, 其中有一个等于 1, 因而 $\boldsymbol{P}$ 非零. 于是可取 $\boldsymbol{a}=\boldsymbol{P},\boldsymbol{b}=\boldsymbol{Q}'$.

(1) 我们有

$$\mathrm{tr}(\boldsymbol{A})=\mathrm{tr}(\boldsymbol{a}\boldsymbol{b}')=a_1b_1+a_2b_2+\cdots+a_nb_n=\boldsymbol{a}'\boldsymbol{b}=\boldsymbol{b}'\boldsymbol{a}.$$

(2) 因为

$$\boldsymbol{A}^k=(\boldsymbol{a}\boldsymbol{b}')(\boldsymbol{a}\boldsymbol{b}')\cdots(\boldsymbol{a}\boldsymbol{b}')=\boldsymbol{a}(\boldsymbol{b}'\boldsymbol{a})\cdots(\boldsymbol{b}'\boldsymbol{a})\boldsymbol{b}',$$

由此及本题 (1) 得到

$$\boldsymbol{A}^k=\boldsymbol{a}\big(\mathrm{tr}(\boldsymbol{A})\big)^{k-1}\boldsymbol{b}'=\big(\mathrm{tr}(\boldsymbol{A})\big)^{k-1}\boldsymbol{a}\boldsymbol{b}'=\big(\mathrm{tr}(\boldsymbol{A})\big)^{k-1}\boldsymbol{A}.$$

(3) $\boldsymbol{A}$ 的特征多项式

$$\varphi_{\boldsymbol{A}}(\lambda)=|\lambda\boldsymbol{I}_n-\boldsymbol{A}|=|\lambda\boldsymbol{I}_n-\boldsymbol{a}\boldsymbol{b}'|.$$

由习题 7.82 可知

$$\varphi_{\boldsymbol{A}}(\lambda)=\lambda^{n-1}|\lambda-\boldsymbol{b}'\boldsymbol{a}|,$$

由此得到 $\boldsymbol{A}$ 的全部特征值是 $0(n-1$ 重 (若 $\mathrm{tr}(\boldsymbol{A})$ 非零)) 和 $\boldsymbol{b}'\boldsymbol{a}=\mathrm{tr}(\boldsymbol{A})$.

7.84 (1) 本题是补充习题 7.26 的推论. 直接证明如下:

因为 $\boldsymbol{A}^2-\boldsymbol{I}=\boldsymbol{O}$, 所以 $f(x)=x^2-1=(x-1)(x+1)$ 是 $\boldsymbol{A}$ 所满足的一个多项式. 因为 $\boldsymbol{A}$ 的元素不为零, 所以 $\boldsymbol{A}\neq\pm\boldsymbol{I}$, 从而 $\boldsymbol{A}$ 不满足多项式 $x\pm1$. 因此 $\boldsymbol{A}$ 的极小多项式是 $f(x)=x^2-1=(x-1)(x+1)$. 注意 $\boldsymbol{A}$ 的特征多项式是 3 次的, 因此其特征多项式 $\varphi(x)=(x+1)^2(x-1)$ 或 $\varphi(x)=(x-1)^2(x+1)$, 可见特征值是 $-1,-1,1$ 或 $1,1,-1$, 由此推出结论 (矩阵的迹等于其特征值之和).

(2) 这是本题 (1) 的一般化. 类似于本题 (1)(或由补充习题 7.26) 可知 $\boldsymbol{A}$ 的特征值为 ±1, 设总共 m 个 $-1,n-m$ 个 1. 那么

$$|\mathrm{tr}(\boldsymbol{A})|=|(n-m)-m|=|n-2m|\equiv 2(\bmod 2).$$

又因为 $\boldsymbol{A}\neq\pm\boldsymbol{I}$, 所以 $|\mathrm{tr}(\boldsymbol{A})|=|n-2m|\leqslant n-2$.

7.85 (i) 对于 n 阶矩阵 $\boldsymbol{C}=(c_{ij})$, 记其各列元素之和为 $s_i(i=1,2,\cdots,n), s=s_1+s_2+\cdots+s_n=\sigma(\boldsymbol{C})$, 那么

$$\boldsymbol{ECE}=(\boldsymbol{EC})\boldsymbol{E}=\begin{pmatrix} s_1 & s_2 & \cdots & s_n \\ s_1 & s_2 & \cdots & s_n \\ \vdots & \vdots & & \vdots \\ s_1 & s_2 & \cdots & s_n \end{pmatrix}\boldsymbol{E}$$

$$=\begin{pmatrix} s & s & \cdots & s \\ s & s & \cdots & s \\ \vdots & \vdots & & \vdots \\ s & s & \cdots & s \end{pmatrix}=s\boldsymbol{E}=\sigma(\boldsymbol{C})\boldsymbol{E}.$$

(ii) 依上述公式可知

$$\begin{aligned}\big(1-k\sigma(\boldsymbol{A}^{-1})\big)\boldsymbol{E}&=\boldsymbol{E}-k\sigma(\boldsymbol{A}^{-1})\boldsymbol{E}\\&=\boldsymbol{E}-k\boldsymbol{EA}^{-1}\boldsymbol{E}=(\boldsymbol{I}-k\boldsymbol{EA}^{-1})\boldsymbol{E},\end{aligned}$$

因为 $\boldsymbol{A}+\boldsymbol{B}=k\boldsymbol{E}$, 所以

$$\big(1-k\sigma(\boldsymbol{A}^{-1})\big)\boldsymbol{E}=\big(\boldsymbol{I}-(\boldsymbol{A}+\boldsymbol{B})\boldsymbol{A}^{-1}\big)\boldsymbol{E}=-\boldsymbol{BA}^{-1}\boldsymbol{E}.$$

比较两边矩阵的各个元素, 可知

$$1-k\sigma(\boldsymbol{A}^{-1})=-\boldsymbol{BA}^{-1}.$$

类似地,

$$1-k\sigma(\boldsymbol{B}^{-1})=-\boldsymbol{AB}^{-1}.$$

于是

$$\big(1-k\sigma(\boldsymbol{A}^{-1})\big)\big(1-k\sigma(\boldsymbol{B}^{-1})\big)\boldsymbol{E}=(-\boldsymbol{BA}^{-1})(-\boldsymbol{AB}^{-1})\boldsymbol{E}=\boldsymbol{E}.$$

比较两边矩阵的各个元素得到

$$\big(1-k\sigma(\boldsymbol{A}^{-1})\big)\big(1-k\sigma(\boldsymbol{B}^{-1})\big)=1,$$

由此即可推出结论.

7.86 (i) 首先用归纳法证明

$$2^{k-1}\boldsymbol{B}^{2^k-1}=\boldsymbol{AB}^{2^k}-\boldsymbol{B}^{2^k}\boldsymbol{A}\quad(k\geqslant 1).$$

$k=1$ 时就是题设条件. 若对于 $k(\geqslant 1)$ 上式成立, 则分别用 $\boldsymbol{B}^{2^k}$ 左乘和右乘上式, 得到

$$\begin{aligned}2^{k-1}\boldsymbol{B}^{2^{k+1}-1}&=\boldsymbol{B}^{2^k}\boldsymbol{AB}^{2^k}-\boldsymbol{B}^{2^{k+1}}\boldsymbol{A},\\2^{k-1}\boldsymbol{B}^{2^{k+1}-1}&=\boldsymbol{AB}^{2^{k+1}}-\boldsymbol{B}^{2^k}\boldsymbol{AB}^{2^k},\end{aligned}$$

将上二式相加, 可知

$$2^kB^{2^{k+1}-1}=AB^{2^{k+1}}-B^{2^{k+1}}A,$$

即上述公式对于 $k+1$ 也成立. 于是完成归纳证明.

(ii) 在上述公式中取矩阵的模, 得到

$$2^{k-1}\|B^{2^k-1}\|=\|AB^{2^k}-B^{2^k}A\|\leqslant 2\|A\|\|B^{2^k}\|.$$

若 B 不是幂零的, 则对于任何 k, $\|B^{2^k-1}\|>0$, 由此推出 $2^{k-2}\leqslant\|A\|\|B\|$, 当 k 足够大时得到矛盾. 因此矩阵 B 是幂零的.

7.87 (1) 若 $|A|\neq 0$, 则有

$$A\,\mathrm{adj}(A)=|A|I_n,$$

两边取行列式得到

$$|A||\mathrm{adj}(A)|=|A|^n,$$

因此

$$|A|=|\mathrm{adj}(A)|^{1/(n-1)},$$

即得

$$A\,\mathrm{adj}(A)=|\mathrm{adj}(A)|^{1/(n-1)}I_n. \qquad (*)$$

若 $|A|=0$, 则令 $A_\varepsilon=A+\varepsilon I_n$. 那么 A_ε 和 $\mathrm{adj}(A_\varepsilon)$ 都是 ε 的多项式, 类似于例 2.1.4 证明步骤 (ii) 的推理, 存在足够小的 $\delta>0$, 使当 $0<\varepsilon<\delta$ 时 $|A_\varepsilon|\neq 0$, 于是依上述已证情形可知

$$A_\varepsilon\,\mathrm{adj}(A_\varepsilon)=|\mathrm{adj}(A_\varepsilon)|^{1/(n-1)}I_n.$$

令 $\varepsilon\to 0$, 由矩阵元素 (多项式) 的连续性推出此时等式 $(*)$ 也成立.

(2) **提示** 首先证明 A 是秩为 2 的 3 阶矩阵. 然后应用习题 2.13 推出: 若 $A=\mathrm{adj}(F)$, 则无论 $r(F)=3, r(F)=2$ 或 $r(F)<2$, 都不可能 $r(\mathrm{adj}(F))=2$.

独立证明: 首先证明 A 是秩为 2 的 3 阶矩阵. 用反证法. 设 $A=\mathrm{adj}(F)$, 那么 $|\mathrm{adj}(F)|=|A|=0$. 由本题 (1) 的公式推出 $FA=O$. 由此并应用 Sylvester 不等式 (见例 2.2.2) 得到

$$r(F)+r(A)-3\leqslant 0,$$

于是 $r(F)\leqslant 1$. 显然 $r(F)\neq 0$, 可见 $r(F)=1$. 这表明 F 的所有 2 阶子式为零, 从而 $\mathrm{adj}(F)=O$, 即 $A=O$, 得到矛盾.

7.88 解法 1 设 $\dim V_1=s, \dim V_2=t$, 则依题设 $s+t=n$. 还设 V_1 由线性无关向量 $e_1,\cdots,e_s$ 生成,V_2 由线性无关向量 $e_{s+1},\cdots,e_n$ 生成, 只需证明 $e_1,\cdots,e_s,e_{s+1},\cdots,e_n$ 线性无关, 即知它们形成 V 的一组基, 从而 $V_1+V_2=V$; 进而由题设条件 $V_1\cap V_2=\{O\}$ 推出结论 $V=V_1\oplus V_2$. 用反证法. 设这些向量线性相关, 则有 (例如)

$$e_1=k_2e_2+\cdots+k_ne_n,$$

其中 $k_j\in\mathbb{K}$ 不全为零. 于是

$$\boldsymbol{e}_1-(k_2\boldsymbol{e}_2+\cdots+k_s\boldsymbol{e}_s)=k_{s+1}\boldsymbol{e}_{s+1}+\cdots+k_n\boldsymbol{e}_n,$$

因为 $1,k_2,\cdots,k_s$ 不全为零,$\boldsymbol{e}_1,\cdots,\boldsymbol{e}_s$ 线性无关, 所以上式左边是 V_1 中的非零向量, 而右边的向量属于 V_2, 这与 $V_1\cap V_2=\{\boldsymbol{O}\}$ 矛盾. 于是本题得证.

解法 2 由维数公式 $\dim(V_1+V_2)+\dim V_1\cap V_2=\dim V_1+\dim V_2$ 及题设条件可知 $\dim(V_1+V_2)=n$, 即 V_1+V_2 是 V 的 n 维子空间, 所以 $V_1+V_2=V$. 又因为题设 $V_1\cap V_2=\{\boldsymbol{O}\}$, 所以 $V=V_1\oplus V_2$.

7.89 (i) 首先设 $\boldsymbol{A}$ 可逆. 此时秩 $r(\boldsymbol{A})=n$, 即其 n 个行向量线性无关. 若 $\boldsymbol{A}_1$ 和 $\boldsymbol{A}_2$ 的行数分别是 c 和 $n-c$, 则 $r(\boldsymbol{A}_1)=c,r(\boldsymbol{A}_2)=n-c$. 由此推出线性方程组 $\boldsymbol{A}_1\boldsymbol{x}=\boldsymbol{O}$ 的基础解系由 $n-c$ 个向量组成, 即 $\dim V_1=n-c$. 类似地, $\dim V_2=n-(n-c)=c$. 因此 $\dim V_1+\dim V_2=n$. 此外, 若 $\boldsymbol{x}\in V_1\cap V_2$, 则 $\boldsymbol{A}_1\boldsymbol{x}=\boldsymbol{O},\boldsymbol{A}_2\boldsymbol{x}=\boldsymbol{O}$, 于是 $\boldsymbol{A}\boldsymbol{x}=\boldsymbol{O}$, 因为 $\boldsymbol{A}$ 可逆, 所以 $\boldsymbol{x}=\boldsymbol{O}$. 这表明 $V_1\cap V_2=\{\boldsymbol{O}\}$. 由此依补充习题 7.88 可知 $\mathbb{C}^n=V_1\oplus V_2$.

(ii) 现在设 $\mathbb{C}^n=V_1\oplus V_2$. 那么 $V_1\cap V_2=\{\boldsymbol{O}\}$, 并且 $\mathbb{C}^n=V_1+V_2$, 于是由维数公式得到 $\dim V_1+\dim V_2=\dim(V_1+V_2)=\dim(\mathbb{C}^n)=n$. 因为齐次方程组 $\boldsymbol{A}\boldsymbol{x}=\boldsymbol{O}$ 即

$$\begin{pmatrix}\boldsymbol{A}_1\\ \boldsymbol{A}_2\end{pmatrix}\boldsymbol{x}=\boldsymbol{O}$$

等价于方程组

$$\boldsymbol{A}_1\boldsymbol{x}=\boldsymbol{O},\quad \boldsymbol{A}_2\boldsymbol{x}=\boldsymbol{O},$$

因此其公共解 $\boldsymbol{x}\in V_1\cap V_2=\{\boldsymbol{O}\}$, 所以 $\boldsymbol{A}\boldsymbol{x}=\boldsymbol{O}$ 只有零解, 从而 $\boldsymbol{A}$ 的秩等于 n, 即 $\boldsymbol{A}$ 可逆.

7.90 参见补充习题 7.21 和 7.22.

(1) 设它们共同的特征值是 $\lambda_1,\lambda_2,\lambda_3$. 若三值互不相等, 则它们的 Jordan 标准形相同, 所以 4 个矩阵中任意 2 个都相似. 若恰有 2 个相同,(例如)$\lambda_1=\lambda_2\neq\lambda_3$, 则它们的 Jordan 标准形只有下列两种 (不计子块的次序):

$$\begin{pmatrix}\lambda_1&1&0\\0&\lambda_1&0\\0&0&\lambda_3\end{pmatrix},\qquad\begin{pmatrix}\lambda_1&0&0\\0&\lambda_1&0\\0&0&\lambda_3\end{pmatrix},$$

因而必有两个矩阵的 Jordan 标准形相同, 从而相似. 若 $\lambda_1=\lambda_2=\lambda_3$, 则它们的 Jordan 标准形只有下列 3 种 (不计子块的次序):

$$\begin{pmatrix}\lambda_1&1&0\\0&\lambda_1&1\\0&0&\lambda_1\end{pmatrix},\qquad\begin{pmatrix}\lambda_1&1&0\\0&\lambda_1&0\\0&0&\lambda_1\end{pmatrix},\qquad\begin{pmatrix}\lambda_1&0&0\\0&\lambda_1&0\\0&0&\lambda_1\end{pmatrix},$$

因而必有两个矩阵的 Jordan 标准形相同, 从而相似.

(2) 因为 $\boldsymbol{A}^3=\boldsymbol{O}$, 所以 $\boldsymbol{A}$ 的特征值全为零 (参见习题 3.10(1)). 每个矩阵都相似于它的 Jordan 标准形 (若不计 Jordan 块的排列次序, 在相似的意义下此标准形唯一). 对于 5

阶复数矩阵, 其 Jordan 标准形有 7 种可能形式. 记 k 阶 Jordan 块

$$\boldsymbol{J}_k=\begin{pmatrix}0&1&0&\cdots&0\\0&0&1&\cdots&0\\\vdots&\vdots&\vdots&&\vdots\\0&0&0&\cdots&1\\0&0&0&\cdots&0\end{pmatrix}$$

$(\boldsymbol{J}_1=(0))$, 这 7 种可能形式是

$$\operatorname{diag}(\boldsymbol{J}_1,\boldsymbol{J}_1,\boldsymbol{J}_1,\boldsymbol{J}_1,\boldsymbol{J}_1),\quad \operatorname{diag}(\boldsymbol{J}_2,\boldsymbol{J}_1,\boldsymbol{J}_1,\boldsymbol{J}_1),\quad \operatorname{diag}(\boldsymbol{J}_2,\boldsymbol{J}_2,\boldsymbol{J}_1),$$
$$\operatorname{diag}(\boldsymbol{J}_3,\boldsymbol{J}_2),\quad \operatorname{diag}(\boldsymbol{J}_3,\boldsymbol{J}_1,\boldsymbol{J}_1),\quad \operatorname{diag}(\boldsymbol{J}_4,\boldsymbol{J}_1),\quad \boldsymbol{J}_5.$$

由抽屉原理, 题中 8 个矩阵中必有两个有相同的 Jordan 标准形, 因而相似.

7.91 提示 下面解法中的计算细节请读者补出.

(i) 求 $\boldsymbol{A}$ 的 Jordan 标准形 (参见例 3.3.1(2) 和该例的注 2°).

$\boldsymbol{A}$ 的特征多项式

$$\begin{vmatrix}\lambda-2&-3&-2\\-1&\lambda-8&-2\\2&14&\lambda+3\end{vmatrix}=(\lambda-1)(\lambda-3)^2,$$

因此 $\boldsymbol{A}$ 的特征值 $\lambda_1=1,\lambda_2=3(2$ 重).

对于单重特征值 $\lambda_1=1$, 解方程 $(\lambda_1\boldsymbol{I}-\boldsymbol{A})\boldsymbol{x}=\boldsymbol{O}$(此处 $\boldsymbol{x},\boldsymbol{O}$ 是列向量), 得到属于 $\lambda_1=1$ 的一个特征向量为 $\boldsymbol{u}=(-2,0,1)'$. 于是 $\boldsymbol{A}\boldsymbol{u}=\lambda_1\boldsymbol{u}$.

对于 2 重特征值 $\lambda_2=3$, 解齐次方程 $(\lambda_2\boldsymbol{I}-\boldsymbol{A})^2\boldsymbol{x}=\boldsymbol{O}$, 得到线性无关解 $\boldsymbol{v}=(1,0,0)',\boldsymbol{w}=(0,1,-2)'$. 因为 $(\lambda_2\boldsymbol{I}-\boldsymbol{A})^2\boldsymbol{v}=\boldsymbol{O},(\lambda_2\boldsymbol{I}-\boldsymbol{A})\boldsymbol{v}=(1,-1,2)'\neq\boldsymbol{O}$, 所以 $\lambda_2=3$ 的特征子空间是 $\boldsymbol{v}$ 生成的循环子空间 (或者, 因为 $\boldsymbol{A}$ 的初等因子是 $\lambda-1,(\lambda-3)^2$). 令 $\boldsymbol{e}_1=-(\lambda_2\boldsymbol{I}-\boldsymbol{A})\boldsymbol{v}=(-1,1,-2),\boldsymbol{e}_2=\boldsymbol{v}=(1,0,0)'$, 则 $\boldsymbol{A}\boldsymbol{e}_1=\lambda_2\boldsymbol{e}_1,\boldsymbol{A}\boldsymbol{e}_2=\lambda_2\boldsymbol{e}_2+\boldsymbol{e}_1$.

令

$$\boldsymbol{T}=(\boldsymbol{u},\boldsymbol{e}_1,\boldsymbol{e}_2)=\begin{pmatrix}-2&-1&1\\0&1&0\\1&-2&0\end{pmatrix},$$

则

$$\boldsymbol{A}=\boldsymbol{T}^{-1}\begin{pmatrix}1&0&0\\0&3&1\\0&0&3\end{pmatrix}\boldsymbol{T}=\boldsymbol{T}^{-1}\boldsymbol{B}\boldsymbol{T}.$$

(ii) 线性变换 $\mathscr{A}$ 在基 (ε_j) 下的矩阵是 $\boldsymbol{A}$, 在基 $(\boldsymbol{\eta}_j)$ 下的矩阵是 $\boldsymbol{B}$, 由上式可知由基 (ε_j) 到基 $(\boldsymbol{\eta}_j)$ 的过渡矩阵是 $\boldsymbol{T}$, 因此基

$$(\boldsymbol{\eta}_1,\boldsymbol{\eta}_2,\boldsymbol{\eta}_3)=(\varepsilon_1,\varepsilon_2,\varepsilon_3)\boldsymbol{T}=(-2\varepsilon_1+\varepsilon_3,-\varepsilon_1+\varepsilon_2-2\varepsilon_3,\varepsilon_1)$$

(参见例 3.1.1 的注 5 和注 1).

7.92　设 $\boldsymbol{e}_1,\cdots,\boldsymbol{e}_n$ 是 V 的一组基, 记 $a_{ij}=f_i(\boldsymbol{e}_j)$, 以及 $\boldsymbol{\alpha}=x_1\boldsymbol{e}_1+\cdots+x_n\boldsymbol{e}_n$, 那么

$$f_i(\boldsymbol{\alpha})=f_i(x_1\boldsymbol{e}_1+\cdots+x_n\boldsymbol{e}_n)=\sum_{k=1}^{n}x_kf_i(\boldsymbol{e}_k)=\sum_{k=1}^{n}a_{ik}x_k,$$

因此 $f_i(\boldsymbol{\alpha})=0\,(i=1,2,\cdots,m)$ 等价于方程组

$$\sum_{k=1}^{n}a_{ik}x_k=0\quad(i=1,\cdots,m)$$

有非零解 $(x_1,\cdots,x_n)$. 因为题设 $m<n$, 所以非零解 $(x_1,\cdots,x_n)$ 存在, 从而 $\boldsymbol{\alpha}=x_1\boldsymbol{e}_1+\cdots+x_n\boldsymbol{e}_n\in V$ 非零, 满足要求.

7.93　(i) 因为 $m<n$, 所以 U_1,U_2 都是 V 的真子空间. 我们首先证明 $V\neq U_1\cup U_2$.

若 $U_1\subseteq U_2$ 或 $U_2\subseteq U_1$, 则结论显然成立. 现在设 $U_1\not\subseteq U_2$ 并且 $U_2\not\subseteq U_1$, 于是存在 $\boldsymbol{u}_1\in U_1\setminus U_2$, 以及 $\boldsymbol{u}_2\in U_2\setminus U_1$. 我们定义 $\boldsymbol{u}_\lambda=\boldsymbol{u}_1+\lambda\boldsymbol{u}_2\,(\lambda\in\mathbb{R})$.

如果 $V=U_1\cup U_2$, 那么存在实数 $\mu\neq\nu$, 使得 $\boldsymbol{u}_\mu,\boldsymbol{u}_\nu$ 或者同 $\in U_1$, 或者同 $\in U_2$. 这是因为 $V=U_1\cup U_2$, 所以或者存在无穷多个实数 λ, 使得 $\boldsymbol{u}_\lambda\in U_1\subset V$, 或者存在无穷多个实数 λ, 使得 $\boldsymbol{u}_\lambda\in U_2\subset V$, 从而具有上述性质的实数 $\mu\neq\nu$ 存在. 如果 $\boldsymbol{u}_\mu,\boldsymbol{u}_\nu\in U_1$, 那么 $(\mu-\nu)\boldsymbol{u}_2=\boldsymbol{u}_\mu-\boldsymbol{u}_\nu\in U_1$, 从而 (注意 $\mu-\nu\neq0$) $\boldsymbol{u}_2\in U_1$, 这与 $\boldsymbol{u}_2$ 的取法矛盾. 类似地, 如果 $\boldsymbol{u}_\mu,\boldsymbol{u}_\nu\in U_2$, 那么 $(\nu-\mu)\boldsymbol{u}_1=\nu\boldsymbol{u}_\mu-\mu\boldsymbol{u}_\nu\in U_2$, 从而 $\boldsymbol{u}_1\in U_2$, 这与 $\boldsymbol{u}_1$ 的取法矛盾. 因此确实 $V\neq U_1\cup U_2$.

(ii) 因为 $V\neq U_1\cup U_2$, 所以存在非零向量 $\boldsymbol{v}_1\notin U_1\cup U_2$. 令 $U_i'=\mathbb{R}\boldsymbol{v}_1+U_i=\{r\boldsymbol{v}_1+\boldsymbol{u}_i\,|\,r\in\mathbb{R},\boldsymbol{u}_i\in U_i\}(i=1,2)$, 易见它们都是 V 的子空间, 并且 $(\mathbb{R}\boldsymbol{v}_1)\cap U_i=\{\boldsymbol{O}\}$. 注意 $n-\dim U_i\geqslant n-m\geqslant1$, 如果 $m=n-1$, 并且 (例如)$\dim U_1=m$, 那么 $n-\dim U_1=n-m=1$, 于是令 $W=\mathbb{R}\boldsymbol{v}_1$ 即符合要求. 不然 $m\leqslant n-2$, 此时 $\dim U_i'\leqslant m+1<n,U_1',U_2'$ 都是 V 的真子空间. 于是用 U_i' 代替 U_i 重复前面的推理, 得到非零向量 $\boldsymbol{r}_2\notin U_1'\cup U_2'$; 特别地,$\boldsymbol{r}_1,\boldsymbol{r}_2$ 线性无关. 重复这个过程, 至少得到线性无关向量 $\boldsymbol{r}_1,\cdots,\boldsymbol{r}_{n-m}$. 令 W 是它们张成的 V 的子空间, 则 $\dim W=n-m$, 并且 $W\cap U_i=\{\boldsymbol{O}\}$.

7.94　结论等价于证明 $V\neq V_1\cup V_2\cup\cdots\cup V_s$. 我们采用补充习题 7.89 解的步骤 (i) 的方法. 对 s 用数学归纳法. 当 $s=1$ 时, 结论显然成立.

现在设 $s\geqslant2$, 并且结论对 $s-1$ 个真子空间成立. 对于 s 个真子空间 $V_1,\cdots,V_s$ 的情形, 我们来证明 $V\neq V_1\cup V_2\cup\cdots\cup V_s$. 用反证法. 设

$$V=V_1\cup V_2\cup\cdots\cup V_s,\tag{$*$}$$

由此导出矛盾.

依归纳法假设, 存在 $\boldsymbol{u}\notin V_i(i=1,\cdots,s-1)$. 依式 $(*)$, 必然 $\boldsymbol{u}\in V_s$. 因为 $V_s\neq V$, 所以存在 $\boldsymbol{v}\notin V_s$. 于是对于任何整数 $k,k\boldsymbol{u}+\boldsymbol{v}\notin V_s$(不然,$\boldsymbol{v}=(k\boldsymbol{u}+\boldsymbol{v})-k\cdot\boldsymbol{u}\in V_s$, 与假设矛盾). 依式 $(*)$, 由此可知向量 $k\boldsymbol{u}+\boldsymbol{v}(k\in\mathbb{Z})$ 必属于子空间 $V_1,\cdots,V_{s-1}$ 中的某个. 因为 $V_i(i=1,\cdots,s-1)$ 个数有限, 所以由抽屉原理, 必有某个子空间 $V_i(i\in\{1,\cdots,s-1\})$ 含有两个向量 $k_1\boldsymbol{u}+\boldsymbol{v}$ 和 $k_2\boldsymbol{u}+\boldsymbol{v}$, 其中 $k_1\neq k_2$, 于是 $(k_1-k_2)\boldsymbol{u}=(k_1\boldsymbol{u}+\boldsymbol{v})-(k_2\boldsymbol{u}+\boldsymbol{v})\in V_i$. 这与假设矛盾. 由此确定 $V\neq V_1\cup V_2\cup\cdots\cup V_s$.

7.95 设 λ 是 f 的任意特征值,$\boldsymbol{A}\in V$ 是 f 的属于 λ 的特征向量 (因而 $\boldsymbol{A}\neq\boldsymbol{O}$), 则有 $f(\boldsymbol{A})=\lambda\boldsymbol{A}$, 即 $\boldsymbol{A}+\boldsymbol{A}'=\lambda\boldsymbol{A}$. 于是 $\boldsymbol{A}'=(\lambda-1)\boldsymbol{A}$. 两边取转置得到

$$\boldsymbol{A}=(\lambda-1)\boldsymbol{A}'=(\lambda-1)\cdot(\lambda-1)\boldsymbol{A}=(\lambda-1)^2\boldsymbol{A},$$

即

$$\big(1-(\lambda-1)^2\big)\boldsymbol{A}=\boldsymbol{O}.$$

因为 $\boldsymbol{A}$ 非零, 所以 $1-(1-\lambda)^2=0$ 或 $\lambda^2-2\lambda=0$, 于是 $\lambda=0$ 或 $\lambda=2$.

对于特征值 $\lambda=2$, 由 $f(\boldsymbol{A})=2\boldsymbol{A}$ 得 $\boldsymbol{A}+\boldsymbol{A}'=2\boldsymbol{A}$, 所以 $\boldsymbol{A}=\boldsymbol{A}'$, 因此对应的特征子空间由全体 n 阶对称矩阵组成. 类似地, 由 $f(\boldsymbol{A})=0\boldsymbol{A}=\boldsymbol{O}$ 可知 $\boldsymbol{A}=-\boldsymbol{A}'$, 对应的特征子空间由全体 n 阶反对称矩阵组成.

因为 $f(\boldsymbol{A})=\boldsymbol{A}+\boldsymbol{A}'=f(\boldsymbol{A}')$, 所以 $f^2(\boldsymbol{A})=f\big(f(\boldsymbol{A})\big)=f(\boldsymbol{A}+\boldsymbol{A}')=f(\boldsymbol{A})+f(\boldsymbol{A}')=f(\boldsymbol{A})+f(\boldsymbol{A})=2f(\boldsymbol{A})$, 可见对于任何 $\boldsymbol{A}\in V$, 有 $f^2(\boldsymbol{A})-2f(\boldsymbol{A})=\boldsymbol{O}$, 因此对于多项式 $\varphi(t)=t(t-2)$, 有 $\varphi(f)=o$, 其中 $o:\boldsymbol{A}\to\boldsymbol{O}$ 是零映射, 即对于任何 n 阶矩阵 $\boldsymbol{A}$, 有 $\varphi(f(\boldsymbol{A}))=\boldsymbol{O}$. 并且多项式 $\varphi_1(t)=t$ 和 $\varphi_2(t)=t-2$ 则无此性质, 因此线性变换 f 的极小多项式是 $\varphi(t)=t^2-2t$.

7.96 **提示** 不妨认为 $n\geqslant 2$. 因为 $r(\boldsymbol{A})$ 的可能值为 $n,n-1$ 及小于 $n-1$, 所以对应地,$r(\mathrm{adj}(\boldsymbol{A}))=n,1$ 以及 0(见习题 2.13).

当 $r(\boldsymbol{A})=n$ 时,$r(\mathrm{adj}(\boldsymbol{A}))=n$, 此时 $\boldsymbol{A}^{-1}$ 存在, 并且其特征值为 $1/\lambda_i(i=1,2,\cdots,n)$, 于是 $\mathrm{adj}(\boldsymbol{A})=|\boldsymbol{A}|\boldsymbol{A}^{-1}$ 的全部特征值为 $|\boldsymbol{A}|/\lambda_i(i=1,2,\cdots,n)$(见习题 3.13(2)), 即 $\lambda_2\lambda_3\cdots\lambda_n$, $\lambda_1\lambda_3\cdots\lambda_n,\cdots,\lambda_1\lambda_2\cdots\lambda_{n-1}$(注意 $|\boldsymbol{A}|=\lambda_1\lambda_2\cdots\lambda_n$).

当 $r(\boldsymbol{A})<n-1$ 时,$r(\mathrm{adj}(\boldsymbol{A}))=0$, 由补充习题 7.18(1) 推出 $\mathrm{adj}(\boldsymbol{A})$ 只有特征值 0.

当 $r(\boldsymbol{A})=n-1$ 时,$r(\mathrm{adj}(\boldsymbol{A}))=1$. 归结为补充习题 7.83(3)(应用于矩阵 $\mathrm{adj}(\boldsymbol{A})$).

其他 (独立) 解法: 由补充习题 7.18(1) 推出 $\boldsymbol{A}$ 有特征值 0. 设 $\boldsymbol{A}$ 的全部特征值为 $\lambda_1,\cdots,\lambda_{n-1}$(它们未必全非零) 以及 $\lambda_n=0$; 而 $\mathrm{adj}(\boldsymbol{A})$ 有特征值 0 和 λ_0(若 λ_0 非零, 则为单根, 而 0 为 $n-1$ 重). 因而 $t\boldsymbol{I}_n-\mathrm{adj}(\boldsymbol{A})$ 的全部特征值是 t 和 $t-\lambda_0$. 于是 $|t\boldsymbol{I}_n-\mathrm{adj}(\boldsymbol{A})|=t^{n-1}(t-\lambda_0)$(见习题 3.19 的解后注), 即 $|t\boldsymbol{I}_n-\mathrm{adj}(\boldsymbol{A})|=t^n-\lambda_0t^{n-1}$, 可见 λ_0 等于 $\mathrm{adj}(\boldsymbol{A})$ 的迹 $A_{11}+A_{22}+\cdots+A_{nn}$, 其中 A_{ij} 是 $\boldsymbol{A}$ 的代数余子式 (参见习题 3.19(1), 但 $\boldsymbol{A}$ 代以 $\mathrm{adj}(\boldsymbol{A})$). 为明显给出迹 $A_{11}+A_{22}+\cdots+A_{nn}$, 注意

$$\begin{aligned}|t\boldsymbol{I}_n-\boldsymbol{A}|&=(t-\lambda_1)(t-\lambda_2)\cdots(t-\lambda_{n-1})(t-\lambda_n)\\&=t(t-\lambda_1)(t-\lambda_2)\cdots(t-\lambda_{n-1}),\end{aligned}$$

仍然应用习题 3.19(1), 可知上式右边 t 的系数等于 $(-1)^{n-1}(A_{11}+A_{22}+\cdots+A_{nn})$, 因此

$$A_{11}+A_{22}+\cdots+A_{nn}=(-1)^{n-1}\cdot(-1)^{n-1}\lambda_1\lambda_2\cdots\lambda_{n-1},$$

因此 $\mathrm{adj}(\boldsymbol{A})$ 的全部特征值是 $0,\cdots,0,\lambda_1\lambda_2\cdots\lambda_{n-1}$.

或者: 由 $r(\mathrm{adj}(\boldsymbol{A}))=1$ 可知, $\mathrm{adj}(\boldsymbol{A})$ 的所有 2 阶及大于 2 阶的主子式全为零, 因此由习题 3.19(1) 推出

$$|\lambda\boldsymbol{I}_n-\mathrm{adj}(\boldsymbol{A})|=\lambda^n-(A_{11}+A_{22}+\cdots+A_{nn})\lambda^{n-1},$$

可见当 $A_{11}+A_{22}+\cdots+A_{nn}\neq 0$ 时,adj$(\boldsymbol{A})$ 的特征值为 $A_{11}+A_{22}+\cdots+A_{nn}\neq 0$ 和 $0(n-1$ 重) ($A_{11}+A_{22}+\cdots+A_{nn}$ 可同上用矩阵 $\boldsymbol{A}$ 的特征值表出), 不然只有零特征值.

7.97 (i) 首先证明向量组 $\boldsymbol{\alpha}_j\,(j=1,2,\cdots,n)$ 线性无关, 因而构成线性空间的一组基. 为此设

$$c_1\boldsymbol{\alpha}_1+c_2\boldsymbol{\alpha}_2+\cdots+c_n\boldsymbol{\alpha}_n=\boldsymbol{O},$$

用 $\boldsymbol{\alpha}_j'\boldsymbol{A}$ 左乘等式两边, 得到

$$c_1\boldsymbol{\alpha}_j'\boldsymbol{A}\boldsymbol{\alpha}_1+c_2\boldsymbol{\alpha}_j'\boldsymbol{A}\boldsymbol{\alpha}_2+\cdots+c_n\boldsymbol{\alpha}_j'\boldsymbol{A}\boldsymbol{\alpha}_n=\boldsymbol{O}.$$

由题设 (1), 此式左边等于 $c_j\boldsymbol{\alpha}_j'\boldsymbol{A}\boldsymbol{\alpha}_j$, 因此 $c_j\boldsymbol{\alpha}_j'\boldsymbol{A}\boldsymbol{\alpha}_j=0$. 又由题设 (1) 及 $\boldsymbol{A}$ 正定可知 $\boldsymbol{\alpha}_j'\boldsymbol{A}\boldsymbol{\alpha}_j>0$, 因此 $c_j=0$. 于是向量组 $\boldsymbol{\alpha}_j$ 线性无关.

(ii) 因为 $\boldsymbol{\alpha}_j$ 构成线性空间的一组基, 所以可将 $\boldsymbol{\beta}$ 表示为

$$\boldsymbol{\beta}=f_1\boldsymbol{\alpha}_1+f_2\boldsymbol{\alpha}_2+\cdots+f_n\boldsymbol{\alpha}_n\quad(f_j\in\mathbb{R}).$$

由题设条件 (3) 可知 $\boldsymbol{\beta}'\boldsymbol{\alpha}_j=0(j=1,2,\cdots,n)$, 由此推出 $\boldsymbol{\beta}'\boldsymbol{\beta}=0$, 即 $\|\boldsymbol{\beta}\|=0$, 因此 $\boldsymbol{\beta}=\boldsymbol{O}$.

7.98 (1) 因为

$$\begin{aligned}e_k(x)&=\binom{x}{k}=\frac{x(x-1)\cdots(x-k+1)}{k!}\\&=\frac{1}{k!}x^k+c_{k,k-1}x^{k-1}+\cdots+c_{k,1}x+(-1)^{k-1}\frac{1}{k}\quad(k=1,\cdots,n),\\e_0(x)&=\binom{x}{0}=1,\end{aligned}$$

所以

$$\big(e_n(x),e_{n-1}(x),\cdots,e_0(x)\big)=(x^n,x^{n-1},\cdots,1)\boldsymbol{C},$$

其中 $\boldsymbol{C}$ 是下三角方阵, 对角元素非零, 因而可逆. 于是 $\big(e_n(x),e_{n-1}(x),\cdots,e_0(x)\big)$ 组成 $\mathbb{R}_n[x]$ 的一组基.

(2) 设 $f(x)\in\mathbb{R}_n[x]$, 令

$$f(x)=\sum_{j=0}^{n}a_j\binom{x}{j},$$

那么下列 $n+1$ 个等式成立:

$$\begin{aligned}&f(0)=a_0,\\&f(1)=a_0+\binom{1}{1}a_1,\\&f(2)=a_0+\binom{2}{1}a_1+\binom{2}{2}a_2,\\&\cdots,\\&f(n)=a_0+\binom{n}{1}a_1+\binom{n}{2}a_2+\cdots+\binom{n}{n}a_n.\end{aligned}$$

于是

$$\begin{aligned}
&a_0=f(0),\quad a_1=f(1)-a_0=f(1)-f(0),\\
&a_2=f(2)-a_0-\binom{2}{1}a_1=f(2)-f(0)-\binom{2}{1}(f(1)-f(0))\\
&\quad =f(2)-\binom{2}{1}f(1)+f(0),
\end{aligned}$$

用数学归纳法 (读者补出) 得到

$$a_j=\sum_{k=0}^{j}(-1)^k\binom{j}{k}f(j-k)\quad (j=0,1,\cdots,n). \tag{$*$}$$

此公式的另一证法: 令

$$G(x)=\sum_{j=0}^{n}a_j\binom{x}{j}.$$

对于每个 $N\in\{0,1,\cdots,n\}$, 当 $j>N$ 时 $\binom{N}{j}=0$, 所以

$$G(N)=\sum_{j=0}^{n}a_j\binom{N}{j}=\sum_{j=0}^{N}a_j\binom{N}{j},$$

于是

$$G(N)=\sum_{j=0}^{N}\sum_{k=0}^{j}(-1)^k\binom{j}{k}f(j-k)\binom{N}{j},$$

令 $l=j-k$, 则

$$G(N)=\sum_{l=0}^{N}f(l)\sum_{k=0}^{N-l}(-1)^k\binom{k+l}{l}\binom{N}{k+l}.$$

因为

$$\begin{aligned}
\binom{k+l}{l}\binom{N}{k+l}&=\frac{(k+l)!}{k!l!}\cdot\frac{N!}{(k+l)!(N-k-l)!}\\
&=\frac{N!}{k!l!(N-k-l)!}=\frac{N!}{(N-l)!l!}\cdot\frac{(N-l)!}{k!(N-l-k)!}\\
&=\binom{N}{l}\binom{N-l}{k},
\end{aligned}$$

所以

$$\begin{aligned}
G(N)&=\sum_{l=0}^{N}f(l)\sum_{k=0}^{N-l}(-1)^k\binom{N}{l}\binom{N-l}{k}\\
&=\sum_{l=0}^{N}\binom{N}{l}f(l)\sum_{k=0}^{N-l}(-1)^k\binom{N-l}{k}.
\end{aligned}$$

由二项式定理,

$$\sum_{k=0}^{N-l}(-1)^k\binom{N-l}{k}=\begin{cases}1 & (\text{当 } l=N \text{ 时}),\\ 0 & (\text{当 } l\neq N \text{ 时}),\end{cases}$$

因此 $G(N)=f(N)\,(N=0,1,\cdots,n)$. 因为 $G-f$ 是次数不超过 n 的多项式, 但有 $n+1$ 个零点, 所以 $G-f$ 是零多项式. 于是

$$f(x)=G(x)=\sum_{j=0}^{n}a_j\binom{x}{j},$$

其中系数 a_j 如式 $(*)$.

(3) 对于每个整数 s, $\binom{s}{j}$ 都是整数 (当整数 $s<j$ 时, $\binom{s}{j}=0$). 由题设, 依本题 (2) 中 a_j 的表达式 (或证明中得到的 $n+1$ 个等式) 可知所有 a_j 都是整数, 因此 $f(s)$ 是整数.

7.99　提示　(1) 依定义验证诸性质.

(2) 见补充习题 7.35 的解, 但依赖于例 5.3.1. 另一种解法是: 证明 n 个多项式 $1,x,x^2,\cdots,x^{n-1}$ 构成欧氏空间 V 的一组基, 矩阵 $\boldsymbol{A}$ 恰为这组基的 Gram 矩阵, 因而正定.

7.100　(1) 对于任何实数 c,d 及 $f(x),g(x)\in V_n$, 有

$$\boldsymbol{S}_a\big(cf(x)+dg(x)\big)=cf(x+a)+dg(x+a)=c\boldsymbol{S}_af(x)+d\boldsymbol{S}_ag(x),$$

可见 $\boldsymbol{S}_a$ 是线性变换.

由 Taylor 展开及 $\boldsymbol{D}$ 的定义可知

$$\begin{aligned}f(x+a)&=f(x)+af'(x)+\frac{a^2}{2!}f''(x)+\cdots+\frac{a^{n-1}}{(n-1)!}f^{(n-1)}(x)\\&=\boldsymbol{E}f(x)+a\boldsymbol{D}f(x)+\frac{a^2}{2!}\boldsymbol{D}^2f(x)+\cdots+\frac{a^{n-1}}{(n-1)!}\boldsymbol{D}^{(n-1)}f(x)\end{aligned}$$

(其中 $\boldsymbol{E}=\boldsymbol{D}^0$ 是恒等变换), 即得

$$\boldsymbol{S}_af(x)=\left(\boldsymbol{E}+a\boldsymbol{D}+\frac{a^2}{2!}\boldsymbol{D}^2+\cdots+\frac{a^{n-1}}{(n-1)!}\boldsymbol{D}^{(n-1)}\right)f(x),$$

这对任何 $f(x)\in V_n$ 成立, 所以

$$\boldsymbol{S}_a=\boldsymbol{E}+a\boldsymbol{D}+\frac{a^2}{2!}\boldsymbol{D}^2+\cdots+\frac{a^{n-1}}{(n-1)!}\boldsymbol{D}^{(n-1)}.$$

因此, 若取

$$F(x)=1+ax+\frac{a^2}{2!}x^2+\cdots+\frac{a^{n-1}}{(n-1)!}x^{n-1},$$

即有 $\boldsymbol{S}_a=F(\boldsymbol{D})$.

(3) 因为

$$\boldsymbol{D}1=0\cdot 1,\quad \boldsymbol{D}\frac{x^k}{k!}=1\cdot\frac{x^{k-1}}{(k-1)!}\quad (k\geqslant 1),$$

所以

$$\boldsymbol{D}\left(1,x,\frac{x^2}{2!},\cdots,\frac{x^{n-1}}{(n-1)!}\right)=\left(1,x,\frac{x^2}{2!},\cdots,\frac{x^{n-1}}{(n-1)!}\right)\begin{pmatrix}0&1&&&\\&0&1&&\\&&\ddots&\ddots&\\&&&0&1\\&&&&0\end{pmatrix}.$$

将此简记为 $\boldsymbol{D}\boldsymbol{\varepsilon}=\boldsymbol{\varepsilon}\boldsymbol{A}_{\boldsymbol{D}}$, 其中 $\boldsymbol{\varepsilon}=(1,x,x^2/2!,\cdots,x^{n-1}/(n-1)!)$ 是基, 矩阵

$$\boldsymbol{A}_{\boldsymbol{D}}=\begin{pmatrix}0&1&&&\\&0&1&&\\&&\ddots&\ddots&\\&&&0&1\\&&&&0\end{pmatrix}$$

是 $\boldsymbol{D}$ 在基 $\boldsymbol{\varepsilon}$ 下的矩阵. 由此容易推出

$$\boldsymbol{D}^k\boldsymbol{\varepsilon}=\boldsymbol{\varepsilon}\boldsymbol{A}_{\boldsymbol{D}}^k\quad(k\geqslant 0)$$

(其中 $\boldsymbol{A}_{\boldsymbol{D}}^0=\boldsymbol{I}_n$), 所以

$$\begin{aligned}\boldsymbol{S}_a\boldsymbol{\varepsilon}&=F(\boldsymbol{D})\boldsymbol{\varepsilon}\\&=\left(\boldsymbol{E}+a\boldsymbol{D}+\frac{a^2}{2!}\boldsymbol{D}^2+\cdots+\frac{a^{n-1}}{(n-1)!}\boldsymbol{D}^{(n-1)}\right)\boldsymbol{\varepsilon}\\&=\boldsymbol{\varepsilon}\left(\boldsymbol{I}_n+a\boldsymbol{A}_{\boldsymbol{D}}+\frac{a^2}{2!}\boldsymbol{A}_{\boldsymbol{D}}^2+\cdots+\frac{a^{n-1}}{(n-1)!}\boldsymbol{A}_{\boldsymbol{D}}^{n-1}\right)\\&=\boldsymbol{\varepsilon}F\big(\boldsymbol{A}_{\boldsymbol{D}}\big),\end{aligned}$$

因此 $\boldsymbol{S}_a$ 在基 $\boldsymbol{\varepsilon}$ 下的矩阵是 $F\big(\boldsymbol{A}_{\boldsymbol{D}}\big)$, 应用习题 2.3(2)(其中取 $\lambda=0$), 可算出

$$F\big(\boldsymbol{A}_{\boldsymbol{D}}\big)=\begin{pmatrix}1&a&\dfrac{a^2}{2!}&\cdots&\dfrac{a^{n-1}}{(n-1)!}\\&1&a&\ddots&\vdots\\&&\ddots&\ddots&\dfrac{a^2}{2!}\\&&&1&a\\&&&&1\end{pmatrix}.$$

7.101 参见补充习题 7.66(2) 的解法.

由例 2.1.3(4) 和例 3.1.1 的注 5 可知变换的迹与基的选取无关. 取定空间的一组基, 设在此组基下 σ 的矩阵为 $\boldsymbol{A}$, 特征多项式为 $\varphi(x)$, 极小多项式为 $m(x)$. 它们都是实系数多项式. 由于 $\sigma^3+\sigma=o$, 并且 σ^3 和 o(零变换) 的矩阵分别是 $\boldsymbol{A}^3$ 和 $\boldsymbol{O}$, 因此 $\boldsymbol{A}^3+\boldsymbol{A}=\boldsymbol{O}$, 即对于 $f(x)=x^3+x$ 有 $f(\boldsymbol{A})=\boldsymbol{O}$. 由极小多项式的定义可知 $m(x)$ 整除 $f(x)$. 因为 $f(x)$ 无重根, 所以 $m(x)$ 也无重根, 从而 $\boldsymbol{A}$ 相似于对角矩阵. 于是存在可逆矩阵 $\boldsymbol{P}$, 使得

$$\boldsymbol{P}^{-1}\boldsymbol{A}\boldsymbol{P}=\mathrm{diag}(\lambda_1,\lambda_2,\cdots,\lambda_n).$$

由此可推出 $\lambda_1,\cdots,\lambda_n$ 是 $\boldsymbol{A}$ 的全部特征值, 即是 $\varphi(x)$ 的全部根. 此外, 由此及 $\boldsymbol{A}^3+\boldsymbol{A}=\boldsymbol{O}$ 还可推出

$$\boldsymbol{P}^{-1}\boldsymbol{A}^3\boldsymbol{P}+\boldsymbol{P}^{-1}\boldsymbol{A}\boldsymbol{P}=\boldsymbol{O},$$

即

$$\mathrm{diag}(\lambda_1^3+\lambda_1,\lambda_2^3+\lambda_2,\cdots,\lambda_n^3+\lambda_n)=\boldsymbol{O}.$$

于是 $\lambda_i^3+\lambda_i=0(i=1,2,\cdots,n)$. 由此可知 $\lambda_i=0$ 或 $\pm\mathrm{i}$, 即 $\lambda_1,\lambda_2,\cdots,\lambda_n\in\{0,\pm\mathrm{i}\}$. 因为 $\varphi(x)$ 是实系数多项式, 其根 $\pm\mathrm{i}$ 成对出现, 所以 $\mathrm{tr}(\boldsymbol{A})=\lambda_1+\lambda_2+\cdots+\lambda_n=0$, 即 σ 的迹为零.

7.102 若 $f(\boldsymbol{x}_1)=0$, 则可取 $\boldsymbol{x}_3=\boldsymbol{x}_1$ 或 $\boldsymbol{x}_2$. 下面设 $f(\boldsymbol{x}_1)\neq 0$, 那么由 $f(\boldsymbol{x}_1)+f(\boldsymbol{x}_2)=0$ 可知 $f(\boldsymbol{x}_1)$ 和 $f(\boldsymbol{x}_2)$ 异号, 从而它的标准形中正、负惯性指数 $p\neq 0,q\neq 0$. 设非退化线性变换 $\boldsymbol{x}=T\boldsymbol{y},\boldsymbol{y}=(y_1,\cdots,y_n)'$, 使得 f 化为标准形

$$f(\boldsymbol{x})=y_1^2+\cdots+y_p^2-y_{p+1}^2-\cdots-y_{p+q}^2.$$

令 $\boldsymbol{y}_3=(1,0,\cdots,0,1,0,\cdots,0)$(其中第 $1,p+1$ 坐标为 1, 其余坐标为 0),$\boldsymbol{x}_3=T\boldsymbol{y}_3$, 那么 $\boldsymbol{x}_3$ 非零 (因为 $\boldsymbol{y}_3$ 非零,T 非退化), 并且 $f(\boldsymbol{x}_3)=1^2-1^2=0$.

7.103 **提示** 参见例 5.1.3.

(i) 二次型对应的对称矩阵是

$$\boldsymbol{A}=\begin{pmatrix}5&-1&-1\\-1&5&-1\\-1&-1&5\end{pmatrix}.$$

矩阵 $\boldsymbol{A}$ 的特征多项式

$$\phi(\lambda)=\begin{vmatrix}\lambda-5&1&1\\1&\lambda-5&1\\1&1&\lambda-5\end{vmatrix}=(\lambda-3)(\lambda-6)^2.$$

因此 $\boldsymbol{A}$ 的特征值为 $\lambda_1=3,\lambda_2=\lambda_3=6$.

(ii) 解齐次线性方程组 $(\boldsymbol{A}-3\boldsymbol{I})\boldsymbol{x}=\boldsymbol{O}$, 得到属于特征值 3 的一个特征向量 $\boldsymbol{\alpha}=(1,1,1)'$. 单位化得

$$\boldsymbol{a}_1=\frac{\boldsymbol{\alpha}}{\sqrt{(\boldsymbol{\alpha},\boldsymbol{\alpha})}}=\frac{1}{\sqrt{3}}(1,1,1)'.$$

解齐次线性方程组 $(\boldsymbol{A}-6\boldsymbol{I})\boldsymbol{x}=\boldsymbol{O}$, 得到属于特征值 6 的两个线性无关的特征向量 $\boldsymbol{\alpha}_1=(-1,1,0)',\boldsymbol{\alpha}_2=(-1,0,1)'$. 正交化得

$$\boldsymbol{\beta}_1=\boldsymbol{\alpha}_1=(-1,1,0)',$$
$$\boldsymbol{\beta}_2=\boldsymbol{\alpha}_2-\frac{(\boldsymbol{\alpha}_2,\boldsymbol{\alpha}_1)}{(\boldsymbol{\alpha}_1,\boldsymbol{\alpha}_1)}\boldsymbol{\alpha}_1=\left(-\frac{1}{2},-\frac{1}{2},1\right)'.$$

将它们单位化, 得到

$$\boldsymbol{a}_2=\frac{\boldsymbol{\beta}_1}{\sqrt{(\boldsymbol{\beta}_1,\boldsymbol{\beta}_1)}}=\frac{1}{\sqrt{2}}(-1,1,0)',$$
$$\boldsymbol{a}_3=\frac{\boldsymbol{\beta}_2}{\sqrt{(\boldsymbol{\beta}_2,\boldsymbol{\beta}_2)}}=\frac{2}{\sqrt{6}}\left(-\frac{1}{2},-\frac{1}{2},1\right)'.$$

于是 $\boldsymbol{a}_1,\boldsymbol{a}_2,\boldsymbol{a}_3$ 构成 $\mathbb{R}^3$ 的一组标准正交基, 由此形成正交阵

$$\boldsymbol{T}=(\boldsymbol{a}_1,\boldsymbol{a}_2,\boldsymbol{a}_3)=\begin{pmatrix}\dfrac{1}{\sqrt{3}} & -\dfrac{1}{\sqrt{2}} & -\dfrac{1}{\sqrt{6}}\\ \dfrac{1}{\sqrt{3}} & \dfrac{1}{\sqrt{2}} & -\dfrac{1}{\sqrt{6}}\\ \dfrac{1}{\sqrt{3}} & 0 & \dfrac{2}{\sqrt{6}}\end{pmatrix}.$$

最终得到: 在正交变换 $(x_1,x_2,x_3)'=\boldsymbol{T}(y_1,y_2,y_3)'$ 下,

$$q(x_1,x_2,x_3)=(y_1,y_2,y_3)\boldsymbol{T}'\boldsymbol{A}\boldsymbol{T}(y_1,y_2,y_3)'=3y_1^2+6y_2^2+6y_3^2.$$

7.104 参见例 5.2.7(2) 及其后的注. 下面补充一个独立证明.

不妨设 $\boldsymbol{B}$ 是非零反对称矩阵, 则 $\boldsymbol{B}'=-\boldsymbol{B}$ 也非零. 对于任何非零 (列) 向量 $\boldsymbol{x}$, 记 $f=\boldsymbol{x}'\boldsymbol{B}\boldsymbol{x}$, 那么 $(\boldsymbol{x}'\boldsymbol{B}\boldsymbol{x})'=\boldsymbol{x}'\boldsymbol{B}'\boldsymbol{x}=\boldsymbol{x}'(-\boldsymbol{B})\boldsymbol{x}=-\boldsymbol{x}'\boldsymbol{B}\boldsymbol{x}$, 即 $f=-f$, 从而 $\boldsymbol{x}'\boldsymbol{B}\boldsymbol{x}=f=0$. 又因为 $\boldsymbol{A}$ 正定, 所以 $\boldsymbol{x}'\boldsymbol{B}\boldsymbol{x}>0$. 因此对于任何非零向量 $\boldsymbol{x}$, 有

$$\boldsymbol{x}'(\boldsymbol{A}+\boldsymbol{B})\boldsymbol{x}=\boldsymbol{x}'\boldsymbol{A}\boldsymbol{x}+\boldsymbol{x}'\boldsymbol{B}\boldsymbol{x}>0.$$

如果 $\boldsymbol{A}+\boldsymbol{B}$ 不可逆, 那么方程组 $(\boldsymbol{A}+\boldsymbol{B})\boldsymbol{x}=\boldsymbol{O}$ 有非零解 $\boldsymbol{x}_0$, 从而 $\boldsymbol{x}_0'(\boldsymbol{A}+\boldsymbol{B})\boldsymbol{x}_0=\boldsymbol{x}_0'\boldsymbol{O}=0$, 我们得到矛盾. 因此 $\boldsymbol{A}+\boldsymbol{B}$ 可逆.

7.105 本题是例 5.4.4 的特殊情形. 下面是一个独立证明 (参见习题 5.15(1) 的解法 2).

因为 $\boldsymbol{A}$ 正定, 所以它合同于 $\boldsymbol{I}_n$, 即存在 (实) 可逆方阵 $\boldsymbol{P}$, 使得

$$\boldsymbol{P}'\boldsymbol{A}\boldsymbol{P}=\boldsymbol{I}_n. \qquad (*)$$

因为 $\boldsymbol{B}$ 是正定矩阵, 所以 $\boldsymbol{x}'(\boldsymbol{P}'\boldsymbol{B}\boldsymbol{P})\boldsymbol{x}=(\boldsymbol{P}\boldsymbol{x})'\boldsymbol{A}(\boldsymbol{P}\boldsymbol{x})>0$(当 $\boldsymbol{x}$ 非零时), 从而 $\boldsymbol{P}'\boldsymbol{B}\boldsymbol{P}$ 也是正定矩阵. 于是存在正交矩阵 $\boldsymbol{Q}$, 使得

$$\boldsymbol{Q}'(\boldsymbol{P}'\boldsymbol{B}\boldsymbol{P})\boldsymbol{Q}=\mathrm{diag}\{\mu_1,\mu_2,\cdots,\mu_n\},$$

其中 $\mu_j>0$(是 $\boldsymbol{P}'\boldsymbol{B}\boldsymbol{P}$ 的全部特征值). 又由式 $(*)$ 可知

$$\boldsymbol{Q}'\boldsymbol{P}'\boldsymbol{A}\boldsymbol{P}\boldsymbol{Q}'=\boldsymbol{Q}'\boldsymbol{I}_n\boldsymbol{Q}=\boldsymbol{Q}^{-1}\boldsymbol{I}_n\boldsymbol{Q}=\boldsymbol{I}_n.$$

于是

$$\begin{aligned}\boldsymbol{Q}'\boldsymbol{P}'(\boldsymbol{A}+\boldsymbol{B})\boldsymbol{P}\boldsymbol{Q}&=\mathrm{diag}\{\mu_1,\mu_2,\cdots,\mu_n\}+\boldsymbol{I}_n\\&=\mathrm{diag}\{\mu_1+1,\mu_2+1,\cdots,\mu_n+1\}.\end{aligned}$$

两边取行列式, 得到 (注意 $|\boldsymbol{Q}'\boldsymbol{Q}|=|\boldsymbol{Q}^{-1}\boldsymbol{Q}|=1$)

$$|\boldsymbol{P}|^2|\boldsymbol{A}+\boldsymbol{B}|=(1+\mu_1)\cdots(1+\mu_n).$$

类似地,

$$|\boldsymbol{P}|^2|\boldsymbol{A}|=1, \quad |\boldsymbol{P}|^2|\boldsymbol{B}|=\mu_1\cdots\mu_n.$$

因为当 $n\geqslant 2$ 时 $(1+\mu_1)\cdots(1+\mu_n)>1+\mu_1\cdots\mu_n$, 所以

$$|\boldsymbol{P}|^2|\boldsymbol{A}+\boldsymbol{B}|>|\boldsymbol{P}|^2|\boldsymbol{A}|+|\boldsymbol{P}|^2|\boldsymbol{B}|,$$

于是 $|\boldsymbol{A}+\boldsymbol{B}|>|\boldsymbol{A}|+|\boldsymbol{B}|$.

7.106 提示 见例 5.4.4.

7.107 (1) 因为 $\boldsymbol{A}$ 是实对称矩阵, 所以可以对角化, 从而它的 Jordan 标准形不含形如 $\begin{pmatrix}\lambda & 1\\ 0 & \lambda\end{pmatrix}$ 的子块, 因此它的 2 重特征值的特征子空间不是循环的, 从而齐次线性方程 $(5\boldsymbol{I}-\boldsymbol{A})\boldsymbol{x}=\boldsymbol{O}$ 的解空间是 2 维的, 于是矩阵 $5\boldsymbol{I}-\boldsymbol{A}$ 的秩等于 1. 因为

$$5\boldsymbol{I}-\boldsymbol{A}=\begin{pmatrix}1 & 2 & 2\\ 2 & 4 & 4\\ 2 & 4 & a+5\end{pmatrix},$$

所以 $a+5=4$, 于是 $a=-1$.

(2) **提示** 参见例 5.1.3 的解法.$\boldsymbol{A}$ 的特征值是 $-5,-5,4$. 对于 2 重特征值 -5, 求得特征向量 $\boldsymbol{\alpha}_1=(0,1,-1)',\boldsymbol{\alpha}_2=(2,-1,0)'$. 对于特征值 4, 求得特征向量 $\boldsymbol{\alpha}_3=(1,2,2)'$. 直接验证可知 $\boldsymbol{\alpha}_3$ 同时与 $\boldsymbol{\alpha}_1,\boldsymbol{\alpha}_2$ 正交. 对 $\boldsymbol{\alpha}_1,\boldsymbol{\alpha}_2$ 实施正交化, 得到

$$\begin{aligned}\boldsymbol{\beta}_1&=\boldsymbol{\alpha}_1=(0,1,-1)',\\ \boldsymbol{\beta}_2&=\boldsymbol{\alpha}_2-\frac{(\boldsymbol{\alpha}_2,\boldsymbol{\alpha}_1)}{(\boldsymbol{\alpha}_1,\boldsymbol{\alpha}_1)}\boldsymbol{\alpha}_1=\left(2,-\frac{1}{2},-\frac{1}{2}\right).\end{aligned}$$

将 $\boldsymbol{\beta}_1,\boldsymbol{\beta}_2,\boldsymbol{\alpha}_3$ 单位化为 $\boldsymbol{a}_1,\boldsymbol{a}_2,\boldsymbol{a}_3$, 那么

$$\boldsymbol{Q}=(\boldsymbol{a}_1,\boldsymbol{a}_2,\boldsymbol{a}_3)=\begin{pmatrix}0 & \dfrac{2\sqrt{2}}{3} & \dfrac{1}{3}\\ \dfrac{\sqrt{2}}{2} & -\dfrac{\sqrt{2}}{6} & \dfrac{2}{3}\\ -\dfrac{\sqrt{2}}{2} & -\dfrac{\sqrt{2}}{6} & \dfrac{2}{3}\end{pmatrix}.$$

于是 $\boldsymbol{A}=\boldsymbol{Q}^{-1}\mathrm{diag}(-5,-5,4)\boldsymbol{Q}$.

7.108 提示 (1) 矩阵 $\boldsymbol{A}$ 的特征值是 $\lambda_1=1(2$ 重), $\lambda_2=10$. 属于 λ_1 的特征向量 $\boldsymbol{\alpha}_1=(2,0,1)',\boldsymbol{\alpha}_2=(-2,1,0)'$. 属于 λ_2 的特征向量 $\boldsymbol{\alpha}_3=(-1,-2,2)'$. 将 $\boldsymbol{\alpha}_1,\boldsymbol{\alpha}_2$ 正交化和单位化, 得到

$$\boldsymbol{a}_1=\left(\frac{2}{\sqrt{5}},0,\frac{1}{\sqrt{5}}\right)', \quad \boldsymbol{a}_2=\left(-\frac{2}{3\sqrt{5}},0,\frac{4}{3\sqrt{5}}\right)',$$

将 $\boldsymbol{\alpha}_3$ 单位化, 得到

$$\boldsymbol{a}_3=\left(-\frac{1}{3},-\frac{2}{3},\frac{2}{3}\right)'.$$

于是得到正交矩阵

$$Q=(\boldsymbol{a}_1,\boldsymbol{a}_2,\boldsymbol{a}_3)=\frac{1}{3\sqrt{5}}\begin{pmatrix}6&-2&-\sqrt{5}\\0&5&-2\sqrt{5}\\3&4&2\sqrt{5}\end{pmatrix},$$

并且 $\boldsymbol{Q}'\boldsymbol{A}\boldsymbol{Q}=\mathrm{diag}(1,1,\sqrt{10})$.

(2) 取 $\boldsymbol{X}=\boldsymbol{Q}\mathrm{diag}(1,1,\sqrt{10})\boldsymbol{Q}'$.

7.109 参见例 4.2.1(3) 和例 4.2.2(2). 下面是一个独立证明.

设 $\boldsymbol{P}$ 是 2 阶正交矩阵, 则其行向量是单位向量, 于是可设

$$\boldsymbol{P}=\begin{pmatrix}\cos x&\sin x\\\sin\theta&\cos\theta\end{pmatrix}.$$

因为 $\boldsymbol{P}\boldsymbol{P}'=\boldsymbol{I}_2$, 所以 $\sin(x+\theta)=0$, 从而 $x+\theta=k\pi(k\in\mathbb{Z})$.

若 $|\boldsymbol{P}|=-1$, 则 $\cos(x+\theta)=-1$, 于是 $x+\theta=k\pi$, 其中 k 是奇数, 可见

$$\boldsymbol{P}=\begin{pmatrix}\cos x&\sin x\\\sin x&-\cos x\end{pmatrix}.$$

因为 $\boldsymbol{P}$ 是实对称矩阵, 特征值是 ±1, 所以 $\boldsymbol{P}$ 正交相似于对角矩阵 $\mathrm{diag}(-1,1)$, 即 $\boldsymbol{P}$ 本身就是反射矩阵.

若 $|\boldsymbol{P}|=1$, 则 $\cos(x+\theta)=1$, 于是 $x+\theta=k\pi$, 其中 k 是偶数, 可见

$$\boldsymbol{P}=\begin{pmatrix}\cos x&\sin x\\-\sin x&\cos x\end{pmatrix}=\begin{pmatrix}1&0\\0&-1\end{pmatrix}\begin{pmatrix}\cos x&\sin x\\\sin x&-\cos x\end{pmatrix},$$

右边是两个反射矩阵之积.

7.110 解法 1 因为 $(\boldsymbol{A}\boldsymbol{B}'+\boldsymbol{B}\boldsymbol{A})'=\boldsymbol{B}\boldsymbol{A}'+\boldsymbol{A}'\boldsymbol{B}'=\boldsymbol{B}\boldsymbol{A}+\boldsymbol{A}\boldsymbol{B}'$, 所以 $\boldsymbol{A}\boldsymbol{B}'+\boldsymbol{B}\boldsymbol{A}$ 是对称矩阵; 题设它的所有特征值是正的, 所以它正定. 设 λ 是 $\boldsymbol{A}$ 的任意一个特征值,$\boldsymbol{\alpha}$ 是对应的特征向量 (列向量)(因而非零), 于是

$$\boldsymbol{\alpha}'(\boldsymbol{A}\boldsymbol{B}'+\boldsymbol{B}\boldsymbol{A})\boldsymbol{\alpha}=\boldsymbol{\alpha}'\boldsymbol{A}\boldsymbol{B}'\boldsymbol{\alpha}+\boldsymbol{\alpha}'\boldsymbol{B}\boldsymbol{A}\boldsymbol{\alpha}.$$

因为 $\boldsymbol{A}\boldsymbol{\alpha}=\lambda\boldsymbol{\alpha},\boldsymbol{\alpha}'\boldsymbol{A}=(\boldsymbol{A}'\boldsymbol{\alpha})'=(\boldsymbol{A}\boldsymbol{\alpha})'=(\lambda\boldsymbol{\alpha})'=\lambda\boldsymbol{\alpha}'$, 所以

$$\boldsymbol{\alpha}'(\boldsymbol{A}\boldsymbol{B}'+\boldsymbol{B}\boldsymbol{A}')\boldsymbol{\alpha}=\lambda\cdot\boldsymbol{\alpha}'(\boldsymbol{B}'+\boldsymbol{B})\boldsymbol{\alpha}.$$

由 $\boldsymbol{A}\boldsymbol{B}'+\boldsymbol{B}\boldsymbol{A}$ 的正定性可知上式左边不为零, 因此 $\lambda\neq0$, 即 $\boldsymbol{A}$ 没有零特征值. 因为 $|\boldsymbol{A}|$ 等于 $\boldsymbol{A}$ 的所有特征值之积, 所以不为零, 即 $\boldsymbol{A}$ 可逆.

解法 2 同上证明 $\boldsymbol{A}\boldsymbol{B}'+\boldsymbol{B}\boldsymbol{A}$ 的正定性, 于是对于任何非零列向量 $\boldsymbol{x}$,

$$\boldsymbol{x}'(\boldsymbol{A}\boldsymbol{B}'+\boldsymbol{B}\boldsymbol{A})\boldsymbol{x}>0,$$

即

$$(\boldsymbol{A}\boldsymbol{x})'(\boldsymbol{B}'\boldsymbol{x})+(\boldsymbol{B}'\boldsymbol{x})'(\boldsymbol{A}\boldsymbol{x})>0.$$

如果 $\boldsymbol{A}$ 不可逆, 则存在非零向量 $\boldsymbol{x}$ 满足 $\boldsymbol{Ax}=\boldsymbol{O}$, 从而由上式推出矛盾.

7.111　提示　本题是习题 5.13 的推广 (取 $\boldsymbol{G}=\boldsymbol{I}_n$), 证法类似.

7.112　解法 1　因为

$$\boldsymbol{A}+\boldsymbol{B}=(\boldsymbol{A}+\boldsymbol{B})(\boldsymbol{A}+\boldsymbol{B})^{-1}(\boldsymbol{A}+\boldsymbol{B}),$$

并且若乘法不可交换, 则

$$\begin{aligned}&2axa+2bxb-(a+b)x(a+b)\\&\quad=2axa+2bxb-ax(a+b)-bx(a+b)\\&\quad=2axa+2bxb-axa-axb-bxa-bxb\\&\quad=axa+bxb-axb-bxa\\&\quad=(axa-axb)-(bxa-bxb)\\&\quad=ax(a-b)-bx(a-b)\\&\quad=(a-b)x(a-b),\end{aligned}$$

所以

$$\begin{aligned}\boldsymbol{C}&=2\boldsymbol{A}(\boldsymbol{A}+\boldsymbol{B})^{-1}\boldsymbol{A}+2\boldsymbol{B}(\boldsymbol{A}+\boldsymbol{B})^{-1}\boldsymbol{B}-(\boldsymbol{A}+\boldsymbol{B})(\boldsymbol{A}+\boldsymbol{B})^{-1}(\boldsymbol{A}+\boldsymbol{B})\\&=(\boldsymbol{A}-\boldsymbol{B})(\boldsymbol{A}+\boldsymbol{B})^{-1}(\boldsymbol{A}-\boldsymbol{B}).\end{aligned}$$

注意 $(\boldsymbol{A}+\boldsymbol{B})^{-1}$ 是正定矩阵 (应用例 5.3.6 和例 5.3.2). 若矩阵 $\boldsymbol{A}-\boldsymbol{B}$ 可逆, 则对任何非零 (列) 向量 $\boldsymbol{x}$, $(\boldsymbol{A}-\boldsymbol{B})'\boldsymbol{x}=(\boldsymbol{A}-\boldsymbol{B})\boldsymbol{x}$ 非零,

$$\boldsymbol{x}'\boldsymbol{C}\boldsymbol{x}=\big((\boldsymbol{A}-\boldsymbol{B})\boldsymbol{x}\big)'(\boldsymbol{A}+\boldsymbol{B})^{-1}\big((\boldsymbol{A}-\boldsymbol{B})\boldsymbol{x}\big)>0;$$

若矩阵 $\boldsymbol{A}-\boldsymbol{B}$ 不可逆, 则存在非零 (列) 向量 $\boldsymbol{x}$, 使得 $(\boldsymbol{A}-\boldsymbol{B})\boldsymbol{x}=\boldsymbol{O}$, 从而

$$\boldsymbol{x}'\boldsymbol{C}\boldsymbol{x}=\big((\boldsymbol{A}-\boldsymbol{B})\boldsymbol{x}\big)'(\boldsymbol{A}+\boldsymbol{B})^{-1}\big((\boldsymbol{A}-\boldsymbol{B})\boldsymbol{x}\big)=0.$$

因此一般地, $\boldsymbol{C}$ 是半正定矩阵; 当 $\boldsymbol{A}-\boldsymbol{B}$ 可逆时, $\boldsymbol{C}$ 是正定矩阵. 实际上, 由补充习题 7.111 可知: 当且仅当 $\boldsymbol{A}-\boldsymbol{B}$ 可逆时, $\boldsymbol{C}$ 是正定矩阵.

解法 2　容易验证 $\boldsymbol{C}$ 是对称矩阵. 矩阵 $\boldsymbol{A}+\boldsymbol{B}$ 正定 (见例 5.3.6), 并且存在可逆矩阵 $\boldsymbol{T}$, 使得 $\boldsymbol{T}'(\boldsymbol{A}+\boldsymbol{B})\boldsymbol{T}=\boldsymbol{I}$, 于是

$$\boldsymbol{A}+\boldsymbol{B}=(\boldsymbol{T}\boldsymbol{T}')^{-1},\quad (\boldsymbol{A}+\boldsymbol{B})^{-1}=\boldsymbol{T}\boldsymbol{T}'.$$

由此可知

$$\begin{aligned}\boldsymbol{C}&=2\boldsymbol{A}\boldsymbol{T}\boldsymbol{T}'\boldsymbol{A}+2\boldsymbol{B}\boldsymbol{T}\boldsymbol{T}'\boldsymbol{B}-(\boldsymbol{T}\boldsymbol{T}')^{-1}\\&=2\boldsymbol{T}'^{-1}\boldsymbol{T}'\boldsymbol{A}\boldsymbol{T}\boldsymbol{T}'\boldsymbol{A}\boldsymbol{T}\boldsymbol{T}^{-1}+2\boldsymbol{T}'^{-1}\boldsymbol{T}'\boldsymbol{B}\boldsymbol{T}\boldsymbol{T}'\boldsymbol{B}\boldsymbol{T}\boldsymbol{T}^{-1}-(\boldsymbol{T}\boldsymbol{T}')^{-1};\end{aligned}$$

若记

$$\boldsymbol{P}=\boldsymbol{T}'\boldsymbol{A}\boldsymbol{T},\quad \boldsymbol{Q}=\boldsymbol{T}'\boldsymbol{B}\boldsymbol{T},$$

则有

$$C = T'^{-1}(2P^2 + 2Q^2 - I)T^{-1},$$

于是

$$T'CT = 2P^2 + 2Q^2 - I.$$

注意

$$P + Q = T'(A+B)T = T' \cdot (TT')^{-1} \cdot T = I,$$

我们有

$$T'CT = 2P^2 + 2(I-P)^2 - I = (I-2P)^2 = (I-2P)I(I-2P).$$

类似地, 应用 $P = I - Q$ 可得

$$T'CT = (I-2Q)I(I-2Q).$$

与解法 1 类似, 可推出: 一般地, C 是半正定矩阵; 当 $I-2P$ 或 $I-2Q$ 可逆时, C 是正定矩阵.

7.113 提示 本题是例 5.3.4 到非同阶矩阵情形的推广, 可类似地证明.

或者: 如果令

$$R = \begin{pmatrix} P & A' \\ A & Q \end{pmatrix},$$

那么题中两个条件都等价于矩阵 R 是正定的. 实际上, 若取

$$S = \begin{pmatrix} I_m & O \\ -Q^{-1}A & I_n \end{pmatrix}, \quad T = \begin{pmatrix} I_m & -P^{-1}A' \\ O & I_n \end{pmatrix}$$

(其中 S 的表达式中 O 是 $m \times n$ 零矩阵, 等等), 则有

$$S'RS = \begin{pmatrix} P - A'Q^{-1}A & O \\ O & Q \end{pmatrix},$$

以及

$$T'RT = \begin{pmatrix} P & O \\ O & Q - AP^{-1}A' \end{pmatrix}.$$

注意, 一个矩阵正定当且仅当它的所有特征值为正时; 还需应用例 5.3.3.

7.114 (i) 用 Γ 记所有非零整向量的集合 (即 $\mathbb{Z}^2 \setminus \{O\}$). 因为 f 是正定二次型, 所以

$$\alpha = \inf_{(x_1,x_2)\in\Gamma} f(x_1,x_2)$$

存在, 并且可设 $\alpha > 0$(不然结论已成立). 设 $f(u_1,u_2) = \alpha$. 如果 $d = \gcd(u_1,u_2) > 1$, 那么 $u_1 = du_1', u_2 = du_2'$, 其中 u_1', u_2' 是互素整数. 于是

$$f(u_1,u_2) = d^2 f(u_1',u_2') > f(u_1',u_2'),$$

这与 (u_1,u_2) 的定义矛盾. 因此 u_1, u_2 互素.

(ii) 我们有

$$f(x_1,x_2)=\begin{pmatrix}x_1 & x_2\end{pmatrix}\begin{pmatrix}f_{11} & f_{12}\\ f_{12} & f_{22}\end{pmatrix}\begin{pmatrix}x_1\\ x_2\end{pmatrix}.$$

因为 u_1,u_2 互素, 所以存在整数 r,s, 使得 $u_1r-u_2s=1$. 作线性变换

$$\begin{pmatrix}x_1\\ x_2\end{pmatrix}=\begin{pmatrix}u_1 & s\\ u_2 & r\end{pmatrix}\begin{pmatrix}X_1\\ X_2\end{pmatrix},$$

则

$$\begin{aligned}f(x_1,x_2)&=\begin{pmatrix}X_1 & X_2\end{pmatrix}\begin{pmatrix}u_1 & s\\ u_2 & r\end{pmatrix}'\begin{pmatrix}f_{11} & f_{12}\\ f_{12} & f_{22}\end{pmatrix}\begin{pmatrix}u_1 & s\\ u_2 & r\end{pmatrix}\begin{pmatrix}X_1\\ X_2\end{pmatrix}\\ &=\begin{pmatrix}X_1 & X_2\end{pmatrix}\begin{pmatrix}\alpha & \beta\\ \beta & \gamma\end{pmatrix}\begin{pmatrix}X_1\\ X_2\end{pmatrix}=g(X_1,X_2),\end{aligned}$$

其中 $\alpha=f(u_1,u_2)$(如上文定义),β,γ 是整数 (因为后文不需要, 所以我们略去它们的具体表达式). 此外还有

$$\begin{vmatrix}u_1 & s\\ u_2 & r\end{vmatrix}\begin{vmatrix}f_{11} & f_{12}\\ f_{12} & f_{22}\end{vmatrix}\begin{vmatrix}u_1 & s\\ u_2 & r\end{vmatrix}=\begin{vmatrix}\alpha & \beta\\ \beta & \gamma\end{vmatrix},$$

所以 f 和 g 的判别式相等:$d_f=f_{11}f_{22}-f_{12}^2=\alpha\gamma-\beta^2=d_g$ (都等于 D). 因为线性变换的行列式等于 1, 所以当 (x_1,x_2) 遍历 $\mathbb{Z}^2$ 时, (X_1,X_2) 也遍历 $\mathbb{Z}^2$, 从而 $f(x_1,x_2)$ 和 $g(X_1,X_2)$ 在 $\mathbb{Z}^2$ 上的值集相同. 于是

$$\alpha=\inf_{(x_1,x_2)\in\Gamma}f(x_1,x_2)=\inf_{(X_1,X_2)\in\Gamma}g(X_1,X_2).$$

(iii) 我们有

$$g(X_1,X_2)=\alpha X_1^2+2\beta X_1X_2+\gamma X_2^2=\alpha\left(X_1+\frac{\beta}{\alpha}\right)^2+\frac{D}{\alpha}X_2^2.$$

因为区间 $[-1/2-\beta/\alpha,1/2-\beta/\alpha]$ 的长度为 1, 所以其中存在一个整数 σ, 从而

$$\left|\sigma+\frac{\beta}{\alpha}\right|\leqslant\frac{1}{2},$$

于是

$$g(\sigma,1)=\alpha\left(\sigma+\frac{\beta}{\alpha}\right)^2+\frac{D}{\alpha}\leqslant\frac{\alpha}{4}+\frac{D}{\alpha}.$$

由此及 $g(\sigma,1)\geqslant\alpha$ 得到

$$\alpha\leqslant\frac{\alpha}{4}+\frac{D}{\alpha},$$

立得 $\alpha^2\leqslant(4/3)D$.

7.115 本题是补充习题 7.42(2) 的逆命题, 可类似地证明, 或应用习题 5.13. 注意由 $1,\alpha_1,\cdots,\alpha_n$ 生成的 Vandermonde 矩阵满秩蕴含 α_i 两两互异.

7.116 提示 (1) 设多项式 $P(x)$ 在 m 个连续整数 $k,k+1,\cdots,k+m$ 上的值为整数. 对 $P_1(x)=P(k+x)$ 应用补充习题 7.98(3).

(2) 注意对于正整数 k,

$$\binom{x+k-1}{2k-1}=\frac{x(x^2-1^2)(x^2-2^2)\cdots(x^2-(k-1)^2)}{(2k-1)!},$$

并且系数 $c_1,c_2,\cdots,c_m$ 可递推地确定:

$$\begin{aligned}&P(1)=c_1,\\&P(2)=c_1\binom{2}{1}+c_2,\\&P(3)=c_1\binom{3}{1}+c_2\binom{4}{3}+c_3,\\&\cdots.\end{aligned}$$

(3) 当 $x=-k,-k+1,\cdots,-1,0,1,\cdots,k-1,k$ 时,$2k$ 次多项式

$$\frac{x}{k}\binom{x+k-1}{2k-1}=1,0,\cdots,0,0,0,\cdots,0,1,$$

因而它是整值多项式 (依本题 (1)). 此外还有递推关系

$$\begin{aligned}&P(0)=d_0,\\&P(1)=d_0+d_1,\\&P(2)=d_0+d_1\frac{2}{1}\binom{2}{1}+d_2,\\&\cdots.\end{aligned}$$

7.117 由题设条件可知 ±1 都是多项式 ax^4+bx^2+cx+1 的根, 所以 $a+b\pm c+1=0$. 又因为 1 是 2 重根, 所以也是此多项式的导数 $4ax^3+2bx+c$ 的根, 因此 $4a+2b+c=0$. 解上述 3 个方程组成的线性方程组, 得到 $a=1,b=-2,c=0$.

7.118 参见例 6.4.1(1). 下面是按其思路但表述简略的证明.

因为当 $x>0$ 足够大时 $f(x)$ 的符号与其首项 (最高次项) 系数的符号相同, 所以由题设可知 $f(x)$ 首项系数是正实数. 如果 $f(x)$ 没有实根, 那么它的根是成对共轭的, 于是可设

$$f(x)=a(x-\alpha_1)(x-\overline{\alpha_1})\cdots(x-\alpha_s)(x-\overline{\alpha_s}),$$

并且系数 $a>0$. 令

$$p(x)=(x-\alpha_1)\cdots(x-\alpha_s)=\phi(x)+\mathrm{i}\psi(x),$$

其中 $\phi(x)$ 和 $\psi(x)$ 都是实系数多项式, 那么 (注意 x 取实值)

$$\overline{p(x)}=(x-\overline{\alpha_1})\cdots(x-\overline{\alpha_s})=\phi(x)-\mathrm{i}\psi(x),$$

于是

$$f(x)=ap(x)\overline{p(x)}=a\big(\phi(x)+\mathrm{i}\psi(x)\big)\big(\phi(x)-\mathrm{i}\psi(x)\big)$$

$$= a\big(\phi(x)^2+\psi(x)^2\big) = \big(\sqrt{a}\phi(x)\big)^2 + \big(\sqrt{a}\psi(x)\big)^2.$$

可见结论成立. 如果 $f(x)$ 有实根, 那么依上述, 因为 $f(x)$ 有实系数, 所以虚根是成对共轭的. 又因为 $f(x)$ 首项系数是正实数, 所以每个实根的重数必然是偶数 (不然适当选取 x 的值将导致 $f(x)<0$), 于是

$$f(x) = a(x-\beta_1)^{2k_1}\dots(x-\beta_r)^{2k_r}(x-\alpha_1)(x-\overline{\alpha_1})\cdots(x-\alpha_s)(x-\overline{\alpha_s}),$$

其中整数 $k_i \geqslant 1$, 从而

$$\begin{aligned} f(x) &= \big((x-\beta_1)^{k_1}\dots(x-\beta_r)^{k_r}\big)^2\Big(\big(\sqrt{a}\phi(x)\big)^2+\big(\sqrt{a}\psi(x)\big)^2\Big) \\ &= \big(\sqrt{a}(x-\beta_1)^{k_1}\dots(x-\beta_r)^{k_r}\phi(x)\big)^2 + \big(\sqrt{a}(x-\beta_1)^{k_1}\dots(x-\beta_r)^{k_r}\psi(x)\big)^2. \end{aligned}$$

因此结论也成立.

7.119　参见习题 6.7. 解法基于带余数除法.

因为 $p(x),q(x)$ 互素, 所以存在 $\mathbb{K}$ 上的多项式 $U(x),V(x)$ 满足

$$U(x)p(x)+V(x)q(x)=1.$$

两边同乘 $r(x)$ 得到

$$r(x)U(x)p(x)+r(x)V(x)q(x)=r(x). \tag{$*$}$$

由带余数除法可知分别存在多项式 $g(x),v(x)$ 和 $h(x),u(x)$, 使得

$$r(x)U(x)=q(x)g(x)+v(x),$$

以及

$$r(x)V(x)=p(x)h(x)+u(x),$$

其中 $\deg(v(x))<\deg(q(x)),\deg(u(x))<\deg(p(x))$. 将它们代入式 $(*)$, 可知

$$(g(x)+h(x))p(x)q(x)+p(x)v(x)+q(x)u(x)=r(x).$$

因为题设 $\deg(r(x))<\deg(p(x))+\deg(q(x))=\deg(p(x)q(x))$, 所以

$$g(x)+h(x)=0,$$

于是

$$p(x)v(x)+q(x)u(x)=r(x).$$

两边除以非零多项式 $p(x)q(x)$ 即得所要等式.

7.120　设 $f(x)=af_1(x)$, 其中 a 是 $f(x)$ 的各项系数的最大公因子, 于是 $f_1(x)$ 的各项系数的最大公因子为 1, 是一个本原多项式, 将它称为 f 的本原部分. 因为 p/q 是 f 的一个根, 所以也是 f_1 的一个根, 于是存在有理系数多项式 $g(x)$, 使得

$$f_1(x)=\left(x-\frac{p}{q}\right)g(x).$$

进而可知存在整数 t,s, 使得 $g(x)=(t/s)g_1(x)$, 其中 g_1 是 g 的本原部分. 于是

$$f_1(x)=\left(x-\frac{p}{q}\right)\cdot\frac{t}{s}g_1(x),$$

从而

$$qsf_1(x)=t(qx-p)g_1(x).$$

$f_1(x)$ 和 $(qx-p)g_1(x)$ 都是本原多项式 (后者是两个本原多项式之积, 也是本原多项式). 比较两边多项式各项系数的最大公因子, 可知 $qs=t$, 因而

$$f_1(x)=(qx-p)g_1(x).$$

由此得到 $af_1(x)=a(qx-p)g_1(x)$, 即

$$f(x)=a(qx-p)g_1(x).$$

在式中分别令 $x=1,-1,m$, 立得所要的结论.

7.121 用待定系数法. 设

$$f(x)=a_4x^4+a_3x^3+a_2x^2+a_1x+a_0.$$

依据要求满足的条件得到方程组 (细节留给读者)

$$\begin{aligned}
&a_0+a_1+a_2+a_3+a_4=0,\\
&a_1+2a_2+3a_3+4a_4=1,\\
&2a_2+6a_3+12a_4=2,\\
&a_0=3,\\
&a_1=-1.
\end{aligned}$$

由此解出

$$a_4=-9,\quad a_3=24,\quad a_2=-17,\quad a_1=-1,\quad a_0=3.$$

于是所求的多项式是 $f(x)=-9x^4+24x^3-17x^2-x+3$.

7.122 (1) 注意

$$\det\boldsymbol{H}=\begin{vmatrix}\boldsymbol{I} & \boldsymbol{F}\\ \boldsymbol{O} & \boldsymbol{H}\end{vmatrix},$$

其中 $\boldsymbol{I}$ 是 n 阶单位方阵. 于是有

$$|\boldsymbol{P}|\cdot|\boldsymbol{H}|=\begin{vmatrix}\boldsymbol{A} & \boldsymbol{B}\\ \boldsymbol{C} & \boldsymbol{D}\end{vmatrix}\begin{vmatrix}\boldsymbol{I} & \boldsymbol{F}\\ \boldsymbol{O} & \boldsymbol{H}\end{vmatrix}=\begin{vmatrix}\boldsymbol{A} & \boldsymbol{O}\\ \boldsymbol{C} & \boldsymbol{I}\end{vmatrix}=|\boldsymbol{A}|.$$

(2) 参见习题 1.3(3),(4). 题中行列式的矩阵等于

$$2\boldsymbol{I}_n+\begin{pmatrix}a_1 & b_1\\ a_2 & b_2\\ \vdots & \vdots\\ a_n & b_n\end{pmatrix}\begin{pmatrix}c_1 & c_2 & \cdots & c_n\\ d_1 & d_2 & \cdots & d_n\end{pmatrix}.$$

应用例 1.3.1(1) 中的公式

$$|\boldsymbol{A}_n+\boldsymbol{B}_{n\times m}\boldsymbol{C}_{m\times n}|=|\boldsymbol{A}_n||\boldsymbol{I}_m+\boldsymbol{C}_{m\times n}\boldsymbol{A}_n^{-1}\boldsymbol{B}_{n\times m}|,$$

在其中取 $m=2,\boldsymbol{A}_n=2\boldsymbol{I}_n$, 即可算出题中行列式等于

$$\begin{aligned}&|2\boldsymbol{I}_n|\left|\boldsymbol{I}_2+\begin{pmatrix}c_1&c_2&\cdots&c_n\\d_1&d_2&\cdots&d_n\end{pmatrix}\cdot\frac{1}{2}\boldsymbol{I}_n\cdot\begin{pmatrix}a_1&b_1\\a_2&b_2\\\vdots&\vdots\\a_n&b_n\end{pmatrix}\right|\\&=2^n\begin{vmatrix}1+\frac{1}{2}\sum\limits_{i=1}^n a_ic_i&\frac{1}{2}\sum\limits_{i=1}^n b_ic_i\\\frac{1}{2}\sum\limits_{i=1}^n a_id_i&1+\frac{1}{2}\sum\limits_{i=1}^n b_id_i\end{vmatrix}\\&=2^{n-2}\left(\left(2+\sum_{i=1}^n a_ic_i\right)\left(2+\sum_{i=1}^n b_id_i\right)-\sum_{i=1}^n b_ic_i\sum_{i=1}^n a_id_i\right).\end{aligned}$$

7.123　(1) 参见补充习题 7.84(1).

(2) 因为

$$(\boldsymbol{A}+t\boldsymbol{B})^m=\boldsymbol{A}^m+t\boldsymbol{S}_1+t^2\boldsymbol{S}_2+\cdots+t^{m-1}\boldsymbol{S}_{m-1}+t^m\boldsymbol{B}^m,$$

其中矩阵 $\boldsymbol{S}_1,\cdots,\boldsymbol{S}_{m-1}$ 与 t 无关. 由题设, 当 $t=t_1,\cdots,t_{m+1}$ 时, 上式等于零矩阵 $\boldsymbol{O}$. 设矩阵 $\boldsymbol{A}^m,\boldsymbol{S}_1,\boldsymbol{S}_2,\cdots,\boldsymbol{S}_{m-1},\boldsymbol{B}^m$ 的 (i,j) 位置的元素分别是 $a,s_1,s_2,\cdots,s_{m-1},b$, 则知多项式

$$bt^m+s_{m-1}t^{m-1}+s_{m-2}t^{m-2}+\cdots+s_1t+a$$

有 $m+1$ 个不同的根 $t_1,\cdots,t_{m+1}$, 因而是零多项式, 即它的所有系数为零, 特别地, $a=0,b=0$, 从而 $\boldsymbol{A}^m,\boldsymbol{B}^m$ 的任何位置 (i,j) 的元素都等于零, 这表明 $\boldsymbol{A}^m=\boldsymbol{O},\boldsymbol{B}^m=\boldsymbol{O}$, 即它们是幂零矩阵.

7.124　若 $P(x)=a_0x+a_1\,(a_0,a_1\neq 0)$ 是 1 次多项式, 并且 $P(\boldsymbol{A})=\boldsymbol{O}$, 则 $a_0\boldsymbol{A}=-a_1\boldsymbol{I}_n$, 显然本题结论成立. 下面设

$$P(x)=a_0x^m+a_1x^{m-1}+\cdots+a_{m-1}x+a_m\quad(a_0,\,a_m\neq 0,\,m\geqslant 2),$$

使得 $P(\boldsymbol{A})=\boldsymbol{O}$, 即

$$P(\boldsymbol{A})=a_0\boldsymbol{A}^m+a_1\boldsymbol{A}^{m-1}+\cdots+a_{m-1}\boldsymbol{A}+a_m\boldsymbol{I}_n=\boldsymbol{O}.$$

因为 $a_m\neq 0$, 所以解出

$$\boldsymbol{A}\left(-\frac{a_0}{a_m}\boldsymbol{A}^{m-1}-\frac{a_1}{a_m}\boldsymbol{A}^{m-2}-\cdots-\frac{a_{m-1}}{a_m}\boldsymbol{I}_n\right)=\boldsymbol{I}_n.$$

这表明 $\boldsymbol{A}$ 可逆, 所以 $|\boldsymbol{A}|\neq 0$. 因为 $|\boldsymbol{A}|$ 等于 $\boldsymbol{A}$ 的全部特征值之积, 所以本题结论成立.

7.125 设 $\boldsymbol{A}$ 的秩为 r, 并且 $r<n$. 用

$$\boldsymbol{\alpha}_j=(a_{j1},a_{j2},\cdots,a_{jn})$$

表示 $\boldsymbol{A}$ 的第 j 个行向量. 由题设可知 $\boldsymbol{A}$ 的前 r 行线性无关. 还设 $r<i\leqslant n$, 那么 $\boldsymbol{A}$ 的前 r 行与第 i 行线性相关. 于是

$$x'_{i1}\boldsymbol{\alpha}_1+\cdots+x'_{ir}\boldsymbol{\alpha}_r+y\boldsymbol{\alpha}_i=\boldsymbol{O},$$

其中系数 $x'_{i1},x'_{i2},\cdots,y$ 不全为零. 因为 $\boldsymbol{\alpha}_1,\cdots,\boldsymbol{\alpha}_r$ 线性无关, 所以 $y\neq 0$(不然所有 $x'_{i1},x'_{i2},\cdots,x'_{ir}$ 为零). 由此解得

$$\boldsymbol{\alpha}_i=x_{i1}\boldsymbol{\alpha}_1+\cdots+x_{ir}\boldsymbol{\alpha}_r,$$

其中 $x_{i1}=-x'_{i1}/y$, 等等. 比较上述等式的第 j 列, 即得所要等式.

7.126 由题设, 对于任意 i 和正整数 s 有 $\mathscr{A}^s(\boldsymbol{\nu}_i)\in\{\boldsymbol{\nu}_1,\cdots,\boldsymbol{\nu}_m\}$. 我们断言: 对于每个 $i=1,2,\cdots,m$, 存在正整数 r_i, 使得 $\mathscr{A}^{r_i}(\boldsymbol{\nu}_i)=\boldsymbol{\nu}_i$. 用反证法. 若 (例如) 对于任何正整数 $k,\mathscr{A}^k(\boldsymbol{\nu}_1)\neq\boldsymbol{\nu}_1$, 则因为 $\boldsymbol{\nu}_1,\cdots,\boldsymbol{\nu}_m$ 张成向量空间 V, 所以 $\mathscr{A}$ 至多是 V 到 V_1(由 $\boldsymbol{\nu}_2,\cdots,\boldsymbol{\nu}_m$ 张成的向量空间) 的线性变换, 这与题设矛盾. 现在取 N 是 $r_1,\cdots,r_m$ 的最小公倍数, 那么对每个 i 有

$$N=r_i+r_i+\cdots+r_i\quad(\text{右边 } r_i \text{ 相加 } N/r_i \text{ 次}),$$

于是

$$\mathscr{A}^N(\boldsymbol{\nu}_i)=\mathscr{A}^{r_i}\mathscr{A}^{r_i}\cdots\mathscr{A}^{r_i}(\boldsymbol{\nu}_i)=\boldsymbol{\nu}_i.$$

由此可见 $\mathscr{A}^N=\mathscr{E}$(恒等变换), 因而 $f(x)=x^N-1$ 是 $\mathscr{A}$ 在复数域上的零化多项式, 且无重根. 由此可知 $\mathscr{A}$ 的极小多项式 (是 $f(x)$ 的因子) 无重根, 因而 $\mathscr{A}$ 可对角化, 并且特征值均为单位根 ($f(x)$ 的根).

7.127 (1) 二次型的矩阵是

$$\boldsymbol{A}=\begin{pmatrix}1&t&-1\\t&2t^2&2\\-1&2&5\end{pmatrix}.$$

二次型正定的充要条件是 $\boldsymbol{A}$ 的顺序主子式全为正, 由此求出

$$t^2>0,\quad 3t^2-4t-4>0.$$

于是当 $t>2$ 或 $t<-2/3$ 时, 题给二次型正定.

(2) 参见例 5.1.3 及补充习题 7.103. 答案: 正交变换为

$$x_1=\frac{2}{3}y_1-\frac{2}{3}y_2-\frac{1}{3}y_3,$$
$$x_2=\frac{2}{3}y_1+\frac{1}{3}y_2+\frac{2}{3}y_3,$$

$$x_3 = \frac{1}{3}y_1 + \frac{2}{3}y_2 - \frac{2}{3}y_3.$$

标准形为 $-y_1^2 + 2y_2^2 + 5y_3^2$.

7.128 若实对称矩阵 $\boldsymbol{A}$ 正定 (半正定的特例), 则可直接验证伴随矩阵 $\mathrm{adj}(\boldsymbol{A})$ 也是实对称正定矩阵, 或参见例 5.3.2 的注.

若 $\boldsymbol{A}$ 为 n 阶实对称半正定 (非正定) 矩阵, 则可参见习题 2.13 和补充习题 7.96. 此时秩 $r(\boldsymbol{A}) \leqslant n-1$, 易证伴随矩阵 $\mathrm{adj}(\boldsymbol{A})$ 实对称, 并且秩 $r(\mathrm{adj}(\boldsymbol{A})) \leqslant 1$, 特征值是 $0(n-1$ 重) 和 $A_{11}+A_{22}+\cdots+A_{nn}$. 此处 $\boldsymbol{A}$ 的主子式 $A_{ii} \geqslant 0$(因为 $\boldsymbol{A}$ 半正定), 从而 $A_{11}+A_{22}+\cdots+A_{nn} \geqslant 0$. 即 $\mathrm{adj}(\boldsymbol{A})$ 的特征值或全为零, 或只有一个为正, 其余全为零. 因此 $\mathrm{adj}(\boldsymbol{A})$ 半正定.

7.129 参见例 5.2.5. 两者本质上相同.

7.130 (1) 参见补充习题 7.85. 注意, 此处额外要求 $m \neq 1$ 是本题 (2) 的特别需要.

(2) 不成立. 为构造反例, 设

$$\boldsymbol{A} = \begin{pmatrix} 1 & a \\ 0 & 1 \end{pmatrix}, \quad \boldsymbol{B} = \begin{pmatrix} 1 & 1 \\ 2 & 3 \end{pmatrix},$$

那么

$$\boldsymbol{A}^{-1} = \begin{pmatrix} 1 & -a \\ 0 & 1 \end{pmatrix}, \quad \boldsymbol{B}^{-1} = \begin{pmatrix} 3 & -1 \\ -2 & 1 \end{pmatrix},$$

于是 $\sigma(\boldsymbol{A}^{-1}) = 2-a, \sigma(\boldsymbol{B}^{-1}) = 1$. 算出

$$\big(1-m\sigma(\boldsymbol{A}^{-1})\big)\big(1-m\sigma(\boldsymbol{B}^{-1})\big) = \big(1-m(2-a)\big)(1-m).$$

如果本题 (1) 结论在此成立, 那么

$$\big(1-m(2-a)\big)(1-m) = 1.$$

因为 $m \neq 1$, 所以

$$a = 2 + \frac{1}{1-m}.$$

但对此 a 值,$\boldsymbol{A}+\boldsymbol{B} \neq m\boldsymbol{E}$.

索　　引